Analysis
of Pesticide
in Tea

Chromatography-Mass
Spectrometry
Methodology

"十三五"
国家重点出版物
出版规划项目

茶叶农药多残留检测方法学研究

庞国芳 等著

Analysis of Pesticide in Tea

Chromatography-Mass
Spectrometry
Methodology

 化学工业出版社

·北京·

内容简介

　　《茶叶农药多残留检测方法学研究》详细介绍了一系列测定茶叶中农药残留的色谱-质谱高通量分析方法。该方法被批准为国际 AOAC 最终官方方法，具有高精度、高可靠性、高灵敏度的特点，适用性广。全书共 7 章，分别介绍了茶叶农药多残留基础性研究和分析方法的建立，茶叶残留农药的萃取和净化效率研究，茶叶水化对残留农药提取效率的影响及不确定度评定，茶叶农药残留测定基质效应评价，茶叶农药残留测定方法耐用性评价及误差分析，茶叶陈化样品和污染样品农药降解规律研究，茶叶中 653 种农药化学污染物高通量分析方法 AOAC 标准建立。

　　本书可作为科研单位、质检机构、高等院校等相关专业技术人员从事食品安全、环境保护、农业科技及农药开发等技术研究与应用的参考书，也可作为大学教学参考书。

图书在版编目（CIP）数据

　　茶叶农药多残留检测方法学研究/庞国芳等著. —北京：化学工业出版社，2020.12
　　ISBN 978-7-122-38323-5

　　Ⅰ.①茶…　Ⅱ.①庞…　Ⅲ.①茶叶-农药残留量分析-研究　Ⅳ.①S481

　　中国版本图书馆 CIP 数据核字（2021）第 009412 号

责任编辑：成荣霞
文字编辑：林　丹　姚子丽
责任校对：宋　玮
装帧设计：王晓宇

印　　装：北京虎彩文化传播有限公司
出版发行：化学工业出版社
　　　　　（北京市东城区青年湖南街 13 号　邮政编码 100011）
开　　本：787mm×1092mm　1/16　印张 32¼　字数 763 千字
版　　次：2021 年 6 月北京第 1 版
印　　次：2021 年北京第 1 次印刷
购书咨询：010-64518888
售后服务：010-64518899
网　　址：http://www.cip.com.cn
定　　价：498.00 元

农药及化学污染物残留高通量检测技术是当前国际食品安全领域的重要研究课题，是世界各国食品安全科研人员的研究热点，具有相当大的难度。庞国芳院士领导的科研团队已在该领域潜心耕耘三十余载，取得了令中国乃至世界瞩目的成绩。早在十多年前，该团队就已用 GC-MS 和 LC-MS/MS 等色谱-质谱联用技术研究建立了水果、蔬菜、粮谷、中药、食用菌、茶叶、动物组织、水产品、乳制品和蜂蜜等农产品中 800 余种农药多残留的高通量分析检测技术，制定了 20 多项国家标准，构建了 800 余种农药残留检测技术的标准体系，在我国得到了广泛的推广应用。这些国家标准应用 8 年后，其中 9 项于 2016 年由原国家卫计委、原农业部和原食药总局发布联合公告，由当时的"推荐性"国家标准转化成"强制性"国家标准，使其在食品安全监管中发挥的作用越来越大。近 10 年来，该团队又深入研究了农药多残留高通量非靶向高分辨质谱技术，该技术检测的农药品种超过 1000 种，居国际领先水平，使中国果蔬茶农药多残留痕量分析技术领域的科研水平跻身于世界前列，促进了该领域的技术进步。同时，这些标准化检测体系实现了与国际标准的接轨，提升了中国农产品的质量，促进了农产品国际贸易的发展。基于对 1000 多种农药残留色谱-质谱技术研究的卓越贡献，庞国芳院士于 2014 年荣获国际 AOAC 最高科学荣誉奖——哈维·威利奖（Harvey W. Wiley Award）。

这部专著是庞国芳科研团队近年来从事农药多残留检测技术理论与应用研究的又一力作，是他们坚守初心、砥砺前行、攻坚克难、苦心孤诣的真实写照。

《茶叶农药多残留检测方法学研究》围绕茶叶中农药多残留检测技术开展了一系列研究，是目前为止茶叶中农药多残留高通量检测技术的系统研究总结。书中不但详细介绍了作者团队采用各种前沿色谱-质谱联用技术建立的茶叶中多类别、多品种农药及化学污染物残留同时快速测定的高通量检测方法，而且将方法研究开发过程涉及的种种创新技术理念和严谨细致思考精神一一呈现给读者。检测方法主要包括以下几个方面：①不同样品制备技术的效能评价，以及样品制备中茶叶水化对农药多残留方法效率的影响；②样品净化技术效率高低的深入比较以及 Cleanert TPT 茶叶净化专用柱的研发过程；③不同产地、不同种类茶叶中农药多残留测定时的基质效应及其补偿作用；④茶叶中农药多残留测定的不确定度评定；⑤方法的（耐用性） ruggedness 评价研究、误差分析及方法关键控制点；⑥茶叶中农药降解规律及其在预测农药残留量中的应用。

书中的一系列研究具有重要的学术价值，所建立的检测方法具有技术先进、品种覆盖广、快速、准确、实用等特点。相关研究论文均已在国际知名期刊上发表，得到了世界各国同行的广泛认可。在多次国际 AOAC 年会上所作的学术报告也得到了同行的普遍赞许，扩大了中国在痕量多残留分析化学领域的国际影响，促进了该领域的技术进步。

更为重要的是，这项研究所建立的方法在 2010 年被选为国际 AOAC 优先研究项目，庞国芳院士作为国际 AOAC 研究导师组织并实施了由 10 个国家和地区共 30 个实验室共同参与的国际协同研究工作，并于 2013 年顺利完成。2014 年该方法已被 AOAC 采纳，批准为茶叶中农药残留检测的 AOAC 第一行动官方方法，并获得了 2015 年国际 AOAC 优秀方法奖。该方法经两年国际范围的应用考证，于 2018 年被国际 AOAC 批准为国际 AOAC 最终官方方法，在国际上推广使用，为茶叶质量的监控提供了技术支撑，从而将进一步促进国际茶叶产品贸易的健康发展。

本书对从事相关研究的科研工作者、农产品检测检验技术人员，以及高等院校相关专业的教师学生，都具有非常好的参考价值。

魏复盛

（中国工程院院士）

前言

茶叶有着悠久的历史，它是中国传统的深受世界各国人民喜爱的健康饮品，也是中国的重要经济作物和传统的大宗出口农产品。茶树喜欢生长在湿热环境，因此其生长过程非常容易受到病虫害和杂草等影响，而化学农药的喷施是目前为止最为有效的解决方案。然而，在提高茶叶产量的同时，化学农药也容易在茶叶中产生残留，这些残留农药将通过食物链而影响人类身体健康。另外，欧盟、美国及日本等发达国家是中国茶叶的重要进口国，其日趋严格的农药最大残留限量（MRL）标准已成为中国茶叶出口的主要瓶颈。因此，从保护人类身体健康、消除贸易壁垒、保障茶叶国际贸易健康发展的角度出发，深入开展茶叶中农药多残留检测技术的研究，建立茶叶中农药多残留的高灵敏度、高准确度、高选择性及高通量检测方法，具有极其重要的现实意义。

本书是笔者团队 10 多年来从事茶叶产品中农药多残留检测技术理论与应用实践研究的系统总结。全书详细介绍了茶叶中 653 种残留农药及化学污染物同时快速测定的高通量检测方法，涉及气相色谱-质谱（GC-MS）、气相色谱-串联质谱（GC-MS/MS）、液相色谱-串联质谱（LC-MS/MS）、气相色谱-四极杆飞行时间质谱（GC-Q-TOF/MS）及液相色谱-四极杆飞行时间质谱（LC-Q-TOF/MS）等主流及前沿检测手段。

与其他植物源性农产品如蔬菜、水果等相比，茶叶不仅含有大量营养物质，还富含茶多酚类及色素类化合物，成分极其复杂，且经不同工艺加工的茶叶产品成分也有较大差异，要分析检测残留在其中的多类别、多品种痕量农药的难度相当大。全书针对不同茶叶基质中可能残留的多类别、多品种农药，深入全面地研究比较了各种样品制备技术的效能以及样品净化技术的效率，研发出了具有自主知识产权的 Cleanert TPT 茶叶净化专用柱，建立了一次同时提取净化的样品处理方法，还对 28 种不同产地、不同种类茶叶的基质效应及其补偿作用做了深入细致的研究，并提出了采用分析物保护剂补偿基质效应的解决方案。

针对人们的饮茶习惯，书中还深入比较了水化和非水化提取方式对茶叶中农药残留提取效率、净化效果以及对不同农药的适用性等方面的影响，同时对测定过程可能会引入不确定度的各因素进行了详细讨论，并将测定不确定度作为方法评价标准对方法进行了评价。

此外，为了进一步评价所建分析方法的重现性、再现性和耐用性等性能，笔者团队还进行了长达三个月系统的方法耐用性（ruggedness）评价研究，并对方法可能出现的误差作了详细的分析和溯源，最后制定了相应的方法关键控制点，以确保方法精准和可靠。

更进一步，笔者团队应用已建立的高通量检测方法研究了乌龙茶陈化样品、不同田间试验及室温储藏条件下绿茶污染样品中的农药降解动力学，并考察了三个月内茶叶污染样品的稳定性，获得了茶叶中农药的降解规律，实现了应用降解动力学方程对农药残留量的预测，所得结果基本与实测值相符。这对指导茶农用药和茶叶的进出口贸易有着非常重要的意义。

在上述系列重要研究的基础上，笔者还以国际 AOAC 研究导师的身份组织实施了由 10 个国家 30 个实验室共同参与的国际协同研究，目的是评价所建立的茶叶中 653 种农药残留单一实验室分析方法的重现性以及考察其是否符合作为国际 AOAC 官方方法的要求。这是对茶叶农药多残留检测技术标准的一次比较全面系统的国际 AOAC 协同研究，本书也收录了该研究的详细报告。

总之，本书主要围绕茶叶中农药多残留检测技术开展了一系列重要研究，是目前为止茶叶中农药多残留高通量检测技术全面系统的研究总结。所建方法——茶叶中 653 种农药和化学污染物多组分、多类别残留 GC-MS、GC-MS/MS 和 LC-MS/MS 高通量分析方法，在 2010 年被列为国际 AOAC 优先研究项目，并于 2014 年顺利通过国际 AOAC 协同研究，2018 年被批准为茶叶中农药残留检测的 AOAC 最终官方方法（AOAC Official Method 2014.09）。因此，对于广大分析科学工作者而言，本书具有重要的参考和借鉴价值。但由于水平所限，不妥之处在所难免，敬请广大读者批评指正。

本书附表可登陆 https://cip.com.cn/Service/Download 查询。

庞国芳

（中国工程院院士）

目录

第 5 章
茶叶农药多残留高通量检测技术的稳健性评价、误差分析与关键控制点

357

第 6 章
茶叶中农药残留降解规律研究　393

第 7 章
茶叶中农药化学污染物残留 447
检测技术协同研究

茶叶农药多残留检测方法学研究

第1章

茶叶中农药化学
污染物残留的
高通量检测技术研究

1.1 茶叶中 653 种农药残留 GC-MS 和 LC-MS/MS 高通量检测技术

1.1.1 概述

茶叶作为一种健康饮品，受到了全世界人们的普遍喜爱，因此每年的茶叶消费量巨大。近年来，为了提高茶叶产量，防治茶叶种植过程中出现的各种病虫害，农药得到了广泛使用。由于农药在使用过程中有滥用、误用等现象，不可避免地使茶叶也受到了一些农药的污染，时常有农药残留检出[1]。随着食品安全日益被广泛关注，各国纷纷对农产品中农药残留进行了严格的限制[2]。茶叶中农药残留问题也成为了人们关注的焦点[3]。欧盟针对茶叶中相关农药的最大残留限量（MRL）已经制订了非常严格的标准[4]，二溴乙烷、二嗪磷、滴丁酸、氟胺氰菊酯和敌敌畏的 MRL 进一步降低，而印楝素、鱼藤酮和除虫菊素属于植物性农药，也相继被列入限用名单。值得特别注意的是，近年来日本和欧盟对茶叶中农药残留的检测品种范围不断扩大，如日本 1986 年检测的农药品种为 34 种，1993 年扩展为 51 种，2006 年增加到 276 种；欧盟 1988 年检测的农药品种为 6 种，2004年扩展为 134 种，2006 年增加到 210 种[5]。同样，加拿大、德国等国家也都相继制定了严格的食品中农药最高残留限量[6]。因此，研发快速高效茶叶中农药多残留检测技术已成为国际同行的热点课题。这不仅是保护消费者利益的需要，也是国际贸易合作中的重要技术支撑。

为了全面监控茶叶中的农药残留情况，各种类型的农药都需要被纳入检测范围。传统农药检测方法，在检测效率和高通量筛查方面，已经难以满足越来越严格的食品安全检测技术的需要。近些年来，茶叶中农药多残留检测技术的研究已有报道。例如蒋永祥等[7]采用气相色谱配备火焰光度检测器测定了茶叶中 7 种有机磷残留。沈崇钰等[8] 通过乙酸乙酯提取，固相萃取（SPE）柱净化，采用气相色谱-负化学源-质谱（GC-NCI-MS）检测了茶叶中 11 种拟除虫菊酯农药残留。Yuan 等[9] 通过微波消解提取，采用固相微萃取气相色谱技术检测了茶叶中 12 种有机磷和菊酯类农药。Yue 等[10] 应用高压薄层色谱技术（HPTLC）分析了茶叶中 9 种有机磷农药，方法回收率范围为 90.7%～105.5%，相对标准偏差（RSD）在 7.3%～13.5% 之间。Cho 等[11] 通过 PLE［加压流体萃取（pressurized liquid extraction）］提取，采用气相色谱/电子捕获检测器（GC/ECD）检测了绿茶中14 种农药，并对阳性样品采用气相色谱-质谱/选择离子模式（GC-MS/SIM）确证，绿茶在两个添加水平下的平均回收率范围在 87%～112% 和 71%～109% 之间。胡贝珍等[12]采用加速溶剂萃取（ASE），凝胶渗透色谱（GPC）和 SPE 柱净化，气相色谱-负化学离子源-质谱 SIM 模式测定了茶叶中 23 种有机氯和拟除虫菊酯类农药。曾小星等[13] 通过正己烷-二氯甲烷（1∶1，体积比）提取，中性氧化铝-氟洛里硅土 SPE 柱净化，采用GC/ECD 检测了茶叶中 18 种有机氯和 9 种拟除虫菊酯农药。靳保辉等[14] 通过正己烷-丙酮（2∶1）提取，氟洛里硅土 SPE 柱净化，采用 GC/ECD 检测了茶叶中 25 种有机氯农药。Hu 等[15] 通过基质固相扩散（MSPD）提取，表面响应法（RSM）优化 MSPD 的提取条件，采用 GC-MS/SIM 检测了茶叶中 19 种农药残留。Schurek 等[16] 发展了气相色谱-飞行时间质谱（GC-TOF/MS）方法，可检测茶叶中 36 种农药，其检出限（LOD）范围为 1~28mg/kg。Ochiai 等[17] 通过搅拌棒吸附萃取（SBSE）、耦合热解吸和保留时间锁定，采用 GC-MS 扫描模式检测了水果、蔬菜和绿茶中有机氯、氨基甲酸酯、有机磷和拟除虫菊酯等 85 种农药。楼正云等[18] 建立了茶叶中 92 种农药残留检测方法，茶叶样品用乙腈提取，SPE 柱净化，气相色谱/火焰光度检测器（GC/FPD）和 GC/ECD 测定。农药的添加回收率范围为 80.3%~117.1%，RSD 在 1.5%~9.8% 之间，LOD 在 0.0025~0.10mg/kg 之间。随着检测技术的发展，已经建立了同时测定上百种农药的方法。如 Huang 等[19] 利用气相色谱-质谱技术检测了茶叶中 102 种农药残留。Yang 等[20] 发展了一种气相色谱-质谱法，分析茶叶中 118 种农药残留，茶叶用乙酸乙酯-正己烷提取，GPC 和 SPE 柱净化，在 0.05~2.5mg/kg 范围内低、中、高 3 个添加水平下，118 种农药的平均回收率范围为 61%~121%，RSD 在 0.6%~9.2% 之间，方法的 LOD 为 0.0003~0.36mg/kg。Hirahara 等[21] 采用 GC、GC-MS 和 液相色谱-串联质谱（LC-MS/MS）测定了包括茶叶在内的 12 种农作物中 140 种农药残留。Mol 等[22] 采用基质分散固相提取，用 GC-MS 和 LC-MS/MS 测定了水果、蔬菜、香料、奶粉、蜂蜜、糊精、面粉、茶叶、果汁中 341 种农药残留。

茶叶基质复杂，在痕量残留分析化学中是一类比较难分析的物质，加之几百种残留农药的分子结构不同，极性各异，从不同茶叶中同时提取净化是残留分析中的一个难题。为此，本方法在前期研究同时检测水果蔬菜 446 种[23]、粮谷 405 种[24]、动物组织 660 种[25] 和蜂蜜 450 种[26] 农药残留的基础上，对比研究了 6 种单一或组合的提取溶剂对 600 多种残留农药的提取效果，同时对 10 种净化材料包括单一填料、复合填料、填料量和填料顺序等诸多因素对净化效果的影响也进行了详细的对比研究，最后新开发了一种由石墨化炭黑、多氨基化硅胶和酰胺化聚苯乙烯材料三组分组成的 Cleanert TPT 净化柱，大大提高了茶叶样品的净化效力，具有很好的重现性和再现性，从而建立了茶叶中 653 种农药多残留的 GC-MS 和 LC-MS/MS 高通量快速测定方法。

1.1.2　实验部分

1.1.2.1　试剂与材料

乙腈、二氯甲烷、异辛烷和甲醇（色谱纯，迪马科技公司）。农药标准品（含内标，纯度≥95%，LGC Promochem，德国）。

标准储备溶液：准确称取 5~10mg（精确至 0.1mg）农药及相关化学品各标准物，分别放入 10mL 容量瓶中，根据标准物的溶解性和测定的需要以甲苯、甲苯＋丙酮混合液、环己烷等溶剂溶解并定容至刻度。标准储备溶液 4℃ 避光保存。

混合标准溶液：按照农药及相关化学品的性质和保留时间，将 GC-MS 检测的 490 种农药及相关化学品分成 6 组；将 LC-MS/MS 检测的 448 种农药及相关化学品分成 7 组。根据每种农药及相关化学品在仪器上的响应灵敏度，确定其在混合标准溶液中的浓度。混合标准溶液 4℃避光保存。

1.1.2.2　仪器

GC-MS 系统：Agilent 6890/5973N GC-MSD（配电子轰击源），配置 7683 自动进样器（安捷伦，美国）；色谱柱：DB-1701（30m×0.25mm×0.25μm）(J&W Scientific，美国）。LC-MS/MS 系统：Agilent 6410 液相色谱-串联质谱仪，配有电喷雾离子源（安捷伦，美国）；色谱柱：ZORBOX SB-C$_{18}$（3.5μm，100mm×2.1mm）（安捷伦，美国）。固相萃取柱：Cleanert TPT、Cleanert FS、Cleanert PC、Cleanert Al-N、Cleanert PC/NH$_2$、Cleanert PC/FS（天津博纳艾杰尔科技有限公司）。均质器：T-25B（Janke & Kunkel，德国）。旋转蒸发仪：EL131（Buchi，瑞士）。离心机：Z 320（Hermle AG，德国）。氮吹仪：EVAP 112（Organomation Associates，美国）。

1.1.2.3　样品提取

称取 5g 试样（精确至 0.01g）于 80mL 离心管中，加入 15mL 乙腈，15000r/min 均质提取 1min，4200r/min 离心 5min，取上清液于 200mL 鸡心瓶中。残渣用 15mL 乙腈重复提取 1 次，离心，合并两次提取液，40℃水浴旋转蒸发至约 1mL，待净化。

1.1.2.4　样品净化

Cleanert TPT 柱中加入约 2cm 高无水硫酸钠，用 10mL 乙腈-甲苯（3∶1）预洗，Cleanert TPT 柱下接鸡心瓶，放在固定架上。将样品浓缩液转移至 Cleanert TPT 柱，用 3×2mL 乙腈-甲苯（3∶1）洗涤样液瓶，并将洗涤液移入柱中，在柱上装上 50mL 贮液器，再用 25mL 乙腈-甲苯（3∶1）洗涤小柱，收集所有流出液于鸡心瓶中，在 40℃水浴中用旋转蒸发仪浓缩至约 0.5mL。对于 GC-MS 法：加入 5mL 正己烷，于 40℃下用旋转蒸发仪进行溶剂交换，重复两次，使最终样液体积为 1mL 左右，再加入 40μL 内标溶液，混匀，过 0.2μm 滤膜，供气相色谱-质谱仪测定。对于 LC-MS/MS 法：于 35℃下氮气吹干，用 1mL 乙腈-水（3∶2）定容，过 0.2μm 滤膜，供液相色谱-串联质谱仪分析。

1.1.2.5　样品测定

GC-MS 检测条件：

程序升温：40℃保持 1min，然后以 30℃/min 升温至 130℃，再以 5℃/min 升温至 250℃，再以 10℃/min 升温至 300℃，保持 5min。载气：氦气，纯度≥99.999%。流速：1.2mL/min。进样口温度：290℃。进样量：1μL。进样方式：无分流进样，1.5min 后打开阀。电子轰击源：70eV。离子源温度：230℃。GC-MS 接口温度：280℃。选择离子监测：每种化合物分别选择一个定量离子，2～3 个定性离子。保留时间选择离子定性，内标法定量。

LC-MS/MS 检测条件：

进样量：10μL。流速：400μL/min。柱温：40℃。电离源模式：电喷雾离子化。雾化气：氮气。雾化气压力：0.28MPa。离子喷雾电压：4000V。干燥气温度：350℃。干燥气流速：10L/min。A、B、C、D、E 和 F 组流动相为：A（0.1%甲酸水溶液）、B（乙腈）；G 组流动相为：A（5mmol/L 乙酸铵水溶液）、B（乙腈）。梯度洗脱：0~3min，1%B~30%B；3~6min，30%B~40%B；6~9min，40%B；9~15min，40%B~60%B；15~19min，60%B~99%B；19~23min，99%B；23~23.01min，99%B~1%B。

1.1.3　GC-MS 条件优化及可测农药品种筛选

DB-1701 系列分析柱是气相色谱-质谱法农药多残留分析中通常采用的色谱柱[24,25]。Pang 等[25] 发展的一种检测动物组织多残留的气相色谱-质谱方法，使用 DB-1701 柱可同时检测 400 多种农药残留。由于本方法涉及农药品种数量较多，考虑各组分出峰时间及相互间影响，采用了三级程序升温方式。

按以下 3 个连续步骤，对世界范围内常用 815 种农药标准品的色谱-质谱条件和不同茶叶基质适应性进行筛选。①将 815 种农药配制成单一标准溶液，在优化的 GC-MS 条件下，分别进行全扫描（scan）得到相应的扫描质谱图和保留时间。实验发现：235 种农药进行质谱全扫描时不出峰；12 种农药热稳定性差，进入 GC-MS 时分解，因而在全扫描时出现分解峰；8 种农药标准品为混合物，得到的扫描质谱图无法确定其对应的碎片离子峰。②将剩余 560 种农药按每种农药的保留时间，分成 6 组，每组约 90 种，并根据每种农药在仪器上的响应灵敏度，确定其在混合标准溶液中的浓度，配制混合标准溶液，GC-MS 测定发现 21 种农药无响应信号或响应信号很小。③将剩余 539 种农药分别添加到绿茶、红茶、乌龙茶、普洱茶样品中进行添加回收率实验，GC-MS 测定发现 49 种农药的回收率很低，达不到定量测定条件。经上述 3 个连续步骤的筛选，发现不适合用本方法测定的农药共有 325 种，见表 1-1。适合本方法测定的农药有 490 种，其保留时间、定量离子、定性离子等参数见表 1-2。

表 1-1　不适用于 GC-MS 分析的 325 种农药品种

序号	英文名称	中文名称	CAS 号
235 种农药进行质谱全扫描时不出峰			
1	1,2-dichloroethane	1,2-二氯乙烷	107-06-2
2	1-naphthylacetic acid	1-萘乙酸	86-87-3
3	1,2-dibromo-3-chloropropane	1,2-二溴-3-氯丙烷	96-12-8
4	1,2-dichloropropane	1,2-二氯丙烷	78-87-5
5	1,3-dichloropropene(*cis*+*trans*)	1,3-二氯丙烯	542-75-6
6	2,6-difluorobenzoic acid	2,6-二氟苯甲酸	385-00-2
7	6-chloro-3-phenyl-pyridazin-4-ol	6-氯-4-羟基-3-苯基哒嗪	40020-01-7
8	abamectin	阿维菌素	71751-41-2
9	acequinocyl	灭螨醌	57960-19-7
10	acifluorfen	三氟羧草醚	50594-66-6
11	acrylamide	丙烯酰胺	79-06-1

序号	英文名称	中文名称	CAS 号
12	alanycarb	棉铃威	83130-01-2
13	aldicarb	涕灭威	116-06-3
14	aldicarb sulfone	涕灭威砜	1646-88-4
15	aldicarb sulfoxide	涕灭威亚砜	1646-87-3
16	aldimorph	4-十二烷基-2,6-二甲基吗啉	91315-15-0
17	alloxydim-sodium	禾草灭	66003-55-2
18	amidithion	赛硫磷	919-76-6
19	aminopyralid	氯氨吡啶酸	150114-71-9
20	amitrole	杀草强	61-82-5
21	amobam	代森铵	3566-10-7
22	anilazine	敌菌灵	101-05-3
23	asulam	磺草灵	3337-71-1
24	azocyclotin	三唑锡	41083-11-8
25	benazolin	草除灵	3813-05-6
26	bensultap	杀虫磺	17606-31-4
27	benzofenap	吡草酮	82692-44-2
28	benzoximate	苯螨特	29104-30-1
29	benzyladenine	苄基腺嘌呤	1214-39-7
30	bromide	溴	24959-67-9
31	bromochloromethane	溴氯甲烷	74-97-5
32	bromoxynil	溴苯腈	1689-84-5
33	brompyrazon	溴莠敏	3042-84-0
34	butocarboxim	丁酮威	34681-10-2
35	butocarboxim sulfoxide	丁酮威亚砜	34681-24-8
36	butoxycarboxim	丁酮砜威	34681-23-7
37	buturon	炔草隆	3766-60-7
38	camphechlor	毒杀芬	8001-35-2
39	carbendazim	多菌灵	10605-21-7
40	carbetamide	卡草胺	16118-49-3
41	carbofuran-3-hydroxy	3-羟基克百威	16655-82-6
42	carbon disulphide	二硫化碳	75-15-0
43	carbonyl sulfide	氧硫化碳	463-58-1
44	carpropamid	环丙酰菌胺	104030-54-8
45	cartap hydrochloride	杀螟丹	22042-59-7
46	chloridazon	杀草敏	1698-60-8
47	chlormequat	氯化氯代胆碱	7003-89-6
48	chlormequat chloride	矮壮素	999-81-5
49	chlorobenzuron	灭幼脲	57160-47-1
50	chloropicrin	氯化苦	76-06-2
51	chloroxuron	枯草隆	1982-47-4
52	chlorsulfuron	氯磺隆	64902-72-3
53	cinidon-ethyl	吲哚酮草酯	142891-20-1

序号	英文名称	中文名称	CAS 号
54	cinosulfuron	醚磺隆	94593-91-6
55	clodinafop free acid	炔草酸	114420-56-3
56	clophen A60	1,1'-联苯氯代衍生物	11096-99-4
57	cloprop	调果酸	101-10-0
58	clopyralid	二氯吡啶酸	1702-17-6
59	cloransulam-methyl	氯酯磺草胺	147150-35-4
60	clothianidin	噻虫胺	210880-92-5
61	coumatetralyl	杀鼠醚	5836-29-3
62	cumyluron	苄草隆	99485-76-4
63	cyazofamid	氰霜唑	120116-88-3
64	cyclanilide	环丙酸酰胺	113136-77-9
65	cycloprothrin	乙氰菊酯	63935-38-6
66	cyclosulfamuron	环丙嘧磺隆	136849-15-5
67	cyhexatin	三环锡	13121-70-5
68	cymoxanil	霜脲氰	57966-95-7
69	cyromazine	灭蝇胺	66215-27-8
70	daimuron	杀草隆	42609-52-9
71	dalapon acid	茅草枯	75-99-0
72	DMASA	丁酰肼	1596-84-5
73	demeton-s-methyl sulfoxide	甲基内吸磷亚砜	301-12-2
74	diafenthiuron	丁醚脲	80060-09-9
75	dicamba	麦草畏	1918-00-9
76	dichlone	二氯萘醌	117-80-6
77	dichlorprop	2,4-滴丙酸	120-36-5
78	diclocymet	双氯氰菌胺	139920-32-4
79	diclomezine	哒菌清	62865-36-5
80	dienochlor	除螨灵	2227-17-0
81	difenzoquat-methyl sulfate	野燕枯硫酸二甲酯	43222-48-6
82	diflufenzopyr-sodium salt	氟吡草腙钠盐	109293-98-3
83	dimehypo	杀虫单	52207-48-4
84	dimethirimol	甲菌定	5221-53-4
85	dinocap(technical mixture of isomers)	敌螨普	39300-45-3
86	dinotefuran	呋虫胺	165252-70-0
87	diquat dibromide mono hydrate	敌草快	6385-62-2
88	dithianon	二氰蒽醌	3347-22-6
89	diuron	敌草隆	330-54-1
90	DMST	N,N-二甲基-N'-对甲苯磺酰二胺	66840-71-9
91	DNOC	二硝甲酚	534-52-1
92	dodine	多果定	2439-10-3
93	emamectin-benzoate	甲胺基阿维菌素苯甲酸盐	155569-91-8
94	ethephon	乙烯利	16672-87-0
95	ethidimuron	磺噻隆	30043-49-3

序号	英文名称	中文名称	CAS 号
96	ethiofencarb-sulfone	乙硫苯威砜	53380-23-7
97	ethiofencarb-sulfoxide	乙硫苯威亚砜	53380-22-6
98	ethiprole	乙虫腈	181587-01-9
99	ethirimol	乙嘧酚	23947-60-6
100	ethylene thiourea	亚乙基硫脲	96-45-7
101	etobenzanid	乙氧苯草胺	79540-50-4
102	famoxadone	噁唑菌酮	131807-57-3
103	fenaminosulf	敌磺钠	140-56-7
104	fenazaflor	抗螨唑	14255-88-0
105	fenbutatin oxide	苯丁锡	13356-08-6
106	fenoprop	2,4,5-涕丙酸	93-72-1
107	fenthion-oxon	倍硫磷-氧	6552-12-1
108	fentin acetate	三苯基乙酸锡	900-95-8
109	fentin-chloride	三苯基氯化锡	639-58-7
110	fentrazamide	四唑酰草胺	158237-07-1
111	flazasulfuron	啶嘧磺隆	104040-78-0
112	florasulam	双氟磺草胺	145701-23-1
113	fluazuron	吡虫隆	86811-58-7
114	flucarbazone-sodium	氟酮磺隆钠	181274-17-9
115	flumethrin	氟氯苯菊酯	69770-45-2
116	flumetsulam	唑嘧磺草胺	98967-40-9
117	fluoroimide	氟氯菌核利	41205-21-4
118	flupropanate	四氟丙酸	756-09-2
119	fluroxypyr	氯氟吡氧乙酸	69377-81-7
120	flusulfamide	磺菌胺	106917-52-6
121	fluthiacet-methyl	嗪草酸甲酯	117337-19-6
122	fomesafen	氟磺胺草醚	72178-02-0
123	forchlorfenuron	氯吡脲	68157-60-8
124	formetanate hydrochloride	盐酸杀螨脒	23422-53-9
125	furathiocarb	呋线威	65907-30-4
126	gibberellic acid	赤霉酸	77-06-5
127	glyphosate	草甘膦	1071-83-6
128	haloxyfop	氟吡禾灵	69806-34-4
129	hydramethylnon	氟蚁腙	67485-29-4
130	hymexazol	噁霉灵	10004-44-1
131	imazamox	甲氧咪草烟	114311-32-9
132	imazapic	甲咪唑烟酸	104098-48-8
133	imazapyr	咪唑烟酸	81334-34-1
134	imazethapyr	咪唑乙烟酸	81335-77-5
135	imibenconazole	亚胺唑	86598-92-7
136	imidacloprid	吡虫啉	138261-41-3
137	iminoctadine	双胍辛胺	13516-27-3

序号	英文名称	中文名称	CAS 号
138	indoxacarb	茚虫威	144171-61-9
139	iodosulfuron-methyl	碘甲磺隆	144550-06-1
140	iodosulfuron-methyl sodium	甲基碘磺隆钠盐	144550-36-7
141	ioxynil	碘苯腈	1689-83-4
142	isoproturon	异丙隆	34123-59-6
143	isouron	异唑隆	55861-78-4
144	isoxaflutole	异噁氟草	141112-29-0
145	kadethrin	噻嗯菊酯	58769-20-3
146	kelevan	克来范	4234-79-1
147	leptophos oxon	对溴磷	25006-32-0
148	loxynil	碘苯腈	1689-83-4
149	lufenuron	虱螨脲	103055-07-8
150	maleic hydrazide	抑芽丹	123-33-1
151	MCPA	2-甲-4-氯	94-74-6
152	MCPB	2-甲-4-氯丁酸	94-81-5
153	mepiquat chloride	缩节胺	24307-26-4
154	mesotrion	硝磺草酮	104206-82-8
155	methazole	灭草唑	20354-26-1
156	methiocarb sulfoxide	甲硫威亚砜	2635-10-1
157	methoxyfenozide	甲氧虫酰肼	161050-58-4
158	methyl isothiocyanate	敌线酯	556-61-6
159	metosulam	磺草唑胺	139528-85-1
160	metsulfuron-methyl	甲磺隆	74223-64-6
161	milbemectin A3	密灭汀 A3	51596-10-2
162	milbemectin A4	密灭汀 A4	51596-11-3
163	monuron	灭草隆	150-68-5
164	naptalam	抑草生	132-66-1
165	neburon	草不隆	555-37-3
166	nitenpyram	烯啶虫胺	120738-89-8
167	novaluron	氟酰脲	116714-46-6
168	oryzalin	氨磺乐灵	19044-88-3
169	oxabetrinil	解草腈	74782-23-3
170	oxamyl-oxime	杀线威肟	30558-43-1
171	paraquat dichloride	百草枯二氯盐	1910-42-5
172	phenmedipham	甜菜宁	13684-63-4
173	phorate sulfoxide	亚胺硫磷	2588-05-8
174	phoxim	辛硫磷	14816-18-3
175	phthalic acid di-(2-ethylhexyl) ester	邻苯二甲酸二(2-乙基己)酯	117-81-7
176	dibutyl phthalate	驱蚊叮	84-74-2
177	dicyclohexyl ester phthalate	邻苯二甲酸二环己酯	84-61-7
178	picloram	氨氯吡啶酸	1918-02-1
179	desmethyl formamido pirimicarb	脱甲基-甲酰氨基-抗蚜威	27218-04-8

序号	英文名称	中文名称	CAS 号
180	pirimicarb-desmethyl	脱甲基抗蚜威	30614-22-3
181	primisulfuron-methyl	甲基氟嘧磺隆	86209-51-0
182	probenazole	烯丙苯噻唑	27605-76-1
183	prohexadione-calcium	调环酸钙	127277-53-6
184	propaquizafop	恶草酸	111479-05-1
185	propineb	丙森锌	12071-83-9
186	propoxycarbazone-sodium	丙苯磺隆	181274-15-7
187	propylene oxide	环氧丙烷	75-56-9
188	prosulfuron	氟磺隆	94125-34-5
189	pymetrozin	吡蚜酮	123312-89-0
190	pyrazolynate	吡唑特	58011-68-0
191	pyrazosulfuron-ethyl	吡嘧磺隆	93697-74-6
192	pyrazoxyfen	苄草唑	71561-11-0
193	pyridalyl	三氟甲吡醚	179101-81-6
194	pyridate	哒草特	55512-33-9
195	pyrithiobac sodium	嘧草硫醚	123343-16-8
196	quinclorac	二氯喹啉酸	84087-01-4
197	rimsulfuron	砜嘧磺隆	122931-48-0
198	rotenone	鱼藤酮	83-79-4
199	spinosad	多杀菌素	168316-95-8
200	sulfanitran	磺胺硝苯	122-16-7
201	sulfentrazone	甲磺草胺	122836-35-5
202	TCA-sodium	三氯乙酸钠	650-51-1
203	tebufenozide	虫酰肼	112410-23-8
204	temephos	双硫磷	3383-96-8
205	TEPP	特普	107-49-3
206	tepraloxydim	吡喃草酮	149979-41-9
207	terbucarb	特草灵	1918-11-2
208	tert-butyl-4-hydroxyanisole	丁羟茴香醚	25013-16-5
209	tert-butylamine	叔丁基胺	75-64-9
210	thiacloprid	噻虫啉	111988-49-9
211	thidiazuron	噻苯隆	51707-55-2
212	thifensulfuron-methyl	噻吩磺隆	79277-27-3
213	thiodicarb	硫双威	59669-26-0
214	thiofanox	久效威	39196-18-4
215	thiofanox sulfone	久效威砜	39184-59-3
216	thiofanox-sulfoxide	久效威亚砜	39184-27-5
217	thiophanate-methyl	甲基硫菌灵	23564-05-8
218	thiophanat-ethyl	硫菌灵	23564-06-9
219	tiamulin-fumerate	延胡索酸泰妙菌素	55297-96-6
220	triasulfuron	醚苯磺隆	82097-50-5
221	triazoxide	咪唑嗪	72459-58-6

序号	英文名称	中文名称	CAS 号
222	trichlamide	水杨菌胺	70193-21-4
223	trichlorfon	敌百虫	52-68-6
224	trichloronate	毒壤磷	327-98-0
225	trichlorphon	敌百虫	52-68-6
226	triclopyr	三氯吡氧乙酸	55335-06-3
227	triflumuron	杀铃脲	64628-44-0
228	triflusulfuron-methyl	氟胺磺隆	126535-15-7
229	triforine	嗪氨灵	26644-46-2
230	trimethylsulfonium iodide	三甲基碘化锍	2181-42-2
231	triticonazole	灭菌唑	131983-72-7
232	vamidothion	蚜灭磷	2275-23-2
233	vamidothion sulfone	蚜灭多砜	70898-34-9
234	warfarin	杀鼠灵	81-81-2
235	ziram	福美锌	137-30-4
12 种农药热稳定性差,出现分解峰			
236	2,4-DB	2,4-滴丁酸	94-82-6
237	BDMC	4-溴-3,5-二甲苯基-N-甲基氨基甲酸酯	672-99-1
238	barban	燕麦灵	101-27-9
239	bensulfuron-methyl	苄嘧磺隆	83055-99-6
240	chlorimuronethyl	氯嘧磺隆	90982-32-4
241	chlorphoxim	氯辛硫磷	14816-20-7
242	chlortoluron	绿麦隆	15545-48-9
243	clofentezine	四螨嗪	74115-24-5
244	ethoxysulfuron	乙氧嘧磺隆	126801-58-9
245	promecarb	猛杀威	2631-37-0
246	pyrethrins	除虫菊酯	8003-34-7
247	toxaphene	毒杀芬	8001-35-2
8 种农药标准品为混合物,得到的扫描质谱图无法确定其对应的碎片离子峰			
248	aroclor 1221	多氯联苯 1221	11104-28-2
249	aroclor 1232	多氯联苯 1232	11141-16-5
250	aroclor 1242	多氯联苯 1242	53469-21-9
251	aroclor 1248	多氯联苯 1248	12672-29-6
252	aroclor 1254	多氯联苯 1254	11097-69-1
253	aroclor 1260	多氯联苯 1260	11096-82-5
254	aroclor 1262	多氯联苯 1262	37324-23-5
255	aroclor 1268	多氯联苯 1268	11100-14-4
配制混合标准溶液,GC-MS测定发现 21 种农药没有响应信号或响应信号很小			
256	1-naphthyl acetamide	萘乙酰胺	86-86-2
257	4-aminopyridine	4-氨基吡啶	504-24-5
258	benfuracarb	丙硫克百威	82560-54-1
259	bromoxynil octanoate	辛酰溴苯腈	1689-99-2

序号	英文名称	中文名称	CAS 号
260	thiram	福美双	137-26-8
261	chlordecone	十氯酮	143-50-0
262	propylene thiourea	丙烯硫脲	2122-19-2
263	pentachlorophenol	五氯苯酚	87-86-5
264	dinoseb	地乐酚	88-85-7
265	dinoseb acetate	地乐酯	2813-95-8
266	chlorothalonil	百菌清	1897-45-6
267	crotoxyphos	巴毒磷	7700-17-6
268	uniconazole	烯效唑	83657-22-1
269	paraoxon-methyl	甲基对氧磷	950-35-6
270	terbufos sulfone	特丁硫磷砜	56070-16-7
271	chromafenozide	环虫酰肼	143807-66-3
272	dinoterb	特乐酚	1420-07-1
273	fluometuron	伏草隆	2164-17-2
274	bensulide	地散磷	741-58-2
275	fosthiazate	噻唑磷	98886-44-3
276	isoxaben	异恶酰草胺	82558-50-7
基质添加回收率实验,GC-MS 测定发现 49 种农药回收率很低			
277	parathion	对硫磷	56-38-2
278	fenothiocarb	苯硫威	62850-32-2
279	folpet	灭菌丹	133-07-3
280	phosmet	亚胺硫磷	732-11-6
281	oxycarboxin	氧化萎锈灵	5259-88-1
282	terbumeton	特丁通	33693-04-8
283	chlorbromuron	氯溴隆	13360-45-7
284	endosulfan	硫丹	115-29-7
285	captafol	敌菌丹	2425-06-1
286	simetryn	西草净	1014-70-6
287	dimethipin	噻节因	55290-64-7
288	fenoxycarb	苯氧威	72490-01-8
289	acrinathrin	氟丙菊酯	101007-06-1
290	cycloxydim	噻草酮	101205-02-1
291	tri-iso-butyl phosphate	三异丁基磷酸酯	126-71-6
292	musk ketone	酮麝香	81-14-1
293	methfuroxam	呋菌胺	28730-17-8
294	dinobuton	消螨通	973-21-7
295	ditalimfos	灭菌磷	5131-24-8
296	XMC	二甲威	2655-14-3
297	acenaphthene	威杀灵	83-32-9
298	naled	二溴磷	300-76-5
299	fenfuram	甲呋酰胺	24691-80-3
300	benfuresate	呋草黄	68505-69-1

序号	英文名称	中文名称	CAS 号
301	dithiopyr	氟硫草定	97886-45-8
302	phosphamidon	磷胺	13171-21-6
303	thiamethoxam	噻虫嗪	153719-23-4
304	captan	克菌丹	133-06-2
305	TCMTB	苯噻氰	21564-17-0
306	clethodim	烯草酮	99129-21-2
307	chrysene	䓛	218-01-9
308	famphur	氨磺磷	52-85-7
309	picolinafen	氟吡酰草胺	137641-05-5
310	tralkoxydim	肟草酮	87820-88-0
311	fluridone	氟啶草酮	59756-60-4
312	triflumizole	氟菌唑	99387-89-0
313	acephate	乙酰甲胺磷	30560-19-1
314	endothal	草多索	145-73-3
315	desmediphan	甜菜安	13684-56-5
316	pyrifenox	啶斑肟	88283-41-4
317	dimethametryn	异戊乙净	22936-75-0
318	endrin-aldehyde	异狄氏剂醛	7421-93-4
319	halosulfuran-methyl	氯吡嘧磺隆	100784-20-1
320	tricyclazole	三环唑	41814-78-2
321	cythioate	赛灭磷	115-93-5
322	acetamiprid	啶虫脒	135410-20-7
323	tralomethrin-1	四溴菊酯-1	66841-25-6
324	tralomethrin-2	四溴菊酯-2	66841-25-6
325	azoxystrobin	嘧菌酯	131860-33-8

表 1-2 GC-MS 测定茶叶中 490 种农药的保留时间、定量离子与定性离子

内标及序号	中文名称	英文名称	CAS 号	保留时间/min	定量离子 m/z	定性离子 1m/z	定性离子 2m/z	定性离子 3m/z
内标	环氧七氯	heptachlor epoxide	1024-57-3	22.1	353(100)	355(79)	351(52)	
A 组								
1	二丙烯草胺	allidochlor	93-71-0	8.78	138(100)	158(10)	173(15)	
2	二氯丙烯胺	dichlormid	37764-25-3	9.74	172(100)	166(41)	124(79)	
3	土菌灵	etridiazol	2593-15-9	10.42	211(100)	183(73)	140(19)	
4	氯甲磷	chlormephos	24934-91-6	10.53	121(100)	234(70)	154(70)	
5	苯胺灵	propham	122-42-9	11.36	179(100)	137(66)	120(51)	
6	环草敌	cycloate	1134-23-2	13.56	154(100)	186(5)	215(12)	
7	二苯胺	diphenylamine	122-39-4	14.55	169(100)	168(58)	167(29)	
8	杀虫脒	chlordimeform	6164-98-3	14.93	196(100)	198(30)	195(18)	183(23)
9	乙丁烯氟灵	ethalfluralin	55283-68-6	15	276(100)	316(81)	292(42)	
10	甲拌磷	phorate	298-02-2	15.46	260(100)	121(160)	231(56)	153(3)
11	甲基乙拌磷	thiometon	640-15-3	16.2	88(100)	125(55)	246(9)	

内标及序号	中文名称	英文名称	CAS号	保留时间/min	定量离子 m/z	定性离子 1m/z	定性离子 2m/z	定性离子 3m/z
12	五氯硝基苯	quintozene	82-68-8	16.75	295(100)	237(159)	249(114)	
13	脱乙基阿特拉津	atrazine-desethyl	6190-65-4	16.76	172(100)	187(32)	145(17)	
14	异草酮	clomazone	81777-89-1	17	204(100)	138(4)	205(13)	
15	二嗪磷	diazinon	333-41-5	17.14	304(100)	179(192)	137(172)	
16	地虫硫磷	fonofos	944-22-9	17.31	246(100)	137(141)	174(15)	202(6)
17	乙嘧硫磷	etrimfos	38260-54-7	17.92	292(100)	181(40)	277(31)	
18	胺丙畏	propetamphos	31218-83-4	17.97	138(100)	194(49)	236(30)	
19	密草通	secbumeton	26259-45-0	18.36	196(100)	210(38)	225(39)	
20	炔苯酰草胺-1	propyzamide-1	23950-58-5	18.72	173(100)	175(62)	255(22)	
21	除线磷	dichlofenthion	97-17-6	18.8	279(100)	223(78)	251(38)	
22	自克威	mexacarbate	315-18-4	18.83	165(100)	150(66)	222(27)	
23	乐果	dimethoate	60-51-5	19.25	125(100)	143(16)	229(11)	
24	氨氟灵	dinitramine	29091-05-2	19.35	305(100)	307(38)	261(29)	
25	艾氏剂	aldrin	309-00-2	19.67	263(100)	265(65)	293(40)	329(8)
26	皮蝇磷	ronnel	299-84-3	19.8	285(100)	287(67)	125(32)	
27	扑草净	prometryn	7287-19-6	20.13	241(100)	184(78)	226(60)	
28	环丙津	cyprazine	22936-86-3	20.18	212(100)	227(58)	170(29)	
29	乙烯菌核利	vinclozolin	50471-44-8	20.29	285(100)	212(109)	198(96)	
30	β-六六六	β-HCH	319-85-7	20.31	219(100)	217(78)	181(94)	254(12)
31	甲霜灵	metalaxyl	57837-19-1	20.67	206(100)	249(53)	234(38)	
32	甲基对硫磷	parathion-methyl	298-00-0	20.82	263(100)	233(66)	246(8)	200(6)
33	毒死蜱	chlorpyrifos	2921-88-2	20.96	314(100)	258(57)	286(42)	
34	δ-六六六	δ-HCH	319-86-8	21.16	219(100)	217(80)	181(99)	254(10)
35	蒽醌	anthraquinone	84-65-1	21.49	208(100)	180(84)	152(69)	
36	倍硫磷	fenthion	55-38-9	21.53	278(100)	169(16)	153(9)	
37	马拉硫磷	malathion	121-75-5	21.54	173(100)	158(36)	143(15)	
38	对氧磷	paraoxon-ethyl	311-45-5	21.57	275(100)	220(60)	247(58)	263(11)
39	杀螟硫磷	fenitrothion	122-14-5	21.62	277(100)	260(52)	247(60)	
40	三唑酮	triadimefon	43121-43-3	22.22	208(100)	210(50)	181(74)	
41	利谷隆	linuron	330-55-2	22.44	61(100)	248(30)	160(12)	
42	二甲戊灵	pendimethalin	40487-42-1	22.59	252(100)	220(22)	162(12)	
43	杀螨醚	chlorbenside	103-17-3	22.96	268(100)	270(41)	143(11)	
44	乙基溴硫磷	bromophos-ethyl	4824-78-6	23.06	359(100)	303(77)	357(74)	
45	喹硫磷	quinalphos	13593-03-8	23.1	146(100)	298(28)	157(66)	
46	反式氯丹	trans-chlordane	5103-74-2	23.29	373(100)	375(96)	377(51)	
47	稻丰散	phenthoate	2597-03-7	23.3	274(100)	246(24)	320(5)	
48	吡唑草胺	metazachlor	67129-08-2	23.32	209(100)	133(120)	211(32)	
49	丙硫磷	prothiophos	34643-46-4	24.04	309(100)	267(88)	162(55)	
50	整形醇	chlorflurenol	2464-37-1	24.15	215(100)	152(40)	274(11)	
51	腐霉利	procymidone	32809-16-8	24.36	283(100)	285(70)	255(15)	
52	狄氏剂	dieldrin	60-57-1	24.43	263(100)	277(82)	380(30)	345(35)
53	杀扑磷	methidathion	950-37-8	24.49	145(100)	157(2)	302(4)	
54	敌草胺	napropamide	15299-99-7	24.84	271(100)	128(111)	171(34)	

内标及序号	中文名称	英文名称	CAS 号	保留时间/min	定量离子 m/z	定性离子 1m/z	定性离子 2m/z	定性离子 3m/z
55	氰草津	cyanazine	21725-46-2	24.94	225(100)	240(56)	198(61)	
56	恶草酮	oxadiazone	19666-30-9	25.06	175(100)	258(62)	302(37)	
57	苯线磷	fenamiphos	22224-92-6	25.29	303(100)	154(56)	288(31)	217(22)
58	杀螨氯硫	tetrasul	2227-13-6	25.85	252(100)	324(64)	254(68)	
59	乙嘧酚磺酸酯	bupirimate	41483-43-6	26	273(100)	316(41)	208(83)	
60	氟酰胺	flutolanil	66332-96-5	26.23	173(100)	145(25)	323(14)	
61	萎锈灵	carboxin	5234-68-4	26.25	235(100)	143(168)	87(52)	
62	4,4'-滴滴滴	4,4'-DDD	72-54-8	26.59	235(100)	237(64)	199(12)	165(46)
63	乙硫磷	ethion	563-12-2	26.69	231(100)	384(13)	199(9)	
64	乙环唑-1	etaconazole-1	60207-93-4	26.81	245(100)	173(85)	247(65)	
65	硫丙磷	sulprofos	35400-43-2	26.87	322(100)	156(62)	280(11)	
66	乙环唑-2	etaconazole-2	60207-93-4	26.89	245(100)	173(85)	247(65)	
67	腈菌唑	myclobutanil	88671-89-0	27.19	179(100)	288(14)	150(45)	
68	丰索磷	fensulfothion	115-90-2	27.94	292(100)	308(18)	293(73)	
69	禾草灵	diclofop-methyl	51338-27-3	28.08	253(100)	281(50)	342(82)	
70	丙环唑-1	propiconazole-1	60207-90-1	28.15	259(100)	173(97)	261(65)	
71	丙环唑-2	propiconazole-2	60207-90-1	28.15	259(100)	173(97)	261(65)	
72	联苯菊酯	bifenthrin	82657-04-3	28.57	181(100)	166(25)	165(23)	
73	灭蚁灵	mirex	2385-85-5	28.72	272(100)	237(49)	274(80)	
74	丁硫克百威	carbosulfan	55285-14-8	28.8	160(100)	118(95)	323(30)	
75	氟苯嘧啶醇	nuarimol	63284-71-9	28.9	314(100)	235(155)	203(108)	
76	麦锈灵	benodanil	15310-01-7	29.14	231(100)	323(38)	203(22)	
77	甲氧滴滴涕	methoxychlor	72-43-5	29.38	227(100)	228(16)	212(4)	
78	恶霜灵	oxadixyl	77732-09-3	29.5	163(100)	233(18)	278(11)	
79	戊唑醇	tebuconazole	107534-96-3	29.51	250(100)	163(55)	252(36)	
80	胺菊酯	tetramethirn	7696-12-0	29.59	164(100)	135(3)	232(1)	
81	氟草敏	norflurazon	27314-13-2	29.99	303(100)	145(101)	102(47)	
82	哒嗪硫磷	pyridaphenthion	119-12-0	30.17	340(100)	199(48)	188(51)	
83	三氯杀螨砜	tetradifon	116-29-0	30.7	227(100)	356(70)	159(196)	
84	顺式氯菊酯	cis-permethrin	61949-76-6	31.42	183(100)	184(15)	255(2)	
85	吡菌磷	pyrazophos	13457-18-6	31.6	221(100)	232(35)	373(19)	
86	反式氯菊酯	trans-permethrin	61949-77-7	31.68	183(100)	184(15)	255(2)	
87	氯氰菊酯	cypermethrin	52315-07-8	33.19	181(100)	152(23)	180(16)	
88	氰戊菊酯-1	fenvalerate-1	51630-58-1	34.45	167(100)	225(53)	419(37)	181(41)
89	氰戊菊酯-2	fenvalerate-2	51630-58-1	34.79	167(101)	225(54)	419(38)	181(42)
90	溴氰菊酯	deltamethrin	52918-63-5	35.77	181(100)	172(25)	174(25)	
				B组				
91	茵草敌	EPTC	759-94-4	8.54	128(100)	189(30)	132(32)	
92	丁草特	butylate	2008-41-5	9.49	156(100)	146(115)	217(27)	
93	敌草腈	dichlobenil	1194-65-6	9.75	171(100)	173(68)	136(15)	
94	克草敌	pebulate	1114-71-2	10.18	128(100)	161(21)	203(20)	
95	三氯甲基吡啶	nitrapyrin	1929-82-4	10.89	194(100)	196(97)	198(23)	
96	速灭磷	mevinphos	7786-34-7	11.23	127(100)	192(39)	164(29)	

内标及序号	中文名称	英文名称	CAS 号	保留时间/min	定量离子 m/z	定性离子 1m/z	定性离子 2m/z	定性离子 3m/z
97	氯苯甲醚	chloroneb	2675-77-6	11.85	191(100)	193(67)	206(66)	
98	四氯硝基苯	tecnazene	117-18-0	13.54	261(100)	203(135)	215(113)	
99	庚烯磷	heptanophos	23560-59-0	13.78	124(100)	215(17)	250(14)	
100	灭线磷	ethoprophos	13194-48-4	14.4	158(100)	200(40)	242(23)	168(15)
101	六氯苯	hexachlorobenzene	118-74-1	14.69	284(100)	286(81)	282(51)	
102	毒草胺	propachlor	1918-16-7	14.73	120(100)	176(45)	211(11)	
103	顺式燕麦敌	cis-diallate	17708-57-5	14.75	234(100)	236(37)	128(38)	
104	氟乐灵	trifluralin	1582-09-8	15.23	306(100)	264(72)	335(7)	
105	反式燕麦敌	trans-diallate	17708-58-6	15.29	234(100)	236(37)	128(38)	
106	氯苯胺灵	chlorpropham	101-21-3	15.49	213(100)	171(59)	153(24)	
107	治螟磷	sulfotep	3689-24-5	15.55	322(100)	202(43)	238(27)	266(24)
108	菜草畏	sulfallate	95-06-7	15.75	188(100)	116(7)	148(4)	
109	α-六六六	α-HCH	319-84-6	16.06	219(100)	183(98)	221(47)	254(6)
110	特丁硫磷	terbufos	13071-79-9	16.83	231(100)	153(25)	288(10)	186(13)
111	环丙氟灵	profluralin	26399-36-0	17.36	318(100)	304(47)	347(13)	
112	敌噁磷	dioxathion	78-34-2	17.51	270(100)	197(43)	169(19)	
113	扑灭津	propazine	139-40-2	17.67	214(100)	229(67)	172(51)	
114	氯炔灵	chlorbufam	1967-16-4	17.85	223(100)	153(53)	164(64)	
115	氯硝胺	dicloran	99-30-9	17.89	206(100)	176(128)	160(52)	
116	特丁津	terbuthylazine	5915-41-3	18.07	214(100)	229(33)	173(35)	
117	绿谷隆	monolinuron	1746-81-2	18.15	61(100)	126(45)	214(51)	
118	杀螟腈	cyanophos	2636-26-2	18.73	243(100)	180(8)	148(3)	
119	氟虫脲	flufenoxuron	101463-69-8	18.83	305(100)	126(67)	307(32)	
120	甲基毒死蜱	chlorpyrifos-methyl	5598-13-0	19.38	286(100)	288(70)	197(5)	
121	敌草净	desmetryn	1014-69-3	19.64	213(100)	198(60)	171(30)	
122	二甲草胺	dimethachlor	50563-36-5	19.8	134(100)	197(47)	210(16)	
123	甲草胺	alachlor	15972-60-8	20.03	188(100)	237(35)	269(15)	
124	甲基嘧啶磷	pirimiphos-methyl	29232-93-7	20.3	290(100)	276(86)	305(74)	
125	特丁净	terbutryn	886-50-0	20.61	226(100)	241(64)	185(73)	
126	丙硫特普	aspon	3244-90-4	20.62	211(100)	253(52)	378(14)	
127	杀草丹	thiobencarb	28249-77-6	20.63	100(100)	257(25)	259(9)	
128	三氯杀螨醇	dicofol	115-32-2	21.33	139(100)	141(72)	250(23)	251(4)
129	异丙甲草胺	metolachlor	51218-45-2	21.34	238(100)	162(159)	240(33)	
130	嘧啶磷	pirimiphos-ethyl	23505-41-1	21.59	333(100)	318(93)	304(69)	
131	氧化氯丹	oxy-chlordane	27304-13-8	21.63	387(100)	237(50)	185(68)	
132	苯氟磺胺	dichlofluanid	1085-98-9	21.68	224(100)	226(74)	167(120)	
133	烯虫酯	methoprene	40596-69-8	21.71	73(100)	191(29)	153(29)	
134	溴硫磷	bromofos	2104-96-3	21.75	331(100)	329(75)	213(7)	
135	乙氧呋草黄	ethofume sate	26225-79-6	21.84	207(100)	161(54)	286(27)	
136	异丙乐灵	isopropalin	33820-53-0	22.1	280(100)	238(40)	222(4)	
137	敌稗	propanil	709-98-8	22.68	161(100)	217(21)	163(62)	
138	育畜磷	crufomate	299-86-5	22.93	256(100)	182(154)	276(58)	
139	异柳磷	isofenphos	25311-71-1	22.99	213(100)	255(44)	185(45)	

内标及序号	中文名称	英文名称	CAS号	保留时间/min	定量离子 m/z	定性离子 1 m/z	定性离子 2 m/z	定性离子 3 m/z
140	硫丹-1	endosulfan	115-29-7	23.1	241(100)	265(66)	339(46)	
141	毒虫畏	chlorfenvinphos	470-90-6	23.19	323(100)	267(139)	269(92)	
142	甲苯氟磺胺	tolylfluanide	731-27-1	23.45	238(100)	240(71)	137(210)	
143	顺式氯丹	cis-chlordane	5103-71-9	23.55	373(100)	375(96)	377(51)	
144	丁草胺	butachlor	23184-66-9	23.82	176(100)	160(75)	188(46)	
145	乙菌利	chlozolinate	84332-86-5	23.83	259(100)	188(83)	331(91)	
146	4,4'-滴滴伊	4,4'-DDE	72-55-9	23.92	318(100)	316(80)	246(139)	248(70)
147	碘硫磷	iodofenphos	18181-70-9	24.33	377(100)	379(37)	250(6)	
148	杀虫畏	tetrachlorvinphos	22248-79-9	24.36	329(100)	331(96)	333(31)	
149	丙溴磷	profenofos	41198-08-7	24.65	339(100)	374(39)	297(37)	
150	噻嗪酮	buprofezin	69327-76-0	24.87	105(100)	172(54)	305(24)	
151	己唑醇	hexaconazole	79983-71-4	24.92	214(100)	231(62)	256(26)	
152	2,4'-滴滴滴	2,4'-DDD	53-19-0	24.94	235(100)	237(65)	165(39)	199(14)
153	杀螨酯	chlorfenson	80-33-1	25.05	302(100)	175(282)	177(103)	
154	氟咯草酮-1	fluorochloridone-1	61213-25-0	25.14	311(100)	313(64)	187(85)	
155	异狄氏剂	endrin	72-20-8	25.15	263(100)	317(30)	345(26)	
156	多效唑	paclobutrazol	76738-62-0	25.21	236(100)	238(37)	167(39)	
157	2,4'-滴滴涕	2,4'-DDT	789-02-6	25.56	235(100)	237(63)	165(37)	199(14)
158	盖草津	methoprotryne	841-06-5	25.63	256(100)	213(24)	271(17)	
159	丙酯杀螨醇	chloropropylate	5836-10-2	25.85	251(100)	253(64)	141(18)	
160	麦草氟甲酯	flamprop-methyl	52756-25-9	25.9	105(100)	77(26)	276(11)	
161	除草醚	nitrofen	1836-75-5	26.12	283(100)	253(90)	202(48)	139(15)
162	乙氧氟草醚	oxyfluorfen	42874-03-3	26.13	252(100)	361(35)	300(35)	
163	虫螨磷	chlorthiophos	60238-56-4	26.52	325(100)	360(52)	297(54)	
164	麦草氟异丙酯	flamprop-isopropyl	52756-22-6	26.7	105(100)	276(19)	363(3)	
165	三硫磷	carbofenothion	786-19-6	27.19	157(100)	342(49)	199(28)	
166	4,4'-滴滴涕	4,4'-DDT	50-29-3	27.22	235(100)	237(65)	246(7)	165(34)
167	苯霜灵	benalaxyl	71626-11-4	27.54	148(100)	206(32)	325(8)	
168	敌瘟磷	edifenphos	17109-49-8	27.94	173(100)	310(76)	201(37)	
169	三唑磷	triazophos	24017-47-8	28.23	161(100)	172(47)	257(38)	
170	苯腈磷	cyanofenphos	13067-93-1	28.43	157(100)	169(56)	303(20)	
171	氯杀螨砜	chlorbenside sul-fone	7082-99-7	28.88	127(100)	99(14)	89(33)	
172	硫丹硫酸盐	endosulfan-sulfate	1031-07-8	29.05	387(100)	272(165)	389(64)	
173	溴螨酯	bromopropylate	18181-80-1	29.3	341(100)	183(34)	339(49)	
174	新燕灵	benzoylprop-ethyl	22212-55-1	29.4	292(100)	365(36)	260(37)	
175	甲氰菊酯	fenpropathrin	39515-41-8	29.56	265(100)	181(237)	349(25)	
176	苯硫膦	EPN	2104-64-5	30.06	157(100)	169(53)	323(14)	
177	环嗪酮	hexazinone	51235-04-2	30.14	171(100)	252(3)	128(12)	
178	溴苯磷	leptophos	21609-90-5	30.19	377(100)	375(73)	379(28)	
179	治草醚	bifenox	42576-02-3	30.81	341(100)	189(30)	310(27)	
180	伏杀硫磷	phosalone	2310-17-0	31.22	182(100)	367(30)	154(20)	
181	保棉磷	azinphos-methyl	86-50-0	31.41	160(100)	132(71)	77(58)	

内标及序号	中文名称	英文名称	CAS 号	保留时间/min	定量离子 m/z	定性离子 1m/z	定性离子 2m/z	定性离子 3m/z
182	氯苯嘧啶醇	fenarimol	60168-88-9	31.65	139(100)	219(70)	330(42)	
183	益棉磷	azinphos-ethyl	2642-71-9	32.01	160(100)	132(103)	77(51)	
184	氟氯氰菊酯	cyfluthrin	68359-37-5	32.94	206(100)	199(63)	226(72)	
185	咪鲜胺	prochloraz	67747-09-5	33.07	180(100)	308(59)	266(18)	
186	蝇毒磷	coumaphos	56-72-4	33.22	362(100)	226(56)	364(39)	
187	氟胺氰菊酯	ε-fluvalinate	102851-06-9	34.94	250(100)	252(38)	181(18)	
C 组								
188	敌敌畏	dichlorvos	62-73-7	7.8	109(100)	185(34)	220(7)	
189	联苯	biphenyl	92-52-4	9	154(100)	153(40)	152(27)	
190	霜霉威	propamocarb	24579-73-5	9.4	58(100)	129(6)	188(5)	
191	灭草敌	vernolate	1929-77-7	9.82	128(100)	146(17)	203(9)	
192	3,5-二氯苯胺	3,5-dichloroaniline	626-43-7	11.2	161(100)	163(62)	126(10)	
193	虫螨畏	methacrifos	62610-77-9	11.86	125(100)	208(74)	240(44)	
194	禾草敌	molinate	2212-67-1	11.92	126(100)	187(24)	158(2)	
195	邻苯基苯酚	2-phenylphenol	90-43-7	12.47	170(100)	169(72)	141(31)	
196	顺四氢邻苯二甲酰亚胺	cis-1,2,3,6-tetra-hydrophthalimide	1469-48-3	13.39	151(100)	123(16)	122(16)	
197	仲丁威	fenobucarb	3766-81-2	14.6	121(100)	150(32)	107(8)	
198	乙丁氟灵	benfluralin	1861-40-1	15.23	292(100)	264(20)	276(13)	
199	氟铃脲	hexaflumuron	86479-06-3	16.2	176(100)	279(28)	277(43)	
200	扑灭通	prometon	1610-18-0	16.66	210(100)	225(91)	168(67)	
201	野麦威	triallate	2303-17-5	17.12	268(100)	270(73)	143(19)	
202	嘧霉胺	pyrimethanil	53112-28-0	17.28	198(100)	199(45)	200(5)	
203	林丹	γ-HCH	58-89-9	17.48	183(100)	219(93)	254(13)	221(40)
204	乙拌磷	disulfoton	298-04-4	17.61	88(100)	274(15)	186(18)	
205	莠去津	atrizine	1912-24-9	17.64	200(100)	215(62)	173(29)	
206	异稻瘟净	iprobenfos	26087-47-8	18.44	204(100)	246(18)	288(17)	
207	七氯	heptachlor	76-44-8	18.49	272(100)	237(40)	337(27)	
208	氯唑磷	isazofos	42509-80-8	18.54	161(100)	257(53)	285(39)	313(15)
209	三氯杀虫酯	plifenate	21757-82-4	18.87	217(100)	175(96)	242(91)	
210	氯乙氟灵	fluchloralin	33245-39-5	18.89	306(100)	326(87)	264(54)	
211	四氟苯菊酯	transfluthrin	118712-89-3	19.04	163(100)	165(23)	335(7)	
212	丁苯吗啉	fenpropimorph	67564-91-4	19.22	128(100)	303(5)	129(9)	
213	甲基立枯磷	tolclofos-methyl	57018-04-9	19.69	265(100)	267(36)	250(10)	
214	异丙草胺	propisochlor	86763-47-5	19.89	162(100)	223(200)	146(17)	
215	溴谷隆	metobromuron	3060-89-7	20.07	61(100)	258(11)	170(16)	
216	莠灭净	ametryn	834-12-8	20.11	227(100)	212(53)	185(17)	
217	嗪草酮	metribuzin	21087-64-9	20.33	198(100)	199(21)	144(12)	
218	异丙净	dipropetryn	4147-51-7	20.82	255(100)	240(42)	222(20)	
219	安硫磷	formothion	2540-82-1	21.42	170(100)	224(97)	257(63)	
220	乙霉威	diethofencarb	87130-20-9	21.43	267(100)	225(98)	151(31)	
221	哌草丹	dimepiperate	61432-55-1	22.28	119(100)	145(30)	263(8)	
222	生物烯丙菊酯-1	bioallethrin-1	28434-00-6	22.29	123(100)	136(24)	107(29)	

内标及序号	中文名称	英文名称	CAS 号	保留时间/min	定量离子 m/z	定性离子1 m/z	定性离子2 m/z	定性离子3 m/z
223	生物烯丙菊酯-2	bioallethrin-2	28434-00-6	22.34	123(100)	136(24)	107(29)	
224	芬螨酯	fenson	80-38-6	22.54	141(100)	268(53)	77(104)	
225	2,4′-滴滴伊	2,4′-DDE	3424-82-6	22.64	246(100)	318(34)	176(26)	248(70)
226	双苯酰草胺	diphenamid	957-51-7	22.87	167(100)	239(30)	165(43)	
227	戊菌唑	penconazole	66246-88-6	23.17	248(100)	250(33)	161(50)	
228	四氟醚唑	tetraconazole	112281-77-3	23.35	336(100)	338(33)	171(10)	
229	灭蚜磷	mecarbam	2595-54-2	23.46	131(100)	296(22)	329(40)	
230	丙虫磷	propaphos	7292-16-2	23.92	304(100)	220(108)	262(34)	
231	氟节胺	flumetralin	62924-70-3	24.1	143(100)	157(25)	404(10)	
232	三唑醇-1	triadimenol-1	55219-65-3	24.22	112(100)	168(81)	130(15)	
233	三唑醇-2	triadimenol-2	55219-65-3	24.94	112(100)	168(71)	130(10)	
234	丙草胺	pretilachlor	51218-49-6	24.67	162(100)	238(26)	262(8)	
235	亚胺菌	kresoxim-methyl	143390-89-0	25.04	116(100)	206(25)	131(66)	
236	吡氟禾草灵	fluazifop-butyl	69806-50-4	25.21	282(100)	383(44)	254(49)	
237	氟啶脲	chlorfluazuron	71422-67-8	25.27	321(100)	323(73)	356(8)	
238	乙酯杀螨醇	chlorobenzilate	510-15-6	25.9	251(100)	253(65)	152(5)	
239	氟哇唑	flusilazole	85509-19-9	26.19	233(100)	206(33)	315(9)	
240	三氟硝草醚	fluorodifen	15457-05-3	26.59	190(100)	328(35)	162(34)	
241	烯唑醇	diniconazole	83657-24-3	27.03	268(100)	270(65)	232(13)	
242	增效醚	piperonyl butoxide	51-03-6	27.46	176(100)	177(33)	149(14)	
243	恶唑隆	dimefuron	34205-21-5	27.82	140(100)	105(75)	267(36)	
244	炔螨特	propargite	2312-35-8	27.87	135(100)	350(7)	173(16)	
245	灭锈胺	mepronil	55814-41-0	27.91	119(100)	269(26)	120(9)	
246	吡氟酰草胺	diflufenican	83164-33-4	28.45	266(100)	394(25)	267(14)	
247	咯菌腈	fludioxonil	131341-86-1	28.93	248(100)	127(24)	154(21)	
248	喹螨醚	fenazaquin	120928-09-8	28.97	145(100)	160(46)	117(10)	
249	苯醚菊酯	phenothrin	26002-80-2	29.08	123(100)	183(74)	350(6)	
250	双甲脒	amitraz	33089-61-1	30	293(100)	162(138)	132(168)	
251	莎稗磷	anilofos	64249-01-0	30.68	226(100)	184(52)	334(10)	
252	高效氯氟氰菊酯	λ-cyhalothrin	91465-08-6	31.11	181(100)	197(100)	141(20)	
253	苯噻酰草胺	mefenacet	73250-68-7	31.29	192(100)	120(35)	136(29)	
254	氯菊酯	permethrin	52645-53-1	31.57	183(100)	184(14)	255(1)	
255	哒螨灵	pyridaben	96489-71-3	31.86	147(100)	117(11)	364(7)	
256	乙羧氟草醚	fluoroglycofen-ethyl	77501-90-7	32.01	447(100)	428(20)	449(35)	
257	联苯三唑醇	bitertanol	55179-31-2	32.25	170(100)	112(8)	141(6)	
258	醚菊酯	etofenprox	80844-07-1	32.75	163(100)	376(4)	183(6)	
259	顺式氯氰菊酯	α-cypermethrin	67375-30-8	33.35	163(100)	181(84)	165(63)	
260	氟氰戊菊酯	flucythrinate-1	70124-77-5	33.58	199(100)	157(90)	451(22)	
261	氟氰戊菊酯	flucythrinate-2	70124-77-5	33.85	199(101)	157(91)	451(23)	
262	(S)-氰戊菊酯	esfenvalerate	66230-04-4	34.65	419(100)	225(158)	181(189)	
263	苯醚甲环唑-1	difenoconazole-1	119446-68-3	35.4	323(100)	325(66)	265(83)	
264	苯醚甲环唑-2	difenooconazole-2	119446-68-3	35.49	323(100)	325(69)	265(70)	
265	丙炔氟草胺	flumioxazin	103361-09-7	35.5	354(100)	287(24)	259(15)	
266	氟烯草酸	flumiclorac-pentyl	87546-18-7	36.34	423(100)	308(51)	318(29)	

内标及序号	中文名称	英文名称	CAS号	保留时间/min	定量离子 m/z	定性离子 1 m/z	定性离子 2 m/z	定性离子 3 m/z
				D组				
267	甲氟磷	dimefox	115-26-4	5.62	110(100)	154(75)	153(17)	
268	砜拌磷	disulfoton-sulfoxide	2497-07-6	8.41	212(100)	153(61)	184(20)	
269	五氯苯	pentachlorobenzene	608-93-5	11.11	250(100)	252(64)	215(24)	
270	鼠立死	crimidine	535-89-7	13.13	142(100)	156(90)	171(84)	
271	4-溴-3,5-二甲苯基-N-甲基氨基甲酸酯-1	BDMC-1	672-99-1	13.25	200(100)	202(104)	201(13)	
272	燕麦酯	chlorfenprop-methyl	14437-17-3	13.57	165(100)	196(87)	197(49)	
273	治线磷	thionazin	297-97-2	14.04	143(100)	192(39)	220(14)	
274	2,3,5,6-四氯苯胺	2,3,5,6-tetrachloroaniline	3481-20-7	14.22	231(100)	229(76)	158(25)	
275	磷酸三丁酯	tributyl phosphate	126-73-8	14.33	155(100)	211(61)	167(8)	
276	2,3,4,5-四氯甲氧基苯	2,3,4,5-tetrachloroanisole	938-86-3	14.66	246(100)	203(70)	231(51)	
277	五氯甲氧基苯	pentachloroanisole	1825-21-4	15.19	280(100)	265(100)	237(85)	
278	牧草胺	tebutam	35256-85-0	15.3	190(100)	106(38)	142(24)	
279	甲基苯噻隆	methabenzthiazuron	18691-97-9	16.34	164(100)	136(81)	108(27)	
280	脱异丙基莠去津	desisopropyl-atrazine	1007-28-9	16.69	173(100)	158(84)	145(73)	
281	西玛通	simetone	673-04-1	16.69	197(100)	196(40)	182(38)	
282	阿特拉通	atratone	1610-17-9	16.7	196(100)	211(68)	197(105)	
283	七氟菊酯	tefluthrin	79538-32-2	17.24	177(100)	197(26)	161(5)	
284	溴烯杀	bromocylen	1715-40-8	17.43	359(100)	357(99)	394(14)	
285	草达津	trietazine	1912-26-1	17.53	200(100)	229(51)	214(45)	
286	2,6-二氯苯甲酰胺	2,6-dichlorobenzamide	2008-58-4	17.93	173(100)	189(36)	175(62)	
287	环莠隆	cycluron	2163-69-1	17.95	89(100)	198(36)	114(9)	
288	2,4,4'-三氯联苯	DE-PCB 28	7012-37-5	18.15	256(100)	186(53)	258(97)	
289	2,4',5-三氯联苯	DE-PCB 31	16606-02-3	18.19	256(100)	186(53)	258(97)	
290	脱乙基另丁津	desethyl sebuthylazine	37019-18-4	18.32	172(100)	174(32)	186(11)	
291	2,3,4,5-四氯苯胺	2,3,4,5-tetrachloroaniline	634-83-3	18.55	231(100)	229(76)	233(48)	
292	合成麝香	musk ambrette	83-66-9	18.62	253(100)	268(35)	223(18)	
293	二甲苯麝香	musk xylene	81-15-2	18.66	282(100)	297(10)	128(20)	
294	五氯苯胺	pentachloroaniline	527-20-8	18.91	265(100)	263(63)	230(8)	
295	叠氮津	aziprotryne	4658-28-0	19.11	199(100)	184(83)	157(31)	
296	丁咪酰胺	isocarbamid	30979-48-7	19.24	142(100)	185(2)	143(6)	
297	另丁津	sebutylazine	7286-69-3	19.26	200(100)	214(14)	229(13)	
298	麝香	musk moskene	116-66-5	19.46	263(100)	278(12)	264(15)	
299	2,2',5,5'-四氯联苯	DE-PCB 52	35693-99-3	19.48	292(100)	220(88)	255(32)	
300	苄草丹	prosulfocarb	52888-80-9	19.51	251(100)	252(14)	162(10)	

内标及序号	中文名称	英文名称	CAS号	保留时间/min	定量离子 m/z	定性离子 1 m/z	定性离子 2 m/z	定性离子 3 m/z
301	二甲噻草胺	dimethenamid	87674-68-8	19.55	154(100)	230(43)	203(21)	
302	4-溴-3,5-二甲苯基-N-甲基氨基甲酸酯-2	BDMC-2	672-99-1	19.74	200(100)	202(101)	201(12)	
303	庚酰草胺	monalide	7287-36-7	20.02	197(100)	199(31)	239(45)	
304	西藏麝香	musk tibeten	145-39-1	20.4	251(100)	266(25)	252(14)	
305	碳氯灵	isobenzan	297-78-9	20.55	311(100)	375(31)	412(7)	
306	八氯苯乙烯	octachlorostyrene	29082-74-4	20.6	380(100)	343(94)	308(120)	
307	异艾氏剂	isodrin	465-73-6	21.01	193(100)	263(46)	195(83)	
308	丁嗪草酮	isomethiozin	57052-04-7	21.06	225(100)	198(86)	184(13)	
309	氯酞酸二甲酯-1	chlorthal-dimethyl-1	1861-32-1	21.25	301(100)	332(31)	221(16)	
310	4,4-二氯二苯甲酮	4,4-dichlorobenzophenone	90-98-2	21.29	250(100)	252(62)	215(26)	
311	酞菌酯	nitrothal-isopropyl	10552-74-6	21.69	236(100)	254(54)	212(74)	
312	吡咪唑	rabenzazole	40341-04-6	21.73	212(100)	170(100)	195(19)	
313	嘧菌环胺	cyprodinil	121552-61-2	21.94	224(100)	225(62)	210(9)	
314	氧异柳磷	isofenphos oxon	31120-85-1	22.04	229(100)	201(2)	314(12)	
315	麦穗灵	fuberidazole	3878-19-1	22.1	184(100)	155(21)	129(12)	
316	异氯磷	dicapthon	2463-84-5	22.44	262(100)	263(10)	216(10)	
317	2-甲-4-氯丁氧乙基酯	MCPA-butoxyethyl ester	19480-43-4	22.61	300(100)	200(71)	182(41)	
318	2,2',4,5,5'-五氯联苯	DE-PCB 101	37680-73-2	22.62	326(100)	254(66)	291(18)	
319	水胺硫磷	isocarbophos	24353-61-5	22.87	136(100)	230(26)	289(22)	
320	甲拌磷砜	phorate sulfone	2588-04-7	23.15	199(100)	171(30)	215(11)	
321	杀螨醇	chlorfenethol	80-06-8	23.29	251(100)	253(66)	266(12)	
322	反式九氯	trans-nonachlor	39765-80-5	23.62	409(100)	407(89)	411(63)	
323	脱叶磷	DEF	78-48-8	24.08	202(100)	226(51)	258(55)	
324	氟咯草酮-2	fluorochloridone-2	61213-25-0	24.31	311(100)	187(74)	313(66)	
325	溴苯烯磷	bromfenvinfos	33399-00-7	24.62	267(100)	323(56)	295(18)	
326	乙滴涕	perthane	72-56-0	24.81	223(100)	224(20)	178(9)	
327	2,3,4,4',5-五氯联苯	DE-PCB 118	74472-37-0	25.08	326(100)	254(38)	184(16)	
328	地胺磷	mephosfolan	950-10-7	25.29	196(100)	227(49)	168(60)	
329	4,4-二溴二苯甲酮	4,4-dibromobenzophenone	3988-03-2	25.3	340(100)	259(30)	185(179)	
330	粉唑醇	flutriafol	76674-21-0	25.31	219(100)	164(96)	201(7)	
331	2,2',4,4',5,5'-六氯联苯	DE-PCB 153	35065-27-1	25.64	360(100)	290(62)	218(24)	
332	苄氯三唑醇	diclobutrazole	75736-33-3	25.95	270(100)	272(68)	159(42)	
333	乙拌磷砜	disulfoton sulfone	2497-06-5	26.16	213(100)	229(4)	185(11)	
334	噻螨酮	hexythiazox	78587-05-0	26.48	227(100)	156(158)	184(93)	
335	2,2',3,4,4',5'-六氯联苯	DE-PCB 138	35065-28-2	26.84	360(100)	290(68)	218(26)	

内标及序号	中文名称	英文名称	CAS 号	保留时间 /min	定量离子 m/z	定性离子 1 m/z	定性离子 2 m/z	定性离子 3 m/z
336	环丙唑醇	cyproconazole	94361-06-5	27.23	222(100)	224(35)	223(11)	
337	苄呋菊酯-1	resmethrin-1	10453-86-8	27.26	171(100)	143(83)	338(7)	
338	苄呋菊酯-2	resmethrin-2	10453-86-8	27.43	171(100)	143(80)	338(7)	
339	邻苯二甲酸丁苄酯	benzyl butyl phthalate	85-68-7	27.56	206(100)	312(4)	230(1)	
340	炔草酯	clodinafop propargyl	105512-06-9	27.74	349(100)	238(96)	266(83)	
341	倍硫磷亚砜	fenthion sulfoxide	3761-41-9	28.06	278(100)	279(290)	294(145)	
342	三氟苯唑	fluotrimazole	31251-03-3	28.39	311(100)	379((60)	233(36)	
343	氟草烟-1-甲庚酯	fluroxypr-1-methylheptyl ester	81406-37-3	28.45	366(100)	254(67)	237(60)	
344	倍硫磷砜	fenthion sulfone	3761-42-0	28.55	310(100)	136(25)	231(10)	
345	苯嗪草酮	metamitron	41394-05-2	28.63	202(100)	174(52)	186(12)	
346	磷酸三苯酯	triphenyl phosphate	115-86-6	28.65	326(100)	233(16)	215(20)	
347	2,2',3,4,4',5,5'-七氯联苯	DE-PCB 180	35065-29-3	29.05	394(100)	324(70)	359(20)	
348	吡螨胺	tebufenpyrad	119168-77-3	29.06	318(100)	333(78)	276(44)	
349	解草酯	cloquintocet-mexyl	99607-70-2	29.32	192(100)	194(32)	220(4)	
350	环草定	lenacil	2164-08-1	29.7	153(100)	136(6)	234(2)	
351	糠菌唑-1	bromuconazole-1	116255-48-2	29.9	173(100)	175(65)	214(15)	
352	糠菌唑-2	bromuconazole-2	116255-48-2	30.72	173(100)	175(67)	214(14)	
353	甲磺乐灵	nitralin	4726-14-1	30.92	316(100)	274(58)	300(15)	
354	苯线磷亚砜	fenamiphos sulfoxide	31972-43-7	31.03	304(100)	319(29)	196(22)	
355	苯线磷砜	fenamiphos sulfone	31972-44-8	31.34	320(100)	292(57)	335(7)	
356	拌种咯	fenpiclonil	74738-17-3	32.37	236(100)	238(66)	174(36)	
357	氟喹唑	fluquinconazole	136426-54-5	32.62	340(100)	342(37)	341(20)	
358	腈苯唑	fenbuconazole	114369-43-6	34.02	129(100)	198(51)	125(31)	
E组								
359	残杀威-1	propoxur-1	114-26-1	6.58	110(100)	152(16)	111(9)	
360	异丙威-1	isoprocarb -1	2631-40-5	7.56	121(100)	136(34)	103(20)	
361	特草灵-1	terbucarb-1	1918-11-2	10.89	205(100)	220(51)	206(16)	
362	琥珀酸二丁酯	dibutyl succinate	141-03-7	12.2	101(100)	157(19)	175(5)	
363	氯氧磷	chlorethoxyfos	54593-83-8	13.43	153(100)	125(67)	301(19)	
364	异丙威-2	isoprocarb -2	2631-40-5	13.69	121(100)	136(34)	103(20)	
365	丁噻隆	tebuthiuron	34014-18-1	14.25	156(100)	171(30)	157(9)	
366	纹枯脲	pencycuron	66063-05-6	14.3	125(100)	180(65)	209(20)	
367	甲基内吸磷	demeton-S-methyl	919-86-8	15.19	109(100)	142(43)	230(5)	
368	残杀威-2	propoxur-2	114-26-1	15.48	110(100)	152(19)	111(8)	
369	菲	phenanthrene	85-01-8	16.97	188(100)	160(9)	189(16)	
370	唑螨酯	fenpyroximate	134098-61-6	17.49	213(100)	142(21)	198(9)	
371	丁基嘧啶磷	tebupirimfos	96182-53-5	17.61	318(100)	261(107)	234(100)	
372	茉莉酮	prohydrojasmon	158474-72-7	17.8	153(100)	184(41)	254(7)	
373	苯锈啶	fenpropidin	67306-00-7	17.85	98(100)	273(5)	145(5)	

内标及序号	中文名称	英文名称	CAS 号	保留时间/min	定量离子 m/z	定性离子 1 m/z	定性离子 2 m/z	定性离子 3 m/z
374	氯硝胺	dichloran	99-30-9	18.1	176(100)	206(87)	124(101)	
375	咯喹酮	pyroquilon	57369-32-1	18.28	173(100)	130(69)	144(38)	
376	炔苯酰草胺-2	propyzamide-2	23950-58-5	19.01	173(100)	255(23)	240(9)	
377	抗蚜威	pirimicarb	23103-98-2	19.08	166(100)	238(23)	138(8)	
378	解草嗪	benoxacor	98730-04-2	19.62	120(100)	259(38)	176(19)	
379	磷胺-1	phosphamidon-1	13171-21-6	19.66	264(100)	138(62)	227(25)	
380	乙草胺	acetochlor	34256-82-1	19.84	146(100)	162(59)	223(59)	
381	灭草环	tridiphane	58138-08-2	19.9	173(100)	187(90)	219(46)	
382	戊草丹	esprocarb	85785-20-2	20.01	222(100)	265(10)	162(61)	
383	特草灵-2	terbucarb-2	1918-11-2	20.06	205(100)	220(52)	206(16)	
384	苯并噻二唑	acibenzolar-S-methyl	135158-54-2	20.42	182(100)	135(64)	153(34)	
385	精甲霜灵	mefenoxam	70630-17-0	20.91	206(100)	249(46)	279(11)	
386	马拉氧磷	malaoxon	1634-78-2	21.17	127(100)	268(11)	195(15)	
387	氯酞酸二甲酯-2	chlorthal-dimethyl-2	1861-32-1	21.39	301(100)	332(27)	221(17)	
388	硅氟唑	simeconazole	149508-90-7	21.41	121(100)	278(14)	211(34)	
389	特草定	terbacil	5902-51-2	21.5	161(100)	160(70)	117(39)	
390	噻唑烟酸	thiazopyr	117718-60-2	21.91	327(100)	363(73)	381(34)	
391	甲基毒虫畏	dimethylvinphos	71363-52-5	22.21	295(100)	297(56)	109(74)	
392	苯酰菌胺	zoxamide	156052-68-5	22.3	187(100)	242(68)	299(9)	
393	烯丙菊酯	allethrin	584-79-2	22.6	123(100)	107(24)	136(20)	
394	灭藻醌	quinoclamine	2797-51-5	22.89	207(100)	172(259)	144(64)	
395	氟噻草胺	flufenacet	142459-58-3	23.09	151(100)	211(61)	363(6)	
396	氰菌胺	fenoxanil	115852-48-7	23.58	140(100)	189(14)	301(6)	
397	呋霜灵	furalaxyl	57646-30-7	23.97	242(100)	301(24)	152(40)	
398	除草定	bromacil	314-40-9	24.73	205(100)	207(46)	231(5)	
399	啶氧菌酯	picoxystrobin	117428-22-5	24.97	335(100)	303(43)	367(9)	
400	抑草磷	butamifos	36335-67-8	25.41	286(100)	200(57)	232(37)	
401	甲基咪草酯	imazamethabenz-methyl	81405-85-8	25.5	144(100)	187(117)	256(95)	
402	灭虫威砜	methiocarb sulfone	2179-25-1	25.56	200(100)	185(40)	137(16)	
403	苯氧菌胺	metominostrobin	133408-50-1	25.61	191(100)	238(56)	196(75)	
404	抑霉唑	imazalil	35554-44-0	25.72	215(100)	173(66)	296(5)	
405	稻瘟灵	isoprothiolane	50512-35-1	25.87	290(100)	231(82)	204(88)	
406	环氟菌胺	cyflufenamid	180409-60-3	26.02	91(100)	412(11)	294(11)	
407	噁唑磷	isoxathion	18854-01-8	26.51	313(100)	105(341)	177(208)	
408	苯氧喹啉	quinoxyphen	124495-18-7	27.14	237(100)	272(37)	307(29)	
409	肟菌酯	trifloxystrobin	141517-21-7	27.71	116(100)	131(40)	222(30)	
410	脱苯甲基亚胺唑	imibenconazole-des-benzyl	199338-48-2	27.86	235(100)	270(35)	272(35)	
411	炔咪菊酯-1	imiprothrin-1	72963-72-5	28.31	123(100)	151(55)	107(54)	
412	氟虫腈	fipronil	120068-37-3	28.34	367(100)	369(69)	351(15)	

内标及序号	中文名称	英文名称	CAS 号	保留时间/min	定量离子 m/z	定性离子 1 m/z	定性离子 2 m/z	定性离子 3 m/z
413	炔咪菊酯-2	imiprothrin-2	72963-72-5	28.5	123(100)	151(21)	107(17)	
414	氟环唑-1	epoxiconazole -1	133855-98-8	28.58	192(100)	183(24)	138(35)	
415	稗草丹	pyributicarb	88678-67-5	28.87	165(100)	181(23)	108(64)	
416	吡草醚	pyraflufen-ethyl	129630-19-9	28.91	412(100)	349(41)	339(34)	
417	噻吩草胺	thenylchlor	96491-05-3	29.12	127(100)	288(25)	141(17)	
418	吡唑解草酯	mefenpyr-diethyl	135590-91-9	29.55	227(100)	299(131)	372(18)	
419	乙螨唑	etoxazole	153233-91-1	29.64	300(100)	330(69)	359(65)	
420	氟环唑-2	epoxiconazole-2	133855-98-8	29.73	192(100)	183(13)	138(30)	
421	吡丙醚	pyriproxyfen	95737-68-1	30.06	136(100)	226(8)	185(10)	
422	异菌脲	iprodione	36734-19-7	30.24	187(100)	244(65)	246(42)	
423	呋酰胺	ofurace	58810-48-3	30.36	160(100)	232(83)	204(35)	
424	哌草磷	piperophos	24151-93-7	30.42	320(100)	140(123)	122(114)	
425	氯甲酰草胺	clomeprop	84496-56-0	30.48	290(100)	288(279)	148(206)	
426	咪唑菌酮	fenamidone	161326-34-7	30.66	268(100)	238(111)	206(32)	
427	百克敏	pyraclostrobin	175013-18-0	31.98	132(100)	325(14)	283(21)	
428	乳氟禾草灵	lactofen	77501-63-4	32.06	442(100)	461(25)	346(12)	
429	吡唑硫磷	pyraclofos	89784-60-1	32.18	360(100)	194(79)	362(38)	
430	氯亚胺硫磷	dialifos	10311-84-9	32.27	186(100)	357(143)	210(397)	
431	螺螨酯	spirodiclofen	148477-71-8	32.5	312(100)	259(48)	277(28)	
432	呋草酮	flurtamone	96525-23-4	32.78	333(100)	199(63)	247(25)	
433	环酯草醚	pyriftalid	135186-78-6	32.94	318(100)	274(71)	303(44)	
434	氟硅菊酯	silafluofen	105024-66-6	33.18	287(100)	286(274)	258(289)	
435	喹螨醚	pyrimidifen	105779-78-0	33.63	184(100)	186(32)	185(10)	
436	氟丙嘧草酯	butafenacil	134605-64-4	33.85	331(100)	333(34)	180(35)	
437	苯酮唑	cafenstrole	125306-83-4	34.36	100(100)	188(69)	119(25)	
F 组								
438	苯磺隆	tribenuron-methyl	101200-48-0	9.34	154(100)	124(45)	110(18)	
439	乙硫苯威	ethiofencarb	29973-13-5	11	107(100)	168(34)	77(26)	
440	二氧威	dioxacarb	6988-21-2	11.1	121(100)	166(44)	165(36)	
441	跳蚤灵	dimethyl phthalate	131-11-3	11.54	163(100)	194(7)	133(5)	
442	4-氯苯氧乙酸	4-chlorophenoxy acetic acid	122-88-3	11.84	200(100)	141(93)	111(61)	
443	邻苯二甲酰亚胺	phthalimide	85-41-6	13.21	147(100)	104(61)	103(35)	
444	避蚊胺	diethyltoluamide	134-62-3	14	119(100)	190(32)	191(31)	
445	2,4-滴	2,4-D	94-75-7	14.35	199(100)	234(63)	175(61)	
446	甲萘威	carbaryl	63-25-2	14.42	144(100)	115(100)	116(43)	
447	硫线磷	cadusafos	95465-99-9	15.14	159(100)	213(14)	270(13)	
448	内吸磷-S	demeton-S	126-75-0	16.88	88(100)	170(15)	143(11)	
449	螺环菌胺-1	spiroxamine -1	118134-30-8	17.26	100(100)	126(7)	198(5)	
450	百治磷	dicrotophos	141-66-2	17.31	127(100)	237(11)	109(8)	
451	3,4,5-混杀威	3,4,5-trimethacarb	2686-99-9	17.7	136(100)	193(32)	121(31)	
452	2,4,5-涕	2,4,5-T	93-76-5	17.75	233(100)	268(49)	209(36)	

内标及序号	中文名称	英文名称	CAS 号	保留时间/min	定量离子 m/z	定性离子 1 m/z	定性离子 2 m/z	定性离子 3 m/z
453	3-苯基苯酚	3-phenylphenol	580-51-8	18.11	170(100)	141(23)	115(17)	
454	茂谷乐	furmecyclox	60568-05-0	18.22	123(100)	251(6)	94(10)	
455	螺环菌胺-2	spiroxamine-2	118134-30-8	18.23	100(100)	126(5)	198(5)	
456	丁酰肼	DMASA	1596-84-5	18.45	200(100)	92(123)	121(8)	
457	—	sobutylazine	—	18.63	172(100)	174(32)	186(11)	
458	环庚草醚	cinmethylin	87818-31-3	18.96	105(100)	169(16)	154(14)	
459	久效磷	monocrotophos	6923-22-4	19.18	127(100)	192(2)	223(4)	164(20)
460	八氯二甲醚-1	S421（octachloro-dipropyl ether)-1	127-90-2	19.31	130(100)	132(96)	211(8)	
461	八氯二甲醚-2	S421（octachloro-dipropyl ether)-2	127-90-2	19.57	130(100)	132(97)	211(7)	
462	十二环吗啉	dodemorph	1593-77-7	19.62	154(100)	281(12)	238(10)	
463	氧皮蝇磷	fenchlorphos-oxon	3983-45-7	19.84	285(100)	287(69)	270(6)	
464	枯莠隆	difenoxuron	14214-32-5	20.85	241(100)	226(21)	242(15)	
465	仲丁灵	butralin	33629-47-9	22.18	266(100)	224(16)	295(9)	
466	啶斑肟-1	pyrifenox-1	88283-41-4	23.46	262(100)	294(18)	227(15)	
467	噻菌灵	thiabendazole	148-79-8	24.97	201(100)	174(87)	175(9)	
468	缬酶威-1	iprovalicarb-1	140923-17-7	26.13	119(100)	134(126)	158(62)	
469	戊环唑	azaconazole	60207-31-0	26.5	217(100)	173(59)	219(64)	
470	缬酶威-2	iprovalicarb-2	140923-17-7	26.54	134(100)	119(75)	158(48)	
471	苯虫醚-1	diofenolan -1	63837-33-2	26.76	186(100)	300(60)	225(24)	
472	苯虫醚-2	diofenolan -2	63837-33-2	27.09	186(100)	300(60)	225(29)	
473	苯草醚	aclonifen	74070-46-5	27.24	264(100)	212(65)	194(57)	
474	虫螨腈	chlorfenapyr	122453-73-0	27.47	247(100)	328(54)	408(51)	
475	生物苄呋菊酯	bioresmethrin	28434-01-7	27.55	123(100)	171(54)	143(31)	
476	双苯噁唑酸	isoxadifen-ethyl	163520-33-0	27.9	204(100)	222(76)	294(44)	
477	唑酮草酯	carfentrazone-ethyl	128639-02-1	28.09	312(100)	330(52)	290(53)	
478	环酰菌胺	fenhexamid	126833-17-8	28.86	97(100)	177(33)	301(13)	
479	螺甲螨酯	spiromesifen	283594-90-1	29.56	272(100)	254(27)	370(14)	
480	氟啶胺	fluazinam	79622-59-6	30.04	387(100)	417(44)	371(29)	
481	联苯肼酯	bifenazate	149877-41-8	30.38	300(100)	258(99)	199(100)	
482	异狄氏剂酮	endrin ketone	53494-70-5	30.4	317(100)	250(28)	281(35)	
483	氟草敏-脱甲基	norflurazon-des-methyl	23576-24-1	30.8	145(100)	289(76)	88(35)	
484	精高效氨氟氰菊酯-1	γ-cyhaloterin-1	76703-62-3	31.1	181(100)	197(84)	141(28)	
485	叶菌唑	metoconazole	125116-23-6	31.12	125(100)	319(14)	250(17)	
486	氰氟草酯	cyhalofop-butyl	122008-85-9	31.4	256(100)	357(74)	229(79)	
487	精高效氨氟氰菊酯-2	γ-cyhalothrin-2	76703-62-3	31.4	181(100)	197(77)	141(20)	
488	苄螨醚	halfenprox	111872-58-3	32.81	263(100)	237(5)	476(5)	
489	啶酰菌胺	boscalid	188425-85-6	34.16	342(100)	140(229)	112(71)	
490	烯酰吗啉	dimethomorph	110488-70-5	37.4	301(100)	387(32)	165(28)	

1.1.4 LC-MS/MS 条件优化及可测农药品种筛选

在 ESI 源正、负模式下，对每种农药进行一级质谱分析 Q1 扫描，得到每种农药分子离子峰，对每种农药的分子离子峰进行二级质谱分析（子离子扫描），得到碎片离子信息，然后优化每种农药二级质谱的源内碎裂电压（fragmentor）、碰撞气能量（CE）等参数，使每种农药的分子离子与特征碎片离子产生的离子对强度达到最大时为最佳，得到每种农药的二级质谱图。按照二级质谱图提供的碎片离子信息，选择每种农药的定性和定量离子对。

对世界范围内常用 673 种农药标准品按以下 4 个连续步骤，进行了不同监测模式和不同茶叶基质适用性的品种筛选。首先将这些标准品配制成单一标准溶液，采用 LC-MS/MS 直接进样，以 ESI 源正、负模式全扫描方式监测发现：①110 种农药未找到母离子；②对找到母离子的 563 种农药进行碎片离子扫描发现 18 种农药未找到子离子；③对筛选得到的 545 种农药及相关化学品，按照每 20 个一组，配制混合标准溶液，每种农药的浓度大约为 1μg/mL，经液相色谱-串联质谱测定，发现 33 种农药在混合标准溶液中未出峰或灵敏度极低；④对剩余 512 种农药按照保留时间分为 A、B、C、D、E、F 和 G 组，每组约 80 种农药，并分别添加到绿茶、红茶、乌龙茶、普洱茶样品中进行添加回收率实验，经 LC-MS/MS 测定，发现 64 种农药在茶叶基质中未出峰。因此，通过上述 4 步连续筛选，共发现 225 种农药不适合用本方法进行测定，见表 1-3。448 种农药适合用本方法测定，其保留时间、定量离子、定性离子等参数见表 1-4。

表 1-3 不适用于 LC-MS/MS 测定的 225 种农药

序号	英文名称	中文名称	CAS 号
110 种农药未找到母离子			
1	1,2-dibromoethane	1,2-二氯乙烷	107-06-2
2	2,3,5,6-tetrachloroaniline	2,3,5,6-四氯苯胺	3481-20-7
3	3,5-dichloroaniline	3,5-二氯苯胺	626-43-7
4	acequinocyl	灭螨醌	57960-19-7
5	amitraz	双甲脒	33089-61-1
6	amitrole	杀草强	61-82-5
7	amobam	代森铵	3566-10-7
8	anilazine	敌菌灵	101-05-3
9	aramite	杀螨特	140-57-8
10	azocyclotin	三唑锡	41083-11-8
11	bendiocarb	恶虫威	22781-23-3
12	bifenox	治草醚	42576-02-3
13	biphenyl	联苯	92-52-4
14	bromocyclen	溴烯杀	1715-40-8
15	bromopropylate	溴螨酯	18181-80-1

序号	英文名称	中文名称	CAS 号
16	bromoxynil octanoate	辛酰溴苯腈	1689-99-2
17	camphechlor	毒杀芬	8001-35-2
18	captan	克菌丹	133-06-2
19	carbophenothion	三硫磷	786-19-6
20	chinomethionat (quinomethionate)	灭螨猛	2439-01-2
21	chlorbenside	氯杀螨	103-17-3
22	chlordane	氯丹	57-74-9
23	chlordecone (kepone)	十氯酮	143-50-0
24	chlorfenprop-methyl	燕麦酯	14437-17-3
25	chlorfenson	杀螨酯	80-33-1
26	chlorobenzilate	乙酯杀螨醇	510-15-6
27	chloroneb	氯甲氧苯	2675-77-6
28	chlorothalonil	百菌清	1897-45-6
29	chlozolinate	乙菌利	84332-86-5
30	chrysene	䓛	218-01-9
31	cis-chlordane	顺式氯丹	5103-71-9
32	cycloprothrin	乙氰菊酯	63935-38-6
33	cyhexatin	三环锡	13121-70-5
34	cypermethrin	氯氰菊酯	52315-07-8
35	chlorthal-dimethyl-1	氯酞酸二甲酯-1	1861-32-1
36	4,4'-DDE	4,4'-滴滴伊	72-55-9
37	4,4'-DDT	4,4'-滴滴涕	50-29-3
38	deltamethrin	溴氰菊酯	52918-63-5
39	DE-PCB 101	2,2',4,5,5'-五氯联苯	37680-73-2
40	DE-PCB 118	2,3,4,4',5-五氯联苯	74472-37-0
41	DE-PCB 153	2,2',4,4',5,5'-六氯联苯	35065-27-1
42	DE-PCB 180	2,2',3,4,4',5,5'-七氯联苯	35065-29-3
43	DE-PCB 52	2,2',5,5'-四氯联苯	35693-99-3
44	dichlobenil	敌草腈	1194-65-6
45	dichlone	二氯萘醌	117-80-6
46	dienochlor	除螨灵	2227-17-0
47	dimethipin	噻节因	55290-64-7
48	dinoseb acetate	地乐酯	2813-95-8
49	dioxathion	敌噁磷	78-34-2
50	DMSA	2,3-二巯基丁二酸	304-55-2
51	endrin	异狄氏剂	72-20-8
52	erbon	抑草蓬	136-25-4
53	ethalfluralin	丁氟消草	55283-68-6
54	fenazaflor	抗螨唑	14255-88-0
55	fenbutatin oxide	苯丁锡	13356-08-6
56	fenchlorphos-oxon	氧皮蝇磷	3983-45-7
57	fenpiclonil	拌种咯	74738-17-3

序号	英文名称	中文名称	CAS 号
58	fenson	分螨酯	80-38-6
59	fentin acetate	三苯基乙酸锡	900-95-8
60	flumetralin	氟节胺	62924-70-3
61	fluquinconazole	氟喹唑	136426-54-5
62	fluroxypyr-1-methylheptyl ester	氯氟吡氧乙酸异辛酯	81406-37-3
63	formetanate hydrochloride	盐酸杀螨脒	23422-53-9
64	γ-HCH	林丹	58-89-9
65	glyphosate	草甘膦	1071-83-6
66	α-HCH	α-六六六	319-84-6
67	heptachlor epoxide	环氧七氯	1024-57-3
68	hexaconazole	己唑醇	79983-71-4
69	imiprothrin	炔咪菊酯	72963-72-5
70	iodofenphos	碘硫磷	18181-70-9
71	iprodione	异菌脲	36734-19-7
72	isodrin	异艾氏剂	465-73-6
73	leptophos	对溴磷	21609-90-5
74	MCPA-butoxyethyl ester	2-甲-4-氯丁氧乙基酯	19480-43-4
75	methiocarb sulfone	灭虫威砜	2179-25-1
76	methoxychlor	甲氧滴滴涕	72-43-5
77	mirex	灭蚁灵	2385-85-5
78	nitrapyrin	氯啶	1929-82-4
79	pentachloroanisole	五氯甲氧基苯	1825-21-4
80	pentachlorobenzene	五氯苯	608-93-5
81	perthane	乙滴滴	72-56-0
82	phthalic acid di-(2-ethylhexyl) ester	邻苯二甲酸二(2-乙基己)酯	117-81-7
83	primisulfuron-methyl	甲基氟嘧磺隆	86209-51-0
84	profluralin	环丙氟灵	26399-36-0
85	prohexadione-calcium	调环酸钙	127277-53-6
86	prosulfuron	氟磺隆	94125-34-5
87	quinmerac	氯甲喹啉酸	90717-03-6
88	quintozene	五氯硝基苯	82-68-8
89	rimsulfuron	砜嘧磺隆	122931-48-0
90	TCMTB	苯噻氰	21564-17-0
91	tecnazene	四氯硝基苯	117-18-0
92	tefluthrin	七氟菊酯	79538-32-2
93	tetradifon	三氯杀螨砜	116-29-0
94	tetrasul	杀螨硫醚	2227-13-6
95	thiocyclam hydrogenoxalate	杀虫环草酸盐	31895-22-4
96	thiram	福美双	137-26-8
97	tralomethrin	四溴菊酯	66841-25-6
98	trans-chlordane	反式氯丹	5103-74-2
99	tribenuron-methyl	苯磺隆	101200-48-0

序号	英文名称	中文名称	CAS 号
100	tridiphane	灭草环	58138-08-2
101	triflumizole	氟菌唑	99387-89-0
102	*trans*-nonachlor	逆克氯丹	39765-80-5
103	1,2-dichloropropane	1,2 二氯丙烷	78-87-5
104	bromochloromethane	溴氯甲烷	74-97-5
105	methazole	灭草唑	20354-26-1
106	endosulfan	硫丹	115-29-7
107	halfenprox	苄螨醚	111872-58-3
108	isobenzan	碳氯灵	297-78-9
109	propylene oxide	环氧丙烷	75-56-9
110	phthalide	四氯苯酞	27355-22-2
18 种农药未找到子离子			
1	abamectin	阿维菌素	71751-41-2
2	acenaphthene(D10.99%)	威杀灵	83-32-9
3	barban	燕麦灵	101-27-9
4	BENFURESATE	呋草黄	68505-69-1
5	binapacryl	乐杀螨	485-31-4
6	chlorthal-dimethyl-2	氯酞酸二甲酯-2	1861-32-1
7	DE-PCB 28	2,4,4′-三氯联苯	7012-37-5
8	DE-PCB 31	2,4′,5-三氯联苯醚	16606-02-3
9	flumethrin	氟氯苯菊酯	69770-45-2
10	formothion	安硫磷	2540-82-1
11	methyl isothiocyanate	敌线酯	556-61-6
12	musk ambrette	合成麝香	83-66-9
13	nitrofen	除草醚	1836-75-5
14	nitrothal-isopropyl	酞菌酯	10552-74-6
15	paraquat dichloride	百草枯二氯盐	1910-42-5
16	transfluthrin	四氟苯菊酯	118712-89-3
17	diclomezine	哒菌清	62865-36-5
18	1,3-dichloropropene (*cis*+*trans*)obenzan	1,3-二氯丙烯	542-75-6
33 种农药在混合标准溶液中未出峰或灵敏度极低			
1	λ-cyhalothrin	高效氯氟氰菊酯	91465-08-6
2	1,2-dibromo-3-chloropropane	1,2 二溴-3-氯丙烷	96-12-8
3	chlorfenapyr	虫螨腈	122453-73-0
4	phenanthrene	菲	85-01-8
5	propineb	丙森锌	12071-83-9
6	triflusulfuron-methyl	氟胺磺隆	126535-15-7
7	bromobutide	溴丁酰草胺	74712-19-9
8	butamifos	抑草磷	36335-67-8
9	dichlormid	二氯丙烯胺	37764-25-3
10	isoxathion	噁唑磷	18854-01-8
11	cinmethylin	环庚草醚	87818-31-3

序号	英文名称	中文名称	CAS 号
12	cyfluthrin	氟氯氰菊酯	68359-37-5
13	captafol	敌菌丹	2425-06-1
14	iminoctadine triacetate	双胍辛胺三乙酸酯	57520-17-9
15	chloropicrin	氯化苦	76-06-2
16	chlorethoxyfos	氯氧磷	54593-83-8
17	DE-PCB 138	2,2′,3,4,4′,5′-六氯联苯	35065-28-2
18	diquat dibromide hydrate	敌草快	6385-62-2
19	dinocap(technical mixture of isomers)	敌螨普	39300-45-3
20	bifenthrin	联苯菊酯	82657-04-3
21	tiamulin-fumerate	延胡索酸泰妙菌素	55297-96-6
22	2,3,4,5-tetrachloroanisole	2,3,4,5-四氯甲氧基苯	938-86-3
23	hexachlorobenzene	六氯苯	118-74-1
24	4,4′-dibromobenzophenone	4,4′-二溴二苯甲酮	3988-03-2
25	parathion	对硫磷	56-38-2
26	cyhalofop-butyl	氰氟草酯	122008-85-9
27	chlorfenvinphos	毒虫畏	470-90-6
28	prohydrojasmon	茉莉酮	158474-72-7
29	DMSA	2,3-二巯基丁二酸	4710-17-2
30	biphenyl	联苯	92-52-4
31	pentachlorobenzene	五氯苯	608-93-5
32	chlorothalonil	百菌清	1897-45-6
33	pentachloroanisole	五氯甲氧基苯	1825-21-4
64 种农药在茶叶基质中未出峰			
1	desmedipham	甜菜安	13684-56-5
2	dicyclobexyl phthalate	邻苯二甲酸二环己酯	84-61-7
3	bensultap	杀虫磺	17606-31-4
4	chlorimuron ethyl	氯嘧磺隆	90982-32-4
5	fentin-chloride	三苯基氯化锡	639-58-7
6	alachlor	甲草胺	15972-60-8
7	cinosulfuron	醚磺隆	94593-91-6
8	pyrazosulfuron-ethyl	吡嘧磺隆	93697-74-6
9	dimepiperate	哌草丹	61432-55-1
10	florasulam	双氟磺草胺	145701-23-1
11	thidiazuron	噻苯隆	51707-55-2
12	iminoctadine	双胍辛胺标准品	13516-27-3
13	pyriminobac-methyl	嘧草醚	136191-64-5
14	triphenyl phosphate	磷酸三苯酯	115-86-6
15	dieldrin	狄氏剂	60-57-1
16	etoxazole	乙螨唑	153233-91-1
17	ethephon	乙烯利	16672-87-0
18	flupropanate	四氟丙酸	756-09-2
19	2,6-difluorobenzoic acid	2,6-二氟苯甲酸	385-00-2

序号	英文名称	中文名称	CAS 号
20	trichloroacetic acid sodium salt	三氯乙酸	76-03-9
21	tert-butyl-4-hydroxyanisole	丁羟茴香醚	25013-16-5
22	aminopyralid	氯氨吡啶酸	150114-71-9
23	mecoprop	2-甲-4-氯丙酸	7085-19-0
24	MCPB	2-甲-4-氯丁酸	94-81-5
25	fenaminosulf	敌磺钠	140-56-7
26	dichlorprop	2,4-滴丙酸	120-36-5
27	bentazone	灭草松	25057-89-0
28	forchlorfenuron	氯吡脲	68157-60-8
29	fluroxypyr	氯氟吡氧乙酸	69377-81-7
30	fenoprop	2,4,5-涕丙酸	93-72-1
31	cyclanilide	环丙酸酰胺	113136-77-9
32	bromoxynil	溴苯腈	1689-84-5
33	pentachlorophenol	五氯苯酚	87-86-5
34	isocarbophos	水胺硫磷	24353-61-5
35	alloxydim-sodium	禾草灭	66003-55-2
36	pyrithlobac sodium	嘧草硫醚	123343-16-8
37	dinobuton	消螨通	973-21-7
38	fluorodifen	三氟硝草醚	15457-05-3
39	monosultap	杀虫单	29547-00-0
40	fenoxaprop-ethyl	噁唑禾草灵	66441-23-4
41	diflufenzopyr sodium salt	氟吡草腙钠盐	109293-98-3
42	sulfanitran	磺胺硝苯	122-16-7
43	gibberellic acid	赤霉酸	77-06-5
44	heptachlor	七氯	76-44-8
45	plifenate	三氯杀虫酯	21757-82-4
46	ioxynil	碘苯腈	1689-83-4
47	metsulfuron-methyl	甲磺隆	74223-64-6
48	sulfentrazone	甲磺草胺	122836-35-5
49	propoxycarbazone-sodium	丙苯磺隆	181274-15-7
50	flazasulfuron	啶嘧磺隆	104040-78-0
51	flusulfamide	磺菌胺	106917-52-6
52	cyclosulfamuron	环丙嘧磺隆	136849-15-5
53	triforine	嗪氨灵	26644-46-2
54	halosulfuron-methyl	氯吡嘧磺隆	100784-20-1
55	fomesafen	氟磺胺草醚	72178-02-0
56	tecloftalam	叶枯酞	76280-91-6
57	fluazuron	吡虫隆	86811-58-7
58	iodosulfuron-methyl sodium	甲基碘磺隆钠盐	144550-36-7
59	thifluzamide	噻呋酰胺	130000-40-7
60	iodosulfuron-methyl	碘甲磺隆	144550-06-1
61	octachlorostyrene	八氯苯乙烯	29082-74-4
62	azaconazole	戊环唑	60207-31-0
63	triclopyr	三氯吡氧乙酸	55335-06-3
64	naled	二溴磷	300-76-5

表1-4　LC-MS/MS 测定的 448 种农药的保留时间、监测离子对、碰撞气气量和能量和源内碎裂电压

序号	中文名称	英文名称	CAS 号	保留时间/min	定量离子 m/z	定性离子 m/z	源内碎裂电压/V	碰撞气能量/V
A组								
1	苯胺灵	propham	122-42-9	8.8	180.1/138.0	180.1/138.0;180.1/120.0	80	5;15
2	异丙威	isoprocarb	2631-40-5	8.38	194.1/95.0	194.1/95.0;194.1/137.1	80	20;5
3	3,4,5-混杀威	3,4,5-trimethacarb	2686-99-9	8.38	194.2/137.2	194.2/137.2;194.2/122.2	80	5;20
4	环莠隆	cycluron	2163-69-1	7.73	199.4/72.0	199.4/72.0;199.4/89.0	120	25;15
5	甲萘威	carbaryl	63-25-2	7.45	202.1/145.1	202.1/145.1;202.1/127.1	80	10;5
6	毒草胺	propachlor	1918-16-7	8.75	212.1/170.1	212.1/170.1;212.1/94.1	100	10;30
7	吡咪唑	rabenazole	40341-04-6	7.54	213.2/172.0	213.2/172;213.2/118.0	120	25;25
8	西草净	simetryn	1014-70-6	5.32	214.2/124.1	214.2/124.1;214.2/96.1	120	20;25
9	绿谷隆	monolinuron	1746-81-2	7.82	215.1/126.0	215.1/126.0;215.1/148.1	100	15;10
10	速灭磷	mevinphos	7786-34-7	5.17	225.0/127.0	225.0/127.0;225.0/193.0	80	15;1
11	叠氮津	aziprotryne	4658-28-0	10.4	226.1/156.1	226.1/156.1;226.1/198.1	100	10;10
12	密草通	secbumeton	26259-45-0	5.56	226.2/170.1	226.2/170.1;226.2/142.1	120	20;25
13	嘧菌腙	cyprodinil	121552-61-2	9.24	226.0/93.0	226.0/93.0;226.0/108.0	120	40;30
14	炔草隆	buturon	3766-60-7	9.38	237.1/84.1	237.1/84.1;237.1/126.1	120	30;15
15	双酰草胺	carbetamide	16118-49-3	5.8	237.1/192.1	237.1/192.1;237.1/118.1	80	5;10
16	抗蚜威	pirimicarb	23103-98-2	4.2	239.2/72.0	239.2/72.0;239.2/182.2	120	20;15
17	异草酮	clomazone	81777-89-1	9.36	240.1/125.0	240.1/125.0;240.1/89.1	100	20;50
18	氰草津	cyanazine	21725-46-2	6.38	241.1/214.1	241.1/214.1;241.1/174.0	120	15;15
19	扑草净	prometryn	7287-19-6	7.66	242.2/158.1	242.2/158.1;242.2/200.2	120	20;20
20	甲基对氧磷	paraoxon methyl	950-35-6	6.2	248.0/202.1	248.0/202.1;248.0/90.0	120	20;30
21	4,4'-二氯二苯甲酮	4,4'-dichlorobenzophenone	90-98-2	12	251.1/111.1	251.1/111.1;251.1/139.1	100	35;20
22	噻虫啉	thiacloprid	111988-49-9	5.65	253.1/126.1	253.1/126.1;253.1/186.1	120	20;10
23	吡虫啉	imidacloprid	138261-41-3	4.73	256.1/209.1	256.1/209.1;256.1/175.1	80	10;10
24	磺噻隆	ethidimuron	30043-49-3	4.62	265.1/208.1	265.1/208.1;265.1/162.1	80	10;25
25	丁嗪草酮	isomethiozin	57052-04-7	14.2	269.1/200.0	269.1/200.0;269.1/172.1	120	15;25

序号	中文名称	英文名称	CAS号	保留时间/min	定量离子 m/z	定性离子 m/z	源内碎裂电压/V	碰撞气能量/V
26	燕麦敌	diallate	2303-16-4	17.4	270.0/86.0	270.0/86.0;270.0/109.0	100	15;35
27	乙草胺	acetochlor	34256-82-1	13.7	270.2/224.0	270.2/224;270.2/148.2	80	5;20
28	烯啶虫胺	nitenpyram	120738-89-8	3.87	271.1/224.1	271.1/224.1;271.1/237.1	100	15;15
29	盖草津	methoprotryne	841-06-5	6.47	272.2/198.2	272.2/198.2;272.2/170.1	140	25;30
30	二甲噻草胺	dimethenamid	87674-68-8	10.5	276.1/244.1	276.1/244.1;276.1/168.1	120	10;15
31	特草灵	terbucarb	1918-11-2	16.5	278.2/166.1	278.2/166.1;278.2/109.0	80	15;30
32	戊菌唑	penconazole	66246-88-6	13.7	284.1/70.0	284.1/70.0;284.1/159.0	120	15;20
33	腈菌唑	myclobutanil	88671-89-0	12.1	289.1/125.0	289.1/125.0;289.1/70.0	120	20;15
34	咪唑乙烟酸	imazethapyr	81335-77-5	5.6	290.2/177.1	290.2/177.1;290.2/245.2	120	25;20
35	多效唑	paclobutrazol	76738-62-0	10.32	294.2/70.0	294.2/70.0;294.2/125.0	100	15;25
36	倍硫磷亚砜	fenthion sulfoxide	3761-41-9	7.31	295.1/109.0	295.1/109.0;295.1/280.0	140	35;20
37	三唑醇	triadimenol	55219-65-3	10.15	296.1/70.0	296.1/70.0;296.1/99.1	80	10;10
38	仲丁灵	butralin	33629-47-9	18.6	296.1/240.1	296.1/240.1;296.1/222.1	100	10;20
39	螺环菌胺	spiroxamine	118134-30-8	9.9	298.2/144.2	298.2/144.2;298.2/100.1	120	20;35
40	甲基立枯磷	tolclofos methyl	57018-04-9	16.6	301.2/269	301.2/269;301.2/125.2	120	15;20
41	杀扑磷	methidathion	950-37-8	10.69	303.0/145.1	303.0/145.1;303.0/85.0	80	5;10
42	烯丙菊酯	allethrin	584-79-2	18.1	303.2/135.1	303.2/135.1;303.2/123.2	60	10;20
43	二嗪磷	diazinon	333-41-5	15.95	305.0/169.1	305.0/169.1;305.0/153.2	160	20;20
44	敌瘟磷	edifenphos	17109-49-8	3	311.1/283.0	311.1/283.0;311.1/109.0	100	10;35
45	丙草胺	pretilachlor	51218-49-6	17.15	312.1/252.1	312.1/252.1;312.1/176.2	120	15;30
46	氟硅唑	flusilazole	85509-19-9	13.6	316.1/247.1	316.1/247.1;316.1/165.1	120	15;20
47	丙森锌	iprovalicarb	12071-83-9	12	321.1/119.0	321.1/119.1;321.1/203.2	100	25;5
48	麦锈灵	benodanil	15310-01-7	9.8	324.1/203.0	324.1/203.2;324.1/231.0	120	25;40
49	氟酰胺	flutolanil	66332-96-5	14	324.2/262.1	324.2/262.1;324.2/282.1	120	20;10
50	氨磺磷	famphur	52-85-7	10.3	326.0/217.0	326.0/217;326.0/281.0	100	20;10
51	苯霜灵	benalaxyl	71626-11-4	15.19	326.2/148.1	326.2/148.1;326.2/294.0	120	1;5
52	苯氯三唑醇	diclobutrazole	75736-33-3	12.2	328.0/159.0	328.0/159.0;328.0/70.0	120	35;30

续表

序号	中文名称	英文名称	CAS号	保留时间/min	定量离子 m/z	定性离子 m/z	源内碎裂电压/V	碰撞气能量/V
53	乙环唑	etaconazole	60207-93-4	11.75	328.1/159.1	328.1/159.1;328.1/205.1	80	25;20
54	氯苯嘧啶醇	fenarimol	60168-88-9	12.2	331.0/268.1	331.0/268.1;331.0/81.0	120	25;30
55	胺菊酯	tetramethrin	7696-12-0	17.85	332.2/164.1	332.2/164.1;332.2/135.1	100	15;15
56	抑菌灵	dichlofluanid	1085-98-9	15.16	333.0/123.0	333.0/123.0;333/224.0	80	20;10
57	解草酯	cloquintocet mexyl	99607-70-2	17.36	336.1/238.1	336.1/238.1;336.1/192.1	120	15;20
58	联苯三唑醇	bitertanol	55179-31-2	13.9	338.2/70.0	338.2/70.0;338.2/269.2	60	5;1
59	甲基毒死蜱	chlorprifos-methyl	5598-13-0	16.72	322.0/125.0	322.0/125.0;322.0/290.0	80	15;15
60	益棉磷	azinphos-ethyl	2642-71-9	14	346.0/233	346.0/233.0;346.0/261.1	120	10;5
61	炔草酯	clodinafop-propargyl	115512-06-9	16.09	350.1/266.1	350.1/266.1;350.1/238.1	120	15;20
62	杀铃脲	triflumuron	64628-44-0	15.59	359.0/156.1	359.0/156.1;359.0/139.0	120	15;30
63	异恶氟草	isoxaflutole	141112-29-0	12	360.0/251.1	360.0/251.1;360.0/220.1	120	10;45
64	莎稗磷	anilofos	64249-01-0	17.35	367.9/145.2	367.9/145.2;367.9/205.0	120	20;5
65	喹禾灵	quizalofop-ethyl	76578-12-6	17.4	373.0/299.1	373.0/299.1;373.0/91.0	140	15;30
66	氟吡甲禾灵	haloxyfop-methyl	69806-40-2	17.11	376.0/316.0	376.0/316.0;376.0/288.0	120	15;20
67	吡氟禾草灵	fluazifop-butyl	69806-50-4	18.24	384.1/282.1	384.1/282.1;384.1/328.1	120	20;15
68	乙基溴硫磷	bromophos-ethyl	4824-78-6	19.15	393.0/337.0	393.0/337.0;393.0/162.1	100	20;30
69	地散磷	bensulide	741-58-2	16.18	398.0/158.1	398.0/158.1;398.0/314.0	80	20;5
70	溴苯烯磷	bromfenvinfos	33399-00-7	15.22	402.9/170.0	402.9/170.0;402.9/127.0	100	35;20
71	嘧菌酯	azoxystrobin	131860-33-8	12.5	404.0/372.0	404.0/372.0;404.0/344.1	120	10;15
72	吡菌磷	pyrazophos	13457-18-6	16.2	374.0/222.0	374.0/222.0;374.0/194.0	120	20;30
73	氟虫脲	flufenoxuron	101463-69-8	18.3	489.0/158.1	489.0/158.1;489.0/141.1	80	10;15
74	茚虫威	indoxacarb	144171-61-9	17.43	528.0/150.0	528.0/150.0;528.0/218.1	120	20;20
B组								
75	亚乙基硫脲	ethylene thiourea	96-45-7	0.74	103.0/60.0	103.0/60.0;103.0/86.0	100	35;10
76	丁酰肼	DMASA	1596-84-5	0.74	161.1/143.1	161.1/143.1;161.1/102.2	80	15;15
77	棉隆	dazomet	533-74-4	3.8	163.1/120.0	163.1/120.0;163.1/77.0	80	10;35
78	烟碱	nicotine	54-11-5	0.74	163.2/130.1	163.2/130.1;163.2/117.1	100	25;30

序号	中文名称	英文名称	CAS号	保留时间/min	定量离子 m/z	定性离子 m/z	源内碎裂电压/V	碰撞气能量/V
79	菲草隆	fenuron	101-42-8	4.5	165.1/72.0	165.1/72.0;165.1/120.0	120	15;15
80	鼠立克	crimidine	535-89-7	4.47	172.1/107.1	172.1/107.1;172.1/136.2	120	30;25
81	禾草敌	molinate	2212-67-1	11.3	188.1/126.1	188.1/126.1;188.1/83.0	120	10;15
82	多菌灵	carbendazim	10605-21-7	3.3	192.1/160.1	192.1/160.1;192.1/132.1	80	15;20
83	6-氯-4-羟基-3-苯基哒嗪	6-chloro-3-phenyl-pyridazin-4-ol	40020-01-7	12.86	207.1/77.0	207.1/77;207.1/104.0	120	25;35
84	残杀威	propoxur	114-26-1	6.79	210.1/111.0	210.1/111.0;210.1/168.1	80	10;5
85	异唑隆	isouron	55861-78-4	6.11	212.2/167.1	212.2/167.1;212.2/72.0	120	15;25
86	绿麦隆	chlorotoluron	15545-48-9	7.23	213.1/72.0	213.1/72.0;213.1/140.1	80	25;25
87	久效威	thiofanox	39196-18-4	1	241.0/184.0	241.0/184.0;241/57.1	120	15;5
88	氯草灵	chlorbufam	1967-16-4	11.67	224.1/172.1	224.1/172.1;224.1/154.1	120	5;15
89	恶虫威	bendiocarb	22781-23-3	6.87	224.1/109.0	224.1/109;224.1/167.1	80	5;10
90	扑灭津	propazine	139-40-2	9.37	229.9/146.1	229.9/146.1;229.9/188.1	120	20;15
91	特丁津	terbuthylazine	5915-41-3	10.15	230.1/174.1	230.1/174.1;230.1/132.0	120	15;20
92	敌草隆	diuron	330-54-1	7.82	233.1/72.0	233.1/72.0;233.1/160.1	120	20;20
93	氯甲硫磷	chlormephos	24934-91-6	13.7	235.0/125.0	235.0/125.0;235.0/75.0	100	10;10
94	萎锈灵	carboxin	5234-68-4	7.67	236.1/143.1	236.1/143.1;236.1/87.0	120	15;20
95	噻虫胺	clothianidin	210880-92-5	4.4	250.2/169.1	250.2/169.1;250.2/132.0	80	10;15
96	快杀稗草胺	propyzamide	23950-58-5	11.81	256.1/190.1	256.1/190.1;256.1/173.0	80	10;20
97	二甲草胺	dimethachloro	50563-36-5	8.96	256.1/224.2	256.1/224.2;256.1/148.2	120	10;20
98	溴谷隆	methobromuron	3060-89-7	8.25	259.0/170.1	259.0/170.1;259/148.0	80	15;15
99	甲拌磷	phorate	298-02-2	16.55	261.0/75.0	261.0/75.0;261/199.0	80	10;5
100	苯草醚	aclonifen	74070-46-5	14.7	265.0/248.0	265.0/248.0;265.1/193.0	120	15;15
101	地安磷	mephosfolan	950-10-7	5.97	270.1/140.1	270.1/140.1;270.1/168.1	100	25;15
102	脱苯甲基亚胺唑	imibenzonazole-des-benzyl	199338-48-2	5.96	271.0/174.0	271.0/174.0;271.0/70.0	120	25;25
103	草不隆	neburon	555-37-3	14.17	275.1/57.0	275.1/57;275.1/88.1	120	20;15
104	精甲霜灵	mefenoxam	70630-17-0	7.92	280.1/192.1	280.1/192.1;280.1/220.0	100	15;10
105	发硫磷	prothoate	2275-18-5	4.78	286.1/227.1	286.1/227.1;286.1/199.0	100	5;15

序号	中文名称	英文名称	CAS号	保留时间/min	定量离子 m/z	定性离子 m/z	源内碎裂电压/V	碰撞气能量/V
106	乙氧呋草黄	ethofume sate	26225-79-6	12.86	287/121.0	287.0/121.0;287.0/161.0	80	10;20
107	异稻瘟净	iprobenfos	26087-47-8	13.5	289.1/91.0	289.1/91.0;289.1/205.1	80	25;5
108	特普	TEPP	107-49-3	5.64	291.1/179.0	291.1/179.0;291.1/99.0	100	20;35
109	环丙唑醇	cyproconazole	94361-06-5	10.59	292.1/70.0	292.1/70.0;292.1/125	120	15;15
110	噻虫嗪	thiamethoxam	153719-23-4	4.05	292.1/211.2	292.1/211.2;292.1/181.1	80	10;20
111	育畜磷	crufomate	299-86-5	11.56	292.1/236.0	292.1/236.0;292.1/108.1	120	20;30
112	乙嘧硫磷	etrimfos	38260-54-7	6.16	293.1/125.0	293.1/125.0;293.1/265.1	80	20;15
113	杀鼠醚	coumatetralyl	5836-29-3	4.68	293.2/107.0	293.2/107/293.2/175.1	140	35;25
114	蝇毒磷	cythioate	115-93-5	6.59	298/217.1	298.0/217.1;298.0/125.0	100	15;25
115	磷胺	phosphamidon	13171-21-6	5.77	300.1/174.1	300.1/174.1;300.1/127.0	120	10;20
116	甜菜宁	phenmedipham	13684-63-4	10.69	301.1/168.1	301.1/168.1;301.1/136	80	5;20
117	联苯并酯	bifenazate	149877-41-8	13.28	301.2/198.1	301.2/198.1;301.2/170.1	60	5;20
118	环酰菌胺	fenhexamid	126833-17-8	12.33	302.0/97.1	302.0/97.1;302.0/55.0	80	30;25
119	粉唑醇	flutriafol	76674-21-0	7.55	302.1/70.0	302.1/70;302.1/123.0	120	15;20
120	抑菌丙胺酯	furalaxyl	57646-30-7	10.77	302/242.2	302.2/242.2;302.2/270.2	100	15;5
121	生物丙烯菊酯	bioallethrin	28434-00-6	18	303.1/135.1	303.1/135.1;303.1/107.0	80	10;20
122	苯腈磷	cyanofenphos	13067-93-1	16.44	304.0/157.0	304.0/157.0;304.0/276.0	100	20;10
123	甲基嘧啶磷	pirimiphos-methyl	29232-93-7	15.5	306.2/164.0	306.2/164.0;306.2/108.1	120	20;30
124	噻嗪酮	buprofezin	69327-76-0	13.34	306.2/201.0	306.2/201.0;306.2/116.1	120	15;10
125	乙拌磷砜	disulfoton sulfone	2497-06-5	9.79	307.0/97.0	307.0/97.0;307.0/125.0	100	30;10
126	喹螨醚	fenazaquin	120928-09-8	18.8	307.2/57.1	307.2/57.1;307.2/161.2	120	20;15
127	三唑磷	triazophos	24017-47-8	13.8	314.1/162.1	314.1/162.1;314.1/286	120	20;10
128	脱叶磷	DEF	78-48-8	19.21	315.1/169.0	315.1/169.0;315.1/113	100	10;20
129	环酰草醚	pyriftalid	135186-78-6	12	319/139.1	319.0/139.1;319/179	140	35;35
130	叶菌唑	metconazole	125116-23-6	13.77	320.2/70.0	320.2/70.0;320.2/125.0	140	35;55
131	蚊蝇醚	pyriproxyfen	95737-68-1	18	322.1/96.0	322.1/96;322.1/227.1	120	15;10
132	异恶酰草胺	isoxaben	82558-50-7	13.21	333.1/165.0	333.1/165.0;333.1/150.1	120	15;50

续表

序号	中文名称	英文名称	CAS号	保留时间/min	定量离子 m/z	定性离子 m/z	源内碎裂电压/V	碰撞气能量/V
133	呋草酮	flurtamone	96525-23-4	11.25	334.1/247.1	334.1/247.1;334.1/303.0	120	30;20
134	氟乐灵	trifluralin	1582-09-8	12.86	336.0/138.9	336.0/138.9;336.0/103.0	120	20;45
135	麦草氟甲酯	flamprop-methyl	52756-25-9	13.2	336.1/105.1	336.1/105.1;336.1/304.0	80	20;5
136	生物苄呋菊酯	bioresmethrin	28434-01-7	19.39	339.2/171.1	339.2/171.1;339.2/143.1	100	15;25
137	丙环唑	propiconazole	60207-90-1	14.29	342.1/159.1	342.1/159.1;342.1/69.0	120	20;20
138	毒死蜱	chlorpyrifos	2921-88-2	18.29	350.0/198.0	350.0/198.0;350.0/79.0	100	20;35
139	氯乙氟灵	fluchloralin	33245-39-5	17.68	356.0/186.0	356.0/314.1;356.0/63.0	80	15;30
140	氯磺隆	chlorsulfuron	64902-72-3	6.96	358.0/141.1	358.0/141.1;358.0/167.0	120	15;15
141	麦草氟异丙酯	flamprop-isopropyl	52756-22-6	16	364.1/105.1	364.1/105.1;364.1/304.1	80	20;5
142	毒虫畏	tetrachlorvinphos	22248-79-9	13.7	365.0/127.0	365.0/127.0;365.0/239.0	120	15;15
143	炔螨特	propargite	2312-35-8	18.77	368.1/231.1	368.1/231;368.1/175.1	100	5;15
144	糠菌唑	bromuconazole	116255-48-2	12.7	376.0/159.0	376.0/159.0;376.0/70.0	80	20;20
145	氟吡酰草胺	picolinafen	137641-05-5	17.74	377.0/238.0	377.0/238.0;377.0/359.0	120	20;20
146	氟噻乙草酯	fluthiacet methyl	117337-19-6	14.8	404.0/215.0	404.0/215.0;404.0/274.0	180	50;10
147	肟菌酯	trifloxystrobin	141517-21-7	17.44	409.3/186.1	409.3/186.1;409.3/206.2	120	15;10
148	氟铃脲	hexaflumuron	86479-06-3	16.9	461.0/141.1	461.0/141.1;461.0/158.1	120	35;35
149	氟酰脲	novaluron	116714-46-6	17.39	493.0/158.0	493.0/158.0;493.0/141.1	80	15;55
150	吡虫隆	fluazuron	86811-58-7	18.1	506.0/158.1	506.0/158.1;506.0/141.1	120	15;50
C组								
151	抑芽丹	maleic hydrazide	123-33-1	0.73	113.1/67.1	113.1/67.1;113.1/85.0	100	20;20
152	甲胺磷	methamidophos	10265-92-6	0.74	142.1/94.0	142.1/94.0;142.1/125.0	80	15;10
153	茵草敌	EPTC	759-94-4	14	190.2/86.0	190.2/86.0;190.2/128.1	100	10;10
154	避蚊胺	diethyltoluamide	134-62-3	7.7	192.2/119.0	192.2/119.0;192.2/91.0	100	15;30
155	灭草隆	monuron	150-68-5	5.94	199.0/72.0	199.0/72.0;199.0/126.0	120	15;15
156	嘧霉胺	pyrimethanil	53112-28-0	6.7	200.2/107.0	200.2/107.0;200.2/183.1	120	25;25
157	甲呋酰胺	fenfuram	24691-80-3	7.48	202.1/109.0	202.1/109.0;202.1/83.0	120	20;20
158	灭藻醌	quinoclamine	2797-51-5	6.09	208.1/105.0	208.1/105.0;208.1/154.1	120	30;20

序号	中文名称	英文名称	CAS 号	保留时间/min	定量离子 m/z	定性离子 m/z	源内碎裂电压/V	碰撞气能量/V
159	仲丁威	fenobucarb	3766-81-2	9.92	208.2/95.0	208.2/95.0;208.2/152.1	80	10;5
160	敌稗	propanil	709-98-8	9.09	218.0/162.1	218.0/162.1;218.0/127.1	120	15;20
161	克百威	carbofuran	1563-66-2	6.81	222.3/165.1	222.3/165.1;222.3/123.1	120	5;20
162	啶虫脒	acetamiprid	135410-20-7	4.86	223.2/126.0	223.2/126.0;223.2/56.0	120	15;15
163	嘧菌胺	mepanipyrim	110235-47-7	12.23	224.2/77.0	224.2/77.0;224.2/106.0	120	30;25
164	扑灭通	prometon	1610-18-0	5.4	226.2/142.0	226.2/142.0;226.2/184.1	120	20;20
165	甲硫威	methiocarb	2032-65-7	4.51	226.2/121.0	226.2/121.0;226.2/169.1	80	10;5
166	甲氧隆	metoxuron	19937-59-8	5.59	229.1/72.0	229.1/72.0;229.1/156.1	120	20;20
167	乐果	dimethoate	60-51-5	4.88	230.0/199.0	230.0/199.0;230.0/171.0	80	5;10
168	伏草隆	fluometuron	2164-17-2	7.27	233.1/72.0	233.1/72.0;233.1/160.0	120	20;20
169	百治磷	dicrotophos	141-66-2	3.97	238.1/112.1	238.1/112.1;238.1/193.0	80	10;5
170	呋酰草胺	monalide	7287-36-7	14.5	240.1/85.1	240.1/85.1;240.1/57.0	120	15;35
171	双苯酰草胺	diphenamid	957-51-7	9	240.1/134.1	240.1/134.1;240.1/167.1	120	20;25
172	灭线磷	ethoprophos	13194-48-4	11.98	243.1/173.0	243.1/173.0;243.1/215.0	120	10;10
173	地虫硫磷	fonofos	944-22-9	16.1	247.1/109.0	247.1/109.0;247.1/137.1	80	15;5
174	土菌灵	etridiazol	2593-15-9	17.2	247.1/183.1	247.1/183.1;247.1/132.0	120	15;15
175	环嗪酮	hexazinone	51235-04-2	5.66	253.2/171.1	253.2/171.1;253.2/71.0	120	15;20
176	阔草净	dimethametryn	22936-75-0	8.79	256.2/186.1	256.2/186.1;256.2/96.1	140	20;35
177	敌百虫	trichlorphon	52-68-6	4.21	257.0/221.0	257.0/221.0;257.0/109.0	120	10;20
178	内吸磷	demeton(O+S)	8065-48-3	8.59	259.1/89.0	259.1/89.0;259.1/61.0	60	10;35
179	解草腈	benoxacor	98730-04-2	10.83	260.0/149.2	260.0/149.2;260.0/134.1	120	15;20
180	除草定	bromacil	314-40-9	5.78	261.0/205.0	261.0/205.0;261.0/188.0	80	10;20
181	甲拌磷亚砜	phorate sulfoxide	2588-03-6	7.34	277.0/143.0	277.0/143.0;277.0/199.0	100	15;5
182	溴莠敏	brompyrazon	3042-84-0	4.69	266.0/92.0	266.0/92.0;266.0/104.0	120	30;30
183	氧化萎锈灵	oxycarboxin	5259-88-1	5.38	268.0/175.0	268.0/175.0;268.0/147.1	100	10;20
184	灭锈胺	mepronil	55814-41-0	13.15	270.2/119.1	270.2/119.1;270.2/228.2	100	30;15
185	乙拌磷	disulfoton	298-04-4	16.8	275.0/89.0	275.0/89.0;275/61.0	80	5;20

序号	中文名称	英文名称	CAS号	保留时间/min	定量离子 m/z	定性离子 m/z	源内碎裂电压/V	碰撞气能量/V
186	倍硫磷	fenthion	55-38-9	15.54	279.0/169.1	279.0/169.1;279.0/247.0	120	15;10
187	甲霜灵	metalaxyl	57837-19-1	7.75	280.1/192.2	280.1/192.2;280.1/220.2	120	15;20
188	呋酰胺	ofurace	58810-48-3	7.65	282.1/160.2	282.1/160.2;282.1/254.2	120	20.1
189	噻唑硫磷	fosthiazate	98886-44-3	4.38	284.1/228.1	284.1/228.1;284.1/104.0	80	5;20
190	甲基咪草酯	imazamethabenz-methyl	81405-85-8	5.33	289.1/229.0	289.1/229.0;289.1/86.0	120	15;25
191	砜拌磷	disulfoton-sulfoxide	2497-07-6	7.38	291.0/185.0	291.0/185.0;291.0/157.0	80	10;20
192	稻瘟灵	isoprothiolane	50512-35-1	13.17	291.1/189.1	291.1/189.1;291.1/231.1	80	20;5
193	抑霉唑	imazalil	35554-44-0	6.86	297.0/159.0	297.0/159.0;297.0/255.0	120	20;20
194	辛硫磷	phoxim	14816-18-3	16.8	299.0/77.0	299.0/77.0;299.0/129.0	80	20;10
195	喹硫磷	quinalphos	13593-03-8	14.8	299.1/147.1	299.1/147.1;299.1/163.1	120	20;20
196	苯氧威	fenoxycarb	72490-01-8	18.1	362.1/288.1	362.1/288.0;362.1/244.0	120	20;20
197	嘧啶磷	pyrimitate	23505-41-1	14	306.1/170.2	306.1/170.1;306.1/154.2	120	20;20
198	丰索磷	fensulfothin	115-90-2	8.55	309.0/157.1	309.0/157.1;309.0/253.0	120	25;15
199	氟咯草酮-1	fluorochloridone-1	61213-25-0	13.8	312.1/292.1	312.1/292.1;312.1/89.0	100	25;25
200	丁草胺	butachlor	23184-66-9	18	312.2/238.1	312.2/238.1;312.2/162.0	80	10;20
201	肟菌酯	kresoxim-methyl	143390-89-0	15.2	314.1/267	314.1/267.0;314.1/206.0	80	5;5
202	灭菌唑	triticonazole	131983-72-7	10.55	318.2/70.0	318.2/70.0;318.2/125.1	120	15;35
203	苯线磷亚砜	fenamiphos sulfoxide	31972-43-7	5.87	320.1/171.1	320.1/171.1;320.1/292.1	140	25;15
204	噻吩草胺	thenylchlor	96491-05-3	14	324.1/127.0	324.1/127.0;324.1/59.0	80	10;45
205	氟菌胺	fenoxanil	115852-48-7	18.81	329.1/302.0	329.1/302.0;329.1/189.1	80	5;30
206	氟啶草酮	fluridone	59756-60-4	10.3	330.1/309.1	330.1/309.1;330.1/259.2	160	40;55
207	氟环唑	epoxiconazole	133855-98-8	18.81	330.1/141.1	330.1/141.1;330.1/121.1	120	20;20
208	氯辛硫磷	chlorphoxim	14816-20-7	17.15	333.0/125.0	333.0/125.0;333.0/163.1	80	5;5
209	苯线磷砜	fenamiphos sulfone	31972-44-8	6.63	336.1/188.2	336.1/188.2;336.1/266.2	120	30;20
210	腈苯唑	fenbuconazole	114369-43-6	13.4	337.1/70.0	337.1/70.0;337.1/125.0	120	20;20
211	异柳磷	isofenphos	25311-71-1	17.25	346.1/217	346.1/217.0;346.1/245.0	80	20;10
212	苯醚菊酯	phenothrin	26002-80-2	19.7	351.1/183.2	351.1/183.2;351.1/237.0	100	15;5

序号	中文名称	英文名称	CAS号	保留时间/min	定量离子 m/z	定性离子 m/z	源内碎裂电压/V	碰撞气能量/V
213	哌草磷	piperophos	24151-93-7	17	354.1/171.0	354.1/171.0;354.1/143.0	100	20;30
214	增效醚	piperonyl butoxide	51-03-6	17.75	356.2/177.1	356.2/177.1;356.2/119.0	100	10;35
215	乙氧氟草醚	oxyflurofen	42874-03-3	18	362.0/316.1	362.0/316.1;362/237.1	120	10;25
216	氟噻草胺	flufenacet	142459-58-3	14	364.0/194.0	364.0/194.0;364.0/152.0	80	5;10
217	伏杀硫磷	phosalone	2310-17-0	16.79	368.1/182.0	368.1/182.0;368.1/322.0	80	10;5
218	甲氧虫酰肼	methoxyfenozide	161050-58-4	13.41	313.0/149.0	313.0/149.0;313.0/91.0	100	10;35
219	丙硫特普	aspon	3244-90-4	19.22	379.1/115.0	379.1/115.0;379.1/210.0	80	30;15
220	乙硫磷	ethion	563-12-2	18.46	385.0/199.1	385.0/199.1;385.0/171.0	80	5;15
221	丁醚脲	diafenthiuron	80060-09-9	18.9	385.0/329.2	385.0/329.2;385.0/278.2	140	15;35
222	氟硫草定	dithiopyr	97886-45-8	17.81	402.0/354.0	402.0/354.0;402.0/272.0	120	20;30
223	螺螨酯	spirodiclofen	148477-71-8	19.28	411.1/71.0	411.1/71.0;411.1/313.1	100	10;5
224	唑螨酯	fenpyroximate	134098-61-6	18.66	422.2/366.2	422.2/366.2;422.2/135.0	120	10;35
225	胺氟草酯	flumiclorac-pentyl	87546-18-7	18	441.1/308.0	441.1/308.0;441.1/354.0	100	25;10
226	双硫磷	temephos	3383-96-8	18.3	467.0/125.0	467.0/125.0;467.0/155.0	100	30;30
227	氟丙嘧草酯	butafenacil	134605-64-4	15	492.0/180.0	492.0/180.0;492.0/331.0	120	35;25
228	多杀菌素	spinosad	168316-95-8	14.3	732.4/142.2	732.4/142.2;732.4/98.1	180	30;75
				D 组				
229	缩节胺	mepiquat chloride	24307-26-4	0.71	114.1/98.1	114.1/98.1;114.1/58.0	140	30;30
230	二丙烯草胺	allidochlor	93-71-0	5.78	174.1/98.1	174.1/98.1;174.1/81.0	100	10;15
231	三环唑	tricyclazole	41814-78-2	5.06	190.1/136.1	190.1/136.1;190.1/163.1	120	30;25
232	苯嗪草酮	metamitron	41394-05-2	4.18	203.1/175.1	203.1/175.1;203.1/104.0	120	15;20
233	异丙隆	isoproturon	34123-59-6	7.44	207.2/72.0	207.2/72.2;207.2/165.1	120	15;15
234	莠去通	atratone	1610-17-9	4.46	212.2/170.2	212.2/170.2;212.2/100.1	120	15;30
235	敌草净	oesmetryn	1014-69-3	4.92	214.1/172.1	214.1/172.1;214.1/82.1	120	15;25
236	嗪草酮	metribuzin	21087-64-9	7.16	215.1/187.2	215.1/187.2;215.1/131.1	120	15;20
237	N,N-二甲基-N′-对甲苯磺酰二胺	DMST	66840-71-9	7.06	215.3/106.1	215.3/106.1;215.3/151.2	80	10;5

序号	中文名称	英文名称	CAS号	保留时间/min	定量离子 m/z	定性离子 m/z	源内碎裂电压/V	碰撞气能量/V
238	环草敌	cycloate	1134-23-2	15.95	216.2/83.0	216.2/83.0;216.2/154.1	120	15;10
239	莠去津	atrazine	1912-24-9	7.2	216.0/174.2	216.0/174.2;216.0/132.0	120	15;20
240	丁草特	butylate	2008-41-5	17.2	218.1/57.0	218.1/57.0;218.1/156.2	80	10;5
241	吡蚜酮	pymetrozin	123312-89-0	0.73	218.1/105.1	218.1/105.1;218.1/78.0	100	20;40
242	氯草敏	chloridazon	1698-60-8	4.35	222.1/104.0	222.1/104.0;222.1/92.0	120	25;35
243	菜草畏	sulfallate	95-06-7	15.25	224.1/116.1	224.1/116.1;224.1/88.2	100	10;20
244	乙硫苯威	ethiofencarb	29973-13-5	4.48	227.0/107.0	227.0/107.0;227/164.0	80	5;5
245	特丁通	terbumeton	33693-04-8	5.25	226.2/170.1	226.2/170.1;226.2/114	120	15;20
246	环丙津	cyprazine	22936-86-3	7.15	228.2/186.1	228.2/186.1;228.2/108.1	120	15;25
247	莠灭净	ametryn	834-12-8	5.85	228.2/186.0	228.2/186.0;228.2/68.0	120	20;35
248	木草隆	tebuthiuron	34014-18-1	5.3	229.2/172.2	229.2/172.2;229.2/116.0	120	15;20
249	草达津	trietazine	1912-26-1	12	230.1/202.0	230.1/202.0;230.1/132.1	160	20;20
250	另丁津	sebutylazine	7286-69-3	8.65	230.1/174.1	230.1/174.1;230.1/104.0	12	15;30
251	琥珀酸二丁酯	dibutyl succinate	141-03-7	14.8	231.1/101.1	231.1/101.1;231.1/157.1	60	1;10
252	牧草胺	tebutam	35256-85-0	13.04	234.2/91.1	234.2/91.1;234.2/192.2	120	20;15
253	久效威亚砜	thiofanox-sulfoxide	39184-27-5	4.08	235.1/104.0	235.1/104.0;235.1/57.0	60	5;20
254	杀螟丹	cartap hydrochloride	15263-53-3	5.9	238.0/73.0	238.0/73.0;238.0/150	100	30;10
255	虫螨畏	methacrifos	62610-77-9	10.03	241.0/209.0	241.0/209.0;241.0/125.0	60	5;20
256	治线磷	thionazin	297-97-2	8.84	249.1/97.0	249.1/97.0;249.1/193.0	80	30;10
257	利谷隆	linuron	330-55-2	9.84	249.0/160.1	249.0/160.1;249/182.1	100	15;15
258	庚烯磷	heptanophos	23560-59-0	7.85	251.0/127.0	251.0/127.0;251.0/109.0	80	10;30
259	苄草丹	prosulfocarb	52888-80-9	17.1	252.1/91.0	252.1/91.0;252.1/128.1	120	15;10
260	杀草净	dipropetryn	4147-51-7	8.58	256.1/144.1	256.1/144.1;256.1/214.0	140	30;20
261	禾草丹	thiobencarb	28249-77-6	15.8	258.1/125.0	258.1/125.0;258.1/89.0	80	20;55
262	三异丁基磷酸盐	tri-iso-butyl phosphate	126-71-6	15.45	267.1/99.0	267.1/99.0;267.1/155.1	80	20;5
263	磷酸三丁酯	tributyl phosphate	126-73-8	15.45	267.2/99.0	267.2/99.0;267.2/155.1	80	5;15
264	乙霉威	diethofencarb	871130-20-9	10.4	268.1/226.2	268.1/226.2;268.1/152.1	80	5;20

序号	中文名称	英文名称	CAS号	保留时间/min	定量离子 m/z	定性离子 m/z	源内碎裂电压/V	碰撞气能量/V
265	硫线磷	cadusafos	95465-99-9	15.27	271.1/159.1	271.1/159.1;271.1/131	80	10;20
266	吡唑草胺	metazachlor	67129-08-2	8.36	278.1/134.1	278.1/134.1;278.1/210.1	80	20;5
267	胺丙畏	propetamphos	31218-83-4	13.6	282.1/138	282.1/138.0;282.1/156.1	80	15;10
268	特丁硫磷	terbufos	13071-79-9	13.7	289.0/57.0	289.0/57.0;289.0/103.1	80	20;5
269	硅氟唑	simeconazole	149508-90-7	11	294.2/70.1	294.2/70.1;294.2/135.1	120	15;15
270	三唑酮	triadimefon	43121-43-3	11.88	294.2/69.0	294.2/69.0;294.2/197.1	100	20;15
271	甲拌磷砜	phorate sulfone	2588-04-7	9.34	293.0/171.0	293.0/171.0;293/143.1	60	5;15
272	十三吗啉	tridemorph	81412-43-3	14	298.3/130.1	298.3/130.1;298.3/57.1	160	25;35
273	苯噻酰草胺	mefenacet	73250-68-7	11.6	299.1/148.1	299.1/148.1;299.1/120.1	100	15;25
274	苯线磷	fenamiphos	22224-92-6	8.97	304.0/216.9	304.0/216.9;304.0/202.0	100	20;35
275	丁苯吗啉	fenpropimorph	67564-91-4	9.1	304.0/147.2	304.0/147.2;304.0/130.0	120	30;30
276	戊唑醇	tebuconazole	107534-96-3	12.44	308.2/70.0	308.2/70.0;308.2/125.0	100	25;25
277	异丙乐灵	isopropalin	33820-53-0	19.05	310.2/225.7	310.2/225.7;310.2/207.7	120	15;20
278	氟苯嘧啶醇	nuarimol	63284-71-9	9.2	315.1/252.1	315.1/252.1;315.1/81.0	120	25;30
279	乙嘧酚磺酸酯	bupirimate	41483-43-6	9.52	317.2/166.0	317.2/166.0;317.2/272.0	120	25;20
280	保棉磷	azinphos-methyl	86-50-0	10.45	318.1/125.0	318.1/125;318.1/160.0	80	15;10
281	丁基嘧啶磷	tebupirimfos	96182-53-5	18.15	319.1/277.1	319.1/277.1;319.1/153.2	120	10;30
282	稻丰散	phenthoate	2597-03-7	15.57	321.1/247.0	321.1/247;321.1/163.1	80	5;10
283	治螟磷	sulfotep	3689-24-5	16.35	323.0/171.1	323.0/171.1;323.0/143.0	120	10;20
284	硫丙磷	sulprofos	35400-43-2	18.4	323.0/219.1	323.0/219.1;323.0/247.0	120	15;10
285	EPN	EPN	2104-64-5	17.1	324.0/296.1	324.0/296.0;324.0/157.1	120	10;20
286	烯唑醇	diniconazole	83657-24-3	13.67	326.1/70.0	326.1/70.0;326.1/159.0	120	25;30
287	稀禾啶	sethoxydim	74051-80-2	5.36	328.2/282.2	328.2/282.2;328.2/178.1	100	10;15
288	纹枯脲	pencycuron	66063-05-6	16.33	329.2/125.0	329.2/125.0;329.2/218.1	120	20;15
289	灭蚜磷	mecarbam	2595-54-2	14.46	330.0/227.0	330.0/227.0;330.0/199.0	80	5;10
290	苯草酮	tralkoxydim	87820-88-0	18.09	330.2/284.2	330.2/284.2;330.2/138.1	100	10;20
291	马拉硫磷	malathion	121-75-5	13.2	331.0/127.1	331.0/127.1;331.0/99.0	80	5;10

序号	中文名称	英文名称	CAS号	保留时间/min	定量离子 m/z	定性离子 m/z	源内碎裂电压/V	碰撞气能量/V
292	禾草畏	pyributicarb	88678-67-5	18.26	331.1/181.1	331.1/181.1;331.1/108.0	120	10;20
293	哒嗪硫磷	pyridaphenthion	119-12-0	12.32	341.1/189.2	341.1/189.2;341.1/205.2	120	20;20
294	嘧啶磷	pirimiphos-ethyl	23505-41-1	17.75	334.2/198.2	334.2/198.2;334.2/182.2	120	20;25
295	硫双威	thiodicarb	59669-26-0	6.55	355.1/88.0	355.1/88.0;355.1/163.0	80	15;5
296	吡唑醚菌酯	pyraclofos	89784-60-1	15.34	361.1/257.0	361.1/257.0;361.1/138.0	120	25;35
297	啶氧菌酯	picoxystrobin	117428-22-5	15.4	368.1/145.0	368.1/145.0;368.1/205.0	80	20;5
298	四氟醚唑	tetraconazole	112281-77-3	12.54	372.0/159.0	372.0/159.0;372.0/70.0	120	35;35
299	吡唑解草酯	mefenpyr-diethyl	135590-91-9	16.8	373.0/327.0	373.0/327.0;373.0/160.0	80	15;35
300	丙溴磷	profenofos	41198-08-7	16.74	373.0/302.9	373.0/302.9;373.0/345.0	120	15;10
301	百克敏	pyraclostrobin	175013-18-0	16.04	388.0/163.0	388.0/163.0;388.0/194.0	120	20;10
302	烯酰吗啉	dimethomorph	110488-70-5	16.04	388.1/165.1	388.1/165.1;388.1/301.1	120	25;20
303	噻醚菊酯	kadethrin	58769-20-3	17.95	397.1/171.1	397.1/171.1;397.1/128.0	100	15;55
304	噻唑烟酸	thiazopyr	117718-60-2	16.15	397.1/377.0	397.1/377.0;397.1/335.1	140	20;30
305	氟啶脲	chlorfluazuron	71422-67-8	18.53	540.0/383.0	540.0/383.0;540/158.2	120	15;15
E组								
306	4-氨基吡啶	4-aminopyridine	504-24-5	0.72	95.1/52.1	95.1/52.1;95.1/78.1	120	25;5
307	灭多威	methomyl	16752-77-5	3.76	163.2/88.1	163.2/88.1;163.2/106.1	80	5;10
308	喀喹酮	pyroquilon	57369-32-1	5.87	174.1/117.1	174.1/117.1;174.1/132.2	140	35;25
309	麦穗灵	fuberidazole	3878-19-1	3.66	185.2/157.2	185.2/157.2;185.2/92.1	120	20;25
310	丁脒酰胺	isocarbamid	30979-48-7	4.35	186.2/87.1	186.2/87.1;186.2/130.1	80	20;5
311	丁酮威	butocarboxim	34681-10-2	5.3	213.0/75.1	213.0/75.1;213.0/156.1	100	15;5
312	杀虫脒	chlordimeform	6164-98-3	4.13	197.2/117.1	197.2/117.1;197.2/89.1	120	25;50
313	霜脲氰	cymoxanil	57966-95-7	4.95	199.1/111.1	199.1/111.1;199.1/128.1	80	20;15
314	氯酰硫草胺	chlorthiamid	1918-13-4	5.8	206.0/189.0	206.0/189.0;206.0/119.0	80	15;50
315	灭害威	aminocarb	2032-59-9	0.75	209.3/137.1	209.3/137.1;209.3/152.1	100	20;10
316	氧乐果	omethoate	1113-02-6	0.75	214.1/125.0	214.1/125.0;214.1/183.0	80	20;5
317	乙氧喹啉	ethoxyquin	91-53-2	7.19	218.2/174.2	218.2/174.2;218.2/160.1	120	30;35

序号	中文名称	英文名称	CAS 号	保留时间 /min	定量离子 m/z	定性离子 m/z	源内碎裂电压/V	碰撞气能量/V
318	涕灭威砜	aldicarb sulfone	116-06-3	3.5	223.1/76.0	223.1/76.0;223.1/148.0	80	5;5
319	二氧威	dioxacarb	6988-21-2	4.7	224.1/123.1	224.1/123.1;224.1/167.1	80	15;5
320	甲基内吸磷	demeton-S-methyl	919-86-8	6.25	253.0/89.0	253.0/89.0;253.0/61.0	80	10;35
321	杀螟腈	cyanophos	2636-26-2	6.89	244.2/180.0	244.2/180.0;244.2/125.0	120	20;15
322	甲基乙拌磷	thiometon	640-15-3	7.16	247.1/171.0	247.1/171.0;247.1/89.1	100	10;10
323	灭菌丹	folpet	133-07-3	12.82	260.0/130.0	260.0/130.0;260.0/102.3	100	10;40
324	甲基内吸磷砜	demeton-S-methyl sulfone	17040-19-6	3.96	263.1/169.1	263.1/169.1;263.1/125.0	80	15;20
325	苯锈定	fenpropidin	67306-00-7	8.96	274.0/147.1	274.0/147.1;274.0/86.1	160	25;25
326	赛硫磷	amidithion	919-76-6	14.25	274.1/97.0	274.1/97.0;274.1/122.0	140	20;15
327	甲咪唑烟酸	imazapic	104098-48-8	4.8	276.2/163.2	276.2/163.2;276.2/216.2;276.2/86.1	120	20;20;25
328	对氧磷	paraoxon-ethyl	311-45-5	8	276.2/220.1	276.2/220.1;276.2/94.1	100	10;40
329	4-十二烷基 2,6-二甲基吗啉	aldimorph	91315-15-0	14.1	284.4/57.2	284.4/57.2;284.4/98.1	160	30;30
330	乙烯菌核利	vinclozolin	50471-44-8	14.66	286.1/242	286.1/242;286.1/145.1	100	5;45
331	烯效唑	uniconazole	83657-22-1	11.69	292.1/70.1	292.1/70.1;292.1/125.1	120	30;30
332	啶斑肟	pyrifenox	88283-41-4	7.42	295.0/93.1	295.0/93.1;295.0/163.0	120	15;15
333	氯硫磷	chlorthion	500-28-7	14.45	298.0/125.0	298.0/125.0;298.0/109.0	100	15;20
334	异氯磷	dicapthon	2463-84-5	14.47	298.0/125.0	298.0/125.0;298.0/266.1	80	10;10
335	四螨嗪	clofentezine	74115-24-5	16.18	303.0/138.0	303.0/138.0;303.0/156.0	100	25;25
336	氟草敏	norflurazon	27314-13-2	8.08	304.0/284.0	304.0/284.0;304.0/160.1	140	25;35
337	野麦畏	triallate	2303-17-5	18.52	304.0/143.0	304.0/143.0;304.0/86.1	120	25;15
338	苯氧喹啉	quinoxyphen	124495-18-7	17.05	308.0/197.0	308.0/197.0;308.0/272.0	180	35;35
339	倍硫磷砜	fenthion sulfone	3761-42-0	8.71	311.1/125.0	311.1/125.0;311.1/109.0	140	15;20
340	氟咯草酮-2	fluorochloridone-2	61213-25-0	13.34	312.2/292.2	312.2/292.2;312.2/53.1	140	25;30
341	邻苯二甲酸丁苄酯	benzyl butyl phthalate	85-68-7	17.34	313.2/91.1	313.2/91.1;313.2/149.0;313.2/205.1	80	10;10;5
342	氯唑磷	isazofos	42509-80-8	13.67	314.1/162.1	314.1/162.1;314.1/120.0	100	10;35
343	除线磷	dichlofenthion	97-17-6	18.15	315.0/259.0	315.0/259.0;315.0/287.0	100	10;5

序号	中文名称	英文名称	CAS号	保留时间/min	定量离子 m/z	定性离子 m/z	源内碎裂电压/V	碰撞气能量/V
344	牙灭多砜	vamidothion sulfone	70898-34-9	2.45	178.0/87.0	178.0/87.0;178.0/60.0	100	15;10
345	特丁硫磷砜	terbufos sulfone	56070-16-7	12.57	321.2/171.1	321.2/171.1;321.2/143.0	80	5;15
346	敌乐胺	dinitramine	29091-05-2	15.8	323.1/305.0	323.1/305.0;323.1/247.0	120	10;15
347	氰霜唑	cyazofamid	120116-88-3	5.1	325.2/261.3	325.2/261.3;325.2/108.0	80	5;15
348	毒壤磷	trichloronat	327-98-0	18.98	333.1/304.9	333.1/304.9;333.1/161.8	100	10;45
349	苄呋菊酯-2	resmethrin-2	10453-86-8	12.35	339.2/171.1	339.2/171.1;339.2/143.1	80	10;25
350	啶酰菌胺	boscalid	188425-85-6	12.2	343.2/307.2	343.2/307.2;343.2/271.0	140	20;35
351	甲磺乐灵	nitralin	4726-14-1	15.15	346.1/304.1	346.1/304.1;346.1/262.1	100	10;20
352	甲氰菊酯	fenpropathrin	39515-41-8	19	350.2/125.2	350.2/125.2;350.2/97	120	5;20
353	噻螨酮	hexythiazox	78587-05-0	18.23	353.1/168.1	353.1/168.1;353.1/228.1	120	20;10
354	苯满特	benzoximate	29104-30-1	17	386.1/197.0	386.1/197.0;386.1/199.2	140	30;30
355	新燕灵	benzoylprop-ethyl	22212-55-1	16	366.1/105.0	366.1/105.0;366.1/77.0	80	15;35
356	嘧螨醚	pyrimidifen	105779-78-0	13.69	378.2/184.1	378.2/184.1;378.2/150.2	140	15;40
357	呋线威	furathiocarb	65907-30-4	17.85	383.3/195.1	383.3/195.1;383.3/252.1;383.3/167	100	10;5;25
358	反式氯菊酯	trans-permethrin	61949-77-7	21	391.3/149.1	391.3/149.1;391.3/167.1	100	10;10
359	醚菊酯	etofenprox	80844-07-1	19.73	394.0/177.0	394.0/177.0;394/359.0	100	15;5
360	吡草醚	pyrazoxyfen	71561-11-0	14.3	403.2/91.1	403.2/91.1;403.2/105.1;403.2/139.1	140	25;20;20
361	嘧唑螨	flubenzimine	37893-02-0	14.48	417.0/397.0	417.0/397.0;417.0/167.1	100	10;25
362	氯氰菊酯	cypermethrin	52315-07-8	20.45	433.3/416.2	433.3/416.2;433.3/191.2	100	5;10
363	(S)-氰戊菊酯	haloxyfop-2-ethoxyethyl	87237-48-7	17.65	434.1/316.0	434.1/316.0;434.1/288.0;434.1/91.2	120	15;20;45
364	乙羧氟草醚	esfenvalerate	66230-04-4	8.28	437.2/206.9	437.2/206.9;437.2/154.2	80	35;20
365	氟咯氟草醚	fluroglycofen-ethyl	77501-90-7	17.7	344.0/300.0	344.0/300.0;344.0/233.0	120	15;20
366	氟胺氰菊酯	τ-fluvalinate	102851-06-9	19.58	503.2/181.2	503.2/181.2;503.2/208.1	80	25;15
F组								
367	丙烯酰胺	acrylamide	79-06-1	0.73	72.0/55.0	72.0/55.0;72.0/27.0	100	10;10
368	叔丁基胺	tert-butylamine	75-64-9	0.65	74.1/46.0	74.1/46.0;74.1/56.8	120	5;5
369	噁霉灵	hymexazol	10004-44-1	2.65	100.1/54.1	100.1/54.1;100.1/44.2;100.1/28	100	10;15;15

续表

序号	中文名称	英文名称	CAS号	保留时间/min	定量离子 m/z	定性离子 m/z	源内碎裂电压/V	碰撞气能量/V
370	邻苯二甲酰亚胺	phthalimide	85-41-6	0.74	148.0/130.1	148.0/130.1;148.0/102.0	100	10;25
371	甲氟磷	dimefox	115-26-4	3.88	155.1/110.1	155.1/110.1;155.1/135.0	120	20;10
372	速灭威	metolcarb	1129-41-5	6.5	166.2/109.0	166.2/109.0;166.2/97.1	80	15;50
373	二苯胺	diphenylamine	122-39-4	13.06	170.2/93.1	170.2/93.1;170.2/152	120	30;30
374	1-萘基乙酰胺	1-naphthyl acetamide	86-86-2	5.3	186.2/141.1	186.2/141.1;186.2/115.1	100	15;45
375	脱乙基莠去津	atrazine-desethyl	6190-65-4	4.43	188.2/146.1	188.2/146.1;188.2/104.1	120	10;20
376	2,6-二氯苯甲酰胺	2,6-dichlorobenzamide	2008-58-4	3.85	190.1/173.0	190.1/173.0;190.1/145.0	100	20;30
377	涕灭威	aldicarb	116-06-3	5.42	213.0/89.0	213/89;213.0/116.0	100	30;10
378	跳蚤灵	dimethyl phthalate	131-11-3	3.5	217.0/86.0	217.0/86.0;217.0/156.0	100	15;20
379	杀虫脒盐酸盐	chlordimeform hydrochloride	6164-98-3	4	197.2/117.1	197.2/117.1;197.2/89.1	120	25;50
380	西玛通	simeton	673-04-1	3.94	198.2/100.1	198.2/100.1;198.2/128.2	120	25;20
381	呋草通	dinotefuran	165252-70-0	3.06	203.3/129.2	203.3/129.2;203.3/87.1	80	5;10
382	克草敌	pebulate	1114-71-2	16.05	204.2/72.1	204.2/72.1;204.2/128.0	100	10;10
383	苯丙噻二唑	acibenzolar-S-methyl	135158-54-2	10	211.1/91.0	211.1/91.0;211.1/136.0	120	20;30
384	蔬果磷	dioxabenzofos	3811-49-2	10.15	217.0/77.1	217.0/77.1;217.0/107.1	100	40;30
385	杀线威	oxamyl	23135-22-0	3.46	241.0/72.0	241.0/72.0;242.0/121.0	120	15;10
386	甲基苯噻隆	methabenzthiazuron	18691-97-9	6.8	222.2/165.1	222.2/165.1;222.2/149.9	100	15;35
387	丁酮威	butoxycarboxim	34681-23-7	3.3	223.2/63.0	223.2/63;223.2/106.1	80	10;5
388	自克威	mexacarbate	315-18-4	4	233.2/151.2	233.2/151.2;233.2/166.2	100	15;10
389	甲基内吸磷亚砜	demeton-S-methyl sulfoxide	301-12-2	3.42	247.1/109.0	247.1/109.0;247.1/169.1	80	20;10
390	久效威砜	thiofanox sulfone	39184-59-3	7.3	251.1/57.2	251.1/57.2;251.1/76.1	80	5;5
391	硫环磷	phosfolan	947-02-4	4.95	256.2/140.0	256.2/140.0;256.2/228.0	100	25;10
392	内吸磷-S	demeton-S	126-75-0	5.44	259.1/89.1	259.1/89.1;259.1/61.0	60	10;35
393	倍硫磷-氧	fenthion oxon	6552-12-1	8.15	263.2/230.0	263.2/230.0;263.2/216.0	100	10;20
394	萘丙胺	napropamide	52570-16-8	12.45	272.2/171.1	272.2/171.1;272.2/129.2	120	15;15
395	杀螟硫磷	fenitrothion	122-14-5	13.6	278.1/125.0	278.1/125.0;278.1/246.0	140	15;15
396	驱蚊叮	dibutyl phthalate	84-74-2	17.5	279.2/149.0	279.2/149.0;279.2/121.1	80	10;45

续表

序号	中文名称	英文名称	CAS号	保留时间/min	定量离子 m/z	定性离子 m/z	源内碎裂电压/V	碰撞气能量/V
397	异丙甲草胺	metolachlor	51218-45-2	13.15	284.1/252.2	284.1/252.2;284.1/176.2	120	10;15
398	腐霉利	procymidone	32809-16-8	13.33	284.0/256.0	284.0/256.0;284.0/145.0	140	10;45
399	蚜灭磷	vamidothion	2275-23-2	4.18	288.2/146.1	288.2/146.1;288.2/118.1	80	10;20
400	枯草隆	chloroxuron	1982-47-4	9	291.2/72.1	291.2/72.1;291.2/218.1	120	20;30
401	威菌磷	triamiphos	1031-47-6	6.58	295.2/135.1	295.2/135.1;295.2/92.0	100	25;35
402	右旋炔丙菊酯	prallethrin	23031-36-9	7.25	301.0/105.0	301.0/105.0;301/169.0	80	5;20
403	苄草隆	cumyluron	99485-76-4	11.7	303.3/185.1	303.3/185.1;303.3/125.0	100	5;45
404	甲氧咪草烟	imazamox	114311-32-9	3	304.2/260.0	304.2/260.0;304.2/186.0	100	5;40
405	杀鼠灵	warfarin	81-81-2	10.3	309.2/163.1	309.2/163.1;309.2/251.2	100	20;15
406	亚胺硫磷	phosmet	732-11-6	11.14	318.0/160.1	318.0/160.1;318.0/133.0	80	10;35
407	皮蝇磷	ronnel	299-84-3	17.7	320.9/125.0	320.9/125.0;320.9/288.8	120	10;10
408	除虫菊酯	pyrethrins	8003-34-7	18.78	329.2/161.1	329.2/161.1;329.2/133.1	100	5;15
409	邻苯二甲酸二环己酯	biscyclohexyl phthalate	84-61-7	19.1	331.3/149.1	331.3/149.1;331.3/167.1;331.3/249	80	10;5;5
410	环丙酰菌胺	carpropamid	104030-54-8	15.36	334.2/196.1	334.2/196.1;334.2/139.1	120	10;15
411	吡螨胺	tebufenpyrad	119168-77-3	17.32	334.3/147	334.3/147;334.3/117.1	160	25;40
412	虫螨磷	chlorthiophos	60238-56-4	18.58	361.0/305.0	361.0/305.0;361/225	100	10;15
413	氯亚胺硫磷	dialifos	10311-84-9	17.15	394.0/208	394.0/208;394.0/187	100	5;20
414	吲哚酮草酯	cinidon-ethyl	142891-20-1	17.63	394.2/348.1	394.2/348.1;394.2/107.1	120	15;45
415	鱼藤酮	rotenone	83-79-4	14	395.3/213.2	395.3/213.2;395.3/192.2	160	20;20
416	亚胺唑	imibenconazole	86598-92-7	17.16	411.0/125.1	411.0/125.1;411.0/171.1;411/342	120	25;15;10
417	噁草酸	propaquizafop	111479-05-1	17.56	444.2/100.1	444.2/100.1;444.2/299.1	140	15;25
418	乳氟禾草灵	lactofen	77501-63-4	18.23	479.1/344.0	479.1/344.0;479.1/223	120	15;35
419	吡草酮	benzofenap	82692-44-2	16.95	431.0/105.0	431.0/105.0;431.0/119.0	140	30;20
420	地乐酯	dinoseb acetate	2813-95-8	0.75	283.1/89.2	283.1/89.2;283.1/133.1;283.1/177.2	120	10;10;10
421	异丙草胺	propisochlor	86763-47-5	15	284.0/224.0	284.0/224.0;284.0/212.0	80	5;15
422	氟硅菊酯	silafluofen	105024-66-6	20.8	412.0/91.0	412.0/91.0;412/72.1	100	40;30
423	乙氧苯草胺	etobenzanid	79540-50-4	15.65	340.0/149.0	340.0/149.0;340.0/121.1	120	20;30

序号	中文名称	英文名称	CAS号	保留时间/min	定量离子 m/z	定性离子 m/z	源内碎裂电压/V	碰撞气能量/V
424	四唑酰草胺	fentrazamide	158237-07-1	16	372.1/219.0	372.1/219.0;372.1/83.2	200	5;35
425	五氯苯胺	pentachloroaniline	527-20-8	14.3	285.0/99.1	285.0/99.1;285.0/127.0	100	15;5
426	丁硫克百威	carbosulfan	55285-14-8	19.5	381.2/118.1	381.2/118.1;381.2/160.2	100	10;10
427	苯醚氰菊酯	cyphenothrin	39515-40-7	19.4	376.2/151.2	376.2/151.2;376.2/123.2	100	5;15
428	恶唑隆	dimefuron	34205-21-5	10.3	339.1/167.0	339.1/167.0;339.1/72.1	140	20;30
429	马拉氧磷	malaoxon	1634-78-2	13.8	331.0/99.0	331.0/99.0;331.0/127.0	120	20;5
430	氯杀螨砜	chlorbenside sulfone	7082-99-7	9.86	299.0/235.0	299.0/235.0;299.0/125.0	100	5;25
431	多果定	dodine	2439-10-3	7.46	228.2/57.3	228.2/57.3;228.2/60.1	160	25;20
				G组				
432	茅草枯	dalapon	75-99-0	0.6	140.8/58.8	140.8/58.8;140.8/62.9	100	10;15
433	2-苯基苯酚	2-phenylphenol	90-43-7	9.78	169.0/115.0	169.0/115.0;169.0/93.0	140	35;20
434	3-苯基苯酚	3-phenylphenol	580-51-8	9.78	169.0/115.0	169.0/115.0;169.0/141.1	140	35;35
435	氯硝胺	dicloran	99-30-9	8.82	205.1/169.3	205.1/169.3;205.1/123.2	120	15;30
436	氯苯胺灵	chlorpropham	101-21-3	12.55	212.0/152.0	212.0/152.0;212.0/57.0	80	5;20
437	特草定	terbacil	5902-51-2	5.94	215.1/159.0	215.1/159.0;215.1/73.0	120	10;40
438	2,4-滴	2,4-D	94-75-7	4.28	218.9/161.0	218.9/161.0;218.9/125.0	80	5;20
439	咯菌腈	fludioxonil	131341-86-1	11.1	247.0/180.0	247.0/180.0;247.0/126.0	140	10;10
440	杀螨醇	chlorfenethol	80-06-8	11.81	265.0/96.7	265.0/96.7;265.0/152.7	120	15;5
441	萘草胺	naptalam	132-66-1	4.3	290.0/246.0	290.0/246.0;290.0/168.3	100	10;30
442	灭幼脲	chlorobenzuron	57160-47-1	14.05	306.9/154.0	306.9/154.0;306.9/125.9	100	5;20
443	氯霉素	chloramphenicolum	56-75-7	5.07	321.0/152.0	321.0/152.0;321.0/257.0	100	15;10
444	噁唑菌酮	famoxadone	131807-57-3	16.52	373.0/282.0	373.0/282.0;373.0/328.9	120	20;15
445	吡氟酰草胺	diflufenican	83164-33-4	17.3	393.1/329.1	393.1/329.1;393.1/272.0	100	10;10
446	氟氯唑	ethiprole	181587-01-9	10.74	394.9/331.0	394.9/331.0;394.9/250.0	100	5;25
447	氟啶胺	fluazinam	79622-59-6	17.25	462.9/415.9	462.9/415.9;462.9/398.0	120	20;15
448	克来范	kelevan	4234-79-1	19.5	628.1/169.0	628.1/169.0;628.1/422.6	120	24;22

1.1.5 样品提取条件优化

农药分子结构不同，极性各异，要同时检测茶叶中数百种农药，对提取净化技术提出愈加严格的要求。此外，茶叶中含大量色素、茶叶碱和咖啡因，也要在仪器检测之前去除。因此，选择合适的提取净化技术非常重要。为了充分提取茶叶中的农药及相关化学品，同时尽量少地提取茶叶中的杂质和色素，对几种常用的提取溶剂[27,28]，如乙酸乙酯、丙酮、甲醇、正己烷、乙腈和二氯甲烷等及它们的组合溶剂进行了对比研究，评价其提取效率。通过对比试验，发现用丙酮提取很充分，但共提取的杂质多，增大了后续净化步骤的难度。乙酸乙酯、二氯甲烷和正己烷则组织渗透性不够，不能使茶叶的植物纤维完全润湿展开，萃取效率较低。用乙腈提取，能够将大部分茶叶中的残留农药提取出来，且萃取的干扰物较少，因此本方法选择乙腈作为提取溶剂。通常一次提取难以保证将农药萃取完全，实验对提取次数进行了考察。以空白茶叶样品进行添加回收率实验，结果见表1-5。实验结果表明，两次提取基本可以将农药提取完全，从减少溶剂使用方面考虑，选择进行两次提取，可以得到满意结果。

表1-5 乙腈提取次数对茶叶中50种农药回收率的影响

序号	英文名称	中文名称	CAS号	第一次提取平均回收率/%	第二次提取平均回收率/%	第三次提取平均回收率/%
1	phorate	甲拌磷	298-02-2	74.82	6.94	0
2	α-HCH	α-六六六	319-84-6	77.85	3.66	0
3	vinclozolin	乙烯菌核利	50471-44-8	83.97	0	0
4	λ-cyhalothrin	高效氯氟氰菊酯	91465-08-6	83.98	1.94	0
5	amitraz	双甲脒	33089-61-1	85.17	2.59	0
6	γ-HCH	林丹	58-89-9	85.48	0	0
7	4,4'-DDT	4,4'-滴滴涕	50-29-3	85.54	4.17	0
8	cis-permethrin	顺式氯菊酯	61949-76-6	85.98	9.37	0
9	captan	克菌丹	133-06-2	87.67	0	0
10	pirimiphos-methyl	甲基嘧啶磷	29232-93-7	88.2	3.34	0
11	pyrimethanil	嘧霉胺	53112-28-0	88.72	8.21	0
12	ametryn	莠灭净	834-12-8	89.25	8.22	1.01
13	2,4'-DDT	2,4'-滴滴涕	789-02-6	89.47	6.44	2.59
14	diazinon	二嗪磷	333-41-5	89.78	10.94	0
15	endrin	异狄氏剂	72-20-8	90.05	0	0
16	alachlor	甲草胺	15972-60-8	91.2	7.65	0
17	dimethenamid	二甲噻草胺	87674-68-8	91.99	9.9	0
18	metolachlor	异丙甲草胺	51218-45-2	92.16	8.54	0
19	chlorpyrifos-methyl	甲基毒死蜱	5598-13-0	92.31	2.71	0
20	prothiophos	丙硫磷	34643-46-4	92.38	0	0
21	prometryn	扑草净	7287-19-6	92.39	8.64	0
22	flucythrinate	氟氰戊菊酯	70124-77-5	92.54	0	0

序号	英文名称	中文名称	CAS 号	第一次提取平均回收率/%	第二次提取平均回收率/%	第三次提取平均回收率/%
23	chlorpyrifos	毒死蜱	2921-88-2	92.64	0	0
24	fluazifop-butyl	吡氟禾草灵	69806-50-4	92.69	8.09	0
25	dieldrin	狄氏剂	60-57-1	92.79	0	0
26	triadimefon	三唑酮	43121-43-3	93.54	12.26	0
27	acetochlor	乙草胺	34256-82-1	93.59	8.37	0
28	metalaxyl	甲霜灵	57837-19-1	93.79	7.46	0
29	atrazine	莠去津	1912-24-9	93.81	7.61	0
30	fenthion	倍硫磷	55-38-9	93.83	6.03	0
31	parathion	对硫磷	56-38-2	93.84	2.2	0
32	iprobenfos	异稻瘟净	26087-47-8	94.29	12.18	0
33	β-HCH	β-六六六	319-85-7	94.59	0	0
34	2,4'-DDE	2,4'-滴滴伊	3424-82-6	94.61	10.48	0
35	EPN	苯硫磷	2104-64-5	94.71	4.71	0
36	propargite	炔螨特	2312-35-8	94.9	24.91	0
37	4,4'-DDE	4,4'-滴滴伊	72-55-9	96.1	10.45	0
38	bifenthrin	联苯菊酯	82657-04-3	96.74	9.01	0
39	flusilazole	氟硅唑	85509-19-9	97.08	7.14	0
40	quinalphos	喹硫磷	13593-03-8	97.54	0	0
41	pyridaben	哒螨灵	96489-71-3	98.25	6.81	0
42	chlorfenapyr	虫螨腈	122453-73-0	98.81	0	0
43	diethofencarb	乙霉威	87130-20-9	100.01	5.54	0
44	difenoconazole	苯醚甲环唑	119446-68-3	100.97	5.73	0
45	fenpropathrin	甲氰菊酯	39515-41-8	101.33	8.05	0
46	4,4'-DDD	4,4'-滴滴滴	72-54-8	102.77	9.16	0
47	2,4'-DDD	2,4'-滴滴滴	53-19-0	102.81	10.79	4.44
48	malathion	马拉硫磷	121-75-5	104.41	2.21	0
49	oxadixyl	噁霜灵	77732-09-3	105.84	7.54	0
50	dicofol	三氯杀螨醇	115-32-2	108.67	10.81	8.12

1.1.6　样品净化条件优化

固相萃取（SPE）技术因其简便、高效而在农药残留分析领域得到了广泛应用[29]，通过改变其柱填料可使之适用于不同的基质。茶叶基质复杂，含有大量的叶绿素、胡萝卜素、茶多酚和其他大量不确定的干扰物，如何将 600 多种痕量残留农药从这些大量共萃取干扰物中有效分离出来，是该项净化技术的关键。因此，开发对净化茶叶样品有特效的专用固相萃取柱成了当务之急。本方法首先研究了 SPE 技术的核心部分——不同柱填料对净化效果的影响。

色素作为茶叶中的主要干扰物质，是一类首先应该去除的物质，常用的除色素填料有弗罗里硅土、氧化铝、石墨化碳、氨基化硅胶等[18,30]。实验对比研究了硅酸镁（FS）、石墨化碳（PC）、中性氧化铝（Al-N）、石墨化碳/氨基（PC/NH$_2$）、石墨化碳/硅酸镁（PC/FS）、石墨化碳/中性氧化铝/硅酸镁（PC/Al-N/FS）6 种填料的除色素效果。结果表明，PC/NH$_2$ 固相萃取柱的除色素效果最佳，这是因为石墨化碳（PC）是一种具有均匀石墨化表面的规则多面体，对色素和多环芳烃类化合物具有很好的吸附效果，能极大地降低背景干扰。而氨基（NH$_2$）填料具有极性固定相和弱阴离子交换剂，可以通过弱阴离子交换或极性吸附达到保留农药的作用，适用于除去挥发性有机酸、茶多酚等杂质。结合石墨化碳与氨基的双重作用，PC/NH$_2$ 填料显示了非常显著的去除色素效果。

确定 PC/NH$_2$ 为主要填料后，选择 Cleanert 系列固相萃取柱，进一步对其装填量和装填顺序对净化效果的影响进行了研究。实验方案设计如下：①PC 在上层，NH$_2$ 在下层：Cleanert PC/NH$_2$（1g）、Cleanert PC/NH$_2$（1.6g）、Cleanert PC/NH$_2$（2g）；②PC 在下层，NH$_2$ 和 PSA 在上层：Cleanert NH$_2$/PC（1g）、Cleanert NH$_2$/PC（2g）、Cleanert PSA/PC（1g）、Cleanert PSA/PC（2g）。实验结果见表 1-6。对表 1-6 结果的综合统计分析见表 1-7，从该表实验数据可以看出，装填量的增加能明显改善除色素的效果，如使用 Cleanert PC/NH$_2$（1g）时 80% 农药的回收率在 80%～110% 之间，而使用 Cleanert PC/NH$_2$（2g）时有 90% 农药的回收率在 80%～110% 之间，装填量为 2g 时色素可以基本除去，其回收率也令人满意，考虑方法的成本，未进一步增加装填量。进一步考察了装填顺序对净化效果的影响，实验发现 NH$_2$ 在上层时净化效果比在下层好。如 Cleanert NH$_2$/PC（2g）的回收率 65% 集中在 90%～110% 之间，而 Cleanert PC/NH$_2$（2g）的回收率只有 32% 集中在 90%～110% 之间，这可能是因为在上层的氨基可以先将一部分杂质和色素吸附，减轻了下层 PC 的负担，使其有更大的容量吸附茶叶中的大量色素。

除色素以外，茶叶中还含有茶多酚、咖啡因等其他杂质干扰，也需要进一步去除，常用的柱填料有离子交换型填料、C$_{18}$、酰胺化聚苯乙烯等。选取有代表性的丙磺酸（PRS）、C$_{18}$ 和博纳艾杰尔科技有限公司的一种酰胺化聚苯乙烯填料作为第三种填料用以净化茶叶中其他干扰物。实验方案设计如下：Cleanert NH$_2$/PRS（丙磺酸）/PC（1g）、Cleanert NH$_2$/PRS/PC（2g）、Cleanert NH$_2$/C$_{18}$/PC（1g）、Cleanert NH$_2$/C$_{18}$/PC（2g）和 Cleanert TPT。其中 Cleanert TPT 柱填料由 A（石墨化碳）、B（多氨基化硅胶）、C（酰胺化聚苯乙烯材料）3 种成分按照一定的比例分层填装而成。实验结果见表 1-8，根据表 1-8 进行综合统计，结果见表 1-9。从表 1-9 可以看出，C$_{18}$ 填料柱回收率较低，不适用于本方法。如使用 Cleanert NH$_2$/C$_{18}$/PC（1g）时 85% 的样品回收率小于 60%。离子交换型填料的回收率优于 C$_{18}$ 填料，回收率主要集中在 60%～80% 之间，而 Cleanert TPT 柱子获得了最佳的净化效果，94% 的样品回收率在 60%～110% 之间，其中 54% 的回收率在 80%～110% 之间，回收率理想。以上实验结果证明，石墨化碳层主要是去除茶叶中的色素而不会同时吸附目标农药；多氨基化硅胶除去挥发性有机酸、茶多酚等杂质；酰胺化聚苯乙烯材料的主要作用是去除色素及其茶叶碱之外的杂质。3 种填料的混合实现了对茶叶样品的高效净化，Cleanert TPT 柱可作为茶叶样品的专属净化柱。

表1-6 两组分SPE柱不同填料、不同装填量和不同装填顺序对79种农药回收率的影响

序号	中文名称	英文名称	CAS号	Cleanert PC /NH₂(2g)	Cleanert PC /NH₂(1.6g)	Cleanert PC /NH₂(1g)	Cleanert NH₂ /PC(2g)	Cleanert NH₂ /PC(1g)	Cleanert PSA /PC(2g)	Cleanert PSA /PC(1g)
1	甲草胺	alachlor	15972-60-8	88.59	89.27	86.43	95.65	80.21	82.01	84.32
2	α-六六六	α-HCH	319-84-6	108.37	80.26	63.89	118.85	71.7	115.71	184.82
3	益棉磷	azinphos-ethyl	2642-71-9	93.74	96.55	70.69	94.11	81.51	—	—
4	保棉磷	azinphos-methyl	86-50-0	95.73	89.39	80.03	94.87	93.78	—	82.24
5	苯霜灵	benalaxyl	71626-11-4	92.98	92.1	85.2	95.98	91.28	85.91	91.9
6	新燕灵	benzoylprop-ethyl	22212-55-1	85.52	90.21	86.53	98.41	82.53	84.5	78.93
7	治草醚	bifenox	42576-02-3	108.57	100.58	80.6	84.48	88.86	102.91	119.05
8	溴硫磷	bromofos	2104-96-3	85.86	89.24	88.12	96.4	85.16	82.12	83.16
9	溴螨酯	bromopropylate	18181-80-1	84.47	88.69	86.48	101.7	85.07	76	81.61
10	丁草胺	butachlor	23184-66-9	88.03	90.94	87.21	95.19	86.51	80.54	84.36
11	丁草特	butylate	2008-41-5	93.03	78.56	54.48	75.55	109.16	103.83	53.61
12	三硫磷	carbofenothion	786-19-6	84.66	92.46	88.88	90.25	89.44	79.58	84.81
13	氯杀螨砜	chlorbenside sulfone	7082-99-7	95.18	91.88	91.21	99.23	99.79	91.2	0
14	氯杀螨灵	chlorfenson	80-33-1	93.44	92.34	87.94	61.07	89.26	81.3	79.61
15	杀螨酯	chlorfenvinphos	470-90-6	105.92	99.6	81.72	109.25	83.25	85.08	73.45
16	氯苯甲醚	chloroneb	2675-77-6	83.1	85.01	81.5	75.77	75.02	95.09	66.73
17	甲基毒死蜱	chlorprifos-methyl	5598-13-0	84.06	87.29	86.14	93.76	84.29	83.68	85.02
18	氯苯胺灵	chlorpropham	101-21-3	87.55	87.59	87.29	91.91	83.39	86.27	87.73
19	丙酯杀螨醇	chlorpropylate	5836-10-2	85.19	91.85	83.25	96.81	85.79	79.99	84.08
20	虫螨磷	chlorthiophos	60238-56-4	94.43	97.7	84.83	79.38	84.3	92.25	92.93
21	乙菌利	chlozolinate	84332-86-5	63.03	66.5	36.41	60.32	58.6	61.13	38.72
22	顺式氯丹	cis-chlordane	5103-71-9	87.34	91.8	87.11	94.82	84.71	81.44	83.59
23	顺式燕麦敌	cis-diallate	17708-57-5	77.06	89.84	84.21	89.56	81.18	82.87	76.06
24	蝇毒磷	coumaphos	56-72-4	90.38	87.7	86.38	101.7	93.74	81.3	98.16
25	育畜磷	crufomate	299-86-5	87.92	89.72	77.36	94.59	89.06	80.2	93.21
26	苯腈磷	cyanofenphos	13067-93-1	97.65	98.05	93.35	100.4	270.66	99.38	93.4
27	氟氯氰菊酯	cyfluthrin	68359-37-5	86.26	100.4	87.73	99.29	73.79	81.67	89.86

序号	中文名称	英文名称	CAS 号	Cleanert PC/NH$_2$(2g)	Cleanert PC/NH$_2$(1.6g)	Cleanert PC/NH$_2$(1g)	Cleanert NH$_2$/PC(2g)	Cleanert NH$_2$/PC(1g)	Cleanert PSA/PC(2g)	Cleanert PSA/PC(1g)
28	敌草净	desmetryn	1014-69-3	87.01	16.59	76.49	71.72	75.29	77.3	78.2
29	敌草腈	dichlobenil	1194-65-6	75.68	60.19	76.96	65.2	71.2	74.25	41.85
30	苯氟磺胺	dichlofluanid	1085-98-9	87.74	88.13	73.04	79.72	94.58	85.23	74.61
31	三氯杀螨醇	dicofol	115-32-2	88.01	97.97	96.22	112.65	123.56	129.44	77.19
32	二甲草胺	dimethachlor	50563-36-5	86.19	89.34	87.32	99.28	84.1	82.46	83.41
33	敌瘟磷	edifenphos	17109-49-8	80.77	83.02	79.4	115.89	88.6	83.78	93.91
34	硫丹-1	endosulfan-1	959-98-8	95.46	105.17	89.54	93.45	97.13	100.66	76.75
35	硫丹-2	endosulfan-2	33213-65-9	96.65	108.35	97.88	89.59	97.05	109.7	73.56
36	硫丹硫酸盐	endosulfan-sulfate	1031-07-8	102.65	98.1	90.17	97.42	104.88	108.62	80.36
37	异狄氏剂	endrin	72-20-8	90.14	86.7	87.34	96.22	88.55	85.01	90.94
38	苯硫磷	EPN	2104-64-5	87.77	86.17	87.8	98.78	83.75	80.26	94.26
39	茵草敌	EPTC	759-94-4	69.11	57.73	74.12	67.4	65.75	73.7	40.94
40	乙氧呋草黄	ethofume sate	26225-79-6	89.72	91.03	83.16	94.29	88.97	102.11	84.88
41	灭线磷	ethoprophos	13194-48-4	86.58	82.12	85.67	90.91	84.58	86.55	82
42	氯苯嘧啶醇	fenarimol	60168-88-9	92.81	84.34	86.06	82.84	86.81	79.63	78.9
43	甲氰菊酯	fenpropathrin	39515-41-8	103.32	88.33	99.56	111.14	111.83	97	80.23
44	麦草氟甲酯	flamprop-methyl	52756-25-9	86.94	88.04	81.23	100.9	89.74	82.42	79.81
45	氟铃脲	flufenoxuron	101463-69-8	112.27	101.3	106.52	119.1	92.85	71.43	77.01
46	氟胺氰菊酯	τ-fluvalinate	102851-06-9	92.03	101.15	102.48	83.42	76.95	75.81	78.36
47	庚烯磷	heptanophos	23560-59-0	82.76	81	82.48	92.27	90.23	88.89	85.44
48	六氯苯	hexachlorobenzene	118-74-1	77.83	81.41	79.98	76.7	73.32	84.93	44.55
49	碘硫磷	iodofenphos	18181-70-9	86.88	86.64	84.78	98.53	85.7	81.83	93.53
50	异柳磷	isofenphos	25311-71-1	87.94	90.85	84.62	96.63	81.52	85.95	96.36
51	异丙乐灵	isopropalin	33820-53-0	86.11	87.42	91.41	92.76	88.21	82.64	90.59
52	溴苯磷	leptophos	21609-90-5	93.43	88.61	84.75	97.66	92.21	82	86.13
53	烯虫酯	methoprene	40596-69-8	83.65	91.29	85.22	95.11	80.81	79.19	83.07
54	异丙甲草胺	metolachlor	51218-45-2	101.97	92.49	88.2	103.1	75	86.61	81.06

续表

序号	中文名称	英文名称	CAS 号	Cleanert PC /NH₂(2g)	Cleanert PC /NH₂(1.6g)	Cleanert PC /NH₂(1g)	Cleanert NH₂ /PC(2g)	Cleanert NH₂ /PC(1g)	Cleanert PSA /PC(2g)	Cleanert PSA /PC(1g)
55	速灭磷	mevinphos	7786-34-7	82.4	82.16	84.45	85.97	69.26	87.17	87.3
56	三氯甲基吡啶	nitrapyrin	1929-82-4	70.92	63.91	71.92	72.87	66.08	86.16	64.06
57	除草醚	nitrofen	1836-75-5	85.27	87.72	85.77	96.02	87.26	80.57	94.59
58	2,4'-滴滴滴	2,4'-DDD	53-19-0	89.23	89.6	90.3	101.17	90.28	83.78	80.91
59	2,4'-滴滴涕	2,4'-DDT	789-02-6	94.88	93.76	87.69	85.16	97.62	87.8	94.07
60	乙氧氟草醚	oxyflurofen	42874-03-3	86.19	89.68	85.23	100.02	84.9	79.15	98.92
61	4,4'-滴滴伊	4,4'-DDE	72-55-9	87.26	94.68	87.19	95.19	89.95	85.54	82.52
62	4,4'-滴滴涕	4,4'-DDT	50-29-3	86.93	84.27	79.51	79.62	86.52	80.23	96.49
63	克草敌	pebulate	1114-71-2	89.14	67.8	83.01	104.23	82.79	90.98	50.1
64	伏杀硫磷	phosalone	2310-17-0	93.63	94.19	96.56	98.18	89.17	84.04	80.54
65	甲基嘧啶磷	pirimiphos-ethyl	23505-41-1	84.57	16.51	87.43	98.18	84.45	81.11	83.86
66	丙溴磷	profenofos	41198-08-7	84.5	88.92	83.74	98.67	85.47	82.59	93.18
67	环丙氟灵	profluralin	26399-36-0	84.9	89.83	86.32	93.31	82.05	83.07	88.4
68	毒草胺	propachlor	1918-16-7	84.32	88.94	83.28	90.67	89.06	81.83	67.38
69	敌稗	propanil	709-98-8	88.57	91.51	82.74	98.32	97.4	81.22	68.93
70	莱草昆	sulfallate	95-06-7	83.15	85.44	83.07	80.01	79.63	91.49	78.69
71	治螟磷	sulfotep	3689-24-5	85.68	87.92	87.11	90.06	81.54	85.39	78.46
72	四氯硝基苯	tecnazene	117-18-0	81.33	83.13	83.11	77.54	77.59	88.87	70.91
73	特丁硫磷	terbufos	13071-79-9	102.87	85.35	85.04	84.11	85.05	93.56	101.12
74	特丁津	terbuthylazine	5915-41-3	93.53	53.68	92.82	96.72	98.81	97.98	83.28
75	杀虫畏	tetrachlorvinphos	22248-79-9	86.37	87.48	84.42	109.55	86.28	84.56	101.96
76	杀草丹	thiobencarb	28249-77-6	88.05	90.71	85.47	96.1	82.8	80.78	80.55
77	反式燕麦敌	trans-diallate	17708-58-6	89.56	85.98	83.03	84.3	83.69	91.77	76.45
78	三唑磷	triazophos	24017-47-8	88.3	80.82	112.76	107.03	129.97	105.08	—
79	氟乐灵	trifluralin	1582-09-8	84.82	80.66	84.94	91.81	81.25	95.37	83.22

表 1-7　两组分 SPE 柱不同填料、不同装填量、不同装填顺序对净化效率影响的综合统计分析

回收率范围/%	Cleanert PC/NH₂ (2g)	Cleanert PC/NH₂ (1.6g)	Cleanert PC/NH₂ (1g)	Cleanert NH₂/PC(2g)	Cleanert NH₂/PC (1g)	Cleanert PSA/PC (2g)	Cleanert PSA/PC (1g)
<60	0	4	2	0	1	2	9
60～80	6	5	11	13	13	12	21
80～90	47	41	53	10	45	45	29
90～110	25	29	12	51	16	18	18
>110	1	0	1	5	4	2	2

表 1-8　三组分 SPE 柱不同填料、不同装填量和不同装填顺序对 79 种农药回收率的影响

序号	中文名称	英文名称	CAS 号	Cleanert TPT	Cleanert NH₂/PRS/PC(2g)	Cleanert NH₂/PRS/PC(1g)	Cleanert NH₂/C₁₈/PC(2g)	Cleanert NH₂/C₁₈/PC(1g)
1	甲草胺	alachlor	15972-60-8	81.62	63.77	74.78	60.68	55.47
2	α-六六六	α-HCH	319-84-6	79.9	71.41	104.1	56.54	50.08
3	益棉磷	azinphos-ethyl	2642-71-9	80.12	—	—	—	—
4	保棉磷	azinphos-methyl	86-50-0	78.8	—	—	—	—
5	苯霜灵	benalaxyl	71626-11-4	80.24	73.47	72.48	65.4	47.48
6	新燕灵	benzoylprop-ethyl	22212-55-1	81.57	69.27	75.02	58.67	52.81
7	治草醚	bifenox	42576-02-3	85.86	70.25	65.27	76.91	59.17
8	溴硫磷	bromofos	2104-96-3	77.99	66.95	73.47	59.71	52.69
9	溴螨酯	bromopropylate	18181-80-1	81.1	72.72	70.97	62.51	48.93
10	丁草胺	butachlor	23184-66-9	80.51	70.68	75.17	62.73	52.52
11	丁草特	butylate	2008-41-5	63.9	75.94	77.88	61.55	67.11
12	三硫磷	carbofenothion	786-19-6	81.51	66.5	69.06	60.43	52.35
13	氯杀螨砜	chlorbenside sulfone	7082-99-7	81.9	122.2	80.52	67.47	72.14
14	氯炔灵	chlorfenson	1967-16-4	80.68	68.64	73.35	66.18	47.16
15	杀螨酯	chlorfenvinphos	80-33-1	78.44	92.42	114.38	66.39	44.91
16	氯苯甲醚	chloroneb	2675-77-6	69.35	127.47	77.57	65.48	79.76
17	甲基毒死蜱	chlorprifos-methyl	5598-13-0	79.44	70.55	74.12	61.91	52.24
18	氯苯胺灵	chlorpropham	101-21-3	82.91	69.31	71.85	62.4	53.21
19	丙酯杀螨醇	chlorpropylate	5836-10-2	80.13	76.11	73.4	62.86	51.2
20	虫螨磷	chlorthiophos	60238-56-4	81.87	74.77	104.43	67.73	47.05
21	乙菌利	chlozolinate	84332-86-5	60.11	42.71	61.56	53.93	39.69
22	顺式氯丹	cis-chlordane	5103-71-9	79.28	67.72	75.9	63.67	51.79
23	顺式燕麦敌	cis-diallate	17708-57-5	77.11	69.8	75.73	59.2	49.29
24	蝇毒磷	coumaphos	56-72-4	78.09	70.47	71.69	53.15	56.94
25	育畜磷	crufomate	299-86-5	79.58	67.53	66.43	60.36	51.83
26	苯腈磷	cyanofenphos	13067-93-1	81.53	76.08	73.05	63.32	60.49
27	氟氯氰菊酯	cyfluthrin	68359-37-5	64.06	72.27	67.03	60.33	36.95
28	敌草净	desmetryn	1014-69-3	78.53	13.73	72.96	62.04	13.67
29	敌草腈	dichlobenil	1194-65-6	63.14	45.16	57.91	56.63	42.13
30	苯氟磺胺	dichlofluanid	1085-98-9	34.2	84.39	75.96	75.79	63.59

序号	中文名称	英文名称	CAS 号	Cleanert TPT	Cleanert NH₂/PRS/ PC(2g)	Cleanert NH₂/PRS/ PC(1g)	Cleanert NH₂/C₁₈/ PC(2g)	Cleanert NH₂/C₁₈/ PC(1g)
31	三氯杀螨醇	dicofol	115-32-2	113.4	115.59	79.63	66.59	64.99
32	二甲草胺	dimethachlor	50563-36-5	80.09	69.08	71.49	63.28	51.2
33	敌瘟磷	edifenphos	17109-49-8	84.78	67.43	64.01	65.43	51.01
34	硫丹-1	endosulfan-1	959-98-8	86.12	85.89	82.9	87.16	62.69
35	硫丹-2	endosulfan-2	33213-65-9	0	89.19	89.38	104.64	63.7
36	硫丹硫酸盐	endosulfan-sulfate	1031-07-8	97.64	94.75	87.53	89.87	64.7
37	异狄氏剂	endrin	72-20-8	78.77	69.1	76.02	61.18	50.63F
38	苯硫膦	EPN	2104-64-5	86.24	73.76	72.27	57.95	90.63
39	茵草敌	EPTC	759-94-4	48.8	41.49	52.42	53.01	44.86
40	乙氧呋草黄	ethofume sate	26225-79-6	79.02	64.9	71.42	60.55	55.76
41	灭线磷	ethoprophos	13194-48-4	79.24	62.05	65.09	60.84	50.94
42	氯苯嘧啶醇	fenarimol	60168-88-9	79.31	51.77	76.23	59.17	49.39
43	甲氰菊酯	fenpropathrin	39515-41-8	92.03	81.98	95.51	71.19	58.33
44	麦草氟甲酯	flamprop-methyl	52756-25-9	80.3	71.8	73.6	62.66	52.72
45	氟虫脲	flufenoxuron	101463-69-8	84.24	62.5	75.56	52.65	48.64
46	氟胺氰菊酯	τ-fluvalinate	102851-06-9	84.33	63.24	69.25	55.1	49.43
47	庚烯磷	heptanophos	23560-59-0	82.03	71.01	74	63.94	53.54
48	六氯苯	hexachlorobenzene	118-74-1	34.46	63	68.35	57.8	46.11
49	碘硫磷	iodofenphos	18181-70-9	81.1	70.76	72.6	58.69	55.69
50	异柳磷	isofenphos	25311-71-1	80.18	70.92	82.03	60.4	66.57
51	异丙乐灵	isopropalin	33820-53-0	82.48	69.27	70.5	56.36	56.08
52	溴苯磷	leptophos	21609-90-5	82.82	72.78	69.43	58.81	57.37
53	烯虫酯	methoprene	40596-69-8	78.53	66.21	73.39	62.99	49.08
54	异丙甲草胺	metolachlor	51218-45-2	80.95	72.55	74.38	62.51	52.33
55	速灭磷	mevinphos	7786-34-7	68.35	75.46	73.5	62.11	47.46
56	三氯甲基吡啶	nitrapyrin	1929-82-4	60.34	44.46	67.32	63.1	51.96
57	除草醚	nitrofen	1836-75-5	84.2	67.03	71.54	53.1	56.01
58	2,4'-滴滴滴	2,4'-DDD	53-19-0	83.62	67.38	73.33	64.77	49.22
59	2,4'-滴滴涕	2,4'-DDT	72-54-8	80.45	75.7	73.88	56	56.29
60	乙氧氟草醚	oxyflurofen	42874-03-3	82.89	67.13	69.77	55.27	54.91
61	4,4'-滴滴伊	4,4'-DDE	72-55-9	86.82	72.45	75.55	64.05	52.21
62	4,4'-滴滴涕	4,4'-DDT	50-29-3	81.71	66.88	70.24	50.35	53.32
63	克草敌	pebulate	1114-71-2	61.6	—	—	—	—
64	伏杀硫磷	phosalone	2310-17-0	88.53	133.06	84.11	67.92	80.31
65	甲基嘧啶磷	pirimiphos-ethyl	23505-41-1	80.54	9.81	73.25	62.33	8.56
66	丙溴磷	profenofos	41198-08-7	75.04	68.09	70.32	63.14	51
67	环丙氟灵	profluralin	26399-36-0	81.59	66.66	71.63	58.4	51.96
68	毒草胺	propachlor	1918-16-7	79.25	75.6	66.74	56.17	46.88
69	敌稗	propanil	709-98-8	80.3	70.8	70.33	95.38	49.95
70	菜草畏	sulfallate	95-06-7	75.65	66.33	70.67	61.3	50.99

序号	中文名称	英文名称	CAS号	Cleanert TPT	Cleanert NH₂/PRS/ PC(2g)	Cleanert NH₂/PRS/ PC(1g)	Cleanert NH₂/C₁₈/ PC(2g)	Cleanert NH₂/C₁₈/ PC(1g)
71	治螟磷	sulfotep	3689-24-5	73.27	67.49	71.18	61.58	51.37
72	四氯硝基苯	tecnazene	117-18-0	71.53	63.89	69.53	59.7	49.45
73	特丁硫磷	terbufos	13071-79-9	78.15	65.99	71.38	70.25	50.13
74	特丁津	terbuthylazine	5915-41-3	80.55	49.05	82.63	0	33.09
75	杀虫畏	tetrachlorvinphos	22248-79-9	81.69	70.18	70.54	66.43	53.99
76	杀草丹	thiobencarb	28249-77-6	81.66	65.88	67.65	66.94	45.2
77	反式燕麦敌	*trans*-diallate	17708-58-6	78.89	67.04	73.02	57.52	50.48
78	三唑磷	triazophos	24017-47-8	104.95	8.65	79.48	61.12	53.77
79	氟乐灵	trifluralin	1582-09-8	79.9	66.65	72.01	59.93	50.96

表 1-9　三组分 SPE 柱不同填料、不同装填量和不同装填顺序对净化效率影响的综合统计分析

回收率范围/%	Cleanert TPT	Cleanert NH₂/ PRS/PC(2g)	Cleanert NH₂/PRS/ PC(1g)	Cleanert NH₂/C₁₈/ PC(2g)	Cleanert NH₂/C₁₈/ PC(1g)
<60	4	12	5	29	67
60～80	31	57	63	46	10
80～110	43	6	10	4	2
>110	1	4	1	0	0

1.1.7　方法效能评价：LOD、LOQ、平均回收率和 RSD

在选定的色谱、质谱条件下对农药的 LOD、LOQ 和线性关系相关系数进行了考察，结果见表 1-10～表 1-12。在各自的线性范围内，所有目标物的质量浓度与峰面积之间具有良好的线性关系。对于 GC-MS 法，所测 96% 的农药线性相关系数 $R \geq 0.980$；对于 LC-MS/MS 法，90% 的农药线性相关系数 $R \geq 0.980$。以每种农药信噪比 ≥ 5 时的添加浓度为方法的 LOD，信噪比 ≥ 10 时的添加浓度为方法的 LOQ。GC-MS 法不同农药的 LOD 为 $1.0 \sim 900 \mu g/kg$，LOQ 为 $2.0 \sim 1800 \mu g/kg$，LC-MS/MS 法不同农药的 LOD 为 $0.01 \sim 4821.41 \mu g/kg$，LOQ 为 $0.01 \sim 9642.82 \mu g/kg$。两种方法的 LOD 数据比较见表 1-13。从表 1-13 可以看出，对于仅可用 GC-MS 或仅可用 LC-MS/MS 测定的，$LOD \leq 100 \mu g/kg$ 的农药品种，GC-MS 法有 482 种，占所测农药的 98%，LC-MS/MS 法有 417 种，占所测农药的 93%；对于 $LOD \leq 10 \mu g/kg$ 的农药品种，GC-MS 法有 264 种，占所测农药的 54%，LC-MS/MS 法有 325 种，占所测农药的 73%。对于 GC-MS 和 LC-MS/MS 均可测定的 270 种农药，对于 $LOD \leq 100 \mu g/kg$ 的农药品种，GC-MS 法有 264 种，占所测农药的 98%，LC-MS/MS 法有 247 种，占所测农药的 91%；而对于 $LOD \leq 10 \mu g/kg$ 的农药品种，GC-MS 法有 133 种，占所测农药的 49%，LC-MS/MS 法有 200 种，占所测农药的 74%。显示了 LC-MS/MS 法较 GC-MS 法更具灵敏性。但也发现，有 59 种农药使用 GC-MS 法测定时比 LC-MS/MS 法更具灵敏性，说明了两种方法的互补性。特别是对于 GC-

MS 和 LC-MS/MS 均可检测的 270 种农药，两种方法互为确证方法，提高了检测结果的准确性和可靠性。

用不含农药及相关化学品的红茶、绿茶、普洱茶、乌龙茶 4 种样品做添加回收率和精密度实验。样品添加农药及相关化学品标准溶液后，放置 30min，使农药及相关化学品被样品完全吸收。然后按本方法进行提取、净化和测定，实验结果见表 1-14～表 1-16。根据此 3 个表，以低添加水平为例，平均回收率和 RSD 统计分析结果见表 1-17。从表 1-17 可以看出，在低添加水平下，GC-MS 法所测定的 451 种农药中，平均回收率在 60%～120% 之间的有 424 种，占所测农药及相关化学品总数的 94%；其中 RSD＜20% 的农药占所测农药及相关化学品总数的 77%。LC-MS/MS 法所测定的 439 种农药中，91% 的农药及相关化学品平均回收率在 60%～120% 之间，76% 的农药及相关化学品 RSD＜20%。对于 GC-MS 和 LC-MS/MS 均可测定的 270 种农药，平均回收率在 60%～120% 之间的农药品种，分别占 96% 和 94%，RSD＜20% 的农药品种，分别占 75% 和 79%，说明了 LC-MS/MS 和 GC-MS 测定茶叶基质农药残留具有良好的重现性和再现性。

表 1-10 适用于 LC-MS/MS 和 GC-MS 两种方法测定的 270 种农药的检出限、定量限及线性相关系数

序号	中文名称	英文名称	CAS 号	LC-MS/MS			GC-MS		
				定量限/(μg/kg)	检出限/(μg/kg)	相关系数	定量限/(μg/kg)	检出限/(μg/kg)	相关系数
1	2,4-滴	2,4-D	94-75-7	11.86	5.93	0.9913	200	100	0.993
2	2,6-二氯苯甲酰胺	2,6-dichlorobenzamide	2008-58-4	4.5	2.25	0.9914	20	10	0.9983
3	2-苯基苯酚	2-phenylphenol	90-43-7	169.88	84.94	0.9965	25	12.5	0.9946
4	3-苯基苯酚	3-phenylphenol	580-51-8	4	2	0.995	60	30	0.999
5	4,4'-二氯二苯甲酮	4,4'-dichlorobenzophe-none	90-98-2	13.6	6.8	0.994	10	5	0.9959
6	乙草胺	acetochlor	34256-82-1	47.4	23.7	0.9966	50	25	1
7	苯并噻二唑	acibenzolar-S-methyl	135158-54-2	3.08	1.54	0.9998	50	25	—
8	苯草醚	aclonifen	74070-46-5	24.2	12.1	0.9988	500	250	0.994
9	烯丙菊酯	allethrin	584-79-2	60.4	30.2	0.9941	40	20	0.998
10	二丙烯草胺	allidochlor	93-71-0	41.04	20.52	0.9951	20	10	0.9986
11	阔草净	dimethametryn	22936-75-0	0.96	0.48	0.9997	30	15	0.9989
12	莎稗磷	anilofos	64249-01-0	0.71	0.36	0.7724	20	10	0.9954
13	丙硫特普	aspon	3244-90-4	1.73	0.87	0.9908	20	10	0.9994
14	莠去通	atratone	1610-17-9	0.18	0.09	0.9999	25	12.5	0.9988
15	脱乙基莠去津	atrazine-desethyl	6190-65-4	0.62	0.31	0.9979	10	5	0.9956
16	益棉磷	azinphos-ethyl	2642-71-9	108.93	54.46	0.9925	50	25	0.993
17	保棉磷	azinphos-methyl	86-50-0	1104.33	552.17	0.9969	150	75	0.9971
18	叠氮津	aziprotryne	4658-28-0	1.38	0.69	0.9965	80	40	0.9979
19	苯霜灵	benalyxyl	71626-11-4	1.24	0.62	0.9997	10	5	0.9972
20	麦锈灵	benodanil	15310-01-7	3.48	1.74	0.9998	30	15	0.9899
21	解草酮	benoxacor	98730-04-2	6.9	3.45	0.9997	50	25	0.999
22	新燕灵	benzoylprop-ethyl	22212-55-1	308	154	0.9927	30	15	0.9983
23	联苯井酯	bifenazate	149877-41-8	22.8	11.4	0.9947	80	40	0.999

序号	中文名称	英文名称	CAS号	LC-MS/MS 定量限/(μg/kg)	检出限/(μg/kg)	相关系数	GC-MS 定量限/(μg/kg)	检出限/(μg/kg)	相关系数
24	生物苄呋菊酯	bioresmethrin	28434-01-7	7.42	3.71	0.995	20	10	0.999
25	联苯三唑醇	bitertanol	55179-31-2	33.4	16.7	0.9948	30	15	0.9931
26	啶酰菌胺	boscalid	188425-85-6	4.76	2.38	0.999	40	20	—
27	除草定	bromacil	314-40-9	23.6	11.8	0.9989	50	25	0.999
28	溴苯烯磷	bromfenvinfos	33399-00-7	3.02	1.51	0.9963	10	5	0.9937
29	乙基溴硫磷	bromophos-ethyl	4824-78-6	567.69	283.85	0.9941	10	5	0.9973
30	乙嘧酚磺酸酯	bupirimate	41483-43-6	0.7	0.35	0.9993	10	5	0.9954
31	噻嗪酮	buprofezin	69327-76-0	0.88	0.44	0.9994	20	10	0.9987
32	丁草胺	butachlor	23184-66-9	20.07	10.03	0.9937	20	10	0.997
33	氟丙嘧草酯	butafenacil	134605-64-4	9.5	4.75	0.9976	10	5	0.986
34	仲丁灵	butralin	33629-47-9	1.9	0.95	1	40	20	0.994
35	丁草特	butylate	2008-41-5	302	151	0.9927	30	15	0.9994
36	硫线磷	cadusafos	95465-99-9	1.15	0.58	0.9971	40	20	0.999
37	甲萘威	carbaryl	63-25-2	10.32	5.16	0.9937	30	15	0.999
38	丁硫克百威	carbosulfan	55285-14-8	—	—	—	30	15	0.9987
39	萎锈灵	carboxin	5234-68-4	0.56	0.28	0.9919	30	15	0.993
40	氯杀螨砜	chlorbenside sulfone	7082-99-7	—	—	—	20	10	0.9966
41	氯草灵	chlorbufam	1967-16-4	183	91.5	0.9941	50	25	0.9921
42	杀虫脒	chlordimeform	6164-98-3	1.33	0.67	0.9992	10	5	0.9966
43	杀螨醇	chlorfenethol	80-06-8	164.3	82.15	0.9236	10	5	0.9975
44	氟啶脲	chlorfluazuron	71422-67-8	8.68	4.34	0.9958	10	5	0.998
45	氯甲硫磷	chlormephos	24934-91-6	448	224	0.9989	20	10	0.9928
46	氯苯胺灵	chlorpropham	101-21-3	15.77	7.88	0.9956	10	5	0.9972
47	虫螨磷	chlorthiophos	60238-56-4	31.8	15.9	0.9956	30	15	0.9978
48	炔草酯	clodinafop-propargyl	115512-06-9	2.44	1.22	0.9949	20	10	0.982
49	异草酮	clomazone	81777-89-1	0.42	0.21	0.9961	10	5	0.9976
50	解草酯	cloquintocet mexyl	99607-70-2	1.88	0.94	0.9986	100	50	0.9915
51	鼠立克	crimidine	535-89-7	1.56	0.78	0.9994	10	5	0.9987
52	育畜磷	crufomate	299-86-5	0.52	0.26	0.9995	60	30	0.9914
53	氰草津	cyanazine	21725-46-2	0.16	0.08	0.9998	30	15	0.9952
54	苯腈磷	cyanofenphos	13067-93-1	20.8	10.4	0.9941	10	5	0.9967
55	杀螟腈	cyanohos	2636-26-2	0	0	0.2539	20	10	0.998
56	环草敌	cycloate	1134-23-2	4.44	2.22	0.9971	10	5	0.9986
57	环莠隆	cycluron	2163-69-1	0.21	0.1	0.9994	30	15	0.9982
58	苯醚氰菊酯	cyphenothrin	39515-40-7	16.8	8.4	0.9981	30	15	0.919
59	环丙津	cyprazine	22936-86-3	0.06	0.03	0.9997	10	5	0.9978
60	环丙唑醇	cyproconazole	94361-06-5	0.73	0.37	0.9995	25	12.5	0.9983
61	嘧菌磺胺	cyprodinil	121552-61-2	0.74	0.37	0.9997	10	5	0.9977
62	脱叶磷	DEF	78-48-8	1.61	0.81	0.9994	20	10	0.9971
63	内吸磷-S	demeton-S	126-75-0	80	40	0.0015	40	20	0.97

序号	中文名称	英文名称	CAS 号	LC-MS/MS			GC-MS		
				定量限/ (μg/kg)	检出限/ (μg/kg)	相关 系数	定量限/ (μg/kg)	检出限/ (μg/kg)	相关 系数
64	内吸磷	demeton-S-methyl	919-86-8	5.3	2.65	0.9903	40	20	0.999
65	燕麦敌	dialifos	2303-16-4	157	78.5	0.99	800	400	—
66	二嗪磷	diazinon	333-41-5	0.71	0.36	1	10	5	0.998
67	琥珀酸二丁酯	dibutyl succinate	141-03-7	222.4	111.2	0.9933	20	10	1
68	异氯磷	dicapthon	2463-84-5	0.24	0.12	0.3815	50	25	0.9946
69	除线磷	dichlofenthion	97-17-6	29.95	14.98	0.9967	10	5	0.9986
70	抑菌灵	dichlofluanid	1085-98-9	2.6	1.3	0.7612	60	30	0.9977
71	苄氯三唑醇	diclobutrazole	75736-33-3	0.47	0.23	0.9996	40	20	0.9957
72	氯硝胺	dicloran	99-30-9	48.56	24.28	0.999	20	10	0.9963
73	百治磷	dicrotophos	141-66-2	1.14	0.57	0.9985	80	40	0.999
74	乙霉威	diethofencarb	87130-20-9	2	1	0.9995	60	30	0.9977
75	避蚊胺	diethyltoluamide	134-62-3	0.55	0.28	0.9998	8	4	0.997
76	吡氟酰草胺	diflufenican	83164-33-4	28.27	14.14	0.9977	10	5	0.995
77	甲氟磷	dimefox	115-26-4	68.2	34.1	0.9963	30	15	0.9992
78	恶唑隆	dimefuron	34205-21-5	4	2	0.9984	10	5	0.9885
79	二甲草胺	dimethachlor	50563-36-5	1.9	0.95	0.995	30	15	0.9989
80	二甲噻草胺	dimethenamid	87674-68-8	4.3	2.15	0.998	10	5	0.999
81	乐果	dimethoate	60-51-5	7.6	3.8	0.9868	40	20	—
82	烯酰吗啉	dimethomorph	110488-70-5	0.35	0.18	0.8778	20	10	0.998
83	跳蚤灵	dimethyl phthalate	131-11-3	13.2	6.6	—	40	20	0.933
84	烯唑醇	diniconazole	83657-24-3	1.34	0.67	0.9997	10	5	0.9936
85	敌乐胺	dinitramine	29091-05-2	1.79	0.9	0.9991	40	20	0.9956
86	二氧威	dioxacarb	6988-21-2	3.36	1.68	0.9939	80	40	—
87	双苯酰草胺	diphenamid	957-51-7	0.14	0.07	0.9999	10	5	0.9989
88	杀草净	dipropetryn	4147-51-7	0.27	0.14	1	10	5	0.9976
89	乙拌磷	disulfoton	298-04-4	469.7	234.85	0.9934	10	5	0.9983
90	乙拌磷砜	disulfoton sulfone	2497-06-5	2.46	1.23	0.9978	50	25	0.9966
91	砜拌磷	disulfoton-sulfoxide	2497-07-6	2.84	1.42	0.4886	20	10	0.9993
92	敌瘟磷	edifenphos	17109-49-8	0.75	0.38	0.9951	20	10	0.9912
93	苯硫磷	EPN	2104-64-5	33	16.5	0.9947	40	20	0.9913
94	茵草敌	EPTC	759-94-4	37.34	18.67	0.999	30	15	0.9993
95	(S)-氰戊菊酯	esfenvalerate	66230-04-4	416	208	0.2962	40	20	0.9983
96	乙硫苯威	ethiofencarb	29973-13-5	4.92	2.46	0.9981	100	50	0.987
97	乙硫磷	ethion	563-12-2	2.96	1.48	0.9839	20	10	0.9944
98	乙氧呋草黄	ethofume sate	26225-79-6	372	186	0.9969	20	10	0.9992
99	灭线磷	ethoprophos	13194-48-4	2.76	1.38	0.9992	30	15	0.9982
100	醚菊酯	etofenprox	80844-07-1	2280.28	1140.14	0.9833	25	12.5	0.9961
101	土菌灵	etridiazol	2593-15-9	100.42	50.21	0.9958	30	15	0.9945
102	乙嘧硫磷	etrimfos	38260-54-7	18.76	9.38	0.9995	10	5	0.9976
103	苯线磷	fenamiphos	22224-92-6	0.21	0.1	0.9785	30	15	0.9864

序号	中文名称	英文名称	CAS 号	LC-MS/MS			GC-MS		
				定量限/ (μg/kg)	检出限/ (μg/kg)	相关系数	定量限/ (μg/kg)	检出限/ (μg/kg)	相关系数
104	苯线磷砜	fenamiphos sulfone	31972-44-8	0.45	0.22	0.9921	40	20	0.9954
105	苯线磷亚砜	fenamiphos sulfoxide	31972-43-7	0.74	0.37	0.997	100	50	0.9561
106	氯苯嘧啶醇	fenarimol	60168-88-9	0.61	0.3	0.9997	20	10	0.9993
107	喹螨醚	fenazaquin	120928-09-8	0.32	0.16	0.9909	25	12.5	0.995
108	腈苯唑	fenbuconazole	114369-43-6	1.65	0.82	0.9998	50	25	0.9896
109	环酰菌胺	fenhexamid	126833-17-8	0.95	0.47	0.9694	500	250	0.994
110	杀螟硫磷	fenitrothion	122-14-5	26.8	13.4	0.9998	20	10	0.9957
111	仲丁威	fenobucarb	3766-81-2	5.9	2.95	0.9984	30	15	0.9982
112	氰菌胺	fenoxanil	115852-48-7	39.4	19.7	0.9942	20	10	0.996
113	甲氰菊酯	fenpropathrin	39515-41-8	245	122.5	0.9926	20	10	0.9966
114	苯锈定	fenpropidin	67306-00-7	0.18	0.09	0.9996	50	25	0.997
115	丁苯吗啉	fenpropimorph	67564-91-4	0.18	0.09	1	20	10	0.9989
116	唑螨酯	fenpyroximate	134098-61-6	1.36	0.68	0.9991	10	5	0.996
117	丰索磷	fensulfothin	115-90-2	2	1	0.998	50	25	0.99
118	倍硫磷	fenthion	55-38-9	52	26	0.9952	10	5	0.9973
119	倍硫磷砜	fenthion sulfone	3761-42-0	17.46	8.73	0.9934	40	20	0.9839
120	倍硫磷亚砜	fenthion sulfoxide	3761-41-9	0.31	0.16	0.9997	100	50	0.9863
121	麦草氟异丙酯	flamprop-isopropyl	52756-22-6	0.43	0.22	0.9999	10	5	0.9974
122	吡氟禾草灵	fluazifop-butyl	69806-50-4	0.26	0.13	1	10	5	0.9961
123	氯乙氟灵	fluchloralin	33245-39-5	488	244	0.9922	40	20	0.9952
124	咯菌腈	fludioxonil	131341-86-1	62.16	31.08	0.9972	10	5	0.9963
125	氟噻草胺	flufenacet	142459-58-3	5.3	2.65	0.9996	200	100	0.999
126	氟虫脲	flufenoxuron	101463-69-8	3.17	1.58	0.9978	30	15	0.9929
127	胺氟草酯	flumiclorac-pentyl	87546-18-7	10.61	5.3	0.9976	20	10	0.9903
128	氟咯草酮-1	fluorochloridone-1	61213-25-0	13.78	6.89	0.9965	20	10	0.9994
129	乙羧氟草醚	fluoroglycofen-ethyl	77501-90-7	5	2.5	0.9986	120	60	0.9826
130	氟咯草酮-2	fluorochloridone-2	61213-25-0	1.29	0.65	0.9916	20	10	0.9979
131	呋草酮	flurtamone	96525-23-4	0.44	0.22	0.9996	50	25	0.933
132	氟硅唑	flusilazole	85509-19-9	0.58	0.29	0.9999	10	5	0.9983
133	氟酰胺	flutolanil	66332-96-5	1.15	0.57	0.9989	10	5	0.9951
134	粉唑醇	flutriafol	76674-21-0	8.58	4.29	0.9983	20	10	0.9985
135	地虫硫磷	fonofos	944-22-9	7.46	3.73	0.9976	10	5	0.9975
136	麦穗灵	fuberidazole	3878-19-1	1.89	0.95	0.9907	50	25	—
137	抑菌丙胺酯	furalaxyl	57646-30-7	0.77	0.39	0.9936	20	10	1
138	庚烯磷	heptanophos	23560-59-0	5.84	2.92	0.9971	30	15	0.9979
139	氟铃脲	hexaflumuron	86479-06-3	25.2	12.6	0.9975	60	30	—
140	环嗪酮	hexazinone	51235-04-2	0.12	0.06	0.9992	30	15	0.997
141	噻螨酮	hexythiazox	78587-05-0	23.6	11.8	0.995	80	40	0.9981
142	抑霉唑	imazalil	35554-44-0	2	1	0.9994	40	20	0.998

序号	中文名称	英文名称	CAS 号	LC-MS/MS			GC-MS		
				定量限/(μg/kg)	检出限/(μg/kg)	相关系数	定量限/(μg/kg)	检出限/(μg/kg)	相关系数
143	甲基咪草酯	imazamethabenz-methyl	81405-85-8	0.16	0.08	0.9986	30	15	0.996
144	脱苯甲基亚胺唑	imibenzonazole-des-benzyl	199338-48-2	6.22	3.11	0.9993	40	20	—
145	异稻瘟净	iprobenfos	26087-47-8	8.28	4.14	0.9947	30	15	0.9895
146	氯唑磷	isazofos	42509-80-8	0.18	0.09	0.9988	20	10	0.9994
147	丁脒酰胺	isocarbamid	30979-48-7	1.7	0.85	0.996	50	25	0.9965
148	异柳磷	isofenphos	25311-71-1	218.67	109.34	0.9659	20	10	0.9982
149	丁嗪草酮	isomethiozin	57052-04-7	1.07	0.53	0.9988	20	10	0.997
150	异丙乐灵	isopropalin	33820-53-0	30	15	0.9906	20	10	—
151	稻瘟灵	isoprothiolane	50512-35-1	1.85	0.92	0.9967	20	10	0.999
152	亚胺菌	kresoxim-methyl	143390-89-0	100.58	50.29	0.985	20	10	0.9976
153	乳氟禾草灵	lactofen	77501-63-4	62	31	0.9905	80	40	0.993
154	利谷隆	linuron	330-55-2	11.63	5.82	0.9999	40	20	0.973
155	马拉氧磷	malaoxon	1634-78-2	4.69	2.34	0.2845	50	25	0.988
156	马拉硫磷	malathion	121-75-5	5.64	2.82	0.9935	40	20	0.9974
157	灭蚜磷	mecarbam	2595-54-2	19.6	9.8	0.9934	40	20	0.9986
158	苯噻酰草胺	mefenacet	73250-68-7	2.21	1.1	0.9998	30	15	0.9928
159	精甲霜灵	mefenoxam	70630-17-0	1.54	0.77	0.9955	20	10	—
160	吡唑解草酯	mefenpyr-diethyl	135590-91-9	12.56	6.28	0.9918	30	15	1
161	地安磷	mephosfolan	950-10-7	2.32	1.16	0.9981	20	10	0.989
162	灭锈胺	mepronil	55814-41-0	0.38	0.19	0.9981	25	12.5	0.9941
163	甲霜灵	metalaxyl	57837-19-1	0.5	0.25	0.9986	30	15	0.9982
164	苯嗪草酮	metamitron	41394-05-2	6.36	3.18	0.9993	100	50	0.9994
165	吡唑草胺	metazachlor	67129-08-2	0.98	0.49	0.9994	30	15	0.9984
166	甲基苯噻隆	methabenzthiazuron	18691-97-9	0.07	0.04	0.9999	100	50	0.993
167	虫螨畏	methacrifos	62610-77-9	2423.7	1211.85	0.9936	25	12.5	0.9994
168	杀扑磷	methidathion	950-37-8	10.66	5.33	0.9947	50	25	0.9948
169	盖草津	methoprotryne	841-06-5	0.24	0.12	0.9999	40	20	0.9975
170	异丙甲草胺	metolachlor	51218-45-2	0.39	0.2	0.9987	10	5	0.9977
171	嗪草酮	metribuzin	21087-64-9	0.54	0.27	0.9652	30	15	0.9986
172	速灭磷	mevinphos	7786-34-7	1.57	0.78	0.9995	20	10	0.9957
173	自克威	mexacarbate	315-18-4	0.94	0.47	0.9997	30	15	0.9924
174	禾草敌	molinate	2212-67-1	2.1	1.05	0.9994	10	5	0.9996
175	庚酰草胺	monalide	7287-36-7	1.2	0.6	0.9992	20	10	0.9988
176	绿谷隆	monolinuron	1746-81-2	3.56	1.78	0.9994	40	20	0.9888
177	腈菌唑	myclobutanil	88671-89-0	1	0.5	0.9991	10	5	0.9958
178	萘丙胺	napropamide	52570-16-8	1.27	0.64	0.9935	30	15	0.9963
179	甲磺乐灵	nitralin	4726-14-1	34.4	17.2	0.9975	100	50	0.9907
180	氟草敏	norflurazon	27314-13-2	0.26	0.13	0.9997	10	5	0.9879

序号	中文名称	英文名称	CAS 号	LC-MS/MS			GC-MS		
				定量限/(μg/kg)	检出限/(μg/kg)	相关系数	定量限/(μg/kg)	检出限/(μg/kg)	相关系数
181	氟苯嘧啶醇	nuarimol	63284-71-9	1	0.5	0.9998	20	10	0.9962
182	呋酰胺	ofurace	58810-48-3	1	0.5	0.9933	30	15	0.999
183	杀线威	oxamyl	23135-22-0	548.06	274.03	0.9832	0	0	—
184	乙氧氟草醚	oxyflurofen	42874-03-3	58.55	29.27	0.9883	40	20	0.9945
185	多效唑	paclobutrazol	76738-62-0	0.57	0.29	0.9999	30	15	0.9941
186	对氧磷	paraoxon-ethyl	311-45-5	0.47	0.24	0.9986	320	160	0.9892
187	克草敌	pebulate	1114-71-2	3.4	1.7	0.9991	30	15	0.9994
188	戊菌唑	penconazole	66246-88-6	2	1	0.9996	30	15	0.9992
189	纹枯脲	pencycuron	66063-05-6	0.27	0.14	0.9995	40	20	0.998
190	五氯苯胺	pentachloroaniline	527-20-8	3.74	1.87	0.9035	10	5	0.999
191	苯醚菊酯	phenothrin	26002-80-2	339.2	169.6	0.9957	10	5	0.995
192	稻丰散	phenthoate	2597-03-7	92.35	46.18	0.9907	20	10	0.997
193	甲拌磷	phorate	298-02-2	314	157	0.9987	10	5	0.9969
194	甲拌磷砜	phorate sulfone	2588-04-7	42	21	0.9955	10	5	0.9946
195	伏杀硫磷	phosalone	2310-17-0	48.04	24.02	0.9946	20	10	0.9955
196	磷胺	phosphamidon	13171-21-6	3.88	1.94	0.9986	20	10	0.977
197	邻苯二甲酸丁苄酯	benzyl butyl phthalate	85-68-7	632	316	0.9949	10	5	0.9973
198	邻苯二甲酰亚胺	phthalimide	85-41-6	43	21.5	0.9988	50	25	0.998
199	啶氧菌酯	picoxystrobin	117428-22-5	8.44	4.22	0.9936	20	10	0.999
200	增效醚	piperonyl butoxide	51-03-6	1.13	0.57	0.9952	30	15	0.9919
201	哌草磷	piperophos	24151-93-7	9.24	4.62	0.9952	30	15	0.999
202	抗蚜威	pirimicarb	23103-98-2	0.15	0.08	0.9998	20	10	1
203	甲基嘧啶磷	pirimiphos-methyl	29232-93-7	0.2	0.1	0.9999	20	10	0.998
204	嘧啶磷	pirimiphos-ethyl	23505-41-1	0.06	0.03	0.9982	10	5	0.9977
205	丙草胺	pretilachlor	51218-49-6	0.33	0.17	0.9985	75	37.5	0.998
206	腐霉利	procymidone	32809-16-8	86.6	43.3	0.9863	10	5	0.9979
207	丙溴磷	profenefos	41198-08-7	2.02	1.01	0.999	60	30	0.9969
208	扑灭通	prometon	1610-18-0	0.13	0.07	0.9996	30	15	0.9988
209	扑草净	prometryn	7287-19-6	0.16	0.08	0.9992	10	5	0.9961
210	炔苯酰草胺	propyzamide	23950-58-5	15.38	7.69	0.9978	10	5	0.9905
211	毒草胺	propachlor	1918-16-7	0.27	0.14	0.9998	30	15	0.9998
212	敌稗	propanil	709-98-8	21.59	10.8	0.9994	20	10	0.993
213	炔螨特	propargite	2312-35-8	68.6	34.3	0.9909	40	20	0.9995
214	扑灭津	propazine	139-40-2	0.32	0.16	0.9998	10	5	0.9988
215	胺丙畏	propetamphos	31218-83-4	54	27	0.9997	10	5	0.9968
216	苯胺灵	propham	122-42-9	110	55	0.9974	10	5	0.9975
217	异丙草胺	propisochlor	86763-47-5	0.8	0.4	0.9955	10	5	0.997
218	苄草丹	prosulfocarb	52888-80-9	0.37	0.18	0.9997	10	5	0.9988
219	吡唑硫磷	pyraclofos	89784-60-1	1	0.5	0.9996	80	40	0.962
220	百克敏	pyraclostrobin	175013-18-0	0.51	0.25	0.9993	300	150	0.991

序号	中文名称	英文名称	CAS 号	LC-MS/MS			GC-MS		
				定量限/(μg/kg)	检出限/(μg/kg)	相关系数	定量限/(μg/kg)	检出限/(μg/kg)	相关系数
221	吡菌磷	pyrazophos	13457-18-6	1.62	0.81	0.9991	20	10	0.9904
222	稗草畏	pyributicarb	88678-67-5	0.34	0.17	0.9996	50	25	0.999
223	哒嗪硫磷	pyridaphenthion	119-12-0	0.87	0.44	0.9998	10	5	0.9841
224	啶斑肟	pyrifenox	88283-41-4	0.27	0.13	0.9953	80	40	0.999
225	环酯草醚	pyriftalid	135186-78-6	0.62	0.31	0.9997	25	12.5	0.998
226	嘧霉胺	pyrimethanil	53112-28-0	0.68	0.34	1	10	5	0.998
227	嘧螨醚	pyrimidifen	105779-78-0	14	7	0.8789	50	25	0.972
228	蚊蝇醚	pyriproxyfen	95737-61-1	0.43	0.22	0.9904	10	5	0.996
229	咯喹酮	pyroquilon	57369-32-1	3.48	1.74	0.9922	25	12.5	1
230	喹硫磷	quinalphos	13593-03-8	2	1	0.9976	10	5	0.9959
231	灭藻醌	quinoclamine	2797-51-5	7.92	3.96	0.9997	40	20	0.998
232	苯氧喹啉	quinoxyphen	124495-18-7	153.4	76.7	0.9871	10	5	0.999
233	吡咪唑	rabenzazole	40341-04-6	1.33	0.67	0.9999	10	5	0.9931
234	苄呋菊酯-2	resmethrin-2	10453-86-8	0.3	0.15	0.9984	50	25	0.9953
235	皮蝇磷	ronnel	299-84-3	13.13	6.57	0.9962	20	10	0.9978
236	另丁津	sebutylazine	7286-69-3	0.31	0.16	0.9998	10	5	0.9989
237	密草通	secbumeton	26259-45-0	0.07	0.04	0.9998	10	5	0.9952
238	氟硅菊酯	silafluofen	105024-66-6	608	304	0.1262	1800	900	0.9868
239	硅氟唑	simeconazole	149508-90-7	2.94	1.47	0.9998	20	10	1
240	西玛通	simeton	673-04-1	1.1	0.55	0.9954	20	10	0.9984
241	螺螨酯	spirodiclofen	148477-71-8	9.91	4.95	0.9952	200	100	0.995
242	菜草畏	sulfallate	95-06-7	207.2	103.6	0.9962	20	10	0.9958
243	治螟磷	sulfotep	3689-24-5	2.6	1.3	0.9945	10	5	0.9991
244	硫丙磷	sulprofos	35400-43-2	5.84	2.92	0.9976	20	10	0.9959
245	戊唑醇	tebuconazole	107534-96-3	2.23	1.12	0.9998	75	37.5	0.9941
246	吡螨胺	tebufenpyrad	119168-77-3	0.25	0.13	0.993	10	5	0.9965
247	丁基嘧啶磷	tebupirimfos	96182-53-5	0.13	0.06	0.9946	80	40	0.998
248	牧草胺	tebutam	35256-85-0	0.14	0.07	0.9995	20	10	0.999
249	木草隆	tebuthiuron	34014-18-1	0.22	0.11	0.9999	20	10	0.996
250	特草定	terbacil	5902-51-2	0.88	0.44	0.999	20	10	—
251	特丁硫磷	terbufos	13071-79-9	2240	1120	0.8747	20	10	0.9977
252	特丁津	terbuthylazine	5915-41-3	0.47	0.23	0.9999	25	12.5	0.9886
253	杀虫畏	tetrachlorvinphos	22248-79-9	2.22	1.11	0.9998	30	15	0.9975
254	四氟醚唑	tetraconazole	112281-77-3	1.72	0.86	0.9996	30	15	0.9992
255	胺菊酯	tetramethirn	7696-12-0	1.82	0.91	0.9947	25	12.5	0.9928
256	噻吩草胺	thenylchlor	96491-05-3	24.14	12.07	0.9918	20	10	1
257	噻唑烟酸	thiazopyr	117718-60-2	1.96	0.98	0.9981	20	10	0.999
258	禾草丹	thiobencarb	28249-77-6	3.3	1.65	0.9971	20	10	0.9987
259	甲基乙拌磷	thiometon	640-15-3	578	289	0.9975	10	5	0.9967
260	治线磷	thionazin	297-97-2	22.68	11.34	0.999	10	5	0.9969

序号	中文名称	英文名称	CAS 号	LC-MS/MS			GC-MS		
				定量限/(μg/kg)	检出限/(μg/kg)	相关系数	定量限/(μg/kg)	检出限/(μg/kg)	相关系数
261	甲基立枯磷	tolclofos methyl	57018-04-9	66.56	33.28	0.9947	10	5	0.9991
262	反式氯菊酯	*trans*-permethin	61949-77-7	4.8	2.4	0.9773	25	12.5	0.9911
263	三唑酮	triadimefon	43121-43-3	7.88	3.94	0.9998	20	10	0.9976
264	野麦畏	triallate	2303-17-5	46.2	23.1	0.996	30	15	0.9993
265	三唑磷	triazophos	24017-47-8	0.68	0.34	0.9998	30	15	0.9944
266	草达津	trietazine	1912-26-1	0.6	0.3	0.9998	10	5	0.9987
267	肟菌酯	trifloxystrobin	141517-21-7	2	1	0.9991	40	20	0.999
268	氟乐灵	trifluralin	1582-09-8	334.8	167.4	0.9958	20	10	0.993
269	磷酸三丁酯	tributyl phosphate	126-73-8	0.37	0.19	0.9983	20	10	0.9972
270	乙烯菌核利	vinclozolin	50471-44-8	2.54	1.27	0.9985	10	5	0.9973

表 1-11 仅适用于 LC-MS/MS 方法测定的 177 种农药的检出限、定量限及线性相关系数

序号	中文名称	英文名称	CAS 号	定量限/(μg/kg)	检出限/(μg/kg)	相关系数
1	1-萘基乙酰胺	1-naphthy acetamide	86-86-2	0.81	0.41	0.9989
2	4-氨基吡啶	4-aminopyridine	504-24-5	0.87	0.43	1
3	6-氯-4-羟基-3-苯基哒嗪	6-chloro-3-phenyl-pyridazin-4-ol	40020-01-7	1.65	0.83	0.9484
4	啶虫清	acetamiprid	135410-20-7	1.44	0.72	0.9969
5	丙烯酰胺	acrylamide	79-06-1	17.8	8.9	0.9938
6	涕灭威	aldicarb	116-06-3	261	130.5	0.9792
7	涕灭威砜	aldicarb sulfone	116-06-3	21.36	10.68	0.9906
8	4-十二烷基-2,6-二甲基吗啉	aldimorph	91315-15-0	3.16	1.58	0.9902
9	赛硫磷	amidithion	919-76-6	190.4	95.2	0.9963
10	灭害威	aminocarb	2032-59-9	16.42	8.21	0.9901
11	莠去津	atrazine	1912-24-9	0.36	0.18	0.9987
12	嘧菌酯	azoxystrobin	131860-33-8	0.45	0.23	0.9999
13	恶虫威	bendiocarb	22781-23-3	3.18	1.59	0.9801
14	地散磷	bensulide	741-58-2	34.2	17.1	0.9903
15	吡草酮	benzofenap	82692-44-2	0.08	0.04	0.9998
16	苯满特	benzoximate	29104-30-1	19.66	9.83	0.9861
17	生物丙烯菊酯	bioallethrin	28434-00-6	198	99	0.9652
18	溴莠敏	brompyrazon	3042-84-0	3.6	1.8	0.9936
19	糠菌唑	bromuconazole	116255-48-2	3.14	1.57	0.9936
20	丁酮威	butocarboxim	34681-10-2	1.57	0.79	0.9962
21	丁酮砜威	butoxycarboxim	34681-23-7	26.6	13.3	0.998
22	炔草隆	buturon	3766-60-7	8.96	4.48	0.9913
23	多菌灵	carbendazim	10605-21-7	0.47	0.23	0.995
24	双酰草胺	carbetamide	16118-49-3	3.64	1.82	0.9975
25	克百威	carbofuran	1563-66-2	13.06	6.53	0.9949
26	环丙酰菌胺	carpropamid	104030-54-8	5.2	2.6	0.9979

序号	中文名称	英文名称	CAS 号	定量限/ （μg/kg）	检出限/ （μg/kg）	相关系数
27	杀螟丹	cartap	22042-59-7	2080	1040	0.7874
28	氯霉素	chloramphenicolum	56-75-7	3.88	1.94	0.9955
29	杀虫脒盐酸盐	chlordimeform hydrochloride	6164-98-3	2.64	1.32	0.9923
30	氯草敏	chloridazon	1698-60-8	2.33	1.16	0.9989
31	灭幼脲	chlorobenzuron	57160-47-1	20.4	10.2	0.9996
32	绿麦隆	chlorotoluron	15545-48-9	0.62	0.31	0.9988
33	枯草隆	chloroxuron	1982-47-4	0.44	0.22	0.9927
34	氯辛硫磷	chlorphoxim	14816-20-7	77.57	38.79	0.9916
35	甲基毒死蜱	chlorprifos-methyl	5598-13-0	16	8	0.9949
36	毒死蜱	chlorpyrifos	2921-88-2	53.8	26.9	0.9792
37	氯磺隆	chlorsulfuron	64902-72-3	2.74	1.37	0.9966
38	氯硫酰草胺	chlorthiamid	1918-13-4	8.82	4.41	0.6681
39	氯硫磷	chlorthion	500-28-7	133.6	66.8	0.071
40	吲哚酮草酯	cinidon-ethyl	142891-20-1	14.58	7.29	0.994
41	四螨嗪	clofentezine	74115-24-5	0.76	0.38	0.9938
42	噻虫胺	clothianidin	210880-92-5	63	31.5	0.9932
43	杀鼠醚	coumatetralyl	5836-29-3	1.35	0.68	0.2086
44	苄草隆	cumyluron	99485-76-4	1.32	0.66	0.9999
45	氰霜唑	cyazofamid	120116-88-3	4.5	2.25	0.9578
46	霜脲氰	cymoxanil	57966-95-7	55.6	27.8	0.9982
47	赛灭磷	cythioate	115-93-5	80	40	0.997
48	茅草枯	dalapon	75-99-0	230.74	115.37	0.9926
49	丁酰肼	DMASA	1596-84-5	2.6	1.3	0.9906
50	棉隆	dazomet	533-74-4	127	63.5	0.9834
51	内吸磷	demeton($O+S$)	8065-48-3	6.77	3.39	0.9991
52	甲基内吸磷砜	demeton-S-methyl sulfone	17040-19-6	19.76	9.88	0.9897
53	甲基内吸磷亚砜	demeton-S-methyl sulfoxide	301-12-2	3.92	1.96	0.9992
54	丁醚脲	diafenthiuron	80060-09-9	0.28	0.14	0.9983
55	燕麦敌	diallate	2303-16-4	89.2	44.6	0.9952
56	异戊乙净	dimethametryn	22936-75-0	0.11	0.06	0.9998
57	地乐酯	dinoseb acetate	2813-95-8	41.28	20.64	0.9988
58	呋草胺	dinotefuran	165252-70-0	10.18	5.09	0.994
59	蔬果磷	dioxabenzofos	3811-49-2	13.84	6.92	0.0984
60	二苯胺	diphenylamine	122-39-4	0.41	0.21	0.9991
61	氟硫草定	dithiopyr	97886-45-8	10.4	5.2	0.9917
62	敌草隆	diuron	330-54-1	1.56	0.78	0.9919
63	N,N-二甲基-N'-对甲苯磺酰二胺	DMST	66840-71-9	40	20	0.992
64	多果定	dodine	2439-10-3	8	4	0.9762
65	氟环唑	epoxiconazole	133855-98-8	4.06	2.03	0.9925
66	乙环唑	etaconazole	60207-93-4	1.78	0.89	0.9996
67	磺噻隆	ethidimuron	30043-49-3	1.5	0.75	0.9952
68	氟氰唑	ethiprole	181587-01-9	39.85	19.93	1
69	乙氧喹啉	ethoxyquin	91-53-2	3.52	1.76	0.9999
70	亚乙基硫脲	ethylene thiourea	96-45-7	52.2	26.1	0.9904
71	乙氧苯草胺	etobenzanid	79540-50-4	0.8	0.4	0.9992

序号	中文名称	英文名称	CAS 号	定量限/ (μg/kg)	检出限/ (μg/kg)	相关系数
72	噁唑菌酮	famoxadone	131807-57-3	45.29	22.64	0.9973
73	氨磺磷	famphur	52-85-7	3.6	1.8	0.9996
74	甲呋酰胺	fenfuram	24691-80-3	0.78	0.39	0.9982
75	苯氧威	fenoxycarb	72490-01-8	18.27	9.14	0.8951
76	倍硫磷-氧	fenthion oxon	6552-12-1	1.19	0.59	0.9992
77	四唑酰草胺	fentrazamide	158237-07-1	12.4	6.2	0.9943
78	非草隆	fenuron	101-42-8	1.03	0.52	0.9989
79	麦草氟甲酯	flamprop methyl	52756-25-9	20.2	10.1	0.9919
80	氟啶胺	fluazinam	79622-59-6	70.6	35.3	0.9916
81	吡虫隆	fluazuron	86811-58-7	0.02	0.01	0.9977
82	嘧唑螨	flubenzimine	37893-02-0	7.78	3.89	0.9955
83	伏草隆	fluometuron	2164-17-2	0.92	0.46	0.9922
84	氟啶草酮	fluridone	59756-60-4	0.18	0.09	0.9995
85	氟噻乙草酯	fluthiacet methyl	117337-19-6	5.3	2.65	0.9991
86	灭菌丹	folpet	133-07-3	138.6	69.3	0.9971
87	噻唑硫磷	fosthiazate	98886-44-3	0.57	0.28	0.7209
88	呋线威	furathiocarb	65907-30-4	1.92	0.96	0.9948
89	氟吡乙禾灵	haloxyfop-2-ethoxyethyl	87237-48-7	2.5	1.25	0.9971
90	氟吡甲禾灵	haloxyfop-methyl	69806-40-2	2.64	1.32	0.9998
91	噁霉灵	hymexazol	10004-44-1	224.14	112.07	0.9993
92	甲氧咪草烟	imazamox	114311-32-9	1.8	0.9	0.3015
93	甲咪唑烟酸	imazapic	104098-48-8	5.9	2.95	0.9979
94	咪唑乙烟酸	imazethapyr	81335-77-5	1.13	0.56	0.9966
95	亚胺唑	imibenconazole	86598-92-7	10.26	5.13	0.9931
96	吡虫啉	imidacloprid	138261-41-3	22	11	0.9957
97	茚虫威	indoxacarb	144171-61-9	7.54	3.77	0.9996
98	丙森锌	iprovalicarb	12071-83-9	2.32	1.16	1
99	异丙威	isoprocarb	2631-40-5	2.3	1.15	0.9988
100	异丙隆	isoproturon	34123-59-6	0.14	0.07	0.9999
101	异唑隆	isouron	55861-78-4	0.41	0.2	0.9983
102	异恶酰草胺	isoxaben	82558-50-7	0.19	0.09	0.9969
103	异恶氟草	isoxaflutole	141112-29-0	3.9	1.95	0.9975
104	噻嗯菊酯	kadethrin	58769-20-3	3.33	1.66	0.9974
105	克来范	kelevan	4234-79-1	9642.82	4821.41	0.9928
106	抑芽丹	maleic hydrazide	123-33-1	80	40	0.9869
107	嘧菌胺	mepanipyrim	110235-47-7	0.32	0.16	0.9999
108	缩节胺	mepiquat chloride	24307-26-4	0.9	0.45	0.9956
109	叶菌唑	metconazole	125116-23-6	1.32	0.66	0.9996
110	甲胺磷	methamidophos	10265-92-6	4.93	2.47	0.9853
111	甲硫威	methiocarb	2032-65-7	41.2	20.6	0.0003
112	溴谷隆	methobromuron	3060-89-7	16.84	8.42	0.9938
113	灭多威	methomyl	16752-77-5	9.56	4.78	0.9906
114	甲氧虫酰肼	methoxyfenozide	161050-58-4	3.7	1.85	0.9979
115	速灭威	metolcarb	—	25.4	12.7	0.9926
116	甲氧隆	metoxuron	19937-59-8	0.64	0.32	0.9964

序号	中文名称	英文名称	CAS 号	定量限/ (μg/kg)	检出限/ (μg/kg)	相关系数
117	灭草隆	monuron	150-68-5	34.74	17.37	0.9902
118	萘草胺	naptalam	132-66-1	1.95	0.97	0.9946
119	草不隆	neburon	555-37-3	7.1	3.55	0.9966
120	烟碱	nicotine	54-11-5	2.2	1.1	0.998
121	烯啶虫胺	nitenpyram	120738-89-8	17.12	8.56	0.9949
122	氟酰脲	novaluron	116714-46-6	8.04	4.02	0.9904
123	敌草净	oesmetryn	1014-69-3	0.17	0.09	0.9994
124	氧乐果	omethoate	1113-02-6	9.65	4.83	0.9947
125	氧化萎锈灵	oxycarboxin	5259-88-1	0.9	0.45	0.9905
126	甲基对氧磷	paraoxon methyl	950-35-6	0.76	0.38	1
127	甜菜宁	phenmedipham	13684-63-4	4.48	2.24	0.6849
128	甲拌磷亚砜	phorate sulfoxide	2588-03-6	368.28	184.14	0.9991
129	硫环磷	phosfolan	—	0.49	0.24	0.9994
130	亚胺硫磷	phosmet	732-11-6	17.72	8.86	0.9933
131	辛硫磷	phoxim	14816-18-3	82.8	41.4	0.9935
132	邻苯二甲酸二环己酯	biscyclohexyl phthalate	84-61-7	0.68	0.34	0.9996
133	驱蚊叮	dibutyl phthalate	84-74-2	39.6	19.8	0.995
134	氟吡酰草胺	picolinafen	137641-05-5	0.73	0.36	0.9901
135	右旋炔丙菊酯	prallethrin	23031-36-9	0.1	0.05	0.9999
136	恶草酸	propaquiafop	111479-05-1	1.24	0.62	1
137	丙环唑	propiconazole	60207-90-1	1.76	0.88	1
138	残杀威	propoxur	114-26-1	24.4	12.2	0.9925
139	发硫磷	prothoate	2275-18-5	2.46	1.23	0.0248
140	吡蚜酮	pymetrozin	123312-89-0	34.28	17.14	0.5514
141	苄草唑	pyrazoxyfen	71561-11-0	0.33	0.16	0.9997
142	除虫菊酯	pyrethrins	8003-34-7	35.8	17.9	0.9995
143	嘧啶磷	pyrimitate	23505-41-1	0.17	0.09	0.9999
144	喹禾灵	quizalofop-ethyl	76578-12-6	0.68	0.34	1
145	鱼藤酮	rotenone	83-79-4	2.32	1.16	1
146	稀禾啶	sethoxydim	74051-80-2	89.6	44.8	0.6459
147	西草净	simetryn	1014-70-6	0.14	0.07	0.9997
148	多杀菌素	spinosad	168316-95-8	0.57	0.28	1
149	螺环菌胺	spiroxamine	118134-30-8	0.05	0.03	0.9997
150	氟胺氰菊酯	τ-fluvalinate	102851-06-9	230	115	0.9922
151	双硫磷	temephos	3383-96-8	1.22	0.61	0.9996
152	特普	TEPP	107-49-3	10.4	5.2	0.9999
153	特丁硫磷砜	terbufos sulfone	56070-16-7	88.6	44.3	0.9957
154	特丁通	terbumeton	33693-04-8	0.1	0.05	0.9997
155	特草灵	terbucarb	1918-11-2	2.1	1.05	0.9996
156	叔丁基胺	tert-butylamine	75-64-9	38.95	19.48	0.9966
157	噻虫啉	thiacloprid	111988-49-9	0.37	0.19	0.9999
158	噻虫嗪	thiamethoxam	153719-23-4	33	16.5	0.9959
159	硫双威	thiodicarb	59669-26-0	39.37	19.68	
160	久效威	thiofanox	39196-18-4	157	78.5	0.9958
161	久效威砜	thiofanox sulfone	39184-59-3	24.08	12.04	0.9935

序号	中文名称	英文名称	CAS 号	定量限/(μg/kg)	检出限/(μg/kg)	相关系数
162	久效威亚砜	thiofanox-sulfoxide	39184-27-5	8.29	4.15	0.997
163	苯草酮	tralkoxydim	87820-88-0	0.32	0.16	0.998
164	三唑醇	triadimenol	55219-65-3	10.55	5.28	0.9997
165	威菌磷	triamiphos	1031-47-6	0.01	0.01	0.8937
166	毒壤磷	trichloronat	327-98-0	66.8	33.4	0.9995
167	敌百虫	trichlorphon	52-68-6	1.12	0.56	0.0416
168	三环唑	tricyclazole	41814-78-2	1.25	0.62	0.5466
169	十三吗啉	tridemorph	81412-43-3	2.6	1.3	0.9982
170	杀铃脲	triflumuron	64628-44-0	3.92	1.96	0.9999
171	三异丁基磷酸盐	tri-iso-butyl phosphate	126-71-6	3.58	1.79	0.9983
172	灭菌唑	triticonazole	131983-72-7	3.02	1.51	0.9996
173	烯效唑	uniconazole	83657-22-1	2.4	1.2	0.9994
174	蚜灭磷	vamidothion	2275-23-2	4.56	2.28	0.9935
175	蚜灭多砜	vamidothion sulfone	70898-34-9	476	238	0.978
176	杀鼠灵	warfarin	81-81-2	2.68	1.34	0.9935
177	氯氰菊酯	cypermethrin	52315-07-8	0.68	0.34	0.0084

表 1-12　仅适用于 GC-MS 方法测定的 219 种农药的检出限、定量限及线性相关系数

序号	中文名称	英文名称	CAS 号	检出限/(μg/kg)	定量限/(μg/kg)	相关系数
1	2,3,4,5-四氯苯胺	2,3,4,5-tetrachloroaniline	634-83-3	10	20	0.9989
2	2,3,4,5-四氯甲氧基苯	2,3,4,5-tetrachloroanisole	938-86-3	500	1000	0.9997
3	2,3,5,6-四氯苯胺	2,3,5,6-tetrachloroaniline	3481-20-7	5	10	0.9994
4	2,4,5-涕	2,4,5-T	93-76-5	100	200	0.996
5	3,5-二氯苯胺	3,5-dichloroaniline	626-43-7	5	10	0.9905
6	4,4'-二溴二苯甲酮	4,4'-dibromobenzophenone	3988-03-2	5	10	0.9945
7	4-氯苯氧乙酸	4-chlorophenoxy acetic acid	122-88-3	6.3	12.5	0.994
8	甲草胺	alachlor	15972-60-8	15	30	0.999
9	艾氏剂	aldrin	309-00-2	10	20	0.999
10	顺式氯氰菊酯	α-cypermethrin	67375-30-8	25	50	0.9974
11	α-六六六	α-HCH	319-84-6	5	10	0.9994
12	双甲脒	amitraz	33089-61-1	15	30	0.9993
13	蒽醌	anthraquinone	84-65-1	12.5	25	0.9862
14	莠去津	atrizine	1912-24-9	5	10	0.9991
15	戊环唑	azaconazole	60207-31-0	20	40	—
16	4-溴-3,5-二甲苯基-N-甲基氨基甲酸酯-1	BDMC-1	672-99-1	10	20	0.9978
17	4-溴-3,5-二甲苯基-N-甲基氨基甲酸酯-2	BDMC-2	672-99-1	25	50	0.9912
18	乙丁氟灵	benfluralin	1861-40-1	5	10	0.9888
19	β-六六六	β-HCH	319-85-7	5	10	0.9992
20	治草醚	bifenox	42576-02-3	10	20	0.9826
21	联苯菊酯	bifenthrin	82657-04-3	5	10	0.9936
22	生物烯丙菊酯-1	bioallethrin-1	28434-00-6	50	100	0.9941

序号	中文名称	英文名称	CAS号	检出限/ (μg/kg)	定量限/ (μg/kg)	相关系数
23	生物烯丙菊酯-2	bioallethrin-2	28434-00-6	50	100	0.9983
24	联苯	biphenyl	92-52-4	5	10	0.9998
25	溴烯杀	bromocylen	1715-40-8	5	10	0.999
26	溴硫磷	bromofos	2104-96-3	10	20	0.9987
27	溴螨酯	bromopropylate	18181-80-1	10	20	0.9963
28	糠菌唑-1	bromuconazole-1	116255-48-2	10	20	0.9916
29	糠菌唑-2	bromuconazole-2	116255-48-2	10	20	0.9994
30	抑草磷	butamifos	36335-67-8	5	10	0.971
31	苯酮唑	cafenstrole	125306-83-4	20	40	0.981
32	三硫磷	carbofenothion	786-19-6	10	20	0.9955
33	唑酮草酯	carfentrazone-ethyl	128639-02-1	10	20	0.999
34	杀螨醚	chlorbenside	103-17-3	10	20	0.9946
35	氯氧磷	chlorethoxyfos	54593-83-8	10	20	1
36	虫螨腈	chlorfenapyr	122453-73-0	100	200	0.999
37	燕麦酯	chlorfenprop-methyl	14437-17-3	5	10	0.9989
38	杀螨酯	chlorfenson	80-33-1	10	20	0.998
39	毒虫畏	chlorfenvinphos	470-90-6	15	30	0.9976
40	整形醇	chlorflurenol	2464-37-1	15	30	0.996
41	乙酯杀螨醇	chlorobenzilate	510-15-6	15	30	0.9977
42	氯苯甲醚	chloroneb	2675-77-6	5	10	0.999
43	丙酯杀螨醇	chloropropylate	5836-10-2	5	10	0.997
44	毒死蜱	chlorpyrifos	2921-88-2	10	20	0.9971
45	甲基毒死蜱	chlorpyifos-methyl	5598-13-0	5	10	0.9985
46	氯酞酸二甲酯-1	chlorthal-dimethyl-1	1861-32-1	10	20	0.998
47	乙菌利	chlozolinate	84332-86-5	10	20	0.9994
48	环庚草醚	cinmethylin	87818-31-3	25	50	—
49	四氢邻苯二甲酰亚胺	*cis*-1，2，3，6-tetrahydroph-thalimide	1469-48-3	5	10	0.9985
50	顺式氯丹	*cis*-chlordane	5103-71-9	10	20	0.9994
51	顺式燕麦敌	*cis*-diallate	17708-57-5	10	20	0.9998
52	顺式氯菊酯	*cis*-permethrin	61949-76-6	5	10	0.9935
53	氯甲酰草胺	clomeprop	84496-56-0	5	10	0.997
54	蝇毒磷	coumaphos	56-72-4	30	60	0.9955
55	环氟菌胺	cyflufenamid	180409-60-3	80	160	—
56	氟氯氰菊酯	cyfluthrin	68359-37-5	120	240	0.9966
57	氰氟草酯	cyhalofop-butyl	122008-85-9	10	20	—
58	氯酞酸二甲酯-2	chlorthal-dimethyl-2	1861-32-1	5	10	0.9995
59	δ-六六六	δ-HCH	319-86-8	10	20	0.9986
60	溴氰菊酯	deltamethrin	52918-63-5	75	150	0.9921
61	2,2′,4,5,5′-五氯联苯	DE-PCB 101	37680-73-2	5	10	0.9994
62	2,3,4,4′,5-五氯联苯	DE-PCB 118	74472-37-0	5	10	0.9985
63	2,2′,3,4,4′,5′-六氯联苯	DE-PCB 138	35065-28-2	12.5	25	0.9991
64	2,2′,4,4′,5,5′-六氯联苯	DE-PCB 153	35065-27-1	5	10	0.9992

序号	中文名称	英文名称	CAS 号	检出限/ (μg/kg)	定量限/ (μg/kg)	相关系数
65	2,2′,3,4,4′,5,5′-七氯联苯	DE-PCB 180	35065-29-3	5	10	0.9989
66	2,4,4′-三氯联苯	DE-PCB 28	7012-37-5	5	10	0.9997
67	2,4′,5-三氯联苯	DE-PCB 31	16606-02-3	5	10	0.9997
68	2,2′,5,5′-四氯联苯	DE-PCB 52	35693-99-3	5	10	0.9997
69	脱乙基另丁津	desethyl-sebuthylazine	37019-18-4	10	20	0.9985
70	脱异丙基莠去津	desisopropyl-atrazine	1007-28-9	40	80	0.9975
71	敌草净	desmetryn	1014-69-3	5	10	0.9964
72	敌草腈	dichlobenil	1194-65-6	1	2	0.9998
73	氯硝胺	dichloran	99-30-9	10	20	0.999
74	二氯丙烯胺	dichlormid	37764-25-3	10	20	0.9981
75	禾草灵	diclofop-methyl	51338-27-3	5	10	0.9958
76	敌敌畏	dichlorvos	62-73-7	30	60	0.999
77	三氯杀螨醇	dicofol	115-32-2	10	20	0.998
78	狄氏剂	dieldrin	60-57-1	10	20	0.9994
79	苯醚甲环唑-1	difenoconazole-1	119446-68-3	30	60	0.986
80	苯醚甲环唑-2	difenoconazole-2	119446-68-3	30	60	0.986
81	枯莠隆	difenoxuron	14214-32-5	40	80	0.998
82	哌草丹	dimepiperate	61432-55-1	10	20	1
83	甲基毒虫畏	dimethylvinphos	71363-52-5	25	50	0.998
84	苯虫醚-1	diofenolan-1	63837-33-2	10	20	0.997
85	苯虫醚-2	diofenolan-2	63837-33-2	10	20	0.999
86	敌噁磷	dioxathion	78-34-2	50	100	0.9993
87	二苯胺	diphenylamine	122-39-4	5	10	0.9975
88	丁酰肼	DMASA	1596-84-5	40	80	0.991
89	十二环吗啉	dodemorph	1593-77-7	15	30	0.999
90	硫丹-1	endosulfan-1	115-29-7	30	60	0.9991
91	硫丹硫酸盐	endosulfan-sulfate	1031-07-8	15	30	0.9985
92	异狄氏剂	endrin	72-20-8	60	120	0.9982
93	异狄氏剂酮	endrin ketone	53494-70-5	80	160	0.998
94	氟环唑-1	epoxiconazole-1	133855-98-8	100	200	0.979
95	氟环唑-2	epoxiconazole-2	133855-98-8	100	200	0.999
96	戊草丹	esprocarb	85785-20-2	20	40	0.997
97	乙环唑-1	etaconazole-1	60207-93-4	15	30	0.9948
98	乙环唑-2	etaconazole-2	60207-93-4	15	30	0.9976
99	乙丁烯氟灵	ethalfluralin	55283-68-6	20	40	0.9926
100	乙螨唑	etoxazole	153233-91-1	30	60	—
101	咪唑菌酮	fenamidone	161326-34-7	12.5	25	0.998
102	氧皮蝇磷	fenchlorphos-oxon	3983-45-7	20	40	0.999
103	拌种咯	fenpiclonil	74738-17-3	20	40	0.9981
104	芬螨酯	fenson	80-38-6	5	10	0.9993
105	氰戊菊酯-1	fenvalerate-1	51630-58-1	20	40	0.9928
106	氰戊菊酯-2	fenvalerate-2	51630-58-1	20	40	0.9928
107	氟虫腈	fipronil	120068-37-3	100	200	0.996

序号	中文名称	英文名称	CAS 号	检出限/ (μg/kg)	定量限/ (μg/kg)	相关系数
108	麦草氟甲酯	flamprop-methyl	52756-25-9	5	10	0.9983
109	氟啶胺	fluazinam	79622-59-6	100	200	0.995
110	氟氰戊菊酯	flucythrinate-1	70124-77-5	10	20	—
111	氟氰戊菊酯	flucythrinate-2	70124-77-5	10	20	—
112	氟节胺	flumetralin	62924-70-3	10	20	0.9873
113	丙炔氟草胺	flumioxazin	103361-09-7	10	20	—
114	三氟硝草醚	fluorodifen	15457-05-3	15	30	—
115	三氟苯唑	fluotrimazole	31251-03-3	5	10	0.9981
116	氟喹唑	fluquinconazole	136426-54-5	5	10	0.9991
117	氟草烟-1-甲庚酯	fluroxypr-1-methylheptyl ester	81406-37-3	5	10	0.9974
118	氟胺氰菊酯	τ-fluvalinate	102851-06-9	60	120	0.9954
119	安硫磷	formothion	2540-82-1	25	50	0.9993
120	茂谷乐	furmecyclox	60568-05-0	15	30	0.989
121	精高效氨氟氰菊酯-1	γ-cyhaloterin-1	76703-62-3	4	8	—
122	精高效氨氟氰菊酯-2	γ-cyhalothrin-2	76703-62-3	4	8	0.978
123	林丹	γ-HCH	58-89-9	10	20	0.9998
124	苄螨醚	halfenprox	111872-58-3	25	50	—
125	七氯	heptachlor	76-44-8	15	30	0.999
126	六氯苯	hexachlorobenzene	118-74-1	5	10	0.9996
127	己唑醇	hexaconazole	79983-71-4	30	60	0.9989
128	炔咪菊酯-1	imiprothrin-1	72963-72-5	10	20	0.985
129	炔咪菊酯-2	imiprothrin-2	72963-72-5	10	20	0.99
130	碘硫磷	iodofenphos	18181-70-9	10	20	0.994
131	异菌脲	iprodione	36734-19-7	20	40	0.998
132	缬酶威-1	iprovalicarb-1	140923-17-7	20	40	0.999
133	缬酶威-2	iprovalicarb-2	140923-17-7	20	40	0.999
134	碳氯灵	isobenzan	297-78-9	5	10	0.9995
135	水胺硫磷	isocarbophos	24353-61-5	10	20	—
136	异艾氏剂	isodrin	465-73-6	5	10	0.9982
137	氧异柳磷	isofenphos oxon	31120-85-1	10	20	—
138	异丙威-1	isoprocarb-1	2631-40-5	10	20	0.967
139	异丙威-2	isoprocarb-2	2631-40-5	10	20	0.967
140	双苯噁唑酸	isoxadifen-ethyl	163520-33-0	10	20	0.997
141	噁唑磷	isoxathion	18854-01-8	100	200	—
142	高效氯氟氰菊酯	λ-cyhalothrin	91465-08-6	5	10	0.9982
143	环草定	lenacil	2164-08-1	5	10	0.9967
144	溴苯磷	leptophos	21609-90-5	10	20	—
145	2-甲-4-氯丁氧乙基酯	MCPA-butoxyethyl ester	19480-43-4	5	10	0.9966
146	灭虫威砜	methiocarb sulfone	2179-25-1	160	320	0.993
147	烯虫酯	methobromuron	40596-69-8	30	60	0.9986
148	甲氧滴滴涕	methoprotryne	72-43-5	15	30	0.9973
149	甲基对硫磷	parathion-methyl	298-00-0	5	10	0.9921

序号	中文名称	英文名称	CAS 号	检出限/ (μg/kg)	定量限/ (μg/kg)	相关系数
150	溴谷隆	methyl-parathion	3060-89-7	20	40	0.9892
151	环戊唑菌	metoconazole	66246-88-6	20	40	0.998
152	苯氧菌胺	metominostrobin	133408-50-1	20	40	0.998
153	灭蚁灵	mirex	2385-85-5	5	10	0.9974
154	久效磷	monocrotophos	6923-22-4	100	200	0.9941
155	合成麝香	musk ambrette	83-66-9	5	10	—
156	麝香	musk moskene	116-66-5	5	10	0.997
157	西藏麝香	musk tibeten	145-39-1	5	10	0.997
158	二甲苯麝香	musk xylene	81-15-2	5	10	—
159	三氯甲基吡啶	nitrapyrin	1929-82-4	15	30	0.9957
160	除草醚	nitrofen	1836-75-5	30	60	0.9905
161	酞菌酯	nitrothal-isopropyl	10552-74-6	10	20	0.9911
162	氟草敏-脱甲基	norflurazon-desmethyl	23576-24-1	50	100	0.988
163	2,4′-滴滴滴	2,4′-DDD	53-19-0	5	10	—
164	2,4′-滴滴伊	2,4′-DDE	3424-82-6	12.5	25	0.9998
165	2,4′-滴滴涕	2,4′-DDT	789-02-6	10	20	0.9978
166	八氯苯乙烯	octachlorostyrene	29082-74-4	5	10	0.9997
167	恶草酮	oxadiazone	19666-30-9	5	10	0.998
168	氧化氯丹	oxychlordane	27304-13-8	12.5	25	0.9997
169	4,4′-滴滴滴	4,4′-DDD	72-54-8	5	10	0.993
170	4,4′-滴滴伊	4,4′-DDE	72-55-9	5	10	0.9994
171	4,4′-滴滴涕	4,4′-DDT	50-29-3	10	20	0.9971
172	二甲戊灵	pendimethalin	40487-42-1	20	40	0.996
173	五氯甲氧基苯	pentachloroanisole	1825-21-4	5	10	0.9996
174	五氯苯	pentachlorobenzene	608-93-5	5	10	0.9998
175	氯菊酯	permethrin	52645-53-1	10	20	0.9967
176	乙滴涕	perthane	72-56-0	12.5	25	0.9974
177	菲	phenanthrene	85-01-8	12.5	25	0.999
178	三氯杀虫酯	plifenate	21757-82-4	5	10	0.9992
179	咪鲜胺	prochloraz	67747-09-5	60	120	0.9919
180	环丙氟灵	profluralin	26399-36-0	20	40	0.9955
181	茉莉酮	prohydrojasmon	158474-72-7	10	20	—
182	霜霉威	propamocarb	24579-73-5	37.5	75	0.9912
183	丙虫磷	propaphos	7292-16-2	10	20	0.994
184	丙环唑-1	propiconazole-1	60207-90-1	15	30	0.9942
185	丙环唑-2	propiconazole-2	60207-90-1	15	30	0.9942
186	残杀威-1	propoxur-1	114-26-1	100	200	0.957
187	残杀威-2	propoxur-2	114-26-1	50	100	0.989
188	炔苯酰草胺	propyzamide	23950-58-5	5	10	0.999
189	丙硫磷	prothiophos	34643-46-4	5	10	0.9957
190	吡草醚	pyraflufen-ethyl	129630-19-9	10	20	0.999
191	哒螨灵	pyridaben	96489-71-3	5	10	0.9958
192	五氯硝基苯	quintozene	82-68-8	10	20	0.9958

序号	中文名称	英文名称	CAS 号	检出限/ (μg/kg)	定量限/ (μg/kg)	相关系数
193	苄呋菊酯-1	resmethrin-1	10453-86-8	25	50	0.9823
194	八氯二甲醚-1	S 421（octachlorodipropyl ether）-1	127-90-2	100	200	0.998
195	八氯二甲醚-2	S 421（octachlorodipropyl ether）-2	127-90-2	100	200	0.999
196	—	sobutylazine	—	10	20	0.978
197	螺甲螨酯	spiromesifen	283594-90-1	50	100	0.949
198	螺环菌胺-1	spiroxamine-1	118134-30-8	10	20	0.995
199	螺环菌胺-2	spiroxamine-2	118134-30-8	10	20	0.998
200	四氯硝基苯	tecnazene	117-18-0	10	20	0.9985
201	七氟菊酯	tefluthrin	79538-32-2	5	10	0.998
202	特草灵-1	terbucarb-1	1918-11-2	10	20	1
203	特草灵-2	terbucarb-2	1918-11-2	10	20	1
204	特丁净	terbutryn	886-50-0	10	20	0.998
205	三氯杀螨砜	tetradifon	116-29-0	5	10	0.9966
206	杀螨氯硫	tetrasul	2227-13-6	5	10	0.9958
207	噻菌灵	thiabendazole	148-79-8	100	200	0.999
208	甲苯氟磺胺	tolyfluanide	731-27-1	15	30	0.9981
209	反式氯丹	*trans*-chlodane	5103-74-2	5	10	0.9989
210	反式燕麦敌	*trans*-diallate	17708-58-6	10	20	0.9994
211	四氟苯菊酯	transfluthrin	118712-89-3	5	10	0.9991
212	反式九氯	*trans*-nonachlor	39765-80-5	5	10	0.999
213	三唑醇-1	triadimenol-1	55219-65-3	15	30	0.9972
214	三唑醇-2	triadimenol-2	55219-65-3	10	20	0.9972
215	苯磺隆	tribenuron-methyl	101200-48-0	5	10	0.976
216	灭草环	tridiphane	58138-08-2	10	20	—
217	磷酸三苯酯	triphenyl phosphate	115-86-6	5	10	0.999
218	灭草敌	vernolate	1929-77-7	10	20	0.9997
219	苯酰菌胺	zoxamide	156052-68-5	10	20	0.999

表 1-13 GC-MS 和 LC-MS/MS 方法 LOD 对比统计分析（根据表 1-10～表 1-12 整理）

LOD/ (μg/kg)	GC-MS(490)		LC-MS/MS(448)		GC-MS(270)		LC-MS/MS(270)	
	农药数量	占比/%	农药数量	占比/%	农药数量	占比/%	农药数量	占比/%
≤10	264	53.9	325	72.5	133	49.3	200	74.1
11～50	195	39.8	75	16.7	126	46.7	38	14.1
51～100	23	4.7	17	3.8	5	1.9	9	3.3
101～500	7	1.4	26	5.8	5	1.9	19	7.0
501～1000	1	0.2	1	0.2	1	0.4	1	0.4
>1000	0	0	4	0.9	0	0	3	1.1

表 1-14 适用于 LC-MS/MS 和 GC-MS 两种方法测定的红茶、绿茶、乌龙茶和普洱茶 4 种茶叶中 270 种农药的平均回收率和 RSD 数据（n=4）

序号	中文名称	英文名称	CAS 号	LC-MS/MS						GC-MS					
				低水平添加/(μg/kg)	平均回收率/%	RSD/%	高水平添加/(μg/kg)	平均回收率/%	RSD/%	低水平添加/(μg/kg)	平均回收率/%	RSD/%	高水平添加/(μg/kg)	平均回收率/%	RSD/%
1	2,4-滴	2,4-D	94-75-7	11.86	25.6	41.3	47.44	19.7	42.4	200	—	—	2000	93.3	15.5
2	2,6-二氯苯甲酰胺	2,6-dichlorobenzamide	2008-58-4	1.5	98.8	3	6	99.8	11.5	20	90	4.2	200	74.5	24.3
3	2-苯基苯酚	2-phenylphenol	90-43-7	169.88	46.9	10.5	679.52	47.5	3.6	10	78.6	4.4	100	75.2	10.6
4	3-苯基苯酚	3-phenylphenol	580-51-8	4	46.9	10.5	16.01	47.5	3.6	60	68.2	11.5	600	68.9	40.8
5	4,4'-二氯二苯甲酮	4,4'-dichlorobenzophenone	90-98-2	13.6	95.7	10	54.4	84	29.8	10	92.6	6	100	95.3	5.6
6	乙草胺	acetochlor	34256-82-1	47.4	96	1.6	189.6	92	9.2	20	71.8	28.5	200	92.8	11.8
7	苯丙噻二唑	acibenzolar-S-methyl	135158-54-2	1.03	75	25.3	4.11	96.6	13.7	20	72	25	200	73.5	4.2
8	苯草醚	aclonifen	74070-46-5	24.2	92.2	15.4	96.8	93.9	7.1	200	69.8	6.8	2000	83.2	15.9
9	烯丙菊酯	allethrin	584-79-2	60.4	91.6	5.8	241.6	88.9	5	40	75.9	29.4	400	90.9	11.9
10	二丙烯草胺	allidochlor	93-71-0	41.04	106.6	8.8	164.16	98.5	11.9	20	70	18.5	200	74	25.4
11	莠灭净	ametryn	834-12-8	0.96	91.8	9.2	3.84	99.2	7.7	30	80.6	10.9	300	71	10.2
12	莎稗磷	anilofos	64249-01-0	0.71	85.8	21.5	2.86	66.4	18.5	20	64.6	9.3	200	83	14.4
13	丙硫特普	aspon	3244-90-4	1.73	93.3	9.5	6.92	118.1	25.5	20	84.5	7.5	—	—	—
14	莠去通	atratone	1610-17-9	0.18	95.5	15.9	0.73	104.9	10.8	10	81.7	5.2	100	91.8	12.6
15	脱乙基莠去津	atrazine-desethyl	6190-65-4	0.21	—	—	0.83	92.2	7.8	10	—	—	100	62.2	28.9
16	益棉磷	azinphos-ethyl	2642-71-9	108.93	89	18.9	435.71	91.7	10.7	20	—	—	200	72.7	10.5
17	保棉磷	azinphos-methyl	86-50-0	1104.33	93.7	14.5	4417.34	95.8	12.6	60	84	0.8	600	71.6	8.9
18	叠氮津	aziprotryne	4658-28-0	1.38	91.6	14.4	5.53	95.1	9.9	80	74.4	7.1	800	87.5	13.7
19	苯霜灵	benalaxyl	71626-11-4	1.24	95.8	18.3	4.97	94	10.4	10	69.2	13.2	100	80.8	12.2
20	麦锈灵	benodanil	15310-01-7	3.48	97.5	18.5	13.92	96.1	13	30	71.4	22.9	300	66.1	21
21	解草酮	benoxacor	98730-04-2	6.9	89.6	15.6	27.6	87.3	11.6	20	73.1	6.5	200	85.3	10.2
22	新燕灵	benzoylprop-ethyl	22212-55-1	10.27	100.6	9.9	41.07	98.6	13.4	30	78.9	23	300	79.1	13.9
23	联苯肼酯	bifenazate	149877-41-8	22.8	58.1	96.8	91.2	51.9	94.6	80			800	77.2	29.3

序号	中文名称	英文名称	CAS号	LC-MS/MS						GC-MS					
				低水平添加/(μg/kg)	平均回收率/%	RSD/%	高水平添加/(μg/kg)	平均回收率/%	RSD/%	低水平添加/(μg/kg)	平均回收率/%	RSD/%	高水平添加/(μg/kg)	平均回收率/%	RSD/%
24	生物苄呋菊酯	bioresmethrin	28434-01-7	7.42	94.6	19.8	29.68	71.9	16.6	20	53.8	22	200	64.7	11.6
25	联苯三唑醇	bitertanol	55179-31-2	33.4	95.3	15.3	133.6	94.5	7	30	83.2	7.6	300	76	6.6
26	啶酰菌胺	boscalid	188425-85-6	0.16	94.6	16.5	0.63	92.4	14.8	200	75.6	4.5	2000	84.2	11.3
27	除草定	bromacil	314-40-9	23.6	78.8	18.5	94.4	81.3	18	20	70.1	18.3	200	72	24.5
28	溴苯烯磷	bromfenvinfos	33399-00-7	3.02	98	16.8	12.08	94.1	12.3	10	94	9.9	100	98.7	11.9
29	乙基溴硫磷	bromophos-ethyl	4824-78-6	567.69	95.7	7.6	2270.76	92.6	14.6	10	67.8	21.7	100	87.3	4
30	乙嘧酚磺酸酯	bupirimate	41483-43-6	0.7	79	13	2.8	90.7	10.2	10	69.2	9.6	100	83.3	7.7
31	噻嗪酮	buprofezin	69327-76-0	0.88	95.1	8.5	3.51	85.5	11.6	20	81.6	13.4	200	85.2	9
32	丁草胺	butachlor	23184-66-9	20.07	90.8	7.5	80.26	97.6	5.8	20	76.7	9.2	200	79.9	11.1
33	氟丙嘧草酯	butafenacil	134605-64-4	9.5	79.9	15.5	38	87.9	12.9	10	76.3	13.9	100	90.2	10.2
34	仲丁灵	butralin	33629-47-9	1.9	98.5	5.8	7.6	91.3	6.2	40	77.1	16.2	400	89.8	12.8
35	丁草特	butylate	2008-41-5	302	273.8	80.1	1208	109.6	8.2	30	94.6	29.6	300	59.8	19.3
36	硫线磷	cadusafos	95465-99-9	1.15	89.4	20.5	4.61	70.2	22.3	40	75.4	3.8	—	—	—
37	甲萘威	carbaryl	63-25-2	10.32	90.3	19.1	41.28	93.2	16.3	30	79.7	23.9	300	79.1	29.1
38	丁硫克百威	carbosulfan	55285-14-8	0.4	83.7	11.6	1.6	97	10.3	30	85.8	10.2	—	—	—
39	萎锈灵	carboxin	5234-68-4	0.56	59.4	93.2	2.22	33.8	72.4	30	35.8	47.8	300	41.7	65.8
40	氯杀螨砜	chlorbenside sulfone	7082-99-7	0.4	83	19.7	2	96.8	21.8	20	77.6	19.2	200	77.2	14.3
41	氯草灵	chlorbufam	1967-16-4	183	97.9	12.8	732	97.9	3.6	20	—	—	200	72.5	11.4
42	杀虫脒	chlordimeform	6164-98-3	164.3	108.3	10.5	657.2	85.1	23.8	10	58.3	8.4	100	76	8.7
43	氯螨醇	chlorfenethol	80-06-8	0.04	69.3	26.6	0.18	68	8.4	10	74.7	7.9	—	—	—
44	氟啶脲	chlorfluazuron	71422-67-8	8.68	67	17.4	34.72	86.8	7.6	30	44.7	22.8	300	55.1	20.6
45	氯甲硫磷	chlormephos	24934-91-6	19540	104.5	14.2	78160	82.3	10.1	20	42.3	29.3	200	70.9	10.6
46	氯苯胺灵	chlorpropham	101-21-3	15.77	49.3	7.3	63.07	51.2	6.9	20	77.4	12	200	76.1	12.8
47	虫螨磷	chlorthiophos	60238-56-4	10.6	58.6	74.2	42.4	107.6	17.4	30	76	5.5	300	78	13
48	炔草酯	clodinafop-propargyl	115512-06-9	2.44	101.5	10.6	9.76	77.4	18.6	20	84.8	8.5	200	100.2	16.8

序号	中文名称	英文名称	CAS 号	LC-MS/MS						GC-MS					
				低水平添加/(μg/kg)	平均回收率/%	RSD/%	高水平添加/(μg/kg)	平均回收率/%	RSD/%	低水平添加/(μg/kg)	平均回收率/%	RSD/%	高水平添加/(μg/kg)	平均回收率/%	RSD/%
49	异噁草酮	clomazone	81777-89-1	0.42	87.3	15.6	1.69	90.1	5.8	10	66.5	8.4	100	85.3	4.3
50	解草酯	cloquintocet mexyl	99607-70-2	1.88	90.4	16.4	7.54	98.5	7.5	10	69.7	10.8	100	90.5	19.1
51	鼠立克	crimidine	535-89-7	1.56	106.5	6.6	6.23	95.7	10	10	78.2	21.6	100	80.5	16.2
52	育畜磷	crufomate	299-86-5	0.52	89.7	20.5	2.07	96.8	5.4	60	72.7	13.5	600	76.9	2.3
53	氯草津	cyanazine	21725-46-2	0.16	86.9	18.2	0.66	103.3	18.8	30	—	—	300	74.2	25.5
54	苯腈磷	cyanofenphos	13067-93-1	20.8	97.3	5.1	83.2	95.8	3.1	10	81.3	8.8	100	79	14.6
55	杀虫腈	cyanophos	2636-26-2	0.4	106.1	28.4	1.6	111.7	18.5	20	76.4	10.5	—	—	—
56	环草敌	cycloate	1134-23-2	4.44	100.7	16.6	17.76	102.9	6.9	10	61.3	3.7	100	80.5	4.6
57	环莠隆	cycluron	2163-69-1	0.21	97.5	15.3	0.82	93.4	6.4	30	89	9.2	300	94.8	12.4
58	苯醚氰菊酯	cyphenothrin	39515-40-7	5.6	98.2	15.1	22.4	89.7	19.8	30	90.6	6.9	300	83.7	16.8
59	环丙津	cyprazine	22936-86-3	0.04	91.9	9.3	0.17	99.2	7.7	30	75	11.9	—	—	—
60	环丙唑醇	cyproconazole	94361-06-5	0.73	101.6	5.9	2.93	97.2	3	10	105	28.2	100	88.8	10.3
61	嘧菌环胺	cyprodinil	121552-61-2	0.74	97.2	24.7	2.96	94.2	10.3	10	86.2	12.3	100	88.9	11.2
62	脱叶磷	DEF	78-48-8	1.61	103	8.1	6.46	101.4	4.8	20	86.2	9.4	200	92.9	14.5
63	内吸磷-S	demeton-S	126-75-0	0.4	—	—	1.6	91.2	16.8	40	65.4	11	400	87.5	29.4
64	甲基内吸磷	demeton-S methyl	919-86-8	0.18	92.1	11.8	0.71	87.5	9.9	40	64	25.4	400	73	22.4
65	燕麦敌	dialifos	10311-84-9	52.33	69.2	10.2	209.33	76.5	28.9	320	63.2	27.2	3200	86.4	21.6
66	二嗪磷	diazinon	333-41-5	0.71	94.3	13.4	2.85	92.3	2.8	10	70.1	9.6	100	87.1	4.6
67	琥珀酸二丁酯	dibutyl succinate	141-03-7	222.4	102.1	7.2	889.6	98.1	7.7	20	70.5	13.2	200	84	10.6
68	异氯磷	dicapthon	2463-84-5	0.01	71	18.3	0.03	90	21.6	50	87.7	15.3	500	96.2	18.4
69	除线磷	dichlofenthion	97-17-6	1.01	100.4	13.3	4.03	92.5	18	10	66.9	9.4	100	82	16.7
70	抑菌灵	dichlofluanid	1085-98-9	2.6	112.5	15.3	10.4	100.5	3.9	60	—	—	600	28.4	20.9
71	苄氯三唑醇	diclobutrazole	757736-33-3	0.47	90.8	23.5	1.87	94	9.8	40	83.7	3.6	400	89	13.1
72	氯硝胺	dicloran	99-30-9	48.56	53.6	16.1	194.22	69.1	18.2	20	74.3	25.8	200	75.2	13.1
73	百治磷	dicrotophos	141-66-2	1.14	94	28.9	4.58	79.7	10.2	80	67.7	27.6	800	63	28.9

序号	中文名称	英文名称	CAS号	LC-MS/MS 低水平添加/(μg/kg)	平均回收率/%	RSD/%	高水平添加/(μg/kg)	平均回收率/%	RSD/%	GC-MS 低水平添加/(μg/kg)	平均回收率/%	RSD/%	高水平添加/(μg/kg)	平均回收率/%	RSD/%
74	乙霉威	diethofencarb	87130-20-9	2	88.9	10.5	8	94.1	7.8	60	77.8	18.6	600	77.6	8
75	避蚊胺	diethyltoluamide	134-62-3	0.55	102.2	8.8	2.2	95.1	18.9	10	87.4	6.6	—	—	—
76	吡氟酰草胺	diflufenican	83164-33-4	28.27	46.3	4.9	113.09	47.3	3.3	10	78.9	11.7	100	79.7	12
77	甲氟磷	dimefox	115-26-4	22.73	79.5	4.1	90.93	108.6	8.3	30	22.4	30.2	300	28.7	59.7
78	恶唑隆	dimefuron	34205-21-5	1.33	106.3	29	5.33	89.5	6.5	40	—	—	400	62.2	28.5
79	二甲毒草胺	dimethachlor	50563-36-5	1.9	106.3	6.1	7.61	98.3	4.1	30	74.1	8.7	300	77.3	14.1
80	二甲噻草胺	dimethenamid	87674-68-8	4.3	87.4	11.6	17.2	90	7.7	10	83.2	5.7	100	89.1	13.8
81	乐果	dimethoate	60-51-5	7.6	83	16.6	30.4	92.3	13.3	40	—	—	400	60.4	27.6
82	烯酰吗啉	dimethomorph	110488-70-5	0.35	76.5	22.7	1.41	63.1	21.6	20	67.2	9.2	200	93	27.3
83	跳蚤灵	dimethyl phthalate	131-11-3	4.4	79.2	12.2	17.6	89.8	14.2	40	82.1	14.3	400	80.8	23.2
84	烯唑醇	diniconazole	83657-24-3	1.34	84.8	2.6	5.38	87.6	11.1	30	82.3	12.6	300	79.9	15.9
85	敌乐胺	dinitramine	29091-05-2	0.06	80.3	10.2	0.24	87.9	3.4	40	64.4	5	400	86.8	4.6
86	二氧威	dioxacarb	6988-21-2	0.11	75.2	4.6	0.45	76.5	13.5	80	77.2	13.5	800	78.6	26
87	双苯酰草胺	diphenamid	957-51-7	0.14	—	—	0.57	99.6	7.5	10	83.9	9.9	100	83.5	10.7
88	杀草净	dipropetryn	4147-51-7	0.27	94.9	10.5	1.08	93.5	9.1	10	83.6	11.2	100	80.4	8.4
89	乙拌磷	disulfoton	298-04-4	469.7	112	17.4	1878.78	89.2	21.3	10	65.3	10.6	100	61.2	15.3
90	乙拌磷砜	disulfoton sulfone	2497-06-5	2.46	102.9	14.1	9.84	95.6	3.4	20	—	—	200	90.5	29.5
91	砜拌磷	disulfoton-sulfoxide	2497-07-6	2.84	81.8	14.5	11.38	112.4	13.6	20	83.7	11.5	200	92.1	11.7
92	敌瘟磷	edifenphos	17109-49-8	0.75	81.4	21.7	3.01	94.3	20.7	20	—	—	200	76.1	8.8
93	苯硫磷	EPN	2104-64-5	33	87.1	11.3	132	100.5	8.9	40	72.8	21.3	400	77.9	9.4
94	茵草敌	EPTC	759-94-4	37.34	100.3	7.7	149.35	91.6	7.4	30	44.9	23.1	300	46.5	17.8
95	S-氰戊菊酯	esfenvalerate	66230-04-4	13.87	—	—	55.47	97.5	115.8	40	103.7	12.2	400	79.6	13.7
96	乙硫苯威	ethiofencarb	29973-13-5	4.92	86.4	15.6	19.68	85.1	21.2	100	56.9	18.8	1000	65.1	21.9
97	乙硫磷	ethion	563-12-2	2.96	103	21.3	11.82	97.6	10.3	20	74.7	17	200	84.1	3.6
98	乙氧呋草黄	ethofume sate	26225-79-6	372	100.7	3.4	1488	97.2	4.5	20	76.6	12.6	200	77.1	15.5

序号	中文名称	英文名称	CAS 号	LC-MS/MS						GC-MS					
				低水平添加/(μg/kg)	平均回收率/%	RSD/%	高水平添加/(μg/kg)	平均回收率/%	RSD/%	低水平添加/(μg/kg)	平均回收率/%	RSD/%	高水平添加/(μg/kg)	平均回收率/%	RSD/%
99	灭线磷	ethoprophos	13194-48-4	2.76	104.8	9.9	11.06	86.1	16	30	69.1	21.5	300	75.7	14.4
100	醚菊酯	etofenprox	80844-07-1	76	105.9	22.1	304	91.7	22.5	10	85.3	11	100	63.8	28.7
101	土菌灵	etridiazol	2593-15-9	100.42	90.4	13.1	401.68	94.4	6.7	30	—	—	300	60.5	14.7
102	乙嘧硫磷	etrimfos	38260-54-7	18.76	48.4	72.5	75.04	83.4	14.7	10	81.5	13.4	100	86.4	9.8
103	苯线磷	fenamiphos	22224-92-6	0.21	106.4	22.2	0.83	95.3	29.2	30	64.7	25.1	300	74.4	9.2
104	苯线磷砜	fenamiphos sulfone	31972-44-8	0.45	78.6	22.1	1.78	83.7	20.1	40	92.1	6.8	400	82.5	26
105	苯线磷亚砜	fenamiphos sulfoxide	31972-43-7	0.74	77.3	23.6	2.96	90.7	14.8	40	77.2	34	400	70.2	25.2
106	氯苯嘧啶醇	fenarimol	60168-88-9	0.61	69.6	25.8	2.43	99	7.8	20	80.5	12.9	200	77	12.4
107	喹螨醚	fenazaquin	120928-09-8	0.32	101.4	5.3	1.3	98.3	3	10	81.4	7.9	100	76.6	9.7
108	腈苯唑	fenbuconazole	114369-43-6	1.65	82.4	20.7	6.6	89.8	12.5	20	74.8	21.6	200	92.3	10.8
109	环酰菌胺	fenhexamid	126833-17-8	0.95	76	14.4	3.78	97.2	9	500	82.9	10.9	—	—	—
110	杀螟硫磷	fenitrothion	122-14-5	8.93	59.3	78.6	35.73	98.5	5	20	70.7	18.4	200	82.4	7.8
111	仲丁威	fenobucarb	3766-81-2	5.9	95.4	14	23.6	92.8	8.4	20	90.6	20.9	200	80	10.4
112	氰菌胺	fenoxanil	115852-48-7	39.4	84.3	10.5	157.6	91.2	8.9	20	70.5	15	200	87.1	10.1
113	甲氰菊酯	fenpropathrin	39515-41-8	10.45	95.6	8.7	41.81	87.8	27.3	20	86.2	17.8	200	80	10.6
114	苯锈定	fenpropidin	67306-00-7	0.01	63.1	26.6	0.02	70.7	27.1	20	71.4	11.4	200	60.9	7.3
115	丁苯吗啉	fenpropimorph	67564-91-4	0.18	72	8.8	0.74	90.8	5.7	10	82.4	13.2	100	80.1	11.6
116	唑螨酯	fenpyroximate	134098-61-6	1.36	84.8	14.6	5.44	95.7	5.4	80	71.1	19.8	800	89.7	2.4
117	丰索磷	fensulfothin	115-90-2	2	64.6	27.1	8.01	81.6	8.5	20	65.5	2.9	200	—	—
118	倍硫磷	fenthion	55-38-9	52	79.5	9.6	208	100.2	10.3	10	103.5	7.2	100	76.2	24.5
119	倍硫磷砜	fenthion sulfone	3761-42-0	0.58	95.4	11.8	2.33	88.9	17.3	40	—	—	400	96.1	15.3
120	倍硫磷亚砜	fenthion sulfoxide	3761-41-9	0.31	97.4	7.5	1.25	93.5	7.4	40	63.2	21.1	400	84.6	19.7
121	麦草氟异丙酯	flamprop-isopropyl	52756-22-6	0.43	81.8	22.9	1.74	100.8	27.3	10	71.7	6.5	100	79.3	15
122	吡氟禾草灵	fluazifop-butyl	69806-50-4	0.26	94.4	11.7	1.05	92.6	3.9	10	83.5	5.3	100	78.7	7
123	氯乙氟灵	fluchloralin	33245-39-5	488	98	9	1952	91.7	13.6	40	81.6	14.6	400	80.1	8.6

序号	中文名称	英文名称	CAS号	LC-MS/MS						GC-MS					
				低水平添加/(μg/kg)	平均回收率/%	RSD/%	高水平添加/(μg/kg)	平均回收率/%	RSD/%	低水平添加/(μg/kg)	平均回收率/%	RSD/%	高水平添加/(μg/kg)	平均回收率/%	RSD/%
124	咯菌腈	fludioxonil	131341-86-1	62.16	53.2	15.1	248.64	72.9	17	10	68.2	29	100	27.9	63.4
125	氟噻草胺	flufenacet	142459-58-3	5.3	83.2	10.8	21.2	88	5.4	80	76.4	8.5	800	75.5	13
126	氟虫脲	flufenoxuron	101463-69-8	3.17	96.5	3.3	12.67	89.3	3.2	30	76.8	11.1	300	78.1	16.3
127	胺氟草酯	flumiclorac-pentyl	87546-18-7	10.61	87.8	25.6	42.43	81.3	18.6	20	77.1	17.3	200	74.6	10.4
128	氟咯草酮-1	fluorochloridone-1	61213-25-0	13.78	84.9	6.7	55.12	92.8	12.8	20	86.7	24.4	200	75.8	6.9
129	乙羧氟草醚	fluoroglycofen-ethyl	77501-90-7	0.17	82	3.2	0.67	81.4	10	120	89.2	28.6	1200	90.1	13.6
130	氟咯草酮-2	fluorochloridone-2	61213-25-0	—	93.5	8.4	1.78	99.6	17.2	20	101.9	27.8	200	94.7	8.8
131	吡草酮	flurtamone	96525-23-4	0.44	87.6	29.3	1.78	97	10.7	20	72.7	3	200	64.2	27.6
132	氟硅唑	flusilazole	85509-19-9	0.58	93.4	21.2	2.33	93	7.6	30	85.3	12.8	300	76.7	5.6
133	氟酰胺	flutolanil	66332-96-5	1.15	100.5	8.4	4.58	94.8	7.1	10	69.3	5.1	100	82.5	8.9
134	粉唑醇	flutriafol	76674-21-0	8.58	100.7	5.2	34.32	100.6	3	20	86.3	2	200	88.1	15.7
135	地虫硫磷	fonofos	944-22-9	7.46	102.9	16.2	29.83	92.9	6.1	10	68.2	5.2	100	85.2	4.2
136	麦穗灵	fuberidazole	3878-19-1	0.06	94.3	27.1	0.25	91.5	11.2	50	80.5	26.9	500	61.7	49.3
137	抑菌丙胺酯	furalaxyl	57646-30-7	0.77	101.8	9.2	3.08	99.3	4.2	20	74.1	15.9	200	89.9	9.2
138	庚烯磷	heptanophos	23560-59-0	5.84	92.3	10.9	23.36	84.7	8.8	30	70.5	24	300	73.6	10.4
139	氟铃脲	hexaflumuron	86479-06-3	25.2	93.5	6	100.8	92.9	4.1	60	79.3	7	600	75.8	26.2
140	环嗪酮	hexazinone	51235-04-2	0.12	77.8	17.6	0.48	88.8	15.5	30	67.7	26.3	300	70.2	10.5
141	噻螨酮	hexythiazox	78587-05-0	0.79	94.5	12.6	3.15	88.2	22.8	80	99.7	26.4	800	83.4	15.2
142	抑霉唑	imazalil	35554-44-0	2	89.1	14.2	8	86.8	17.5	40	69.6	15.3	400	73.6	24.6
143	甲基咪草酯	imazamethabenz-methyl	81405-85-8	0.16	76	15.2	0.66	82.4	18.9	30	68.1	8.7	—	—	—
144	脱苯甲基亚胺唑	imibenconazole-des-benzyl	199338-48-2	6.22	96.5	12.1	24.88	97.6	5.7	40	63.4	4.3	400	55.9	38.6
145	异稻瘟净	iprobenfos	26087-47-8	8.28	105.2	6.8	33.12	99	2.6	30	87.9	13.9	300	83.1	9.4
146	氯唑磷	isazofos	42509-80-8	0.01	105.2	16.3	0.02	99.2	13.4	20	87.5	8.4	200	79.7	17
147	丁脒酰胺	isocarbamid	30979-48-7	0.06	104	4.8	0.23	90.7	13.8	50	84	16	500	84.1	21.4
148	异柳磷	isofenphos	25311-71-1	218.67	86.2	14.3	874.69	84.1	26.4	20	76.4	5	200	79.6	11.7

序号	中文名称	英文名称	CAS号	LC-MS/MS						GC-MS					
				低水平添加/(μg/kg)	平均回收率/%	RSD/%	高水平添加/(μg/kg)	平均回收率/%	RSD/%	低水平添加/(μg/kg)	平均回收率/%	RSD/%	高水平添加/(μg/kg)	平均回收率/%	RSD/%
149	丁嗪草酮	isomethiozin	57052-04-7	1.07	81.5	15.4	4.26	78	9.2	20	74.7	18.9	200	75.7	13.3
150	异丙乐灵	isopropalin	33820-53-0	30	90.2	7	120	101.1	19.1	20	72.8	10.2	200	77.1	11.3
151	稻瘟灵	isoprothiolane	50512-35-1	1.85	90.2	4.6	7.39	98.4	9.4	20	78.1	21.3	200	90.3	10.3
152	亚胺菌	kresoxim-methyl	143390-89-0	100.58	83.9	10.8	402.32	91.6	8.2	10	84.3	9.4	100	84	10
153	乳氟禾草灵	lactofen	77501-63-4	20.67	63.3	77.1	82.67	118.8	26.7	80	93.7	13.3	—	—	—
154	利谷隆	linuron	330-55-2	11.63	83.8	6	46.54	83.9	12.4	60	—	—	640	69.9	23.3
155	马拉氧磷	malaoxon	1634-78-2	1.56	93.4	8.3	6.25	75.1	12.6	160	72.8	4.6	1600	84.7	15.6
156	马拉硫磷	malathion	121-75-5	5.64	95.4	16.1	22.58	86.5	8.7	40	75.8	25.9	400	88.5	4.9
157	灭草磷	mecarbam	2595-54-2	19.6	93.5	9	78.4	85.4	3.9	40	87.9	19.5	400	73.1	10.1
158	苯噻酰草胺	mefenacet	73250-68-7	2.21	92.2	15.8	8.83	94.6	4.3	30	66.2	39	300	71.7	11.5
159	精甲霜灵	mefenoxam	70630-17-0	1.54	104.1	6.5	6.15	100.1	5.4	20	95.1	29.9	200	78.2	25
160	吡唑解草酯	mefenpyr-diethyl	135590-91-9	12.56	93.6	14.1	50.24	95.8	7.6	30	71.1	20.5	300	83.4	8.6
161	地安磷	mephosfolan	950-10-7	2.32	101.8	11.2	9.28	98.8	4.7	20	83.3	23	200	88.5	25.1
162	灭锈胺	mepronil	55814-41-0	0.38	73.2	9.1	1.51	87.5	10.1	10	86.4	11.2	100	79	10.1
163	甲霜灵	metalaxyl	57837-19-1	0.5	78.9	15	2	99.3	11.1	10	77.9	17.5	100	80.4	10.6
164	苯嗪草酮	metamitron	41394-05-2	6.36	86.4	10.1	25.44	98.7	9.7	100	—	—	1000	60.8	58
165	吡唑草胺	metazachlor	67129-08-2	0.98	88.8	14.3	3.92	94.7	5.6	30	76.2	16.6	300	89.2	4.9
166	甲基苯噻隆	methabenzthiazuron	18691-97-9	0.02	63.8	71.1	0.1	87.3	15.7	100	78.1	6.3	1000	90.3	11.7
167	虫螨畏	methacrifos	62610-77-9	2423.7	101.6	9.8	9694.78	92	8.3	10	71.3	13.1	100	75.2	11.7
168	杀扑磷	methidathion	950-37-8	10.66	85.9	16.6	42.64	89.9	6.4	20	64.3	4.1	200	84.3	19.9
169	盖草津	methoprotryne	841-06-5	0.24	75.4	8.5	0.97	84.9	4.9	30	71.2	8.8	300	77.4	12.4
170	异丙甲草胺	metolachlor	51218-45-2	0.13	93.9	7.2	0.52	97.3	5.9	10	87.5	7.3	100	78.4	16.1
171	嗪草酮	metribuzin	21087-64-9	0.54	86.9	7.7	2.16	94.2	13.1	30	82.7	11.3	300	74.8	10
172	速灭磷	mevinphos	7786-34-7	1.57	81.5	20.4	6.26	85.3	5.2	20	88.7	18.6	200	66.5	6.7
173	自克威	mexacarbate	315-18-4	0.31	94.7	23.3	1.25	78	13.7	30	65.4	23.5	300	68	29.8

序号	中文名称	英文名称	CAS 号	LC-MS/MS						GC-MS					
				低水平添加/(μg/kg)	平均回收率/%	RSD/%	高水平添加/(μg/kg)	平均回收率/%	RSD/%	低水平添加/(μg/kg)	平均回收率/%	RSD/%	高水平添加/(μg/kg)	平均回收率/%	RSD/%
174	禾草敌	molinate	2212-67-1	2.1	99.2	11.5	8.4	83.4	27.6	10	74.5	2.4	100	72.1	11.1
175	庚酰草胺	monalide	7287-36-7	1.2	82.1	15.8	4.8	90	16	20	76.5	21.2	200	73.4	22.5
176	绿谷隆	monolinuron	1746-81-2	3.56	89	7.8	14.24	89.3	7.1	40	87.6	26.2	400	70.2	6.9
177	腈菌唑	myclobutanil	88671-89-0	1	86.9	26.6	3.98	94.1	9.9	10	68.3	9.9	100	85.8	5.9
178	萘丙胺	napropamide	15299-99-7	0.42	61.5	76.9	1.7	98.3	6.7	30	65.2	7.7	300	89.5	5
179	甲磺乐灵	nitralin	4726-14-1	1.15	89.2	10.6	4.59	89.8	24.2	100	68.4	29.4	1000	96	13.3
180	氟草敏	norflurazon	27314-13-2	0.01	102.5	7.8	0.03	94.5	9	10	66.7	21.3	100	71.5	8.3
181	氟苯嘧啶醇	nuarimol	63284-71-9	1	93.4	10.4	3.98	105.6	20.6	20	72.5	8.4	200	82.3	9.2
182	甲呋酰胺	ofurace	58810-48-3	1	75.1	21	4	89.5	13.9	30	73.1	17.5	—	—	—
183	杀线威	oxamyl	23135-22-0	182.69	93.4	7.8	730.75	97.6	11.2	10	85.9	28.5	100	77.2	14.8
184	乙氧氟草醚	oxyfluorfen	42874-03-3	58.55	84.6	9.8	234.19	101.3	13.2	40	70.5	12.3	400	77.3	11.6
185	多效唑	paclobutrazol	76738-62-0	0.57	101.3	18.9	2.3	97.5	9	30	73.3	13.9	300	78.7	10.8
186	对氧磷	paraoxon-ethyl	311-45-5	0.02	97.8	26.1	0.06	85.4	18.1	320	73.6	5	—	—	—
187	克草敌	pebulate	1114-71-2	1.13	97.9	12.5	4.53	111	13.6	30	61.5	16.7	300	61	5
188	戊菌唑	penconazole	66246-88-6	2	92	18.7	8	96.6	16.4	30	81.4	11	300	78.3	8.7
189	纹枯脲	pencycuron	66063-05-6	0.27	97.6	9.8	1.09	97.7	7.2	40	73.2	10.5	400	87.3	11.6
190	五氯苯胺	pentachloroaniline	527-20-8	1.25	86	8.2	4.99	106.2	10.6	10	67.7	9	100	79.8	16.8
191	苯醚菊酯	phenothrin	26002-80-2	339.2	92.2	11.1	1356.8	111.5	18.9	10	84.6	11.4	100	82.7	8.2
192	稻丰散	phenthoate	2597-03-7	92.35	91.4	13.4	369.41	93.3	4.2	20	74.2	17.4	200	91	15.4
193	甲拌磷	phorate	298-02-2	314	100.5	6.3	1256	87.5	7.3	10	60.1	23.8	100	76.9	6.8
194	甲拌磷砜	phorate sulfone	2588-04-7	42	91	9.7	168	91.8	2.6	10	101.6	7.3	100	97.1	10.5
195	伏杀硫磷	phosalone	2310-17-0	48.04	85.2	7.2	192.16	93.1	4.4	20	74.9	1.5	200	78.9	8.3
196	磷胺	phosphamidon	13171-21-6	3.88	98.4	9.9	15.52	98.2	4	20	70.9	34.2	200	89.4	8.5
197	邻苯二甲酸丁苄酯	phthalic benzyl butyl phthalate	85-68-7	21.07	106.7	22.4	84.27	107.1	10.7	10	82.2	3	100	91.1	11.8
198	邻苯二甲酰亚胺	phthalimide	85-41-6	14.33	94.1	15.1	57.33	83.9	10.9	80	55.2	27.1	800	34.7	70.7

序号	中文名称	英文名称	CAS号	LC-MS/MS						GC-MS					
				低水平添加/(μg/kg)	平均回收率/%	RSD/%	高水平添加/(μg/kg)	平均回收率/%	RSD/%	低水平添加/(μg/kg)	平均回收率/%	RSD/%	高水平添加/(μg/kg)	平均回收率/%	RSD/%
199	啶氧菌酯	picoxystrobin	117428-22-5	8.44	93.1	17.2	33.76	95.3	6.5	20	77.9	12.4	200	89.6	7.2
200	增效醚	piperonyl butoxide	51-03-6	1.13	89.7	10	4.53	102.8	6.4	10	85.7	12.7	100	81.4	7.3
201	哌草磷	piperophos	24151-93-7	9.24	84.8	8.5	36.96	95.7	4.6	30	62.5	6.4	300	77.7	13.2
202	抗蚜威	pirimicarb	23103-98-2	0.15	95.6	27.1	0.61	85.8	12.1	20	72.9	11.1	200	88.8	13.1
203	甲基嘧啶磷	pirimiphos-methyl	29232-93-7	0.2	98.4	6.4	0.81	99.8	4.4	20	72.3	8.4	200	76.9	15
204	嘧啶磷	pirimiphos-ethyl	23505-41-1	0.05	89.6	21.6	0.19	103.3	8.6	10	74.6	7.7	100	73.9	18.4
205	丙草胺	pretilachlor	51218-49-6	0.33	85.6	16.8	1.34	76	26.1	20	74.3	12.2	200	80.8	30.2
206	腐霉利	procymidone	32809-16-8	28.87	89.8	10.5	115.47	96.8	6	10	74.8	13.5	100	82	11.9
207	丙溴磷	profenofos	41198-08-7	2.02	77.4	17.1	8.06	80.7	11	60	72.2	17.1	600	67	9.7
208	扑灭通	prometon	1610-18-0	0.13	81.9	7.9	0.52	84.3	9.9	30	83.7	9.7	300	81.1	12.9
209	扑草净	prometryn	7287-19-6	0.16	97.4	13.4	0.65	89.5	7.2	10	67.6	15.9	100	80.3	9.4
210	炔苯酰草胺	propyzamide	23950-58-5	15.38	105.1	3.9	61.52	93.9	12	10	68.6	10.8	100	71.5	30.4
211	毒草胺	propachlor	1918-16-7	0.27	84.6	21.9	1.1	91.8	2	30	98.8	38.7	300	76.1	10.6
212	敌稗	propanil	709-98-8	21.59	79	15.3	86.36	77.4	4.7	20	61.2	20.1	200	68.2	13.5
213	炔螨特	propargite	2312-35-8	68.6	98.9	10.6	274.4	87	20.3	20	—	—	200	77.7	9.8
214	扑灭津	propazine	139-40-2	0.32	93.6	16	1.28	96.4	11.9	10	73.7	7.6	100	79	16.1
215	胺丙畏	propetamphos	31218-83-4	54	90	2.7	216	94.3	10.7	10	70.2	8.6	100	85.2	4.6
216	苯胺灵	propham	122-42-9	110	87.1	12.3	440	86.8	6.8	10	71.6	21.7	100	83	25.3
217	异丙草胺	propisochlor	86763-47-5	0.27	89.4	11.3	1.07	98	11.4	10	77.2	10	100	—	—
218	苄草丹	prosulfocarb	52888-80-9	0.37	90.5	17.9	1.47	103.2	7.9	10	80.8	5.8	100	89.4	12.7
219	吡唑硫磷	pyraclofos	89784-60-1	1	86	15.5	4.02	96.8	7.7	80	75.2	10.4			
220	百克敏	pyraclostrobin	175013-18-0	0.51	91.1	26.5	2.02	97.2	7.7	120	—	—	1200	88.3	2
221	吡菌磷	pyrazophos	13457-18-6	1.62	91.1	28.8	6.5	85.3	13.3	20	73.7	28	200	82.3	17.4
222	胂草醚	pyributicarb	88678-67-5	0.34	98.8	11	1.36	103.4	10.8	20	68.9	8.3	200	88.2	7.1
223	哒嗪硫磷	pyridaphenthion	119-12-0	0.87	98.5	13.1	3.49	95.2	4.9	10	75.6	25.1	100	82.8	17.3

序号	中文名称	英文名称	CAS号	LC-MS/MS						GC-MS					
				低水平添加/(μg/kg)	平均回收率/%	RSD/%	高水平添加/(μg/kg)	平均回收率/%	RSD/%	低水平添加/(μg/kg)	平均回收率/%	RSD/%	高水平添加/(μg/kg)	平均回收率/%	RSD/%
224	哒菌酮	pyrifenox	88283-41-4	0.01	101.7	20.5	0.04	94.3	13.1	80	78.5	20.9	800	89.8	10.8
225	环酰草醚	pyrifalid	135186-78-6	0.62	96.3	6.4	2.5	86.9	20.3	10	74.3	13.3	100	86.9	19.9
226	嘧霉胺	pyrimethanil	53112-28-0	0.68	82.5	29	2.72	90	13.3	10	82.3	12.2	100	78.6	9.6
227	嘧螨醚	pyrimidifen	105779-78-0	0.47	53.1	89.1	1.87	80.5	87.9	20	43.6	62.9	—	—	—
228	蚊蝇醚	pyriproxyfen	95737-68-1	0.43	103	6.3	1.72	97.9	1.9	10	74.4	21.1	100	88.1	11.4
229	咯喹酮	pyroquilon	57369-32-1	0.12	97.7	7.4	0.46	89.8	11.9	10	80.8	21.4	100	85.2	8
230	喹硫磷	quinalphos	13593-03-8	2	86.5	14.7	7.99	92.4	9	10	71.6	15.8	100	87.7	7.7
231	灭藻醌	quinoclamine	2797-51-5	7.92	73.7	29	31.68	91.6	13.4	40	—	—	400	36.6	17.4
232	苯氧喹啉	quinoxyphen	124495-18-7	5.11	109	6.4	20.45	98.2	16.6	10	73.5	13.4	100	81.8	4.9
233	吡咪唑	rabenzazole	40341-04-6	1.33	68.1	22.3	5.33	73.3	11.4	10	79.8	16.5	100	87.7	13.3
234	苄呋菊酯 2	resmethrin-2	10453-86-8	0.01	93.1	14.8	0.04	96.9	14.5	20	76.6	29.1	200	60.5	6.6
235	皮蝇磷	ronnel	299-84-3	4.38	91	9.3	17.51	100.8	10.3	20	70.7	13.1	200	83.8	4.8
236	另丁津	sebutylazine	7286-69-3	0.31	95.9	14.6	1.26	90.9	21.5	10	83.6	4	100	89.2	12.9
237	密草通	secbumeton	26259-45-0	0.07	77.6	25.2	0.29	87.2	4.4	10	68.5	8.7	100	86.7	5.9
238	氟硅菊酯	silafluofen	105024-66-6	202.67	89.2	1.9	810.67	89.9	13.2	10	65.9	6.9	100	90.9	15.6
239	硅氟唑	simeconazole	149508-90-7	2.94	92.9	18	11.76	98.6	5.8	20	79.6	16.1	200	88.2	11.9
240	西玛通	simeton	673-04-1	0.37	59.4	77	1.47	94.4	7.1	20	81.6	4.7	200	88.9	14
241	螺螨酯	spirodiclofen	148477-71-8	9.91	66.9	13.1	39.62	58.4	28.2	80	48.7	18.8	800	61.8	26.3
242	莠草畏	sulfallate	95-06-7	207.2	102.2	15	828.8	100.8	12.6	20	68.4	12.3	200	70.9	9.1
243	治螟磷	sulfotep	3689-24-5	2.6	98.6	12	10.4	97.7	3.2	10	71.2	10.1	100	74.8	12.7
244	硫丙磷	sulprofos	35400-43-2	5.84	83.4	16.1	23.36	88.2	12.4	20	66.4	12.4	200	80	5.9
245	戊唑醇	tebuconazole	107534-96-3	2.23	92.3	13.9	8.93	91.4	6.5	30	66.8	9.2	300	79.6	7.9
246	吡螨胺	tebufenpyrad	119168-77-3	0.4	89.8	10.5	1.6	99.1	7.9	10	85.5	6.5	100	89.2	12.8
247	丁基嘧啶磷	tebupirimfos	96182-53-5	0.13	96.8	6.5	0.52	95.3	11.2	20	70.6	10.5	200	88.6	8.5
248	牧草胺	tebutam	35256-85-0	0.14	83.4	7	0.54	94.6	10.5	20	77.8	4.7	200	88.5	12.6

序号	中文名称	英文名称	CAS号	LC-MS/MS						GC-MS					
				低水平添加/(μg/kg)	平均回收率/%	RSD/%	高水平添加/(μg/kg)	平均回收率/%	RSD/%	低水平添加/(μg/kg)	平均回收率/%	RSD/%	高水平添加/(μg/kg)	平均回收率/%	RSD/%
249	木草隆	tebuthiuron	34014-18-1	0.22	100.6	19.8	0.87	98.3	12.2	40	76.3	28.6	400	75.4	9
250	特草定	terbacil	5902-51-2	0.88	53.2	11.9	3.51	49.9	5.3	20	—	—	200	76.2	28.9
251	特丁硫磷	terbufos	13071-79-9	2240	97.4	8.6	8960.02	70.2	15.9	20	68.6	9.8	200	74.6	10.3
252	特丁津	terbuthylazine	5915-41-3	0.47	107.8	3.6	1.87	95.6	4.1	10	81.2	11.2	100	80.2	10.2
253	杀虫畏	tetrachlorvinphos	22248-79-9	2.22	101.1	5.7	8.88	96.3	4.2	30	81.5	28.4	300	76	5.9
254	四氟醚唑	tetraconazole	112281-77-3	1.72	91.1	8.9	6.88	90.5	14.9	30	82	9.8	300	77.7	7.9
255	胺菊酯	tetramethrin	7696-12-0	1.82	86	10.5	7.28	95	10	10	70.6	16.6	100	87.2	9.9
256	噻吩草胺	thenylchlor	96491-05-3	24.14	83	13.1	96.56	94.5	8.4	20	73.9	13.6	200	95.3	11.8
257	噻唑烟酸	thiazopyr	117718-60-2	1.96	99.3	9.9	7.84	96.6	8.6	20	71.5	13.7	200	90.9	7.9
258	禾草丹	thiobencarb	28249-77-6	3.3	92.5	13	13.2	96.8	13.1	20	73.8	12.3	200	78.1	15.2
259	甲基乙拌磷	thiometon	640-15-3	19.27	104.2	29.7	77.07	83.8	10.8	10	60.1	10.9	100	67.5	15.9
260	治线磷	thionazin	297-97-2	22.68	96.6	9.3	90.72	89.2	23	10	71.4	24.5	100	79.6	5.5
261	甲基立枯磷	tolclofos methyl	57018-04-9	66.56	90.3	5.9	266.24	83.2	3.8	10	85.2	13	100	80.3	11.1
262	反式氯菊酯	trans-permethrin	61949-77-7	0.16	95.4	20.4	0.64	84.5	19	10	72.7	6.8	100	85.4	8.1
263	三唑酮	triadimefon	43121-43-3	7.88	96.2	17.4	31.52	98.7	7.8	20	67.3	9.2	200	71.4	23.2
264	野麦畏	triallate	2303-17-5	1.54	106.1	11.2	6.16	97.8	23.7	20	80.7	6.7	200	81.7	12.5
265	三唑磷	triazophos	24017-47-8	0.68	93.8	15.5	2.72	99	5.3	30	—	—	300	84.2	19.4
266	草达津	trietazine	1912-26-1	0.6	97.9	9.6	2.42	98.9	2.6	10	80.5	4.9	100	85.4	13.5
267	肟菌酯	trifloxystrobin	141517-21-7	2	106.6	9.3	8	96.6	5.6	40	81.7	16.4	400	88.9	12.1
268	氟乐灵	trifluralin	1582-09-8	1240	96.2	11.4	4960	98.5	8.1	20	71.9	12.3	200	75.5	9.6
269	磷酸三丁酯	tri butyl phosphate	126-73-8	0.37	102.6	5.3	1.5	98.3	3	20	79.4	5.8	200	88.7	13.8
270	乙烯菌核利	vinclozolin	50471-44-8	0.08	31.1	108.4	0.34	60.7	70.1	10	66.4	9.1	100	75.2	8.6

表 1-15　LC-MS/MS 测定红茶、绿茶、乌龙茶和普洱茶 4 种茶叶中
177 种农药的平均回收率和 RSD 数据 (n= 4)

序号	中文名称	英文名称	CAS 号	低水平添加/(μg/kg)	平均回收率/%	RSD/%	高水平添加/(μg/kg)	平均回收率/%	RSD/%
1	1-萘基乙酰胺	1-naphthy acetamide	86-86-2	0.27	93.7	7.2	1.08	99.8	13.1
2	4-氨基吡啶	4-aminopyridine	504-24-5	0.03	103.3	10.9	0.12	97.4	7.4
3	6-氯-4-羟基-3-苯基哒嗪	6-chloro-3-phenyl-pyr-idazin-4-ol	40020-01-7	1.65	99.3	4.9	6.62	103	8.2
4	啶虫清	acetamiprid	135410-20-7	1.44	87.8	12.5	5.76	97.7	8.9
5	丙烯酰胺	acrylamide	79-06-1	5.93	—	—	23.73	86	26.5
6	涕灭威	aldicarb	116-06-3	87	94.8	6.2	348	101.1	17.9
7	涕灭威砜	aldicarb sulfone	116-06-3	0.71	83.5	27.7	2.85	84.8	17.1
8	4-十二烷基-2,6-二甲基吗啉	aldimorph	91315-15-0	0.4	107	6.5	1.6	100.7	13.8
9	赛硫磷	amidithion	919-76-6	21.93	103.1	17.6	87.73	79.4	19
10	灭害威	aminocarb	2032-59-9	0.55	88.7	17.2	2.19	92.4	25.3
11	莠去津	atrazine	1912-24-9	0.36	102.8	19.8	1.44	107.6	18
12	嘧菌酯	azoxystrobin	131860-33-8	0.45	105.4	6.5	1.8	93.1	10.1
13	恶虫威	bendiocarb	22781-23-3	3.18	87.3	24	12.72	90.1	11.9
14	地散磷	bensulide	741-58-2	34.2	95.7	13.2	136.8	96	7.2
15	吡草酮	benzofenap	82692-44-2	0.03	—	—	0.11	96.4	75.7
16	苯满特	benzoximate	29104-30-1	0.66	63.3	15.9	2.62	75.5	4.9
17	生物丙烯菊酯	bioallethrin	28434-00-6	198	99.4	6.2	792	94.5	5.9
18	溴莠敏	brompyrazon	3042-84-0	3.6	77	26.8	14.4	93.3	19
19	糠菌唑	bromuconazole	116255-48-2	3.14	102.3	6	12.56	99.1	3.7
20	丁酮威	butocarboxim	34681-10-2	0.05	98.8	12.4	0.21	99.6	11.1
21	丁酮砜威	butoxycarboxim	34681-23-7	8.87	—	—	35.47	93.2	12.9
22	炔草隆	buturon	3766-60-7	8.96	88	22.4	35.84	96.5	12
23	多菌灵	carbendazim	10605-21-7	0.47	101.4	4.6	1.87	105.7	13.9
24	双酰草胺	carbetamide	16118-49-3	3.64	91.4	22.4	14.56	94.7	15.2
25	克百威	carbofuran	1563-66-2	13.06	86.4	14.3	52.24	84.9	16.1
26	环丙酰菌胺	carpropamid	104030-54-8	1.73	98.6	7.8	6.93	88.9	22.9
27	杀螟丹	cartap	22042-59-7	2080	99.6	5.7	8320	85.7	25.1
28	氯霉素	chloramphenicolum	56-75-7	3.88	57.7	22.9	15.52	58.6	19.3
29	杀虫脒盐酸盐	chlordimeform hydro-chloride	6164-98-3	0.88	—	—	3.52	84.7	28.2
30	氯草敏	chloridazon	1698-60-8	2.33	72.8	8.3	9.31	94.6	6.8
31	灭幼脲	chlorobenzuron	57160-47-1	20.4	55.8	7	81.6	56.2	15.8
32	绿麦隆	chlorotoluron	15545-48-9	0.62	103.2	8.7	2.5	95.1	2.3
33	枯草隆	chloroxuron	1982-47-4	0.15	96.9	21.3	0.59	72.5	20.5
34	氯辛硫磷	chlorphoxim	14816-20-7	77.57	85.9	6.5	310.3	96.9	11.8
35	甲基毒死蜱	chlorprifos-methyl	5598-13-0	16	91.3	5.6	64	85.5	4.6
36	毒死蜱	chlorpyrifos	2921-88-2	53.8	101.4	6.5	215.2	93.2	9.2
37	氯磺隆	chlorsulfuron	64902-72-3	2.74	11.2	46.5	10.96	4.4	4.6

茶叶农药多残留检测
方法学研究

序号	中文名称	英文名称	CAS号	低水平添加/(μg/kg)	平均回收率/%	RSD/%	高水平添加/(μg/kg)	平均回收率/%	RSD/%
38	氯硫酰草胺	chlorthiamid	1918-13-4	0.29	45.9	78.1	1.18	95.9	83.6
39	氯硫磷	chlorthion	500-28-7	0.4	94.6	11.2	1.6	98.4	12.4
40	吲哚酮草酯	cinidon-ethyl	142891-20-1	4.86	—	—	19.44	73.4	9.1
41	顺式和反式燕麦敌	cis and trans diallate	2303-16-4	89.2	94.3	6.6	356.8	93.3	6.9
42	四螨嗪	clofentezine	74115-24-5	0.03	96.1	10.7	0.1	85.7	19.2
43	噻虫胺	clothianidin	210880-92-5	63	103.3	4.1	252	99.3	3.9
44	杀鼠醚	coumatetralyl	5836-29-3	1.35	95.5	21	5.41	78.1	20.6
45	苄草隆	cumyluron	99485-76-4	0.44	59.2	77.3	1.76	97.3	5.4
46	氰霜唑	cyazofamid	120116-88-3	0.17	50.2	88.8	0.67	90.1	138.3
47	霜脲氰	cymoxanil	57966-95-7	1.85	101.8	8.2	7.41	99.2	6.2
48	赛灭磷	cythioate	115-93-5	80	104.2	3.3	320	95.8	2.7
49	茅草枯	dalapon	75-99-0	230.74	46.8	27.6	922.96	97.7	25
50	丁酰肼	DMASA	1596-84-5	2.6	84.9	21	10.4	86.9	6.7
51	棉隆	dazomet	533-74-4	127	93.9	10.5	508	93.1	29.1
52	内吸磷	demeton(O+S)	8065-48-3	6.77	69.5	20.9	27.08	71.6	17.3
53	甲基内吸磷砜	demeton-S-methyl sulfone	17040-19-6	0.66	97.7	6.8	2.63	85.5	10.9
54	甲基内吸磷亚砜	demeton-S-methyl sulfoxide	301-12-2	1.31	85.8	5.4	5.23	87	13.3
55	丁醚脲	diafenthiuron	80060-09-9 2303-16-4	4.03	89.3	12.7	16.12	114.3	15.4
56	异戊乙净	dimethametryn	22936-75-0	0.11	93.1	5.9	0.44	84.9	4
57	地乐酯	dinoseb acetate	2813-95-8	13.76	101.4	18.2	55.04	84.6	22.3
58	呋草胺	dinotefuran	165252-70-0	3.39	48.2	80.3	13.57	65.1	60
59	蔬果磷	dioxabenzofos	3811-49-2	4.61	81.6	30	18.45	93.5	6.2
60	二苯胺	diphenylamine	122-39-4	0.14	94.4	7.3	0.55	74.7	12.6
61	氟硫草定	dithiopyr	97886-45-8	10.4	88.6	5.8	41.6	102.9	19.8
62	敌草隆	diuron	330-54-1	1.56	102.7	8.8	6.24	102.7	3.3
63	N,N-二甲基-N'-对甲苯磺酰二胺	DMST	66840-71-9	40	89.2	17.3	160	89	6.7
64	多果定	dodine	2439-10-3	2.67	72.7	69.8	10.67	104.5	16.7
65	氟环唑	epoxiconazole	133855-98-8	4.06	85.5	18.4	16.22	85.9	17
66	乙环唑	etaconazole	60207-93-4	1.78	90.8	23.5	7.13	94	9.8
67	磺噻隆	ethidimuron	30043-49-3	1.5	82.1	24.7	6	103	17.9
68	氟氰唑	ethiprole	181587-01-9	39.85	57.3	10.6	159.41	56.3	13.4
69	乙氧喹啉	ethoxyquin	91-53-2	0.12	79.6	9.6	0.47	29.6	41.2
70	亚乙基硫脲	ethylene thiourea	96-45-7	52.2	81.2	11.5	208.8	83.2	7.5
71	乙氧苯草胺	etobenzanid	79540-50-4	0.27	82.5	9.1	1.07	76.6	21.1
72	噁唑菌酮	famoxadone	131807-57-3	45.29	47.7	6.3	181.15	47.8	2.9
73	氨磺磷	famphur	52-85-7	3.6	90.6	11.4	14.4	85.8	7.7
74	甲呋酰胺	fenfuram	24691-80-3	0.78	84.1	16.1	3.12	79.2	16.2

序号	中文名称	英文名称	CAS 号	低水平添加/(μg/kg)	平均回收率/%	RSD/%	高水平添加/(μg/kg)	平均回收率/%	RSD/%
75	苯氧威	fenoxycarb	72490-01-8	18.27	73.1	29.9	73.08	89.4	24
76	倍硫磷-氧	fenthion oxon	6552-12-1	0.4	75.7	20.7	1.58	94.1	14.1
77	四唑酰草胺	fentrazamide	158237-07-1	4.13	97.2	13.9	16.53	92.8	14.5
78	非草隆	fenuron	101-42-8	1.03	104.7	4.8	4.12	99.5	1
79	麦草氟甲酯	flamprop-methyl	52756-25-9	20.2	104.9	7.7	80.8	98.1	2.5
80	氟啶胺	fluazinam	79622-59-6	70.6	47.4	7	282.4	49.2	1.7
81	吡虫隆	fluazuron	86811-58-7	0.92	97.5	8.1	3.68	92.1	9.2
82	嘧唑螨	flubenzimine	37893-02-0	0.02	79.4	23.1	0.08	21.6	109.3
83	伏草隆	fluometuron	2164-17-2	0.26	95.9	19.1	1.04	92.6	8.8
84	氟啶草酮	fluridone	59756-60-4	0.18	84.1	24.8	0.72	93.7	11.6
85	氟噻乙草酯	fluthiacet methyl	117337-19-6	5.3	85	6.6	21.2	83.9	16.7
86	灭菌丹	folpet	133-07-3	4.62	97.6	9.2	18.48	96.2	5.5
87	噻唑硫磷	fosthiazate	98886-44-3	0.4	100.1	6.5	1.6	69.6	13.8
88	呋线威	furathiocarb	65907-30-4	0.06	100.6	8.5	0.26	119.6	9.9
89	氟吡乙禾灵	haloxyfop-2-ethoxyethyl	87237-48-7	0.08	101.5	14.5	0.33	92.1	20.3
90	氟吡甲禾灵	haloxyfop-methyl	69806-40-2	2.64	94.2	8.5	10.56	93.4	4.5
91	噁霉灵	hymexazol	10004-44-1	74.71	71.7	24.1	298.85	117.1	13
92	甲氧咪草烟	imazamox	114311-32-9	0.4	66.9	18.2	1.6	86.3	14.6
93	甲咪唑烟酸	imazapic	104098-48-8	0.2	23.8	173.9	0.79	1.5	28.8
94	咪唑乙烟酸	imazethapyr	81335-77-5	1.13	2.5	46	4.5	1	63.9
95	亚胺唑	imibenconazole	86598-92-7	3.42	84.2	20.5	13.68	92.6	7.8
96	吡虫啉	imidacloprid	138261-41-3	22	90.8	10.5	88	104.8	14.5
97	茚虫威	indoxacarb	144171-61-9	7.54	98.6	8.3	30.16	95.2	10.7
98	丙森锌	iprovalicarb	12071-83-9	2.32	93.5	19.4	9.28	90.3	11.7
99	异丙威	isoprocarb	2631-40-5	2.3	97.8	6.1	9.2	86.5	9.4
100	异丙隆	isoproturon	34123-59-6	0.14	102	25.3	0.54	96.5	25.5
101	异唑隆	isouron	55861-78-4	0.41	99	6.7	1.63	101.9	5.3
102	异恶酰草胺	isoxaben	82558-50-7	0.19	99.4	9.7	0.74	99.2	3.9
103	异恶氟草	isoxaflutole	141112-29-0	3.9	72.7	23.1	15.6	62.9	27.3
104	噻恶菊酯	kadethrin	58769-20-3	3.33	49.1	75.6	13.31	89.1	18.1
105	克来范	kelevan	4234-79-1	9642.82	47.7	10	38571.3	49.2	15.6
106	抑芽丹	maleic hydrazide	123-33-1	80	96.4	21.9	320	88.7	11.4
107	嘧菌胺	mepanipyrim	110235-47-7	0.32	90.5	8.8	1.28	92.7	18.2
108	缩节胺	mepiquat chloride	24307-26-4	0.9	101.8	14.3	3.6	103.3	4.5
109	叶菌唑	metconazole	125116-23-6	1.32	101.6	5.2	5.27	100.2	5.6
110	甲胺磷	methamidophos	10265-92-6	4.93	65.1	10.8	19.72	76.7	11.5
111	甲硫威	methiocarb	2032-65-7	41.2	91.3	14.3	164.8	99.5	12.3
112	溴谷隆	methobromuron	3060-89-7	16.84	99.6	9.8	67.36	96.6	4.3
113	灭多威	methomyl	16752-77-5	0.32	107.3	13.9	1.27	90	15.7
114	甲氧虫酰肼	methoxyfenozide	161050-58-4	3.7	81.5	18.1	14.8	92.9	13.7
115	速灭威	metolcarb	—	0.13	94.5	17.8	0.52	79.5	11.9

序号	中文名称	英文名称	CAS 号	低水平添加/(μg/kg)	平均回收率/%	RSD/%	高水平添加/(μg/kg)	平均回收率/%	RSD/%
116	甲氧隆	metoxuron	19937-59-8	0.64	86.7	15	2.55	91.9	9.7
117	灭草隆	monuron	150-68-5	34.74	85.6	8.7	138.94	87.5	14.9
118	萘草胺	naptalam	132-66-1	1.95	4.4	200	7.78	75.8	200
119	草不隆	neburon	555-37-3	7.1	100.6	11.6	28.4	94.6	12.2
120	烟碱	nicotine	54-11-5	2.2	85.2	19.2	8.8	79.9	26
121	烯啶虫胺	nitenpyram	120738-89-8	17.12	91.3	6.7	68.48	72	28.1
122	氟酰脲	novaluron	116714-46-6	8.04	100.1	9.3	32.16	95.9	6.8
123	敌草净	oesmetryn	1014-69-3	0.17	83.9	18.6	0.68	91.6	10.9
124	氧乐果	omethoate	1113-02-6	0.32	78.4	12.4	1.29	88.2	17.4
125	氧化萎锈灵	oxycarboxin	5259-88-1	0.9	30.9	72.6	3.58	16.8	15.7
126	甲基对氧磷	paraoxon methyl	950-35-6	0.76	83.1	18.3	3.05	78.4	9
127	甜菜宁	phenmedipham	13684-63-4	4.48	84.7	15.1	17.92	72.2	17.9
128	甲拌磷亚砜	phorate sulfoxide	2588-03-6	368.28	104.4	23.5	1473.12	78.7	3.5
129	硫环磷	phosfolan	—	48.04	92.5	4.5	192.16	102.3	10.4
130	亚胺硫磷	phosmet	732-11-6	5.91	93.9	22.5	23.63	69.6	10.4
131	辛硫磷	phoxim	14816-18-3	82.8	87.3	9.6	331.2	97.2	10.7
132	驱蚊叮	dibutyl phthalate	84-74-2	13.2	98	6.7	52.8	96.3	9.9
133	邻苯二甲酸二环己酯	phthalic acid, biscyclo-hexyl phthalate	84-61-7	0.23	97.1	5.2	0.9	113.4	20
134	氟吡酰草胺	picolinafen	137641-05-5	0.73	94.9	14.2	2.9	94.1	10.9
135	右旋炔丙菊酯	prallethrin	23031-36-9	19.6	101.9	23.2	78.4	99.1	6.2
136	恶草酸	propaquiafop	111479-05-1	0.41	92.3	13.5	1.65	88.3	22
137	丙环唑	propiconazole	60207-90-1	1.76	111.5	10.5	7.03	93.3	6.2
138	残杀威	propoxur	114-26-1	24.4	104.5	8.3	97.6	96.1	2.9
139	发硫磷	prothoate	2275-18-5	2.46	74.7	17.3	9.84	101.1	18.2
140	吡蚜酮	pymetrozin	123312-89-0	34.28	87.1	8.1	137.12	74.8	8.8
141	苄草唑	pyrazoxyfen	71561-11-0	0.01	103.2	7.9	0.04	104.1	29
142	除虫菊酯	pyrethrins	8003-34-7	11.93	79.8	27.1	47.73	114.2	19.5
143	嘧啶磷	pyrimitate	23505-41-1	0.17	95.6	14.2	0.7	93.3	8.7
144	喹禾灵	quizalofop-ethyl	76578-12-6	0.68	92.8	8.3	2.73	93.7	10.4
145	鱼滕酮	rotenone	83-79-4	0.77	57.4	77.9	3.09	88.8	10.5
146	稀禾啶	sethoxydim	74051-80-2	0.4	79	11.7	1.6	88.3	20.7
147	西草净	simetryn	1014-70-6	0.14	77.1	23.2	0.54	85.7	8
148	多杀菌素	spinosad	168316-95-8	0.57	97.4	8	2.27	72.3	25.2
149	螺环菌胺	spiroxamine	118134-30-8	0.05	74.5	22.6	0.21	78.1	21
150	氟胺氰菊酯	τ-fluvalinate	102851-06-9	7.67	97.6	8.3	30.67	100.6	13.5
151	双硫磷	temephos(abate)	3383-96-8	1.22	86.2	11.2	4.86	94.7	19.9
152	特普	TEPP	107-49-3	10.4	5.8	35.4	41.6	11.9	17.4
153	特丁硫磷砜	terbufos sulfone	56070-16-7	2.95	97.3	5.1	11.81	96.5	11.9
154	特丁通	terbumeton	33693-04-8	0.1	88.4	17.5	0.38	98.3	6.4
155	特草灵	terbucarb	1918-11-2	2.1	97.4	18.2	8.4	90.6	8.2

序号	中文名称	英文名称	CAS 号	低水平添加/(μg/kg)	平均回收率/%	RSD/%	高水平添加/(μg/kg)	平均回收率/%	RSD/%
156	叔丁基胺	tert-butylamine	75-64-9	0.4	93.4	15.9	1.6	97.5	22.1
157	噻虫啉	thiacloprid	111988-49-9	0.37	78.4	26.3	1.48	90.3	12.8
158	噻虫嗪	thiamethoxam	153719-23-4	33	105.3	7.3	132	99.9	5.2
159	硫双威	thiodicarb	59669-26-0	39.37	103	27.2	157.47	104.1	12.4
160	久效威	thiofanox	39196-18-4	157	91.9	6.6	628	78.7	14.8
161	久效威砜	thiofanox sulfone	39184-59-3	8.03	143.6	105.5	32.11	79.1	8.6
162	久效威亚砜	thiofanox-sulfoxide	39184-27-5	8.29	82.3	19.9	33.18	97.7	21.1
163	苯草酮	tralkoxydim	87820-88-0	0.32	86.8	15.3	1.28	86.7	5.5
164	三唑醇	triadimenol	55219-65-3	10.55	92.2	18.6	42.21	95.3	10.8
165	威菌磷	triamiphos	1031-47-6	0	93.2	15.7	0.02	86.3	16.8
166	毒壤磷	trichloronat	327-98-0	2.23	95.2	13.5	8.91	88.5	21.3
167	敌百虫	trichlorphon	52-68-6	1.12	87.3	16.3	4.49	82.3	15.3
168	三环唑	tricyclazole	41814-78-2	0.4	110.2	12.8	1.6	98.1	12.4
169	十三吗啉	tridemorph	81412-43-3	2.6	78.3	23.9	10.42	72.9	9
170	杀铃脲	triflumuron	64628-44-0	3.92	97.1	8.3	15.68	91.4	3.7
171	三异丁基磷酸盐	tri-iso-butyl phosphate	126-71-6	0.4	100.5	8.7	1.6	98	3.4
172	灭菌唑	triticonazole	131983-72-7	3.02	77.9	15.7	12.08	88.2	11.6
173	烯效唑	uniconazole	83657-22-1	0.08	97.2	9.1	0.32	91.3	15.3
174	蚜灭磷	vamidothion	2275-23-2	1.52	48.8	72.8	6.08	93.1	17.1
175	蚜灭多砜	vamidothion sulfone	70898-34-9	15.87	39	103.6	63.47	71.8	120.5
176	杀鼠灵	warfarin	81-81-2	0.08	100.7	12.5	0.34	95	7.6
177	氯氰菊酯	cypermethrin	52315-07-8	0.02	98.3	9.2	0.09	99.1	25.7

表 1-16　GC-MS 测定红茶、绿茶、乌龙茶和普洱茶 4 种茶叶中
219 种农药的平均回收率和 RSD 数据（n= 4）

序号	中文通用名	英文通用名	CAS 号	低水平添加/(μg/kg)	平均回收率/%	RSD/%	高水平添加/(μg/kg)	平均回收率/%	RSD/%
1	2,3,4,5-四氯苯胺	2,3,4,5-tetrachloroaniline	634-83-3	20	71.6	8.5	200	82	15.5
2	2,3,4,5-四氯甲氧基苯	2,3,4,5-tetrachloroanisole	938-86-3	10	74.2	5.8	100	82.1	15.9
3	2,3,5,6-四氯苯胺	2,3,5,6-tetrachloroaniline	3481-20-7	10	74	7.6	100	81.9	15.8
4	2,4,5-涕	2,4,5-T	93-76-5	200	—	—	2000	97.2	21.8
5	3,5-二氯苯胺	3,5-dichloroaniline	626-43-7	10	60.2	11	100	57.7	24.2
6	4,4'-二溴二苯甲酮	4,4'-dibromobenzophenone	3988-03-2	10	84.9	8.4	100	87.3	15
7	4-氯苯氧乙酸	4-chlorophenoxy acetic acid	122-88-3	100	—	—	1000	75.8	21.9
8	甲草胺	alachlor	15972-60-8	30	98.2	98.2	300	78.2	13.2
9	艾氏剂	aldrin	309-00-2	20	74.8	8	—	—	—
10	顺式氯氰菊酯	α-cypermethrin	67375-30-8	20	97.4	23.4	200	84.1	17
11	α-六六六	α-HCH	319-84-6	10	106.3	8.8	100	75.5	12
12	双甲脒	amitraz	33089-61-1	30	45.5	27.2	300	44.7	10.7
13	蒽醌	anthraquinone	84-65-1	10	—	—	—	—	—

序号	中文通用名	英文通用名	CAS 号	低水平添加/(μg/kg)	平均回收率/%	RSD/%	高水平添加/(μg/kg)	平均回收率/%	RSD/%
14	莠去津	atrizine	1912-24-9	10	83.7	6.9	100	78.9	9.3
15	戊环唑	azaconazole	60207-31-0	40	—	—	400	86.2	12.3
16	4-溴-3,5-二甲苯基-N-甲基氨基甲酸酯-1	BDMC-1	672-99-1	20	83.7	4.1	200	85.6	19.2
17	4-溴-3,5-二甲苯基-N-甲基氨基甲酸酯-2	BDMC-2	672-99-1	20	77	12.8	200	96.3	21.8
18	乙丁氟灵	enfluralin	1861-40-1	10	80.7	11.3	100	77.2	10
19	β-六六六	β-HCH	319-85-7	10	69.3	18.8	100	83.5	13.9
20	治草醚	bifenox	42576-02-3	20	75	16.5	200	76.8	11.7
21	联苯菊酯	bifenthrin	82657-04-3	10	88.5	12.6	100	107.8	22.6
22	生物烯丙菊酯-1	bioallethrin-1	28434-00-6	40	81.2	9.1	400	80	12.1
23	生物烯丙菊酯-2	bioallethrin-2	28434-00-6	40	87	18.4	400	85.3	8.1
24	联苯	biphenyl	92-52-4	10	79	5.6	0		
25	溴烯杀	bromocylen	1715-40-8	10	77	5.2	100	84.7	15.5
26	溴硫磷	bromofos	2104-96-3	20	76	16.4	200	74	9.2
27	溴螨酯	bromopropylate	18181-80-1	20	70.4	8.4	200	77.5	13.9
28	糠菌唑-1	bromuconazole-1	116255-48-2	20	93.5	5.1	200	95.8	13.3
29	糠菌唑-2	bromuconazole-2	116255-48-2	20	89.2	9.5	200	94.4	13.1
30	抑草磷	butamifos	36335-67-8	10	76.6	13.5	—	—	
31	苯酮唑	cafenstrole	125306-83-4	40	61.8	41.6	—	—	
32	三硫磷	carbofenothion	786-19-6	20	72.4	11.2	200	74.1	16.3
33	唑酮草酯	carfentrazone-ethyl	128639-02-1	20	80.5	15.7	200	93.1	15.2
34	杀螨醚	chlorbenside	103-17-3	20	67.3	4.8	200	78.9	8.4
35	氯氧磷	chlorethoxyfos	54593-83-8	20	—	—	200	83	9.9
36	虫螨腈	chlorfenapyr	122453-73-0	80	—	—	800	77.2	7.8
37	燕麦酯	chlorfenprop-methyl	14437-17-3	10	81.1	14.5	100	85.6	14.1
38	杀螨酯	chlorfenson	80-33-1	20	77.9	11.4	200	77.2	13.7
39	毒虫畏	chlorfenvinphos	470-90-6	30	77.8	19.9	300	77.4	9.6
40	整形醇	chlorflurenol	2464-37-1	30	70	17.2	300	85.7	9.4
41	乙酯杀螨醇	chlorobenzilate	510-15-6	10	84.7	10.4	100	83.6	15.7
42	氯苯甲醚	chloroneb	2675-77-6	10	—	—	100	71.1	9.9
43	甲基毒死蜱	chlorprifos-methyl	5598-13-0	10	74.7	13.1	100	74.8	11.6
44	毒死蜱	chlorpropylate	5836-10-2	10	74.7	8.3	100	77.7	15.3
45	甲基毒死蜱	chlorpyrifos-methyl	5598-13-0	30	78.8	19.3	300	94.1	11.7
46	氯酞酸二甲酯-1	chlorthal-dimethyl-1	1861-32-1	20	72.1	10.8	200	87.5	6.8
47	乙菌利	chlozolinate	84332-86-5	20	45.6	21.9	200	51.5	21.4
48	环庚草醚	cinmethylin	87818-31-3	20	—	—	200	93.5	11.3
49	四氢邻苯二甲酰亚胺	cis-1,2,3,6-tetrahydrophthalimide	1469-48-3	30	—	—	300	45.8	33.2
50	顺式氯丹	cis-chlordane	5103-71-9	20	74	9.1	200	77.1	15
51	顺式燕麦敌	cis-diallate	17708-57-5	20	72.2	11.6	200	75.9	11.2

序号	中文通用名	英文通用名	CAS 号	低水平添加/(μg/kg)	平均回收率/%	RSD/%	高水平添加/(μg/kg)	平均回收率/%	RSD/%
52	顺式氯菊酯	cis-permethrin	61949-76-6	—	74.6	12.6	—	87.7	10.3
53	氯甲酰草胺	clomeprop	84496-56-0	10	78.6	12	—	—	—
54	蝇毒磷	coumaphos	56-72-4	60	70.3	9.3	600	67.7	15.1
55	环氟菌胺	cyflufenamid	180409-60-3	160	78.2	6.3	—	—	—
56	氟氯氰菊酯	cyfluthrin	68359-37-5	120	75.1	6.2	1200	71.8	14.2
57	氰氟草酯	cyhalofop-butyl	122008-85-9	20	79.2	25.1	200	92.6	16.9
58	氯酞酸二甲酯-2	chlorthal-dimethyl-2	1861-32-1	10	82.7	6.3	100	88.1	12.6
59	δ-六六六	δ-HCH	319-86-8	20	87.6	15.2	200	73.6	14.8
60	溴氰菊酯	deltamethrin	52918-63-5	60	66.9	9.7	600	73.8	28.6
61	2,2′,4,5,5′-五氯联苯	DE-PCB 101	37680-73-2	10	80.6	4.8	100	86.6	12.9
62	2,3,4,4′,5-五氯联苯	DE-PCB 118	74472-37-0	10	79.6	3.9	100	82.2	15.7
63	2,2′,3,4,4′,5′-六氯联苯	DE-PCB 138	35065-28-2	10	73.4	17.1	100	86.9	12.6
64	2,2′,4,4′,5,5′-六氯联苯	DE-PCB 153	35065-27-1	10	75.4	8.8			
65	2,2′,3,4,4′,5,5′-七氯联苯	DE-PCB 180	35065-29-3	10	80.6	7.7	100	86.3	13.7
66	2,4,4′-三氯联苯	DE-PCB 28	7012-37-5	10	81.2	7.6	100	86.1	13.2
67	2,4′,5-三氯联苯	DE-PCB 31	16606-02-3	10	78	6.1	100	83.1	17.7
68	2,2′,5,5′-四氯联苯	DE-PCB 52	35693-99-3	10	76.3	7.2	—	—	—
69	脱乙基另丁津	desethyl-sebuthylazine	37019-18-4	20	77	7.6	200	80.1	28.8
70	脱异丙基莠去津	desisopropyl-atrazine	1007-28-9	80	74.4	29.1	—	—	—
71	敌草净	desmetryn	1014-69-3	10	72.1	11.6	100	77	12.9
72	敌草腈	dichlobenil	1194-65-6	0	—	—	20	52	15.9
73	氯硝胺	dichloran	99-30-9	20	72.5	15.6	—	—	—
74	二氯丙烯胺	dichlormid	37764-25-3	20	67.1	4.9	—	—	—
75	禾草灵	diclofop-methyl	51338-27-3	10	71.7	12.6	100	84.1	3.7
76	敌敌畏	dichlorvos	62-73-7	60	34.2	21.4	600	38.6	36.3
77	三氯杀螨醇	dicofol	115-32-2	20	83.7	16.7	200	82.4	25.3
78	狄氏剂	dieldrin	60-57-1	20	56.3	27.7	200	90.2	11.1
79	苯醚甲环唑-1	difenoconazole-1	119446-68-3	60	86.9	22.4	600	80.5	8.5
80	苯醚甲环唑-2	difenoconazole-2	119446-68-3	60	82.7	14.3	600	72.9	6.1
81	枯莠隆	difenoxuron	14214-32-5	80	73.2	2.6	800	75.4	39.2
82	哌草丹	dimepiperate	61432-55-1	20	88	15.2	200	77.5	5.5
83	甲基毒虫畏	dimethylvinphos	71363-52-5	—	—	—	200	86.3	3.3
84	苯虫醚-1	diofenolan-1	63837-33-2	20	59.9	50.8	200	91.2	11.6
85	苯虫醚-2	diofenolan-2	63837-33-2	20	72.5	11.6	200	90.9	12.9
86	敌噁磷	dioxathion	78-34-2	40	—	—	400	95.4	24.7
87	二苯胺	diphenylamine	122-39-4	10	72	15.5	100	70.9	17.8
88	丁酰肼	DMASA	1596-84-5	80	—	—	800	70.4	9.5
89	十二环吗啉	dodemorph	1593-77-7	30	67	10.1	300	71.3	6.7
90	硫丹-1	endosulfan-1	959-98-8	60	81.4	9.3	600	82	12

序号	中文通用名	英文通用名	CAS 号	低水平添加/(μg/kg)	平均回收率/%	RSD/%	高水平添加/(μg/kg)	平均回收率/%	RSD/%
91	硫丹硫酸盐	endosulfan-sulfate	1031-07-8	30	75.9	14.4	300	84.6	11.5
92	异狄氏剂	endrin	72-20-8	120	84.7	28.6	1200	75.2	10.8
93	异狄氏剂酮	endrin ketone	53494-70-5	160	82.2	20.2	1600	85.7	8.8
94	氟环唑-1	epoxiconazole-1	133855-98-8	80	70.5	14	800	90.7	11.2
95	氟环唑-2	epoxiconazole-2	133855-98-8	80	86.5	11	800	89	10.1
96	戊草丹	esprocarb	85785-20-2	20	68.7	6.6	200	83	11.1
97	乙环唑-1	etaconazole-1	60207-93-4	30	72.1	19.5	300	98.1	5.6
98	乙环唑-2	etaconazole-2	60207-93-4	30	69.4	6.9	300	87.3	6.2
99	乙丁烯氟灵	ethalfluralin	55283-68-6	40	62	11.6	400	86	4.1
100	乙螨唑	etoxazole	153233-91-1	60	71	4.6	600	89.5	11.6
101	咪唑菌酮	fenamidone	161326-34-7	10	77.6	19.5	—	—	—
102	氧皮蝇磷	fenchlorphos-oxon	3983-45-7	40	72.5	7	400	88.7	18.3
103	拌种咯	fenpiclonil	74738-17-3	40	85	34.4	400	25.5	28
104	芬螨酯	fenson	80-38-6	10	105.4	31	100	79.7	8.9
105	氰戊菊酯-1	fenvalerate-1	51630-58-1	40	86	15.2	400	72.6	24.1
106	氰戊菊酯-2	fenvalerate-2	51630-58-1	40	83.7	14.8	400	86.5	19.6
107	氟虫腈	fipronil	120068-37-3	80	74.7	15	800	80.4	15.2
108	麦草氟甲酯	flamprop-methyl	52756-25-9	10	67.6	23.7	100	78	15.4
109	氟啶胺	fluazinam	79622-59-6	80	—	—	800	59.4	6
110	氟氰戊菊酯	flucythrinate-1	70124-77-5	20	87.7	14.5	200	81.5	7.7
111	氟氰戊菊酯	flucythrinate-2	70124-77-5	20	83.8	3.2	200	81.8	13.1
112	氟节胺	flumetralin	62924-70-3	20	89.2	14	200	85.1	9.6
113	丙炔氟草胺	flumioxazin	103361-09-7	20	78.2	21.2	200	74	11.1
114	三氟硝草醚	fluorodifen	15457-05-3	10	—	—	100	82.1	11.1
115	三氟苯唑	fluotrimazole	31251-03-3	10	83.3	1.3	100	94.3	8.7
116	氟喹唑	fluquinconazole	136426-54-5	10	76.5	7.9	100	89.2	12.4
117	氟草烟-1-甲庚酯	fluroxypr-1-methylheptyl ester	81406-37-3	10	88.2	3.6	100	92.3	10.9
118	氟胺氰菊酯	τ-fluvalinate	102851-06-9	120	72.3	13.8	1200	76.2	11.2
119	安硫磷	formothion	2540-82-1	20	88.3	6.8	200	78.6	9.6
120	茂谷乐	furmecyclox	60568-05-0	30	46.7	50.5	300	32.2	29.5
121	精高效氢氟氰菊酯-1	γ-cyhaloterin-1	76703-62-3	10	76.7	26.5	80	90.1	14.7
122	精高效氢氟氰菊酯-2	γ-cyhalothrin-2	76703-62-3	10	115.8	21.9	80	95.5	12.1
123	林丹	γ-HCH	58-89-9	20	90.7	13	200	80	11.8
124	苄螨醚	halfenprox	111872-58-3	20	72.3	10.3	200	93.1	18.3
125	七氯	heptachlor	76-44-8	30	84	10.4	300	81.8	13.6
126	六氯苯	hexachlorobenzene	118-74-1	10	41.9	48	100	31.4	57.4
127	己唑醇	hexaconazole	79983-71-4	60	73	7.5	600	78.5	12.8
128	炔咪菊酯-1	imiprothrin-1	72963-72-5	20	77.6	8.5	—	—	—
129	炔咪菊酯-2	imiprothrin-2	72963-72-5	20	80.5	9.6	—	—	—
130	碘硫磷	iodofenphos	18181-70-9	20	75.9	20	200	76.5	7.5
131	异菌脲	iprodione	36734-19-7	40	75.1	12.5	—	—	—

序号	中文通用名	英文通用名	CAS 号	低水平添加/(μg/kg)	平均回收率/%	RSD/%	高水平添加/(μg/kg)	平均回收率/%	RSD/%
132	缬酶威-1	iprovalicarb-1	140923-17-7	40	76.9	3.5	400	89.2	14
133	缬酶威-2	iprovalicarb-2	140923-17-7	40	72.9	6.3	400	89.6	13.9
134	碳氯灵	isobenzan	297-78-9	10	76	7.4	—	—	—
135	水胺硫磷	isocarbophos	24353-61-5	20	90.6	7.9	200	100.9	15.5
136	异艾氏剂	isodrin	465-73-6	10	83.2	2.4	100	86.2	14.4
137	氧异柳磷	isofenphos oxon	31120-85-1	20	101.9	3.8	180	91.1	7.1
138	异丙威-1	isoprocarb-1	2631-40-5	20	85.8	14.6	200	92.1	9.9
139	异丙威-2	isoprocarb-2	2631-40-5	20	78.9	21.6	200	87	16.3
140	双苯噁唑酸	isoxadifen-ethyl	163520-33-0	20	73.1	14.9	—	—	—
141	噁唑磷	isoxathion	18854-01-8	80	82.3	15.3	—	—	—
142	高效氯氟氰菊酯	λ-cyhalothrin	91465-08-6	10	98.1	10.7	100	77.1	13.3
143	环草定	lenacil	2164-08-1	100	84.3	3.2	1000	82.7	18.7
144	溴苯磷	leptophos	21609-90-5	20	73.4	17.6	200	73.9	8.4
145	2-甲-4-氯丁氧乙基酯	MCPA-butoxyethyl ester	19480-43-4	10	83.3	7	100	89.8	13
146	灭虫威砜	methiocarb sulfone	2179-25-1	320	75.9	14.2	—	—	—
147	烯虫酯	methoprene	40596-69-8	40	72.9	8.2	400	79.5	17.2
148	甲氧滴滴涕	methoxychlor	72-43-5	10	72.5	20.5	100	77.1	14.5
149	甲基对硫磷	parathion-methyl	298-00-0	40	74.5	25.2	400	79.2	15.6
150	溴谷隆	metobromuron	3060-89-7	60	78.1	32.5	—	—	—
151	环戊唑菌	metoconazole	66246-88-6	40	75	4.6	400	88.3	15.2
152	苯氧菌胺	metominostrobin-1	133408-50-1	40	76	8.8	—	—	—
153	灭蚁灵	mirex	2385-85-5	10	84.2	27.7	100	97.4	21.7
154	久效磷	monocrotophos	6923-22-4	400	60.2	28	—	—	—
155	合成麝香	musk ambrette	83-66-9	10	—	—	100	84.3	14.8
156	麝香	musk moskene	116-66-5	10	74.5	6.3	—	—	—
157	西藏麝香	musk tibeten	145-39-1	10	73	13.8	—	—	—
158	二甲苯麝香	musk xylene	81-15-2	10	75.8	29.1	100	77.7	10.3
159	三氯甲基吡啶	nitrapyrin	1929-82-4	30	89.6	41.3	300	55.6	12.2
160	除草醚	nitrofen	1836-75-5	60	67	7.4	600	75.3	11.8
161	酞菌酯	nitrothal-isopropyl	10552-74-6	20	86.4	12.5	200	94.8	9.3
162	氟草敏-脱甲基	norflurazon-desmethyl	23576-24-1	40	84.8	12.5	400	92	10.6
163	2,4′-滴滴滴	2,4′-DDD	53-19-0	10	67.7	3.9	100	82.5	19.7
164	2,4′-滴滴伊	2,4′-DDE	3424-82-6	10	84.3	5.6	100	82.6	15.8
165	2,4′-滴滴涕	2,4′-DDT	789-02-6	20	108.8	56.6	200	72.2	10.1
166	八氯苯乙烯	octachlorostyrene	29082-74-4	10	74	12	—	—	—
167	恶草酮	oxadiazone	19666-30-9	10	70.2	2.7	100	92.1	5.6
168	氧化氯丹	oxy-chlordane	27304-13-8	10	78.3	12	100	62.4	12.4
169	4,4′-滴滴滴	4,4′-DDD	72-54-8	10	74.2	15.3	100	76.3	10.9
170	4,4′-滴滴伊	4,4′-DDE	72-55-9	10	77.4	11.2	100	79.3	16.5
171	4,4′-滴滴涕	4,4′-DDT	50-29-3	20	—	—	200	72.6	11.4
172	二甲戊灵	pendimethalin	40487-42-1	40	66.1	7.3	400	85.4	3.5

序号	中文通用名	英文通用名	CAS 号	低水平添加/(μg/kg)	平均回收率/%	RSD/%	高水平添加/(μg/kg)	平均回收率/%	RSD/%
173	五氯甲氧基苯	pentachloroanisole	1825-21-4	10	70.3	4	100	83.2	12.9
174	五氯苯	pentachlorobenzene	608-93-5	10	58.9	8.2	100	64.2	25.6
175	氯菊酯	permethrin	52645-53-1	20	84.8	7.6	200	81	8.8
176	乙滴涕	perthane	72-56-0	10	83.8	5.9	100	90.6	12.9
177	菲	phenanthrene	85-01-8	10	69.1	16.8	100	84.3	7.5
178	三氯杀虫酯	plifenate	21757-82-4	20	83.2	12.8	200	84.5	14.3
179	咪鲜胺	prochloraz	67747-09-5	60	72.7	10	600	70.8	11.2
180	环丙氟灵	profluralin	26399-36-0	40	72.5	11.9	400	76.6	10.8
181	茉莉酮	prohydrojamon	158474-72-7	40	74.8	5.4	—	—	—
182	霜霉威	propamocarb	24579-73-5	30	54.9	21.5	300	22	49.3
183	丙虫磷	propaphos	7292-16-2	20	74.2	9.2	—	—	—
184	丙环唑-1	propiconazole-1	60207-90-1	30	71	10.4	300	85.1	6.4
185	丙环唑-2	propiconazole-2	60207-90-1	30	70.7	9.9	300	85	10.3
186	残杀威-1	propoxur-1	114-26-1	80	77.2	6.9	800	87.1	8.3
187	残杀威-2	propoxur-2	114-26-1	80	69.7	29.6	800	88.9	19.3
188	炔苯酰草胺	propyzamide	23950-58-5	20	78.4	16.3	200	88.6	6.3
189	丙硫磷	prothiophos	34643-46-4	10	69.9	8.8	100	87.8	4.1
190	吡草醚	pyraflufen-ethyl	129630-19-9	20	—	—	200	—	—
191	哒螨灵	pyridaben	96489-71-3	10	91.7	8.2	100	79.5	8.2
192	五氯硝基苯	quintozene	82-68-8	20	65.6	10.4	200	84.5	6.3
193	苄呋菊酯-1	resmethrin-1	10453-86-8	20	96.2	8.7	200	63.5	5.4
194	八氯二甲醚-1	S 421（octachlorodipropyl ether）-1	127-90-2	200	73.8	19.1	2000	85.2	17
195	八氯二甲醚-2	S 421（octachlorodipropyl ether）-2	127-90-2	200	79.4	25.2	2000	86.1	16.3
196	—	sobutylazine	—	20	74.5	29.5	200	66.8	16.8
197	螺甲螨酯	spiromesifen	283594-90-1	100	57.9	16.4	1000	57.6	19.4
198	螺环菌胺-1	spiroxamine-1	118134-30-8	20	52.4	17.4	—	—	—
199	螺环菌胺-2	spiroxamine-2	118134-30-8	20	54.9	13.1	—	—	—
200	四氯硝基苯	tecnazene	117-18-0	20	69	18	200	67.1	8.2
201	七氟菊酯	tefluthrin	79538-32-2	10	81.5	12.2	100	90.3	10.9
202	特草灵-1	terbucarb-1	1918-11-2	20	82.1	28.4	200	93.3	10.8
203	特草灵-2	terbucarb-2	1918-11-2	20	—	—	200	94	11
204	特丁净	terbutryn	886-50-0	20	67.4	28.9	200	77	14.4
205	三氯杀螨砜	tetradifon	116-29-0	10	75.6	17	100	79.4	6.4
206	杀螨氯硫	tetrasul	2227-13-6	10	67.6	6.7	100	83.6	7.1
207	噻菌灵	thiabendazole	148-79-8	200	41.9	68.4	2000	28	83.9
208	甲苯氟磺胺	tolylfluanide	731-27-1	30	66.1	7.5	300	40.8	19.1
209	反式氯丹	*trans*-chlordane	5103-74-2	10	77.8	7.2	—	—	—
210	反式燕麦敌	*trans*-diallate	17708-58-6	20	78	17.7	200	77.5	11.2
211	四氟苯菊酯	transfluthrin	118712-89-3	10	81.3	11.2	100	81.8	15.8

序号	中文通用名	英文通用名	CAS 号	低水平添加/(μg/kg)	平均回收率/%	RSD/%	高水平添加/(μg/kg)	平均回收率/%	RSD/%
212	反式九氯	*trans*-nonachlor	39765-80-5	10	82.6	3.6	100	91.2	11.8
213	三唑醇-1	triadimenol-1	55219-65-3	30	83.6	11.3	300	76.3	6.7
214	三唑醇-2	triadimenol-2	55219-65-3	30	88.1	2.7	300	84.9	3.6
215	苯磺隆	tribenuron-methyl	101200-48-0	10	60.4	7.6	100	48.7	56.7
216	灭草环	tridiphane	58138-08-2	40	70	4.4	400	84.2	10.4
217	磷酸三苯酯	triphenyl phosphate	115-86-6	10	87	2.1	100	90.9	12.1
218	灭草敌	vernolate	1929-77-7	10	64.7	7.5	100	65.6	7.5
219	苯酰菌胺	zoxamide	156052-68-5	20	76.6	7.1	200	87.4	10.2

表 1-17　GC-MS 和 LC-MS/MS 两种方法回收率和 RSD 对比的统计分析（根据表 1-14～表 1-16 整理）

项目		GC-MS(490)		LC-MS/MS(448)		GC-MS(270)		LC-MS/MS(270)	
		农药数量	占比/%	农药数量	占比/%	农药数量	占比/%	农药数量	占比/%
平均回收率/%	60～120	424	94.0	400	91.1	239	95.6	249	93.6
	<60	27	6.0	37	8.4	11	4.4	16	6.0
	>120	0	0	2	0	0	0	1	0
	未添加	39	—	9	—	20	—	4	—
RSD/%	<20	348	77.2	333	75.9	188	75.2	211	79.3
	20～30	86	19.0	77	17.5	56	22.4	42	15.8
	>30	17	3.8	29	6.6	6	2.4	13	4.9
	未添加	39	—	9	—	20	—	4	—

1.2　GC-Q-TOF/MS 非靶向高通量检测茶叶中 494 种农药化学污染物方法及其效能评价

1.2.1　概述

　　GC-Q-TOF/MS 作为一种高分辨质谱检测方法，在近几年得到了快速的发展，其仪器主要具有以下特点：①精确质量全谱数据（accurate-mass full-spectrum data），采用 scan 模式进行全谱数据采集，质量偏差可小于 5 ppm。②窄质量窗口提取离子色谱图（narrow window-XICs），采用窄质量窗口 20 ppm 提取离子色谱图可以有效低背景与等质量离子的干扰，提高信噪比，与传统四极杆质量分析法相比，该方法为化合物的鉴定提供了可靠依据。③GC-Q-TOF/MS 用于化合物分析可借助仪器公司的软件进行已知物或未知物鉴定，是一种有效的分析手段。随着软件的不断开发，应用 PCDL 数据库匹配分析，提高了农药检出及确证分析的可靠性，节省了分析时间。该方法达到了无需标准品对照而进行确证分析的目的，是四极杆飞行时间质谱进行目标物分析的重要途径，在残留分析领域具有重要意义。

鉴于 GC-Q-TOF/MS 的主要特点，该方法适合多残留分析及未知物分析，通过软件应用可实现目标物与非目标物的快速鉴定，方法检出限低，分辨率可达 10000（FWHM）以上，是一种有效的化合物检测鉴定方法。GC-Q-TOF/MS 的应用使农药残留检测技术进入了无需标准品对照分析进行准确鉴定的新时代。

茶叶是重要的经济作物，也是大宗出口产品。近年来，茶叶进口国如日本和欧盟对茶叶中农药残留的检测品种范围不断扩大，不断提高茶叶检测标准，并制订了非常苛刻的农药最大残留限量标准。因此，建立准确测定茶叶中多农药残留分析方法具有重要的实际应用价值。

由于茶叶基质相对复杂，含有大量的色素、生物碱以及酚类化合物，对不同理化性质的农药进行分析时样品前处理是农药残留分析过程中的重要步骤之一，是保证测定结果的可靠性、准确性和重现性的重要因素。样品前处理技术包括样品的提取、分离、净化以及浓缩等步骤，其目的是为了尽可能完全提取目标化合物组分，尽可能除去与目标物同时存在的杂质，以减少对检测结果的干扰，避免对检测仪器的污染。

本方法通过建立 PCDL 数据库实现了 4 种茶叶基质中 494 种农药残留的确证分析。该方法可在 1h 内完成目标农药的检测与确证，是一种快速有效的农药残留筛查方法。其中 PCDL 数据库包含 494 种农药的特征离子分子式、精确质量数、保留时间、质谱图、离子丰度比等信息，该数据库涵盖市售大部分适合气相色谱检测的农药。农药残留的 GC-Q-TOF/MS 侦测流程见图 1-1。

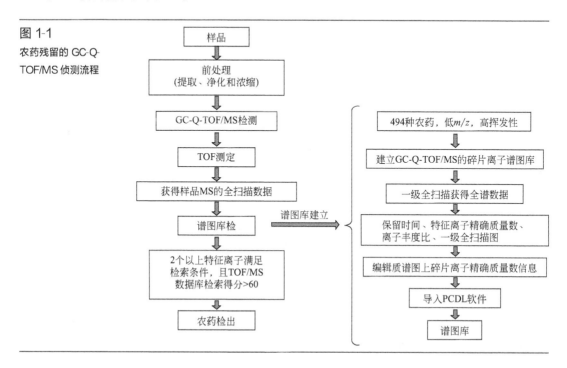

图 1-1
农药残留的 GC-Q-TOF/MS 侦测流程

1.2.2 实验部分

1.2.2.1 试剂、标准与样品

农药标准品（Dr. Ehrenstorfer，德国），纯度大于 95%。乙腈、正己烷等有机溶剂为色谱纯级（霍尼韦尔公司，美国）。提取液：乙腈。洗脱液：3∶1（体积比）乙腈-甲苯。茶叶 TPT 小柱（艾杰尔公司，中国）。茶叶样品均购自各大超市。

标准溶液的配制：①农药储备标准溶液配制。准确称取 10mg（精确至 0.01mg）各种农药标准品分别置于 10mL 容量瓶中，根据标准物的溶解性和测定的需要选用甲醇、甲苯和丙酮等溶剂溶解并定容至刻度，4℃避光保存。②农药混合标准溶液（混标）的配制。为了实现药物的更好分离，根据每种农药的化学性质和保留时间将农药分成 A～H 8 组，每组混标农药为 60 余种。根据储备标准溶液浓度，准确移取每种储备标准溶液一定体积至 25mL 容量瓶中，甲醇定容至刻度，使混标中农药质量浓度为 10mg/L（个别农药浓度除外），4℃避光保存。

1.2.2.2 仪器

Agilent 7200GC-Q-TOF/MS（安捷伦公司，美国）；移液器（艾本德公司，德国）；SR-2DS 水平振荡器（TAITEC 公司，日本）；低速离心机（安徽中科中佳科学仪器有限公司，中国）；N-EVAP112 氮吹仪（OA-SYS 公司，美国）；8893 超声波清洗仪（科尔帕默公司，美国）；TL-602L 电子天平（梅特勒公司，德国）；50mL 塑料离心管若干。

1.2.2.3 气相色谱与质谱条件

气相色谱柱为 VF-1701MS，30m×0.25mm（i. d.）×0.25μm 质谱专用柱（安捷伦科技公司，美国）。程序升温过程：40℃保持 1min，然后以 30℃/min 程序升温至 130℃，以 5℃/min 升温至 250℃，再以 10℃/min 升温至 300℃，保持 5min。载气：氦气，纯度≥99.999%，流速为 1.2mL/min。进样口温度：290℃。进样量：1μL。进样方式：不分流进样。

EI 源电压：70eV；离子源温度：230℃；质谱接口温度：280℃。溶剂延迟：6min。一级质量扫描范围：m/z 50～600；采集速率：2 spectrum/s；溶剂延迟：6min。环氧七氯用于校正保留时间；安捷伦公司 Mass Hunter 系列工作软件。

1.2.2.4 茶叶筛查样品前处理方法

称取 2g 茶叶样品（精确至 0.01g）置于 80mL 离心管中；加入 15mL 乙腈；15000r/min 均质提取 1min；低速离心机离心 5min（4200r/min）；将上清液转至 150mL 鸡心瓶中；残渣用 15mL 乙腈重复提取 1 次，离心，合并两次提取液；旋转蒸发（水浴温度 40℃、40r/min）至约 2mL；活化 Cleanert TPT 柱〔柱顶部填入约 2cm 高的无水

Na_2SO_4，5mL 乙腈-甲苯（3：1）溶液淋洗两次]，弃去流出液，下接 80mL 鸡心瓶，放入固定架上待用；将浓缩提取液移至 TPT 柱中，2mL 乙腈-甲苯（3：1）溶液洗涤鸡心瓶 3 次，25mL 乙腈-甲苯（3：1）洗脱；待所有液体收集完毕之后，取下鸡心瓶；旋转蒸发（水浴温度 40℃、80r/min）至约 0.5mL；加入 $40\mu L$ 环氧七氯内标液，于 35℃下氮气吹干，立即加入 1mL 正己烷，超声波溶解，经 $0.2\mu m$ 微孔滤膜过滤后，供 GC-Q-TOF/MS 分析。

1.2.3　数据库建立

将 494 种农药及化学污染物配制成标准溶液，在前述程序升温方式下，分别对特定浓度农药标准物进行 TOF-Scan 全扫描测定，得到该化合物的保留时间及碎片离子的精确质量数、分子式及同位素分布和丰度比信息。每种化合物选取 5 个以上 m/z 较高、灵敏度好的碎片离子作为目标监测离子；将该化合物每个目标监测离子的分子式、精确质量数、同位素分布和丰度比，以及该化合物的保留时间等谱图信息导入 PCDL 软件，生成 *.cdb 格式的数据库。如此采集 494 种农药数据，形成 TOF/MS 精确质量数据库。PC-DL 数据库主要作为实际样品筛查过程中农药的定性依据。根据侦测过程中的保留时间、精确质量数及偏差、离子丰度比对每一种农药进行确证。

1.2.4　方法效能评价

选择 4 种茶叶：红茶（全发酵）、绿茶（不发酵）、乌龙茶（半发酵）和普洱茶（熟茶，全发酵）对 GC-Q-TOF/MS 筛查方法效能进行评价。

分别在 $10\mu g/kg$、$50\mu g/kg$、$200\mu g/kg$ 浓度下考察 494 种农药的添加回收率和精密度。同时，在 $5\mu g/kg$、$20\mu g/kg$、$100\mu g/kg$ 浓度下进行基质添加实验，考察方法在上述 6 个浓度下的筛查限。

1.2.4.1　定性分析依据

GC-Q-TOF/MS 数据库共收录 494 种农药化合物，此次验证 494 种农药分别添加到 4 组茶叶基质中对准确定性筛查进行评价。

通过 GC-Q-TOF/MS 的一级精确质量数全扫质谱图与谱图库匹配检索对化合物定性，为达到准确定性的目的，需要对检索参数进行优化，最终设定保留时间窗口为 0.15min，精确质量数提取窗口为 20ppm，信噪比 $S/N=3$，并规定目标化合物丰度最高的 5 个离子中至少 3 个离子检出（基峰离子作为定量离子必须被检出，同时两个定性离子被检出）时为阳性检出。两个定性离子的选择依据为（根据丰度由高到低记作 1、2、3、4、5 号离子，X 为其中之一）：2 号和 3 号离子作为定性离子，但当 X 和 $X+1$ 号离子的丰度比相差较小（<15%）同时 X 号离子未检出时，$X+1$ 号可代替 X 号作为一个定性离子。

在本次测试过程中，发现在溶剂空白和基质空白中常检出一些假阳性农药，并对其进行深入研究分析，以排除假阳性情况产生，具体情况如表 1-18 所示。

表 1-18 假阳性农药分析

序号	英文名称	中文名称	CAS 号	处理方法	检测技术	关注点	备注
1	2-phenylphenol	邻苯基苯酚	90-43-7	重点关注	GC-Q-TOF	是否基质普遍存在,如是,则删除	用途一:用于水果、蔬菜防腐保鲜。欧盟各国及美国除柑橘外,尚用于黄瓜、胡萝卜、苹果、甜瓜、番茄等。日本仅限用于柑橘类,最大残留量为 0.01g/kg(1990 年)。用途二:本品有强力杀菌功能,用作木材、皮革、纸的防腐剂以及水性合成纤维氯纶、漆纶等采用载色法时的防腐剂。用途三:用作疏水性合成纤维氯纶、漆纶等采用载体、表面活性剂、杀菌防腐剂,染色体染色法时的载体。用途四:用作荧光测定丙糖(trioses)的试剂
2	allethrin	右旋烯丙菊酯	584-79-2	重点关注	GC-Q-TOF	是否基质普遍存在,如是,则删除	主要用于室内防除蚊蝇。和其他农药混配,亦可用于防治其他飞行和爬行害虫,以及杀性各畜的体外寄生虫害
3	butylated hydroxyanisole	丁羟茴香醚	25013-16-5	重点关注	GC-Q-TOF	是否基质普遍存在,如是,则删除	作为食品添加剂,用作鱼贝干盐腌品,鱼贝干调品、椒盐饼干、炸马铃薯薄片,方便面油炸点心等的抗氧化剂,也用作饲料添加剂和汽油机添加剂
4	N,N-Diethyl-m-toluamide	避蚊胺	134-62-3	重点关注	GC-Q-TOF & LC-Q-TOF		
5	dimethyl phthalate	邻苯二甲酸二甲酯	131-11-3	重点关注	GC-Q-TOF		用途一:用作醋酸纤维素的增塑剂、驱蚊剂及聚氟乙烯涂料的溶剂。用途二:本品是合成杀鼠剂敌鼠、氯鼠酮的中间体,也是重要的增塑剂。用途三:该品是一种对多种树脂都有很强溶解力的增塑剂。通常与邻苯二甲酸二乙酯配合用于醋酸纤维素的制膜、清漆、透明纸和模塑粉等的调制中,少量用于硝基纤维素的制作中。该品亦可用作丁腈橡胶(原油)以及气相色谱固定液的溶剂。还可用作避蚊油、增塑剂、气相色谱固定剂(最高使用温度 122℃),溶剂为乙醚)、用于分离分析轻和酯
6	phenanthrene	菲	85-01-8	重点关注	GC-Q-TOF	是否基质普遍存在,如是,则删除	用于制菲醌,合成树脂、农药、鞣料等。物生长激素、还原染料、鞣料等。非经氢化制得全氢菲可用于生产气相色谱的燃料
7	phthalic acid bis (2-ethylhexyl)ester	邻苯二甲酸二(2-乙基己)酯	117-81-7	重点关注	GC-Q-TOF	是否基质普遍存在,如是,则删除	用途一:可用作 DOP 的替代品,特别适用于增塑糊中、黏度、稳定性好。用途二:用作耐寒塑料、增塑剂。用途三:用作气相色谱固定剂,增塑剂

序号	英文名称	中文名称	CAS号	处理方法	检测技术	关注点	备注
8	tributyl phosphate	磷酸三丁酯	126-73-8	重点关注	GC-Q-TOF & LC-Q-TOF		用途一:用作气相色谱固定液,稀土金属分离用剂及中间体。用途二:对丙烯酸酯类、丙烯酸、丙烯腈、苯乙烯、丁二烯有较好的阻聚效果,其阻聚性能优于酚类。用途三:用作金属络合物的增塑剂及氯化聚乙烯的增塑剂、涂料、硝基纤维素、醋酸纤维素的溶剂。用作硝基纤维素、醋酸纤维素苯取剂。用作气相色谱固定液(最高使用温度为120℃,溶剂为乙醚)苯取液。热交换介质、比色测定铌和钽。还可用于有机合成
9	triphenyl phosphate	磷酸三苯酯	115-86-6	重点关注	GC-Q-TOF		用作气相色谱固定液,纤维素和塑料的增塑剂及樟脑不燃性取代物
10	dibutyl phthalate	驱蚊叮	84-74-2	重点关注	GC-Q-TOF & LC-Q-TOF		用于有机合成。用作气相色谱固定液。还可用作离子选择电极助剂,溶剂、杀虫剂、增塑剂。最高使用温度为100℃,溶剂为丙酮、苯、二氯甲烷、乙醇),选择保留和分离芳香族分离化合物,不饱和化合物、烯烃类化合物以及各种含氧化合物(醇、醛、酮等)
11	metolcarb	速灭威	1129-41-5	重点关注	GC-Q-TOF		此农药出峰时间较早,此时仪器不稳定,离子过多,易错判成速灭威的离子而产生假阳性

1.2.4.2 筛查限

（1）可筛查农药

鉴于农药的不同化学物理特性与基质效应，同一种农药在不同基质中的筛查限会有所不同，具体数据详见附表1-1。

采用GC-Q-TOF/MS技术，4种茶叶基质中可筛查农药的数量及占比详见表1-19。在不同基质中可筛查农药数量有差异，4组基质可筛查农药数量在451～468种之间，其在494种添加农药中占比为91.3%～94.7%，其中红茶可筛查农药的数量最多，为468种，占比为94.7%；乌龙茶可筛查农药的数量最少，为451种，占比91.3%。以上数据充分说明这种非靶向筛查方法对4种基质均有良好的普遍适用性。由于不同基质的理化性质差异，导致不同农药化合物离子在不同的基质中被抑制或增强，进一步导致不同基质中未检出农药数量有差异。4组基质中不可筛查农药数量在26～43种之间，其中红茶不可筛农药数量最少，为26种；乌龙茶不可筛查农药数量最多，为43种。详见附表1-1。

表1-19　4种茶叶基质中可筛查农药的数量及占比

项目	红茶	绿茶	普洱茶	乌龙茶
农药库合计	494	494	494	494
可筛查农药合计	468	463	465	451
未添加农药合计	13	13	13	13
未检出农药合计	26	31	29	43
可筛查农药占比/%	94.7	93.7	94.1	91.3

对各基质按筛查限浓度统计农药数量及占比，结果如表1-20所示，4种茶叶基质中494种农药在5～200μg/kg浓度范围内，筛查限为5μg/kg的农药数量最多，为322～339种，占比为65.2%～68.6%。由于不同基质理化性质的差异对特定农药的干扰程度不同，从而导致同种农药在不同基质中的筛查限不同，由表1-20可知差异显著。以10μg/kg为界限，494种农药在红茶、绿茶、乌龙茶和普洱茶中筛查限≤10μg/kg的农药数量分别为366种、355种、358种和361种，占比分别为74.1%、71.9%、72.5%和73.1%，其中红茶中筛查限≤10μg/kg的农药数量最多，为366种，占比为74.1%，绿茶中筛查限≤10μg/kg的农药数量最少，为355种，占比为71.9%。以上数据充分说明GC-Q-TOF/MS技术对4种基质均有非常好的普遍适用性。详见附表1-1。

表1-20　4种茶叶基质按筛查限浓度统计的可筛查农药数量及占比

筛查限浓度/(μg/kg)	基质							
	红茶		绿茶		普洱茶		乌龙茶	
	农药数量	农药占比/%	农药数量	农药占比/%	农药数量	农药占比/%	农药数量	农药占比/%
5	331	67.0	322	65.2	337	68.2	339	68.6
10	35	7.1	33	6.7	21	4.3	22	4.5
20	56	11.3	58	11.7	68	13.8	51	10.3
50	20	4.1	34	6.9	21	4.3	23	4.7
100	14	2.8	8	1.6	10	2.0	10	2.0
200	12	2.4	8	1.6	8	1.6	6	1.2

按照可筛查基质种类对应农药数量和占比进行统计，结果如表 1-21 所示，494 种农药中有 478 种农药可在至少 1 种基质中筛查出，其中在 4 种基质中均可筛查的农药数量为 436 种，占比为 88.3%；在 3 种以上（包括 3 种）基质中均可筛查的农药数量为 462 种，占比为 93.5%，说明大部分农药在不同茶叶基质中均可进行筛查检测，该方法具有普遍适用性。

表 1-21 按可筛查基质种数统计的农药数量及占比

项目	农药	
	数量	占比/%
4 种基质均可筛查	436	88.3
3 种基质可筛查	26	5.3
2 种基质可筛查	9	1.8
1 种基质可筛查	7	1.4
均不可筛查	16	3.2

（2）无法筛查农药

494 种添加农药在 4 种基质中均不可筛查的农药共有 16 种，占比为 3.2%，见表 1-22。此 16 种农药化合物以 200μg/kg 浓度添加在 4 种茶叶基质中，但均未检出，经考察分析，这是由于此 16 种农药本身的灵敏度太低，需添加高水平浓度或这些农药不适合在 GC 仪器上检测。详见附表 1-1。

表 1-22 GC-Q-TOF/MS 无法筛查的农药化合物清单

序号	英文名称	中文名称	CAS 号	序号	英文名称	中文名称	CAS 号
1	captafol	敌菌丹	2425-06-1	9	indanofan	茚草酮	133220-30-1
2	carbosulfan	丁硫克百威	55285-14-8	10	isoproturon	异丙隆	34123-59-6
3	chlorbromuron	氯溴隆	13360-45-7	11	λ-cyhalothrin	高效氯氟氰菊酯	91465-08-6
4	chlordecone	十氯酮	143-50-0	12	monuron	灭草隆	150-68-5
5	dinoterb	特乐酚	1420-07-1	13	oxycarboxin	氧化萎锈灵	5259-88-1
6	dioxacarb	二氧威	6988-21-2	14	propamocarb	霜霉威	24579-73-5
7	flubenzimine	嘧唑螨	37893-02-0	15	propylene thiourea	丙烯硫脲	2122-19-2
8	hexaflumuron	氟铃脲	86479-06-3	16	pyrethrins	除虫菊酯	8003-34-7

1.2.4.3 回收率分析

（1）GC-Q-TOF/MS 技术 4 种基质 3 个添加水平回收率分析

根据欧盟指导性文件（SANCO/10684/2009），将回收率 60%～120% 并且 RSD<20% 作为"回收率 RSD 双标准"。GC-Q-TOF/MS 数据库共收录 494 种农药化合物，在此次验证中将 494 种农药分别添加到 4 组茶叶基质中进行测试。

对各基质按添加回收浓度统计农药数量及占比，结果见表 1-23，4 组基质中分别添加 10μg/kg、50μg/kg、200μg/kg 3 个浓度水平的 494 种农药混标。当添加浓度为 10μg/kg 时，494 种农药在红茶、绿茶、乌龙茶和普洱茶中满足"回收率 RSD 双标准"的农药数量分别为 341、336、334 和 324 种，占比分别为 69.0%、68.0%、67.6% 和 65.6%。其中红茶回收率合格的农药数量最多，为 341 种，占比为 69.0%，乌龙茶回收率合格的农药数量最少，为 324 种，占比为 65.6%。随着各基质中农药添加浓度增大，回收率合格的农药数量和占比增加。当添加浓度为 200μg/kg 时，494 种农药在红茶、绿茶、乌龙茶和普洱茶中满足"回收率 RSD 双标准"的农药数量分别为 441、430、422 和 411 种，占比分别为 89.3%、87.0%、85.4% 和 83.2%，其中红茶回收率合格的农药数量最多，为 441 种，占比为 89.3%，乌龙茶回收率合格的农药数量最少，为 411 种，占比为 83.2%。与高浓度相比，低浓度（10μg/kg）添加时农药化合物前处理过程的回收性差，仪器检测时受到基质增强或抑制现象更明显，平行性变差，导致一些农药化合物偏离"回收率 RSD 双标准"的范围。如果按照国际公认的 10μg/kg "一律标准（Uniform Standard）"来评价所有农药的回收率情况，4 种基质采用 GC-Q-TOF/MS 技术满足回收率合格标准的农药超过所评价的农药数量的 65%，说明该技术有足够的准确度。详见附表 1-1。

表 1-23　4 种茶叶基质按添加回收浓度统计的可回收农药数量及占比

添加回收浓度	红茶		绿茶		普洱茶		乌龙茶	
	农药数量	农药占比/%	农药数量	农药占比/%	农药数量	农药占比/%	农药数量	农药占比/%
10μg/kg	341	69.0	336	68.0	334	67.6	324	65.6
50μg/kg	419	84.8	412	83.4	403	81.6	377	76.3
200μg/kg	441	89.3	430	87.0	422	85.4	411	83.2

按照满足"回收率 RSD 双标准"对 4 种基质中可以添加回收农药的数量进行了统计，见表 1-24。4 种基质中可以添加回收的农药数量均大于 430 种，其占比范围均大于 87.0%，这表明该筛查方法具有较高的准确性，可以对 87.0% 以上的农药进行准确定量。同时，表 1-24 统计了不同基质中在 10μg/kg、50μg/kg、200μg/kg 添加水平下均可以添加回收的农药数量及占比，其中，红茶在 3 个添加水平下满足"回收率 RSD 双标准"的农药有 334 种，占比为 67.6%，乌龙茶在 3 个添加水平下满足"回收率 RSD 双标准"的农药有 299 种，占比为 60.5%，绿茶和普洱茶基质中满足回收率要求的农药占比分别为 65.6% 和 62.8%。GC-Q-TOF/MS 技术评价结果表明，大部分农药可在绝大多数基质中有较好的回收率，该方法具有普遍适用性和准确性。

各基质中回收率不合格的农药数量差异较大，归因于基质构成差异明显，一些农药在不同基质中的抑制或增强效应不同，甚至个别农药离子会受一些特殊基质干扰被屏蔽未出峰，导致这些农药的回收率不合格。4 种基质中回收率不合格的农药数量在 46～63 种之间，其中乌龙茶中回收率不合格的农药数量最多，为 63 种，红茶中回收率不合格的农药数量最少，为 46 种。明细见附表 1-1。

表 1-24　4 种茶叶基质的可回收农药数量及占比

项目	红茶	绿茶	普洱茶	乌龙茶
评价农药合计	494	494	494	494
可回收农药合计	448	446	442	431
可回收农药占比/%	90.7	90.3	89.5	87.3
不可回收农药合计	46	48	52	63
3 个浓度均满足"回收率 RSD 双标准"农药合计	334	324	310	299
3 个浓度均满足"回收率 RSD 双标准"农药占比/%	67.6	65.6	62.8	60.5

注："可回收"是指在 3 个添加浓度水平下，至少有 1 个浓度水平满足"回收率 RSD 双标准"。

（2）4 种基质回收率综合分析

按照可回收基质种类对农药数量和占比进行统计分析，结果见表 1-25。494 种农药中有 470 种农药可在至少 1 种基质中满足"回收率 RSD 双标准"，在 4 种基质中回收率均合格的农药数量为 396 种，占比为 80.2%，在 2 种以上（包括 2 种）基质中回收率合格的农药数量为 457 种，占比为 92.5%，说明大部分农药在不同基质中均有较好的回收率，证明该方法具有普遍适用性。

表 1-25　按可回收基质种数统计的农药数量及占比

项目	农药	
	数量	占比/%
4 种基质可回收	396	80.2
3 种基质可回收	48	9.7
2 种基质可回收	13	2.6
1 种基质可回收	13	2.6
均不可回收	24	4.9

注："可回收"是指在 3 个添加浓度水平下，至少有 1 个浓度水平满足"回收率 RSD 双标准"。

4 种基质中均不可回收的农药共计 24 种，占比为 4.9%，将此 24 种农药化合物（表 1-26）以 200μg/kg 浓度添加在 4 种基质中，均未检出。经考察分析，这是由于该 24 种农药本身的灵敏度太低，需进一步添加高水平浓度进行验证。这些农药并不适合在 GC 仪器上检测。明细见附表 1-1。

表 1-26　GC-Q-TOF/MS 3 个添加浓度水平下均不满足"回收率 RSD 双标准"的农药化合物

序号	英文名称	中文名称	CAS 号	序号	英文名称	中文名称	CAS 号
1	1-naphthylacetic acid	1-萘乙酸	86-87-3	13	chlordecone	十氯酮	143-50-0
2	carboxin	萎锈灵	5234-68-4	14	dinoterb	特乐酚	1420-07-1
3	endrin aldehyde	异狄氏醛	7421-93-4	15	dioxacarb	二氧威	6988-21-2
4	fenpropidin	苯锈啶	67306-00-7	16	flubenzimine	嘧唑螨	37893-02-0
5	metamitron	苯嗪草酮	41394-05-2	17	hexaflumuron	氟铃脲	86479-06-3
6	fenfuram	甲呋酰胺	24691-80-3	18	indanofan	茚草酮	133220-30-1
7	thiabendazole	噻菌灵	148-79-8	19	isoproturon	异丙隆	34123-59-6
8	haloxyfop	氟吡禾灵	69806-34-4	20	λ-cyhalothrin	高效氯氟氰菊酯	91465-08-6
9	captafol	敌菌丹	2425-06-1	21	monuron	灭草隆	150-68-5
10	carbosulfan	丁硫克百威	55285-14-8	22	propamocarb	霜霉威	24579-73-5
11	iprodione	异菌脲	36734-19-7	23	propylene thiourea	丙烯硫脲	2122-19-2
12	chlorbromuron	氯溴隆	13360-45-7	24	pyrethrins	除虫菊酯	8003-34-7

1.2.4.4　不同基质中农药筛查限和回收率对比分析

494 种农药化合物（已除去验证未添加的 13 种农药化合物）在 4 组不同基质中的筛查限和回收率情况均不相同，由表 1-27 可知，在 4 组基质中均可筛查且所有基质均可回收的农药共计 396 种，占比为 80.2%；所有基质均可筛查，部分基质可回收的农药共计 38 种，这是由于在前处理过程中，部分农药被吸附填料吸附而造成回收率降低，或检测时受到基质增强或抑制作用而导致这部分农药的回收率不在合格范围（Rec. 60%～120%＆RSD＜20%）以内；4 种基质均可筛查，但回收率均不合格的农药有 2 种，为苯嗪草酮（metamitron）和氟啶胺（fluazinam），由于其在 GC-Q-TOF/MS 上的灵敏度较低，稳定性较差，在不同基质中的回收率均不合格（见附表 1-1）；部分基质可筛查，部分基质可回收的农药数量为 36 种，占比为 7.3%；部分基质可筛查，但均无法回收的农药数量有 6 种，分别为：萎锈灵（carboxin）、甲呋酰胺（fenfuram）、异狄氏剂醛（endrin-aldehyde）、氟吡禾灵（haloxyfop）、噻菌灵（thiabendazole）和异菌脲（iprodione），这几种农药本身的灵敏度较低且易被基质干扰不出峰；所有基质均不可筛查，也无法回收的农药有 16 种，这是由于这 16 种农药本身的灵敏度太低所致，需进一步添加高水平浓度进行验证。这些农药并不适合在 GC-Q-TOF/MS 上检测。详见附表 1-1。

表 1-27　4 种茶叶基质中筛查限回收率综合对比分析

项目	数量	占比/%
本次验证评价添加的农药数量	494	
所有基质均可筛查,所有基质均可回收	396	80.2
所有基质均不可筛查,也无法回收	16	3.2
所有基质均可筛查,部分基质可回收	38	7.7
所有基质均可筛查,但均无法回收	2	0.4
部分基质可筛查,部分基质可回收	36	7.3
部分基质可筛查,但均无法回收	6	1.2

1.2.5　结论

本研究开发了一种 GC-Q-TOF/MS 技术非靶向、高通量同时可筛查茶叶中 494 种农药多残留的方法。该方法是在研究建立的 494 种农药 GC-Q-TOF/MS 精确质量质谱库的基础上，通过 GC-Q-TOF/MS 技术对样品进行数据采集并与农药精准质谱库对比，自动实现农药残留的定性鉴定。该方法在"一律标准"10μg/kg 添加水平下满足"回收率 RSD 双标准"的农药数量达 324 种（占比 65.6%）以上，体现了该技术的普遍适用性和准确性。同时实现了由电子识别标准代替农药实物标准作参比的传统定性方法，实现了从传统的靶向检测向非靶向筛查的跨越式发展，从而实现了农药残留检测的自动化、数字化和信息化，其方法的效益是传统方法不可比拟的。综上所述，这项技术具有对农药残留强大的发现能力，将成为农药残留侦测的有效工具，必将在食品及农产品农药残留安全监管中发挥重大作用。

1.3 LC-Q-TOF/MS 非靶向高通量检测茶叶中 556 种农药化学污染物方法及其效能评价

1.3.1 概述

LC-Q-TOF/MS 作为一种高分辨检测方法，在近几年得到了快速的发展，其仪器主要具有高分辨率、能测定精确质量数和全扫描下高灵敏度等优点，可对复杂基质中的目标化合物进行定性确认。此外，高扫描速度的特点使得其在检测过程中无需考虑化合物数量上的限制，从而达到大量农药同时筛查的目的。另外，全扫描模式还可使其具有非目标物筛查和数据溯源方面的能力。因此，LC-Q-TOF/MS 被广泛应用于土壤、水和食品中农药残留的筛查与确证。同 GC-Q-TOF/MS 一样，LC-Q-TOF/MS 用于化合物分析也可以借助仪器公司的软件进行已知物或未知物鉴定，是一种有效的分析手段。LC-Q-TOF/MS 的应用使农药残留检测技术进入了无需标准品对照分析进行准确鉴定的新时代。

本研究通过建立 PCDL 数据库实现了 4 种茶叶基质中 556 种农药残留的确证分析。通过建立 556 种农药的精确质量数据库和碎片离子谱库，优化对应的筛查流程和检索参数，从而实现了只需一次样品制备、LC-Q-TOF/MS 检测，即可对农产品中 556 种农药化学污染物进行快速侦测和确证，农药残留 LC-Q-TOF/MS 侦测流程见图 1-2。

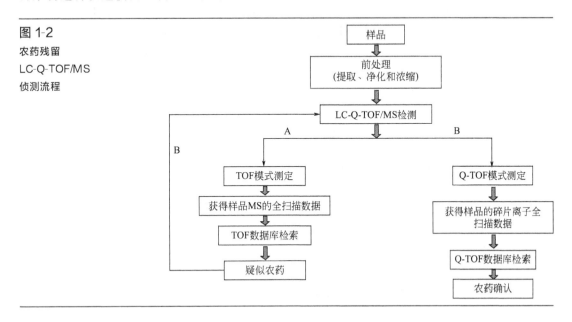

图 1-2
农药残留
LC-Q-TOF/MS
侦测流程

1.3.2 实验部分

1.3.2.1 化学品和试剂

所有农药标准物质（纯度≥95％，Dr. Ehrenstorfer，德国）；单个标准储备溶液（1000mg/L）由甲醇、乙腈或丙酮配制，所有标准溶液 4℃避光保存。色谱纯乙腈、甲苯和甲醇（Fisher Scientific，美国）；甲酸（Duksan Pure Chemicals，韩国）；超纯水来自密理博超纯水系统（Milford，美国）；Na_2SO_4、NH_4OAc 购自北京化学试剂厂；茶叶 TPT 小柱（艾杰尔公司，中国）。

1.3.2.2 液相色谱条件

化合物通过液相色谱系统（安捷伦，美国）进行分离，配有反相色谱柱（ZORBAX SB-C_{18}，2.1mm×100mm，3.5μm）（安捷伦，美国）；流动相 A 为 5mmol/L 的乙酸铵-0.1％甲酸-水；流动相 B 为乙腈。梯度洗脱程序：0～3min，1％B～30％B；3～6min，30％B～40％B；6～9min，40％B；9～15min，40％B～60％B；19～23min，90％B；23.01min，1％B，后运行 4min。流速为 0.4mL/min；柱温为 40℃；进样量为 10μL。

1.3.2.3 质谱条件

Agilent 6530 LC-Q-TOF/MS 配有双喷雾离子源（安捷伦，美国），电喷雾电离正离子模式（ESI$^+$）。毛细管电压：4000V。干燥气温度：325℃。干燥气流量：10L/min。鞘流气流速：11L/min。鞘流气温度：325℃。雾化气压力：40psi（1psi≈6895Pa）。锥孔电压：60 V。碎裂电压：140V。全扫描范围为 m/z 50～1600，并采用内标参比溶液对仪器质量精度进行实时校正，内标参比溶液包含嘌呤和 HP-0921。参比离子的精确质量数分别为 m/z 121.0509 和 m/z 922.0098。

数据采集与处理通过 Agilent MassHunter Workstation Software（version B.05.00）进行，精确质量数据库由 Excel（2010）建立并保存为 CSV 格式，碎片离子谱库通过 Agilent MassHunter PCDL Manager（B.04.00）建立。

1.3.2.4 茶叶筛查样品前处理方法

茶叶样品前处理步骤同 1.2.2.4 节，但旋转蒸发后即于 35℃下氮气吹干，不需加入环氧七氯内标液。随后立即加入 1mL 乙腈-水（3∶2，体积比），超声波溶解，经 0.2 μm 微孔滤膜过滤后，供 LC-Q-TOF/MS 分析。

1.3.3 数据库的建立

对于精确质量数据库，实验选择了 556 种农药，配制成质量浓度为 1000 μg/L 的标准溶液，由 LC-Q-TOF/MS 在 MS 模式下进行测定，精确质量数据通过化合物分子式进行检索，当目标化合物得分超过 90，精确质量偏差低于 5×10^{-6} 时，认为化合物被识别。并记录该峰在色谱分离条件下的保留时间，以及母离子的精确质量数。将化合物名称、分子式、精确分子量、保留时间输入 Excel 模板，保存为精确质量数据库，用于筛查软件分析。

对于碎片离子谱库，在采集界面输入农药母离子的精确质量数、保留时间和不同的碰撞能量（5～60 V），对 556 种农药进行数据采集。数据先由化合物分子式进行检索，处理结果应与上文所述的识别标准相同（得分超过 90，精确质量偏差低于 5×10^{-6}）。然后，采用目标化合物碎片离子提取对数据进行处理，并导出 *.CEF 文件。最后，将 *.CEF 文件导入 PCDL 软件中，与对应的农药信息相关联并保存。从中选择碎片离子信息较为丰富的 4 个碰撞能量下的碎片离子全扫描质谱图建立碎片离子谱库，用于精确质量数据库初筛结果的最终确认。

1.3.4　方法效能评价

方法效能评价与 1.2.4 节 GC-Q-TOF/MS 的方法效能评价相同，不同的是本小节是对 LC-Q-TOF/MS 进行评价。

1.3.4.1　定性分析

为了满足筛查分析的定性要求，LC-Q-TOF/MS 筛查方法首先进行一级全扫描，通过一级精确质量数据库进行检索，筛选出初步满足定性要求的化合物作为疑似农药，随后建立目标物的二级方法进行目标离子打碎，通过碎片离子谱库进行检索匹配，最终对目标物进行定性确认。在此次方法验证过程中，对加和离子相同、保留时间接近的同分异构体化合物进行了重点分析，这类同分异构体化合物通过 LC-Q-TOF/MS 一级全扫描无法分离，只能通过二级碎片离子比对进行定性鉴别。以下分别以扑草净（prometryn）和特丁净（terbutryn），甲菌定（dimethirimol）和乙菌定（ethirimol）两组同分异构化合物为例进行分析。

扑草净（prometryn）和特丁净（terbutryn）两个同分异构体化合物的一级提取离子相同，保留时间接近（见表 1-28），通过一级精确质量数据库检索无法将两种化合物准确区分。比较两者的结构式发现其甲基取代的位点不同，导致二级碎裂方式不同，产生不同的碎片离子，因此可以通过二级碎片离子谱库进行准确鉴别。

表 1-28　一级精确质量数据库信息

化合物名称	CAS 号	分子式	保留时间/min	加和离子质量数 m/z	结构式
prometryn（扑草净）	7287-19-6	$C_{10}H_{19}N_5S$	9.25	241.1361	

化合物名称	CAS 号	分子式	保留时间/min	加和离子质量数 m/z	结构式
terbutryn (特丁净)	886-50-0	$C_{10}H_{19}N_5S$	9.53	241.1361	
dimethirimol (甲菌定)	5221-53-4	$C_{11}H_{19}N_3O$	3.72	209.1528	
ethirimol (乙菌定)	23947-60-6	$C_{11}H_{19}N_3O$	3.72	209.1528	

在方法验证过程中，某茶叶基质中含特丁净（terbutryn）的标准添加样品，通过一级精确质量数据库检索后，初步检索得到了扑草净（prometryn）和特丁净（terbutryn）两个结果，一级得分分别为 90.24 和 80.31，随后建立二级方法进行准确定性，将采集的样品质谱图与谱库中扑草净（prometryn）和特丁净（terbutryn）标准谱图对比（图 1-3）。由镜像比对图发现，实际样品中的碎片离子信息与特丁净（terbutryn）的匹配度高度一致，因而通过二级碎片离子谱库匹配定性的结果为特丁净（terbutryn），其二级得分为92.05，而扑草净（prometryn）的二级得分仅为 5.9。因此可以通过二级碎片离子谱库对这两种同分异构体进行准确鉴别。

此外，在方法验证过程中发现有些同分异构体，如甲菌定（dimethirimol）和乙菌定（ethirimol），其碎片离子完全相同。但实验发现，两者产生的不同碎片离子的丰度比存在差异（见表 1-29），因此对于这类同分异构体则需要通过碎片离子的丰度比进行区分。

同样，在方法验证过程中，对某茶叶基质进行分析，一级筛选得出甲菌定（dimethirimol）和乙菌定（ethirimol）的得分分别为 85.22 和 84.39，经二级碎片离子谱库匹配得出乙菌定（ethirimol）的二级得分为 96.2，甲菌定（dimethirimol）的二级得分为73.27。通过镜像对比图发现，标准谱库中甲菌定（dimethirimol）和乙菌定（ethirimol）的碎片离子完全相同，但通过离子丰度比可以准确鉴别该两种化合物，如图 1-4，可以判定检出的农药为乙菌定（ethirimol）。

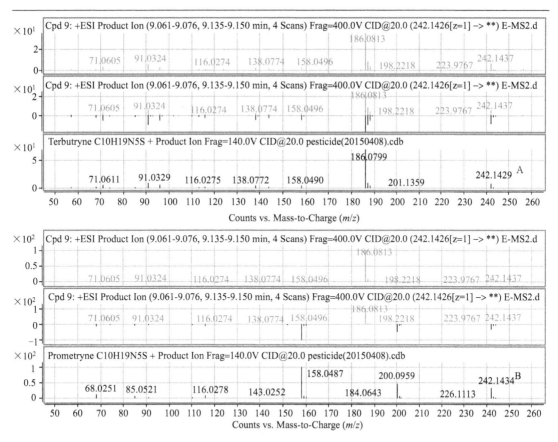

图 1-3

特征离子鉴别同分异构体(A: 特丁净; B: 扑草净)

表 1-29 根据离子相对丰度比鉴别同分异构体

化合物名称	CAS 号	主要碎片离子 m/z(相对丰度/%)
dimethirimol(甲菌定)	5221-53-4	140.1070(26.5);210.1600(21.9);98.0601(38.6);70.0655(16.2)
ethirimol(乙菌定)	23947-60-6	140.1070(74.6);210.1600(18.9);98.0601(100);70.0655(37.8)

1.3.4.2 筛查限

（1）可筛查农药

在本次方法评价中，参与评价的农药个数为 556 个，鉴于农药的不同化学物理特性与基质效应，同一种农药在不同基质中的筛查限会有所不同，具体数据详见附表 1-2。

采用 LC-Q-TOF/MS 技术，4 种茶叶基质中可筛查的农药数量与占比详见表 1-30。与 GC-Q-TOF/MS 技术类似，本方法在不同基质中可筛查的农药数量也存在差异，4 组基质可筛查的农药数量在 509～531 种之间，其在 556 种添加农药中的占比为 91.6%～95.5%。其中乌龙茶可筛查的农药数量最多，为 531 种，占比为 95.5%；红茶和绿茶可筛查的农药数量最少，为 509 种，占比 91.6%。以上数据说明了该方法对 4 种基质的良好的普遍适用性。而基质的抑制或增强效应，导致了不同基质中未检出农药数量有差异。

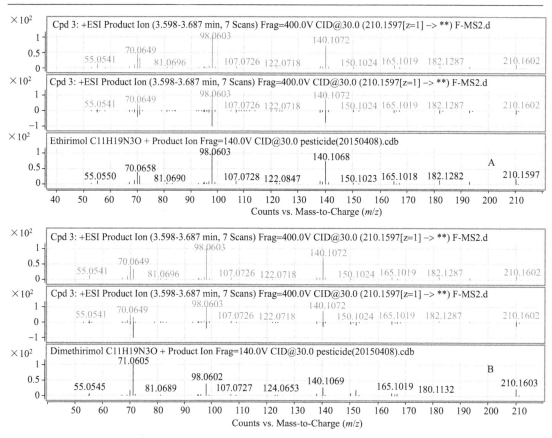

图 1-4

离子相对丰度比鉴别同分异构体(A: 乙菌定; B: 甲菌定)

4 组基质中不可筛查的农药数量在 25～47 种之间, 其中乌龙茶不可筛查的农药数量最少, 为 25 种; 红茶和绿茶不可筛查的农药数量最多, 为 47 种。明细见附表 1-2。

表 1-30 4 种基质 LC-Q-TOF/MS 可筛查的农药数量及占比

项目	红茶	绿茶	普洱茶	乌龙茶
评价农药合计	556	556	556	556
可筛查农药合计	509	509	525	531
未添加农药合计	9	9	9	9
未检出农药合计	47	47	31	25
可筛查农药占比 / %	91.6	91.6	94.4	95.5

对各基质按筛查限浓度统计农药数量及占比, 结果如表 1-31 所示。与 GC-Q-TOF/MS 技术类似, 4 种茶叶基质中 556 种农药在 5～200µg/kg 浓度范围内, 筛查限为 5µg/kg 的农药数量最多, 为 443～491 种, 占比为 79.3%～88.3%。由于理化性质的差异不同基

质对特定农药的干扰程度不同，从而导致同种农药在不同基质中的筛查限不同，由表1-31可知其差异显著。以10μg/kg为界限，556种农药在红茶、绿茶、普洱茶和乌龙茶中筛查限≤10μg/kg的农药数量分别为470、476、483和508种，占比分别为84.6%、85.6%、86.9%和91.4%，其中乌龙茶中筛查限≤10μg/kg的农药数量最多，为508种，占比为91.4%，红茶中筛查限≤10μg/kg的农药数量最少，为470种，占比为84.6%。充分说明LC-Q-TOF/MS技术对4种基质均有非常好的普遍适用性，对茶叶中的绝大多数农药在较低浓度下可进行准确筛查。详见附表1-2。

表 1-31　LC-Q-TOF/MS 4种基质不同添加水平下的可筛查农药占比

筛查限浓度	红茶		绿茶		普洱茶		乌龙茶	
	农药数量	农药占比/%	农药数量	农药占比/%	农药数量	农药占比/%	农药数量	农药占比/%
5μg/kg	443	79.7	441	79.3	461	82.9	491	88.3
10μg/kg	27	4.9	35	6.3	22	4.0	17	3.1
20μg/kg	23	4.1	22	4.0	19	3.4	10	1.8
50μg/kg	16	2.9	7	1.3	18	3.2	6	1.1
100μg/kg	0	0.0	4	0.7	5	0.9	3	0.5
200μg/kg	0	0.0	0	0.0	0	0.0	4	0.7

按照可筛查基质种类对应农药数量和占比进行统计，结果如表1-32所示，556种农药中有534种农药可在至少1种基质中筛查出，其中在4种基质中均可筛查的农药数量为498种，占比为89.6%；在3种以上（包括3种）基质中均可筛查的农药数量为517种，占比为93.0%，说明大部分农药在不同茶叶基质中均可进行筛查检测，该方法具有普遍适用性。

表 1-32　按可筛查基质种数统计的农药数量及占比

项目	农药数量	占比/%
4种基质均可筛查	498	89.6
3种基质可筛查	19	3.4
2种基质可筛查	8	1.4
1种基质可筛查	9	1.6
均不可筛查	22	4.0

（2）无法筛查农药

556种添加农药在4种基质中均不可筛查的农药共计22种，占比为4.0%，见表1-33，此22种农药化合物以200μg/kg浓度添加在4种茶叶基质中，但均未检出。经考察分析，这是由于上述22种农药的灵敏度太低，需添加高水平浓度或这些农药并不适合在LC仪器上检测。详见附表1-2。

表 1-33 LC-Q-TOF/MS 无法筛查的农药化合物

序号	英文名称	中文名称	CAS 号	序号	英文名称	中文名称	CAS 号
1	allethrin	丙烯菊酯	584-79-2	12	thiram	福美双	137-26-8
2	carbophenothion	三硫磷	786-19-6	13	aclonifen	苯草醚	74070-46-5
3	dazomet	棉隆	533-74-4	14	bromophos-ethyl	乙基溴硫磷	4824-78-6
4	metamitron-desamino	脱氨基苯嗪草酮	36993-94-9	15	clomeprop	祓草胺	84496-56-0
5	desmethyl formam pirimicarb	脱甲基-甲酰氨基-抗蚜威	27218-04-8	16	dibutyl succinate	琥珀酸二丁酯	141-03-7
6	cartap	杀螟丹	22042-59-7	17	isoxaflutole	异恶氟草	141112-29-0
7	chlorimuron-ethyl	氯嘧磺隆	90982-32-4	18	orthosulfamuron	嘧苯胺磺隆	213464-77-8
8	bensultap	杀虫磺	17606-31-4	19	terbufos-oxon-sulfone	氧特丁硫磷砜	56070-15-6
9	ethoxysulfuron	乙氧嘧磺隆	126801-58-9	20	tribenuron-methyl	苯磺隆	101200-48-0
10	lactofen	乳氟禾草灵	77501-63-4	21	phosmet	亚胺硫磷	732-11-6
11	metolcarb	速灭威	1129-41-5	22	primisulfuron-methyl	甲基氟嘧磺隆	86209-51-0

1.3.4.3 回收率分析

（1）LC-Q-TOF/MS 技术 4 种基质 3 个添加水平回收率分析

根据欧盟指导性文件（SANCO/10684/2009），将回收率 60%～120%&RSD<20% 作为"回收率 RSD 双标准"。LC-Q-TOF/MS 数据库共收录 556 种农药化合物，此次验证 556 种农药分别添加到 4 组茶叶基质中进行测试。具体数据详见附表 1-2。

为了评价方法的可行性，分别在 $10\mu g/kg$、$50\mu g/kg$、$200\mu g/kg$ 水平下向 4 种基质中添加 556 种农药，统计满足"回收率 RSD 双标准"的农药数量及占比，如表 1-34 所示。当添加浓度为 $10\mu g/kg$ 时，556 种农药在红茶、绿茶、普洱茶和乌龙茶中回收率合格的农药占比分别为 70.1%、70.3%、65.8% 和 60.4%；在 $50\mu g/kg$ 下，4 种基质的农药占比均高于 70%，其范围为 71.6%～77.0%。总体而言，4 种茶叶基质在 $10\mu g/kg$、$50\mu g/kg$、$200\mu g/kg$ 3 个添加水平下符合要求的农药占比均较高。如果按照国际公认的 $10\mu g/kg$ "一律标准（Uniform Standard）"来评价所有农药的回收率情况，4 种基质采用 LC-QTOF/MS 技术满足回收率合格标准的农药超过所评价农药数量的 60%，说明这项技术有足够的准确度。

表 1-34 4 种茶叶基质按添加回收浓度统计的可回收农药数量与占比

添加回收浓度	红茶		绿茶		普洱茶		乌龙茶	
	农药数量	农药占比/%	农药数量	农药占比/%	农药数量	农药占比/%	农药数量	农药占比/%
$10\mu g/kg$	390	70.1	391	70.3	366	65.8	336	60.4
$50\mu g/kg$	418	75.2	428	77.0	406	73.0	398	71.6
$200\mu g/kg$	429	77.2	437	78.6	431	77.5	424	76.3

按照满足"回收率 RSD 双标准"对 4 种基质中可以添加回收农药的数量进行了统计，结果见表 1-35。4 种基质中可以添加回收的农药数量均大于 420 种，其占比范围均大于

77.0%，这表明该筛查方法具有较高的准确性，可以对 77.0% 以上的农药进行准确定量。同时统计了不同基质中在 10μg/kg、50μg/kg、200μg/kg 3 个添加水平下均可回收的农药数量及占比，结果见表 1-35。其中绿茶在 3 个添加水平下均满足"回收率 RSD 双标准"的农药有 390 种，占比为 70.1%；乌龙茶在 3 个添加水平下满足"回收率 RSD 双标准"的农药有 331 种，占比为 59.5%；红茶和普洱茶基质中满足回收率要求的农药占比分别为 68.9% 和 64.8%。

表 1-35　4 种茶叶基质可回收的农药数量及占比

项目	红茶	绿茶	普洱茶	乌龙茶
农药库合计	572	572	572	572
可回收农药合计	432	440	434	428
可回收农药占比/%	77.7	79.1	78.1	77.0
未添加农药合计	16	16	16	16
不可回收农药合计	124	116	122	128
3 个浓度均满足"回收率 RSD 双标准"农药合计	383	390	360	331
3 个浓度均满足"回收率 RSD 双标准"农药占比/%	68.9	70.1	64.8	59.5

注："可回收"统计的是在 3 个添加浓度水平下，至少有 1 个浓度满足"回收率 RSD 双标准"。

对 4 种基质可回收农药与 3 个浓度均满足"回收率 RSD 双标准"的农药数量及占比差异进行分析，低浓度（10μg/kg）添加水平时各基质满足"回收率 RSD 双标准"的农药均明显低于高浓度（200μg/kg）水平，与高浓度相比，低浓度时农药化合物经前处理过程回收性差，仪器检测时受到基质增强或抑制现象更明显，结果的一致性也会降低，导致一些农药化合物偏离"回收率 RSD 双标准"范围，同时基质间的差异也不容忽视，尤其是低浓度水平下，基质效应的影响更明显。

（2）4 种基质回收率综合分析

对 LC-Q-TOF/MS 技术评价的 4 种茶叶基质中可回收基质种数和符合要求的农药数量及占比进行了统计，结果见表 1-36。有 394 种农药在 4 种基质中均可以添加回收，其占比为 70.9%，以上数据表明绝大部分农药在不同基质中均可进行准确回收，印证了该方法的普遍适用性。在所有基质中均无法添加回收的农药为 97 种，一部分农药由于理化性质等原因无响应值，对于这部分农药需做更高浓度的验证。在上述 97 种农药中，有 59 种农药（见表 1-37）虽然可在 4 种基质中筛查，但在 4 种基质中均无法合格回收，原因主要是前处理对这些农药影响较大造成的，这些农药占可回收农药总数的 10.6%，详细数据见附表 1-2。

表 1-36　按可回收基质种数统计的农药数量及占比

项目	农药	
	数量/种	占比/%
4 种基质可回收	394	70.9
3 种基质可回收	39	7.0
2 种基质可回收	15	2.7
1 种基质可回收	11	2.0
均不可回收	97	17.5

表 1-37　LC-Q-TOF/MS 可筛查但无法合格回收的农药化合物

序号	英文名称	中文名称	CAS 号	序号	英文名称	中文名称	CAS 号
1	6-benzylaminopurine	苄氨基嘌呤	1214-39-7	31	ethametsulfuron-methyl	甲基胺苯磺隆	97780-06-8
2	carbendazim	多菌灵	10605-21-7	32	flamprop	麦草氟	58667-63-3
3	chlorsulfuron	氯磺隆	64902-72-3	33	fluazifop	吡氟禾草酸	69335-91-7
4	cinosulfuron	醚磺隆	94593-91-6	34	foramsulfuron	甲酰氨基嘧磺隆	173159-57-4
5	florasulam	双氟磺草胺	145701-23-1	35	imazamox	甲氧咪草烟	114311-32-9
6	forchlorfenuron	氯吡脲	68157-60-8	36	imazapic	甲咪唑烟酸	104098-48-8
7	imazapyr	灭草烟	81334-34-1	37	metosulam	磺草唑胺	139528-85-1
8	imazethapyr	咪唑乙烟酸	81335-77-5	38	metsulfuron-methyl	甲磺隆	74223-64-6
9	mesosulfuron-methyl	甲基二磺隆	208465-21-8	39	propoxycarbazone	丙苯磺隆	181274-15-7
10	6-chloro-3-phenyl-py-ridazine-4-ol	6-氯-4-羟基-3-苯基哒嗪	40020-01-7	40	pyrazosulfuron-ethyl	吡嘧磺隆	93697-74-6
11	TEPP	特普	107-49-3	41	quinclorac	二氯喹啉酸	84087-01-4
12	triazoxide	咪唑嗪	72459-58-6	42	quinmerac	氯甲喹啉酸	90717-03-6
13	asulam	磺草灵	3337-71-1	43	quizalofop	喹禾灵	76578-12-6
14	cloransulam-methyl	氯酯磺草胺	147150-35-4	44	thiabendazole	噻菌灵	148-79-8
15	diafenthiuron	丁醚脲	80060-09-9	45	thidiazuron	噻苯隆	51707-55-2
16	flazasulfuron	啶嘧磺隆	104040-78-0	46	thifensulfuron-methyl	噻吩磺隆	79277-27-3
17	flumetsulam	唑嘧磺草胺	98967-40-9	47	triasulfuron	醚苯磺隆	82097-50-5
18	halosulfuron-methyl	氯吡嘧磺隆	100784-20-1	48	flucarbazone	氟唑磺隆	181274-17-9
19	haloxyfop	氟吡禾灵	69806-34-4	49	hydramethylnon	氟蚁腙	67485-29-4
20	imazaquin	咪唑喹啉酸	81335-37-7	50	nicosulfuron	烟嘧磺隆	111991-09-4
21	inabenfide	抗倒胺	82211-24-3	51	penoxsulam	五氟磺草胺	219714-96-2
22	iodosulfuron-methyl	碘甲磺隆	144550-06-1	52	pyrasulfotole	磺酰草吡唑	365400-11-9
23	propamocarb	霜霉威	24579-73-5	53	pyraflufen	霸草灵	129630-17-7
24	pymetrozine	吡蚜酮	123312-89-0	54	saflufenacil	苯嘧磺草胺	372137-35-4
25	albendazole	丙硫多菌灵	54965-21-8	55	sulcotrione	磺草酮	99105-77-8
26	bensulfuron-methyl	苄嘧磺隆	83055-99-6	56	tembotrione	环磺酮	335104-84-2
27	cyclosulfamuron	环丙嘧磺隆	136849-15-5	57	thiabendazole-5-hydroxy	5-羟基噻苯咪唑	948-71-0
28	cyromazine	灭蝇胺	66215-27-8	58	thiencarbazone-methyl	噻酮磺隆	317815-83-1
29	diclosulam	双氯磺草胺	145701-21-9	59	validamycin	井冈霉素	37248-47-8
30	emamectin	甲氨基阿维菌素	155569-91-8				

　茶叶农药多残留检测
方法学研究

1.3.4.4　　不同基质中农药筛查限和回收率对比分析

556 种农药化合物（已除去验证未添加的 9 种农药化合物）在 4 组不同基质中的筛查限和回收率情况均不相同。由表 1-38 可知，在 4 组基质中均可筛查，且所有基质可回收的农药共计 394 种，占比为 70.9%；所有基质均可筛查，部分基质可回收的农药共计 45 种，这是由于在前处理过程中，部分农药被吸附填料吸附造成回收率降低，或检测时受到基质增强或抑制作用，导致这部分农药达不到回收率在 60%～120% 同时 RSD＜20% 的要求；4 种基质均可筛查，但回收率均不合格的农药有 59 种，由于其在 LC-Q-TOF/MS 上的灵敏度较低，稳定性较差，在不同基质中的回收率均不合格（见附表 1-2）；部分基质可筛查，部分基质可回收的农药数量为 20 种，占比为 3.6%；部分基质可筛查，但均无法回收的农药数量有 16 种，这些农药本身的灵敏度比较低且易被基质干扰不出峰；所有基质均不可筛查，也无法回收的农药有 22 种，这是由于这 22 种农药的灵敏度太低所致，需进一步添加高水平浓度进行验证。这些农药并不适合在 LC-Q-TOF/MS 仪器上检测。明细见附表 1-2。

表 1-38　4 种茶叶基质中筛查限和回收率综合对比分析

项目	数量/种	占比/%
本次验证评价数据库农药总数	556	
所有基质可筛查,所有基质可回收	394	70.9
所有基质均不可筛查,也无法回收	22	4.0
所有基质均可筛查,部分基质可回收	45	8.1
所有基质可筛查,但均无法回收	59	10.6
部分基质可筛查,部分基质可回收	20	3.6
部分基质可筛查,但均无法回收	16	2.9

1.3.5　　结论

本研究开发了一种基于 LC-Q-TOF/MS 技术的非靶向、高通量同时筛查茶叶中 556 种农药的多残留方法。该方法在建立的 556 种农药 LC-Q-TOF/MS 精确质量质谱库的基础上，通过 LC-Q-TOF/MS 技术对样品进行数据采集并与农药精准质谱库对比，自动实现农药残留的定性鉴定。其在"一律标准"10μg/kg 添加水平满足"回收率 RSD 双标准"的农药数量达 336 种（占比 60.4%）以上，体现了该技术的普遍适用性和准确性。同时实现了由电子识别标准代替农药实物标准作参比的传统定性方法，实现了从传统的靶向检测向非靶向筛查的跨越式发展，从而实现了农药残留检测的自动化、数字化和信息化，其方法的效益是传统方法不可比拟的。综上所述，这项技术具有农药残留强大的发现能力，将成为农药残留侦测的有效工具，必将在食品农产品农药残留安全监管中发挥重大作用。

1.4 GC-Q-TOF/MS 和 LC-Q-TOF/MS 非靶向检测茶叶中 1050 种农药化学污染物方法及其效能评价

1.4.1 概述

飞行时间质谱（time-of-flight mass spectrum）技术具备质量范围宽、分析速度快、灵敏度高、分辨率和质量测量精度高等特点，对于复杂基质背景下痕量化合物的定性分析具有良好的可靠性。飞行时间质谱与色谱技术联用能够提供一种准确、高效的定性确证的分析方法，在农药多残留的高通量快速筛查确证分析、未知化合物的筛查分析以及复杂基质的分离分析等领域发挥着越来越重要的作用，目前与色谱仪器联用的仪器主要有 GC-Q-TOF/MS 仪和 LC-Q-TOF/MS 仪。由于 GC-Q-TOF/MS 仪和 LC-Q-TOF/MS 仪两种仪器在性能及原理上的差异，使得检出的农药种类也各有不同，本节主要是针对两类仪器在本次筛查验证过程中的筛查性能进行讨论。在建立 GC-Q-TOF/MS 494 种和 LC-Q-TOF/MS 556 种农药精确质谱库的基础上，开发了非靶向、高通量 GC-Q-TOF/MS 和 LC-Q-TOF/MS 联用农药残留检测技术，可适用于 765 种残留农药检测，这种联用技术比单一技术检测能力提高了 30% 以上。通过采用 4 种茶叶、6 种不同添加水平对 2 种技术进行方法效能评价，包括筛查限、方法"回收率 RSD 双标准"的分析结果，显示出这种联用技术有以下特点：①两种技术各自独具优势的农药已优选出来（GC-Q-TOF/MS：235～270 种，LC-Q-TOF/MS：352～402 种）。②两种技术互补性农药也划定清楚（GC-Q-TOF/MS：218 种，LC-Q-TOF/MS：275 种）。③两种技术共检农药也明细分清（共检农药 272 种）。实验证明，这项技术可适用于茶叶基质 1050 种残留农药的检测。

1.4.2 实验部分

1.4.2.1 试剂和标准品

所有农药标准物质（纯度 ≥ 95%，Dr. Ehrenstorfer，德国）；单个标准储备溶液（1000mg/L）由甲醇、乙腈或丙酮配制，所有标准溶液 4℃ 避光保存。色谱纯乙腈、甲苯和甲醇（Fisher Scientific，美国）；甲酸（Duksan Pure Chemicals，韩国）；超纯水来自密理博超纯水系统（Milford，美国），Na_2SO_4、NH_4OAc 购自北京化学试剂厂；茶叶 TPT 小柱（艾杰尔公司，中国）。

1.4.2.2　仪器与设备

Agilent 7890A-7200 气相色谱-四极杆-飞行时间质谱仪（GC-Q-TOF/MS）和 Agilent 1290-6550 液相色谱-四极杆-飞行时间质谱仪（LC-Q-TOF/MS）（安捷伦公司，美国）；移液器（Eppendorf 公司，德国）；SR-2DS 水平振荡器（TAITEC 公司，日本）；低速离心机（中科中佳科学仪器有限公司，中国）；N-EVAP112 氮吹仪（OA-SYS 公司，美国）；8893 超声波清洗仪（Cole-Pamer 公司，美国）；TL-602L 电子天平（Mettler 公司，德国）。

1.4.2.3　标准溶液的配制

① 农药储备标准溶液的配制：准确称取 10mg（精确至 0.01mg）各种农药标准品分别置于 10mL 容量瓶中，根据标准品的溶解性和测定的需要选用甲醇、甲苯和丙酮等溶剂溶解并定容至刻度。

② 农药混合标准溶液的配制：根据储备标准溶液浓度，准确移取一定体积的储备标准溶液至 25mL 容量瓶中，甲醇定容至刻度，使混标中每种农药质量浓度均为 10mg/L。为了实现药物的更好分离，根据每种农药的化学性质和保留时间将农药混合标准溶液分成 A1～H1 和 A2～H2 共计 16 组（A1～H1 8 组农药用于 LC-Q-TOF/MS 检测，A2～H2 8 组农药用于 GC-Q-TOF/MS 检测）。所有标准溶液 4℃避光保存。

1.4.2.4　样品的采集和前处理

样品的采集：所有茶叶样品（红茶、绿茶、乌龙茶、普洱茶）均来自北京市各大超市，搅拌机打碎、过筛、保存、待分析。

GC-Q-TOF/MS 样品前处理：①称取 2g 茶叶样品（精确至 0.01g）置于 80mL 离心管中；②加入 15mL 乙腈，15000r/min 均质提取 1min；③低速离心机离心 5min（4200r/min）；④将上清液转至 150mL 鸡心瓶中，残渣用 15mL 乙腈重复提取 1 次，离心，合并两次提取液，旋转蒸发（水浴温度 40℃、40r/min）至约 2mL；⑤活化 Cleanert TPT 柱［柱顶部填入约 2cm 高的无水 Na_2SO_4，5mL 乙腈-甲苯（3∶1）溶液淋洗两次］，弃去流出液，下接 80mL 鸡心瓶，放入固定架上待用；⑥将浓缩提取液移至 TPT 柱中，2mL 乙腈-甲苯（3∶1）溶液洗涤鸡心瓶 3 次，25mL 乙腈-甲苯（3∶1）洗脱；⑦待所有液体收集完毕之后，取下鸡心瓶；⑧旋转蒸发（水浴温度 40℃、80r/min）至约 0.5mL；⑨加入 40μL 环氧七氯内标液，于 35℃下氮气吹干，立即加入 1mL 正己烷，超声波溶解，经 0.2μm 微孔滤膜过滤后，供 GC-Q-TOF/MS 分析。

LC-Q-TOF/MS 样品前处理：前 8 步与 GC-Q-TOF/MS 保持一致，于 35℃下氮气吹干，立即加入 1mL 乙腈-水（3∶2，体积比），超声波溶解，经 0.2μm 微孔滤膜过滤后，供 LC-Q-TOF/MS 分析。

1.4.2.5　仪器操作条件

LC-Q-TOF/MS 操作条件：

质谱仪采用电喷雾电离正离子模式（ESI$^+$）；毛细管电压：4000 V；干燥气温度：

325℃；干燥气流速：10L/min；鞘气温度：325℃；鞘气流速：11L/min；雾化气压力：40psi；锥孔电压：60V；碎裂电压：140V。质量扫描范围 m/z 50～1600，并采用内标参比溶液对仪器质量精度进行实时校正。内标参比溶液包含嘌呤、HP-0921 和 TFANH$_4$，参比溶液的精确质量数分别为 m/z 121.050873 和 m/z 922.009798。液相色谱配有 ZORBAX SB-C$_{18}$ 柱（2.1mm×100mm，3.5μm）。流动相 A 为 5mmol/L 的乙酸铵-0.1％甲酸-水，流动相 B 为乙腈。梯度洗脱程序为：0min，1％ B；3min，30％ B；6min，40％ B；9min，40％ B；15min，60％ B；19min，90％ B；23min，90％ B；23.01min，1％ B，后运行4min。流速：0.4mL/min；柱温：40℃；进样量：10μL。数据采集与处理通过 Agilent MassHunter Workstation Software（version B.05.00），一级精确质量数据库由 Excel（2010）建立并保存为 CSV 格式，二级碎片离子谱图库通过 Agilent MassHunter PCDL Manager（B.07.00）建立。

GC-Q-TOF/MS 操作条件：

质谱仪采用电子轰击电离源（EI）；电压：70eV；离子源温度：230℃；传输线温度：280℃；溶剂延迟：6min；质量扫描范围 m/z 50～600；采集速率：2spectrum/s。气相色谱配有 VF-1701 ms 农残专用柱（30m×0.25mm，0.25μm）。程序升温过程：40℃ 保持1min，然后以 30℃/min 程序升温至130℃，以 5℃min 升温至250℃，再以 10℃/min 升温至300℃，保持5min。载气：氦气，纯度≥99.999％，流速为 1.2mL/min；进样口温度：280℃；进样量：1μL；不分流进样；环氧七氯用于调整保留时间。数据采集与处理通过 Agilent MassHunter Workstation Software（version B.07.00）进行，一级碎片离子谱图库通过 Agilent MassHunter PCDL Manager（B.07.00）建立。

1.4.2.6 数据库的构建

（1）LC-Q-TOF/MS 数据库的构建

向仪器注入 10μL 1mg/L 的单个农药标准溶液，在 MS 模式下进行测定，使用定性软件"Find by Formula"功能对实验数据进行处理，当目标化合物得分超过90，精确质量偏差低于 $5×10^{-6}$ 时，认为化合物被识别。记录该峰在色谱分离条件下的保留时间、离子化形式（[M+H]$^+$、[M+NH$_4$]$^+$ 和 [M+Na]$^+$）。将每种农药的名称、化学分子式、精确分子量和保留时间录入 databases 数据文件，建成 556 种农药的 LC-Q-TOF/MS 一级精确质量数据库。

在 Targeted MS/MS 采集界面输入每种农药的母离子、保留时间和 8 种不同的碰撞能量（CID：5～80），对其进行数据采集。采用"Find by targeted MS/MS"对数据进行处理，得到不同碰撞能下的碎片离子全扫描质谱图，生成 CEF 文件。将 CEF 文件导入 PCDL 软件中，选择 4 张最佳碰撞能下的质谱图并与对应的农药信息相对应并保存，建成556 种农药的 LC-Q-TOF/MS 二级谱图库。

（2）GC-Q-TOF/MS 数据库的构建

向仪器注入 1μL 1mg/L 的单个农药标准溶液，在 MS 模式下进行测定，在定性软件中打开一级模式全谱数据，记录该峰在色谱分离条件下的保留时间。在"Search library"功能下使用 NIST 库识别当前的化合物以得到全面的化合物信息，包括名称、分子式、精确分子量以及离子碎片组成信息等。对质谱图上的离子精确质量数信息加以核对、确认。

将编辑完成的质谱图和化合物信息发送至 PCDL Manager 软件，并与对应的农药信息相关联，建成 703 种农药的一级碎片离子谱图库。

1.4.2.7 方法效能评价

为了验证 GC-Q-TOF/MS 和 LC-Q-TOF/MS 两种非靶向高通量农药残留筛查方法的灵敏度、特效性和广泛适用性，选择 4 种代表性茶叶，对上述两种方法进行了效能评价。具体实施方案：对于 GC-Q-TOF/MS，分别在 $5\mu g/kg$、$10\mu g/kg$、$20\mu g/kg$、$50\mu g/kg$、$100\mu g/kg$、$200\mu g/kg$ 6 个浓度水平下进行基质添加实验，考察 494 种农药的筛查限，同时在 $10\mu g/kg$、$50\mu g/kg$、$200\mu g/kg$ 3 个浓度水平下进行添加回收实验，考察 494 种农药的回收率和精密度；对于 LC-Q-TOF/MS，分别在 $5\mu g/kg$、$10\mu g/kg$、$20\mu g/kg$、$50\mu g/kg$、$100\mu g/kg$、$200\mu g/kg$ 6 个浓度水平下进行基质添加实验，考察 556 种农药的筛查限，同时在 $10\mu g/kg$、$50\mu g/kg$、$100\mu g/kg$ 3 个浓度水平下进行添加回收实验，考察 556 种农药的回收率和精密度。从而选出 GC-Q-TOF/MS 和 LC-Q-TOF/MS 两种技术联用的最佳实验方案。

1.4.3 方法效能评价结果

1.4.3.1 2 种技术 4 种基质 6 个添加水平的筛查限分析

鉴于农药的不同化学物理特性与不同基质效应的影响，同一种农药在不同基质中的筛查限有高有低，具体数据详见附表 1-1 和附表 1-2。按筛查农药数量进行统计，由表 1-39 和表 1-40 可知，对于 GC-Q-TOF/MS，可筛查农药总计 478 种，占参与评价农药总数的 96.8%（表 1-40）。在不同基质中可筛查农药的种数略有差异，可筛查农药数量在 451～468 种之间，占比为 91.3%～94.7%，其中红茶可筛查农药的数量最多，为 468 种，占比为 94.7%；乌龙茶可筛查的农药数量最少，为 451 种，占比为 91.3%（表 1-39）；对于 LC-Q-TOF/MS，可筛查农药总计 534 种，占参与评价农药总数的 96.0%（表 1-40）。在不同基质中可筛查的农药种数略有差异，可筛查农药数量在 509～531 种之间，占比为 91.6%～95.5%，其中乌龙茶可筛查的农药数量最多，为 531 种，占比为 95.5%；红茶和绿茶可筛查的农药数量最少，为 509 种，占比为 91.6%（表 1-39）。GC-Q-TOF/MS 不可筛查的农药仅 16 种，占 3.2%；LC-Q-TOF/MS 不可筛查的农药仅 22 种，占 4.0%。充分说明两种非靶向筛查方法对 4 种基质均有非常好的普遍适用性（表 1-40）。按筛查限水平统计，从表 1-39 可以看出，在 $5\mu g/kg$ 添加水平下，对于 GC-Q-TOF/MS，4 种基质中可筛查的农药数量占比为 65.2%～68.6%，对于 LC-Q-TOF/MS，可筛查的农药数量占比为 79.3%～88.3%；在 $10\mu g/kg$ 添加水平下，对于 GC-Q-TOF/MS，4 种基质中可筛查的农药数量占比 4.3%～7.1%，对于 LC-Q-TOF/MS，可筛查的农药数量占比为 3.1%～6.3%。说明这两项技术有足够的灵敏度。按照国际公认的 $10\mu g/kg$ "一律标准"（Uniform Standard），从表 1-39 中可以看出，对于 GC-Q-TOF/MS，4 种茶叶基质中，红茶中筛查限≤$10\mu g/kg$ 的农药数量最多，为 366 种，占比为 74.1%，绿茶中筛查限

表1-39　2种技术单用或联用在4种基质中筛查765种农药的能力对比

序号	项目		5μg/kg		10μg/kg		20μg/kg		50μg/kg		100μg/kg		200μg/kg		10μg/kg及以下		可筛查农药合计		不可筛查农药合计		评价农药合计数量
			数量	占比/%	数量	占比/%	数量	占比/%	数量	占比/%	数量	占比/%	数量	占比/%	数量	占比/%	数量	占比/%	数量	占比/%	
1	红茶	GC	331	67.0	35	7.1	56	11.3	20	4.0	14	2.8	12	2.4	366	74.1	468	94.7	26	5.3	494
		LC	443	79.7	27	4.9	23	4.1	16	2.9	0	0.0	0	0.0	470	84.5	509	91.6	47	8.4	556
		GC+LC	615	80.4	33	4.3	43	5.6	12	1.6	7	0.9	8	1.0	648	84.7	718	93.9	47	6.1	765
2	绿茶	GC	322	65.2	33	6.7	58	11.7	34	6.9	8	1.6	8	1.6	355	71.9	463	93.7	31	6.3	494
		LC	441	79.3	35	6.3	22	4.0	7	1.3	4	0.7	0	0.0	476	85.6	509	91.6	47	8.4	556
		GC+LC	610	79.7	31	4.1	42	5.5	25	3.3	5	0.7	5	0.7	641	83.8	718	93.9	47	6.1	765
3	普洱茶	GC	337	68.2	21	4.3	68	13.8	21	4.3	10	2.0	8	1.6	358	72.5	465	94.1	29	5.9	494
		LC	461	82.9	22	4.0	19	3.4	18	3.2	5	0.9	0	0.0	483	86.9	525	94.4	31	5.6	556
		GC+LC	631	82.5	26	3.4	38	5.0	19	2.5	7	0.9	5	0.7	657	85.9	726	94.9	39	5.1	765
4	乌龙茶	GC	339	68.6	22	4.5	51	10.3	23	4.7	10	2.0	6	1.2	361	73.1	451	91.3	43	8.7	494
		LC	491	88.3	17	3.1	10	1.8	6	1.1	3	0.5	4	0.7	508	91.4	531	95.5	25	4.5	556
		GC+LC	647	84.6	24	3.1	34	4.4	11	1.4	5	0.7	4	0.5	671	87.7	725	94.8	40	5.2	765

≤10μg/kg 的农药数量最少，为 355 种，占比为 71.9%；对于 LC-Q-TOF/MS，4 种茶叶基质中，乌龙茶中筛查限≤10μg/kg 的农药数量最多，为 508 种，占比为 91.4%，红茶中筛查限≤10μg/kg 的农药数量最少，为 470 种，占比为 84.5%。由此可以得出结论，GC-Q-TOF/MS 和 LC-Q-TOF/MS 方法均能确保 70% 以上的农药筛查限≤10μg/kg，如果两种技术联用，满足条件的农药数量为（绿茶）641～671 种（乌龙茶），占比为 83.8%～87.7%；83% 以上的农药均可在 10μg/kg 残留水平被筛查出来，印证了本筛查方法的高灵敏度和高效性，足以适用国际上最严格 MRL 标准的要求，同时彰显两种技术强的互补性。

按照可筛查基质种类对应的农药数量和占比进行统计，结果如表 1-40 所示，对 GC-Q-TOF/MS 而言，有 478 种农药可在至少 1 种基质中筛查出，其中在 4 种基质中均可筛查的农药数量为 436 种，占比为 88.3%，在 3 种以上（包括 3 种）基质中均可筛查农药数量为 462 种，占比为 93.5%；对 LC-Q-TOF/MS 而言，有 534 种农药至少可在 1 种基质中筛查出，其中在 4 种基质中均可筛查的农药数量为 498 种，占比为 89.6%；在 3 种以上（包括 3 种）基质中均可筛查的农药数量为 517 种，占比为 93.0%。数据结果表明绝大部分农药在不同基质中均可进行筛查检测，印证了该方法的普遍适用性。特别值得注意的是，如果从两种技术联用角度综合分析，从表 1-40 中可以看出，所有参与评价的 4 种基质均可以筛查的农药数量达到 696 种，占比为 91.0%，3 种及以上基质可以筛查的农药数量达到 720 种，占比为 94.1%。两种技术联用大大提高了农药残留种类的发现能力，同时进一步说明本筛查方法广泛的基质适应性和两种技术的互补性。

表 1-40　两种技术可筛查的农药数量及占比（按可筛查基质种数统计）

项目	GC-Q-TOF/MS		LC-Q-TOF/MS		两种方法联用	
	数量/种	占比/%	数量/种	占比/%	数量/种	占比/%
4 种基质均可筛查	436	88.3	498	89.6	696	91.0
3 种基质可筛查	26	5.3	19	3.4	24	3.1
2 种基质可筛查	9	1.8	8	1.4	11	1.4
1 种基质可筛查	7	1.4	9	1.6	9	1.2
可筛查农药合计	478	96.8	534	96.0	740	96.7
不可筛查农药	16	3.2	22	4.0	25	3.3
参与评价农药合计	494		556		765	

通过 GC-Q-TOF/MS 和 LC-Q-TOF/MS 2 种非靶向检测技术同时对 4 种茶叶农药多残留方法筛查能力进行评价。从每种基质来看（表 1-39），5μg/kg 是筛查限最集中的浓度水平，但 LC-Q-TOF/MS 在 5μg/kg 水平下的筛查能力明显优于 GC-Q-TOF/MS，可能原因是 LC-Q-TOF/MS 应用较大的进样体积（10μL VS. 1μL）和低的离子碎裂程度（ESI VS. EI）。对 765 种农药的筛查限进行统计分析发现，2 种技术在筛查限上各有优势，表 1-41 列出了 2 种技术筛查 4 种基质中 765 种农药的筛查限对比结果。整体而言，适合 LC-Q-TOF/MS 筛查的农药数量比 GC-Q-TOF/MS 高 12%。

表 1-41　765 种农药在 2 种技术 4 种基质中的筛查限对比结果

项目	红茶		绿茶		普洱茶		乌龙茶		合计	
	数量/种	占比/%	数量/种	占比/%	数量/种	占比/%	数量/种	占比/%	数量/种	占比/%
GC 占优	233	30.5	230	30.1	212	27.7	248	33.8	235	30.7
LC 占优	330	43.1	334	43.7	336	43.9	402	54.8	326	42.6
相同	155	20.3	162	21.2	177	23.1	47	6.1	157	20.5
均无法检出	47	6.1	39	5.1	40	5.2	36	4.9	47	6.1

注："GC 占优"：765 种农药中可被 GC-Q-TOF/MS 筛查，且筛查限低于 LC-Q-TOF/MS 的农药；"LC 占优"：765 种农药中可被 LC-Q-TOF/MS 筛查，且筛查限低于 GC-Q-TOF/MS 的农药；"相同"：765 种农药中可被两种技术筛查且筛查限相同的农药；"均无法检出"：765 种农药中均无法被两种技术筛查的农药。

1.4.3.2　2 种技术 4 种基质 3 个添加水平的回收率分析

根据欧盟指导性文件（SANCO/10684/2009），将回收率符合 60%～120% & RSD≤20% 简称"回收率 RSD 双标准"。2 种技术 4 种基质 3 个添加水平的回收率结果见表 1-42。在 $10\mu g/kg$ 添加水平下，采用 GC-Q-TOF/MS 技术，4 种基质中满足"回收率 RSD 双标准"的农药数量为 324 种（乌龙茶）～341 种（红茶），占比为 65.6%～69.0%；采用 LC-Q-TOF/MS，农药数量为 336 种（乌龙茶）～391 种（绿茶），占比为 60.4%～70.3%。在 $50\mu g/kg$ 添加水平下，采用 GC-Q-TOF/MS 技术，4 种基质中满足"回收率 RSD 双标准"的农药数量为 377 种（乌龙茶）～419 种（红茶），占比 76.3%～84.8%；采用 LC-Q-TOF/MS，满足"回收率 RSD 双标准"的农药数量为 398 种（乌龙茶）～428 种（绿茶），占比为 71.6%～77.0%。在 $200\mu g/kg$ 添加水平下，采用 GC-Q-TOF/MS 技术，4 种基质中满足"回收率 RSD 双标准"的农药数量为 411 种（乌龙茶）～441 种（红茶），占比 83.2%～89.3%；采用 LC-Q-TOF/MS，农药数量为 425 种（乌龙茶）～437 种（绿茶），占比为 76.4%～78.6%。由以上数据可以看出，在 3 个添加水平 2 种技术 4 种基质中符合"回收率 RSD 双标准"的结果具有满意的占比（60.4%～89.3%），体现出方法具有较高的准确度。按照国际公认的 $10\mu g/kg$ "一律标准（Uniform Standard）"来评价所有农药符合"回收率 RSD 双标准"的结果显示，对于 GC-Q-TOF/MS（494 种）和 LC-Q-TOF/MS（556 种）2 种技术在 4 种基质中符合"回收率 RSD 双标准"的农药数量分别占 65.6%～69.0% 和 60.4%～70.3%（表 1-42），说明这两项技术有足够的灵敏度和准确度。

4 种基质采用 GC-Q-TOF/MS 和 LC-Q-TOF/MS 联用技术，满足"回收率 RSD 双标准"的农药数量对比结果见表 1-42。相比单独使用 GC-Q-TOF/MS 可检测 324 种（乌龙茶）～341 种（红茶）农药，或者单独使用 LC-Q-TOF/MS 可检测 336 种（乌龙茶）～391 种（绿茶）农药，两种方法联用在 $10\mu g/kg$ 浓度添加水平下可检测的农药数量为 511 种（乌龙茶）～556 种（红茶），两种方法联用能较大幅度地提高整体效能，实现了高效、灵敏的检测。

按照可回收基质种类对应的农药数量和占比进行统计分析，结果如表 1-43 所示，对 GC-Q-TOF/MS 而论，评价的 494 种农药中有 470 种农药在至少 1 种基质中可回收，在 4 种基质中可回收的农药数量为 396 种，占比为 80.2%；在 3 种以上（包括 3 种）基质中

表1-42 2种技术4种基质3个添加水平 494/556 种农药的方法效能评价结果

基质	添加浓度/(μg/kg)	GC-Q-TOF/MS(494种农药) Rec. 60%~120% 数量	占比/%	RSD≤20%(n=5) 数量	占比/%	Rec. 60%~120% & RSD≤20% 数量	占比/%	平均Rec./%	平均RSD/%	添加浓度/(μg/kg)	LC-Q-TOF/MS(556种农药) Rec. 60%~120% 数量	占比/%	RSD≤20%(n=5) 数量	占比/%	Rec. 60%~120% & RSD≤20% 数量	占比/%	平均Rec./%	平均RSD/%	两种技术联用(765种农药) Rec. 60%~120% & RSD≤20%, 10μg/kg浓度水平 数量	占比/%
红茶	10	347	70.2	351	71.1	341	69.0	94.6	6.7	10	391	70.3	408	73.4	390	70.1	85.6	6.5	556	72.7
	50	420	85.0	430	87.0	419	84.8	91.7	5.4	50	419	75.4	437	78.6	418	75.2	91.4	4.9		
	200	444	89.9	451	91.3	441	89.3	93.8	5.8	200	430	77.3	440	79.1	429	77.2	97.0	5.2		
绿茶	10	338	68.4	348	70.4	337	68.2	92.2	7.8	10	396	71.2	406	73.0	391	70.3	92.3	7.0	554	72.4
	50	413	83.6	430	87.0	412	83.4	92.9	6.9	50	429	77.2	435	78.2	428	77.0	95.6	9.2		
	200	433	87.7	443	89.7	430	87.0	94.6	7.1	200	438	78.8	450	80.9	437	78.6	95.9	6.7		
普洱茶	10	336	68.0	347	70.2	334	67.6	83.9	5.8	10	370	66.5	406	73.0	366	65.8	81.7	6.8	539	70.5
	50	411	83.2	426	86.2	403	81.6	83.9	6.6	50	411	73.9	437	78.6	406	73.0	83.9	6.2		
	200	424	85.8	449	90.9	422	85.4	88.4	7.0	200	432	77.7	457	82.2	431	77.5	87.5	4.5		
乌龙茶	10	332	67.2	342	69.2	324	65.6	85.7	6.7	10	347	62.4	400	71.9	336	60.4	82.5	8.6	511	66.8
	50	380	76.9	413	83.6	377	76.3	81.1	5.6	50	398	71.6	447	80.4	398	71.6	82.4	6.0		
	200	413	83.6	436	88.3	411	83.2	82.0	6.0	200	429	77.2	464	83.5	425	76.4	81.4	4.7		

表 1-43　两种技术满足"回收率 RSD 双标准"农药数量及占比（按基质种数统计）

项目	GC-Q-TOF/MS		LC-Q-TOF/MS		两种方法联用	
	数量	占比/%	数量	占比/%	数量	占比/%
4 种基质均可回收	396	80.2	394	70.9	585	76.5
3 种基质可回收	48	9.7	39	7.0	48	6.3
2 种基质可回收	13	2.6	15	2.7	17	2.2
1 种基质可回收	13	2.6	11	2.0	16	2.1
均不可回收	24	4.9	97	17.4	99	12.9
参与评价农药合计	494		556		765	

注："可回收"是指在 3 个添加浓度水平下，至少有 1 个浓度水平满足"回收率 RSD 双标准"。

可回收的农药数量为 444 种，占比为 89.9%；对 LC-Q-TOF/MS 而论，评价的 556 种农药中有 459 种农药在至少 1 种基质中可回收，在 4 种基质中可回收的农药数量为 394 种，占比为 70.9%；在 3 种以上（包括 3 种）基质中可回收的农药数量为 433 种，占比为 77.9%。两种技术评价结果表明，大部分农药可以在绝大多数基质中有较好的回收率，证明该方法具有普遍适用性和准确性。特别值得注意的是，如果从两种技术联用角度综合分析，从表 1-43 中也可以看出，所有参与评价的 4 种基质均可以回收的农药数量达到 585 种，占比为 76.5%，3 种及以上基质可以回收的农药数量达到 633 种，占比 82.8%。两种技术联用大大提高了农药残留种类的发现能力，进一步说明本筛查方法广泛的基质适应性和两种技术的互补性。

GC-Q-TOF/MS 研究的 494 种农药和 LC-Q-TOF/MS 研究的 556 种农药在 4 种基质中符合"回收率 RSD 双标准"的结果见表 1-44。对于 GC-Q-TOF/MS，在 4 种基质中均可筛查，且可回收的农药共计 396 种，占比为 80.2%；4 种基质均可筛查，部分基质可回收的农药共计 38 种，占比为 7.7%；部分基质可筛查，部分基质可回收的农药共计 36 种，占比为 7.3%。对于 LC-Q-TOF/MS，在 4 种基质中均可筛查，且可回收的农药共计 394 种，占比为 70.9%；4 种基质均可筛查，部分基质可回收的农药共计 45 种，占比为 8.1%；部分基质可筛查，部分基质可回收的农药共计 20 种，占比为 3.6%。

表 1-44　2 种技术 4 种基质中的筛查限和回收率综合对比分析

项目	GC-Q-TOF/MS		LC-Q-TOF/MS	
	数量/种	占比%	数量/种	占比%
评价农药总数	494		556	
4 种基质可筛查,4 种基质可回收	396	80.2	394	70.9
4 种基质均不可筛查,也无法回收	16	3.2	22	4.0
4 种基质可筛查,部分基质可回收	38	7.7	45	8.1
4 种基质可筛查,但均无法回收	2	0.4	59	10.6
部分基质可筛查,部分基质可回收	36	7.3	20	3.6
部分基质可筛查,但均无法回收	6	1.2	16	2.9

注："可回收"是指在 3 个添加浓度水平下，至少有 1 个浓度水平满足"回收率 RSD 双标准"。

1.4.3.3　2 种技术 4 种基质共检农药对比分析

（1）共检农药筛查限分析

2 种技术筛查的 765 种农药中，有 272 种农药至少在 1 种基质中可以同时被 2 种技术筛查，称这 272 种农药为"共检农药"。因为基质的复杂性和农药灵敏度不同等因素的影响，本次评价的 272 种共检农药中有 259 种农药在 3 种及以上基质中可实现两种技术的共检，占共检农药总数的 95.2%，有 240 种农药在 4 种基质中可以实现两种技术的共检，占共检农药总数的 88.2%，由此可以看出共检农药有着良好的基质适应性。在不同基质中，实际能够实现共检的农药数量略有不同，详细数据见附表 1-3。

对共检农药进行筛查限分析，两种技术单独使用或联用在 4 种基质中可以筛查的农药数量与占比见表 1-45。从表 1-45 两种技术单独使用得到的数据可以看出，LC-Q-TOF/MS 筛查限为 5μg/kg 的农药在各种基质中占比为 83.1%~93.8%，明显优于 GC-Q-TOF/MS 的 65.8%~71.3%，这说明就方法的灵敏度而言，共检农药中 LC-Q-TOF/MS 更具优势。这与两种技术各自筛查限的规律特点是一致的。从表 1-45 两种技术联用得到的数据可以看出，共检农药数量最少的是绿茶，有 254 种，占比为 93.4%，共检农药数量最多的是普洱茶，有 264 种，占比为 97.1%，基质差异性不大。总体看来，能够在实际基质检测中实现共检的农药均大于 93%。

两种技术对 272 种共检农药的筛查限综合对比分析见表 1-46。可以看出，在 4 种基质中，GC-Q-TOF/MS 筛查限占优的农药占比为 6.6%~13.2%，LC-Q-TOF/MS 占优的农药占比为 28.3%~30.1%，筛查限相同的农药占比为 57.0%~65.1%。"均无法检出"的数量为 0，说明共检农药在茶叶基质中一致性很强，同时通过两种技术互补性的组合，可以大大增强筛查能力。

（2）共检农药回收率分析

在 272 种"共检农药"回收率实验中发现以下 3 种情况，不能实现 2 种技术 4 种基质 3 个添加水平下均能进行完全的回收率实验：①有 13 种农药用 GC-Q-TOF/MS 和 LC-Q-TOF/MS 两种技术可以筛查出来，但在回收率实验中，发现有 4 种农药仅可在 LC-Q-TOF/MS 中合格回收，另外 9 种农药仅在 GC-Q-TOF/MS 中合格回收；②剔除这 13 种农药后，还有 259 种农药在 3 种及以上基质中用两种技术均可回收，占共检农药总数的 95.2%；③有 240 种农药在 4 种基质中用两种技术均可回收，占共检农药总数的 88.2%。

表 1-45 2 种技术单独用或联合用在 4 种基质中筛查 272 种农药的能力对比

序号	基质	技术	5μg/kg		10μg/kg		20μg/kg		50μg/kg		100μg/kg		200μg/kg		无法筛查		2 种技术联用	
			数量	占比/%	数量	占比/%	数量	占比/%	数量	占比/%	数量	占比/%	数量	占比/%	数量	占比/%	数量	占比/%
1	红茶	GC	184	67.6	24	8.8	32	11.8	15	5.5	9	3.3%	5	1.8	3	1.1	259	95.2
		LC	235	86.4	9	3.3	8	2.9	10	3.7	0	0.0%	0	0.0	10	3.7		
2	绿茶	GC	179	65.8	24	8.8	36	13.2	17	6.3	6	2.2%	3	1.1	7	2.6	254	93.4
		LC	226	83.1	20	7.4	10	3.7	3	1.1	2	0.7%	0	0.0	11	4.0		
3	普洱茶	GC	191	70.2	11	4.0	43	15.8	12	4.4	8	2.9%	3	1.1	4	1.5	264	97.1
		LC	237	87.1	11	4.0	9	3.3	10	3.7	1	0.4%	0	0.0	4	1.5		
4	乌龙茶	GC	194	71.3	10	3.7	27	9.9	16	5.9	7	2.6%	3	1.1	15	5.5	257	94.5
		LC	255	93.8	7	2.6	3	1.1	2	0.7	2	0.7%	3	1.1	0	0.0		

表 1-46　272 种农药用两种技术在 4 种基质中筛查限对比分析

项目		红茶	绿茶	普洱茶	乌龙茶
GC 占优	数量	36	35	33	18
	占比/%	13.2	12.9	12.1	6.6
LC 占优	数量	79	82	77	77
	占比/%	29.0	30.1	28.3	28.3
相同	数量	157	155	162	177
	占比/%	57.7	57.0	59.6	65.1
均无法检出	数量	0	0	0	0
	占比/%	0.0	0.0	0.0	0.0

注："GC 占优"：272 种农药中可被 GC-Q-TOF/MS 筛查，且筛查限低于 LC-Q-TOF/MS 的农药；"LC 占优"：272 种农药中可被 LC-Q-TOF/MS 筛查，且筛查限低于 GC-Q-TOF/MS 的农药；"相同"：272 种农药中可被两种技术筛查且筛查限相同的农药；"均无法检出"：272 种农药中均无法被两种技术筛查的农药。

为便于 272 种共检农药的回收率和 RSD 分析，按以下 3 种方式回收率 60%～120%、RSD≤20%（$n=5$）、回收率 60%～120% 且 RSD≤20%（简称"回收率 RSD 双标准"）进行统计，结果见表 1-47。详细结果见附表 1-3。在 10μg/kg 添加水平下，采用 GC-Q-TOF/MS，4 种基质中满足"回收率 RSD 双标准"的农药数量为 182～197 种，占比为 66.9%～72.4%；采用 LC-Q-TOF/MS，农药数量为 210～236 种，占比为 77.2%～86.8%。在 50μg/kg 添加水平下，采用 GC-Q-TOF/MS，4 种基质中满足"回收率 RSD 双标准"的农药数量为 209～245 种，占比 76.8%～90.1%；采用 LC-Q-TOF/MS，满足"回收率 RSD 双标准"的农药数量为 241～249 种，占比 88.6%～91.5%。在 200μg/kg 添加水平下，采用 GC-Q-TOF/MS，4 种基质中满足"回收率 RSD 双标准"的农药数量为 236～254 种，占比 86.8%～93.4%；采用 LC-Q-TOF/MS，农药数量为 250～257 种，占比为 91.9%～94.5%。从以上数据分析可以看出，2 种技术 4 种基质的 272 种共检农药在 3 个添加水平下满足"回收率 RSD 双标准"的农药约为 66%［66.9%（GC-Q-TOF/MS 的乌龙茶）～94.5%（LC-Q-TOF/MS 的乌龙茶）］，充分说明两种技术针对这部分农药具有很好的灵敏度和准确度。

（3）对"一律标准"10μg/kg 符合"回收率 RSD 双标准"共检农药的分析

对于目前国际公认的 MRL"一律标准"为 10μg/kg，着重比较了两种技术满足"回收率 RSD 双标准"的分析结果，见表 1-47。对于 GC-Q-TOF/MS，符合"回收率 RSD 双标准"的农药数量为 182 种～197 种，占比 66.9%～72.4%；对于 LC-Q-TOF/MS，为 210 种～236 种，占比 77.2%～86.8%。就两种技术联用而论，除基质之间的差异外，还有两种不同技术的差异，要满足"回收率 RSD 双标准"的要求，难度更大。由表 1-47 可知，4 种基质中超过 50%（52.3%～61.4%，数量为 149 种～175 种）的共检农药在 10μg/kg 水平满足"回收率 RSD 双标准"。这充分说明针对 10μg/kg 水平共检农药，两种技术均具有很好的灵敏度和准确度，同时，完备的样品制备技术的保障，也是不可或缺的重要条件。其中筛选出 115 种农药评价结果，详细技术参数见表 1-48。从表 1-48 可以看出，在 4 种基质中 115 种农药的平均回收率均大于 79.1%，平均 RSD 小于 8.0%，检出结果具有良好的重现性、准确性和可靠性，因此选择这 115 种农药作为两种技术联用的"内部质量控制标准"来验证彼此数据结果的准确性，从而进一步提升了这两种技术联用检测结果的精准水平。

表1-47 2种技术4种基质3个添加水平272种共检农药的回收率和方法重现性

样品	添加浓度/(μg/kg)	GC-Q-TOF/MS(272种农药) Rec. 60%~120% 数量	占比/%	RSD≤20% (n=5) 数量	占比/%	Rec. 60%~120% & RSD≤20% 数量	占比/%	平均Rec./%	平均RSD/%	添加浓度/(μg/kg)	LC-Q-TOF/MS(272种农药) Rec. 60%~120% 数量	占比/%	RSD≤20% (n=5) 数量	占比/%	Rec. 60%~120% & RSD≤20% 数量	占比/%	平均Rec./%	平均RSD/%	两种技术(272种农药) Rec. 60%~120% & RSD≤20%, 10μg/kg浓度水平 数量	占比/%
红茶	10	200	73.5	201	73.9	197	72.4	95.0	6.8	10	236	86.8	240	88.2	236	86.8	85.0	6.1	175	61.4
	50	246	90.4	250	91.9	245	90.1	91.7	5.0	50	248	91.2	253	93.0	248	91.2	90.6	4.2		
	200	256	94.1	260	95.6	254	93.4	93.5	6.0	200	250	91.9	256	94.1	250	91.9	97.4	5.1		
绿茶	10	194	71.3	199	73.2	193	71.0	91.7	7.4	10	235	86.4	236	86.8	233	85.7	92.7	6.4	173	60.7
	50	241	88.6	249	91.5	240	88.2	91.6	6.5	50	249	91.5	249	91.5	249	91.5	96.4	9.2		
	200	252	92.6	258	94.9	251	92.3	96.5	8.4	200	255	93.8	256	94.1	255	93.8	95.7	6.6		
普洱茶	10	194	71.3	199	73.2	193	71.0	80.3	5.6	10	224	82.4	233	85.7	221	81.3	81.2	6.7	161	56.5
	50	234	86.0	246	90.4	230	84.6	81.6	6.7	50	244	89.7	253	93.0	241	88.6	85.4	5.9		
	200	238	87.5	257	94.5	237	87.1	85.2	7.9	200	253	93.0	262	96.3	253	93.0	89.1	4.5		
乌龙茶	10	188	69.1	190	69.9	182	66.9	83.3	7.0	10	217	79.8	234	86.0	210	77.2	82.1	8.8	149	52.3
	50	210	77.2	238	87.5	209	76.8	76.4	5.9	50	243	89.3	256	94.1	243	89.3	82.1	5.8		
	200	237	87.1	251	92.3	236	86.8	76.1	4.9	200	259	95.2	264	97.1	257	94.5	82.2	4.5		

注：两种技术：农药在两种技术相同浓度水平同时满足Rec. 60%~120% & RSD≤20%标准才进行计数。

表1-48 2种技术4种基质中115种共检农药的回收率与精密度 [10μg/kg，Rec. 60%~120% & RSD≤20%（n=5）]

序号	英文名称	中文名称	CAS号	红茶 GC Rec./%	红茶 GC RSD/%	红茶 LC Rec./%	红茶 LC RSD/%	绿茶 GC Rec./%	绿茶 GC RSD/%	绿茶 LC Rec./%	绿茶 LC RSD/%	乌龙茶 GC Rec./%	乌龙茶 GC RSD/%	乌龙茶 LC Rec./%	乌龙茶 LC RSD/%	普洱茶 GC Rec./%	普洱茶 GC RSD/%	普洱茶 LC Rec./%	普洱茶 LC RSD/%
1	1-naphthyl acetamide	萘乙酰胺	86-86-2	88.6	4.2	70.9	7.8	98.2	10.4	85.2	10	79.9	8.8	73.6	6.9	84.7	7.3	118.1	5
2	acetochlor	乙草胺	34256-82-1	98.8	7.4	93.2	6.7	98.2	2.9	110.6	2.9	77.5	1.4	81.5	7.6	70.8	2.1	72.8	7
3	ametryn	莠灭净	834-12-8	82.9	5	82.4	9.6	91	5.1	83.9	4.2	80.9	7.4	81.6	12.2	68.6	6.3	65.3	8.9
4	atrazine	莠去津	1912-24-9	87.3	5.2	79.9	2.3	90.9	7.1	95.7	4	76.1	8	95.5	7	85.9	13	112.6	1.9
5	azaconazole	氧环唑	60207-31-0	90.4	10.5	81.7	3.2	86.7	5	91.7	1.6	72.6	8.7	67.3	2.7	72.6	6.7	61	16.5
6	aziprotryne	叠氮津	4658-28-0	91.4	5.4	91	4	88.4	7.5	105	1.7	82.9	12.8	80.2	6.5	91.1	13.7	74.7	6.2
7	bendiocarb	恶虫威	22781-23-3	89	4.4	82.3	6	79.2	7.4	103.5	2.8	78.1	8.3	76.5	7.4	81.8	13.4	71.8	8.1
8	benzoximate	苯螨特	29104-30-1	84.7	6.3	71.2	1.6	96.8	8	85.3	7	84.4	8.3	89.7	11	86.7	9.4	81.3	15.4
9	boscalid	啶酰菌胺	188425-85-6	88.6	4.1	96	15.8	81.1	9.9	72.2	12	76.5	4.5	84.8	6.6	113.8	5.4	73.9	12.6
10	bromfenvinfos	溴苯烯磷	33399-00-7	96.6	3.5	84.2	2.5	96.4	3.2	106.8	4.4	78.8	5.3	84.4	6.1	83	6.1	73.2	10.3
11	bromobutide	溴丁酰草胺	74712-19-9	85.3	5.3	76.8	3.7	79.8	3.1	95.1	4.2	93.6	5.3	91.4	14.9	79.9	5.1	71.6	4.2
12	bupirimate	乙嘧酚磺酸酯	41483-43-6	88.6	3.6	82.1	7.7	91.2	3	81.2	3.1	77.3	2.3	75.8	1.2	85.4	8.1	71.6	3.1
13	butachlor	丁草胺	23184-66-9	92.6	4.3	98.1	8.5	100	5.8	86.6	3.2	86.4	1.9	85	2.1	91.9	8.2	78.7	12.2
14	butafenacil	氟丙嘧草酯	134605-64-4	100.2	14.8	81	9.8	105.9	5.8	89.5	3.3	80	4	78.7	2.7	77.1	8	73.4	11
15	cadusafos	硫线磷	95465-99-9	95.1	6.8	88.7	3.8	95.4	6.9	103.1	3.1	82.7	4	82.7	7.3	85.4	5	80.9	7.7
16	chlorfenvinphos	毒虫畏	470-90-6	98.4	9.1	87	7	90.1	9.9	79.2	4.7	95.1	14.6	83.4	2.7	100.3	13.3	71.7	9.5
17	clomazone	异恶草酮	81777-89-1	97.7	4.8	81.5	8.1	89.1	6.1	93.7	3.7	79.6	3.9	82.2	8.2	79.8	6.1	77	10.7
18	coumaphos	蝇毒磷	56-72-4	88.2	8.5	103.7	1.5	98.8	12.2	88.5	13.2	79.7	12.8	97.6	4.6	84.1	7.6	82.1	16.1
19	crufomate	育畜磷	299-86-5	104.9	16.8	83.5	3.5	88.6	12.2	119.9	2.4	76.2	19.6	78.3	3	73.7	8.1	78.9	12.7
20	cyprazine	环丙津	22936-86-3	97.3	6.6	82.7	7.8	88.2	9.6	88.5	10.5	70.4	3.5	71.9	4.1	89.8	11.4	70.2	4.2
21	cyproconazole	环丙唑醇	94361-06-5	104.3	12.7	98.2	3.7	98.8	7.4	108	3.7	73.6	2.9	72.5	3.7	78.3	6.1	73.7	10.8
22	cyprofuram	酯菌胺	69581-33-5	89.6	2.5	80.9	2.8	71.8	3.3	98.9	1	70.1	5.2	77	4	76.7	6.2	76.4	3.6
23	desmetryn	敌草净	1014-69-3	91.9	2.1	84.1	2.9	81	3.3	95.3	2.1	71.1	11.3	94.4	5.1	69.7	6.8	115.7	3.5
24	diallate	燕麦敌	2303-16-4	91.1	4.1	61.8	9.1	104.9	3.7	97.2	19.3	80.9	4.1	83.3	12.8	87.2	4.2	103.4	4.1
25	diethatyl-ethyl	乙酰甲草胺	38727-55-8	92.5	7.1	82.2	2.1	91.3	5.9	102.6	1.6	74.8	2.9	89	7.6	77.1	6.5	101	2.8
26	dimethachlor	二甲草胺	50563-36-5	94.7	9.7	81.6	3.9	95	5.9	103.4	2.4	72	2.9	68.9	2.6	79.4	13.6	71.3	11.2
27	dimethenamid	二甲噻草胺	87674-68-8	95.1	2.4	75	3.9	75	4.1	108.6	3.5	76.7	3.9	74.8	7	82	5	72.5	14.5
28	diniconazole	烯唑醇	83657-24-3	114.7	9.9	81.6	8.5	103.7	6.7	77.8	3.3	74.5	7.3	72.6	2.7	75.3	6.9	72.7	7.4
29	diphenamid	双苯酰草胺	957-51-7	89.7	2.9	83.2	7.8	71.7	1.1	85.3	5.4	78.6	2.5	67.1	1.2	78.6	4.4	70.7	4.4

茶叶农药多残留检测方法学研究

序号	英文名称	中文名称	CAS号	红茶 GC Rec./%	RSD/%	红茶 LC Rec./%	RSD/%	绿茶 GC Rec./%	RSD/%	绿茶 LC Rec./%	RSD/%	乌龙茶 GC Rec./%	RSD/%	乌龙茶 LC Rec./%	RSD/%	普洱茶 GC Rec./%	RSD/%	普洱茶 LC Rec./%	RSD/%
30	dipropetryn	异丙净	4147-51-7	97	6.3	71.6	6.3	93	4.5	90.7	2.9	80.2	4.6	92.3	10.7	79.3	5	71.4	7.2
31	disulfoton sulfone	乙拌磷砜	2497-06-5	99.8	5.1	84.2	4.7	95	5.6	112.7	3.3	82.8	3.5	76.2	6	94.8	5.4	70.1	16.2
32	disulfoton-sulfoxide	砜拌磷	2497-07-6	102.1	10.9	86.4	6.8	90.5	8.5	89.2	5.1	76.8	4.7	70.6	0.6	84.8	4.1	72.2	5.7
33	ditalimfos	灭菌磷	5131-24-8	103.7	18.3	87.2	3.5	100	7	97	14.1	65	6.2	96.7	7.7	79.4	19.3	82.3	4.8
34	ethion	乙硫磷	563-12-2	99.9	5	85	9.4	95	5.6	116	8.9	82.8	3.5	77.8	13.8	94.9	5.4	83.2	14.8
35	ethoprophos	灭线磷	13194-48-4	87.5	4.4	85.5	4.9	79.7	5.8	111.1	1.8	81.9	2.6	83.1	4.6	88.2	4.6	75.3	12
36	famphur	伐灭磷	52-85-7	107.1	4.6	88.9	4.3	96.9	14	112.6	1.8	89.3	3.8	73	8.5	81.3	9.8	75	7.6
37	fenamidone	咪唑菌酮	161326-34-7	90.9	1.3	84.2	5.4	77.7	11.6	107.8	1.2	74.4	3.5	88.8	8.5	71.7	12.2	110	2.3
38	fenazaquin	喹螨醚	120928-09-8	89.5	5.3	82.9	2.9	105.2	3	99.9	2.9	79.3	1.9	86	4.2	95.1	6	85.4	16.3
39	fenoxaprop-ethyl	噁唑禾草灵	66441-23-4	93.1	4.7	94.3	7.4	106.4	4.7	96.3	7.4	82.2	1.7	78.4	9.1	87.4	7.5	73.5	7.6
40	fenpropimorph	丁苯吗啉	67564-91-4	76.2	8.4	71.3	7	88.6	6.6	81	2.6	72.4	4.2	72.7	2.3	70.7	5.1	65.6	8.2
41	fensulfothion	丰索磷	115-90-2	93	3.4	90.7	7.9	77.9	8.5	86.5	5.9	73.5	6.7	76.1	3.9	90.3	7.9	73.7	11.3
42	fensulfothion-sulfone	丰索磷砜	14255-72-2	113.5	8.8	93.7	8.9	107.6	6.2	93.9	7.5	70.3	5.7	94.3	6.4	75	7.1	81	10.5
43	fenthion	倍硫磷	55-38-9	92.7	7	74.9	11.8	106.3	8.6	106.8	12.4	86.8	4.3	98.6	8.9	74	3.1	101.7	15.5
44	flamprop-isopropyl	麦草氟异丙	52756-22-6	86.3	11.6	84.6	1.9	87.6	5.9	106.5	7.1	72.8	3.7	92.7	6.9	77.4	7.8	71.5	16
45	flamprop-methyl	麦草氟甲酯	52756-25-9	83.2	12.8	76.6	3.1	84.9	6.4	108.5	1.3	73.2	4.4	76.6	3.5	72.3	6.7	71.2	10.6
46	flufenacet	氟噻草胺	142459-58-3	101.8	12.6	82.1	9	97	6.7	82.1	4.9	80.2	8.7	79.1	1.8	80.5	7	72.8	0.6
47	fluopyram	氟吡菌酰胺	658066-35-4	91.3	3.2	111.6	2	86.9	6.3	94.1	10	81.6	2.8	92.1	5.5	84.2	6	89.7	3.3
48	flusilazole	氟硅唑	85509-19-9	101.1	5.8	83.5	2.8	86.6	9.8	95	3.1	81.9	5.9	91.2	7.8	79	2.6	81.5	1.8
49	flutolanil	氟酰胺	66332-96-5	91.2	1.4	89.3	3.2	91.8	5.1	105.1	1.6	78	1.6	76.6	11.9	80	4.4	71.1	7.6
50	flutriafol	粉唑醇	76674-21-0	95.4	6.7	82.9	5.3	72.2	5.2	94.8	2.6	70	2.4	67.1	3.9	70.6	13	62.4	14.2
51	fluxapyroxad	氟唑菌酰胺	907204-31-3	96.7	5.5	105.8	7.1	85.3	10.7	90.4	8.5	80.4	4.7	81	6.8	87.8	4.3	96.1	1.2
52	furalaxyl	呋霜灵	57646-30-7	88.9	2.8	72	5.1	75.6	6.8	111.6	2.6	69.6	1.5	66	5.5	81.7	3.8	73.1	14.6
53	haloxyfop-methyl	氟吡甲禾灵	69806-40-2	90.5	1.5	78.2	1.6	102.1	3.5	101.9	3.8	83.9	3.6	87.6	4.9	94.5	4.4	87.3	7.9
54	heptenophos	庚烯磷	23560-59-0	95.1	18.3	85.5	7.1	94.9	15.8	77	13.8	83	15.5	70.5	3.3	91.2	6.2	70.6	9.1
55	isazofos	氯唑磷	42509-80-8	93.7	1.4	78.8	2.1	88.4	4.2	100.6	3.3	80.9	1.8	94.5	11	90.8	7.2	100.1	6.4
56	isocarbophos	水胺硫磷	24353-61-5	94.1	6.7	70.7	5.1	87.6	7.5	87.4	7.5	71.2	5.8	73.9	9.4	77.4	5.7	89.8	5.2
57	isofenphos-oxon	氧异柳磷	31120-85-1	102.2	12.1	83.8	8.8	106.7	9	85.2	2.1	78.9	4.3	71.7	3.7	81.5	5.2	73.8	8.7
58	isopropalin	异丙乐灵	33820-53-0	92.3	3	101.9	10	119.5	0.4	83.1	17.8	86.8	4.5	80.6	2.4	93.5	4.8	97.8	11.6
59	isoprothiolane	稻瘟灵	50512-35-1	94.5	5	76.1	4.4	92.5	5.5	81.5	3.9	72	2.8	71.5	3.8	80	5.4	71	2.3

序号	英文名称	中文名称	CAS号	红茶				绿茶				乌龙茶				普洱茶			
				GC		LC		GC		LC		GC		LC		GC		LC	
				Rec./%	RSD/%	Rec./%	RSD/%	Rec./%	RSD/%	Rec./%	RSD/%	Rec./%	RSD/%	Rec./%	RSD/%	Rec./%	RSD/%	Rec./%	RSD/%
60	kresoxim-methyl	醚菌酯	143390-89-0	83.1	2	81.4	10.7	98.8	5.1	69.7	18.3	83.8	3.8	76.3	3.3	85.5	6.2	70.4	13.6
61	mefenpyr-diethyl	吡唑解草酯	135590-91-9	88.7	3.3	90.2	9.6	83.6	4.6	103.9	2.9	79	3.1	87	2.8	85	3.6	71	19.1
62	mepanipyrim	嘧菌胺	110235-47-7	106	5.7	82.5	10	95	5.6	75.3	2.6	80.9	3.2	80	3.1	75.9	5	70.9	2.9
63	mepronil	灭锈胺	55814-41-0	101	5.8	92.6	7.6	97.1	8.5	86.2	5.2	74.2	6.5	81.3	2.4	74.4	2.5	70.2	9.8
64	metalaxyl	甲霜灵	57837-19-1	101	2.6	87.4	1.7	71.2	6.8	104.7	1	74.5	4.3	100.1	6	79.4	13.3	80.4	2.4
65	metazachlor	吡唑草胺	67129-08-2	85.1	11.2	75.5	9.8	103.6	2.2	75.6	4.4	79.2	3.9	70.6	2.7	88.6	9.4	71.5	4.2
66	methabenzthiazuron	甲基苯噻隆	18691-97-9	92.6	4.6	81.3	2.8	76.5	4.4	93.4	3.5	76.6	8.1	89.1	6.2	80.5	4.1	90.1	2.5
67	methoprotryne	甲氧丙净	841-06-5	92.8	4.9	79.3	2.8	84.5	5.9	97.9	2.2	77.5	6.3	76.1	1.6	76.5	5.7	71.5	8.4
68	mevinphos	速灭磷	7786-34-7	96.1	7	82.5	9.5	90.2	15.9	81	12.7	87.9	7.2	76.1	4.2	87.7	7.2	70.6	7
69	myclobutanil	腈菌唑	88671-89-0	99.4	7.3	81.8	9	75.6	10.5	83.4	8.1	96.2	8	70.3	2.5	70.1	5.2	71.2	3.5
70	norflurazon	氟草敏	27314-13-2	98.3	7.2	80.9	1.9	79	11.4	99.3	2.5	78.8	7	80.9	4.6	76	7.4	99.4	2.5
71	orbencarb	坪草丹	34622-58-7	90.8	2.8	81.4	2.4	107	5.2	99.8	2.7	86	1.6	109.5	4.8	80.6	6.6	99	3.8
72	paclobutrazol	多效唑	76738-62-0	91.9	1.9	105.3	4.2	85.2	3.2	106.4	2.5	75.5	4.3	73.6	4.3	74.6	8.5	71.7	7.5
73	pentanochlor	甲氯酰草胺	2307-68-8	87.4	3.3	85.2	2.5	95.4	4.6	109.9	4.7	85.3	3.4	99.8	11.2	89.4	6.4	109.4	3.4
74	phosfolan	硫环磷	947-02-4	108.1	11.8	85.3	2.6	98.8	11.7	103.8	1.8	84.6	6.6	77.5	4.8	82	6.9	104	2.6
75	phosphamidon	磷胺	13171-21-6	94.4	4.6	80.8	2.4	70.4	3.5	101.1	2.6	75.5	8.6	68.3	1.8	81.4	8.2	71.8	10.7
76	picoxystrobin	啶氧菌酯	117428-22-5	97.1	4.4	84.9	2.8	91	7.4	101.8	1.3	87.2	3.9	107.3	15.3	80.1	11.3	82.3	1.6
77	pirimicarb	抗蚜威	23103-98-2	91.1	7.8	86.7	2.2	87	6.2	93.2	3.7	73.9	3.4	73.1	2.7	84.3	7.3	73	4.7
78	pirimiphos-methyl	甲基嘧啶磷	29232-93-7	108.6	5.2	97.6	2.5	101.6	4.8	90.7	8	74.2	4.4	87.5	5.8	84.9	8.4	95.2	17.9
79	pirimiphos-methyl-N-desethyl	甲基嘧啶磷-N-去乙基	67018-59-1	112.5	2.4	82.7	7	104.2	8.4	90.3	7.1	73.8	9.4	79.8	6	81.3	5.4	87.6	6.5
80	pretilachlor	丙草胺	51218-49-6	98.5	2.8	84.1	3.3	89.8	7.9	103.8	2.9	81.7	4.4	84	5.6	88.4	7.1	79.2	10.8
81	profenofos	丙溴磷	41198-08-7	101.3	7.3	98.1	1.7	103	6.1	95.7	3.3	86.1	5.9	86.9	9.6	82.8	2.7	81.6	12
82	prometon	扑灭通	1610-18-0	88.4	6.9	72	6.1	96.3	6.1	83.5	5.5	72.1	3.9	74.6	1.6	96.4	9.5	62.2	12.1
83	prometryn	扑草净	7287-19-6	101.3	4.8	89.3	1.8	87.4	10.5	102.4	1.9	88.4	2.1	81.3	1.2	85.1	2.9	75	8.7
84	propanil	敌稗	709-98-8	100.6	2.7	86	8	91.7	4.8	84.5	6.8	80.6	4	74.6	6.9	88.5	4.6	73	9.3
85	propaphos	丙虫磷	7292-16-2	114.7	8.4	88.8	6	72.4	14.1	113.7	4.7	82.1	2.8	76.6	6.7	80.9	5.6	77.4	10.3
86	propazine	扑灭津	139-40-2	93	2.8	86.9	3.8	84.8	7.4	102.7	2.5	79.4	3.6	80	5.6	81.6	3.4	79.5	8.7
87	propisochlor	异丙草胺	86763-47-5	91.3	0.8	96.2	6	89.6	2.9	109.4	4.1	78.9	2.9	83.1	4.5	85.2	6.2	76.8	9.5
88	propyzamide	炔苯酰草胺	23950-58-5	105.1	4.6	91.5	5.3	86.8	10.6	102.5	11.3	92.2	1.2	75.4	19.3	86.1	3.9	80.8	19.4

序号	英文名称	中文名称	CAS号	红茶 GC Rec./%	RSD/%	红茶 LC Rec./%	RSD/%	绿茶 GC Rec./%	RSD/%	绿茶 LC Rec./%	RSD/%	乌龙茶 GC Rec./%	RSD/%	乌龙茶 LC Rec./%	RSD/%	普洱茶 GC Rec./%	RSD/%	普洱茶 LC Rec./%	RSD/%
89	pyributicarb	甲草丹	88678-67-5	104.4	11.5	95.7	10.2	103.5	7	91.2	4.3	76	4.3	88.4	3.1	87.8	5.9	77.8	9.5
90	pyridaphenthion	哒嗪硫磷	119-12-0	114.8	17.7	89.1	11.4	110.4	10.2	86.5	7.1	83	6.2	76.6	4.4	83.1	7.4	74.1	6.6
91	pyrimethanil	嘧霉胺	53112-28-0	86.7	3.1	83.8	7.5	82.5	4.8	81.3	8.5	82.7	2.7	70.4	4.7	65.6	6.4	70	4
92	pyriproxyfen	吡丙醚	95737-68-1	97.4	9.6	84.2	0.5	103.8	5.2	104.7	4.7	79.3	4.4	75.9	5.3	90.8	9.4	112	2.1
93	pyroquilon	咯喹酮	57369-32-1	95.5	3.4	80.8	2.7	70	2.6	91	3.8	75.7	5.2	73.8	2.5	78	3	115.2	3.9
94	quinalphos	喹硫磷	13593-03-8	110.3	5.8	93.9	8.2	100.1	6.6	85.9	4.1	75.4	4.9	88.7	2.5	81	5.9	76.4	8.1
95	quinoxyfen	喹氧灵	124495-18-7	93.4	3	84.4	2.1	86.6	6.6	114.9	9.2	85	3.5	73.6	12.3	78	1.9	98.5	8
96	sebuthylazine	另丁津	7286-69-3	95.6	5.4	85.8	7.6	89.4	6.2	83.5	5.6	74.6	3.9	77.7	1.7	80.7	5.3	70.3	10.9
97	secbumeton	仲丁通	26259-45-0	94.1	3.2	78.2	2.2	80.7	7	93.7	4.1	80.5	2.3	75.5	2.8	73	3.4	71.2	5
98	simeconazole	硅氟唑	149508-90-7	119	11.9	80.1	9	86.8	12.5	76.6	3.6	70.4	9.6	84.7	1.1	70	4.5	71.9	9.3
99	tebuconazole	戊唑醇	107534-96-3	93.9	10.3	85.8	12.6	90.7	7.6	80.8	2.6	83.2	10.6	77.1	3.6	82.3	6.1	77.3	8.6
100	tebufenpyrad	吡螨胺	119168-77-3	93.4	6.9	80.3	2	99.6	4.8	100.2	4.9	77.3	4.6	94.5	11	83.3	3.9	92.3	7.7
101	tebupirimfos	丁基嘧啶磷	96182-53-5	96.4	4.9	97.8	7.3	98.2	7	90.3	3.2	81.8	3.2	79.6	2.6	80.7	1.6	80	7
102	terbucarb	特草灵	1918-11-2	90.2	2	89.3	3.1	97	4	83.1	10.2	80.2	2.3	81.6	14.7	88.2	3.9	85.3	8.3
103	terbumeton	特丁通	33693-04-8	93.7	1.6	80.1	7.4	80.3	5.7	83.1	7.6	81.3	4.8	75.8	1.5	76	2.3	61.8	11.3
104	terbuthylazine	特丁津	5915-41-3	95.7	5.1	85.8	3.5	91.6	5.4	95.6	3.6	73.7	3.3	88.5	11.9	81.6	4.5	107.7	3
105	terbutryn	特丁净	886-50-0	95	6	86.4	1.9	92.8	11.5	103.1	1.9	85.6	4.5	103.2	6.3	70.2	4.2	90.8	1.4
106	tetrachlorvinphos	杀虫威	22248-79-9	101	5.4	93.2	1.9	105.1	9.7	102	2.8	83.5	3.2	73.8	16.8	80.8	5.1	71.1	7.6
107	tetraconazole	四氟醚唑	112281-77-3	94.1	8.4	78.7	9.3	86.2	5.6	75.7	3.2	71.1	6	72.2	2.6	76.2	7.1	70.4	2.6
108	thenylchlor	噻吩草胺	96491-05-3	92.8	4.1	73.9	5.8	81	9.5	82.1	4.7	77	3.9	70.5	7.8	76.3	6.6	73.6	3.3
109	thiazopyr	噻唑烟酸	117718-60-2	84.9	4.7	84.4	9.2	94.1	3.6	91.2	4.5	79.5	2.2	85.5	2.4	86.7	4.7	71.6	12.1
110	thiobencarb	禾草丹	28249-77-6	99.8	3.2	94.3	5.8	95.4	4	89.3	3.6	78.5	2.8	82.4	1.9	84.8	4.5	74	11.1
111	triapenthenol	抑芽唑	76608-88-3	110.8	9.3	86	1.6	94.5	6.1	103	2.7	72.4	4.2	86.3	7	76.6	5	103.7	2.4
112	triazophos	三唑磷	24017-47-8	104.8	3.5	92.4	3.2	108.9	12.2	113.9	11.2	88.5	5.1	74.9	16.6	79	4.4	73.5	7
113	DEF	脱叶磷	78-48-8	86.7	2.8	97.7	10.6	114.8	3.8	77	1.1	83.1	6.5	85.2	3.5	84	6.8	71.8	4.8
114	trietazine	草达津	1912-26-1	91.7	5.1	95.7	3.9	87.9	5.4	100.9	2.2	73.7	3.1	81	6.1	80.3	7.2	77.5	7.3
115	uniconazole	烯效唑	83657-22-1	97.7	6.8	83.8	3.3	89.5	2.9	104.1	5	77.5	4.2	91.4	7	78.7	6.3	99.3	4.8
	平均 ($n=115$)			95.7	6.2	85.3	5.5	91.6	6.7	94.8	5.2	79.1	5	81.3	5.9	82	6.5	80.6	8

1.4.4　结论

本研究开发了一种统一制备样品，GC-Q-TOF-MS 和 LC-Q-TOF/MS 2 种技术联用非靶向、高通量同时可筛查茶叶 765 种农药的多残留方法。该方法在建立的 494 种农药 GC-Q-TOF/MS 和 556 种农药 LC-Q-TOF/MS 精确质量质谱库的基础上，采用两种技术对样品进行数据采集并与两个农药精准质谱库对比，自动实现农药残留的定性鉴定。这种联用技术一方面汇集了两种技术各自的独特优势，另一方面又融合了两种技术的互补优势，从而使其同时检测的农药达到 765 种，比单一技术发现能力提高了 30%。两种方法联用在 10μg/kg 浓度添加水平满足"回收率 RSD 双标准"的农药数量达 511 种以上，远远超过单一技术能力。同时这项研究实现了由电子识别标准代替农药实物标准作参比的传统定性方法，也实现了从传统的靶向检测向非靶向筛查的跨越式发展。从而实现了农药残留检测的自动化、数字化和信息化，其方法的效益是传统方法不可比拟的。这项新技术将成为农药残留侦测的有效工具，必将在食品安全监管中发挥重大作用。

参考文献

［1］　Wan H，Xia H，Chen Z. Extraction of pesticide residues in tea by water during the infusion process ［J］. Food Additives & Contaminants，1991，8（4）：497-500.

［2］　林维宣.各国食品中农药兽药残留限量规定 ［S］.大连：大连海事大学出版社，2002：10.

［3］　陈宗懋.科技创新和茶产业发展 ［J］.中国茶叶，2004，26（2）：4-7.

［4］　EC149/2008：http：//eur lex. europa. eu/LexUriServ/LexUriServ. do?uri＝CELEX：32008R0149：EN：NOT.

［5］　Zhao H X，Xiao G Y，Peng G L，et al. The Pesticide Residue and Standardization of Tea Detection Methods ［J］. Food Science，2006，27（12）：894-896.

［6］　Wong J W，Webster M G，Halverson C A，et al. Multiresidue pesticide analysis in wines by solid-phase extraction and capillary gas chromatography-mass spectrometric detection with selective ion monitoring ［J］. Journal of Agricultural and Food Chemistry. 2003，51（5）：1148-1161.

［7］　蒋永祥，叶丽，汤森荣.茶叶中 7 种有机磷农药残留量的同时测定 ［J］.分析试验室，2007，26（1）：97-101.

［8］　沈崇钰，沈伟健，蒋原，等.气相色谱-负化学源质谱联用法测定菊酯类农药 ［J］.分析学，2006，34（U09）：36-40.

［9］　Yuan N，Yu B B，Zhang M S，et al. Simultaneous Determination of Residues of Organochlorine and Pyrethroid Pesticides in Tea by Microwave Assisted Extraction Solid Phase Microextraction-Gas Chromatography ［J］.Chinese Journal of Chromatography，2006，24（6）：636-640.

［10］　Yue Y，Zhang R，Fan W，et al. High-Performance Thin-Layer Chromatographic Analysis of Selected Organophosphorous Pesticide Residues in Tea ［J］. Journal of AOAC International，2008，91（5）：1210-1217.

［11］　Cho S K，Abd El-Aty A M，Choi J H，et al. Effectiveness of pressurized liquid extraction and solvent extraction for the simultaneous quantification of 14 pesticide residues in green tea using GC ［J］. Journal of Separation Science. 2008，31（10）：1750-1760.

［12］　胡贝贞，沈国军，邵铁锋，等.加速溶剂萃取-气相色谱-负化学源质谱法测定茶叶中有机氯和拟除虫菊酯类农药残留量 ［J］.分析试验室，2009，28（1）：80-83.

［13］　曾小星，万益群，谢明勇.气相色谱-电子捕获检测器同时测定茶叶中有机氯及拟除虫菊酯类农药残留 ［J］.分析科学学报，2008，24（006）：636-640.

［14］　靳保辉，陈沛金，谢丽琪，等.茶叶中 25 种有机氯农药多残留气相色谱测定方法 ［J］.分析测试学报.2007，26（1）：104-106.

［15］　Hu Y Y，Zheng P，He Y Z，et al. Response surface optimization for determination of pesticide multiresidues by matrix solid-phase dispersion and gas chromatography ［J］. Journal of Chromatography A，2005，1098（1-2）：

188-193.

[16] Schurek J，Portolés T，Hajslova J，et al. Application of head-space solid-phase microextraction coupled to comprehensive two-dimensional gas chromatography-time-of-flight mass spectrometry for the determination of multiple pesticide residues in tea samples [J]. Analytica Chimica Acta，2008，611 (2)：163-172.

[17] Ochiai N，Sasamoto K，Kanda H，et al. Optimization of a multi-residue screening method for the determination of 85 pesticides in selected food matrices by stir bar sorptive extraction and thermal desorption GC-MS [J]. Journal of Separation Science，2005，28 (9-10)：1083-1092.

[18] 楼正云，陈宗懋，罗逢健，等. 固相萃取-气相色谱法测定茶叶中残留的 92 种农药 [J]. 色谱，2008，26 (5)：568-576.

[19] Huang Z，Li Y，Chen B，Yao S. Simultaneous determination of 102 pesticide residues in Chinese teas by gas chromatography-mass spectrometry [J]. Journal of Chromatography B，2007，853 (1-2)：154-162.

[20] Yang X，Xu D C，Qiu J W，et al. Simultaneous determination of 118 pesticide residues in Chinese teas by gas chromatography-mass spectrometry [J]. Chemical Papers，2009，63 (1)：39-46.

[21] Hirahara Y，Kimura M，Inoue T，et al. Applicability of GC，GC/MS and liquid chromatography with tandem mass spectrometry to screening for 140 pesticides in agricultural products [J]. Journal of the Food Hygienics Society of Japan (Shokuhin Eiseigaku Zasshi)，2006，47 (5)：225-231.

[22] Mol H G J，Rooseboom A，Dam R，et al. Modification and re-validation of the ethyl acetate-based multi-residue method for pesticides in produce [J]. Analytical Bioanalytical Chemistry，2007，389 (6)：1715-1754.

[23] Pang G F，Fan C L，Liu Y M，et al. Determination of residues of 446 pesticides in fruits and vegetables by three-cartridge solid-phase extraction-gas chromatography-mass spectrometry and liquid chromatography-tandem mass spectrometry [J]. Journal of AOAC International，2006，89 (3)：740-771.

[24] Pang G F，Liu Y M，Fan C L，et al. Simultaneous determination of 405 pesticide residues in grain by accelerated solvent extraction then gas chromatography-mass spectrometry or liquid chromatography-tandem mass spectrometry [J]. Analytical and Bioanalytical Chemistry. 2006，384 (6)：1366-1408.

[25] Pang G F，Cao Y Z，Zhang J J，et al. Validation study on 660 pesticide residues in animal tissues by gel permeation chromatography cleanup/gas chromatography-mass spectrometry and liquid chromatography-tandem mass spectrometry [J]. Journal of Chromatography A，2006，1125 (1)：1-30.

[26] Pang G F，Fan C L，Liu Y M，et al. Multi-residue method for the determination of 450 pesticide residues in honey，fruit juice and wine by double-cartridge solid-phase extraction/gas chromatography-mass spectrometry and liquid chromatography-tandem mass spectrometry [J]. Food Additives Contaminants，2006，23 (8)：777-810.

[27] Wang LB，Li Cao，Peng C F，et al. A rapid multi-residue determination method of herbicides in grain by GC-MS-SIM [J]. Journal of Chromatographic Science，2008，46 (5)：424-429.

[28] Maštovská K，Lehotay S J. Evaluation of common organic solvents for gas chromatographic analysis and stability of multiclass pesticide residues [J]. Journal of Chromatography A，2004，1040 (2)：259-272.

[29] Gülbakan B，Uzun C，Celikbıçak Ö，et al. Solid phase extraction of organochlorine pesticides with modified poly (styrene-divinylbenzene) microbeads using home-made solid phase extraction syringes [J]. Reactive Functional Polymers，2008，68 (2)：580-593.

[30] Peng C F，Kuang H，Li X Q，et al. Evaluation and interlaboratory validation of a GC-MS method for analysis of pesticide residues in teas [J]. Chemical Papers，2007，61 (1)：1-5.

茶叶农药多残留检测方法学研究

第 2 章

茶叶中农药残留的
提取与净化
效能比较研究

2.1 农药残留样品制备技术进展

2.1.1 固相萃取（SPE）技术进展

自 1978 年商品化产品问世以来，固相萃取（SPE）技术得到了迅速发展[1]，截止到 1999 年，全世界已有 50 多个公司生产 SPE 产品[2]。这些产品被广泛应用于农药残留分析等样品净化的各个分析领域。

第一，在 SPE 无机物填料方面，Park 等[3] 开发了一种检测人参中 18 种杀虫剂与杀菌剂的方法，采用乙腈提取，Florisil 柱净化，ECD 测定，在 0.01mg/kg、14.9mg/kg 加标水平下的回收率为 72.3%～117.2%，相对标准偏差（RSD）<5%。Tahboub 等[4] 采用石油醚-乙酸乙酯（4：1，体积比）提取，Florisil 柱净化，测定蜂蜜中 11 种农药残留，在 10μg/kg、30μg/kg、50μg/kg 3 个加标水平下的回收率为 86%～105%，RSD< 10%。Baugros 等[5] 采用乙腈-异丙醇（1：1，体积比）提取，硅胶柱（silica gel）净化，LC-MS/MS 测定污泥中 12 种农药残留，回收率在 67%～127% 之间，RSD 小于 13%。

第二，在 SPE 键合硅烷（bound silane）填料方面，Albero 等[6] 开发了一种检测果汁中 50 种农药残留的方法，采用 C_{18} 柱净化，在 0.02～0.1μg/mL 加标水平下，平均回收率高于 91%，RSD 低于 9%。Chen 等[7] 开发了一种简单快速测定鱼肉中 21 种农药残留的方法，样品以乙腈提取，NH_2 柱净化，GC-MS 测定，在 0.05mg/kg、0.02mg/kg、0.1mg/kg 加标水平下，回收率为 81.3%～113.7%，相对标准偏差≤13.5%。

第三，在聚合物填料方面，Gervais 等[8] 采用 Oasis HLB 柱净化，乙腈-二氯甲烷（1：1）洗脱，UPLC-MS/MS 测定水中 34 种农药残留，平均回收率为 82%～109%。Hernández 等[9] 采用酸化的甲醇水混合溶液提取，Oasis HLB 净化，LC-MS/MS 检测西红柿、柠檬、葡萄干以及油梨中 43 种农药残留，方法回收率良好。

第四，在目前应用最多的 SPE 混合型填料方面，Yagüe 等[10] 以丙酮提取，C_{18} 和中性氧化铝柱净化，GC-ECD 测定乳酪中 25 种农药残留，平均回收率为 74%～102%。Kitagawa 等[11] 采用乙酸乙酯提取，GCB/PSA 双层 SPE 柱净化，对水饺、咖喱、薯条、炸鸡、炸鱼 5 种不同基质中的 222 种农药进行了测定，在 0.02～0.1mg/kg 2 个加标水平下，100 种农药的平均回收率为 70%～120%，RSD≤20%。Okihashi 等[12] 采用乙腈提取，GCB/PSA 柱净化，GC-MS/MS 测定水果、蔬菜、大米等农产品中 260 种农药，0.02～0.1mg/kg 2 个加标水平下，大部分农药的回收率在 70%～120% 之间，相对标准偏差≤20%。

楼正云等[13] 建立了茶叶中 92 种农药多残留的气相色谱分析方法。茶叶样品用乙腈一次性提取后，有机磷类农药经 Envi-Carb SPE 柱净化，乙腈-甲苯（3：1）淋洗，气相色谱-火焰光度检测器（GC-FPD）检测；有机氯类和拟除虫菊酯类农药经串联 Envi-Carb 和 NH_2 SPE 柱净化，乙腈-甲苯（3：1，体积比）淋洗，GC-电子捕获检测器（ECD）检测，92 种农药的平均回收率为 80.3%～117.1%，相对标准偏差为 1.5%～9.8%，方法检出限为 0.0025～0.10mg/kg。Huang 等[14] 通过乙腈提取，GCB-NH$_2$ 柱净化，多反应监测模式（MRM）检测茶叶中 103 种残留农药，回收率为 65％～114％。Fillion 等[15] 对苹果、香蕉、卷心菜等果蔬中的 251 种农药残留通过乙腈盐析提取，C$_{18}$ 柱结合 Carb/NH$_2$ 复合柱净化，其中有 80％药物的检出限≤0.04mg/kg。

Wong 等[16] 将葡萄酒样品直接稀释，采用 NH$_2$ 柱结合 HLB 柱净化，GC-MS 测定葡萄酒中 153 种农药残留，在 0.01mg/L 加标水平下，红葡萄酒中有 116 种农药的回收率＞70％，白葡萄酒为 124 种。在 0.1mg/L 加标水平下，红葡萄酒中有 123 种农药的回收率＞70％，白葡萄酒为 128 种。Wong 等[17] 还对人参干粉中 168 种农药进行分析，分别以乙腈和丙酮混合溶剂（丙酮-环己烷-乙酸乙酯＝2：1：1）为提取液，C$_8$ 为分散剂，石墨化碳-PSA 串联柱净化，单级质谱与串联质谱分别进行测定，在 25μg/kg、100μg/kg、500μg/kg 3 个加标水平下，单级质谱条件下以乙腈提取得到的平均回收率分别为 87％±10％、88％±8％和 86％±10％，丙酮混合溶剂提取得到的平均回收率分别为 88％±13％、88％±12％和 88％±14％；串联质谱条件下以乙腈提取得到的平均回收率分别为 83％±19％、90％±13％和 89％±11％，丙酮混合溶剂提取得到的平均回收率分别为 98％±20％、91％±13％和 88％±14％。

此外，Schenck 等[18] 比较了 GCB、C$_{18}$、SAX、NH$_2$ 和 PSA 5 种不同 SPE 柱对水果和蔬菜基质的净化效果，发现 NH$_2$ SPE 柱和 PSA SPE 柱能有效除去基质中的干扰物，GCB 可有效除去基质中的色素，但对于脂肪酸的去除效果不明显。Amvrazi 等[19] 采用气相色谱测定橄榄油中 35 种农药，比较了中性氧化铝、Florisil、C$_{18}$ 和 Envi-Carb 4 种净化柱，发现 Envi-Carb 净化柱得到的实验结果最佳。综上可以看出，检测样品成分的复杂性和数百种农药同时检测的广泛极性，导致单一净化填料已不能满足样品净化需要，多种填料的组合柱成为农药多残留 SPE 净化技术研究的主要方向。

近年来，笔者团队对食用农产品中累计 1000 多种农药及环境污染物残留检测技术进行了研究，其研究重点也在样品净化技术方面，例如蜂蜜、果汁、果酒和食用菌中多组分农药残留检测标准，采用 Envi-Carb 和 Sep-Pak-NH$_2$ 组合 SPE 进行净化[20,21]；水果、蔬菜和粮谷多组分农药残留检测标准，采用 Envi-C$_{18}$、Envi-Carb 以及 Sep-Pak-NH$_2$ 柱组合 SPE 净化[22,23]；牛奶样品用 Envi-18 SPE 柱净化[24]。

2.1.2　QuEChERS 技术进展

2003 年，Anastassiades 等[25] 首先提出 QuEChERS 方法，采用 GC-MS 测定了西红柿、南瓜、苹果、草莓等果蔬中的 22 种农药残留，方法回收率为 85％～105％，相对标准偏差小于 5％。2005 年，Lehotay 等[26] 采用该方法，以 LC-MS/MS 测定莴苣和橙子中的 229 种农药残留，在 10～100μg/kg 加标水平下，回收率在 70％～120％之间，相对标准偏差小于 10％。2007 年，Cunha 等[27] 采用该方法对橄榄油中 16 种农药残留进行了测定，方法回收率为 70％～130％，RSD＜20％。同年，Lehotay[28] 组织了 7 个国家的 13 个实验室对水果、蔬菜基质中农药多残留的 QuEChERS 检测方法进行国际协同研究，研制了首个 QuEChERS AOAC 方法。

  QuEChERS 方法自提出后即引起同行学者关注，同类研究相继被报道。例如，Wong 等[29] 采用 QuEChERS 方法对橙子、桃、菠菜、人参中 191 种农药残留进行了测定，以 1％醋酸乙腈提取，GenoGrinder 医用振荡器振荡 1min，PSA 净化，LC-MS/MS 测定。79％以上的农药回收率为 80％～120％，94％以上的农药方法检出限在 0.5～5μg/kg 之间。Wang 等[30] 采用 QuEChERS 方法结合 LC-TOF-MS 对苹果、香蕉、桃、果汁、豌豆、玉米、南瓜、胡萝卜中的 142 种农药残留进行了测定，在 10μg/kg、50μg/kg、80μg/kg 加标水平下，回收率在 80％～110％之间，中水平添加的精密度＜20％。该作者[31] 进一步采用该方法对蔬菜制婴儿食品中 138 种农药残留进行了检测。Kmellár 等[32] 采用 QuEChERS 方法提取净化，LC-MS/MS 测定西红柿、梨、橙子中 160 种农药残留。在 10～100μg/kg 加标水平下，回收率在 70％～120％之间的农药百分比如下：西红柿为 97％，梨为 98％，橙子为 97％。Nguyen 等[33] 采用 QuEChERS 方法结合 GC-MS 测定了卷心菜和胡萝卜中 107 种农药残留，回收率均在 80％～115％之间，相对标准偏差低于 15％。作者团队亦采用改进的 QuEChERS 提取净化方法，分别建立了测定水果蔬菜中农药残留的 GC-MS 和 LC-MS/MS 两项中国国家标准方法。

  最近，Koesukwiwat 等[34] 对原始 QuEChERS 方法进行了改进，用 GC-TOF-MS 测定了粮谷中 180 种农药残留。方法采用水-乙腈（1∶1）振荡提取 1h，以 PSA 和 C_{18} 两种填料净化，大部分中等极性农药的回收率在 70％～120％之间，RSD＜20％。Walorczyk[35] 采用改进的 QuEChERS 方法，以 10mL 水、15mL 乙腈振荡提取 5min，PSA 和 C_{18} 两种填料净化，GC-MS/MS 测定小麦和饲料中 144 种农药残留，在 0.01mg/kg 加标水平下，平均回收率在 70％～120％，相对标准偏差小于 20％。Nguyen 等[36] 采用改进的 QuEChERS 方法，以 10mL 水、10mL 0.5％醋酸乙腈为提取液，采用 PSA 和石墨化碳净化，GC-MS 测定大米中 203 种农药残留，平均回收率在 75％～115％之间，RSD 在 2％～15％之间。Przybylski 等[37] 也对 QuEChERS 方法进行了改进，并结合离子阱质谱（IT-MS）测定了肉制婴儿食品中 236 种农药残留，在 3 个加标水平下，方法回收率在 70％～121％之间，RSD 在 2％～15％之间，线性相关系数≥0.9814。

2.2 3 种样品制备技术效能对比研究

2.2.1 概述

  对于不同前处理方式的差异性，文献已有相关报道。2010 年，Wong[38] 对固相萃取（SPE）和 QuEChERS 两种方法进行了比较，结果发现 SPE 的净化效果好于 QuEChERS 原始方法。Lee 等[39] 采用 QuEChERS 方法测定烟草中 49 种农药残留，分别比较了液液萃取、加压溶剂萃取结合 SPE、QuEChERS 三种方法。QuEChERS 方法改用水-乙腈

（1∶1），两次振荡各提取 1min，PSA 填料净化。实验发现，QuEChERS 方法在回收率和 RSD 方面优于液液萃取、加压溶剂萃取结合 SPE 方法。Hercegová 等[40] 分别比较了 QuEChERS、改进的 QuEChERS、SPE 和基质固相分散（MSPD）萃取四种前处理方法在婴儿食品中 20 种农药残留检测中的应用，对比发现在检测时间、化学品消耗等方面，QuEChERS＜改进 QuEChERS＜MSPD＜SPE；在净化效果方面，SPE 法最好；在回收率方面，QuEChERS 与 SPE 法无明显差异。

庞国芳团队最近 10 年对食用农产品中累计 1000 多种农药及环境污染物残留的检测技术进行了重点研究，建立了分别以 GC-MS 和 LC-MS/MS 检测水果蔬菜[22,41]、粮谷[23,42]、动物肌肉[43,44]、水产品[45,46]、果蔬汁、果酒[47]、食用菌[21,48]、蜂蜜[20,49]、茶叶[50,51]、奶粉[24,52]、中药[53,54] 和饮用水[55] 中 500 多种农药多残留的 20 项中国国家标准检测方法。其中包括对 QuEChERS 方法的扩展应用，分别建立了水果、蔬菜、果蔬汁中 497 种农药的 GC-MS 方法和 512 种农药的 LC-MS/MS 两项中国标准方法[32]。为设计出更好的茶叶多残留检测方法 AOAC 协同研究方案，选择中国国家标准方法（方法 1）、原始的 QuEChERS 方法（方法 2）和茶叶水化样品制备方法（方法 3）共 3 种方法进行制样效果的对比研究。实验发现，对当日添加样品进行回收率实验时，方法 1 和方法 2 的回收率和精密度差异在室间允许范围内，方法 1 的净化效果比方法 2 好。但是，对于受 201 种农药污染茶叶样品的检测发现，两种方法的测定结果差异较大，对于绿茶和乌龙茶，采用 GC-MS 或 GC-MS/MS 分析时，方法 1 测得的农药含量值普遍高于方法 2，平均高出 30％～50％。并且方法 1 测定的农药含量高于方法 2（比值大于 1）的农药品种占 95.5％～98％，比值范围大部分分布在 1.10～1.70 之间。这说明方法 1 比方法 2 能从沉积达 165 d 的污染样品中提取出更多的残留农药。究其原因，可能是方法 1 采用高速均质提取的效率比方法 2 采用的振荡提取效率好。采用方法 1 作为茶叶多残留方法国际 AOAC 协同研究的制样技术，会使测定结果更准确。因此，通过 3 种方法提取效能的对比研究，采用方法 1 作为国际 AOAC 协同研究的制样技术。

2.2.2　实验部分

2.2.2.1　试剂与材料

溶剂：乙腈、甲苯、正己烷、丙酮（LC 级，迪马公司）。无水硫酸镁（粉状，试剂级）、氯化钠（ACS 级）、乙酸钠。无水硫酸镁需于马弗炉中 650℃灼烧 4 h。有机酸：冰乙酸（HAc）。农药标准品与内标（纯度≥95％，LGC，德国）。

标准储备溶液：称取 5～10mg 农药标准品（精确至 0.1mg），置于 10mL 容量瓶中，以甲苯、甲苯-丙酮或环己烷溶解并定容至刻度，置于暗处 4℃以下储存。

混合标准溶液：依据每种农药的性能和保留时间，将 201 种农药分成 A～C 3 组进行 GC-MS 和 GC-MS/MS 分析。依据各分析物的仪器灵敏度配制不同浓度的混合标准溶液，置于暗处 4℃以下储存。

2.2.2.2 仪器

GC-MS 系统：6890N 型气相色谱仪，连接 5973N 型 MSD，配有 7683 自动进样器（安捷伦，美国）；DB-1701 毛细管柱（30m×0.25mm×0.25μm，J&W，美国）。

GC-MS/MS 系统：7890 型气相色谱仪，连接 7000A 型 MSD，配有 7693 自动进样器（安捷伦，美国）；DB-1701 毛细管柱（30m×0.25mm×0.25μm，J&W，美国）。

Cleanert-TPT SPE 柱、PSA 填料、石墨碳填料（艾杰尔公司，天津）。均质机：T-25B（艾卡，德国）。旋转蒸发仪：EL131（Buchi，瑞士）。离心机：Z 320（HermLe AG，德国）。氮气蒸发仪：EVAP 112（Organomation Associates，Inc.，美国）。

2.2.2.3 实验方法

方法 1[23]（GB）：称取 5g 试样（精确至 0.01g）于 80mL 离心管中，加入 15mL 乙腈，15000r/min 均质提取 1min，4200r/min 离心 5min，取上清液于 100mL 鸡心瓶中。残渣用 15mL 乙腈重复提取 1 次，离心，合并两次提取液，45℃水浴旋转蒸发至 1mL 左右，待净化。

在 Cleanert-TPT 固相萃取柱中加入约 2cm 高无水硫酸钠，用 10mL 乙腈-甲苯（3∶1）预洗，弃去流出液。下接鸡心瓶，置于固定架上。将上述样品浓缩液转移至 Cleanert-TPT 柱，用 2mL 乙腈-甲苯洗涤样液瓶，重复 3 次，并将洗涤液移入柱中，在柱上加上 50mL 贮液器，再用 25mL 乙腈-甲苯洗脱，收集上述流出液于鸡心瓶中，40℃水浴中旋转浓缩至约 0.5mL。加入 5mL 正己烷进行溶剂交换，重复 2 次，定容至 1mL，加入 40μL 内标溶液，混匀过膜，用于气相色谱-质谱测定。

方法 2[4]（QU）：称取 10g 试样（精确至 0.01g）于 80mL 具塞离心管中，加入 40mL 1%醋酸乙腈溶液，在涡旋混合器上涡旋 2min。向具塞离心管中加入 1.5g 无水醋酸钠，振荡 1min，再向离心管中加入 2g 无水硫酸镁，振荡 2min，4200r/min 离心 5min，取 20mL 上清液至另一装有 0.30g 无水硫酸镁、0.13g PSA 粉末和 0.13g 石墨化碳的离心管中，振荡 2min，4200r/min 离心 5min。将上清液倒入 100mL 鸡心瓶中，40℃水浴中旋转浓缩至约 0.5mL。加入 5mL 正己烷进行溶剂交换，重复 2 次，定容至 1mL，加入 40μL 内标溶液，混匀过膜，用于气相色谱-质谱测定。

方法 3[12]（水化）：称取 5g 试样（精确至 0.01g）于 80mL 离心管中，加入 20mL 水浸泡 1h 后，加入 20mL 乙腈、10g 氯化钠，15000r/min 均质提取 1min，4200r/min 离心 5min，取乙腈层通过装有无水硫酸钠的筒形漏斗，滤液收集于 100mL 鸡心瓶中，残渣用 20mL 乙腈重复提取 1 次，经离心过滤后，合并两次提取液，将提取液于 45℃水浴中用旋转蒸发仪旋转蒸发至约 1mL。Cleanert-TPT 柱净化步骤与方法 1 相同。

2.2.3 茶叶污染样品的制备和目标物农药沉积含量的确定

取经测定不含待测农药的绿茶和乌龙茶，搅碎机粉碎后，分别过 10 目和 16 目筛。取

表 2-1　GC-MS 分析的 201 种农药的保留时间、检出限、定量限、定量离子 m/z、定性离子 m/z 及相对丰度

序号	英文名称	中文名称	CAS 号	保留时间/min	定量离子 m/z (相对丰度)	定性离子 1 m/z (相对丰度)	定性离子 2 m/z (相对丰度)	LOQ/ (μg/kg)	LOD/ (μg/kg)
ISTD	Heptachlor epoxide	环氧七氯	1024-57-3	22.15	353(100)	355(79)	351(52)		
A 组									
1	2,3,4,5-tetrachloroaniline	2,3,4,5-四氯苯胺	634-83-3	18.72	231(100)	229(76)	233(48)	20	10
2	2,3,5,6-tetrachloroaniline	2,3,5,6-四氯苯胺	3481-20-7	14.32	231(100)	229(76)	158(25)	10	5
3	4,4'-dibromobenzophenone	4,4'-二溴二苯甲酮	3988-03-2	25.49	340(100)	259(30)	185(179)	10	5
4	4,4'-dichlorobenzophenone	4,4'-二氯二苯甲酮	90-98-2	21.46	250(100)	252(62)	215(26)	10	5
5	acetochlor	乙草胺	34256-82-1	19.8	146(100)	162(59)	223(59)	50	25
6	alachlor	甲草胺	15972-60-8	20.21	188(100)	237(35)	269(15)	30	15
7	atratone	莠去通	1610-17-9	16.93	196(100)	211(68)	197(105)	25	12.5
8	benodanil	麦锈灵	15310-01-7	28.95	231(100)	323(38)	203(22)	30	15
9	benoxacor	解草嗪	98730-04-2	19.62	120(100)	259(38)	176(19)	50	25
10	bromophos-ethyl	乙基溴硫磷	4824-78-6	23.11	359(100)	303(77)	357(74)	10	5
11	butralin	仲丁灵	33629-47-9	22.18	266(100)	224(16)	295(9)	40	20
12	chlorfenapyr	虫螨腈	122453-73-0	27.46	247(100)	328(54)	408(51)	200	100
13	clomazone	异草酮	81777-89-1	17.12	204(100)	138(4)	205(13)	10	5
14	cycloate	环草敌	1134-23-2	13.53	154(100)	186(5)	215(12)	10	5
15	cycluron	环莠隆	2163-69-1	18.24	89(100)	198(36)	114(9)	30	15
16	cyhalofop-butyl	氰氟草酯	122008-85-9	31.38	256(100)	357(79)	229(79)	20	10
17	cyprodinil	嘧菌环胺	121552-61-2	22.03	224(100)	225(62)	210(9)	10	5
18	chlorthal-dimethyl-1	氯酞酸二甲酯-1	1861-32-1	21.39	301(100)	332(31)	221(16)	10	5
19	DE-PCB 101	2,2',4,5,5'-五氯联苯	37680-73-2	22.63	326(100)	254(66)	291(18)	10	5
20	DE-PCB 118	2,3,4,4',5-五氯联苯	74472-37-0	25.12	326(100)	254(38)	184(16)	10	5
21	DE-PCB 138	2,2',3,4,4',5'-六氯联苯	35065-28-2	26.86	360(100)	290(68)	218(26)	25	12.5
22	DE-PCB 180	2,2',3,4,4',5,5'-七氯联苯	35065-29-3	29.07	394(100)	324(70)	359(20)	10	5
23	DE-PCB 28	2,4,4'-三氯联苯	7012-37-5	18.21	256(100)	186(53)	258(97)	10	5
24	DE-PCB 31	2,4',5-三氯联苯	16606-02-3	18.21	256(100)	186(53)	258(97)	10	5

序号	英文名称	中文名称	CAS 号	保留时间/min	定量离子 m/z (相对丰度)	定性离子 1 m/z (相对丰度)	定性离子 2 m/z (相对丰度)	LOQ/(μg/kg)	LOD/(μg/kg)
25	dichlorprop-methyl ester	二氯丙酸甲酯	23844-57-7	28.16	253(100)	281(50)	342(82)	10	5
26	dimethenamid	二甲噻草胺	87674-68-8	19.81	154(100)	230(43)	203(21)	10	5
27	diofenolan-1	苯虫醚-1	63837-33-2	26.75	186(100)	300(60)	225(24)	20	10
28	diofenolan-2	苯虫醚-2	63837-33-2	27.08	186(100)	300(60)	225(29)	20	10
29	fenbuconazole	腈苯唑	114369-43-6	34.44	129(100)	198(51)	125(31)	50	25
30	fenpyroximate	唑螨酯	134098-61-6	17.49	213(100)	142(21)	198(9)	10	5
31	fluotrimazole	三氟苯唑	31251-03-3	28.54	311(100)	379(60)	233(36)	10	5
32	fluroxypr-1-methylheptyl ester	氯氟吡氧乙酸异辛酯	81406-37-3	28.7	366(100)	254(67)	237(60)	10	5
33	iprovalicarb-1	异丙菌胺-1	140923-17-7	26.11	119(100)	134(126)	158(62)	40	20
34	iprovalicarb-2	异丙菌胺-2	140923-17-7	26.51	134(100)	119(75)	158(48)	40	20
35	isodrin	异艾氏剂	465-73-6	20.99	193(100)	263(46)	195(83)	10	5
36	isoprocarb -1	异丙威-1	2631-40-5	7.59	121(100)	136(34)	103(20)	20	10
37	isoprocarb -2	异丙威-2	2631-40-5	13.71	121(100)	136(34)	103(20)	20	10
38	lenacil	环草啶	2164-08-1	30.05	153(100)	136(6)	234(2)	10	5
39	metalaxyl	甲霜灵	57837-19-1	20.84	206(100)	249(53)	234(38)	30	15
40	metazachlor	吡唑草胺	67129-08-2	23.54	209(100)	133(120)	211(32)	30	15
41	methabenzthiazuron	噻唑草隆	18691-97-9	16.65	164(100)	136(81)	108(27)	100	50
42	mirex	灭蚁灵	2385-85-5	28.83	272(100)	237(49)	274(80)	10	5
43	monalide	庚酰草胺	7287-36-7	20.43	197(100)	199(31)	239(45)	20	10
44	paraoxon-ethyl	对氧磷	311-45-5	21.94	275(100)	220(60)	247(58)	320	160
45	pebulate	克草猛	1114-71-2	10.16	128(100)	161(21)	203(20)	30	15
46	pentachloroaniline	五氯苯胺	527-20-8	19.03	265(100)	263(63)	230(8)	10	5
47	pentachloroanisole	五氯甲氧基苯	1825-21-4	15.07	280(100)	265(100)	237(85)	10	5
48	pentachlorobenzene	五氯苯	608-93-5	11.02	250(100)	252(64)	215(24)	10	5
49	perthane	乙滴滴	72-56-0	24.89	223(100)	224(20)	178(9)	25	12.5
50	phenanthrene	菲	85-01-8	17.01	188(100)	160(9)	189(16)	25	12.5

序号	英文名称	中文名称	CAS号	保留时间/min	定量离子 m/z (相对丰度)	定性离子1 m/z (相对丰度)	定性离子2 m/z (相对丰度)	LOQ/(μg/kg)	LOD/(μg/kg)
51	pirimicarb	抗蚜威	23103-98-2	19.05	166(100)	238(23)	138(8)	20	10
52	procymidone	腐霉利	32809-16-8	24.63	283(100)	285(70)	255(15)	10	5
53	prometryn	扑草净	7287-19-6	20.25	241(100)	184(78)	226(60)	10	5
54	propham	苯胺灵	122-42-9	11.48	179(100)	137(66)	120(51)	10	5
55	prosulfocarb	苄草丹	52888-80-9	19.63	251(100)	252(14)	162(10)	10	5
56	secbumeton	仲丁通	26259-45-0	18.47	196(100)	210(38)	225(39)	10	5
57	silafluofen	氟硅菊酯	105024-66-6	33.04	287(100)	286(274)	258(289)	1800	900
58	tebupirimfos	丁基嘧啶磷	96182-53-5	17.56	318(100)	261(107)	234(100)	80	40
59	tebutam	丙戊草胺	35256-85-0	15.47	190(100)	106(38)	142(24)	20	10
60	tebuthiuron	特丁噻草隆	34014-18-1	14.25	156(100)	171(30)	157(9)	20	10
61	tefluthrin	七氟菊酯	79538-32-2	17.35	177(100)	197(26)	161(5)	10	5
62	thenylchlor	噻吩草胺	96491-05-3	29.03	127(100)	288(25)	141(17)	20	10
63	thionazin	治线磷	297-97-2	14.26	143(100)	192(39)	220(14)	10	5
64	trichloronat	毒壤磷	327-98-0	21.2	297(100)	269(86)	196(16)	10	5
65	trifluralin	氟乐灵	1582-09-8	15.44	306(100)	264(72)	335(7)	20	10
B组									
66	2,4'-DDT	2,4'-滴滴涕	789-02-6	25.53	235(100)	237(63)	165(37)	20	10
67	4,4'-DDE	4,4'-滴滴伊	72-55-9	23.92	318(100)	316(80)	246(139)	10	5
68	benalaxyl	苯霜灵	71626-11-4	27.69	148(100)	206(32)	325(8)	10	5
69	benzoylprop-ethyl	新燕灵	22212-55-1	29.59	292(100)	365(36)	260(37)	30	15
70	bromofos	溴硫磷	2104-96-3	21.83	331(100)	329(75)	213(7)	20	10
71	bromopropylate	溴螨酯	18181-80-1	29.43	341(100)	183(34)	339(49)	20	10
72	buprofezin	噻嗪酮	69327-76-0	24.97	105(100)	172(54)	305(24)	20	10
73	butachlor	丁草胺	23184-66-9	23.97	176(100)	160(75)	188(46)	20	10
74	butylate	丁草特	2008-41-5	9.45	156(100)	146(115)	217(27)	30	15
75	carbofenothion	三硫磷	786-19-6	27.36	157(100)	342(49)	199(28)	20	10

续表

序号	英文名称	中文名称	CAS号	保留时间/min	定量离子 m/z (相对丰度)	定性离子1 m/z (相对丰度)	定性离子2 m/z (相对丰度)	LOQ/(μg/kg)	LOD/(μg/kg)
76	chlorfenson	杀螨酯	80-33-1	25.32	302(100)	175(282)	177(103)	20	10
77	chlorfenvinphos	毒虫畏	470-90-6	23.37	323(100)	267(139)	269(92)	30	15
78	chlormephos	氯甲硫磷	24934-91-6	10.59	121(100)	234(70)	154(70)	20	10
79	chloroneb	氯甲氧苯	2675-77-6	11.9	191(100)	193(67)	206(66)	10	5
80	chloropropylate	丙酯杀螨醇	5836-10-2	26	251(100)	253(64)	141(18)	10	5
81	chlorpropham	氯苯胺灵	101-21-3	15.72	213(100)	171(59)	153(24)	20	10
82	chlorpyrifos	毒死蜱	2921-88-2	20.96	314(100)	258(57)	286(42)	10	5
83	chlorthiophos	虫螨磷	60238-56-4	26.65	325(100)	360(52)	297(54)	30	15
84	cis-chlordane	顺式氯丹	5103-71-9	23.59	373(100)	375(96)	377(51)	20	10
85	cis-diallate	顺式燕麦敌	17708-57-5	14.77	234(100)	236(37)	128(38)	20	10
86	cyanofenphos	苯腈磷	13067-93-1	28.54	157(100)	169(56)	303(20)	10	5
87	desmetryn	敌草净	1014-69-3	19.79	213(100)	198(60)	171(30)	10	5
88	dichlobenil	敌草腈	1194-65-6	9.9	171(100)	173(68)	136(15)	2	1
89	dicloran	氯硝胺	99-30-9	18.22	206(100)	176(128)	160(52)	20	10
90	dicofol	三氯杀螨醇	115-32-2	21.45	139(100)	141(72)	250(23)	20	10
91	dimethachlor	二甲草胺	50563-36-5	20.03	134(100)	197(47)	210(16)	30	15
92	dioxacarb	二氧威	6988-21-2	11.02	121(100)	166(44)	165(36)	80	40
93	endrin	异狄氏剂	72-20-8	25.15	263(100)	317(30)	345(26)	120	60
94	epoxiconazole-2	氟环唑	133855-98-8	29.66	192(100)	183(13)	138(30)	200	100
95	EPTC	茵草敌	759-94-4	8.51	128(100)	189(30)	132(32)	30	15
96	ethofumesate	乙氧呋草黄	26225-79-6	22.17	207(100)	161(54)	286(27)	20	10
97	ethoprophos	灭线磷	13194-48-4	14.52	158(100)	200(40)	242(23)	30	15
98	etrimfos	乙嘧硫磷	38260-54-7	17.95	292(100)	181(40)	277(31)	10	5
99	fenamidone	咪唑菌酮	161326-34-7	30.57	268(100)	238(111)	206(32)	25	12.5
100	fenarimol	氯苯嘧啶醇	60168-88-9	31.8	139(100)	219(70)	330(42)	20	10
101	flamprop-isopropyl	麦草氟异丙酯	52756-22-6	26.93	105(100)	276(19)	363(3)	10	5

序号	英文名称	中文名称	CAS号	保留时间/min	定量离子 m/z（相对丰度）	定性离子1 m/z（相对丰度）	定性离子2 m/z（相对丰度）	LOQ/(μg/kg)	LOD/(μg/kg)
102	flamprop-methyl	麦草氟甲酯	52756-25-9	26.15	105(100)	77(26)	276(11)	10	5
103	fonofos	地虫硫磷	944-22-9	17.4	246(100)	137(141)	174(15)	10	5
104	hexachlorobenzene	六氯-1,3-丁二烯	118-74-1	14.45	284(100)	286(81)	282(51)	10	5
105	hexazinone	环嗪酮	51235-04-2	30.49	171(100)	252(3)	128(12)	30	15
106	iodofenphos	碘硫磷	18181-70-9	24.43	377(100)	379(37)	250(6)	20	10
107	isofenphos	丙胺磷	25311-71-1	23.17	213(100)	255(44)	185(45)	20	10
108	isopropalin	异乐灵	33820-53-0	22.39	280(100)	238(40)	222(4)	20	10
109	methoprene	烯虫酯	40596-69-8	21.7	73(100)	191(29)	153(29)	40	20
110	methoprotryne	盖草津	841-06-5	25.82	256(100)	213(24)	271(17)	30	15
111	methoxychlor	甲氧滴滴涕	72-43-5	29.4	227(100)	228(16)	212(4)	10	5
112	parathion-methyl	甲基对硫磷	298-00-0	21.12	263(100)	233(66)	246(8)	40	20
113	metolachlor	异丙甲草胺	51218-45-2	21.5	238(100)	162(159)	240(33)	10	5
114	nitrapyrin	氯啶	1929-82-4	10.94	194(100)	196(97)	198(23)	30	15
115	oxyfluorfen	乙氧氟草醚	42874-03-3	26.44	252(100)	361(35)	300(35)	40	20
116	pendimethalin	二甲戊灵	40487-42-1	22.71	252(100)	220(22)	162(12)	40	20
117	picoxystrobin	啶氧菌酯	117428-22-5	24.83	335(100)	303(43)	367(9)	20	10
118	piperophos	哌草磷	24151-93-7	30.27	320(100)	140(123)	122(114)	30	15
119	pirimiphos-ethyl	嘧啶磷	23505-41-1	21.65	333(100)	318(93)	304(69)	10	5
120	pirimiphos-methyl	甲基嘧啶磷	29232-93-7	20.47	290(100)	276(86)	305(74)	20	10
121	profenofos	丙溴磷	41198-08-7	24.8	339(100)	374(39)	297(37)	60	30
122	profluralin	环丙氟灵	26399-36-0	17.57	318(100)	304(47)	347(13)	40	20
123	propachlor	毒草胺	1918-16-7	14.96	120(100)	176(45)	211(11)	30	15
124	propiconazole	丙环唑	60207-90-1	28.15	259(100)	173(97)	261(65)	30	15
125	propyzamide-1	炔苯酰草胺-1	23950-58-5	18.99	173(100)	255(23)	240(9)	10	5
126	ronnel	皮蝇磷	299-84-3	19.85	285(100)	287(67)	125(32)	20	10
127	sulfotep	治螟磷	3689-24-5	15.73	322(100)	202(43)	238(27)	10	5

序号	英文名称	中文名称	CAS号	保留时间/min	定量离子 m/z (相对丰度)	定性离子 1 m/z (相对丰度)	定性离子 2 m/z (相对丰度)	LOQ/(μg/kg)	LOD/(μg/kg)
128	tebufenpyrad	吡螨胺	119168-77-3	29.06	318(100)	333(34)	276(44)	10	5
129	terbutryn	特丁净	886-50-0	20.61	226(100)	241(64)	185(73)	20	10
130	thiobencarb	禾草丹	28249-77-6	20.73	100(100)	257(25)	259(9)	20	10
131	tralkoxydim	肟草酮	87820-88-0	32.03	283(100)	226(7)	268(8)	120	60
132	trans-chlodane	反式氯丹	5103-74-2	23.32	373(100)	375(96)	377(51)	10	5
133	trans-diallate	反式燕麦敌	17708-58-6	15.35	234(100)	236(37)	128(38)	20	10
134	trifloxystrobin	肟菌酯	141517-21-7	27.53	116(100)	131(40)	222(30)	40	20
135	zoxamide	苯酰菌胺	156052-68-5	22.3	187(100)	242(68)	299(9)	20	10
C组									
136	2,4'-DDE	2,4'-滴滴伊	3424-82-6	22.73	246(100)	318(34)	176(26)	25	12.5
137	ametryn	莠灭净	834-12-8	20.39	227(100)	212(53)	185(17)	30	15
138	bifenthrin	联苯菊酯	82657-04-3	28.56	181(100)	166(25)	165(23)	10	5
139	bitertanol	联苯三唑醇	55179-31-2	32.48	170(100)	112(8)	141(6)	30	15
140	boscalid	啶酰菌胺	188425-85-6	34.18	342(100)	140(229)	112(71)	40	20
141	butafenacil	氟丙嘧草酯	134605-64-4	33.61	331(100)	333(34)	180(35)	10	5
142	carbaryl	甲萘威	63-25-2	14.57	144(100)	115(100)	116(43)	30	15
143	chlorobenzilate	乙酯杀螨醇	510-15-6	26.1	251(100)	253(65)	152(5)	30	15
144	chlorthal-dimethyl-2	氯酞酸二甲酯 2	1861-32-1	21.39	301(100)	332(27)	221(17)	20	10
145	dibutyl succinate	琥珀酸二丁酯	141-03-7	12.21	101(100)	157(19)	175(5)	20	10
146	diethofencarb	乙霉威	87130-20-9	21.76	267(100)	225(98)	151(31)	60	30
147	diflufenican	吡氟酰草胺	83164-33-4	28.73	266(100)	394(25)	267(14)	10	5
148	dimepiperate	哌草丹	61432-55-1	22.54	119(100)	145(30)	263(8)	20	10
149	dimethametryn	异丙乙净	22936-75-0	22.77	212(100)	255(9)	213(2)	20	10
150	dimethomorph	烯酰吗啉	110488-70-5	37.45	301(100)	387(32)	165(28)	20	10
151	dimethyl phthalate	跳蚤灵	131-11-3	11.56	163(100)	194(7)	133(5)	40	20
152	diniconazole	烯唑醇	83657-24-3	27.43	268(100)	270(65)	232(13)	10	5

序号	英文名称	中文名称	CAS号	保留时间/min	定量离子 m/z（相对丰度）	定性离子 1 m/z（相对丰度）	定性离子 2 m/z（相对丰度）	LOQ/(μg/kg)	LOD/(μg/kg)
153	diphenamid	草乃敌	957-51-7	23.24	167(100)	239(30)	165(43)	10	5
154	dipropetryn	异丙净	4147-51-7	21.07	255(100)	240(42)	222(20)	10	5
155	ethalfluralin	丁氟消草	55283-68-6	15.17	276(100)	316(81)	292(42)	40	20
156	etofenprox	醚菊酯	80844-07-1	32.83	163(100)	376(4)	183(6)	25	12.5
157	etridiazol	土菌灵	2593-15-9	10.38	211(100)	183(73)	140(19)	30	15
158	fenazaquin	喹螨醚	120928-09-8	29.07	145(100)	160(46)	117(10)	25	12.5
159	fenchlorphos-oxon	氧皮蝇磷	3983-45-7	19.86	285(100)	287(69)	270(6)	40	20
160	fenoxanil	氰菌胺	115852-48-7	23.53	140(100)	189(14)	301(6)	20	10
161	fenpropidin	苯锈啶	67306-00-7	17.86	98(100)	273(5)	145(5)	50	25
162	fenson	分螨酯	80-38-6	22.94	141(100)	268(53)	77(104)	10	5
163	flufenacet	氟噻草胺	142459-58-3	22.99	151(100)	211(61)	363(6)	200	100
164	furalaxyl	呋霜灵	57646-30-7	23.88	242(100)	301(24)	152(40)	20	10
165	heptachlor	七氯	76-44-8	18.54	272(100)	237(40)	337(27)	30	15
166	iprobenfos	异稻瘟净	26087-47-8	18.71	204(100)	246(18)	288(17)	30	15
167	isazofos	氯唑磷	42509-80-8	18.89	161(100)	257(53)	285(39)	20	10
168	isoprothiolane	稻瘟灵	50512-35-1	25.78	290(100)	231(82)	204(88)	20	10
169	kresoxim-methyl	醚菌酯	143390-89-0	25.23	116(100)	206(25)	131(66)	20	10
170	mefenacet	苯噻酰草胺	73250-68-7	31.55	192(100)	120(35)	136(29)	30	15
171	mepronil	灭锈胺	55814-41-0	28.34	119(100)	269(26)	120(9)	25	12.5
172	metribuzin	嗪草酮	21087-64-9	20.72	198(100)	199(21)	144(12)	30	15
173	molinate	禾草敌	2212-67-1	12.06	126(100)	187(24)	158(2)	10	5
174	napropamide	敌草胺	15299-99-7	25.01	271(100)	128(111)	171(34)	30	15
175	nuarimol	氟苯嘧啶醇	63284-71-9	29.07	314(100)	235(155)	203(108)	20	10
176	permethrin	氯菊酯	52645-53-1	31.7	183(100)	184(14)	255(1)	20	10
177	phenothrin	苯醚菊酯	26002-80-2	29.32	123(100)	183(74)	350(6)	10	5
178	piperonyl butoxide	增效醚	51-03-6	27.62	176(100)	177(33)	149(14)	30	15

序号	英文名称	中文名称	CAS 号	保留时间/min	定量离子 m/z（相对丰度）	定性离子 1 m/z（相对丰度）	定性离子 2 m/z（相对丰度）	LOQ/（μg/kg）	LOD/（μg/kg）
179	pretilachlor	丙草胺	51218-49-6	24.96	162(100)	238(26)	262(8)	75	37.5
180	prometon	扑灭通	1610-18-0	16.92	210(100)	225(91)	168(67)	30	15
181	propyzamide-2	炔苯酰草胺-2	23950-58-5	19	173(100)	175(62)	255(22)	10	5
182	propetamphos	烯虫磷	31218-83-4	18.2	138(100)	194(49)	236(30)	10	5
183	propoxur-1	残杀威-1	114-26-1	6.59	110(100)	152(16)	111(9)	200	100
184	propoxur-2	残杀威-2	114-26-1	15.5	110(100)	152(19)	111(8)	100	50
185	prothiophos	丙硫磷	34643-46-4	24.07	309(100)	267(88)	162(55)	100	5
186	pyridaben	哒螨灵	96489-71-3	32.04	147(100)	117(11)	364(7)	10	5
187	pyridaphenthion	哒嗪硫磷	119-12-0	30.2	340(100)	199(48)	188(51)	10	5
188	pyrimethanil	嘧霉胺	53112-28-0	17.45	198(100)	199(45)	200(5)	10	5
189	pyriproxyfen	吡丙醚	95737-68-1	29.99	136(100)	226(8)	185(10)	10	5
190	quinalphos	喹硫磷	13593-03-8	23.21	146(100)	298(28)	157(66)	10	5
191	quinoxyphen	喹氧灵	124495-18-7	27.14	237(100)	272(37)	307(29)	10	5
192	dieldrin	狄氏剂	60-57-1	20.55	311(100)	375(35)	103(134)	50	25
193	tetrasul	杀螨硫醚	2227-13-6	25.79	252(100)	324(64)	254(68)	10	5
194	thiazopyr	噻草啶	117718-60-2	21.8	327(100)	363(73)	381(34)	20	10
195	tolclofos-methyl	甲基立枯磷	57018-04-9	19.94	265(100)	267(36)	250(10)	10	5
196	transfluthrin	四氟苯菊酯	118712-89-3	19.27	163(100)	165(23)	335(7)	10	5
197	triadimefon	三唑酮	43121-43-3	22.46	208(100)	210(50)	181(74)	20	10
198	triadimenol	三唑醇	55219-65-3	24.68	112(100)	168(81)	130(15)	30	15
199	triallate	野麦畏	2303-17-5	17.23	268(100)	270(73)	143(19)	30	15
200	tribenuron-methyl	苯磺隆	101200-48-0	9.43	154(100)	124(45)	110(18)	10	5
201	vinclozolin	乙烯菌核利	50471-44-8	20.53	285(100)	212(109)	198(96)	10	5

表 2-2 GC-MS/MS 分析的 201 种农药的保留时间、检出限、定量限、监测离子对 m/z 及碰撞能量

内标序号	英文名称	中文名称	CAS 号	保留时间/min	定性离子对 m/z	定量离子对 m/z	碰撞能量/V	检出限/(μg/kg)	定量限/(μg/kg)
ISTD	heptachlor epoxide	环氧七氯	1024-57-3	22.15	353/282	353/282;353/263	17;17		
A 组									
1	2,3,4,5-tetrachloroaniline	2,3,4,5-四氯苯胺	634-83-3	18.74	231/160	231/160;231/158	15;20	7.5	3.8
2	2,3,5,6-tetrachloroaniline	2,3,5,6-四氯苯胺	3181-20-7	14.34	231/160	231/160;231/158	25;25	5	2.5
3	4,4'-dibromobenzophenone	4,4'-二溴二苯甲酮	3988-03-2	25.55	340/185	340/185;340/183	15;15	25	12.5
4	4,4'-dichlorobenzophenone	4,4'-二氯二苯甲酮	90-98-2	21.51	250/215	250/215;250/139	5;10	10	5
5	acetochlor	乙草胺	34256-82-1	19.75	146/131	146/131;146/118	10;10	10	5
6	alachlor	甲草胺	15972-60-8	20.16	237/160	237/160;237/146	8;20	5	2.5
7	atratone	莠去通	1610-17-9	16.87	211/196	211/196;211/169	10;5	10	5
8	benodanil	麦锈灵	15310-01-7	28.87	323/231	323/231;323/196	10;5	25	12.5
9	benoxacor	解草嗪	98730-04-2	19.51	259/176	259/176;259/120	10;25	20	10
10	bromophos-ethyl	乙基溴硫磷	4824-78-6	23.16	359/331	359/331;359/303	10;10	12.5	6.3
11	butralin	仲丁灵	33629-47-9	22.16	266/190	266/190;266/174	10;10	30	15
12	chlorfenapyr	虫螨腈	122453-73-0	27.37	408/363	408/363;408/59	5;15	175	87.5
13	clomazone	异草酮	81777-89-1	17.06	204/107	204/107;204/78	25;25	2.5	1.3
14	cycloate	环草敌	1134-23-2	13.58	154/83	154/83;154/72	10;10	1.3	0.6
15	cycluron	环莠隆	2163-69-1	18.15	198/89	198/89;198/72	5;15	25	12.5
16	cyhalofop-butyl	氰氟草酯	122008-85-9	31.36	357/256	357/256;357/229	10;15	70	35
17	cyprodinil	嘧菌环胺	121552-61-2	22.09	224/222	224/222;224/208	15;15	10	5
18	chlorthal-dimethyl-1	氯酞酸二甲酯 1	1861-32-1	21.39	301/273	301/273;301/223	15;25	3	1.5
19	DE-PCB 101	2,2',4,5,5'-五氯联苯	37680-73-2	22.74	326/256	326/256;326/254	25;25	2	1
20	DE-PCB 118	2,3,4,4',5-五氯联苯	74472-37-0	25.26	326/256	326/256;326/254	25;25	5	2.5
21	DE-PCB 138	2,2',3,4,4',5'-六氯联苯	35065-28-2	26.98	360/325	360/325;360/290	15;15	15	7.5
22	DE-PCB 180	2,2',3,4,4',5,5'-七氯联苯	35065-29-3	29.2	394/359	394/359;394/324	15;25	15	7.5
23	DE-PCB 28	2,4,4'-三氯联苯	7012-37-5	18.29	256.01/186	256.01/186;256.01/151	25;25	0.4	0.2
24	DE-PCB 31	2,4',5-三氯联苯	16606-02-3	18.29	258/186	258/186;258/186	15;25	0.4	0.2

内标序号	英文名称	中文名称	CAS号	保留时间/min	定性离子对 m/z	定量离子对 m/z	碰撞能量/V	检出限/(μg/kg)	定量限/(μg/kg)
25	dichlorprop-methyl ester	二氯丙酸甲酯	23844-57-7	28.22	342/255	342/255;342/184	15;25	50	25
26	dimethenamid	二甲噻草胺	87674-68-8	19.73	230/154	230/154;230/111	8;25	2.5	1.3
27	diofenolan-1	苯虫醚-1	63837-33-2	26.84	186/158	186/158;186/109	5;15	25	12.5
28	diofenolan-2	苯虫醚-2	63837-33-2	27.16	186/158	186/158;186/109	5;15	25	12.5
29	fenbuconazole	腈苯唑	114369-43-6	34.33	198/129	198/129;198/102	15;25	5	2.5
30	fenpyroximate	唑螨酯	134098-61-6	17.38	213/212	213/212;213/77	10;25	25	12.5
31	fluotrimazole	三氟苯唑	31251-03-3	28.54	379/276	379/276;379/262	10;15	30	15
32	fluroxypyr-1-methylheptylester	氯氟吡氧乙酸异辛酯	81406-37-3	28.72	366/209	366/209;366/181	15;15	250	125
33	iprovalicarb-1	异丙菌胺-1	140923-17-7	26.46	134/93	134/93;134/91	15;15	140	70
34	iprovalicarb-2	异丙菌胺-2	140923-17-7	26.46	134/93	134/93;134/91	15;15	140	70
35	isodrin	异艾氏剂	465-73-6	21.07	193/157	193/157;193/123	15;25	12.5	6.3
36	isoprocarb-1	异丙威-1	2631-40-5	7.6	121/103	121/103;121/77	10;15	1	0.5
37	isoprocarb-2	异丙威-2	2631-40-5	13.58	121/103	121/103;121/77	10;15	2.5	1.3
38	lenacil	环草啶	2164-08-1	29.95	153/136	153/136;153/110	15;15	27.5	13.8
39	metalaxyl	甲霜灵	57837-19-1	20.73	206/132	206/132;206/105	15;15	10	5
40	metazachlor	吡唑草胺	67129-08-2	23.43	209/133	209/133;209/132	5;15	10	5
41	methabenzthiazuron	噻唑隆	18691-97-9	16.53	164/136	164/136;164/108	10;25	15	7.5
42	mirex	灭蚊灵	2385-85-5	29.02	272/237	272/237;272/235	10;10	2.5	1.3
43	monalide	庚酰草胺	7287-36-7	20.34	239/197	239/197;239/85	5;15	10	5
44	paraoxon-ethyl	对氧磷	311-45-5	21.77	275/149	275/149;275/99	5;10	375	187.5
45	pebulate	克草猛	1114-71-2	10.23	161/128	161/128;128/72	5;7	10	5
46	pentachloroaniline	五氯苯胺	527-20-8	19.03	263/192	263/192;263/156	15;25	10	5
47	pentachloroanisole	五氯甲氧基苯	1825-21-4	15.26	280/265	280/265;280/237	10;15	10	5
48	pentachlorobenzene	五氯苯	608-93-5	11.17	250/215	250/215;250/177	15;25	10	5
49	perthane	乙滴滴	72-56-0	24.98	223/193	223/193;223/179	25;25	2.5	1.3
50	phenanthrene	菲	85-01-8	17.16	189/185	189/185;189/161	25;25	7.5	3.8

内标序号	英文名称	中文名称	CAS 号	保留时间/min	定性离子对 m/z	定量离子对 m/z	碰撞能量/V	检出限/(μg/kg)	定量限/(μg/kg)
51	pirimicarb	抗蚜威	23103-98-2	18.98	238/166	238/166;238/96	15;25	5	2.5
52	procymidone	腐霉利	32809-16-8	24.55	283/255	283/255;283/96	10;10	2.5	1.3
53	prometryn	扑草净	7287-19-6	20.23	241/199	241/199;241/184	5;5	5	2.5
54	propham	苯胺灵	122-42-9	11.41	179/137	179/137;179/93	10;10	5	2.5
55	prosulfocarb	苄草丹	52888-80-9	19.66	251/128	251/128;251/86	5;10	10	5
56	secbumeton	仲丁通	26259-45-0	18.43	225/169	225/169;225/154	5;15	5	2.5
57	silafluofen	氟硅菊酯	105024-66-6	33.14	287/259	287/259;287/179	5;25	20	10
58	tebupirimfos	丁基嘧啶磷	96182-53-5	17.61	318/276	318/276;318/152	5;10	12.5	6.3
59	tebutam	丙戊草胺	35256-85-0	15.44	190/106	190/106;190/57	10;10	2.5	1.3
60	tebuthiuron	特丁噻草隆	34014-18-1	14.12	156/89	156/89;156/74	10;15	10	5
61	tefluthrin	七氟菊酯	79538-32-2	17.4	177/127	177/127;177/101	13;25	1	0.5
62	thenylchlor	噻吩草胺	96491-05-3	28.97	288/174	288/174;288/141	5;10	22.5	11.3
63	thionazin	治线磷	297-97-2	14.18	143/79	143/79;143/52	15;25	7.5	3.8
64	trichloronat	毒壤磷	327-98-0	21.25	297/269	297/269;297/223	15;25	5	2.5
65	trifluralin	氟乐灵	1582-09-8	15.41	306/264	306/264;306/206	12;15	6	3
B组									
66	2,4'-DDT	2,4'-滴滴涕	789-02-6	25.62	235/199	235/199;235/165	25;25	1.5	0.8
67	4,4'-DDE	4,4'-滴滴伊	72-55-9	24.01	318/248	318/248;318/246	25;25	5	2.5
68	benalaxyl	苯霜灵	71626-11-4	27.66	148/105	148/105;148/79	15;25	2.5	1.3
69	benzoylprop-ethyl	新燕灵	22212-55-1	29.55	292/105	292/105;292/77	5;25	5	2.5
70	bromofos	溴硫磷	2104-96-3	21.84	331/316	331/316;331/286	5;25	75	37.5
71	bromopropylate	溴螨酯	18181-80-1	29.46	341/185	341/185;341/183	15;15	10	5
72	buprofezin	噻嗪酮	69327-76-0	24.99	172/116	172/116;105/77	7;18	1.3	0.6
73	butachlor	丁草胺	23184-66-9	24.01	176/150	176/150;176/126	25;24	10	5
74	butylate	丁草特	2008-41-5	9.52	146/90	146/90;146/57	5;10	0.8	0.4
75	carbofenothion	三硫磷	786-19-6	27.39	342/199	342/199;157/121	10;25	125	62.5

序号	英文名称	中文名称	CAS号	保留时间/min	定性离子对 m/z	定量离子对 m/z	碰撞能量/V	检出限/(μg/kg)	定量限/(μg/kg)
76	chlorfenson	杀螨酯	80-33-1	25.27	302/175	302/175;302/111	10;25	12.5	6.3
77	chlorfenvinphos	菲虫畏	470-90-6	23.31	323/267	323/267;323/159	15;25	37.5	18.8
78	chlormephos	氯甲硫磷	24934-91-6	10.55	234/154	234/154;234/121	5;10	5	2.5
79	chloroneb	氯甲氧苯	2675-77-6	11.92	191/141	191/141;191/113	10;10	5	2.5
80	chloropropylate	丙酯杀螨醇	5836-10-2	26.03	251/139	251/139;251/111	15;25	5	2.5
81	chlorpropham	氯苯胺灵	101-21-3	15.68	213/171	213/171;213/127	5;15	40	20
82	chlorpyrifos	菲死蜱	2921-88-2	21.01	314/286	314/286;314/258	5;5	10	5
83	chlorthiophos	虫螨磷	60238-56-4	26.66	360/325	360/325;360/297	5;10	50	25
84	cis-chlordane	顺式氯丹	5103-71-9	23.62	373/301	373/301;373/266	12;12	20	10
85	cis-diallate	顺式燕麦敌	17708-57-5	14.81	234/192	234/192;234/150	10;15	5	2.5
86	cyanofenphos	苯腈磷	13067-93-1	28.66	157/110	157/110;157/77	15;25	2.5	1.3
87	desmetryn	敌草净	1014-69-3	19.74	213/198	213/198;213/171	10;5	5	2.5
88	dichlobenil	敌草腈	1194-65-6	9.88	171/136	171/136;171/100	15;25	0.2	0.1
89	dicloran	氯硝胺	99-30-9	18.12	206/176	206/176;206/124	15;25	25	12.5
90	dicofol	三氯杀螨醇	115-32-2	21.51	250/215	250/215;250/139	10;15	2	1
91	dimethachlor	二甲草胺	50563-36-5	19.94	197/148	197/148;197/120	10;15	25	12.5
92	dioxacarb	二氧威	6988-21-2	11.01	166/165	166/165;166/121	5;15	40	20
93	endrin	异狄氏剂	72-20-8	25.18	263/193	263/193;263/191	12;20	50	25
94	epoxiconazole-2	氟环唑	133855-98-8	29.61	192/138	192/138;192/111	10;25	1.3	0.6
95	EPTC	茵草敌	759-94-4	8.56	132/90	132/90;132/62	10;15	8	4
96	ethofumesate	乙氧呋草黄	26225-79-6	22.02	207/161	207/161;207/137	5;15	2.5	1.3
97	ethoprophos	灭线磷	13194-48-4	14.46	158/114	158/114;158/97	7;12	5	2.5
98	etrimfos	乙嘧硫磷	38260-54-7	17.94	292/181	292/181;292/153	5;25	12.5	6.3
99	fenamidone	咪唑菌酮	161326-34-7	32.23	268/180	268/180;268/77	15;25	12.5	6.3
100	fenarimol	氯苯嘧啶醇	60168-88-9	31.79	330/251	330/251;330/139	5;5	10	5
101	flamprop-isopropyl	麦草氟异丙酯	52756-22-6	26.88	276/105	276/105;276/77	15;25	2.5	1.3

内标 序号	英文名称	中文名称	CAS号	保留时间/ min	定性离子对 m/z	定量离子对 m/z	碰撞能量/V	检出限/ (μg/kg)	定量限/ (μg/kg)
102	flamprop-methyl	麦草氟甲酯	52756-25-9	26.88	276/105	276/105;276/77	10;25	1.3	0.6
103	fonofos	地虫硫磷	944-22-9	17.36	246/137	246/137;246/109	5;15	2.5	1.3
104	hexachlorobenzene	六氯-1,3-丁二烯	118-74-1	14.7	284/249	284/249;284/214	18;25	10	5
105	hexazinone	环嗪酮	51235-04-2	30.34	171/85	171/85;171/71	15;15	1	0.5
106	iodofenphos	碘硫磷	18181-70-9	24.44	379/364	379/364;379/334	15;25	250	125
107	isofenphos	丙胺磷	25311-71-1	23.13	255/213	255/213;255/121	5;25	10	5
108	isopropalin	异乐灵	33820-53-0	22.38	280/238	280/238;280/180	10;10	3	1.5
109	methoprene	烯虫酯	40596-69-8	21.86	153/111	153/111;153/83	5;15	20	10
110	methoprotryne	盖草津	841-06-5	25.8	256/212	256/212;256/170	10;15	7.5	3.8
111	methoxychlor	甲氧滴滴涕	72-43-5	29.44	227/212	227/212;227/169	15;15	10	5
112	parathion-methyl	甲基对硫磷	298-00-0	20.96	263/246	263/246;263/109	5;12	25	12.5
113	metolachlor	异丙甲草胺	51218-45-2	21.45	238/162	238/162;238/133	15;15	0.8	0.4
114	nitrapyrin	氯啶	1929-82-4	10.91	194/158	194/158;194/133	15;15	25	12.5
115	oxyfluorfen	乙氧氟草醚	42874-03-3	26.38	361/317	361/317;361/300	5;10	62.5	31.3
116	pendimethalin	二甲戊灵	40487-42-1	22.68	252/162	252/162;252/161	10;25	10	5
117	picoxystrobin	啶氧菌酯	117428-22-5	24.75	335/303	335/303;335/173	10;10	12.5	6.3
118	piperophos	哌草磷	24151-93-7	30.22	321/123	321/123;321/122	5;15	500	250
119	pirimiphos-ethyl	嘧啶磷	23505-41-1	21.67	333/180	333/180;333/168	15;25	12.5	6.3
120	pirimiphos-methyl	甲基嘧啶磷	29232-93-7	20.36	290/233	290/233;290/125	5;15	12.5	6.3
121	profenofos	丙溴磷	41198-08-7	24.78	374/339	374/339;374/337	5;10	1000	500
122	profluralin	环丙氟灵	26399-36-0	17.55	318/199	318/199;318/55	10;10	25	12.5
123	propachlor	毒草胺	1918-16-7	14.83	176/120	176/120;176/77	10;25	30	15
124	propiconazole	丙环唑	60207-90-1	28.3	259/173	259/173;259/69	15;10	7.5	3.8
125	propyzamide-1	炔苯酰草胺-1	23950-58-5	18.91	173/145	173/145;173/109	15;25	1.3	0.6
126	ronnel	皮蝇磷	299-84-3	19.84	285/270	285/270;285/240	15;25	7.5	3.8
127	sulfotep	治螟磷	3689-24-5	15.63	322/294	322/294;322/202	5;10	7.5	3.8
128	tebufenpyrad	吡螨胺	119168-77-3	29.26	333/276	333/276;333/171	5;15	10	5

内标序号	英文名称	中文名称	CAS号	保留时间/min	定性离子对 m/z	定量离子对 m/z	碰撞能量/V	检出限/(μg/kg)	定量限/(μg/kg)
129	terbutryn	特丁净	886-50-0	20.72	226/96	226/96;226/68	15;25	7.5	3.8
130	thiobencarb	禾草丹	28249-77-6	20.75	257/100	257/100;257/72	5;25	5	2.5
131	tralkoxydim	肟草酮	87820-88-0	31.98	283/227	283/227;283/137	10;15	112.5	56.3
132	trans-chlodane	反式氯丹	5103-74-2	23.62	375/303	375/303;375/266	10;15	25	12.5
133	trans-diallate	反式燕麦敌	17708-58-6	15.37	234/192	234/192;234/150	10;15	2.5	1.3
134	trifloxystrobin	肟菌酯	141517-21-7	27.54	222/190	222/190;222/162	5;10	35	17.5
135	zoxamide	苯酰菌胺	156052-68-5	22.4	242/214	242/214;242/187	10;15	15	7.5
					C组				
136	2,4'-DDE	2,4-滴滴伊	3424-82-6	22.79	318/248	318/248;318/246	15;15	7.5	3.8
137	ametryn	莠灭净	834-12-8	20.32	227/170	227/170;227/58	10;25	5	2.5
138	bifenthrin	联苯菊酯	82657-04-3	28.67	181/166	181/166;181/165	15;25	0.8	0.4
139	bitertanol	联苯三唑醇	55179-31-2	32.47	170/115	170/115;170/141	25;25	5	2.5
140	boscalid	啶酰菌胺	188425-85-6	34.12	342/112	342/112;342/140	25;10	40	20
141	butafenacil	氟丙嘧草酯	134605-64-4	33.55	331/152	331/152;331/180	25;12	5	2.5
142	carbaryl	甲萘威	63-25-2	14.34	144/116	144/116;144/115	10;15	75	37.5
143	chlorobenzilate	乙酯杀螨醇	510-15-6	26.18	251/139	251/139;251/111	15;25	25	12.5
144	chlorthal-dimethyl-2	氯酞酸二甲酯2	1861-32-1	21.38	301/273	301/273;301/223	15;25	5	2.5
145	dibutyl succinate	琥珀酸二丁酯	141-03-7	12.2	101/100	101/100;101/73	25;10	0.4	0.2
146	diethofencarb	乙霉威	87130-20-9	21.68	225/168	225/168;225/96	10;25	50	25
147	diflufenican	吡氟酰草胺	83164-33-4	28.73	266/246	266/246;266/218	10;25	25	12.5
148	dimepiperate	哌草丹	61432-55-1	22.54	119/91	119/91;119/65	10;25	0.8	0.4
149	dimethametryn	异戊乙净	22936-75-0	22.74	212/122	212/122;212/94	10;15	5	5
150	dimethomorph	烯酰吗啉	110488-70-5	37.36	301/139	301/139;301/165	15;10	10	5
151	dimethyl phthalate	跳蚤灵	131-11-3	11.42	163/133	163/133;163/77	10;15	1.3	0.6
152	diniconazole	烯唑醇	83657-24-3	27.34	268/232	268/232;268/136	10;25	80	40
153	diphenamid	草乃敌	957-51-7	23.1	167/165	167/165;167/152	15;15	1.5	0.8

内标序号	英文名称	中文名称	CAS号	保留时间/min	定性离子对 m/z	定量离子对 m/z	碰撞能量/V	检出限/(μg/kg)	定量限/(μg/kg)
154	dipropetryn	异丙净	4147-51-7	21.05	255/222	255/222;255/138	10;25	5	2.5
155	ethalfluralin	丁氟消草	55283-68-6	15.13	316/276	316/276;316/202	10;25	40	20
156	etofenprox	醚菊酯	80844-07-1	32.93	163/107	163/107;163/135	15;10	1.5	0.8
157	etridiazol	土菌灵	2593-15-9	10.39	211/183	211/183;211/140	10;15	10	5
158	fenazaquin	喹螨醚	120928-09-8	29.17	145/117	145/117;145/91	10;25	1.3	0.6
159	fenchlorphos-oxon	氧皮蝇磷	3983-45-7	19.83	287/272	287/272;287/242	15;25	20	10
160	fenoxanil	氰菌胺	115852-48-7	23.51	140/85	140/85;140/71	10;25	25	12.5
161	fenpropidin	苯锈啶	67306-00-7	18.06	98/70	98/70;98/69	10;15	2.5	1.3
162	fenson	分螨酯	80-38-6	22.79	268/141	268/141;268/77	5;25	10	5
163	flufenacet	氟噻草胺	142459-58-3	22.87	211/123	211/123;211/96	10;15	160	80
164	furalaxyl	呋霜灵	57646-30-7	23.77	301/224	301/224;242/95	15;10	2.5	1.3
165	heptachlor	七氯	76-44-8	18.6	272/237	272/237;272/235	10;10	12.5	6.3
166	iprobenfos	异稻瘟净	26087-47-8	18.64	204/122	204/122;204/91	15;5	2.5	1.3
167	isazofos	氯唑磷	42509-80-8	18.77	257/162	257/162;257/119	10;25	25	12.5
168	isoprothiolane	稻瘟灵	50512-35-1	25.65	290/204	290/204;290/118	5;15	12.5	6.3
169	kresoxim-methyl	醚菌酯	143390-89-0	25.21	131/130	131/130;131/89	10;25	10	5
170	mefenacet	苯噻酰草胺	73250-68-7	31.49	192/109	192/109;192/136	25;15	37.5	18.8
171	mepronil	灭锈胺	55814-41-0	28.24	119/91	119/91;119/65	10;25	1	0.5
172	metribuzin	嗪草酮	21087-64-9	20.56	198/110	198/110;198/82	15;15	10	5
173	molinate	禾草敌	2212-67-1	12.03	126/83	126/83;126/55	5;10	0.8	0.4
174	napropamide	敌草胺	15299-99-7	24.94	271/128	271/128;271/72	5;10	5	2.5
175	nuarimol	氟苯嘧啶醇	63284-71-9	28.9	314/139	314/139;314/111	5;25	12.5	6.3
176	permethrin	氯菊酯	52645-53-1	31.5	183/153	183/153;183/168	15;15	7.5	3.8
177	phenothrin	苯醚菊酯	26002-80-2	29.42	123/81	123/81;123/79	10;12	2.5	1.3
178	piperonylbutoxide	增效醚	1951/3/6	27.71	176/103	176/103;176/131	15;15	2.5	1.3
179	pretilachlor	丙草胺	51218-49-6	24.95	162/147	162/147;162/132	10;15	5	2.5

内标序号	英文名称	中文名称	CAS号	保留时间/min	定性离子对 m/z	定量离子对 m/z	碰撞能量/V	检出限/(μg/kg)	定量限/(μg/kg)
180	prometon	扑灭通	1610-18-0	16.84	225/183	225/183;225/168	5;10	5	2.5
181	propyzamide-2	炔苯酰草胺-2	23950-58-5	18.89	173/145	173/145;173/109	15;25	1.3	0.6
182	propetamphos	烯虫磷	31218-83-4	18.08	194/166	194/166;194/94	10;25	7.5	3.8
183	propoxur-1	残杀威-1	114-26-1	6.61	110/64	110/64;110/63	15;25	0.2	0.1
184	propoxur-2	残杀威-2	114-26-1	15.29	110/64	110/64;110/63	15;25	1.3	0.6
185	prothiophos	丙硫磷	34643-46-4	24.12	309/239	309/239;309/221	15;25	10	5
186	pyridaben	哒螨灵	96489-71-3	32.09	147/117	147/117;147/132	25;15	2.5	1.3
187	pyridaphenthion	哒嗪硫磷	119-12-0	30.29	340/109	340/109;340/199	15;5	10	5
188	pyrimethanil	嘧霉胺	53112-28-0	17.42	200/199	200/199;183/102	10;30	7.5	3.8
189	pyriproxyfen	吡丙醚	95737-68-1	30.06	136/96	136/96;136/78	15;25	5	2.5
190	quinalphos	喹硫磷	13593-03-8	23.17	157/129	157/129;157/102	15;25	10	5
191	quinoxyfen	喹氧灵	124495-18-7	27.18	237/208	237/208;237/182	25;25	100	50
192	dieldrin	狄氏剂	60-57-1	20.61	311/241	311/241;311/240	25;25	35	17.5
193	tetrasul	杀螨硫醚	2227-13-6	25.89	324/254	324/254;324/252	15;15	5	2.5
194	thiazopyr	噻草啶	117718-60-2	21.72	363/300	363/300;363/272	15;25	35	17.5
195	tolclofos-methyl	甲基立枯磷	57018-04-9	19.87	267/252	267/252;267/93	15;25	12.5	6.3
196	transfluthrin	四氟苯菊酯	118712-89-3	19.28	163/143	163/143;163/91	15;15	2.5	1.3
197	triadimefon	三唑酮	43121-43-3	22.37	210/183	210/183;210/129	5;10	12.5	6.3
198	triadimenol	三唑醇	55219-65-3	24.56	168/70	168/70;128/100	10;15	10	5
199	triallate	野麦畏	2303-17-5	17.26	270/228	270/228;270/186	10;15	7.5	3.8
200	tribenuron-methyl	苯磺隆	101200-48-0	9.35	154/124	154/124;124/83	5;10	60	30
201	vinclozolin	乙烯菌核利	50471-44-8	20.43	285/212	285/212;285/178	10;10	15	7.5

10～16 目乌龙茶和绿茶样品各 500g，均匀平铺于直径为 40cm 的不锈钢容器底部，待喷药。准确移取一定量混合标准溶液于全玻璃喷雾器中，对茶叶进行喷药。边喷施边用玻璃棒搅拌茶叶，使药液喷施均匀。待药液喷施完后，取 3×5mL 甲苯置于喷雾器中，晃动，混匀，再次喷于茶叶上，边喷边搅拌。喷药完毕后，继续用玻璃棒搅拌茶叶 0.5h，待茶叶中的有机溶剂完全挥干，将喷药茶叶放入 1L 棕色广口玻璃瓶中，置于振荡器上振荡过夜后，避光储存。将茶叶污染样品均匀平铺于平底容器底部，并划上十字，称取十字对称 4 个点和中心部位共 5 份污染茶叶样品。分别用 GC-MS 和 GC-MS/MS 测定，计算 5 个污染样品农药含量的平均值及相对标准偏差（RSD），当所测农药 RSD 在 15% 以内的比例占 90% 时，可以判断此茶叶样品已喷施混合均匀，以 5 次测得的含量平均值作为污染样品中农药的定值浓度。

测定条件参照 ID 10-0008.R1 方法[23,26]。GC-MS 分析的 201 种农药的保留时间、检出限（LOD）、定量限（LOQ）、定量离子和定性离子 m/z 及相对丰度见表 2-1，GC-MS/MS 分析的保留时间、LOD、LOQ、监测离子对 m/z 及碰撞能量见表 2-2，GC-MS 分析的 3 组农药 SIM 采集参数见表 2-3，GC-MS/MS 分析的 MRM 采集参数见表 2-4。

表 2-3　GC-MS 分析的 201 种农药的 SIM 监测分组情况

序号	时间/min	离子 m/z	驻留时间/ms
A 组			
1	7.00	103,121,128,136,161,203	80
2	10.60	120,137,179,215,250,252	80
3	12.41	103,121,136,151,154,156,171,186,215	55
4	14.00	143,156,151,158,171,192,220,229,231	50
5	14.70	106,142,190,237,264,265,280,306,335	50
6	16.10	108,136,138,142,160,161,164,177,188,189,196,197,198,204,205,211,213,234,261,318	23
7	17.90	89,114,138,166,186,196,198,210,225,229,231,233,238,256,258	33
8	18.90	138,166,230,238,263,265	80
9	19.25	120,146,154,162,176,203,223,230,251,252,259	33
10	20.01	184,188,197,199,206,226,234,237,239,241,249,269	41
11	20.61	193,195,196,206,215,221,234,249,250,252,263,269,297,301,332	33
12	21.81	210,220,224,225,247,254,263,266,275,291,295,326,351,353,355	33
13	22.88	133,209,211,303,357,359	80
14	23.90	178,184,223,224,254,255,283,285,326	40
15	25.31	119,134,158,185,259,340	50
16	25.96	119,134,158	140
17	26.33	119,134,158,186,218,225,247,290,300,328,360,408	40
18	27.70	203,231,233,237,253,254,272,274,281,311,323,342,366,379	33
19	28.80	127,141,203,231,237,272,274,288,323,324,359,394	40
20	29.60	136,153,229,234,256,356,357	80
21	32.30	125,129,198,258,286,287	80
B 组			
1	8.00	128,132,136,146,156,171,173,189,217	50
2	10.30	121,154,165,166,194,196,198,234	60
3	11.50	191,193,206	150
4	14.00	120,128,158,168,176,200,203,211,215,234,236,242,261,282,284,286	38
5	15.15	128,153,171,202,213,234,236,238,266,322	50

序号	时间/min	离子 m/z	驻留时间/ms
6	17.00	137,160,174,176,181,202,206,246,277,292,304,318,347	35
7	18.60	173,240,255	150
8	19.50	125,134,171,198,210,213,276,285,287,290,305	40
9	20.30	100,185,200,226,233,241,246,257,258,259,263,276,286,290,305,314	30
10	21.27	73,139,141,153,161,162,191,207,213,238,240,250,251,286,304,318,329,331,333	25
11	22.00	161,162,185,187,207,213,220,222,238,242,252,255,280,286,299,351,353,355	27
12	23.00	185,213,255,267,269,323,373,375,377	50
13	23.75	160,176,188,246,248,316,318	70
14	24.23	250,303,335,345,367,377,379	83
15	24.61	105,172,175,177,263,297,302,303,305,317,335,339,345,367,374	30
16	25.30	77,105,141,165,175,177,199,213,251,235,237,253,256,276,271,302	31
17	25.96	77,105,141,251,252,253,276,297,300,325,360,361,363	30
18	27.18	116,131,148,157,161,173,199,206,222,259,325,342	41
19	28.00	157,169,173,259,261,303	80
20	29.00	122,138,140,183,192,212,227,228,260,276,292,318,320,333,339,341,365	29
21	30.10	122,128,140,171,206,238,252,268,320	50
22	31.50	139,219,226,268,283,330	80
C 组			
1	6.30	110,111,124,152,154	90
2	10.00	133,140,163,183,194,211	80
3	11.90	101,126,157,158,175,187	80
4	14.00	110,111,115,116,144,152,276,292,316	41
5	16.50	98,138,143,145,168,196,198,199,200,210,225,236,268,270,273	27
6	18.00	98,138,145,161,173,175,194,196,204,236,237,246,255,257,272,273,285,288,337	20
7	19.14	163,165,185,212,227,250,265,267,270,285,287,335	27
8	20.35	103,144,185,198,199,212,221,222,227,240,255,285,301,311,332,375	31
9	21.28	151,221,225,267,301,327,332,363,381	41
10	22.00	181,208,210,351,353,355	83
11	22.30	77,119,141,145,146,151,157,165,167,176,181,208,210,211,212,213,239,246,255,263,268,298,318,363	20
12	23.10	112,130,140,146,152,157,162,165,167,168,189,239,242,267,298,301,309	29
13	24.50	112,116,128,130,131,162,168,171,204,206,231,238,262,271,290	33
14	25.53	152,204,231,251,252,253,254,290,324	50
15	26.95	119,120,149,176,177,232,237,268,269,270,272,307	33
16	28.10	119,120,165,166,181,203,235,266,267,269,314,394	41
17	28.90	117,123,145,160,183,203,235,314,350	50
18	29.80	136,185,188,199,226,340	55
19	31.10	117,120,136,147,183,184,192,255,364	41
20	32.29	112,141,163,170,183,274,303,318,376	50
21	33.30	112,140,180,331,333,342	80
22	37.00	165,301,387	150

表 2-4　GC-MS/MS 分析的 201 种农药的 MRM 监测分组情况

序号	时间/min	离子/amu	驻留时间/ms
A 组			
1	4.00	121/103,121/77;161/128,128/72;250/215,250/177;179/137,179/93	25
2	12.50	154/83,154/72;121/103,121/77;156/89,156/74;143/79,143/52;231/160,231/158	19
3	14.80	280/265,280/237;306/264,306/206;190/106,190/57;164/136,164/108;211/196,211/169;204/107,204/78;189/185,189/161;213/212,213/77;177/127,177/101;318/276,318/152	9

序号	时间/min	离子/amu	驻留时间/ms
4	18.00	198/89,198/72;256/186,256/151;258/186,256/186;225/169,225/154	19
5	18.70	231/160,231/158;238/166,238/96;263/192,263/156;259/176,259/120;251/128,251/86;230/154,230/111;146/131,146/118	12
6	20.10	237/160,237/146;241/199,241/184;239/197,239/85;206/132,206/105;193/157,193/123;297/269,297/223;301/273,301/223;250/215,250/139	16
7	21.60	275/149,275/99;224/222,224/208;266/190,266/174;326/256,326/254;359/331,359/303;209/133,209/132	10
8	24.00	283/255,283/96;223/193,223/179;326/256,326/254;340/185,340/183	21
9	26.00	134/93,134/91;134/93,134/91;186/158,186/109;360/325,360/290	25
10	27.10	186/158,186/109;408/363,408/59;342/255,342/184	25
11	28.40	379/276,379/262;366/209,366/181;323/231,323/196;288/174,288/141;272/237,272/235;394/359,394/324	19
12	29.80	153/136,153/110;357/256,357/229;287/259,287/179;198/129,198/102	16
B组			
1	5.00	132/90,132/62;146/90,146/57;171/136,171/100;234/154,234/121;194/158,194/133;166/165,166/121;191/141,191/113;234/154,234/121	8
2	13.00	158/114,158/97;284/249,284/214;234/192,234/150;176/120,176/77	24
3	15.10	234/192,234/150;322/294,322/202;213/171,213/127	25
4	16.50	246/137,246/109;318/199,318/55;292/181,292/153;206/176,206/124	25
5	18.50	173/145,173/109;213/198,213/171;285/270,285/240;197/148,197/120;290/233,290/125;226/96,226/68;257/100,257/72;263/246,263/109;314/286,314/258	10
6	21.20	238/162,238/133;250/215,250/139;333/180,333/168;331/316,331/286;153/111,153/83;207/161,207/137;280/238,280/180;242/214,242/187;252/162,252/161	9
7	22.80	255/213,255/121;323/267,323/159;373/301,373/266;375/303,375/266;318/248,318/246;176/150,176/126	13
8	24.20	379/364,379/334;335/303,335/173;374/339,374/337;172/116,105/77;263/193,263/191;302/175,302/111	18
9	25.40	235/199,235/165;256/212,256/170;251/139,251/111;361/317,361/300;360/325,360/297;276/105,276/77;276/105,276/77	16
10	27.10	342/199,157/121;222/190,222/162;148/105,148/79;259/173,259/69;157/110,157/77;333/276,333/171;227/212,227/169;341/185,341/183;292/105,292/77;192/138,192/111	9
11	30.00	321/123,321/122;171/85,171/71;330/251,330/139;283/227,283/137;268/180,268/77	19
C组			
1	6.00	110/64,110/63;154/124,124/83;211/183,211/140;163/133,163/77;126/83,126/55;101/100,101/73	16
2	12.50	144/116,144/115;316/276,316/202;110/64,110/63	34
3	16.00	225/183,225/168;270/228,270/186;200/199,183/102	32
4	17.70	98/70,98/69;194/166,194/94;272/237,272/235;204/122,204/91;257/162,257/119;173/145,173/109;163/143,163/91	16
5	19.60	287/272,287/242;267/252,267/93;227/170,227/58;285/212,285/178;198/110,198/82;311/241,311/240	16
6	20.80	255/222,255/138;301/273,301/223;225/168,225/96;363/300,363/272	17
7	22.00	210/183,210/129;119/91,119/65;212/122,212/94;318/248,318/246;268/141,268/77;211/123,211/96;167/165,167/152;157/129,157/102;140/85,140/71;301/224,242/95;309/239,309/221	7.5
8	24.30	168/70,128/100;271/128,271/72;162/147,162/132	20

序号	时间/min	离子/amu	驻留时间/ms
9	25.20	290/204,290/118;324/254,324/252;251/139,251/111;131/130,131/89	20
10	26.90	237/208,237/182;268/232,268/136;176/103,176/131	34
11	27.90	119/91,119/65;181/166,181/165;266/246,266/218;314/139,314/111	20
12	29.00	145/117,145/91;123/81,123/79	25
13	29.90	136/96,136/78;340/109,340/199;192/109,192/136;183/153,183/168;147/117,147/132	18
14	32.25	170/115,170/141;163/107,163/135;331/152,331/180;342/112,342/140;301/139,301/165	17

2.2.4　方法3实验条件的优化

（1）对茶叶水化条件的确定

称取 6 份茶叶，每份 5g，分别编号为 1♯、2♯、3♯、4♯、5♯、6♯。各加入 5mL、10mL、15mL、20mL、25mL、30mL 水，浸泡 1h 后，1♯和 2♯茶叶未完全浸泡，说明茶叶未完全水化。将 3♯、4♯、5♯和 6♯茶叶依次加入 5g 氯化钠、15mL 乙腈，均质提取 1min，离心后发现 3♯茶叶只有乙腈层，4♯、5♯和 6♯茶叶均有水层和乙腈层，乙腈层体积分别为 8.2mL、7.5mL、4.5mL。说明在 5g 茶叶中加入 20mL（4♯茶叶）水时，茶叶即可完全水化，且液液分配时损失的乙腈少，因此确定 5g 茶叶加入 20mL 水进行水化。

（2）对氯化钠用量的确定

称取 4 份茶叶，每份 5g，分别加入 20mL 水，浸泡 1h 后，依次加入 5g、10g、15g、20g 氯化钠，再分别加入 15mL 乙腈，均质离心后，乙腈层的体积分别为 8.2mL、9.0mL、8.5mL 和 8.0mL，可见当加入 10g 氯化钠时，液液分配时损失的乙腈最少，因此确定加入 10g 氯化钠。

（3）乙腈用量的确定

称取 3 份茶叶，每份 5g，分别加入 20mL 水、10g 氯化钠，再分别加入 15mL、20mL 和 25mL 乙腈，均质、离心后，乙腈层的体积分别为 9mL、14mL 和 19mL。实验表明：在此条件下，当加入不同体积的乙腈时，均会损失 6.0mL。但对 15mL 乙腈来说，损失相对最大。因此，选用 20mL 和 25mL 乙腈提取，比对 201 种农药的添加回收率。

2.2.5　试样溶液蒸发温度和蒸发程度的优化

2.2.5.1　旋转蒸发温度的优选

取 A、B、C 三组混合标准溶液（含 201 种农药）各 50μL 于样品瓶中，加入 40μL 内标，氮吹至干，立即以正己烷定容至 1mL，作为定量用标准溶液。向鸡心瓶中加入 A、B、C 三组混合标准溶液各 50μL，再加入 30mL 乙腈-甲苯（3:1）溶液，分别在 40℃、60℃和 80℃进行旋转蒸发，或者进行正己烷溶剂交换，最后加入 40μL 内标，混匀，经滤膜过滤后测定，分析结果见表2-5。

表2-5　旋转蒸发温度和溶剂交换温度对回收率的影响

项目	GC-MS/MS			GC-MS		
温度/℃	40	60	80	40	60	80
201种农药平均回收率/%	92.3	84.9	82.4	99.6	87.2	83.4
农药数量(回收率＜80%)	27	53	80	23	45	58

由表2-5可知：不论是试液的浓缩，还是溶剂交换，随着旋转蒸发温度的升高，201种农药的平均回收率均呈下降趋势，同时回收率小于80%的农药数量呈上升趋势。这说明随着温度的升高，对温度敏感的农药发生了不同程度的降解。据此，本方法选择40℃作为最佳旋转蒸发温度，既可有效蒸除乙腈和甲苯溶剂，又能防止一些农药分解。

2.2.5.2　旋转蒸发程度的优选

旋转蒸发温度设为40℃，分别比较了溶液蒸至近干、刚好蒸干和完全蒸干3种情况下201种农药的回收率，见表2-6。

表2-6　3种旋转蒸发程度对回收率的影响

项目	GC-MS/MS			GC-MS		
旋转蒸发程度	蒸至近干(0.3～0.5mL)	刚好蒸干	完全蒸干	蒸至近干(0.3～0.5mL)	刚好蒸干	完全蒸干
201种农药平均回收率/%	89.4	77.7	75.0	89.0	80.6	76.7
农药数量(回收率＜80%)	30	84	107	32	77	96

由表2-6可知：随着旋转蒸发程度由蒸至近干、刚好蒸干到完全蒸干，201种农药的平均回收率呈下降趋势，同时回收率小于80%的农药数量呈快速上升趋势。这说明，蒸干样品溶液会使一些药物的回收率明显降低。据此，本方法要求在样品浓缩阶段，必须保证样品溶液不被蒸干，可剩余约0.3～0.5mL，取下鸡心瓶后借助鸡心瓶的余热自然挥干，以减少部分药物在旋转蒸发阶段的损失。

2.2.6　第一阶段样品制备技术的效能评价

在绿茶样品中添加201种农药标准溶液后，静置30min，每种方法制备3个添加样品，进行平行实验，GC-MS和GC-MS/MS的测定结果见表2-7。

2.2.6.1　实验数据分析

对表2-7中GC-MS/MS和GC-MS测定的平均回收率进行综合统计分析，结果见表2-8。由表2-8可见：对于平均回收率小于70%的农药，方法1占3.7%，方法2占7.3%，而方法3在2种提取条件下的农药占比均超过90%；对于平均回收率在70%～110%范围的农药比例，方法1占92.0%，方法2占91.8%，方法3在2种提取条件下的农药占比均不超过4%；方法1和方法2得到的回收率相差不大，方法1略好，而方法3，

表2-7 3种样品制备方法对提取绿茶中201种农药的平均回收率和相对标准偏差的分析结果（n=3）

序号	英文名称	中文名称	CAS号	添加水平/(μg/kg)	GC-MS 方法1 AVE/%	RSD/%	GC-MS 方法2 AVE/%	RSD/%	GC-MS 方法3 20mL乙腈 AVE/%	RSD/%	GC-MS 方法3 25mL乙腈 AVE/%	RSD/%	GC-MS/MS 方法1 AVE/%	RSD/%	GC-MS/MS 方法2 AVE/%	RSD/%	GC-MS/MS 方法3 20mL乙腈 AVE/%	RSD/%	GC-MS/MS 方法3 25mL乙腈 AVE/%	RSD/%
1	2,3,4,5-tetrachloroaniline	2,3,4,5-四氯苯胺	634-83-3	10.0	74.3	4.7	82.6	6.0	50.0	8.1	48.1	8.0	81.4	6.2	88.8	7.9	41.5	6.4	36.4	25.5
2	2,3,5,6-tetrachloroaniline	2,3,5,6-四氯苯胺	3481-20-7	50.0	82.5	2.6	88.8	3.3	50.4	5.1	51.9	6.4	83.5	3.5	80.4	8.0	47.2	8.6	49.2	0.6
3	2,4'-DDE	2,4'-滴滴伊	3424-82-6	50.0	71.2	10.0	87.5	2.1	70.1	0.0	65.5	8.8	74.2	3.4	87.3	1.8	65.1	0.3	62.6	11.3
4	2,4'-DDT	2,4'-滴滴涕	789-02-6	50.0	91.2	4.3	35.2	4.2	40.6	4.0	40.3	1.8	77.3	2.0	32.8	6.9	26.2	9.7	19.4	1.5
5	4,4'-DDE	4,4'-滴滴伊	72-55-9	100.0	84.3	2.9	87.3	3.2	60.7	5.7	61.7	9.3	88.1	3.5	85.4	3.6	60.5	8.9	61.6	12.9
6	4,4'-dibromobenzophenone	4,4'-二溴二苯甲酮	3988-03-2	150.0	100.8	7.7	101.8	6.9	64.4	9.3	74.5	8.0	91.0	2.2	93.9	4.0	59.0	5.3	56.7	3.2
7	4,4'-dichlorobenzophenone	4,4'-二氯二苯甲酮	90-98-2	50.0	87.6	2.7	92.1	5.2	55.4	4.1	53.8	5.0	87.9	4.3	89.9	4.3	54.4	5.3	52.1	5.3
8	acetochlor	乙草胺	34256-82-1	150.0	81.4	2.4	86.9	4.8	43.2	7.7	43.4	7.5	80.4	2.1	86.4	4.1	45.6	7.1	44.0	4.6
9	alachlor	甲草胺	15972-60-8	100.0	82.7	0.5	90.9	4.1	44.5	9.1	44.7	21.8	79.0	2.6	88.5	5.0	45.3	5.1	42.4	5.7
10	ametryn	莠灭净	834-12-8	50.0	81.8	4.0	87.8	4.5	29.2	6.0	28.8	23.5	83.8	6.4	84.8	2.2	29.9	8.9	28.8	23.0
11	atratone	莠去通	1610-17-9	200.0	88.5	4.6	94.4	4.0	15.7	7.4	16.2	31.5	87.5	2.4	89.1	4.8	15.8	10.9	13.9	43.8
12	benalaxyl	苯霜灵	71626-11-4	400.0	102.7	5.0	86.5	5.5	45.3	0.5	35.5	8.2	93.2	3.8	83.6	4.3	34.2	2.5	30.3	10.9
13	benodanil	麦锈灵	15310-01-7	50.0	85.7	7.5	101.7	8.0	28.2	20.9	23.9	43.4	80.0	6.9	95.3	6.9	21.0	25.7	16.0	44.4
14	benoxacor	解草嗪	98730-04-2	50.0	76.6	11.8	56.2	11.5	37.3	4.5	32.6	13.4	67.0	8.3	51.3	7.7	29.5	1.8	24.9	22.3
15	benzoylprop-ethyl	新燕灵	22212-55-1	150.0	91.0	1.7	90.9	3.8	40.8	1.6	38.0	7.0	91.1	2.5	86.6	3.7	40.5	2.1	36.5	7.1
16	bifenthrin	联苯菊酯	82657-04-3	100.0	91.3	2.8	92.0	2.8	72.7	4.9	74.3	5.1	88.5	5.2	84.4	2.3	69.1	6.8	65.8	10.6
17	bitertanol	联苯三唑醇	55179-31-2	50.0	85.8	11.6	86.3	9.1	14.2	11.2	13.0	50.1	86.5	0.6	88.8	8.4	13.7	11.7	11.2	46.4
18	boscalid	啶酰菌胺	188425-85-6	50.0	120.4	6.7	85.0	6.7	21.5	12.5	17.8	42.1	115.9	0.9	81.6	4.4	18.9	11.6	15.7	38.5
19	bromofos	溴硫磷	2104-96-3	50.0	78.5	3.2	83.5	5.6	61.4	2.5	62.0	4.7	84.4	9.6	82.8	3.8	59.4	8.5	58.2	6.5
20	bromophos-ethyl	乙基溴硫磷	4824-78-6	50.0	84.9	1.2	93.5	5.9	67.0	3.6	62.0	4.2	86.6	3.9	91.4	5.9	66.8	5.1	61.7	7.9
21	bromopropylate	溴螨酯	18181-80-1	50.0	99.9	2.1	90.6	5.0	54.4	3.7	58.1	9.0	93.4	3.4	86.2	4.5	57.0	6.6	55.4	9.7
22	buprofenzin	噻嗪酮	69327-76-0	50.0	87.7	3.8	91.7	1.7	48.3	2.7	54.6	4.3	87.0	3.6	84.8	8.6	49.5	3.3	47.4	8.3
23	butachlor	丁草胺	23184-66-9	50.0	69.2	9.3	87.7	4.6	56.6	1.8	55.3	0.3	84.0	2.5	83.2	3.5	62.0	6.5	62.6	8.1

序号	英文名称	中文名称	CAS 号	添加水平/(μg/kg)	GC-MS 方法 1 AVE/%	RSD/%	GC-MS 方法 2 AVE/%	RSD/%	GC-MS 方法 3 20mL 乙腈 AVE/%	RSD/%	GC-MS 方法 3 25mL 乙腈 AVE/%	RSD/%	GC-MS/MS 方法 1 AVE/%	RSD/%	GC-MS/MS 方法 2 AVE/%	RSD/%	GC-MS/MS 方法 3 20mL 乙腈 AVE/%	RSD/%	GC-MS/MS 方法 3 25mL 乙腈 AVE/%	RSD/%
24	butafenacil	氟丙嘧草酯	134605-64-4	50.0	125.4	8.5	87.2	5.0	36.2	14.4	25.2	40.4	123.9	2.1	82.2	3.1	31.6	14.1	23.1	34.0
25	butralin	仲丁灵	33629-47-9	50.0	92.9	2.9	82.1	9.3	74.7	7.7	78.0	7.0	97.5	8.8	78.1	5.4	58.3	8.6	51.3	16.3
26	butylate	丁草特	2008-41-5	50.0	88.1	4.1	97.8	8.4	116.3	3.0	126.3	3.6	77.1	3.3	62.6	2.7	48.2	2.1	49.1	4.6
27	carbaryl	甲萘威	63-25-2	100.0	85.3	2.4	92.6	2.7	25.7	18.6	22.7	32.7	75.8	10.3	108.4	3.6	26.0	24.4	21.9	30.5
28	carbofenothion	三硫磷	786-19-6	100.0	78.0	0.4	82.1	8.0	57.7	4.8	58.7	6.1	83.1	1.6	85.3	6.0	64.1	14.0	60.6	6.3
29	chlorfenapyr	虫螨腈	122453-73-0	100.0	81.3	1.8	93.9	4.3	60.8	4.5	54.3	3.4	84.5	5.1	92.1	4.0	58.9	6.6	52.4	3.0
30	chlorfenson	杀螨酯	80-33-1	400.0	98.2	4.0	85.0	7.3	63.3	2.9	66.7	1.5	107.9	1.4	81.4	3.2	55.1	4.7	55.2	4.4
31	chlorfenviphos	毒虫畏	470-90-6	50.0	77.4	6.0	80.6	5.4	36.3	2.6	31.8	10.3	73.9	3.2	76.0	3.9	34.3	0.6	29.8	10.5
32	chlormephos	氯甲硫磷	24934-91-6	50.0	77.6	3.1	75.6	11.0	52.7	4.4	59.5	11.4	77.4	2.1	67.1	3.2	52.1	0.3	52.9	3.1
33	chlorobenzilate	氯甲氧苯	2675-77-6	200.0	98.2	3.9	85.2	4.6	43.2	47.3	58.9	2.1	95.5	4.5	84.1	4.2	56.7	5.3	54.6	3.6
34	chlorneb	乙酯杀螨醇	510-15-6	200.0	82.1	2.5	84.0	2.2	58.2	4.4	66.0	6.2	81.5	4.9	79.0	3.1	52.0	0.3	51.7	1.0
35	chlorpropylate	氯苯胺灵	101-21-3	50.0	99.0	1.6	88.2	4.4	41.7	45.0	41.2	49.9	95.5	4.5	84.1	4.2	56.7	5.3	54.6	3.6
36	chlorpropham	丙酯杀螨醇	5836-10-2	100.0	88.7	0.3	87.7	3.1	56.6	0.1	51.2	6.9	85.0	3.0	87.1	2.4	50.4	0.9	46.4	2.6
37	chlorpyrifos	毒死蜱	2921-88-2	100.0	84.4	2.0	86.3	3.7	61.7	3.7	63.0	6.4	84.2	3.0	86.5	2.6	62.4	7.3	60.7	11.6
38	chlorthal-dimethyl-1	氯酞酸二甲酯-1	1861-32-1	240.0	82.8	3.2	89.6	3.1	56.5	1.7	55.7	2.3	84.7	3.4	85.9	2.6	57.5	5.7	55.0	1.4
39	chlorthiophos	虫螨磷	60238-56-4	150.0	89.0	4.4	87.9	3.5	62.5	5.5	64.9	3.8	86.3	2.6	85.3	2.4	63.3	10.4	61.2	14.3
40	cis-chlordane	顺式氯丹	5103-71-9	150.0	89.2	1.6	84.8	4.1	58.3	5.4	58.2	8.3	91.6	5.6	88.5	2.9	60.1	7.2	60.4	9.5
41	cis-diallate	顺式燕麦敌	17708-57-5	500.0	91.3	3.1	86.6	5.8	56.7	1.5	58.9	10.3	86.6	4.4	84.4	2.0	54.7	3.0	55.5	8.1
42	clomazone	异草酮	81777-89-1	50.0	93.1	1.6	89.0	5.3	34.6	8.4	32.8	28.8	100.4	0.7	85.8	3.9	35.2	5.8	31.6	19.3
43	cyanofenphos	苯腈磷	13067-93-1	100.0	105.5	4.9	84.2	2.3	54.0	4.7	48.6	9.2	102.6	3.2	81.1	4.3	51.4	8.3	46.8	2.4
44	cycloate	环草敌	1134-23-2	200.0	84.3	3.1	90.4	2.2	55.0	0.7	57.5	0.7	83.6	2.9	84.5	3.3	49.6	4.2	49.9	1.0
45	cycluron	环莠隆	2163-69-1	150.0	74.5	3.0	93.6	1.3	55.4	17.2	48.3	32.6	73.0	6.3	103.2	2.2	6.2	11.4	7.1	22.8
46	cyhalofop-butyl	氯氟草酯	122008-85-9	50.0	100.4	5.3	94.0	9.1	57.6	2.8	55.7	3.8	108.9	2.6	90.0	4.6	55.4	6.1	46.4	0.8

序号	英文名称	中文名称	CAS 号	添加水平/(μg/kg)	GC-MS 方法1 AVE/%	RSD/%	方法2 AVE/%	RSD/%	方法3 20mL乙腈 AVE/%	RSD/%	方法3 25mL乙腈 AVE/%	RSD/%	GC-MS/MS 方法1 AVE/%	RSD/%	方法2 AVE/%	RSD/%	方法3 20mL乙腈 AVE/%	RSD/%	方法3 25mL乙腈 AVE/%	RSD/%
47	cyprodinil	嘧菌环胺	121552-61-2	50.0	92.6	2.4	85.5	6.6	39.2	11.6	40.1	0.5	87.3	3.5	78.6	4.7	34.6	6.8	34.2	6.9
48	chlorthal-dimethyl-2	氯酞酸二甲酯-2	1861-32-1	50.0	82.8	3.2	89.7	3.1	56.5	1.7	55.7	2.3	84.7	3.4	85.9	2.6	57.5	5.7	55.0	1.4
49	DE-PCB 101	2,2',4,5,5'-五氯联苯	37680-73-2	50.0	84.4	3.5	94.1	2.9	62.6	0.6	58.9	3.5	88.1	4.6	89.4	2.8	63.6	5.4	60.0	9.9
50	DE-PCB 118	2,3,4,4',5-五氯联苯	74472-37-0	50.0	87.5	2.7	91.1	3.4	60.4	0.3	60.0	10.0	86.8	4.1	85.6	3.2	61.3	3.4	57.0	10.3
51	DE-PCB 138	2,2',3,4,4',5'-六氯联苯	35065-28-2	100.0	85.7	2.6	92.1	4.8	60.5	0.4	57.6	8.2	87.2	2.7	85.3	4.8	62.0	3.5	58.1	11.6
52	DE-PCB 180	2,2',3,4,4',5,5'-七氯联苯	35065-29-3	50.0	84.7	2.3	91.7	3.7	58.3	2.2	56.0	11.3	87.1	2.8	86.5	4.8	58.0	0.6	54.6	16.9
53	DE-PCB 28	2,4,4'-三氯联苯	7012-37-5	50.0	85.1	2.3	90.8	2.3	64.3	0.8	62.7	2.0	86.5	2.4	87.4	3.6	62.7	2.5	60.4	7.0
54	DE-PCB 31	2,4',5-三氯联苯	16606-02-3	50.0	83.8	1.7	88.4	2.9	60.6	2.6	59.6	5.3	86.5	2.4	87.4	3.6	62.7	2.5	60.4	7.0
55	desmetryn	敌草净	1014-69-3	50.0	85.2	2.8	88.0	3.7	22.2	4.2	19.8	29.0	86.1	4.9	87.2	2.4	22.5	0.4	18.7	19.6
56	dibutyl succinate	琥珀酸二丁酯	141-03-7	50.0	75.7	4.9	82.8	2.0	60.0	3.5	63.1	5.6	79.1	2.7	78.9	2.6	56.7	8.0	58.7	1.8
57	dichlobenil	敌草腈	1194-65-6	50.0	75.1	1.5	60.2	6.5	44.8	2.5	47.0	2.8	77.2	4.6	57.3	6.7	44.8	2.5	43.5	7.2
58	dichlorofop-methyl ester	二氯丙酸甲酯	23844-57-7	100.0	126.1	4.4	93.6	4.2	61.8	4.0	58.7	3.4	115.0	3.7	90.5	4.0	61.9	5.1	57.4	6.2
59	dicloran	氯硝胺	99-30-9	100.0	77.2	4.0	82.0	16.5	52.1	22.6	38.8	21.0	61.0	6.5	69.2	15.4	39.2	7.3	35.7	17.7
60	dicofol	三氯杀螨醇	115-32-2	200.0	94.2	2.9	95.2	3.8	60.0	3.9	60.3	1.9	87.9	4.3	89.9	4.3	54.4	5.3	52.1	5.3
61	diethofencarb	乙霉威	87130-20-9	50.0	87.7	3.0	88.3	4.1	36.9	3.8	36.4	19.1	85.0	3.2	86.2	3.4	35.8	13.1	31.5	18.7
62	diflufenican	吡氟酰草胺	83164-33-4	100.0	90.4	4.1	83.1	4.1	57.6	6.6	51.7	3.2	89.7	4.3	81.1	4.8	52.1	7.5	48.6	1.6
63	dimepiperate	哌草丹	61432-55-1	50.0	87.9	13.2	91.7	3.0	62.2	22.8	56.3	7.1	85.2	5.5	86.1	2.7	54.0	3.2	53.4	0.1
64	dimethachlor	二甲草胺	50563-36-5	50.0	72.3	4.0	81.1	5.8	31.1	2.1	27.4	25.4	72.9	0.8	80.8	3.6	30.2	1.6	25.6	24.1
65	dimethametryn	异戊乙净	22936-75-0	100.0	83.6	4.0	87.1	2.8	36.0	0.2	34.8	11.0	89.1	5.1	87.3	4.9	35.9	8.4	35.8	12.8
66	dimethenamid	二甲噻草胺	87674-68-8	100.0	76.4	2.4	89.4	5.0	37.4	9.5	34.9	20.0	80.0	1.6	88.1	5.4	37.0	8.4	33.7	18.7
67	dimethomorph	烯酰吗啉	110488-70-5	50.0	80.0	6.0	90.6	4.6	3.9	11.3	3.7	67.8	80.6	5.5	89.3	4.4	3.7	10.6	3.1	65.5
68	dimethylphthalate	跳蚤灵	131-11-3	50.0	79.8	1.1	81.5	6.5	44.9	13.6	43.8	24.2	81.7	2.0	77.2	5.1	44.8	17.0	42.7	21.6

序号	英文名称	中文名称	CAS号	添加水平/(μg/kg)	GC-MS 方法1 AVE/%	方法1 RSD/%	方法2 AVE/%	方法2 RSD/%	方法3 20mL 乙腈 AVE/%	方法3 20mL 乙腈 RSD/%	方法3 25mL 乙腈 AVE/%	方法3 25mL 乙腈 RSD/%	GC-MS/MS 方法1 AVE/%	方法1 RSD/%	方法2 AVE/%	方法2 RSD/%	方法3 20mL 乙腈 AVE/%	方法3 20mL 乙腈 RSD/%	方法3 25mL 乙腈 AVE/%	方法3 25mL 乙腈 RSD/%
69	diniconazole	烯唑醇	83657-24-3	150.0	97.3	3.5	93.4	2.9	22.9	7.1	22.0	30.3	93.4	4.5	92.1	2.0	25.3	9.2	23.2	21.7
70	diofenolan-1	苯虫醚-1	63837-33-2	100.0	93.3	2.0	98.0	3.8	61.8	4.1	60.2	0.9	90.0	3.9	93.3	4.1	57.0	6.4	55.7	0.8
71	diofenolan-2	苯虫醚-2	63837-33-2	100.0	93.7	3.3	103.6	6.6	55.2	7.6	50.5	1.1	90.0	3.9	94.6	8.8	55.8	1.4	53.5	2.2
72	dioxacarb	二氧威	6988-21-2	100.0	81.3	11.3	89.1	7.1	17.0	14.2	25.4	51.5	79.6	9.8	98.4	1.5	13.3	29.3	12.1	15.2
73	diphenamid	草乃敌	957-51-7	100.0	87.6	10.9	93.1	3.6	38.0	10.6	40.8	7.2	84.3	3.0	85.6	3.2	25.6	6.4	23.4	32.9
74	dipropetryn	异丙净	4147-51-7	150.0	77.2	21.1	90.8	2.5	45.1	3.4	43.3	4.8	88.1	3.7	86.4	2.9	41.6	7.0	41.1	2.9
75	endrin	异狄氏剂	72-20-8	100.0	83.6	3.0	79.7	4.5	54.5	2.1	52.7	1.3	85.7	3.2	78.6	3.1	49.6	4.6	47.9	7.8
76	epoxiconazole-2	氟环唑	133855-98-8	100.0	91.8	2.0	80.6	4.3	13.6	3.7	11.0	55.1	92.5	1.9	80.6	4.6	11.0	1.0	8.3	49.1
77	EPTC	茵草敌	759-94-4	150.0	68.3	1.5	59.7	4.6	43.6	5.6	46.3	1.5	73.2	2.5	50.9	4.8	45.3	0.8	45.1	1.6
78	ethalfluralin	丁氟消草	55283-68-6	100.0	89.1	5.2	80.9	5.1	76.0	6.6	78.9	4.7	93.4	12.4	83.2	2.0	67.8	9.9	68.9	9.0
79	ethofumesate	乙氧呋草黄	26225-79-6	50.0	52.9	10.7	118.0	6.0	0.0	0.0	0.0	0.0	86.6	2.2	82.8	4.6	41.5	1.0	35.9	8.5
80	ethoprophos	灭线磷	13194-48-4	100.0	82.7	1.1	86.3	4.6	37.9	2.3	36.3	13.5	82.4	1.8	85.8	4.0	39.0	3.2	36.5	14.4
81	etofenprox	醚菊酯	80844-07-1	50.0	95.4	3.9	102.6	13.8	80.0	7.0	83.2	3.5	100.8	4.6	87.7	1.0	92.6	11.5	94.7	8.8
82	etridiazol	土菌灵	2593-15-9	50.0	70.9	11.9	42.6	7.1	44.4	5.0	50.2	0.6	63.4	3.7	37.9	6.9	33.9	3.9	30.5	10.0
83	etrimfos	乙嘧硫磷	38260-54-7	150.0	79.3	2.2	86.2	4.3	57.5	4.4	55.1	8.5	84.7	3.4	83.9	2.8	53.0	2.9	51.7	2.5
84	fenamidone	咪唑菌酮	161326-34-7	100.0	86.9	1.2	90.9	5.3	33.6	5.7	32.2	15.7	0.0	0.0	0.0	0.0	0.0	0.0	0.0	0.0
85	fenarimol	氯苯嘧啶醇	60168-88-9	100.0	96.2	2.2	88.9	4.4	26.4	0.7	21.6	6.9	91.3	3.5	92.3	4.7	19.4	1.2	16.1	32.1
86	fenazaquin	唑螨酯	120928-09-8	50.0	90.0	18.4	75.4	7.0	48.8	1.5	47.6	4.5	90.1	5.6	81.3	3.8	48.5	2.9	46.9	6.1
87	fenbuconazole	腈苯唑	114369-43-6	50.0	83.8	6.1	97.4	4.9	13.9	21.4	13.9	40.8	84.3	8.8	95.9	6.8	10.0	18.7	7.5	52.4
88	fenchlorphos-oxon	氧皮蝇磷	3983-45-7	10.0	75.1	1.1	82.5	4.3	60.5	2.6	59.3	0.2	75.7	5.0	80.5	2.7	60.6	4.4	59.4	6.7
89	fenoxanil	氰菌胺	115852-48-7	100.0	81.8	3.3	87.0	3.6	39.0	4.3	36.4	18.4	81.1	4.5	86.1	6.4	45.9	7.9	47.3	17.0
90	fenpropidin	苯锈啶	67306-00-7	100.0	79.9	5.4	77.6	3.8	2.8	8.2	1.6	141.4	83.3	4.7	72.6	4.9	2.7	4.5	2.5	27.8
91	fenpyroximate	唑螨酯	134098-61-6	150.0	66.8	5.5	89.0	6.5	44.1	0.2	38.4	9.4	66.4	5.3	76.1	4.8	45.6	3.8	41.6	3.9

序号	英文名称	中文名称	CAS号	添加水平/(μg/kg)	GC-MS 方法1 AVE/%	RSD/%	方法2 AVE/%	RSD/%	方法3 20mL乙腈 AVE/%	RSD/%	25mL乙腈 AVE/%	RSD/%	GC-MS/MS 方法1 AVE/%	RSD/%	方法2 AVE/%	RSD/%	方法3 20mL乙腈 AVE/%	RSD/%	25mL乙腈 AVE/%	RSD/%
92	fenson	分螨酯	80-38-6	400.0	89.5	5.8	83.7	2.5	58.6	3.5	57.1	3.7	96.2	2.1	80.5	6.5	53.4	12.6	53.1	7.6
93	flamprop-isopropyl	麦草氟异丙酯	52756-22-6	600.0	96.9	7.6	91.1	7.5	49.6	19.4	42.3	7.0	89.4	2.3	87.2	4.3	43.1	2.2	39.4	1.8
94	flamprop-methyl	麦草氟甲酯	52756-25-9	400.0	90.0	2.4	88.5	5.2	34.5	1.4	31.2	16.1	89.4	2.3	87.2	4.3	43.1	2.2	39.4	1.8
95	flufenacet	氟噻草胺	142459-58-3	150.0	82.9	9.1	71.5	11.9	36.3	5.4	32.5	23.1	77.9	3.6	73.8	4.1	32.6	7.5	27.3	22.4
96	fluotrimazole	三氟苯唑	31251-03-3	100.0	96.0	2.6	101.4	2.5	47.8	5.3	38.0	6.8	100.5	1.2	108.7	0.8	50.0	9.7	42.7	11.1
97	fluroxypr-1-methylheptyl ester	氯氟吡氧乙酸异辛酯	81406-37-3	150.0	105.7	6.4	95.9	4.3	65.3	4.5	61.7	3.2	93.5	5.7	96.1	9.1	59.9	13.0	54.5	10.3
98	fonofos	地虫硫磷	944-22-9	50.0	84.8	2.2	89.1	5.6	54.5	0.6	54.2	2.1	86.7	4.6	87.9	4.5	54.6	0.3	54.2	5.5
99	furalaxyl	呋霜灵	57646-30-7	50.0	86.5	1.7	85.9	2.4	24.8	9.1	21.8	33.8	84.5	1.7	85.8	3.1	24.7	12.6	21.5	31.4
100	heptachlor	七氯	76-44-8	100.0	71.5	1.8	61.3	3.2	57.2	0.5	54.4	0.0	72.7	3.6	64.4	4.0	50.1	2.4	44.5	2.7
101	hexachloroenzene	六氯-1,3-丁二烯	118-74-1	50.0	73.8	5.8	65.2	5.5	51.1	0.7	56.7	11.6	74.7	6.6	64.4	5.4	49.6	1.0	53.3	12.1
102	hexazinone	环嗪酮	51235-04-2	50.0	84.6	8.1	91.8	5.6	6.2	13.3	5.1	61.7	84.9	7.6	87.3	5.9	3.1	5.5	2.3	69.9
103	iodofenphos	碘硫磷	18181-70-9	50.0	83.0	9.2	81.3	6.4	60.3	4.8	62.5	5.4	77.1	0.8	77.7	2.0	58.7	8.4	57.3	3.2
104	iprobenfos	异稻瘟净	26087-47-8	50.0	83.2	2.8	90.2	3.1	34.5	6.2	34.4	15.5	82.4	4.3	91.5	2.5	34.5	9.5	33.6	13.9
105	iprovalicarb-1	异丙菌胺-1	140923-17-7	150.0	91.8	5.1	84.2	4.9	25.8	21.6	24.5	21.2	0.0	0.0	0.0	0.0	0.0	0.0	0.0	0.0
106	iprovalicarb-2	异丙菌胺-2	140923-17-7	100.0	88.2	2.2	88.7	6.4	18.8	14.4	16.3	33.8	0.0	0.0	0.0	0.0	0.0	0.0	0.0	0.0
107	isazofos	氯唑磷	42509-80-8	100.0	80.4	2.3	87.9	2.4	52.0	8.1	50.2	8.5	85.8	1.3	83.1	4.8	51.4	9.6	47.3	1.7
108	isodrin	异艾氏剂	465-73-6	100.0	85.1	2.0	91.9	2.1	64.3	4.7	59.7	0.8	87.1	4.2	85.1	3.5	62.7	0.6	58.3	9.1
109	isofenphos	丙胺磷	25311-71-1	200.0	84.5	2.0	89.1	3.6	53.7	3.2	52.6	4.7	85.7	3.5	88.5	3.6	55.1	5.0	52.3	6.2
110	isoprocarb-1	异丙威-1	2631-40-5	150.0	85.5	2.0	99.3	3.4	37.6	9.7	34.0	24.5	85.9	1.5	94.4	4.8	35.5	9.4	33.4	25.1
111	isoprocarb-2	异丙威-2	2631-40-5	50.0	125.8	13.6	81.3	10.8	45.8	16.3	42.6	16.8	99.0	10.1	79.3	2.0	41.4	8.3	36.4	10.6
112	isopropalin	异乐灵	33820-53-0	200.0	84.2	3.4	88.1	5.3	65.7	8.6	64.4	16.5	83.1	5.7	83.0	3.2	59.2	12.1	54.6	12.1
113	isoprothiolane	稻瘟灵	50512-35-1	50.0	87.9	3.9	90.1	4.6	46.4	7.5	43.8	12.4	91.1	4.7	85.6	2.4	47.9	9.9	45.4	8.6

序号	英文名称	中文名称	CAS号	添加水平/(μg/kg)	GC-MS 方法1 AVE/%	GC-MS 方法1 RSD/%	GC-MS 方法2 AVE/%	GC-MS 方法2 RSD/%	GC-MS 方法3 20mL 乙腈 AVE/%	GC-MS 方法3 20mL 乙腈 RSD/%	GC-MS 方法3 25mL 乙腈 AVE/%	GC-MS 方法3 25mL 乙腈 RSD/%	GC-MS/MS 方法1 AVE/%	GC-MS/MS 方法1 RSD/%	GC-MS/MS 方法2 AVE/%	GC-MS/MS 方法2 RSD/%	GC-MS/MS 方法3 20mL 乙腈 AVE/%	GC-MS/MS 方法3 20mL 乙腈 RSD/%	GC-MS/MS 方法3 25mL 乙腈 AVE/%	GC-MS/MS 方法3 25mL 乙腈 RSD/%
114	kresoxim-methyl	醚菌酯	143390-89-0	150.0	94.8	2.9	87.3	6.8	48.4	7.9	46.6	5.8	107.2	4.6	81.6	3.4	47.9	5.2	46.3	2.3
115	lenacil	环草定	2164-08-1	200.0	106.5	2.4	90.4	7.8	97.1	4.7	102.9	8.1	140.1	5.5	89.7	4.7	7.3	14.4	6.2	54.8
116	mefenacet	苯噻酰草胺	73250-68-7	200.0	113.3	0.6	88.8	1.3	115.3	4.5	158.4	17.2	81.4	2.5	75.2	4.3	27.8	7.7	25.6	33.7
117	mepronil	灭锈胺	55814-41-0	100.0	90.6	0.9	90.3	3.8	39.6	10.3	31.4	28.7	86.8	1.4	86.9	4.5	35.2	15.0	32.7	11.2
118	metalaxyl	甲霜灵	57837-19-1	150.0	85.1	3.2	90.0	7.3	19.5	11.0	13.6	32.8	88.1	1.7	90.0	4.1	20.0	12.8	16.1	41.9
119	metazachlor	吡唑草胺	67129-08-2	100.0	81.3	6.3	89.0	6.8	22.0	8.8	22.4	50.5	71.4	2.2	79.5	3.8	19.7	14.3	15.7	37.3
120	methabenzthiazuron	噻唑草隆	18691-97-9	50.0	85.1	1.2	89.3	4.8	15.8	22.7	14.7	41.0	87.5	0.5	87.6	4.6	16.5	14.7	13.9	42.9
121	methoprene	烯虫酯	40596-69-8	300.0	73.7	1.3	85.3	4.2	62.4	5.1	60.1	9.2	90.2	3.5	87.7	5.7	61.5	9.5	61.9	9.0
122	methoprotryne	盖草津	841-06-5	200.0	89.9	2.7	90.5	3.8	20.8	4.3	18.4	31.7	92.9	3.4	85.9	2.7	20.2	3.0	17.2	34.6
123	methoxychlor	甲氧滴滴涕	72-43-5	150.0	88.8	1.0	27.6	12.5	35.5	5.6	30.8	5.8	78.6	2.7	32.6	8.2	23.4	6.7	16.5	0.1
124	parathion-methyl	甲基对硫磷	298-00-0	150.0	85.1	2.7	76.7	11.0	52.0	4.6	49.1	11.2	74.7	4.2	74.9	5.3	44.7	5.7	37.5	10.5
125	metolachlor	异丙甲草胺	51218-45-2	100.0	82.3	1.7	88.5	4.3	44.0	3.3	43.0	8.3	78.9	1.0	84.4	4.5	40.6	3.4	38.1	9.4
126	metribuzin	嗪草酮	21087-64-9	100.0	82.1	4.5	86.3	1.8	25.1	19.1	20.1	41.3	87.3	7.5	86.3	2.9	23.0	17.1	19.1	39.9
127	mirex	灭蚁灵	2385-85-5	50.0	80.1	6.0	61.3	7.3	58.2	0.1	53.3	6.2	82.2	1.6	62.3	1.4	51.3	0.5	45.6	11.4
128	molinate	禾草敌	2212-67-1	50.0	81.0	3.5	75.8	5.5	59.0	9.1	59.5	3.6	78.1	5.5	74.3	2.0	45.9	7.4	48.2	6.8
129	monalide	庚酰草胺	7287-36-7	100.0	98.6	2.8	83.8	1.2	76.8	9.5	66.6	19.4	87.8	2.7	92.0	4.7	45.4	9.8	43.1	10.8
130	napropamide	敌草胺	15299-99-7	100.0	85.0	3.7	88.0	2.6	24.9	8.0	23.8	31.7	88.1	4.5	84.6	2.9	24.4	11.2	22.3	25.4
131	nitrapyrin	氯啶	1929-82-4	400.0	68.2	2.8	40.3	11.0	45.2	7.6	44.3	3.4	58.1	5.5	34.0	5.6	28.5	12.8	23.1	8.7
132	nuarimol	氟苯嘧啶醇	63284-71-9	50.0	89.7	2.7	82.9	1.7	16.0	9.0	16.6	32.7	89.8	5.9	86.9	3.8	16.3	9.5	13.6	46.8
133	oxyfluofen	乙氧氟草醚	42874-03-3	100.0	76.8	1.5	82.0	9.9	66.6	12.1	66.2	8.7	75.3	5.2	79.1	10.9	57.5	17.8	52.7	12.0
134	paraoxon-ethyl	对氧磷	311-45-5	200.0	65.2	4.4	92.6	1.3	95.6	4.3	92.4	0.3	82.3	5.6	71.4	8.2	16.8	30.3	12.0	15.6
135	pebulate	克草猛	1114-71-2	100.0	99.6	5.8	83.2	3.4	55.3	4.2	56.0	2.2	82.5	1.8	73.5	1.6	50.2	1.9	51.9	7.6
136	pendimethalin	二甲戊灵	40487-42-1	50.0	78.2	1.9	79.7	8.5	60.8	7.5	63.1	9.2	79.4	4.1	76.4	7.1	54.3	7.1	52.7	9.5

序号	英文名称	中文名称	CAS号	添加水平/(μg/kg)	GC-MS								GC-MS/MS							
					方法1		方法2		方法3				方法1		方法2		方法3			
									20mL乙腈		25mL乙腈						20mL乙腈		25mL乙腈	
					AVE/%	RSD/%	AVE/%	RSD/%	AVE/%	RSD/%	AVE/%	RSD/%	AVE/%	RSD/%	AVE/%	RSD/%	AVE/%	RSD/%	AVE/%	RSD/%
137	pentachloroaniline	五氯苯胺	527-20-8	150.0	80.1	1.3	71.2	4.7	46.9	4.3	48.2	3.9	82.0	5.0	74.6	3.4	47.5	10.4	47.9	2.1
138	pentachloroanisole	五氯甲氧基苯	1825-21-4	50.0	86.0	2.1	89.6	2.7	58.4	3.8	57.5	4.0	85.3	2.6	84.3	3.3	56.2	4.5	56.5	4.1
139	pentachlorobenzene	五氯苯	608-93-5	150.0	76.5	2.7	70.9	1.8	51.2	2.6	52.1	3.0	78.4	3.5	65.8	2.8	50.8	4.8	52.2	8.3
140	permethrin	氯菊酯	52645-53-1	200.0	94.6	4.5	89.9	3.6	69.6	4.3	68.8	5.1	87.6	9.4	81.7	5.0	67.8	5.9	66.0	5.2
141	perthane	乙滴滴	72-56-0	50.0	95.1	1.2	96.5	3.1	71.4	2.9	64.9	12.2	93.8	3.1	89.1	4.3	65.8	3.0	59.3	6.0
142	phenanthrene	菲	85-01-8	150.0	84.5	1.9	80.2	4.3	47.8	7.8	47.9	7.3	89.4	2.5	76.8	4.8	50.1	15.0	48.6	3.7
143	phenothrin	苯醚菊酯	26002-80-2	50.0	88.7	5.9	98.3	0.9	71.1	5.8	71.8	0.3	85.1	6.8	79.3	16.5	69.4	7.1	62.3	11.5
144	picoxystrobin	啶氧菌酯	117428-22-5	100.0	87.9	1.3	91.4	4.3	46.9	3.5	42.4	3.2	89.1	2.5	91.2	3.4	46.2	3.3	40.8	0.5
145	piperonylbutoxide	增效醚	51-03-6	100.0	91.3	7.6	84.0	3.5	55.6	5.7	56.4	8.1	88.8	5.5	91.8	3.5	54.7	4.6	53.8	2.5
146	piperophos	哌草磷	24151-93-7	300.0	84.9	1.6	90.2	5.9	43.6	2.1	40.4	6.0	86.4	1.5	85.7	5.7	42.6	6.9	42.0	8.1
147	pirimicarb	抗蚜威	23103-98-2	50.0	90.7	4.2	94.4	5.8	14.9	2.3	12.7	55.1	88.5	1.1	90.5	4.2	13.9	4.8	11.2	46.8
148	pirimiphos-ethyl	嘧啶磷	23505-41-1	100.0	85.7	2.3	89.2	3.2	56.9	5.0	56.7	7.8	86.9	5.0	85.6	3.3	54.8	5.5	55.5	13.6
149	pirimiphos-methyl	甲基嘧啶磷	29232-93-7	50.0	81.2	0.6	87.6	4.0	52.6	0.7	52.4	5.2	84.6	5.3	90.9	4.2	53.9	3.5	52.4	7.7
150	pretilachlor	丙草胺	51218-49-6	100.0	65.8	22.0	80.6	3.5	48.3	2.7	47.1	11.4	71.8	3.1	79.0	1.8	47.4	4.8	44.7	3.8
151	procymidone	腐霉利	32809-16-8	200.0	87.3	2.6	92.3	5.3	42.7	9.0	41.0	15.9	87.5	3.3	93.0	3.9	44.2	12.7	41.3	8.2
152	profenofos	丙溴磷	41198-08-7	150.0	107.9	10.4	67.2	16.9	50.5	0.3	50.9	0.3	102.1	4.4	66.0	5.4	44.7	2.3	42.2	1.5
153	profluralin	环丙氟灵	26399-36-0	50.0	89.8	3.5	79.6	7.3	70.8	11.1	75.7	11.3	97.4	9.1	80.5	3.1	64.0	15.6	59.6	7.2
154	prometon	扑灭通	1610-18-0	50.0	82.7	4.5	88.0	2.5	20.5	6.4	19.4	33.9	85.1	4.9	85.2	2.6	20.9	9.5	19.3	31.7
155	prometrye	扑草净	7287-19-6	200.0	87.6	2.8	97.8	3.6	37.0	6.9	36.8	11.3	92.7	3.4	89.6	3.3	36.1	7.0	34.4	15.1
156	pronamide-1	炔苯酰草胺-1	23950-58-5	50.0	84.4	7.0	90.9	7.1	39.8	3.4	37.7	20.6	85.4	2.7	86.0	3.1	38.4	3.9	34.9	13.0
157	propachlor	菲草胺	1918-16-7	150.0	65.6	3.8	67.4	8.4	28.8	4.9	25.6	19.5	68.6	1.8	75.4	5.2	34.0	1.8	29.4	19.3
158	propetamphos	烯虫磷	31218-83-4	50.0	95.0	1.3	84.1	6.8	51.4	7.8	50.0	5.8	90.7	4.8	81.4	3.2	52.0	5.8	49.2	3.2
159	propham	苯胺灵	122-42-9	200.0	87.9	8.4	92.0	5.3	51.2	12.1	50.2	13.5	84.1	2.1	92.1	4.3	48.9	7.5	46.8	13.7

序号	英文名称	中文名称	CAS 号	添加水平/(μg/kg)	GC-MS								GC-MS/MS							
					方法 1		方法 2		方法 3				方法 1		方法 2		方法 3			
									20mL 乙腈		25mL 乙腈						20mL 乙腈		25mL 乙腈	
					AVE/%	RSD/%	AVE/%	RSD/%	AVE/%	RSD/%	AVE/%	RSD/%	AVE/%	RSD/%	AVE/%	RSD/%	AVE/%	RSD/%	AVE/%	RSD/%
160	propiconazole	丙环唑	60207-90-1	100.0	87.1	1.8	89.3	2.8	25.6	36.1	22.3	63.9	93.9	5.4	90.1	1.3	19.3	2.0	15.2	33.3
161	propoxur-1	残杀威-1	114-26-1	100.0	78.7	1.9	89.5	2.7	31.0	13.5	26.5	31.5	78.7	2.5	85.4	3.6	30.0	16.1	25.1	31.7
162	propoxur-2	残杀威-2	114-26-1	50.0	81.1	8.1	83.8	7.7	27.1	12.2	24.9	35.6	128.6	7.5	71.1	3.1	24.3	15.3	18.7	20.9
163	propyzamide-2	炔苯酰草胺-2	23950-58-5	400.0	84.5	1.6	88.7	3.8	39.3	1.2	38.7	6.2	85.4	2.7	86.0	3.1	38.4	3.9	34.9	13.0
164	prosulfocarb	苄草丹	52888-80-9	100.0	88.6	2.6	93.6	3.7	58.0	7.5	54.5	0.5	86.0	2.1	90.6	3.0	54.2	3.1	52.3	4.7
165	prothiophos	丙硫磷	34643-46-4	150.0	90.3	2.7	95.5	3.9	71.1	0.9	70.8	4.1	88.7	5.8	85.3	2.5	69.2	4.9	66.0	8.4
166	pyridaben	哒螨灵	96489-71-3	150.0	104.5	4.7	81.8	6.7	68.2	5.8	67.8	3.3	104.9	5.0	81.4	4.8	58.5	5.1	53.9	2.5
167	pyridaphenthion	哒嗪硫磷	119-12-0	100.0	87.1	5.2	89.4	7.7	31.0	10.8	26.3	44.5	82.2	0.9	86.2	2.8	27.4	14.5	21.1	33.0
168	pyrimethanil	嘧霉胺	53112-28-0	100.0	80.6	2.8	80.0	2.0	30.6	7.4	31.0	20.7	86.0	3.8	76.5	6.8	28.7	6.6	27.8	13.6
169	pyriproxyfen	吡丙醚	95737-68-1	50.0	89.9	5.3	90.5	2.7	63.4	3.2	61.5	2.3	121.0	2.2	85.5	0.9	114.8	6.4	155.6	23.0
170	quinalphos	喹硫磷	13593-03-8	150.0	85.0	2.1	84.9	2.4	56.3	0.6	58.6	9.0	84.5	5.7	79.9	3.1	49.8	6.2	47.4	3.6
171	quinoxyphen	喹氧灵	124495-18-7	50.0	88.9	4.5	82.3	5.1	36.7	0.0	39.8	15.4	87.4	3.4	78.0	4.2	34.1	1.1	33.3	16.9
172	ronnel	皮蝇磷	299-84-3	150.0	75.6	0.8	82.5	4.3	60.5	2.6	59.9	1.6	75.9	6.0	82.4	3.5	60.9	3.8	58.4	4.1
173	secbumeton	仲丁通	26259-45-0	50.0	93.8	2.5	97.5	6.5	20.7	11.4	19.6	30.9	84.9	3.4	92.4	2.7	17.4	7.9	16.1	29.9
174	silafluofen	氟硅菊酯	105024-66-6	150.0	86.8	6.2	87.1	5.8	101.8	20.8	69.7	1.5	90.7	2.6	90.2	4.6	69.3	0.3	62.6	11.7
175	sulfotep	治螟磷	3689-24-5	100.0	81.8	1.6	87.6	3.8	56.7	2.2	56.2	4.0	80.7	4.6	91.4	4.3	55.0	0.9	55.9	7.5
176	tebufenpyrad	吡螨胺	119168-77-3	100.0	89.5	2.4	93.2	4.2	49.6	2.4	48.1	0.5	91.6	3.6	90.7	3.7	50.2	3.7	46.8	2.8
177	tebupirimfos	丁基嘧啶磷	96182-53-5	50.0	87.2	2.7	95.5	3.8	61.0	2.8	58.6	5.2	87.6	6.1	96.5	6.6	61.8	6.6	59.5	5.8
178	tebutam	丙戊草胺	35256-85-0	50.0	85.6	2.9	93.9	2.8	39.2	10.5	36.7	14.6	89.1	2.3	91.8	3.3	38.3	9.0	36.9	13.9
179	tebuthiuron	特丁噻草隆	34014-18-1	100.0	84.8	4.3	99.3	5.0	7.1	30.6	5.4	71.7	85.7	3.7	102.0	3.5	6.5	17.8	5.2	59.1
180	tefluthrin	七氟菊酯	79538-32-2	150.0	92.1	3.8	98.8	1.9	76.3	10.9	71.2	11.5	88.8	1.9	91.7	5.9	66.6	6.4	61.6	10.1
181	dieldrin	狄氏剂	60-57-1	50.0	98.9	3.0	82.3	2.9	63.7	0.3	64.0	3.7	105.6	6.5	83.2	2.2	62.4	4.4	59.0	5.3
182	terbutryn	特丁净	886-50-0	50.0	85.8	2.9	89.3	3.8	35.4	4.4	35.9	3.7	86.3	3.1	86.4	0.5	35.1	6.1	32.1	7.8

序号	英文名称	中文名称	CAS 号	添加水平/(μg/kg)	GC-MS								GC-MS/MS							
					方法 1		方法 2		方法 3				方法 1		方法 2		方法 3			
									20mL 乙腈		25mL 乙腈						20mL 乙腈		25mL 乙腈	
					AVE/%	RSD/%	AVE/%	RSD/%	AVE/%	RSD/%	AVE/%	RSD/%	AVE/%	RSD/%	AVE/%	RSD/%	AVE/%	RSD/%	AVE/%	RSD/%
183	tetrasul	杀螨硫醚	2227-13-6	400.0	82.1	3.5	81.9	3.7	59.9	0.4	59.4	5.6	83.5	4.8	76.4	3.2	61.7	1.2	61.9	9.9
184	thenylchlor	噻吩草胺	96491-05-3	50.0	67.3	8.8	74.2	9.1	31.7	9.3	27.8	18.7	71.4	0.6	74.9	3.9	32.7	11.0	28.7	14.7
185	thiazopyr	噻草啶	117718-60-2	50.0	86.4	2.6	91.4	3.5	49.8	6.4	50.1	11.0	85.9	8.0	93.1	4.9	54.3	4.8	50.2	3.1
186	thiobencarb	禾草丹	28249-77-6	50.0	86.9	2.4	92.4	6.5	50.1	0.1	51.2	0.6	87.2	3.5	87.9	3.5	51.5	3.2	50.4	0.9
187	thionazin	治线磷	297-97-2	50.0	84.9	7.3	89.7	8.7	48.8	15.2	45.6	15.5	84.3	1.9	87.6	4.8	43.5	12.8	40.3	13.7
188	tolclofos-methyl	甲基立枯磷	57018-04-9	50.0	78.6	2.1	85.2	2.6	59.3	1.3	57.0	7.2	74.4	6.6	88.1	3.5	59.3	6.5	54.2	3.5
189	tralkoxydim	肟草酮	87820-88-0	50.0	81.0	4.3	78.4	2.5	42.4	2.7	42.7	1.2	80.2	3.0	73.5	3.9	40.6	0.3	40.6	12.1
190	trans-chlordane	反式氯丹	5103-74-2	50.0	85.9	2.9	84.5	3.4	59.3	4.4	60.3	5.6	93.8	7.6	83.2	3.6	60.6	4.8	59.7	13.3
191	trans-diallate	反式燕麦敌	17708-58-6	50.0	92.0	2.3	88.6	4.1	58.1	11.0	56.2	0.9	89.9	4.3	83.7	3.2	55.4	2.9	54.9	8.1
192	transfluthrin	四氟苯菊酯	118712-89-3	200.0	84.7	4.4	87.0	2.8	68.1	3.0	66.4	4.2	84.2	5.5	80.8	1.9	67.1	6.7	64.2	10.4
193	triadimefon	三唑酮	43121-43-3	50.0	79.7	2.4	90.6	2.1	29.0	8.4	27.0	24.5	84.9	1.7	87.1	2.4	30.5	14.2	26.3	23.0
194	triadimenol	三唑醇	55219-65-3	100.0	92.1	2.4	91.3	4.2	16.6	10.3	16.0	52.6	87.0	2.1	94.5	2.0	16.9	12.0	14.9	41.0
195	triallate	野麦畏	2303-17-5	50.0	90.5	3.7	88.0	3.3	66.9	0.8	64.8	4.7	93.7	7.2	85.9	1.2	62.8	2.6	62.8	7.6
196	tribenuron-methyl	苯磺隆	101200-48-0	50.0	140.5	17.6	68.1	18.3	0.0	0.0	0.0	0.0	126.9	8.6	51.4	22.0	6.9	17.1	5.7	65.9
197	trichloronat	毒壤磷	327-98-0	100.0	89.6	1.9	91.3	3.5	64.1	3.9	61.8	6.7	90.9	2.8	89.7	4.6	65.6	3.2	62.9	10.7
198	trifloxystrobin	肟菌酯	141517-21-7	150.0	113.5	2.4	91.8	4.2	53.9	6.6	52.3	4.2	107.3	3.0	87.2	3.0	53.5	7.0	49.1	4.4
199	trifluralin	氟乐灵	1582-09-8	100.0	92.1	2.9	89.0	6.3	72.3	7.5	72.1	6.9	93.9	10.3	86.5	5.5	64.8	9.2	59.3	9.1
200	vinclozolin	乙烯菌核利	50471-44-8	50.0	91.2	4.2	88.1	3.4	52.2	5.5	52.9	7.2	96.5	4.2	86.8	1.7	51.7	8.3	49.3	9.7
201	zoxamide	苯酰菌胺	156052-68-5	50.0	80.1	2.0	86.7	3.7	33.4	4.4	26.7	18.0	81.6	4.0	84.7	2.6	36.4	3.3	30.4	29.3

表2-8 3种提取方法下绿茶中201种农药的平均回收率和RSD统计分析

项目		GC-MS/MS 方法1 数量	占比/%	方法2 数量	占比/%	方法3 20mL乙腈 数量	占比/%	方法3 25mL乙腈 数量	占比/%	GC-MS 方法1 数量	占比/%	方法2 数量	占比/%	方法3 20mL乙腈 数量	占比/%	方法3 25mL乙腈 数量	占比/%
回收率	<60%	1	0.5	8	4.0	161	80.1	173	86.1	1	0.5	6	3.0	147	73.1	155	77.1
	60%~70%	5	2.5	8	4.0	35	17.4	23	11.4	8	4.0	7	3.5	35	17.4	30	14.9
	70%~80%	31	15.4	32	15.9	0	0.0	0	0.0	29	14.4	13	6.5	11	5.5	9	4.5
	80%~90%	110	54.7	112	55.7	0	0.0	0	0.0	106	52.7	104	51.7	1	0.5	1	0.5
	90%~100%	33	16.4	34	16.9	1	0.5	1	0.5	42	20.9	65	32.3	2	1.0	1	0.5
	100%~110%	11	5.5	4	2.0	0	0.0	0	0.0	8	4.0	5	2.5	1	0.5	1	0.5
	110%~120%	2	1.0	0	0.0	1	0.5	0	0.0	2	1.0	1	0.5	2	1.0	0	0.0
	>120%	5	2.5	0	0.0	0	0.0	1	0.5	5	2.5	0	0.0	0	0.0	2	1.0
	未出峰	3	1.5	3	1.5	3	1.5	3	1.5	0	0.0	0	0.0	2	1.0	2	1.0
	总计	201	100.0	201	100.0	201	100.0	201	100.0	201	100.0	201	100.0	201	100.0	201	100.0
RSD	<10%	194	96.5	194	96.5	156	77.6	103	51.2	188	93.5	190	94.5	157	78.1	117	58.2
	10%~15%	4	2.0	1	0.5	27	13.4	37	18.4	9	4.5	8	4.0	23	11.4	18	9.0
	15%~20%	0	0.0	2	1.0	11	5.5	13	6.5	2	1.0	3	1.5	6	3.0	15	7.5
	>20%	0	0.0	1	0.5	4	2.0	45	22.4	2	1.0	0	0.0	11	5.5	48	23.9
	未出峰	3	1.5	3	1.5	3	1.5	3	1.5	0	0.0	0	0.0	4	2.0	3	1.5
	总计	201	100.0	201	100.0	201	100.0	201	100.0	201	100.0	201	100.0	201	100.0	201	100.0

采用 20mL 或 25mL 乙腈提取，得到的回收率均较低，平均回收率大部分在 60％以下。

对表 2-7 中 GC-MS/MS 和 GC-MS 测定的 RSD 数据进行综合统计分析，结果见表 2-8。由表 2-8 可见：对于方法 1 和方法 2，RSD 小于 15％的农药数量分别占 98.3％和 97.8％，其中 RSD 小于 10％的农药数量分别占 95.0％和 95.5％，二者无差别；而方法 3，采用 20mL 或 25mL 乙腈提取，得到的 RSD 较方法 1 和方法 2 均明显偏低。

2.2.6.2　实验现象分析

在实验过程中发现：①GB 方法最后得到的试液基本无色透明。②QU 方法中将提取的样液转移至装有 0.30g 无水硫酸镁和 0.13g PSA 粉末的离心管中，振荡离心后，样液呈深绿色；再加入 0.13g 石墨化碳，振荡 2min，4200r/min 离心 5min 后，颜色变浅，呈浅绿色。可见，加入石墨化碳有效去除了色素。③用方法 3 对茶叶进行处理，实验发现净化后的样液颜色较深，呈橙色。旋转蒸发浓缩后，鸡心瓶壁上会有大量固体凝结，用正己烷交换时，部分液体凝固。可能是由于提取出的较多水溶性杂质析出所致。

3 种方法对绿茶处理后样液的颜色和基质基线对比图分别见图 2-1 和图 2-2。

图 2-1
3 种方法制备的绿茶
样品溶液颜色比较

方法1　　　　　方法2　　　　　方法3

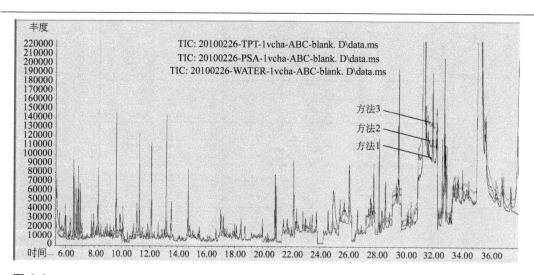

图 2-2
3 种方法制备的绿茶空白样品溶液的基质基线对比

从图 2-1 可以看出，经方法 1 处理的样液颜色最浅，方法 2 处理的样液颜色居中，方法 3 处理的样液颜色最深，对测定仪器造成的污染也最大。从图 2-2 可以看出，在农药采集的区间内（7.2～35min），方法 1 和方法 2 的基质基线优于方法 3，方法 3 的基质影响最大，基线最高，其次是方法 2，方法 1 的净化效果最好。

2.2.7　第二阶段样品制备技术的效能评价

上述对比实验半年后，用方法 1 和方法 2 对添加 201 种农药的绿茶和乌龙茶样品进行了对比实验，每种茶叶做 5 次平行实验，对 5 次测定结果计算平均回收率和相对标准偏差（RSD），结果列于表 2-9。

对表 2-9 中 GC-MS/MS 和 GC-MS 测定的平均回收率进行综合统计分析，结果见表 2-10。由表 2-10 可见：对于绿茶平均回收率小于 70％的农药，方法 1 占 1.3％，方法 2 占 3.0％；乌龙茶平均回收率小于 70％的农药，方法 1 占 3.8％，方法 2 占 5.5％；对于平均回收率在 70％～110％范围的农药比例，绿茶方法 1 占 93.8％，方法 2 占 92.5％，乌龙茶方法 1 占 90.8％，方法 2 占 88.6％；方法 1 和方法 2 得到的回收率相差不大，方法 1 略好。

对表 2-9 中 GC-MS/MS 和 GC-MS 测定的 RSD 数据进行综合统计分析，结果见表 2-10。由表 2-10 可见：对于绿茶样品，方法 1 和方法 2 测定 RSD 小于 15％的农药数量分别占 93.8％和 93.4％，其中 RSD 小于 10％的农药数量分别占 85.4％和 86.4％，二者无差别；对于乌龙茶样品，方法 1 和方法 2 测定 RSD 小于 15％的农药数量分别占 92.3％和 93.3％，其中 RSD 小于 10％的农药数量分别占 91.0％和 75.6％，二者无明显差别，但方法 1 测得 RSD 小于 10％的农药数量比方法 2 多。

2.2.8　第三阶段样品制备技术的效能评价

按照 2.2.3 节制备的茶叶污染样品在室温放置 165d 后，采用方法 1 和方法 2 对乌龙茶和绿茶污染样品中 201 种农药含量进行检测和结果对比。分别按方法 1 和方法 2 进行样品制备，每次平行 5 个样品，GC-MS 和 GC-MS/MS 两种方法检测，共得到（8040 个数据）（2 种方法×2 种茶叶样品×5 个平行样×201 种农药×2 种仪器测定），对 5 次平行测定含量计算平均值和 RSD，并计算方法 1 和方法 2 测得含量平均值的比值，见表 2-11。对表 2-11 的 RSD 值和 2 种方法测得的含量平均值比值进行分析，得到表 2-12 和表 2-13。

表 2-9　2 种提取方法下绿茶和乌龙茶中 201 种农药的回收率和相对标准偏差实验结果（n=5）

序号	英文名称	中文名称	CAS 号	添加水平/(μg/kg)	GC-MS								GC-MS/MS							
					绿茶				乌龙茶				绿茶				乌龙茶			
					方法1		方法2		方法1		方法2		方法1		方法2		方法1		方法2	
					AVE/%	RSD/%	AVE/%	RSD/%	AVE/%	RSD/%	AVE/%	RSD/%	AVE/%	RSD/%	AVE/%	RSD/%	AVE/%	RSD/%	AVE/%	RSD/%
1	2,3,4,5-tetrachloroaniline	2,3,4,5-四氯苯胺	634-83-3	10.0	75.7	4.6	87.3	2.6	77.3	3.1	84.2	10.9	75.6	4.3	83.9	4.0	77.0	4.4	80.3	11.6
2	2,3,5,6-tetrachloroaniline	2,3,5,6-四氯苯胺	3481-20-7	50.0	78.9	2.1	86.6	4.7	81.8	2.6	85.0	11.4	—	—	—	—	—	—	—	—
3	4,4'-dibromobenzophenone	4,4'-二溴二苯甲酮	3988-03-2	50.0	83.6	1.9	93.5	2.8	84.8	3.3	101.8	10.7	81.9	2.6	88.3	3.2	82.0	3.7	93.6	11.1
4	4,4'-dichlorobenzophenone	4,4'-二氯二苯甲酮	90-98-2	50.0	84.3	1.6	93.6	3.0	100.3	4.2	151.3	12.9	81.1	3.2	87.9	3.4	101.9	4.3	145.1	12.9
5	acetochlor	乙草胺	34256-82-1	100.0	81.0	3.2	84.7	4.5	80.0	1.78	90.7	4.5	79.6	4.2	85.5	6.5	78.7	2.4	91.2	4.9
6	alachlor	甲草胺	15972-60-8	150.0	90.3	4.5	93.5	3.2	83.7	5.4	82.3	4.6	85.2	4.0	96.5	6.2	80.8	4.4	91.3	4.1
7	atratone	莠去通	1610-17-9	50.0	67.5	12.4	105.0	14.5	92.5	17.9	101.3	12.0	82.8	2.8	89.1	3.3	79.6	4.6	84.0	12.5
8	benodanil	麦锈灵	15310-01-7	150.0	84.9	9.5	103.0	39.8	100.3	8.8	118.1	12.6	116.7	22.5	61.0	51.3	83.3	9.0	88.7	4.7
9	benoxacor	解草嗪	98730-04-2	100.0	77.0	8.6	80.5	7.8	75.9	3.87	93.1	4.5	77.2	6.0	87.1	6.2	79.0	2.1	89.4	5.1
10	bromophos-ethyl	乙基溴硫磷	4824-78-6	50.0	81.7	5.8	92.3	6.8	86.9	4.5	85.2	2.4	91.9	4.3	84.5	11.1	77.5	5.2	87.0	4.1
11	butralin	仲丁灵	33629-47-9	200.0	73.0	3.0	93.8	1.9	64.7	4.6	96.9	10.2	76.5	2.1	93.0	2.7	64.3	3.4	92.0	11.2
12	chlorfenapyr	虫螨腈	122453-73-0	400.0	71.5	2.6	89.1	5.6	—	—	—	—	79.7	1.8	100.6	2.5	78.9	5.0	87.0	6.8
13	clomazone	异草酮	81777-89-1	50.0	94.2	7.2	84.6	8.0	86.5	4.0	95.9	3.5	83.4	31.0	65.7	38.2	68.2	28.1	96.8	18.4
14	cycloate	环草敌	1134-23-2	50.0	93.2	1.8	100.5	7.3	88.9	2.4	86.5	3.3	84.9	6.2	77.7	46.5	115.1	83.1	56.5	11.6
15	cycluron	环莠隆	2163-69-1	150.0	71.4	11.4	89.2	4.7	67.3	19.6	104.3	11.2	71.2	8.8	86.2	4.5	67.0	15.7	97.4	9.7
16	cyhalofop-butyl	氰氟草酯	122008-85-9	100.0	92.0	2.9	102.4	1.8	75.2	3.2	94.4	8.5	83.5	3.3	98.5	1.1	75.0	3.0	89.7	7.4
17	cyprodinil	嘧菌环胺	121552-61-2	50.0	80.6	2.9	66.2	5.4	74.4	9.2	49.9	15.5	79.5	3.9	65.0	6.0	78.5	7.3	44.7	16.5
18	chlorthal-dimethyl-1	氯酞酸二甲酯-1	1861-32-1	50.0	82.7	1.8	92.3	3.2	81.6	1.7	106.9	10.6	80.3	2.3	89.6	3.8	82.0	1.3	103.0	10.5
19	DE-PCB 101	2,2',4,5,5'-五氯联苯	37680-73-2	50.0	82.3	1.7	90.7	3.1	80.7	0.9	102.3	10.5	80.9	1.7	87.5	4.4	80.7	2.0	99.9	11.8
20	DE-PCB 118	2,3,4,4',5-五氯联苯	74472-37-0	50.0	81.0	2.1	89.2	3.1	80.2	1.6	99.0	10.9	78.8	2.5	86.5	3.6	80.7	1.7	95.3	10.7
21	DE-PCB 138	2,2',3,4,4',5'-六氯联苯	35065-28-2	50.0	77.6	9.7	84.1	5.7	80.0	7.6	100.4	11.7	79.8	1.0	88.4	2.6	80.0	1.5	98.7	9.9

茶叶农药多残留检测
方法学研究

序号	英文名称	中文名称	CAS 号	添加水平/(μg/kg)	GC-MS 绿茶 方法1 AVE/%	RSD/%	GC-MS 绿茶 方法2 AVE/%	RSD/%	GC-MS 乌龙茶 方法1 AVE/%	RSD/%	GC-MS 乌龙茶 方法2 AVE/%	RSD/%	GC-MS/MS 绿茶 方法1 AVE/%	RSD/%	GC-MS/MS 绿茶 方法2 AVE/%	RSD/%	GC-MS/MS 乌龙茶 方法1 AVE/%	RSD/%	GC-MS/MS 乌龙茶 方法2 AVE/%	RSD/%
22	DE-PCB 180	2,2',3,4,4',5,5'-七氯联苯	35065-29-3	50.0	80.7	2.1	89.1	3.0	79.4	2.0	98.9	10.9	77.9	3.1	86.7	3.8	78.8	1.8	96.0	11.2
23	DE-PCB 28	2,4,4'-三氯联苯	7012-37-5	50.0	80.3	1.9	89.6	3.6	80.4	1.2	100.4	11.1	79.4	2.1	88.2	3.8	81.1	1.5	97.5	10.7
24	DE-PCB 31	2,4',5-三氯联苯	16606-02-3	50.0	81.1	1.6	89.6	3.2	79.4	1.0	100.4	10.8	79.4	2.1	88.2	3.8	81.1	1.5	97.5	10.7
25	dichlorofop-methyl	二氯丙酸甲酯	23844-57-7	50.0	110.1	11.4	88.8	5.2	88.0	5.1	98.4	5.2	—		—		—		—	
26	dimethenamid	二甲噻草胺	87674-68-8	50.0	82.2	2.7	92.6	3.5	81.8	1.8	105.8	10.6	80.9	2.0	89.4	3.7	81.8	2.2	102.1	10.4
27	diofenolan-1	苯虫醚-1	63837-33-2	100.0	91.5	2.3	101.5	1.1	76.8	2.7	91.6	7.1	81.5	3.2	100.2	0.7	78.6	3.6	89.9	8.3
28	diofenolan-2	苯虫醚-2	63837-33-2	100.0	91.4	2.1	101.0	1.2	76.8	2.6	91.3	7.1	81.5	3.2	98.9	0.5	79.0	3.4	89.8	7.2
29	fenbuconazole	腈苯唑	114369-43-6	100.0	79.9	4.2	98.3	2.7	73.3	7.1	95.0	11.6	79.8	2.2	90.2	2.8	75.8	8.5	89.8	10.7
30	fenpyroximate	唑螨酯	134098-61-6	400.0	86.0	3.5	83.7	6.9	76.7	8.53	67.2	5.9	74.7	21.0	92.1	8.1	75.6	15.8	75.3	4.0
31	fluotrimazole	三氟苯唑	31251-03-3	50.0	90.7	2.5	99.3	3.0	90.8	1.6	105.5	11.0	83.5	2.8	92.2	3.5	85.1	2.5	98.8	12.7
32	fluroxypr-1-methylheptyl ester	氯氟吡氧乙酸异辛酯	81406-37-3	50.0	83.3	1.9	95.2	2.6	83.4	3.3	97.8	11.3	80.2	2.4	85.5	5.8	88.2	4.7	93.4	11.2
33	iprovalicarb-1	异丙菌胺-1	140923-17-7	200.0	94.0	2.7	99.4	3.4	72.0	6.9	88.9	7.5	80.4	2.1	101.1	1.0	77.0	4.1	90.6	7.4
34	iprovalicarb-2	异丙菌胺-2	140923-17-7	200.0	93.0	3.0	102.8	2.8	73.1	1.8	92.4	7.5	80.4	2.1	101.1	1.0	77.0	4.1	90.6	7.4
35	isodrin	异艾氏剂	465-73-6	50.0	81.7	2.3	95.2	6.4	81.6	1.7	107.3	12.8	82.0	2.6	86.5	3.9	82.0	1.5	97.8	10.5
36	isoprocarb-1	异丙威-1	2631-40-5	100.0	80.4	8.0	106.9	6.9	76.6	6.69	100.7	3.6	77.4	8.3	118.5	7.6	110.2	6.5	112.1	6.9
37	isoprocarb-2	异丙威-2	2631-40-5	100.0	91.3	13.5	60.9	11.3	89.8	16.44	84.0	7.4	83.2	16.4	53.4	15.2	80.4	36.0	86.4	6.3
38	lenacil	环草啶	2164-08-1	240.0	N.D		N.D		N.D		N.D		N.D		N.D		N.D		N.D	
39	metalaxyl	甲霜灵	57837-19-1	150.0	81.6	3.7	79.6	19.0	82.5	3.4	114.1	3.7	76.0	11.4	78.6	12.8	81.5	5.9	101.9	4.0
40	metazachlor	吡唑草胺	671129-08-2	150.0	84.1	7.1	79.7	12.2	84.3	6.6	106.2	3.9	78.4	20.5	75.6	10.8	75.5	10.0	86.2	7.0

序号	英文名称	中文名称	CAS号	添加水平/(μg/kg)	GC-MS 绿茶 方法1 AVE/%	GC-MS 绿茶 方法1 RSD/%	GC-MS 绿茶 方法2 AVE/%	GC-MS 绿茶 方法2 RSD/%	GC-MS 乌龙茶 方法1 AVE/%	GC-MS 乌龙茶 方法1 RSD/%	GC-MS 乌龙茶 方法2 AVE/%	GC-MS 乌龙茶 方法2 RSD/%	GC-MS/MS 绿茶 方法1 AVE/%	GC-MS/MS 绿茶 方法1 RSD/%	GC-MS/MS 绿茶 方法2 AVE/%	GC-MS/MS 绿茶 方法2 RSD/%	GC-MS/MS 乌龙茶 方法1 AVE/%	GC-MS/MS 乌龙茶 方法1 RSD/%	GC-MS/MS 乌龙茶 方法2 AVE/%	GC-MS/MS 乌龙茶 方法2 RSD/%
41	methabenzthiazuron	噻唑隆	18691-97-9	500.0	82.9	2.1	87.4	3.0	82.7	3.3	81.9	12.5	80.1	3.1	82.7	3.2	82.2	2.9	77.8	11.5
42	mirex	灭蚁灵	2385-85-5	50.0	95.2	8.4	96.6	11.0	85.0	5.3	90.1	4.6	82.5	3.2	86.1	20.2	87.5	2.2	111.2	4.9
43	monalide	庚酰草胺	7287-36-7	100.0	87.3	4.1	96.1	4.7	99.1	9.1	121.1	11.4	81.8	3.4	93.0	3.0	82.7	2.3	106.1	11.0
44	paraoxon-ethyl	对氧磷	311-45-5	200.0	110.6	16.2	104.5	1.0	71.6	8.5	115.2	5.2	78.3	8.6	86.8	12.1	84.7	4.5	86.3	6.7
45	pebulate	克草猛	1114-71-2	150.0	81.9	6.3	89.5	3.7	85.4	7.2	80.5	14.8	79.6	5.2	82.0	4.0	79.2	6.8	86.5	15.1
46	pentachloroaniline	五氯苯胺	527-20-8	50.0	80.4	4.9	79.4	3.2	82.7	2.3	66.1	12.1	79.6	5.5	75.9	3.7	82.5	3.0	63.5	12.4
47	pentachloroanisole	五氯甲氧基苯	1825-21-4	50.0	79.6	1.7	86.5	4.3	82.5	2.7	82.8	11.2	78.3	2.5	86.7	4.9	85.0	2.7	81.0	11.5
48	pentachlorobenzene	五氯苯	608-93-5	50.0	77.3	2.6	79.7	12.0	85.9	8.4	48.7	19.1	75.3	3.5	76.8	13.6	85.8	9.0	47.1	18.0
49	perthane	乙滴滴	72-56-0	50.0	81.9	2.0	93.1	3.1	81.6	2.0	106.5	10.6	82.3	3.2	90.1	4.0	83.1	3.0	102.2	9.9
50	phenanthrene	菲	85-01-8	50.0	78.4	4.0	74.6	4.3	76.4	2.84	65.6	4.4	73.5	6.0	74.5	6.6	73.0	4.7	65.2	5.3
51	pirimicarb	抗蚜威	23103-98-2	100.0	88.6	1.8	100.3	1.1	77.0	2.7	86.3	6.1	80.7	3.0	99.3	1.3	79.4	3.7	85.5	6.8
52	procymidone	腐霉利	32809-16-8	50.0	83.2	2.9	89.5	8.3	88.7	4.3	96.6	4.1	85.4	2.5	90.1	6.0	84.7	3.2	87.8	5.4
53	prometryn	扑草净	7287-19-6	50.0	81.1	2.1	95.3	4.0	85.7	5.0	90.4	3.4	81.0	2.3	83.7	14.3	85.9	1.4	100.2	3.0
54	propham	苯胺灵	122-42-9	50.0	85.4	3.8	87.2	6.1	93.1	2.9	100.0	5.0	88.4	2.9	85.8	11.7	86.2	3.8	93.0	5.2
55	prosulfocarb	苄草丹	52888-80-9	50.0	83.1	1.4	94.2	3.0	83.1	2.7	105.8	10.6	84.1	4.0	91.5	4.5	83.0	2.4	100.5	11.8
56	secbumeton	仲丁通	26259-45-0	50.0	84.8	2.0	89.0	8.0	87.8	3.4	88.7	3.1	83.8	3.6	94.9	6.4	86.5	2.5	84.6	4.3
57	silafluofen	氟硅菊酯	105024-66-6	50.0	104.2	11.4	95.0	5.0	103.6	3.80	96.3	5.2	81.2	6.0	89.0	6.5	86.5	2.9	83.3	4.7
58	tebupirimfos	丁基嘧啶磷	96182-53-5	100.0	80.7	3.3	88.9	4.6	78.4	3.28	88.3	4.7	81.2	4.1	90.1	5.6	77.7	3.8	87.5	5.3
59	tebutam	丙戊草胺	35256-85-0	100.0	80.6	1.6	91.7	3.6	81.0	1.0	104.4	10.4	79.8	2.4	90.4	4.1	81.3	1.3	99.9	10.9
60	tebuthiuron	特丁嗪草隆	34014-18-1	200.0	80.2	4.4	94.5	3.6	81.8	5.01	92.0	5.0	77.5	5.5	91.2	4.8	79.4	7.8	87.2	5.2
61	tefluthrin	七氟菊酯	79538-32-2	50.0	83.4	1.5	93.3	3.1	84.4	0.9	107.1	10.3	81.4	3.5	90.6	3.8	82.4	2.3	103.0	10.8

序号	英文名称	中文名称	CAS号	添加水平/(μg/kg)	GC-MS 绿茶 方法1 AVE/%	RSD/%	GC-MS 绿茶 方法2 AVE/%	RSD/%	GC-MS 乌龙茶 方法1 AVE/%	RSD/%	GC-MS 乌龙茶 方法2 AVE/%	RSD/%	GC-MS/MS 绿茶 方法1 AVE/%	RSD/%	GC-MS/MS 绿茶 方法2 AVE/%	RSD/%	GC-MS/MS 乌龙茶 方法1 AVE/%	RSD/%	GC-MS/MS 乌龙茶 方法2 AVE/%	RSD/%
62	thenylchlor	噻吩草胺	96491-05-3	100.0	80.0	3.8	78.6	7.4	75.1	6.39	93.2	3.3	78.5	2.9	82.0	6.7	79.6	8.2	90.7	6.2
63	thionazin	治线磷	297-97-2	50.0	78.8	6.5	93.4	10.2	88.5	7.4	119.4	10.5	79.8	1.6	91.6	6.1	82.4	2.5	93.3	9.8
64	trichloronat	毒壤磷	327-98-0	50.0	82.2	2.1	88.9	3.1	81.4	1.7	99.1	11.0	81.3	2.9	87.5	3.8	82.2	2.2	95.1	10.8
65	trifluralin	氟乐灵	1582-09-8	100.0	86.8	10.3	94.9	2.5	90.8	4.5	83.0	6.8	89.0	8.6	97.4	4.1	90.7	5.0	88.6	5.6
66	2,4′-DDT	2.4′-滴滴涕	789-02-6	100.0	80.7	6.8	81.7	7.1	78.0	4.5	81.5	7.8	85.0	6.8	86.8	5.1	87.8	2.7	89.9	6.2
67	4,4′-DDE	4.4′-滴滴伊	72-55-9	50.0	67.3	16.4	87.3	10.4	65.6	4.0	87.5	3.6	71.3	17.5	91.4	7.3	65.2	5.0	90.4	3.0
68	benalaxyl	苯霜灵	71626-11-4	50.0	84.8	5.3	92.3	3.2	85.5	3.1	85.8	2.9	92.4	3.9	89.0	6.6	86.4	4.8	85.4	2.0
69	benzoylprop-ethyl	新燕灵	22212-55-1	150.0	91.3	7.0	98.3	3.4	90.7	2.7	91.9	2.0	89.5	4.2	89.9	4.7	84.9	3.5	85.5	2.5
70	bromofos	溴硫磷	2104-96-3	100.0	78.8	9.8	91.5	3.8	84.0	4.2	80.0	7.3	82.2	5.6	90.5	1.8	82.2	4.5	79.9	5.0
71	bromopropylate	溴螨酯	18181-80-1	100.0	94.2	10.1	87.3	6.8	87.9	6.2	94.5	7.1	93.0	4.9	89.7	3.9	87.9	2.9	84.5	4.0
72	bupirimate	嘧霉酮	69327-76-0	100.0	81.4	2.6	87.7	11.8	88.1	4.1	92.9	3.2	66.8	4.7	66.1	35.1	101.5	8.5	93.5	5.6
73	butachlor	丁草胺	23184-66-9	100.0	81.3	5.6	94.7	3.6	82.8	3.2	89.9	4.6	69.0	11.7	85.2	9.7	65.5	5.8	85.7	2.8
74	butylate	丁草特	2008-41-5	150.0	93.7	23.3	91.2	6.0	110.5	21.3	83.6	21.6	76.2	5.9	79.6	4.9	81.2	8.9	78.1	16.2
75	carbofenothion	三硫磷	786-19-6	100.0	82.4	4.0	91.1	3.9	83.7	2.1	84.3	5.1	85.2	4.1	83.6	6.8	88.5	4.0	77.1	6.3
76	chlorfenson	杀螨酯	80-33-1	100.0	100.8	11.9	98.3	7.7	104.3	5.5	101.9	5.7	99.4	11.3	91.3	3.5	93.1	2.2	91.5	3.7
77	chlorfenvinphos	毒虫畏	470-90-6	150.0	84.1	9.7	92.6	3.6	89.4	2.3	91.1	5.4	90.4	9.5	92.8	3.8	87.3	2.1	87.4	7.7
78	chlormephos	氯甲硫磷	24934-91-6	100.0	86.1	4.8	96.5	14.1	90.3	5.6	83.6	12.8	80.9	5.7	94.1	8.1	84.3	2.9	87.3	6.5
79	chloroneb	氯甲氧苯	2675-77-6	50.0	87.6	7.7	110.5	74.4	92.4	13.3	84.1	7.4	82.8	3.7	86.2	4.0	83.3	4.4	86.5	7.4
80	chlorpropham	氯苯胺灵	101-21-3	100.0	85.2	5.7	84.0	4.0	89.6	2.6	88.9	3.5	87.9	4.2	91.2	5.7	85.7	2.2	86.4	2.9
81	chlorpropylate	丙酯杀螨醇	5836-10-2	50.0	87.9	5.4	92.5	7.6	90.9	7.0	85.4	8.2	91.1	4.0	89.2	4.3	86.4	3.4	86.4	3.8
82	chlorpyrifos	毒死蜱	2921-88-2	50.0	87.6	5.9	91.1	6.6	86.5	4.1	88.8	4.0	91.1	4.0	—	—	—	—	—	—

序号	英文名称	中文名称	CAS号	添加水平/(μg/kg)	GC-MS 绿茶 方法1 AVE/%	方法1 RSD/%	方法2 AVE/%	方法2 RSD/%	GC-MS 乌龙茶 方法1 AVE/%	方法1 RSD/%	方法2 AVE/%	方法2 RSD/%	GC-MS/MS 绿茶 方法1 AVE/%	方法1 RSD/%	方法2 AVE/%	方法2 RSD/%	GC-MS/MS 乌龙茶 方法1 AVE/%	方法1 RSD/%	方法2 AVE/%	方法2 RSD/%
83	chlorthiophos	虫螨磷	60238-56-4	150.0	83.8	4.4	91.0	3.6	85.1	2.6	73.4	9.2	83.1	3.1	89.6	5.3	88.3	5.3	73.1	7.6
84	cis-chlordane	顺式氯丹	5103-71-9	100.0	83.2	5.5	88.2	6.3	84.6	2.5	89.8	3.4	87.5	2.4	90.6	4.5	82.9	4.5	87.0	2.5
85	cis-diallate	顺式燕麦畏	17708-57-5	100.0	89.4	7.2	96.3	5.7	92.1	2.9	88.9	7.6	87.6	4.2	88.1	3.9	82.7	3.8	83.7	4.3
86	cyanofenphos	苯腈磷	13067-93-1	50.0	98.0	8.6	93.6	2.9	88.3	3.8	85.3	3.5	99.3	9.8	91.5	3.9	90.9	3.5	84.7	2.3
87	desmetryn	敌草净	1014-69-3	50.0	80.9	6.0	93.5	4.0	81.0	4.1	80.9	3.4	83.4	5.3	88.3	3.2	82.6	5.4	84.4	4.9
88	dichlobenil	敌草腈	1194-65-6	10.0	76.2	8.8	93.3	6.4	88.1	8.0	80.4	26.1	79.1	9.9	91.5	5.7	93.1	9.2	82.3	23.6
89	dicloran	氯硝胺	99-30-9	100.0	86.6	10.6	95.9	5.4	98.2	5.4	88.6	8.6	87.4	8.6	88.7	6.2	90.8	4.0	86.3	8.9
90	dicofol	三氯杀螨醇	115-32-2	100.0	91.7	4.1	93.4	4.8	117.1	9.1	99.4	3.8	87.0	3.2	85.8	5.7	120.1	9.9	99.8	2.6
91	dimethachlor	二甲草胺	50563-36-5	150.0	80.2	5.5	92.7	4.0	84.6	3.2	89.0	3.7	85.2	3.5	92.0	4.5	81.4	4.4	87.6	2.6
92	dioxacarb	二氧威	6988-21-2	400.0	82.4	12.0	111.4	3.3	110.4	16.0	85.0	11.3	72.7	13.3	109.0	2.1	112.8	17.2	86.8	10.5
93	endrin	异狄氏剂	72-20-8	600.0	82.0	3.7	93.4	3.5	80.0	4.3	88.1	2.6	85.2	2.3	84.1	3.8	82.1	4.6	87.1	3.7
94	epoxiconazole-2	氟环唑	133855-98-8	400.0	81.9	3.2	84.9	4.4	79.6	2.35	88.5	4.7	77.8	4.1	87.6	4.7	79.5	3.1	88.2	4.5
95	EPTC	茵草敌	759-94-4	150.0	70.2	11.1	77.9	8.6	87.6	9.9	78.5	24.0	74.9	6.3	75.8	3.1	82.3	8.8	79.5	11.2
96	ethofumesate	乙氧呋草黄	26225-79-6	100.0	73.5	3.6	86.1	3.7	76.6	2.4	89.2	3.4	88.8	2.9	91.0	4.6	82.5	4.4	89.7	1.8
97	ethoprophos	灭线磷	13194-48-4	150.0	89.2	5.1	95.7	3.0	84.5	3.0	88.4	6.3	84.5	2.5	88.1	4.6	82.0	2.9	86.2	4.5
98	etrimfos	乙嘧硫磷	38260-54-7	50.0	85.1	4.6	91.0	6.2	87.6	2.9	90.9	3.4	93.2	8.1	82.8	11.3	88.6	2.0	77.9	9.3
99	fenamidone	咪唑菌酮	161326-34-7	50.0	86.5	3.7	91.2	4.0	84.1	4.82	92.7	5.3	78.7	3.8	92.4	5.5	81.4	5.0	88.5	5.8
100	fenarimol	氯苯嘧啶醇	60168-88-9	100.0	87.4	5.8	91.7	4.9	81.3	5.0	89.1	1.7	88.1	3.1	86.6	3.3	85.3	5.5	83.0	3.9
101	flamprop-isopropyl	麦草氟异丙酯	52756-22-6	50.0	78.3	4.3	94.1	5.0	—	—	88.7	3.4	90.8	3.0	86.6	5.0	85.3	3.5	86.4	2.6
102	flamprop-methyl	麦草氟甲酯	52756-25-9	50.0	87.4	5.9	95.1	4.1	88.7	3.2	86.6	2.4	90.8	3.0	86.6	5.0	85.3	3.5	86.4	2.6
103	fonofos	地虫硫磷	944-22-9	50.0	82.4	2.5	92.9	6.5	89.4	3.2	90.7	3.4	45.4	16.5	65.0	42.1	69.3	23.9	84.1	18.8

序号	英文名称	中文名称	CAS号	添加水平/(μg/kg)	GC-MS 绿茶 方法1 AVE/%	方法1 RSD/%	方法2 AVE/%	方法2 RSD/%	GC-MS 乌龙茶 方法1 AVE/%	方法1 RSD/%	方法2 AVE/%	方法2 RSD/%	GC-MS/MS 绿茶 方法1 AVE/%	方法1 RSD/%	方法2 AVE/%	方法2 RSD/%	GC-MS/MS 乌龙茶 方法1 AVE/%	方法1 RSD/%	方法2 AVE/%	方法2 RSD/%
104	heptanophos	六氯-1,3-丁二烯	118-74-1	50.0	80.5	9.7	93.9	3.1	85.4	2.7	85.9	6.6	86.3	9.5	93.6	2.7	88.1	3.7	90.4	6.7
105	hexazinone	环嗪酮	51235-04-2	150.0	89.1	4.9	95.9	6.7	75.7	23.0	90.8	10.9	82.9	5.2	83.8	8.9	67.3	20.4	84.0	10.6
106	iodofenphos	碘硫磷	18181-70-9	100.0	79.0	9.2	89.1	2.6	87.0	4.4	75.2	8.3	79.6	9.8	82.5	9.3	83.1	6.1	69.9	12.2
107	isofenphos	丙胺磷	25311-71-1	100.0	87.4	4.9	94.5	4.1	86.8	6.2	87.4	5.2	85.8	2.8	90.4	3.5	85.5	3.2	87.0	2.5
108	isopropalin	异乐灵	33820-53-0	100.0	86.0	5.7	96.8	3.6	87.1	3.0	84.6	5.1	88.1	3.9	86.3	6.0	83.6	5.3	82.6	2.1
109	methoprene	烯虫酯	40596-69-8	200.0	89.0	10.2	93.0	4.3	91.8	16.1	80.0	7.6	87.7	3.2	87.2	5.2	82.6	4.0	80.9	3.9
110	methoprotryne	盖草津	841-06-5	150.0	83.6	6.2	93.9	3.6	84.0	3.2	78.8	3.9	88.4	3.9	85.4	5.8	86.8	3.8	76.1	4.7
111	methoxychlor	甲氧滴滴涕	72-43-5	50.0	94.5	7.7	89.1	9.8	82.0	4.8	85.8	4.1	74.7	14.3	78.5	15.4	81.0	5.9	89.7	5.5
112	parathion-methyl	甲基对硫磷	298-00-0	200.0	98.1	13.1	84.2	12.4	81.7	7.4	101.8	3.7	131.7	36.2	76.5	19.8	76.6	9.6	66.6	13.8
113	metolachlor	异丙甲草胺	51218-45-2	50.0	84.6	3.7	93.1	3.6	84.7	3.5	89.0	3.5	85.6	2.8	87.7	4.3	83.0	3.3	86.0	2.7
114	nitrapyrin	氯啶	1929-82-4	150.0	86.6	5.4	86.3	2.7	98.6	17.3	79.2	22.2	83.0	13.8	82.1	6.8	91.4	4.6	78.2	24.1
115	oxyflurofen	乙氧氟草醚	42874-03-3	200.0	88.2	8.2	89.9	4.7	91.5	3.8	81.3	8.5	93.2	11.5	88.2	4.1	95.4	6.7	80.2	6.8
116	pendimethalin	二甲戊灵	40487-42-1	200.0	92.6	7.6	93.0	10.1	85.0	3.5	85.7	4.5	116.4	6.1	110.8	6.3	121.6	9.9	138.7	15.6
117	picoxystrobin	啶氧菌酯	117428-22-5	100.0	83.8	3.2	90.2	4.2	79.9	2.89	89.9	4.8	79.3	4.4	90.8	5.2	80.5	4.0	88.2	4.1
118	piperophos	哌草磷	24151-93-7	150.0	81.5	3.5	89.4	4.7	80.2	1.83	94.3	3.2	79.0	4.6	90.5	6.1	74.2	2.6	90.6	5.9
119	pirimiphos-ethyl	嘧啶磷	23505-41-1	100.0	87.0	4.0	97.8	4.3	84.1	3.0	86.7	4.5	87.6	2.7	91.9	4.9	84.9	3.9	81.2	3.8
120	pirimiphos-methyl	甲基嘧啶磷	29232-93-7	50.0	87.1	5.4	85.5	5.2	85.7	8.7	82.3	2.9	85.6	4.7	93.2	5.4	84.0	3.5	85.0	4.7
121	profenofos	丙溴磷	41198-08-7	300.0	115.0	29.2	97.6	8.9	121.9	3.2	91.8	8.4	133.1	28.3	85.7	9.8	134.4	8.7	76.0	15.1
122	profluralin	环丙氟灵	26399-36-0	200.0	88.8	11.7	96.1	2.8	93.8	5.1	85.7	6.8	98.4	10.5	90.0	6.8	97.2	4.7	77.7	6.8
123	propachlor	毒草胺	1918-16-7	150.0	79.1	3.5	92.7	3.2	89.4	5.3	84.7	5.5	80.5	5.0	95.2	3.4	83.6	4.7	91.3	4.6
124	propiconazole	丙环唑	60207-90-1	150.0	89.3	4.7	81.4	11.2	87.1	4.4	97.3	2.4	86.6	5.1	92.8	6.5	85.1	1.9	85.0	6.8

序号	英文名称	中文名称	CAS号	添加水平/(μg/kg)	GC-MS								GC-MS/MS							
					绿茶				乌龙茶				绿茶				乌龙茶			
					方法1		方法2		方法1		方法2		方法1		方法2		方法1		方法2	
					AVE/%	RSD/%	AVE/%	RSD/%	AVE/%	RSD/%	AVE/%	RSD/%	AVE/%	RSD/%	AVE/%	RSD/%	AVE/%	RSD/%	AVE/%	RSD/%
125	propyzamide-1	炔苯酰草胺-1	23950-58-5	100.0	81.2	3.5	86.6	4.3	80.8	3.50	89.2	4.5	78.7	4.5	88.3	5.1	79.8	5.5	89.0	4.3
126	ronnel	皮蝇磷	299-84-3	100.0	85.3	8.0	89.3	7.5	83.1	6.0	89.2	3.7	81.1	5.5	92.0	8.9	85.5	4.9	88.4	6.0
127	sulfotep	治螟磷	3689-24-5	50.0	88.7	3.5	101.8	3.0	90.6	3.2	87.0	4.4	83.6	4.2	90.2	4.0	82.0	4.2	85.1	3.6
128	tebufenpyrad	吡螨胺	119168-77-3	50.0	83.5	1.4	96.1	2.5	82.4	3.4	103.0	10.8	82.4	2.1	89.1	3.8	87.4	4.3	97.3	10.5
129	terbutryn	特丁净	886-50-0	100.0	81.6	5.6	93.7	5.0	82.5	3.0	84.8	3.1	84.2	4.0	86.6	4.6	85.7	2.5	85.3	1.7
130	thiobencarb	禾草丹	28249-77-6	100.0	84.7	4.4	93.4	3.4	85.9	2.6	87.5	3.7	88.3	2.8	88.9	4.0	85.6	4.9	87.5	3.1
131	tralkoxydim	肟草酮	87820-88-0	400.0	85.8	5.8	88.5	4.5	82.2	8.70	84.0	4.5	81.6	5.1	84.7	5.7	80.6	7.4	83.6	6.2
132	trans-chlodane	反式氯丹	5103-74-2	50.0	83.3	2.7	95.6	6.5	87.3	3.3	91.7	4.1	—	—	—	—	—	—	—	—
133	trans-diallate	反式燕麦敌	17708-58-6	100.0	82.3	4.9	94.3	4.0	85.4	3.5	86.5	5.2	87.6	4.2	88.1	3.9	82.7	3.8	83.7	4.3
134	trifloxystrobin	肟菌酯	141517-21-7	200.0	83.0	8.4	85.2	4.2	82.8	0.95	89.6	5.1	76.0	7.6	89.5	4.4	78.7	1.5	87.6	5.9
135	zoxamide	苯酰菌胺	156052-68-5	100.0	77.3	5.7	88.7	5.2	81.8	7.48	89.3	3.9	76.3	7.1	92.8	5.9	82.8	8.8	88.2	4.9
136	2,4'-DDE	2,4'-滴滴伊	3424-82-6	50.0	80.5	2.9	88.1	5.8	81.4	2.0	80.8	7.3	80.2	2.4	88.6	6.6	81.0	2.7	81.0	8.0
137	ametryn	莠灭净	834-12-8	150.0	81.0	4.4	84.5	5.0	74.5	1.7	76.7	6.6	94.8	2.8	86.1	6.5	82.2	2.1	83.4	5.3
138	bifenthrin	联苯菊酯	82657-04-3	50.0	84.4	2.1	95.3	5.8	104.7	6.2	103.2	3.5	78.1	6.0	95.1	5.2	82.1	4.2	84.9	4.7
139	bitertanol	联苯三唑醇	55179-31-2	150.0	81.3	2.0	85.4	5.8	84.0	5.9	80.3	8.6	85.3	3.8	81.2	5.3	84.9	4.1	83.9	9.6
140	boscalid	啶酰菌胺	188425-85-6	200.0	84.1	2.5	100.5	2.3	77.1	3.7	90.3	6.7	78.8	4.0	97.8	1.5	76.7	3.3	85.4	5.4
141	butafenacil	氟丙嘧草酯	134605-64-4	50.0	83.2	12.9	85.2	3.7	85.8	1.67	92.1	4.6	77.4	12.6	88.9	5.2	78.2	1.7	88.5	5.1
142	carbaryl	甲萘威	63-25-2	150.0	92.1	3.1	103.0	0.8	88.6	5.1	90.5	5.9	82.2	4.4	101.2	1.7	89.9	8.1	91.5	5.0
143	chlorobenzilate	乙酯杀螨醇	510-15-6	50.0	81.2	6.5	89.0	4.6	88.0	4.6	80.1	7.2	85.1	3.2	86.2	6.2	83.1	2.1	82.9	7.3
144	chlorthal-dimethyl-2	氯酞酸二甲酯-2	1861-32-1	100.0	81.4	3.3	86.1	4.4	79.6	2.17	89.3	4.6	78.0	3.3	88.7	5.1	79.0	3.8	89.2	4.4
145	dibutyl succinate	琥珀酸二丁酯	141-03-7	100.0	77.0	6.5	89.7	3.8	73.3	3.85	81.8	7.7	74.0	5.8	91.1	3.8	72.6	3.0	82.8	8.2

序号	英文名称	中文名称	CAS号	添加水平/(μg/kg)	GC-MS 绿茶 方法1 AVE/%	RSD/%	方法2 AVE/%	RSD/%	GC-MS 乌龙茶 方法1 AVE/%	RSD/%	方法2 AVE/%	RSD/%	GC-MS/MS 绿茶 方法1 AVE/%	RSD/%	方法2 AVE/%	RSD/%	GC-MS/MS 乌龙茶 方法1 AVE/%	RSD/%	方法2 AVE/%	RSD/%
146	diethofencarb	乙霉威	87130-20-9	300.0	82.6	3.4	88.3	6.3	85.8	1.9	78.5	6.9	89.3	1.9	84.0	6.4	83.5	2.6	79.1	8.0
147	diflufenican	吡氟酰草胺	83164-33-4	50.0	83.4	3.8	85.2	6.3	84.6	3.0	50.6	7.8	87.0	3.5	80.3	6.1	82.6	2.9	52.1	9.0
148	dimepiperate	哌草丹	61432-55-1	100.0	80.9	4.0	89.3	4.4	77.2	4.2	87.7	12.1	83.6	1.7	85.6	5.4	82.6	2.1	82.1	8.0
149	dimethametryn	异戊乙净	22936-75-0	50.0	88.1	1.9	99.6	1.4	75.1	2.2	87.1	6.3	81.0	2.3	99.9	1.2	78.4	4.0	86.9	6.1
150	dimethomorph	烯酰吗啉	110488-70-5	100.0	88.9	6.2	109.4	1.9	94.8	8.2	89.3	5.4	75.2	9.1	104.7	1.6	88.3	10.8	88.4	6.4
151	dimethyl phthalate	跳蚤灵	131-11-3	200.0	98.8	2.1	101.7	3.4	75.5	4.7	84.6	10.6	80.2	2.9	103.4	3.3	77.5	5.4	87.2	11.1
152	diniconazole	烯唑醇	83657-24-3	150.0	80.5	5.2	84.9	5.9	80.6	2.8	66.0	6.9	87.7	2.9	79.7	8.5	81.1	2.7	73.6	8.0
153	diphenamid	草乃敌	957-51-7	50.0	82.7	3.4	89.1	5.8	83.8	2.9	83.6	6.5	—	—	—	—	—	—	—	—
154	dipropetryn	异丙净	4147-51-7	50.0	83.2	4.5	86.7	5.6	73.1	6.7	77.0	7.0	85.8	3.5	82.1	7.1	82.3	2.0	80.1	8.3
155	ethalfluralin	丁氟消草	55283-68-6	200.0	97.0	7.8	91.3	9.8	86.8	3.7	88.0	4.8	85.3	7.3	90.9	7.1	87.2	6.6	77.9	3.9
156	etofenprox	醚菊酯	80844-07-1	50.0	87.3	9.6	93.8	5.7	87.6	5.5	72.0	6.7	92.1	4.5	92.1	5.5	82.6	3.4	75.9	6.6
157	etridiazol	土菌灵	2593-15-9	150.0	89.9	10.2	92.6	18.9	84.9	9.7	74.6	13.1	82.7	6.9	89.8	6.5	84.6	3.2	85.8	2.5
158	fenazaquin	喹螨醚	120928-09-8	50.0	83.2	10.5	81.5	6.4	76.9	1.7	52.0	5.0	83.1	2.6	78.0	6.9	83.0	2.5	53.0	5.6
159	fenchlorphos-oxon	氧皮蝇磷	3983-45-7	200.0	80.9	2.5	96.5	1.8	75.0	2.4	85.8	6.4	79.5	3.3	96.3	1.9	75.9	3.3	84.8	7.7
160	fenoxanil	氰菌胺	115852-48-7	100.0	84.4	13.2	105.5	6.0	82.8	8.21	82.9	3.6	77.0	19.2	130.8	14.2	70.8	28.5	75.7	4.6
161	fenpropidin	苯锈啶	67306-00-7	100.0	78.0	5.2	81.1	3.8	76.6	2.96	85.2	4.8	75.2	6.4	83.4	4.6	75.2	5.7	84.9	4.5
162	fenson	分螨酯	80-38-6	50.0	84.4	1.8	87.9	4.0	85.4	7.1	82.8	7.1	81.9	3.8	91.5	5.1	81.4	2.5	85.8	2.5
163	flufenacet	氟噻草胺	142459-58-3	400.0	87.6	14.0	113.9	4.4	51.8	14.6	113.2	15.9	77.3	14.2	89.3	4.9	62.5	6.4	94.4	6.8
164	furalaxyl	呋霜灵	57646-30-7	100.0	84.1	3.5	90.4	4.2	79.8	3.41	91.2	4.6	78.9	4.0	88.7	5.0	78.7	4.4	89.6	4.5
165	heptachlor	七氯	76-44-8	150.0	77.9	1.3	83.2	3.6	76.9	2.8	85.2	6.8	80.4	0.4	83.1	5.1	78.2	1.7	80.5	7.3
166	iprobenfos	异稻瘟净	26087-47-8	150.0	86.7	4.2	88.4	4.7	84.5	1.2	81.4	7.1	94.2	2.4	82.1	7.6	85.0	1.5	85.4	8.7

序号	英文名称	中文名称	CAS号	添加水平/(μg/kg)	GC-MS 绿茶 方法1 AVE/%	方法1 RSD/%	方法2 AVE/%	方法2 RSD/%	GC-MS 乌龙茶 方法1 AVE/%	方法1 RSD/%	方法2 AVE/%	方法2 RSD/%	GC-MS/MS 绿茶 方法1 AVE/%	方法1 RSD/%	方法2 AVE/%	方法2 RSD/%	GC-MS/MS 乌龙茶 方法1 AVE/%	方法1 RSD/%	方法2 AVE/%	方法2 RSD/%
167	isazofos	氯吡磷	42509-80-8	100.0	82.2	3.0	93.6	8.0	87.6	10.4	89.6	2.4	84.7	2.4	87.9	6.6	83.0	3.7	82.5	8.3
168	isoprothiolane	稻瘟灵	50512-35-1	100.0	82.8	3.1	87.3	4.3	80.5	2.91	89.9	4.5	79.2	4.0	90.0	5.2	80.1	3.8	90.5	5.1
169	kresoxim-methyl	醚菌酯	143390-89-0	50.0	78.8	11.0	76.9	5.3	86.0	3.2	80.7	6.6	82.3	8.7	87.8	4.6	77.6	1.1	78.5	9.5
170	mefenacet	苯噻酰草胺	73250-68-7	150.0	113.1	8.7	94.1	6.2	77.0	3.2	75.8	9.3	106.2	4.0	78.6	4.8	79.4	2.2	79.4	8.0
171	mepronil	灭锈胺	55814-41-0	50.0	80.3	3.7	130.5	35.2	85.2	2.0	76.4	7.7	91.7	3.1	85.8	6.9	85.2	3.3	83.3	9.1
172	metribuzin	嗪草酮	21087-64-9	150.0	77.0	4.5	84.4	4.9	86.6	4.1	82.7	9.3	82.5	2.9	81.7	6.3	83.5	3.7	83.0	9.8
173	molinate	禾草敌	2212-67-1	50.0	77.2	5.4	71.0	5.8	75.7	3.4	111.7	7.8	75.5	2.8	65.9	5.8	72.1	4.3	111.6	8.3
174	napropamide	敌草胺	15299-99-7	150.0	82.8	2.4	86.6	14.9	87.8	3.0	92.7	2.7	88.0	8.2	86.9	30.2	87.2	7.9	103.0	23.0
175	nuarimol	氟苯嘧啶醇	63284-71-9	100.0	90.3	5.5	81.4	19.8	88.3	3.3	108.9	2.5	87.0	6.0	91.8	4.5	81.4	2.9	86.8	4.7
176	permethrin	氯菊酯	52645-53-1	100.0	81.8	4.1	88.0	6.3	85.1	2.3	76.9	6.4	78.6	3.4	86.0	6.3	81.7	2.4	77.0	7.8
177	phenothrin	苯醚菊酯	26002-80-2	50.0	—	—	—	—	85.6	1.4	76.0	6.5	70.7	14.0	90.7	4.8	95.2	22.6	77.6	7.6
178	piperonyl butoxide	增效醚	51-03-6	50.0	—	—	—	—	84.8	4.4	74.5	5.7	88.1	2.7	85.9	6.8	85.1	2.5	76.5	6.8
179	pretilachlor	丙草胺	51218-49-6	100.0	76.9	2.9	87.2	5.3	81.0	2.2	81.5	7.4	78.0	2.3	86.4	6.0	78.9	1.7	79.9	7.0
180	prometon	扑灭通	1610-18-0	150.0	81.4	3.8	87.3	5.8	81.3	0.9	79.8	7.6	84.0	1.7	86.4	6.7	82.1	1.0	79.3	8.4
181	propyzamide-2	烟苯酰草胺-2	23950-58-5	50.0	85.5	2.5	85.6	13.4	87.8	3.7	99.0	2.4	95.9	10.6	86.0	7.0	84.9	5.0	89.4	4.6
182	propetamphos	烯虫磷	31218-83-4	50.0	94.9	6.9	85.5	9.3	88.8	3.7	95.7	2.7	84.6	3.9	89.3	12.2	107.7	3.4	96.1	5.6
183	propoxur-1	残杀威-1	114-26-1	400.0	80.1	4.5	91.3	4.1	81.2	3.66	97.3	3.5	78.7	4.8	92.5	5.6	83.1	8.9	98.2	3.3
184	propoxur-2	残杀威-2	114-26-1	50.0	84.7	13.7	67.9	11.9	116.6	8.43	77.9	9.4	70.1	10.0	63.6	10.4	64.2	29.8	78.9	9.0
185	prothiophos	丙硫磷	34643-46-4	50.0	86.5	3.8	93.1	7.9	84.8	5.1	87.8	4.2	90.4	15.0	81.9	10.6	83.7	4.7	64.5	8.2
186	pyrimethanil	嘧霉胺	53112-28-0	50.0	82.3	4.0	75.1	5.2	81.6	1.0	44.5	5.7	83.9	3.4	71.3	7.6	79.4	2.4	44.5	4.9
187	pyridaben	哒螨灵	96489-71-3	50.0	87.4	7.3	88.8	4.2	82.9	1.4	84.6	5.0	88.1	8.3	83.8	5.8	83.1	2.9	80.7	7.9

序号	英文名称	中文名称	CAS号	添加水平/(μg/kg)	GC-MS								GC-MS/MS							
					绿茶				乌龙茶				绿茶				乌龙茶			
					方法1		方法2		方法1		方法2		方法1		方法2		方法1		方法2	
					AVE/%	RSD/%	AVE/%	RSD/%	AVE/%	RSD/%	AVE/%	RSD/%	AVE/%	RSD/%	AVE/%	RSD/%	AVE/%	RSD/%	AVE/%	RSD/%
188	pyridaphenthion	吡哒嗪硫磷	119-12-0	50.0	88.6	8.0	88.1	9.1	89.8	7.7	111.9	4.8	79.8	6.9	87.1	6.2	83.5	7.5	79.5	4.9
189	pyriproxyfen	吡丙醚	95737-68-1	50.0	83.6	3.4	88.1	4.2	81.4	3.91	88.7	4.7	78.1	4.1	91.2	5.3	77.9	2.6	85.9	7.0
190	quinalphos	喹硫磷	13593-03-8	50.0	83.1	6.9	88.1	5.8	88.0	4.1	85.1	4.1	98.0	23.6	68.0	39.3	73.7	24.0	78.4	6.4
191	quinoxyphen	喹氧灵	124495-18-7	50.0	82.3	3.6	78.3	4.5	79.8	2.98	66.5	3.6	78.3	5.4	79.7	7.5	79.0	4.8	65.1	7.8
192	dieldrin	狄氏剂	60-57-1	200.0	86.5	3.2	99.8	1.5	74.6	3.1	87.7	6.2	81.3	2.8	97.0	1.6	75.7	3.8	85.2	6.6
193	tetrasul	杀螨硫醚	2227-13-6	50.0	82.2	2.6	89.8	8.8	86.1	3.8	79.3	3.3	112.2	6.7	105.1	9.1	113.8	5.8	134.1	7.6
194	thiazopyr	噻草啶	117718-60-2	100.0	83.5	3.3	87.5	4.0	80.0	2.75	88.7	4.5	80.8	5.6	93.7	7.0	82.2	6.8	88.3	5.3
195	tolclofos-methyl	甲基立枯磷	57018-04-9	50.0	79.2	2.7	86.7	4.8	82.6	1.9	80.1	6.8	83.8	3.4	85.5	6.0	81.2	3.7	83.4	6.4
196	transfluthrin	四氟苯菊酯	118712-89-3	50.0	79.3	3.7	87.0	5.1	80.4	1.6	80.2	7.4	84.1	1.1	85.7	5.7	82.2	2.8	81.5	5.8
197	tribenuron-methyl	苯磺隆	101200-48-0	100.0	110.1	6.0	116.3	3.0	51.2	16.0	89.6	14.0	75.7	8.7	107.1	3.9	64.2	11.6	84.6	8.5
198	triadimefon	三唑酮	43121-43-3	150.0	87.4	6.1	86.0	13.5	90.1	7.8	102.3	4.9	84.6	5.5	92.7	8.4	86.2	3.3	92.7	6.1
199	triadimenol	三唑醇	55219-65-3	100.0	81.7	5.1	82.9	5.8	82.5	3.2	80.3	8.5	84.6	3.5	83.2	5.7	82.8	2.4	85.7	9.5
200	triallate	野麦畏	2303-17-5	50.0	79.6	4.7	85.2	5.0	80.6	2.2	80.0	6.4	80.3	1.5	85.3	4.6	80.8	1.5	83.0	6.9
201	vinclozolin	乙烯菌核利	50471-44-8	50.0	87.3	4.0	89.5	7.1	87.7	3.7	94.0	3.1	—	—	—	—	—	—	—	—

注："N. D" 表示未出峰。

表2-10 2种样品制备方法下绿茶和乌龙茶中201种农药的平均回收率和RSD统计分析

序号	范围	GC-MS								GC-MS/MS							
		绿茶				乌龙茶				绿茶				乌龙茶			
		方法1		方法2		方法1		方法2		方法1		方法2		方法1		方法2	
		数量	占比/%	数量	占比/%	数量	占比/%	数量	占比/%	数量	占比/%	数量	占比/%	数量	占比/%	数量	占比/%
1	<60%	0	0	0	0	2	1.0	5	2.5	1	0.5	1	0.5	0	0	6	3.0
2	60%~70%	2	1.0	3	1.5	3	1.5	5	2.5	2	1.0	8	4.0	10	5.0	6	3.0
3	70%~80%	31	15.4	11	5.5	44	21.9	21	10.4	63	31.3	15	7.5	49	24.4	27	13.4
4	80%~90%	134	66.7	82	40.8	121	60.2	93	46.3	103	51.2	100	49.8	116	57.7	104	51.7
5	90%~100%	24	11.9	81	40.3	18	9.0	43	21.4	19	9.5	57	28.4	9	4.5	36	17.9
6	100%~110%	2	1.0	16	8.0	5	2.5	23	11.4	1	0.5	10	5.0	3	1.5	9	4.5
7	110%~120%	5	2.5	4	2.0	4	2.0	7	3.5	3	1.5	2	1.0	4	2.0	3	1.5
8	>120%	0	0	1	0.5	1	0.5	2	1.0	2	1.0	1	0.5	3	1.5	3	1.5
	70%~110%	191	95.0	190	94.5	188	93.5	180	89.6	186	92.5	182	90.5	177	88.1	176	87.6
9	<10%	173	86.1	176	87.6	186	92.5	153	76.1	170	84.6	171	85.1	180	89.6	151	75.1
10	10%~15%	21	10.4	16	8.0	3	1.5	39	19.4	13	6.5	12	6.0	2	1.0	32	15.9
11	15%~20%	2	1.0	3	1.5	7	3.5	3	1.5	4	2.0	3	1.5	3	1.5	8	4.0
12	>20%	2	1.0	3	1.5	2	1.0	4	2.0	7	3.5	8	4.0	9	4.5	3	1.5
13	N.D	3	1.5	3	1.5	3	1.5	2	1.0	7	3.5	7	3.5	7	3.5	7	3.5

（平均回收率：序号1～8及70%~110%；RSD：序号9～13）

表2-11 2种前处理方法对乌龙茶和绿茶污染样品中201种农药含量的测定结果对比（n=5）

序号	英文名称	中文名称	CAS号	GC-MS										GC-MS/MS									
				绿茶					乌龙茶					绿茶					乌龙茶				
				方法1		方法2		比值*	方法1		方法2		比值*	方法1		方法2		比值*	方法1		方法2		比值*
				RSD/%	含量	RSD/%	含量		RSD/%	含量	RSD/%	含量		RSD/%	含量	RSD/%	含量		RSD/%	含量	RSD/%	含量	
1	2,3,4,5-tetrachloroaniline	2,3,4,5-四氯苯胺	634-83-3	0.31	3.4	0.25	5.9	1.21	0.32	6.3	0.19	5.3	1.67	0.19	10.6	0.17	5.2	1.12	0.27	17.3	0.17	8.8	1.56
2	2,3,5,6-tetrachloroaniline	2,3,5,6-四氯苯胺	3481-20-7	23.5	4.3	18.6	7.2	1.27	15.3	6.1	14.6	3.9	1.05	23.4	4.3	18.2	9.6	1.28	25.7	3.6	18.2	5.3	1.41
3	4,4'-dibromobenzophenone	4,4'-二溴二苯甲酮	3988-03-2	33.9	5.9	26.9	10.4	1.26	33.8	8.6	16.9	5.6	2.01	30.8	3.2	24.2	8.3	1.27	31.1	6.6	19.5	3.9	1.59
4	4,4'-dichlorobenzophenone	4,4'-二氯二苯甲酮	90-98-2	32.8	5.1	26.0	9.7	1.26	48.5	10.3	34.1	4.4	1.42	31.9	3.4	25.4	7.2	1.26	49.8	10.0	36.1	4.8	1.38
5	acetochlor	乙草胺	34256-82-1	66.8	6.4	59.3	6.4	1.13	72.3	7.2	38.3	5.2	1.89	75.6	3.5	59.0	5.4	1.28	74.6	6.4	48.5	3.9	1.54
6	alachlor	甲草胺	15972-60-8	73.1	5.7	63.7	5.8	1.15	76.6	4.5	47.0	5.8	1.63	72.7	4.2	62.0	6.4	1.17	71.8	5.4	48.7	2.6	1.48
7	atratone	莠去通	1610-17-9	36.8	6.6	32.4	9.0	1.14	36.0	7.6	23.0	3.6	1.56	43.6	2.9	35.3	8.1	1.23	42.8	4.1	30.7	4.4	1.39
8	benodanil	麦锈灵	15310-01-7	95.0	4.7	86.5	12.9	1.10	71.7	44.3	68.8	5.3	1.04	84.8	5.3	78.0	12.2	1.09	65.2	67.3	69.3	3.6	0.94
9	benoxacor	解草噁	98730-04-2	55.0	13.3	46.3	4.1	1.19	49.8	7.6	39.6	4.7	1.26	52.9	4.1	41.2	4.9	1.28	45.6	7.1	38.7	6.3	1.18
10	bromophos-ethyl	乙基溴硫磷	4824-78-6	72.8	7.2	57.2	7.9	1.27	72.9	8.4	41.2	3.5	1.77	71.7	4.6	56.7	7.9	1.26	73.7	4.6	42.4	3.7	1.74
11	butralin	仲丁灵	33629-47-9	83.0	12.0	59.5	7.0	1.39	78.9	7.2	52.3	4.6	1.51	72.6	6.7	51.9	6.3	1.40	70.5	9.7	47.0	5.6	1.50
12	chlorfenapyr	虫螨腈	122453-73-0	224.6	4.5	192.3	8.5	1.17	243.2	5.1	158.4	3.7	1.54	231.7	3.6	198.5	7.7	1.17	251.2	2.8	173.9	6.0	1.44
13	clomazone	异草酮	81777-89-1	29.5	7.8	24.7	5.5	1.20	26.0	0.9	18.9	2.7	1.37	28.9	4.1	23.9	4.9	1.21	27.3	6.5	19.4	4.3	1.41
14	cycloate	环草敌	1134-23-2	44.1	10.9	34.6	9.8	1.27	40.8	2.2	27.5	3.2	1.48	43.4	6.8	35.0	9.3	1.24	42.1	9.4	29.7	2.9	1.42
15	cycluron	环莠隆	2163-69-1	96.8	3.5	86.5	5.7	1.12	94.3	9.3	53.3	3.2	1.77	63.3	11.5	68.3	4.5	0.93	80.9	14.4	54.7	3.0	1.48
16	cyhalofop-butyl	氰氟草酯	122008-85-9	65.3	7.2	50.7	9.9	1.29	43.1	1.7	29.8	3.8	1.44	59.6	5.1	49.5	8.5	1.20	45.9	3.3	31.6	4.1	1.45
17	cyprodinil	嘧菌环胺	121552-61-2	24.6	9.7	16.8	13.8	1.46	24.3	7.9	10.2	6.9	2.39	23.1	4.2	16.9	12.2	1.37	24.3	3.1	9.3	6.1	2.61
18	chlorthal-dimethyl-1	氯酞酸二甲酯-1	1861-32-1	25.1	6.8	18.4	7.7	1.36	24.3	9.8	15.2	3.2	1.59	25.2	4.4	18.2	7.4	1.39	24.4	5.5	16.5	3.1	1.48
19	DE-PCB 101	2,2',4,5,5'-五氯联苯	37680-73-2	24.6	5.9	20.0	8.7	1.23	25.9	8.4	14.7	4.9	1.76	24.0	3.8	18.9	7.3	1.27	24.7	6.3	15.4	3.2	1.61
20	DE-PCB 118	2,3,4,4',5-五氯联苯	74472-37-0	26.3	5.3	21.4	7.9	1.23	24.6	8.9	15.5	1.8	1.58	24.9	3.8	20.5	7.1	1.22	26.3	4.8	16.3	3.5	1.61
21	DE-PCB 138	2,2',3,4,4',5'-六氯联苯	35065-28-2	24.5	6.8	19.6	9.5	1.25	24.8	8.3	14.6	4.3	1.70	24.1	5.7	18.8	8.6	1.29	24.8	5.8	15.1	2.0	1.64

序号	英文名称	中文名称	CAS号	GC-MS 绿茶 方法1 含量	GC-MS 绿茶 方法1 RSD/%	GC-MS 绿茶 方法2 含量	GC-MS 绿茶 方法2 RSD/%	GC-MS 绿茶 比值*	GC-MS 乌龙茶 方法1 含量	GC-MS 乌龙茶 方法1 RSD/%	GC-MS 乌龙茶 方法2 含量	GC-MS 乌龙茶 方法2 RSD/%	GC-MS 乌龙茶 比值*	GC-MS/MS 绿茶 方法1 含量	GC-MS/MS 绿茶 方法1 RSD/%	GC-MS/MS 绿茶 方法2 含量	GC-MS/MS 绿茶 方法2 RSD/%	GC-MS/MS 绿茶 比值*	GC-MS/MS 乌龙茶 方法1 含量	GC-MS/MS 乌龙茶 方法1 RSD/%	GC-MS/MS 乌龙茶 方法2 含量	GC-MS/MS 乌龙茶 方法2 RSD/%	GC-MS/MS 乌龙茶 比值*
22	DE-PCB 180	2,2',3,4,4',5,5'-七氯联苯	35065-29-3	5.9	23.7	11.9	18.8	1.26	1.4	22.6	3.9	13.7	1.65	4.6	22.4	9.5	18.3	1.23	3.3	25.3	4.1	14.0	1.81
23	DE-PCB 28	2,4,4'-三氯联苯	7012-37-5	8.2	22.3	7.0	20.0	1.11	9.5	27.7	4.9	15.9	1.74	3.5	27.1	7.7	22.9	1.18	5.0	28.3	2.7	18.6	1.52
24	DE-PCB 31	2,4',5-三氯联苯	16606-02-3	5.0	28.7	8.4	24.3	1.18	8.6	35.9	1.9	20.4	1.76	3.5	27.1	7.7	22.9	1.18	5.0	28.3	2.7	18.6	1.52
25	dichlorofop-methyl	二氯丙酸甲酯	23384-57-7	8.9	57.3	9.4	41.9	1.37	1.9	42.8	3.5	29.8	1.44	7.2	54.1	5.5	40.6	1.33	6.9	48.3	5.7	31.8	1.52
26	dimethenamid	二甲噻草胺	87674-68-8	4.5	23.6	6.7	20.3	1.17	7.4	25.3	2.8	15.9	1.60	3.0	23.4	7.3	20.0	1.17	4.6	25.1	3.3	16.1	1.56
27	diofenolan-1	苯虫醚-1	63837-33-2	6.8	84.9	9.7	74.4	1.14	3.5	79.9	3.1	53.0	1.51	3.8	82.2	7.7	71.1	1.16	7.6	86.2	2.4	57.8	1.49
28	diofenolan-2	苯虫醚-2	63837-33-2	7.4	87.5	9.5	77.3	1.13	3.5	79.7	7.7	58.2	1.37	3.8	82.2	8.2	73.1	1.12	7.6	86.1	4.3	57.0	1.51
29	fenbuconazole	腈苯唑	114369-43-6	7.0	48.7	13.7	55.0	0.89	13.9	53.7	5.8	40.0	1.34	8.5	47.2	12.6	51.3	0.92	10.5	55.0	5.6	43.1	1.28
30	fenpyroximate	唑螨酯	134098-61-6	9.0	174.6	15.3	197.5	0.88	10.8	220.0	8.1	118.4	1.86	8.8	184.2	12.5	191.2	0.96	6.7	202.1	8.7	124.7	1.62
31	fluotrimazole	三氟苯唑	31251-03-3	5.4	48.1	11.4	35.4	1.36	7.9	43.9	4.8	27.2	1.61	6.2	41.4	9.4	34.6	1.19	7.1	70.6	5.2	29.0	2.44
32	fluroxypr-1-methylheptyl ester	氯氟吡氧乙酸异辛酯	81406-37-3	6.7	9.3	9.9	7.2	1.28	9.4	8.9	3.9	5.5	1.61	7.7	9.0	7.6	7.0	1.28	8.8	8.6	10.3	5.4	1.58
33	iprovalicarb-1	异丙菌胺-1	140923-17-7	5.8	144.7	8.9	124.0	1.17	9.1	145.4	4.2	109.0	1.33	5.1	140.0	9.7	122.3	1.15	5.5	155.9	1.7	110.8	1.41
34	iprovalicarb-2	异丙菌胺-2	140923-17-7	6.9	138.6	10.1	122.6	1.13	1.7	135.8	4.8	112.0	1.21	5.1	140.0	8.5	120.1	1.17	4.5	147.2	5.0	110.1	1.34
35	isodrin	异艾氏剂	465-73-6	6.1	22.3	10.8	17.9	1.24	9.4	23.3	4.6	13.3	1.75	6.1	22.9	8.5	17.1	1.34	5.0	22.4	3.5	12.8	1.75
36	isoprocarb-1	异丙威-1	2631-40-5	4.8	83.1	10.9	76.5	1.09	9.6	91.0	5.2	53.6	1.70	3.3	77.8	9.2	71.7	1.08	1.3	102.6	1.1	104.4	0.98
37	isoprocarb-2	异丙威-2	2631-40-5	13.5	102.0	4.4	73.6	1.39	16.7	69.0	6.4	63.5	1.09	3.8	128.8	8.3	100.8	1.28	14.3	61.4	7.2	62.7	0.98
38	lenacil	环草啶	2164-08-1	12.3	33.4	9.9	25.0	1.33	9.0	23.3	12.7	23.8	0.97	14.5	51.5	3.5	234.2	0.22	6.2	28.3	6.3	28.1	1.01
39	metalaxyl	甲霜灵	57837-19-1	5.1	46.0	8.9	39.8	1.15	7.6	47.3	4.3	31.9	1.48	3.7	42.9	8.7	37.6	1.14	3.4	45.9	3.2	32.0	1.43
40	metazachlor	吡唑草胺	67129-08-2	4.9	73.0	6.3	71.9	1.02	4.3	77.4	6.4	50.3	1.54	2.4	70.6	5.1	64.8	1.09	2.0	75.5	4.7	57.1	1.32

序号	英文名称	中文名称	CAS号	GC-MS 绿茶 方法1 RSD/%	含量	方法2 RSD/%	含量	比值*	GC-MS 乌龙茶 方法1 RSD/%	含量	方法2 RSD/%	含量	比值*	GC-MS/MS 绿茶 方法1 RSD/%	含量	方法2 RSD/%	含量	比值*	GC-MS/MS 乌龙茶 方法1 RSD/%	含量	方法2 RSD/%	含量	比值*
41	methabenzthiazuron	噻唑隆	18691-97-9	476.7	6.5	380.7	9.8	1.25	454.7	8.9	253.7	4.7	1.79	465.9	4.4	376.7	9.4	1.24	473.6	3.6	269.0	4.2	1.76
42	mirex	灭蚁灵	2385-85-5	18.9	6.5	12.8	6.4	1.48	18.9	7.9	11.0	4.4	1.72	18.7	4.5	12.6	5.5	1.48	18.6	5.3	13.2	5.4	1.41
43	monalide	庚酰草胺	7287-36-7	79.7	11.5	87.1	9.9	0.92	67.6	7.5	47.7	5.1	1.42	65.5	6.1	55.6	8.9	1.18	65.8	4.8	42.4	6.4	1.55
44	paraoxon-ethyl	对氧磷	311-45-5	211.4	4.9	192.8	3.6	1.10	141.4	2.9	169.2	6.1	0.84	—		—		—	—		—		—
45	pebulate	克草猛	1114-71-2	72.3	11.4	50.1	9.3	1.44	55.7	8.8	45.0	6.5	1.24	64.2	11.5	49.6	11.4	1.30	54.9	4.8	51.0	5.9	1.08
46	pentachloroaniline	五氯苯胺	527-20-8	25.5	5.5	18.8	11.0	1.36	18.6	7.2	10.8	5.1	1.72	23.8	3.7	17.7	10.2	1.34	25.7	7.5	12.5	4.4	2.05
47	pentachloroanisole	五氯甲氧基苯	1825-21-4	48.4	7.3	39.2	9.5	1.23	47.2	3.9	29.9	3.7	1.58	48.1	5.3	38.0	10.1	1.26	51.4	6.5	30.6	3.4	1.68
48	pentachlorobenzene	五氯苯	608-93-5	19.8	11.7	14.9	12.7	1.33	18.1	6.3	12.4	7.2	1.46	19.8	9.7	14.7	12.5	1.35	19.9	5.1	15.9	5.4	1.25
49	perthane	乙滴滴	72-56-0	23.9	6.4	18.9	8.8	1.27	24.0	7.9	14.4	3.3	1.67	23.3	5.7	18.4	8.4	1.27	24.3	4.5	14.8	3.1	1.64
50	phenanthrene	菲	85-01-8	29.5	5.4	21.7	10.2	1.36	30.5	9.7	15.7	3.7	1.94	29.9	4.5	21.6	10.2	1.39	29.5	4.2	17.8	8.0	1.66
51	pirimicarb	抗蚜威	23103-98-2	48.3	7.5	40.5	8.4	1.19	48.9	9.5	31.5	3.1	1.55	47.6	5.6	40.9	9.6	1.16	50.4	5.7	32.9	3.6	1.53
52	procymidone	腐霉利	32809-16-8	29.9	7.1	25.8	8.9	1.16	30.9	9.0	20.1	3.3	1.54	29.4	4.6	25.0	6.7	1.17	30.6	4.2	20.2	2.8	1.51
53	prometryn	扑草净	7287-19-6	36.9	9.7	31.4	8.1	1.18	36.2	4.8	23.2	5.2	1.56	35.5	5.8	29.9	8.1	1.19	37.5	4.9	23.7	4.2	1.58
54	propham	苯胺灵	122-42-9	62.1	6.3	54.8	7.9	1.13	59.0	3.3	50.0	5.0	1.18	61.3	4.9	54.0	8.1	1.13	64.6	6.0	48.4	3.7	1.34
55	prosulfocarb	苄草丹	52888-80-9	71.8	4.8	63.1	7.9	1.14	78.0	8.8	46.1	2.1	1.69	76.8	4.1	61.4	7.8	1.25	74.1	6.0	49.5	2.8	1.50
56	secbumeton	仲丁通	26259-45-0	45.3	6.3	39.3	9.5	1.15	47.0	5.7	28.5	4.3	1.65	45.1	4.9	37.8	10.0	1.20	44.8	5.1	30.5	4.6	1.47
57	silafluofen	氟硅菊酯	105024-66-6	30.4	8.0	23.7	16.4	1.28	23.7	4.0	14.5	4.2	1.63	24.9	4.7	21.3	13.6	1.17	27.3	6.2	15.7	7.4	1.74
58	tebupirimfos	丁基嘧啶磷	96182-53-5	54.9	8.0	42.0	9.3	1.31	52.0	2.4	30.5	3.0	1.71	55.3	7.1	41.3	10.7	1.34	55.5	6.2	31.5	4.5	1.76
59	tebutam	丙戊草胺	35256-85-0	47.5	6.9	39.8	7.9	1.19	48.7	9.9	29.4	3.3	1.66	47.7	3.0	38.1	7.5	1.25	49.0	6.1	31.3	3.6	1.56
60	tebuthiuron	特丁噻草隆	34014-18-1	110.2	5.5	95.6	11.9	1.15	111.5	7.3	74.4	4.0	1.50	109.2	3.2	93.3	11.3	1.17	118.5	4.6	80.4	4.3	1.47
61	tefluthrin	七氟菊酯	79538-32-2	22.4	4.2	16.6	9.2	1.34	23.2	7.4	12.7	4.1	1.83	20.8	5.2	15.4	8.0	1.35	21.5	6.5	12.6	3.2	1.71

序号	英文名称	中文名称	CAS号	GC-MS										GC-MS/MS									
				绿茶					乌龙茶					绿茶					乌龙茶				
				方法 1		方法 2		比值*	方法 1		方法 2		比值*	方法 1		方法 2		比值*	方法 1		方法 2		比值*
				RSD /%	含量	RSD /%	含量		RSD /%	含量	RSD /%	含量		RSD /%	含量	RSD /%	含量		RSD /%	含量	RSD /%	含量	
62	thenylchlor	噻吩草胺	96491-05-3	60.4	2.4	52.9	7.8	1.14	46.7	1.8	39.7	10.2	1.18	52.2	4.9	49.2	5.7	1.06	52.3	1.9	44.0	3.7	1.19
63	thionazin	治线磷	297-97-2	69.9	6.3	58.5	8.8	1.19	64.7	5.1	51.0	3.2	1.27	70.1	5.0	59.5	7.0	1.18	69.0	5.7	49.9	4.3	1.38
64	trichloronat	毒壤磷	327-98-0	47.6	6.9	37.5	8.1	1.27	45.7	1.1	27.6	3.5	1.65	47.6	5.6	38.0	7.4	1.25	49.7	5.6	29.2	3.6	1.70
65	trifluralin	氟乐灵	1582-09-8	45.7	8.0	32.1	8.0	1.42	45.7	3.6	26.8	3.1	1.70	43.7	5.7	28.3	10.7	1.54	41.4	4.0	25.4	4.6	1.63
66	2,4'-DDT	2,4'-滴滴涕	789-02-6	48.4	11.8	33.0	6.0	1.47	42.3	14.8	27.6	8.3	1.54	1.8	10.9	0.9	13.6	1.91	1.4	6.2	1.0	9.5	1.45
67	4,4'-DDE	4,4'-滴滴伊	72-55-9	28.8	4.5	21.6	8.0	1.33	27.5	4.3	17.0	3.0	1.62	30.1	4.1	22.3	9.5	1.35	27.0	3.7	17.3	3.3	1.56
68	benalaxyl	苯霜灵	71626-11-4	26.0	9.1	20.1	9.0	1.29	22.5	1.3	14.8	2.4	1.52	26.2	9.2	20.2	10.0	1.30	23.2	4.3	15.5	5.2	1.49
69	benzoylprop-ethyl	新燕灵	22212-55-1	83.1	7.7	65.6	9.5	1.27	75.2	3.2	47.4	3.2	1.59	84.1	8.8	66.1	11.8	1.27	75.9	6.9	50.6	4.3	1.50
70	bromofos	溴硫磷	2104-96-3	49.0	9.5	39.1	3.2	1.25	43.0	2.4	27.4	3.3	1.57	52.5	9.3	41.7	7.2	1.26	41.8	7.1	28.6	4.9	1.46
71	bromopropylate	溴螨酯	18181-80-1	58.9	11.4	43.4	10.7	1.36	52.2	10.8	36.7	8.1	1.42	60.8	9.5	43.8	11.2	1.39	53.2	6.1	33.6	3.9	1.58
72	buprofenzin	噻嗪酮	69327-76-0	51.7	5.2	35.8	11.8	1.44	58.9	15.2	31.4	7.4	1.88	52.9	6.2	39.1	11.4	1.35	48.3	7.7	31.1	4.8	1.56
73	butachlor	丁草胺	23184-66-9	46.7	12.3	35.8	6.1	1.30	45.1	13.4	26.3	5.0	1.72	27.9	8.8	19.4	15.9	1.44	53.4	2.8	34.5	4.8	1.55
74	butylate	丁草特	2008-41-5	86.2	12.0	67.6	17.9	1.27	65.7	40.0	61.4	12.2	1.07	59.6	8.4	37.7	14.3	1.58	40.2	9.2	38.6	10.7	1.04
75	carbofenothion	三硫磷	786-19-6	21.5	12.6	17.1	7.4	1.26	18.7	2.3	12.3	3.6	1.52	19.9	9.9	15.6	4.6	1.28	17.4	17.5	11.1	5.8	1.57
76	chlorfenson	杀螨酯	80-33-1	79.0	6.0	52.3	4.7	1.51	53.1	10.2	40.9	2.8	1.30	79.6	6.8	54.4	4.9	1.46	55.7	8.0	40.7	4.6	1.37
77	chlorfenviphos	毒虫畏	470-90-6	78.2	10.9	54.9	6.8	1.42	72.0	7.8	47.6	6.1	1.51	81.9	8.7	61.1	7.8	1.34	63.6	8.1	46.1	3.0	1.38
78	chlormephos	氯甲硫磷	24934-91-6	54.2	7.6	39.1	11.7	1.39	40.6	13.4	35.2	11.3	1.15	54.5	9.8	39.3	14.3	1.39	38.3	7.0	38.1	7.2	1.01
79	chlorneb	氯甲氧苯	2675-77-6	31.8	4.1	26.3	8.2	1.21	28.7	5.8	23.2	4.7	1.24	31.2	8.6	26.1	10.3	1.19	25.4	3.0	22.1	3.9	1.15
80	chlorpropham	氯苯胺灵	101-21-3	125.0	9.8	78.2	8.5	1.60	49.6	2.3	80.0	3.5	0.62	69.9	8.4	57.6	7.8	1.21	61.4	7.3	43.2	4.7	1.42
81	chlorpropylate	丙酯杀螨醇	5836-10-2	33.4	8.5	28.0	6.7	1.19	29.4	1.8	21.7	3.9	1.36	63.0	7.9	39.8	9.4	1.58	53.7	4.3	15.7	3.6	3.43
82	chlorpyrifos	毒死蜱	2921-88-2	77.2	10.1	57.1	6.1	1.35	64.9	1.0	39.2	3.1	1.65	77.5	8.5	59.8	9.1	1.30	68.0	9.2	41.7	5.1	1.63

序号	英文名称	中文名称	CAS 号	GC-MS 绿茶 方法1 RSD/%	含量	方法2 RSD/%	含量	比值*	GC-MS 乌龙茶 方法1 RSD/%	含量	方法2 RSD/%	含量	比值*	GC-MS/MS 绿茶 方法1 RSD/%	含量	方法2 RSD/%	含量	比值*	GC-MS/MS 乌龙茶 方法1 RSD/%	含量	方法2 RSD/%	含量	比值*
83	chlorthiophos	虫螨磷	60238-56-4	54.7	10.2	40.9	7.2	1.34	45.1	0.9	26.2	4.0	1.72	54.4	8.0	42.4	9.4	1.28	44.7	9.6	27.8	4.8	1.60
84	cis-chlordane	顺式氯丹	5103-71-9	54.1	7.1	38.0	7.5	1.42	47.3	2.0	27.7	3.4	1.71	53.0	7.1	38.8	8.9	1.36	50.4	7.5	29.3	2.4	1.72
85	cis-diallate	顺式燕麦敌	17708-57-5	44.7	9.4	30.8	8.3	1.45	38.7	3.3	22.9	3.4	1.69	45.0	8.7	33.6	8.7	1.34	39.7	9.1	25.6	4.9	1.55
86	cyanofenphos	苯腈磷	13067-93-1	60.4	9.8	45.0	5.7	1.34	47.9	1.6	32.8	2.5	1.46	58.5	10.2	46.4	8.4	1.26	46.0	0.3	33.4	3.6	1.38
87	desmetryn	敌草净	1014-69-3	35.2	6.6	29.0	7.1	1.21	32.6	9.9	19.9	3.4	1.64	34.9	5.6	28.0	10.0	1.25	30.8	6.8	19.9	4.8	1.55
88	dichlobenil	敌草腈	1194-65-6	5.9	9.1	4.6	11.5	1.28	4.3	13.3	4.3	13.9	0.98	6.1	8.2	4.4	11.8	1.37	4.2	16.2	4.8	12.7	0.87
89	dicloran	氯硝胺	99-30-9	65.8	6.4	42.4	9.4	1.55	50.1	6.7	34.5	4.5	1.46	61.0	5.5	43.4	7.4	1.40	50.4	4.3	34.4	4.5	1.46
90	dicofol	三氯杀螨醇	115-32-2	61.5	4.9	52.7	9.7	1.17	104.8	9.9	74.7	4.0	1.40	61.6	3.9	53.5	11.3	1.15	95.4	7.9	72.5	4.2	1.32
91	dimethachlor	二甲草胺	50563-36-5	73.8	8.6	59.9	5.2	1.23	67.8	3.3	44.8	3.8	1.51	73.2	6.5	61.4	7.7	1.19	66.8	6.2	45.6	2.8	1.46
92	dioxacarb	二氧威	6988-21-2	182.0	8.1	198.8	9.2	0.92	195.5	13.9	152.6	4.9	1.28	191.8	7.4	203.5	14.6	0.94	207.6	10.5	158.3	3.9	1.31
93	endrin	异狄氏剂	72-20-8	402.0	11.0	293.6	9.0	1.37	336.0	7.6	205.3	6.5	1.64	399.1	7.5	284.1	11.6	1.40	343.5	9.0	224.7	3.0	1.53
94	epoxiconazole-2	氟环唑	133855-98-8	181.1	7.2	148.5	9.8	1.22	157.4	4.0	111.8	6.1	1.42	178.2	8.0	150.9	13.1	1.18	159.6	7.6	117.5	4.1	1.36
95	EPTC	茵草敌	759-94-4	63.4	9.5	44.5	16.7	1.43	39.6	14.9	45.0	12.0	0.88	65.9	3.4	40.6	16.0	1.62	41.1	15.3	49.9	7.6	0.82
96	ethofumesate	乙氧呋草黄	26225-79-6	67.0	9.6	54.2	7.0	1.24	58.7	4.1	38.6	2.5	1.52	67.2	10.1	54.9	9.0	1.22	57.8	2.9	39.9	3.1	1.45
97	ethoprophos	灭线磷	13194-48-4	73.6	9.3	57.7	7.4	1.27	64.3	2.6	42.6	3.1	1.51	74.6	9.3	57.8	9.0	1.29	64.5	9.9	43.5	4.0	1.48
98	etrimfos	乙嘧硫磷	38260-54-7	41.5	10.3	32.4	6.2	1.28	35.6	2.8	22.6	2.4	1.58	43.4	9.8	33.3	9.0	1.30	35.6	1.6	23.5	3.9	1.51
99	fenamidone	咪唑菌酮	161326-34-7	27.1	6.6	23.3	11.3	1.17	26.6	9.1	17.9	5.1	1.48	27.0	6.2	23.2	10.8	1.16	26.1	3.9	19.0	6.6	1.38
100	fenarimol	氯苯嘧啶醇	60168-88-9	44.0	6.7	39.4	13.3	1.11	41.4	6.4	31.3	4.2	1.32	45.3	5.8	37.8	12.1	1.20	42.8	5.0	29.1	4.3	1.47
101	flamprop-isopropyl	麦草氟异丙酯	52756-22-6	28.1	6.7	25.1	10.6	1.12	27.8	11.8	17.4	7.7	1.60	28.2	6.7	22.1	11.7	1.28	24.9	7.4	16.3	4.2	1.53
102	flamprop-methyl	麦草氟甲酯	52756-25-9	29.7	8.4	23.0	10.2	1.29	25.7	3.2	16.6	3.8	1.55	28.2	6.7	22.1	11.7	1.28	24.9	7.4	16.3	4.2	1.53
103	fonofos	地虫硫磷	944-22-9	33.8	10.3	27.3	6.8	1.24	29.6	2.8	19.1	3.2	1.55	35.0	10.0	28.0	8.0	1.25	30.2	11.0	20.0	3.4	1.51

续表

序号	英文名称	中文名称	CAS号	GC-MS 绿茶 方法1 RSD/%	方法1 含量	方法2 RSD/%	方法2 含量	比值*	GC-MS 乌龙茶 方法1 RSD/%	方法1 含量	方法2 RSD/%	方法2 含量	比值*	GC-MS/MS 绿茶 方法1 RSD/%	方法1 含量	方法2 RSD/%	方法2 含量	比值*	GC-MS/MS 乌龙茶 方法1 RSD/%	方法1 含量	方法2 RSD/%	方法2 含量	比值*
104	hexachlorobenzene	六氯-1,3-丁二烯	118-74-1	18.8	14.8	13.7	12.4	1.38	12.1	8.7	8.4	4.8	1.44	19.3	14.6	13.6	14.2	1.41	12.4	7.2	9.0	5.0	1.38
105	hexazinone	环嗪酮	51235-04-2	80.5	11.9	69.0	14.2	1.17	69.9	23.2	35.1	19.5	1.99	67.6	11.6	81.5	13.3	0.83	71.8	12.4	60.4	5.8	1.19
106	iodofenphos	碘硫磷	18181-70-9	77.5	11.3	59.4	3.4	1.31	69.7	3.9	41.7	4.4	1.67	77.8	9.3	62.5	4.6	1.24	61.6	7.0	43.6	2.8	1.41
107	isofenphos	丙胺磷	25311-71-1	70.7	7.6	52.7	8.5	1.34	59.1	1.7	37.5	2.5	1.58	69.3	9.1	53.2	9.8	1.30	58.5	2.5	38.3	2.9	1.53
108	isopropalin	异乐灵	33820-53-0	48.4	7.4	33.2	9.4	1.46	43.5	7.4	24.2	4.7	1.80	44.7	8.5	30.2	11.4	1.48	40.9	5.6	22.4	4.0	1.82
109	methoprene	烯虫酯	40596-69-8	80.4	13.0	57.3	10.5	1.40	66.6	2.3	36.0	2.7	1.85	85.2	7.3	59.5	10.8	1.43	67.5	4.4	38.2	7.5	1.77
110	methoprotryne	盖草津	841-06-5	64.2	7.1	52.0	9.2	1.23	57.0	2.5	37.1	2.8	1.54	63.8	7.6	52.7	10.9	1.21	58.6	5.6	39.6	3.8	1.48
111	methoxychlor	甲氧滴滴涕	72-43-5	31.4	7.7	20.6	7.5	1.53	23.8	18.2	16.4	13.8	1.44	31.8	4.2	24.3	13.6	1.31	29.5	10.8	17.6	5.4	1.68
112	parathion-methyl	甲基对硫磷	298-00-0	90.9	13.0	67.9	2.8	1.34	76.4	6.8	50.5	6.5	1.51	92.0	10.4	66.1	7.4	1.39	69.0	4.9	52.1	5.1	1.32
113	metolachlor	异丙甲草胺	51218-45-2	26.2	9.1	20.6	7.6	1.27	22.0	7.9	14.5	2.8	1.52	25.4	7.6	19.8	10.7	1.29	23.0	7.4	14.4	3.8	1.59
114	nitrapyrin	氯啶	1929-82-4	83.2	8.9	57.5	7.3	1.45	53.7	29.2	51.0	8.3	1.05	93.6	9.2	61.6	10.3	1.52	57.3	9.3	62.7	9.6	0.91
115	oxyfluofen	乙氧氟草醚	42874-03-3	126.1	7.4	75.7	10.3	1.66	94.9	7.3	57.2	11.0	1.66	120.7	10.8	74.5	12.6	1.62	93.8	8.9	60.0	8.5	1.56
116	pendimethalin	二甲戊灵	40487-42-1	89.4	9.4	57.5	9.6	1.55	76.5	8.4	43.3	7.4	1.77	83.5	9.3	55.1	10.5	1.52	68.4	4.1	43.7	6.0	1.56
117	picoxystrobin	啶氧菌酯	117428-22-5	57.6	7.6	43.6	9.3	1.32	49.9	1.7	31.4	2.9	1.59	58.2	7.4	44.7	9.8	1.30	51.6	6.4	32.3	4.2	1.59
118	piperophos	哌草磷	24151-93-7	76.9	11.1	61.0	9.4	1.26	69.3	0.9	44.0	2.3	1.57	80.6	8.6	63.4	8.9	1.27	71.4	9.7	47.2	6.2	1.51
119	pirimiphos-ethyl	嘧啶磷	23505-41-1	37.1	9.7	27.2	8.5	1.36	31.9	2.2	18.4	2.6	1.73	37.3	5.0	27.8	9.4	1.34	31.1	1.1	19.7	5.2	1.58
120	pirimiphos-methyl	甲基嘧啶磷	29232-93-7	49.5	9.4	38.3	6.9	1.29	43.1	2.2	26.1	3.1	1.65	51.0	8.6	39.9	9.3	1.28	44.3	3.0	27.7	5.1	1.60
121	profenofos	丙溴磷	41198-08-7	224.3	9.1	146.2	11.1	1.53	138.3	9.1	88.1	11.2	1.57	209.4	10.4	110.5	7.3	1.90	90.6	8.1	79.2	5.6	1.14
122	profluralin	环丙氟灵	26399-36-0	99.2	8.2	65.6	7.8	1.51	88.2	6.7	48.1	6.2	1.83	93.9	6.7	58.9	10.0	1.60	80.1	4.4	47.2	4.6	1.70
123	propachlor	毒草胺	1918-16-7	69.9	3.5	56.0	4.6	1.25	59.5	8.3	39.5	4.1	1.51	68.6	8.2	58.8	8.8	1.17	60.7	7.1	43.8	3.6	1.39
124	propiconazole	丙环唑	60207-90-1	90.5	7.7	69.8	11.2	1.30	76.3	2.8	51.5	3.8	1.48	86.6	5.2	72.1	11.7	1.20	79.4	8.1	60.5	20.4	1.31

序号	英文名称	中文名称	CAS号	GC-MS										GC-MS/MS									
				绿茶					乌龙茶					绿茶					乌龙茶				
				方法1		方法2		比值*	方法1		方法2		比值*	方法1		方法2		比值*	方法1		方法2		比值*
				RSD/%	含量	RSD/%	含量		RSD/%	含量	RSD/%	含量		RSD/%	含量	RSD/%	含量		RSD/%	含量	RSD/%	含量	
125	propyzamide-1	炔酰胺草胺-1	23950-58-5	58.5	7.9	47.4	7.0	1.23	50.3	7.4	35.6	2.8	1.41	59.6	8.4	47.1	7.9	1.26	49.3	6.8	37.3	4.2	1.32
126	ronnel	皮蝇磷	299-84-3	46.9	8.1	34.5	3.8	1.36	41.7	2.2	27.7	2.8	1.51	49.6	6.0	35.7	5.9	1.39	42.3	5.7	29.8	4.0	1.42
127	sulfotep	治螟磷	3689-24-5	21.2	9.8	16.4	7.8	1.30	17.9	2.8	11.5	3.1	1.55	21.4	8.5	16.5	8.8	1.30	18.4	2.9	12.0	4.4	1.53
128	tebufenpyrad	吡螨胺	119168-77-3	73.7	8.2	58.8	11.0	1.25	66.0	2.8	40.9	3.4	1.61	74.7	7.6	60.1	11.8	1.24	64.5	2.5	42.8	3.2	1.51
129	terbutryn	特丁净	886-50-0	37.0	8.1	28.9	7.5	1.28	32.6	2.3	20.7	3.8	1.57	37.5	7.7	29.2	8.7	1.28	34.3	10.1	20.9	3.7	1.64
130	thiobencarb	禾草丹	28249-77-6	53.0	9.7	42.2	7.6	1.26	45.3	2.6	29.6	2.8	1.53	55.0	9.1	44.2	7.7	1.24	47.7	8.8	31.9	3.9	1.50
131	tralkoxydim	肟草酮	87820-88-0	120.4	4.9	94.6	11.2	1.27	105.1	7.7	75.0	5.5	1.40	128.2	4.7	95.4	12.5	1.34	114.1	13.0	86.4	3.4	1.32
132	trans-chlordane	反式氯丹	5103-74-2	25.5	6.3	18.3	8.0	1.39	23.8	9.7	13.5	3.5	1.77	27.6	8.9	18.7	6.2	1.48	24.6	5.9	14.3	5.2	1.72
133	trans-diallate	反式燕麦敌	17708-58-6	45.1	7.6	34.5	9.5	1.31	41.6	3.1	25.7	2.2	1.62	45.9	9.5	34.0	9.2	1.35	39.7	9.1	25.4	3.4	1.56
134	trifloxystrobin	肟菌酯	141517-21-7	108.5	10.4	74.5	7.9	1.46	83.8	0.5	53.2	2.6	1.57	106.9	9.8	71.8	10.1	1.49	84.9	4.7	55.9	4.4	1.52
135	zoxamide	苯酰菌胺	156052-68-5	44.9	3.9	43.7	9.0	1.03	51.0	11.8	32.4	6.9	1.57	50.3	6.3	46.3	10.7	1.09	50.7	5.7	36.3	4.3	1.40
136	2,4'-DDE	2,4'-滴滴伊	3424-82-6	23.1	6.4	16.0	8.5	1.45	23.2	7.0	14.5	4.1	1.60	28.6	5.1	16.3	9.7	1.76	27.1	3.1	17.6	6.1	1.54
137	ametryn	莠灭净	834-12-8	60.4	12.5	40.5	8.5	1.49	51.9	7.2	34.9	3.9	1.49	59.4	6.2	39.7	9.3	1.50	55.4	3.3	36.0	4.4	1.54
138	bifenthrin	联苯菊酯	82657-04-3	26.1	6.4	15.4	11.5	1.70	48.2	10.3	34.0	4.0	1.42	24.2	6.2	15.2	11.0	1.59	47.8	8.9	33.7	3.8	1.42
139	bitertanol	联苯三唑醇	55179-31-2	74.4	12.4	51.2	11.8	1.45	62.1	7.0	51.7	5.9	1.20	70.5	2.4	54.6	12.5	1.29	73.2	5.3	54.4	5.9	1.35
140	boscalid	啶酰菌胺	188425-85-6	150.2	6.6	92.3	9.7	1.63	106.4	8.3	92.6	7.0	1.15	137.0	12.0	84.8	11.2	1.62	108.2	5.5	89.1	5.2	1.21
141	butafenacil	氟丙嘧草酯	134605-64-4	34.5	9.7	22.8	7.6	1.51	29.5	9.7	23.7	3.4	1.25	37.3	7.0	23.6	7.9	1.58	29.9	3.5	25.0	5.5	1.20
142	carbaryl	甲萘威	63-25-2	86.2	2.9	59.2	7.2	1.46	81.5	11.0	60.7	4.1	1.34	88.6	4.5	62.4	7.1	1.42	85.8	12.1	58.9	2.3	1.46
143	chlorobenzilate	乙酯杀螨醇	510-15-6	67.2	12.4	39.4	9.0	1.70	52.3	4.6	39.1	3.9	1.34	30.0	9.1	38.8	8.2	0.77	54.2	4.6	36.1	4.4	1.50
144	chlorthal-dimethyl-2	氯酞酸二甲酯-2	1861-32-1	50.9	6.7	36.2	6.2	1.41	46.7	2.3	30.3	4.3	1.54	54.1	6.9	35.8	7.7	1.51	49.5	6.2	31.3	4.5	1.58
145	dibutyl succinate	琥珀酸二丁酯	141-03-7	44.5	6.7	27.0	10.6	1.65	24.8	4.8	17.9	4.2	1.39	37.3	6.0	23.9	9.0	1.56	22.5	2.8	18.1	3.0	1.24

序号	英文名称	中文名称	CAS 号	GC-MS										GC-MS/MS									
				绿茶					乌龙茶					绿茶					乌龙茶				
				方法 1		方法 2		比值*	方法 1		方法 2		比值*	方法 1		方法 2		比值*	方法 1		方法 2		比值*
				RSD/%	含量	RSD/%	含量		RSD/%	含量	RSD/%	含量		RSD/%	含量	RSD/%	含量		RSD/%	含量	RSD/%	含量	
146	diethofencarb	乙霉威	87130-20-9	194.8	10.0	137.6	6.6	1.42	174.6	1.3	132.6	5.0	1.32	198.9	7.8	136.6	8.8	1.46	180.6	6.0	123.3	3.6	1.46
147	diflufenican	吡氟酰草胺	83164-33-4	32.2	6.6	20.6	11.8	1.56	29.2	9.6	16.9	6.8	1.73	30.3	7.9	19.2	12.0	1.58	28.0	4.8	15.8	7.2	1.76
148	dimepiperate	哌草丹	61432-55-1	52.3	11.7	31.3	7.8	1.67	43.0	3.8	29.6	2.9	1.45	49.9	9.1	32.0	8.3	1.56	46.7	9.4	29.5	4.0	1.58
149	dimethametryn	异戊乙净	22936-75-0	18.9	6.6	13.0	9.7	1.45	17.3	9.1	11.2	4.5	1.54	19.5	8.1	12.6	8.5	1.54	17.2	3.8	11.3	5.3	1.52
150	dimethomorph	烯酰吗啉	110488-70-5	86.0	6.2	78.9	12.2	1.09	92.9	9.7	82.2	5.5	1.13	92.9	4.6	77.5	12.6	1.20	96.9	4.8	82.8	4.1	1.17
151	dimethyl phthalate	跳蚤灵	131-11-3	111.7	9.9	81.9	8.1	1.36	95.5	6.8	80.9	6.6	1.18	114.5	9.0	79.5	7.9	1.44	98.4	4.3	84.1	5.4	1.17
152	diniconazole	烯唑醇	83657-24-3	69.1	10.8	41.8	13.5	1.65	59.1	7.7	39.1	5.7	1.51	65.6	5.7	43.8	12.9	1.50	61.9	4.2	40.0	5.3	1.55
153	diphenamid	草乃敌	957-51-7	27.2	4.4	19.4	8.1	1.40	25.2	6.6	18.2	4.3	1.38	27.2	4.5	19.3	7.6	1.41	25.3	5.8	18.5	3.1	1.37
154	dipropetryn	异丙净	4147-51-7	20.2	5.7	14.3	8.3	1.42	25.3	21.2	12.1	2.8	2.09	22.5	4.4	14.1	8.5	1.60	19.8	7.4	12.6	3.7	1.58
155	ethalfluralin	丁氟消草	55283-68-6	96.8	7.7	55.4	7.7	1.75	86.2	3.8	57.2	2.8	1.51	91.6	6.4	48.6	9.7	1.88	85.5	3.6	52.8	3.8	1.63
156	etofenprox	醚菊酯	80844-07-1	37.7	6.4	28.1	9.8	1.34	23.5	3.7	15.3	6.2	1.54	38.3	7.0	27.2	9.5	1.41	22.5	3.1	15.1	4.8	1.49
157	etridiazol	土菌灵	2593-15-9	82.2	11.4	45.4	10.8	1.81	54.3	10.8	62.1	7.9	0.87	76.5	7.0	38.7	14.5	1.98	50.9	10.9	58.2	9.4	0.87
158	fenazaquin	喹螨醚	120928-09-8	26.3	7.5	17.4	10.9	1.51	22.6	5.1	12.7	3.9	1.79	21.0	7.0	13.5	12.3	1.55	19.6	7.0	11.6	4.5	1.69
159	fenchlorphos-oxon	氧皮蝇磷	3983-45-7	97.4	8.5	69.9	5.1	1.39	83.2	2.4	55.8	3.1	1.49	99.0	6.6	69.9	5.0	1.42	87.2	7.4	56.1	3.7	1.55
160	fenoxanil	氰菌胺	115852-48-7	81.6	5.8	53.8	9.7	1.52	86.0	9.1	56.7	3.8	1.52	76.9	5.0	61.6	13.8	1.25	107.0	17.6	49.1	6.4	2.18
161	fenpropidin	苯锈啶	67306-00-7	44.6	5.1	33.5	11.7	1.33	103.1	5.8	66.2	3.5	1.56	46.3	5.0	33.7	12.4	1.37	121.2	5.1	80.2	3.8	1.51
162	fenson	分螨酯	80-38-6	33.1	11.9	19.1	5.6	1.73	24.2	6.6	19.8	6.1	1.22	34.3	9.4	21.1	5.5	1.62	27.6	8.9	20.1	5.2	1.38
163	flufenacet	氟噻草胺	142459-58-3	200.8	9.0	118.4	3.9	1.70	153.3	4.8	117.9	3.8	1.30	197.1	6.3	123.5	4.9	1.60	140.2	3.1	117.1	4.7	1.20
164	furalaxyl	呋霜灵	57646-30-7	52.5	5.4	36.8	10.1	1.43	48.8	7.7	34.6	3.3	1.41	53.7	5.4	36.5	10.0	1.47	48.3	4.9	35.3	3.5	1.37
165	heptachlor	七氯	76-44-8	65.7	11.5	38.1	8.4	1.73	54.1	5.2	39.2	2.8	1.38	65.5	12.2	36.5	9.3	1.79	58.9	6.7	37.4	3.5	1.57
166	iprobenfos	异稻瘟净	26087-47-8	71.7	8.3	45.5	8.4	1.58	63.0	1.0	41.8	3.4	1.51	70.3	7.6	42.9	9.0	1.64	66.4	7.0	42.0	4.3	1.58

序号	英文名称	中文名称	CAS号	GC-MS										GC-MS/MS										
				绿茶					乌龙茶					绿茶					乌龙茶					
				方法1		方法2		比值*	方法1		方法2		比值*	方法1		方法2		比值*	方法1		方法2		比值*	
				RSD/%	含量	RSD/%	含量		RSD/%	含量	RSD/%	含量		RSD/%	含量	RSD/%	含量		RSD/%	含量	RSD/%	含量		
167	isazofos	氯唑磷	42509-80-8	46.5	6.1	30.7	7.5	1.51	39.2	1.4	28.0	3.4	1.40	51.9	3.6	34.8	8.7	1.49	46.9	5.2	31.3	4.6	1.50
168	isoprothiolane	稻瘟灵	50512-35-1	70.5	6.9	48.5	8.4	1.45	65.6	9.4	43.9	3.1	1.50	71.0	7.7	48.2	9.7	1.47	66.4	7.0	44.9	2.8	1.48
169	kresoxim-methyl	醚菌酯	143390-89-0	17.9	8.1	10.2	8.5	1.76	15.2	8.1	9.4	5.1	1.61	17.9	7.2	10.6	7.4	1.68	14.8	5.2	9.8	3.7	1.51
170	mefenacet	苯噻酰草胺	73250-68-7	172.6	6.9	149.5	13.0	1.15	84.8	9.2	62.8	7.3	1.35	129.9	6.6	86.7	12.2	1.50	78.6	2.5	64.8	5.0	1.21
171	mepronil	灭锈胺	55814-41-0	32.0	3.9	23.6	4.7	1.36	32.4	7.0	22.1	4.1	1.47	31.8	4.9	23.2	9.9	1.37	30.5	3.7	22.1	4.1	1.38
172	metribuzin	嗪草酮	21087-64-9	34.8	4.4	23.9	6.3	1.46	35.6	2.4	27.2	4.4	1.31	36.1	7.5	24.0	7.1	1.51	36.3	5.8	26.4	4.3	1.37
173	molinate	禾草敌	2212-67-1	23.5	6.6	15.9	10.6	1.47	22.3	7.0	18.8	7.0	1.19	23.3	9.6	15.7	8.6	1.49	19.7	4.5	16.8	4.0	1.17
174	napropamide	敌草胺	15299-99-7	79.8	8.7	53.5	7.0	1.49	74.8	9.9	48.6	3.9	1.54	80.7	6.1	53.7	8.5	1.50	74.0	4.5	49.2	3.8	1.50
175	nuarimol	氟苯嘧啶醇	63284-71-9	62.7	5.0	45.3	10.0	1.38	62.0	8.0	44.2	4.3	1.40	62.7	5.8	45.2	9.6	1.39	60.9	2.6	45.9	5.4	1.33
176	permethrin	氯菊酯	52645-53-1	56.0	6.1	38.2	11.1	1.47	47.2	3.5	32.1	4.0	1.47	51.6	4.1	35.8	10.6	1.44	47.2	5.7	31.3	5.7	1.51
177	phenothrin	苯醚菊酯	26002-80-2	33.1	9.5	15.5	11.8	2.14	20.6	8.4	12.8	4.7	1.61	53.8	8.1	15.7	11.7	3.43	22.2	10.9	39.3	31.2	0.56
178	piperonylbutoxide	增效醚	51-03-6	25.3	8.3	17.4	10.2	1.45	21.5	2.7	14.2	3.6	1.52	25.3	8.7	17.0	10.2	1.49	22.7	8.9	14.5	4.6	1.56
179	pretilachlor	丙草胺	51218-49-6	47.7	4.0	33.6	8.3	1.42	44.8	7.3	29.9	3.5	1.50	47.5	4.8	32.7	5.6	1.46	42.4	4.4	30.0	4.4	1.41
180	prometon	扑灭通	1610-18-0	83.8	7.2	59.8	8.5	1.40	76.0	3.1	50.3	4.5	1.51	81.8	6.5	55.9	8.9	1.46	75.1	5.5	49.4	3.2	1.52
181	propyzamide-2	炔苯酰草胺-2	23950-58-5	30.1	9.3	24.0	7.0	1.25	25.0	7.7	17.7	3.9	1.41	30.5	9.0	23.0	7.8	1.33	25.1	7.7	17.8	3.3	1.41
182	propetamphos	烯虫磷	31218-83-4	53.7	6.3	34.7	6.3	1.55	48.5	6.5	32.7	3.0	1.48	53.9	7.8	35.2	5.2	1.53	47.0	5.0	31.7	3.7	1.48
183	propoxur-1	残杀威-1	114-26-1	211.5	3.8	166.7	7.5	1.27	209.3	7.7	144.6	5.3	1.45	212.8	3.4	160.7	8.2	1.32	211.6	6.0	153.8	4.4	1.38
184	propoxur-2	残杀威-2	114-26-1	33.5	7.8	19.0	5.5	1.76	21.6	18.0	20.3	3.5	1.06	32.6	9.6	17.6	11.3	1.85	22.5	2.3	18.1	5.0	1.24
185	prothiophos	丙硫磷	34643-46-4	50.9	7.1	32.2	7.6	1.58	46.0	8.5	27.7	2.8	1.66	49.9	6.5	31.6	9.3	1.58	44.4	6.6	27.9	5.2	1.59
186	pyrimethanil	嘧霉胺	53112-28-0	29.9	20.4	15.7	13.8	1.91	26.0	16.2	16.5	11.3	1.58	59.1	7.9	49.5	13.2	1.19	29.0	5.6	16.8	4.8	1.73
187	pyridaben	哒螨灵	96489-71-3	79.4	10.5	54.1	9.1	1.47	75.4	5.3	53.9	4.8	1.40	77.0	5.8	55.4	8.9	1.32	73.6	1.4	56.0	4.7	1.32

序号	英文名称	中文名称	CAS号	GC-MS 绿茶 方法1 含量	GC-MS 绿茶 方法1 RSD/%	GC-MS 绿茶 方法2 含量	GC-MS 绿茶 方法2 RSD/%	GC-MS 绿茶 比值*	GC-MS 乌龙茶 方法1 含量	GC-MS 乌龙茶 方法1 RSD/%	GC-MS 乌龙茶 方法2 含量	GC-MS 乌龙茶 方法2 RSD/%	GC-MS 乌龙茶 比值*	GC-MS/MS 绿茶 方法1 含量	GC-MS/MS 绿茶 方法1 RSD/%	GC-MS/MS 绿茶 方法2 含量	GC-MS/MS 绿茶 方法2 RSD/%	GC-MS/MS 绿茶 比值*	GC-MS/MS 乌龙茶 方法1 含量	GC-MS/MS 乌龙茶 方法1 RSD/%	GC-MS/MS 乌龙茶 方法2 含量	GC-MS/MS 乌龙茶 方法2 RSD/%	GC-MS/MS 乌龙茶 比值*
188	pyridaphenthion	哒嗪硫磷	119-12-0	6.1	24.3	9.0	15.7	1.55	9.2	22.8	4.3	10.9	2.10	5.5	24.9	9.7	15.7	1.58	6.1	23.6	7.0	11.4	2.07
189	pyriproxyfen	吡丙醚	95737-68-1	7.2	29.1	10.3	19.9	1.46	2.5	26.7	2.4	17.7	1.51	7.5	59.4	13.4	49.4	1.20	7.0	27.0	4.2	18.1	1.49
190	quinalphos	喹硫磷	13593-03-8	7.3	66.1	8.2	34.7	1.91	5.6	49.5	3.7	32.6	1.52	8.7	53.3	6.7	36.5	1.46	8.2	47.7	3.9	31.5	1.52
191	quinoxuphen	喹氧灵	124495-18-7	7.6	22.3	11.2	14.6	1.52	9.7	21.2	5.8	10.7	1.99	7.6	22.9	10.1	14.9	1.54	5.8	21.4	6.3	11.5	1.87
192	dieldrin	狄氏剂	60-57-1	5.8	100.9	9.6	60.2	1.68	3.0	82.4	7.7	53.1	1.55	6.3	104.2	8.3	58.4	1.78	4.8	90.2	4.5	56.3	1.60
193	tetrasul	杀螨硫醚	2227-13-6	6.1	27.0	9.6	18.0	1.50	9.1	24.0	3.9	14.8	1.62	6.6	26.1	6.9	17.1	1.53	4.2	26.7	4.3	15.9	1.68
194	thiazopyr	噻草啶	117718-60-2	6.2	48.0	8.3	30.9	1.55	8.0	47.6	4.0	29.6	1.61	7.3	48.9	8.8	33.9	1.44	7.4	47.8	8.1	30.6	1.56
195	tolclofos-methyl	甲基立枯磷	57018-04-9	5.8	27.0	5.6	18.8	1.43	9.0	25.2	3.4	16.5	1.53	7.5	27.0	4.7	18.4	1.46	9.0	25.7	2.1	16.8	1.53
196	transfluthrin	四氟苯菊酯	118712-89-3	6.4	24.7	8.1	15.8	1.56	8.9	23.9	5.0	14.2	1.69	8.4	25.6	8.2	16.3	1.56	6.1	23.5	4.7	15.0	1.57
197	tribenuron-methyl	苯磺隆	101200-48-0	6.4	45.4	7.4	26.8	1.69	3.1	43.5	8.5	30.7	1.42	3.5	49.5	10.1	33.3	1.49	5.0	41.4	2.1	29.1	1.42
198	triadimefon	三唑酮	43121-43-3	5.2	69.7	11.4	51.8	1.35	6.7	70.2	4.1	50.2	1.40	5.0	70.6	11.7	52.1	1.36	4.3	67.0	2.4	49.0	1.37
199	triadimenol	三唑醇	55219-65-3	7.9	45.7	7.0	28.9	1.58	2.5	38.5	4.1	24.8	1.56	7.7	46.0	7.2	27.7	1.66	7.3	39.6	3.2	25.2	1.57
200	triallate	野麦畏	2303-17-5	11.2	95.3	11.3	56.9	1.67	4.3	49.4	5.6	60.6	0.82	8.0	117.5	11.4	58.9	1.99	7.6	53.4	6.8	57.1	0.94
201	vinclozolin	乙烯菌核利	50471-44-8	5.1	30.1	6.5	21.2	1.42	9.3	28.0	3.6	18.9	1.48	8.5	31.5	10.2	20.1	1.57	5.0	28.1	2.4	18.3	1.54
	平均值			7.8	65.1	8.8	49.6	1.36	7.2	58.0	4.8	39.9	1.51	6.8	63.4	9.3	48.9	1.36	6.6	58.1	4.8	40.5	1.48

注：＊为 GB 方法测定含量与 QU 方法测定含量的比值。

表 2-12 2 种样品制备方法检测 2 种茶叶污染样中 201 种农药含量的比值分布范围

比值范围(方法 1/方法 2)	GC-MS				GC-MS/MS			
	绿茶		乌龙茶		绿茶		乌龙茶	
	数量	占比/%	数量	占比/%	数量	占比/%	数量	占比/%
<1.00	4	2.0	7	3.5	7	3.5	9	4.5
1.00~1.10	5	2.5	6	3.0	5	2.5	4	2.0
1.10~1.20	33	16.4	8	4.0	33	16.4	10	5.0
1.20~1.30	48	23.9	10	5.0	51	25.4	6	3.0
1.30~1.40	37	18.4	20	10.0	33	16.4	30	14.9
1.40~1.50	34	16.9	31	15.4	30	14.9	43	21.4
1.50~1.60	20	10.0	57	28.4	24	11.9	62	30.8
1.60~1.70	11	5.5	30	14.9	7	3.5	16	8.0
1.70~1.80	5	2.5	19	9.5	3	1.5	11	5.5
1.80~1.90	1	0.5	6	3.0	3	1.5	3	1.5
1.90~2.00	2	1.0	3	1.5	3	1.5	0	0.0
>2.00	1	0.5	4	2.0	1	0.5	6	3.0
N.D	0	0.0	0	0.0	1	0.5	1	0.5
>2.00	197	98.0	194	96.5	193	96.5	191	95.5
1.10~1.70	183	91.0	156	77.6	178	88.6	167	83.1

表 2-13 2 种样品制备方法与 2 种检测方法对茶叶污染样品的精密度 (n= 5)

精密度范围	GC-MS								GC-MS/MS							
	绿茶				乌龙茶				绿茶				乌龙茶			
	方法 1		方法 2		方法 1		方法 2		方法 1		方法 2		方法 1		方法 2	
	数量	占比/%	数量	占比/%	数量	占比/%	数量	占比/%	数量	占比/%	数量	占比/%	数量	占比/%	数量	占比/%
RSD≤10%	164	81.6	148	73.6	175	87.1	190	94.5	186	92.5	129	64.2	182	90.5	195	97.0
RSD≤15%	200	99.5	197	98.0	191	95.0	200	99.5	200	99.5	198	98.5	194	96.5	198	98.5
RSD>15%	1	0.5	4	2.0	10	5.0	1	0.5	0	0	2	1.0	6	3.0	2	1.0
N.D	0	0	0	0	0	0	0	0	1	0.5	1	0.5	1	0.5	1	0.5

2.2.8.1　实验数据分析

由表 2-11 和表 2-12 实验数据可知：对于绿茶和乌龙茶，采用 GC-MS 和 GC-MS-MS 时，方法 1 测得的农药含量值普遍高于方法 2，平均高出 30%~50%。并且方法 1 测定的农药含量高于方法 2（比值大于 1）的农药品种占 95.5%~98%，且比值范围大部分分布在 1.10~1.70 之间。这说明方法 1 比方法 2 能从沉积 165d 的污染样品中提取出更多的残留农药。可能是因为方法 1 采用高速均质提取的效力比方法 2 采用的振荡提取效力好。采用方法 1 制备样品，测定的结果更准确。

由表 2-13 中 RSD≤10% 的数据可以看出：对绿茶样品，方法 1 比方法 2 精密度略好；对于乌龙茶，则方法 2 比方法 1 精密度略好。由表 2-13 中 RSD≤15% 的数据可以看出，2 种方法测定结果中 RSD≤15% 所占的比例均大于 95%，证明 2 种方法的重现性良好，均可以满足残留检测的要求。另外，考虑到 Lehotay 最近提出了检测粮谷中 180 种农药的改进型 QuEChERS 方法，样品中加入水-乙腈（1∶1），加入 PSA 和 C$_{18}$ 两种填料，基质扩散振荡提取 1h，比方法 1 耗时很多。因此，通过 3 种方法提取效能的对比研究，本方法仍采用方法 1 作为国际 AOAC 协同研究的制样技术。

2.2.8.2　实验现象分析

采用 GB 和 QU 两种方法处理的样液颜色对比见图 2-3。由图 2-3 可见，对于绿茶和乌龙茶，GB 方法处理的样品颜色均比 QU 方法浅，而且用 GB 方法处理的绿茶和乌龙茶颜色一致，几乎为无色，而 QU 方法对绿茶中色素的去除效果不理想，长期大量进样会对仪器进样分离系统产生污染。

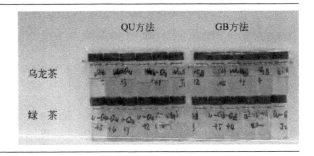

图 2-3
方法 1 和方法 2 制备
的绿茶和乌龙茶样品
溶液颜色比较

2.3 不同固相萃取净化柱对茶叶基质中农药残留净化效率的评价

2.3.1 概述

茶叶中含有茶多酚类、生物碱、蛋白质、氨基酸、维生素、果胶素、有机酸、脂多糖、糖类、色素等成分，基质复杂，加之 500 多种农药的化学结构不同，化学性质和极性有较大差异，要同时完成提取、净化与检测，难度极大。为此，庞国芳团队在前期研究的基础上，专门开发了一种由石墨化碳、多胺基化硅胶和酰胺化聚苯乙烯材料 3 组分构成的 SPE 柱即 Cleanert TPT 柱。为全面评价其净化效率，进行了三个阶段的对比研究。第一阶段，通过比较 12 种串联 SPE 柱的规格和串联方式，对绿茶和乌龙茶中 84 种代表性农药净化效力的影响程度进行研究，选出最优组合净化柱 4 号 Envi-Carb＋PSA。第二阶段，采用 Cleanert TPT 与 4 号 Envi-Carb＋PSA 柱，对不同茶叶中添加 201 种农药的提取效能进行对比研究。实验结果表明，仅就回收率而言，Cleanert TPT 和 Envi-Carb＋PSA 柱无明显差异；仅就 RSD 而言，前者优于后者 10%。第三阶段，对比研究上述两个 SPE 柱对受 201 种农药污染的绿茶和乌龙茶两个 Youden Pair 样品的净化效能，每 5 天检测 1 次，连续 3 个月循环检测 19 次。实验证明，绿茶样品有 187 种农药（占 93.0%）用 4 号 Envi-Carb＋PSA 净化测得的平均含量大于 Cleanert TPT，乌龙茶样品有 179 种农药（占 89.1%）用 Cleanert TPT 柱净化测得的平均含量大于 Envi-Carb＋PSA，统计分析也证明

93％以上的农药用两种柱净化的检测结果相差小于 15％。就 RSD 数据而言，Cleanert TPT 优于 Envi-Carb＋PSA 10％，证明 Cleanert TPT 净化效果的重现性优于 Envi-Carb＋PSA。通过以上三个阶段的净化效果评价，证明 Cleanert TPT 和 Envi-Carb＋PSA 两种 SPE 柱均可满足净化茶叶中 500 多种残留农药的检测要求，仅从净化效能而论，首选 Cleanert TPT，其次选择 Envi-Carb＋PSA。

2.3.2 　 试剂与材料

溶剂：乙腈、甲苯、正己烷、丙酮（LC 级，迪马科技公司）。无水硫酸镁（粉状，试剂级）、氯化钠（ACS 级）、乙酸钠。无水硫酸镁需于马弗炉中 650℃灼烧 4 h。冰乙酸（HAc）。农药标准品与内标（纯度≥95％，LGC Promochem，德国）。

标准储备溶液：称取 5～10mg 各农药标准品（精确至 0.1mg），置于 10mL 容量瓶中，以甲苯、甲苯-丙酮或环己烷溶解并定容至刻度，置于暗处 4℃以下储存。

混合标准溶液：依据每种农药的性能和保留时间，201 种农药分成 A～C 3 组进行 GC-MS 和 GC-MS/MS 分析。依据各分析物的仪器灵敏度配制不同浓度的混合标准溶液，置于暗处 4℃以下储存。

2.3.3 　 仪器

GC-MS 系统：6890N 型气相色谱仪，连接 5973N 型 MSD，配有 7683 型自动进样器（安捷伦，美国）；DB-1701 毛细管柱（30m×0.25mm×0.25μm，J&W Scientific，美国）。

GC-MS/MS 系统：7890 型气相色谱仪，连接 7000A 型 MSD，配有 7693 型自动进样器（安捷伦，美国）；DB-1701 毛细管柱（30m×0.25mm×0.25μm，J&W Scientific，美国）。

SPE 柱：Cleanert TPT（10mL/2000mg，艾杰尔公司，天津）；Envi-Carb（5mL/500mg，默克公司，美国）；Envi-Carb（5mL，1000mg，默克公司，美国）；PSA（5mL/500mg，Varian 公司，美国）；PSA（5mL/1000mg，Varian 公司，美国）；NH$_2$（5mL/500mg，默克公司，美国）；NH$_2$（5mL/1000mg，默克公司，美国）；C$_{18}$（10mL/1000mg，默克公司，美国）；C$_{18}$（10mL/2000mg，默克公司，美国）。均质机：T-25B（Janke & Kunkel，德国）。旋转蒸发仪：EL131（Buchi，瑞士）。离心机：Z 320（HermLe AG，德国）。氮气蒸发仪：EVAP 112（Organomation Associates，美国）。

2.3.4 　 实验方法

称取 5g 试样（精确至 0.01g）于 80mL 离心管中，加入 5g NaCl 和 15mL 1％醋酸乙腈，15000r/min 均质提取 1min，4200r/min 离心 5min，取上清液于 100mL 鸡心瓶中。

残渣用 15mL 1％醋酸乙腈重复提取 1 次，离心，合并两次提取液，40℃水浴旋转蒸发至 1mL 左右，待净化。

在固相萃取柱顶部加入约 2cm 高无水硫酸钠，用 10mL 乙腈-甲苯（3：1）预洗，弃去流出液。下接鸡心瓶，放入固定架上。将上述样品浓缩液转移至固相萃取柱中，用 2mL 乙腈-甲苯洗涤样液瓶，重复 3 次，并将洗涤液移入柱中，在柱上加 50mL 贮液器，再用 25mL 乙腈-甲苯洗脱，收集上述流出液于鸡心瓶中，40℃水浴中旋转浓缩至约 0.5mL。加入 5mL 正己烷进行溶剂交换，重复 2 次，定容至约 1mL，加入 40μL 内标溶液，混匀过膜，用于气相色谱-质谱测定。

2.3.5 12 种固相萃取组合净化柱对茶叶中添加 84 种农药净化效率的对比实验

实验的第一阶段，为有效净化茶叶中 500 多种残留农药，选取含有 C_{18}、GCB、PSA、NH_2 四种填料的不同规格市售 SPE 柱，按照不同的串联顺序（上层、中层和下层）组合成 12 种 SPE 柱，见表 2-14。

表 2-14　12 种 SPE 组合柱信息

柱子编号	装填顺序和装填量	柱子编号	装填顺序和装填量
1 号	PSA(1g/5mL)＋Envi-Carb(1g/5mL)	7 号	Envi-Carb(0.5g/5mL)＋NH_2(0.5g/5mL)
2 号	PSA(0.5g/5mL)＋Envi-Carb(0.5g/5mL)	8 号	Envi-Carb(1g/5mL)＋NH_2(1g/5mL)
3 号	Envi-Carb(1g/5mL)＋PSA(1g/5mL)	9 号	NH_2(1g/5mL)＋Envi-Carb(1g/5mL)
4 号	Envi-Carb(0.5g/5mL)＋PSA(0.5g/5mL)	10 号	NH_2(0.5g/5mL)＋Envi-Carb(0.5g/5mL)
5 号	C_{18}(2g/10mL)＋NH_2(0.5g/5mL)＋Envi-Carb(0.5g/5mL)	11 号	C_{18}(1g/10mL)＋Envi-Carb(0.5g/5mL)＋NH_2(0.5g/5mL)
6 号	C_{18}(1g/10mL)＋NH_2(0.5g/5mL)＋Envi-Carb(0.5g/5mL)	12 号	C_{18}(2g/10mL)＋Envi-Carb(0.5g/5mL)＋NH_2(0.5g/5mL)

因为 500 多种农药的化学结构不同，化学性质各异，极性范围很宽，为科学评价 12 种 SPE 柱对茶叶基质中农药多残留的净化效果，选取弱极性（如：溴氰菊酯）至强极性（如：二丙烯草胺）等不同极性范围的代表性农药为研究对象，包含有机氯类农药（如 4，4′-滴滴涕、β-六六六、反式氯丹）、有机磷类农药（氯甲硫磷、甲基乙拌磷、地虫硫磷）、拟除虫菊酯类农药（溴氰菊酯、胺菊酯、氰戊菊酯）等不同类别的农药共 84 种。对绿茶和乌龙茶样品进行添加回收率实验，添加浓度为 10～800μg/kg，每种样品重复 3 次，分别用 Cleanert TPT 柱和 Envi-Carb＋PSA 柱净化，GC-MS 测定，平均回收率和 RSD 数据见表 2-15。对表 2-15 的平均回收率和 RSD 值按不同范围进行统计，结果列于表 2-16。回收率在 70％～110％同时符合 RSD 小于 20％的农药品种及所占被测农药总数的百分率也列于表 2-16，并绘制成柱形图，见图 2-4。

表 2-15　12种 SPE 柱净化绿茶和乌龙茶中 84 种农药的平均回收率与相对标准偏差实验结果（n=3）

序号	英文名称	中文名称	CAS号	添加浓度/(μg/kg)	茶叶	净化柱编号																					
						1号		2号		3号		4号		5号		6号		7号		8号		9号		10号		11号		12号	
						AVE/%	RSD/%	AVE/%	RSD/%	AVE/%	RSD/%	AVE/%	RSD/%	AVE/%	RSD/%	AVE/%	RSD/%	AVE/%	RSD/%	AVE/%	RSD/%	AVE/%	RSD/%	AVE/%	RSD/%	AVE/%	RSD/%	AVE/%	RSD/%
1	allidochlor	二丙烯草胺	93-71-0	50	绿茶	88.8	0.8	86.1	4.1	85.4	1.4	94.5	8.6	95.6	5.0	88.7	4.7	85.5	11.6	87.4	8.3	84.2	13.1	96.5	3.7	87.6	4.2	79.8	8.8
					乌龙茶	97.1	8.3	82.9	2.0	88.5	2.4	92.9	1.8	96.8	11.5	98.6	0.9	91.5	0.5	94.9	4.3	106.7	3.1	82.1	6.0	96.4	1.5	87.7	6.5
2	dichlormid	二氯丙烯胺	37764-25-3	50	绿茶	76.6	11.8	83.3	43.0	73.0	6.3	103.1	5.7	74.7	5.4	84.1	6.8	85.3	10.9	79.1	5.9	85.1	5.5	88.7	1.6	74.1	5.8	168.7	105.6
					乌龙茶	80.2	6.1	73.0	5.6	81.0	6.5	89.6	6.0	90.0	9.4	89.6	2.5	83.9	3.6	94.9	11.3	101.5	6.5	75.8	12.1	N.D	N.D	79.9	4.6
3	etridiazol	土菌灵	2593-15-9	75	绿茶	71.9	4.1	72.9	2.8	75.0	3.8	88.0	5.8	85.8	10.8	75.2	5.4	71.5	10.5	75.5	6.4	91.0	11.2	86.3	7.3	71.1	2.6	78.7	10.5
					乌龙茶	77.2	9.2	83.3	3.2	80.9	9.7	79.1	2.4	89.6	7.7	86.9	2.8	83.8	7.6	83.4	4.1	92.1	5.4	78.8	13.8	88.7	8.6	69.8	6.8
4	chlormephos	氯甲硫磷	24934-91-6	50	绿茶	83.5	7.9	85.8	3.5	80.4	6.8	95.0	6.4	91.6	4.2	78.9	4.0	81.5	8.6	82.6	11.8	89.2	2.4	87.7	1.2	79.5	8.3	78.5	1.6
					乌龙茶	95.2	14.9	81.3	5.2	95.3	6.3	91.5	1.0	96.5	6.8	91.9	3.2	87.8	9.3	82.9	15.7	100.6	4.6	87.6	14.7	90.6	9.2	88.5	5.4
5	propham	苯胺灵	122-42-9	25	绿茶	91.2	27.7	66.2	8.5	83.3	10.4	94.9	7.9	N.D	N.D	81.8	6.1	79.3	0.6	87.9	3.7	82.5	6.8	100.0	3.8	82.8	24.6	81.9	13.0
					乌龙茶	91.0	14.7	90.8	1.9	89.4	17.0	91.8	5.6	N.D	N.D	N.D	N.D	85.1	14.6	86.9	14.5	99.5	2.7	86.2	11.9	87.4	17.1	95.4	7.9
6	cycloate	环草敌	1134-23-2	25	绿茶	102.5	16.3	71.7	3.1	76.9	1.6	90.8	5.0	78.5	13.0	80.4	5.8	81.8	10.3	83.0	9.7	91.8	4.6	96.5	3.8	80.0	4.5	96.7	2.6
					乌龙茶	75.6	6.1	81.3	5.2	83.8	3.4	86.6	5.3	73.4	14.7	77.0	3.7	78.9	3.7	86.0	7.1	103.1	0.7	85.0	9.0	84.8	1.7	71.2	7.2
7	diphenylamine	二苯胺	122-39-4	25	绿茶	95.0	7.7	98.4	7.2	95.6	13.9	105.5	5.9	92	10.4	89.3	8.2	94.9	24.4	94.4	6.4	94.5	20.5	79.9	13.9	108.4	12.1	96.4	11.1
					乌龙茶	75.3	28.8	97.8	1.6	86.3	3.5	83.3	5.6	77.4	18.9	125.3	11.3	77.7	3.8	82.5	3.8	102.9	9.6	88.2	6.0	120.7	17.5	156.6	41.5
8	ethalfluralin	丁氟消草	55283-68-6	100	绿茶	71.7	4.7	75.4	3.1	74.0	2.9	72.8	5.7	97.7	6.3	88.0	8.1	73.4	7.4	81.8	3.3	91.0	2.8	93.8	6.3	78.1	4.0	79.4	7.1
					乌龙茶	75.8	11.6	72.1	2.2	91.2	3.9	83.4	2.1	88.0	7.4	77.3	7.7	82.2	2.2	82.2	4.7	96.7	7.0	84.6	11.1	90.6	6.8	80.4	8.2
9	thiometon	甲基乙拌磷	640-15-3	25	绿茶	63.1	23.4	76.8	1.2	62.7	7.0	81.7	3.3	N.D	N.D	N.D	N.D	64.6	14.6	60.0	4.2	76.5	9.1	79.5	19.8	72.6	5.7	76.5	4.0
					乌龙茶	N.D	N.D	65.8	39.2	62.2	23.8	61.8	16.1	N.D	N.D	N.D	N.D	N.D	N.D	N.D	N.D	93.8	4.4	80.6	6.8	21.0	173.2	64.8	18.1
10	quintozene	五氯硝基苯	82-68-8	50	绿茶	68.3	0.8	66.8	4.8	76.8	2.0	83.5	13.7	91.7	7.3	85.4	13.9	80.8	19.6	81.3	5.4	102.7	11.9	76.0	13.0	72.3	6.8	87.8	10.2
					乌龙茶	84.3	12.6	73.4	5.9	80.4	9.6	75.9	0.1	96.2	13.5	78.0	2.1	85.0	1.3	83.6	5.5	88.4	8.2	85.2	3.7	88.3	11.5	82.8	9.0
11	atrazine-des-ethyl	脱乙基莠去津	6190-65-4	25	绿茶	76.8	19.4	89.8	4.6	79.7	9.3	94.7	6.2	91.4	9.7	83.5	6.3	75.5	4.5	83.4	11.1	85.7	18.5	96.4	6.1	83.8	10.2	71.7	2.8
					乌龙茶	106.0	4.1	118.3	6.0	111.6	3.4	107.3	2.8	95.1	28.6	77.2	6.3	93.4	5.2	90.7	5.3	109.4	11.4	81.6	6.5	112.7	3.7	93.3	8.0

续表

序号	英文名称	中文名称	CAS号	添加浓度/(μg/kg)	茶叶	净化柱编号																							
						1号		2号		3号		4号		5号		6号		7号		8号		9号		10号		11号		12号	
						AVE/%	RSD/%	AVE/%	RSD/%	AVE/%	RSD/%	AVE/%	RSD/%	AVE/%	RSD/%	AVE/%	RSD/%	AVE/%	RSD/%	AVE/%	RSD/%	AVE/%	RSD/%	AVE/%	RSD/%	AVE/%	RSD/%	AVE/%	RSD/%
12	clomazone	异草酮	81777-89-1	25	绿茶	80.1	2.3	73.7	3.0	80.2	2.3	91.8	5.0	89.0	3.5	79.1	3.2	78.7	9.9	82.4	5.3	89.2	4.8	90.8	1.7	79.0	3.4	80.6	4.0
					乌龙茶	76.4	2.2	91.7	10.9	85.3	4.3	84.7	1.2	90.0	9.0	83.4	3.0	92.2	16.6	81.2	1.1	103.1	3.4	87.5	6.2	84.6	3.1	80.2	5.4
13	diazinon	二嗪磷	333-41-5	25	绿茶	81.5	3.6	76.4	0.4	79.4	2.7	89.8	3.6	N.D	N.D	N.D	N.D	79.7	9.2	82.8	6.3	N.D	N.D	94.8	3.6	N.D	N.D	81.0	4.3
					乌龙茶	85.6	2.7	80.9	1.1	56.0	80.1	84.8	3.2	N.D	N.D	N.D	N.D	N.D	N.D	N.D	N.D	N.D	N.D	N.D	N.D	56.3	86.6	N.D	N.D
14	fonofos	地虫硫磷	944-22-9	25	绿茶	79.0	5.5	76.7	0.5	78.3	2.1	90.5	4.4	88.6	3.0	82.8	6.7	81.1	8.8	80.6	6.2	91.7	3.6	102.3	4.0	81.1	3.8	81.1	3.2
					乌龙茶	59.0	10.0	80.9	1.1	82.2	3.3	85.0	0.9	89.4	7.9	78.9	5.0	79.0	5.1	79.6	2.8	96.4	3.0	84.8	6.6	84.6	7.5	79.7	5.9
15	etrimfos	乙嘧硫磷	38260-54-7	25	绿茶	81.1	1.5	80.4	1.7	80.1	3.1	89.7	4.7	92.7	3.8	85.2	8.0	79.7	12.5	98.5	24.7	93.0	3.6	89.9	4.0	81.8	1.7	81.9	3.5
					乌龙茶	77.4	3.1	79.5	5.2	82.5	3.1	83.9	4.7	91.6	11.4	81.3	5.6	87.9	4.0	82.0	1.7	97.0	1.7	69.4	4.7	83.5	1.3	78.9	4.9
16	propetamphos	烯虫磷	31-218-834	25	绿茶	76.8	1.0	74.5	0.6	85.3	2.7	91.6	5.2	89.6	3.2	79.5	2.6	75.0	6.7	82.1	5.6	90.7	6.2	85.1	5.5	83.8	2.6	80.7	5.0
					乌龙茶	71.1	18.2	96.6	8.3	96.1	0.9	96.9	5.2	92.2	9.1	89.0	3.1	87.9	18.7	76.3	1.3	103.5	2.5	87.7	6.6	78.9	1.4	83.6	4.4
17	secbumeton	仲丁通	26259-45-0	25	绿茶	74.3	3.5	77.6	1.4	88.5	4.4	92.6	5.7	99.5	9.1	76.2	9.7	77.8	8.5	82.3	5.0	90.8	2.7	93.6	4.9	81.1	2.8	75.7	4.2
					乌龙茶	76.5	3.7	85.4	6.4	85.1	2.7	84.5	1.7	99.9	8.8	93.8	8.5	83.0	7.6	79.3	1.1	104.5	2.8	82.6	0.4	85.3	2.1	81.3	5.4
18	dichlofenthion	除线磷	97-17-6	25	绿茶	99.0	10.4	107.1	6.1	94.1	5.1	112.0	7.9	92.9	5.7	100.9	2.3	97.7	12.5	103.0	6.7	101.5	4.0	102.4	6.7	93.9	1.2	98.2	3.1
					乌龙茶	102.2	12.4	101.4	3.9	98.3	6.1	104.6	1.1	N.D	N.D	N.D	N.D	94.5	7.4	85.3	10.4	N.D	N.D	N.D	N.D	101.1	1.0	N.D	N.D
19	propyzamide	炔苯酰草胺	23950-58-5	25	绿茶	82.4	5.3	85.3	5.2	83.1	7.8	95.6	7.7	99.5	3.4	95.2	6.8	83.3	10.9	86.4	3.4	83.2	14.0	92.1	5.6	70.7	14.8	82.0	2.2
					乌龙茶	80.6	10.4	87.1	8.4	87.7	1.4	87.6	3.2	89.7	10.5	82.3	8.5	86.5	5.0	87.8	3.0	103.8	5.6	84.5	2.2	87.9	2.9	85.1	3.7
20	mexacarbate	自克威	315-18-4	75	绿茶	89.9	35.6	97.6	12.7	88.2	8.0	107.1	5.8	90.0	21.9	92.0	5.3	80.8	27.3	83.3	8.2	109.4	11.5	73.1	16.4	74.9	6.5	99.6	11.4
					乌龙茶	81.7	11.0	128.1	8.7	80.9	1.7	69.9	2.6	78.2	14.0	71.8	4.2	87.5	4.2	97.1	9.6	103.9	1.5	75.3	16.4	90.6	11.7	84.3	6.5
21	dimethoate	乐果	60-51-5	100	绿茶	69.6	9.6	89.1	12.9	78.1	7.8	95.8	3.6	79.2	9.0	119.2	3.7	86.2	11.1	80.8	9.3	64.6	52.1	108.1	120.0	103.8	9.0	74.2	12.8
					乌龙茶	50.4	3.8	73.9	19.8	87.8	15.7	70.1	6.1	95.3	30.2	79.5	18.0	N.D	N.D	N.D	N.D	102.0	12.4	78.3	5.1	92.8	2.9	89.8	10.4
22	dinitramine	氨基乙氟灵	29091-05-2	100	绿茶	62.1	6.5	71.5	4.8	69.0	1.6	51.3	7.1	96.2	5.8	84.0	6.8	71.4	4.3	83.3	2.1	87.4	3.5	90.8	5.8	77.8	5.6	78.5	10.2
					乌龙茶	64.4	6.5	53.8	5.2	78.5	5.3	81.6	1.7	79.4	12.6	76.7	5.7	79.5	2.8	73.8	2.0	98.2	3.2	82.0	4.9	84.3	5.8	75.5	8.0

序号	英文名称	中文名称	CAS号	添加浓度/(μg/kg)	茶叶	1号 AVE/%	1号 RSD/%	2号 AVE/%	2号 RSD/%	3号 AVE/%	3号 RSD/%	4号 AVE/%	4号 RSD/%	5号 AVE/%	5号 RSD/%	6号 AVE/%	6号 RSD/%	7号 AVE/%	7号 RSD/%	8号 AVE/%	8号 RSD/%	9号 AVE/%	9号 RSD/%	10号 AVE/%	10号 RSD/%	11号 AVE/%	11号 RSD/%	12号 AVE/%	12号 RSD/%
23	ronnel	皮蝇磷	299-84-3	50	绿茶	79.5	3.1	77.7	1.0	79.5	1.9	87.3	5.3	89.5	2.8	81.2	5.1	80.4	11.0	83.5	5.3	95.4	2.5	88.5	3.1	79.5	2.7	82.4	5.8
					乌龙茶	77.6	3.1	73.6	3.3	82.2	3.0	88.9	4.0	88.6	12.1	75.2	3.1	84.8	5.6	84.1	2.2	93.6	4.0	77.0	3.2	87.0	1.0	79.6	6.5
24	prometryn	扑草净	7287-19-6	25	绿茶	81.2	7.9	88.5	6.2	81.0	3.5	80.4	5.9	89.9	1.0	83.9	8.3	83.0	7.9	86.0	8.1	94.8	6.2	85.0	4.4	85.0	6.4	82.5	2.7
					乌龙茶	63.9	4.0	84.5	10.6	82.6	2.8	89.6	1.5	77.4	17.7	75.6	6.9	80.8	4.7	82.1	10.9	93.6	6.0	83.7	4.6	76.9	2.5	81.4	10.0
25	chlorothalonil	百菌清	1897-45-6	25	绿茶	N.D	N.D	N.D	N.D	N.D	N.D	N.D	N.D	N.D	N.D	N.D	N.D	N.D	N.D	N.D	N.D	N.D	N.D	N.D	N.D	N.D	N.D	N.D	N.D
					乌龙茶	N.D	N.D	N.D	N.D	N.D	N.D	N.D	N.D	47.3	33.6	25.2	173.2	N.D	N.D	N.D	N.D	N.D	N.D	N.D	N.D	N.D	N.D	N.D	N.D
26	cyprazine	环草津	22936-86-3	25	绿茶	89.4	4.5	66.4	11.5	83.3	3.2	88.5	9.2	90.6	4.9	77.7	7.3	N.D	N.D	83.2	4.0	99.0	10.8	99.9	5.2	N.D	N.D	N.D	N.D
					乌龙茶	N.D	N.D	N.D	N.D	81.3	5.2	31.4	74.8	88.8	12.0	79.8	3.4	N.D	N.D	N.D	N.D	104.3	3.9	89.1	4.4	N.D	N.D	N.D	N.D
27	vinclozolin	乙烯菌核利	50471-44-8	25	绿茶	77.5	0.3	68.9	4.2	73.3	0.7	94.4	2.9	86.8	3.6	75.2	3.2	84.0	4.1	88.4	4.8	91.4	6.0	88.7	9.8	77.9	5.6	69.4	15.2
					乌龙茶	75.5	7.9	82.6	4.1	82.6	2.1	74.6	5.9	93.4	16.9	78.5	6.1	86.9	10.5	77.8	6.3	93.6	6.5	83.2	6.2	92.5	6.7	84.4	3.7
28	β-HCH	β-六六六	319-85-7	25	绿茶	85.1	5.2	71.6	7.1	79.8	4.0	91.2	7.6	84.4	6.6	84.7	3.5	81.9	10.6	82.8	6.4	93.4	3.7	78.2	1.9	78.4	3.1	84.2	5.9
					乌龙茶	71.5	5.8	84.2	2.8	77.8	4.5	77.0	3.3	93.8	14.9	79.8	1.6	81.2	8.8	79.8	2.3	104.0	5.6	94.9	7.4	87.5	9.5	78.8	5.2
29	metalaxyl	甲霜灵	57837-19-1	75	绿茶	78.1	5.7	77.2	9.1	77.5	2.7	86.0	3.7	97.8	3.3	89.7	7.3	72.6	9.0	85.4	3.5	76.3	13.9	84.0	5.1	84.9	12.8	85.0	5.4
					乌龙茶	82.5	11.1	68.4	3.9	82.1	4.9	76.1	7.9	88.1	15.3	81.8	1.1	100.1	14.0	83.2	5.2	104.3	6.4	98.0	1.5	98.4	12.1	81.8	6.0
30	chlorpyrifos	毒死蜱	2921-88-2	25	绿茶	92.2	4.0	87.7	1.4	91.9	3.8	101.7	5.0	102.5	4.8	88.5	5.7	86.6	8.2	88.7	8.2	101.2	1.3	83.4	6.5	92.2	3.9	84.1	7.6
					乌龙茶	80.6	2.3	80.6	3.7	84.6	4.9	88.2	3.7	90.5	10.1	78.5	3.2	86.5	4.8	82.7	4.8	97.7	5.9	42.2	3.7	85.5	1.9	81.0	5.9
31	parathion-methyl	甲基对硫磷	298-00-0	100	绿茶	65.6	14.8	76.1	2.2	79.8	3.4	89.4	1.8	103.6	4.7	85.9	7.7	77.2	6.9	88.4	4.7	87.1	7.3	82.8	6.2	79.9	6.2	81.3	11.0
					乌龙茶	76.8	12.4	77.4	1.9	94.2	14.4	78.3	8.5	84.7	11.8	77.9	6.4	93.5	9.0	99.8	9.8	95.2	2.7	N.D	N.D	117.3	13.1	80.4	11.0
32	anthraquinone	蒽醌	84-65-1	25	绿茶	N.D	N.D	109.3	10.4	64.8	1.0	104.8	6.0	90.4	18.3	86.8	18.3	91.1	8.5	80.5	12.9	N.D	N.D	90.4	1.5	90.4	2.8	89.8	13.4
					乌龙茶	82.7	33.0	71.9	2.1	64.1	2.1	100.7	9.2	86.1	18.7	77.1	18.7	87.1	11.1	45.4	41.9	76.4	29.5	93.4	6.9	60.1	1.7	56.6	10.2
33	δ-HCH	δ-六六六	319-86-8	50	绿茶	146.7	30.2	103.1	6.1	82.5	7.2	104.4	21.4	84.5	14.6	121.1	14.6	N.D	N.D	N.D	N.D	N.D	N.D	N.D	N.D	N.D	N.D	N.D	N.D
					乌龙茶	75.5	44.9	69.4	13.7	82.9	4.3	81.7	16.8	87.3	10.7	80.2	10.7	109.2	18.5	90.7	6.9	97.2	6.0	65.6	6.9	76.4	6.8	93.7	3.8

净化柱编号

序号	英文名称	中文名称	CAS号	添加浓度/(μg/kg)	茶叶	1号 AVE/%	1号 RSD/%	2号 AVE/%	2号 RSD/%	3号 AVE/%	3号 RSD/%	4号 AVE/%	4号 RSD/%	5号 AVE/%	5号 RSD/%	6号 AVE/%	6号 RSD/%	7号 AVE/%	7号 RSD/%	8号 AVE/%	8号 RSD/%	9号 AVE/%	9号 RSD/%	10号 AVE/%	10号 RSD/%	11号 AVE/%	11号 RSD/%	12号 AVE/%	12号 RSD/%
34	fenthion	倍硫磷	55-38-9	25	绿茶	N.D	N.D	N.D	N.D	N.D	N.D	N.D	N.D	N.D	N.D	N.D	N.D	N.D	N.D	N.D	N.D	N.D	N.D	N.D	N.D	N.D	N.D	81.5	12.2
					乌龙茶	N.D	N.D	N.D	N.D	N.D	N.D	N.D	N.D	N.D	N.D	N.D	N.D	N.D	N.D	N.D	N.D	N.D	N.D	N.D	N.D	26.1	173.2	250.5	87.1
35	malathion	马拉硫磷	121-75-5	100	绿茶	86.4	12.6	79.1	11.5	74.7	7.9	108.9	7.6	95.7	13.5	71.2	14.7	72.0	9.0	80.5	3.4	97.7	12.7	97.5	7.4	80.0	4.3	87.7	6.3
					乌龙茶	73.3	8.4	91.2	22.4	86.5	4.1	81.5	11.0	90.7	10.1	78.4	7.4	89.7	8.4	90.6	7.3	101.0	2.6	83.1	2.4	90.8	5.9	80.7	6.5
36	fenitrothion	杀螟硫磷	122-14-5	50	绿茶	71.9	16.3	65.6	9.0	78.1	9.3	97.5	8.2	90.7	3.9	81.8	19.4	75.1	9.2	90.6	11.3	88.3	19.7	64.9	9.2	74.6	9.1	83.9	15.4
					乌龙茶	89.6	19.5	98.5	4.3	89.4	10.3	85.9	2.2	93.3	3.9	82.9	5.3	80.7	16.6	68.9	18.1	93.1	5.0	88.1	7.4	77.6	16.8	81.6	7.1
37	paraoxon-ethyl	对氧磷	311-45-5	800	绿茶	71.5	4.9	77.5	4.9	79.4	6.7	85.4	6.6	99.1	5.0	80.7	7.5	77.5	3.8	84.6	4.3	81.3	5.8	90.8	14.1	86.1	11.7	72.9	14.6
					乌龙茶	65.6	11.5	81.4	6.3	72.6	5.9	73.8	13.3	88.3	9.9	85.2	1.4	92.3	2.7	84.8	17.3	90.2	3.7	83.0	7.3	82.3	14.0	72.2	12.5
38	triadimefon	三唑酮	43121-43-3	50	绿茶	93.2	24.9	85.5	6.0	89.7	4.0	124.0	14.6	92.4	2.8	96.3	1.5	80.0	13.2	85.5	2.2	86.1	16.1	89.0	19.7	81.0	4.1	81.4	7.6
					乌龙茶	93.4	35.3	78.2	3.2	83.5	2.3	85.0	1.0	88.3	12.1	81.1	2.4	83.5	4.1	71.5	2.6	101.1	4.1	84.7	4.3	63.3	59.9	508.3	6.8
39	pendimethalin	二甲戊灵	40487-42-1	100	绿茶	68.2	12.1	73.3	3.9	77.5	2.4	85.7	5.0	100.3	5.2	80.3	5.9	75.4	4.3	86.4	2.2	93.2	4.9	93.7	9.2	80.2	8.4	78.1	11.8
					乌龙茶	79.5	10.6	79.2	5.3	84.2	7.1	82.5	0.6	85.9	12.9	73.4	6.7	83.4	1.2	83.7	2.7	91.6	2.5	83.8	6.2	83.3	6.2	76.3	7.9
40	linuron	利谷隆	330-55-2	100	绿茶	N.D	N.D	N.D	N.D	N.D	N.D	N.D	N.D	N.D	N.D	N.D	N.D	N.D	N.D	N.D	N.D	N.D	N.D	N.D	N.D	N.D	N.D	N.D	N.D
					乌龙茶	N.D	N.D	N.D	N.D	N.D	N.D	N.D	N.D	N.D	N.D	N.D	N.D	N.D	N.D	N.D	N.D	N.D	N.D	N.D	N.D	N.D	N.D	N.D	N.D
41	chlorbenside	氯杀螨	103-17-3	50	绿茶	73.3	9.9	73.5	6.3	79.8	4.2	91.2	4.9	51.9	11.0	69.0	2.8	77.7	11.5	68.3	7.1	90.3	3.3	86.9	8.1	74.3	7.6	78.6	4.3
					乌龙茶	N.D	N.D	72.4	4.4	77.4	8.1	83.0	0.8	68.4	14.7	59.2	12.5	58.3	17.0	60.8	17.7	94.0	1.8	83.0	7.3	79.3	0.5	75.4	7.7
42	bromophos-ethyl	乙基溴硫磷	4824-78-6	25	绿茶	80.6	4.9	81.5	11.9	78.6	1.8	94.8	9.3	93.6	4.8	83.7	4.1	71.3	8.9	83.8	5.9	93.3	3.4	82.2	3.5	74.7	9.7	86.2	12.4
					乌龙茶	80.1	8.6	76.8	3.0	81.9	2.7	84.3	1.8	90.2	8.9	79.7	1.9	74.5	4.2	83.6	1.0	94.5	5.1	86.1	5.6	83.0	9.2	78.4	5.2
43	quinalphos	喹硫磷	13593-03-8	25	绿茶	72.0	3.7	84.2	1.9	80.5	6.8	95.1	4.3	94.0	4.8	82.8	12.8	75.7	9.8	96.3	15.5	102.5	15.5	85.2	18.4	78.7	5.5	89.6	10.3
					乌龙茶	79.7	6.4	100.8	4.5	97.4	2.7	87.3	3.8	88.8	10.0	79.2	9.0	83.8	5.2	86.1	4.3	101.9	4.0	89.4	3.5	83.1	8.7	75.1	13.7
44	*trans*-chlordane	反式氯丹	5103-74-2	25	绿茶	80.8	3.6	76.0	0.7	79.4	1.7	88.7	4.0	89.6	3.2	81.3	6.7	80.1	9.6	82.5	6.6	93.8	3.5	92.0	3.7	80.6	3.1	81.3	3.8
					乌龙茶	78.8	2.8	77.2	3.0	82.7	2.4	84.7	2.0	88.2	9.1	82.7	3.5	82.7	3.5	81.4	0.9	93.6	4.4	85.0	6.0	84.2	1.0	78.5	5.6

序号	英文名称	中文名称	CAS号	添加浓度/(μg/kg)	茶叶	净化柱编号																						
						1号		2号		3号		4号		5号		6号		7号		8号		9号		10号		11号		12号	
						AVE/%	RSD/%	AVE/%	RSD/%	AVE/%	RSD/%	AVE/%	RSD/%	AVE/%	RSD/%	AVE/%	RSD/%	AVE/%	RSD/%	AVE/%	RSD/%	AVE/%	RSD/%	AVE/%	RSD/%	AVE/%	RSD/%	AVE/%	RSD/%
45	metazachlor	吡唑草胺	67129-08-2	75	绿茶	82.8	3.0	83.4	3.0	84.4	3.5	83.9	7.4	90.2	2.5	82.9	5.3	86.3	11.4	87.4	3.8	87.1	16.5	90.7	6.1	80.8	3.5	79.5	7.9
					乌龙茶	78.2	8.6	71.3	4.2	84.2	2.0	87.9	6.0	88.4	12.9	81.5	1.6	84.8	7.5	85.5	5.9	103.2	4.5	82.9	2.6	86.6	1.9	81.6	7.3
46	prothiophos	丙硫磷	34643-46-4	25	绿茶	77.9	7.3	79.4	5.3	80.3	0.9	92.1	4.3	95.1	5.6	82.8	5.7	82.1	11.4	74.6	4.9	96.4	3.9	91.2	3.2	N.D	N.D	77.6	4.1
					乌龙茶	81.7	2.7	80.2	6.0	84.8	3.0	88.8	6.5	96.7	14.4	70.8	4.5	79.0	5.4	83.7	0.4	93.4	6.3	89.5	6.7	84.3	4.3	80.3	7.7
47	folpet	灭菌丹	133-07-3	100	绿茶	N.D	N.D	N.D	N.D	N.D	N.D	N.D	N.D	N.D	N.D	N.D	N.D	N.D	N.D	N.D	N.D	N.D	N.D	N.D	N.D	N.D	N.D	N.D	N.D
					乌龙茶	N.D	N.D	50.7	18.2	N.D	N.D	N.D	N.D	54.5	23.6	51.1	17.6	N.D	N.D	N.D	N.D	42.2	8.9	41.8	11.1	74.5	89.7	N.D	N.D
48	chlorfurenol	杀螟醇	80-06-8	75	绿茶	65.5	20.3	69.9	4.2	79.4	2.7	92.9	10.3	90.6	6.0	82.2	7.9	77.7	8.9	80.6	4.7	75.5	20.5	85.4	4.8	78.9	3.7	79.9	6.4
					乌龙茶	67.9	12.3	76.1	2.3	82.6	3.8	82.5	3.5	86.1	17.8	82.7	0.3	86.0	3.0	85.5	3.8	106.8	7.3	80.6	1.8	86.8	3.8	78.6	6.5
49	procymidone	腐霉利	32809-16-8	25	绿茶	90.8	7.0	82.1	2.5	80.1	1.2	88.2	5.3	93.0	3.4	85.1	6.1	86.3	7.7	88.3	10.2	88.4	9.6	93.0	5.5	84.0	8.2	77.9	3.9
					乌龙茶	83.8	8.6	76.2	2.7	112.0	0.8	86.4	2.3	87.9	8.0	80.8	4.8	86.4	2.6	85.8	2.6	98.6	1.1	87.0	6.5	86.5	2.1	79.1	5.4
50	methidathion	杀扑磷	950-37-8	50	绿茶	N.D	N.D	N.D	N.D	N.D	N.D	N.D	N.D	90.0	3.9	N.D	N.D	N.D	N.D	N.D	N.D	N.D	N.D	N.D	N.D	N.D	N.D	N.D	N.D
					乌龙茶	50.2	75.0	N.D	N.D	84.0	2.5	N.D	N.D	N.D	N.D	73.1	7.1	N.D	N.D	N.D	N.D	N.D	N.D	N.D	N.D	N.D	N.D	N.D	N.D
51	cyanazine	氰草津	21725-46-2	75	绿茶	77.0	5.6	89.9	10.8	84.5	14.9	91.3	6.3	86.7	16.7	66.9	2.0	69.4	9.9	54.4	13.7	90.7	16.6	76.2	2.2	71.8	9.2	85.3	17.3
					乌龙茶	79.4	39.5	77.2	8.6	82.0	13.5	87.2	6.8	85.6	19.5	76.1	14.4	N.D	N.D	96.6	10.0	106.6	4.6	70.9	7.9	98.0	9.2	78.8	10.1
52	napropamide	敌草胺	15299-99-7	75	绿茶	80.5	6.0	76.6	1.3	78.6	2.3	90.1	4.2	89.1	3.1	80.4	6.0	79.8	8.9	79.9	4.6	88.3	8.5	94.5	4.0	81.5	3.4	82.0	3.1
					乌龙茶	57.6	8.7	66.0	7.0	81.6	3.7	70.4	1.4	88.0	9.3	77.5	3.9	73.1	16.3	76.7	2.6	102.0	2.6	78.9	12.0	85.3	2.5	78.9	5.3
53	oxadiazone	恶草酮	19666-30-9	25	绿茶	122.8	19.1	N.D	N.D	71.5	1.2	95.9	2.7	90.9	4.6	N.D	N.D	87.2	13.7	99.1	5.9	107.5	1.3	77.4	2.6	N.D	N.D	N.D	N.D
					乌龙茶	N.D	N.D	N.D	N.D	N.D	N.D	N.D	N.D	95.7	8.2	78.9	4.9	N.D	N.D	N.D	N.D	103.9	6.8	84.7	4.4	N.D	N.D	N.D	N.D
54	fenamiphos	苯线磷	22224-92-6	75	绿茶	55.2	36.9	73.5	1.1	72.3	5.3	88.5	5.1	11.4	31.4	45.1	10.6	67.0	8.0	69.9	5.6	84.5	4.5	84.6	2.5	77.1	3.2	71.7	8.5
					乌龙茶	N.D	N.D	63.8	1.9	65.3	4.0	78.9	2.6	28.3	30.0	19.4	15.7	N.D	N.D	18.7	37.7	96.0	7.5	69.4	4.7	70.4	0.5	68.5	7.4
55	tetrasul	杀螨硫醚	2227-13-6	25	绿茶	86.0	17.6	80.5	11.6	67.7	6.3	79.0	7.0	96.1	15.9	63.4	6.4	81.5	6.4	69.7	3.3	76.7	1.3	87.0	4.2	76.4	5.3	81.1	3.2
					乌龙茶	74.9	5.1	78.0	3.0	84.1	5.8	83.7	5.9	88.4	9.1	78.2	0.3	83.2	7.3	76.8	1.2	94.9	4.0	90.5	5.2	82.7	2.2	76.2	5.0

序号	英文名称	中文名称	CAS号	添加浓度/(μg/kg)	茶叶	1号 AVE/%	1号 RSD/%	2号 AVE/%	2号 RSD/%	3号 AVE/%	3号 RSD/%	4号 AVE/%	4号 RSD/%	5号 AVE/%	5号 RSD/%	6号 AVE/%	6号 RSD/%	7号 AVE/%	7号 RSD/%	8号 AVE/%	8号 RSD/%	9号 AVE/%	9号 RSD/%	10号 AVE/%	10号 RSD/%	11号 AVE/%	11号 RSD/%	12号 AVE/%	12号 RSD/%
56	bupirimate	嘧菌丁嘧啶	41483-43-6	25	绿茶	81.8	4.7	76.2	2.3	78.8	1.9	85.5	3.2	88.6	2.9	73.5	6.0	78.0	9.7	82.6	6.3	88.2	5.6	93.0	4.3	80.8	2.6	81.2	2.7
					乌龙茶	62.0	7.8	74.7	4.2	83.8	1.3	87.8	2.6	84.5	10.5	73.3	3.9	70.2	5.6	77.0	5.6	103.4	4.1	82.9	6.3	87.3	4.0	80.2	5.0
57	carboxin	萎锈灵	5234-68-4	600	绿茶	80.6	29.7	86.0	9.8	31.2	23.4	48.1	17.3	N.D		N.D		44.7	30.6	25.3	7.2	28.1	33.3	28.8	46.8	59.4	12.3	58.4	15.3
					乌龙茶	105.3	88.9	90.6	N.D	19.6	37.6	37.1	6.7	N.D		N.D		N.D		N.D		81.3	12.0	84.3	15.6	N.D		27.7	24.2
58	flutolanil	氟酰胺	66332-96-5	25	绿茶	81.7	8.2	85.4	2.0	80.6	1.3	89.6	5.9	89.5	2.6	90.6	2.7	81.9	7.9	84.7	4.1	74.1	31.9	98.4	5.4	86.8	2.4	75.0	0.9
					乌龙茶	72.5	8.8	79.4	5.8	80.8	3.4	84.9	5.4	85.6	24.7	83.6	0.4	87.6	4.1	81.2	7.5	105.7	10.3	81.1	3.8	86.4	1.1	79.3	7.1
59	4,4'-DDD	4,4'-滴滴滴	72-54-8	25	绿茶	77.5	1.0	68.4	4.0	79.7	2.0	92.3	8.9	89.2	5.1	73.3	8.5	83.7	10.8	82.8	4.7	96.1	3.4	84.3	6.4	76.2	5.3	83.7	5.3
					乌龙茶	78.9	4.0	75.6	15.4	67.5	3.3	84.4	3.4	93.4	7.4	82.0	5.6	83.7	3.0	81.9	1.1	99.5	4.4	77.5	4.0	85.9	2.1	77.5	6.2
60	ethion	乙硫磷	563-12-2	50	绿茶	82.5	3.6	77.2	1.7	82.1	2.4	90.8	3.9	97.1	2.9	84.3	5.7	82.7	11.1	86.7	5.7	98.6	2.5	92.0	2.3	81.4	1.2	84.2	4.8
					乌龙茶	74.1	4.6	77.2	3.4	83.4	2.6	85.1	4.0	92.5	9.9	79.7	5.6	86.3	5.7	83.2	2.0	97.2	2.9	87.0	5.1	85.8	1.1	79.7	6.1
61	sulprofos	硫丙磷	35400-43-2	50	绿茶	66.2	25.3	71.9	6.2	73.2	3.5	89.0	3.9	16.2	2.5	40.0	14.5	73.4	9.3	75.2	10.4	96.7	8.2	91.1	4.2	74.0	5.2	75.5	3.9
					乌龙茶	18.9	N.D	60.1	12.8	62.0	16.1	78.1	11.7	33.1	30.5	28.3	12.5	N.D		57.4	10.7	97.9	0.9	81.6	5.5	58.8	26.5	72.2	8.3
62	etaconazole-1	乙环唑	60207-93-4	75	绿茶	81.6	3.7	76.2	1.1	77.5	5.6	96.3	3.6	90.9	1.5	79.9	6.9	82.6	5.0	87.8	1.4	90.7	14.1	95.3	5.3	82.8	9.9	79.3	4.0
					乌龙茶	61.6	7.1	78.2	1.9	85.0	6.0	89.3	4.1	89.2	12.7	82.6	0.9	99.1	2.7	78.8	8.1	103.4	3.9	83.5	6.7	88.3	2.4	76.3	5.4
63	etaconazole-2	乙环唑	60207-93-4	75	绿茶	75.9	4.3	75.4	6.1	80.7	2.8	100.9	4.4	88.6	1.9	91.5	12.6	84.6	10.4	80.2	1.9	89.5	11.1	90.2	7.8	82.0	8.8	75.3	3.4
					乌龙茶	66.5	2.8	90.2	3.1	79.7	4.1	82.8	5.1	101.3	12.2	83.5	0.6	92.1	7.5	89.2	11.0	104.2	3.2	88.9	4.2	87.9	7.6	78.6	4.8
64	myclobutanil	腈菌唑	88671-89-0	25	绿茶	89.6	13.4	67.4	22.5	86.2	2.2	99.8	5.7	92.9	0.7	88.1	6.7	82.8	8.7	86.1	8.1	76.1	26.7	101.3	2.0	91.4	3.5	79.0	8.4
					乌龙茶	79.2	22.9	80.9	4.4	85.2	4.4	88.8	3.9	109.5	8.3	101.6	2.2	87.6	3.5	84.8	8.8	100.1	16.9	94.9	2.8	90.2	2.0	82.1	6.3
65	dichlorofop-methyl	二氯丙酸甲酯	23844-57-7	25	绿茶	74.0	5.5	82.1	7.9	89.8	5.3	97.1	4.5	87.5	3.2	78.7	1.5	86.7	14.0	78.7	7.7	76.8	9.8	72.5	5.2	86.0	1.8	86.6	6.9
					乌龙茶	105.4	12.5	N.D		N.D		N.D		86.2	10.5	78.0	2.4	N.D		97.7	13.0	100.2	2.9	78.7	24.8	74.7	13.0	80.7	11.3
66	propiconazole	丙环唑	60207-90-1	75	绿茶	78.1	11.1	73.4	4.0	67.9	17.7	95.1	14.5	93.2	4.9	92.4	9.2	85.0	8.3	90.0	14.1	87.9	10.4	98.9	5.2	76.1	3.9	77.4	9.0
					乌龙茶	73.9	15.9	88.8	10.1	75.5	1.3	63.1	4.9	80.6	14.9	60.3	13.6	84.3	3.1	91.2	9.0	95.2	4.2	85.9	6.0	83.4	2.3	79.1	8.7

净化柱编号

序号	英文名称	中文名称	CAS号	添加浓度/(μg/kg)	茶叶	净化柱编号																							
						1号		2号		3号		4号		5号		6号		7号		8号		9号		10号		11号		12号	
						AVE/%	RSD/%	AVE/%	RSD/%	AVE/%	RSD/%	AVE/%	RSD/%	AVE/%	RSD/%	AVE/%	RSD/%	AVE/%	RSD/%	AVE/%	RSD/%	AVE/%	RSD/%	AVE/%	RSD/%	AVE/%	RSD/%	AVE/%	RSD/%
67	fensulfothion	丰索磷	115-90-2	50	绿茶	95.7	6.4	83.9	0.8	86.0	6.1	105.7	9.9	58.4	11.0	77.3	12.1	91.6	15.6	84.1	8.3	81.9	37.7	107.7	14.5	89.6	3.5	77.7	14.3
					乌龙茶	65.3	31.3	N.D	N.D	N.D	N.D	96.2	5.2	N.D	N.D	77.8	9.8	N.D	N.D	N.D	N.D	107.6	11.1	67.1	3.4	N.D	N.D	N.D	N.D
68	bifenthrin	联苯菊酯	82657-04-3	25	绿茶	112.3	7.9	106.0	6.3	110.5	3.8	121.3	5.7	109.3	7.0	93.6	7.4	99.5	9.5	97.6	9.5	105.0	2.9	113.2	3.5	103.8	2.8	3.1	17.9
					乌龙茶	99.5	6.7	99.4	7.2	116.7	3.4	116.5	2.1	112.1	9.9	104.9	3.2	92.0	5.0	97.6	2.0	743.3	145.8	107.4	6.5	113.9	3.0	105.6	6.5
69	mirex	灭蚊灵	2385-85-5	25	绿茶	76.7	4.6	83.1	5.8	84.6	9.9	91.7	7.6	91.2	11.4	88.7	12.2	88.0	10.7	85.2	4.3	95.3	3.0	91.1	11.6	74.6	1.8	87.7	6.4
					乌龙茶	81.2	20.8	88.6	22.2	85.2	8.1	82.8	4.6	82.8	13.6	77.3	2.2	78.6	1.9	83.6	4.6	91.0	1.4	85.2	7.2	79.4	5.5	75.1	4.6
70	benodanil	麦锈灵	15310-01-7	75	绿茶	59.8	20.0	69.5	5.0	75.7	3.3	84.5	4.7	94.4	8.0	123.4	3.1	70.7	2.6	92.5	4.8	55.1	46.1	103.0	14.2	86.6	15.0	77.5	6.7
					乌龙茶	67.6	27.1	79.7	3.2	84.8	3.2	79.3	7.8	83.7	32.2	69.1	5.8	91.2	8.9	87.8	17.2	102.9	14.8	88.0	2.6	83.6	4.5	78.2	15.5
71	nuarimol	氟苯嘧啶醇	63284-71-9	50	绿茶	79.2	7.3	74.6	0.5	78.5	2.7	91.4	4.7	88.2	3.3	90.5	6.9	79.0	8.8	82.4	5.3	78.7	24.1	92.7	4.7	83.3	3.1	48.0	3.7
					乌龙茶	64.7	11.0	73.7	0.9	79.6	2.2	80.9	1.3	82.6	18.4	40.9	0.5	83.5	7.1	79.5	4.0	104.6	5.8	78.3	4.8	85.3	3.2	75.0	6.7
72	methoxychlor	甲氧滴滴涕	72-43-5	200	绿茶	74.6	4.2	74.8	5.7	91.5	3.7	89.5	5.3	89.9	3.1	68.7	11.3	85.3	8.2	98.4	3.7	102.6	2.9	84.8	1.6	77.8	5.8	76.9	11.8
					乌龙茶	69.5	13.3	82.0	12.5	92.4	13.0	76.6	7.1	89.8	7.2	82.0	5.2	80.1	6.7	87.5	8.7	94.7	4.1	81.4	6.3	80.3	8.4	71.6	9.2
73	oxadixyl	噁霜灵	77732-09-3	25	绿茶	92.2	8.8	105.0	8.3	81.2	3.7	77.8	8.7	74.4	9.4	N.D	N.D	N.D	N.D	76.5	4.1	N.D	N.D	N.D	N.D	90.8	16.1	70.4	9.5
					乌龙茶	N.D	N.D	N.D	N.D	N.D	N.D	N.D	N.D	N.D	N.D	N.D	N.D	N.D	N.D	N.D	N.D	N.D	N.D	N.D	N.D	N.D	N.D	N.D	N.D
74	tetramethrin	胺菊酯	7696-12-0	50	绿茶	63.3	12.1	76.2	3.0	76.8	3.9	89.6	39.9	N.D	N.D	70.2	13.1	62.7	5.1	78.0	7.1	N.D	N.D	60.1	39.4	71.3	13.6	75.6	3.6
					乌龙茶	54.3	9.8	50.1	12.3	73.7	2.7	80.4	3.2	N.D	N.D	N.D	N.D	66.9	9.9	82.5	3.8	78.8	16.7	83.9	4.1	84.9	5.3	N.D	N.D
75	tebuconazole	戊唑醇	107534-96-3	75	绿茶	80.5	4.2	84.0	19.5	66.2	2.5	77.6	19.1	91.2	2.7	86.9	5.6	81.9	5.6	76.5	11.8	N.D	N.D	93.4	4.1	80.1	2.4	N.D	N.D
					乌龙茶	45.7	10.3	75.8	1.0	80.6	3.4	85.3	5.7	89.1	24.9	78.2	5.1	80.5	5.2	77.8	1.1	110.0	3.2	70.1	2.2	83.7	2.9	N.D	N.D
76	norflurazon	氟草敏	27314-13-2	25	绿茶	77.2	8.4	80.4	4.9	76.1	1.8	87.7	1.8	82.8	5.9	N.D	N.D	75.7	5.8	63.9	2.5	54.4	56.5	104.6	20.7	93.1	7.6	66.7	4.7
					乌龙茶	N.D	N.D	N.D	N.D	N.D	N.D	N.D	N.D	N.D	N.D	N.D	N.D	N.D	N.D	N.D	N.D	N.D	N.D	N.D	N.D	N.D	N.D	N.D	N.D

序号	英文名称	中文名称	CAS号	添加浓度/(μg/kg)	茶叶	1号 AVE/%	1号 RSD/%	2号 AVE/%	2号 RSD/%	3号 AVE/%	3号 RSD/%	4号 AVE/%	4号 RSD/%	5号 AVE/%	5号 RSD/%	6号 AVE/%	6号 RSD/%	7号 AVE/%	7号 RSD/%	8号 AVE/%	8号 RSD/%	9号 AVE/%	9号 RSD/%	10号 AVE/%	10号 RSD/%	11号 AVE/%	11号 RSD/%	12号 AVE/%	12号 RSD/%
77	pyridaphenthion	哒嗪硫磷	119-12-0	25	绿茶	75.4	18.1	76.6	1.4	86.1	2.3	92.8	5.3	91.0	3.8	81.4	7.2	77.4	10.3	88.0	3.3	84.4	13.0	87.1	5.0	78.2	3.1	77.0	11.0
					乌龙茶	78.6	2.3	66.9	16.6	78.0	4.7	92.0	9.1	82.2	16.5	87.0	6.0	64.2	4.6	N.D	N.D	N.D	N.D	87.8	2.5	82.2	6.5	73.0	6.2
78	phosmet	亚胺硫磷	732-11-6	25	绿茶	53.4	68.2	52.6	31.4	96.5	11.1	88.7	6.9	96.2	9.6	84.5	15.5	85.9	10.8	103.1	4.2	87.4	11.4	86.3	11.4	N.D	N.D	50.5	43.1
					乌龙茶	53.3	79.8	N.D	N.D	N.D	N.D	109.3	4.6	90.2	7.0	N.D	N.D	N.D	N.D	N.D	N.D	N.D	N.D	N.D	N.D	N.D	N.D	N.D	N.D
79	tetradifon	三氯杀螨砜	116-29-0	25	绿茶	115.7	14.1	78.6	27.2	67.2	14.3	N.D	N.D	N.D	N.D	N.D	N.D	N.D	N.D	N.D	N.D	N.D	N.D	N.D	N.D	N.D	N.D	72.2	33.2
					乌龙茶	N.D	N.D	N.D	N.D	N.D	N.D	N.D	N.D	N.D	N.D	N.D	N.D	N.D	N.D	N.D	N.D	N.D	N.D	N.D	N.D	N.D	N.D	N.D	N.D
80	chloridazon	杀草敏	1698-60-8	10	绿茶	72.0	27.9	390.5	139.3	N.D	N.D	87.3	2.4	101.9	50.1	82.6	8.8	116.4	81.3	47.6	8.4	91.8	9.4	53.9	3.2	16.1	1.7	73.7	5.9
					乌龙茶	113.3	65.0	84.7	5.1	85.1	0.5	91.6	1.5	N.D	N.D	N.D	N.D	86.7	6.6	88.4	11.4	83.6	36.1	94.8	17.8	88.8	5.4	80.7	7.6
81	pyrazophos	定菌磷	13457-18-6	50	绿茶	91.7	14.0	99.1	8.9	87.2	4.9	96.0	4.9	97.1	3.3	81.0	10.8	93.4	8.8	93.3	5.3	94.3	7.3	90.9	4.3	78.9	4.6	78.0	8.4
					乌龙茶	90.7	9.7	75.8	3.4	114.5	35.0	85.0	3.1	100.8	18.3	79.6	3.2	86.7	3.8	82.9	3.0	105.1	1.4	87.1	3.9	82.6	1.6	78.7	6.7
82	cypermethrin	氯氰菊酯	52315-07-8	75	绿茶	N.D	N.D	N.D	N.D	17.7	24.7	N.D	N.D	108.7	5.6	97.5	5.8	N.D	N.D	90.8	8.6	N.D	N.D	90.8	8.6	N.D	N.D	98.1	9.2
					乌龙茶	N.D	N.D	N.D	N.D	N.D	N.D	N.D	N.D	N.D	N.D	N.D	N.D	N.D	N.D	N.D	N.D	N.D	N.D	N.D	N.D	N.D	N.D	N.D	N.D
83	fenvalerate	氰戊菊酯	51630-58-1	100	绿茶	N.D	N.D	101.1	5.9	67.6	19.4	125.9	8.4	89.8	28.7	83.7	4.9	N.D	N.D	77.7	2.7	93.2	17.3	107.9	13.8	109.3	9.1	113.1	26.0
					乌龙茶	107.3	18.7	N.D	N.D	109.5	9.3	104.7	12.7	N.D	N.D	116.1	10.0	N.D	N.D	91.2	6.7	N.D	N.D	N.D	N.D	N.D	N.D	94.4	6.8
84	deltamethrin	溴氰菊酯	52918-63-5	150	绿茶	N.D	N.D	N.D	N.D	47.7	25.7	N.D	N.D	82.6	17.3	68.2	6.6	N.D	N.D	71.9	12.5	N.D	N.D	N.D	N.D	N.D	N.D	236.2	33.6
					乌龙茶	N.D	N.D	N.D	N.D	N.D	N.D	N.D	N.D	N.D	N.D	N.D	N.D	N.D	N.D	N.D	N.D	N.D	N.D	N.D	N.D	N.D	N.D	67.0	11.6

表中"净化柱编号"列为 1 号～12 号。

表2-16 12种SPE柱净化绿茶和乌龙茶中84种农药的平均回收率（AVE）和RSD数据分布

绿茶

	指标	1号	2号	3号	4号	5号	6号	7号	8号	9号	10号	11号	12号
AVE	AVE<70%	12	10	11	2	4	6	5	8	4	5	2	5
	70%≤AVE≤110%	59	64	67	71	68	61	66	68	66	65	67	69
	AVE>110%	4	1	1	4	0	3	1	0	0	1	0	3
	N.D	9	9	5	7	12	14	12	8	14	13	15	7
RSD	RSD<20%	63	70	76	75	70	70	68	74	60	67	68	72
	RSD≥20%	12	5	3	2	2	0	4	2	10	4	1	5
	N.D	9	9	5	7	12	14	12	8	14	13	15	7
70%≤AVE≤110%且 RSD<20%		52(61.9%)	61(72.6%)	67(79.8%)	69(82.1%)	67(79.8%)	61(72.6%)	65(77.4%)	67(79.8%)	61(72.6%)	63(75.0%)	66(78.6%)	68(81.0%)

乌龙茶

	指标	1号	2号	3号	4号	5号	6号	7号	8号	9号	10号	11号	12号
AVE	AVE<70%	19	10	7	5	6	10	3	5	1	5	6	8
	70%≤AVE≤110%	50	58	59	67	64	60	58	60	68	67	60	61
	AVE>110%	1	2	4	0	1	2	0	0	1	0	4	2
	N.D	14	14	14	12	13	12	23	19	14	12	14	13
RSD	RSD<20%	56	66	66	70	60	71	61	63	67	71	64	68
	RSD≥20%	13	3	4	1	11	1	0	2	3	1	6	3
	N.D	14	15	14	13	13	12	23	19	14	12	14	13
70%≤AVE≤110%且 RSD<20%		42(50.0%)	55(65.5%)	59(70.2%)	65(77.4%)	57(67.9%)	60(71.4%)	58(69.0%)	60(71.4%)	66(78.6%)	66(78.6%)	59(70.2%)	61(72.6%)

注：括号内数字为占检测农药总数的百分比。

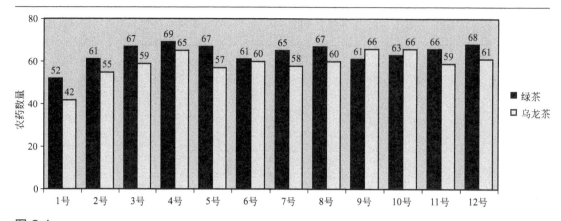

图 2-4

茶叶中 84 农药在 12 种 SPE 柱净化条件下的回收率与 RSD 结果比较

从表 2-16 和图 2-4 可以看出，除 1 号和 2 号 SPE 外，其余 10 种 SPE 柱均得到较好的净化效果，可满足残留分析的技术要求，但对于绿茶样品，4 号 SPE 柱取得良好检测结果的农药数量最多，为 69 种，占总数的 82.1%。对于乌龙茶样品，9 号和 10 号 SPE 柱取得良好检测结果的农药数量最多，均为 66 种，占总数的 78.6%，其次为 4 号 SPE 柱，有 65 种，占总数的 77.4%。综合上述实验结果，无论绿茶还是乌龙茶，4 号 SPE 柱测得的回收率和 RSD 均相对较好。因此选用 4 号 SPE 柱与 Cleanert TPT 进行净化效率的深入对比实验。

2.3.6 4 号 Envi-Carb＋PSA 组合净化柱和 Cleanert TPT 柱对茶叶中添加 201 种农药净化效率的对比实验

实验的第二阶段，用绿茶和乌龙茶样品分别进行 201 种农药的回收率实验，添加浓度为 $10\sim600\mu g/kg$，分别采用 4 号 Envi-Carb＋PSA 和 Cleanert TPT 两种 SPE 柱净化，GC-MS 和 GC-MS/MS 测定，每个样品进行 6 次平行实验，测得的回收率和 RSD 数据见表 2-17。对表 2-17 中的平均回收率和 RSD 值按不同范围进行统计分析，结果见表 2-18 中。对于回收率在 70%～110%同时符合 RSD 小于 20%的农药也列于表 2-18 中，并绘成柱形图，见图 2-5。

由表 2-18 可见，仅就回收率而言，对于绿茶和乌龙茶，采用 GC-MS 或 GC-MS/MS 检测时，Cleanert TPT 和 4 号 Envi-Carb＋PSA 净化柱的效果无差异，均可满足残留分析的技术要求；仅就 RSD 数据而言，前者略优于后者 10%。但是，针对回收率在 70%～110%，同时符合 RSD 小于 20%的两个条件，从表 2-18 和图 2-5 可以看出：绿茶样品的

表 2-17 绿茶和乌龙茶中 201 种农药采用 2 种 SPE 柱净化 2 种仪器测定的平均回收率与相对标准偏差数据（n=6）

序号	英文名称	中文名称	CAS 号	添加浓度/(μg/kg)	Cleanert TPT 柱 绿茶 GC-MS AVE/%	RSD/%	绿茶 GC-MS/MS AVE/%	RSD/%	乌龙茶 GC-MS AVE/%	RSD/%	乌龙茶 GC-MS/MS AVE/%	RSD/%	Envi-Carb+PSA(0.5g) 绿茶 GC-MS AVE/%	RSD/%	绿茶 GC-MS/MS AVE/%	RSD/%	乌龙茶 GC-MS AVE/%	RSD/%	乌龙茶 GC-MS/MS AVE/%	RSD/%
1	2,3,4,5-tetrachloroani	2,3,4,5-四氯苯胺	634-83-3	10	97.7	8.0	96.8	6.8	92.3	8.6	91.2	8.4	79.3	7.4	79.3	6.9	77.6	7.6	78.4	8.6
2	2,3,5,6-tetrachloroani	2,3,5,6-四氯苯胺	3481-20-7	50	93.6	5.6	93.6	6.1	86.2	7.1	90.1	7.8	80.9	5.4	81.2	5.8	75.7	5.7	80.8	7.1
3	2,4'-DDE	2,4'-滴滴伊	3424-82-6	100	100.3	8.3	97.0	8.9	95.4	4.4	92.1	6.0	78.5	9.6	75.2	10.7	82.4	7.5	80.9	8.1
4	2,4'-DDT	2,4'-滴滴涕	789-02-6	50	76.1	8.5	77.6	5.9	78.4	5.9	80.2	8.5	82.4	20.9	83.0	16.9	88.5	12.7	77.9	9.9
5	4,4'-DDE	4,4'-滴滴伊	72-55-9	50	91.1	5.7	87.3	5.1	96.3	2.5	92.3	3.0	77.2	7.3	76.1	6.0	86.9	5.9	86.6	6.7
6	4-4-dibromobenzophenone	4,4'-二溴二苯甲酮	3988-03-2	50	112.2	7.3	96.1	6.3	94.3	5.5	98.0	6.2	79.7	6.3	81.6	8.5	92.7	5.6	86.7	6.3
7	4,4-dichlorobenzophenone	4,4'-二氯二苯甲酮	90-98-2	50	97.9	5.5	95.5	5.3	95.5	4.4	91.1	4.7	81.1	7.6	83.2	5.6	93.5	9.0	94.9	7.9
8	acetochlor	乙草胺	34256-82-1	100	91.0	8.2	99.8	3.2	80.1	2.9	88.4	5.6	86.4	5.3	83.0	4.3	80.5	7.8	85.2	6.8
9	alachlor	甲草胺	15972-60-8	150	99.3	11.9	96.8	4.6	82.5	6.3	86.5	4.7	82.2	10.1	80.7	5.0	82.3	8.0	78.6	5.8
10	ametryn	莠灭净	834-12-8	150	38.8	28.5	96.3	9.1	89.9	20.0	88.1	3.3	73.0	24.7	81.8	4.7	84.2	32.2	75.2	8.0
11	atratone	莠去通	1610-17-9	50	96.9	4.6	95.6	5.3	91.9	6.6	94.6	6.5	83.5	5.2	87.2	4.3	82.1	6.6	82.0	6.6
12	benalaxyl	苯霜灵	71626-11-4	50	88.3	4.4	87.5	7.1	92.2	2.4	89.1	3.7	84.2	13.2	84.4	9.5	88.6	8.1	86.0	6.8
13	benodanil	麦锈灵	15310-01-7	150	106.4	8.8	81.6	11.8	65.7	11.1	76.3	4.5	113.0	31.4	94.5	15.6	140.2	18.3	95.2	18.8
14	benoxacor	解草嗪	98730-04-2	100	91.3	16.1	89.9	7.5	68.0	8.9	75.4	5.9	93.0	10.1	89.3	12.5	95.8	12.9	97.5	10.9
15	benzoylprop-ethyl	新燕灵	22212-55-1	150	93.1	4.9	88.4	5.3	94.0	2.0	90.9	3.2	84.1	9.2	80.3	9.3	88.1	6.6	87.8	5.7
16	bifenthrin	联苯菊酯	82657-04-3	50	101.5	4.6	96.8	8.6	174.8	25.8	172.4	25.4	88.1	3.1	85.6	2.8	170.6	29.2	160.6	30.1
17	bitertanol	联苯三唑醇	55179-31-2	150	97.0	5.9	92.5	9.9	92.0	3.4	86.8	4.0	80.5	10.5	86.2	3.8	93.6	8.6	89.4	8.4
18	boscalid	啶酰菌胺	188425-85-6	200	92.4	15.6	76.8	16.5	85.3	5.2	70.1	11.7	96.1	10.6	104.0	23.8	96.0	22.3	98.2	22.2
19	bromofos	溴硫磷	2104-96-3	100	81.6	6.2	81.2	6.0	84.8	5.5	79.4	4.4	78.7	11.4	86.1	9.8	78.7	6.9	90.6	14.4
20	bromophos-ethyl	乙基溴硫磷	4824-78-6	50	91.5	5.5	92.5	5.5	84.6	6.1	86.1	5.6	86.0	5.7	85.4	5.6	80.6	8.0	79.6	7.7
21	bromopropylate	溴螨酯	18181-80-1	100	76.1	11.1	82.2	7.8	83.7	5.5	85.3	6.7	94.6	28.4	85.1	21.1	103.8	18.9	89.0	17.4
22	buprofenzin	噻嗪酮	69327-76-0	100	95.9	5.3	91.5	5.5	97.5	2.7	92.7	4.5	81.6	8.0	77.2	5.9	91.5	7.6	83.0	6.8
23	butachlor	丁草胺	23184-66-9	100	89.2	4.8	91.9	5.5	96.9	6.7	92.4	3.8	75.1	7.7	77.0	6.9	67.0	5.1	85.0	8.6

序号	英文名称	中文名称	CAS号	添加浓度/(μg/kg)	Cleanert TPT柱								Envi-Carb+PSA(0.5g)							
					绿茶				乌龙茶				绿茶				乌龙茶			
					GC-MS		GC-MS/MS		GC-MS		GC-MS/MS		GC-MS		GC-MS/MS		GC-MS		GC-MS/MS	
					AVE/%	RSD/%	AVE/%	RSD/%	AVE/%	RSD/%	AVE/%	RSD/%	AVE/%	RSD/%	AVE/%	RSD/%	AVE/%	RSD/%	AVE/%	RSD/%
24	butafenacil	氟丙嘧草酯	134605-64-4	50	92.2	10.3	74.1	23.4	76.2	6.2	66.5	14.2	123.5	33.9	126.6	36.6	91.1	26.4	87.1	27.3
25	butralin	仲丁灵	33629-47-9	200	87.2	11.6	79.4	11.1	66.4	7.1	66.3	5.3	102.4	14.4	110.0	30.4	107.4	22.8	86.0	22.5
26	butylate	丁草特	2008-41-5	150	90.2	6.9	82.3	6.5	92.9	1.3	84.3	2.3	114.5	34.6	72.1	6.2	106.9	31.1	83.0	6.6
27	carbaryl	甲萘威	63-25-2	150	101.0	6.5	97.8	10.4	97.3	4.3	100.5	8.0	84.4	6.4	84.8	5.9	78.6	6.7	82.9	6.6
28	carbofenothion	三硫磷	786-19-6	100	85.3	6.6	87.6	5.8	88.8	3.1	92.2	6.0	79.8	10.4	81.5	11.4	88.9	6.6	84.1	7.7
29	chlorfenapyr	虫螨腈	122453-73-0	400	97.2	5.5	95.4	4.3	80.1	8.4	83.6	8.5	84.0	5.3	85.2	5.6	128	20.5	127.6	19.6
30	chlorfenson	杀螨酯	80-33-1	100	72.9	11.5	72.4	12.5	77.9	6.0	73.3	8.4	100.3	24.5	98.7	32.1	95.6	21.9	82.0	16.3
31	chlorfenvinphos	毒虫畏	470-90-6	150	80.4	9.9	87.0	5.4	82.5	7.2	82.0	7.3	77.7	13.1	83.5	18.2	84.8	8.0	81.6	6.9
32	chlormephos	氯甲硫磷	24934-91-6	100	83.3	6.3	83.2	5.8	86.9	1.8	85.6	2.2	80.6	5.8	74.6	7.2	84.5	5.9	77.4	8.9
33	chlorobenzilate	氯甲氧苯	2675-77-6	50	79.9	15.9	86.5	6.1	123.2	4.4	90.1	3.4	100.6	30.4	75.0	6.7	98.1	25.2	83.7	7.5
34	chloroneb	乙酯杀螨醇	510-15-6	50	89.9	3.8	81.8	14.5	100.2	3.5	74.2	7.1	88.1	11.6	97.0	20.8	78.5	7.2	104.6	22.4
35	chloropropylate	氯苯胺灵	101-21-3	50	86.1	12.9	85.5	6.8	81.7	8.8	90.7	3.8	87.0	22.5	78.1	12.6	103.0	13.7	79.6	8.2
36	chlorpropham	丙酯杀螨醇	5836-10-2	100	83.6	8.8	85.0	6.6	90.7	2.3	72.6	7.0	81.7	17.0	81.4	14.5	92.4	8.2	84.9	10.9
37	chlorpyrifos	毒死蜱	2921-88-2	50	82.2	6.0	85.0	6.0	84.9	3.8	85.5	3.8	82.7	14.3	82.5	13.9	82.7	8.6	79.9	7.5
38	chlorthal-dimethyl-1	氯酞酸二甲酯1	1861-32-1	100	91.7	8.5	93.3	8.1	88.1	3.2	86.8	3.5	85.3	5.1	83.4	3.2	83.8	8.6	87.4	8.9
39	chlorthiophos	虫螨磷	60238-56-4	150	87.1	5.0	88.3	6.0	91.6	2.6	90.8	4.1	79.7	10.4	79.8	9.2	85.3	6.0	89.6	10.3
40	cis-chlordane	顺式氯丹	5103-71-9	100	86.5	4.6	86.4	6.4	91.1	2.8	88.9	2.5	81.0	10.7	77.6	8.0	86.3	6.8	84.5	7.1
41	cis-diallate	顺式燕麦敌	17708-57-5	100	88.2	4.5	86.0	4.8	93.2	1.5	88.2	2.7	80.1	9.1	77.6	7.9	83.1	5.4	81.1	10.1
42	clomazone	异草酮	81777-89-1	50	92.7	9.1	86.3	9.9	80.8	3.5	80.3	5.6	97.8	12.9	102.4	13.1	86.1	15.6	83.3	16.4
43	cyanofenphos	苯腈磷	13067-93-1	50	102.9	5.4	80.0	9.9	91.7	4.8	77.3	7.8	100.9	8.6	97.0	26.1	115.9	6.7	88.1	14.8
44	cycloate	环草敌	1134-23-2	50	94.2	4.8	92.3	5.1	95.0	6.6	91.4	7.6	83.1	6.0	83.0	6.4	77.0	5.1	80.7	7.0
45	cycluron	环莠隆	2163-69-1	150	101.6	5.2	99.9	7.0	92.8	6.6	92.8	6.9	85.2	6.4	82.2	9.2	77.3	4.8	66.9	6.1
46	cyhalofop-butyl	氰氟草酯	122008-85-9	100	96.7	9.1	87.8	8.1	85.2	5.1	83.9	6.4	97.9	9.6	101.3	13.8	85.0	12.7	83.7	15.0

续表

序号	英文名称	中文名称	CAS 号	添加浓度/(μg/kg)	Cleanert TPT 柱 绿茶 GC-MS AVE/%	RSD/%	绿茶 GC-MS/MS AVE/%	RSD/%	乌龙茶 GC-MS AVE/%	RSD/%	乌龙茶 GC-MS/MS AVE/%	RSD/%	Envi-Carb+PSA(0.5g) 绿茶 GC-MS AVE/%	RSD/%	绿茶 GC-MS/MS AVE/%	RSD/%	乌龙茶 GC-MS AVE/%	RSD/%	乌龙茶 GC-MS/MS AVE/%	RSD/%
47	cyprodinil	嘧菌环胺	121552-61-2	50	96.8	4.7	93.5	4.9	98.6	10.3	88.6	7.7	84.4	5.8	84.1	5.8	91.0	12.9	80.4	2.3
48	chlorthal-dimethyl-2	氯酞酸二甲酯 2	1861-32-1	50	93.4	7.9	93.4	6.2	85.0	3.5	89.0	3.4	86.6	6.2	84.8	4.1	83.8	8.5	82.5	7.6
49	DE-PCB 101	2,2',4,5,5'-五氯联苯	37680-73-2	50	93.5	5.4	92.9	4.9	90.9	6.8	89.8	7.6	81.4	6.0	83.8	5.3	80.1	6.9	79.4	5.9
50	DE-PCB 118	2,3,4,4',5-五氯联苯	74472-37-0	50	95.9	7.9	90.7	4.9	87.9	6.3	89.9	7.5	80.9	4.6	81.7	6.2	80.0	7.8	77.4	5.9
51	DE-PCB 138	2,2',3,4,4',5'-六氯联苯	35065-28-2	50	92.9	5.0	92.2	5.4	90.6	6.8	90.1	6.4	81.0	5.6	80.9	5.7	79.3	6.5	77.4	4.8
52	DE-PCB 180	2,2',3,4,4',5,5'-七氯联苯	35065-29-3	50	96.1	14.2	90.3	5.0	88.8	6.6	88.7	6.8	78.9	5.6	80.9	7.6	80.7	6.4	78.6	7.6
53	DE-PCB 28	2,4,4'-三氯联苯	7012-37-5	50	92.9	4.8	92.5	4.8	91.1	6.4	91.1	7.3	81.7	5.8	82.8	5.7	79.9	6.1	79.9	6.4
54	DE-PCB 31	2,4',5-三氯联苯	16606-02-3	50	92.9	4.7	92.5	4.8	91.8	6.4	91.1	7.3	81.6	6.0	82.8	5.7	80.7	6.7	79.9	6.4
55	desmetryn	敌草净	1014-69-3	50	91.4	6.1	88.8	5.9	99.8	4.1	95.5	3.0	80.8	8.4	77.5	7.5	86.6	5.5	84.8	6.1
56	dibutyl succinate	琥珀酸二丁酯	141-03-7	100	95.7	8.3	95.7	9.0	88.3	2.8	85.7	2.6	82.9	5.0	82.9	4.5	82.6	6.7	78.4	7.7
57	dichlobenil	敌草腈	1194-65-6	10	88.1	6.6	76.8	7.1	89.3	1.9	81.0	2.7	74.5	7.3	70.8	4.9	80.5	6.6	80.4	6.5
58	dichlorofop-methyl	二氯丙酸甲酯	23844-57-7	50	98.8	10.1	79.8	14.4	81.2	10.5	70.5	8.2	113.9	22.6	118.1	27.2	84.8	21.5	82.0	23.2
59	dicloran	氯硝胺	99-30-9	100	74.3	10.1	84.2	6.1	97.4	9.4	87.6	7.6	90.7	7.4	78.1	16.1	99.0	7.6	80.1	6.8
60	dicofol	三氯杀螨醇	115-32-2	100	100.2	5.5	94.8	5.8	90.5	4.3	88.2	5.1	80.1	7.0	77.1	7.3	94.8	8.2	88.4	10.3
61	diethofencarb	乙霉威	87130-20-9	300	90.8	10.3	92.6	9.7	86.1	5.8	85.5	2.8	90.6	13.2	85.1	5.3	80.9	9.0	91.9	11.5
62	diflufenican	吡氟酰草胺	83164-33-4	50	92.4	14.0	88.7	10.9	85.0	2.9	83.2	4.0	89.2	15.6	85.8	6.6	93.7	14.4	101.1	15.5
63	dimepiperate	哌草丹	61432-55-1	100	94.6	9.3	93.4	9.0	88.1	2.5	87.2	2.6	88.3	4.4	81.9	4.5	87.9	8.6	84.9	8.7
64	dimethachlor	二甲草胺	50563-36-5	150	69.9	7.5	90.2	4.2	85.9	4.3	86.6	5.2	74.6	11.2	76.0	7.1	84.0	6.0	84.0	4.6
65	dimethametryn	异戊乙净	22936-75-0	50	97.9	8.2	95.8	10.2	88.5	3.6	87.5	8.0	82.9	5.4	82.4	3.1	79.8	6.2	78.5	6.9
66	dimethenamid	二甲噻草胺	87674-68-8	50	88.2	6.8	96.4	5.0	82.2	7.1	87.3	5.4	76.9	5.4	81.5	5.0	73.1	7.9	79.8	6.1
67	dimethomorph	烯酰吗啉	110488-70-5	100	93.9	11.5	94.3	9.7	92.4	2.9	90.5	3.1	77.1	4.9	82.1	5.4	84.1	5.0	79.7	5.7
68	dimethylphthalate	跳蚤灵	131-11-3	200	95.6	8.0	94.1	8.5	89.4	2.4	85.0	1.4	84.0	4.5	83.1	4.4	83.0	5.8	79.6	7.3
69	diniconazole	烯唑醇	83657-24-3	150	95.9	9.2	97.3	9.6	88.1	2.3	87.0	2.7	86.0	9.1	81.6	3.2	86.1	6.8	86.9	8.5

序号	英文名称	中文名称	CAS号	添加浓度/(μg/kg)	Cleanert TPT柱								Envi-Carb+PSA(0.5g)							
					绿茶				乌龙茶				绿茶				乌龙茶			
					GC-MS		GC-MS/MS		GC-MS		GC-MS/MS		GC-MS		GC-MS/MS		GC-MS		GC-MS/MS	
					AVE/%	RSD/%	AVE/%	RSD/%	AVE/%	RSD/%	AVE/%	RSD/%	AVE/%	RSD/%	AVE/%	RSD/%	AVE/%	RSD/%	AVE/%	RSD/%
70	diofenolan-1	苯虫醚-1	63837-33-2	100	97.4	5.4	96.6	4.3	93.6	6.6	94.7	7.8	84.1	5.1	86.0	5.3	82.2	6.4	82.7	6.8
71	diofenolan-2	苯虫醚-2	63837-33-2	100	96.2	5.3	96.6	4.3	93.9	6.7	96.7	7.3	84.1	5.3	87.1	5.2	82.4	6.6	82.7	6.8
72	dioxacarb	二氧威	6988-21-2	400	90.1	5.8	86.9	7.7	94.6	4.1	94.7	5.1	83.6	11.8	80.5	12.5	94.7	6.8	82.0	12.1
73	diphenamid	草乃敌	957-51-7	50	90.5	8.6	98.9	8.4	94.3	17.6	89.2	2.5	78.9	7.0	81.2	4.0	92.9	14.7	77.6	6.7
74	dipropetryn	异丙净	4147-51-7	50	98.2	8.6	94.6	10.0	90.4	3.4	87.8	2.4	83.2	4.4	82.6	2.9	77.3	5.6	83.1	8.8
75	endrin	异狄氏剂	72-20-8	600	88.2	5.9	90.3	6.7	93.3	2.4	92.2	2.7	78.1	9.2	74.8	8.1	88.6	6.9	88.4	8.1
76	epoxiconazole-2	氟环唑	133855-98-8	400	91.3	5.3	90.0	5.7	94.7	1.8	92.8	3.3	82.0	10.0	78.1	10.0	87.7	5.3	86.3	5.5
77	EPTC	茵草敌	759-94-4	150	83.9	7.7	79.3	6.0	83.2	2.5	78.7	3.0	76.1	5.5	71.5	4.2	80.4	8.6	81.0	6.7
78	ethalfluralin	丁氟消草	55283-68-6	200	91.8	9.6	84.6	11.7	83.8	2.8	78.4	3.3	89.8	12.2	92.6	11.7	77.5	11.9	82.4	14.3
79	ethfume sate	乙氧呋草黄	26225-79-6	100	68.2	7.4	88.0	6.0	112.6	22.9	91.3	3.7	94.1	10.9	80.2	8.9	173.0	22.8	83.0	10.2
80	ethoprophos	灭线磷	13194-48-4	150	85.0	6.6	86.3	5.2	89.5	2.1	88.6	3.1	79.4	11.9	77.9	9.3	84.5	6.2	85.3	5.9
81	etofenprox	醚菊酯	80844-07-1	50	111.2	5.4	108.8	7.5	88.9	2.9	87.0	2.8	97.4	6.6	95.5	10.0	85.3	9.7	83.5	9.9
82	etridiazol	土菌灵	2593-15-9	150	81.8	13.7	82.3	9.2	78.5	4.2	76.4	10.4	87.3	4.5	87.2	6.2	68.0	8.5	79.3	13.9
83	etrimfos	乙嘧硫磷	38260-54-7	50	85.7	5.6	87.1	4.4	88.6	3.4	87.7	2.5	80.4	10.0	79.7	8.8	81.7	5.4	83.6	5.7
84	fenamidone	咪唑菌酮	161326-34-7	50	96.1	5.5	91.0	6.6	98.6	2.9	95.2	4.5	83.1	9.4	80.5	8.6	90.0	5.5	83.0	4.8
85	fenaromol	氯苯嘧啶醇	60168-88-9	100	127.4	4.9	90.9	6.9	99.5	3.3	97.6	3.9	86.1	13.4	76.4	9.0	91.2	7.5	80.1	9.2
86	fenazaquin	唑螨醚	120928-09-8	50	100.0	7.4	97.5	9.4	92.2	4.5	86.8	2.8	82.9	6.3	82.2	3.9	86.0	8.1	79.8	7.7
87	fenbuconazole	腈苯唑	114369-43-6	100	90.0	4.6	97.7	3.8	95.6	7.0	95.2	6.2	84.0	4.7	83.0	6.1	81.7	5.9	82.3	5.8
88	fenchlorphos-oxon	氧皮蝇磷	3983-45-7	200	89.8	6.1	90.1	8.1	84.2	4.8	83.3	2.8	84.3	3.1	84.2	6.2	73.3	5.2	79.5	7.6
89	fenoxanil	氰菌胺	115852-48-7	100	100.0	8.2	108.4	13.5	95.5	4.1	91.0	6.9	86.1	9.7	84.2	6.2	80.9	5.4	71.0	7.9
90	fenpropidin	苯锈啶	67306-00-7	100	93.2	10.3	95.6	11.5	88.0	4.9	87.3	4.4	79.2	4.5	79.3	3.9	69.1	12.2	81.4	6.2
91	fenpyroximate	唑螨酯	134098-61-6	400	103.9	6.9	111.5	10.4	103.7	8.2	113.7	9.6	77.2	17.3	75.0	22.6	70.8	16.6	73.2	18.0
92	fenson	分螨酯	80-38-6	50	87.0	12.6	80.7	13.7	79.8	4.8	78.2	3.9	79.7	16.1	98.9	15.7	100.5	21.0	86.6	17.5

序号	英文名称	中文名称	CAS号	添加浓度/(μg/kg)	Cleanert TPT柱								Envi-Carb+PSA(0.5g)							
					绿茶				乌龙茶				绿茶				乌龙茶			
					GC-MS		GC-MS/MS		GC-MS		GC-MS/MS		GC-MS		GC-MS/MS		GC-MS		GC-MS/MS	
					AVE/%	RSD/%	AVE/%	RSD/%	AVE/%	RSD/%	AVE/%	RSD/%	AVE/%	RSD/%	AVE/%	RSD/%	AVE/%	RSD/%	AVE/%	RSD/%
93	flamprop-isopropyl	麦草氟异丙酯	52756-22-6	50	92.5	5.4	90.3	5.9	96.9	3.0	93.6	2.8	81.0	8.3	77.8	7.7	89.7	6.2	87.8	5.9
94	flamprop-methyl	麦草氟甲酯	52756-25-9	50	92.4	9.5	90.3	5.9	92.8	3.5	93.6	2.8	90.6	12.5	82.6	12.4	76.3	11.0	87.8	5.9
95	flufenacet	氟噻草胺	142459-58-3	400	96.9	8.5	94.5	10.9	81.0	11.4	92.3	11.1	93.2	15.5	94.2	7.5	67.5	8.5	79.6	9.7
96	fluotrimazole	三氟茉唑	31251-03-3	50	96.3	5.0	96.4	4.1	92.2	6.6	95.8	7.1	84.8	5.2	84.9	5.9	82.5	6.1	81.3	6.7
97	fluroxypr-1-methylheptyl ester	氯氟吡氧乙酸异辛酯	81406-37-3	50	95.6	5.3	85.7	6.4	84.5	4.7	86.0	7.5	93.0	10.6	105.6	14.5	87.2	11.7	87.8	10.9
98	fonofos	地虫硫磷	944-22-9	50	88.8	5.8	87.7	4.9	93.8	2.5	91.2	2.7	78.5	8.6	75.9	7.1	85.6	5.8	82.6	6.2
99	furalaxyl	呋霜灵	57646-30-7	100	99.1	8.2	98.5	9.0	90.9	2.5	88.8	2.3	84.0	5.4	83.7	3.6	82.6	5.7	82.1	6.6
100	heptachlor	七氯	76-44-8	150	91.5	8.8	91.3	9.5	82.0	6.0	82.1	3.7	83.5	5.1	85.8	3.3	76.3	8.6	89.7	10.5
101	hexachlorobenzene	六氯-1,3-丁二烯	118-74-1	50	81.2	7.6	83.4	8.2	85.1	6.9	84.3	6.7	72.7	7.8	71.8	5.3	83.6	7.5	82.5	7.2
102	hexazinone	环嗪酮	51235-04-2	150	93.9	5.8	90.5	6.4	99.4	2.6	93.6	4.8	81.6	11.7	81.3	12.6	84.5	7.5	82.9	6.6
103	iodofenphos	碘硫磷	18181-70-9	100	90.7	7.9	82.7	2.6	84.0	6.5	82.2	9.0	82.9	13.6	79.9	18.1	79.4	7.3	89.4	11.2
104	iprobenfos	异稻瘟净	26087-47-8	150	94.3	9.1	95.0	8.7	83.4	5.1	88.3	3.3	82.3	4.0	83.2	4.1	83.2	10.6	88.1	8.1
105	iprovalicarb-1	异丙菌胺-1	140923-17-7	200	96.3	10.3	91.0	5.1	84.1	5.0	89.1	5.8	94.7	14.6	86.2	7.3	106.4	13.6	94.5	10.4
106	iprovalicarb-2	异丙菌胺-2	140923-17-7	200	88.5	7.3	90.3	4.5	81.6	4.9	88.5	5.4	92.4	15.8	86.6	6.8	92.5	12.0	88.5	10.7
107	isazofos	氯唑磷	42509-80-8	100	96.4	7.0	93.8	8.1	96.2	2.3	86.4	2.9	86.0	5.3	85.0	2.9	97.1	7.3	78.9	8.3
108	isodrin	异艾氏剂	465-73-6	50	110.9	11.7	93.5	5.1	87.3	8.6	92.4	7.3	81.3	5.0	80.2	6.5	78.5	3.6	82.8	6.1
109	isofenphos	丙胺磷	25311-71-1	100	84.0	3.1	88.1	5.6	94.9	3.2	92.7	2.1	79.8	14.5	79.2	9.6	89.8	7.1	83.0	6.9
110	isopeopalin	异丙威	2631-40-5	100	85.6	6.5	97.7	4.9	92.4	2.3	89.5	3.4	80.7	11.4	76.4	10.4	86.8	8.7	79.3	7.0
111	isoprocarb-1	异丙威-1	2631-40-5	100	101.0	4.7	110.7	10.4	98.0	7.1	104.1	6.1	81.6	7.6	81.9	8.5	82.2	7.2	126.4	9.4
112	isoprocarb-2	异乐灵-2	33820-53-0	100	101.9	4.7	83.7	7.4	75.4	7.0	73.6	6.5	114.7	15.4	99.5	8.3	100.6	8.8	98.5	8.4
113	isoprothiolane	稻瘟灵	50512-35-1	100	101.3	9.2	95.0	8.8	90.2	3.0	87.8	2.4	86.2	3.7	82.9	3.5	84.6	6.2	80.4	6.8
114	kresoxim-methyl	醚菌酯	143390-89-0	50	106.5	11.5	121.4	14.7	93.6	4.4	90.8	5.0	86.1	7.0	69.4	29.0	85.9	6.5	88.0	15.5

序号	英文名称	中文名称	CAS号	添加浓度/(μg/kg)	Cleanert TPT柱								Envi-Carb＋PSA(0.5g)							
					绿茶				乌龙茶				绿茶				乌龙茶			
					GC-MS		GC-MS/MS		GC-MS		GC-MS/MS		GC-MS		GC-MS/MS		GC-MS		GC-MS/MS	
					AVE/%	RSD/%	AVE/%	RSD/%	AVE/%	RSD/%	AVE/%	RSD/%	AVE/%	RSD/%	AVE/%	RSD/%	AVE/%	RSD/%	AVE/%	RSD/%
115	lenacil	环草啶	2164-08-1	240	95.4	7.0	123.2	16.3	80.1	2.3	72.2	5.5	99.4	31.6	100.3	11.9	111.8	23.5	103.6	27.0
116	mefenacet	苯噻酰草胺	73250-68-7	150	85.8	11.0	86.0	12.9	80.2	11.2	80.8	6.4	97.1	8.4	97.2	9.6	233.1	31.2	102.7	15.5
117	mepronil	灭锈胺	55814-41-0	50	99.9	6.2	98.7	7.5	95.3	5.4	91.5	4.3	90.9	7.2	80.8	5.7	85.3	7.9	86.1	7.2
118	metalaxyl	甲霜灵	57837-19-1	150	99.5	5.4	96.3	4.3	92.0	7.4	93.7	6.6	92.2	6.4	86.8	2.8	86.6	5.7	82.3	6.5
119	metazachlor	吡唑草胺	67129-08-2	150	89.7	8.0	95.6	4.5	76.2	7.2	79.1	4.5	84.1	6.0	77.7	5.4	87.2	6.8	82.3	5.3
120	methabenzthiazuron	噻唑隆	18691-97-9	500	94.9	5.3	91.8	4.7	93.7	7.8	93.1	6.7	85.7	4.4	83.9	5.5	82.0	8.2	79.3	8.6
121	methoprene	烯虫酯	40596-69-8	200	91.1	5.8	92.8	9.3	109.1	9.9	94.2	3.1	80.2	10.0	80.9	8.5	88.5	5.4	92.1	3.4
122	methoprotryne	盖草津	841-06-5	150	81.2	7.7	89.2	5.9	97.7	2.1	93.7	2.9	79.5	7.9	76.9	8.4	86.8	5.4	90.3	7.2
123	methoxychlor	甲氧滴滴涕	72-43-5	50	76.6	9.5	84.9	8.5	78.9	6.9	87.6	5.0	82.5	17.6	79.4	14.1	94.6	15.7	85.4	10.2
124	parathion-methyl	甲基对硫磷	298-00-0	200	83.4	8.3	85.7	3.5	90.4	5.0	87.3	9.0	81.4	9.9	80.4	15.1	83.4	10.0	79.3	8.9
125	metolachlor	异丙甲草胺	51218-45-2	50	96.1	12.2	88.3	5.4	100.3	3.7	90.2	3.0	75.6	15.6	75.8	7.4	90.3	8.5	79.7	8.6
126	metribuzin	嗪草酮	21087-64-9	150	90.9	11.6	85.4	14.3	82.3	3.7	77.7	4.7	89.3	15.5	96.2	13.8	83.9	15.5	81.0	13.9
127	mirex	灭蚁灵	2385-85-5	50	82.7	6.2	86.9	6.1	73.5	4.9	74.0	5.2	84.2	16.2	82.4	10.1	90.2	17.0	81.1	14.2
128	molinate	禾草敌	2212-67-1	50	100.5	6.6	94.2	8.8	86.0	3.2	84.6	2.1	87.0	8.8	80.1	4.6	81.5	6.5	78.5	7.7
129	monalide	庚酰草胺	7287-36-7	100	88.0	8.8	96.8	5.0	89.9	8.8	94.8	7.3	82.2	8.9	88.5	6.2	80.8	5.4	82.3	6.6
130	napropamide	敌草胺	15299-99-7	150	98.7	14.6	96.8	9.6	91.2	3.0	88.1	3.2	90.3	8.1	83.6	4.2	93.5	10.1	79.8	7.6
131	nitrapyrin	氯啶	1929-82-4	150	88.1	5.4	79.4	4.7	84.0	7.7	77.6	9.4	80.6	7.6	71.7	11.5	85.9	7.1	82.1	9.3
132	nuarimol	氟苯嘧啶醇	63284-71-9	100	104.4	7.5	96.5	10.3	84.5	8.4	86.3	3.4	80.6	8.9	82.1	3.7	84.7	7.9	83.9	5.9
133	oxyfluorfen	乙氧氟草醚	42874-03-3	200	82.1	8.7	76.4	10.2	88.2	3.4	87.6	13.7	81.5	15.0	87.8	20.1	98.9	13.7	82.3	12.8
134	paraoxon-ethyl	对氧磷	311-45-5	200	114.9	6.1	87.1	12.6	96.9	4.4	79.9	10.2	107.9	8.2	96.7	12.7	85.3	9.6	87.1	14.8
135	pebulate	克草猛	1114-71-2	150	91.8	4.9	90.4	4.5	86.5	6.0	87.0	7.3	81.6	6.3	ND		77.4	6.4	78.0	6.7
136	pendimethalin	二甲戊灵	40487-42-1	200	72.1	14.4	75.7	8.6	78.5	4.6	85.5	7.4	90.6	27.8	82.6	23.4	98.9	20.4	70.7	10.4
137	pentachloroaniline	五氯苯胺	527-20-8	50	95.5	9.9	93.0	8.5	88.4	11.5	89.3	10.4	83.2	5.8	78.3	7.1	78.3	10.0	81.5	9.2

序号	英文名称	中文名称	CAS号	添加浓度/(μg/kg)	Cleanert TPT柱								Envi-Carb+PSA(0.5g)							
					绿茶				乌龙茶				绿茶				乌龙茶			
					GC-MS		GC-MS/MS		GC-MS		GC-MS/MS		GC-MS		GC-MS/MS		GC-MS		GC-MS/MS	
					AVE/%	RSD/%	AVE/%	RSD/%	AVE/%	RSD/%	AVE/%	RSD/%	AVE/%	RSD/%	AVE/%	RSD/%	AVE/%	RSD/%	AVE/%	RSD/%
138	pentachloroanisole	五氯甲氧基苯	1825-21-4	50	97.8	5.4	88.2	4.2	114.6	12.6	89.1	7.8	86.5	7.4	79.8	5.2	101.1	13.4	78.2	6.5
139	pentachlorobenzene	五氯苯	608-93-5	50	87.7	6.2	87.5	6.7	84.1	6.8	84.3	7.4	75.6	6.1	76.5	6.8	74.7	6.7	74.3	6.3
140	permethrin	氯菊酯	52645-53-1	100	95.9	7.6	93.9	9.5	89.9	2.3	85.9	2.9	92.5	4.3	77.8	4.1	85.9	7.3	79.3	8.0
141	perthane	乙滴滴	72-56-0	50	94.2	5.1	92.2	4.4	93.7	6.9	90.6	6.2	78.8	8.4	88.1	4.1	84.0	6.9	82.6	9.1
142	phenanthrene	菲	85-01-8	50	92.7	5.0	93.1	6.6	90.4	7.3	92.7	9.0	79.9	5.9	76.0	8.6	79.8	6.9	82.0	7.9
143	phenothrin	苯醚菊酯	26002-80-2	50	102.1	11.1	106.2	35.4	95.3	3.1	88.4	7.2	87.1	6.4	99.3	30.3	85.0	7.0	104.1	20.3
144	picoxystrobin	啶氧菌酯	117428-22-5	100	92.1	5.9	90.2	5.5	96.9	2.0	94.5	2.2	81.6	8.3	78.6	8.2	86.8	5.7	86.0	5.2
145	piperonylbutoxide	增效醚	51-03-6	50	99.9	8.0	98.3	9.0	97.9	4.1	89.4	2.9	81.7	5.3	82.1	4.2	86.5	6.4	82.9	7.5
146	piperophos	哌草磷	24151-93-7	150	95.9	6.2	85.7	6.3	86.5	4.2	89.8	7.1	81.0	14.1	86.3	12.6	89.1	14.0	84.9	9.2
147	pirimicarb	抗蚜威	23103-98-2	100	94.5	4.3	92.4	4.7	92.5	7.4	93.1	7.0	86.5	5.5	86.8	4.4	82.8	12.8	84.6	8.3
148	pirimiphoe-ethyl	嘧啶磷	23505-41-1	100	90.7	5.6	90.0	6.9	94.7	1.9	93.3	2.7	79.5	7.7	76.3	7.8	86.5	5.7	85.9	6.2
149	pirimiphos-methyl	甲基嘧啶磷	29232-93-7	50	88.5	4.9	86.7	5.5	92.5	1.7	91.4	2.8	78.8	8.8	79.9	7.9	84.1	5.3	77.4	6.2
150	pretilachlor	丙草胺	51218-49-6	100	96.9	6.1	98.6	12.7	87.7	5.8	87.5	5.3	84.4	6.2	85.1	4.3	74.9	6.2	80.0	7.3
151	procymidone	腐霉利	32809-16-8	50	98.2	4.8	95.0	4.8	93.6	6.4	95.4	7.3	84.4	5.6	86.9	5.3	83.2	6.0	81.5	6.9
152	profenofos	丙溴磷	41198-08-7	300	74.0	10.0	77.3	11.0	80.4	13.8	83.3	12.6	82.5	18.3	75.7	24.9	76.2	12.2	93.7	26.4
153	profluralin	环丙氟灵	26399-36-0	200	90.6	4.6	77.0	7.3	86.0	3.9	85.8	4.6	101.3	12.2	88.6	19.2	85.4	10.6	83.8	12.7
154	prometon	扑灭通	1610-18-0	150	99.4	7.4	95.1	9.1	89.2	3.7	88.4	3.1	84.4	5.4	83.1	4.7	81.4	6.3	77.4	7.6
155	prometryn	扑草净	7287-19-6	50	96.1	4.7	93.2	4.9	91.1	4.9	93.6	7.6	85.4	6.9	84.4	5.7	81.2	4.9	82.3	6.9
156	propyzamide-1	快苯酰草胺-1	23950-58-5	50	88.6	5.8	89.3	6.8	93.3	2.1	91.5	1.5	73.7	31.1	80.5	5.0	84.8	6.2	86.7	6.7
157	propachlor	毒草胺	1918-16-7	150	85.9	4.3	89.5	4.5	93.4	3.8	84.8	5.8	75.5	7.7	71.9	6.9	91.1	5.5	90.8	7.5
158	propetamphos	烯虫磷	31218-83-4	50	96.5	9.4	86.1	14.2	75.8	6.7	77.2	3.4	97.6	12.3	94.3	11.3	81.3	11.1	82.7	14.3
159	propham	苯胺灵	122-42-9	50	90.5	5.8	91.0	5.0	88.5	6.0	89.1	5.8	84.3	10.9	85.9	6.0	93.6	7.9	85.8	9.0
160	propiconazole	丙环唑	60207-90-1	150	94.6	6.0	92.7	4.3	97.9	3.8	93.9	3.8	76.0	8.4	78.5	7.9	81.8	6.0	88.2	5.3

序号	英文名称	中文名称	CAS号	添加浓度/(μg/kg)	Cleanert TPT 柱								Envi-Carb+PSA(0.5g)							
					绿茶				乌龙茶				绿茶				乌龙茶			
					GC-MS		GC-MS/MS		GC-MS		GC-MS/MS		GC-MS		GC-MS/MS		GC-MS		GC-MS/MS	
					AVE/%	RSD/%	AVE/%	RSD/%	AVE/%	RSD/%	AVE/%	RSD/%	AVE/%	RSD/%	AVE/%	RSD/%	AVE/%	RSD/%	AVE/%	RSD/%
161	propoxur-1	残杀威1	114-26-1	400	99.7	7.9	97.4	8.9	95.6	3.5	89.1	2.9	82.5	6.3	81.7	6.0	85.3	5.9	80.7	6.0
162	propoxur-2	残杀威2	114-26-1	400	106.6	8.8	72.2	27.4	137.5	20.0	57.1	11.7	106.6	10.5	167.1	48.9	109.1	122.7	82.2	35.5
163	propyzamide-2	炔苯酰草胺2	23950-58-5	100	89.4	5.4	90.7	6.7	92.4	2.1	90.9	2.0	81.7	6.2	78.0	5.5	85.7	5.8	81.0	5.7
164	prosulfocarb	苄草丹	52888-80-9	50	104.9	7.4	94.4	5.3	92.1	6.7	94.2	7.5	83.5	6.3	83.6	6.3	80.6	7.7	82.2	6.7
165	prothiophos	丙硫磷	34643-46-4	50	95.3	8.1	91.0	11.7	85.8	3.2	85.1	2.5	85.5	4.8	90.7	4.2	79.4	8.1	78.3	8.4
166	pyridaben	哒螨灵	96489-71-3	50	93.5	8.8	113.1	6.3	79.0	3.9	93.4	15.1	84.1	19.9	95.1	8.5	106.0	25.5	161.6	20.1
167	pyridaphenthion	哒嗪硫磷	119-12-0	50	88.2	10.2	89.5	12.5	88.3	8.1	83.9	4.9	88.4	8.6	90.7	9.4	79.7	11.0	99.2	11.9
168	pyrimethanil	嘧霉胺	53112-28-0	50	96.8	8.1	98.3	10.1	90.9	3.4	87.6	3.0	84.0	6.8	82.0	4.1	81.3	6.6	81.6	7.7
169	pyriproxyfen	吡丙醚	95737-68-1	50	99.7	7.4	112.2	5.3	84.6	4.4	94.5	15.4	79.5	6.7	96.5	7.5	86.5	5.6	163.5	21.2
170	quinalphos	喹硫磷	13593-03-8	50	87.8	9.7	91.1	10.1	83.6	4.2	83.3	1.8	87.1	5.3	92.4	5.1	82.8	8.3	81.4	7.9
171	quinoxyphen	喹氧灵	124495-18-7	50	104.4	10.5	95.3	9.6	82.0	4.6	85.6	3.2	83.7	4.7	80.0	4.5	79.1	7.1	82.2	7.9
172	ronnel	皮蝇磷	299-84-3	100	88.2	8.1	90.4	8.7	82.4	3.6	79.7	3.9	81.0	6.2	80.5	6.2	77.9	6.5	76.5	6.5
173	secbumeton	仲丁通	26259-45-0	50	95.7	4.8	95.9	4.8	92.0	6.4	93.8	7.4	82.7	5.0	84.0	6.0	82.7	7.0	83.9	7.4
174	silafluofen	氟硅菊酯	105024-66-6	50	101.8	8.7	96.0	5.7	90.2	7.5	95.9	7.6	84.3	9.2	87.1	8.8	85.0	9.7	86.7	6.7
175	sulfotep	治螟磷	3689-24-5	50	88.5	6.2	88.8	2.6	93.3	1.8	90.5	2.6	86.9	12.0	78.2	7.8	85.5	5.5	94.5	11.6
176	tebufenpyrad	吡螨胺	119168-77-3	50	95.3	5.1	91.9	4.6	95.5	3.7	92.5	3.8	81.3	5.5	78.8	5.9	85.5	6.0	83.5	6.6
177	tebupirimfos	丁基嘧啶磷	96182-53-5	100	90.0	4.8	92.6	4.8	90.1	6.7	91.6	7.6	54.8	13.4	85.9	5.7	78.6	6.7	81.8	6.0
178	tebutam	丙戊草胺	35256-85-0	100	95.4	4.6	94.8	4.8	91.3	6.8	95.2	6.8	83.4	5.4	87.0	5.6	81.0	6.2	83.5	6.7
179	tebuthiuron	特丁噻草隆	34014-18-1	200	98.9	4.9	94.7	4.3	93.0	5.7	98.8	5.7	82.2	5.5	83.8	6.4	76.9	5.5	82.8	6.9
180	tefluthrin	七氟菊酯	79538-32-2	50	96.3	3.9	92.9	4.9	95.0	7.5	92.9	7.5	86.3	5.3	85.0	5.0	86.8	6.7	81.4	7.4
181	dieldrin	狄氏剂	60-57-1	200	87.5	12.8	84.7	15.2	74.8	4.8	74.3	5.5	94.3	11.2	98.1	11.8	77.6	15.2	78.2	12.8
182	terbutryn	特丁净	886-50-0	100	91.1	6.2	89.7	5.6	95.8	2.3	92.8	2.3	78.5	8.8	76.4	7.9	86.6	5.8	88.2	5.8
183	tetrasul	杀螨硫醚	2227-13-6	50	94.2	9.2	94.3	9.2	88.6	3.2	86.5	3.0	78.2	5.7	76.9	3.9	79.8	6.4	79.3	7.9

序号	英文名称	中文名称	CAS号	添加浓度/(μg/kg)	Cleanert TPT柱								Envi-Carb+PSA(0.5g)							
					绿茶				乌龙茶				绿茶				乌龙茶			
					GC-MS		GC-MS/MS		GC-MS		GC-MS/MS		GC-MS		GC-MS/MS		GC-MS		GC-MS/MS	
					AVE/%	RSD/%	AVE/%	RSD/%	AVE/%	RSD/%	AVE/%	RSD/%	AVE/%	RSD/%	AVE/%	RSD/%	AVE/%	RSD/%	AVE/%	RSD/%
184	thenylclchlor	噻吩草胺	96491-05-3	100	89.6	10.6	101.4	4.2	75.4	8.9	78.4	5.0	82.4	7.1	75.6	5.7	90.3	10.6	80.6	5.6
185	thiazopyr	噻草啶	117718-60-2	100	98.4	8.1	89.2	9.1	91.1	2.5	93.0	5.1	85.8	4.5	87.5	5.1	82.2	6.4	80.7	8.7
186	thiobencarb	禾草丹	28249-77-6	100	91.4	6.2	88.8	5.5	95.8	2.4	93.9	2.9	79.0	7.1	76.6	6.5	87.8	5.6	87.5	5.5
187	thionazin	治线磷	297-97-2	50	93.2	4.8	93.4	4.7	89.9	4.3	89.7	6.2	87.7	4.0	83.9	4.9	81.7	7.1	81.4	7.0
188	tolclofos-methyl	甲基立枯磷	57018-04-9	50	94.5	7.4	95.2	7.9	85.5	2.8	85.8	2.5	84.8	3.7	83.1	5.0	75.8	6.5	81.2	8.6
189	tralkoxydim	肟草酮	87820-88-0	400	86.3	7.1	264.0	23.2	96.2	1.7			83.8	27.2	99.5	4.3	84.3	13.6	628.2	16.7
190	trans-chlordane	反式氯丹	5103-74-2	50	88.4	6.1	91.5	5.7	93.3	2.7	95.2	3.5	80.5	9.6	74.3	10.4	87.9	6.6	86.1	5.1
191	trans-diallate	反式燕麦畏	17708-58-6	100	89.2	6.4	86.1	4.8	92.5	2.2	88.2	2.7	78.7	8.6	77.3	7.1	85.7	5.8	36.5	9.7
192	transfluthrin	四氟苯菊酯	118712-89-3	50	96.1	6.9	93.9	9.3	90.1	3.4	87.8	2.6	85.2	4.3	81.7	4.1	82.6	5.5	79.8	7.7
193	triadimefon	三唑酮	43121-43-3	100	95.0	8.4	96.7	9.2	91.2	4.5	90.2	3.6	82.5	4.5	84.0	3.8	85.1	6.4	79.2	7.0
194	triadimenol	三唑醇	55219-65-3	150	99.8	7.6	97.6	9.1	82.8	6.3	89.0	2.4	84.9	5.5	83.0	3.3	85.5	6.2	81.6	7.3
195	triallate	野麦畏	2303-17-5	100	90.3	10.1	89.9	12.1	81.7	2.1	80.9	2.9	89.9	6.9	90.5	6.8	79.7	11.2	77.4	11.3
196	tribenuron-methyl	苯磺隆	101200-48-0	50	86.0	13.9	77.1	13.2	80.6	4.8	81.3	10.2	107.3	23.4	118.9	31.3	93.8	21.2	103.6	19.0
197	trichloronat	毒壤磷	327-98-0	50	91.7	5.3	89.5	4.2	84.3	5.3	87.3	5.4	87.0	7.1	87.5	6.2	78.4	8.5	80.6	8.4
198	trifloxystrobin	肟菌酯	141517-21-7	200	80.4	10.3	80.5	11.9	79.8	6.9	72.8	8.9	101.0	28.1	103.9	27.7	87.8	19.2	78.6	14.9
199	trifluralin	氟乐灵	1582-09-8	100	88.7	7.2	88.6	7.4	80.2	5.1	80.8	6.5	89.6	12.9	103.2	13.4	82.8	12.4	78.8	11.8
200	vinclozolin	乙烯菌核利	50471-44-8	50	88.1	9.1	89.9	11.9	86.6	3.8	84.3	3.7	83.1	5.1	96.0	8.4	84.1	9.7	85.1	11.3
201	zoxamide	苯酰菌胺	156052-68-5	100	96.4	7.7	87.1	6.1	90.3	5.4	90.2	4.2	87.1	10.8	76.9	8.9	83.7	3.0	90.0	7.6

表 2-18　绿茶和乌龙茶中 201 种农药采用 2 种 SPE 柱净化的平均回收率和 RSD 数据分布

样品	指标		Cleanert TPT		4 号 Envi-carb+PSA	
			GC-MS	GC-MS/MS	GC-MS	GC-MS/MS
绿茶	AVE	AVE<70%	3	0	1	1
		70%≤AVE≤110%	193	194	195	194
		AVE>110%	5	7	5	5
		未检出	0	0	0	1
	RSD	RSD<20%	200	197	185	183
		RSD≥20%	1	4	16	17
		未检出	0	0	0	1
		70%≤AVE≤110%且RSD<20%	193(96.0%)	191(95.0%)	183(91.0%)	184(91.5%)
乌龙茶	AVE	AVE<70%	3	3	4	2
		70%≤AVE≤110%	193	195	190	193
		AVE>110%	5	2	7	6
		未检出	0	1	0	0
	RSD	RSD<20%	197	199	183	189
		RSD≥20%	4	1	18	12
		未检出	0	1	0	0
		70%≤AVE≤110%且RSD<20%	192(95.5%)	195(97.0%)	177(88.1%)	184(91.5%)

注：括号内数字为占检测农药总数的百分比。

图 2-5

绿茶和乌龙茶中
201 种农药经
Cleanert TPT
与 4 号 Envi-Carb+
PSA 2 种 SPE 柱的
净化效果比较

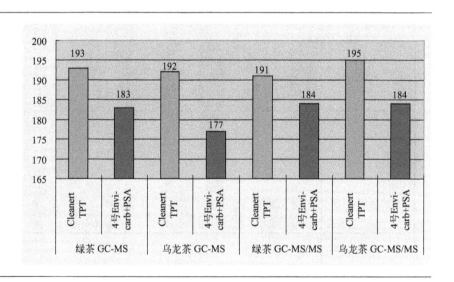

GC-MS 测定结果显示，Cleanert TPT 和 4 号 Envi-Carb＋PSA 净化柱满足两个条件的农药分别有 193 种和 183 种，分别占总数的 96.0％和 91.0％；GC-MS/MS 测定结果显示，Cleanert TPT 和 4 号 Envi-Carb＋PSA 净化柱满足两个条件的农药分别有 191 种和 184 种，分别占总数的 95.0％和 91.5％。对于乌龙茶样品，GC-MS 测定结果显示，

Cleanert TPT 和 4 号 Envi-Carb＋PSA 净化柱符合两个条件的农药分别有 192 种和 177 种，分别占总数的 95.5％和 88.1％；GC-MS/MS 测定结果显示，Cleanert TPT 和 4 号 Envi-Carb＋PSA 净化柱符合两个条件的农药分别有 195 种和 184 种，分别占总数的 97.0％和 91.5％。综上所述，对于绿茶和乌龙茶，采用 GC-MS 或 GC-MS/MS 测定时，使用 Cleanert TPT 净化柱对茶叶中 201 种农药的净化效果略优于 Envi-Carb＋PSA 组合净化柱（5％）。

2.3.7　4 号 Envi-Carb＋PSA 组合净化柱和 Cleanert TPT 柱对受 201 种农药污染的绿茶和乌龙茶 Youden Pair 样品净化效率的对比实验

实验的第三阶段，制备 201 种农药污染的绿茶和乌龙茶 Youden Pair 样品，在实验室条件下保存，每隔 5 天取样检测 1 次，分别用 4 号 Envi-Carb＋PSA 和 Cleanert TPT 净化，GC-MS 和 GC-MS/MS 测定，每次每种样品平行分析 3 个，循环实验持续 3 个月，共检测 19 次，得到农药含量的原始检测数据 183312 个（2 种茶叶×2 个浓度×2 种 SPE 柱净化×2 台仪器检测×19 次检测×每次 3 个平行样×201 种农药）。仅对每次 3 个平行样品分析结果，计算每种农药的平均含量和 RSD，分别得到 61104 个含量平均值和 RSD 值（见附表 2-1 和附表 2-2）。

2.3.7.1　目标农药含量测定值的比较

为综合评价两种净化柱对目标农药含量测定值准确度的影响，将附表 2-1 中对应于每种净化柱的每种茶叶的 2 个浓度和 2 种仪器测定值共 4 个条件的分析结果，进行平均值计算，分别列于表 2-19 和表 2-20。对表 2-19 和表 2-20 中每种农药 3 个月 19 次循环测定的平均值，计算总平均值。并按式（2-1）计算对应两种净化柱所测结果的偏差率（R），列于表 2-19 和表 2-20 中，偏差率分布统计见表 2-21 和图 2-6。

$$R = \frac{|A-B|}{(A+B)/2} \times 100\% \tag{2-1}$$

式中　R——两种 SPE 柱测定结果的偏差率，％；
　　　A——Cleanert TPT 柱测定结果的总平均值；
　　　B——Envi-Carb＋PSA 柱测定结果的总平均值。

由表 2-21 和图 2-6 可见，对于绿茶和乌龙茶，用 Cleanert TPT 柱和 4 号 Envi-Carb＋PSA 净化测得的含量结果无显著性差异，其中 93％以上农药经两种 SPE 柱的净化结果相差小于 15％。同时发现，绿茶样品有 179 种农药（占 89.1％）用 Cleanert TPT 柱净化测得的平均含量大于 Envi-Carb＋PSA 柱，与之相反，乌龙茶样品有 187 种农药（占 93.0％）用 4 号 Envi-Carb＋PSA 柱净化测得的平均含量大于 Cleanert TPT 柱；统计分

表2-19 绿茶Youden Pair污染样品中201种农药在两种SPE柱净化4个条件下3个月的循环检测结果

序号	英文名称	中文名称	CAS号	SPE柱	在4个条件下（两台仪器 Youden Pair 样品）农药含量平均值/(μg/kg)																			平均值/(μg/kg)	偏差率/%
					11月9日(n=5)	11月14日(n=3)	11月19日(n=3)	11月24日(n=3)	11月29日(n=3)	12月4日(n=3)	12月9日(n=3)	12月14日(n=3)	12月19日(n=3)	12月24日(n=3)	12月29日(n=3)	01月3日(n=3)	01月8日(n=3)	01月13日(n=3)	01月18日(n=3)	01月23日(n=3)	01月28日(n=3)	02月2日(n=3)	02月7日(n=3)		
1	2,3,4,5-tetra-chloroaniline	2,3,4,5-四氯苯胺	634-83-3	TPT柱	7.5	5.5	5.4	4.6	4.4	4.8	4.4	4.1	4.6	4.0	4.0	4.1	3.5	4.1	3.3	2.6	3.6	3.1	3.9	4.3	11.6
				串联柱	5.7	6.7	5.9	5.6	5.7	5.1	4.5	4.5	4.6	4.8	4.0	8.1	3.6	4.1	3.2	4.2	3.7	3.6	3.7	4.8	
2	2,3,5,6-tetra-chloroaniline	2,3,5,6-四氯苯胺	3481-20-7	TPT柱	42.9	36.5	38.1	39.1	30.3	35.4	33.3	31.6	36.2	32.9	33.7	33.9	34.1	33.4	33.1	25.5	30.9	28.0	36.7	34.0	13.5
				串联柱	37.2	37.7	38.2	38.6	42.0	38.8	35.7	36.2	35.9	36.4	32.8	76.0	36.1	40.7	35.5	36.7	37.0	32.8	34.4	38.9	
3	4,4'-dibromoben-zophenone	4,4'-二溴二苯甲酮	3988-03-2	TPT柱	50.2	41.8	46.0	42.8	37.6	44.3	45.1	44.5	54.4	36.5	49.4	50.5	55.5	45.3	47.6	58.6	44.6	39.7	66.7	47.4	11.0
				串联柱	57.3	51.2	50.8	50.6	47.6	47.6	62.7	54.4	59.6	48.2	50.4	46.7	49.1	49.3	56.6	51.3	65.8	52.8	54.0	52.9	
4	4,4'-dichloro-zophenone	4,4'-二氯二苯甲酮	90-98-2	TPT柱	120.3	97.2	110.5	106.0	84.9	97.7	96.8	94.7	113.8	87.3	99.9	106.8	101.8	96.6	95.2	83.0	93.9	83.5	119.5	99.4	10.2
				串联柱	114.8	112.8	113.4	115.3	112.1	105.2	119.4	111.2	122.3	99.8	102.3	75.3	98.5	117.0	114.2	121.8	121.1	110.3	106.3	110.2	
5	acetochlor	乙草胺	34256-82-1	TPT柱	88.9	72.6	71.0	92.0	57.3	72.9	62.2	68.3	74.5	56.4	67.7	62.7	62.9	80.8	72.7	57.5	73.2	53.6	62.1	68.9	4.2
				串联柱	74.2	82.8	72.4	70.6	80.8	74.2	71.3	65.3	79.5	80.0	67.9	76.0	58.6	72.5	70.3	69.3	77.4	61.5	61.3	71.9	
6	alachlor	甲草胺	15972-60-8	TPT柱	150.2	104.8	104.1	128.7	83.3	108.3	92.1	90.5	106.0	87.0	100.8	83.3	94.0	87.4	90.7	87.9	79.6	73.9	95.3	97.3	4.8
				串联柱	114.2	116.7	101.4	101.1	113.7	111.1	108.6	91.6	88.9	126.7	97.3	122.5	86.0	104.8	91.7	90.5	101.9	89.3	89.3	102.1	
7	atratone	莠去通	1610-17-9	TPT柱	56.6	44.7	44.9	45.8	32.7	57.3	35.1	33.4	40.3	38.8	43.6	34.7	37.2	34.4	34.4	27.5	31.2	27.2	38.0	38.8	5.1
				串联柱	45.4	45.4	45.8	44.4	49.9	51.0	38.1	36.9	37.2	58.9	35.4	39.8	33.9	39.1	34.4	36.5	36.6	31.8	35.7	40.9	
8	benodanil	麦锈灵	15310-01-7	TPT柱	157.3	149.0	123.3	115.0	94.3	183.0	99.9	91.0	131.5	101.0	186.2	139.5	189.9	112.6	118.7	227.3	98.5	94.5	195.0	137.2	5.7
				串联柱	130.3	142.9	145.7	86.3	145.8	149.6	153.7	118.0	150.7	138.2	137.7	127.5	115.5	103.1	109.1	96.4	181.5	105.1	125.8	129.6	
9	benoxacor	解草嗪	98730-04-2	TPT柱	109.0	92.0	71.9	99.4	63.9	87.4	69.5	70.4	86.0	62.6	105.9	70.8	85.7	80.4	84.6	88.3	66.1	54.4	72.9	80.1	1.0
				串联柱	88.3	94.5	86.7	60.1	86.4	104.2	77.7	74.1	65.7	77.8	82.8	92.5	79.4	68.9	72.8	63.4	86.2	69.2	74.7	79.2	
10	bromophos-ethyl	乙基溴硫磷	4824-78-6	TPT柱	41.9	34.1	32.6	35.7	28.0	38.2	28.7	28.3	35.2	30.3	40.3	31.6	32.6	31.2	28.8	25.7	26.1	24.7	32.3	31.9	9.8
				串联柱	36.2	37.9	36.5	32.5	39.7	38.8	33.4	32.2	33.4	58.5	34.3	36.9	30.5	34.8	31.8	30.8	32.7	27.5	30.3	35.2	

序号	英文名称	中文名称	CAS号	SPE柱	在4个条件下（两台仪器，Youden Pair 样品）农药含量平均值/(μg/kg)																			平均值/(μg/kg)	偏差率/%
					11月9日(n=5)	11月14日(n=3)	11月19日(n=3)	11月24日(n=3)	11月29日(n=3)	12月4日(n=3)	12月9日(n=3)	12月14日(n=3)	12月19日(n=3)	12月24日(n=3)	12月29日(n=3)	01月3日(n=3)	01月8日(n=3)	01月13日(n=3)	01月18日(n=3)	01月23日(n=3)	01月28日(n=3)	02月2日(n=3)	02月7日(n=3)		
11	butralin	仲丁灵	33629-47-9	TPT柱	214.1	147.1	125.5	148.1	94.7	321.2	118.5	115.6	179.4	102.7	209.8	130.3	160.7	132.4	155.6	282.2	104.4	104.9	177.9	159.2	6.9
				串联柱	158.2	170.1	159.7	94.8	157.8	196.2	169.1	149.6	133.1	146.1	195.4	188.0	136.5	109.5	124.5	114.1	181.4	110.2	128.2	148.6	
12	chlorfenapyr	虫螨腈	122453-73-0	TPT柱	356.6	299.3	313.4	343.4	255.0	284.5	265.9	255.6	299.3	282.0	284.7	272.6	280.0	289.7	260.2	212.5	242.1	223.8	284.4	279.2	4.9
				串联柱	333.4	329.4	310.9	322.2	326.3	319.3	300.1	277.3	284.4	286.3	264.4	278.9	271.0	306.1	271.9	282.2	288.9	248.9	271.2	293.3	
13	clomazone	异草酮	81777-89-1	TPT柱	54.1	38.7	34.3	36.3	30.3	49.0	30.0	30.3	36.2	33.2	45.8	35.6	34.7	36.0	35.5	43.5	30.0	27.1	36.3	36.7	5.1
				串联柱	40.5	48.1	43.4	30.5	41.1	41.2	36.6	36.6	39.4	42.8	49.0	40.1	33.3	37.3	41.1	32.8	36.0	29.2	34.2	38.6	
14	cycloate	环草敌	1134-23-2	TPT柱	39.4	31.1	32.4	32.2	26.0	31.9	28.7	27.1	30.9	27.4	30.4	28.0	28.9	27.2	26.7	21.1	24.9	22.5	28.7	28.7	11.6
				串联柱	33.4	33.1	33.4	32.8	37.2	33.9	31.1	30.5	31.7	36.1	27.8	41.4	28.2	34.9	30.3	30.9	30.3	27.4	28.2	32.2	
15	cycluron	环莠隆	2163-69-1	TPT柱	130.0	103.9	118.1	125.7	101.4	148.8	95.6	92.0	108.7	99.4	101.6	100.5	110.6	95.6	91.7	69.7	83.5	86.9	104.0	103.6	2.7
				串联柱	103.1	112.4	110.0	124.7	122.7	109.1	98.3	91.5	106.8	134.2	112.2	109.8	87.8	112.4	97.8	102.1	96.4	89.8	99.9	106.4	
16	cyhalofop-butyl	氰氟草酯	122008-85-9	TPT柱	114.9	83.2	76.8	68.2	65.3	118.2	62.1	59.8	70.1	91.6	82.2	83.1	79.9	77.6	76.0	77.2	59.6	58.0	86.2	78.4	9.4
				串联柱	81.0	101.5	89.5	66.6	85.5	82.4	65.9	71.7	116.4	62.4	91.7	156.7	86.8	87.9	87.5	72.8	83.5	63.1	73.8	86.2	
17	cyprodinil	嘧菌环胺	121552-61-2	TPT柱	46.1	36.5	37.5	37.4	27.6	36.2	29.7	29.1	34.8	30.0	36.8	31.1	31.9	30.4	28.7	24.1	26.6	23.3	31.1	32.0	8.0
				串联柱	38.3	38.9	38.6	39.5	41.0	39.8	33.7	32.7	33.7	49.6	29.1	33.4	28.5	32.9	28.7	32.1	30.7	28.0	30.0	34.7	
18	chlorthal-dimethyl-1	氯酞酸二甲酯-1	1861-32-1	TPT柱	128.0	102.2	99.8	107.7	84.2	94.8	88.4	94.1	105.0	91.2	100.1	92.0	91.0	94.3	91.1	91.1	78.8	73.9	96.7	94.6	2.2
				串联柱	105.1	107.9	106.8	100.7	114.0	109.3	101.6	89.8	96.4	91.5	93.7	69.1	92.9	101.1	93.2	99.1	80.8	90.2	90.2	96.7	
19	DE-PCB101	2,2',4,5,5'-五氯联苯	37680-73-2	TPT柱	40.4	32.0	33.0	33.4	26.6	29.6	28.6	30.2	31.1	29.0	30.1	30.2	30.2	29.5	27.8	22.2	26.3	24.2	29.5	29.5	7.0
				串联柱	33.6	34.1	33.7	37.6	34.2	30.9	29.4	30.7	31.1	29.3	28.0	32.6	33.4	30.6	31.7	31.7	30.4	28.3	30.1	31.7	
20	DE-PCB18	2,3,4,4',5-五氯联苯	74472-37-0	TPT柱	40.8	33.1	33.9	33.9	27.5	30.8	28.9	31.2	32.3	30.1	30.8	32.7	30.6	35.4	31.3	32.9	27.2	24.9	32.3	30.4	6.6
				串联柱	34.5	34.9	34.6	34.3	37.4	35.1	31.4	29.9	32.5	30.2	28.6	32.7	31.1	35.4	31.1	31.1	30.2	29.0	30.2	32.5	

序号	英文名称	中文名称	CAS号	SPE柱	在4个条件下（两台仪器，Youden Pair样品）农药含量平均值/(μg/kg)																			平均值/(μg/kg)	偏差率/%
					11月9日(n=5)	11月14日(n=3)	11月19日(n=3)	11月24日(n=3)	11月29日(n=3)	12月4日(n=3)	12月9日(n=3)	12月14日(n=3)	12月19日(n=3)	12月24日(n=3)	12月29日(n=3)	01月3日(n=3)	01月8日(n=3)	01月13日(n=3)	01月18日(n=3)	01月23日(n=3)	01月28日(n=3)	02月2日(n=3)	02月7日(n=3)		
21	DE-PCB38	2,2',3,4,4',5'-六氯联苯	35065-28-2	TPT柱	40.0	32.8	34.3	31.9	26.4	29.9	28.3	26.8	31.6	28.9	29.9	30.0	29.7	31.5	27.5	21.8	26.3	24.1	30.6	29.6	5.9
				串联柱	33.6	34.1	34.5	33.7	36.4	33.6	31.1	30.8	30.9	28.2	27.4	34.0	28.1	33.1	29.4	31.1	30.0	28.0	28.4	31.4	
22	DE-PCB180	2,2',3,4,4',5,5'-七氯联苯	35065-29-3	TPT柱	40.0	32.4	33.2	33.5	26.4	28.1	27.0	25.7	30.5	27.2	29.4	29.2	28.9	29.2	26.4	21.5	25.0	23.0	29.5	28.7	7.2
				串联柱	33.9	34.4	34.1	32.6	35.9	33.1	32.4	29.6	30.1	27.4	27.3	33.3	27.6	33.6	29.1	28.6	29.7	28.0	28.0	30.9	
23	DE-PCB28	2,4,4'-三氯联苯	7012-37-5	TPT柱	41.2	33.9	36.2	38.6	29.0	33.6	31.2	29.5	34.5	32.0	32.7	32.4	32.1	31.5	30.5	24.0	29.4	26.6	33.2	32.2	7.8
				串联柱	35.1	35.1	35.7	35.9	39.9	35.8	33.6	33.8	33.8	34.2	31.4	43.3	31.0	37.2	33.6	34.9	33.9	31.3	31.9	34.8	
24	DE-PCB31	2,4',5-三氯联苯	16606-02-3	TPT柱	41.8	33.7	36.1	38.4	28.8	32.7	31.3	29.5	34.5	31.3	32.9	32.8	32.4	31.4	30.6	23.8	29.2	26.7	33.2	32.2	6.5
				串联柱	35.0	35.0	35.9	35.9	39.9	36.1	31.2	33.9	33.6	34.8	31.3	35.9	30.7	37.4	33.7	35.1	33.6	31.1	31.9	34.3	
25	dichlorofop-methyl	二氯丙酸甲酯	23844-57-7	TPT柱	65.7	42.8	31.8	29.1	33.7	56.6	26.4	27.8	33.6	33.7	50.5	37.3	34.9	34.0	34.3	56.5	25.0	25.6	37.9	37.8	5.5
				串联柱	41.9	58.2	45.7	25.3	39.9	40.4	35.6	40.6	46.9	39.1	57.0	43.6	38.0	36.0	40.7	29.4	33.2	28.4	38.0	39.9	
26	dimethenamid	二甲噻草胺	87674-68-8	TPT柱	41.8	36.0	35.7	45.3	28.3	36.8	30.4	30.6	35.8	29.2	34.3	29.6	31.7	32.3	31.1	27.6	27.6	25.0	32.1	32.7	3.9
				串联柱	37.8	39.1	35.6	34.7	38.7	38.0	34.6	30.1	31.0	42.6	31.3	35.2	28.9	34.0	31.3	34.5	31.3	26.8	30.6	34.0	
27	diofenolan-1	苯虫醚1	63837-33-2	TPT柱	91.1	73.3	73.5	78.4	60.0	75.8	64.3	58.4	70.7	62.9	72.8	67.5	68.0	71.6	62.1	49.9	57.6	54.0	71.9	67.6	6.4
				串联柱	77.9	77.2	78.5	76.3	81.2	79.4	67.0	70.5	70.1	84.0	59.3	73.3	64.4	76.0	68.3	70.4	69.4	61.2	64.9	72.1	
28	diofenolan-2	苯虫醚2	63837-33-2	TPT柱	92.9	75.1	78.9	81.3	63.5	78.7	66.5	58.7	73.9	66.0	74.5	71.6	70.1	73.9	64.3	52.9	59.9	56.9	76.5	70.3	5.2
				串联柱	76.4	79.7	78.5	78.3	81.5	78.2	70.6	72.9	72.5	89.2	62.6	64.9	64.8	97.9	68.0	70.6	70.5	63.5	66.4	74.0	
29	fenbuconazole	腈苯唑	114369-43-6	TPT柱	94.0	78.9	88.4	89.2	67.9	79.7	65.3	62.7	75.9	60.4	83.1	69.8	76.3	66.8	58.1	48.8	58.2	54.6	72.6	71.1	5.4
				串联柱	78.5	76.4	85.5	85.7	91.7	85.0	61.1	73.2	75.9	102.7	67.7	69.5	66.8	72.0	67.1	73.5	69.3	60.1	64.8	75.1	
30	fenpyroximate	唑螨酯	134098-61-6	TPT柱	280.1	238.5	397.1	383.5	236.3	207.4	243.2	263.2	191.4	229.0	207.9	220.4	252.4	203.5	238.7	96.2	228.5	228.2	229.2	243.9	10.2
				串联柱	299.9	255.9	297.3	427.6	327.7	263.7	256.1	266.8	292.1	171.9	269.9	211.4	283.5	238.7	298.4	241.9	248.8	224.9	270.1	270.1	

续表

在4个条件下(两台仪器，Youden Pair 样品)农药含量平均值/(μg/kg)

序号	英文名称	中文名称	CAS号	SPE柱	11月9日(n=5)	11月14日(n=3)	11月19日(n=3)	11月24日(n=3)	11月29日(n=3)	12月4日(n=3)	12月9日(n=3)	12月14日(n=3)	12月19日(n=3)	12月24日(n=3)	12月29日(n=3)	01月3日(n=3)	01月8日(n=3)	01月13日(n=3)	01月18日(n=3)	01月23日(n=3)	01月28日(n=3)	02月2日(n=3)	02月7日(n=3)	平均值/(μg/kg)	偏差率/%
31	fluotrimazole	三氟苯唑	31251-03-3	TPT柱	46.5	37.8	39.1	30.6	28.3	39.9	29.1	26.7	31.7	27.4	33.3	27.9	26.7	30.4	27.2	21.3	25.4	22.8	29.3	30.6	7.4
				串联柱	38.9	39.6	38.3	37.7	38.8	38.3	30.6	30.3	33.7	37.6	26.6	35.9	27.2	32.5	28.6	30.0	28.3	25.5	28.2	33.0	
32	fluoxypr-1-meth-ylheptyl ester	氯氟吡氧乙酸异辛酯	81406-37-3	TPT柱	52.1	39.8	40.2	35.9	31.6	42.3	31.4	37.1	36.0	33.0	42.6	36.2	37.1	34.8	33.8	40.7	28.4	27.9	40.5	36.6	4.7
				串联柱	41.2	55.2	44.1	33.4	39.7	39.9	36.3	38.1	43.1	36.9	39.9	44.4	33.5	35.2	40.0	32.0	36.9	29.2	30.3	38.4	
33	iprovalicarb-1	异丙菌胺-1	140923-17-7	TPT柱	201.0	168.9	174.4	171.2	141.0	201.1	151.3	150.3	160.1	139.8	215.1	145.3	156.6	174.8	156.1	235.3	122.3	107.9	171.2	165.5	0.0
				串联柱	172.2	204.1	186.6	163.1	185.0	193.1	163.1	162.6	200.1	211.7	151.2	152.4	135.4	141.0	145.8	133.1	182.7	114.9	145.5	165.5	
34	iprovalicarb-2	异丙菌胺-2	140923-17-7	TPT柱	211.1	211.2	175.1	172.0	134.1	213.0	135.6	161.8	169.6	133.4	228.2	154.3	159.9	157.4	155.5	238.1	126.3	108.5	178.8	165.9	0.8
				串联柱	176.3	205.3	181.5	153.7	186.5	196.6	161.8	162.6	146.6	247.9	150.3	152.8	142.2	151.9	130.9	188.6	114.0	142.7		164.6	
35	isodrin	异艾氏剂	465-73-6	TPT柱	44.9	34.0	33.8	37.3	29.4	31.4	30.4	29.0	32.7	27.9	31.2	33.5	32.1	30.4	30.4	23.8	27.9	24.8	31.1	31.4	6.0
				串联柱	39.0	36.2	34.4	35.5	39.3	35.7	30.0	29.5	34.1	29.1	29.7	43.3	30.0	36.5	32.3	32.7	30.6	27.9	27.1	33.3	
36	isoprocarb-1	异丙威-1	2631-40-5	TPT柱	83.0	70.7	81.9	81.6	61.8	69.8	67.3	62.1	72.6	62.6	65.5	68.6	69.4	59.8	61.3	45.7	61.6	55.7	71.6	67.0	8.6
				串联柱	75.1	73.9	75.2	82.5	84.0	76.3	68.9	68.8	70.2	75.0	62.0	88.9	65.4	78.1	68.2	74.1	70.4	64.4	66.0	73.0	
37	isoprocarb-2	异乐灵-2	33820-53-0	TPT柱	96.2	95.7	65.7	67.3	66.5	86.3	65.2	62.3	71.4	73.8	103.8	64.6	56.1	60.6	75.6	147.2	57.0	58.5	68.0	75.9	20.7
				串联柱	87.8	131.4	104.6	68.3	93.8	92.3	73.6	96.4	87.3	76.6	118.2	105.5	95.8	94.5	99.7	100.6	72.4	92.8	81.8	93.3	
38	lenacil	环草啶	2164-08-1	TPT柱	293.8	225.4	190.4	197.3	172.1	197.4	149.6	178.6	228.5	188.9	339.5	260.8	227.2	199.1	228.4	581.2	126.0	106.3	305.2	231.4	0.7
				串联柱	224.3	290.8	240.1	216.0	240.1	231.5	235.5	213.7	246.5	257.7	204.5	222.9	201.8	176.3	292.0	213.8	354.6	198.0	256.8	233.0	
39	metalaxyl	甲霜灵	57837-19-1	TPT柱	132.5	106.9	108.0	120.5	84.8	100.8	88.2	83.9	100.1	82.2	108.3	88.7	100.8	95.4	93.7	79.0	87.0	79.4	105.1	97.1	6.5
				串联柱	110.4	113.6	115.2	109.6	118.5	112.2	90.7	92.0	94.5	131.0	93.1	111.6	90.6	105.7	95.9	100.5	100.7	89.1	95.6	103.7	
40	metazachlor	吡唑草胺	67129-08-2	TPT柱	125.4	112.1	103.7	115.0	93.8	115.7	103.4	102.4	122.8	88.5	113.9	85.2	99.7	92.7	96.1	99.6	80.2	77.2	105.2	103.8	1.4
				串联柱	116.4	135.0	101.3	102.3	115.0	121.5	97.4	97.3	107.1	139.0	107.2	96.9	89.3	99.9	94.0	84.9	118.2	83.4	90.8	105.2	

序号	英文名称	中文名称	CAS号	SPE柱	在4个条件下(两台仪器,Youden Pair样品)农药含量平均值/(μg/kg)																			平均值/(μg/kg)	偏差率/%
					11月9日 (n=5)	11月14日 (n=3)	11月19日 (n=3)	11月24日 (n=3)	11月29日 (n=3)	12月4日 (n=3)	12月9日 (n=3)	12月14日 (n=3)	12月19日 (n=3)	12月24日 (n=3)	12月29日 (n=3)	01月3日 (n=3)	01月8日 (n=3)	01月13日 (n=3)	01月18日 (n=3)	01月23日 (n=3)	01月28日 (n=3)	02月2日 (n=3)	02月7日 (n=3)		
41	methabenzthiazuron	噻唑隆	18691-97-9	TPT柱	437.7	355.5	377.9	398.7	292.9	415.4	307.4	288.3	349.0	286.7	355.6	312.5	344.8	296.9	294.4	280.4	279.6	256.5	420.2	334.2	7.4
				串联柱	392.9	391.3	407.0	376.7	424.3	400.0	326.1	347.1	332.8	476.8	292.5	360.4	317.4	362.3	323.2	329.6	359.3	295.0	324.3	360.0	
42	mirex	灭蚊灵	2385-85-5	TPT柱	43.6	31.9	27.1	32.0	23.7	30.6	23.4	24.8	30.2	24.7	32.8	27.7	26.8	27.9	28.1	34.2	21.0	19.3	27.2	28.3	0.1
				串联柱	34.0	34.0	31.0	23.9	33.1	31.7	25.3	25.1	24.5	22.2	31.7	37.9	28.6	28.6	25.7	22.1	31.7	19.9	26.2	28.2	
43	monalide	庚酰草胺	7287-36-7	TPT柱	93.5	86.3	82.1	86.8	72.5	83.9	71.4	77.5	81.9	86.0	85.4	84.2	73.0	74.7	76.1	74.1	68.5	64.7	78.5	79.0	2.7
				串联柱	79.5	85.6	74.6	82.7	97.6	88.3	69.2	84.6	86.1	75.6	77.7	85.1	72.9	88.0	81.6	83.3	77.1	78.7	74.2	81.2	
44	paraoxon-ethyl	对氧磷	311-45-5	TPT柱	199.5	190.9	141.6	167.7	166.7	249.6	135.5	151.8	191.0	146.5	189.7	148.0	196.6	165.0	155.2	169.4	125.9	142.0	104.7	165.1	1.5
				串联柱	198.4	207.0	168.4	154.3	151.4	197.1	147.0	177.0	165.8	138.7	181.7	165.6	168.8	163.7	181.4	150.6	157.2	205.6	205.8	167.7	
45	pebulate	克草猛	1114-71-2	TPT柱	107.9	88.5	91.4	92.4	74.9	84.6	81.2	77.2	85.0	77.2	70.6	70.8	72.3	70.2	64.3	55.0	73.4	67.3	92.9	78.8	8.7
				串联柱	99.1	95.2	95.0	94.5	107.9	95.5	85.4	88.2	83.3	64.2	81.3	73.9	63.2	63.7	91.5	88.3	95.0	84.4	83.6	86.0	
46	pentachloroaniline	五氯苯胺	527-20-8	TPT柱	66.8	35.7	37.9	37.7	28.8	34.7	29.0	30.4	35.0	32.0	31.9	33.1	32.8	30.9	29.8	24.8	28.6	25.6	34.7	33.7	4.2
				串联柱	36.9	37.0	36.2	37.0	40.8	38.5	33.3	33.9	32.3	35.3	32.4	35.0	32.8	38.0	31.7	35.5	36.4	33.6	30.6	35.1	
47	pentachloroanisole	五氯甲氧基苯	1825-21-4	TPT柱	40.1	31.5	31.6	31.6	27.2	32.1	30.7	29.6	33.3	29.5	30.8	30.1	31.4	29.2	28.4	22.5	27.0	24.0	31.4	30.1	7.6
				串联柱	33.0	33.3	33.6	32.6	37.8	34.0	34.1	33.4	33.8	32.2	29.7	33.0	31.0	35.2	30.4	30.8	31.0	28.5	29.6	32.5	
48	pentachlorobenzene	五氯苯	608-93-5	TPT柱	35.9	29.1	31.2	32.4	25.5	29.4	29.2	28.7	32.6	27.6	28.6	29.0	30.7	27.9	28.0	22.6	26.1	23.3	30.0	28.8	10.7
				串联柱	33.0	31.9	32.2	31.7	37.2	33.2	32.7	32.8	32.0	29.2	29.2	35.9	35.5	31.4	30.4	31.1	32.8	28.3	29.1	32.1	
49	perthane	乙滴滴	72-56-0	TPT柱	48.2	40.3	35.4	37.5	28.6	35.4	28.3	28.2	33.8	30.8	38.1	32.9	33.6	33.3	35.7	27.6	25.3	25.3	33.6	33.1	5.2
				串联柱	39.1	40.3	37.7	35.7	39.5	38.0	35.1	32.9	34.2	38.6	33.3	35.1	36.7	36.6	32.1	32.8	28.6	28.6	30.7	34.9	
50	phenanthrene	菲	85-01-8	TPT柱	42.6	37.1	36.2	36.4	42.0	40.3	36.4	36.4	36.6	38.1	33.5	37.3	33.6	41.7	36.8	37.2	35.7	33.6	35.5	34.5	7.8
				串联柱	37.3	38.6	38.6	36.4	36.4	36.4	36.6	36.6	36.6	38.1	33.5	35.6	36.8	36.6	36.8	37.0	35.7	33.6	35.7	37.3	

表题：在4个条件下(两台仪器，Youden Pair 样品)农药含量平均值(μg/kg)

序号	英文名称	中文名称	CAS号	SPE柱	11月9日(n=5)	11月14日(n=3)	11月19日(n=3)	11月24日(n=3)	11月29日(n=3)	12月4日(n=3)	12月9日(n=3)	12月14日(n=3)	12月19日(n=3)	12月24日(n=3)	12月29日(n=3)	01月3日(n=3)	01月8日(n=3)	01月13日(n=3)	01月18日(n=3)	01月23日(n=3)	01月28日(n=3)	02月2日(n=3)	02月7日(n=3)	平均值/(μg/kg)	偏差率/%
51	pirimicarb	抗蚜威	23103-98-2	TPT柱	96.0	72.9	77.7	73.9	53.6	82.6	58.5	53.1	66.8	54.4	76.4	55.6	60.0	59.0	59.9	52.8	53.2	46.3	64.3	64.0	5.3
				串联柱	77.1	75.1	76.6	69.2	78.7	75.6	62.6	62.8	64.7	106.6	58.6	60.3	55.2	66.2	60.9	59.9	61.9	53.2	57.7	67.5	
52	procymidone	腐霉利	32809-16-8	TPT柱	46.2	37.1	38.9	40.8	31.4	34.6	33.2	30.7	36.4	34.0	33.1	36.2	37.6	38.1	31.9	25.9	30.9	28.4	35.8	34.8	6.7
				串联柱	39.0	40.0	39.8	39.8	41.7	40.2	32.0	35.5	36.7	35.7	32.1	39.7	34.5	43.5	36.2	37.0	35.3	32.9	35.3	37.2	
53	prometryn	扑草净	7287-19-6	TPT柱	47.1	38.7	40.6	37.6	28.0	41.2	30.2	28.2	34.1	28.3	38.5	29.3	31.0	28.8	28.1	22.9	27.4	22.9	29.9	32.3	8.4
				串联柱	39.9	41.4	41.4	38.8	41.7	42.3	32.8	32.6	31.9	54.7	29.0	32.2	26.9	33.4	29.2	31.5	30.2	27.7	29.2	35.1	
54	propham	苯胺灵	122-42-9	TPT柱	45.3	39.9	41.0	37.8	33.1	44.1	35.1	34.4	40.4	36.4	42.0	37.4	40.7	35.0	38.0	45.4	33.1	29.6	44.6	38.6	4.6
				串联柱	39.4	42.9	44.2	40.0	44.3	41.6	40.7	41.4	38.8	48.7	38.4	37.9	37.9	40.8	39.3	36.5	43.7	32.7	37.3	40.4	
55	prosulfocarb	苄草丹	52888-80-9	TPT柱	43.3	34.3	34.7	38.6	27.4	36.2	30.4	28.2	33.5	27.6	35.0	29.7	32.0	30.9	29.2	22.5	27.5	24.9	31.7	31.5	8.8
				串联柱	36.1	36.1	37.1	36.4	40.2	40.2	34.7	32.3	32.2	50.1	29.2	33.1	29.7	34.2	31.0	32.3	31.4	29.1	29.7	34.3	
56	secbumeton	仲丁通	26259-45-0	TPT柱	40.6	30.8	30.6	28.8	20.0	29.5	23.1	21.4	26.2	20.0	31.5	21.0	25.5	24.8	23.5	18.3	21.6	18.2	25.0	25.3	33.7
				串联柱	40.9	42.2	43.4	37.9	40.9	45.5	34.2	33.5	33.2	48.2	28.6	30.2	27.4	34.6	30.4	32.9	31.2	28.5	30.8	35.5	
57	silafluofen	氟硅菊酯	105024-66-6	TPT柱	52.1	47.6	35.8	36.6	28.6	35.5	31.6	27.1	32.4	31.2	40.8	36.3	36.6	33.2	32.5	23.1	27.2	24.3	32.7	34.0	2.4
				串联柱	40.8	52.1	37.9	35.6	39.1	35.1	32.2	32.2	33.0	37.3	27.0	34.6	30.3	34.6	37.1	31.5	31.0	28.2	31.0	34.8	
58	tebupirimfos	丁基嘧啶磷	96182-53-5	TPT柱	151.2	114.8	104.7	107.2	73.8	88.8	70.3	38.5	48.8	38.0	51.1	36.7	44.4	41.5	38.2	30.5	37.7	33.5	41.8	62.7	27.6
				串联柱	120.9	131.0	133.8	106.6	149.2	127.3	62.2	59.0	58.1	100.9	55.7	64.6	52.2	66.6	58.7	58.4	59.6	54.4	54.1	82.8	
59	tebutam	丙戊草胺	35256-85-0	TPT柱	86.5	67.7	71.6	72.4	54.8	66.6	58.8	56.2	66.1	57.6	65.4	61.6	61.7	57.7	58.8	45.7	55.7	48.1	61.7	61.7	7.9
				串联柱	73.0	72.5	72.2	71.3	78.4	73.1	64.3	61.7	63.3	79.4	57.9	64.4	59.3	71.1	62.2	65.1	62.1	57.6	59.8	66.8	
60	tebuthiuron	特丁噻草隆	34014-18-1	TPT柱	191.6	144.5	169.4	148.5	115.1	181.1	124.0	113.4	137.1	105.7	130.2	118.0	140.8	115.3	117.9	93.2	114.2	101.4	145.1	131.9	6.5
				串联柱	158.8	154.2	159.2	154.9	163.7	159.1	123.3	134.5	130.1	199.4	117.7	132.4	121.5	133.2	125.5	133.1	131.9	116.7	125.0	140.8	

序号	英文名称	中文名称	CAS号	SPE柱	在4个条件下（两台仪器）Youden Pair 样品）农药含量平均值/（μg/kg）																		平均值/(μg/kg)	偏差率/%
					11月9日(n=5)	11月14日(n=3)	11月19日(n=3)	11月24日(n=3)	11月29日(n=3)	12月4日(n=3)	12月9日(n=3)	12月14日(n=3)	12月19日(n=3)	12月24日(n=3)	12月29日(n=3)	01月3日(n=3)	01月8日(n=3)	01月13日(n=3)	01月18日(n=3)	01月23日(n=3)	01月28日(n=3)	02月2日(n=3)	02月7日(n=3)		
61	tefluthrin	七氟菊酯	79538-32-2	TPT柱	40.9	31.8	30.9	34.9	25.3	29.6	27.9	26.2	30.7	25.7	30.1	28.2	28.2	31.5	26.9	21.2	25.7	22.3	28.1	28.7	7.6
				串联柱	33.7	33.9	33.6	32.1	36.6	33.6	30.0	30.0	30.1	35.8	27.7	33.4	26.7	31.6	28.7	29.5	28.6	25.8	27.4	31.0	
62	thenylchlor	噻吩草胺	96491-05-3	TPT柱	79.9	80.3	68.2	112.4	62.7	74.9	64.4	62.5	75.8	59.7	70.6	59.4	66.7	72.4	65.5	69.8	54.2	59.0	72.5	70.0	0.8
				串联柱	80.8	101.7	66.3	69.5	75.5	75.0	72.9	59.5	58.7	68.7	71.2	70.3	65.3	75.0	66.3	61.6	85.1	53.4	64.1	70.6	
63	thionazin	治线磷	297-97-2	TPT柱	44.9	35.2	36.4	35.5	28.1	42.8	30.7	28.8	34.1	27.1	32.9	28.5	32.3	28.0	28.8	24.5	26.7	24.3	31.4	31.6	8.6
				串联柱	36.3	37.6	37.8	35.1	41.4	36.7	36.6	32.4	30.9	46.8	31.4	35.8	31.4	34.8	32.2	30.7	31.8	27.1	28.6	34.5	
64	trichloronat	毒壤磷	327-98-0	TPT柱	47.6	35.2	34.7	31.8	27.7	39.4	28.7	28.0	34.6	28.8	40.3	30.2	31.9	30.7	29.5	27.0	26.4	23.9	30.8	32.0	5.7
				串联柱	36.6	39.0	39.3	30.9	40.5	39.0	32.4	32.6	33.9	49.3	35.6	17.9	29.7	34.1	32.9	30.1	31.3	27.8	30.1	33.8	
65	trifluralin	氟乐灵	1582-09-8	TPT柱	98.0	72.9	73.4	64.8	52.0	115.4	61.0	57.7	77.4	57.8	78.7	62.7	86.0	64.1	69.3	83.9	55.0	60.6	83.4	72.3	0.8
				串联柱	72.9	75.4	76.4	60.8	79.0	83.2	69.3	65.0	67.0	78.1	79.9	72.3	68.5	38.7	71.8	61.3	118.3	52.3	72.7	71.7	
66	2,4'-DDT	2,4'-滴滴涕	789-02-6	TPT柱	92.2	75.8	65.1	111.9	62.2	59.3	62.4	61.3	61.5	54.8	72.6	51.4	57.8	57.9	62.0	55.2	43.7	49.3	60.6	64.1	2.5
				串联柱	93.8	79.9	71.6	67.3	71.2	78.9	65.1	53.3	67.4	58.2	65.9	70.9	59.8	59.7	40.2	53.2	63.0	56.8	71.9	65.7	
67	4,4'-DDE	4,4'-滴滴伊	72-55-9	TPT柱	42.4	35.0	36.6	42.7	32.0	29.6	35.4	32.1	34.1	30.2	31.4	31.6	30.9	31.8	31.6	26.7	27.0	27.6	33.6	32.7	8.7
				串联柱	46.8	38.9	36.7	35.7	37.7	37.4	58.9	32.7	32.1	32.4	31.8	34.3	32.0	32.5	30.7	34.6	29.3	31.4	32.5	35.7	
68	benalaxyl	苯霜灵	71626-11-4	TPT柱	47.2	39.1	40.0	49.0	34.4	31.6	36.2	31.9	34.5	30.1	35.4	31.9	30.2	29.7	30.0	27.6	26.2	29.8	34.1	34.2	6.6
				串联柱	53.9	45.1	51.9	47.6	39.5	37.4	35.3	30.6	34.3	33.1	33.5	34.1	32.5	32.2	24.9	31.6	31.2	29.3	35.4	36.5	
69	benzoylprop-ethyl	新燕灵	22212-55-1	TPT柱	142.2	120.3	121.8	150.0	104.9	98.0	112.6	103.3	109.9	94.5	110.1	103.6	98.9	94.3	95.2	85.1	81.0	86.2	105.7	106.2	3.3
				串联柱	153.6	135.6	117.9	113.4	120.5	119.2	106.8	99.0	107.0	103.3	102.1	112.7	103.9	104.4	86.1	100.7	96.4	95.1	106.3	109.7	
70	bromofos	溴硫磷	2104-96-3	TPT柱	82.9	76.9	69.2	100.7	67.9	64.7	73.7	69.0	69.1	60.4	68.0	55.3	60.7	59.3	63.8	58.0	50.7	54.8	61.2	66.4	6.7
				串联柱	101.8	78.5	78.3	83.8	78.3	81.3	82.3	60.7	71.8	62.6	64.0	70.2	61.0	65.7	52.0	64.9	61.0	60.3	72.0	71.0	

在4个条件下（两台仪器，Youden Pair 样品）农药含量平均值/（μg/kg）

序号	英文名称	中文名称	CAS号	SPE柱	11月9日(n=5)	11月14日(n=3)	11月19日(n=3)	11月24日(n=3)	11月29日(n=3)	12月4日(n=3)	12月9日(n=3)	12月14日(n=3)	12月19日(n=3)	12月24日(n=3)	12月29日(n=3)	01月3日(n=3)	01月8日(n=3)	01月13日(n=3)	01月18日(n=3)	01月23日(n=3)	01月28日(n=3)	02月2日(n=3)	02月7日(n=3)	平均值/(μg/kg)	偏差率/%
71	bromopropylate	溴螨酯	18181-80-1	TPT柱	95.6	85.3	78.8	120.0	70.2	65.7	74.3	66.9	71.4	60.3	88.3	57.1	66.6	61.5	66.8	60.8	47.1	60.1	72.2	72.0	3.8
				串联柱	101.7	104.0	79.7	72.3	80.4	82.3	69.2	63.0	86.0	75.5	72.8	76.6	73.0	64.7	42.6	51.5	83.0	67.4	75.7	74.8	
72	buprofenzin	噻嗪酮	69327-76-0	TPT柱	91.5	74.3	74.7	89.6	66.4	61.6	72.6	66.2	67.7	61.3	67.1	52.5	57.0	68.6	63.9	51.9	59.8	63.9	65.4	67.2	2.1
				串联柱	98.4	81.0	69.4	67.2	79.7	79.6	75.7	63.7	60.6	65.9	58.5	58.3	57.0	64.6	70.0	76.6	53.6	59.4	64.3	68.6	
73	butachlor	丁草胺	23184-66-9	TPT柱	81.0	72.1	71.2	85.2	64.0	59.4	69.5	62.5	67.2	57.9	61.5	58.9	57.9	60.9	63.2	54.4	50.6	54.7	62.6	63.9	2.0
				串联柱	85.0	74.5	70.3	69.9	73.3	66.8	68.6	61.1	62.7	62.1	61.0	62.1	61.8	61.2	54.8	63.3	57.9	58.8	64.4	65.2	
74	butylate	丁草特	2008-41-5	TPT柱	105.3	85.0	90.0	102.7	83.7	73.3	79.7	64.5	84.7	79.2	55.6	44.3	53.0	52.8	48.2	41.9	42.2	62.9	71.1	68.3	20.8
				串联柱	207.6	114.7	87.4	74.0	97.5	102.7	93.2	71.5	58.6	111.9	111.9	87.7	56.9	63.8	42.6	51.2	49.6	76.3	73.3	84.2	
75	carbofenothion	三硫磷	786-19-6	TPT柱	84.9	74.7	68.3	88.9	62.4	54.1	64.5	63.5	58.6	50.7	62.0	58.8	49.3	49.1	47.1	38.4	36.8	37.1	42.5	57.8	10.0
				串联柱	105.9	81.3	100.6	96.9	72.6	68.0	73.2	56.0	64.5	63.8	58.8	61.5	51.6	52.5	37.0	46.4	41.7	42.3	43.6	63.8	
76	chlorfenson	杀螨酯	80-33-1	TPT柱	100.5	95.8	72.3	177.1	77.6	77.1	77.9	67.6	78.0	64.7	105.0	104.7	70.1	70.0	71.3	66.3	48.0	63.2	72.5	82.1	0.3
				串联柱	107.1	99.5	83.7	83.7	82.8	89.2	87.3	65.1	93.2	77.9	84.1	85.9	75.2	71.2	47.0	55.4	93.8	97.8	97.9	81.9	
77	chlorfenvinphos	毒虫畏	470-90-6	TPT柱	127.2	116.6	103.6	172.4	95.2	87.5	104.5	96.9	97.3	83.0	103.9	89.8	85.3	90.3	96.7	81.4	73.0	76.4	97.8	98.5	4.5
				串联柱	146.3	124.8	106.6	108.0	110.8	142.7	107.9	78.8	110.3	103.9	100.4	113.1	79.7	89.3	68.1	91.3	99.7	82.1	106.8	103.0	
78	chlormephos	氯甲硫磷	24934-91-6	TPT柱	78.0	64.6	67.6	76.7	64.3	57.5	68.8	59.9	65.9	57.7	62.6	63.7	61.9	62.7	61.8	50.4	49.1	52.8	62.6	62.6	6.2
				串联柱	89.8	70.6	62.7	61.9	75.4	69.8	70.6	65.2	62.5	69.8	59.5	74.4	66.6	66.6	51.1	62.6	60.5	61.1	65.8	66.6	
79	chloroneb	乙酯杀螨醇	510-15-6	TPT柱	45.6	38.2	40.0	45.6	36.4	33.3	40.2	36.0	39.3	34.1	34.9	38.8	35.3	34.2	34.3	32.1	30.4	32.3	37.7	36.8	5.1
				串联柱	48.0	41.2	41.4	39.8	42.7	37.6	39.3	38.2	36.1	37.4	36.2	37.4	39.9	38.3	33.8	38.6	34.5	35.9	38.7	38.7	
80	chloropropylate	氯苯胺灵	101-21-3	TPT柱	138.2	40.3	38.3	57.1	29.2	33.2	35.6	36.4	34.4	30.3	40.2	32.7	32.0	32.9	34.0	30.1	26.2	27.8	36.2	40.4	9.0
				串联柱	50.4	43.8	39.3	36.7	38.4	39.2	44.4	32.7	40.2	37.8	35.6	34.3	34.3	31.9	25.0	29.2	38.0	34.1	37.1	36.9	

在4个条件下（两台仪器，Youden Pair 样品）农药含量平均值/（μg/kg）

序号	英文名称	中文名称	CAS号	SPE柱	11月9日(n=5)	11月14日(n=3)	11月19日(n=3)	11月24日(n=3)	11月29日(n=3)	12月4日(n=3)	12月9日(n=3)	12月14日(n=3)	12月19日(n=3)	12月24日(n=3)	12月29日(n=3)	01月3日(n=3)	01月8日(n=3)	01月13日(n=3)	01月18日(n=3)	01月23日(n=3)	01月28日(n=3)	02月2日(n=3)	02月7日(n=3)	平均值/(μg/kg)	偏差率%
81	chlorpropham	氯苯胺灵	101-21-3	TPT柱	93.6	85.4	82.6	111.8	76.4	70.2	82.8	78.5	81.4	71.1	88.5	80.0	74.4	73.8	76.1	68.3	63.7	55.4	83.9	78.8	6.0
				串联柱	105.6	96.8	96.4	89.2	89.4	88.5	92.2	75.0	85.7	84.4	78.2	77.4	82.5	75.3	61.6	72.4	81.0	77.6	81.1	83.7	
82	chlorpyrifos	毒死蜱	2921-88-2	TPT柱	43.4	36.3	34.1	48.5	32.0	29.5	34.4	32.7	33.6	27.8	36.4	30.6	30.2	29.2	31.1	26.7	24.2	25.3	31.0	32.5	5.9
				串联柱	46.1	38.9	34.8	34.2	38.8	42.7	36.2	29.6	34.8	34.1	33.3	36.8	31.6	33.0	25.4	28.9	31.9	29.6	34.0	34.5	
83	chlorthiophos	虫螨磷	60238-56-4	TPT柱	125.8	108.4	103.2	129.8	89.4	79.2	95.1	85.1	86.0	68.9	82.2	58.5	77.0	76.0	76.7	63.5	62.2	57.7	64.3	83.6	8.8
				串联柱	145.9	117.5	110.4	105.4	106.0	116.4	118.5	79.8	82.1	80.7	77.5	95.7	79.6	80.2	68.3	75.2	68.0	59.6	68.6	91.3	
84	cis-chlordane	顺式氯丹	5103-71-9	TPT柱	88.0	72.2	71.6	92.9	65.4	61.4	68.9	63.6	66.5	60.0	68.0	59.0	62.9	57.6	63.0	53.3	50.7	54.2	63.1	65.4	6.2
				串联柱	92.3	80.9	69.2	68.0	75.9	76.5	93.0	62.5	65.0	63.3	62.2	79.7	61.1	64.0	54.3	62.5	60.4	61.6	68.7	69.5	
85	cis-diallate	顺式燕麦敌	17708-57-5	TPT柱	84.7	68.7	71.1	86.8	62.6	59.9	69.6	62.5	68.1	57.7	65.2	52.9	61.4	57.7	61.5	51.6	52.3	45.3	64.0	63.3	7.5
				串联柱	93.2	76.8	71.0	68.9	77.2	73.9	70.9	61.6	62.9	65.6	64.4	67.0	71.0	65.4	56.2	62.2	60.5	61.4	66.7	68.2	
86	cyanofenphos	苯腈磷	13067-93-1	TPT柱	50.2	46.0	38.9	76.1	37.5	38.1	41.6	36.5	38.9	31.9	45.7	35.7	36.0	32.6	34.5	31.9	25.5	30.9	34.1	39.1	14.7
				串联柱	54.5	48.8	47.6	47.2	41.9	40.3	78.4	35.7	48.1	39.9	51.1	44.8	36.9	42.7	26.1	41.6	43.3	44.5	46.7	45.3	
87	desmetryn	敌草净	1014-69-3	TPT柱	50.0	40.4	39.9	44.8	33.0	30.0	34.7	32.3	32.6	29.2	35.9	26.1	29.1	27.3	29.3	25.2	25.2	18.7	29.5	32.3	7.5
				串联柱	52.4	44.1	36.7	34.7	39.3	41.2	35.8	31.8	32.2	38.0	32.4	39.7	32.2	29.6	26.5	32.1	26.5	26.8	28.4	34.8	
88	dichlobenil	敌草腈	1194-65-6	TPT柱	8.2	6.6	6.9	7.5	6.6	6.1	7.1	6.1	6.9	6.0	6.3	6.3	6.0	5.9	6.0	5.1	5.0	5.8	6.6	6.4	10.0
				串联柱	9.0	7.1	7.0	6.7	8.0	6.9	6.9	7.2	6.7	7.3	6.4	11.1	6.6	6.2	5.0	6.2	5.9	6.5	7.6	7.1	
89	dicloran	氯硝胺	99-30-9	TPT柱	116.8	96.7	78.1	132.6	88.3	85.4	81.6	88.2	104.5	67.0	108.1	77.4	74.6	68.1	71.5	67.0	62.6	44.5	80.3	83.9	5.1
				串联柱	123.8	100.5	113.2	118.6	91.9	99.5	78.2	73.1	113.7	90.8	90.3	86.9	72.6	78.7	56.2	68.1	73.8	66.8	80.1	88.3	
90	dicofol	三氯杀螨醇	115-32-2	TPT柱	143.8	146.5	159.8	187.6	138.5	126.1	158.2	149.4	152.2	127.2	135.6	155.5	130.3	127.1	138.8	118.5	124.1	113.0	151.3	141.2	7.2
				串联柱	164.5	170.2	210.1	212.0	156.8	150.6	112.2	153.2	150.0	140.3	133.1	102.8	149.2	148.3	145.9	163.4	131.2	142.8	147.7	151.8	

在4个条件下（两台仪器，Youden Pair 样品）农药含量平均值/（μg/kg）

序号	英文名称	中文名称	CAS号	SPE柱	11月9日(n=5)	11月14日(n=3)	11月19日(n=3)	11月24日(n=3)	11月29日(n=3)	12月4日(n=3)	12月9日(n=3)	12月14日(n=3)	12月19日(n=3)	12月24日(n=3)	12月29日(n=3)	01月3日(n=3)	01月8日(n=3)	01月13日(n=3)	01月18日(n=3)	01月23日(n=3)	01月28日(n=3)	02月2日(n=3)	02月7日(n=3)	平均值/(μg/kg)	偏差率/%
91	dimethachlor	二甲草胺	50563-36-5	TPT柱	119.3	109.0	108.2	127.1	98.1	91.7	108.7	103.7	102.4	90.3	99.3	80.1	93.0	88.5	98.4	83.1	79.3	79.1	95.3	97.6	2.5
				串联柱	150.6	109.4	85.8	89.8	116.9	115.6	115.0	87.0	100.4	90.0	98.9	104.3	92.1	94.3	80.4	97.4	89.0	85.7	99.3	100.1	
92	dioxacarb	二氧威	6988-21-2	TPT柱	338.9	281.4	323.4	381.2	275.5	240.7	308.7	256.2	279.2	252.9	277.6	289.9	239.7	264.0	235.2	214.1	244.4	243.2	277.9	275.0	0.7
				串联柱	395.0	314.2	273.7	279.7	314.6	283.1	303.1	266.9	290.5	280.4	249.6	287.4	273.0	248.1	207.5	241.7	233.2	251.2	270.3	277.0	
93	endrin	异狄氏剂	72-20-8	TPT柱	523.5	427.2	420.2	500.0	367.6	339.7	397.4	370.0	386.6	338.0	384.9	287.5	360.8	358.8	361.4	303.9	295.4	316.4	379.3	374.7	8.2
				串联柱	559.5	462.6	430.7	416.1	447.6	436.7	717.0	359.4	357.4	373.3	355.2	359.5	371.8	367.9	319.4	375.3	322.2	342.5	357.3	406.9	
94	epoxiconazole-2	氟环唑	133855-98-8	TPT柱	393.3	332.2	327.0	371.1	273.9	236.0	290.9	264.0	274.0	218.0	308.4	245.8	243.6	234.2	240.0	209.0	197.1	199.7	243.5	268.6	4.1
				串联柱	408.1	352.4	335.0	323.3	311.5	299.9	277.6	256.5	258.6	277.0	253.8	290.0	258.4	250.2	217.3	251.3	223.4	223.1	246.9	279.7	
95	EPTC	茵草敌	759-94-4	TPT柱	97.8	78.3	83.3	110.5	80.2	72.1	84.7	74.1	83.5	72.6	66.7	55.5	71.7	66.9	64.6	54.7	55.9	58.7	74.7	74.0	7.4
				串联柱	104.6	85.0	76.2	73.0	102.4	86.7	95.2	85.2	74.8	89.1	70.5	93.9	70.7	65.0	52.2	70.2	64.7	75.9	80.0	79.8	
96	ethfumesate	乙氧呋草黄	26225-79-6	TPT柱	95.5	80.0	79.7	97.2	66.4	75.5	74.7	82.8	85.8	64.0	71.1	68.4	68.3	65.2	68.0	59.0	57.7	58.4	71.9	73.2	3.6
				串联柱	100.9	84.4	81.5	78.1	83.0	78.8	67.1	86.0	88.3	70.3	69.7	68.9	71.5	73.4	61.9	69.5	68.3	67.6	72.3	75.9	
97	ethoprophos	灭线磷	13194-48-4	TPT柱	122.6	106.1	103.3	129.6	93.6	86.6	101.9	93.2	98.0	82.9	100.1	78.4	86.1	83.1	87.6	76.4	72.6	92.6	92.8	93.0	7.4
				串联柱	144.5	117.8	107.1	101.5	112.5	111.8	110.9	90.3	94.1	97.7	94.7	105.3	95.9	90.2	76.0	87.3	86.1	85.8	93.8	100.2	
98	etrimfos	乙嘧硫磷	38260-54-7	TPT柱	43.9	35.8	35.5	43.3	32.2	30.1	35.7	33.5	33.7	29.1	35.0	27.7	29.4	30.6	31.8	26.6	27.5	17.4	31.0	32.1	9.2
				串联柱	47.4	39.1	36.3	35.0	38.6	42.9	41.7	30.6	32.4	35.9	33.7	37.2	34.8	33.5	27.8	31.3	29.1	29.5	31.9	35.2	
99	fenamidone	咪唑菌酮	161326-34-7	TPT柱	47.5	42.8	44.1	50.7	38.3	33.9	40.5	37.0	39.6	32.6	39.3	33.6	35.6	34.6	34.9	29.5	29.2	35.9	35.9	37.3	3.7
				串联柱	53.1	46.7	43.0	40.5	41.6	42.9	38.9	36.1	36.1	38.3	36.5	37.4	39.2	36.3	31.6	36.8	32.4	33.0	35.0	38.7	
100	fenaromol	氯苯嘧啶醇	60168-88-9	TPT柱	97.4	84.6	86.1	100.8	74.2	64.5	74.2	70.4	70.4	62.0	70.4	66.7	64.6	67.0	65.9	56.9	53.9	52.0	66.0	70.9	1.9
				串联柱	99.8	90.3	84.6	81.9	84.2	76.0	70.3	67.9	64.6	69.6	68.7	70.6	68.1	68.5	58.6	67.9	59.7	58.4	64.4	72.3	

续表

在4个条件下(两台仪器,Youden Pair 样品)农药含量平均值/(μg/kg)

序号	英文名称	中文名称	CAS号	SPE柱	11月9日(n=5)	11月14日(n=3)	11月19日(n=3)	11月24日(n=3)	11月29日(n=3)	12月4日(n=3)	12月9日(n=3)	12月14日(n=3)	12月19日(n=3)	12月24日(n=3)	12月29日(n=3)	01月3日(n=3)	01月8日(n=3)	01月13日(n=3)	01月18日(n=3)	01月23日(n=3)	01月28日(n=3)	02月2日(n=3)	02月7日(n=3)	平均值/(μg/kg)	偏差率/%
101	flamprop-isopropyl	麦草氟异丙酯	52756-22-6	TPT柱	46.4	39.0	39.1	44.7	33.7	31.6	36.5	33.2	35.8	30.5	35.5	31.6	31.7	33.2	32.4	28.0	27.7	28.0	34.0	34.3	3.8
				串联柱	50.0	41.9	39.2	37.7	39.4	38.4	38.6	32.5	32.7	34.6	31.9	34.8	33.6	33.6	29.9	34.7	29.1	32.4	32.9	35.7	
102	flamprop-methyl	麦草氟甲酯	52756-25-9	TPT柱	49.6	42.1	42.6	61.1	36.7	34.5	39.3	35.3	36.8	32.8	37.4	36.4	32.7	32.6	32.2	28.7	26.7	29.0	35.3	36.9	1.7
				串联柱	50.3	47.8	43.6	41.6	42.3	40.1	34.8	34.9	39.1	35.1	35.5	35.7	34.2	34.8	28.1	33.3	33.9	32.0	36.2	37.5	
103	fonofos	地虫硫磷	944-22-9	TPT柱	46.5	36.6	37.3	42.3	33.0	30.2	36.2	33.9	35.0	29.6	35.6	33.2	31.2	37.1	33.6	27.0	26.8	34.0	32.4	34.3	3.7
				串联柱	47.6	41.5	38.2	35.5	40.3	40.6	35.2	33.0	33.1	37.5	33.6	36.3	34.7	33.4	30.2	33.4	29.4	30.6	32.2	35.6	
104	hexachlorobenzene	六氯-1,3-丁二烯	118-74-1	TPT柱	35.9	31.4	31.7	38.8	28.0	27.0	32.2	28.3	31.3	25.8	28.7	28.2	27.6	25.4	27.7	23.4	22.2	19.9	30.4	28.6	10.6
				串联柱	41.6	35.4	33.7	31.7	35.8	34.3	36.6	30.3	29.1	30.1	28.6	31.2	31.6	31.2	25.8	30.1	27.9	29.9	29.5	31.8	
105	hexazinone	环嗪酮	51235-04-2	TPT柱	123.1	113.8	130.8	155.8	111.4	98.7	123.8	103.3	109.6	101.0	104.8	103.8	104.7	102.1	98.7	91.3	106.1	98.1	110.3	110.0	2.4
				串联柱	151.8	119.1	123.6	132.2	125.6	108.4	101.1	105.5	109.8	104.9	108.2	107.9	110.7	109.8	102.5	116.3	96.0	100.8	107.1	112.7	
106	iodofenphos	碘硫磷	18181-70-9	TPT柱	78.8	71.7	68.7	107.9	63.8	66.3	76.9	67.9	70.5	60.5	71.0	56.9	60.6	63.8	64.8	54.4	52.2	54.3	60.2	66.9	5.6
				串联柱	99.8	78.1	73.1	79.4	79.6	79.5	77.2	58.7	72.1	63.0	66.9	75.8	58.5	69.0	50.0	64.8	63.9	59.4	74.3	70.7	
107	isofenphos	丙胺磷	25311-71-1	TPT柱	96.3	76.4	78.2	92.6	68.4	60.1	71.5	66.5	70.5	59.3	81.7	64.1	62.7	61.1	60.4	50.7	47.7	48.3	61.4	67.3	7.3
				串联柱	97.7	94.1	80.5	73.8	83.3	86.6	69.9	64.3	78.4	85.1	71.2	75.1	65.8	68.7	49.6	56.0	58.7	55.4	60.4	72.3	
108	isopeopalin	异丙乐	2631-40-5	TPT柱	98.0	76.4	72.0	93.2	63.5	56.6	69.1	64.9	69.1	57.1	81.0	71.1	62.9	61.4	66.3	55.5	52.5	52.3	67.8	67.9	4.0
				串联柱	97.5	87.3	74.9	67.0	78.3	85.3	74.5	60.8	60.5	78.5	71.1	71.6	68.9	67.4	52.3	59.7	61.1	61.1	65.0	70.7	
109	methoprene	烯虫酯	40596-69-8	TPT柱	171.9	127.6	129.0	156.3	112.4	101.3	125.6	110.7	121.6	98.7	119.7	116.8	103.3	104.3	107.9	87.5	88.8	90.8	109.1	114.9	9.5
				串联柱	177.2	161.7	131.1	166.1	135.2	129.4	144.6	114.3	113.1	131.0	108.7	148.0	108.6	112.1	100.2	113.4	96.3	102.8	108.0	126.4	
110	methoprotryne	盖草津	841-06-5	TPT柱	145.6	119.8	128.0	138.7	105.0	90.0	109.3	101.8	101.5	81.4	102.1	86.3	91.1	92.8	91.9	78.3	74.7	73.3	92.6	100.2	6.0
				串联柱	156.1	146.4	125.5	117.4	123.3	127.2	108.0	97.3	94.6	102.4	93.6	99.6	99.0	94.0	86.5	96.6	82.8	83.9	87.8	106.4	

在4个条件下(两台仪器，Youden Pair 样品)农药含量平均值/（μg/kg）

序号	英文名称	中文名称	CAS号	SPE柱	11月9日(n=5)	11月14日(n=3)	11月19日(n=3)	11月24日(n=3)	11月29日(n=3)	12月4日(n=3)	12月9日(n=3)	12月14日(n=3)	12月19日(n=3)	12月24日(n=3)	12月29日(n=3)	01月3日(n=3)	01月8日(n=3)	01月13日(n=3)	01月18日(n=3)	01月23日(n=3)	01月28日(n=3)	02月2日(n=3)	02月7日(n=3)	平均值/(μg/kg)	偏差率/%
111	methoxychlor	甲氧滴滴涕	72-43-5	TPT柱	46.9	44.1	35.6	62.0	35.1	32.0	37.9	35.1	35.3	28.3	39.9	38.1	34.9	31.0	33.6	30.1	24.6	27.7	34.0	36.1	3.1
				串联柱	44.7	56.7	40.5	36.3	38.9	39.4	37.9	31.7	37.5	37.5	36.5	36.3	38.0	31.5	25.4	31.3	37.2	31.5	39.7	37.3	
112	parathion-methyl	甲基对硫磷	298-00-0	TPT柱	211.5	169.3	139.4	172.3	181.7	186.9	152.3	148.1	153.8	123.3	170.5	161.1	138.2	135.9	140.9	125.9	114.6	112.3	138.4	151.4	7.1
				串联柱	219.2	175.5	156.5	199.7	207.0	261.8	140.8	129.8	180.0	159.3	153.6	171.6	130.9	137.6	101.3	133.6	139.0	130.7	161.3	162.6	
113	metolachlor	异丙甲草胺	51218-45-2	TPT柱	39.9	36.4	35.2	41.8	30.9	29.3	35.0	32.5	34.4	29.4	32.1	28.1	30.8	28.5	31.1	27.7	26.4	28.2	33.3	32.2	7.0
				串联柱	48.5	38.0	34.0	34.0	35.9	35.1	41.7	31.6	33.5	31.9	33.7	40.0	32.0	32.7	28.6	32.7	28.6	30.2	32.5	34.5	
114	nitrapyrin	氯啶	1929-82-4	TPT柱	117.5	112.2	95.3	137.0	100.4	93.0	115.5	105.1	110.1	92.1	100.3	95.0	95.9	100.8	101.7	85.5	82.1	93.9	98.0	101.7	6.4
				串联柱	137.9	102.9	108.0	107.4	128.1	117.4	118.0	104.9	123.0	107.1	104.9	111.1	93.6	96.3	77.5	99.2	103.0	99.5	119.1	108.4	
115	oxyfluorfen	乙氧氟草醚	42874-03-3	TPT柱	217.2	174.1	153.0	268.6	139.1	113.0	142.9	141.6	154.5	112.3	205.7	117.0	137.7	132.6	140.1	125.6	107.3	101.3	159.5	149.7	4.4
				串联柱	211.8	221.6	167.9	148.3	161.4	226.1	135.8	124.8	162.0	174.5	156.5	158.4	151.7	136.7	88.5	120.0	135.7	133.6	156.2	156.4	
116	pendimethalin	二甲戊灵	40487-42-1	TPT柱	199.0	151.7	134.9	255.1	125.2	109.5	128.5	122.4	131.0	98.1	174.0	118.6	118.3	115.7	125.1	107.0	82.5	90.1	126.3	132.3	5.7
				串联柱	188.3	201.1	147.5	131.8	151.2	179.2	136.8	109.3	151.7	152.2	139.9	149.0	140.3	116.4	77.5	99.8	136.9	113.3	137.3	140.0	
117	picoxystrobin	啶氧菌酯	117428-22-5	TPT柱	94.3	78.4	80.1	90.1	68.2	62.6	75.0	66.7	71.5	61.0	70.8	55.3	65.0	66.3	65.2	56.2	55.8	55.5	69.2	68.8	4.9
				串联柱	100.4	84.5	80.1	75.3	80.3	82.4	64.6	67.1	68.5	70.8	67.8	66.7	72.3	69.7	59.8	69.4	60.5	64.1	68.6	72.3	
118	piperophos	哌草磷	24151-93-7	TPT柱	129.1	121.7	113.3	167.4	100.8	87.2	109.4	106.0	106.2	82.4	121.4	110.5	94.5	97.7	96.5	85.3	74.9	76.5	103.2	104.4	3.0
				串联柱	156.0	135.0	115.7	111.3	115.6	126.4	120.2	92.7	109.9	106.9	113.6	113.1	92.4	94.9	74.3	84.3	91.4	87.6	104.4	107.6	
119	pirimiphoe-ethyl	嘧啶磷	23505-41-1	TPT柱	88.4	68.8	68.4	79.5	58.9	52.3	67.2	61.6	65.9	53.3	70.1	51.4	59.4	56.9	60.1	50.5	48.9	51.1	61.6	61.8	8.5
				串联柱	94.0	77.4	70.0	64.3	72.3	76.2	66.3	61.5	59.7	72.5	64.8	74.6	66.1	63.4	57.8	63.7	55.5	58.1	60.0	67.3	
120	pirimiphos methyl	甲基嘧啶磷	29232-93-7	TPT柱	44.8	35.5	35.8	43.6	32.4	29.9	35.6	32.6	33.9	28.7	38.6	35.9	29.6	30.7	31.1	25.6	25.2	24.0	31.1	32.9	5.4
				串联柱	47.2	38.5	36.2	34.3	39.1	39.1	35.9	31.1	31.8	36.9	36.2	39.7	31.3	31.8	28.5	32.2	29.4	28.7	31.7	34.7	

在4个条件下（两台仪器，Youden Pair 样品）农药含量平均值（μg/kg）

序号	英文名称	中文名称	CAS号	SPE柱	11月9日(n=5)	11月14日(n=3)	11月19日(n=3)	11月24日(n=3)	11月29日(n=3)	12月4日(n=3)	12月9日(n=3)	12月14日(n=3)	12月19日(n=3)	12月24日(n=3)	12月29日(n=3)	01月3日(n=3)	01月8日(n=3)	01月13日(n=3)	01月18日(n=3)	01月23日(n=3)	01月28日(n=3)	02月2日(n=3)	02月7日(n=3)	平均值/(μg/kg)	偏差率/%
121	profenofos	丙溴磷	41198-08-7	TPT柱	282.0	311.2	187.9	368.3	197.8	200.2	200.0	190.6	194.9	145.1	240.0	165.3	168.7	171.8	171.7	146.9	124.2	150.1	171.5	199.4	13.4
				串联柱	320.6	425.8	209.3	253.5	247.9	247.8	237.7	143.5	256.4	214.1	222.3	215.1	148.5	184.4	128.8	163.0	253.5	210.6	250.1	228.1	
122	profluralin	环丙氟灵	26399-36-0	TPT柱	254.9	188.1	179.0	408.0	175.0	171.2	193.0	125.4	129.8	107.4	157.3	125.7	117.4	115.7	120.6	104.0	88.6	102.7	125.1	157.3	2.9
				串联柱	249.2	221.5	192.1	198.1	203.9	232.8	152.6	111.8	189.6	132.9	138.0	149.3	146.4	131.6	92.0	113.4	135.5	125.0	159.7	161.9	
123	propachlor	毒草胺	1918-16-7	TPT柱	116.2	108.3	106.2	123.9	97.2	90.2	109.8	105.3	100.7	90.8	90.9	70.6	90.0	90.2	94.1	82.5	72.2	81.2	90.9	95.3	8.9
				串联柱	148.5	108.8	110.4	110.8	115.0	117.3	117.0	88.5	98.7	86.2	96.7	140.0	95.5	94.8	83.1	97.1	88.0	88.1	97.1	104.2	
124	propiconazole	丙环唑	60207-90-1	TPT柱	156.6	123.7	124.4	125.9	95.5	86.6	102.0	94.6	98.4	82.7	109.4	81.2	85.2	91.3	84.4	73.9	69.0	67.3	84.4	96.7	9.2
				串联柱	158.7	134.5	124.5	109.1	112.4	111.2	97.6	90.5	95.8	104.2	91.5	190.8	89.3	91.4	82.9	93.0	74.7	78.5	82.3	105.9	
125	propyzamide-1	炔苯酰草胺-1	23950-58-5	TPT柱	159.1	132.0	131.8	153.5	113.6	104.2	122.4	114.7	116.6	107.3	124.6	109.9	109.2	104.8	110.2	97.4	96.3	93.6	122.1	117.0	2.8
				串联柱	160.6	140.5	131.5	127.9	133.5	133.8	106.6	111.4	118.5	127.6	117.0	100.3	111.3	113.3	99.4	106.3	106.3	110.1	120.5	120.4	
126	ronnel	皮蝇磷	299-84-3	TPT柱	233.0	211.4	204.6	283.9	195.4	190.2	218.5	202.9	198.7	184.5	199.9	178.5	181.3	173.2	183.6	160.3	147.9	155.0	179.8	193.8	4.2
				串联柱	283.0	221.5	210.4	221.1	235.5	273.3	173.6	177.7	208.9	197.2	196.7	173.7	180.4	188.6	165.1	178.8	178.8	171.4	200.1	202.2	
127	sulfotep	治螟磷	3689-24-5	TPT柱	45.2	35.8	36.3	40.8	31.8	29.7	34.6	33.1	34.0	29.6	35.0	25.7	31.3	28.6	30.6	26.2	25.2	27.8	30.8	32.2	9.3
				串联柱	48.1	39.4	36.4	35.2	39.7	43.0	39.6	31.8	32.0	36.0	32.9	34.6	35.2	33.1	29.4	30.6	30.6	29.7	32.0	35.3	
128	tebufenpyrad	吡螨胺	119168-77-3	TPT柱	74.9	62.1	64.8	71.5	54.1	49.2	58.0	53.2	57.2	47.7	53.0	43.6	49.7	50.2	51.6	42.8	42.7	43.6	53.3	53.9	2.9
				串联柱	81.3	60.2	62.4	58.1	62.2	63.2	49.3	52.1	52.4	53.9	52.0	45.2	55.4	54.4	48.3	55.3	47.1	49.3	51.1	55.4	
129	terbutryn	特丁净	886-50-0	TPT柱	98.7	79.7	78.2	87.9	64.9	58.5	68.5	64.7	64.9	57.6	68.1	53.8	56.8	59.9	60.3	49.2	53.2	33.9	58.1	64.1	6.4
				串联柱	104.6	85.3	78.2	73.2	77.9	78.7	72.8	61.9	62.9	68.5	62.3	72.1	61.0	62.0	53.0	59.9	52.3	54.1	57.0	68.3	
130	thiobencarb	禾草丹	28249-77-6	TPT柱	91.5	74.5	76.7	94.1	67.9	63.2	75.0	70.1	73.2	63.3	70.3	62.1	64.9	62.2	66.6	56.9	55.9	59.3	70.0	69.4	5.2
				串联柱	96.4	80.3	76.6	74.1	80.5	81.7	70.5	69.9	69.4	72.8	67.3	69.9	73.6	70.7	64.2	74.2	62.9	66.4	66.3	73.0	

续表

在 4 个条件下（两台仪器、Youden Pair 样品）农药含量平均值/（μg/kg）

序号	英文名称	中文名称	CAS号	SPE柱	11月9日(n=5)	11月14日(n=3)	11月19日(n=3)	11月24日(n=3)	11月29日(n=3)	12月4日(n=3)	12月9日(n=3)	12月14日(n=3)	12月19日(n=3)	12月24日(n=3)	12月29日(n=3)	01月3日(n=3)	01月8日(n=3)	01月13日(n=3)	01月18日(n=3)	01月23日(n=3)	01月28日(n=3)	02月2日(n=3)	02月7日(n=3)	平均值/(μg/kg)	偏差率/%
131	tralkoxydim	肟草酮	87820-88-0	TPT柱	363.7	306.4	312.3	390.0	263.3	244.4	272.9	265.7	269.3	233.4	245.6	284.5	238.4	239.7	249.1	206.6	201.4	196.8	244.1	264.6	5.8
				串联柱	465.0	359.3	316.8	250.4	303.2	295.8	283.3	242.5	290.2	342.8	231.2	295.0	264.4	225.4	214.5	241.1	230.1	256.8	220.5	280.5	
132	trans-chlordane	反式氯丹	5103-74-2	TPT柱	44.5	35.5	35.6	42.9	31.7	28.3	34.2	30.7	33.5	28.5	33.1	28.3	29.9	28.4	30.1	25.9	25.2	27.3	32.3	31.9	5.9
				串联柱	46.4	39.5	36.9	35.9	37.3	38.6	34.6	30.7	30.6	31.6	30.6	38.0	30.9	33.4	27.3	28.4	28.4	29.1	30.7	33.8	
133	trans-diallate	反式燕麦敌	17708-58-6	TPT柱	84.7	68.0	68.5	81.8	63.3	59.1	68.8	61.8	66.1	58.7	73.5	61.5	68.1	54.6	66.3	61.8	62.0	42.7	72.3	65.5	11.0
				串联柱	91.1	74.2	69.4	66.7	76.1	73.1	71.3	61.9	63.1	75.4	72.4	82.2	80.0	73.5	68.3	75.9	68.8	69.5	75.7	73.1	
134	trifloxystrobin	肟菌酯	141517-21-7	TPT柱	222.3	188.9	151.0	300.7	140.7	138.5	145.2	123.3	134.1	110.7	196.1	139.3	131.3	116.5	126.5	91.1	114.1	115.8	121.4	147.8	4.4
				串联柱	225.2	194.9	165.3	165.1	160.5	155.0	166.6	117.3	174.4	157.7	164.0	106.7	149.1	144.3	108.3	177.2	139.8	139.8	170.0	154.4	
135	zoxamide	苯酰菌胺	156052-68-5	TPT柱	93.7	82.6	90.3	110.4	77.5	69.6	86.1	78.7	79.1	75.5	75.2	74.4	71.0	74.3	70.0	64.5	67.4	61.0	73.9	77.6	0.7
				串联柱	106.6	85.4	89.6	91.9	86.5	82.6	68.4	72.4	80.6	72.3	75.0	78.6	73.6	74.8	61.5	72.1	67.2	67.9	78.1	78.2	
136	2,4'-DDE	2,4'-滴滴伊	3424-82-6	TPT柱	44.3	36.7	39.8	38.1	34.8	35.4	32.2	32.2	34.3	31.8	34.5	34.1	33.6	32.4	33.3	26.7	28.5	28.1	32.9	34.0	12.8
				串联柱	51.7	36.9	41.9	40.7	40.9	37.2	43.0	43.0	36.9	35.8	33.0	32.9	34.6	40.3	37.0	40.9	35.3	34.7	36.9	38.6	
137	ametryn	莠灭净	834-12-8	TPT柱	142.2	110.5	131.5	118.4	61.3	89.2	85.8	86.6	109.2	91.4	97.1	88.5	84.9	102.8	91.6	75.4	78.1	69.2	79.6	94.4	8.6
				串联柱	144.3	117.0	120.7	118.5	118.6	114.1	120.1	117.6	72.0	89.6	83.3	127.7	87.0	93.1	83.3	94.4	86.2	82.5	85.2	102.9	
138	bifenthrin	联苯菊酯	82657-04-3	TPT柱	44.7	38.0	36.4	35.5	32.4	35.0	33.9	32.7	32.4	32.6	32.6	32.8	29.7	31.7	31.6	25.8	25.8	26.5	28.4	32.5	6.6
				串联柱	45.7	37.4	37.7	36.7	38.7	36.4	32.3	38.0	33.5	29.6	31.4	44.1	31.4	30.8	30.4	33.1	31.5	30.1	30.7	34.8	
139	bitertanol	联苯三唑醇	55179-31-2	TPT柱	153.2	126.8	130.6	121.5	108.7	99.7	109.4	114.8	102.1	92.8	107.3	106.1	88.4	143.9	98.4	87.4	88.4	84.4	93.8	109.7	5.6
				串联柱	157.9	133.2	183.8	128.8	128.8	109.6	101.8	128.2	95.3	101.3	95.7	198.0	102.5	100.4	95.4	109.9	98.2	96.0	100.3	116.0	
140	boscalid	啶酰菌胺	188425-85-6	TPT柱	224.7	240.2	170.2	173.4	163.0	189.9	163.8	154.9	174.2	165.7	152.2	283.5	128.4	144.0	138.7	159.3	120.9	123.3	136.8	165.9	4.3
				串联柱	224.4	170.2	173.4	173.4	163.9	189.9	163.8	154.9	174.2	165.7	159.7	173.8	117.6	144.7	144.7	162.3	164.0	136.4	164.7	173.2	

续表

在4个条件下(两台仪器 Youden Pair 样品)农药含量平均值/(μg/kg)

序号	英文名称	中文名称	CAS号	SPE柱	11月9日(n=5)	11月14日(n=3)	11月19日(n=3)	11月24日(n=3)	11月29日(n=3)	12月4日(n=3)	12月9日(n=3)	12月14日(n=3)	12月19日(n=3)	12月24日(n=3)	12月29日(n=3)	01月3日(n=3)	01月8日(n=3)	01月13日(n=3)	01月18日(n=3)	01月23日(n=3)	01月28日(n=3)	02月2日(n=3)	02月7日(n=3)	平均值/(μg/kg)	偏差率/%
141	butafenacil	氯丙嘧草酯	134605-64-4	TPT柱	64.8	64.9	66.5	40.8	33.7	51.8	37.9	48.6	39.8	48.6	40.0	41.2	29.6	60.3	37.4	42.1	31.2	32.6	34.2	44.5	6.0
				串联柱	43.8	70.6	44.7	47.4	38.8	41.3	54.0	37.0	51.5	45.0	36.4	128.7	31.1	38.8	34.2	32.9	47.8	33.1	40.8	47.3	
142	carbaryl	甲萘威	63-25-2	TPT柱	97.6	92.8	87.7	139.7	146.6	124.1	101.4	114.5	94.4	124.3	93.2	87.3	105.7	118.9	104.2	86.9	90.9	96.2	100.0	105.6	15.0
				串联柱	161.3	140.0	123.0	127.5	127.8	145.3	108.4	130.5	110.9	119.1	90.7	165.0	102.0	116.4	106.2	110.8	110.8	108.4	115.8	122.7	
143	chlorobenzilate	氯甲氧苯	2675-77-6	TPT柱	51.8	41.2	38.5	40.4	30.9	39.0	35.6	42.9	35.3	36.2	35.6	38.9	28.9	39.6	34.7	35.0	28.1	27.5	31.8	36.4	15.5
				串联柱	80.6	68.0	39.4	38.0	39.3	44.5	50.5	34.9	34.3	36.3	32.3	59.5	28.6	34.1	41.9	41.3	39.0	29.8	35.6	42.5	
144	chlorthal-dimethyl-2	氯酞酸二甲酯-2	1861-32-1	TPT柱	128.3	111.1	154.5	112.0	95.3	104.0	101.4	97.9	100.0	96.8	100.0	108.3	92.4	102.6	95.0	86.7	80.3	80.5	87.3	101.9	2.8
				串联柱	141.1	108.4	111.3	108.4	115.8	117.1	106.3	115.5	98.6	97.4	91.0	92.5	93.7	104.2	98.6	103.6	98.1	92.3	96.6	104.8	
145	dibutyl succinate	琥珀酸二丁酯	141-03-7	TPT柱	78.9	61.9	66.1	65.8	56.5	61.0	60.4	54.9	57.1	52.4	55.3	57.3	51.7	57.1	50.3	43.2	43.1	45.2	45.5	56.0	10.5
				串联柱	85.8	64.5	68.5	65.0	72.0	68.1	61.7	70.1	56.7	58.5	53.2	81.0	52.8	59.0	51.4	56.6	49.5	53.9	53.4	62.2	
146	diethofencarb	乙霉威	87130-20-9	TPT柱	288.2	236.4	268.7	253.3	211.5	212.5	223.1	237.7	218.1	203.8	224.0	258.6	208.0	263.3	214.6	202.7	184.1	174.3	209.6	225.9	9.5
				串联柱	406.7	292.2	255.3	237.9	252.4	278.6	244.4	249.3	206.6	214.6	209.2	305.2	207.9	225.2	238.1	250.0	229.1	195.4	222.9	248.5	
147	diflufenican	吡氟酰草胺	83164-33-4	TPT柱	48.1	41.2	45.1	39.2	32.7	37.0	36.0	39.2	35.0	35.1	35.5	40.2	31.0	41.2	34.2	32.6	28.3	27.7	32.2	36.4	8.9
				串联柱	69.0	53.0	40.4	38.4	40.8	45.5	42.5	38.8	31.9	34.5	33.9	41.2	31.6	32.2	37.9	36.0	36.5	32.2	36.5	39.8	
148	dimepiperate	哌草丹	61432-55-1	TPT柱	87.5	72.3	70.8	73.4	59.8	61.2	65.6	63.7	63.7	55.7	65.4	76.5	59.5	68.4	60.5	57.1	53.3	51.7	57.0	64.4	8.1
				串联柱	98.8	78.7	72.9	67.8	76.1	74.0	68.5	75.9	60.1	62.7	60.5	84.4	60.4	68.0	64.2	62.2	62.2	59.4	61.7	69.8	
149	dimethametryn	异戊乙净	22936-75-0	TPT柱	48.6	37.5	29.0	38.8	32.2	32.4	32.4	30.9	28.4	29.2	32.4	29.4	27.9	30.6	29.3	25.1	24.6	22.6	26.9	30.9	9.6
				串联柱	49.7	39.9	39.4	37.3	39.3	37.8	33.1	38.0	29.9	31.1	27.9	43.4	27.7	31.5	27.2	30.4	28.5	27.5	27.5	34.1	
150	dimethomorph	烯酰吗啉	110488-70-5	TPT柱	193.6	146.1	206.5	83.9	78.5	76.2	79.0	74.1	74.6	64.5	76.3	76.3	66.9	111.2	71.4	66.6	62.3	60.8	71.0	91.6	14.3
				串联柱	109.8	89.6	92.3	86.6	85.4	69.0	90.7	72.4	72.2	72.2	66.1	88.2	74.8	79.6	71.5	81.2	74.7	68.6	74.7	79.3	

序号	英文名称	中文名称	CAS号	SPE柱	在4个条件下（两台仪器，Youden Pair 样品）农药含量平均值/（μg/kg）																			平均值/（μg/kg）	偏差率/%
					11月9日(n=5)	11月14日(n=3)	11月19日(n=3)	11月24日(n=3)	11月29日(n=3)	12月4日(n=3)	12月9日(n=3)	12月14日(n=3)	12月19日(n=3)	12月24日(n=3)	12月29日(n=3)	01月3日(n=3)	01月8日(n=3)	01月13日(n=3)	01月18日(n=3)	01月23日(n=3)	01月28日(n=3)	02月2日(n=3)	02月7日(n=3)		
151	dimethyl phthalate	邻苯二甲酸二甲酯	131-11-3	TPT柱	178.2	90.2	145.4	144.4	131.9	141.6	138.5	129.0	135.2	134.1	135.7	144.8	126.5	162.2	132.7	116.4	111.8	114.5	124.4	133.6	8.1
				串联柱	188.3	143.0	154.1	151.0	160.1	154.6	135.3	163.5	137.5	138.5	129.5	142.5	128.7	146.6	130.8	145.8	130.0	135.9	135.4	144.8	
152	diniconazole	烯唑醇	83657-24-3	TPT柱	152.9	126.7	146.5	117.2	98.6	91.0	99.8	100.0	91.9	89.4	92.3	91.6	87.2	110.4	91.6	79.8	73.9	69.9	79.5	99.5	6.8
				串联柱	168.0	128.1	121.0	114.9	119.6	122.3	103.5	114.3	84.5	96.1	87.4	138.1	89.7	92.2	87.9	94.6	90.7	82.0	89.2	106.5	
153	diphenamid	草乃敌	957-51-7	TPT柱	47.4	37.1	40.9	38.9	29.7	33.0	33.2	31.4	33.7	33.3	34.8	34.8	33.4	41.7	35.2	30.7	30.2	29.1	32.4	34.8	7.3
				串联柱	48.4	38.7	41.7	40.6	41.5	43.0	38.0	41.1	26.2	33.3	31.4	41.2	33.7	39.7	33.1	36.6	34.4	33.6	34.6	37.4	
154	dipropetryn	异丙净	4147-51-7	TPT柱	49.9	38.8	43.8	38.4	33.3	32.9	34.0	32.3	31.6	29.2	31.7	32.7	30.6	32.7	30.2	25.6	26.0	23.4	26.9	32.8	6.9
				串联柱	48.3	37.2	39.1	36.9	40.3	37.1	34.7	38.8	31.7	31.1	28.3	57.7	29.8	32.6	27.3	31.4	29.4	27.6	29.3	35.2	
155	ethalfluralin	丁氟消草	55283-68-6	TPT柱	188.1	141.2	143.5	134.3	112.3	138.3	126.4	130.8	126.2	119.6	130.6	130.7	105.7	138.5	123.1	115.2	103.2	96.3	113.3	127.2	13.3
				串联柱	179.9	158.9	144.3	143.4	147.5	187.6	134.7	130.4	128.7	126.5	111.5	273.9	114.8	135.2	121.9	129.1	133.0	123.3	137.9	145.4	
156	etofenprox	醚菊酯	80844-07-1	TPT柱	55.7	43.5	61.9	41.5	42.4	41.6	43.5	39.3	38.6	38.4	37.7	37.8	37.9	46.1	40.4	34.6	36.4	38.9	39.7	41.9	9.1
				串联柱	48.0	43.7	47.8	54.9	46.5	38.7	40.9	58.3	53.6	40.8	39.2	34.3	39.6	39.5	42.9	52.0	48.2	49.7	52.8	45.9	
157	etridiazol	土菌灵	2593-15-9	TPT柱	112.1	90.2	92.5	98.9	79.6	98.5	87.1	85.4	86.0	87.8	90.5	92.1	77.5	105.1	77.8	70.2	65.1	71.7	77.2	86.6	12.3
				串联柱	144.2	97.7	98.5	98.3	103.8	146.8	94.9	98.0	90.9	92.1	92.0	133.1	78.5	78.0	80.6	84.8	68.7	89.5	90.1	97.9	
158	fenazaquin	喹螨醚	120928-09-8	TPT柱	45.4	39.6	34.6	36.3	31.6	31.4	31.9	30.1	29.2	27.2	30.2	26.1	28.0	30.8	28.9	24.5	26.6	26.8	26.6	30.8	7.0
				串联柱	44.9	35.1	36.0	35.0	37.8	33.9	31.4	36.3	28.5	28.7	26.0	37.2	29.8	32.8	28.2	30.4	31.9	32.0	32.5	33.1	
159	fenchlorphos-oxon	氧皮蝇磷	3983-45-7	TPT柱	237.3	202.1	265.7	219.2	192.4	214.4	202.2	199.1	198.8	205.7	198.7	215.4	186.0	184.2	191.1	160.1	163.7	160.8	166.1	198.0	5.2
				串联柱	266.6	222.7	223.1	232.3	232.3	229.1	201.1	221.9	197.0	205.4	178.9	225.9	186.9	200.7	183.5	187.1	189.6	180.9	197.2	208.5	
160	fenoxanil	氰菌胺	115852-48-7	TPT柱	95.8	75.8	86.9	76.6	76.8	65.6	72.0	65.1	68.4	52.8	68.0	74.6	72.3	80.0	65.5	60.8	59.8	58.5	65.6	70.5	9.9
				串联柱	107.1	76.3	91.9	76.6	89.0	85.7	72.0	84.1	67.5	74.0	60.0	95.5	69.5	77.8	69.7	76.9	67.3	68.3	70.1	77.9	

在4个条件下（两台仪器，Youden Pair样品）农药含量平均值/（μg/kg）

序号	英文名称	中文名称	CAS号	SPE柱	11月9日(n=5)	11月14日(n=3)	11月19日(n=3)	11月24日(n=3)	11月29日(n=3)	12月4日(n=3)	12月9日(n=3)	12月14日(n=3)	12月19日(n=3)	12月24日(n=3)	12月29日(n=3)	01月3日(n=3)	01月8日(n=3)	01月13日(n=3)	01月18日(n=3)	01月23日(n=3)	01月28日(n=3)	02月2日(n=3)	02月7日(n=3)	平均值/(μg/kg)	偏差率/%
161	fenpropidin	苯锈啶	67306-00-7	TPT柱	91.8	63.5	82.5	68.7	62.1	58.0	61.9	64.9	58.1	51.6	65.3	61.1	59.0	85.7	59.5	53.0	52.3	47.7	59.2	63.5	2.3
				串联柱	97.2	65.4	71.5	69.6	72.3	65.4	47.7	74.8	66.2	56.9	60.0	77.6	54.4	65.8	54.8	62.4	57.8	54.1	59.4	64.9	
162	fenson	分螨酯	80-38-6	TPT柱	50.7	39.0	47.9	39.8	32.8	41.5	38.2	39.8	37.9	39.9	38.7	44.8	32.9	39.2	36.3	37.0	29.9	31.1	35.5	38.6	7.5
				串联柱	59.7	49.2	41.1	41.3	41.9	46.2	45.2	40.6	39.6	39.6	36.9	46.7	35.0	39.2	37.5	40.0	38.1	33.3	37.7	41.6	
163	flufenacet	氟噻草胺	142459-58-3	TPT柱	336.3	326.3	287.5	305.9	261.3	295.6	255.6	293.6	240.6	326.1	275.9	261.4	222.6	250.0	263.3	206.4	208.6	202.9	221.4	265.3	10.7
				串联柱	354.5	332.5	296.2	327.2	303.3	342.7	289.0	278.0	261.9	273.5	248.6	462.1	235.3	281.4	268.9	261.9	310.9	234.2	247.3	295.2	
164	furalaxyl	呋霜灵	57646-30-7	TPT柱	90.6	95.9	87.5	74.0	67.0	66.9	66.9	63.4	63.8	61.3	65.0	73.0	60.9	75.4	62.6	55.2	54.7	52.0	57.9	68.1	1.5
				串联柱	94.4	73.0	78.0	76.6	78.1	76.8	62.6	77.5	65.5	61.8	58.1	66.6	60.9	69.9	60.2	66.8	61.4	60.4	63.9	69.1	
165	heptachlor	七氯	76-44-8	TPT柱	117.6	94.0	91.8	103.7	82.7	93.3	89.7	89.8	91.8	85.0	92.3	96.0	80.4	89.7	86.2	75.2	71.1	69.3	77.5	88.3	7.6
				串联柱	138.5	103.6	99.9	100.4	105.5	115.6	89.4	97.7	81.1	88.9	85.8	94.0	82.9	88.3	93.2	95.0	84.3	80.6	84.5	95.2	
166	iprobenfos	异稻瘟净	26087-47-8	TPT柱	137.1	113.3	114.2	105.3	81.8	81.8	93.9	88.6	85.6	73.0	88.4	100.9	79.4	105.4	88.2	77.1	76.0	65.8	78.6	91.3	6.3
				串联柱	154.2	112.8	105.5	95.0	113.7	108.2	90.3	105.7	77.4	87.2	82.9	110.0	82.4	94.4	86.3	93.2	84.0	79.2	84.2	97.2	
167	isazofos	氯唑磷	42509-80-8	TPT柱	91.5	69.6	82.1	82.0	63.2	65.9	67.5	69.7	70.2	65.1	71.2	67.5	67.1	66.9	64.1	57.0	56.8	53.0	59.9	67.9	6.8
				串联柱	97.0	74.7	76.1	78.2	79.5	70.8	68.8	73.4	73.0	70.5	67.9	86.5	67.8	71.0	65.4	67.5	65.1	65.6	62.8	72.7	
168	isoprothiolane	稻瘟灵	50512-35-1	TPT柱	91.5	68.0	60.4	74.4	64.6	66.6	66.7	63.3	63.3	62.1	65.5	58.2	60.7	74.6	62.0	52.9	51.5	51.1	56.1	63.9	9.8
				串联柱	96.1	73.8	77.9	74.3	78.0	78.4	67.9	74.4	68.1	63.6	59.1	87.7	63.0	69.1	61.1	65.1	60.8	58.4	61.6	70.4	
169	kresoxim-methyl	醚菌酯	143390-89-0	TPT柱	77.1	61.8	70.4	38.0	42.5	35.0	39.7	42.2	36.3	32.5	35.0	33.2	29.6	37.9	32.5	30.5	28.6	31.4	32.4	40.3	9.7
				串联柱	49.0	59.1	36.7	46.2	42.2	31.1	30.4	47.6	40.7	33.7	27.5	24.9	29.3	34.1	28.7	32.3	30.0	29.9	42.5	36.6	
170	mefenacet	苯噻酰草胺	73250-68-7	TPT柱	126.2	135.7	115.2	133.4	94.4	115.4	133.0	130.8	110.2	123.7	120.9	141.1	79.5	151.9	144.7	139.9	131.6	132.9	85.3	121.5	2.1
				串联柱	129.9	135.2	121.7	116.1	114.7	147.5	145.1	122.1	124.9	105.4	109.4	107.4	86.8	124.6	139.4	174.6	130.3	139.5	83.2	124.1	

在 4 个条件下(两台仪器,Youden Pair 样品)浓药含量平均值/(μg/kg)

序号	英文名称	中文名称	CAS号	SPE柱	11月9日(n=5)	11月14日(n=3)	11月19日(n=3)	11月24日(n=3)	11月29日(n=3)	12月4日(n=3)	12月9日(n=3)	12月14日(n=3)	12月19日(n=3)	12月24日(n=3)	12月29日(n=3)	01月3日(n=3)	01月8日(n=3)	01月13日(n=3)	01月18日(n=3)	01月23日(n=3)	01月28日(n=3)	02月2日(n=3)	02月7日(n=3)	平均值/(μg/kg)	偏差率/%
171	mepronil	灭锈胺	55814-41-0	TPT柱	50.4	54.3	47.3	40.5	39.4	39.0	38.7	34.9	37.3	33.1	36.8	42.4	34.0	47.2	38.8	33.5	31.4	32.2	36.6	39.4	2.5
				串联柱	47.9	45.9	45.2	40.0	44.2	33.8	33.6	43.8	38.6	40.4	35.6	46.5	37.6	38.8	37.0	41.0	38.5	38.0	39.9	40.3	
172	metribuzin	嗪草酮	21087-64-9	TPT柱	139.5	102.5	97.3	82.2	60.4	64.1	60.2	63.5	55.5	56.4	51.7	57.6	47.1	64.3	51.2	46.8	42.7	40.4	43.1	64.5	6.5
				串联柱	143.4	110.2	81.8	76.9	71.8	72.3	68.1	64.0	58.4	57.9	46.2	106.7	48.4	58.7	46.5	51.6	52.9	43.0	50.7	68.9	
173	molinate	禾草敌	2212-67-1	TPT柱	39.7	28.3	34.3	33.4	30.4	32.1	32.3	27.6	30.6	29.6	30.8	27.7	30.9	33.5	30.4	26.2	27.1	26.6	28.4	30.5	9.1
				串联柱	42.4	32.6	35.5	34.7	37.6	36.4	32.2	36.3	31.2	30.9	29.1	33.8	29.6	37.5	28.9	33.4	30.4	31.3	31.2	33.4	
174	napropamide	敌草胺	15299-99-7	TPT柱	136.9	110.9	119.6	111.5	99.3	101.8	101.6	96.8	98.2	93.4	101.6	106.1	85.4	108.0	97.5	84.5	78.0	78.2	90.5	100.0	6.2
				串联柱	145.1	109.9	119.1	113.6	118.7	121.8	98.1	119.7	98.3	95.9	88.8	122.4	96.2	100.5	85.7	101.7	95.0	92.6	97.9	106.4	
175	nuarimol	氟苯嘧啶醇	63284-71-9	TPT柱	97.6	79.5	93.3	77.6	68.4	68.6	67.1	66.1	63.0	59.5	64.7	63.6	55.9	73.1	60.2	51.7	49.9	49.4	53.5	66.5	3.5
				串联柱	96.1	65.2	80.8	82.4	79.7	73.3	61.7	76.7	63.6	66.0	56.9	80.1	60.1	72.1	55.7	62.6	59.9	57.0	57.6	68.8	
176	permethrin	氯菊酯	52645-53-1	TPT柱	92.9	75.8	85.8	75.4	65.9	73.1	70.7	68.5	69.6	68.3	70.4	69.7	61.0	71.7	65.1	56.9	56.1	55.2	60.0	69.1	6.3
				串联柱	90.3	84.3	77.3	75.0	78.2	73.8	76.6	77.2	74.3	68.5	62.3	87.7	68.5	68.2	63.2	70.3	68.4	64.9	68.2	73.5	
177	phenothrin	苯醚菊酯	26002-80-2	TPT柱	49.3	35.2	40.8	33.5	32.0	33.4	32.7	30.5	30.4	30.3	37.1	33.8	39.7	33.5	32.7	26.3	25.5	27.4	26.4	33.2	5.1
				串联柱	48.8	35.1	37.1	35.6	45.4	36.0	33.7	37.1	31.4	32.3	28.7	43.9	29.6	35.7	30.0	33.1	30.7	29.5	29.7	34.9	
178	piperonyl butoxide	增效醚	51-03-6	TPT柱	46.6	36.4	43.0	39.7	32.6	33.1	34.7	32.5	31.6	29.4	31.2	29.8	29.6	31.2	30.1	26.5	26.1	24.4	28.0	32.4	8.8
				串联柱	50.4	39.3	39.6	36.9	41.4	40.3	35.1	40.6	29.9	32.0	28.7	41.0	32.1	32.4	30.3	32.4	30.3	30.1	30.8	35.4	
179	pretilachlor	丙草胺	51218-49-6	TPT柱	73.2	64.3	70.1	80.1	63.2	65.2	64.8	64.2	63.8	63.7	61.0	73.7	54.6	59.8	60.2	48.8	51.6	50.5	52.9	62.4	11.9
				串联柱	100.0	66.9	71.7	74.4	73.2	79.6	58.5	69.3	58.9	58.2	52.0	164.4	56.9	60.5	55.2	59.1	58.7	57.7	61.2	70.3	
180	prometon	扑灭通	1610-18-0	TPT柱	149.7	118.4	135.1	122.3	103.9	121.7	109.4	101.3	102.3	97.2	110.9	112.6	93.5	111.5	105.1	90.3	87.5	82.6	96.6	107.0	7.6
				串联柱	155.2	121.7	126.8	123.6	129.4	121.4	108.3	124.4	102.6	100.1	93.7	168.3	96.0	113.7	95.8	108.3	102.7	98.5	103.3	115.5	

在4个条件下(两台仪器,Youden Pair样品)农药含量平均值/(μg/kg)

序号	英文名称	中文名称	CAS号	SPE柱	11月9日(n=5)	11月14日(n=3)	11月19日(n=3)	11月24日(n=3)	11月29日(n=3)	12月4日(n=3)	12月9日(n=3)	12月14日(n=3)	12月19日(n=3)	12月24日(n=3)	12月29日(n=3)	01月3日(n=3)	01月8日(n=3)	01月13日(n=3)	01月18日(n=3)	01月23日(n=3)	01月28日(n=3)	02月2日(n=3)	02月7日(n=3)	平均值/(μg/kg)	偏差率/%
181	propyzamide-2	炔苯酰草胺-2	23950-58-5	TPT柱	163.5	136.2	154.0	148.0	118.3	125.5	120.1	118.5	119.6	115.3	123.5	130.2	104.6	140.2	115.8	104.6	102.6	98.7	115.2	123.9	3.0
				串联柱	184.6	127.6	137.2	141.5	147.3	139.3	118.6	143.2	123.0	124.3	111.5	101.2	113.4	123.9	112.7	124.1	116.9	115.1	120.8	127.7	
182	propetamphos	烯虫磷	31218-83-4	TPT柱	55.7	43.6	41.4	40.0	29.0	36.8	35.3	36.3	33.4	33.1	35.4	36.6	30.8	40.7	33.6	28.0	28.0	27.8	30.2	35.7	9.3
				串联柱	55.6	50.9	38.6	38.9	40.0	36.3	40.4	33.8	35.5	37.1	33.9	70.6	30.9	34.8	33.0	35.0	35.0	30.2	35.4	39.2	
183	propoxur-1	残杀威-1	114-26-1	TPT柱	352.7	287.0	334.0	315.0	283.7	284.7	291.4	264.9	289.7	274.3	282.0	282.0	264.6	381.6	243.2	268.2	236.2	235.0	261.9	285.9	4.9
				串联柱	382.8	283.6	330.3	322.5	337.6	352.8	325.5	268.0	284.4	281.0	262.6	269.9	272.2	316.6	308.1	277.9	279.9	235.0	278.0	300.3	
184	propoxur-2	残杀威-2	114-26-1	TPT柱	436.4	438.5	321.6	311.4	253.3	377.7	252.9	387.5	310.1	322.3	341.7	342.3	271.0	402.4	349.8	303.9	290.2	322.9	319.8	334.5	6.1
				串联柱	419.1	724.5	299.2	331.6	297.2	287.0	520.4	236.2	325.0	374.1	331.6	335.0	289.8	364.9	321.2	341.7	297.4	300.3	324.4	355.7	
185	prothiophos	丙硫磷	34643-46-4	TPT柱	42.6	34.5	37.2	37.2	29.7	32.2	32.6	31.4	30.8	28.3	31.7	29.9	29.2	32.6	30.4	26.8	25.5	26.6	27.5	31.3	7.5
				串联柱	42.8	37.1	35.8	35.4	38.1	35.6	33.2	36.2	31.4	31.4	27.5	45.2	30.2	31.1	29.4	30.2	30.2	28.6	32.0	33.8	
186	pyridaben	哒螨灵	96489-71-3	TPT柱	65.5	51.6	54.7	50.0	39.3	46.4	44.1	47.6	41.4	40.3	47.7	36.5	38.8	56.7	49.2	47.0	39.8	39.2	44.9	46.4	12.9
				串联柱	69.2	41.8	37.0	44.4	40.3	48.6	39.7	39.9	32.0	31.9	36.9	74.0	31.6	34.4	34.9	39.5	34.9	44.9	36.1	40.7	
187	pyridaphenthion	哒嗪硫磷	119-12-0	TPT柱	43.2	43.3	43.5	40.2	43.3	35.5	36.1	38.6	34.3	38.2	36.5	47.6	28.2	42.1	29.9	36.3	27.0	28.5	31.2	36.1	7.9
				串联柱	45.2	42.2	39.4	38.1	41.1	48.8	34.1	38.7	33.5	32.5	36.9	80.6	32.2	35.5	35.7	33.2	33.3	33.3	34.8	39.1	
188	pyrimethanil	嘧霉胺	53112-28-0	TPT柱	46.7	36.9	41.6	39.0	32.6	34.5	34.1	31.9	32.7	31.1	32.8	36.1	30.3	32.3	32.3	27.7	27.3	25.7	29.5	33.5	26.2
				串联柱	52.3	39.5	46.5	48.1	44.0	42.8	40.9	37.4	48.5	39.8	40.9	44.9	39.3	42.8	47.0	44.1	44.2	44.2	45.7	43.6	
189	pyriproxyfen	吡丙醚	95737-68-1	TPT柱	51.6	42.1	51.3	48.8	43.4	41.1	45.1	49.9	43.6	39.9	38.0	48.6	37.9	51.3	39.9	44.9	28.2	39.5	44.4	42.5	4.4
				串联柱	56.6	41.5	47.9	43.9	45.8	40.9	34.3	49.9	40.1	39.9	39.9	48.6	40.1	47.7	44.9	44.1	28.2	45.0	45.9	44.4	
190	quinalphos	喹硫磷	13593-03-8	TPT柱	40.5	37.8	38.6	38.8	39.0	43.7	34.8	35.9	32.9	34.9	31.7	40.0	34.3	36.3	31.4	30.0	27.6	27.9	29.7	34.6	7.3
				串联柱	49.1	42.3	37.9	38.2	38.2	37.2	37.2	34.9	32.9	34.9	31.7	51.7	32.0	36.4	31.4	32.7	32.7	31.1	32.8	37.2	

表头说明：在4个条件下（两台仪器，Youden Pair 样品）农药含量平均值/(μg/kg)

序号	英文名称	中文名称	CAS号	SPE柱	11月9日(n=5)	11月14日(n=3)	11月19日(n=3)	11月24日(n=3)	11月29日(n=3)	12月4日(n=3)	12月9日(n=3)	12月14日(n=3)	12月19日(n=3)	12月24日(n=3)	12月29日(n=3)	01月3日(n=3)	01月8日(n=3)	01月13日(n=3)	01月18日(n=3)	01月23日(n=3)	01月28日(n=3)	02月2日(n=3)	02月7日(n=3)	平均值/(μg/kg)	偏差率/%
191	quinoxyphen	嗪氧灵	124495-18-7	TPT柱	44.6	35.3	40.8	36.6	32.1	33.6	32.9	31.6	32.2	29.3	32.3	35.3	28.1	33.5	31.4	27.9	26.8	24.7	27.7	32.5	6.9
				串联柱	47.6	36.5	38.8	37.8	38.3	38.5	33.7	38.4	31.0	30.6	30.0	37.4	32.0	32.9	31.2	33.6	31.7	29.2	31.8	34.8	
192	dieldrin	狄氏剂	60-57-1	TPT柱	178.9	150.9	145.2	141.1	114.3	145.5	121.2	125.0	123.9	136.2	127.4	120.6	109.0	126.8	121.7	108.9	101.8	102.6	106.2	126.7	3.5
				串联柱	154.8	161.1	129.2	144.9	142.7	131.8	139.5	127.6	139.2	134.4	107.8	154.4	106.2	131.5	105.5	107.4	130.1	113.0	131.7	131.2	
193	tetrasul	杀螨硫醚	2227-13-6	TPT柱	41.0	32.7	38.1	34.2	31.5	33.6	32.0	30.2	31.1	30.0	31.3	30.0	30.4	31.7	31.4	29.6	29.4	29.5	32.1	32.1	7.8
				串联柱	43.0	34.3	37.2	35.6	38.2	37.7	32.6	38.0	31.5	31.8	28.9	33.9	32.3	33.7	33.0	35.5	34.1	33.4	34.8	34.7	
194	thiazopyr	嗪草哒	117718-60-2	TPT柱	98.0	70.8	80.3	67.4	66.3	64.9	65.7	64.7	66.2	65.1	63.2	71.1	62.8	74.0	63.9	55.3	53.5	52.6	59.0	66.6	4.9
				串联柱	95.9	74.3	75.0	74.6	82.5	73.8	67.2	77.8	64.3	64.0	57.7	70.9	62.5	67.5	62.2	66.0	65.1	61.5	64.7	69.9	
195	tolclofos-methyl	甲基立枯磷	57018-04-9	TPT柱	40.9	35.6	38.6	38.2	33.0	35.0	35.2	34.3	34.2	34.8	35.4	35.4	32.9	34.4	33.1	28.8	28.3	28.7	29.7	33.9	7.6
				串联柱	46.0	36.1	38.6	38.0	40.2	39.1	34.1	40.4	33.3	34.1	32.1	43.1	33.8	35.3	33.1	35.3	33.7	33.2	35.0	36.6	
196	transfluthrin	四氟苯菊酯	118712-89-3	TPT柱	45.7	34.7	38.3	38.2	31.0	33.6	33.7	31.4	32.5	30.9	32.7	32.3	31.6	35.6	33.1	27.6	28.6	26.8	29.4	33.0	5.0
				串联柱	43.7	37.8	36.0	37.3	38.4	34.3	33.9	37.7	32.3	33.7	28.7	40.1	31.4	35.1	30.0	34.2	32.4	31.1	32.2	34.7	
197	triadimefon	三唑酮	43121-43-3	TPT柱	102.7	95.4	88.0	84.2	69.7	70.0	75.2	75.3	73.7	69.1	78.1	81.4	66.5	84.4	72.1	62.7	64.3	57.3	63.4	75.4	17.6
				串联柱	122.4	107.7	96.6	92.0	98.3	97.2	85.4	97.2	80.6	82.2	77.4	108.1	76.4	94.5	78.3	82.0	78.1	75.0	81.2	90.0	
198	triadimenol	三唑醇	55219-65-3	TPT柱	149.5	115.8	131.1	112.6	97.2	88.2	100.1	97.9	96.6	79.9	89.9	89.8	86.2	131.5	93.0	82.2	79.8	75.9	85.4	99.1	7.9
				串联柱	149.7	105.4	102.2	95.4	103.4	101.4	79.5	90.7	75.5	72.1	71.2	140.7	77.8	81.5	77.3	86.2	78.3	74.4	77.6	91.6	
199	triallate	野麦畏	2303-17-5	TPT柱	88.6	70.9	78.5	67.1	58.4	67.9	63.9	62.0	62.5	58.6	63.6	72.5	54.7	62.3	60.4	53.0	53.1	54.4	63.4	63.4	24.3
				串联柱	61.1	54.4	51.1	50.5	53.9	48.8	49.5	49.8	47.2	47.8	40.9	75.2	41.8	49.0	42.0	43.0	47.8	44.2	45.9	49.7	
200	tribenuron-methyl	苯磺隆	101200-48-0	TPT柱	59.5	72.0	51.3	40.1	31.2	46.5	39.6	36.7	40.2	33.6	34.1	33.4	35.9	51.1	30.9	34.0	24.0	34.8	40.6	40.5	49.4
				串联柱	70.1	115.4	66.9	77.2	61.7	78.1	123.2	74.4	71.9	69.3	38.3	7.5	64.6	57.3	37.4	53.0	63.5	67.6	77.1	67.1	
201	vinclozolin	乙烯菌核利	50471-44-8	TPT柱	47.3	41.2	42.5	41.4	42.5	42.0	40.6	41.1	40.1	37.7	32.5	24.6	33.5	38.1	32.5	34.7	33.7	30.7	32.0	37.0	2.6
				串联柱	45.9	44.1	42.3	41.4	42.0	39.3	36.8	36.7	35.9	37.7	32.5	35.5?	33.5	38.1	32.5	34.7	37.8	34.2	35.5	38.0	

表2-20　乌龙茶 Youden Pair 污染样品中 201 种农药在 2 种 SPE 柱净化 4 个条件下 3 个月的循环检测结果

在 4 个条件下(两台仪器，Youden Pair 样品)农药含量平均值/(μg/kg)

序号	英文名称	中文名称	CAS号	SPE柱	11月9日(n=5)	11月14日(n=3)	11月19日(n=3)	11月24日(n=3)	11月29日(n=3)	12月4日(n=3)	12月9日(n=3)	12月14日(n=3)	12月19日(n=3)	12月24日(n=3)	12月29日(n=3)	01月3日(n=3)	01月8日(n=3)	01月13日(n=3)	01月18日(n=3)	01月23日(n=3)	01月28日(n=3)	02月2日(n=3)	02月7日(n=3)	平均值/(μg/kg)	偏差率/%
1	2,3,4,5-tetrachloroaniline	2,3,4,5-四氯苯胺	634-83-3	TPT柱	6.8	6.1	5.1	5.3	5.5	4.2	4.2	4.6	4.9	4.6	4.5	4.8	4.3	4.3	4.8	4.2	3.2	3.9	4.0	4.7	1.9
				串联柱	7.9	6.9	6.2	4.6	6.0	4.9	5.4	4.4	4.4	4.7	4.5	3.9	3.3	3.5	3.6	3.1	3.2	3.3	3.8	4.6	
2	2,3,5,6-tetrachloroaniline	2,3,5,6-四氯苯胺	3481-20-7	TPT柱	37.3	37.5	32.3	34.1	35.5	29.8	29.5	36.7	35.6	35.5	35.6	35.2	34.9	36.7	31.4	33.5	30.6	32.0	32.1	34.0	3.3
				串联柱	42.0	37.1	37.6	33.4	37.0	33.6	37.1	31.3	37.2	33.2	32.6	29.3	30.3	31.9	31.9	26.3	25.9	29.5	27.9	32.9	
3	4,4'-dibromobenzophenone	4,4'-二溴二苯甲酮	3988-03-2	TPT柱	52.5	51.0	42.8	44.2	46.5	37.9	54.2	64.0	47.5	40.4	62.0	39.5	47.3	46.5	50.1	53.8	49.5	42.0	41.6	48.1	7.2
				串联柱	63.7	41.2	40.6	39.4	47.2	38.2	43.9	65.1	38.6	39.5	37.7	37.9	45.2	45.0	37.7	32.9	52.0	57.1	46.4	44.7	
4	4,4'-dichlorobenzophenone	4,4'-二氯二苯甲酮	90-98-2	TPT柱	58.5	68.1	51.0	52.7	60.2	51.5	52.0	63.9	68.9	55.4	63.4	55.3	49.3	64.3	66.9	65.6	62.8	62.5	56.0	59.4	1.0
				串联柱	69.0	51.0	60.5	55.4	56.7	54.4	57.6	67.7	60.7	56.9	56.1	53.4	50.5	62.0	61.8	46.3	55.3	68.4	73.5	58.8	
5	acetochlor	乙草胺	34256-82-1	TPT柱	81.9	84.2	81.5	67.3	61.8	56.4	64.5	76.9	74.0	68.7	73.3	68.8	64.9	69.4	60.2	64.2	63.1	57.1	63.9	67.7	6.5
				串联柱	74.9	76.0	65.8	67.7	77.4	64.3	68.9	67.1	70.1	63.3	63.5	53.7	57.5	55.6	59.9	43.8	48.0	56.3	55.8	63.4	
6	alachlor	甲草胺	15972-60-8	TPT柱	117.1	122.4	95.6	100.0	88.7	82.3	90.4	113.4	105.2	102.9	106.7	96.7	102.8	86.4	86.4	97.0	82.8	89.6	88.8	98.5	6.5
				串联柱	100.4	109.8	118.8	98.1	109.5	91.7	104.4	96.7	105.6	92.7	91.6	76.7	82.3	86.3	88.1	72.2	70.1	79.3	78.5	92.3	
7	atratone	莠去通	1610-17-9	TPT柱	46.7	43.2	38.5	37.4	36.3	32.7	32.7	40.3	37.7	39.0	42.1	38.5	36.3	37.3	34.3	34.9	32.5	35.3	31.3	37.2	2.0
				串联柱	52.3	43.1	43.9	39.3	48.3	37.2	41.1	36.6	48.9	39.6	40.4	32.4	32.1	34.9	34.6	28.2	27.0	31.3	29.6	37.9	
8	benodanil	麦锈灵	15310-01-7	TPT柱	238.8	139.0	122.7	201.1	349.8	171.2	106.2	132.3	136.8	91.8	318.5	69.0	109.8	79.3	114.8	118.0	121.8	78.6	74.9	146.0	29.3
				串联柱	108.5	130.7	134.1	73.5	183.8	78.7	78.1	196.4	46.4	68.1	77.5	93.8	114.1	118.6	98.9	71.0	104.8	168.2	121.0	108.7	
9	benoxacor	解草嗪	98730-04-2	TPT柱	91.8	93.9	74.4	84.4	72.0	62.3	76.6	88.3	73.5	74.5	106.4	78.0	75.3	66.5	75.6	70.1	60.9	82.7	69.5	76.8	5.1
				串联柱	70.4	74.7	85.9	70.2	80.3	75.0	75.4	92.6	63.2	66.9	66.4	67.8	73.1	70.2	68.1	53.6	73.0	82.7	77.1	73.0	
10	bromophos-ethyl	乙基溴硫磷	4824-78-6	TPT柱	37.8	36.6	31.7	33.1	31.2	27.1	27.7	35.7	34.5	33.2	37.2	33.3	32.0	33.4	29.6	31.4	27.1	28.6	28.3	32.1	3.0
				串联柱	36.9	36.5	36.1	31.7	36.1	30.6	34.2	31.6	35.8	31.7	32.1	28.3	27.8	29.6	29.6	23.9	24.6	27.3	27.2	31.1	

在4个条件下（两台仪器，Youden Pair）样品A农药含量平均值/(μg/kg)

序号	英文名称	中文名称	CAS号	SPE柱	11月9日(n=5)	11月14日(n=3)	11月19日(n=3)	11月24日(n=3)	11月29日(n=3)	12月4日(n=3)	12月9日(n=3)	12月14日(n=3)	12月19日(n=3)	12月24日(n=3)	12月29日(n=3)	01月3日(n=3)	01月8日(n=3)	01月13日(n=3)	01月18日(n=3)	01月23日(n=3)	01月28日(n=3)	02月2日(n=3)	02月7日(n=3)	平均值/(μg/kg)	偏差率/%
11	butralin	仲丁灵	33629-47-9	TPT柱	170.3	171.1	129.8	142.8	162.2	130.5	198.9	188.5	149.1	125.6	168.8	111.8	132.9	126.5	131.2	147.0	160.4	126.1	117.2	146.9	0.8
				串联柱	129.7	126.8	130.9	120.9	232.6	142.7	116.6	200.6	140.8	120.6	129.3	122.3	139.7	198.6	97.3	89.5	171.8	224.6	134.1	145.8	
12	chlorfenapyr	虫螨腈	122453-73-0	TPT柱	330.5	353.9	295.4	297.2	299.2	244.6	259.2	323.1	305.6	304.6	323.3	315.5	293.7	315.9	281.0	288.2	257.5	270.5	266.0	296.0	3.7
				串联柱	346.3	330.0	346.0	304.4	318.5	279.5	316.1	276.8	323.1	290.9	274.0	250.0	254.9	265.0	279.1	226.7	226.7	258.9	251.7	285.2	
13	clomazone	异草酮	81777-89-1	TPT柱	40.7	40.1	34.4	35.7	36.5	29.5	31.6	37.8	36.9	33.2	45.3	32.9	34.5	34.5	31.1	33.6	32.2	31.4	28.7	34.7	4.8
				串联柱	39.2	38.9	40.0	33.0	39.1	33.7	34.3	35.5	35.6	33.8	31.7	30.4	34.3	34.3	28.7	24.6	26.9	28.5	29.3	33.0	
14	cycloate	环草敌	1134-23-2	TPT柱	83.7	81.6	73.9	73.5	84.0	61.5	59.0	71.0	74.1	66.5	106.8	63.2	65.9	70.0	68.4	67.1	58.8	57.8	52.4	70.5	0.2
				串联柱	97.1	84.1	80.1	68.1	83.0	64.4	70.6	75.6	80.5	66.2	63.2	58.0	66.0	81.6	57.4	46.8	60.7	61.4	61.4	70.6	
15	cycluron	环莠隆	2163-69-1	TPT柱	33.5	32.3	27.1	26.9	25.7	22.9	25.0	30.7	31.2	30.6	31.6	29.1	28.6	29.5	26.4	26.3	23.7	26.6	25.5	28.1	1.9
				串联柱	36.9	30.9	32.9	29.3	32.2	28.1	31.0	26.0	29.8	27.9	27.5	24.3	25.3	26.0	26.8	21.8	20.6	22.7	23.2	27.5	
16	cyhalofop-butyl	氰氟草酯	122008-85-9	TPT柱	116.8	137.6	102.9	110.6	106.1	94.5	89.7	108.9	104.0	153.9	193.0	175.0	141.1	117.1	106.3	104.6	84.2	106.6	98.5	118.5	2.6
				串联柱	147.3	140.6	128.5	117.0	136.8	95.4	119.7	94.8	107.4	154.7	154.7	124.7	127.9	103.5	108.5	81.4	77.2	91.4	82.4	115.5	
17	cyprodinil	嘧菌环胺	121552-61-2	TPT柱	38.6	38.5	32.1	33.7	32.4	27.9	28.1	37.1	36.3	36.2	34.2	36.1	33.2	35.6	33.0	32.1	28.7	31.3	28.8	33.4	0.9
				串联柱	47.1	41.4	38.3	32.5	37.4	34.8	34.7	33.1	32.0	34.3	35.0	28.8	31.1	31.9	31.8	25.0	25.6	25.7	27.2	33.0	
18	chlorthal-dime-thyl-1	氯酞酸二甲酯-1	1861-32-1	TPT柱	113.7	111.6	92.5	98.3	95.8	82.3	90.6	110.0	101.6	99.1	108.6	99.1	96.4	99.0	88.0	93.5	89.1	87.7	84.1	96.9	5.0
				串联柱	113.2	107.2	107.1	95.5	101.7	93.9	101.5	95.9	98.5	93.8	90.7	83.6	86.9	85.1	89.9	73.2	73.0	78.8	82.5	92.2	
19	DE-PCB 101	2,2',4,5,5'-五氯联苯	37680-73-2	TPT柱	33.9	35.8	29.7	31.8	30.3	26.5	34.1	32.7	33.7	32.8	32.8	33.1	31.3	32.7	28.2	30.2	29.5	29.1	29.1	31.0	2.8
				串联柱	42.6	35.3	31.7	31.7	34.4	30.0	34.1	27.6	33.1	31.3	29.9	27.3	28.9	28.9	29.1	24.0	21.9	25.2	24.2	30.2	
20	DE-PCB 118	2,3,4,4',5-五氯联苯	74472-37-0	TPT柱	35.2	36.8	30.5	32.7	32.1	27.4	34.6	32.9	34.2	34.4	34.4	33.7	30.8	33.6	29.1	31.4	27.1	29.6	29.2	31.7	3.5
				串联柱	44.4	36.0	34.7	32.7	34.5	30.8	34.6	27.3	32.9	31.4	29.7	26.9	27.0	29.1	30.0	23.8	23.3	25.9	25.8	30.6	

序号	英文名称	中文名称	CAS号	SPE柱	11月9日(n=5)	11月14日(n=3)	11月19日(n=3)	11月24日(n=3)	11月29日(n=3)	12月4日(n=3)	12月9日(n=3)	12月14日(n=3)	12月19日(n=3)	12月24日(n=3)	12月29日(n=3)	01月3日(n=3)	01月8日(n=3)	01月13日(n=3)	01月18日(n=3)	01月23日(n=3)	01月28日(n=3)	02月2日(n=3)	02月7日(n=3)	平均值/(μg/kg)	偏差率/%
21	DE-PCB 138	2,2',3,4,4',5'-六氯联苯	35065-28-2	TPT柱	35.6	35.6	30.1	31.7	31.3	27.3	27.0	32.8	33.8	31.3	32.8	32.7	30.2	32.2	28.8	29.6	26.9	29.1	27.4	30.9	2.8
				串联柱	44.6	35.7	35.0	31.5	32.6	30.0	33.5	27.4	31.8	30.9	28.6	27.0	26.3	28.0	29.3	23.6	22.7	25.4	25.9	30.0	
22	DE-PCB 180	2,2',3,4,4',5,5'-七氯联苯	35065-29-3	TPT柱	34.9	34.5	29.3	32.1	30.9	26.1	26.6	32.7	32.9	30.9	32.7	31.3	29.5	31.0	27.6	28.8	26.4	27.7	26.6	30.1	2.3
				串联柱	44.7	34.5	34.4	31.0	32.7	28.6	31.8	29.2	31.5	29.9	28.2	26.0	26.7	27.0	29.0	22.8	22.2	25.2	24.0	29.4	
23	DE-PCB 28	2,4,4'-三氯联苯	7012-37-5	TPT柱	34.1	35.5	30.8	33.0	32.7	28.2	28.4	34.5	35.0	34.2	35.9	33.3	33.0	34.6	29.9	31.8	27.7	30.9	30.2	32.3	1.5
				串联柱	47.8	35.8	35.8	34.3	33.9	31.8	35.4	29.2	35.1	32.3	30.7	28.2	28.3	29.7	31.3	25.7	24.5	27.6	27.0	31.8	
24	DE-PCB 31	2,4',5-三氯联苯	16606-02-3	TPT柱	34.7	35.9	30.8	33.1	32.6	28.3	28.2	34.3	34.9	34.2	35.4	33.9	32.6	34.5	30.2	31.7	28.0	30.8	30.0	32.3	3.6
				串联柱	36.9	35.8	35.7	34.3	33.6	31.7	35.3	29.4	35.1	32.2	30.4	28.3	28.1	29.7	31.1	25.7	24.4	27.4	27.1	31.2	
25	dichlorofop-methyl	二氯丙酸甲酯	23384-57-7	TPT柱	40.2	44.2	38.1	37.3	43.2	28.1	31.0	36.2	41.2	31.9	60.2	27.6	31.0	32.0	30.0	32.2	29.5	27.6	23.8	35.0	2.8
				串联柱	44.1	47.5	41.0	33.4	42.3	31.9	34.1	36.5	36.9	32.5	31.9	31.7	27.5	36.9	25.7	21.6	28.8	34.4	28.8	34.1	
26	dimethenamid	二甲噻草胺	87674-68-8	TPT柱	40.4	41.2	32.2	34.0	30.5	26.7	30.4	38.3	33.9	34.4	35.8	34.2	32.3	34.5	29.5	32.2	28.3	29.8	31.0	33.1	5.5
				串联柱	34.5	37.3	39.9	33.2	36.6	31.4	34.9	32.8	36.9	32.1	30.5	27.0	28.7	28.7	29.4	23.5	24.2	27.3	27.0	31.4	
27	diofenolan-1	苯虫醚-1	63837-33-2	TPT柱	77.1	72.5	65.0	69.3	69.4	57.6	58.5	71.9	69.9	67.8	73.2	68.2	65.3	70.5	63.8	64.1	56.2	62.5	58.5	66.4	0.9
				串联柱	91.9	75.4	75.1	69.8	77.3	62.4	71.8	61.3	73.4	65.7	64.1	56.1	56.7	65.5	61.6	48.3	53.3	62.8	56.9	65.8	
28	diofenolan-2	苯虫醚-2	63837-33-2	TPT柱	77.0	76.5	66.3	70.4	71.9	58.4	58.4	72.9	70.1	70.5	75.7	70.9	66.2	70.9	65.9	66.6	57.5	61.6	59.0	67.7	8.8
				串联柱	93.7	76.5	76.5	70.0	41.0	63.6	72.2	62.1	72.8	66.6	63.8	58.3	58.3	37.1	63.2	49.4	56.8	65.4	59.3	62.0	
29	fenbuconazole	腈苯唑	114369-43-6	TPT柱	86.9	79.5	73.7	75.7	71.4	65.3	59.1	74.6	68.1	67.6	77.2	73.4	66.1	68.3	62.5	59.9	53.4	57.1	52.8	68.0	0.8
				串联柱	107.7	84.1	78.0	77.4	96.8	64.6	73.9	69.6	86.4	63.3	65.7	46.6	54.9	56.0	65.9	48.7	47.8	59.1	56.2	68.6	
30	fenpyroximate	唑螨酯	134098-61-6	TPT柱	283.0	305.7	207.0	229.1	235.7	219.0	199.0	255.2	234.3	303.3	201.6	337.5	242.8	292.5	216.7	204.7	166.4	244.5	244.8	243.3	2.8
				串联柱	484.6	255.1	268.4	327.5	285.7	232.1	347.1	197.5	244.7	254.4	226.8	189.0	201.0	212.3	288.3	227.1	144.1	188.8	181.1	250.3	

序号	英文名称	中文名称	CAS号	SPE柱	11月9日(n=5)	11月14日(n=3)	11月19日(n=3)	11月24日(n=3)	11月29日(n=3)	12月4日(n=3)	12月9日(n=3)	12月14日(n=3)	12月19日(n=3)	12月24日(n=3)	12月29日(n=3)	01月3日(n=3)	01月8日(n=3)	01月13日(n=3)	01月18日(n=3)	01月23日(n=3)	01月28日(n=3)	02月2日(n=3)	02月7日(n=3)	平均值/(μg/kg)	偏差率/%
31	fluotrimazole	三氟苯唑	31251-03-3	TPT柱	39.2	35.8	33.4	31.9	30.1	27.4	27.9	32.8	31.0	30.8	32.9	32.0	30.6	31.1	27.5	27.4	24.5	27.5	25.1	30.5	3.4
				串联柱	48.8	40.3	37.4	32.5	36.7	30.3	33.9	29.2	47.4	32.6	30.1	25.2	26.8	26.6	28.3	22.8	21.7	24.1	24.3	31.5	
32	fluoxypr-1-meth-ylheptyl ester	氯氟吡氧乙酸异辛酯	81406-37-3	TPT柱	39.7	42.8	38.3	38.3	38.1	29.6	31.7	36.3	38.2	35.4	47.0	33.4	33.9	35.0	35.9	31.4	31.4	31.3	26.3	35.5	0.4
				串联柱	46.7	41.4	41.4	35.4	41.0	33.0	35.3	37.7	41.0	34.6	31.9	30.6	30.6	34.9	30.1	25.6	35.0	35.0	33.4	35.3	
33	iprovalicarb-1	异丙菌胺-1	140923-17-7	TPT柱	208.4	152.7	168.7	167.3	156.1	155.0	193.4	186.0	155.5	146.9	161.4	155.8	151.2	155.3	153.7	156.6	155.0	140.2	125.9	160.3	4.6
				串联柱	181.0	157.5	166.5	151.7	185.7	150.3	154.6	176.0	194.4	136.5	136.7	124.2	132.2	159.4	145.8	112.9	142.9	154.4	145.3	153.1	
34	iprovalicarb-2	异丙菌胺-2	140923-17-7	TPT柱	206.1	158.6	148.1	159.2	149.8	132.7	224.2	203.8	158.3	145.3	171.4	144.4	152.6	149.7	142.5	147.8	155.3	136.3	128.8	158.7	4.6
				串联柱	172.5	159.9	161.5	146.6	198.4	139.4	149.8	197.0	194.9	143.0	146.4	125.1	128.2	144.0	139.0	108.7	129.5	150.8	143.9	151.5	
35	isodrin	异艾氏剂	465-73-6	TPT柱	38.6	37.5	31.3	33.6	32.1	28.4	29.0	35.5	36.3	35.6	35.2	35.2	32.1	34.3	29.8	30.3	30.3	30.9	29.6	33.1	3.5
				串联柱	43.3	37.6	38.1	34.2	34.4	32.2	35.7	30.2	34.1	29.8	30.7	30.7	30.1	29.1	33.8	25.9	24.2	26.0	25.8	32.0	
36	isoprocarb-1	异丙威-1	2631-40-5	TPT柱	83.7	88.9	78.7	80.8	90.4	86.9	78.3	89.0	100.2	92.7	96.7	99.9	102.7	105.8	103.2	102.8	81.3	87.0	89.2	91.5	2.1
				串联柱	106.0	85.2	96.6	83.4	86.3	86.1	94.4	84.7	129.4	94.9	90.4	81.9	89.2	86.1	100.5	83.8	66.3	75.8	81.5	89.6	
37	isoprocarb-2	异乐灵-2	33820-53-0	TPT柱	86.7	89.0	71.5	76.0	96.7	60.7	79.8	100.1	107.7	73.6	116.7	62.4	98.7	75.0	56.8	68.6	81.2	87.6	87.9	83.0	5.2
				串联柱	74.5	78.1	103.9	93.6	93.6	75.9	76.9	68.8	77.2	73.1	93.9	89.7	84.5	86.6	60.6	54.3	65.7	73.9	83.5	78.8	
38	lenacil	环草啶	2164-08-1	TPT柱	324.3	202.0	231.5	229.4	228.8	199.0	407.4	262.8	220.0	158.1	314.1	150.8	192.7	154.9	172.9	225.7	237.0	145.3	187.5	223.4	12.1
				串联柱	195.7	198.1	200.2	171.2	257.4	179.8	160.3	368.1	218.6	169.5	169.5	184.5	169.5	252.5	148.8	119.3	198.5	176.4	222.8	197.9	
39	metalaxyl	甲霜灵	57837-19-1	TPT柱	116.6	114.0	95.8	101.8	93.1	85.6	84.4	108.5	99.6	96.5	106.8	109.5	100.5	104.8	93.2	93.1	81.8	95.0	98.5	99.9	2.9
				串联柱	127.8	109.9	113.7	98.8	112.9	95.2	105.7	93.7	111.7	95.2	91.4	80.7	91.0	91.1	99.8	79.4	75.5	85.3	84.9	97.0	
40	metazachlor	吡唑草胺	67129-08-2	TPT柱	125.3	118.5	123.6	100.1	95.0	97.4	109.0	150.4	107.3	113.3	124.8	102.7	99.3	102.0	88.4	100.5	92.2	80.7	99.5	108.4	9.4
				串联柱	98.1	118.1	109.0	119.4	105.7	95.0	97.4	150.4	107.3	93.8	93.2	74.9	84.3	82.6	90.0	71.3	96.5	91.0	91.0	98.6	

在4个条件下(两台仪器, Youden Pair 样品)农药含量平均值/(μg/kg)

序号	英文名称	中文名称	CAS号	SPE柱	11月9日(n=5)	11月14日(n=3)	11月19日(n=3)	11月24日(n=3)	11月29日(n=3)	12月4日(n=3)	12月9日(n=3)	12月14日(n=3)	12月19日(n=3)	12月24日(n=3)	12月29日(n=3)	01月3日(n=3)	01月8日(n=3)	01月13日(n=3)	01月18日(n=3)	01月23日(n=3)	01月28日(n=3)	02月2日(n=3)	02月7日(n=3)	平均值/(μg/kg)	偏差率/%
41	methabenzthia-zuron	噻唑隆	18691-97-9	TPT柱	405.7	400.7	334.3	343.1	332.4	299.3	302.0	359.3	327.8	344.0	346.0	336.5	314.6	342.1	310.9	329.2	285.8	307.5	281.7	331.8	3.8
				串联柱	481.8	399.8	379.4	341.5	409.4	337.1	360.8	357.4	405.0	328.7	323.1	321.2	304.1	282.6	304.4	259.9	295.7	355.1	303.5	344.8	
42	mirex	灭蚁灵	2385-85-5	TPT柱	37.5	37.0	28.7	32.4	32.5	26.5	34.0	37.8	33.9	28.9	37.0	27.2	29.5	26.6	26.0	29.0	29.8	26.1	25.0	30.8	10.3
				串联柱	34.3	32.4	33.3	28.5	32.6	28.8	29.2	32.6	24.5	27.7	26.9	28.3	25.5	26.1	24.9	20.6	22.4	25.3	24.1	27.8	
43	monalide	庚酰草胺	7287-36-7	TPT柱	90.0	95.7	76.5	80.2	84.3	70.9	67.2	88.7	90.4	82.7	100.9	82.9	83.9	78.6	71.9	81.5	79.3	74.1	70.0	81.6	1.9
				串联柱	98.4	91.1	92.9	79.8	84.9	79.3	83.4	76.6	77.4	83.3	79.5	77.9	71.3	75.9	72.5	101.0	57.1	63.8	73.6	80.0	
44	paraoxon-ethyl	对氧磷	311-45-5	TPT柱	179.5	214.2	190.4	161.8	141.3	154.9	180.9	181.2	104.4	161.8	206.4	165.5	154.8	162.1	156.9	98.4	93.7	81.8	96.9	151.9	3.2
				串联柱	178.5	185.1	181.7	154.6	137.0	160.7	177.7	136.7	167.2	153.3	150.9	130.2	147.5	127.6	141.0	134.9	110.4	109.6	110.5	147.1	
45	pebulate	克草猛	1114-71-2	TPT柱	101.6	90.3	74.4	83.8	82.7	71.2	68.3	82.2	83.1	87.2	83.2	85.7	77.7	83.2	81.2	79.5	84.4	89.5	66.1	81.8	2.8
				串联柱	105.0	82.6	86.0	82.8	89.7	80.7	85.4	65.0	86.2	75.5	74.2	66.1	68.1	84.8	85.5	69.9	71.3	76.3	75.2	79.5	
46	pentachloroani-line	五氯苯胺	527-20-8	TPT柱	34.3	32.8	28.8	30.1	31.0	27.8	28.5	37.0	33.4	33.8	32.8	30.0	31.3	31.2	28.9	29.0	26.4	28.1	27.2	30.6	2.2
				串联柱	37.5	32.4	33.9	30.5	31.6	31.4	38.9	32.5	33.3	32.8	30.4	26.4	27.7	27.9	22.9	22.0	25.2	25.1	25.2	30.0	
47	pentachloroani-sole	五氯甲氧基苯	1825-21-4	TPT柱	32.6	29.9	25.7	28.7	29.6	26.0	26.0	32.5	29.5	29.7	32.5	29.1	29.0	29.0	27.1	28.1	24.6	26.9	25.9	28.5	5.1
				串联柱	37.6	28.2	31.3	28.0	29.6	28.0	31.6	26.6	29.0	27.6	27.4	24.5	26.2	25.4	25.8	21.5	20.9	22.9	23.6	27.1	
48	pentachloro-benzene	五氯苯	608-93-5	TPT柱	39.2	38.7	32.1	34.8	34.3	29.0	31.0	37.4	36.0	34.5	38.5	33.6	32.6	35.7	31.3	32.1	30.2	31.3	29.2	33.8	4.8
				串联柱	42.1	38.1	37.3	33.9	35.4	32.6	35.3	31.4	35.2	33.1	31.9	29.1	28.2	30.6	30.6	25.4	25.3	27.5	28.0	32.2	
49	perthane	乙滴滴	72-56-0	TPT柱	111.0	38.3	33.0	34.5	36.8	29.8	29.3	34.9	34.5	34.3	36.8	33.1	33.5	30.2	30.2	32.5	29.2	30.0	31.3	37.2	12.8
				串联柱	43.2	36.8	37.9	34.8	34.8	33.9	36.5	32.3	36.7	34.0	32.4	29.0	31.0	31.4	31.4	25.4	26.2	29.0	26.3	32.7	
50	phenanthrene	菲	85-01-8	TPT柱	37.1	39.0	30.7	35.1	35.9	30.2	36.9	36.5	37.6	36.4	37.1	36.1	37.7	34.4	31.9	33.0	30.7	35.0	30.6	34.5	3.6
				串联柱	41.3	36.7	38.8	35.4	37.1	33.7	33.1	31.0	38.7	35.2	33.1	29.1	30.6	32.5	31.4	26.8	25.8	29.8	28.3	33.3	

续表

序号	英文名称	中文名称	CAS号	SPE柱	11月9日(n=5)	11月14日(n=3)	11月19日(n=3)	11月24日(n=3)	11月29日(n=3)	12月4日(n=3)	12月9日(n=3)	12月14日(n=3)	12月19日(n=3)	12月24日(n=3)	12月29日(n=3)	01月3日(n=3)	01月8日(n=3)	01月13日(n=3)	01月18日(n=3)	01月23日(n=3)	01月28日(n=3)	02月2日(n=3)	02月7日(n=3)	平均值/(µg/kg)	偏差率/%
51	pirimicarb	抗蚜威	23103-98-2	TPT柱	87.0	72.6	63.0	66.5	59.7	53.1	56.2	67.4	63.1	62.0	69.1	62.9	59.4	63.9	57.0	58.9	53.7	57.1	52.2	62.4	0.8
				串联柱	84.4	74.0	72.1	65.9	77.2	61.8	64.6	61.1	73.6	61.2	63.3	53.4	55.4	56.4	55.9	45.8	46.8	52.2	50.5	61.9	
52	procymidone	腐霉利	32809-16-8	TPT柱	38.1	41.3	33.6	36.9	35.6	30.8	30.9	38.0	38.3	37.4	38.5	40.4	37.7	43.4	32.9	34.8	31.2	33.9	32.4	36.1	3.5
				串联柱	47.4	40.1	40.8	36.3	38.3	34.6	39.2	32.4	37.8	35.5	33.3	30.0	33.4	37.5	32.7	27.7	26.0	29.5	30.0	34.9	
53	prometryn	扑草净	7287-19-6	TPT柱	41.8	42.7	33.2	34.4	31.8	28.6	28.6	35.0	33.0	32.5	33.2	33.5	30.6	33.6	28.5	29.8	27.2	29.6	27.1	32.4	0.1
				串联柱	48.7	40.5	39.2	34.8	40.4	32.6	35.9	30.0	38.2	32.7	32.4	26.2	28.3	28.3	30.0	23.9	22.5	25.4	25.3	32.4	
54	propham	苯胺灵	122-42-9	TPT柱	43.6	40.1	35.8	37.8	37.1	32.0	42.9	43.5	39.0	38.1	45.3	37.7	38.7	40.0	37.2	39.4	38.4	37.1	35.7	38.9	2.1
				串联柱	39.9	37.8	41.2	35.6	42.0	36.5	38.5	40.5	44.3	36.5	35.3	32.1	34.4	36.2	34.3	29.5	42.3	48.2	39.1	38.1	
55	prosulfocarb	苄草丹	52888-80-9	TPT柱	36.6	35.5	30.8	32.5	30.4	26.8	26.5	33.4	32.1	33.0	32.3	33.2	33.0	33.9	29.3	30.1	27.1	28.8	27.8	31.1	0.9
				串联柱	41.0	35.7	36.8	32.4	35.2	31.3	34.6	28.8	35.4	31.7	31.3	26.5	27.8	29.4	29.5	24.2	23.8	25.2	25.2	30.8	
56	secbumeton	仲丁通	26259-45-0	TPT柱	43.5	37.5	34.6	33.9	29.5	28.4	28.8	33.4	32.2	33.8	36.8	31.9	31.2	33.9	31.0	32.0	29.1	32.3	29.4	32.8	3.0
				串联柱	49.7	38.1	38.9	34.1	44.3	32.9	36.4	29.4	43.6	33.9	36.4	26.8	29.6	30.2	31.5	25.2	24.7	28.2	28.2	33.8	
57	silafluofen	氟硅菊酯	105024-66-6	TPT柱	40.4	34.0	33.0	30.0	35.2	29.3	25.3	34.5	36.4	33.0	37.1	16.2	32.7	33.9	29.4	29.7	27.0	29.4	27.0	31.2	4.1
				串联柱	55.5	37.2	36.4	32.5	37.4	30.2	34.3	30.4	34.0	31.9	30.6	27.8	34.9	32.4	30.9	23.9	24.9	25.5	27.6	32.5	
58	tebupirimfos	丁基嘧啶磷	96182-53-5	TPT柱	150.3	125.7	111.2	115.5	87.9	71.8	75.4	63.8	59.4	57.0	65.2	61.5	53.7	62.5	53.2	54.7	47.7	53.9	50.0	74.8	2.0
				串联柱	151.9	128.3	131.8	114.4	122.7	94.6	62.3	55.3	75.0	60.4	60.8	48.1	51.9	52.7	55.9	44.8	42.4	48.2	48.2	76.3	
59	tebutam	丙戊草胺	35256-85-0	TPT柱	73.4	71.8	59.8	65.5	61.1	54.2	53.9	66.6	66.0	62.5	66.9	65.4	61.5	66.0	57.0	59.5	53.9	59.6	55.5	62.3	2.9
				串联柱	80.8	71.1	72.9	64.1	68.2	61.9	67.2	55.6	68.6	62.5	60.8	53.6	56.0	56.8	58.0	48.0	44.4	49.6	49.7	60.5	
60	tebuthiuron	特丁噻草隆	34014-18-1	TPT柱	162.0	157.6	133.0	137.8	115.1	117.1	114.6	142.7	122.9	147.8	151.7	133.6	127.1	129.2	124.8	126.7	116.7	121.7	116.0	131.5	4.6
				串联柱	195.3	163.1	150.4	135.4	175.1	130.4	143.7	126.1	210.2	128.4	133.4	108.3	115.7	128.9	130.0	102.5	102.9	119.4	115.4	137.6	

说明：表头为"在4个条件下（两台仪器，Youden Pair样品）农药含量平均值/（µg/kg）"

序号	英文名称	中文名称	CAS号	SPE柱	在4个条件下（两台仪器，Youden Pair样品）农药含量平均值/(µg/kg)																				平均值/(µg/kg)	偏差率/%
					11月9日(n=5)	11月14日(n=3)	11月19日(n=3)	11月24日(n=3)	11月29日(n=3)	12月4日(n=3)	12月9日(n=3)	12月14日(n=3)	12月19日(n=3)	12月24日(n=3)	12月29日(n=3)	01月3日(n=3)	01月8日(n=3)	01月13日(n=3)	01月18日(n=3)	01月23日(n=3)	01月28日(n=3)	02月2日(n=3)	02月7日(n=3)		
61	tefluthrin	七氟菊酯	79538-32-2	TPT柱	35.1	33.7	29.2	31.5	29.4	25.3	25.6	33.0	32.1	31.7	31.3	32.2	28.6	30.2	27.1	25.2	27.0	27.8	25.9	29.6	1.8
				串联柱	39.2	33.3	35.3	31.1	31.8	30.2	32.1	27.0	33.2	29.6	29.8	26.4	26.6	27.3	27.7	21.6	21.8	24.1	23.7	29.0	
62	thenylchlor	噻吩草胺	96491-05-3	TPT柱	86.6	95.1	66.7	67.8	65.8	57.0	69.1	84.5	73.3	74.3	84.1	71.0	67.1	71.6	62.5	69.0	59.2	59.0	70.9	71.3	9.3
				串联柱	69.4	79.4	83.4	72.1	74.8	63.2	69.1	81.0	58.4	61.9	61.3	52.8	58.8	58.7	59.0	50.4	53.2	63.0	63.8	64.9	
63	thionazin	治线磷	297-97-2	TPT柱	39.1	37.3	33.4	35.0	30.6	29.0	29.4	35.3	32.7	32.6	36.0	33.0	32.3	33.5	30.7	28.9	27.4	30.8	30.6	32.8	3.4
				串联柱	39.0	35.9	38.6	34.6	37.0	32.3	34.8	31.9	36.2	31.5	31.2	26.2	28.1	27.9	30.7	24.9	25.6	27.8	28.1	31.7	
64	trichloronat	毒壤磷	327-98-0	TPT柱	39.6	35.2	33.0	34.0	31.8	27.9	28.0	34.3	33.3	31.3	37.0	32.2	31.0	32.9	28.7	27.4	30.5	29.0	27.4	31.8	1.7
				串联柱	39.2	36.6	36.0	31.9	39.5	31.0	33.6	30.9	38.2	31.8	32.0	27.2	27.8	29.8	29.1	23.6	23.8	26.0	26.0	31.3	
65	trifluralin	氟乐灵	1582-09-8	TPT柱	77.3	83.7	67.8	70.1	76.1	61.1	67.1	76.1	71.0	72.7	90.9	67.2	70.5	73.6	70.0	78.3	77.4	70.0	59.1	72.6	2.8
				串联柱	76.8	73.2	73.2	63.5	101.2	68.5	67.9	107.8	94.5	66.4	67.1	61.0	73.1	86.3	62.4	74.8	50.1	83.2	67.9	74.7	
66	2,4'-DDT	2,4'-滴滴涕	789-02-6	TPT柱	75.5	42.7	36.3	49.8	37.0	30.1	33.1	47.7	29.7	32.1	34.9	30.9	36.4	33.6	30.2	32.7	34.1	28.2	27.0	37.0	45.2
				串联柱	91.9	52.1	67.7	53.9	93.3	63.8	69.9	53.6	42.3	50.8	52.5	57.2	50.0	61.2	62.3	41.0	58.6	46.1	44.3	58.5	
67	4,4'-DDE	4,4'-滴滴伊	72-55-9	TPT柱	39.7	36.8	37.7	42.7	35.6	36.2	33.1	41.2	36.8	34.7	35.0	36.0	35.7	34.9	34.2	34.2	31.3	34.2	30.6	35.7	7.2
				串联柱	41.7	36.1	38.2	34.3	36.6	33.7	34.5	28.8	33.9	31.4	33.3	31.3	30.7	32.1	33.6	32.9	29.1	29.4	30.2	33.2	
68	benalaxyl	苯霜灵	71626-11-4	TPT柱	43.4	41.5	38.1	44.0	36.1	35.5	31.4	39.6	33.6	33.7	30.6	31.5	32.4	32.4	31.0	30.5	32.3	32.3	27.7	34.8	8.8
				串联柱	44.7	35.5	38.1	33.6	38.8	33.6	33.2	27.6	30.1	30.1	30.6	28.3	26.0	29.1	33.1	26.5	31.4	27.6	27.7	31.9	
69	benzoylprop-ethyl	新燕灵	22212-55-1	TPT柱	126.4	121.8	114.3	131.6	111.0	109.0	101.6	119.7	109.9	101.9	106.1	104.0	102.8	98.9	94.0	96.5	91.1	97.4	84.9	106.5	8.6
				串联柱	136.7	104.6	114.9	107.4	115.7	98.4	100.0	87.0	96.6	92.9	95.6	90.3	84.5	94.1	91.1	82.8	82.8	87.5	83.9	97.7	
70	bromofos	溴硫磷	2104-96-3	TPT柱	84.5	84.4	75.3	79.4	72.0	63.9	59.6	94.4	66.1	61.1	65.6	62.0	69.9	66.5	58.8	61.9	51.4	59.8	54.8	68.4	11.4
				串联柱	84.4	63.6	75.4	63.0	72.0	62.4	64.2	53.6	60.7	55.0	60.7	47.6	54.2	65.0	57.9	58.3	51.4	59.8	55.1	60.7	

在4个条件下(两台仪器,Youden Pair样品)农药含量平均值/(μg/kg)

序号	英文名称	中文名称	CAS号	SPE柱	11月9日(n=5)	11月14日(n=3)	11月19日(n=3)	11月24日(n=3)	11月29日(n=3)	12月4日(n=3)	12月9日(n=3)	12月14日(n=3)	12月19日(n=3)	12月24日(n=3)	12月29日(n=3)	01月3日(n=3)	01月8日(n=3)	01月13日(n=3)	01月18日(n=3)	01月23日(n=3)	01月28日(n=3)	02月2日(n=3)	02月7日(n=3)	平均值/(μg/kg)	偏差率/%
71	bromopropylate	溴螨酯	18181-80-1	TPT柱	98.5	100.0	75.4	95.4	80.7	69.6	71.3	128.1	68.3	69.4	70.6	67.3	77.1	65.9	65.6	73.9	65.1	64.0	52.0	76.7	14.8
				串联柱	99.9	64.0	73.5	68.8	83.7	66.6	66.3	59.2	65.5	63.7	62.1	66.7	57.7	61.2	64.6	64.2	55.8	57.4	55.9	66.2	
72	buprofenzin	噻嗪酮	69327-76-0	TPT柱	87.5	81.0	80.2	90.7	77.0	79.7	65.3	84.2	74.5	72.9	73.2	81.3	71.2	73.1	65.0	59.7	66.2	68.1	64.4	74.5	6.9
				串联柱	91.5	76.0	85.1	72.5	79.6	74.9	71.5	59.7	66.2	67.4	65.9	63.3	62.2	66.1	66.2	63.4	61.4	63.2	65.5	69.6	
73	butachlor	丁草胺	23184-66-9	TPT柱	76.5	71.3	73.5	84.6	66.6	72.2	63.3	80.7	68.2	65.3	65.7	67.2	66.0	64.1	59.3	63.6	62.8	59.9	55.3	67.7	7.1
				串联柱	84.1	68.6	74.1	67.5	70.3	67.7	64.6	53.5	68.2	58.1	63.7	58.1	52.7	60.1	62.4	60.3	53.3	57.3	53.4	63.1	
74	butylate	丁草特	2008-41-5	TPT柱	97.3	77.1	85.7	95.8	73.2	73.9	69.7	79.6	85.0	67.2	67.7	68.2	70.9	67.8	66.6	64.0	62.7	64.1	60.7	73.5	6.6
				串联柱	80.9	81.5	91.5	71.8	80.5	77.2	69.2	64.3	66.2	67.3	66.8	62.7	66.4	63.0	67.9	59.6	54.5	60.5	56.3	68.9	
75	carbofenothion	三硫磷	786-19-6	TPT柱	93.3	80.8	67.7	83.3	71.1	65.0	59.0	110.6	54.4	56.3	57.0	52.5	57.9	48.8	48.4	45.3	47.5	42.4	37.2	62.0	18.3
				串联柱	82.9	62.5	66.9	60.3	70.5	60.4	57.7	49.7	55.0	50.6	47.8	44.1	44.3	47.4	40.7	42.5	32.4	33.9	31.7	51.6	
76	chlorfenson	杀螨酯	80-33-1	TPT柱	106.9	115.2	77.3	102.4	82.7	64.4	71.0	114.6	66.9	70.5	80.8	68.8	82.8	70.1	70.8	81.9	67.3	62.8	51.2	79.4	16.5
				串联柱	90.4	58.2	70.8	61.7	94.7	70.0	69.4	63.5	69.5	66.0	65.8	68.7	62.4	64.7	66.4	71.1	56.2	58.3	50.4	67.3	
77	chlorfenvinphos	毒虫畏	470-90-6	TPT柱	136.3	145.3	107.0	131.2	111.3	95.7	96.0	165.4	95.6	90.9	99.3	89.5	106.1	94.5	87.6	97.0	103.0	97.8	78.0	106.7	15.7
				串联柱	147.4	89.0	116.6	100.1	114.1	96.9	96.9	90.8	88.9	81.9	85.9	72.5	77.2	89.5	86.3	88.2	70.8	74.6	75.0	91.2	
78	chlormephos	氯甲硫磷	24934-91-6	TPT柱	76.7	64.6	65.4	75.9	59.4	59.5	57.1	74.1	65.8	59.0	59.3	59.2	62.1	57.2	55.5	56.5	53.6	57.0	47.1	61.3	9.4
				串联柱	75.1	55.3	66.2	56.3	62.5	60.4	57.5	52.4	55.7	55.0	55.4	54.0	54.0	53.9	55.2	52.2	46.0	48.0	47.1	55.8	
79	chloroneb	乙酯杀螨醇	510-15-6	TPT柱	39.3	36.2	38.3	42.7	34.9	34.2	32.2	39.2	39.1	37.3	37.8	38.8	37.9	36.3	34.9	35.7	34.3	35.6	30.6	36.6	8.6
				串联柱	38.7	33.3	36.3	32.7	37.0	33.3	33.4	29.5	32.4	33.7	34.1	33.5	33.6	35.2	35.3	33.7	30.7	31.1	30.8	33.6	
80	chloropropylate	氯苯胺灵	101-21-3	TPT柱	95.4	93.3	78.8	95.4	82.9	71.9	69.2	115.9	71.8	74.8	74.3	75.2	71.9	67.9	70.7	77.6	69.7	72.4	61.6	78.6	11.2
				串联柱	105.7	69.2	76.4	59.4	82.9	72.2	70.5	63.1	71.8	64.7	67.9	69.9	65.5	67.9	71.6	70.1	61.5	63.8	60.3	70.2	

在4个条件下(两台仪器,Youden Pair样品)农药含量平均值/(μg/kg)

序号	英文名称	中文名称	CAS号	SPE柱	11月9日(n=5)	11月14日(n=3)	11月19日(n=3)	11月24日(n=3)	11月29日(n=3)	12月4日(n=3)	12月9日(n=3)	12月14日(n=3)	12月19日(n=3)	12月24日(n=3)	12月29日(n=3)	01月3日(n=3)	01月8日(n=3)	01月13日(n=3)	01月18日(n=3)	01月23日(n=3)	01月28日(n=3)	02月2日(n=3)	02月7日(n=3)	平均值/(μg/kg)	偏差率/%
81	chlorpropham	氯苯胺灵	101-21-3	TPT柱	46.8	45.8	38.6	47.8	39.7	36.6	34.7	53.8	36.6	36.6	37.7	36.8	38.9	35.3	34.5	37.3	33.5	34.9	28.6	38.7	5.0
				串联柱	47.0	34.3	37.7	35.1	61.6	35.2	34.7	30.6	33.2	32.7	33.6	33.7	30.7	33.4	49.9	33.8	29.4	43.0	29.1	36.8	
82	chlorpyrifos	毒死蜱	2921-88-2	TPT柱	42.6	37.8	34.0	42.3	33.9	31.7	29.5	45.8	31.7	30.9	32.1	31.4	33.3	31.2	29.5	31.4	28.8	30.2	25.7	33.3	10.7
				串联柱	42.8	30.0	35.6	31.7	35.5	30.3	31.7	26.3	29.1	28.1	29.6	26.4	28.9	29.0	28.9	29.1	25.1	25.6	25.0	29.9	
83	chlorthiophos	虫螨磷	60238-56-4	TPT柱	128.2	112.1	101.8	116.2	95.8	90.0	81.9	120.5	82.7	78.1	78.1	81.7	85.8	80.6	70.9	69.2	69.2	61.4	53.7	87.2	10.3
				串联柱	131.4	95.3	106.8	93.3	101.1	82.7	85.4	68.4	75.6	72.7	70.9	68.7	72.4	73.2	78.6	65.7	49.5	53.8	49.7	78.7	
84	cis-chlordane	顺式氯丹	5103-71-9	TPT柱	78.8	73.3	73.7	85.0	68.6	66.6	59.7	78.0	70.5	66.5	68.1	67.8	67.9	66.1	59.8	64.8	59.2	63.4	55.8	68.1	7.9
				串联柱	81.2	65.5	74.6	65.7	72.8	63.2	65.9	57.6	63.3	60.3	63.0	60.1	56.0	60.2	60.2	60.7	53.7	56.7	54.6	62.9	
85	cis-diallate	顺式燕麦敌	17708-57-5	TPT柱	72.7	68.2	68.0	78.6	61.9	62.1	55.5	71.7	66.1	60.7	63.1	62.7	61.3	61.5	58.0	59.6	53.7	59.8	50.5	62.9	8.0
				串联柱	73.8	60.2	67.4	60.9	66.3	59.8	60.7	51.1	58.1	56.1	57.8	55.0	56.0	57.2	57.1	54.6	53.7	52.5	50.1	58.1	
86	cyanofenphos	苯腈磷	13067-93-1	TPT柱	51.1	49.4	40.5	49.1	42.1	39.6	36.9	56.7	37.8	37.8	41.2	35.7	39.9	36.5	34.5	39.9	32.9	32.1	29.1	40.2	15.9
				串联柱	48.3	31.0	39.0	34.7	45.3	38.1	37.8	34.2	32.8	34.8	30.8	31.3	29.5	34.1	33.3	32.4	26.4	29.7	27.3	34.3	
87	desmetryn	敌草净	1014-69-3	TPT柱	43.6	38.5	37.2	44.1	36.6	34.4	30.4	38.8	33.5	32.3	31.6	31.3	32.0	30.6	28.4	28.4	26.4	28.1	24.9	33.2	8.1
				串联柱	46.5	35.3	37.8	34.2	37.0	32.4	31.9	26.4	30.3	29.5	27.9	28.7	28.3	27.9	28.5	27.4	23.8	24.5	23.7	30.6	
88	dichlobenil	敌草腈	1194-65-6	TPT柱	7.7	6.5	6.7	7.6	5.7	6.2	5.7	6.2	6.6	5.7	6.2	6.0	6.5	5.9	5.6	5.6	5.5	5.6	4.8	6.2	8.7
				串联柱	7.5	5.3	6.6	5.6	6.3	6.2	5.9	5.1	6.0	5.6	5.6	5.3	5.4	5.5	5.6	5.4	4.7	5.1	4.7	5.7	
89	dicloran	氯硝胺	99-30-9	TPT柱	100.5	96.0	84.4	112.8	98.7	76.3	75.3	112.2	80.5	84.0	79.0	70.0	89.1	70.6	78.1	77.1	90.5	65.2	61.0	84.3	15.2
				串联柱	85.4	60.6	88.0	78.7	78.0	82.2	73.3	79.9	62.5	69.9	67.6	65.2	62.1	67.1	66.4	73.3	66.6	63.3	56.8	72.4	
90	dicofol	三氯杀螨醇	115-32-2	TPT柱	105.5	98.4	104.6	136.7	107.4	107.1	135.6	139.5	109.9	110.5	96.2	113.1	128.8	110.1	111.3	110.1	112.1	103.6	113.2	113.5	1.5
				串联柱	116.2	110.7	132.9	112.4	128.7	114.7	112.0	90.9	110.5	96.3	99.3	112.7	106.3	103.7	117.8	109.8	125.9	100.1	123.0	111.8	

在4个条件下(两台仪器,Youden Pair样品)农药含量平均值/(μg/kg)

序号	英文名称	中文名称	CAS号	SPE柱	11月9日(n=5)	11月14日(n=3)	11月19日(n=3)	11月24日(n=3)	11月29日(n=3)	12月4日(n=3)	12月9日(n=3)	12月14日(n=3)	12月19日(n=3)	12月24日(n=3)	12月29日(n=3)	01月3日(n=3)	01月8日(n=3)	01月13日(n=3)	01月18日(n=3)	01月23日(n=3)	01月28日(n=3)	02月2日(n=3)	02月7日(n=3)	平均值/(μg/kg)	偏差率/%
91	dimethachlor	二甲草胺	50563-36-5	TPT柱	128.4	120.9	108.2	123.5	103.4	102.6	96.4	144.2	101.5	96.8	100.3	99.9	100.7	95.7	87.3	92.5	96.6	97.9	86.3	104.4	11.6
				串联柱	134.8	100.2	122.2	101.4	107.4	98.1	100.9	83.0	89.5	85.7	90.7	77.3	85.5	87.4	84.1	86.1	74.5	76.7	79.7	92.9	
92	dioxacarb	二氧威	6988-21-2	TPT柱	358.7	336.4	292.8	343.0	324.1	286.9	238.5	589.7	268.5	263.0	262.3	271.2	266.7	251.6	232.1	247.7	231.4	233.8	189.5	288.8	15.3
				串联柱	347.0	288.3	281.3	274.1	276.9	256.4	246.4	229.3	250.0	229.5	255.1	223.6	233.1	231.5	228.0	229.2	195.8	216.6	213.8	247.7	
93	endrin	异狄氏剂	72-20-8	TPT柱	479.9	437.6	415.3	487.9	399.1	395.5	353.5	471.9	400.7	373.5	387.5	387.3	395.9	376.6	348.8	369.1	343.1	367.6	320.4	395.4	8.8
				串联柱	481.0	389.7	424.6	380.2	415.8	377.7	382.5	319.4	361.2	341.7	356.2	346.7	335.0	346.7	349.6	346.4	302.2	317.1	309.3	362.2	
94	epoxiconazole-2	氟环唑	133855-98-8	TPT柱	361.0	318.3	285.1	345.7	291.1	277.7	242.8	356.0	253.4	243.3	238.3	250.5	259.8	234.8	221.1	230.3	213.8	219.9	191.8	265.0	11.1
				串联柱	376.1	268.2	283.0	272.9	296.2	242.7	251.2	207.4	241.3	219.7	212.9	207.5	203.7	217.0	220.3	211.7	184.6	202.1	187.0	237.1	
95	EPTC	茵草敌	759-94-4	TPT柱	93.5	73.8	78.9	91.4	67.5	73.5	71.6	82.3	82.6	70.5	71.2	70.1	73.0	68.8	64.4	66.5	62.7	69.8	50.5	72.8	9.1
				串联柱	93.8	59.2	83.5	66.2	76.4	77.2	68.9	63.3	68.6	69.6	66.2	62.4	62.7	65.0	63.7	60.5	49.9	55.2	49.8	66.4	
96	ethiofumesate	乙氧呋草黄	26225-79-6	TPT柱	89.5	81.8	78.9	85.0	65.1	71.8	88.6	86.0	76.6	76.9	78.8	73.4	69.8	70.3	63.6	68.4	84.7	67.1	58.8	75.5	11.6
				串联柱	90.4	71.7	76.4	66.1	70.0	74.9	76.4	59.9	65.6	64.4	68.6	62.9	66.4	62.9	66.3	63.3	55.4	60.2	56.6	67.3	
97	ethoprophos	灭线磷	13194-48-4	TPT柱	121.6	111.1	101.2	119.7	96.6	92.3	84.0	124.4	93.6	89.3	91.0	88.8	89.6	87.8	82.5	84.7	79.3	87.2	75.0	94.7	10.5
				串联柱	119.9	90.5	105.3	92.0	100.4	89.4	87.6	73.8	83.3	81.0	83.0	76.3	80.0	80.4	81.7	80.3	69.7	74.6	71.3	85.3	
98	etrimfos	乙嘧硫磷	38260-54-7	TPT柱	41.7	36.7	35.1	41.8	33.5	32.0	30.8	44.6	32.2	31.4	31.4	30.8	31.1	35.0	27.9	29.5	28.6	25.9	25.9	32.8	10.5
				串联柱	42.1	31.9	35.9	32.7	34.0	30.2	30.8	25.7	28.8	27.9	28.8	25.9	28.0	28.3	28.1	24.3	25.3	24.6	24.6	29.5	
99	fenamidone	咪唑菌酮	161326-34-7	TPT柱	45.2	40.6	40.0	47.3	40.6	38.6	33.8	47.6	36.8	34.7	34.4	36.5	36.7	35.0	32.8	32.2	31.1	28.6	28.6	37.2	10.5
				串联柱	48.2	36.3	38.4	36.6	39.8	34.1	34.2	29.0	33.5	31.9	30.9	30.4	29.6	31.5	32.7	30.3	28.0	33.5	28.9	33.5	
100	fenaronol	氯苯嘧啶醇	60168-88-9	TPT柱	92.4	78.3	76.4	90.4	74.9	72.9	62.5	91.6	67.2	65.9	66.2	66.6	70.8	64.1	59.2	59.6	52.4	62.0	54.2	70.1	10.7
				串联柱	97.1	70.9	71.3	69.4	73.2	65.0	63.4	58.0	63.3	57.5	56.9	53.7	57.3	58.8	59.4	55.2	56.4	60.5	53.0	62.9	

续表

序号	英文名称	中文名称	CAS号	SPE柱	在4个条件下(两台仪器 Youden Pair 样品)农药含量平均值/(μg/kg)																			平均值/(μg/kg)	偏差率/%
					11月9日(n=5)	11月14日(n=3)	11月19日(n=3)	11月24日(n=3)	11月29日(n=3)	12月4日(n=3)	12月9日(n=3)	12月14日(n=3)	12月19日(n=3)	12月24日(n=3)	12月29日(n=3)	01月3日(n=3)	01月8日(n=3)	01月13日(n=3)	01月18日(n=3)	01月23日(n=3)	01月28日(n=3)	02月2日(n=3)	02月7日(n=3)		
101	flamprop-isopropyl	麦草氟异丙酯	52756-22-6	TPT柱	41.6	39.0	37.2	42.9	35.9	36.0	32.3	41.0	36.8	34.1	34.9	35.0	34.0	33.1	30.7	33.0	31.1	33.0	29.1	35.3	7.8
				串联柱	44.2	35.0	38.0	34.5	37.3	33.0	34.0	28.6	32.4	31.6	31.8	31.4	29.7	30.8	32.5	31.5	27.0	28.2	28.2	32.7	
102	flamprop-methyl	麦草氟甲酯	52756-25-9	TPT柱	41.1	39.0	40.5	44.9	39.8	38.3	32.5	40.4	36.0	33.6	34.2	32.5	36.0	34.1	31.9	33.5	30.8	33.8	28.8	35.9	7.2
				串联柱	44.7	34.4	40.5	36.0	38.9	36.4	32.5	28.6	32.4	30.6	32.7	33.8	30.5	32.2	32.8	31.7	27.3	29.4	28.4	33.4	
103	fonofos	地虫硫磷	944-22-9	TPT柱	40.2	35.4	35.3	42.2	34.1	33.6	29.1	39.1	33.9	31.7	31.6	31.5	31.9	31.4	29.5	29.8	28.2	30.4	26.1	32.9	8.4
				串联柱	39.6	32.0	35.8	32.6	35.7	31.2	31.6	26.5	30.4	28.8	29.9	28.3	29.3	28.7	29.6	28.2	25.2	26.2	25.2	30.2	
104	hexachloro-benzene	六氯-1,3-丁二烯	118-74-1	TPT柱	31.8	29.3	29.2	35.1	24.4	26.6	22.1	34.7	26.9	26.3	28.5	28.2	24.6	26.2	25.7	23.4	22.2	26.9	21.0	27.0	0.5
				串联柱	33.2	26.7	30.6	28.3	29.5	28.1	28.4	24.1	27.4	26.5	27.7	25.9	26.6	25.4	27.3	24.0	22.9	25.0	22.9	26.9	
105	hexazinone	环嗪酮	51235-04-2	TPT柱	132.9	117.0	109.8	128.1	124.1	115.6	90.6	155.9	104.4	99.2	101.2	109.3	102.0	98.8	86.4	89.3	88.2	90.1	77.8	106.4	12.8
				串联柱	139.4	107.9	107.9	105.1	105.4	93.3	91.1	84.9	94.8	85.7	92.3	79.2	82.0	91.6	85.3	83.4	75.9	85.3	87.2	93.6	
106	iodofenphos	碘硫磷	18181-70-9	TPT柱	88.7	83.4	74.0	80.1	72.7	64.9	63.5	99.5	70.4	63.7	75.1	79.2	73.2	65.6	61.4	60.6	64.4	61.1	53.3	70.5	14.7
				串联柱	83.9	61.4	73.0	63.1	71.1	63.8	69.3	56.3	60.4	56.9	60.6	49.9	54.2	61.9	57.0	57.7	52.2	50.2	52.0	60.8	
107	isofenphos	丙胺磷	25311-71-1	TPT柱	86.6	82.3	72.5	71.4	80.1	66.6	65.4	94.7	71.1	70.3	70.9	67.5	68.7	59.7	56.0	58.9	53.9	57.6	50.0	70.0	10.6
				串联柱	91.4	68.2	77.8	71.8	55.8	65.8	71.1	55.8	62.1	61.4	61.4	62.5	57.5	54.4	58.7	54.7	47.6	50.6	48.1	63.0	
108	isoprocarb	异丙威	2631-40-5	TPT柱	87.5	74.7	69.4	68.9	75.1	71.2	61.5	96.7	68.5	69.6	67.2	63.1	63.4	60.8	62.8	65.7	61.9	65.0	55.5	70.2	10.3
				串联柱	89.3	64.4	73.1	68.9	75.5	66.3	61.2	51.7	69.6	61.6	59.0	64.0	60.9	60.8	64.7	60.8	51.8	55.5	51.3	63.3	
109	methoprene	烯虫酯	40596-69-8	TPT柱	149.6	129.8	129.6	148.3	205.6	116.1	103.2	144.6	119.6	117.8	108.0	110.8	105.1	105.2	96.0	102.8	91.4	105.0	89.1	119.9	3.6
				串联柱	162.8	119.6	130.7	121.1	208.4	112.1	211.6	219.1	114.5	109.3	99.1	93.6	101.0	99.3	102.4	96.1	84.8	88.2	86.3	124.2	
110	methoprotryne	盖草津	841-06-5	TPT柱	125.0	117.6	112.0	133.6	113.1	105.8	91.2	125.9	87.9	97.0	85.9	95.3	94.5	89.8	102.4	97.7	82.3	84.1	75.5	99.2	7.1
				串联柱	142.9	107.6	119.2	108.7	117.4	96.6	95.3	78.1	92.6	86.0	79.7	79.3	80.9	82.1	84.0	82.4	72.7	76.8	73.3	92.4	

续表

在4个条件下（两台仪器，Youden Pair样品）农药含量平均值（μg/kg）

序号	英文名称	中文名称	CAS号	SPE柱	11月9日 (n=5)	11月14日 (n=3)	11月19日 (n=3)	11月24日 (n=3)	11月29日 (n=3)	12月4日 (n=3)	12月9日 (n=3)	12月14日 (n=3)	12月19日 (n=3)	12月24日 (n=3)	12月29日 (n=3)	01月3日 (n=3)	01月8日 (n=3)	01月13日 (n=3)	01月18日 (n=3)	01月23日 (n=3)	01月28日 (n=3)	02月2日 (n=3)	02月7日 (n=3)	平均值/ (μg/kg)	偏差率/%
111	methoxychlor	甲氧滴滴涕	72-43-5	TPT柱	43.5	45.3	36.3	45.9	37.2	32.3	34.5	60.0	33.3	34.2	36.2	33.6	36.7	33.5	31.3	33.4	31.1	28.7	27.4	36.6	13.2
				串联柱	43.6	24.8	31.9	33.1	42.2	36.5	29.4	28.4	46.3	30.4	30.4	34.2	27.0	29.8	30.8	33.9	20.9	28.6	26.2	32.0	
112	parathion-methyl	甲基对硫磷	298-00-0	TPT柱	191.4	175.5	183.5	249.9	298.0	171.1	177.5	212.0	177.7	132.8	188.8	124.7	153.2	135.3	129.8	187.6	177.5	173.7	165.5	179.4	17.3
				串联柱	185.9	120.3	180.2	196.7	258.4	181.0	166.9	163.3	118.3	113.1	168.2	101.3	161.1	127.5	129.3	123.9	104.4	109.2	155.7	150.8	
113	metolachlor	异丙甲草胺	51218-45-2	TPT柱	42.4	39.4	35.6	41.0	33.5	34.4	30.4	45.9	36.3	34.2	34.6	35.4	34.6	34.2	30.8	32.9	32.1	31.4	27.2	35.1	10.4
				串联柱	45.1	32.4	37.5	33.1	35.3	32.5	33.2	28.5	30.4	30.5	31.5	28.2	30.4	30.5	31.2	30.8	25.8	27.2	26.4	31.6	
114	nitrapyrin	氯啶	1929-82-4	TPT柱	102.9	124.7	97.5	127.7	88.8	84.4	89.9	118.1	95.3	86.3	93.8	91.1	98.2	96.8	88.2	89.7	87.5	84.4	74.3	95.8	14.3
				串联柱	116.1	66.4	99.4	83.4	104.8	97.0	101.3	82.6	68.1	75.7	80.0	69.7	74.7	92.5	82.7	81.8	70.2	65.5	65.4	83.0	
115	oxyfluorfen	乙氧氟草醚	42874-03-3	TPT柱	200.4	176.8	138.4	230.9	198.2	147.8	134.6	358.1	131.9	146.2	143.7	122.6	152.9	128.7	135.5	155.7	146.8	129.3	123.5	163.2	22.1
				串联柱	197.8	111.5	153.0	154.3	184.4	145.5	110.5	107.8	126.1	126.3	107.0	123.2	116.6	124.7	141.8	130.9	104.0	112.5	106.4	130.8	
116	pendimethalin	二甲戊灵	40487-42-1	TPT柱	183.5	168.7	129.1	179.0	205.7	125.5	122.0	247.3	118.7	124.4	125.5	111.4	135.9	118.5	117.4	147.7	118.0	120.1	105.1	142.3	19.6
				串联柱	177.3	114.6	139.4	128.7	159.4	127.5	108.4	98.5	114.2	107.1	100.8	114.1	106.6	108.6	121.4	113.1	91.1	99.0	92.2	116.9	
117	picoxystrobin	啶氧菌酯	117428-22-5	TPT柱	82.2	78.1	75.8	90.4	70.4	72.2	65.1	83.2	71.6	67.5	68.8	70.7	68.6	64.9	62.2	66.5	62.5	66.0	59.6	70.9	8.1
				串联柱	86.9	72.8	75.9	68.6	74.4	67.5	68.0	57.6	65.9	61.2	63.6	63.1	60.1	60.4	63.1	63.1	54.5	58.2	55.9	65.3	
118	piperophos	哌草磷	24151-93-7	TPT柱	149.6	138.2	108.3	142.2	123.8	103.9	102.0	234.7	94.1	98.9	100.5	92.7	105.9	93.9	88.3	92.4	92.3	87.5	78.1	112.0	17.8
				串联柱	142.4	92.1	114.3	107.8	123.4	99.9	95.3	77.3	90.6	87.9	88.1	83.5	86.0	86.0	88.6	84.5	74.5	80.3	76.0	93.6	
119	pirimiphos-ethyl	嘧啶磷	23505-41-1	TPT柱	78.8	68.2	65.7	78.6	62.5	63.8	56.6	81.2	64.8	62.2	62.2	61.7	60.8	60.8	56.7	58.4	55.5	58.8	50.6	63.7	7.7
				串联柱	80.6	63.2	67.2	62.4	66.6	61.4	62.3	51.1	56.6	56.8	57.2	55.9	56.0	56.6	59.9	55.6	48.5	51.7	50.4	58.9	
120	pirimiphos-methyl	甲基嘧啶磷	29232-93-7	TPT柱	41.0	37.3	34.9	43.4	34.3	33.1	29.7	42.8	32.8	32.3	34.3	30.8	32.3	30.9	29.4	29.5	28.4	30.0	27.1	33.4	9.1
				串联柱	42.9	32.2	37.4	32.9	35.9	31.0	31.9	27.5	29.9	29.5	29.1	29.0	28.3	28.2	29.3	27.9	24.9	26.1	25.1	30.5	

在 4 个条件下（两台仪器 Youden Pair 样品）农药含量平均值/(μg/kg)

序号	英文名称	中文名称	CAS号	SPE柱	11月9日(n=5)	11月14日(n=3)	11月19日(n=3)	11月24日(n=3)	11月29日(n=3)	12月4日(n=3)	12月9日(n=3)	12月14日(n=3)	12月19日(n=3)	12月24日(n=3)	12月29日(n=3)	01月3日(n=3)	01月8日(n=3)	01月13日(n=3)	01月18日(n=3)	01月23日(n=3)	01月28日(n=3)	02月2日(n=3)	02月7日(n=3)	平均值/(μg/kg)	偏差率/%
121	profenofos	丙溴磷	41198-08-7	TPT柱	319.4	379.5	201.1	276.8	216.5	166.9	170.8	266.2	171.4	167.3	212.6	166.2	215.4	180.7	164.3	185.1	173.6	160.3	120.7	206.1	20.0
				串联柱	272.6	125.2	190.5	167.5	268.2	189.3	180.9	143.3	155.3	156.3	170.5	130.0	139.1	178.1	153.7	169.6	135.6	147.7	129.1	168.6	
122	profluralin	环丙氟灵	26399-36-0	TPT柱	207.0	199.3	175.6	239.0	352.5	193.5	118.3	243.6	128.1	128.6	130.1	125.0	138.0	125.8	127.1	148.9	116.1	122.0	103.2	164.3	18.8
				串联柱	208.3	152.2	178.1	166.1	228.6	181.8	113.1	105.0	115.9	115.2	105.0	120.2	115.7	119.0	127.0	117.3	101.3	106.4	99.0	136.1	
123	propachlor	毒草胺	1918-16-7	TPT柱	122.2	118.0	112.1	119.0	100.4	100.2	100.6	130.7	103.2	93.6	98.6	101.7	103.8	93.6	88.1	89.5	92.5	94.4	78.7	102.1	11.8
				串联柱	124.1	99.4	117.2	97.1	104.3	96.8	102.1	83.6	84.6	84.9	89.2	75.7	86.4	87.4	84.8	85.1	75.1	73.4	71.9	90.7	
124	propiconazole	丙环唑	60207-90-1	TPT柱	128.7	112.3	104.5	122.7	103.9	100.1	89.2	115.9	93.2	95.7	86.2	88.3	89.9	84.8	76.3	79.1	74.0	79.1	69.5	94.4	8.2
				串联柱	146.1	100.9	108.6	97.0	101.7	87.5	92.4	77.0	86.7	87.7	76.0	77.0	76.1	77.5	77.2	76.0	68.4	70.1	67.6	86.9	
125	propyzamide-1	炔苯酰草胺-1	23950-58-5	TPT柱	128.4	124.5	123.5	153.7	118.5	114.6	100.6	137.8	120.8	110.8	114.3	111.4	115.4	114.5	103.5	105.5	102.8	106.3	98.3	116.1	10.1
				串联柱	146.1	107.1	121.0	106.9	132.5	107.2	111.1	94.1	94.8	93.8	101.8	103.1	100.1	102.8	108.1	100.7	84.1	89.3	87.8	104.9	
126	ronnel	皮蝇磷	299-84-3	TPT柱	261.0	235.4	213.8	246.3	207.6	195.3	182.5	266.3	204.3	185.6	208.0	193.7	195.5	200.7	175.5	179.5	173.1	185.2	165.3	203.9	11.8
				串联柱	247.9	191.1	224.7	191.1	215.9	185.6	197.7	163.1	180.3	170.3	182.5	152.7	166.5	178.7	169.6	168.7	147.4	154.9	154.7	181.2	
127	sulfotep	治螟磷	3689-24-5	TPT柱	39.6	35.2	34.6	41.2	34.3	32.5	28.9	40.3	33.6	31.2	31.2	31.5	31.5	31.8	29.2	29.6	28.3	30.4	25.7	32.6	9.0
				串联柱	40.4	31.7	35.6	33.3	34.4	30.4	30.6	27.0	29.6	28.7	29.6	26.9	28.3	29.5	29.5	26.9	24.1	25.3	25.2	29.8	
128	tebufenpyrad	吡螨胺	119168-77-3	TPT柱	69.2	62.2	59.2	69.0	58.6	57.0	50.3	68.0	56.6	52.9	54.2	53.9	54.0	51.8	48.2	48.2	47.3	51.5	44.0	55.6	8.4
				串联柱	74.2	56.2	59.7	56.1	59.7	52.2	51.1	44.1	51.3	48.9	48.0	46.7	47.8	47.3	49.1	45.9	42.7	46.5	43.3	51.1	
129	terbutryn	特丁净	886-50-0	TPT柱	84.1	74.6	74.1	87.1	68.5	66.9	59.0	76.2	65.0	62.7	61.0	61.5	60.5	58.6	55.4	56.0	55.3	56.5	51.6	65.0	6.9
				串联柱	91.3	69.8	74.3	68.3	73.1	64.6	63.3	52.3	59.7	57.7	57.1	56.9	55.6	54.6	57.2	53.0	48.6	49.3	46.4	60.7	
130	thiobencarb	禾草丹	28249-77-6	TPT柱	79.2	73.5	71.6	84.8	70.5	68.6	60.7	79.6	70.6	66.8	65.7	68.6	66.1	65.8	61.4	64.2	58.9	64.4	55.5	68.2	7.8
				串联柱	83.4	67.6	72.8	66.2	72.4	65.9	64.8	56.1	62.0	60.8	61.0	60.2	60.7	60.6	61.3	61.2	53.6	55.2	53.4	63.1	

在4个条件下（两台仪器，Youden Pair）样品农药含量平均值/（μg/kg）

序号	英文名称	中文名称	CAS号	SPE柱	11月9日(n=5)	11月14日(n=3)	11月19日(n=3)	11月24日(n=3)	11月29日(n=3)	12月4日(n=3)	12月9日(n=3)	12月14日(n=3)	12月19日(n=3)	12月24日(n=3)	12月29日(n=3)	01月3日(n=3)	01月8日(n=3)	01月13日(n=3)	01月18日(n=3)	01月23日(n=3)	01月28日(n=3)	02月2日(n=3)	02月7日(n=3)	平均值/(μg/kg)	偏差率/%
131	tralkoxydim	腈草酮	87820-88-0	TPT柱	318.3	269.2	296.1	414.5	265.2	261.3	230.7	397.1	244.4	239.6	271.8	270.9	274.9	270.0	256.9	241.2	210.2	223.4	202.6	270.6	13.6
				串联柱	339.0	248.7	307.3	235.7	343.1	243.2	270.9	196.8	166.1	187.6	211.4	210.5	231.6	236.1	286.3	222.7	183.6	199.8	167.6	236.2	
132	trans-chlordane	反式氯丹	5103-74-2	TPT柱	39.8	37.9	36.0	40.4	33.2	33.4	30.6	39.2	35.2	32.5	34.6	33.9	32.8	31.6	29.6	30.5	31.1	33.3	26.7	33.8	7.9
				串联柱	40.4	33.2	36.4	31.8	36.5	32.2	32.8	27.9	32.2	29.8	30.9	29.4	29.0	29.6	31.1	29.3	26.6	27.9	26.9	31.3	
133	trans-diallate	反式燕麦敌	17708-58-6	TPT柱	73.2	67.6	66.7	77.0	61.8	62.9	57.4	74.8	68.9	71.0	72.0	73.4	70.7	67.8	62.1	69.6	61.3	72.2	61.9	68.0	4.9
				串联柱	73.9	59.8	66.3	59.1	65.0	57.0	60.0	86.6	60.5	65.3	66.1	63.2	63.4	64.2	70.0	67.3	59.8	62.6	60.2	64.8	
134	trifloxystrobin	腈菌酯	141517-21-7	TPT柱	190.0	196.6	146.7	194.5	162.4	133.6	125.6	180.1	129.7	133.0	141.3	134.2	143.3	135.1	126.7	139.8	123.8	122.2	102.1	145.3	13.2
				串联柱	193.7	120.2	140.9	133.9	173.7	127.2	132.0	114.6	130.4	121.7	120.5	124.0	112.2	122.0	120.2	122.0	101.9	108.1	98.8	127.3	
135	zoxamide	苯酰菌胺	156052-68-5	TPT柱	87.5	79.4	82.9	89.3	80.8	80.4	68.8	87.2	81.4	72.8	76.0	76.6	73.9	72.3	65.1	62.0	67.5	73.4	63.2	75.8	9.7
				串联柱	97.8	80.4	87.6	78.7	78.0	66.7	70.1	61.1	65.6	64.1	66.1	57.9	62.5	63.5	64.9	58.8	58.5	61.3	63.5	68.8	
136	2,4'-DDE	2,4'-滴滴伊	3424-82-6	TPT柱	39.6	33.3	34.2	39.8	34.3	34.2	31.6	36.7	36.2	36.0	35.5	38.2	34.2	32.5	33.6	31.7	32.2	32.6	28.5	34.5	2.5
				串联柱	40.3	38.3	40.9	36.6	34.8	32.4	33.8	29.9	33.7	31.7	35.2	31.7	32.3	34.8	34.3	28.5	26.1	34.9	28.6	33.6	
137	ametryn	莠灭净	834-12-8	TPT柱	121.2	98.3	103.1	126.4	97.8	100.1	66.7	83.7	97.6	123.8	87.9	97.6	94.5	84.6	87.5	84.7	83.6	83.6	72.2	94.5	2.8
				串联柱	162.1	134.2	123.0	109.5	102.4	115.0	78.7	69.3	101.0	92.0	103.2	78.8	89.5	94.5	88.6	76.2	68.8	89.0	70.7	97.2	
138	bifenthrin	联苯菊酯	82657-04-3	TPT柱	50.7	41.9	43.9	51.8	48.8	52.3	40.6	47.3	52.5	48.6	48.6	49.9	56.2	45.0	47.0	41.9	40.4	47.2	43.0	47.2	1.3
				串联柱	47.7	46.8	57.9	49.6	48.7	46.0	44.2	70.8	48.4	49.8	48.7	38.8	46.5	43.4	47.6	39.2	38.5	52.7	43.9	47.8	
139	bitertanol	联苯三唑醇	55179-31-2	TPT柱	137.2	99.9	109.7	127.1	102.9	109.0	93.8	102.1	105.3	134.5	90.2	101.5	101.6	90.7	96.3	91.6	88.9	91.9	77.9	102.7	4.6
				串联柱	134.5	116.5	122.6	117.0	104.2	96.6	101.7	74.1	100.6	106.3	98.0	78.8	96.2	91.0	96.6	79.0	74.4	97.1	78.7	98.1	
140	boscalid	啶酰菌胺	188425-85-6	TPT柱	239.0	141.6	155.3	191.2	177.4	177.0	129.7	134.1	155.8	162.1	151.6	129.1	144.8	115.5	164.5	157.6	129.0	139.4	132.0	155.0	3.3
				串联柱	210.8	110.7	173.2	149.1	230.5	229.7	129.0	134.1	135.4	128.8	162.1	157.6	142.7	122.3	160.8	107.9	99.3	131.0	138.8	150.0	

序号	英文名称	中文名称	CAS号	SPE柱	在4个条件下（两台仪器，Youden Pair样品）农药含量平均值/(μg/kg)																			平均值/(μg/kg)	偏差率/%
					11月9日(n=5)	11月14日(n=3)	11月19日(n=3)	11月24日(n=3)	11月29日(n=3)	12月4日(n=3)	12月9日(n=3)	12月14日(n=3)	12月19日(n=3)	12月24日(n=3)	12月29日(n=3)	01月3日(n=3)	01月8日(n=3)	01月13日(n=3)	01月18日(n=3)	01月23日(n=3)	01月28日(n=3)	02月2日(n=3)	02月7日(n=3)		
141	butafenacil	氟丙嘧草酯	134605-64-4	TPT柱	50.2	37.6	39.1	47.0	44.2	40.4	31.8	38.2	35.0	43.4	36.8	33.9	37.0	30.6	39.1	38.9	33.9	37.2	34.6	38.4	2.7
				串联柱	48.6	28.4	41.2	36.4	55.0	61.7	34.5	33.8	36.6	30.8	41.7	37.7	33.5	29.7	37.1	28.4	23.4	33.7	37.0	37.3	
142	carbaryl	甲萘威	63-25-2	TPT柱	112.5	137.1	89.7	103.6	115.3	107.1	95.4	108.6	109.7	94.8	110.0	126.4	109.3	118.9	100.6	96.4	98.9	100.5	97.9	107.0	0.9
				串联柱	131.9	118.5	127.0	114.7	121.1	113.3	110.7	92.8	111.9	87.8	121.3	99.0	116.6	98.4	107.5	88.8	82.1	110.5	97.8	108.0	
143	chlorobenzilate	氯甲氧苯	2675-77-6	TPT柱	48.5	33.9	36.4	43.2	36.7	39.4	32.7	37.5	33.5	44.6	33.6	34.4	35.4	30.8	36.0	36.5	33.2	33.9	31.4	36.4	1.6
				串联柱	50.0	33.2	43.3	37.1	43.0	46.1	32.2	31.4	34.4	33.9	37.9	34.2	33.5	34.3	38.0	27.8	25.4	33.1	31.5	35.8	
144	chlorthal-dime-thyl-2	氯酞酸二甲酯-2	1861-32-1	TPT柱	158.6	96.4	97.6	117.1	96.8	99.1	86.8	103.9	100.6	104.3	102.9	105.6	95.5	94.1	93.7	92.8	92.7	93.0	82.1	100.7	4.9
				串联柱	112.6	93.5	120.8	103.9	103.6	99.2	96.4	85.9	99.7	92.3	102.3	86.3	93.3	97.2	99.3	82.3	73.8	99.4	80.3	95.9	
145	dibutyl succinate	琥珀酸二丁酯	141-03-7	TPT柱	69.9	50.1	50.0	60.6	48.1	48.3	40.7	47.9	46.9	47.4	43.8	45.4	41.8	38.2	38.2	37.1	34.7	36.8	32.1	45.2	2.5
				串联柱	67.4	55.9	64.9	54.4	50.3	47.4	46.7	47.5	44.6	43.1	44.0	33.3	39.0	40.2	39.0	32.8	29.5	37.7	28.7	44.0	
146	diethofencarb	乙霉威	87130-20-9	TPT柱	301.4	208.2	219.7	254.7	211.3	233.3	202.3	216.2	211.8	306.8	231.5	251.6	245.2	200.9	216.6	218.0	215.0	220.0	191.4	229.3	4.7
				串联柱	271.5	218.9	252.4	232.5	230.4	230.1	205.5	182.6	220.3	231.3	244.2	215.5	220.6	224.4	217.0	184.8	170.6	221.1	183.1	218.8	
147	diflufenican	吡氟酰草胺	83164-33-4	TPT柱	47.7	32.4	34.2	42.1	36.2	35.9	31.9	37.1	34.2	42.5	35.3	35.6	37.2	32.7	34.4	34.7	31.1	33.1	31.4	35.8	2.7
				串联柱	45.5	35.0	42.0	38.1	38.2	37.5	32.1	30.2	34.2	33.5	37.3	30.1	33.9	34.2	37.4	28.3	27.8	36.3	30.3	34.8	
148	dimepiperate	哌草丹	61432-55-1	TPT柱	83.6	59.8	64.0	75.5	60.5	62.8	55.6	70.8	67.4	81.4	62.8	70.0	68.6	60.8	63.1	61.2	61.2	59.5	49.9	65.2	3.3
				串联柱	74.2	66.5	77.9	69.2	63.9	64.8	60.3	57.3	65.3	65.4	67.5	60.4	61.3	63.2	66.9	54.0	49.6	62.9	47.8	63.1	
149	dimethametryn	异戊乙净	22936-75-0	TPT柱	41.0	31.9	33.6	38.7	32.0	32.8	29.6	32.2	32.7	40.2	28.4	31.4	31.2	28.3	28.9	27.3	28.7	27.1	23.6	31.6	1.8
				串联柱	44.5	37.0	41.2	36.7	33.5	31.1	31.5	24.6	31.5	31.3	30.2	26.6	30.4	28.8	30.0	25.2	22.8	28.8	23.0	31.0	
150	dimethomorph	烯酰吗啉	110488-70-5	TPT柱	102.3	69.9	74.9	86.1	74.3	73.9	65.1	73.4	79.0	82.4	69.4	77.5	75.4	67.2	68.7	65.3	66.6	69.4	59.2	73.7	5.0
				串联柱	87.3	72.4	85.1	82.1	74.3	65.7	75.9	58.1	71.4	68.2	69.4	60.3	68.3	66.4	73.0	61.8	58.4	74.7	58.1	70.0	

在 4 个条件下（两台仪器，Youden Pair 样品）农药含量平均值（μg/kg）

序号	英文名称	中文名称	CAS号	SPE柱	11月9日(n=5)	11月14日(n=3)	11月19日(n=3)	11月24日(n=3)	11月29日(n=3)	12月4日(n=3)	12月9日(n=3)	12月14日(n=3)	12月19日(n=3)	12月24日(n=3)	12月29日(n=3)	01月3日(n=3)	01月8日(n=3)	01月13日(n=3)	01月18日(n=3)	01月23日(n=3)	01月28日(n=3)	02月2日(n=3)	02月7日(n=3)	平均值/(μg/kg)	偏差率/%
151	dimethyl phthalate	跳蚤灵	131-11-3	TPT柱	160.2	122.1	127.5	155.3	124.8	128.3	109.3	124.1	127.5	130.4	126.9	132.0	124.6	117.1	117.6	114.5	116.9	122.4	104.4	125.6	0.8
				串联柱	154.7	130.2	134.2	134.9	138.8	126.9	126.7	112.1	128.0	117.7	128.7	104.7	115.0	119.1	126.8	106.4	100.5	129.7	103.0	124.6	
152	diniconazole	烯唑醇	83657-24-3	TPT柱	137.2	97.6	110.6	125.3	92.4	100.3	89.2	98.7	100.4	135.4	91.2	89.7	96.0	88.8	87.9	85.0	84.6	80.2	75.5	98.2	3.8
				串联柱	135.5	102.5	120.5	114.5	100.2	93.8	96.5	70.5	97.3	100.8	95.4	85.6	87.8	91.1	93.1	79.6	70.9	89.7	70.9	94.5	
153	diphenamid	草乃敌	957-51-7	TPT柱	43.0	35.2	34.0	41.4	35.4	35.8	30.7	33.6	36.5	37.8	34.4	39.0	35.9	34.0	32.7	33.4	33.9	34.0	29.5	35.3	3.3
				串联柱	42.0	37.5	43.5	37.0	36.0	35.1	31.8	30.9	33.6	33.1	35.8	29.3	33.5	33.8	33.4	29.8	27.3	36.3	29.0	34.1	
154	dipropetryn	异丙净	4147-51-7	TPT柱	44.6	33.5	40.1	33.7	32.6	33.4	31.0	34.3	37.7	38.3	28.7	37.7	33.8	34.7	28.7	29.0	28.2	27.3	24.8	33.3	0.9
				串联柱	41.8	61.7	43.2	33.7	32.2	32.8	33.2	25.7	33.6	30.6	29.0	29.0	28.9	32.5	29.2	31.0	24.0	30.8	23.5	33.0	
155	ethalfluralin	丁氟消草	55283-68-6	TPT柱	161.7	118.7	127.4	163.3	132.1	134.2	105.9	128.4	126.7	149.3	129.0	130.0	132.4	114.3	139.6	139.2	121.8	126.4	112.6	131.2	2.3
				串联柱	150.1	122.5	158.5	138.6	144.7	159.9	113.5	93.4	127.4	122.7	136.8	116.1	144.0	126.8	151.1	105.8	96.7	118.0	111.0	128.3	
156	etofenprox	醚菊酯	80844-07-1	TPT柱	41.4	32.9	34.1	39.2	35.0	34.8	28.7	33.6	35.6	35.5	33.7	36.1	33.9	32.7	32.2	30.5	30.1	28.1	26.9	33.5	7.2
				串联柱	45.4	43.2	40.9	47.7	44.5	41.8	45.2	26.9	32.4	30.6	32.5	27.9	30.6	32.1	30.6	37.6	25.0	35.5	32.8	36.0	
157	etridiazol	土菌灵	2593-15-9	TPT柱	102.9	77.4	81.8	107.6	83.4	86.8	76.7	84.2	73.9	88.0	89.1	74.5	81.3	70.6	79.9	76.1	77.5	81.6	73.5	82.5	1.9
				串联柱	112.3	64.0	111.1	84.5	103.4	102.1	74.7	70.8	68.1	77.5	85.5	73.4	72.4	75.5	82.5	67.3	58.4	82.1	71.3	80.9	
158	fenazaquin	喹螨醚	120928-09-8	TPT柱	39.9	31.0	36.2	31.1	30.5	31.5	27.3	30.2	28.2	33.3	26.3	30.8	31.2	27.5	27.1	26.8	30.4	31.1	28.8	30.5	0.7
				串联柱	41.5	35.1	38.9	34.1	30.8	29.0	29.7	23.7	29.7	27.7	28.2	21.2	30.3	28.5	28.1	26.6	25.8	34.2	30.0	30.3	
159	fenchlorphos-oxon	氧皮蝇磷	3983-45-7	TPT柱	251.2	203.9	193.8	232.1	195.8	192.3	176.6	209.6	190.0	201.6	196.1	195.4	185.1	186.0	175.5	178.1	188.8	182.3	162.5	194.6	3.6
				串联柱	243.2	211.1	252.8	212.0	203.1	197.7	188.9	166.9	193.6	169.2	189.6	159.2	170.9	181.1	158.5	140.4	140.0	192.4	159.4	187.7	
160	fenoxanil	氰菌胺	115852-48-7	TPT柱	89.3	71.6	81.9	69.9	68.9	67.1	61.4	54.6	75.3	71.9	67.6	58.7	68.6	62.2	69.9	65.6	67.8	64.8	60.5	70.5	1.2
				串联柱	84.2	113.3	80.9	80.9	78.3	74.4	74.4	71.2	75.3	71.9	67.6	70.0	69.9	71.2	81.9	60.0	56.3	71.9	58.0	71.3	

序号	英文名称	中文名称	CAS号	SPE柱	在4个条件下（两台仪器，Youden Pair 样品）农药含量平均值/(μg/kg)																			平均值/(μg/kg)	偏差率/%
					11月9日(n=5)	11月14日(n=3)	11月19日(n=3)	11月24日(n=3)	11月29日(n=3)	12月4日(n=3)	12月9日(n=3)	12月14日(n=3)	12月19日(n=3)	12月24日(n=3)	12月29日(n=3)	01月3日(n=3)	01月8日(n=3)	01月13日(n=3)	01月18日(n=3)	01月23日(n=3)	01月28日(n=3)	02月2日(n=3)	02月7日(n=3)		
161	fenpropidin	苯锈啶	67306-00-7	TPT柱	81.9	66.2	83.7	100.5	79.5	86.3	76.4	88.6	118.2	126.9	115.7	106.6	108.5	97.0	95.7	94.8	95.6	99.2	87.8	95.2	6.0
				串联柱	79.7	82.8	95.0	87.3	82.6	75.9	85.6	76.1	47.0	107.5	116.8	107.0	94.7	95.7	106.2	87.2	83.1	110.5	83.8	89.7	
162	fenson	分螨酯	80-38-6	TPT柱	47.1	34.9	37.5	45.9	39.3	39.6	33.1	35.1	32.9	39.9	36.6	36.1	34.4	31.9	36.5	37.6	34.1	35.2	31.4	36.8	1.9
				串联柱	42.2	35.4	43.7	37.2	41.7	48.0	33.6	34.2	35.7	33.1	38.8	36.6	34.6	34.3	36.9	28.3	26.1	34.7	30.7	36.1	
163	flufenacet	氟噻草胺	142459-58-3	TPT柱	328.7	332.1	281.9	326.0	307.1	277.3	256.6	295.5	241.6	237.1	301.1	287.5	272.7	257.0	266.5	257.5	260.6	249.2	256.1	278.5	4.5
				串联柱	319.3	299.5	341.1	277.9	336.4	339.5	254.7	251.0	266.3	184.9	274.6	236.8	241.7	241.2	262.9	234.3	174.0	263.9	257.3	266.2	
164	furalaxyl	呋霜灵	57646-30-7	TPT柱	83.3	65.5	66.4	77.2	65.1	65.8	59.8	67.4	68.1	73.5	64.8	71.4	66.8	63.0	60.1	61.3	62.8	61.9	53.7	66.2	2.5
				串联柱	81.2	73.8	81.3	71.5	67.4	65.3	66.4	55.5	69.3	61.7	65.4	55.9	62.1	62.0	63.9	54.8	50.1	66.7	51.8	64.5	
165	heptachlor	七氯	76-44-8	TPT柱	108.4	87.1	90.2	108.2	85.5	89.8	81.5	99.7	89.9	99.8	92.4	91.9	85.4	83.6	89.1	88.4	86.8	88.2	75.4	90.6	2.2
				串联柱	114.1	93.6	118.4	98.2	96.9	94.4	80.4	76.2	86.1	85.3	92.2	76.3	80.1	87.5	96.5	74.9	66.4	91.8	74.0	88.6	
166	iprobenfos	异稻瘟净	26087-47-8	TPT柱	126.1	83.7	94.1	110.7	80.0	91.1	85.1	94.0	85.8	112.3	80.0	82.6	90.0	81.4	85.1	84.5	84.4	84.8	73.5	90.0	2.7
				串联柱	120.9	92.9	117.0	102.1	88.6	81.9	81.9	64.8	87.5	91.7	87.8	68.3	83.3	86.5	91.9	75.1	68.6	92.1	71.2	87.6	
167	isazofos	氯唑磷	42509-80-8	TPT柱	80.6	60.2	66.7	81.7	63.1	65.7	58.9	75.3	71.2	82.1	67.4	69.6	72.5	63.3	55.4	62.9	64.8	60.7	54.8	67.2	1.0
				串联柱	78.6	67.2	81.9	73.3	67.2	70.0	57.8	64.8	65.0	70.5	72.5	63.2	67.8	67.3	65.0	55.0	50.5	65.5	52.6	66.5	
168	isoprothiolane	稻瘟灵	50512-35-1	TPT柱	80.5	65.5	66.6	79.8	66.5	63.6	57.8	67.3	66.1	74.4	63.4	69.5	66.9	57.0	59.8	60.1	58.3	58.4	51.1	64.9	2.0
				串联柱	81.9	74.2	80.9	71.4	66.6	64.2	64.1	54.0	66.1	60.4	65.8	57.2	62.7	62.5	62.5	52.8	48.2	63.0	50.2	63.7	
169	kresoxim-methyl	醚菌酯	143390-89-0	TPT柱	44.0	32.9	34.8	35.5	32.9	42.2	33.0	40.1	35.7	43.0	34.0	35.6	32.7	32.1	31.7	33.0	31.7	31.4	29.1	35.0	7.4
				串联柱	44.5	29.6	40.9	38.0	26.5	22.5	43.2	35.6	34.1	33.3	30.4	31.4	32.9	33.5	31.9	26.1	22.2	31.7	29.5	32.5	
170	mefenacet	苯噻酰草胺	73250-68-7	TPT柱	171.1	104.1	117.9	144.4	110.4	119.2	96.3	121.8	93.9	134.1	107.3	102.0	114.7	89.4	107.8	106.5	102.4	105.4	100.1	113.1	1.5
				串联柱	129.2	92.3	126.0	113.2	131.9	132.5	94.8	219.6	93.9	101.6	113.8	93.9	92.3	117.3	83.5	76.4	103.7	100.4	111.4	111.4	

序号	英文名称	中文名称	CAS号	SPE柱	11月9日(n=5)	11月14日(n=3)	11月19日(n=3)	11月24日(n=3)	11月29日(n=3)	12月4日(n=3)	12月9日(n=3)	12月14日(n=3)	12月19日(n=3)	12月24日(n=3)	12月29日(n=3)	01月3日(n=3)	01月8日(n=3)	01月13日(n=3)	01月18日(n=3)	01月23日(n=3)	01月28日(n=3)	02月2日(n=3)	02月7日(n=3)	平均值/(μg/kg)	偏差率/%
171	mepronil	灭锈胺	55814-41-0	TPT柱	42.8	35.9	37.8	41.3	38.2	39.0	32.8	38.0	36.2	38.4	34.6	40.8	39.8	36.1	34.3	34.3	35.7	34.7	32.2	37.0	0.5
				串联柱	47.4	47.7	49.7	39.9	40.7	34.8	37.3	29.9	38.0	35.9	36.7	27.7	36.5	35.4	36.8	31.9	29.9	39.2	31.2	37.2	
172	metribuzin	嗪草酮	21087-64-9	TPT柱	127.0	87.0	71.1	84.1	65.4	73.8	58.0	63.8	54.8	68.8	59.6	53.9	57.9	53.4	55.9	52.5	49.0	49.7	45.2	64.8	1.5
				串联柱	119.2	79.0	83.3	76.9	78.9	84.8	67.1	48.0	66.3	54.2	61.1	53.0	55.4	51.5	56.4	44.3	38.8	48.7	45.6	63.8	
173	molinate	禾草敌	2212-67-1	TPT柱	35.3	27.8	25.7	35.6	28.4	29.3	25.5	29.1	30.4	32.0	31.4	32.8	31.4	30.1	29.6	29.7	28.2	30.0	25.4	29.9	2.5
				串联柱	35.4	30.3	36.7	30.6	30.2	28.9	28.3	23.2	29.5	28.3	29.4	25.5	29.2	30.3	31.4	25.6	25.1	31.0	25.1	29.2	
174	napropamide	敌草胺	15299-99-7	TPT柱	122.8	100.0	101.3	118.6	100.1	101.2	90.7	101.7	105.9	112.1	98.7	109.8	102.3	96.1	90.5	92.2	95.5	97.7	82.0	101.0	2.0
				串联柱	126.0	111.0	123.7	110.0	103.7	97.6	100.0	83.9	102.5	96.5	102.2	91.6	92.9	98.0	99.1	86.0	75.7	100.8	79.8	99.0	
175	nuarimol	氟苯嘧啶醇	63284-71-9	TPT柱	88.5	72.5	72.9	80.9	70.1	67.0	58.9	63.8	71.8	75.6	60.3	65.9	64.6	58.7	58.2	55.1	57.9	57.5	49.7	65.8	5.6
				串联柱	89.9	73.1	78.6	73.8	67.4	62.2	67.2	51.4	66.0	59.0	60.1	49.7	59.7	58.4	56.3	51.4	46.1	49.6	49.6	62.3	
176	permethrin	氯菊酯	52645-53-1	TPT柱	83.8	65.9	67.9	77.7	72.0	72.5	60.6	69.1	71.5	75.6	70.2	69.6	63.1	65.8	66.2	62.5	62.6	62.2	55.8	68.3	3.3
				串联柱	84.4	69.2	80.6	74.2	74.4	72.2	65.5	56.4	62.6	63.0	67.7	60.1	65.8	66.9	66.9	54.7	51.4	67.5	56.3	66.1	
177	phenothrin	苯醚菊酯	26002-80-2	TPT柱	40.2	31.6	32.3	39.1	32.7	32.5	27.5	39.1	43.4	40.1	45.9	36.6	57.7	27.3	39.5	37.6	40.4	32.7	24.6	36.9	7.9
				串联柱	33.8	39.6	37.6	51.1	50.1	37.9	38.7	24.6	47.5	52.1	50.4	36.1	35.0	44.2	41.0	36.4	29.9	37.4	35.2	39.9	
178	piperonyl butoxide	增效醚	51-03-6	TPT柱	40.7	31.6	34.9	40.6	33.6	33.8	28.9	32.8	34.2	41.7	26.6	31.1	32.0	28.5	30.4	27.6	23.1	28.5	24.0	32.0	4.2
				串联柱	41.5	34.9	40.2	37.0	33.1	31.1	31.5	24.8	30.6	31.8	30.3	22.6	30.4	29.8	30.4	25.7	23.1	30.4	24.2	30.7	
179	pretilachlor	丙草胺	51218-49-6	TPT柱	79.1	68.3	62.2	74.1	65.6	63.7	60.8	69.1	64.4	61.7	66.8	67.5	62.4	60.4	55.4	56.9	62.8	52.9	49.5	63.8	2.2
				串联柱	90.3	76.1	85.8	68.0	68.1	65.4	61.3	56.1	62.6	54.2	60.8	53.9	54.4	58.7	57.1	45.9	51.3	66.9	49.5	62.4	
180	prometon	扑灭通	1610-18-0	TPT柱	133.1	103.2	111.3	126.9	100.0	104.3	96.9	108.6	107.6	126.6	93.7	110.7	110.5	98.9	99.1	99.6	99.1	97.8	86.4	106.0	1.2
				串联柱	136.7	124.0	135.5	114.4	105.8	105.3	104.2	83.5	104.0	103.7	107.0	95.4	97.7	106.3	105.0	89.0	82.2	105.4	84.5	104.7	

表头说明：在4个条件下（两台仪器，Youden Pair 样品）农药含量平均值/（μg/kg）

在4个条件下(两台仪器、Youden Pair样品)农药含量平均值/(μg/kg)

序号	英文名称	中文名称	CAS号	SPE柱	11月9日(n=5)	11月14日(n=3)	11月19日(n=3)	11月24日(n=3)	11月29日(n=3)	12月4日(n=3)	12月9日(n=3)	12月14日(n=3)	12月19日(n=3)	12月24日(n=3)	12月29日(n=3)	01月3日(n=3)	01月8日(n=3)	01月13日(n=3)	01月18日(n=3)	01月23日(n=3)	01月28日(n=3)	02月2日(n=3)	02月7日(n=3)	平均值/(μg/kg)	偏差率/%
181	propyzamide-2	炔苯酰草胺-2	23950-58-5	TPT柱	158.9	119.6	124.0	137.2	126.0	114.5	101.0	116.8	118.3	139.2	117.8	115.0	113.9	105.5	116.3	103.6	103.0	104.3	93.5	117.3	3.1
				串联柱	166.1	123.9	138.1	124.4	139.8	114.4	112.9	91.4	106.8	104.8	115.8	103.1	112.2	112.5	118.6	98.1	80.7	106.7	90.4	113.7	
182	propetamphos	烯虫磷	31218-83-4	TPT柱	46.1	32.4	35.2	43.1	35.1	36.2	31.0	37.5	39.6	47.5	34.6	29.5	34.7	31.3	33.5	33.5	31.0	32.2	28.0	35.3	5.2
				串联柱	44.6	32.0	41.5	36.9	38.5	41.3	32.9	27.6	34.7	34.3	34.0	29.7	32.8	32.2	33.0	27.5	24.4	31.7	27.9	33.6	
183	propoxur-1	残杀威-1	114-26-1	TPT柱	334.4	260.3	272.4	328.3	268.4	271.4	245.9	288.1	283.4	305.8	258.2	320.2	279.4	274.3	259.4	264.3	265.4	268.0	230.8	277.8	2.6
				串联柱	307.8	304.8	342.7	294.1	279.0	255.8	286.9	238.3	285.4	265.8	282.0	218.9	267.2	273.0	273.1	235.4	222.7	287.4	221.7	270.6	
184	propoxur-2	残杀威-2	114-26-1	TPT柱	303.9	334.1	298.3	309.9	431.3	409.7	329.6	355.5	226.4	241.7	324.0	250.7	359.4	338.3	376.3	309.5	343.0	363.3	276.0	325.3	14.2
				串联柱	344.2	262.6	364.0	306.1	381.8	396.8	254.3	277.2	275.8	196.0	267.6	238.2	231.8	317.2	271.5	239.5	168.6	278.8	291.4	282.3	
185	prothiophos	丙硫磷	34643-46-4	TPT柱	40.3	31.0	32.0	37.7	30.6	31.7	28.0	32.7	31.7	36.8	29.7	33.0	30.9	30.5	30.0	29.6	30.3	30.7	26.5	31.8	2.8
				串联柱	40.0	34.0	38.1	34.8	32.0	31.9	30.9	25.5	31.6	30.4	31.7	27.1	29.0	30.5	31.8	26.3	23.7	31.7	25.9	30.9	
186	pyridaben	哒螨灵	96489-71-3	TPT柱	56.3	38.0	42.4	50.0	47.7	54.4	40.8	44.7	47.4	49.6	41.9	44.6	47.3	38.3	48.2	45.0	43.1	43.8	39.2	45.4	10.1
				串联柱	39.4	32.2	50.1	32.1	47.5	50.4	42.6	37.1	33.8	45.8	47.4	38.1	44.5	30.8	51.4	36.0	35.7	44.6	40.4	41.0	
187	pyridaphenthion	哒嗪硫磷	119-12-0	TPT柱	50.9	34.9	38.0	45.2	37.7	35.4	31.9	38.3	32.6	33.4	30.9	30.0	34.1	29.5	31.7	31.2	34.6	31.2	31.2	35.5	7.3
				串联柱	45.2	33.1	44.2	37.8	39.4	38.5	29.8	28.1	32.5	34.0	26.5	26.0	28.1	30.1	33.4	27.2	24.1	33.5	30.1	33.0	
188	pyrimethanil	嘧霉胺	53112-28-0	TPT柱	41.2	31.6	33.3	39.5	32.0	34.0	29.0	34.2	32.2	37.1	30.7	33.6	33.1	30.5	31.3	30.5	30.4	30.8	27.0	32.7	2.0
				串联柱	40.5	36.1	41.3	35.9	33.5	32.6	31.7	25.6	32.5	32.1	33.5	26.5	30.1	33.3	32.2	27.2	25.4	32.1	26.1	32.1	
189	pyriproxyfen	吡丙醚	95737-68-1	TPT柱	42.9	34.6	35.3	42.7	34.4	35.5	30.7	36.9	35.7	37.6	34.7	34.8	33.3	32.6	32.3	31.0	30.4	27.0	27.2	33.9	3.8
				串联柱	44.0	37.3	41.6	38.9	34.5	35.0	31.4	26.8	31.9	33.0	33.2	24.7	31.1	32.6	32.3	27.4	24.1	27.2	26.1	32.6	
190	quinalphos	喹硫磷	13593-03-8	TPT柱	50.0	33.7	34.1	37.2	35.0	35.5	31.2	28.7	31.5	36.8	30.0	34.8	30.4	31.6	33.4	30.0	31.9	31.2	29.2	35.3	6.5
				串联柱	43.1	34.1	42.8	37.2	35.0	35.0	31.2	28.7	33.2	36.8	35.7	33.2	33.1	33.4	32.2	28.1	24.7	32.9	28.2	33.0	

序号	英文名称	中文名称	CAS号	SPE柱	在4个条件下(两台仪器,Youden Pair样品)农药含量平均值/(μg/kg)																			平均值/(μg/kg)	偏差率/%
					11月9日(n=5)	11月14日(n=3)	11月19日(n=3)	11月24日(n=3)	11月29日(n=3)	12月4日(n=3)	12月9日(n=3)	12月14日(n=3)	12月19日(n=3)	12月24日(n=3)	12月29日(n=3)	01月3日(n=3)	01月8日(n=3)	01月13日(n=3)	01月18日(n=3)	01月23日(n=3)	01月28日(n=3)	02月2日(n=3)	02月7日(n=3)		
191	quinoxyphen	唑氧灵	124495-18-7	TPT柱	39.0	30.6	34.9	36.5	31.2	33.1	27.7	33.4	33.3	34.2	31.1	34.4	31.6	30.5	29.3	28.5	27.4	28.1	26.7	31.7	0.1
				串联柱	41.5	37.9	39.6	35.7	33.8	31.0	31.2	27.1	32.1	30.1	31.5	29.0	29.5	31.6	31.2	26.6	24.4	32.5	26.0	31.7	
192	dieldrin	狄氏剂	60-57-1	TPT柱	159.6	126.2	125.1	153.0	120.3	129.6	111.8	131.6	122.5	134.2	132.3	127.2	120.6	122.2	122.1	118.9	121.9	125.8	104.7	126.8	1.0
				串联柱	150.0	128.3	156.6	131.6	143.3	144.4	122.0	112.2	128.3	110.8	137.8	119.9	118.6	122.5	128.3	105.9	92.1	123.7	108.7	125.5	
193	tetrasul	杀螨硫醚	2227-13-6	TPT柱	36.7	31.2	31.3	36.6	31.9	31.8	27.9	31.9	33.0	33.3	32.2	34.3	30.3	30.5	31.6	31.8	33.5	33.4	29.7	32.3	1.2
				串联柱	40.0	37.0	38.0	34.0	31.9	29.7	31.1	26.3	31.6	29.9	31.4	28.3	29.7	31.5	34.5	30.6	27.2	35.1	29.2	31.9	
194	thiazopyr	噻草啶	117718-60-2	TPT柱	83.3	66.6	67.8	80.4	65.3	67.5	60.3	65.0	70.2	76.7	70.5	73.5	65.6	63.3	61.9	62.0	62.2	64.0	56.1	67.5	2.3
				串联柱	78.6	75.0	83.6	72.4	66.0	65.7	67.1	55.0	69.0	64.4	70.4	62.7	66.2	67.5	65.0	55.4	49.7	64.9	54.6	66.0	
195	tolclofos-methyl	甲基立枯磷	57018-04-9	TPT柱	42.0	32.4	34.1	39.4	33.4	33.3	31.3	36.0	33.6	37.5	34.4	35.7	35.0	33.6	32.4	33.2	33.2	33.2	29.0	34.3	3.8
				串联柱	41.7	35.1	43.2	36.0	34.9	32.6	32.9	28.9	34.1	32.0	33.9	28.8	31.5	33.1	31.6	25.6	28.6	34.4	28.3	33.0	
196	transfluthrin	四氟苯菊酯	118712-89-3	TPT柱	41.1	31.3	32.4	38.7	31.8	33.0	29.0	34.0	35.6	35.2	31.9	35.5	32.6	30.9	31.0	30.0	30.4	31.4	27.1	32.8	2.5
				串联柱	38.7	33.8	35.6	35.6	33.0	32.2	32.6	27.5	33.5	30.8	33.4	26.3	31.8	32.1	32.7	25.2	25.2	32.4	26.7	32.0	
197	triadimefon	三唑酮	43121-43-3	TPT柱	82.3	63.5	67.6	80.6	64.8	67.8	60.4	65.6	69.6	89.6	71.0	70.1	68.3	69.4	64.2	61.3	61.3	59.7	50.2	67.8	1.4
				串联柱	83.1	71.9	81.1	73.4	67.6	67.5	66.3	53.8	66.5	66.1	73.0	68.9	66.1	71.4	64.2	58.6	55.1	62.6	50.1	66.8	
198	triadimenol	三唑醇	55219-65-3	TPT柱	144.9	108.2	115.4	132.8	91.7	102.6	90.5	96.3	101.2	124.7	90.5	92.3	102.7	93.2	90.8	88.4	88.4	87.7	76.6	100.9	2.4
				串联柱	136.1	114.2	135.6	124.0	102.5	97.3	102.4	73.8	101.2	89.9	98.6	89.5	92.1	94.5	78.9	73.6	56.5	100.2	78.5	98.5	
199	triallate	野麦畏	2303-17-5	TPT柱	73.4	57.7	58.9	72.5	59.5	60.1	51.3	61.5	59.6	65.2	61.3	61.9	58.2	57.8	57.8	56.5	56.5	58.7	48.5	60.1	2.1
				串联柱	70.2	60.0	73.4	64.0	63.9	63.5	58.0	49.7	59.8	55.2	63.5	55.5	57.7	60.8	59.8	45.0	58.1	49.6	58.8	58.8	
200	tribenuron-methyl	苯磺隆	101200-48-0	TPT柱	51.2	31.2	47.6	56.7	45.3	59.5	34.6	41.3	36.4	52.1	36.2	35.9	41.3	28.6	40.3	42.7	35.0	40.7	39.3	41.9	6.0
				串联柱	59.4	25.0	42.3	38.6	59.9	66.3	33.4	37.2	35.7	38.2	36.6	40.0	43.2	32.3	28.2	45.0	58.1	34.8	49.6	39.5	
201	vinclozolin	乙烯菌核利	50471-44-8	TPT柱	45.1	34.5	35.3	43.4	36.3	35.4	31.7	37.6	36.3	39.3	36.7	37.9	35.8	34.2	33.6	34.6	35.2	35.2	30.5	36.3	2.5
				串联柱	40.5	37.3	43.2	37.8	39.0	39.0	34.8	31.6	36.6	32.2	37.5	33.7	32.3	36.3	34.2	31.5	27.5	36.1	30.8	35.4	

表 2-21　Cleanert TPT 和 4 号 Envi-Carb＋ PSA 两柱净化 201 种农药 19 次
测定含量总平均值的差异分布

两柱偏差率/%	绿茶(占比/%)	乌龙茶(占比/%)
<10	172(85.6)	158(78.6)
10~15	20(10.0)	29(14.4)
>15	9(4.5)	14(7.0)

图 2-6
两种不同净化柱下农
药含量的平均值差
异图

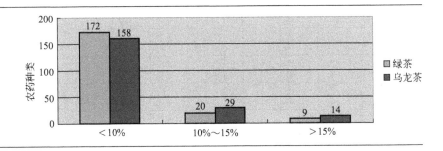

析结果见表 2-22 和图 2-7。这说明，绿茶和乌龙茶品种不同，基质差别很大，两种柱的净化效能亦有差别。但这种明显差异仍符合 93% 以上的农药两种 SPE 净化柱的检测结果相差小于 15% 的条件。

表 2-22　201 种农药使用两种 SPE 柱净化测得的农药含量比较

两柱偏差率	绿茶(占比/%)	乌龙茶(占比/%)
Cleanert TPT＞Envi-Carb＋PSA	14(7.0)	179(89.1)
Cleanert TPT＜Envi-Carb＋PSA	187(93.0)	22(10.9)

图 2-7
2 种茶叶中 201
种农药使用两
种 SPE 柱净化
的差异性

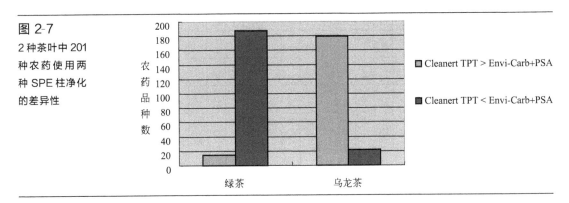

2.3.7.2　目标农药检测重现性的比较

为综合评价 Cleanert TPT 和 Envi-Carb＋PSA 两种净化柱对目标农药含量测定值重现性的影响，将附表 2-2 中连续 3 个月 19 次循环测得的 61104 个 RSD 数据按分布区间进行了统计，列于表 2-23，并将表 2-23 中 19 次循环检测的 RSD 按分布区间汇总列于表 2-24，绘成柱形图见图 2-8 与图 2-9。

表 2-23 Cleanert TPT 柱和 Envi-Carb+PSA 柱净化 GC-MS 和 GC-MS/MS 测定绿茶和乌龙茶 Youden Pair 污染样品中 201 种农药的 RSD 值（n=3）

RSD 区间

测定日期	Youden Pair	绿茶 Cleanert TPT GC-MS ≤10	10~15	15~20	>20	未出峰	绿茶 Cleanert TPT GC-MS/MS ≤10	10~15	15~20	>20	未出峰	绿茶 Envi-Carb+PSA GC-MS ≤10	10~15	15~20	>20	未出峰	绿茶 Envi-Carb+PSA GC-MS/MS ≤10	10~15	15~20	>20	未出峰	乌龙茶 Youden Pair	乌龙茶 Cleanert TPT GC-MS ≤10	10~15	15~20	>20	未出峰	乌龙茶 Cleanert TPT GC-MS/MS ≤10	10~15	15~20	>20	未出峰	乌龙茶 Envi-Carb+PSA GC-MS ≤10	10~15	15~20	>20	未出峰	乌龙茶 Envi-Carb+PSA GC-MS/MS ≤10	10~15	15~20	>20	未出峰
2009-11-9	B	188	7	4	2	0	187	10	1	2	1	137	28	17	19	1	117	18	20	45	1	D	186	10	3	2	0	178	18	1	2	2	177	17	4	3	0	170	21	4	5	1
	A	180	18	2	1	0	183	11	4	2	1	119	49	18	15	1	125	30	23	22	1	C	176	19	2	4	0	177	11	5	6	2	163	23	10	5	0	149	31	13	7	1
2009-11-14	B	179	21	0	0	0	163	31	6	0	1	166	26	2	7	1	132	61	5	2	1	D	193	7	1	0	0	184	10	3	2	2	189	7	0	5	0	191	6	1	2	1
	A	188	10	2	0	1	188	8	4	0	1	171	18	3	9	1	170	16	5	9	1	C	195	6	0	0	0	183	12	3	1	2	183	16	1	1	0	191	6	2	1	1
2009-11-19	B	196	5	0	0	0	197	2	1	0	1	197	3	0	1	1	193	7	0	0	1	D	195	5	1	1	0	194	4	0	0	0	192	9	1	1	0	190	9	3	0	1
	A	175	24	1	0	1	197	3	0	0	1	161	20	10	10	1	164	22	5	9	1	C	183	16	2	0	0	179	12	7	2	2	134	55	10	2	0	86	95	13	6	1
2009-11-24	B	147	50	4	0	0	169	25	6	0	1	175	20	2	4	1	169	16	9	6	1	D	196	4	1	0	0	195	3	0	1	0	181	10	7	3	0	173	14	9	4	1
	A	195	6	0	0	0	173	19	2	6	1	182	16	2	2	1	189	10	3	0	1	C	179	16	3	3	0	181	16	2	1	1	190	7	3	1	0	181	10	8	1	1
2009-11-29	B	188	13	0	0	0	198	2	0	0	1	177	16	4	4	1	178	13	3	6	1	C	171	16	7	7	0	186	7	2	5	0	175	16	8	2	0	186	5	3	5	2
	A	172	29	0	0	0	119	63	15	3	3	175	23	2	2	1	186	10	3	1	1	C	188	11	1	0	0	191	7	2	1	1	65	87	37	12	0	120	65	11	3	2
2009-12-4	B	136	62	3	0	0	181	14	5	0	0	181	11	3	3	1	182	13	5	3	1	C	196	4	1	0	0	192	7	2	1	0	194	6	1	1	0	193	4	3	0	1
	A	186	15	0	0	0	191	8	5	5	1	158	12	14	17	0	152	16	13	19	1	C	180	18	2	1	0	185	9	3	3	0	173	17	10	5	0	172	23	3	2	1
2009-12-9	B	196	5	0	0	0	195	5	4	3	0	168	23	3	6	0	157	25	8	11	1	D	136	51	4	10	0	143	45	10	3	0	177	18	2	0	0	190	6	3	0	0
	A	170	22	7	2	0	164	27	5	5	0	124	27	15	34	0	167	24	5	5	1	C	177	19	3	2	0	190	9	2	0	0	172	14	11	16	0	165	16	10	10	0
2009-12-14	B	174	25	2	0	0	169	31	6	5	0	158	26	7	10	0	162	14	14	15	1	C	142	43	10	2	0	187	7	3	4	0	136	28	21	13	1	157	10	17	17	0
	A	163	34	3	1	0	159	23	14	3	0	162	21	7	11	0	160	14	14	13	1	C	185	9	4	0	0	169	25	7	4	0	173	23	9	1	1	190	10	0	0	0
2009-12-19	B	196	5	0	0	0	182	9	9	0	0	156	22	13	10	0	157	25	8	11	1	C	182	16	2	2	0	179	17	3	1	0	165	15	7	13	1	198	3	0	0	1
	A	175	24	2	0	0	164	60	9	5	0	160	24	7	10	0	167	24	6	5	0	C	175	24	2	1	0	155	26	10	4	0	51	128	16	5	0	95	91	10	5	0
2009-12-24	B	147	50	4	0	0	129	60	9	2	0	162	23	9	7	1	174	15	5	1	0	D	175	24	2	1	0	194	6	0	1	0	143	38	11	9	0	177	16	2	6	0
	A	195	6	0	0	0	195	4	2	2	0	189	11	1	1	0	191	7	1	1	0	A	185	14	1	0	0	189	4	3	5	0	180	11	9	1	0	182	10	6	3	0

测定日期	Youden Pair	绿茶 Cleanert TPT GC-MS ≤10	10~15	15~20	>20	未出峰	绿茶 Cleanert TPT GC-MS/MS ≤10	10~15	15~20	>20	未出峰	绿茶 Envi-Carb+PSA GC-MS ≤10	10~15	15~20	>20	未出峰	绿茶 Envi-Carb+PSA GC-MS/MS ≤10	10~15	15~20	>20	未出峰	Youden Pair	乌龙茶 Cleanert TPT GC-MS ≤10	10~15	15~20	>20	未出峰	乌龙茶 Cleanert TPT GC-MS/MS ≤10	10~15	15~20	>20	未出峰	乌龙茶 Envi-Carb+PSA GC-MS ≤10	10~15	15~20	>20	未出峰	乌龙茶 Envi-Carb+PSA GC-MS/MS ≤10	10~15	15~20	>20	未出峰
2009-12-29	B	188	13	0	0	0	193	6	1	1	0	7	13	53	128	0	11	32	54	104	0	D	134	48	16	3	0	181	11	7	2	0	185	14	2	0	0	184	13	3	1	0
	A	172	29	0	0	0	179	18	4	0	0	159	35	5	2	0	136	48	12	5	0	C	153	30	13	5	0	181	14	3	3	0	143	46	10	2	0	189	11	1	0	0
2010-1-3	B	136	62	3	0	0	160	28	10	3	0	143	40	10	8	0	159	23	10	5	4	D	168	28	3	1	1	190	7	3	1	1	169	22	8	2	2	163	23	12	2	1
	A	186	15	0	0	0	197	3	0	1	0	149	24	10	18	0	155	20	9	13	0	C	188	11	0	1	1	197	3	0	0	1	191	9	1	1	2	184	8	6	2	1
2010-1-8	B	177	19	5	0	0	169	18	7	7	0	126	24	9	42	0	134	20	18	29	0	D	191	8	0	2	0	167	25	6	3	0	176	13	7	5	1	158	19	13	11	0
	A	170	31	0	0	0	141	50	6	4	0	194	4	2	1	0	167	23	10	1	0	D	198	3	3	0	0	167	29	4	1	0	188	11	3	1	1	181	15	3	2	0
2010-1-13	B	174	25	2	0	0	190	8	1	2	0	191	7	1	1	0	93	55	34	19	0	D	197	3	1	0	0	193	5	2	1	0	190	9	2	2	0	186	10	2	2	1
	A	168	28	5	1	0	171	20	8	2	0	158	23	10	9	0	103	52	30	16	0	C	194	6	0	2	0	197	4	0	0	0	163	22	8	0	1	107	70	14	9	1
2010-1-18	B	173	24	3	1	0	189	9	2	0	0	47	86	37	31	0	51	92	34	24	0	D	182	19	3	0	0	176	22	1	2	0	193	6	2	8	0	116	68	13	4	1
	A	186	12	2	2	0	198	2	1	0	0	177	20	1	3	0	179	15	1	6	0	C	176	20	0	0	0	173	20	4	4	0	92	83	23	3	0	63	117	17	4	0
2010-1-23	B	194	5	2	0	0	193	7	3	1	0	180	15	3	3	0	172	11	11	7	0	D	183	16	0	1	0	181	12	6	1	0	160	16	7	18	1	171	13	5	12	0
	A	192	9	0	2	0	188	11	7	3	0	138	36	11	16	0	142	40	12	7	0	C	196	5	0	0	0	194	5	0	1	1	195	6	0	4	1	190	10	1	0	1
2010-1-28	B	151	41	5	9	0	160	31	3	2	0	191	3	5	2	0	176	17	3	5	0	D	190	11	1	1	0	184	12	3	1	1	77	113	7	4	1	173	21	6	0	1
	A	185	11	5	0	0	183	13	3	1	0	71	116	12	4	0	115	70	10	8	0	C	195	5	2	1	1	188	9	2	6	1	158	22	15	6	1	174	12	8	6	1
2010-2-2	B	178	20	1	2	0	189	9	2	6	1	106	52	13	31	0	59	92	27	22	0	D	188	7	0	0	1	181	9	4	2	1	163	23	10	5	1	149	25	14	12	1
	A	152	38	2	0	0	163	25	7	2	0	136	29	10	23	0	173	18	6	3	0	C	189	11	1	4	1	189	6	4	4	1	155	19	18	9	1	152	15	11	22	1
2010-2-7	B	190	10	1	0	0	183	12	3	0	0	159	31	2	0	1	139	40	16	5	1	D	193	7	4	0	1	182	13	3	2	1	186	10	2	3	1	177	16	3	4	1
	A	198	3	0	0	0	195	4	0	0	1	190	8	2	4	1	178	15	5	4	1	C	176	17	4	4	1	179	11	7	3	1	191	7	3	0	1	193	5	0	2	1
总计		6716	826	69	27	0	6744	659	152	69	14	5800	985	343	504	6	5634	1068	439	471	26		6899	574	98	65	2	6931	470	122	89	2	6188	996	297	155	26	6266	926	250	172	24

表 2-24　2 种 SPE 柱净化结合 2 种仪器测定绿茶和乌龙茶 Youden Pair 污染样品中

表 2-24　2 种 SPE 柱净化结合 2 种仪器测定绿茶和乌龙茶 Youden Pair 污染样品中
201 种农药的 RSD 值分布（n= 3）

RSD 区间/%	TPT 柱				串联柱			
	绿茶		乌龙茶		绿茶		乌龙茶	
	GC-MS（占比/%）	GC-MS/MS（占比/%）	GC-MS（占比/%）	GC-MS/MS（占比/%）	GC-MS（占比/%）	GC-MS/MS（占比/%）	GC-MS（占比/%）	GC-MS/MS（占比/%）
≤10	6716(87.9)	6744(88.3)	6899(90.3)	6931(90.7)	5800(75.9)	5634(73.8)	6188(81.0)	6266(82.0)
10～15	826(10.8)	659(8.6)	574(7.5)	470(6.2)	985(12.9)	1068(14.0)	996(13.0)	926(12.1)
15～20	69(0.9)	152(2.0)	98(1.3)	122(1.6)	343(4.5)	439(5.7)	297(3.9)	250(3.3)
＞20	27(0.4)	69(0.9)	65(0.9)	89(1.2)	504(6.6)	471(6.2)	155(2.0)	172(2.3)
未出峰	0(0)	14(0.2)	2(0.03)	26(0.3)	6(0.1)	26(0.3)	2(0.03)	24(0.3)
总数	7638(100)	7638(100)	7638(100)	7638(100)	7638(100)	7638(100)	7638(100)	7638(100)

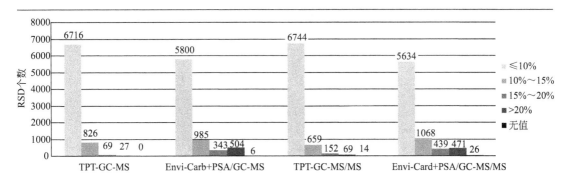

图 2-8

两种 SPE 柱测定绿茶 Youden Pair 污染样的 RSD 值分布

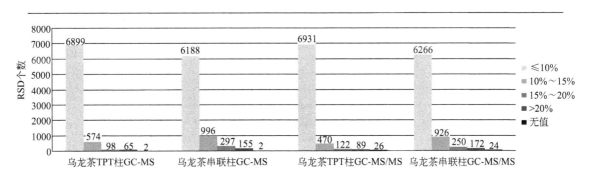

图 2-9

两种 SPE 柱测定乌龙茶 Youden Pair 污染样的 RSD 值分布

　　由表 2-24 和图 2-8 与图 2-9 可见，对于绿茶样品中 RSD≤10％的农药数量，GC-MS 测定结果显示，Cleanert TPT 和 Envi-Carb＋PSA 柱分别有 6716 个和 5800 个，分别占 87.9％和 75.9％；GC-MS/MS 测定结果显示，对于 Cleanert TPT 和 Envi-Carb＋PSA 柱分别有 6744 个和 5634 个，分别占 88.3％和 73.8％。对于乌龙茶样品中 RSD≤10％的农

药数量，GC-MS 测定结果显示，Cleanert TPT 和 Envi-Carb＋PSA 柱分别有 6899 个和 6188 个，分别占 90.3％和 81.0％；GC-MS/MS 测定结果显示，Cleanert TPT 和 Envi-Carb＋PSA 柱分别有 6931 个和 6266 个，分别占 90.7％和 82.0％。这充分说明，对于绿茶和乌龙茶，采用 GC-MS/MS 或 GC-MS 测定时，经 Cleanert TPT 柱净化测得 RSD≤10％的结果比 Envi-Carb＋PSA 柱多 10％左右，这与第二阶段绿茶和乌龙茶 201 种农药添加回收率实验中得到 RSD 分析结论完全一致，证明新研发的 Cleanert TPT 柱净化效果好于 Envi-Carb＋PSA 柱。

2.3.8　结论

经过 3 个阶段对新开发的 SPE Cleanert TPT 净化效能对比研究证实，其净化效能可与通用的 Envi-Carb＋PSA 柱媲美，在重现性方面略好。因此它完全适用于茶叶中多种残留农药的净化，并预示了今后一定会有良好的应用前景。

参考文献

［1］Telepchak M J，August T F，Chaney G. Forensic and Clinical Applications of Solid Phase Extraction ［M］. Humana Press：Totowa，NJ 07512，2004.

［2］Hennion M C. Solid-phase extraction：method development，sorbents，and coupling with liquid chromatography ［J］. Journal of Chromatography A，1999，856：3-54.

［3］Park Y S，Abd El-Aty A M，Choi J H，et al. Pesticide multiresidue analysis in Panax ginseng (C. A. Meyer) by solid-phase extraction and gas chromatography with electron capture and nitrogen-phosphorus detection ［J］. Biomedical Chromatography，2007，21 (1)：29-39.

［4］Tahboub Y R，Zaater M F，Barri T A. Simultaneous identification and quantitation of selected organochlorine pesticide residues in honey by full-scan gas chromatography-mass spectrometry ［J］. Analytica Chimica Acta，2006，558 (1-2)：62-68.

［5］Baugros J B，Cécile Cren-Olivé，Giroud B，et al. Optimisation of pressurised liquid extraction by experimental design for quantification of pesticides and alkyl phenols in sludge，suspended materials and atmospheric fallout by liquid chromatography-tandem mass spectrometry. ［J］. Journal of Chromatography A，2009，1216 (25)：4941-4949.

［6］Albero B，Sánchez-Brunete C，Tadeo J L. Multiresidue determination of pesticides in juice by solid-phase extraction and gas chromatography-mass spectrometry ［J］. Talanta，2005，66 (4)：917-924.

［7］Chen S，Yu X，He X，et al. Simplified pesticide multiresidues analysis in fish by low-temperature cleanup and solid-phase extraction coupled with gas chromatography/mass spectrometry ［J］. Food Chemistry，2009，113 (4)：1297-1300.

［8］Gervais G，Brosillon S，Laplanche A，et al. Ultra-pressure liquid chromatography-electrospray tandem mass spectrometry for multiresidue determination of pesticides in water ［J］. Journal of Chromatography A，2008，1202 (2)：163-172.

［9］Hernández F，Pozo O J，Sancho J V，et al. Multiresidue liquid chromatography tandem mass spectrometry determination of 52 non gas chromatography-amenable pesticides and metabolites in different food commodities ［J］. Journal of Chromatography A，2006，1109 (2)：242-252.

［10］Yagüe C，Herrera A，Ariño A，et al. Rapid method for trace determination of organochlorine pesticides and polychlorinated biphenyls in yogurt ［J］. Journal of AOAC International，2002，85 (5)：1181-1186.

［11］Kitagawa Y，Okihashi M，Takatori S，et al. Multiresidue method for determination of pesticide residues in processed foods by GC/MS [J]. Shokuhin Eiseigaku Zasshi，2009，50（5）：198-207.

[12] Okihashi M，Takatori S，Kitagawa Y，et al. Simultaneous analysis of 260 pesticide residues in agricultural products by gas chromatography/triple quadrupole mass spectrometry [J]. Journal of AOAC International，2007，90（4）：1165-1179.

[13] 楼正云，陈宗懋，罗逢健，等. 固相萃取-气相色谱法测定茶叶中残留的 92 种农药 [J]. 色谱，2008（05）：568-576.

[14] Huang Z，Zhang Y，Wang L，et al. Simultaneous determination of 103 pesticide residues in tea samples by LC-MS/MS [J]. Journal of Separation Science，2015，32（9）：1294-1301.

[15] Fillion J，Sauvé F，Selwyn J. Multiresidue method for the determination of residues of 251 pesticides in fruits and vegetables by gas chromatography/mass spectrometry and liquid chromatography with fluorescence detection [J]. Journal of AOAC International，2000，83（3）：698-713.

[16] Wong J W，Webster M G，Halverson C A，et al. Multiresidue Pesticide Analysis in Wines by Solid-Phase Extraction and Capillary Gas ChromatographyMass Spectrometric Detection with Selective Ion Monitoring [J]. Journal of Agricultural and Food Chemistry，2003，51（5）：1148-1161.

[17] Wong J W，Zhang K，Tech K，et al. Multiresidue Pesticide Analysis of Ginseng Powders Using Acetonitrile-or Acetone-Based Extraction，Solid-Phase Extraction Cleanup，and Gas Chromatography-Mass Spectrometry/Selective Ion Monitoring（GC-MS/SIM）or -Tandem Mass Spectrometry（GC-MS/MS）[J]. Journal of Agricultural and Food Chemistry，2010，58（10）：5884-5896.

[18] Schenck F J，Lehotay S J，Vega V. Comparison of solid-phase extraction sorbents for cleanup in pesticide residue analysis of fresh fruits and vegetables [J]. Journal of Separation Science，2002，25（14）：883-890.

[19] Amvrazi E G，Albanis T A. Multiresidue method for determination of 35 pesticides in virgin olive oil by using liquid-liquid extraction techniques coupled with solid-phase extraction clean up and gas chromatography with nitrogen phosphorus detection and electron capture detection [J]. Journal of Agricultural and Food Chemistry，2006，54（26）：9642-9651.

[20] 蜂蜜、果汁和果酒中 497 种农药及相关化学品残留量测定方法 气相色谱-质谱法：GB 23200.7—2016 [S]. 北京：中国标准出版社.

[21] 食用菌中 503 种农药及相关化学品残留量的测定 气相色谱-质谱法：GB 23200.15—2016 [S]. 北京：中国标准出版社.

[22] 水果和蔬菜中 500 种农药及相关化学品残留量测定方法 气相色谱-质谱法：GB 23200.8—2016 [S]. 北京：中国标准出版社.

[23] 粮谷中 475 种农药及相关化学品残留量测定方法 气相色谱-质谱法：GB 23200.9—2016 [S]. 北京：中国标准出版社.

[24] 牛奶和奶粉中 511 种农药及相关化学品残留量的测定 气相色谱-质谱法：GB/T 23210—2008 [S]. 北京：中国标准出版社.

[25] Anastassiades M，Lehotay S J，Stajnbaher D，et al. Fast and easy multiresidue method employing acetonitrile extraction/partitioning and "dispersive solid-phase extraction" for the determination of pesticide residues in produce [J]. Journal of AOAC International，2003，86（2）：412-431.

[26] Lehotay S J，de Kok A，Hiemstra M，et al. Validation of a fast and easy method for the determination of residues from 229 pesticides in fruits and vegetables using gas and liquid chromatography and mass spectrometric detection [J]. Journal of AOAC International，2005，88（2）：595-614.

[27] Cunha S C，Lehotay S J，Mastovska K，et al. Evaluation of the QuEChERS sample preparation approach for the analysis of pesticide residues in olives [J] Journal of Separation Science，2007，30（4）：620-632.

[28] Lehotay S J. Determination of Pesticide Residues in Foods by Acetonitrile Extraction and Partitioning with Magnesium Sulfate：Collaborative Study [J]. Journal of AOAC International，2007，90（2）：485-520.

[29] Wong J，Hao C，Zhang K，et al. Development and interlaboratory validation of a QuEChERS-based liquid chromatography-tandem mass spectrometry method for multiresidue pesticide analysis [J]. Journal of Agricultural and Food Chemistry. 2010，58（10）：5897-903.

[30] Wang J，Leung D. Determination of 142 pesticides in fruit-and vegetable-based infant foods by liquid chromatogra-

phy/electrospray ionization-tandem mass spectrometry and estimation of measurement uncertainty [J]. Journal of AOAC International, 2009, 92 (1): 279-301.

[31] Wang J, Leung D. Applications of ultra-performance liquid chromatography electrospray ionization quadrupole time-of-flight mass spectrometry on analysis of 138 pesticides in fruit-and vegetable-based infant foods [J]. Journal of Agricultural and Food Chemistry, 2009, 57 (6): 2162-2173.

[32] Kmellár B, Fodor P, Pareja L, et al. Validation and uncertainty study of a comprehensive list of 160 pesticide residues in multi-class vegetables by liquid chromatography-tandem mass spectrometry [J]. Journal of Chromatography A, 2008, 1215: 237-250.

[33] Nguyen T D, Yu J E, Lee D M, et al. A multiresidue method for the determination of 107 pesticides in cabbage and radish using QuEChERS sample preparation method and gas chromatography mass spectrometry [J]. Food Chemistry, 2008, 110: 207-213.

[34] Koesukwiwat U, Lehotay SJ, Mastovska K, et al. Extension of the QuEChERS Method for Pesticide Residues in Cereals to Flaxseeds, Peanuts, and Doughs [J]. Journal of Agricultural and Food Chemistry, 2010, 58, 5950-5958.

[35] Walorczyk S. Development of a multi-residue method for the determination of pesticides in cereals and dry animal feed using gas chromatography-tandem quadrupole mass spectrometry II. Improvement and extension to new analytes [J]. Journal of Chromatography A, 2008, 1208: 202-214.

[36] Nguyen T D, Han E M, Seo M S, et al. A multi-residue method for the determination of 203 pesticides in rice paddies using gas chromatography/mass spectrometry [J]. Analytica Chimica Acta, 2008, 619 (1): 67-74.

[37] Przybylski C, Segard C. Method for routine screening of pesticides and metabolites in meat based baby-food using extraction and gas chromatography-mass spectrometry [J]. Journal of Separation Science, 2009, 32 (11): 1858-1867.

[38] Wong J, Hao C, Zhang K, et al. Development and interlaboratory validation of a QuEChERS-based liquid chromatography-tandem mass spectrometry method for multiresidue pesticide analysis [J]. Journal of Agricultural and Food Chemistry, 2010, 58 (10): 5897-5903.

[39] Lee J M, Park J W, Jang G C, et al. Comparative study of pesticide multi-residue extraction in tobacco for gas chromatography-triple quadrupole mass spectrometry [J]. Journal of Chromatography A, 2008, 1187: 25-33.

[40] Hercegová A, Dömötörová M, Kruzlicová D, et al. Comparison of sample preparation methods combined with fast gas chromatography-mass spectrometry for ultratrace analysis of pesticide residues in baby food [J]. Journal of Separation Science, 2006, 29: 1102-1109.

[41] 水果和蔬菜中450种农药及相关化学品残留量的测定 液相色谱-串联质谱法: GB/T 20769—2008 [S]. 北京: 中国标准出版社.

[42] 粮谷中486种农药及相关化学品残留量的测定 液相色谱-串联质谱法: GB/T 20770—2008 [S]. 北京: 中国标准出版社.

[43] 动物肌肉中478种农药及相关化学品残留量测定方法 气相色谱-质谱法: GB/T 19650—2006 [S]. 北京: 中国标准出版社.

[44] 动物肌肉中461种农药及相关化学品残留量的测定 液相色谱-串联质谱法: GB/T 20772—2008 [S]. 北京: 中国标准出版社.

[45] 河豚鱼、鳗鱼和对虾中485种农药及相关化学品残留量的测定 气相色谱-质谱法: GB/T 23207—2008 [S]. 北京: 中国标准出版社.

[46] 河豚鱼、鳗鱼和对虾中450种农药及相关化学品残留量的测定 液相色谱-串联质谱法: GB/T 23208—2008 [S]. 北京: 中国标准出版社.

[47] 果蔬汁、果酒中512种农药及相关化学品残留量的测定 液相色谱-串联质谱法: GB 23200.14—2016 [S]. 北京: 中国标准出版社.

[48] 食用菌中440种农药及相关化学品残留量测定方法 液相色谱-串联质谱法: GB 23200.12—2016 [S]. 北京: 中国标准出版社.

[49] 蜂蜜中486种农药及相关化学品残留量的测定 液相色谱-串联质谱法: GB/T 20771—2008 [S]. 北京: 中国标准出版社.

［50］ 茶叶中448种农药及相关化学品残留量的测定 液相色谱-串联质谱法：GB 23200.13—2016［S］.北京：中国标准出版社.

［51］ 茶叶中519种农药及相关化学品残留量的测定 气相色谱-质谱法：GB/T 23204—2008［S］.北京：中国标准出版社.

［52］ 牛奶和奶粉中493种农药及相关化学品残留量的测定 液相色谱-串联质谱法：GB/T 23211—2008［S］.北京：中国标准出版社.

［53］ 桑枝、金银花、枸杞子和荷叶中413种农药及相关化学品残留量的测定 液相色谱-串联质谱法：GB 23200.11—2016［S］.北京：中国标准出版社.

［54］ 桑枝、金银花、枸杞子和荷叶中487种农药及相关化学品残留量的测定 气相色谱-质谱法：GB 23200.10—2016［S］.北京：中国标准出版社.

［55］ 饮用水中450种农药及相关化学品残留量的测定 液相色谱-串联质谱法：GB/T 23214—2008［S］.北京：中国标准出版社.

茶叶农药多残留检测方法学研究

第3章

茶叶水化对农药多残留提取效率的影响及方法不确定度评定

3.1　3种样品前处理方法结合 GC-MS/MS 对比研究茶叶水化对农药多残留提取效率的影响

3.1.1　概述

　　茶叶大多生长于暖温带和亚热带地区，常年受到病虫害威胁，为防治病虫害，化学农药被广泛使用，因此造成了农药残留污染。世界各国均设定了茶叶中农药最大残留限量（MRL），其中涉及农药种类最多的是欧盟，限量高达 495 种。这也促进了茶叶中农药多残留检测技术从 GC[1] 发展至 GC-MS[2]、GC-MS/MS[3]、LC-MS/MS[4]、UPLC-MS/MS[5]，再发展至 GC×GC-TOF[6] 等。

　　茶叶基质成分复杂，其含有的色素、茶多酚、生物碱及部分脂质会对茶叶农药残留检测造成很大干扰。采用合适的前处理技术充分提取茶叶基质中农药多残留，同时最大程度地降低杂质干扰，成为茶叶残留分析领域的难点之一。

　　茶叶中的农药残留通常采用两类提取方式。一种是用乙腈、正己烷、环己烷、乙酸乙酯、丙酮、二氯甲烷、甲醇等常用有机溶剂或其复配混合溶剂，采用均质[7]、振荡[8]、涡旋[9]、加速溶剂萃取[10]、基质固相分散萃取[11]、顶空固相微萃取[6]、加压溶剂萃取及分散液液微萃取[12] 等方式提取。其中乙腈能够提取的农药极性范围广、共萃物的干扰少，被列为农药多残留提取的首选溶剂。

　　茶叶农药残留检测应用最为广泛的净化技术是固相萃取（SPE）技术，SPE 净化农药残留损失少、净化效果好，净化填料主要包括 Carb-NH$_2$[13]、Carb-PSA、弗罗里硅土柱[1] 等。Pang 等[14,15] 采用乙腈均质提取，SPE 净化，建立了茶叶中 653 种农药的同时检测方法，并进行了多种分析条件的评价研究，其中 490 种农药 GC-MS 检测方法的检出限为 1.0～500 $\mu g/kg$，448 种农药 LC-MS/MS 检测方法的检出限为 0.03～4820 $\mu g/kg$。在 0.01～100 $\mu g/kg$ 低添加水平下，GC-MS 测定的 490 种农药中，94% 的农药平均回收率在 60%～120% 之间，77% 的农药相对标准偏差（RSD）在 20% 以下；而 LC-MS/MS 测定的 448 种农药中，91% 的农药平均回收率在 60%～120% 之间，76% 的农药 RSD 在 20% 以下。该方法开发的新型石墨化碳、多氨基硅胶和酰胺化聚苯乙烯三组分组成的固相萃取柱 Cleanert TPT，净化效率高，分析结果具有良好的重现性和再现性。其他常用的净化技术包括液液萃取[8]、分散固相萃取（DSPE）[3]、凝胶渗透色谱（GPC）[10]、分散液相微萃取（DLLME）[12] 等。Schurek 等[6] 采用顶空固相微萃取结合 GC×GC-TOF 方法测定茶叶中 36 种农药残留。Lozano 等[3] 采用 GC-MS/MS 和 LC-MS/MS 分别测定了绿茶、红茶、黑茶、菊花茶中 86 种农药残留，LC-MS/MS 能够获得比 GC-MS/MS 更低的定量限。

　　另一种提取方式是，先将样品水化，再采用有机溶剂提取。对于茶叶的水化，不同水化方法的茶叶加水量从 1mL/g 至 10mL/g 不等[3,6,7,13,15,16]。这些检测方法测定的农药数目从十几种至一百余种。如 Li 等[8] 用丙酮提取水化后的茶叶，5％NaCl 水溶液液液分配净化，GC 测定了 84 种农药残留，在 0.02～3.0mg/kg 添加浓度下，回收率为 65％～120％，RSD 为 0.34％～16％；Huang 等[2] 用丙酮、乙酸乙酯、正己烷混合溶液提取，GPC 结合 SPE 净化，GC-MS 测定了茶叶中 102 种农药残留，在 0.01～2.5 μg/mL 添加浓度下，回收率为 59.7％～120.9％，RSD 为 3.0％～20.8％；Lozano 等[3] 用乙腈振荡提取，经盐析，N-丙基乙二胺（PSA）和氯化钙 DSPE 净化，GC-MS/MS 和 LC-MS/MS 测定了红茶、绿茶、黑茶及菊花茶中 86 种农药残留，在 10～100 μg/kg 添加浓度下，回收率为 70％～120％，RSD 小于 20％，检出限（LOD）为 0.1～210 μg/kg。

对于两类提取方式的优劣，仅有 2 篇文献进行了评价研究。Pang 等[16] 采用水化（4mL/g）均质提取，SPE 净化，测定了茶叶中 201 种农药残留。将水化方法与另两种方法对比，发现水化法的准确性和精密度均较差。Tomas Cajka 等[17] 提出，先将茶叶样品加水静置 30min，能够有效提高茶叶中农药残留的提取效率。

为更深入研究水化对茶叶多残留方法效能的影响，庞国芳课题组选择 M1 等同于 Cajka 等人的方法[17]，茶叶水化后，用乙腈提取，然后取部分提取液用正己烷液液分配净化；M2 与 M1 提取方式相同，但需取全部提取液，用 SPE 净化，净化程序与 M3 相同；M3 等同于 Pang 的方法[14]，样品经纯乙腈提取，SPE 净化。因此，M1、M2 仅存在净化差别，M2、M3 仅存在提取差别。通过进行 3 个添加水平回收率试验、陈化样品测定实验和田间污染样品测定 3 类实验，从提取效率、净化效果、方法适用性等方面对 3 种方法进行对比研究，使之能够反映出水化和非水化对方法效率的具体影响。

由 456 种农药 3 个添加水平的回收率，及其与农药极性 lgK_{ow} 建立的函数关系图均证明：

① 茶叶水化能提高极性农药的提取效率，比如，对强极性的 24 种农药，M2 的回收率高于 M3。但水化同时也降低了非极性农药的提取效率，比如，对非极性的 28 种农药，M3 的回收率高于 M2。经过对 456 种农药总体提取效率评价，发现水化方法弊大于利。

② 茶叶水化后共萃取的干扰物大量增加，导致方法效率降低。对"一律标准"0.010mg/kg 添加实验证明，对回收率在 70％～120％且 RSD＜20％满足欧盟良好规范技术要求的农药数量占比，水化方法 M1 仅有 5.04％，而非水化 M3 为 50.22％，M1 未达到要求。对高浓度添加测定值虽然影响不明显，但对方法的 RSD 有较大影响。比如 456 种农药的陈化样品，其加和的 RSD＜10％的农药，M1 有 158 种，占 35％，M3 有 381 种，占 84％，M3 为 M1 的 2.4 倍。

③ 茶叶水化大大降低了方法灵敏度，对 456 种农药陈化茶叶样品研究中，统计了每种农药陈化样品中的信噪比（S/N），将 456 种农药的加和取平均信噪比，M1 为 940，M3 为 6781，水化使方法灵敏度大大降低。这也是使检测 10 μg/kg 达不到欧盟残留技术方法指标要求的主要原因。

④ 本研究的 456 种农药中，查找到 329 种农药的 lgK_{ow} 值。其中 lgK_{ow}＜2.0 的极性农药和强极性农药仅有 39 种（占 12％）。其他中等极性、弱极性和非极性的农药有 290 种（占 88％）。因此，水化方法只提高了少数极性农药的提取效率，而减小了大多数中等极性和非极性农药的提取效率，是得不偿失的。

3.1.2 实验方法

3.1.2.1 3种不同的样品制备方法

方法 1（M1）：水化＋振荡提取＋部分提取液正己烷液液分配净化[17]；方法 2（M2）：水化＋振荡提取＋全部提取液 SPE 净化，即提取与 M1 相同，净化与 M3 相同；方法 3（M3）：纯乙腈均质提取＋全部提取液 SPE 净化[14]。3 种方法的组合差异如图 3-1 所示。

图 3-1
M1、M2 和 M3 3 种方法
的组合差异示意

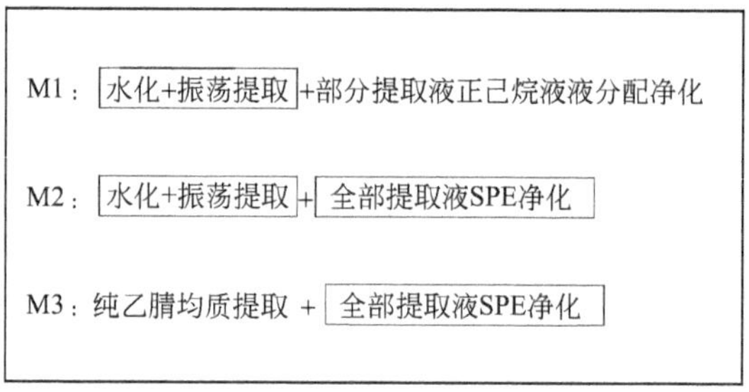

M1：	水化+振荡提取 +部分提取液正己烷液液分配净化
M2：	水化+振荡提取 + 全部提取液SPE净化
M3：纯乙腈均质提取 +	全部提取液SPE净化

由图 3-1 可见，M1 和 M3 是完全不同的两种方法，而 M2 的提取与 M1 相同，净化与 M3 相同，从而利用 M2 的检测结果，可以呈现 M1 和 M3 的利和弊。

3.1.2.2 陈化样品制备

456 种农药混合溶液均匀喷施于空白乌龙茶粉末，避光储存 30 天（d）陈化，采用四分法取样，平行测定该样品中 456 种农药的浓度，当测定的每种农药 RSD＜4%（$n=$ 10），则认为制备成均匀的茶叶陈化样品。

3.1.2.3 污染样品制备

将含有 18 种农药的商品市售制剂，按施药程序喷施于田间种植的茶树上，平行喷施两块试验田，施药 24 h 后，开始第一次采摘，每天采摘一次，连续采摘一个月，采集施药后第 10 天的茶叶作为茶叶污染样品，制备成均匀（RSD＜4%，$n=$ 10）污染样品。

3.1.3 实验结果与分析

本实验用 M1、M2 和 M3 3 种样品制备方法：①对乌龙茶中 456 种农药进行了高、中、低 3 个水平的添加实验，得到的回收率和 RSD 数据列于附表 3-1～附表 3-3；②对 456 种农药测定了乌龙茶基质标准在 3 个添加水平下的信噪比（S/N），S/N 原始数据列于附表 3-4～附表 3-6；③对 456 种农药乌龙茶陈化样品进行了实际含量及信噪比的检测，实际检测值及 RSD、信噪比数据列于附表 3-7；④对 Cajka 等人方法检测的 159 种农药用 3 种方法制备样品，测定了 3 个添加水平的回收率和 RSD 数据，列于附表 3-8；⑤对 18 种农药污染绿茶样品，用 3 种方法制备样品，测定了其真实含量列于附表 3-9。因数据量巨大，作为补充材料提供，可供读者必要时参考或溯源。

3.1.3.1　3 种方法添加回收率实验准确度与精密度对比

采用 M1、M2、M3 3 种方法对 456 种农药进行高、中、低 3 个水平的添加回收对比试验，原始数据列于附表 3-1～附表 3-3。采用 M1、M2、M3 3 种方法对 Cajka 等人方法中测定的 159 种农药进行 3 个水平的添加回收对比实验，数据见附表 3-8。由附表 3-1～附表 3-3 和附表 3-8 统计添加回收率在 70%～120%、RSD≤20% 符合欧盟良好规范技术标准的农药数量和占比，列于表 3-1。

表 3-1　符合欧盟良好规范的回收率、RSD 个数及占比（%）

方法	添加浓度					
	1.00mg/kg		0.10mg/kg		0.01mg/kg	
	平均回收率 70%～120%	RSD≤20%	平均回收率 70%～120%	RSD≤20%	平均回收率 70%～120%	RSD≤20%
对 159 种目标农药						
M1	121(75.5)	159(99.4)	109(67.9)	144(89.9)	23(14.5)	24(15.1)
M2	134(84.3)	155(97.5)	99(62.3)	128(80.5)	18(11.3)	52(32.7)
M3	145(90.6)	160(100)	121(75.5)	156(97.5)	80(49.7)	112(69.8)
对 456 种目标农药						
M1	335(73.5)	387(84.9)	313(68.6)	287(62.9)	121(26.5)	156(34.2)
M2	353(77.4)	313(68.6)	358(78.5)	345(75.7)	350(76.8)	287(62.9)
M3	404(88.6)	399(87.5)	417(91.4)	413(90.6)	325(71.3)	303(66.4)

由表 3-1 可见，就回收率为 70%～120%、RSD≤20% 的欧盟 SANCO/12495/2011 技术标准而论，M3 3 个添加水平的回收率和 RSD 两项指标满足该标准要求的农药数量远多于 M2 和 M1。

在实际操作中发现，M1 和 M2 均称取 2g 乌龙茶样品，最后离心得到的上清液体积约为 8～8.5mL。M1 取 1mL 乙腈上清液（相当于 0.2g 茶叶）净化，M2 取全部乙腈上清液（相当于 2g 茶叶）净化。按照 2g 样品实际得到 8～8.5mL 上清液体积计算，1mL 乙腈上清液相当于 0.235～0.250g 茶叶；反之，如果 1mL 乙腈上清液相当于 0.2g 茶叶，则 8～8.5mL 上清液仅相当于 1.6～1.7g 茶叶。据此计算，M1 由于采用部分提取液净化，使其农药残留测定结果比 M2 测定结果高 17.5%～25.0%，平均高出 21.25%。

同样的情况，也体现在 M1 与 M3 的对比中，M3 加入的乙腈提取液为 30mL，离心后得到的上清液体积约为 25mL。理论上，M1 与 M3 相比，M1 得到的测定结果应比 M3 平均高 20.0%（表 3-2）。

表 3-2 3 种方法在 3 个添加水平下所测农药的总平均回收率

添加水平/(mg/kg)	M1[*]	M2	M3
1.0	61.8%	85.3%	88.0%
0.1	69.2%	84.9%	89.3%
0.01	52.7%	86.3%	83.4%
平均	61.2%	85.5%	86.9%

[*] 扣除了虚高数值 20.0%。

因此，如果 M1 方法程序差异带来的测定结果有约 20% 虚高被扣除后，则 3 种方法的平均提取效率高低排序为 M3＞M2＞M1。

3.1.3.2   3 种方法提取效率与农药 lgK$_{ow}$ 值关联性对比

（1）456 种农药添加回收率与农药 lgK$_{ow}$ 值关联性对比

456 种农药中有 329 种农药检索到 lgK$_{ow}$ 值，其范围为 −0.75～8.20。为评价 3 种方法回收率与农药极性的关联性，以 lgK$_{ow}$ 值为横坐标，回收率为纵坐标绘制散点图（弃去回收率为 0 和超过 150% 的异常值），得到 3 种方法在 3 个添加水平下回收率与农药极性的关联性图（图 3-2）。为进一步证明水化对不同极性农药提取效率的影响，将 329 种农药按照 lgK$_{ow}$ 值＜1、1～2、2～3、3～4、4～5、5～6 和＞6 分为 7 段，统计相应各段农药个数、平均回收率、RSD、S/N 均值（见表 3-3）。回收率、RSD 和 S/N 值可溯源于附表 3-1～附表 3-6。

由图 3-2 可见，3 个添加水平中，回收率在 70%～120% 内的农药个数及占比（%），M1 分别为 240（73%）、232（71%）和 94（29%）；M2 分别为 251（76%）、265（81%）和 256（78%）；M3 分别为 296（90%）、303（92%）和 236（72%）。M3 多于 M1 和 M2，且绝大部分农药的回收率数值较集中，说明 M3 方法对不同极性农药的提取充分、均衡，有较广的适用性。

表 3-3   329 种农药以 lgK$_{ow}$ 值分段的回收率分布

lgK$_{ow}$ 区间	农药极性及个数（合计 329）		1.0mg/kg			0.1mg/kg			0.01mg/kg		
			M1	M2	M3	M1	M2	M3	M1	M2	M3
＜1	强极性	14	29.0	103.3	80.9	42.2	91.1	85.8	37.9	64.0	51.8
1～2	极性	25	38.4	101.3	82.0	65.3	87.2	82.7	75.0	87.3	71.1
2～3	中等极性	65	68.8	86.6	85.9	78.7	83.3	85.1	60.5	86.9	81.2
3～4		95	82.7	80.7	86.5	82.9	80.7	86.4	55.0	81.8	77.7
4～5		72	83.1	77.6	85.6	84.4	79.3	86.7	57.0	79.9	76.5
5～6	弱极性	27	73.5	71.7	84.4	74.9	72.0	81.1	47.3	64.1	70.1
＞6	非极性	31	70.2	62.7	87.2	59.4	63.5	88.8	48.8	61.2	64.8
AVE			63.7	83.4	84.6	69.7	79.6	85.2	54.5	75.0	70.5

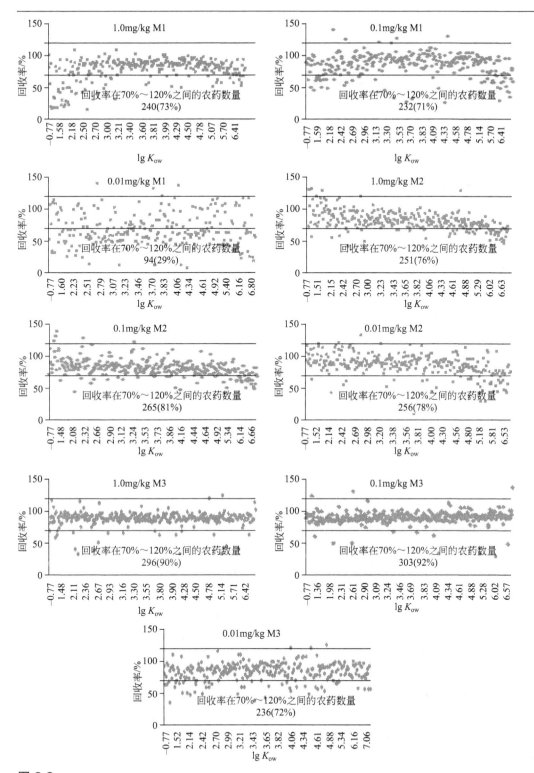

图 3-2

M1、M2、M3 3 个添加水平的农药回收率与 lgK_{ow} 在 - 0. 77~8. 20 范围内的相关性分布图

由表 3-3 可见：①在 $\lg K_{ow}$ <1 和 1～2 区段有 39 种极性较强的农药，3 个添加水平下，三个方法的回收率总体为 M2＞M3＞M1，这是由于水化提高了这些农药的提取效率，使 M2＞M3；M1 采用的正己烷液液分配降低了极性农药的分配比例，导致回收率大幅下降；②$\lg K_{ow}$ 在 2～3、3～4、4～5 区段有 232 种中等极性的农药，在高、中两个添加水平下，M3 对这三个区段的农药提取效率均衡，且平均回收率高于 M1 和 M2，而 M2 对这三个区段农药的回收率呈规律性降低，原因是随着农药极性的下降，水化提取效率显著降低；③$\lg K_{ow}$5～6 和＞6 区段有 58 种弱极性和非极性农药，M1 和 M2 对于这些农药的回收率均明显低于 M3。这是由于水化导致弱极性农药的提取效率明显下降。由上述分析可见，M1 采用的正己烷液液分配净化，依次显著降低了 $\lg K_{ow}$ 在 3～4、2～3、1～2 和＜1 四个区段农药的提取效率，同时水化作用又依次降低了 $\lg K_{ow}$ 在 5～6 和＞6 非极性农药的提取效率。

（2）农药极性与方法回收率变化趋势分析

为进一步证明方法回收率与农药极性的关联性，依照表 3-3，选择 0.1mg/kg 添加浓度样品，以三种方法得到的各段回收率平均值为纵坐标，相对应的 $\lg K_{ow}$ 值的中值为横坐标绘制柱形图，并绘制添加回收率趋势线（见图 3-3）。

图 3-3
3 种方法 7 个极性区段的回收率变化图

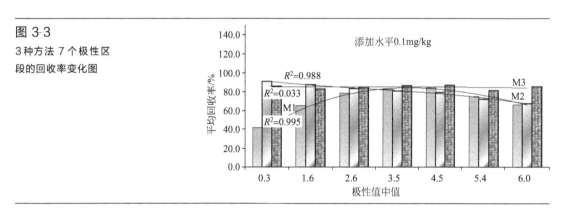

首先，单独分析 M1、M2 和 M3 3 种方法。由图 3-3 可见：①对于 M1 的趋势线，随着农药极性由强到弱，方法回收率先增大而后减小，这是由于水化降低了对弱极性农药的提取，而采用正己烷液液分配净化造成了极性农药的损失，因此呈现两端低中间高的弧形趋势线。②对于 M2，同样采用了水化步骤，提高了强极性农药的提取效率，降低了弱极性农药的提取效率，随着农药极性由强到弱，回收率明显呈现由高到低的趋势，说明 M2 对不同极性农药具有较强的选择性。③M3 对不同极性农药的回收率偏差小，未见明显波动，呈现出均衡稳定、近似直线的趋势线。④对比 M1 与 M2，其对偏极性农药（$\lg K_{ow}$ <3.5）的提取效率呈现相反趋势，即 M1 回收率随 $\lg K_{ow}$ 的增大而增大，M2 回收率随 $\lg K_{ow}$ 的增大而减小。从 $\lg K_{ow}$＞3.5 的农药开始，M1 回收率逐渐提高至接近于 M2。鉴于 M1、M2 的提取步骤相同，这种偏差是由于 M1 采用的正己烷液液分配净化而降低了极性农药的回收率，其中极性最强的 14 种农药，回收率均值约为 M2 的 1/2。而 M2 采用相同于 M3 方法的 SPE 净化方法，对不同极性农药具有均衡、良好的回收率。⑤对比 M2 与 M3，其趋势线大致相交于 $\lg K_{ow}$=2.6 的点，即对于强极性的 74 种农药（$\lg K_{ow}$ <2.6），

表3-4 M2、M3对陈化样品中强极性和非极性农药的提取效率对比

序号	英文名称	中文名称	CAS号	陈化样品浓度/(μg/kg) M2	M3	lg K_{ow}	M3/M2
1	2,6-dichlorobenzamide	2,6-二氯苯甲酰胺	2008-58-4	941.0	575.7	-0.77	0.6
2	atrazine-desethyl	脱乙基莠去津	6190-65-4	212.4	147.9	-0.17	0.7
3	bendiocarb	恶虫威	22781-23-3	357.7	280.4	0.00	0.8
4	demeton-S-methyl	甲基内吸磷	919-86-8	21.1	3.8	0.73	0.2
5	desisopropyl-at-razine	脱异丙基莠去津	1007-28-9	183.1	108.5	0.77	0.6
6	dicrotophos	百治磷	141-66-2	224.8	93.5	0.79	0.4
7	dimethipin	噻节因	55290-64-7	290.2	116.1	0.79	0.4
8	dimethyl phthalate	跳虫脲	131-11-3	387.9	250.1	0.98	0.6
9	formothion	安硫磷	2540-82-1	1079.2	424.6	1.02	0.4
10	hexazinone	环嗪酮	51235-4-2	329.5	187.8	1.04	0.6
11	mephosfolan	地胺磷	950-10-7	380.5	253.6	1.15	0.7
12	metalaxyl	甲霜灵	57837-19-1	369.4	193.7	1.15	0.5
13	metamitron	苯嗪草酮	41394-05-2	225.7	218.5	1.33	1.0
14	methabenzthiazuron	噻唑隆	18691-97-9	344.1	264.5	1.36	0.8
15	metribuzin	嗪草酮	21087-64-9	552.1	401.5	1.48	0.7
16	oxadixyl	恶霜灵	77732-09-3	344.2	160.7	1.51	0.5
17	paraoxon-methyl	甲基对氧磷	950-35-6	2417.7	2842.6	1.52	1.2
18	phosphamidon-1	磷胺-1	13171-21-6	320.0	162.9	1.52	0.5
19	phosphamidon-2	磷胺-2	13171-21-6	290.6	135.4	1.56	0.5
20	phthalimide	邻苯二甲酰亚胺	85-41-6	418.3	157.0	1.58	0.4
21	propoxur-1	残杀威-1	114-26-1	342.6	181.4	1.59	0.5
22	propoxur-2	残杀威-2	114-26-1	440.4	280.6	1.60	0.6
23	pyroquilon	咯喹酮	57369-32-1	326.7	166.7	1.70	0.5
24	sulfallate	草克死	95-06-7	153.3	186.3	1.70	1.2
25	tebuthiuron	特丁噻草隆	34014-18-1	376.7	195.7	1.77	0.5
26	thionazin	治线磷	297-97-2	453.3	306.9	1.79	0.7
27	aldrin	艾氏剂	309-00-2	277.5	364.7	6.41	1.3
28	alpha-Cypermethrin	顺式氯氰菊酯	67375-30-8	842.6	890.9	6.94	1.1

M3/M2<1 占比 24 92.3%

序号	英文名称	中文名称	CAS号	陈化样品浓度/(μg/kg) M2	M3	lg K_{ow}	M3/M2
29	bifenthrin	联苯菊酯	82657-04-3	236.7	378.7	6.00	1.6
30	bioresmethrin	生物苄呋菊酯	28434-01-7	321.8	423.3	6.14	1.3
31	bromophos-ethyl	乙基溴硫磷	4824-78-6	286.8	341.7	6.15	1.2
32	chlorfluazuron	氟啶脲	71422-67-8	138.0	258.8	6.63	1.9
33	cis-chlordane	顺式氯丹	5103-71-9	186.3	390.4	6.10	2.1
34	cypermethrin	氯氰菊酯	52315-07-8	520.1	1215.1	6.00	2.3
35	DE-PCB 101	2,2',4,5,5'-五氯联苯	37680-73-2	252.3	355.5	6.16	1.4
36	DE-PCB 118	2,3,4,4',5-五氯联苯	74472-37-0	226.5	378.4	6.57	1.7
37	DE-PCB 153	2,2',4,4',5,5'-六氯联苯	35065-27-1	198.5	357.0	6.80	1.8
38	DE-PCB 180	2,2',3,4,4',5,5'-七氯联苯	35065-29-3	156.6	367.3	6.89	2.3
39	esfenvalerate	S-氰戊菊酯	66230-04-4	491.9	930.7	6.22	1.9
40	etofenprox	醚菊酯	80844-07-1	232.6	368.1	7.05	1.6
41	fenvalerate	氰戊菊酯	51630-58-1	483.0	1106.4	6.20	2.3
42	flucythrinate	氟氰戊菊酯	70124-77-5	363.7	494.7	6.20	1.4
43	flufenoxuron	氟虫脲	101463-69-8	242.1	432.8	6.16	1.8
44	heptachlor	七氯	76-44-8	477.4	735.1	6.66	1.5
45	λ-cyhalothrin	高效氯氟氰菊酯	91465-08-6	441.3	691.9	7.00	1.6
46	2,4'-DDD	2,4'-滴滴滴	53-19-0	182.3	389.3	6.42	2.1
47	2,4'-DDE	2,4'-滴滴伊	3424-82-6	263.9	329.0	6.47	1.2
48	2,4'-DDT	2,4'-滴滴涕	789-02-6	572.1	1578.9	6.53	2.8
49	octachlorostyrene	八氯苯乙烯	29082-74-4	223.0	321.1	6.29	1.4
50	4,4'-DDD	4,4'-滴滴滴	72-54-8	387.8	683.9	6.02	1.8
51	4,4'-DDE	4,4'-滴滴伊	72-55-9	133.4	346.9	6.96	2.6
52	4,4'-DDT	4,4'-滴滴涕	50-29-3	572.1	1578.9	6.36	2.8
53	permethrin	氯菊酯	52645-53-1	237.4	381.9	6.50	1.6
54	pyridaben	哒螨灵	96489-71-3	245.6	396.5	6.37	1.6
55	silafluofen	氟硅菊酯	105024-66-6	196.3	396.0	8.20	2.0

M3/M2>1 占比 29 100.0%

M2 的回收率明显高于 M3，从 $\lg K_{ow} > 2.6$ 的农药开始，M2 的回收率逐渐降低，对于中等及弱极性的 255 种农药，M2 的回收率低于 M3。鉴于 M2 和 M3 的净化步骤相似，说明相比于 M3 纯乙腈均质提取，M2 水化能提高强极性农药的提取效率，同时降低弱极性农药的提取效率。⑥对比 M1 与 M3，M1 的趋势线整体在 M3 之下，即 M1 对绝大部分农药的回收率均低于 M3。因此认为 M1 由于方法程序设计的不合理，即水化提高了极性农药的提取效率，同时也降低了弱极性和非极性农药的提取效率。加之正己烷液液分配净化造成极性农药的损失，所以 M1 的提取与净化自相矛盾，导致其提取效率整体低于 M3。

上述分析表明，M3 纯乙腈均质提取对于不同极性的农药提取效果均较好，而 M1 水化提高了一些极性水溶性农药的提取效率；但采用正己烷液液分配对极性农药造成一定的损失。总体上，M3 的提取效率优于 M1。

（3）农药陈化样品测定结果与农药 $\lg K_{ow}$ 值关联性对比

对于陈化样品，M2、M3 制备方法的提取效率与农药极性的相关性统计结果见表 3-4。由表 3-4 可见，在 $\lg K_{ow} < 1.8$ 的 26 种水溶性农药中，有 24 种农药采用 M2 测定的浓度高于 M3，占 92.3%；而 $\lg K_{ow} > 6.0$ 的 29 种脂溶性农药，M3 测定的浓度均高于 M2。

对于水化会降低非极性农药的提取效率举例如下：表 3-5 对比了 DDT 和 PCB 两类特殊结构农药和持久性有机污染物的添加回收率及陈化样品测定结果，由于这两类化合物的极性非常弱，M2 测得含量远低于 M3。

表 3-5　水化降低滴滴涕类农药和多氯联苯类持久性有机污染物的提取效率

类别	英文名称	中文名称	$\lg K_{ow}$	加标回收率/%(0.1mg/kg)				陈化样测定值/(μg/kg)			
				M1	M2	M3	M3/M1	M1	M2	M3	M3/M1
滴滴涕类	4,4′-DDD	4,4′-滴滴滴	6.02	76.6	61.5	87.4	1.1	552.0	387.8	683.9	1.2
	4,4′-DDT	4,4′-滴滴涕	6.36	70.0	51.7	78.5	1.1	1181.5	572.1	1578.9	1.3
	2,4′-DDD	2,4′-滴滴滴	6.42	73.0	50.0	87.0	1.2	351.5	182.3	389.3	1.1
	2,4′-DDE	2,4′-滴滴伊	6.47	69.9	64.5	86.8	1.2	320.5	263.9	329.0	1.0
	2,4′-DDT	2,4′-滴滴涕	6.53	71.3	56.3	88.7	1.2	1176.3	572.1	1578.9	1.3
	4,4′-DDE	4,4′-滴滴伊	6.96	68.3	45.6	87.6	1.3	278.7	133.4	346.9	1.2
多氯联苯类	DE-PCB 28	2,4,4′-三氯联苯	5.71	73.9	76.0	94.9	1.2	330.6	316.1	381.6	1.2
	DE-PCB 52	2,2′5,5′-四氯联苯	5.79	74.1	71.9	94.7	1.3	314.3	311.4	371.7	1.2
	DE-PCB 31	2,4′,5-三氯联苯醚	5.81	73.9	73.0	94.9	1.2	330.6	316.1	381.6	1.2
	DE-PCB 101	2,2′,4,5,5′-五氯联苯	6.16	66.4	66.8	94.0	1.4	263.4	252.3	355.5	1.3
	DE-PCB 118	2,3,4,4′,5-五氯联苯	6.57	63.1	54.3	94.7	1.5	242.0	226.6	378.4	1.6
	DE-PCB 153	2,2′,4,4′,5,5′-六氯联苯	6.80	57.9	64.6	92.8	1.6	206.9	198.5	357.0	1.7
	DE-PCB 180	2,2′,3,4,4′,5,5′-七氯联苯	6.89	53.0	46.3	92.7	1.7	172.1	156.6	367.3	2.1

实验中还发现，采用 M1 进行正己烷液液分配时，乙腈提取液、正己烷、5% NaCl 水溶液在手动振荡、静置分层后，上层正己烷相与下层水相之间会出现乳化层，其含量依据测定批次、茶叶种类不同而不同；经 10000r/min 高速离心后，此乳化层通常会被压缩成黑色油状液滴而存在于上下两相之间。研究表明，当样品中脂肪含量超过 1% 时（茶叶中含有 2% 的磷脂、硫脂、糖脂、甘油三酯等），非极性农药会进入除水相和有机相外的第三相——乳

化层，导致回收率降低，这与添加回收实验结果中 DDT 和 PCB 两类特殊结构农药和持久性有机污染物的回收率较低相符。说明水化引入的水溶性杂质干扰了方法的效能。

3.1.3.3 方法适用性综合分析

（1）3 种方法灵敏度对比

在 3 个添加水平，用 3 种方法制备的茶叶基质中 456 种农药的信噪比检测结果，见附表 3-4～附表 3-6，统计 456 种农药的平均信噪比（S/N）值（见表 3-6）。

表 3-6 3 种前处理方法、3 个添加浓度的 S/N 均值对比

添加水平/(mg/kg)	S/N 均值		
	M1	M2	M3
1.00	6234	11127	14224
0.10	432	1656	3048
0.01	73	240	229

图 3-4

乙羧氟草醚分别用 M1 和 M3 制样 GC-MS/MS 测定的提取离子流图

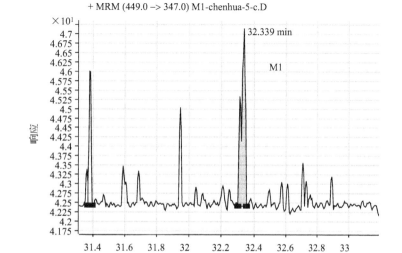

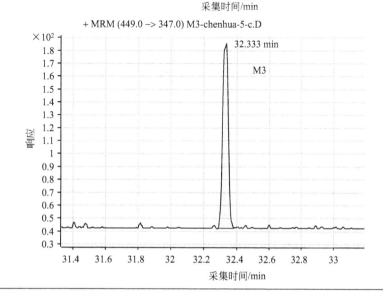

对于陈化样品，3 种制备方法均可检测的农药有 379 种。茶叶基质中 379 种农药的信噪比结果见附表 3-7，M1、M2 和 M3 对 379 种农药的平均 S/N 依次为 949、6096、7027。综上分析可知，对于添加样品中的 456 种农药，以及陈化样品中的 379 种农药，3 种样品制备方法得到的信噪比结果均为 M3＞M2＞M1。

由于 M1 方法，仅移取 1mL 乙腈提取液净化，导致低灵敏度农药无法检出或被基质中杂质产生的噪声所掩盖，造成方法灵敏度下降。图 3-4、图 3-5 分别为采用 M1 和 M3 制备样品，GC-MS/MS 测定乙羧氟草醚和恶霜灵的提取离子流图。与 M3 相比，M1 检测响应低、监测离子对丰度比偏差大、峰形较差，且干扰峰多。

图 3-5
恶霜灵分别用 M1 和 M3 制样
GC-MS/MS 测定的提取离子
流图

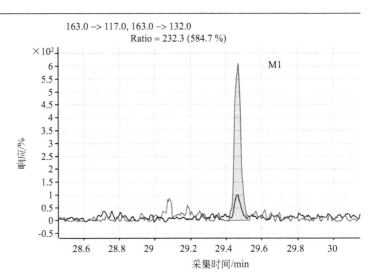

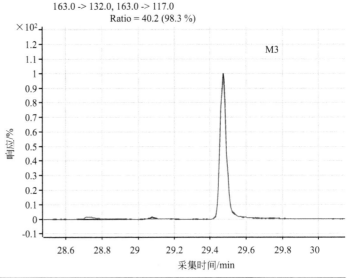

综上所述，尽管 M1 仅移取 1mL 提取液净化，M3 取全量（约 8mL）净化，最终注入仪器中的茶叶基质浓度 M1 仅为 M3 的 1/8，但陈化样品中 M1 的平均信噪比仅为 M3 的 1/7，这说明水化处理使共萃取的干扰物大大增加，严重影响了方法的灵敏度。

（2）3 种方法提取效率对比

① 陈化茶叶样品。采用单点定量方法，测定陈化茶叶样品中 456 种农药含量，结果见附表 3-7。3 种样品制备方法测出的农药个数分别为：382 种（M1），404 种（M2），410（M3）种。分析计算同一种农药 M3 和 M1 测得含量的比值（M3/M1），以及 M3 和 M2 测得含量的比值（M3/M2），并在 4 个比值区间统计农药数量，见表 3-7。

表 3-7　3 种制备方法测定陈化样品中农药含量比值的分布

项目	比值区间				可测定的全部农药平均比值
	≤0.6	0.6～0.8	0.8～1.2	≥1.2	
M3/M1 农药数量	13	52	201	116	1.17
M3/M2 农药数量	36	51	176	137	1.09

表 3-7 可见，有 201 种农药含量的 M3/M1 比值在 0.8～1.2 之间，占 53%，有 116 种的比值大于等于 1.2，远多于比值小于 0.8 的 65 种。由此可见，对于陈化样品，M3 比 M1 的提取效率较高。由 M3/M2 发现，有 176 种农药测得含量的比值在 0.8～1.2 之间，占 47%，比值大于等于 1.2 的有 137 种，远多于比值小于 0.8 的 87 种。由此可见，对于陈化样品 M3 比 M2 的提取效率高。另外，与 M3 相比，M1 有 28 种农药不能检出；与 M2 相比，M1 有 25 种农药不能检出。综上，无论对农药的提取效率还是对农药的适用范围，非水化 M3 均优于水化的 M1 和 M2。M3 对陈化样品中农药的提取效率高，适用的农药品种也更多。

② 污染茶叶样品。污染茶叶样品检测 18 种农药的含量结果列于附表 3-9，分别统计 3 种样品制备方法测出的农药含量比值，并将 M3/M1 和 M3/M2 在 4 个比值区间的农药数量列于表 3-8。

表 3-8　3 种制备方法测定污染茶叶样品中农药含量比值的分布

项目	比值区间				18 种农药平均比值
	≤0.6	0.6～0.8	0.8～1.2	≥1.2	
M3/M1 农药数量	0	4	10	4	1.01
M3/M2 农药数量	0	5	7	6	1.09

由表 3-8 中 M3/M1 可以发现，18 种农药中有 10 种农药测得含量比值在 0.8～1.2 之间，比值大于等于 1.2 和小于 0.8 的农药各有 4 种，且比值小于等于 0.6 的农药数量为 0，18 种农药比值的平均值为 1.01。因此，对于多数农药，两种方法的提取效率相当，仅个别农药之间存在差异。由 M3/M2 发现，18 种农药中有 7 种农药的测得含量比值在 0.8～1.2 之间，比值大于等于 1.2 和小于 0.8 的农药分别有 6 种和 5 种，且比值小于 0.6 的农药数量为 0，18 种农药比值的平均值为 1.09。因此，对于不同农药 M3 与 M2 的提取效率存在一定差异，但总体提取效率基本相当。基于此，水化的 M1 和 M2，与非水化的 M3 相比，对于污染样品，虽然不同农药的提取效率存在差异，但总体提取效率基本相当。由于污染样品评价的农药仅 18 种，不同农药得到了不同的提取效率，因此，3 种方法对于其他数百种农药残留的提取效率优劣，还有待进一步研究。

③ 3 种样品制备方法在"一律标准浓度"添加水平的回收率对比。456 种农药 3 种方法的添加回收实验结果见附表 3-1～附表 3-3；159 种（Cajka 等人方法）农药 3 种方法的添加回收实验结果见附表 3-8。其中对 10μg/kg 添加水平，同时符合回收率在 70%～120% 和 RSD＜20% 的农药占比，列于表 3-9。

表 3-9　在 10μg/kg "一律标准浓度"同时符合 Rec. 70%～120% 和 RSD＜20% 的农药占比

农药品种	M1		M2		M3	
	农药个数	占比/%	农药个数	占比/%	农药个数	占比/%
456	23	5.0	205	45.0	229	50.2
159	17	10.6			50	31.3

在 456 种农药添加实验中，M3 符合良好范围的农药占 50.2%，M2 占 45.0%，而 M1 仅有 5%，方法适用性依次为 M3＞M2＞M1；在 159 种农药添加回收试验中，M3 亦优于 M1。

④ 3 种样品制备方法测定陈化茶叶样品中农药的 RSD 对比、对喷施 456 种农药乌龙茶陈化样品的测定结果见附表 3-7。农药的 RSD 数据按 4 个档次分级，分布情况见表 3-10。

表 3-10　陈化样品发现的农药数量及在 4 个 RSD 区域的分布及占比（%）

RSD/%	M1	M2	M3
＜10	158(41%)	112(28%)	381(93%)
10～15	136(36%)	209(52%)	14(3%)
15～20	58(15%)	56(14%)	7(2%)
＞20	30(8%)	27(7%)	8(2%)
合计	382	404	410

喷施 456 种农药的陈化样品，实际测出的农药个数分别为：382 种（M1），404 种（M2），410 种（M3）。由此可见，从制样效率看，M3＞M2＞M1。从方法稳定性看，M3 有 381 种农药的 RSD＜10%，占比为 93%，远大于 M1（41%）和 M2（28%）。对于 RSD＞20% 的农药数目，M1 和 M2 分别为 30 种和 27 种，远多于 M3 的 8 种，因此，从方法精密度考虑，M3 的适用性较 M1 和 M2 更好。

3.1.3.4　3 种方法净化效果对比

3 种方法制备 456 种农药陈化样品，GC-MS/MS 测得的 S/N 结果见附表 3-4～附表 3-6。其 M1、M2 和 M3 加和的平均 S/N 值分别为 942、5753 和 6781。由此可见，M3 的方法灵敏度优于 M1。从 SPE 柱上的干扰物颜色也可作为佐证，见图 3-6。

图 3-6
3 种方法制备样品
Cleanert TPT SPE
净化效果示意

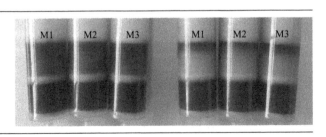

此外，对 3 种方法制备的乌龙茶空白基质提取液，进行全扫描的总离子流图（Scan-TIC）见图 3-7，其中 M1、M2、M3 含量均为 0.2g（茶叶）/mL。

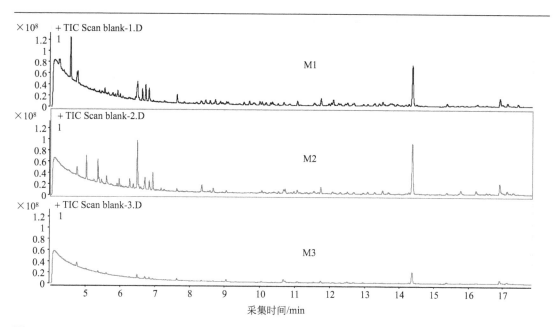

图 3-7
3 种方法处理空白茶叶基质的全扫描总离子流图

从图 3-7 亦可看出，M3 的 TIC 图比 M1、M2 基线低、杂峰少。这也证明 M3 乙腈提取 SPE 净化的样品制备技术，优于茶叶水化正己烷液液分配技术。

根据以上对 3 种制样方法检测结果的讨论，其综合统计分析的指标见表 3-11、表 3-12。

3.1.4　结论

采用 3 种样品制备方法（M1：茶叶水化＋乙腈振荡提取＋正己烷液液分配净化；M2：茶叶水化＋乙腈振荡提取＋SPE 净化；M3：纯乙腈均质提取＋SPE 净化），进行了 456 种农药添加样品、456 种农药陈化样品和 18 种农药田间污染样品的 GC-MS/MS 检测。在所研究的 456 种农药中，查找到 329 种农药的 $\lg K_{ow}$ 值，并以农药回收率为纵坐标，以 $\lg K_{ow}$ 为横坐标，建立了数学回归方程。通过对这些回归方程分析发现：水化方法 M1 的提取率与农药 $\lg K_{ow}$ 值呈明显相关性，水化提高了少数极性农药的提取效率，如强极性的 24 种农药；同时降低了一些弱极性农药的提取效率，如非极性的 28 种农药。从而使 M1 的提取效率呈现了极性农药和非极性农药两端下垂有一定弧度的弧形趋势线。而非水化方法 M3 的提取效率几乎与农药极性无关，是一条近似平行于 $\lg K_{ow}$ 横坐标的直线，对不同极性农药的提取效率均衡，适用范围更广泛。

表3-11 M1、M2和M3对4种样品的GC-MS/MS分析结果对比

方法	回收率70%~120%			RSD<20%			回收率70%~120%且RSD<20%			信噪比		
	1.0mg/kg	0.1mg/kg	0.01mg/kg	1.0mg/kg	0.1mg/kg	0.01mg/kg	1.0mg/kg	0.1mg/kg	0.01mg/kg	1.0mg/kg	0.1mg/kg	0.01mg/kg
456种农药的回收率												
M1	73.5	68.6	26.5	84.9	62.9	34.2	63.8	45.8	5.0	6234	432	73
M2	77.4	78.5	76.8	68.6	75.7	62.9	53.8	59.2	45.0	11127	1656	240
M3	88.6	91.4	71.3	87.5	90.6	66.4	80.9	83.8	50.2	14224	3048	229
159种农药的回收率												
M1	75.5	67.9	15.1	99.4	89.9	14.5	75.6	76.3	10.6	1234	145	
M3	90.6	75.5	69.8	100.0	97.5	49.7	90.6	80.0	33.1	36410	2459	

陈化茶叶样品中456种农药的分析结果(n=5)

方法	检出农药数量	信噪比	RSD
M1	382	942	12.2
M2	404	5753	12.8
M3	410	6781	4.1

项目	农药数量	
	M3/M1	M3/M2
≤0.8	65	87
<0.8且<1.2	201	176
≥1.2	116	137

污染茶叶样品中456种农药的分析结果(n=4)

项目	农药数量	
	M3/M1	M3/M2
≤0.8	6	6
<0.8且<1.2	8	8
≥1.2	4	4

表3-12 M1、M2和M3的技术指标

序号	技术指标	来源	M1	M2	M3	结论
1	回收率70%~120%的农药占比	0.01mg/kg 加标回收实验	26.54%	76.75%	71.27%	M2>M3>M1
2	RSD<20%的农药占比		34.21%	62.94%	66.45%	M3>M2>M1
3	检出限/(μg/kg)		3.2	1.9	1.5	M3<M2<M1
4	定量限/(μg/kg)		10.6	6.2	5.0	M3<M2<M1
5	信噪比	陈化茶叶样品检测	942	5753	6781	M3>M2>M1
6	峰高	陈化茶叶样品检测	7.6E+03	1.4E+05	1.2E+05	M2>M3>M1

序号	技术指标	来源	M1	M2	M3	结论
7	农药回收率和极性的相关性		lgK_{ow}↑, 回收率: 先后↓↑	lgK_{ow}↓, 回收率↓	lgK_{ow}↓, 回收率稳定	①水化和正己烷液液萃取影响农药回收率; ②乙腈提取、均质, SPE固相萃取对不同极性农药有充足且稳定的提取效率
8	线性相关系数(R^2)	污染茶叶样品检测	0.9765	0.9995	0.9987	M2>M3>M1
9	提取效果	0.01mg/kg 加标回收实验	回收率低, 陈化茶叶样品和污染样品的检测结果虚高	回收率较高, 对水溶性农药有较高提取率, 茶质基质中有高含量茶水的干扰物	回收率取决于规范的实验操作, 可高效均衡的提取农药	M3>M2>M1
10	净化效果	污染茶叶样品检测 乌龙茶基质 TIC 全扫描	$S/N=73$ 	$S/N=7240$ 	$S/N=7229$ 	M3>M2>M1 农药提取物的色泽①M2最深; M1次之, M3相对透明澄清; ②M1和M2避光放置一段时间后有絮状物沉淀
11	方法适用性(检出农药数量)	陈化茶叶样品检测	$\delta_{RT}=0.009$, 基线高	$\delta_{RT}=0.004$, 相对较高的基线	$\delta_{RT}=0.004$, 基线低	M3<M2<M1
		陈化茶叶样品检测	382	404	410	M3>M2>M1
12	方法灵敏度/专属性	陈化茶叶样品检测	$lgK_{ow}<3.5$ 和 $lgK_{ow}>5.4$ 的农药提取效率不理想	$lgK_{ow}>3.5$ 的农药提取效率不理想	lgK_{ow} 在 $-0.77\sim8.20$ 范围内的农药有较好的提取效率	M3对不同极性的所有农药有较好的提取率

第一，通过分析329种农药回收率对lgK_{ow}的数学方程亦可发现，$lgK_{ow}<1.0$的有14种农药，$lgK_{ow}<2.0$的有25种，$lgK_{ow}<3.0$的有65种，$lgK_{ow}<4.0$的有95种，$lgK_{ow}<5.0$的有72种，$lgK_{ow}<7.0$的有27种。如果$lgK_{ow}<1.0$被认为是强极性农药，lgK_{ow}在$1.0\sim2.0$被认为是极性农药，两项合计39种农药，占比为12%。其余中等极性、弱极性和非极性的农药则有290种，占比为88%，极性农药的占比远小于非极性农药，表明水化弊大于利。

第二，茶叶水化后共萃取的干扰物大量增加，导致方法效率明显降低，M1仅取部分提取液（1mL）进行净化，相当于样品基质被稀释了10倍，M3是取全量进行净化，目标物浓度约比M1大9倍。而M3的信噪比为6781，M1的信噪比为942，M3的灵敏度是M1的7倍。对0.01mg/kg（"一律标准"）添加实验证明，回收率为70%～120%且满足RSD≤20%符合欧盟良好规范技术要求标准的，水化方法M1有23种农药，仅占5.04%，而非水化M3有229种农药，占比达50.22%，M1未达到欧盟良好规范的要求。

第三，实验发现M1在设计上有两点技术欠缺。一方面，茶叶水化是为了提高极性农药的提取效率，但其净化步骤采用了正己烷液液分配，反而使极性农药在正己烷分配中损失掉。M1和M2均采用水化，但M2采用的净化方法与M3相同，对极性农药M2的回收率高于M3，佐证了M1的弊端。所以M1配合正己烷液液分配是自相矛盾的。另一方面，M1取1mL提取液（相当于0.2g样品），实际上10mL乙腈提取液，最后仅剩余8.0～8.5mL，因此取10mL提取液（相当于2.35g样品），导致M1的计算结果虚高了约20%，应该从它的结果中扣除。而对于M1，且不同茶叶水化提取后所剩下的提取液，体积也有变化，取部分净化变异性很大，取全部又很难净化，所以M1的变异性远大于M3。鉴于上述三个方面，利用茶叶水化提高农药的提取效率，对于数百种农药多类别多品种残留方法，弊大于利，不推荐采用。

3.2 3种样品前处理方法结合GC-MS/MS测定茶叶中农药多残留不确定度评定

3.2.1 概述

作为分析方法确认中最主要的参数之一[18]，测量不确定度是"与测量结果相关联的参数，表征合理地赋予被测量的量值分散性"[19]，它是被测量客观值在某一量值范围内的一个评定，其大小决定了测量结果的实用价值。不确定度越小，表明测量结果的质量越高，使用价值越大。

1962年，Youden首先在计量校准系统中提出定量表示不确定度的建议[20]。1993年，ISO、BIPM、IEC、IFCC、IUPAC、IUPAP和OIML联合出版了《测量不确定度表述指南》，该指南正式确定了适用于广泛测量领域的评估和表达测量不确定度的通用原则[21]。2000年，该指南的第二版中强调实验室引入测量不确定度评估程序时，应与其现有的质量保证措施相结合，因为上述质量保证措施通常提供了评估测量不确定度所需的很多信息，同时给出了确认化学实验中不确定度来源的实例[22]。测量不确定度在分析化学领域的应用日益广泛[23-28]，正确表达和评定测量方法的不确定度已逐步成为国际通行的要求。

不确定度的评定方法有"bottom-up"[29]和"top-down"[30]，其中"bottom-up"方法较为常用[31]。该方法先指认不确定度分量或建立分析结果的数学模型，然后鉴别各分量的归宿，再定量表征不确定度分量，可采用A类评定和B类评定的方法，最后合成不确定度。其优势在于能使分析人员全面理解分析方法，了解各不确定度分量在总不确定度中的贡献，从而可在应用该方法测定实际样品时掌握关键控制点，减小或控制不确定度[27,32,33]。目前，已有许多文献将"bottom-up"方法用于农药及污染物分析方法不确定度的评定[26,32,34,35]。但是，以不确定度作为标准对方法进行评价的文献鲜有报道。

本课题组前期对茶叶水化+乙腈振荡提取+正己烷液液萃取净化、茶叶水化+乙腈振荡提取+固相萃取净化、乙腈均质提取+固相萃取全部净化3种前处理技术结合气相色谱-串联质谱（GC-MS/MS）测定茶叶中18种农药残留的检测方法进行了比较。在此基础上，依据Eurachem/Citac guide（2000），应用"bottom-up"方法对3种方法结合GC-MS/MS测定农药残留过程中可能引入不确定度的各因素进行详细讨论。由于3种方法的最终模型一致，所考察的不确定度因素均相同，分别为：重复性、样品称量、标准溶液配制、内标溶液浓度、内标溶液体积、标准曲线定量准备过程、标准曲线定量、待测农药浓度（该因素与LOD相关）和回收率。

通过评定以上9个引入不确定度的因素，最终合成相对标准不确定度，并计算各不确定度分量在合成相对标准不确定度中的贡献，最终以不确定度作为标准对本章提及的3种方法进行对比。另外，还将农药浓度在溶剂中的变化情况作为标准曲线定量准备过程的一部分引入不确定度评定中，这在现有文献中尚未见报道。同时，将实际样品中待测农药的含量水平作为考虑因素之一，引入不确定度评定的文献亦不多见。

3.2.2　试剂与材料

溶剂：乙腈、甲苯、正己烷（HPLC级）；乙腈-甲苯（3∶1，体积比）。无水硫酸钠：分析纯，650℃灼烧4 h，贮于干燥器中，冷却后备用。固相萃取柱：Cleanert TPT（2000mg，12mL，艾杰尔，中国），固相萃取柱适配器：适用于12mL固相萃取柱（57267）；适用于6mL固相萃取柱（57020-U）。鸡心瓶：80mL。储液器：30mL（A82030，艾杰尔，中国）。离心管：80mL。微孔过滤膜（尼龙）：13mm×0.2μm。

3.2.3　仪器

气相色谱-串联质谱仪（GC-MS/MS）：7890A气相色谱串联7000B三重四极杆质谱

仪，配有电子轰击（EI）离子源、7693 自动进样器和 Mass Hunter 数据处理软件（安捷伦，美国）。色谱柱：DB-1701 石英毛细管柱（30m×0.25mm×0.25μm，J&W，美国）。

均质器：转速不低于 13500r/min；T-25B（Janke & Kunkel，德国）。Buchi EL131 旋转蒸发仪；离心机：转速不低于 4200r/min；Z320（HermLe AG，德国）；EVAP 112 氮吹仪（Organomation Associates，美国）；RS-Supelco 57101-U 5 位真空固相萃取装置。

3.2.4 分析方法

3.2.4.1 方法 1（M1）

将茶叶样品磨制成粉末，称取 2.00g 茶叶粉末至 50mL 离心管中；加入 10mL 蒸馏水；手摇 30s 后，静置 30min 待样品膨胀水化；加入 10mL 乙腈；手摇 1min；加入 1.00g NaCl、4.00g MgSO$_4$，混匀；手摇 1min；加入 40μL 内标（TPP）；高速离心机离心处理（13000r/min，5min）；取 1mL 上清液移至含有 1mL 正己烷和 5mL 20%（质量分数）NaCl 水溶液的 15mL 离心管中，手摇 1min；高速离心机离心处理（13000r/min，5min），吸取上层正己烷层至进样小瓶中，用 GC-MS/MS 进行测定。图 3-8 为 M1 结合 GC-MS/MS 测定茶叶中农药多残留的方法流程图。

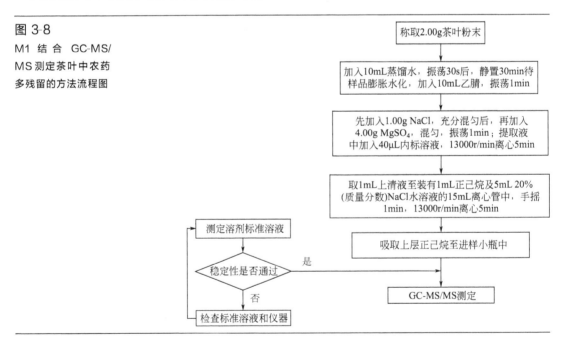

图 3-8
M1 结合 GC-MS/MS 测定茶叶中农药多残留的方法流程图

称取2.00g茶叶粉末

加入10mL蒸馏水，振荡30s后，静置30min待样品膨胀水化，加入10mL乙腈，振荡1min

先加入1.00g NaCl，充分混匀后，再加入 4.00g MgSO$_4$，混匀，振荡1min；提取液中加入40μL内标溶液，13000r/min离心5min

取1mL上清液至装有1mL正己烷及5mL 20%（质量分数）NaCl水溶液的15mL离心管中，手摇 1min，13000r/min离心5min

吸取上层正己烷至进样小瓶中

GC-MS/MS测定

测定溶剂标准溶液

稳定性是否通过 —是→

否

检查标准溶液和仪器

3.2.4.2 方法 2（M2）

将茶叶样品磨制成粉末，称取 2.00g 茶叶粉末至 50mL 离心管中，加入 10mL 蒸馏水；手摇 30s 后，静置 30min 待样品膨胀水化；加入 10mL 乙腈；手摇 1min；加入 1.00g

NaCl、4.00g MgSO$_4$，混匀；手摇 1min；高速离心机离心（13000r/min，5min）后，吸取全部上清液通过 15g 硫酸钠，并以 3×5mL 乙腈淋洗，洗脱液收集于鸡心瓶中，旋转蒸发（水浴温度 45℃、80r/min）浓缩至 2mL 左右；将浓缩液通过填有 2cm 无水硫酸钠的 TPT 柱，并用 2mL 乙腈-甲苯（3:1，体积比）溶液洗涤鸡心瓶 3 次，用 25mL 乙腈-甲苯（3:1，体积比）淋洗小柱，洗脱液收集于鸡心瓶中，旋转蒸发（水浴温度 45℃、120r/min）浓缩至 0.5mL 左右；加入 20μL 内标（环氧七氯），氮气吹干后用 1mL 正己烷定容；超声溶解后，充分振荡洗涤瓶壁，过膜后，用 GC-MS/MS 进行测定。图 3-9 为 M2 结合 GC-MS/MS 测定茶叶中农药多残留的方法流程图。

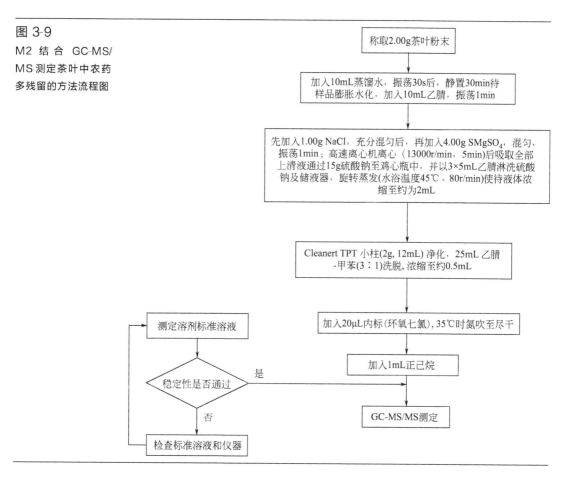

图 3-9
M2 结合 GC-MS/MS 测定茶叶中农药多残留的方法流程图

3.2.4.3　方法 3（M3）

称取 2.00g 未磨碎茶叶样品于 80mL 离心管中，加入 15mL 乙腈，13000r/min 均质提取 5min，4200r/min 离心 5min，取上清液于 80mL 鸡心瓶中。残渣用 15mL 乙腈重复提取 1 次，离心，合并两次提取液，45℃ 水浴旋转蒸发浓缩至约 2mL，待净化。在 Cleanert TPT 柱中加入约 2cm 高无水硫酸钠，将上述茶叶试样浓缩液转移至 Cleanert TPT 柱中，用 3×2mL 的乙腈-甲苯（3:1，体积比）洗涤试样浓缩液瓶，并用 25mL 乙腈-甲苯（3:1，体积比）洗涤小柱，洗脱液收集于鸡心瓶中，于 45℃ 水浴中旋转浓缩至约 0.5mL。加入 20μL 内标（环氧七氯），氮气吹干后加入 1mL 正己烷定容；超声溶解后，充分振荡洗涤瓶壁，过膜后，用 GC-MS/MS 进行测定。图 3-10 为 M3 结合 GC-MS/MS 测定茶叶中农药多残留的方法流程图。

图 3-10
M3 结合 GC-MS/MS 测定茶叶中农药多残留的方法流程图

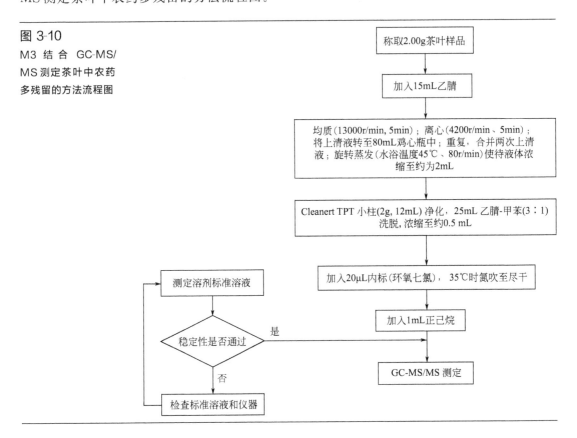

3.2.5　不确定度评定

应用 "bottom-up" 方法对 GC-MS/MS 测定茶叶中农药多残留方法的不确定度进行评定，不确定度评定步骤为：①规定被测量；②识别不确定度来源；③量化不确定度；④计算合成不确定度。

3.2.6　不确定度来源的确认

"bottom-up" 方法中最重要的步骤是确认所有不确定度的来源，然后在此基础上对不确定度进行评定。

3.2.6.1　M1模型建立

根据 3.2.4.1 节的实验步骤，针对该方法的茶叶中农药残留含量（w）可以根据式（3-1）求得：

$$w = \frac{c \times V_{\text{hexane}}}{m_{\text{hexane}}} \times \frac{1}{R} \tag{3-1}$$

式中，c 为样品溶液中农药残留的浓度，$\mu g/mL$；V_{hexane} 为进样小瓶中样品溶液的体积，mL；m_{hexane} 为相对于鸡心瓶中溶液体积而言的茶叶样品称样量，g；R 为回收率。

实际测定中，仪器给出的是所测样品溶液中待测农药和内标的浓度比，即：

$$x = \frac{c}{c_{\text{ISTD}}} \tag{3-2}$$

式中，x 为样品溶液中待测农药和内标的浓度比；c_{ISTD} 为进样小瓶中内标的浓度，$\mu g/mL$。由式（3-2）可得：

$$c = x c_{\text{ISTD}} \tag{3-3}$$

因此，式（3-1）可变为：

$$w = \frac{x c_{\text{ISTD}} V_{\text{hexane}}}{m_{\text{hexane}}} \times \frac{1}{R} \tag{3-4}$$

根据 M1 的操作步骤，进样小瓶中内标的浓度可通过式（3-5）计算：

$$c_{\text{ISTD}} = \frac{c_{\text{ISTD-add}} V_{\text{add}}}{V_{\text{ACN}}} \times \frac{V_{\text{supernatant}}}{V_{\text{hexane}}} \tag{3-5}$$

式中，$c_{\text{ISTD-add}}$ 为内标储备液的浓度，$\mu g/mL$；V_{add} 为提取液中内标储备液的加入体积；V_{ACN} 为加入 10mL 乙腈振荡后提取液的体积，mL；$V_{\text{supernatant}}$ 为移取的上清液体积，mL；V_{hexane} 为进样小瓶中样品溶液的体积，mL。

相对于鸡心小瓶中溶液体积而言的茶叶样品称样量可通过式（3-6）计算：

$$m_{\text{hexane}} = m \times \frac{V_{\text{supernatant}}}{V_{\text{ACN}}} \tag{3-6}$$

式中，m 为进行实验前茶叶样品的称样量，g。

由上，将式（3-5）和（3-6）代入式（3-4），则茶叶中农药残留含量可根据式（3-7）求得：

$$w = \frac{x c_{\text{ISTD-add}} V_{\text{add}}}{m} \times \frac{1}{R} \tag{3-7}$$

3.2.6.2　M2模型建立

根据 3.2.4.2 节的实验步骤，针对该方法的茶叶中农药残留含量（w）可根据式（3-8）求得：

$$w = \frac{cV}{m} \times \frac{1}{R} \tag{3-8}$$

式中，c 为样品溶液中农药残留的浓度，$\mu g/mL$；V 为样品溶液定容后的体积，mL；m 为茶叶样品的称样量，g；R 为回收率。

实际测定中，仪器给出的是样品溶液中待测农药和内标的浓度比，即式（3-2）

由式（3-2）可得式（3-3）。

因此，式(3-8) 可变为：

$$w = \frac{xc_{\text{ISTD}}V}{m} \times \frac{1}{R} \tag{3-9}$$

根据质量守恒原理，一定体积样品溶液中内标的质量与加至该溶液中内标储备液的质量相等，即：

$$c_{\text{ISTD}}V = c_{\text{ISTD-add}}V_{\text{add}} \tag{3-10}$$

式中，$c_{\text{ISTD-add}}$ 为内标储备液的浓度，$\mu\text{g/mL}$；V_{add} 为加至样品溶液中的内标储备液的体积。因此，茶叶中农药残留含量可根据式(3-7) 求得。

3.2.6.3　M3模型建立

根据 3.2.4.3 节的实验步骤，针对该方法的茶叶中农药残留含量（w）计算原理与 M2 相同，即可以根据式(3-7) 求得。

经分析可知，按照 M1、M2 和 M3 进行前处理，GC-MS/MS 测得的茶叶中农药残留含量均可以采用式(3-7) 求得。

3.2.7　标准不确定度的计算

由式(3-7) 可知，影响茶叶中农药残留含量的主要参数为：茶叶样品称样量、由标准曲线求得的待测农药与内标的浓度比、内标储备液的浓度、内标储备液的加入体积和回收率。另外，测定结果的重复性也是必须考虑的因素，应用标准曲线测定待测农药与内标浓度之比时则需考虑标准曲线配制和标准曲线定量引入的不确定度。因此，茶叶中农药残留含量的不确定度可通过以上参数合成得到。为便于计算，从 A 类不确定度和 B 类不确定度两个方面进行评定。

3.2.7.1　A类不确定度

通常情况下，为获得准确、可靠的测定结果，分析人员会对同一样品进行多次测定，最终给出测定结果的平均值。该过程产生的不确定度一般归为 A 类不确定度，可按照式(3-11) 进行计算：

$$u(\text{A}) = \frac{\text{SD}}{\sqrt{n}} \tag{3-11}$$

式中，n 为测定次数；SD 为 n 次测定结果的标准偏差。则相对标准不确定度为：

$$u_{\text{rel}}(\text{A}) = u(\text{A})/\overline{w} \tag{3-12}$$

式中，$\overline{w}$ 为 n 次测定结果的平均值。

3.2.7.2　B类不确定度

（1）样品称量引入的不确定度

茶叶样品称量使用万分之一天平，根据 Eurachem/Citac guide（2000），称量的不确定度主要来自重复性、可读性（数字分辨率）以及由于天平校准产生的不确定度分量。称量过程的重复性已包括在 A 类不确定度中，因此只考虑可读性（数字分辨率）以及由于天平校准产生的不确定度。

天平的分辨率为 0.1mg，按照均匀分布进行计算，其不确定度为：

$$u_1(m) = 0.1/\sqrt{3}\,\text{mg} = 0.058\text{mg} \tag{3-13}$$

线性表示天平在遵循荷重与显示值之间线性关系方面的能力。根据天平计量检定证书，天平的线性为 ±0.2mg，按照均匀分布进行计算，其不确定度为：

$$u_2(m) = 0.2/\sqrt{3}\,\text{mg} = 0.12\text{mg} \tag{3-14}$$

由此得到茶叶样品称量的标准不确定度为：

$$u(m) = \sqrt{2 \times [u_1(m)]^2 + 2 \times [u_2(m)]^2}$$
$$= \sqrt{2 \times (0.058)^2 + 2 \times (0.12)^2}\,\text{mg} = 0.19\text{mg} \tag{3-15}$$

实际称样量为 2.0000g，因此，茶叶称量的相对标准不确定度为：

$$u_{\text{rel,1}} = u(m)/m_s = 0.18\text{mg}/2000\text{mg} \times 100\% = 0.009\% \tag{3-16}$$

（2）标准溶液配制引入的不确定度

标准溶液配制过程会影响待测农药的浓度，从而影响所建数学模型中 x 的测定，最终会对测定结果引入不确定度，由于涉及步骤较多，因此将其作为一个分支进行不确定度评定。标准溶液配制引入的不确定度主要来自两方面：生产厂商给出的标准物质自身的不确定度；标准溶液制备过程中引入的不确定度。

① 标准物质引入的不确定度。根据标准物质证书，生产厂商给出了标准物质的纯度（purity）和不确定度（tolerance/uncertainty）信息。标准物质的不确定度可以根据式（3-17）和（3-18）进行计算，如果按照标准物质的纯度进行计算，则：

$$u_{\text{rel-std}} = \frac{100 - P}{\sqrt{3}} \tag{3-17}$$

如果按照标准物质的不确定度信息进行计算，由于该不确定度信息是在包含因子 $k = 2$，置信水平 $P = 95\%$ 时的扩展不确定度，根据实际需要，则：

$$u_{\text{rel-std}} = \frac{T\%}{2} \tag{3-18}$$

根据式（3-18）对标准物质自身引入的不确定度进行计算。

② 标准溶液制备引入的不确定度。标准溶液制备过程为：称取一定质量的待测农药标准品于 10mL 棕色容量瓶中，用甲醇定容，获得农药标准品储备液。根据实验中需要测定的农药数目及其浓度，移取一定体积的相应农药标准储备液于 100mL 棕色容量瓶中，最后用甲醇定容。因此，该过程包括标准物质的称量、标准溶液的定容和标准溶液的稀释，标准溶液引入的不确定度将从前述三方面进行计算。

a.标准物质称量引入的不确定度。本实验称量标准品使用的天平为十万分之一天平（最大称样量为 41g，$d = 0.01$mg），根据 Eurachem/Citac guide (2000)，扣除皮重称量的三个不确定度来源（重复性、可读性（数字分辨率）以及由于天平校准产生的不确定度分量），可参考 3.2.7.1 节进行计算。

用十万分之一天平称量标准品时，称量重复性引入的不确定度不应计入 A 类不确定度，检定证书给出的重复性误差为±0.2mg，假设为均匀分布，则：

$$u_{1(std-m)} = \frac{0.2}{\sqrt{3}}mg = 0.12mg \qquad (3-19)$$

十万分之一天平的最小有效数字为 0.01mg，分辨率引起的标准不确定度为：

$$u_{2(std-m)} = \frac{0.01}{\sqrt{3}}mg = 0.0058mg \qquad (3-20)$$

根据天平计量检定证书，天平的线性为±0.1mg，按照均匀分布进行计算，其不确定度为：

$$u_{3(std-m)} = \frac{0.1}{\sqrt{3}}mg = 0.058mg \qquad (3-21)$$

由此得到农药标准品称量的标准不确定度为：

$$\begin{aligned} u_{std-m} &= \sqrt{2 \times [u_{1(std-m)}]^2 + 2 \times [u_{2(std-m)}]^2 + 2 \times [u_{3(std-m)}]^2} \\ &= \sqrt{2 \times (0.12)^2 + 2 \times (0.0058)^2 + 2 \times (0.058)^2} mg = 0.19mg \end{aligned} \qquad (3-22)$$

农药标准品的实际称样量为 m_{std}，因此，农药标准品称量的相对标准不确定度为：

$$u_{rel-std-m} = \frac{u_{std-m}}{m_{std}} \qquad (3-23)$$

b. 标准溶液定容引入的不确定度。根据 JJG 196—2006《常用玻璃量器检定规程》，容量瓶的标示温度为 20℃，A 级 10mL 容量瓶的容量允差为±0.02mL，由于未给出置信水平或分布信息，因此假定为三角分布，则其不确定度为：

$$u_{f-10}(V) = \frac{0.02}{\sqrt{6}}mL = 0.008mL \qquad (3-24)$$

充满液体至容量瓶刻度的变动性引入的不确定度分量也应加以考虑。分析人员在定容时的偏差应不超过 1 滴溶液，有时容量瓶内壁也会粘有溶液，因此，估计定容时引入的偏差为 2 滴溶液。假设 1 滴溶液的体积为 0.03mL，假定为均匀分布，则该不确定度分量可由下式求得：

$$u_{precision-10}(V) = \frac{0.06}{\sqrt{3}}mL = 0.035mL \qquad (3-25)$$

甲醇的膨胀系数为 $1.10 \times 10^{-3}/℃$，容量瓶标示温度为 20℃，假设实验室温度变化为±4℃，则温度引起的体积变化为：

$$\pm(10 \times 4 \times 1.10 \times 10^{-3})mL = 0.044mL \qquad (3-26)$$

假定为均匀分布，则容量瓶体积变化的标准不确定度为：

$$u_{temp-10}(V) = \frac{0.044}{\sqrt{3}}mL = 0.025mL \qquad (3-27)$$

因此，10mL 容量瓶定容引入的不确定度为：

$$u_{s-10}(V) = \sqrt{[u_{f-10}(V)]^2 + [u_{precision-10}(V)]^2 + [u_{temp-10}(V)]^2} mL = 0.044mL \qquad (3-28)$$

则 10mL 容量瓶定容引入的相对标准不确定度为：

$$u_{\text{rel-s-10}}(V)=\frac{u_{\text{s-10}}(V)}{V_{\text{s-10}}}\times100\%=0.44\% \tag{3-29}$$

c.标准溶液稀释引入的不确定度。不同农药的储备液浓度不同，配制混合标准溶液时移取储备液的体积差别较大。实验中，移取储备液的体积范围为 $113\sim9620\mu L$，在配制混合标准溶液过程中需使用不同量程的移液器移取储备液，最后定容至 100mL 棕色容量瓶中。

JJG 646—2006《移液器鉴定规程》给出了实验室温度为 20℃ 时，不同容量移液器在不同鉴定点的容量允许误差和测量重复性误差，据此对移液器的不确定度进行计算。

Ⅰ.移取体积的不确定度。以 $\text{SD}_{\text{allow}}\%$ 表示 JJG 646—2006《移液器鉴定规程》给出的容量允许误差，假设为均匀分布，则：

$$u_{\text{rel-std-}x}=\frac{\text{SD}_{\text{allow}}}{\sqrt{3}} \tag{3-30}$$

Ⅱ.移取体积变动性的不确定度。以 $\text{SD}_{\text{repeat}}\%$ 表示 JJG 646—2006《移液器鉴定规程》给出的测量重复性误差，假设为均匀分布，则：

$$u_{\text{rel-std-}x_{\text{repeat}}}=\frac{\text{SD}_{\text{repeat}}}{\sqrt{3}} \tag{3-31}$$

Ⅲ.温度引起体积变化的不确定度。实验室温度控制在 (20 ± 4)℃（置信水平为 95%），甲醇的膨胀系数为 $1.10\times10^{-3}/℃$，产生的体积变化为：

$$\pm(V_{\text{std}}\times4\times1.10\times10^{-3})\mu L \tag{3-32}$$

假定为均匀分布，则温度引起体积变化的标准不确定度为：

$$u_{\text{std-temp}}=\frac{V_{\text{std}}\times4\times1.10\times10^{-3}}{\sqrt{3}}\mu L \tag{3-33}$$

则，相对标准不确定度为：

$$u_{\text{rel-std-temp}}=\frac{u_{\text{std-temp}}}{V_{\text{std}}} \tag{3-34}$$

因此，标准溶液稀释时移取一定体积标准溶液的相对标准不确定度为：

$$u_{\text{rel-std-}V}=\sqrt{(u_{\text{rel-std-}x})^2+(u_{\text{rel-std-}x_{\text{repeat}}})^2+(u_{\text{rel-std-temp}})^2} \tag{3-35}$$

根据 JJG196—2006《常用玻璃量器检定规程》，容量瓶标示温度为 20℃，A 级 100mL 容量瓶的容量允差为 $\pm0.1mL$，参照 3.2.7.2 节进行计算，100mL 容量瓶定容引入的不确定度为：

$$u_{\text{s-100}}(V)=\sqrt{[u_{\text{f-100}}(V)]^2+[u_{\text{precision-10}}(V)]^2+[u_{\text{temp-100}}(V)]^2}=0.26(mL) \tag{3-36}$$

则 100mL 容量瓶定容引入的相对标准不确定度为：

$$u_{\text{rel-s-100}}(V)=\frac{u_{\text{s-100}}(V)}{V_{\text{s-100}}}\times100\%=0.26\% \tag{3-37}$$

因此，标准溶液稀释引入的相对标准不确定度为：

$$u_{\text{rel-std-dil}}=\sqrt{(u_{\text{rel-std-}V})^2+[u_{\text{rel-s-100}}(V)]^2} \tag{3-38}$$

故，标准溶液制备引入的相对标准不确定度为：

$$u_{\text{rel-pre}}=\sqrt{(u_{\text{rel-std-m}})^2+[u_{\text{rel-s-10}}(V)]^2+(u_{\text{rel-std-dil}})^2} \qquad (3\text{-}39)$$

综上，标准溶液配制引入的相对标准不确定度为：

$$u_{\text{rel},2}=\sqrt{(u_{\text{rel-std}})^2+(u_{\text{rel-pre}})^2} \qquad (3\text{-}40)$$

（3）内标溶液浓度引入的不确定度

内标溶液的配制过程为：称取一定量内标标准品（TPP 或环氧七氯）于 10mL 棕色容量瓶中，用甲醇定容配制储备液。使用时，根据实际需要移取一定体积的内标储备液用甲醇进行稀释。该过程引入的不确定度的评定与标准溶液配制过程类似。

内标标准物质的自身不确定度参照 3.2.7.2 节进行计算，可记为 $u_{\text{rel-ISTD}}$；内标溶液制备过程引入的不确定度参照 3.2.7.2 节进行计算，可记为 $u_{\text{rel-pre-ISTD}}$。因此，内标溶液浓度引入的不确定度为：

$$u_{\text{rel},3}=\sqrt{(u_{\text{rel-ISTD}})^2+(u_{\text{rel-pre-ISTD}})^2} \qquad (3\text{-}41)$$

（4）加入内标溶液引入的不确定度

以 M1 为例，在定容前需用移液器加入 40μL 内标溶液，该过程引入不确定度的计算可参照 3.2.7.2 节。但是，该过程中移取体积变动性的不确定度已包含在 A 类不确定度中，因此只需考虑移取体积的不确定度和温度引起体积变化的不确定度。

① 移取体积的不确定度。在 20℃时，根据 JJG 646—2006《移液器鉴定规程》，移液器移取 40μL 环氧七氯溶液时的容量允许误差为 3.0%，假设为均匀分布，则移取体积的相对标准不确定度为：

$$u_{\text{rel-ISTD-40}}=\frac{3.0\%}{\sqrt{3}}=0.017 \qquad (3\text{-}42)$$

② 温度引起体积变化的不确定度。实验室温度控制在（20±4）℃（置信水平为 95%），甲醇的膨胀系数为 1.10×10^{-3}/℃，产生的体积变化为：

$$\pm(40\times4\times1.10\times10^{-3})\mu\text{L} \qquad (3\text{-}43)$$

假设为均匀分布，则温度引起体积变化的标准不确定度为：

$$u_{\text{ISTD-temp}}=\frac{40\times4\times1.10\times10^{-3}}{\sqrt{3}}\mu\text{L}=0.10\mu\text{L} \qquad (3\text{-}44)$$

则相对标准不确定度为：

$$u_{\text{rel-ISTD-temp}}=\frac{u_{\text{ISTD-temp}}(V)}{40}\times100\%=0.25\% \qquad (3\text{-}45)$$

因此，加入内标溶液引入的相对不确定度可由下式求得：

$$u_{\text{rel},4}=\sqrt{(u_{\text{rel-ISTD-40}})^2+(u_{\text{rel-ISTD-temp}})^2}=0.018 \qquad (3\text{-}46)$$

（5）标准曲线定量准备过程引入的不确定度

本实验在定量时采用 5 点基质匹配标准曲线定量，具体操作步骤为：准备 5 份基质空白，按照相应方法进行前处理，定容前分别加入 20μL、50μL、100μL、200μL、500μL 混合标准溶液，加入标准溶液的过程会引入不确定度。

同时，本课题组认为混合标准溶液中待测农药的浓度会受到光照、温度、水分和溶剂挥发等因素的影响而发生变化，这将会对待测农药的准确定量产生一定影响。因此，将其列为定量引入的不确定度进行评定。

因此，标准曲线准备过程引入的不确定度应包括两个方面：定容前加入的混合标准溶液体积和待测农药浓度在溶剂中的波动性引入的不确定度。

① 标准溶液加入体积引入的不确定度。实验中，定容前基质标准溶液中加入的混合标准溶液体积为 $20\mu L$、$50\mu L$、$100\mu L$、$200\mu L$、$500\mu L$，该过程引入的不确定度可参照 3.2.7.2 节进行计算：

$$u_{\text{rel-add-V}} = \sqrt{(u_{\text{rel-add-}x})^2 + (u_{\text{rel-add-}x_{\text{repeat}}})^2 + (u_{\text{rel-add-temp}})^2} \qquad (3-47)$$

$$u_{\text{rel-add-total}} = \sqrt{\sum_{i=1}^{s} (u_{\text{rel-add-}V_i})^2} \qquad (3-48)$$

② 待测农药浓度在溶剂中的波动性引入的不确定度。为研究待测农药在溶剂中的稳定性，在方法建立前期对待测农药在溶剂中的稳定性进行了考察。该过程为：在仪器状态稳定的前提下，每 3 天测定 1 次混合标准溶液，为期 3 个月，获得待测农药的实际响应数据。

该不确定度分量可根据下式求得：

$$u_{\text{std-sol}} = \frac{\text{SD}_{\text{std-sol}}}{\sqrt{n_{\text{std-sol}}}} \qquad (3-49)$$

式中，$\text{SD}_{\text{std-sol}}$ 为 3 个月内待测农药响应值的标准偏差；$n_{\text{std-sol}}$ 为 3 个月内待测农药响应值的测定次数。则，其相对不确定度为：

$$u_{\text{rel-std-sol}} = \frac{u_{\text{std-sol}}}{S} \qquad (3-50)$$

式中，S 为待测农药响应值的平均值。因此，标准曲线定量准备过程引入的相对标准不确定度可根据下式求得：

$$u_{\text{rel,S}} = \sqrt{(u_{\text{rel-add-total}})^2 + (u_{\text{rel-std-sol}})^2} \qquad (3-51)$$

（6）标准曲线定量引入的不确定度

依据 Eurachem/Citac Guide CG 4（2000），拟合标准曲线在对待测农药进行定量时也会引入不确定度。根据文献报道，标准曲线定量引入的不确定度在总不确定度中的贡献通常较大，因此将其作为独立分量进行评定。

假设以相对浓度为横坐标，相对响应为纵坐标，拟合标准曲线，得到直线方程，其数学模型为：

$$A_j = x_i B_1 + B_0 \qquad (3-52)$$

式中，A_j 为相对响应；x_i 为相对浓度；B_1 为斜率；B_0 为截距。根据 Eurachem/Citac guide（2000），标准曲线拟合过程中引入的不确定度按下式进行计算：

$$u(x) = \frac{S}{B_1} \sqrt{\frac{1}{p} + \frac{1}{n} + \frac{(x - \overline{x})^2}{S_{xx}}} \qquad (3-53)$$

式中，S 为标准曲线的剩余标准偏差；B_1 为斜率；p 为待测样品的重复测定次数；n 为标准曲线测定次数；x 为茶叶中待测农药的相对浓度；$\overline{x}$ 为标准曲线各点相对浓度的平均值。

$$S = \sqrt{\frac{\sum_{j=1}^{n} [A_j - (B_0 + B_1 x_j)]^2}{n-2}} \qquad (3-54)$$

$$S_{xx} = \sum_{j=1}^{n} (x_j - \overline{x})^2 \tag{3-55}$$

则标准曲线定量时引入的相对标准不确定度为：

$$u_{rel,6} = u_{rel}(x) = \frac{u(x)}{x} \tag{3-56}$$

（7）待测农药浓度引入的不确定度

在测定茶叶中农药残留时，空白值是必须考虑的因素之一。其中，检出限（limits of detection，LOD）定义为信噪比（S/N）为 3 时所对应的浓度，是通过在一定范围内向空白基质中加入不同浓度水平的标准溶液进行测定来评价。当待测农药浓度与 LOD 相近时，测量不确定度应为 100%，即此时测得的浓度不可靠；当待测农药浓度远高于 LOD 时，测量不确定度则较小。因此，与检出限相关的待测农药浓度引入的相对不确定度可通过下式求得：

$$u_{rel,7} = u_{LOD} = \frac{LOD}{c_{det}} \tag{3-57}$$

式中，LOD 为方法检出限；c_{det} 为样品溶液中待测农药的浓度。

（8）回收率引入的不确定度

茶叶的提取和净化均可能引起待测农药的损失，基质效应则会影响待测农药的响应，从而对回收率造成影响。在适当浓度范围内，回收率会对测定结果起到一定的校正作用。当这种校正发挥作用时，与回收率有关的任何不确定度均会对测定结果的不确定度产生贡献。为研究 M1、M2 和 M3 的添加回收率，分别平行称取 3 份茶叶样品，均按照各自流程图进行相同操作。回收率的不确定度按照 JCGM 100：2008[36] 进行评定。

假设添加回收率分别为：R_1、R_2、R_3、R_4、R_5、R_6，其中最大值为 R_{max}，最小值为 R_{min}，平均值为 $\overline{R}$，则：

$$b_+ = R_{max} - 100\% \tag{3-58}$$

$$b_- = 100\% - R_{min} \tag{3-59}$$

则回收率的标准不确定度为：

$$u(R) = \sqrt{\frac{(b_+ + b_-)^2}{12}} \tag{3-60}$$

回收率的相对标准不确定度为：

$$u_{rel,8} = \frac{u(R)}{\overline{R}} \tag{3-61}$$

综上，B 类相对不确定度可由下式计算：

$$u_{rel}(B) = \sqrt{(u_{rel,1})^2 + (u_{rel,2})^2 + (u_{rel,3})^2 + (u_{rel,4})^2 + (u_{rel,5})^2 + (u_{rel,6})^2 + (u_{rel,7})^2 + (u_{rel,8})^2} \tag{3-62}$$

3.2.8　合成不确定度

合成相对标准不确定度：

$$u_{rel} = \sqrt{[u_{rel}(A)]^2 + [u_{rel}(B)^2]} \tag{3-63}$$

则合成标准不确定度为：

$$u = u_{rel}w \qquad (3\text{-}64)$$

3.2.9　扩展不确定度

当包含因子 $k = 2$ 时，扩展不确定度为：

$$U = u \times 2 \qquad (3\text{-}65)$$

3.2.10　结果与讨论

不确定度是准确表达测定结果的重要组成部分，同时，其重要作用在于，通过计算各不确定度分量在合成不确定度中的贡献可以对分析过程进行评价。从本章 M1、M2 和 M3 模型建立、各不确定度分量及合成不确定度的评定过程可以发现，本实验各方法评定的 u(A)、$u_{rel,1}$、$u_{rel,2}$、$u_{rel,3}$、$u_{rel,4}$、$u_{rel,5}$、$u_{rel,6}$、$u_{rel,7}$ 和 $u_{rel,8}$ 共 9 个不确定度分量中，$u_{rel,1}$、$u_{rel,2}$ 和 $u_{rel,5}$ 为共有不确定度分量，它们在 3 种方法中具有相同数值，除 M2 和 M3 中 $u_{rel,3}$ 和 $u_{rel,4}$ 相同外，其余不确定分量则因方法不同而存在一定差异。各方法的合成不确定度因方法不确定度分量的差异而不同，同时，各不确定度分量在总不确定度中的贡献也不同。以此对 M1、M2 和 M3 的不确定度进行讨论，从而可了解各方法的关键控制点，并对 3 种方法进行比较。

3.2.10.1　M1 不确定度

表 3-13 给出了 M1 结合 GC-MS/MS 测定茶叶中 18 种农药方法中各相对标准不确定度分量和合成相对标准不确定度的评定结果。从表 3-13 可以看出，由于 $u_{rel,1}$、$u_{rel,3}$ 和 $u_{rel,4}$ 分别是与标准溶液配制、内标溶液浓度和内标溶液体积相关的不确定度分量，不同农药的该 3 个不确定度分量均相同，其余不确定度分量则因农药不同而存在差异。

表 3-13　M1 结合 GC-MS/MS 测定茶叶中 18 种农药的各相对标准不确定度分量和合成相对标准不确定度

序号	农药	中文名称	CAS号	u(A)	$u_{rel,1}$	$u_{rel,2}$	$u_{rel,3}$	$u_{rel,4}$	$u_{rel,5}$	$u_{rel,6}$	$u_{rel,7}$	$u_{rel,8}$	u_{rel}
1	acetochlor	乙草胺	34256-82-1	0.035	0.000091	0.020	0.020	0.018	0.082	0.62	0.0001892	0.047	0.632
2	ametryn	莠灭净	834-12-8	0.018	0.000091	0.021	0.020	0.018	0.066	0.02	0.0000026	0.045	0.091
3	bifenthrin	联苯菊酯	82657-04-3	0.024	0.000091	0.019	0.020	0.018	0.091	0.18	0.0000035	0.039	0.210
4	boscalid	啶酰菌胺	188425-85-6	0.011	0.000091	0.017	0.020	0.018	0.063	0.05	0.00000004	0.031	0.093
5	butralin	仲丁灵	33629-47-9	0.019	0.000091	0.029	0.020	0.018	0.063	0.02	0.0000054	0.044	0.091
6	cyprodinil	嘧菌环胺	121552-61-2	0.030	0.000091	0.020	0.020	0.018	0.068	0.02	0.0000001	0.061	0.105
7	dimethomorph	烯酰吗啉	110488-70-5	0.031	0.000091	0.022	0.020	0.018	0.070	0.02	0.0000149	0.134	0.160
8	diniconazole	烯唑醇	83657-24-3	0.043	0.000091	0.017	0.020	0.018	0.075	0.34	0.0000042	0.043	0.350
9	endosulfan	硫丹	115-29-7	0.038	0.000091	0.043	0.020	0.018	0.074	0.03	0.0000013	0.053	0.115

序号	农药	中文名称	CAS 号	$u(A)$	$u_{rel,1}$	$u_{rel,2}$	$u_{rel,3}$	$u_{rel,4}$	$u_{rel,5}$	$u_{rel,6}$	$u_{rel,7}$	$u_{rel,8}$	u_{rel}
10	epoxiconazole	氟环唑	133855-98-8	0.021	0.000091	0.020	0.020	0.018	0.065	0.03	0.0000006	0.030	0.087
11	metalaxyl	甲霜灵	57837-19-1	0.012	0.000091	0.018	0.020	0.018	0.074	0.07	0.0000036	0.030	0.109
12	napropamide	敌草胺	15299-99-7	0.024	0.000091	0.023	0.020	0.018	0.068	0.03	0.0000025	0.066	0.107
13	pendimethalin	二甲戊灵	40487-42-1	0.022	0.000091	0.018	0.020	0.018	0.068	0.02	0.0000007	0.007	0.081
14	propiconazole	丙环唑	60207-90-1	0.018	0.000091	0.018	0.020	0.018	0.094	0.03	0.0000030	0.045	0.115
15	pyridaben	哒螨灵	96489-71-3	0.026	0.000091	0.023	0.020	0.018	0.080	0.04	0.0000034	0.033	0.104
16	pyrimethanil	嘧霉胺	53112-28-0	0.016	0.000091	0.015	0.020	0.018	0.070	0.03	0.0000005	0.057	0.101
17	triadimefon	三唑酮	43121-43-3	0.018	0.000091	0.023	0.020	0.018	0.070	0.10	0.0000001	0.048	0.134
18	trifloxystrobin	肟菌酯	141517-21-7	0.031	0.000091	0.020	0.020	0.018	0.070	0.11	0.0000094	0.054	0.149

为了对 M1 的分析过程进行评价,通过计算各不确定度分量在所有不确定度分量代数和中的占比,对各不确定度分量在合成不确定度中的贡献进行了研究。图 3-11 给出了 M1 中不同农药各不确定度分量的贡献所占百分比分布。从图 3-11 可以看出,贡献最小的为 $u_{rel,7}$,这主要是由于该不确定度分量与 LOD 相关,而本实验测定的茶叶中待测农药含量均远高于 LOD,因此,与 LOD 相关的不确定度分量较小。其次为 $u_{rel,1}$,该不确定度分量与茶叶称样量相关,由于本实验使用万分之一天平称量 2000mg 茶叶,因此,该不确定度分量较小。

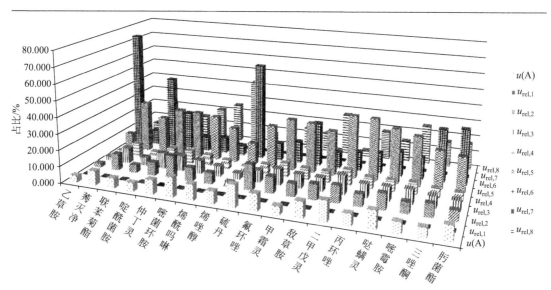

图 3-11

M1 结合 GC-MS/MS 测定茶叶中 18 种农药的各相对标准不确定度分量在总不确定度中的占比(%)分布

$u_{rel,2}$ 是与标准溶液配制相关的不确定度分量,也是涉及步骤最多的不确定度分量。由于标准溶液的配制会直接影响模型中 x 的测定,因此,该不确定度分量在实验过程中具有重要作用。由于 $u_{rel,3}$ 和 $u_{rel,4}$ 分别是与内标溶液浓度和内标溶液体积相关的不确定度分量,因此,对于不同农药,这两个不确定度分量分别具有相同值。由图 3-11 可以看出，除个别农药外，对大多数待测农药而言，同一农药 $u_{rel,2}$、$u_{rel,3}$ 和 $u_{rel,4}$ 的不确定度分量占比均相当。总体上，除个别农药外，$u_{rel,2}$、$u_{rel,3}$ 和 $u_{rel,4}$ 在合成不确定度中的贡献均小于 10%，这可能是因为与这 3 个不确定度分量相关的分析过程主要是借助天平、移液器和容量瓶等完成，只要认真操作，该 3 个分量引入的不确定度均较小。

u（A）是与重复性相关的不确定度分量，从图 3-11 可以看出，该不确定度分量在合成不确定度中的贡献不高，略高于 $u_{rel,2}$、$u_{rel,3}$ 和 $u_{rel,4}$ 等分量的贡献。

$u_{rel,5}$、$u_{rel,6}$ 和 $u_{rel,8}$ 在合成不确定度中的贡献均处于较高水平。$u_{rel,5}$ 是与混合标准溶液加入体积和待测农药浓度在溶剂中的波动相关的不确定度分量，根据评定结果，待测农药浓度在溶剂中的波动是影响该不确定度分量的主要因素，从图 3-11 可以看出，除乙草胺、联苯菊酯、烯唑醇、三唑酮和肟菌酯外，其余农药的 $u_{rel,5}$ 在合成不确定度中的贡献最大。这可能是由于本实验为了对待测农药浓度在溶剂中的波动性进行相对保守估计，进行了为期 3 个月共 32 次测定，并以此数据为基础进行评定所致。

$u_{rel,6}$ 和 $u_{rel,8}$ 分别是与标准曲线定量和回收率相关的不确定度分量，在分析过程中具有重要作用。从图 3-11 可以看出，对 1～8 号农药而言，$u_{rel,6}$ 和 $u_{rel,8}$ 在合成不确定度中的贡献成反比关系，这也说明在 M1 的所有不确定度分量中这两个分量的重要性。$u_{rel,6}$ 在一定程度上会受到茶叶中待测农药浓度的影响，表 3-13 中部分农药的该不确定度分量的相对标准不确定度较大可能与此有关。由表 3-13 可见，除烯酰吗啉的 $u_{rel,8}$ 为 0.134 外，其余农药的 $u_{rel,8}$ 均小于 0.07 且分布较为均匀。

因此，对 M1 而言，$u_{rel,6}$ 和 $u_{rel,8}$ 是关键的不确定度分量，在分析过程中需要对与之相关的操作步骤加以重视。

3.2.10.2　M2 不确定度

表 3-14 给出了 M2 结合 GC-MS/MS 测定茶叶中 18 种农药方法中各相对标准不确定度分量和合成相对标准不确定度的评定结果，由于 M2 建立的模型与 M1 相同，因此 $u_{rel,1}$、$u_{rel,3}$、$u_{rel,4}$、$u_{rel,7}$ 和 $u_{rel,2}$ 不确定度分量的评定结果与 M1 相同。从图 3-12 可以看出，这 5 个不确定分量在 M2 的合成不确定度分量中的贡献与其 M1 中类似。

表 3-14　M2 结合 GC-MS/MS 测定茶叶中 18 种农药的各相对标准不确定度分量和合成相对标准不确定度

序号	农药	中文名称	CAS 号	u(A)	$u_{rel,1}$	$u_{rel,2}$	$u_{rel,3}$	$u_{rel,4}$	$u_{rel,5}$	$u_{rel,6}$	$u_{rel,7}$	$u_{rel,8}$	u_{rel}
1	acetochlor	乙草胺	34256-82-1	0.012	0.000091	0.020	0.020	0.023	0.082	0.35	0.0000016	0.005	0.361
2	ametryn	莠灭净	834-12-8	0.055	0.000091	0.021	0.020	0.023	0.066	0.02	0.0000026	0.013	0.096
3	bifenthrin	联苯菊酯	82657-04-3	0.018	0.000091	0.019	0.020	0.023	0.091	0.42	0.0000012	0.017	0.436
4	boscalid	啶酰菌胺	188425-85-6	0.123	0.000091	0.017	0.020	0.023	0.063	0.09	0.00000001	0.017	0.172
5	butralin	仲丁灵	33629-47-9	0.047	0.000091	0.029	0.020	0.023	0.063	0.09	0.0000014	0.028	0.131
6	cyprodinil	嘧菌环胺	121552-61-2	0.025	0.000091	0.020	0.020	0.023	0.068	0.02	0.0000002	0.019	0.085
7	dimethomorph	烯酰吗啉	110488-70-5	0.114	0.000091	0.022	0.020	0.023	0.070	0.01	0.0000038	0.015	0.140
8	diniconazole	烯唑醇	83657-24-3	0.051	0.000091	0.017	0.020	0.023	0.075	0.20	0.0000005	0.015	0.220
9	endosulfan	硫丹	115-29-7	0.034	0.000091	0.043	0.020	0.023	0.074	0.05	0.0000007	0.032	0.113
10	epoxiconazole	氟环唑	133855-98-8	0.091	0.000091	0.020	0.020	0.023	0.065	0.03	0.0000003	0.014	0.121

序号	农药	中文名称	CAS 号	$u(A)$	$u_{rel,1}$	$u_{rel,2}$	$u_{rel,3}$	$u_{rel,4}$	$u_{rel,5}$	$u_{rel,6}$	$u_{rel,7}$	$u_{rel,8}$	u_{rel}
11	metalaxyl	甲霜灵	57837-19-1	0.055	0.000091	0.018	0.020	0.023	0.074	0.03	0.0000003	0.004	0.102
12	napropamide	敌草胺	15299-99-7	0.061	0.000091	0.023	0.020	0.023	0.068	0.06	0.0000005	0.012	0.115
13	pendimethalin	二甲戊灵	40487-42-1	0.031	0.000091	0.018	0.020	0.023	0.068	0.07	0.0000001	0.012	0.107
14	propiconazole	丙环唑	60207-90-1	0.054	0.000091	0.018	0.020	0.023	0.094	0.01	0.0000012	0.002	0.114
15	pyridaben	哒螨灵	96489-71-3	0.054	0.000091	0.023	0.020	0.023	0.080	0.05	0.0000010	0.019	0.119
16	pyrimethanil	嘧霉胺	53112-28-0	0.025	0.000091	0.015	0.020	0.023	0.070	0.01	0.0000002	0.015	0.083
17	triadimefon	三唑酮	43121-43-3	0.051	0.000091	0.023	0.020	0.023	0.070	0.02	0.0000001	0.009	0.098
18	trifloxystrobin	肟菌酯	141517-21-7	0.037	0.000091	0.020	0.020	0.023	0.070	0.18	0.0000006	0.017	0.203

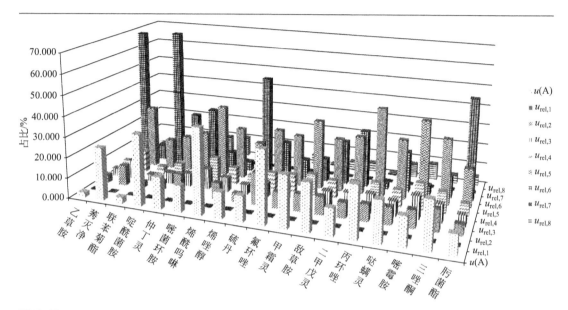

图 3-12

M2 结合 GC-MS/MS 测定茶叶中 18 种农药的各相对标准不确定度分量在总不确定度中的占比（%）分布

在其余 4 个不确定度分量中，贡献最高的为 $u_{rel,6}$，其在 M2 的合成不确定度中占比为 3.09%～69.31%，其中哒螨灵、敌草胺、啶酰菌胺、二甲戊乐灵、仲丁灵、肟菌酯烯唑醇、乙草胺和联苯菊酯的贡献范围为 20.04%～69.31%，处于较高水平。其次为 $u_{rel,5}$，其原因与 M1 不确定度中讨论的相同。$u(A)$ 作为与重复性相关的不确定度分量，会受到平行样测定结果的影响，与 M1 不同，M2 中 $u(A)$ 在合成不确定度中的占比较高。由图 3-12 可以看出，不确定度贡献较小的为 $u_{rel,8}$。

因此，对 M2 而言，$u_{rel,6}$ 和 $u(A)$ 在合成不确定度中发挥着重要作用，在分析过程中需要对与之相关的操作步骤高度重视。

3.2.10.3　M3 不确定度

表 3-15 给出了 M3 结合 GC-MS/MS 测定茶叶中 18 种农药的各相对标准不确定度分量和合成相对标准不确定度评定结果，$u_{rel,1}$、$u_{rel,3}$、$u_{rel,4}$、$u_{rel,7}$ 和 $u_{rel,2}$ 等不确定度分

量的评定结果与 M1 和 M2 相同，在合成不确定度中的贡献与之类似。

表 3-15　M3 结合 GC-MS/MS 测定茶叶中 18 种农药的各相对标准不确定度分量和
合成相对标准不确定度

序号	农药	中文名称	CAS 号	$u(A)$	$u_{rel,1}$	$u_{rel,2}$	$u_{rel,3}$	$u_{rel,4}$	$u_{rel,5}$	$u_{rel,6}$	$u_{rel,7}$	$u_{rel,8}$	u_{rel}
1	acetochlor	乙草胺	34256-82-1	0.011	0.000091	0.020	0.020	0.023	0.082	0.90	0.0000804	0.023	0.907
2	ametryn	莠灭净	834-12-8	0.056	0.000091	0.021	0.020	0.023	0.066	0.09	0.0000020	0.020	0.131
3	bifenthrin	联苯菊酯	82657-04-3	0.033	0.000091	0.019	0.020	0.023	0.091	0.36	0.0000006	0.016	0.378
4	boscalid	啶酰菌胺	188425-85-6	0.066	0.000091	0.017	0.020	0.023	0.063	0.02	0.00000003	0.020	0.101
5	butralin	仲丁灵	33629-47-9	0.088	0.000091	0.029	0.020	0.063	0.08	0.0000020	0.014	0.143
6	cyprodinil	嘧菌环胺	121552-61-2	0.025	0.000091	0.020	0.020	0.023	0.068	0.01	0.0000001	0.020	0.084
7	dimethomorph	烯酰吗啉	110488-70-5	0.101	0.000091	0.022	0.020	0.023	0.070	0.03	0.0000085	0.017	0.133
8	diniconazole	烯唑醇	83657-24-3	0.007	0.000091	0.017	0.020	0.023	0.075	0.86	0.0000012	0.018	0.865
9	endosulfan	硫丹	115-29-7	0.046	0.000091	0.043	0.020	0.023	0.074	0.0000008	0.022	0.108
10	epoxiconazole	氟环唑	133855-98-8	0.041	0.000091	0.020	0.020	0.023	0.065	0.04	0.0000010	0.014	0.095
11	metalaxyl	甲霜灵	57837-19-1	0.025	0.000091	0.018	0.020	0.023	0.074	0.10	0.0000011	0.017	0.135
12	napropamide	敌草胺	15299-99-7	0.067	0.000091	0.023	0.020	0.023	0.068	0.16	0.0000010	0.016	0.190
13	pendimethalin	二甲戊灵	40487-42-1	0.078	0.000091	0.018	0.020	0.023	0.068	0.04	0.0000003	0.017	0.118
14	propiconazole	丙环唑	60207-90-1	0.032	0.000091	0.018	0.020	0.023	0.094	0.02	0.0000008	0.015	0.108
15	pyridaben	哒螨灵	96489-71-3	0.029	0.000091	0.023	0.020	0.023	0.080	0.01	0.0000066	0.017	0.096
16	pyrimethanil	嘧霉胺	53112-28-0	0.016	0.000091	0.015	0.020	0.023	0.070	0.04	0.0000005	0.014	0.088
17	triadimefon	三唑酮	43121-43-3	0.008	0.000091	0.023	0.020	0.023	0.070	0.18	0.0000001	0.019	0.200
18	trifloxystrobin	肟菌酯	141517-21-7	0.035	0.000091	0.020	0.020	0.023	0.070	0.36	0.0000064	0.010	0.370

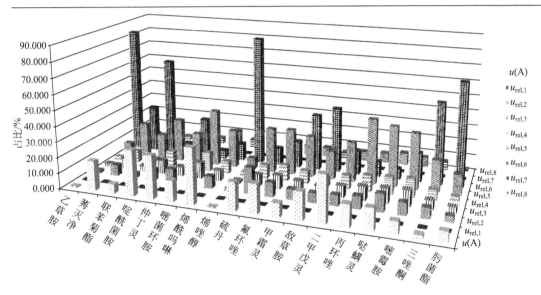

图 3-13
M3 结合 GC-MS/MS 测定茶叶中 18 种农药的各相对标准不确定度分量在总不确定度中的占比（%）分布

从图 3-13 可以看出，M3 中 $u(A)$、$u_{rel,5}$、$u_{rel,6}$ 和 $u_{rel,8}$ 对合成不确定度的贡献大小与其在 M2 中类似。$u_{rel,6}$ 在合成不确定度中的贡献最大，其中对烯唑醇、乙草胺、肟菌酯、联苯菊酯和三唑酮来说，$u_{rel,6}$ 的贡献较高，分别为 84.38％、83.48％、66.83％、64.36％和 52.61％。其次为 $u_{rel,5}$，从表 3-15 可以看出其相对不确定度为 0.063～0.094。对比图 3-11～图 3-13 发现，图 3-13 中 u（A）在合成不确定度中的贡献比图 3-11 高，但低于图 3-12，这可能与茶叶中待测农药浓度或基质效应有关。对 $u_{rel,8}$ 而言，除嘧菌环胺在合成不确定度中的贡献为 10.75％外，其余农药中 $u_{rel,8}$ 的贡献均小于 9％。

因此，对 M3 而言，$u_{rel,6}$ 和 u（A）在合成不确定度中发挥着重要作用，在分析过程中需要对与之相关的操作步骤高度重视。

3.2.10.4 3种方法的不确定度比较

综合以上分析，3 种方法中 $u_{rel,1}$、$u_{rel,3}$、$u_{rel,4}$、$u_{rel,7}$ 和 $u_{rel,2}$ 5 个不确定度分量在合成不确定度中占比均较小，而 u（A）、$u_{rel,5}$、$u_{rel,6}$ 和 $u_{rel,8}$ 4 个不确定度分量对合成不确定度的贡献较大，其中 u（A）与待测农药浓度和重复性相关，$u_{rel,5}$ 是与混合标准溶液加入体积和待测农药浓度在溶剂中的波动相关的不确定度分量，主要受待测农药浓度在溶剂中的波动的影响，同一农药该分量在不同方法中具有相同值。$u_{rel,6}$ 是标准曲线定量引入的不确定度，是由标准曲线在拟合过程中产生的偏差所致。$u_{rel,8}$ 是与方法回收率相关的不确定度分量，其数值因方法的不同而异。因此，通过考察回收率引入的不确定度分量可以对方法进行比较。

由图 3-14 可见，除二甲戊乐灵外，M1 中其余农药的 $u_{rel,8}$ 值均高于 M2 和 M3，其范围为 0.030～0.134，其中烯酰吗啉的 $u_{rel,8}$ 值最高。同时，M1 中不同农药的 $u_{rel,8}$ 值波动较大，而 M2 和 M3 中不同农药的 $u_{rel,8}$ 值则比较稳定，其中 M3 中 $u_{rel,8}$ 值的稳定性最佳，M2 的 $u_{rel,8}$ 值范围为 0.002～0.032，M3 的 $u_{rel,8}$ 值范围为 0.01～0.023。

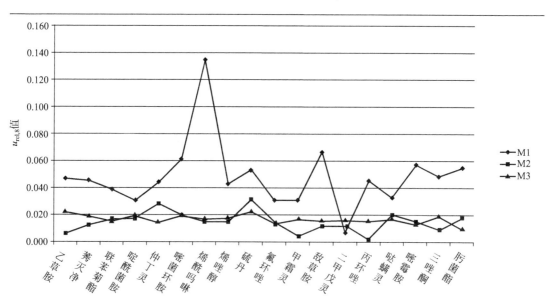

图 3-14

M1、M2 和 M3 中 18 种农药的 $u_{rel,8}$ 值比较

对 M1、M2 和 M3 的合成相对标准不确定度值进行了比较，从图 3-15 可以看出，M1、M2 和 M3 的合成相对标准不确定度均较为接近，变化趋势相同，其中乙草胺、联苯菊酯和烯唑醇的 u_{rel} 在 3 种方法中均高于其他农药。由前述分析可知，合成相对标准不确定度中贡献最大的是标准曲线定量引入的不确定度，查找 3 种方法标准曲线定量引入不确定度评定过程的原始数据发现，不同方法中上述 3 种农药标准曲线最低点的理论响应和实际响应差别较大，可能是由于这 3 种农药在浓度较低时受基质效应的影响较大。因此，在进一步实验中应调整标准曲线最低点的浓度，尽量减小标准曲线定量引入的不确定度。

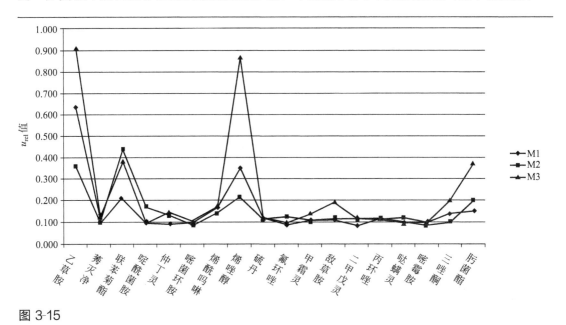

图 3-15

M1、M2 和 M3 中 18 种农药的 u_{rel} 值比较

因此，在上述分析的基础上可以初步得出结论：针对各方法的回收率不确定度分量和合成不确定度比较而言，M3 优于 M1 和 M2。

3.2.11　结论

作为分析方法确认中最主要的参数之一，测量不确定度通常被认为是测定结果的一部分，但是，测量不确定度作为标准用于分析方法的评价不被重视。本章在茶叶水化＋乙腈振荡提取＋正己烷液液萃取净化、茶叶水化＋乙腈振荡提取＋固相萃取净化、乙腈均质提取＋固相萃取全部净化 3 种前处理技术结合 GC-MS/MS 测定茶叶中 18 种农药残留结果的基础上，依据 Eurachem/Citac guide（2000），应用"bottom-up"方法对 3 种方法结合 GC-MS/MS 测定农药残留过程中可能引入不确定度的 9 个因素（重复性、样品称量、标准溶液配制、内标溶液浓度、内标溶液体积、标准曲线定量准备过程、标准曲线定量、待测农药浓度和回收率）进行了评定。通过比较不同方法中各不确定度分量的贡献，发现样品称量、标准溶液配制、内标溶液浓度、内标溶液体积和待测农药浓度 5 个因素在合成不确定度中的贡献相对较小，为次要不确定度分量，而重复性、标准曲线定量准备过程、标准曲线定量和回收率 4 个因素对合成不确定度的贡献较大，为主要不确定度分量。通过对各方法中不同的不确定度分量进行分析，发现回收率引入的不确定度分量可以作为标准对 3 种方法进行评价。比较发现，针对回收率引入的不确定度而言，M2 和 M3 优于 M1，M2 和 M3 中 M3 波动较小，数据稳定，除个别农药外，各方法合成不确定度均较为接近。因此，初步认为 M3 优于 M1 和 M2。值得注意的是，本章仅从不确定度的角度得出相关结论，不确定度只能作为一种方法评价因素，要得出更加准确、可靠的结论，必须结合其他因素对方法进行全面的评价。

参考文献

［1］ Oh C H. Pueification method for multi-residual pesticides in green tea ［J］. Natural Product Communications，2007，2 （10）：1025-1030.

［2］ Huang Z Q，Li Y J，Chen B. Simultaneous determination of 102 pesticide residues in Chinese teas by gas chromatography-mass spectrometry ［J］. Journal of Chromatography B，2007，853：154-162.

［3］ Lozano A，Rajskia Ł，Belmonte-Valles N. Pesticide analysis in teas and chamomile by liquid chromatography and gas chromatography tandem mass spectrometry using a modified QuEChERS method：Validation and pilot survey in real samples ［J］. Journal of Chromatography A，2012，1268：109-122.

［4］ Huang Z Q，Zhang Y，Wang L B. Simultaneous determination of 103 pesticide residues in tea samples by LC-MS/MS ［J］. Journal of Separation Science，2009，32 （9）：1294-1301.

［5］ Chen G Q，Cao P Y，Liu R J. A multi-residue method for fast determination of pesticides in tea by ultraperformance liquid chromatography-electrospray tandem mass spectrometry combined with modified QuEChERS sample preparation procedure ［J］. Food Chemistry，2011，125：1406-1411.

［6］ Schurek J，Portolé T，Hajslova J. Application of head-space solid-phase microextraction coupled to comprehensive two-dimensional gas chromatography-time-of-flight mass spectrometry for the determination of multiple pesticide residues in tea samples ［J］. Analytica Chimica Acta，2008，611：163-172.

［7］ Wu C C，Chu C，Wang Y S. Multiresidue method for high-performance liquid chromatography determination of carbamate pesticides residues in tea samples ［J］. Journal of Environmental Science and Health，Part B，2008，44 （1）：58-68.

［8］ Li H P，Li G C，Jen J F. Fast Multi-residue Screening for 84 Pesticides in Tea by Gas Chromatography with Dual-tower Auto-sampler，Dual-column and Dual Detectors ［J］. Journal of the Chinese Chemical Society，2004，51：531-542.

［9］ Bappaditya Kanrar，Sudeb Mandal，Anjan Bhattacharyya. Validation and uncertainty analysis of a multiresidue method for 42 pesticides in made tea，tea infusion and spent leaves using ethyl acetate extraction and liquid chromatography-tandem mass spectrometry ［J］. Journal of Chromatography A，2010，1217：1926-1933.

［10］ Hu B Z，Song W H，Xie L P. Determination of 33 pesticides in tea by accelerated solvent extraction-gel permeation and solid-phase extraction purification-gas chromatography-mass spectrometry ［J］. Chinese Journal of Chromatography，2008，1：22-28.

［11］ Hu Y Y，Zheng P，He Y Z. Response surface optimization for determination of pesticide multiresidues by matrix solid-phase dispersion and gas chromatography ［J］. Journal of Chromatography A，2005，1098：188-193.

［12］ Soleyman Moinfara，Mohammad-Reza Milani Hosseinia. Development of dispersive liquid-liquid microextraction method for the analysis of organophosphorus pesticides in tea ［J］. Journal of Hazardous Materials，2009，169：907-911.

［13］ Lou Z Y，Chen Z M，Luo F J. Determination of 92 pesticide residues in tea by gas chromatography with solid-phase extraction ［J］. Chinese Journal of Chromatography，2008，26 （5）：568-576.

［14］ Pang G F，Fan C L，Zhang F. High-Throughput GC/MS and HPLC/MS/MS Techniques for the Multiclass, Multiresidue Determination of 653 Pesticides and Chemical Pollutants in Tea ［J］. Journal of AOA C International，2011，94 （4）：1253-1263.

［15］ Pang G F，Fan C L，Chang Q Y. High-Throughput Analytical Techniques for Multiresidue，Multiclass Determination of 653 Pesticides and Chemical Pollutants in Tea—Part III：Evaluation of the Cleanup Efficiency of an SPE Cartridge Newly Developed for Multiresidues in Tea ［J］. Journal of AOAC International，2013，96 （4）：887-896.

［16］ Fan C L，Chang Q Y，Pang G F. High-Throughput Analytical Techniques for Determination of Residues of 653 Multiclass Pesticides and Chemical Pollutants in Tea，Part II：Comparative Study of Extraction Efficiencies of

Three Sample Preparation Techniques [J]. Journal of AOA C International，2013，96 (2)：432-440.

[17] Cajka T，Sandy C，Bachanova V. Streamlining sample preparation and gas chromatography-tandem mass spectrometry analysis of multiple pesticide residues in tea [J]. Analytica Chimica Acta，2012，743：51-60.

[18] Rozet E，Marini R D，Ziemons E，et al. Advances in validation，risk and uncertainty assessment of bioanalytical methods [J]. Journal of Pharmaceutical and Biomedical Analysis，2011，55 (4)：848-858.

[19] International Bureau of Weights and Measures，ISO. Guide to the Expression of Uncertainty in Measurement，International Organization for the Standardization [S]. Geneve：ISO，1995. 2-3.

[20] Youden W. Uncertainties in Calibration，Proc. 1962 International Conference on Precision [M]. Electromagnetic Measurements，August 1962.

[21] Eurachem，Quantifying Uncertainty in Analytical Measurement. Laboratory of the Government Chemist，London (1995) [S]. ISBN 0-948926-08-2.

[22] Eurachem/Citac Guide CG 4 (2000). In S. L. R. Ellison，M. Rosslein，A. Williams (Eds.)，Quantifying uncertainty in analytical measurement (QUAM) (2nd ed) [S]. EURACHEM/CITAC.

[23] Armishaw P. Estimating measurement uncertainty in an afternoon. A case study in the practical application of measurement uncertainty [J]. Accredition and Quallity Assurance，2003，8，218-224.

[24] Ratola N，Faria J L，Alves A. Analysis and quantification of trans-resveratrol in wines from Alentejo region (Portugal) [J]. Food Technology Biotechnology，2004，42，125-130.

[25] Paola Fisicaro，Soraya Amarouche，Béatrice Lalere. Approaches to uncertainty evaluation based on proficiency testing schemes in chemical measurements [J]. Accreditation and Quality Assurance. 2008，13；361-366

[26] óscar Pindado Jiménez，Rosa Ma Pérez Pastor. Estimation of measurement uncertainty of pesticides，polychlorinated biphenyls and polyaromatic hydrocarbons in sediments by using gas chromatography-mass spectrometry [J] . Analytica Chimica Acta，2012，724 (0)：20-29.

[27] Quintela M，Báguena J，Gotor G，et al. Estimation of the uncertainty associated with the results based on the validation of chromatographic analysis procedures：Application to the determination of chlorides by high performance liquid chromatography and of fatty acids by high resolution gas chromatography [J]. Journal of Chromatography A，2012，1223 (0)：107-117.

[28] Füsun Okçu Pelit，Hasan Ertaş，Işll Seyrani，et al. Assessment of DFG-S19 method for the determination of common endocrine disruptor pesticides in wine samples with an estimation of the uncertainty of the analytical results [J]. Food Chemistry，2013，138 (1)：54-61.

[29] ISO，Guide to the Expression of Uncertainty in Measurement，International Standards Organisation [S]，Geneva，1993.

[30] Analytical Methods Committee. Uncertainty of measurement：Implications of its use in analytical science. Analyst，1995，120；2303-2308.

[31] Hässelbarth W. Measurement uncertainty procedures revisited：Direct determination of uncertainty and bias handling [J]. Accreditation Quality Assurance，1998，3：418-422.

[32] Cuadros-RodríGuez L，Hernández Torres M E，Almansa López E，et al. Assessment of uncertainty in pesticide multiresidue analytical methods：main sources and estimation [J]. Analytica Chimica Acta，2002，454 (2)：297-314.

[33] Radim Štěpán，Jana Hajšlová，VladimíR Kocourek，et al. Uncertainties of gas chromatographic measurement of troublesome pesticide residues in apples employing conventional and mass spectrometric detectors [J]. Analytica Chimica Acta，2004，520 (1-2)：245-255.

[34] Alfredo Díaz，Lluís Vàzquez，Francesc Ventura，Maria Teresa Galceran. Estimation of measurement uncertainty for the determination of nonylphenol in water using solid-phase extraction and solid-phase microextraction procedures [J]. Analytica Chimica Acta 2004，506：71-80.

[35] Bappaditya Kanrar，Sudeb Mandal，Anjan Bhattacharyya. Validation and uncertainty analysis of a multiresidue method for 42 pesticides in made tea，tea infusion and spent leaves using ethyl acetate extraction and liquid chromatography-tandem mass spectrometry [J]. Journal of Chromatography A，2010，1217 (12)：1926-1933.

[36] Evaluation of measurement data-Guide to the expression of uncertainty in measurement [S]. JCGM 100：2008.

茶叶农药多残留检测方法学研究

第 4 章

茶叶中农药多残留
测定的基质效应

4.1 基质效应研究现状

4.1.1 基质效应的定义与分类

基质通常来说是除了目标分析物以外样品中的其他成分。基质效应是指其他组分对待测物测定的影响，即其他所有成分对结果造成的定量定性误差。美国临床实验室标准化委员会对基质效应的定义为：样品中除了目标分析物以外的其他成分对待测物测定值的影响，即基质对分析方法准确性的干扰[1]；欧盟农药残留分析质量控制规程中的定义：基质效应是指样品中的一种或几种非待测组分对待测物浓度或质量浓度测定准确度的影响[2]。

基质效应对目标分析物浓度和质量测定准确度的影响普遍存在，如气相色谱、液相色谱、色谱-质谱联用、串联质谱、电感耦合等离子体质谱等。在农药残留分析中，Gillespie等[3]在20世纪90年代建立高脂肪含量样品中有机磷农药的测定方法时发现，采用溶剂标准定量时，绝大多数含P═O基团的农药回收率超过130%，若采用含样品基质的标准溶液校正后回收率则在103%左右。Erney等[4]在1993年首次将这种现象命名为基质引起的响应值增强效应（matrix-induced response enhancement）。

根据基质成分对检测信号响应值的不同影响，基质效应可分为基质增强效应和减弱效应。增强效应即样品基质成分的存在减少了色谱系统活性位点与目标物分子作用的机会，使得目标分析物响应较纯溶剂中的色谱响应增高；减弱效应是指基质成分的存在使仪器检测信号减弱的现象。在气相色谱分析中大多数农药表现出不同程度的基质增强效应；而在液质分析中常是基质减弱效应，这也是液质分析的主要缺点之一。

4.1.2 基质效应的产生和影响因素

目前在气相色谱及气相色谱-质谱分析时，普遍认为基质效应的产生机制是在实际样品检测时，由于样品中的杂质组分分子会与目标分析物分子竞争进样口或柱头的金属离子、硅烷基以及不挥发性物质等所形成的活性位点，从而使待测物与活性位点的相互作用机会减少，因此，相同含量的待测物在实际样品中比在纯溶剂标样中的响应值高[5,6]。

可能影响基质效应的因素主要包括以下几种：

① 提取试剂、净化材料的种类。如果样品采用的提取试剂和净化材料存在差异，基质效应会存在较大差异[7-10]。Schenck等[9]发现采用石墨化炭黑吸附剂（GCB）作为固相萃取（SPE）柱净化填料时，对基质效应的消除基本没有改善；如果采用弱氨基，如 N-丙基乙二胺（PSA）或者 NH$_2$ 柱串联 GCB 进行净化，将会大大降低基质效应。

② 分析物的浓度。基质效应与分析物的浓度有很大关系，目标化合物在低浓度时基质效应明显，随着浓度的增大，基质效应呈现减弱趋势[11-13]。刘莉等[13]在测定黄瓜中

甲胺磷、乙酰甲胺磷和氧化乐果时发现，3种农药的基质效应随农药浓度的升高而减小。

③ 分析物的化学结构、性质。一般热不稳定、极性、具有氢键键合能力的有机酸酯、羟基化合物、咪唑、氨基化合物等在气相色谱（GC）分析中容易产生基质效应。在现代农药分析中，有以下功能基团或特征结构的农药基质增强效应比较明显：$(CHO)_3$—P、—O—CO—NH—、—OH、—N═、R—NH、—NH—CO—NH—等[5]。刘莉等[13] 在测定黄瓜中有机磷农药时，发现甲胺磷、乙酰甲胺磷和氧化乐果3种农药受基质影响较大，其中以乙酰甲胺磷受到的影响最为显著，而其他9种农药并无明显差别。

④ 基质的浓度、种类、性状。样品基质的浓度、种类和性状对基质效应有较大影响[12,14-21]。易盛国等[18] 发现样品含水量越高，基质效应越弱；糖类、油脂及蛋白质含量越高，基质效应越强。de Souza Pinheiro 等[20] 发现在某些基质成分较为简单的水样中，基质效应较弱，而随着水样成分变复杂，基质效应逐渐增强[21]。

⑤ 进样技术。程序升温技术[22]、样品直接导入进样技术[23-25] 和脉冲不分流进样技术[26] 在一定程度上可减弱基质效应。

⑥ 检测器类型。检测器类型的不同也会对基质效应造成影响[4,9,27]。Schenck 等[9] 发现采用气相色谱-离子阱质谱测定时农药的基质效应强于气相色谱-火焰光度检测器。Souverain 等[27] 对电喷雾电离和大气压化学电离两种接口电离模式对基质效应的耐受性考察发现，电喷雾电离模式比大气压化学电离模式更容易受到基质效应的影响。

此外，进样口结构、活性点的数量和类型，仪器设定的分析条件（如时间、温度、载气流速、压力等[17,19]），仪器测定时的状态（如衬管、柱子的类型和污染情况等）均会对基质效应产生影响。欧菊芳等[28] 对蔬菜中农药多残留测定时的基质效应进行了系统研究，发现如果在衬管中加入一定量的玻璃棉将有效改善基质效应；色谱柱使用较长时间后，需要截取较长的色谱柱才能达到良好的改善基质效应的效果，升高进样口的温度也将有效地改善基质效应。

4.1.3　基质效应补偿方法

近年来，致力于消除和补偿气相色谱及气相色谱-质谱（GC-MS）基质效应的研究逐渐增多，主要包括以下方面：

（1）改进样品前处理技术

在分析过程中可适当增加净化步骤，以降低基质效应。虽然改进前处理技术，会改善基质效应，但并不能完全消除基质效应[9]，而且增加的前处理实验步骤可能造成某些农药的损失，导致农药的回收率降低。

（2）优化分析条件

适当的进样策略以及对仪器系统的正确操作和维护对减少基质效应是有益的。如冷柱头进样、脉冲不分流进样、程序升温汽化进样等进样方式均会减弱基质效应，但不能根本消除基质效应的影响。

董振霖等[29] 采用气相色谱和气相色谱-质谱法检测10种植物源性和动物源性食品中乙草胺残留量时，发现基质效应对乙草胺的影响很大，如果按一定的顺序进样，可以非常有效地降低基质效应的影响，但该方法并不能完全解决基质效应问题。

（3）标准添加法

标准添加法也是一种补偿基质效应的有效方法[30-32]。将已知量的分析物加至含有目标分析物的样品提取液中，同时使添加的目标分析物浓度分别为不同的系列浓度，对添加标准品样品和未添加标准品样品的色谱响应值进行分析，制作标准曲线，根据斜率和截距可得到待测物浓度。

Frenich 等[30]采用单点标准添加法建立了黄瓜和柑橘中 12 种农药残留的分析方法，取得了良好的结果，同时将其应用于实际样品的测定。但该方法较烦琐，不太适合多残留和大量样品的测定。

（4）标记内标法

对于敏感化合物，加入同位素标记内标物或氘代内标物可有效解决基质效应问题[33]，但这样的标记内标物（尤其是有证书的标准物质）很难得到，而且对每种敏感化合物均要加入内标物，加大了分析过程的难度。同时，此方法不太适合样品中农药多残留分析。

（5）统计校正因子

统计校正因子是一种应用数理统计方法对基质效应问题进行校正和评估的方法，该方法的应用要求样品分析在相同的系统环境和仪器操作条件下进行，当操作条件发生变化时，需要重新进行系统校正[34]。

（6）基质匹配标准溶液校准法

目前许多农药残留检测方法均使用基质匹配标样进行校准[35-39]，以使标样的基质环境与样品相同。其做法是配制不含农药的空白基质匹配标准溶液，然后加入标准溶液。该方法采用基质匹配的标准溶液对样品进行校正，标准溶液中的样品基质同等程度地补偿标准溶液和样品溶液中农药的响应，提高了检测结果的准确性。

虽然美国官方实验室在农药残留检测中长期使用基质匹配校准法[40,41]，欧盟亦推荐利用基质匹配标准溶液校准法校准[42]，但美国环境保护署（EPA）和食品药品管理局（FDA）禁止采用此方法[43]。同时这种方法应用于常规检测尤其是有大量待测样品的实验室并不实际，原因是：①采用基质匹配标准溶液校准时需要选择空白样品材料，但往往空白样品材料比较难得到；②不同样品间的性质差异很大，在分析过程中各种样品具有不同的基质特性，会产生不同的基质效应；③更多的样品基质进入仪器中，增加了系统的维护费用。

（7）分析物保护剂方法

一般认为，气相色谱基质效应的产生机制为检测实际样品时，由于样品中的杂质组分分子会与待测物分子竞争进样口或柱头的金属离子、硅烷基以及不挥发性物质等所形成的活性位点，从而使待测物与活性位点的相互作用机会减少，因此，相同含量的待测物在实际样品中比在纯溶剂标样中的响应值高。

基于此现象，Erney 认为若通过使用合适的试剂以阻止活性位点与待测物之间的相互作用，将该种试剂在进样前加入样品中，能起到保护待测物不被进样口附近活性位点吸附的作用，该试剂称为分析物保护剂。1993 年，Erney 等[44]选择了 8 种具有氢键键合能力的化合物［甲酸、甲酰胺、甘油、聚乙二醇、N，N，N'，N'-四（2-羟基丙基）乙二胺、六甲基磷酰三胺、磷酸二辛酯、1，2，3-三（2-氰氧基）丙烷］加入标液以起到模拟基质存在的作用，但试验未得到理想的稳定效果。

2003 年 Anastassiades 等[43] 重新引入了分析物保护剂的观点，作者认为理想的保护剂应具备良好的氢键键合能力、良好的挥发性以及实际应用比较方便的特点，首先应考虑的问题是其可以产生很强的基质诱导的增强效应。Anastassiades 认为具有氢键键合能力的物质是产生这种现象的关键因素，因此考察了 93 种分析物保护剂对西红柿基质中 40 种农药定量的影响，重点考察了具有良好氢键键合能力的化合物，包括糖类、糖醇类、糖衍生物、二醇类等。将这些化合物在进样前加入，发现含有很多羟基基团的化合物对多种问题农药在气相色谱中的响应显示出良好的改善效果。研究结果表明，当温度达到能使待分析农药在色谱柱中的分配系数很小的温度之前，分析保护剂和待分析农药能停留在色谱柱的同一部位很重要。其研究也证实，3-乙氧基-1,2-丙二醇、古洛糖酸-γ-内酯、山梨醇分别是挥发性农药、半挥发性农药、低挥发性农药的合适分析保护剂，而使用上述三者的混合物可实现对性质差异较大农药的定量。

2005 年，Mastovská 等[45] 在 2003 年研究的基础上，选择了不同种类的农药，如易受基质影响的农药，不易受基质影响的农药，极性、挥发性以及热稳定性不同的农药，并选择了在 2003 年研究中效果较好的 8 种保护剂（3-乙氧基-1,2-丙二醇、1，2，3，4-丁四醇、4,6-O-亚乙基-D-葡萄糖、咖啡因、L-古洛糖酸-γ-内酯、聚乙二醇、甘油三酯、D-山梨糖醇），考察了这 8 种保护剂组合对水果蔬菜定量的影响。结果表明，一定浓度组合的古洛糖酸内酯、山梨醇和乙烷基丙三醇对减少问题农药的丢失和改善峰形方面的效果较理想。同时，方法采用保护剂进行定量，并将结果与基质匹配标准溶液定量结果进行比较，发现二者的定量结果相差不大，且保护剂的添加使得定量操作更简便。作者认为使用这种方法补偿基质效应能改善待测物峰形和强度，操作简便，检出限低，GC 系统无需经常维护。

同年，Sánchez-Brunete 等[46] 采用 GC-MS 评价了土壤、蜂蜜和果汁中的 25 种农药基质效应，同时选用 4 种保护剂（2,3-丁二醇、古洛糖酸-γ-内酯、玉米油和橄榄油）补偿基质效应，结果发现古洛糖酸-γ-内酯适用于土壤和蜂蜜中的基质补偿，而橄榄油则适用于果汁样品中基质效应的补偿。

González-Rodríguez 等[47] 采用基质保护剂补偿方法测定了 75 种绿叶蔬菜中 23 种杀真菌剂、杀虫剂和葡萄以及葡萄酒中 11 种杀真菌剂[48]，这些方法表明分析物保护剂在补偿基质效应方面有良好的效果。

2011 年，Wang 等[49] 采用 D-核糖酸-γ-内酯和山梨醇保护剂组合建立了 GC-MS 测定中药中 195 种农药多残留的分析方法。作者选用了 7 种保护剂进行比较，并通过合适的组合，进而建立了一种快速简单定量中药中农药多残留的测定方法。通过实验，发现 2-甲苯-4-氯苯氧丙酸、抑菌灵、氧化乐果、倍硫磷亚砜和乙羧氟草醚等农药受基质影响较大，作者认为含有 P═O、—O—CO—NH—、—OH、—N═、R—NH—、—NH—CO—NH—等功能基团或特征结构化合物的基质增强效应比较明显。

国内关于分析物保护剂的研究主要包括：2006 年黄宝勇等[50] 建立了蔬菜中 52 种农药化合物的气相色谱-质谱检测方法，考察了基质效应和分析保护剂（3-乙氧基-1，2-丙二醇、D-山梨醇、L-古洛糖酸-γ-内酯）在方法中的应用，评价了 3 种分析保护剂组合的加入对补偿基质效应的影响，确定了最佳配比。同年，其又建立了果蔬中 45 种农药的选择离子监测模式下气相色谱-质谱检测方法[51]，评价了在分析过程中添加分析保护剂（3-乙氧基-1，2-丙二醇和 D-山梨醇）对农残定量分析结果可靠性以及补偿基质效应的影响，表明该方法对大多数农药（尤其是乙酰甲胺磷、氧乐果、甲胺磷、对氧磷）能显著补偿由基质增强效应造成的定量误差，并降低了检出限；同时发现 o，p'-DDT 和 p，p'-DDT 有基质减弱效应，保护剂对其无补偿作用。

4.1.4　聚类分析及其在化学分析中的应用

化学计量学（Chemometrics）是由瑞典化学家 Wold 和美国化学家 Kowalski 于 20 世纪 70 年代初共同创立的[52]。20 世纪 80 年代，化学计量学作为一种良好的分析工具在化学领域得到了应用。化学计量学主要运用统计学、数学、现代计算机科学以及其他相关科学的理论与方法，对化学量测过程进行优化，同时根据化学量测数据最大限度地提取有用的化学信息，是建立在多学科交叉基础上的一门新兴学科，是化学学科的一个重要分支。化学计量学为化学量测提供理论和方法，为各类波谱及化学量测数据的解析，为化学化工过程的机理研究和优化等提供新的解决途径和新的分析思路。

根据美国《分析化学》（Analytical Chemistry）杂志双年综述[53-56] 的分类，目前化学计量学可以分为信号处理、最优化方法、因子分析、多元校正、化学图像分析、化学模式识别、参数估计、化合物结构-活性和结构-性质关系、人工智能、化学数据库检索、多元曲线分辨等 11 个研究方向。20 世纪 80 年代以来，化学计量学同原子吸收、原子发射、红外、色谱、质谱等分析技术结合，在食品分析中得到了广泛应用[57]。

模式识别最早出现在 20 世纪 20 年代，于 60 年代末被引入化学领域。模式识别方法包括监督的模式识别方法（supervised classification）和无监督的模式识别方法（unsupervised classification）[58]，模式识别通过对分析量测数据的隐含信息进行提取和数学处理，同时根据数学统计和计算机语言编程，按照一定的数学计算方式，建立研究对象模型从而实现对物质的分类、判别。有监督的模式识别方法是在分析前知道分析物质的类别属性，然后对已知的类别属性进行训练，获得分类准则，然后对未知物质进行分类和模型预报；无监督的模式识别方法则在分析前并不知道未知样品的类别属性。

化学模式识别方法主要包括主成分分析（principlecomponent analysis，PCA）、聚类分析（cluster analysis，CA）和判别分析（discriminant analysis，DA）等方法。

聚类分析是一种无监督的模式识别方法，在模式分类时只依赖对象自身所具有的属性，对不同对象之间的相似程度进行区分。它按照"物以类聚"的原理，将样本聚集成不同的类或簇，在分类过程中先根据一定的数学计算方法计算不同对象之间的距离，将距离最近样品的聚合归为一个新类，然后计算新类与其他剩余各类之间的差异，再把其中差异较小的两类合并，如此不断重复直至将所有样品聚合为一类[59]。聚类分析的目的是通过聚类后，相似性较高的样品聚为一类，而差异性较大的样本则成为不同的类别，从而发现数据集的内在结构。聚类分析是进行数据分析的一个基本方法，在化学领域得到了广泛的应用。作为统计学的一个分支，在许多统计软件如 SPSS 和 SAS 中都包含有聚类分析的统计方法[60,61]。

不同的物质，其微量元素含量、色谱光谱性质有不同的差异，聚类分析可以根据这些差别建立相应模型从而达到对不同物质分类的目的。如 da Silva Torres 等[62] 根据食物中其营养值，采用聚类分析方法对食品进行了分类。炸土豆片是热量最高的食物，同时也含有最高的纤维含量。米粉含有丰富的糖类，芝麻菜含有最高含量的蛋白和总纤维含量，而生菜含有此类物质最少。Li 等[63] 为了分析大同地下水中 F 和 As 的发生率，对 486 个地下水样品的 18 个水化学参数进行了聚类分析，地下水样品可以分为 36 个浅水样品和 19 个深水样品，并对其中的含量进行了测定，从而对其地下水布局进行了勾画。Jin 等[64] 采用聚类分析对加利福尼亚地区的 8h 臭氧水平进行聚类，为建立地理污染区域模型提供了理论支持。

4.2 不同产地不同种类茶叶中农药残留测定的基质效应

基质效应受到样品产地和基质种类的影响。不同种类基质有不同的基质效应，同一种基质针对不同类别农药也有不同的基质效应。Kocourek 等[65] 评价了农药在甘蓝、柑橘、小麦 3 种不同植物提取液中的稳定性，发现在小麦提取液中的稳定性明显高于其他两种。Kittlaus 等[66] 在采用 LC-MS/MS 评价不同基质中的基质效应时，发现绿茶和乌龙茶的基质效应差异较大。

常用的基质补偿方法为基质匹配标准溶液，但需要对每种基质配制其匹配的基质匹配溶液，该操作会使整个实验过程显得烦琐，同时降低了样品处理速度。因此为了在保证实验准确度的同时达到简化实验操作的目的，很多学者提出了代表性样品的概念，如基于样品的含水量、脂肪/油含量、糖含量、酸含量等选择特定的几种基质来处理一类相似样品[42,67]。很多代表性样品得到了广泛应用[42,68,69]，Romero-González 等[68] 测定了桃子、橘子、菠萝、苹果和几种水果混合而成的多水果基质中的 90 多种农药，在测定过程中，作者对这些水果的基质效应进行了评价，发现多水果基质物质可以作为这些物质的代表性基质，进行整个实验的验证，同时得到的结果在相关标准设定的范围内。欧盟亦在相关法规中列出了可代表类似物质的基质，如苹果和梨可以作为仁果类物质的代表，同时也属于高含水水果的代表[42]。但是目前在茶叶样品分析过程中，很多学者依然采用其单独的基质匹配标准溶液[35,70]。

层次聚类分析是目前在化学领域应用广泛的多元分析方法[71]，在聚类分析中，样品的分类基于相似性进行。采用聚类分析时，将样品视为变量空间中的一个点，然后通过一定的计算方法计算各点之间的距离，根据距离大小对样品进行分类。首先将距离最近的样品归为一个新类，然后重新计算新类和其他剩余类的距离，再根据距离进行合并，直至所有的样品都归为一类。目前有很多不同的方法来计算距离，如欧氏距离、绝对距离、Chebyshev 距离、Minkowski 距离、方差加权距离和马氏距离等。样品之间的相似性会通过一个二维树状图表示，图中垂直长度的线表示两个对象之间的距离大小，连接这两个对象的线表示二者有相似性。

本章将采用气相色谱-质谱（GC-MS）气相色谱-串联质谱（GC-MS/MS）和液相色谱-串联质谱（LC-MS/MS）3 种仪器对不同产地和不同种类的 28 种茶叶样品的基质效应进行考察，同时采用层次聚类分析方法对茶叶样品采用 GC-MS、GC-MS/MS 和 LC-MS/MS 测定的基质效应进行分类，期望可以通过该分类，选择代表性茶叶基质配制基质匹配标准溶液，简化定量实验操作过程。

4.2.1　样品、试剂与仪器

4.2.1.1　28 种茶叶的产地及分类

28 种茶叶的产地、种类及发酵程度见表 4-1。

表 4-1　28 种茶叶的产地、种类及发酵程度

序号	品种	种类	发酵程度	产地
1	绿茶	黄山毛峰茶	不发酵茶	安徽省黄山市徽州区
2	绿茶	邓村绿茶	不发酵茶	湖北省宜昌市夷陵区
3	绿茶	龙井茶	不发酵茶	浙江省杭州市西湖区
4	绿茶	庐山云雾茶	不发酵茶	江西省九江市九江县
5	绿茶	太平猴魁茶	不发酵茶	安徽省黄山市黄山区
6	绿茶	恩施玉露茶	不发酵茶	湖北省恩施土家族自治州芭蕉侗族乡
7	绿茶	白沙绿茶	不发酵茶	海南省五指山区白沙黎族自治县
8	绿茶	古丈毛尖茶	不发酵茶	湖南湘西土家族苗族自治州古丈县
9	绿茶	洞庭(山)碧螺春茶	不发酵茶	江苏省苏州市吴中区东山镇
10	绿茶	雨花茶	不发酵茶	江苏省南京市中山陵和雨花台风景区
11	绿茶	安吉白茶	不发酵茶	浙江省湖州市安吉县
12	绿茶	六安瓜片茶	不发酵茶	安徽省六安市裕安区
13	绿茶	蒙山茶	不发酵茶	四川省雅安市名山县
14	绿茶	崂山绿茶	不发酵茶	山东省青岛市崂山区
15	绿茶	日照绿茶	不发酵茶	山东省日照市东港区
16	黄茶	君山银针	部分发酵茶	湖南省岳阳市君山区
17	白茶	白牡丹	部分发酵茶	福建省南平市政和县
18	白茶	白毫银针	部分发酵茶	福建省宁德市福鼎市
19	乌龙茶	安溪铁观音茶	部分发酵茶	福建省泉州市安溪县
20	乌龙茶	永春佛手	部分发酵茶	福建省泉州市永春县
21	乌龙茶	黄金桂	部分发酵茶	福建省泉州市安溪县
22	乌龙茶	凤凰单枞	部分发酵茶	广东省潮州市潮安区
23	红茶	祁门红茶	全发酵茶	安徽省黄山市祁门县
24	红茶	滇红茶	全发酵茶	云南省临沧市凤庆县
25	红茶	闽红茶	全发酵茶	福建省宁德市古田县
26	黑茶	安化黑茶	后发酵茶	湖南省益阳市安化县
27	黑茶	六堡茶	后发酵茶	广西壮族自治区梧州市苍梧县
28	普洱茶	普洱茶	后发酵茶	云南省普洱市思茅区

4.2.1.2　试剂与耗材

丙酮、乙腈、正己烷、甲苯和甲醇均为色谱纯试剂，购自赛默飞世尔科技公司。Cleanert TPT 固相萃取柱（2000mg/12mL）购自天津艾杰尔公司。农药标准品纯度均 ≥95%（LGC，德国），具体名称见附表 4-1 和附表 4-2。

农药标准溶液的配制：准确称取 5～10mg（精确至 0.01mg）农药标准物分别于 10mL 容量瓶中，根据标准物的溶解度和测定的需要选甲苯、甲苯＋丙酮混合液、二氯甲烷、甲醇、乙腈、异辛烷等溶剂溶解并定容至刻度，得到农药的标准储备溶液。标准储备溶液 4℃避光保存，可使用 1 个月。

按照农药的理化性质及保留时间，将其分成 A、B、C 三个组，并根据每种农药在仪器上的响应灵敏度，确定其在混合标准溶液中的浓度。依据每种农药的分组号、混合标准溶液浓度及其标准储备液的浓度，移取一定量的单个农药标准储备溶液于 100mL 容量瓶中，甲醇定容至刻度，得到混合标准溶液。混合标准溶液 4℃避光保存，可使用 1 个月。

基质混合标准工作溶液的配制：用空白样品提取液配成不同浓度的基质混合标准工作溶液，用于作标准工作曲线。基质混合标准工作溶液应现用现配。

溶剂标准溶液的配制：取一定浓度的混合标准溶液和 40μL 内标，氮气流下吹干后，乙腈定容至 1mL。

内标标准溶液：准确称取 3.5mg 环氧七氯（heptachlor epoxide）于 100mL 容量瓶中，甲苯定容至刻度。在每次测定前移取 40μL 放入测试溶液中，用于校正定容和仪器测定过程中产生的误差。

4.2.1.3　仪器

医用玻璃注射器（1mL，山东安得医疗科技有限公司）；彩色单道移液枪（德国艾本德有限公司）；FJ200-S 型匀浆机（德国艾卡）；Mettler PM6400 电子天平（0.01g）；8893 型超声波清洗器（美国科尔帕默公司）；VORTEX-2 涡旋混合器（美国 Scientific Industries 公司）；SHB-B95 型真空泵（郑州长城科工贸有限公司）；Agilent 6890/5973N GC-MSD（配电子轰击源），配置 7683 自动进样器（美国安捷伦公司）；Agilent 7890/7000 GC-MS/MS（配电子轰击源），配置 CTC 自动进样器（美国安捷伦公司）；Agilent 1290/6460A LC-MS/MS（美国安捷伦公司）；Milli-Q 超纯水机（美国密理博公司）；旋转蒸发仪 SA31；氮气浓缩仪（美国 Organomation Associates）；其他器材：10mL 移液管、0.2μm 滤膜等。

4.2.2　样品前处理方法

茶叶样品提取方法参照 Pang 等[35] 的方法进行。称取 5g 试样（精确至 0.01g）于 80mL 离心管中，加入 15mL 乙腈，15000r/min 均质提取 1min，4200r/min 离心 5min，取上清液于 200mL 鸡心瓶中。残渣用 15mL 乙腈重复提取 1 次，离心，合并 2 次提取液，40℃水浴旋转蒸发至约 1mL，待净化。

Cleanert TPT 柱中加入约 2cm 高无水硫酸钠，用 10mL 乙腈-甲苯（3∶1）预洗，Cleanert TPT 柱下接鸡心瓶，放入固定架上。将样品浓缩液转移至 Cleanert TPT 柱，用 3×2mL 乙腈-甲苯（3∶1）洗涤样液瓶，并将洗涤液移入柱中，在柱上装 50mL 储液器，再用 25mL 乙腈-甲苯（3∶1）洗涤小柱，收集所有流出液于鸡心瓶中，在 40℃水浴中用旋转蒸发器浓缩至约 0.5mL。加入 40μL 内标溶液，氮气流下吹干后，乙腈定容至 1mL，过 0.2μm 滤膜，仪器测定。

添加实验：精确称取 5g 茶叶样品，添加混合标准溶液，静置 30min 后，参照样品前处理进行样品处理。

4.2.3　仪器分析条件

4.2.3.1　GC-MS 与 GC-MS/MS 分析条件

（1）气相色谱分析条件

色谱柱：DB-1701（30m × 0.25mm × 0.25μm）（J&W，美国）；色谱柱升温程序：40℃保持 1min，以 30℃/min 升温至 130℃，再以 5℃/min 升温至 250℃，再以 10℃/min 升温至 300℃，保持 5min；载气：氦气，纯度≥99.999%；流速：1.2mL/min；进样口温度：290℃；进样量：1μL；进样方式：无分流进样，1.5min 后打开阀。

（2）质谱分析条件

离子源：EI（电子轰击电离源）；离子源温度：230℃，电子轰击源能量：70eV；气相色谱-质谱接口温度：280℃；扫描方式：选择离子监测，每种化合物分别选择 1 个定量离子，2～3 个定性离子；监测离子对和碰撞能量参见附表 4-1、附表 4-2。

4.2.3.2　LC-MS/MS 分析条件

（1）液相色谱分析条件

色谱柱：ZORBAX SB-C$_{18}$，3.5μm，100mm×2.1mm（内径）或相当者；流动相及梯度洗脱条件见表 4-2；柱温：40℃；进样量：10μL。

表 4-2　流动相及梯度洗脱条件

时间/min	流速/(μL/min)	流动相 A(0.1%甲酸水溶液)/%	流动相 B(乙腈)/%
0.00	400	99.0	1.0
3.00	400	70.0	30.0
6.00	400	60.0	40.0
9.00	400	60.0	40.0
15.00	400	40.0	60.0
19.00	400	1.0	99.0
23.00	400	1.0	99.0
23.01	400	99.0	1.0

茶叶农药多残留检测
方法学研究

（2）质谱分析条件

电离源模式：电喷雾离子化；电离源极性：正模式；雾化气：氮气；雾化气压力：0.28MPa；离子喷雾电压：4000V；干燥气温度：350℃；干燥气流速：10L/min；监测离子对，碰撞气能量和源内碎裂电压参见附表4-3。

4.2.4 定性与数据处理

4.2.4.1 样品中农药的定性

在相同实验条件下进行样品测定时，如果检出色谱峰的保留时间与标准样品一致，并且在扣除背景后的样品质谱图中，所选择的离子均出现，所选择的离子丰度比与标准样品的离子丰度比也均在允许的误差范围内（相对丰度＞50％，允许±20％偏差；相对丰度＞20％～50％，允许±25％偏差；相对丰度＞10％～20％，允许±30％偏差；相对丰度≤10％，允许±50％偏差），则可判断样品中存在这种农药或相关化学品。

4.2.4.2 基质效应计算方法

通过农药在茶叶基质匹配标准溶液中的响应与其在纯乙腈溶剂中的响应进行比较，可得到每种农药的基质效应[72]。每个样品平行测定 3 次，取其平均值。基质效应（ME）按照以下公式计算：matrix effect（%）＝$[(A_2 - A_1)/A_1] \times 100$；$A_1$ 为乙腈溶液中农药的峰响应；A_2 为茶叶空白样品中农药的峰响应，添加浓度均为每种农药的 MRL 浓度。

4.2.4.3 数据处理方法

在本实验中，层次聚类方法采用 SPSS 19.0 软件处理，采用欧式距离聚类，采用组内连接方法分类。

4.2.5 GC-MS 测定时的基质效应评价

4.2.5.1 农药基质效应的评价

通过 186 种农药在 28 种茶叶基质中的基质效应数据可以看出，茶叶中 186 种农药的基质效应均为正，均表现出基质增强效应。根据基质效应处于 0％～20％为弱基质增强效应（soft）、20％～50％为中等基质增强效应（medium）、大于 50％为强基质增强效应（high）[73]，将 186 种农药按照基质效应分类，统计得到图 4-1。

从图 4-1 可以看出，186 种农药中的绝大多数农药表现了中等和强基质增强作用，但不同茶叶基质效应差异较大。如祁门红茶中仅有 29 种农药（占总数的 15.6％）表现了强基质增强作用，凤凰单枞也仅有 69 种农药（占总数的 37.1％），崂山绿茶和邓村绿茶分别为 81 种和 96 种，占总数的 43.5％和 51.6％，其他 24 种茶叶中强基质增强作用的农药均大于 100 种，普洱茶则高达 168 种，占总数的 90.3%。与之相反，祁门红茶和凤凰单枞中则分别有 154 种和 103 种农药表现了中等强度的基质增强效果。

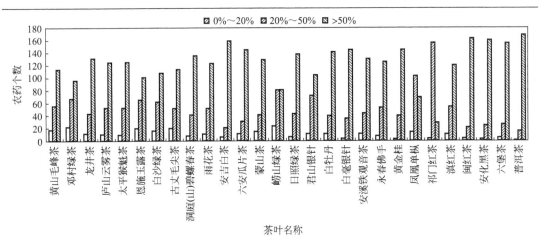

图 4-1

GC-MS 测定 28 种茶叶基质效应的分类

通过以上分析可以看出，茶叶中 186 种农药中至少 162 种农药（崂山绿茶）表现了中等和强基质增强作用，占总数的 87.1%，普洱茶中 185 种农药表现了中等和强基质增强作用，占总数的 99.5%，由此可以看出茶叶具有较强的基质效应。

目前普遍认为，含有以下功能基团或特征结构的农药基质增强效应比较明显：P＝O、—O—CO—NH—、—OH、—N＝、R—NH—、—NH—CO—NH—等，该类农药通常极性较大、具有热不稳定、具有较好的氢键结合能力，如甲胺磷、乙酰甲胺磷、氧乐果、百治磷、马拉氧磷、甲萘威、百菌清、克菌丹、溴氰菊酯等。本文亦发现了此类现象，如邻苯基苯酚、苯醚甲环唑、丙炔氟草胺、氟喹唑和溴螨酯的基质效应分别为126%、257%、258%、156% 和 136%，某些文献中亦提到有机氯农药由于很少含有与活性位点结合的官能基团，因此基质效应不明显[36]，但在本实验中三氟羧草醚、氯硝胺、硫丹硫酸盐、异狄氏剂、七氯、甲氧滴滴涕、乙氧氟草醚、4,4'-滴滴涕、苯氧喹啉、五氯硝基苯和三氯杀螨砜等有机氯农药亦表现了强基质增强作用，这也表明茶叶属于强基质效应物质。

4.2.5.2　不同产地不同种类茶叶基质效应评价

同一种农药在不同茶叶基质中表现了不同的基质效应，如氧皮蝇磷在邓村绿茶和古丈毛尖中表现了弱基质增强效应（二者基质效应均为 17%），但在凤凰单枞、崂山绿茶、恩施玉露茶、黄山毛峰茶、太平猴魁茶、雨花茶、龙井茶、滇红茶、白沙绿茶、闽红茶、永春佛手、安化黑茶、洞庭（山）碧螺春茶、日照绿茶、安溪铁观音茶、黄金桂等 16 种茶叶中表现了中等强度的基质增强作用（基质效应范围为 23%～46%），在庐山云雾茶、君山银针、六堡茶、白毫银针、白牡丹、安吉白茶、蒙山茶、祁门红茶、普洱茶和六安瓜片茶等 10 种茶叶中表现了强基质增强作用（基质效应范围为 50%～111%）。

从 28 种茶叶基质中挑选 7 种茶叶基质：黄山毛峰茶、君山银针、白牡丹、安溪铁观音茶、祁门红茶、安化黑茶和普洱茶，分别代表了绿茶、黄茶、白茶、乌龙茶、红茶、黑茶和普洱茶类别，同时随机挑选 8 种农药（α-六六六、糠菌唑、烯酰吗啉、皮蝇磷、倍硫磷亚砜、烯虫酯、4,4′-滴滴伊、甲基对硫磷），绘制基质效应与茶叶种类的柱状图，结果见图 4-2。从图 4-2 可以直观地看出，不同的茶叶种类其基质效应不同，甚至存在较大差异，该结果与 Kittlaus[66] 的研究结果类似。采用 SPSS 软件对不同产地茶叶的基质效应进行聚类，考察不同茶叶种类之间基质效应的系统差异性，得到聚类树状图（图 4-3，图中茶叶序号同表 4-1）。

图 4-2
8 种农药在
7 种代表性
茶叶基质中
的基质效应

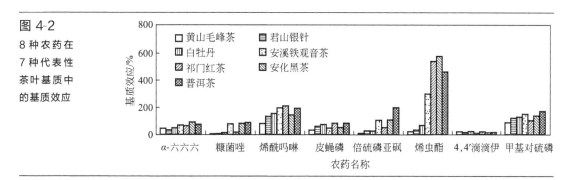

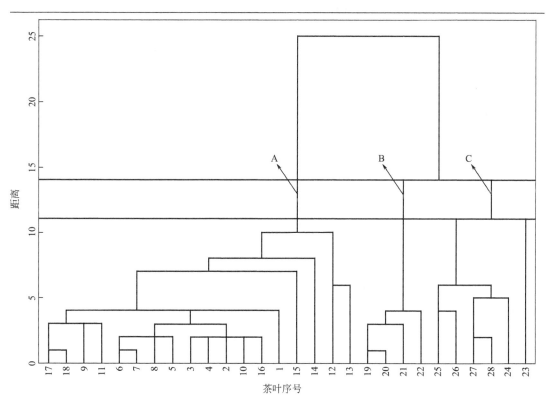

图 4-3
28 种不同茶叶种类聚类分析树状图

从图 4-3 可以看出，当距离大于 12 小于 14 时，28 种茶叶样品被分为 3 类：A 类有 18 个样品，包括黄山毛峰茶、邓村绿茶、龙井茶、庐山云雾茶、太平猴魁茶、恩施玉露茶、白沙绿茶、古丈毛尖茶、洞庭（山）碧螺春茶、雨花茶、安吉白茶、六安瓜片茶、蒙山茶、崂山绿茶、日照绿茶、君山银针、白牡丹和白毫银针，属于绿茶、黄茶和白茶 3 类茶叶种类；B 类有 4 个样品，包括安溪铁观音茶、永春佛手、黄金桂和凤凰单枞，均属于乌龙茶种类；C 类有 6 个样品，包括祁门红茶、滇红茶、闽红茶、安化黑茶、六堡茶和普洱茶，属于红茶、黑茶和普洱茶种类。同时从图 4-3 中可以看出，不同产地的同一种类茶叶样品在聚类图上并无较远距离，这也说明不同产地之间的差异很小。

按照加工工艺的不同，茶叶可以分为绿茶、黄茶、黑茶、白茶、乌龙茶、红茶（包含普洱茶）6 大类[74]。绿茶是不经过发酵的茶叶（发酵度为零），黄茶为微发酵的茶叶（发酵度为 10～20m），白茶为轻度发酵的茶叶（发酵度为 20～30m），乌龙茶为半发酵的茶叶（发酵度为 30～60m），红茶为全发酵的茶叶（发酵度为 80～90m），黑茶为后发酵的茶叶（发酵度为 100m）。

再结合 28 种茶叶的聚类结果，可以按照发酵程度对基质效应进行分类。第 1 类是不发酵茶叶样品和轻微发酵茶叶样品，包括绿茶、黄茶和白茶，其基质效应范围为 62%～99%；第 2 类为半发酵茶叶样品，包括乌龙茶茶叶样品，基质效应范围为 109%～129%；第 3 类为红茶、黑茶和普洱茶茶叶样品，属于全发酵和后发酵茶叶种类，基质效应范围为 146%～168%。这个聚类结果与 Kim[75] 和 Fernández[76] 的研究结果类似。Fernández 等[76] 通过色谱方法将儿茶酚类物质进行了一定的分离，同时采用化学计量学方法，将绿茶、乌龙茶和速溶茶分离开，绿茶和乌龙茶有明显的差异性。

绿茶样品含有很多儿茶酚类物质，随着发酵程度的增加，这些物质在发酵过程中转化成茶红素和茶黄素类物质[75,76]，同时通过以上聚类分析发现，茶叶基质效应可以按照发酵程度进行分类，随着发酵程度的增加，基质效应呈现增加的趋势，因此认为茶叶发酵过程中儿茶素类物质及其氧化物的变化与茶叶的基质效应有很大关系。

4.2.5.3　不同农药种类基质效应评价

对每种农药在 28 种茶叶中的基质效应求其平均值，从平均值可以看出，186 种农药表现了不同的平均基质效应，平均基质效应最小的为 4,4′-滴滴伊（11%），最大的为乙霉威（287%）。同时，186 种农药的平均基质效应除 4,4′-滴滴伊为弱基质增强效应，艾氏剂、α-六六六、苯霜灵、氟草胺、乙基溴硫磷、糠菌唑、杀螨醚、氯酞酸二甲酯、二嗪磷、狄氏剂、敌杀磷、乙拌磷亚砜、丁氟消草、乙硫磷、乙氧呋草黄、氧皮蝇磷、丁苯吗啉、唑螨酯、倍硫磷、林丹、高效氯氟氰菊酯、吡唑草胺、氯菊酯-1、抗蚜威、腐霉利、残杀威-1、苄草丹、嘧霉胺、特丁津、氟醚唑、三氯杀螨砜、禾草丹、甲基立枯磷、反式氯丹、三唑酮、野麦畏和苯酰草胺 37 种农药呈现中等基质增强作用，其他 148 种农药均呈现强基质增强作用。

绘制甲基毒死蜱、二苯胺、丁苯吗啉、倍硫磷亚砜、呋草酮、4,4′-滴滴伊、甲基对硫磷和腐霉利等 8 种农药在 7 种茶叶基质中的基质效应数据图，见图 4-4。从图 4-4 可以看出，倍硫磷亚砜在黄山毛峰基质中的基质效应为 0%，说明该农药在黄山毛峰中基本无基质效应,但呋草酮在该基质中的基质效应却高达394%。对黄山毛峰基质而言,186种目标农药中有18种农药的基质效应小于20%,表现了弱基质效应;56种农药的基质效应处于20%~50%范围,表现了中等基质效应;112种农药的基质效应大于50%,表现了强基质效应,这表明不同的农药种类其基质效应在同一茶叶基质中有较大差异,农药本身的物理化学性质对其基质效应也有一定的影响。采用SPSS软件对186种农药进行聚类,聚类分析树状图见图4-5(图中农药序号与附表4-1相同)。

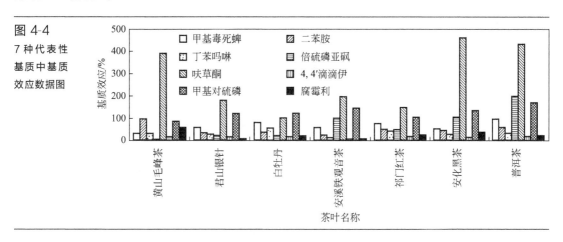

图 4-4
7 种代表性
基质中基质
效应数据图

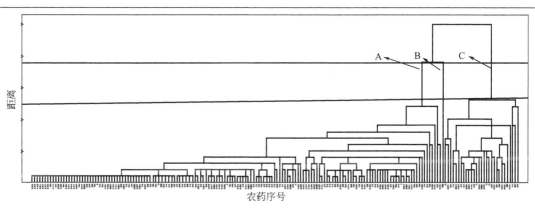

图 4-5
186 种农药的聚类分析树状图

通过聚类图可以发现,当距离大于14小于19时,乙基谷硫磷、联苯肼酯、生物苄呋菊酯、联苯三唑醇、氯炔灵、毒虫畏、乙霉威、苯醚甲环唑、乙硫苯威、苯线磷、苯线磷砜、氰戊菊酯-2、氟氰戊菊酯-1、丙炔氟草胺、氟喹唑、呋草酮、抑霉唑、异丙菌胺-1、异丙菌胺-2、苯嗪草酮、烯虫酯、速灭磷、霜灵、多效唑、丙溴磷、吡唑硫磷、嘧螨醚、螺甲螨酯、三唑磷29种农药聚为A类,这些农药的平均基质效应为156%~287%,均属于强基质增强响应农药;马拉硫磷则作为单独一类存在,其平均基质效应为158%;其他农药种类则属于C类,从统计学来说剩余156种(占总数的84.4%)农药具有类似的基质效应。虽然同一茶叶基质中,农药的物理化学性质对其基质效应有一定影响，但通过聚类分析发现，其物理化学性质的差异无明显体现，此现象可能是由于茶叶基质复杂，绝大多数农药的基质效应较大，因此造成了相似的聚类结果。在采用柱后注射评价茶叶中基质效应时，Stahnke 等[77] 亦发现了同本文类似的结果。

4.2.5.4　对茶叶种类分类的确证实验

按照 4.2.5.2 节的结果，茶叶按照其基质效应可以分为 3 类样品，因此可以选择 3 种茶叶类别中的任意一种茶叶作为其类别的代表性样品，进行基质标准曲线的绘制。因此选择市售的绿茶、白茶、乌龙茶和红茶样品，在 MRL 浓度水平上进行 186 种农药的添加回收率实验。实验结果采用单点基质匹配标准定量，同时对每种基质采用白茶单点基质匹配标准进行定量。

从定量结果可以看出，绿茶、白茶、乌龙茶和红茶 4 种茶叶基质采用其对应的基质匹配标准溶液定量时，添加回收率均在 70%～120% 的农药个数分别为 186 种、186 种、186 种和 186 种，但采用白茶单点基质匹配标准溶液定量时，农药个数分别为 185 种、186 种、104 种和 64 种。这表明绿茶采用白茶单点基质匹配标准溶液定量时，其回收率范围与其基质匹配标准定量类似；同时两种方法定量的添加回收率相对标准偏差范围为 0.1%～19.8%，可以认为两个数值相近，这表明白茶和绿茶具有相同的基质效应，白茶可以作为绿茶和白茶的代表性样品进行基质匹配标准溶液的配制。从结果可以看出乌龙茶和红茶样品采用白茶定量时添加回收率较高，如苯醚甲环唑在两种茶叶中的添加回收率分别为 155.3% 和 318.5%，这是由于乌龙茶和红茶基质复杂，其基质成分对农药的基质增强效应相比白茶明显，因此采用白茶单点基质匹配标准溶液定量时，回收率明显偏高。乌龙茶和红茶两种茶叶采用两种不同的基质匹配标准定量时，添加回收率的相对标准偏差范围分别为 0.1%～60.2% 和 0.4%～74.5%，这表明两种基质匹配标准结果相差较大，因此白茶基质不能作为乌龙茶和红茶两种基质的代表性样品。

4.2.6　GC-MS/MS 测定时基质效应评价

4.2.6.1　农药基质效应评价

从 28 种茶叶基质中 205 种农药采用 GC-MS/MS 测定的基质效应数据可以看出，茶叶中 205 种农药基质效应均为正，均表现出基质增强效应。同时参照 4.2.5.1 节的方法对基质效应分类，得到图 4-6。

从图 4-6 可以看出，同 GC-MS 类似，GC-MS/MS 测定时，28 种茶叶中绝大多数农药表现了中等和强基质增强作用。在中等和强基质增强效应的农药总数中，安吉白茶基质个数最少，205 种农药中有 167 种农药表现了中等和强基质增强作用，占总数的 81.5%；安化黑茶和祁门红茶则个数最多，205 种农药（占总数的 100%）均表现出中等和强基质增强作用。

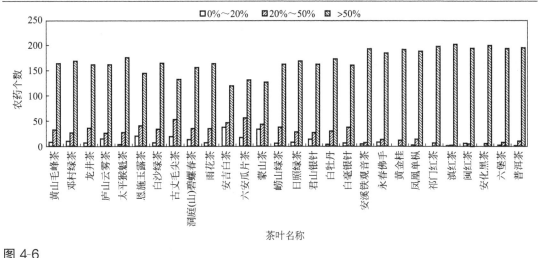

图 4-6

28 种茶叶采用 GC-MS/MS 测定基质效应分类

4.2.6.2　不同产地不同种类茶叶基质效应评价

　　同 GC-MS 类似，GC-MS/MS 测定时，不同的茶叶基质种类亦呈现了不同的基质效应，4,4′-滴滴伊在六安瓜片茶、邓村绿茶、蒙山茶、洞庭（山）碧螺春茶、君山银针、日照绿茶、恩施玉露茶、闽红茶、白毫银针、安吉白茶、庐山云雾茶、永春佛手、崂山绿茶和黄山毛峰茶 14 种茶叶中表现了弱基质增强作用，基质效应范围为 2%～9%；在六堡茶、白沙绿茶、雨花茶、普洱茶、白牡丹、龙井茶、祁门红茶、古丈毛尖茶、安溪铁观音茶、太平猴魁茶和黄金桂 11 种茶叶基质中表现了中等基质增强作用，基质效应范围为 22%～47%；在凤凰单枞、安化黑茶和滇红茶中表现了强基质增强作用，基质效应范围为 52%～55%。甲拌磷在 28 种茶叶中均表现出强基质增强作用，基质效应范围为 52%～208%，但不同基质差异较大。图 4-7 为 α-六六六、糠菌唑、烯酰吗啉、皮蝇磷、倍硫磷亚砜、甲基对硫磷和 4,4′-滴滴伊 7 种农药在黄山毛峰茶（绿茶）、君山银针（黄茶）、白牡丹（白茶）、安溪铁观音茶（乌龙茶）、祁门红茶（红茶）、安化黑茶（黑茶）和普洱茶（普洱茶）7 种代表性茶叶基质中的基质效应图。从图 4-7 可以直观地看出，对同一种农药而言，不同的茶叶基质效应有一定的差异性。采用 SPSS 软件对不同产地茶叶得到的基质效应进行聚类，聚类分析树状图见图 4-8（图中茶叶序号同表 4-1）。

图 4-7

7 种农药在 7 种
代表性茶叶基质
中的基质效应

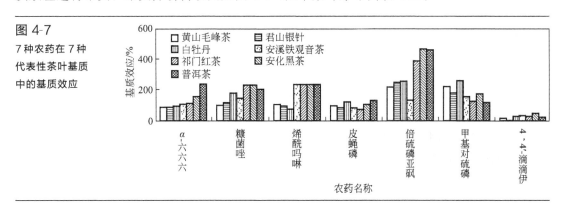

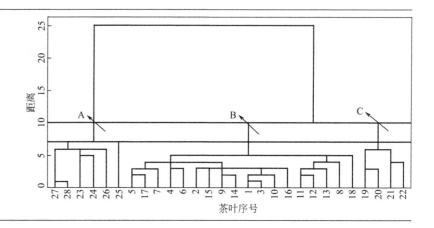

图 4-8
28 种不同茶叶
种类聚类分析
树状图

从图 4-8 可以看出，在距离大于 7 小于 10 时，样品被聚类为 3 类：A 类有 6 个样品，包括祁门红茶、滇红茶、闽红茶、安化黑茶、六堡茶和普洱茶，属于全发酵和后发酵茶叶种类；B 类有 18 个样品，包括黄山毛峰茶、邓村绿茶、龙井茶、庐山云雾茶、太平猴魁茶、恩施玉露茶、白沙绿茶、古丈毛尖茶、洞庭（山）碧螺春茶、雨花茶、安吉白茶、六安瓜片、蒙山茶、崂山绿茶、日照绿茶、君山银针、白牡丹和白毫银针为代表的茶叶品种，这些茶叶属于绿茶、黄茶和白茶茶叶种类，为不发酵和轻微发酵茶叶种类；C 类有 4 个样品，包括安溪铁观音茶、永春佛手、黄金桂和凤凰单枞，此类茶叶均属于乌龙茶，为半发酵茶叶种类，同时从图 4-8 可以看出同一样品不同产地间的差异很小，此结果与 GC-MS 聚类结果一致。

因此，GC-MS/MS 聚类结果与 GC-MS 相同：第 1 类是不发酵和轻微发酵茶茶叶样品，包括绿茶、黄茶和白茶，其基质效应范围为 72%～120%；第 2 类为半发酵茶茶叶样品，包括乌龙茶茶叶样品，基质效应范围为 141%～153%；第 3 类为红茶和黑茶茶叶样品，属于全发酵茶叶种类，基质效应范围为 194%～208%。

4.2.6.3　不同农药种类基质效应评价

对每种农药在 28 种茶叶中的基质效应求其平均值，从平均值可以看出，205 种农药表现了不同的平均基质效应，平均基质效应最小的为 4,4′-滴滴伊（基质效应值为 21%），最大的为苯线磷（基质效应值为 305%）。同时，205 种农药的平均基质效应均呈现中等和强基质增强效应。

黄山毛峰茶基质中，205 种农药的基质效应范围为 7%～420%，敌草腈在该基质中的基质效应仅为 7%，表现弱基质增强效应，在实际分析中可以忽略该基质对农药的影响；而苯线磷的基质效应则高达 420%，由此可以看出，不同农药在同一茶叶中的基质效应不同，为了评价农药对基质效应的影响，选择甲基毒死蜱、二苯胺、丁苯吗啉、倍硫磷亚砜、呋草酮、甲基对硫磷、4,4′-滴滴伊和腐霉利 8 种农药在 7 种代表性茶叶基质中的基质效应数据进行绘图（图 4-9）。从该图可以直观看出，农药对基质效应的影响较大，不同的农药种类基质效应差异显著。

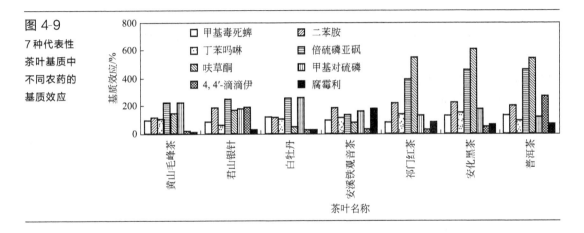

图 4-9

7 种代表性茶叶基质中不同农药的基质效应

图 4-10 为采用 SPSS 软件对 205 种农药基质效应的聚类图（图中农药序号同附表 4-2），从图中可以看出在距离大于 12 小于 19 时，205 种农药分为 3 类，呋草酮、绿谷隆、苯氟磺胺和苯线磷 4 种农药聚为 C 类，这 4 种农药的平均基质效应分别为 259%、270%、275% 和 305%，均属于具有很强基质效应的农药种类。同时发现，一些农药的基质效应与上述 4 种农药接近，如苯嗪草酮的平均基质效应为 256%，但在树状图上与这 4 种农药距离较远，这主要是由于这 4 种农药在 28 种基质中表现了差别较大的基质效应，因此聚为一类，而苯嗪草酮在 28 种茶叶基质中的基质效应比较接近。从图 4-10 可以看出，乙草胺作为单独一类存在（B 类），这是由于该药在不同茶叶基质中的基质效应差异大，如祁门红茶、滇红茶、闽红茶、安化黑茶、六堡茶和普洱茶中其基质效应分别为 371%、390%、191%、363%、131% 和 165%。除上述两类外，其余 200 种农药（占总数的 97.6%）聚为 A 类，绝大多数的农药具有相似的基质效应，这与 GC-MS 聚类结果类似。

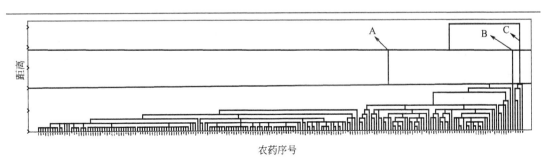

图 4-10

205 种农药的聚类分析树状图

4.2.6.4　对茶叶种类分类的确证实验

按照 4.2.6.2 节的结果，茶叶按照其基质效应可以分为 3 类样品，因而可以选择 3 种茶叶类别中的任意一种茶叶作为其类别的代表性样品，进行基质标准曲线的绘制。因此选择市售的绿茶、白茶、乌龙茶和红茶样品，在 MRL 水平上进行 186 种农药的添加回收率实验。实验结果采用单点基质匹配标准定量，同时对每种基质采用白茶单点基质匹配标准进行定量。

　　绿茶、白茶、乌龙茶和红茶 4 种茶叶基质采用其对应的基质匹配标准溶液定量时，添加回收率均在 70%～120% 的农药种数分别为 205 种、205 种、205 种和 205 种，但采用白茶单点基质匹配标准溶液定量时，农药种数分别为 204 种、205 种、95 种和 116 种，这表明绿茶采用白茶单点基质匹配标准溶液定量时，其回收率范围与其基质匹配标准定量类似；同时两种方法定量的添加回收率相对标准偏差范围为 0.1%～20.0%，可以认为两个数值相近，这表明白茶和绿茶具有相同的基质效应，白茶可以作为绿和白茶的代表性样品进行基质匹配标准溶液的配制。同时乌龙茶和红茶两种茶叶采用两种不同的基质匹配标准定量时，添加回收率的相对标准偏差范围分别为 0.1%～69.6% 和 0.2%～67.4%，这表明两种基质匹配标准结果相差较大，因此白茶基质不能作为乌龙茶和红茶两种基质的代表性样品。该结果更好地证明了 4.2.6.2 节中的聚类结果。该实验结果与 GC-MS 测定结果相似，更好地证明了采用层次聚类对茶叶按照基质效应分类的正确性。

4.2.7　LC-MS/MS 测定时基质效应评价

　　从 28 种茶叶基质中 110 种农药采用 LC-MS/MS 测定的基质效应数据可以看出，茶叶中 110 种农药的基质效应有正值也有负值，说明部分农药表现出基质增强效应，部分农药表现出基质减弱效应。

4.2.7.1　农药基质效应评价

　　对得到的 3080 个数据进行分析，发现 223 个数据（占总数 7%）表现出基质增强作用，其基质效应范围为 0～20%；其余 93% 的数据（共 2857 个数据）则为基质减弱效应。共有 1843 个数据点绝对值处于 0～20%，占总数的 60%，呈现出较弱的基质减弱效应；分别有 27% 和 6% 的数据点表现出中等强度和强的基质减弱效应。110 种农药在 28 种茶叶中的基质效应见图 4-11，从图 4-11 可以看出，绝大多数的农药表现了弱和中等强度的基质减弱效应。

图 4-11
28 种茶叶采用
LC-MS/MS 测定
的基质效应分类

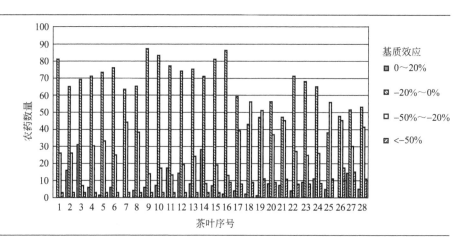

乐果、苄呋菊酯和生物苄呋菊酯在 28 种茶叶中均表现出强的基质减弱效应，在茶叶中的基质效应分别为－51％～－78％、－54％～－95％和－55％～－92％，但其他农药则在不同茶叶中表现了不同的基质效应，例如二苯胺在 28 种茶叶基质中的基质效应分别为－24％～19％。六安瓜片茶、安吉白茶、古丈毛尖茶、日照绿茶、普洱茶、邓村绿茶、庐山云雾茶、龙井茶、黄金桂、祁门红茶、崂山绿茶、雨花茶和六堡茶基质中均有农药呈现基质增强作用，但其他 15 种茶叶基质则表现了基质减弱效应。敌草胺在 28 种茶叶基质中均表现了基质减弱效应，但其基质效应值差别较大，基质效应范围为－2％～－77％，在日照绿茶、崂山绿茶、安吉白茶、雨花茶、龙井茶、六安瓜片茶、蒙山茶、洞庭（山）碧螺春茶、恩施玉露茶、古丈毛尖茶、太平猴魁茶、邓村绿茶和庐山云雾茶中呈现了弱的基质减弱效应，在白沙绿茶和黄山毛峰茶中呈现了中等强度的基质减弱效应，在剩余 13 种茶叶中则呈现了强的基质减弱效应。

4.2.7.2 不同产地不同种类茶叶基质效应评价

与 GC-MS 和 GC-MS/MS 测定类似，不同的茶叶基质种类亦呈现了不同的基质效应。采用与 GC-MS 相同的聚类分析方法，对 110 种农药得到的基质效应进行分类，聚类分析树状图见图 4-12（图中农药序号同附表 4-1）。从图 4-12 可以看出，在距离大于 12.5 小于 17 时，样品被聚类为 3 类：A 类有 15 个样品，包括黄山毛峰茶、邓村绿茶、龙井茶、庐山云雾茶、太平猴魁茶、恩施玉露茶、白沙绿茶、古丈毛尖茶、洞庭（山）碧螺春茶、雨花茶、安吉白茶、六安瓜片、蒙山茶、崂山绿茶和日照绿茶为代表的茶叶品种，这些茶叶属于绿茶种类，为不发酵茶叶种类；B 类有 10 个样品，包括君山银针、白牡丹、白毫银针、安溪铁观音茶、永春佛手、黄金桂、凤凰单枞、祁门红茶、滇红茶和闽红茶，属于轻微发酵、半发酵和全发酵茶叶种类，可以定义为发酵茶叶种类；C 类有 3 个样品，安化黑茶、六堡茶和普洱茶，此类茶叶属于后发酵茶叶种类。同时从图 4-12 可以看出，同一样品不

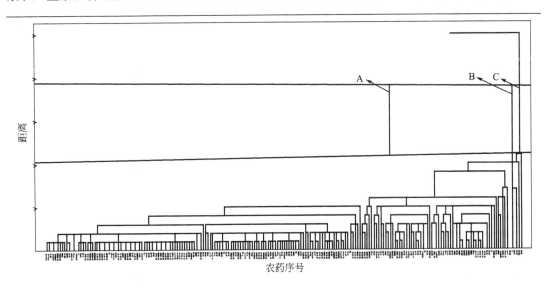

图 4-12
28 种不同茶叶种类的聚类分析树状图

同产地间的差异很小。茶叶按照基质效应聚类分析的结果与 GC-MS 和 GC-MS/MS 聚类结果存在差异性，虽然茶叶样品均分为 3 类，但 3 类样品中包含的茶叶存在细微差异，这可能是由于仪器自身的特点或者农药种类的差别所致。LC-MS/MS 采用电喷雾电离方式对样品进行电离，同时采用多反应检测模式对样品进行确证，电离方式为软电离，同时多反应检测模式的应用使得其灵敏度更高。液相色谱测定的农药多为不易汽化的农药化合物，这也可能是造成二者分类差别的一个原因。

4.2.7.3 不同种类农药基质效应评价

与 GC-MS 和 GC-MS/MS 测定类似，不同的农药种类亦呈现了不同的基质效应。采用同 GC-MS 相同的聚类分析方法，对 110 种农药的基质效应进行分类，聚类树状图见图 4-13（图中农药序号同附表 4-3）。从图 4-13 可以看出，在距离大于 10 时，110 种农药可以聚为两类。B 类包括 3 种农药（乐果、苄呋菊酯、生物苄呋菊酯），均呈现了强的基质减弱效应；A 类包括 107 种农药，在距离大于 5 小于 9 时，A 类可以分为 C 和 D 两类，C 类包括 95 种农药，其在 28 种茶叶中农药的平均基质效应范围为 $-1\%\sim-27\%$，其中 78 种农药呈现了弱的基质减弱效应；D 类包括 12 种农药，其在 28 种茶叶中的平均基质效应范围为 $-31\%\sim-49\%$。D 类的基质效应高于 C 类，这主要是由于发酵茶叶和后发酵茶叶的不同基质效应所致。虽然 110 种农药的物理化学性质差异较大，但是 78 种农药（占总数 71%）的基质效应相似，因此影响基质效应的主要因素不在于分析物。这同 Stahnke[77] 和 Kittlaus 等[66] 的研究类似。

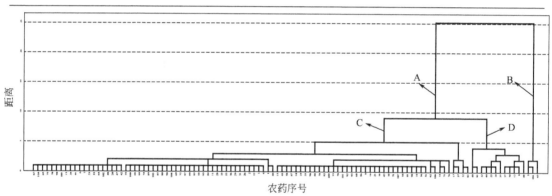

图 4-13
110 种农药聚类分析树状图

4.2.7.4 对茶叶种类分类的确证实验

按照 4.2.7.2 节的结果，茶叶按照其基质效应可以分为 3 类样品，因此可选择 3 类茶叶中的任意一种茶叶作为其类别的代表性样品，进行基质标准曲线的绘制。本实验选择市售的绿茶、乌龙茶、红茶和黑茶样品，在 MRL 水平上进行 110 种农药的添加回收率实验。实验结果采用单点基质匹配标准定量，同时对每种基质采用红茶单点基质匹配标准进行定量。

绿茶、乌龙茶、红茶和黑茶 4 种茶叶基质采用其对应的基质匹配标准溶液定量时，添加回收率均在 70％～120％的农药种数分别为 109、109、110 和 110 种，但采用红茶单点基质匹配标准溶液定量时，农药种数分别为 85、109、110 和 77 种，这表明乌龙茶采用红茶单点基质匹配标准溶液定量时，其回收率范围与其基质匹配标准定量类似；同时两种方法定量的添加回收率相对标准偏差范围为 0.5％～19.3％，可以认为两个数值相近，这表明红茶和乌龙茶具有相同的基质效应，红茶可作为乌龙茶的代表性样品进行基质匹配标准溶液的配制。同时绿茶和黑茶两种茶叶采用两种不同的基质匹配标准定量时，添加回收率的相对标准偏差范围分别为 0.2％～77.7％和 0.3％～60.0％，这表明两种基质匹配标准结果相差较大，因此红茶基质不能作为绿茶和黑茶两种基质的代表性样品。该结果更好地证明了 4.2.7.2 节的聚类结果。该结果同 GC-MS 测定结果相似，更好地证明了采用层次聚类对茶叶按照基质效应分类的正确性。

4.3　GC-MS 测定茶叶中 186 种农药基质补偿作用研究

4.3.1　样品、试剂与仪器

4.3.1.1　茶叶产地以及分类

茶叶样品来自北京市朝阳区物美超市。产地与分类与 4.2.1 节表 4-1 中的相同。

4.3.1.2　仪器、试剂、耗材与农药标准品

具体仪器与试剂参见 4.2.2 节与 4.2.3 节。

186 种农药添加甘油三酯和 D（＋）-核糖酸-γ-内酯分析物保护剂（进样浓度均为 2mg/mL）的全扫描总离子流图如图 4-14 所示（其中 A 组包含 69 种农药，B 组 60 种，C 组 57 种，具体名称见附表 4-1），从图可以看出，每组农药均得到了较好的分离，且峰形对称、出峰时间合理。

4.3.1.3　分析物保护剂（analyte protectant，简写为 AP）

表 4-3 列出了作为分析物保护剂的 11 种物质。橄榄油（10mg/mL）采用乙酸乙酯定容；3-乙氧基-1,2-丙二醇（100mg/mL）、聚乙二醇 300（10mg/mL）和 2,3-丁二醇（10mg/mL）采用乙腈定容；D-山梨糖醇（10mg/mL）、1,2,3,4-丁四醇（8.5mg/mL）、甘油三酯（10mg/mL）和 D（＋）-核糖酸-γ-内酯（40mg/mL）采用 85：15（体积比）乙腈-水定容；L-古洛糖酸-γ-内酯（20mg/mL）、4,6-O-亚乙基-α-D-葡萄糖（10mg/mL）和甲基-β-吡喃木糖苷（10mg/mL）采用乙腈-水（体积比为 80：20）定容。

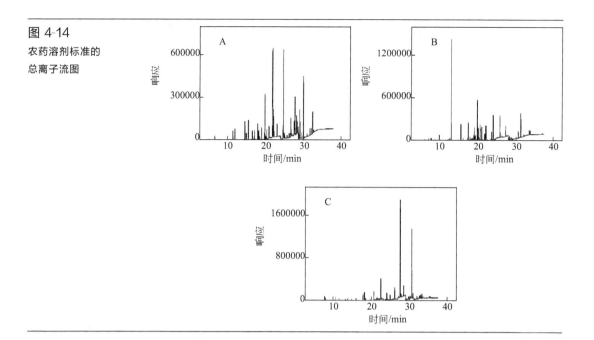

图 4-14
农药溶剂标准的
总离子流图

表 4-3 分析物保护剂信息

序号	化合物名称	中文名称	CAS号	结构式
1	olive oil	橄榄油	8001-25-0	R²OOC—CH（—COOR¹）（—COOR³）
2	2,3-butanediol	2,3-丁二醇	513-85-9	H_3C—CH(OH)—CH(CH_3)—OH
3	1-O-methyl-β-D-xylopyranoside	甲基-β-吡喃木糖苷	612-05-5	
4	D-sorbitol	D-山梨糖醇	50-70-4	
5	L-gulonic acid-γ-lactone	L-古洛糖酸-γ-内酯	1128-23-0	
6	3-ethoxy-1,2-propanediol	3-乙氧基-1,2-丙二醇	1874-62-0	
7	D-ribonic acid-γ-lactone	D(＋)-核糖酸-γ-内酯	5336-08-3	

序号	化合物名称	中文名称	CAS 号	结构式
8	1,2,3,4-butanetetrol	1,2,3,4-丁四醇/赤藓糖醇	149-32-6	
9	4,6-*O*-ethylidene-*α*-D-glucopyranose	4,6-*O*-亚乙基-D-葡萄糖	13224-99-2	
10	poly(ethylene glycol)(PEG)300	聚乙二醇300	25322-68-3	
11	triglycerol	甘油三酯	20411-31-8	

4.3.2　实验方法

4.3.2.1　样品前处理方法

参见4.2.2节。

4.3.2.2　分析物保护剂的应用

当采用分析物保护剂时，需要在样品经氮气流吹干后，加入一定体积的分析物保护剂，然后采用乙腈定容至1mL。

4.3.2.3　仪器分析条件

参见4.2.3节。

4.3.2.4　分析物保护剂对系统长时间运行的影响评价

为了评价保护剂组合对GC-MS系统的影响，在95针样品中共有5针溶剂标准。

样品测定顺序如下：溶剂标准（1）；红茶样品测定（2～16）；红茶基质匹配标准溶液（17～21）；溶剂标准（22）；乌龙茶样品测定（23～37）；乌龙茶基质匹配标准溶液（38～42）；溶剂标准（43）；绿茶样品测定（44～58）；绿茶基质匹配标准溶液（59～63）；溶剂标准（64）；市售茶叶样品测定（65～94）；溶剂标准（95）。经过95次测定，共检测5次溶剂标准，通过评定5次溶剂标准的峰面积（area）、峰高（height）、峰高/峰面积（H/A）及保留时间（t_R）以评价整个系统的稳定性。

测定此样品后，以同样的样品测定顺序评价添加保护剂的溶剂标准对仪器的稳定性，区别在于测定样品时，溶剂标准和测定样品中均需要加入 2mg/mL 的甘油三酯和 D（＋）-核糖酸-γ-内酯组合的保护剂。

4.3.3 不同保护剂对溶剂标准的影响

　　将添加保护剂的溶剂标准中农药的响应同未添加保护剂的溶剂标准中农药的响应进行比较，考察了 11 种保护剂在不同添加浓度（0.5mg/mL、1mg/mL、2mg/mL、5mg/mL，其中 3-乙氧基-1,2-丙二醇还包括 10mg/mL 和 20mg/mL 两个浓度）时对 186 种农药在乙腈溶剂中色谱行为的影响。通过以下公式评价分析物保护剂对农药的影响：Ratio（%）＝[（A2－A1）/A1]×100，A1 为乙腈溶液中农药的峰响应；A2 为含有不同浓度分析物保护剂的农药峰响应，添加浓度均为每种农药的 MRL 浓度。

　　图 4-15 为 11 种分析物保护剂在不同浓度时对农药多效唑的影响，自右端看起，色

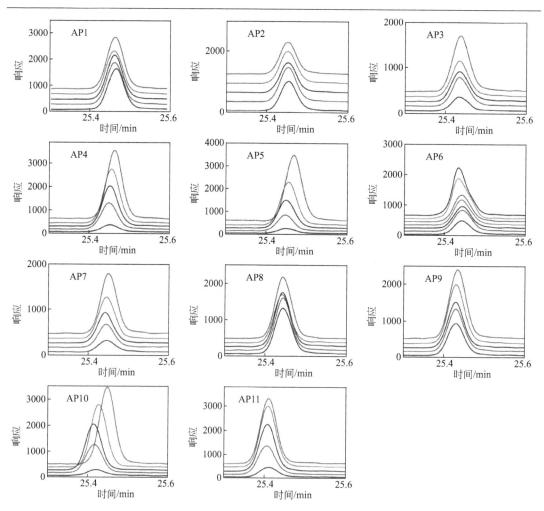

图 4-15

11 种分析物保护剂在不同浓度时对多效唑的影响

谱图由高到低依次为添加分析物保护剂的浓度为 5mg/mL、2mg/mL、1mg/mL、0.5mg/mL 时多效唑的提取离子图和多效唑溶剂标准的提取离子图；6 号保护剂为分析物保护剂的浓度为 20mg/mL、10mg/mL、5mg/mL、2mg/mL、1mg/mL、0.5mg/mL 时多效唑的提取离子图和多效唑溶剂标准的提取离子图，保护剂的序号及名称同表 4-3。

基于茶叶基质的 186 种农药中，绝大多数（87.1%）农药表现中等和强基质增强作用（ME>20%）。为了更大程度地补偿基质效应，考虑到茶叶中农药均表现强基质增强作用（ME>50%），对比值大于 50% 的农药种数进行统计，结果见表 4-4。从图 4-15 和表 4-4 可以看出 1 号和 2 号保护剂，对 186 种农药表现出的基质增强作用不明显，在 4 个浓度时，添加保护剂的农药响应同未添加保护剂的农药响应差别不大（比值多在 1.0 左右），色谱图无明显的峰响应增强现象；其余 9 种保护剂对每种农药均有不同程度的基质增强作用，且保护剂添加浓度不同时，表现出不同的基质增强作用。

表 4-4　11 种保护剂在不同添加浓度时对 186 种农药标准
响应值比值大于 50% 的农药种数统计表

浓度/(mg/mL)	保护剂(AP)*										
	1	2	3	4	5	6	7	8	9	10	11
0.5	3	4	62	113	109	33	75	36	32	120	100
1	4	4	86	150	153	43	131	44	47	147	154
2	10	4	116	163	168	62	149	48	97	157	164
5	14	10	149	165	169	74	166	79	133	160	173
10	—	—	—	—	—	116	—	—	—	—	—
20	—	—	—	—	—	145	—	—	—	—	—

* 表内保护剂编号与表 4-3 顺序相同。

从表 4-4 可以看出，除 AP1 和 AP2 外，随着保护剂浓度的增加，比值大于 50% 的农药个数增加，但考虑到某些保护剂采用水定容，会对仪器造成不良影响；同时理想的保护剂应该是在添加较低浓度时即可以达到较好的结果。文献中提及的保护剂使用浓度多为 1mg/mL，也有个别保护剂浓度为 2mg/mL。从表 4-4 可以看出，在用量为 0.5mg/mL、1mg/mL、2mg/mL 时，使用 4 号、5 号、7 号、10 号和 11 号保护剂时，农药比值大于 50% 的个数最多，但 10 号保护剂对色谱柱有不可修复的破坏作用[31]，因此选择 4 号、5 号、7 号和 11 号保护剂作为下一步研究用的保护剂种类。

图 4-16 为保护剂添加浓度为 1mg/mL 和 2mg/mL 时，4 号、5 号、7 号和 11 号保护剂对苯醚菊酯（0.05mg/kg）（含同分异构体）和倍硫磷亚砜（0.1mg/kg）色谱行为的影响图，其中 A 和 B 分别为分析物保护剂浓度为 1mg/mL 时苯醚菊酯和倍硫磷亚砜的提取离子流图，C 和 D 分别为保护剂浓度 2mg/mL 时苯醚菊酯和倍硫磷亚砜的提取离子流图，自右端看起，色谱图从高到低依次为添加 11 号、7 号、5 号和 4 号分析物保护剂时农药的提取离子图和农药溶剂标准的提取离子图。从图 4-16 可以看出，添加保护剂后，农药的峰响应增加，峰形转好；同时 4 种保护剂在不同浓度时对农药均有不同程度的基质增强作用。

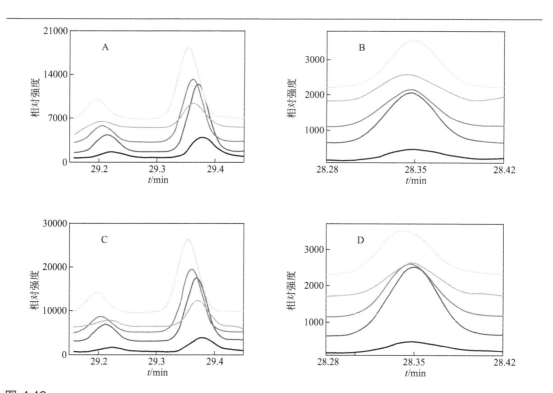

图 4-16

分析物保护剂在不同浓度时对苯醚菊酯和倍硫磷亚砜的峰形和峰强度的影响

4.3.4　不同保护剂组合对茶叶基质的影响

4.3.4.1　不同保护剂组合对茶叶基质影响评价实验设计

　　考虑到选出的分析物保护剂将应用于茶叶基质，同时原方法采用内标法定量，因此评价试验采用内标定量方法进行保护剂的优选。首先对不同保护剂组合进行初选，以基质匹配标准溶液峰响应为 100%，内标法定量含有不同保护剂组合的溶剂标准，得到的比值称为归一化比值（normalized ratio），计算公式如下：normalized ratio（%）＝$[(A_{std}/A_{stdis})/(A_{mstd}/A_{mstdis})]×100$（1），其中 A_{std} 为添加了 AP 的溶剂标准中分析物的峰面积，A_{stdis} 为添加了 AP 的溶剂标准中内标峰面积，A_{mstd} 为基质匹配标准中分析物峰面积，A_{mstdis} 为基质匹配标准中内标物峰面积。

　　在上述实验基础上，采用添加回收率方法对初选出的保护剂组合进行评价，将选出的保护剂组合加入溶剂标准和添加样品中，以溶剂标准峰响应为 100%，内标法定量添加样品并得到添加回收率数据，计算公式如下：recovery（%）＝$[(A/A_{is})/(A_{std}/A_{stdis})]×$ 100（2），其中 A 为含有 AP 的添加样品中分析物峰面积，A_{is} 为含有 AP 的添加样品中内标峰面积，A_{std} 和 A_{stdis} 同公式（1）意义相同。

4.3.4.2　不同保护剂组合对茶叶基质影响评价

在 4.2.5.2 节中发现，茶叶按照基质效应可以聚类为红茶、绿茶和乌龙茶 3 种茶叶类型。此部分的实验选择市售的红茶、绿茶和乌龙茶样品进行保护剂实验的开展。4 号和 11 号保护剂对一些极性较小的农药表现出较好的基质增强作用[36]，5 号和 7 号则对绝大多数农药有较好的保护作用，因此将上述 4 种保护剂按照表 4-5 的浓度和配比进行实验。

表 4-5　不同保护剂的进样浓度和配比以及归一化比值大于 70% 统计表

保护剂序号	保护剂组合编号*															
	1	2	3	4	5	6	7	8	9	10	11	12	13	14	15	16
4	—	—	1	1	—	—	1	1	—	—	2	2	—	—	—	1
5	2	—	1	—	1	—	2	—	—	2	2	—	2	—	1	1
7	—	2	—	1	—	1	—	2	2	—	—	2	—	2	1	1
11	—	—	—	—	1	1	—	—	1	1	—	—	2	2	1	—
茶叶种类	归一化比值(normalized ratio)大于 70% 的农药个数															
绿茶	124	121	131	117	123	126	174	143	135	130	151	149	172	169	127	145
乌龙茶	87	91	137	111	137	137	161	132	171	171	160	151	174	178	172	139
红茶	107	88	102	114	106	120	126	124	130	136	136	117	162	169	137	127

* 所有数字均为仪器测定前样品瓶中的浓度（mg/mL）。

按表 4-5，移取一定体积的保护剂至含有 MRL 浓度水平的 180 种农药和 280μg/kg 内标的溶剂标准中，同时分别制备绿茶、乌龙茶和红茶基质匹配标准溶液，采用基质匹配标准定量溶剂标准计算归一化比值。

合适的保护剂被认为可以与活性位点充分结合，以减少农药同活性位点间的结合，增加农药的响应，因此加入合适的保护剂有利于标准溶液中产生的农药响应接近基质匹配标准溶液中农药的响应，其归一化比值（normalized ratio）接近或者高于 100%，对回收率范围大于 70% 的农药个数进行统计，其统计结果见表 4-5。

在此基础上，对 3 种茶叶中取得回收率大于 70% 的农药个数的前 9 个组合进行统计，将 3 种茶叶得到的组合合并，可得到 10 种组合（表 4-5 中的 7～16 号组合）。采用这 10 种组合，对 3 种茶叶进行基质效应补偿评价。向添加样品和溶剂标准中加入与表 4-5 中相同浓度的保护剂，采用绝对回收率进行结果评价，计算方法参见公式（2），统计 186 种农药采用每种保护剂组合的平均回收率，以及回收率范围处于 70%～120% 的农药个数，结果见表 4-6。

表 4-6　农药平均回收率以及回收率范围处于 70%～120% 的农药个数统计表

项目	基质	组合 7	组合 8	组合 9	组合 10	组合 11	组合 12	组合 13	组合 14	组合 15	组合 16
平均回收率/%	绿茶	93.0	99.7	87.0	89.1	129.3	146.7	100.3	84.8	90.4	94.5
	乌龙茶	115.2	116.8	96.1	104.8	125.5	128.6	99.3	91.1	88.8	110.7
	红茶	161.4	145.1	94.0	96.9	135.2	149.7	104.7	99.2	102.0	142.3

项目	基质	组合 7	组合 8	组合 9	组合 10	组合 11	组合 12	组合 13	组合 14	组合 15	组合 16
回收率在 70~120% 间的农药个数	绿茶	156	142	142	158	89	75	153	180	146	139
	乌龙茶	115	113	133	145	92	90	172	180	151	128
	红茶	46	65	159	152	70	57	153	184	155	67

注：此组合浓度和配比与表 4-5 顺序相同。

3 种茶叶基质中，当采用组合 11 和 12 时，效果最差，186 种农药的平均回收率均大于 120%，甚至达到 149.7%。其余 8 种保护剂组合得到的 186 种农药的平均回收率在绿茶基质中相差不大（84.8%~100.3%），乌龙茶基质无明显的区别（88.8%~116.8%），但在红茶基质中，保护剂保护效果表现出显著差异（96.9%~161.4%）。这主要是由于红茶为全发酵茶，相比绿茶和乌龙茶，其基质成分更为复杂，基质效应更为明显，因此不同保护剂的效果差异显著。

通过表 4-6 可以看出，组合 7 和组合 8、组合 9 和组合 10、组合 11 和组合 12、组合 13 和组合 14，在相同茶叶基质中，平均回收率无明显差异。这说明 4 号（或者 11 号）与 5 号和 7 号以相同比例进行添加时，平均回收率相差不大，因此 5 号和 7 号保护剂对农药平均回收率影响不显著。但组合 15 和组合 16 在红茶基质中差异明显，组合 16 的回收率明显高于组合 15，因此相比于 4 号保护剂，11 号保护剂更适合红茶基质。

绘制包括有机磷（乙基谷硫磷、倍硫磷亚砜、甲基对硫磷、稻丰散、速灭磷）、有机氯（氯杀螨、4,4'-滴滴涕、喹氧灵）、氨基甲酸酯（异丙菌胺-1、异丙菌胺-2、禾草敌、残杀威-1、残杀威-2）和拟除虫聚酯类（氟氯氰菊酯、氯氰菊酯、高效氯氟氰菊酯、氯菊酯-1、氯菊酯-2、苯醚菊酯-1、苯醚菊酯-2）在内的 20 种农药在红茶基质中采用上述 10 种保护剂组合进行添加回收率实验得到的回收率数据，结果见图 4-17。20 种农药绝大多数为保留时间靠后的农药种类（保留时间多大于 25min）。从图 4-17 可看出，对一些保留时间靠后的农药种类，采用组合 14 时，红茶基质的农药回收率结果理想。

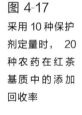

图 4-17
采用 10 种保护剂定量时，20 种农药在红茶基质中的添加回收率

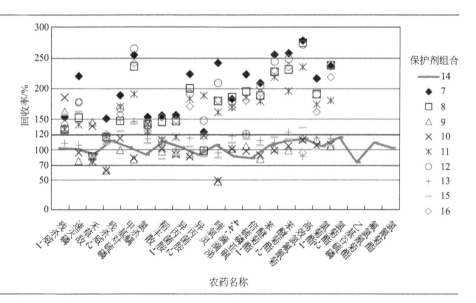

4.3.5 保护剂补偿基质效应方法效能评价

通过对分析方法的灵敏度、准确度、精密度以及标准曲线和线性范围等指标进行评价可以判断一个分析方法是否符合分析要求。

4.3.5.1 标准曲线

配制各农药不同质量浓度的含有分析物保护剂的系列混合标准溶液，进样瓶中保护剂为甘油三酯（2mg/mL）和 D（+)-核糖酸-γ-内酯（2mg/mL），按选定的条件进行测定，以各农药化合物的峰面积（y）对质量浓度（x）做标准曲线，得到 186 种农药的线性范围、线性方程和线性相关系数（见附表 4-4）。从附表 4-4 可以看出，在相应的质量浓度范围内，绝大多数农药的响应值表明方法的线性关系良好，其中 182 种农药的线性相关系数大于 0.99，占总数的 97.8%。

4.3.5.2 方法的灵敏度

通常规定信号值为噪声的 3 倍（$S/N=3$）时分析物的浓度为方法的 LOD，信号值是噪声的 10 倍（$S/N=10$）时分析物的浓度为方法的定量下限（LOQ）。本方法的检出限和定量下限见附表 4-4。从附表 4-4 中可以看出，186 种农药的检出限为 $1.67\sim833.33\mu g/kg$，定量下限为 $5\sim2500.00\mu g/kg$，186 种农药的 LOQ 均低于欧盟或者日本设定的茶叶中农药的最大残留限量，因此认为本方法可以应用于茶叶中农药多残留的检测。

4.3.5.3 方法的准确度及精密度

在本实验中，选择红茶、绿茶和乌龙茶 3 种空白茶叶样品，对 186 种农药以 0.8MRL、MRL 和 2MRL 作为添加水平浓度，进行添加回收率实验。添加农药混合标准溶液的样品，静置 30min，使农药被样品充分吸收后，按照选定的方法提取、净化和测定，每个水平重复 5 次实验，计算添加回收率。

实验结果表明，186 种农药的添加回收率为 59.6%~127.0%，其中占总数 92%~100% 的农药的添加回收率能达到理想的结果，即 70%~120%，186 种农药的相对标准偏差均低于 20%。这说明方法具有良好的准确度与精密度。

4.3.5.4 实际样品分析

应用所建立的分析方法，对北京市场上市售 28 个茶叶样品进行分析，检测结果见表 4-7。在分析的 28 个茶叶样品中，有 6 个样品未检出任何农药。其他 22 个样品共检出农药 14 种，其中仲丁威、甲基苯噻隆、甲基嘧啶磷、丙环唑-1、吡螨胺、氟氯氰菊酯、苯醚甲环唑和烯酰吗啉 8 种农药均在样品中检出，但未达到方法的定量下限。剩余的 6 种农药中，以高效氯氟氰菊酯的检出率最高，28 个茶叶样品中有 10 个检出（占总数的 36%），残留量为 $16.0\sim170.0\mu g/kg$。可以看出，虽然茶叶样品中有一定的农药残留，但是均未超过相关的欧盟和日本设定的最大残留限量。

表 4-7 28 个茶叶样品中农药的测定结果

样品	含量/(μg/kg)													
	联苯菊酯	毒死蜱	氟氯氰菊酯	苯醚甲环唑	烯酰吗啉	二苯胺	仲丁威	高效氯氟氰菊酯	马拉硫磷	噻唑膦	甲基嘧啶磷	丙环唑-1	吡螨胺	三唑醇-2
1	检出	—	—	—	—	8.5	—	—	—	—	—	—	检出	—
2	检出	—	—	—	—	检出	—	—	—	检出	—	—	检出	—
3	检出	检出	—	—	—	检出	检出	16.0	—	—	—	检出	—	—
4	—	—	—	—	—	—	—	—	—	—	—	—	—	—
5	12.7	—	—	—	—	—	—	—	—	—	—	—	—	—
6	—	—	—	—	—	检出	—	—	检出	—	—	—	—	—
7	—	—	—	—	—	—	—	—	—	—	—	—	—	—
8	—	—	—	—	—	检出	—	—	—	—	—	—	—	—
9	—	—	—	—	—	—	—	60.0	—	—	—	—	—	—
10	—	—	—	—	—	—	—	—	—	—	—	—	—	—
11	—	—	—	—	—	—	—	—	—	—	—	—	—	—
12	—	—	—	—	—	检出	—	—	—	—	—	—	—	20.5
13	—	—	—	—	—	—	—	—	—	—	—	—	—	—
14	—	—	—	—	—	—	—	—	—	—	—	—	—	88.8
15	—	25.6	检出	—	—	—	—	120.0	—	—	—	—	—	—
16	27.8	—	—	—	—	—	—	—	—	—	—	—	—	—
17	—	—	—	—	—	—	—	—	—	—	—	—	—	—
18	95.5	—	—	—	—	—	—	89.0	—	—	—	—	—	—
19	—	—	—	—	—	—	—	76.0	—	—	—	—	—	—
20	—	—	—	—	—	—	—	57.0	—	—	—	—	—	—
21	—	—	—	—	—	36.2	—	59.0	—	—	—	—	—	—
22	—	—	—	—	检出	—	—	—	—	—	—	—	—	—
23	—	53.1	—	—	—	—	—	18.0	—	—	—	—	—	—
24	—	—	—	—	—	—	—	—	—	—	—	—	—	—
25	检出	—	—	—	—	—	—	—	—	—	—	—	—	—
26	—	—	—	—	—	—	—	37.0	—	—	—	—	—	—
27	—	—	—	—	—	—	—	—	—	—	检出	—	—	—
28	32.0	—	—	检出	—	—	—	170.0	85.8	—	—	—	—	—

注："—"代表未检出。

4.3.5.5　长时间运行对仪器的影响

　　将甘油三酯和 D（＋）-核糖酸-γ-内酯作为保护剂加入茶叶样品和溶剂标准中，按照 4.3.2.4 节顺序考察分析物保护剂对仪器稳定性的影响。将 4.3.2.4 节中的 5 针溶剂标准（加入保护剂）峰形重叠，得到图 4-18（A 和 B 为不添加分析物保护剂时邻苯基苯酚和氟氰戊菊酯的提取离子合并图，C 和 D 为添加分析物保护剂时农药的提取离子合并图）。从图 4-18 可以看出，随着进样次数的增加，未加分析物保护剂的邻苯基苯酚和氟氰戊菊酯（包括同分异构体）溶剂标准的重现性变差，加入分析物保护剂后，5 针溶剂标准的峰面积和峰高的 RSD 大大减小，重现性较好。

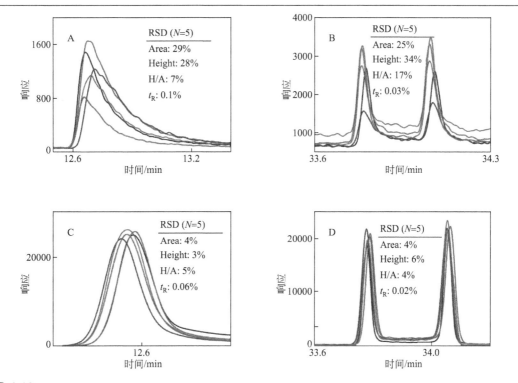

图 4-18
邻苯基苯酚和氟氰戊菊酯（含同分异构体）的提取离子合并图

4.4　GC-MS/MS 测定茶叶中 205 种基质补偿作用研究

　　一般认为，气相色谱-质谱基质效应是由气相色谱系统内的活性位点所造成，同时部分学者提出检测器类型不同也会对基质效应造成影响。因此，本章在前文研究基础上，通过对 GC-MS/MS 测定时农药基质效应的研究以及分析物保护剂补偿基质效应的考察，建立了 GC-MS/MS 测定农药多残留时分析物补偿基质效应定量方法，同时考察了四极杆和串联四极杆两种不同检测器测定时补偿作用的差异性。

4.4.1 样品、试剂与仪器

4.4.1.1 茶叶产地以及分类

同 GC-MS 测定样品为同一批样品。

4.4.1.2 仪器、试剂、耗材、农药标准品及分析物保护剂

参见 4.2.1.2 节、4.2.1.3 节和 4.3.1.3 节。图 4-19 为添加了 2mg/mL 的甘油三酯和 D（＋）-核糖酸-γ-内酯组合的保护剂时 205 种农药的全扫描总离子流图（其中 A 组包含 71 种农药，B 组包含 68 种，C 组包含 66 种，具体名称见附表 4-2）。从图可以看出，每组农药均得到了较好分离，且峰形对称、出峰时间合理，同时分析物保护剂的加入并未对整个色谱图造成不良影响。

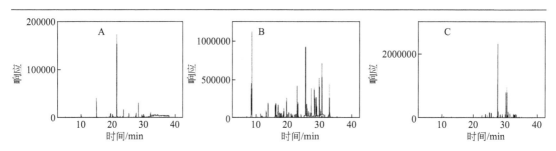

图 4-19
农药溶剂标准的总离子流图

4.4.2 实验方法

参见 4.3.2 节。

4.4.3 不同保护剂对溶剂标准的影响

参照 GC-MS 的评价方法，通过对添加保护剂的溶剂标准中农药的响应与未添加保护剂的溶剂标准中农药的响应进行比较，考察了 11 种保护剂在不同添加浓度（0.5mg/mL、

1mg/mL、2mg/mL、5mg/mL，3-乙氧基-1，2-丙二醇还包括 10mg/mL 和 20mg/mL 两个浓度）时对 205 种农药在乙腈溶剂中色谱行为的影响。

图 4-20 为 11 种分析物保护剂在不同浓度时对农药异丙菌胺的影响，自右端看起，色谱图由高到低依次为添加分析物保护剂的浓度为 5mg/mL、2mg/mL、1mg/mL、0.5mg/mL 时，异丙菌胺的提取离子图和缬酶威溶剂标准的提取离子图；6 号保护剂为分析物保护剂的浓度为 20mg/mL、10mg/mL、5mg/mL、2mg/mL、1mg/mL、0.5mg/mL 时，异丙菌胺的提取离子图和异丙菌胺溶剂标准的提取离子图，分析物保护剂的名称与表 4-3 相同。

基于茶叶基质中 205 种农药绝大多数（83.4％）农药表现中等和强基质增强作用（ME＞20％），同时参照 GC-MS 的选择标准，对比值大于 50％的农药个数进行统计，结果见表 4-8。从表 4-8 和图 4-20 可以看出，与 GC-MS 采用分析物保护剂类似，1 号和 2 号保护剂在 4 个浓度时，对农药的响应增加贡献不大，添加保护剂的农药响应与未添加保护剂的农药响应差别不大（二者的差别多在 20％左右）；其余 9 种保护剂对 205 种农药中大多数农药均有不同程度的基质增强作用，同时随着保护剂浓度的增加，响应增强的农药个数亦呈增加趋势。

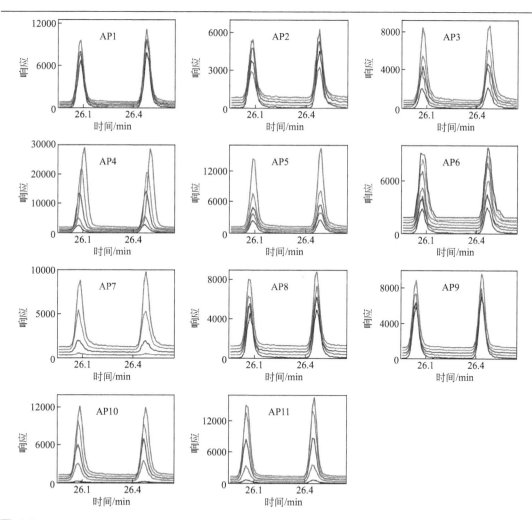

图 4-20

11 种分析物保护剂在不同浓度时对异丙菌胺的影响

表 4-8　11 种保护剂在不同添加浓度时对 205 种农药标准响应值比值大于 50％的农药个数统计表

浓度/(mg/mL)	保护剂（AP）										
	1	2	3	4	5	6	7	8	9	10	11
0.5	4	25	38	47	97	19	113	28	57	145	129
1	38	51	41	103	119	36	140	35	63	157	161
2	57	6	98	162	135	56	154	66	113	158	165
5	68	38	149	118	180	82	157	86	106	164	171
10	—	—	—	—	—	106	—	—	—	—	—
20	—	—	—	—	—	125	—	—	—	—	—

注：表内保护剂编号与表 4-3 顺序。

从表 4-8 可以看出，同 GC-MS 效果类似，在用量为 0.5mg/mL、1mg/mL、2mg/mL 时，使用 4 号、5 号、7 号、10 号和 11 号保护剂时，比值大于 50％的个数最多。因此，选择 4 号、5 号、7 号和 11 号保护剂作为下一步研究要用的保护剂种类。

图 4-21 为保护剂添加浓度为 1mg/mL 和 2mg/mL 时，4 号、5 号、7 号和 11 号保护剂对炔苯酰草胺和苯锈啶色谱行为的影响图，其中 A 和 B 分别为分析物保护剂浓度为 1mg/mL 时炔苯酰草胺和苯锈啶的提取离子流图，C 和 D 分别为分析物保护剂浓度为 2mg/mL 时炔苯酰草胺和苯锈啶的提取离子流图，自右端看起，色谱图从高到低依次为添加 11 号、7 号、5 号和 4 号分析物保护剂时农药提取离子图和农药溶剂标准提取离子图。从图 4-21 可以看出，添加保护剂后，农药的峰响应增加、峰形转好；4 种保护剂在相同浓度时对同一农药表现了不同程度的基质增强作用，11 号保护剂在 4 种保护剂中表现了尤为突出的基质增强作用。

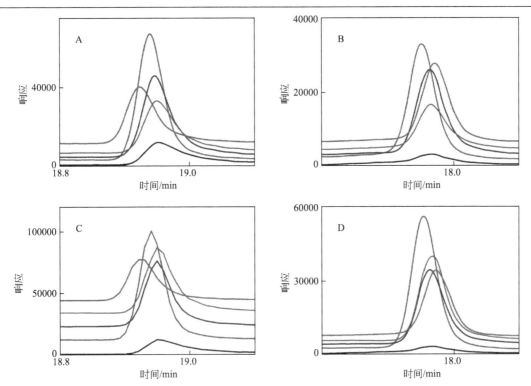

图 4-21

分析物保护剂在不同浓度时对炔苯酰草胺和苯锈啶峰形和峰强度的影响

4.4.4　不同保护剂组合研究对茶叶的影响

在 4.2.6.2 节中发现，茶叶按照 GC-MS/MS 的基质效应可以聚类为红茶、绿茶和乌龙茶 3 种茶叶类型。为此，此阶段的实验选择市售的红茶、绿茶和乌龙茶样品进行保护剂实验的开展。

保护剂的浓度与配比，以及结果的计算同样参照 4.3.4 节。

按照表 4-9，移取一定体积的保护剂加至含有 MRL 浓度水平的 205 种农药和 $280\mu g/kg$ 内标的溶剂标准中，同时分别制备绿茶、乌龙茶和红茶基质匹配标准溶液，采用基质匹配标准定量溶剂标准计算归一化比值。

表 4-9　不同保护剂的进样浓度和配比以及归一化比值大于 70% 的农药个数统计表

保护剂序号	保护剂组合编号 *															
	1	2	3	4	5	6	7	8	9	10	11	12	13	14	15	16
4	—	—	1	1	—	—	1	1	—	—	2	2	—	—	—	1
5	2	—	1	—	1	—	2	—	—	2	2	—	2	—	1	1
7	—	2	—	1	—	1	—	2	2	—	—	2	—	2	1	1
11	—	—	—	1	1	—	—	1	1	—	—	2	2	1	—	—
茶叶种类	归一化比值大于 70% 的农药个数															
绿茶	122	147	104	147	100	146	159	148	155	150	161	174	173	184	165	171
乌龙茶	90	108	129	140	120	145	186	178	184	162	170	171	189	192	181	171
红茶	104	131	151	145	166	167	185	168	180	180	181	172	190	189	181	188

* 表中所有数字均为仪器测定前样品瓶中的浓度（mg/mL）。

采用不同浓度的保护剂或者保护剂组合时，得到的归一化比值差异较大，如邻苯基苯酚的归一化比值范围为 28.2%～151.1%，戊唑醇的归一化比值范围为 0.4%～389.4%，这表明不同的保护剂及其组合对不同的农药有不同程度的基质增强作用；在绿茶基质中，邻苯基苯酚的归一化比值范围为 39.5%～151.1%，乌龙茶和红茶基质中归一化比值范围分别为 48.2%～92.4% 和 28.2%～122.0%，这说明不同的保护剂及其组合对不同的茶叶基质有不同的基质增强作用。

合适的保护剂可以与活性位点充分结合，使得含有保护剂的溶剂标准溶液中农药的响应接近基质匹配标准溶液中农药的响应，因此归一化比值应该接近或者高于 100%，对归一化比值范围大于 70% 的农药进行统计，统计结果见表 4-10。

在此基础上，对 3 种茶叶中取得回收率大于 70% 的农药个数的前 9 个组合进行统计，将 3 种茶叶得到的组合合并，可得到 10 种组合（表 4-9 中的 7～16 号组合）。采用这 10 种组合，对 3 种茶叶进行基质效应补偿评价。向添加样品和溶剂标准中加入与表 4-9 相同浓度的保护剂，采用绝对回收率进行结果评价，统计 205 种农药采用每种保护剂组合的平均回收率，以及回收率范围处于 70%～120% 的农药个数，结果见表 4-10。结果显示，3 种茶叶基质中，采用 10 种组合得到的平均回收率相差不大，但农药回收率在 70%～120% 的农药个数以组合 14 最多。

表 4-10　农药平均回收率以及回收率范围处于 70%～120% 的农药个数统计

项目	基质	组合 7	组合 8	组合 9	组合 10	组合 11	组合 12	组合 13	组合 14	组合 15	组合 16
平均回收率	绿茶	113.24	101	105	113	108	107.8	103	89.4	101.1	106
	乌龙茶	103.64	102	91.9	100	96.9	87.45	86.05	91.2	102	96.2
	红茶	106.39	105	93.4	107	93.5	98.75	94.14	89	98.65	104
回收率范围 70%～120% 的农药个数	绿茶	109	124	149	128	145	143	159	188	131	132
	乌龙茶	119	132	134	135	167	166	175	191	147	122
	红茶	135	133	161	157	148	160	159	187	154	140

注：此表组合浓度和配比与表 4-9 顺序相同。

绘制包括有机磷（伏杀硫磷、吡唑硫磷、定菌磷）、有机氯（氯硝胺、三氯杀螨醇、三氯杀螨砜）、拟除虫聚酯类（醚菊酯、氰戊菊酯-1、氰戊菊酯-2、氟氰戊菊酯-1、氟氰戊菊酯-2、氯菊酯-1、氯菊酯-2）和有机氮（苯并噻二唑、啶酰菌胺、糠菌唑、吡氟酰草胺、丙炔氟草胺、吡丙醚、禾草丹）在内的 20 种农药在红茶基质中采用上述 10 种保护剂组合进行添加回收率实验得到的回收率数据，结果见图 4-22，20 种农药绝大多数为保留时间靠后的农药种类（15 种农药保留时间在 30min 之后）。从图 4-22 可以看出，对一些保留时间靠后的农药种类，采用组合 14 时，农药的回收率结果较为理想，除氰戊菊酯-2 和吡唑硫磷添加回收率分别为 126.0% 和 64.3% 外，其他农药的添加回收率均在 70%～120% 范围内，但采用其他组合时，农药的添加回收率偏高。

4.4.5　保护剂补偿基质效应方法效能评价

通过对分析方法的灵敏度、准确度、精密度以及标准曲线和线性范围等指标进行评价可以判断一个分析方法是否符合分析要求。

评价方法参见 4.3.5 节。

4.4.5.1　标准曲线

205 种农药的线性范围、线性方程和线性相关系数见附表 4-5。从附表 4-5 可以看出，在相应的质量浓度范围内，绝大多数农药的线性关系良好，205 种农药中线性相关系数大于 0.99 的有 202 种，占总数的 98.5%。

4.4.5.2　方法的灵敏度

本方法的检出限和定量下限见附表 4-5。从附表 4-5 中可以看出，205 种农药的最低检出限为 1.67～50.00μg/kg，定量下限为 5.00～150.00μg/kg，205 种农药的 LOQ 均低于欧盟或者日本设定的茶叶中农药最大残留限量，因此认为本方法可以应用于茶叶中农药多残留的检测。

4.4.5.3　方法的准确度与精密度

选择红茶、绿茶和乌龙茶 3 种空白茶叶样品，以 0.8MRL、MRL 和 2MRL 作为添加水平浓度，进行添加回收率实验。添加农药混合标准溶液的样品，静置 30min，使农药被样品充分吸收后，按照选定的方法提取、净化和测定，每个水平重复 5 次实验，计算回收率和相对标准偏差。

实验结果表明，3 种茶叶基质在 3 个添加浓度水平下，194～202 种农药（占总数 95％～99％）的添加回收率能够达到理想结果，即 70％～120％，205 种农药的相对标准偏差均低于 20％，这说明方法具有良好的准确度。

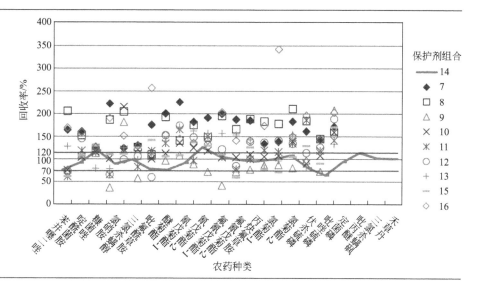

图 4-22
采用 10 种保护剂定量时，20 种农药在红茶基质中的添加回收率

4.4.5.4 实际样品分析

应用建立的分析方法，对北京市场上销售的 28 个茶叶样品进行分析，检测结果见表 4-11。28 个茶叶样品中有 2 个样品未检出任何农药，其余 26 个样品，共检出农药 21 种，其中甲基苯噻隆、甲基嘧啶磷、丙环唑-1、氟氯氰菊酯、苯醚甲环唑 5 种农药均在样品中检出，但未达到方法的定量下限。剩余检出的 16 种农药中，19 个茶叶样品中检出高效氯氟氰菊酯（占总数的 68％），但仅有 16 个样品达到了方法的定量下限，残留量范围为 12.2～151.7μg/kg。可以看出，虽然茶叶中有一定的农药残留，但与 MRL 限量相比，仅有 3 个样品超出限量：27 号样品的乐果残留、21 号样品的二苯胺残留和 20 号样品的苯胺灵残留。

由于此次分析样品与 GC-MS 测定样品相同，因此对采用两种仪器测定的结果进行了比较，发现二者结果类似，表现为检出农药的残留量相近，如编号 28 的茶叶中高效氯氟氰菊酯采用 GC-MS 和 GC-MS/MS 测定的残留量结果分别为 170.0μg/kg 和 151.7μg/kg。但仍存在一定差异，这首先表现为二者检出的农药数量的差异，GC-MS 检出农药 14 种，但 GC-MS/MS 检出农药 21 种。同时对同一种检出农药如高效氯氟氰菊酯进行对比，两台仪器的测定结果亦存在差异，对 14 号茶叶，GC-MS 未检出农药，但 GC-MS/MS 测定的残留量却高达 84.7μg/kg。这种现象主要是由于 GC-MS/MS 灵敏度高于 GC-MS 所致。

表4-11 28个茶叶样品中农药的测定结果

样品	联苯菊酯	毒死蜱	氟氯氰菊酯	苯醚甲环唑	烯酰吗啉	二苯胺	仲丁威	高效氯氟氰菊酯	马拉硫磷	噻嗪酮	甲基嘧啶磷	丙环唑-1	吡螨胺	三唑醇-2
					含量/(μg/kg)									
1	检出	10.0	—	—	—	—	—	23.2	—	—	—	—	检出	—
2	11.8	12.8	—	—	—	—	—	12.1	—	15.3	—	—	检出	—
3	检出	—	—	—	—	—	—	—	—	37.2	—	—	—	—
4	—	—	—	—	—	—	—	9.1	—	检出	—	—	—	—
5	13.5	—	—	—	—	—	—	9.8	56.9	—	—	—	—	—
6	—	—	—	64.3	—	—	—	—	—	—	—	—	—	38.0
7	—	—	—	—	—	—	—	—	—	—	—	检出	—	—
8	—	—	—	—	—	—	—	—	—	—	—	—	—	检出
9	—	检出	—	—	—	—	—	—	—	62.1	—	—	—	—
10	—	—	—	—	—	—	—	—	—	检出	—	—	—	—
11	—	—	—	—	—	—	—	—	—	检出	—	—	—	—
12	—	检出	—	检出	—	—	—	—	—	12.2	—	—	—	—
13	—	—	—	—	—	—	—	—	—	34.6	—	—	—	—
14	—	—	—	—	—	—	—	—	—	84.7	—	—	—	—
15	29.0	30.8	—	—	—	—	—	—	—	110.1	—	—	—	29.4
16	—	检出	—	—	—	—	—	—	—	检出	检出	检出	—	—
17	—	—	—	—	—	检出	—	—	—	—	—	—	—	—
18	99.2	—	—	—	—	—	—	—	—	94.8	检出	—	—	—
19	—	—	—	—	—	—	—	—	—	97.4	—	—	—	—
20	—	检出	—	—	—	—	—	—	检出	40.8	—	—	—	—
21	—	—	—	—	—	—	—	59.6	检出	44.7	—	—	—	—
22	—	—	—	—	—	—	—	—	—	—	—	—	—	—
23	—	53.3	检出	—	—	—	26.4	—	—	26.5	—	—	—	—
24	检出	检出	—	—	—	—	—	—	—	23.9	—	—	—	—
25	—	—	—	—	—	—	—	—	—	—	28.1	—	—	—
26	—	检出	—	—	—	—	—	—	51.0	51.3	33.6	—	—	—
27	—	—	—	—	—	59.9	—	—	—	69.9	检出	—	—	—
28	37.5	—	检出	—	检出	—	—	—	—	151.7	检出	134.6	—	—

4.4.5.5　长时间运行对仪器的影响

　　将甘油三酯和 D（＋）-核糖酸-γ-内酯作为保护剂加至茶叶样品和溶剂标准中，按照 4.3.2.4 节的顺序考察分析物保护剂对仪器稳定性的影响。将 4.3.2.4 节中的 5 针溶剂标准（加入保护剂）峰形重叠，得到图 4-23（其中 A 和 B 为不添加分析物保护剂时硅氟唑和苯锈啶的提取离子合并图，C 和 D 为添加分析物保护剂时农药的提取离子合并图）。从图 4-23 可以看出，随着进样次数的增加，未加分析物保护剂的硅氟唑和苯锈啶溶剂标准的重现性变差，加入分析物保护剂后，5 针溶剂标准的峰面积和峰高的 RSD 大大减小，重现性较好，因此加入保护剂后仪器的耐受性增强，可减少仪器的维修频率。

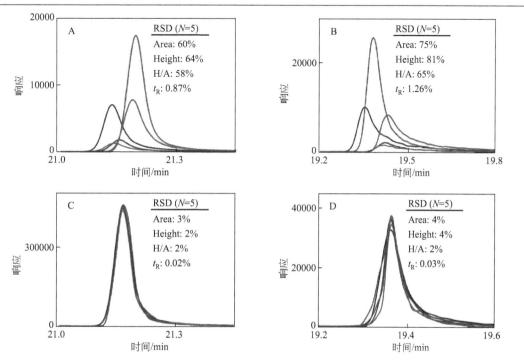

图 4-23

5 针溶剂标准中硅氟唑和苯锈啶的提取离子合并图

参考文献

［1］　NCCLS. Evaluation of Matrix Effects. Proposed Guideline ［S］. NCCLS document EPI4-P. Wayne，PA：NCCLS，1998.

［2］　EU. Quality Control Procedures for Pesticide Residues Analysis. Guidelines for Residues Monitoring in the European Union ［S］. EU，Document No. SANCO/10476/2003.

［3］　Gillespie M，Walters S. Rapid Clean-Up of Fat Extracts for Organophosphorus Pesticide Residue Determination Using C18 Solid-Phase Extraction Cartridges ［J］. Analytica Chimica Acta，1991，245：259-265.

［4］　Erney D R，Gillespie A M，Gilvydis D M，et al. Explanation of the Matrix-Induced Chromatographic Response Enhancement of Organophosphorus Pesticides During Open Tubular Column Gas Chromatography with Splitless or Hot on-Column Injection and Flame Photometric Detection ［J］. Journal of Chromatography A，1993，638（1）：57-63.

［5］　Hajlova J，Zrostlikova J. Matrix Effects in（Ultra）trace Analysis of Pesticide Residues in Food and Biotic Matrices

［J］. Journal of Chromatography A，2003，1000 （1/2）：181-197.

［6］　Arumugam R，Ragupathi Raja Kannan R，Jayalakshmi J，et al. Determination of Element Contents in Herbal Drugs：Chemometric approach ［J］. Food Chemistry，2012，135 （4）：2372-2377.

［7］　邵红建，蒋新，王芳，等. 叶类蔬菜有机氯农药残留测定过程中的提取和净化 ［J］. 环境化学，2004，23 （5）：587-590.

［8］　Schenck F J，Lehotay S J，Vega V. Comparision of Solid-Phase Extraction Sorbents for Cleanup in Pesticide Residue Analysis of Fresh Fruits and Vegetables ［J］. Journal of Separation Science，2002，25 （14）：883-890.

［9］　Schenck F J，Lehotay S J. Does Further Clean-Up Reduce the Matrix Enhancement Effect in Gas Chromatographic Analysis of Pesticide Residues in Food ［J］. Journal of Chromatography A，2000，868 （1）：51-61.

［10］　周莉，王新全，徐浩，等. 液相色谱-串联质谱法测定叶菜类蔬菜中 16 种农药的基质效应研究 ［J］. 理化检验（化学分册），2011，47 （12）：1398-1401.

［11］　Hajslova J，Holadov K，Kocourek V，et al. Matrix-Induced Effects：a Critical Point in the Gas Chromatographic Analysis of Pesticide Residues ［J］. Journal of Chromatography A，1998，800 （2）：283-295.

［12］　Lehotay S J，Katerina M，Yun S J. Evaluation of Two Fast and Easy Methods for Pesticide Residue Analysis in Fatty Food Matrixes ［J］. Journal of AOAC International，2005，88 （2）：615-629.

［13］　刘莉，罗军. 基质效应对气相色谱分析有机磷农药残留的影响和解决方法 ［J］. 江西农业学报，2009，21 （7）：146-148.

［14］　Chai L K，Elie F. A Rapid Multi-residue Method for Pesticide Residues Determination in White and Black Pepper （Piper nigrum L.） ［J］. Food Control，2013，32 （1）：322-326.

［15］　Lehotay S J，Maštovská K，Lightfield A R. Use of Buffering and Other Means to Improve Results of Problematic Pesticides in a Fast and Easy Method for Residue Analysis of Fruits and Vegetables ［J］. Journal of AOAC International，2005，88 （2）：630-638.

［16］　Lehotay S J. Application of Gas Chromatography in Food Analysis ［J］. TrAC Trends in Analytical Chemistry，2003，21 （9-10）：686-697.

［17］　Molinar G P，Cavanna S，Fornara L. Determination of Fenthion and Its Oxidative Metabolites in Olives and Olive Oil：Errors Caused by Matrix Effects Food ［J］. Additives and Contaminants，1998，15 （6）：661-670.

［18］　易盛国，侯雪，韩梅，等. 气相色谱-串联质谱法检测蔬菜农药残留基质效应与基质分类的研究 ［J］. 西南农业学报，2012，25 （2）：537-543.

［19］　Godula M，Hajslová J，Alterova K. Pulsed Splitless Injection and the Extent of Matrix Effects in the Analysis of Pesticides ［J］. Journal of High Resolution Chromatography，1999，22：395-402.

［20］　de Souza Pinheiro A，da Rocha G O，de Andrade J B. A SDME/GC-MS Methodology for Determination of Organophosphate and Pyrethroid Pesticides in Water ［J］. Microchemical Journal，2011，99 （2）：303-308.

［21］　Demeestere K，Dewulf J，Witte De B，et al. Sample Preparation for the Analysis of Volatile Organic Compounds in Air and Water Matrices ［J］. Journal of Chromatography A，2007，1153 （1-2）：130-144.

［22］　Zrostikova J，Hajslova J，Godula M，et al. Performance of Programmed Temperature Vaporizer，Pulsed Splitless and On-Column Injection Techniques in Analysis of Pesticide Residues in Plant Matrices ［J］. Journal of Chromatography A，2001，937 （1-2）：73-86.

［23］　Lehotay S J. Analysis of Pesticide Residues in Mixed Fruit and Vegetable Extracts by Direct Sample Introduction/ Gas Chromatography/Tandem Mass Spectrometry ［J］. Journal of AOAC International，2000，83 （3）：680-697.

［24］　Jing H W，Amirav A. Pesticide Analysis with the Pulsed-Flame Photometer Detector and a Direct Sample Introduction Device ［J］. Analytical Chemistry，1997，69 （7）：1426-1435.

［25］　Poole C F. Matrix-Induced Response Enhancement in Pesticide Residue Analysis by Gas Chromatography ［J］. Journal of Chromatography A，2007，1158 （1-2）：241-250.

［26］　Wylie P L，Uchiyama K. Improved Gas Chromatographic Analysis of Organophosphorus Pesticides with Pulsed Splitless Injection ［J］. Journal of AOAC International，1996，79 （2）：571-577.

［27］　Souverain S，Rudaz S，Veuthey J L. Matrix Effect in LC-ESI-MS and LC-APCI-MS with Off-Line and On-Line Extraction Procedures ［J］. Journal of Chromatography A，2004，1058 （1-2）：61-66.

［28］　欧菊芳. 蔬菜中农药多残留气相色谱-质谱法测定中的基质效应研究 ［D］北京：中国农业科学院，2008.

［29］　董振霖，杨春光，肖珊珊，等. 气相色谱和气相色谱-质谱法测定食品中乙草胺残留 ［J］. 分析化学，2009，37 （5）：698-702.

[30] Frenich A G, Vidal J L M, Moreno J L F, et al. Compensation for Matrix Effects in Gas Chromatography-Tandem Mass Spectrometry Using a Single Point Standard Addition [J]. Journal of Chromatography A, 2009, 1216 (23): 4798-4808.

[31] Sandra P, Tienpont B, Vercammen J, et al. Stir Bar Sorptive Extraction Applied to the Determination of Dicarboximide Fungicides in Wine [J]. Journal of Chromatography A, 2001, 928 (1): 117-126.

[32] Sandra P, Tienpont B, David F. Multi-Residue Screening of Pesticides in Vegetables, Fruits and Baby Food by Stir Bar Sorptive Extraction-Thermal Desorption-Capillary Gas Chromatography-Mass Spectrometry [J]. Journal of Chromatography A, 2003, 1000 (1-2): 299-309.

[33] Ueno E, Oshim H, Saito I, et al. Multiresidue Analysis of Pesticides in Vegetables and Fruits by Gas Chromatography/Mass Spectrometry after Gel Permeation Chromatography and Graphitized Carbon Column Cleanup [J]. Journal of AOAC International, 2004, 87 (13): 1003-1015.

[34] Sotiropoulou S, Chaniotakis N A. Carbon Nanotube Array-Based Biosensor [J]. Analytical and Bioanalytical Chemistry, 2003, 375 (1): 103-105.

[35] Pang G F, Fan C L, Zhang F, et al. High-Throughput GC/MS and HPLC/MS/MS Techniques for the Multiclass, Multiresidue Determination of 653 Pesticides and Chemical Pollutants in Tea [J]. Journal of AOAC International, 2011, 94 (4): 1253-1296.

[36] Pizzutti I R, Kok de A, Dickow C C, et al. A Multi-Residue Method for Pesticides Analysis in Green Coffee Beans Using Gas Chromatography-Negative Chemical Ionization Mass Spectrometry in Selective Ion Monitoring Mode [J]. Journal of Chromatography A, 2012, 1251: 16-26.

[37] Yang X, Zhang H, Liu Y, et al. Multiresidue Method for Determination of 88 Pesticides in Berry Fruits Using Solid-Phase Extraction and Gas Chromatography-Mass Spectrometry: Determination of 88 Pesticides in Berries Using SPE and GC-MS [J]. Food Chemistry, 2011, 127 (2): 855-865.

[38] Banerjee K, Mujawar S, Utture S C, et al. Optimization of Gas Chromatography-Single Quadrupole Mass Spectrometry Conditions for Multiresidue Analysis of Pesticides in Grapes in Compliance to EU-MRLs [J]. Food Chemistry, 2013, 138 (1): 600-607.

[39] Wu G, Bao X X, Zhao S H, et al. Analysis of Multi-Pesticide Residues in the Foods of Animal Origin by GC-MS Coupled with Accelerated Solvent Extraction and Gel Permeation Chromatography Cleanup [J]. Food Chemistry, 2011, 126 (2): 646-654.

[40] Mercer G E. Determination of 112 Halogenated Pesticides Using Gas Chromatography/Mass Spectrometry with Selected Ion Monitoring [J]. Journal of AOAC International, 2005, 88 (5): 1452-1462.

[41] Lehotay S J. Determination of Pesticide Residues in Nonfatty Fooda by Percritical Extraction Aqnd Gas Chromatography/Mass Spectrometry: Collaborative Study [J]. Journal of AOAC International, 2002, 85 (5): 1148-1166.

[42] EU. Method Validation And Quality Control Procedures For Pesticide Residues Analysis In Food And Feed [S]. EU, Document No. SANCO/12495/2011.

[43] Anastassiades M, Mastovská K, Lehotay S J. Evaluation of Analyte Protectants to Improve Gas Chromatographic Analysis of Pesticides [J]. Journal of Chromatography A, 2003, 1015 (1-2): 163-184.

[44] Erney D R, Poole C F. A Study of Single Compound Additives to Minimize the Matrix Induced Chromatographic Response Enhancement Observed in the Gas Chromatography of Pesticide Residues [J]. Journal of High Resolution Chromatography, 1993, 16 (8): 501-503.

[45] Mastovská K, Lehotay S J, Anastassiades M. Combination of Analyte Protectants to Overcome Matrix Effects in Routine GC Analysis of Pesticide Residues in Food Matrixes [J]. Analytical Chemistry, 2005, 77 (24): 8129-8137.

[46] Sánchez-Brunete C, Albero B, Martín G, et al. Determination of Pesticide Residues by GC-MS Using Analyte Protectants to Counteract the Matrix Effect [J]. Analytical Sciences, 2005, 21 (11): 1291-1296.

[47] González-Rodríguez R M, Rial-Otero R, Cancho-Grande B, et al. Occurrence of Fungicide and Insecticide Residues in Trade Samples of Leafy Vegetables [J]. Food Chemistry, 2008, 107 (3): 1342-1347.

[48] González-Rodríguez R M, Cancho-Grande B, Simal-Gándara J. Multiresidue Determination of 11 New Fungicides in Grapes and Wines by Liquid-Liquid Extraction/Clean-Up and Programmable Temperature Vaporization Injection with Analyte Protectants/Gas Chromatography/Ion Trap Mass Spectrometry [J]. Journal of Chromatography A, 2009, 1216 (32): 6033-6042.

[49] Wang Y，Jin H Y，Ma S C，Lu J，et al. Determination of 195 Pesticide Residues in Chinese Herbs by Gas Chromatography-Mass Spectrometry Using Analyte Protectants [J]. Journal of Chromatography A，2011，1218（2）：334-342.

[50] 黄宝勇，潘灿平，王一茹，等.气质联机分析蔬菜中农药多残留及基质效应的补偿 [J].高等学校化学学报，2006，27（2）：227-232.

[51] 黄宝勇，潘灿平，张微，等.应用分析保护剂补偿基质效应与气相色谱-质谱快速检测果蔬中农药多残留 [J].分析测试学报，2006，25（3）：11-16.

[52] Mei M H. Application of Chemometrics on the Fingerprint Analysis of Several Traditional Chinese Medicine or Food [M]. Jiangxi：Nanchang Univerity，2011：6.

[53] Tran C D，Grishko V I，Oliveira D，Determination of Enantiomeric Compositions of Amino Acids by Near-Infrared Spectrometry through Complexation with Carbohydrate [J]. Analytical Chemistry，2003，75（23）：6455-6462.

[54] Lavine B K. Chemometrics [J]. Analytical Chemistry，1998，70（12）：209-228.

[55] Lavine B K. Chemometrics [J]. Analytical Chemistry，2000，72（12）：91-98.

[56] Lavine B K，Workman J. Chemometrics [J]. Analytical Chemistry，2002，74（12）：2763-2770.

[57] Reid L M，O'Donnell C P，Downey G. Recent Technological Advances for the Determination of Food Authenticity [J]. Trends in Food Science & Technology，2006，17（7）：344-353.

[58] Liang Y Z，Yu R Q. Chemometrics [M]，Beijing：Higher Education Press，2003. 67-69.

[59] Kaufman L.，Rousseeuw P J. Finding Groups in Data：an Introduction to Cluster Analysis [M]. N Y：John Wiley&Sons，1990.

[60] Ng R T，Han J W. Efficient and Effective Clustering Method for Spatial Data Mining. Proceeding VLDB'94 Proceedings of the 20th International Conference on Very Large Data bases [J]. San Francisco，1994，144-155.

[61] Pei X D. Multivariate Statistic Analysis and Its Application [M]. Beijing：Beijing Agricultural University Press，1991，36-38.

[62] Silva Torres da E A F，Garbelotti M L，Neto J M M. The Application of Hierarchical Clusters Analysis to the Study of the Composition of Foods [J]. Food Chemistry，2006，99（3）：622-629.

[63] Li J X，Wang Y X，Xie X J，et al. Hierarchical Cluster Analysis of Arsenic and Fluoride Enrichments in Groundwater from the Datong Basin，Northern China [J]. Journal of Geochemical Exploration，2012，118：77-89.

[64] Jin L，Harley R A，Brown N J. Ozone Pollution Regimes Modeled for a Summer Season in California's San Joaquin Valley：A cluster analysis [J]. Atmospheric Environment，2011，45（27）：4707-4718.

[65] Kocourek V，Hajslova J，Holadova K，et al. Stability of Pesticides in Plant Extracts Used as Calibrants in the Gas Chromatographic Analysis of Residues [J]. Journal of Chromatography A，1998，800（2）：297-304.

[66] Kittlaus S，Schimanke J，Kempe G，et al. Assessment of Sample Cleanup and Matrix Effects in the Pesticide Residue Analysis of Foods Using Postcolumn Infusion in Liquid Chromatography-Tandem Mass Spectrometry [J]. Journal of Chromatography A，2012，1218（46）：8399-8410.

[67] Codex Alimentarius Committee，Guidelines on Good Laboratory Practice in Residue Analysis [S]，CAC/GL 40-1993，Rev. 1，FAO，2003.

[68] Romero-González R，Frenich A G，Vidal J L M. Multiresidue Method for Fast Determination of Pesticides in Fruit Juices by Ultra Performance Liquid Chromatography Coupled to Tandem Mass Spectrometry [J]. Talanta，2008，76（1）：211-225.

[69] Martínez Vidal J L，Garrido Frenich A，López López T，et al. Selection of a Representative Matrix for Calibration in Multianalyte Determination of Pesticides in Vegetables by Liquid Chromatography-Electrospray Tandem Mass Spectrometry [J]. Chromatographia，2005，61（3-4）：127-131.

[70] Wu F，Lu W，Chen J，et al. Single-Walled Carbon Nanotubes Coated Fibers for Solid-Phase Microextraction and Gas Chromatography-Mass Spectrometric Determination of Pesticides in Tea Samples [J]. Talanta，2010，82（3）：1038-1043.

[71] Lima D C，Santos dos A M P，Araujo R G O，et al. Principal Component Analysis and Hierarchical Cluster Analysis for Homogeneity Evaluation During the Preparation of a Wheat Flour Laboratory Reference Material for Inorganic Analysis [J]. Microchemical Journal，2010，95（2）：222-226.

[72] Matuszewski B K，Constanzer M L，Chavez-Eng C M. Strategies for the Assessment of Matrix Effect in Quantitative Bioanalytical Methods Based on HPLC－MS/MS [J]. Analytical Chemistry，2003，75（13）：3019-3030.

[73] Kmellar B，Fodor P，Pareja L，et al. Validation and Uncertainty Study of a Comprehensive List of 160 Pesticide Residues in Multi-Class Vegetables by Liquid Chromatography-Tandem Mass Spectrometry [J]. Journal of Chromatography A，2008，1215 (1-2)：37-50.

[74] Peng S P，Gu Z L. The Classification of Commercial Tea and Comparison of Content of Tea Polyphenols [J]. Fujian Chaye，2005 (2)：32-33.

[75] Kim Y，Goodner K L，Park J D，et al. Changes in Antioxidant Phytochemicals and Volatile Composition of Camellia Sinensis by Oxidation During Tea Fermentation [J]. Food Chemistry，2011，129 (4)：1331-1342.

[76] Fernández P L，Martín M J，González A G，et al. HPLC Determination of Catechins and Caffeine in Tea. Differentiation of Green，Black and Instant Teas [J]. Analyst，2000，125：421-425.

[77] Stahnke H，Reemtsma T，Alder L. Compensation of Matrix Effects by Postcolumn Infusion of a Monitor Substance in Multiresidue Analysis with LC-MS/MS [J]. Analytical Chemistry，2009，81 (6)：2185-2192.

茶叶农药多残留检测方法学研究

第 5 章

茶叶农药多残留高通量
检测技术的稳健性评价、
误差分析与关键控制点

作为食品安全的一个重大研究课题，农药残留限量一直是食品安全关注的焦点之一。从 20 世纪 70 年代美国宣布禁止使用 DDT，欧盟就发布了关于水果中的农药残留量标准，此后不到 30 年间，欧盟农药残留限量标准已达 16.2 万项[1]、美国 3.9 万多项[2]、日本 5.2 万多项[3]、中国农药残留限量标准 7107 项[4]。农药残留标准已经成为食品安全的一项重要技术指标，也成了国际贸易的准入门槛。就茶叶而论，目前世界上有 17 个国家设置的茶叶中农药残留限量标准达到 800 多项[5]。鉴于世界各国为了食品安全检测的农药残留限量越来越多、越来越严的趋势，单一品种农残检测技术已不能适应当前检测的需要。因此，农药多残留同时检测技术的开发和应用正成为目前研究的重点。

Lehotay[6]、Wong[7]、Kitagawa[8]、Okihashi[9]、Huang[10]、Fillion[11]、Walorc-zyk[12]、Nguyen[13]、Przybylski[14] 等研究者在农药多残留检测技术研究方面做了很多工作。此外，Koesukwiwat 等[15] 采用 QuEChERS 方法，PSA、C$_{18}$ 和石墨化碳填料净化后，LP-GC/TOF-MS 测定西红柿、草莓等水果蔬菜中 150 种农药残留，在 3 个添加水平下，回收率为 70%～120% 且 RSD＜20% 的农药大于 126 种。Schenck 等[16] 采用改进后的 QuEChERS 方法，PSA 和石墨化碳填料净化后，测定葡萄、橙子、菠菜、西红柿中的 102 种农药残留，回收率为 63%～125%，大部分农药的回收率＞80%。Nguyen 等[17] 采用 QuEChERS 方法，GC-MS 测定卷心菜和萝卜中 107 种农药残留的回收率为 80%～115%，相对标准偏差＜15%。Saito 等[18] 采用 PSA 和石墨化碳净化，GC-MS 测定番茄、菠菜、日本梨、葡萄、糙米中的 114 种农药残留，在 0.02～0.4μg/g 添加水平下，108 种农药的回收率＞60%。Hirahara 等[19] 采用 GC-MS/MS 测定马铃薯、菠菜、卷心菜、苹果、橙子、大豆、糙米中 199 种农药残留，其中 194 种农药的回收率为 50%～150%。Pizzutti 等[20] 对样品提取后，采用 LC-MS/MS 测定未经净化的大豆中 169 种农药残留，得到大部分农药的回收率为 60%～120%，RSD≤20%。Nguyen 等[21] 采用基质固相分散，GC-MS 测定韩国草药中 234 种农药残留，方法回收率为 62%～119%，相对标准偏差＜21%。Hu 等[22] 采用基质固相分散提取净化，GC-MS 测定苹果汁中 106 种农药残留，在 0.01～0.2mg/kg 添加水平下，回收率为 70%～110%。Chu 等[23] 采用基质固相分散方法，结合 GC-MS 测定苹果汁中 266 种农药残留，其中 258 种农药的回收率为 70.8%～116.8%，相对标准偏差＜24%。Nguyen 等[24] 采用基质固相分散萃取，GC-MS 和 LC-MS/MS 测定蔬菜汁中 118 种农药残留，在 10～120μg/kg 添加水平下，回收率为 77%～114%，相对标准偏差＜14%。Matsumoto 等[25] 采用 Mini-column 净化，GC-MS 和 LC-MS/MS 测定甜土豆酱、西红柿酱等 8 种食品中 235 种农药残留，在 0.05μg/g 或 0.10μg/g（GC 方法），0.025μg/g 或 0.05μg/g（LC 方法）添加水平下，214 种农药的回收率为 50%～100%，相对标准偏差＜20%。

庞国芳课题组系统研究了 1000 多种农药及环境污染物多组分残留高通量检测技术，并建成了一系列 400～500 种农药残留同时检测的中国官方方法，分别应用于蜂蜜、果汁、果酒[26-28]、水果蔬菜[29,30]、粮谷[31,32]、动物肌肉[33,34]、茶叶[35,36]、食用菌[37,38]、水产品[39,40]、中药[41,42] 和奶粉[43,44] 等共计 1000 多种农药残留的检测。为了使世界残留分析的同行们分享这些多组分农药残留检测技术，课题组选出茶叶中

653 种农药多残留方法准备组织国际 AOAC 协同研究。本章专门讨论了此方法的稳健性研究。实验选择 2 种茶叶（绿茶和乌龙茶）、2 种小柱（Cleanert TPT 和 Envi-Carb＋PSA）、2 种检测仪器（GC-MS 和 GC-MS/MS）设计了 8 种不同的实验方案，进行长达 3 个月的循环实验，每 5 天实验 1 次，每次平行 3 个样品（第 1 次 5 个平行），3 个月循环检测 19 次，共得到实验数据 61104 个［2 种茶叶×2 种小柱×2 种仪器×2 个约登对（Youden Pair）样品×19 次（5 天 1 次，每次 3 个平行，3 个月）×201 种农药］，通过这些数据的分类和聚类分析发现方法的稳健性令人满意。同时对各个分析阶段产生误差的种类、原因均做了具体分析，特别是色谱峰产生的 7 类误差均逐一进行了色谱解析。对方法各个阶段的关键控制点进行了详细讨论，具备了设计国际 AOAC 协同研究方案的条件。

5.1 实验部分

5.1.1 试剂与耗材

丙酮、乙腈、正己烷和甲苯（色谱纯，迪马科技公司），Cleanert TPT 固相萃取柱（2000mg/12mL，天津博纳艾杰尔科技有限公司）。农药标准品和内标的纯度均 ≥95%（LGC Promochem，德国）。冰醋酸（HAc）；NaCl（分析纯）；无水 $MgSO_4$ 粉末（优级纯），使用前在马弗炉中 650℃ 下烘烤 4h。固相萃取柱（SPE）：Cleanert-TPT（天津博纳艾杰尔科技有限公司）、Envi-Carb（Supelco 公司，美国）和 PSA（Varian 公司，美国）。

农药标准溶液的配制：准确称取 5～10mg（精确至 0.1mg）农药标准物分别于 10mL 容量瓶中，根据标准物的溶解度和测定的需要选甲苯、甲苯＋丙酮混合液、环己烷等溶剂溶解并定容至刻度，得到农药的标准储备溶液。标准储备溶液 4℃ 避光保存。

混合标准溶液的配制：按照农药的理化性质及保留时间，将 201 种用于 GC/MS 和 GC/MS/MS 检测的农药分成 A、B、C 三个组，并根据每种农药在仪器上的响应灵敏度，确定其在混合标准溶液中的浓度。混合标准溶液 4℃ 避光保存，可使用 1 个月。

5.1.2 仪器

Agilent 6890/5973N GC-MSD（配电子轰击源），配置 7683 自动进样器（Agilent Technologies，美国）；色谱柱：DB-1701（30m×0.25mm×0.25μm，J&W Scientific，美国）；Agilent 6410 液相色谱-串联质谱仪，配有电喷雾离子源（Agilent Technologies，

美国）；ZORBOX SB-C$_{18}$ 色谱柱（$3.5\mu m$，$100mm \times 2.1mm$，Agilent Technologies，美国）；Cleanert—TPT、Cleanert—FS、Cleanert—PC、Cleanert—Al-N、Cleanert—PC/NH$_2$、Cleanert—PC/FS 固相萃取柱（天津博纳艾杰尔科技有限公司）；T-25B 均质器（Janke & Kunkel，德国）；Buchi EL131 旋转蒸发仪（瑞士）；Z 320 离心机（Hermle AG，德国）；EVAP 112 氮吹仪（Organomation Associates，美国）。

5.1.3 实验方法

称取 5g 试样（精确至 0.01g）于 80mL 离心管中，加入 5g NaCl，15mL 1%醋酸乙腈，15000r/min 均质提取 1min，4200r/min 离心 5min，取上清液于 100mL 鸡心瓶中。残渣用 15mL 1%醋酸乙腈重复提取 1 次，离心，合并 2 次提取液，40℃水浴旋转蒸发至 1mL 左右，待净化。

在对比实验的固相萃取柱顶部加入约 2cm 高无水硫酸钠，用 10mL 乙腈-甲苯（3∶1，体积比）预洗，弃去流出液。下接鸡心瓶，放入固定架上。将上述样品浓缩液转移至固相萃取柱中，用 2mL 乙腈-甲苯洗涤样液瓶，重复 3 次，并将洗涤液移入柱中，在柱上加上 50mL 贮液器，再用 25mL 乙腈-甲苯洗脱，收集上述流出液于鸡心瓶中，40℃水浴中旋转浓缩至约 1mL。加入 5mL 正己烷进行溶剂交换，重复 2 次，定容至 1mL，加入 40μL 内标溶液，混匀过膜，用于气相色谱-质谱测定。实验方法流程图见图 5-1。

图 5-1
实验方法流程图

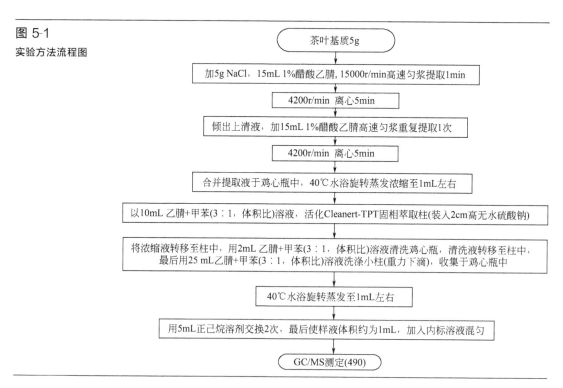

5.2 方法稳健性研究

为了考察此方法的稳健性，实验采用 2 种茶叶、2 种 Youden Pair 样品、2 种净化柱和 2 种检测仪器，设计了 8 种检测程序（见图 5-2）。每 5 天检测 1 次，每次平行 3 个样品（第 1 次为 5 个平行样），连续 3 个月 19 次循环检测 944 个样品，得到原始检验数据 183312 个，计算每个样品每种农药 3 次检测的平均含量，其结果列于附表 5-1。从附表 5-1 可以导出每次检测每种农药的 RSD 以及每种农药的 Youden Pair 值，也可以导出 Youden Pair 样品中每种农药初次检测的定值与以后 3 个月 19 次检测的偏差率等。根据每种茶叶的 8 种分析程序，可以进行单类分析，也可进行聚类分析，从而实现从不同层面、不同角度评价此方法的稳健性。以下从三个方面加以讨论。

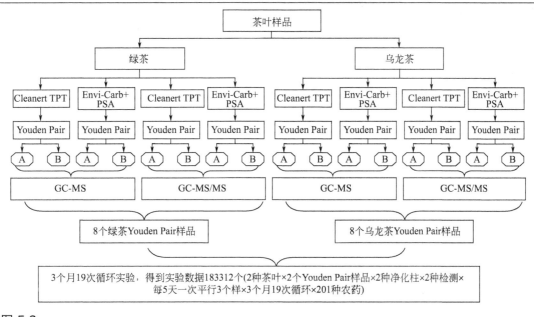

图 5-2
每种茶叶 8 种检测程序验证方法的稳健性

5.2.1 农药污染 Youden Pair 样品 201 种农药第 1 次定值比值和 18 次循环检测比值的比较

实验在设计受农药污染 Youden Pair 茶叶样品时，喷施的 201 种农药，两个浓度相差大约 8%，Youden Pair 比值大约为 1.08。取已制备好的代表性 Youden Pair（如

A&B）污染样品各 5 个，测定 201 种农药的沉积浓度，该 5 个样品沉积浓度的平均值即为定值，Youden Pair A 样定值与 B 样定值的比值称为定值比值。其后，每 5 天测 1 次，每次 3 个平行样，取其平均值计算一对样品的比值。3 个月循环检测 18 次，共得到 30552 个 Youden Pair 比值（2 种茶叶×2 种 SPE 柱×2 种仪器×19 次×201 种农药），其总平均比值为 1.11，Youden Pair 比值最佳范围 1.00～1.20 恰好在总平均比值的±10%范围内。

为了对 8 个分析程序的结果进行单类分析，根据表 5-1 将茶叶中 201 种农药 Youden Pair 比值按 7 个区段进行统计，结果列于表 5-1。对表 5-1 中落于 1.00～1.20 最佳区的农药个数所占总个数的百分比绘成柱形图（见图 5-3）。为了聚类分析，对不同茶叶、不同净化柱、不同仪器 3 个类别 Youden Pair 比值按 7 个区段的分布列于表 5-2，将最佳区间的农药所占百分比绘成柱形图（见图 5-4）。对于单类分析，从表 5-1 和图 5-3 可以看出，8 种检测程序的每一种落在最佳比值范围（1.00～1.20）农药定值比值数量所占百分比与 19 次循环检测比值所占百分比，相差均未超过 14%；而且，不论是 GC-MS，还是 GC-MS/MS 检测，TPT 净化柱检测值所占比百分数均高于串联柱，且平均高出 12.6%。对聚类分析，从表 5-2 和图 5-4 可以看出，对于 2 种茶叶和 2 种仪器检测的定值比值所占百分比和循环检测的比值所占百分比，相差均未超过 7%；而对于 2 种小柱，TPT 柱检测的定值比值平均所占百分比高于 Envi-Carb＋PSA 柱 10%以上。这不仅显示出方法的稳健性满意，也显示出 TPT 净化柱比串联柱的净化效率好。

表 5-1　绿茶与乌龙茶 201 种农药定值和 18 次测定值 Youden Pair 比值数据分布

Youden Pair 比值	Cleanert TPT GC-MS		Cleanert TPT GC-MS/MS		Envi-Carb＋PSA GC-MS		Envi-Carb＋PSA GC-MS/MS	
	定值	18 次测定值	定值	18 次测定值	定值	18 次测定值	定值	18 次测定值
绿茶								
≤0.80	2(1.0%)	76(2.1%)	1(0.5%)	35(1.0%)	4(2.0%)	32(0.9%)	13(6.5%)	53(1.5%)
0.80～1.00	45(22.4%)	652(18.0%)	39(19.4%)	819(22.6%)	58(28.9%)	615(17.0%)	65(32.3%)	781(21.6%)
1.00～1.20	150(74.6%)	2840(78.5%)	154(76.6%)	2660(73.5%)	131(65.2%)	2614(72.2%)	121(60.2%)	2367(65.4%)
1.20～1.40	2(1.0%)	47(1.3%)	3(1.5%)	84(2.3%)	6(3.0%)	299(8.3%)	1(0.5%)	345(9.5%)
1.40～1.60	2(1.0%)	3(0.1%)	1(0.5%)	12(0.3%)	0(0.0%)	38(1.1%)	0(0.0%)	32(0.9%)
>1.60	0(0.0%)	0(0.0%)	0(0.0%)	2(0.1%)	2(1.0%)	17(0.5%)	0(0.0%)	23(0.6%)
无值	0(0.0%)	0(0.0%)	3(1.5%)	6(0.2%)	0(0.0%)	3(0.1%)	1(0.5%)	17(0.5%)
合计	201	3618	201	3618	201	3618	201	3618
乌龙茶								
≤0.80	0(0.0%)	4(0.1%)	0(0.0%)	9(0.2%)	0(0.0%)	23(0.6%)	0(0.0%)	8(0.2%)
0.80～1.00	10(5.0%)	225(6.2%)	22(10.9%)	189(5.2%)	9(4.5%)	398(11.0%)	7(3.5%)	309(8.5%)
1.00～1.20	164(81.6%)	2462(68.0%)	158(78.6%)	2436(67.3%)	124(61.7%)	2196(60.7%)	102(50.7%)	2339(64.6%)
1.20～1.40	26(12.9%)	867(24.0%)	15(7.5%)	908(25.1%)	65(32.3%)	858(23.7%)	72(35.8%)	866(23.9%)
1.40～1.60	1(0.5%)	35(1.0%)	4(2.0%)	44(1.2%)	3(1.5%)	90(2.5%)	14(7.0%)	62(1.7%)
>1.60	0(0.0%)	24(0.7%)	0(0.0%)	20(0.6%)	0(0.0%)	52(1.4%)	5(2.5%)	23(0.6%)
无值	0(0.0%)	1(0.0%)	2(1.0%)	12(0.3%)	0(0.0%)	1(0.0%)	1(0.5%)	11(0.3%)
合计	201	3618	201	3618	201	3618	201	3618

注：括号内数字为所占百分比。

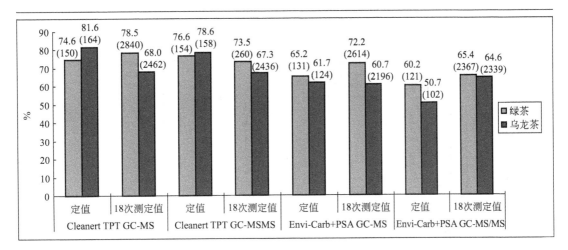

图 5-3

绿茶与乌龙茶 201 种农药定值和 18 次测定值 Youden Pair 比值（1.00～1.20）

数据分布图（括号内数字为定值和测定值数量）

表 5-2　绿茶与乌龙茶 201 种农药定值和 18 次测定值按类别统计的 Youden Pair 比值分布

Youden Pair 比值	2 种柱子				2 种茶叶				2 种仪器			
	Cleanert TPT		Envi-Carb＋PSA		绿茶		乌龙茶		GC-MS		GC-MS/MS	
	定值	18 次测定值	定值	18 次测定值	定值	18 次测定值	定值	18 次测定值	定值	18 次测定值	定值	18 次测定值
≤0.80	3 (0.4)	127 (0.8)	17 (2.1)	133 (0.9)	20 (2.5)	216 (1.4)	0 (0.0)	44 (0.3)	6 (0.7)	141 (0.9)	14 (1.7)	119 (0.8)
0.80～1.00	116 (14.4)	2001 (13.1)	139 (17.3)	2242 (14.7)	207 (25.7)	3074 (20.1)	48 (6.0)	1169 (7.7)	122 (15.2)	2012 (13.2)	133 (16.5)	2231 (14.6)
1.00～1.20	626 (77.9)	11024 (72.2)	478 (59.5)	9994 (65.4)	556 (69.2)	11037 (72.3)	548 (68.2)	9981 (65.3)	569 (70.8)	10681 (69.9)	535 (66.5)	10337 (67.7)
1.20～1.40	46 (5.7)	1952 (12.8)	144 (17.9)	2512 (16.4)	12 (1.5)	787 (5.2)	178 (22.1)	3677 (24.1)	99 (12.3)	2170 (14.2)	91 (11.3)	2294 (15.0)
1.40～1.60	8 (1.0)	102 (0.7)	17 (2.1)	239 (1.6)	3 (0.4)	88 (0.6)	22 (2.7)	253 (1.7)	6 (0.7)	172 (1.1)	19 (2.4)	169 (1.1)
>1.60	0 (0.0)	46 (0.3)	7 (0.9)	122 (0.8)	2 (0.2)	44 (0.3)	5 (0.6)	124 (0.8)	2 (0.2)	95 (0.6)	5 (0.6)	73 (0.5)
无值	5 (0.6)	24 (0.2)	2 (0.2)	34 (0.2)	4 (0.5)	30 (0.2)	3 (0.4)	28 (0.2)	0 (0.0)	5 (0.0)	7 (0.9)	53 (0.3)
合计	804	15276	804	15276	804	15276	804	15276	804	15276	804	15276

注：括号内数字为所占百分比。

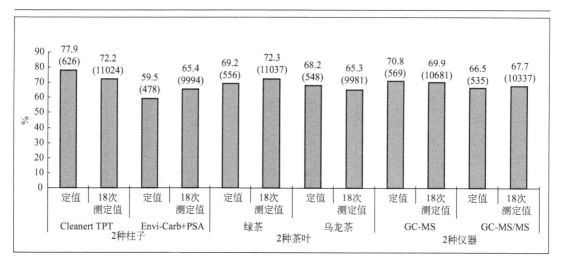

图 5-4

绿茶与乌龙茶 201 种农药定值和 18 次测定值按类别统计的 Youden Pair 比值（1.00~1.20）
数据分布图（括号内数字为定值和测定值数量）

5.2.2 农药污染 Youden Pair 样品 201 种农药含量第 1 次检测值和 18 次循环检测值重现性的比较

受 201 种农药污染样品制备后，分别取 Youden Pair 污染样品 A 样和 B 样各 5 个，检测 201 种农药含量，并计算平均含量和 RSD。此后，3 个月循环检测 18 次，每次 3 个平行样品计算平均含量和 RSD，共得到 RSD 值 61104 个（201 种农药×19 次循环×2 种茶叶×2 种 SPE 柱×2 种仪器×2 个浓度），将 RSD 分 5 个档次统计列于表 5-3，供单类分析。统计结果发现，从表 5-3 和图 5-5 可以看出，8 种检测程序 RSD 落在最佳范围（≤15％）农药数量定值所占百分比与 19 次循环检测所占百分比，相差均未超过 16.5％；而且，不论是 GC-MS，还是 GC-MS/MS 检测，TPT 净化柱落在最佳范围的百分数均高于串联柱，且平均高出 7.7％。对聚类分析，从表 5-4 和图 5-6 可以看出，对于 2 种 SPE 柱、2 种茶叶以及 2 种仪器的 RSD 落在最佳范围（≤15％）农药数量定值所占百分比和循环检测所占百分比，相差均未超过 6％。

表 5-3 绿茶与乌龙茶"平行样品"定值（n=5）和 18 次测定值（n=3）的 RSD 数据分布

RSD/%	Cleanert TPT GC-MS		Cleanert TPT GC-MS/MS		Envi-Carb+PSA GC-MS		Envi-Carb+PSA GC-MS/MS	
	定值数量	18 次测定值	定值	18 次测定值	定值	18 次测定值	定值	18 次测定值
绿茶								
≤10	368(91.5)	6348(87.7)	370(92)	6374(88.1)	256(63.7)	5544(76.6)	242(60.2)	5392(74.5)
>10.1 且≤15	25(6.2)	801(11.1)	21(5.2)	638(8.8)	77(19.2)	908(12.5)	48(11.9)	1020(14.1)

茶叶农药多残留检测
方法学研究

RSD/%	Cleanert TPT GC-MS		Cleanert TPT GC-MS/MS		Envi-Carb＋PSA GC-MS		Envi-Carb＋PSA GC-MS/MS	
	定值数量	18次测定值	定值	18次测定值	定值	18次测定值	定值	18次测定值
合计≤15	393(97.7)	7149(98.8)	391(97.2)	7012(96.7)	333(82.9)	6452(89.1)	290(72.1)	6412(88.6)
>15.1 且≤20	6(1.5)	63(0.9)	5(1.2)	147(2)	35(8.7)	308(4.3)	43(10.7)	396(5.5)
>20	3(0.7)	24(0.3)	4(1)	65(0.9)	34(8.5)	470(6.5)	67(16.7)	404(5.6)
无值	0(0)	0(0)	2(0.5)	12(0.2)	0(0)	6(0.1)	2(0.5)	24(0.3)
总数	402(100)	7236(100)	402(100)	7236(100)	402(100)	7236(100)	402(100)	7236(100)
乌龙茶								
≤10	362(90)	6537(90.3)	355(88.3)	6576(90.9)	340(84.6)	5848(80.8)	319(79.4)	5947(82.2)
>10.1 且≤15	29(7.2)	545(7.5)	29(7.2)	441(6.1)	40(10)	956(13.2)	52(12.9)	874(12.1)
合计≤15	391(97.2)	7082(97.8)	384(95.5)	7017(97.0)	380(94.6)	6804(94.0)	371(93.1)	6821(94.3)
>15.1 且≤20	5(1.2)	93(1.3)	6(1.5)	116(1.6)	14(3.5)	283(3.9)	17(4.2)	233(3.2)
>20	6(1.5)	59(0.8)	8(2)	81(1.1)	8(2)	147(2)	12(3)	160(2.2)
无值	0(0)	2(0)	4(1)	22(0.3)	0(0)	2(0)	2(0.5)	22(0.3)
总数	402(100)	7236(100)	402(100)	7236(100)	402(100)	7236(100)	402(100)	7236(100)

注：括号内数字为所占百分比。

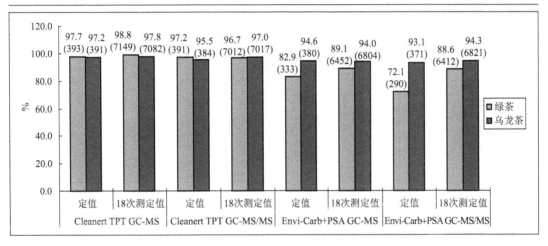

图 5-5

绿茶与乌龙茶"平行样品"定值（n= 5）和 18 次测定值（n= 3）

RSD≤15%的数据分布图（括号内数字为定值和测定值数量）

表 5-4　绿茶与乌龙茶"平行样品"定值（n= 5）和 18 次测定值（n= 3）按类别统计的 RSD 数据分布

RSD/%	2 种柱子				2 种茶叶				2 种仪器			
	Cleanert TPT		Envi-Carb＋PSA		绿茶		乌龙茶		GC-MS		GC-MSMS	
	定值	18次测定值	定值	18次测定值	定值	18次测定值	定值	18次测定值	定值	18次测定值	定值	18次测定值
≤10	1455 (90.5)	25835 (89.3)	1157 (72)	22731 (78.5)	1236 (76.9)	23658 (81.7)	1376 (85.6)	24908 (86.1)	1326 (82.5)	24277 (83.9)	1286 (80)	24289 (83.9)

RSD/%	2种柱子				2种茶叶				2种仪器			
	Cleanert TPT		Envi-Carb+PSA		绿茶		乌龙茶		GC-MS		GC-MSMS	
	定值	18次测定值	定值	18次测定值	定值	18次测定值	定值	18次测定值	定值	18次测定值	定值	18次测定值
>10.1且≤15	104 (6.5)	2425 (8.4)	217 (13.5)	3758 (13)	171 (10.6)	3367 (11.6)	150 (9.3)	2816 (9.7)	171 (10.6)	3210 (11.1)	150 (9.3)	2973 (10.3)
合计≤15	1559 (97.0)	28260 (97.7)	1374 (85.5)	26489 (91.5)	1407 (87.5)	27025 (93.3)	1526 (94.9)	27724 (95.8)	1497 (93.1)	27487 (95)	1436 (89.3)	27262 (94.2)
>15.1且≤20	22 (1.4)	419 (1.4)	109 (6.8)	1220 (4.2)	89 (5.5)	914 (3.2)	42 (2.6)	725 (2.5)	60 (3.7)	747 (2.6)	71 (4.4)	892 (3.1)
>20	21 (1.3)	229 (0.8)	121 (7.5)	1181 (4.1)	108 (6.7)	963 (3.3)	34 (2.1)	447 (1.5)	51 (3.2)	700 (2.4)	91 (5.7)	710 (2.5)
无值	6 (0.4)	36 (0.1)	4 (0.2)	54 (0.2)	4 (0.2)	42 (0.1)	6 (0.4)	48 (0.2)	0 (0)	10 (0)	10 (0.6)	80 (0.3)
总数	1608 (100)	28944 (100)	1608 (100)	28944 (100)	1608 (100)	28944 (100)	1608 (100)	28944 (100)	1608 (100)	28944 (100)	1608 (100)	28944 (100)

注：括号内数字为所占百分比。

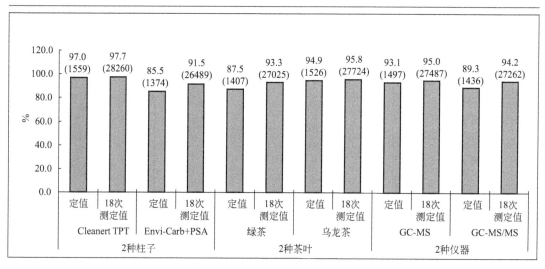

图 5-6

绿茶与乌龙茶"平行样品"定值（$n=5$）和18次测定值（$n=3$）按类别统计的
RSD≤15%数据分布图（括号内数字为定值和测定值数量）

5.2.3　3个月循环实验 Youden Pair 比值计算 RSD 评价方法的稳健性

在 3 个月的循环实验中，计算每次检测 Youden Pair 的比值，然后再计算 19 次比值的 RSD 值。为了进行 8 个分析程序下的单类分析，统计结果见表 5-5 和图 5-7。对于 2 种茶叶、2 种柱子、2 种仪器聚类分析其结果见表 5-6 和图 5-8。对于单类分析，从表 5-5 和图 5-7 可以看出，对于绿茶样品，Youden Pair 样品比值的 RSD 值（≤15％）的平均百分比为 92.7％，并且无论是 2 种 SPE 柱还是 2 种仪器，该比例均＞86％；对于乌龙茶样品，Youden Pair 样品比值的 RSD 值（≤15％）的平均百分比为 93.9％，并且无论是 2 种 SPE 柱还是 2 种仪器，该比例均＞87％。由此数据说明在不同条件下 19 次循环测定的 Youden Pair 样品比值恒定，相对标准偏差≤15％。对于聚类分析，从表 5-6 和图 5-8 可以看出，RSD≤15％所占百分比，对于 2 种茶叶和 2 种检测方法基本不相上下；而就 2 种柱子而论，TPT 柱比串联柱高出 8％。

表 5-5　绿茶与乌龙茶 Youden Pair 样品比值（19 次测定）的 RSD 分布区间

RSD/%	绿茶				乌龙茶			
	Cleanert TPT GC-MS	Cleanert TPT GC-MS/MS	Envi-Carb+PSA GC-MS	Envi-Carb+PSA GC-MS/MS	Cleanert TPT GC-MS	Cleanert TPT GC-MS/MS	Envi-Carb+PSA GC-MS	Envi-Carb+PSA GC-MS/MS
≤5	39.3(79)	17.4(35)	10(20)	3.5(7)	15.4(31)	9(18)	11.4(23)	0.5(1)
5~10	53.2(107)	65.7(132)	58.7(118)	59.7(120)	71.6(144)	76.6(154)	54.7(110)	75.1(151)
10~15	7.5(15)	12.4(25)	21.4(43)	21.9(44)	10(20)	10.9(22)	20.9(42)	19.4(39)
合计≤15	100(201)	95.5(192)	90.1(181)	85.1(171)	97(195)	96.5(194)	87.0(175)	95.0(191)
15~20	0(0)	4(8)	7(14)	8.5(17)	2(4)	1.5(3)	10(20)	4(8)
＞20	0(0)	0.5(1)	3(6)	6.5(13)	1(2)	2(4)	3(6)	1(2)
总数	100(201)	100(201)	100(201)	100(201)	100(201)	100(201)	100(201)	100(201)

注：括号时数字为农药数量。

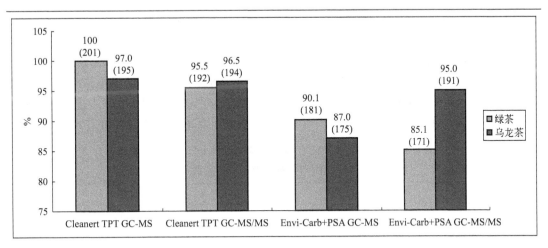

图 5-7
绿茶与乌龙茶 Youden Pair 样品比值（19 次测定）的
RSD 分布区间柱形图（括号内数字为农药数量）

表 5-6　Youden Pair 比值 RSD 按类别统计

RSD 区间/%	2 种柱子		2 种茶叶		2 种仪器	
	Cleanert TPT	Envi-Carb+PSA	绿茶	乌龙茶	GC-MS	GC-MS/MS
≤5	20.3(163)	6.3(51)	17.5(141)	9.1(73)	19(153)	7.6(61)
5~10	66.8(537)	62.1(499)	59.3(477)	69.5(559)	59.6(479)	69.3(557)
10~15	10.2(82)	20.9(168)	15.8(127)	15.3(123)	14.9(120)	16.2(130)
≤15 合计	97.3(782)	89.3(718)	92.6(745)	93.9(755)	93.5(752)	93.1(748)
15~20	1.9(15)	7.3(59)	4.9(39)	4.4(35)	4.7(38)	4.5(36)
>20	0.9(7)	3.4(27)	2.5(20)	1.7(14)	1.7(14)	2.5(20)
总数	100(804)	100(804)	100(804)	100(804)	100(804)	100(804)

注：括号内数字为农药数量。

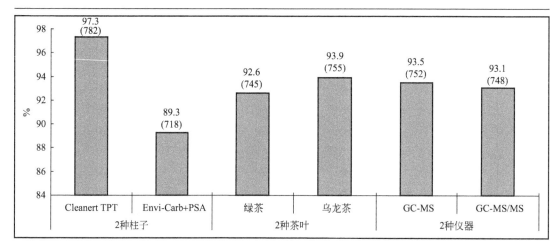

图 5-8

绿茶与乌龙茶 Youden Pair 比值的 RSD 按类别统计（括号内数字为农药数量）

把评价方法 5.2.2 节中表 5-3 和 5.2.3 节中表 5-5 中绿茶与乌龙茶样品 RSD≤15％的 "合计" 一栏数据分别移在一起，建立一个按单类统计的表 5-7 和对应的图 5-9，把评价方法 5.2.2 节表 5-4 和 5.2.3 节表 5-6 相应 "合计" 一栏数据分别移在一起，建立一个按聚类统计的表 5-8，其对应的图为图 5-10。从表 5-7 和对应的图 5-9 可见，就绿茶而言，TPT 柱的

表 5-7　绿茶与乌龙茶在 8 种测定条件下 201 个 Youden Pair

比值与 7236 个平行样品的 RSD≤15％百分比统计

RSD≤15％	绿茶				乌龙茶			
	Cleanert TPT GC-MS	Cleanert TPT GC-MS/MS	Envi-Carb+PSA GC-MS	Envi-Carb +PSA GC-MS/MS	Cleanert TPT GC-MS	Cleanert TPT GC-MS/MS	Envi-Carb +PSA GC-MS	Envi-Carb +PSA GC-MS/MS
平行样品	98.8	96.7	89.1	88.6	97.8	97.0	94.0	94.3
Youden Pair 比值	100.0	95.5	90.1	85.1	97.0	96.5	87.0	95.0

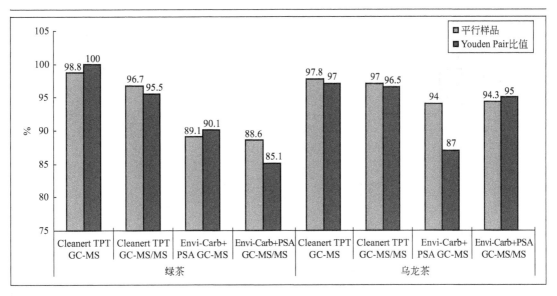

图 5-9
绿茶与乌龙茶在 8 种测定条件下 201 个 Youden Pair
比值与 7236 个平行样品的 RSD≤15%百分比统计

Youden Pair 比值 RSD 的平均值为 97.8%，高出串联柱约 10%；就乌龙茶而言，TPT 柱的 Youden Pair 比值 RSD 的平均值为 96.8%，高出串联柱 5.8%。对于"平行样品"的 RSD 值，就绿茶而言，TPT 柱的平行样品 RSD 的平均值为 97.8%，高出串联柱约 9%；就乌龙茶而言，TPT 柱的 Youden Pair 比值 RSD 的平均值为 97.4%，高出串联柱 3.2%。通过以上分析发现，Youden Pair 比值与"平行样品"RSD（≤15%）的百分比呈现一种趋于一致的规律，说明该方法具有良好的耐久性。

表 5-8　绿茶与乌龙茶在 6 种测定条件下 804 个 Youden Pair
比值与 28944 个平行样品的 RSD≤15%百分比分类统计

RSD≤15%	2 种柱子		2 种茶叶		2 种仪器	
	Cleanert TPT	Envi-Carb＋PSA	绿茶	乌龙茶	GC-MS	GC-MS/MS
平行样品	97.7	91.5	93.3	95.8	95	94.2
Youden Pair 比值	97.3	89.3	92.6	93.9	93.5	93.1

从表 5-8 和图 5-10 可见，就 Youden Pair 比值的 RSD 而言，TPT 柱高出串联柱 8%；就平行样品的 RSD 而言，TPT 柱高出串联柱 6.2%。而对于 2 种茶叶和 2 种检测方法，其数据无明显差异。

5.2.2 节和 5.2.3 节虽均为评价 RSD，但思路截然不同，前者通过循环实验中每次检测 3 个平行样品目标农药含量而计算 RSD，共计 61104 个；后者通过 19 次循环实验求得 Youden Pair 比值而计算 RSD，共计 1608 个，但其结论完全一致。因此，通过前述 5.2.1～5.2.3 节中 3 种方式的评价，充分证明方法的稳健性很好。

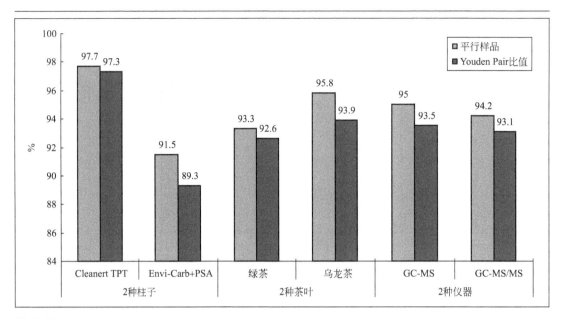

图 5-10

绿茶与乌龙茶在 6 种测定条件下 804 个 Youden Pair 比值与 28944 个
平行样品的 RSD≤15%百分比分类统计

5.3　误差分析与方法关键控制点

5.3.1　样品预处理过程的误差分析和关键控制点

用添加回收率实验考察了旋转蒸发温度对回收率的影响，实验结果列于表 5-9。根据
表 5-9 的统计分析发现，在刚好蒸干条件下，平均回收率为 103.6%，有 6.2% 的农药回
收率＜80%；蒸干后，继续旋蒸 2min，在此条件下农药的平均回收率为 96.5%，有
14.5% 的农药回收率＜80%。证实在样品预处理过程中，蒸发温度是影响回收率的关键点
之一。

表 5-9　旋转蒸发程度对 227 种农药回收率的影响

序号	名称	中文名称	CAS 号	刚好蒸干	蒸干后 2min
1	isoprocarb-1	异丙威-1	2631-40-5	114.4	108.2
2	pebulate	克草猛	1114-71-2	101.6	79
3	pentachlorobenzene	五氯苯	608-93-5	101.8	83.1
4	propham	苯胺灵	122-42-9	109.6	99
5	cycloate	环草敌	1134-23-2	103.5	93.7

序号	名称	中文名称	CAS 号	刚好蒸干	蒸干后 2min
6	isoprocarb-2	异丙威-2	2631-40-5	86.6	91.3
7	thionazin	治线磷	297-97-2	93.6	86.5
8	tebuthiuron	特丁噻草隆	34014-18-1	115.9	109.7
9	2,3,5,6-tetrachloroaniline	2,3,5,6-四氯苯胺	3481-20-7	103.0	94.8
10	pentachloroanisole	五氯甲氧基苯	1825-21-4	106.3	99.8
11	trifluralin	氟乐灵	1582-09-8	93.3	79.4
12	tebutam	丙戊草胺	35256-85-0	106.3	95.7
13	methabenzthiazuron	噻唑隆	18691-97-9	117.2	109.8
14	simeton	西玛通	673-04-1	111.3	103.6
15	atraton	莠去通	1610-17-9	116.9	104.0
16	phenanthrene	菲	85-01-8	104.8	100.1
17	clomazone	异恶草酮	81777-89-1	85.5	88.1
18	tefluthrin	七氟菊酯	79538-32-2	94.3	98.9
19	fenpyroximate	唑螨酯	134098-61-6	120.4	130.1
20	tebupirimfos	丁基嘧啶磷	96182-53-5	96.5	84.4
21	cycluron	环莠隆	2163-69-1	116.8	123.6
22	DE-PCB 28	2,4,4′-三氯联苯	7012-37-5	104.0	100.3
23	DE-PCB 31	2,4′,5-三氯联苯醚	16606-02-3	104.0	99.8
24	secbumeton	仲丁通	26259-45-0	114.5	103.8
25	pyroquilon	咯喹酮	57369-32-1	105.4	99.8
26	2,3,4,5-tetrachloroaniline	2,4,4,5-四氯苯胺	634-83-3	115.8	114.6
27	pentachloroaniline	五氯苯胺	527-20-8	95.1	93.1
28	pirimicarb	抗蚜威	23103-98-2	106.4	99.3
29	benoxacor	解草嗪	98730-04-2	87.1	71.4
30	prosulfocarb	苄草丹	52888-80-9	112.3	97.5
31	acetochlor	乙草胺	34256-82-1	103.4	97
32	dimethenamid	二甲噻草胺	87674-68-8	105.2	98.4
33	DE-PCB 52	2,2′,5,5′-四氯联苯	35693-99-3	106.1	101.2
34	alachlor	甲草胺	15972-60-8	104.3	95.4
35	prometryn	扑草净	7287-19-6	103.3	95.1
36	monalide	庚酰草胺	7287-36-7	96.6	80.5
37	β-HCH	β-六六六	319-85-7	—	—
38	metalaxyl	甲霜灵	57837-19-1	110.0	102.7
39	isodrin	异艾氏剂	465-73-6	114.4	101.8
40	trichloronat	毒壤磷	327-98-0	106.6	100.1
41	dacthal	敌草索		107.0	101.6
42	4,4′-dichlorobenzophenone	4,4′-二氯二苯甲酮	90-98-2	101.7	101.8
43	anthraquinone	蒽醌	84-65-1	139.3	128.1
44	paraoxon-ethyl	对氧磷	311-45-5	101.2	97.7
45	cyprodinil	嘧菌环胺	121552-61-2	112.5	108.1
46	butralin	仲丁灵	33629-47-9	83.7	71.3
47	DE-PCB 101	2,2′,4,5,5′-五氯联苯	37680-73-2	108.3	102.6

序号	名称	中文名称	CAS 号	刚好蒸干	蒸干后 2min
48	bromophos-ethyl	乙基溴硫磷	4824-78-6	108.9	104.9
49	metazachlor	吡唑草胺	67129-08-2	97.4	90.6
50	*trans*-nonachlor	反式九氯	39765-80-5	78.4	69.2
51	DEF	脱叶磷	78-48-8	102.9	90.5
52	procymidone	腐霉利	32809-16-8	107.9	101.2
53	perthane	乙滴滴	72-56-0	115.1	104.5
54	DE-PCB 118	2,3,4,4′,5-五氯联苯	74472-37-0	108.4	107.4
55	4,4′-dibromobenzophenone	4,4′-二溴二苯甲酮	3988-03-2	127.1	125.3
56	iprovalicarb-1	异丙菌胺-1	140923-17-7	132.0	119.9
57	DE-PCB 153	2,2′,4,4′5,5′-六氯联苯-六氯联苯	35065-27-1	108.9	103.8
58	4,4′-DDD	4,4′-滴滴滴	72-54-8	63.3	58.3
59	Pyraflufen-ethyl	吡草醚	129630-19-9	65.9	62.4
60	tetradifon	三氯杀螨砜	116-29-0	106.1	105.3
61	iprovalicarb-2	异丙菌胺-2	140923-17-7	109.2	100.7
62	diofenolan-1	苯虫醚-1	63837-33-2	109.1	101
63	diofenolan-2	苯虫醚-2	63837-33-2	109.2	104.5
64	DE-PCB 138	2,2′,3,4,4′,5′-六氯联苯	35065-28-2	108.3	103
65	chlorfenapyr	虫螨腈	122453-73-0	106.6	103.5
66	diclofop-methyl	禾草灵	51338-27-3	75.9	82.2
67	fluotrimazole	三氟苯唑	31251-03-3	114	109.0
68	fluroxypyr-1-methylheptyl ester	氯氟吡氧乙酸异辛酯	81406-37-3	98.5	93.4
69	mirex	灭蚁灵	2385-85-5	95.7	84.2
70	benodanil	麦锈灵	15310-01-7	112.4	105.6
71	thenylchlor	噻吩草胺	96491-05-3	94.4	88.8
72	DE-PCB 180	2,2′,3,4,4′,5,5′-七氯联苯	35065-29-3	107.5	104.8
73	lenacil	环草啶	2164-08-1	75.7	64.3
74	cyhalofop-butyl	氰氟草酯	122008-85-9	93.8	89.7
75	silafluofen	氟硅菊酯	105024-66-6	132.0	118.8
76	fenbuconazole	腈苯唑	114369-43-6	109.5	110.4
77	EPTC	茵草敌	759-94-4	85.4	57.4
78	butylate	丁草特	2008-41-5	88.4	68.8
79	dichlobenil	敌草腈	1194-65-6	95.4	78.5
80	chlormephos	氯甲硫磷	24934-91-6	99.2	73.2
81	nitrapyrin	氯啶	1929-82-4	91.7	59.6
82	dioxacarb	二氧威	6988-21-2	123.8	113.7
83	chloroneb	氯甲氧苯	2675-77-6	112.2	93.9
84	tecnazene	四氯硝基苯	117-18-0	56.1	36.8
85	hexachlorobenzene	六氯苯	87-68-3	117.9	106.6
86	ethoprophos	灭线磷	13194-48-4	108.2	102.4
87	*cis*-diallate	顺式燕麦敌	17708-57-5	115.1	95.7
88	propachlor	毒草胺	1918-16-7	90.9	81.3
89	*trans*-diallate	反式燕麦敌	17708-58-6	100.6	92.0

序号	名称	中文名称	CAS 号	刚好蒸干	蒸干后 2min
90	sulfotep	治螟磷	3689-24-5	105.3	97.7
91	chlorpropham	氯苯胺灵	101-21-3	106.9	96.4
92	quintozen	五氯硝基苯	82-68-8	54.7	46.5
93	fonofos	地虫硫磷	944-22-9	106.5	100.0
94	profluralin	环丙氟灵	26399-36-0	95.8	84.3
95	propazine	扑灭津	139-40-2	98.8	89.4
96	etrimfos	乙嘧硫磷	38260-54-7	96.4	84.4
97	dicloran	氯硝胺	99-30-9	89.1	103.5
98	propyzamide-1	炔苯酰草胺-2	23950-58-5	114.5	104.9
99	chlorpyrifos-methyl	甲基毒死蜱	5598-13-0	89.3	79.8
100	desmetryn	敌草净	1014-69-3	107.0	100.1
101	ronnel	皮蝇磷	299-84-3	96.8	91.7
102	dimethachlor	二甲草胺	50563-36-5	100.1	92.1
103	pirimiphos-methyl	甲基嘧啶磷	29232-93-7	110.4	102.1
104	methfuroxam	呋菌胺	28730-17-8	112.3	102.9
105	endosulfan-1	硫丹-1	115-29-7	57.9	52.7
106	thiobencarb	禾草丹	28249-77-6	110.5	103.2
107	terbutryn	特丁净	886-50-0	111.7	104.4
108	chlorpyrifos-methyl	甲基毒死蜱	5598-13-0	102.3	93.8
109	parathion-methyl	甲基对硫磷	298-00-0	88.8	74.5
110	dicofol	三氯杀螨醇	115-32-2	103.9	102.8
111	metolachlor	异丙甲草胺	51218-45-2	110.4	99.5
112	pirimiphos-ethyl	嘧啶磷	23505-41-1	110.4	103.4
113	methoprene	烯虫酯	40596-69-8	108.8	104.6
114	bromophos	溴硫磷	2104-96-3	95.3	90.5
115	ethofumesate	乙氧呋草黄	26225-79-6	97.4	138.6
116	zoxamide	苯酰菌胺	156052-68-5	106.5	107.0
117	isopropalin	异乐灵	33820-53-0	110.9	98.9
118	pendimethalin	二甲戊灵	40487-42-1	100.5	84.9
119	isofenphos	丙胺磷	25311-71-1	110.0	100.9
120	trans-chlordane	反式氯丹	5103-74-2	107.7	100.8
121	chlorfenvinphos	毒虫畏	470-90-6	88.8	74.4
122	cis-chlordane	顺式氯丹	5103-71-9	107.9	100.1
123	4,4'-DDE	4,4'-滴滴伊	72-55-9	112.1	107.4
124	butachlor	丁草胺	23184-66-9	114.9	102.3
125	chlorfenethol	杀螨醇	80-06-8	68.4	54.5
126	iodofenphos	碘硫磷	18181-70-9	89.8	82.9
127	profenofos	丙溴磷	41198-08-7	46.9	38.2
128	picoxystrobin	啶氧菌酯	117428-22-5	110.3	103.4
129	buprofezin	噻嗪酮	69327-76-0	112.9	110.2
130	endrin	异狄氏剂	72-20-8	111.7	104.0
131	chlorfenson	杀螨酯	80-33-1	88.4	76.7

序号	名称	中文名称	CAS 号	刚好蒸干	蒸干后 2min
132	2,4'-DDT	2,4'-滴滴涕	789-02-6	95.4	80.4
133	methoprotryne	盖草津	841-06-5	110.5	110.3
134	chloropropylate	丙酯杀螨醇	5836-10-2	105.8	96.1
135	flamprop-methyl	麦草氟甲酯	52756-25-9	124.4	106.9
136	oxyfluorfen	乙氧氟草醚	42874-03-3	100.3	81.9
137	chlorthiophos	虫螨磷	60238-56-4	105.4	100.5
138	flamprop-isopropyl	麦草氟异丙酯	52756-22-6	109.7	101.2
139	carbophenothion	三硫磷	786-19-6	113.4	105.8
140	trifloxystrobin	肟菌酯	141517-21-7	94.1	85.2
141	benalaxyl	苯霜灵	71626-11-4	106.7	100.5
142	propiconazole	丙环唑	60207-90-1	104.2	101.1
143	cyanofenphos	苯腈磷	13067-93-1	103.2	82.7
144	tebufenpyrad	吡螨胺	119168-77-3	107.9	101.4
145	methoxychlor	甲氧滴滴涕	72-43-5	91.9	75.5
146	bromopropylate	溴螨酯	18181-80-1	90	86.8
147	benzoylprop-ethyl	新燕灵	22212-55-1	112.9	111.6
148	epoxiconazole-2	氟环唑-2	133855-98-8	105.3	104.5
149	piperophos	哌草磷	24151-93-7	102.7	93.0
150	hexazinone	环嗪酮	51235-04-2	113.9	110.6
151	fenamidone	咪唑菌酮	161326-34-7	105.4	108.9
152	fenarimol	氯苯嘧啶醇	60168-88-9	111.6	104.1
153	tralkoxydim	肟草酮	87820-88-0	103.5	104.8
154	fluridone	氟啶草酮	59756-60-4	179.8	181.8
155	propoxur-1	残杀威-1	114-26-1	108.4	105.3
156	tribenuron-methyl	苯磺隆	101200-48-0	70.7	69.7
157	etridiazol	土菌灵	2593-15-9	78.4	53.9
158	dimethyl phthalate	跳蚤灵	131-11-3	86.0	73.0
159	molinate	禾草敌	2212-67-1	101.0	89.8
160	dibutyl succinate	琥珀酸二丁酯	141-03-7	102.4	91.6
161	carbaryl	甲萘威	63-25-2	101.8	115.2
162	2,4-D	2,4-滴	94-75-7	91.6	88.2
163	ethalfluralin	丁氟消草	55283-68-6	88.6	75.2
164	propoxur-2	残杀威-2	114-26-1	106.4	105.8
165	prometon	扑灭通	1610-18-0	114.3	108.6
166	diazinon	二嗪磷	333-41-5	106.8	99.0
167	triallate	野麦畏	2303-17-5	97.2	92.7
168	pyrimethanil	嘧霉胺	53112-28-0	108.2	102.0
169	fenpropidin	苯锈啶	67306-00-7	114.3	107.1
170	propetamphos	烯虫磷	31218-83-4	122.4	97.5
171	heptachlor	七氯	76-44-8	99.7	87.0
172	iprobenfos	异稻瘟净	26087-47-8	113.5	103.1
173	isazofos	氯唑磷	42509-80-8	102.3	91.7

序号	名称	中文名称	CAS 号	刚好蒸干	蒸干后 2min
174	propyzamide-2	炔苯酰草胺-2	23950-58-5	110.5	103.3
175	*trans*-fluthrin	四氟苯菊酯	118712-89-3	104.2	101.5
176	dinitramine	氨基乙氟灵	29091-05-2	95.9	77.0
177	fenpropimorph	丁苯吗啉	67564-91-4	108.5	97.7
178	tolclofos-methyl	甲基立枯磷	57018-04-9	102.4	97.9
179	fenchlorphos	皮蝇磷	299-84-3	96.4	91.1
180	ametryn	莠灭净	834-12-8	101.8	96.7
181	telodrin	碳氟灵	297-78-9	93.0	87.6
182	vinclozolin	乙烯菌核利	50471-44-8	96.4	91.1
183	metribuzin	嗪草酮	21087-64-9	96.4	91.2
184	dipropetryn	异丙净	4147-51-7	111.9	104.0
185	chlorthal-dimethyl	氯酞酸二甲酯	1861-32-1	105.8	100.6
186	fenitrothion	杀螟硫磷	122-14-5	117.4	94.1
187	diethofencarb	乙霉威	87130-20-9	108.8	101.0
188	thiazopyr	噻草啶	117718-60-2	109.8	104.4
189	triadimefon	三唑酮	43121-43-3	104.3	101.3
190	dimepiperate	哌草丹	61432-55-1	107.0	103.9
191	2,4'-DDE	2,4'-滴滴伊	3424-82-6	119.1	116.4
192	fenson	分螨酯	80-38-6	96.1	97.0
193	dimethametryn	异戊乙净	22936-75-0	128.5	119.5
194	flufenacet	氟噻草胺	142459-58-3	73.6	63.4
195	quinalphos	喹硫磷	13593-03-8	98.4	92.3
196	diphenamid	草乃敌	957-51-7	111.6	105.1
197	fenoxanil	氰菌胺	115852-48-7	126.7	126.2
198	furalaxyl	呋霜灵	57646-30-7	111.2	103.3
199	prothiophos	丙硫磷	34643-46-4	109.7	101.5
200	triadimenol	三唑醇	55219-65-3	114.1	111.0
201	pretilachlor	丙草胺	51218-49-6	108.0	99.5
202	napropamide	敌草胺	15299-99-7	117.5	112.8
203	kresoxim-methyl	醚菌酯	143390-89-0	214.7	248.1
204	tetrasul	杀螨硫醚	2227-13-6	109.9	102.5
205	isoprothiolane	稻瘟灵	50512-35-1	109.0	103.6
206	chlorobenzilate	乙酯杀螨醇	510-15-6	99.8	86.0
207	aclonifen	苯草醚	74070-46-5	85.0	53.4
208	metconazole	叶菌唑	125116-23-6	108.8	109.5
209	diniconazole	烯唑醇	83657-24-3	113.4	106.2
210	quinoxyfen	喹氧灵	124495-18-7	107.5	105.3
211	piperonyl butoxide	增效醚	51-03-6	108.5	101.7
212	mepronil	灭锈胺	55814-41-0	103.3	109.5
213	bifenthrin	联苯菊酯	82657-04-3	108.6	105.0
214	diflufenican	吡氟酰草胺	83164-33-4	104.4	98.0
215	fenazaquin	喹螨醚	120928-09-8	111.7	109.5

序号	名称	中文名称	CAS 号	刚好蒸干	蒸干后 2min
216	nuarimol	氟苯嘧啶醇	63284-71-9	106.0	104.0
217	phenothrin	苯醚菊酯	26002-80-2	112.2	101.5
218	pyriproxyfen	吡丙醚	95737-68-1	97.3	93.0
219	pyridaphenthion	哒嗪硫磷	119-12-0	87.5	81.0
220	mefenacet	苯噻酰草胺	73250-68-7	86.5	72.6
221	permethrin	氯菊酯	52645-53-1	105.0	104.5
222	pyridaben	哒螨灵	96489-71-3	92.0	75.0
223	bitertanol	联苯三唑醇	55179-31-2	110.3	100.0
224	etofenprox	醚菊酯	80844-07-1	102.9	103.0
225	butafenacil	氟丙嘧草酯	134605-64-4	75.3	68.6
226	boscalid	啶酰菌胺	188425-85-6	81.0	91.4
227	dimethomorph	烯酰吗啉	110488-70-5	104.8	108.2

通过以上实验发现，在样品制备过程中，为了得到准确的定量结果，需抓住以下 2 个关键控制点：①使用旋转蒸发仪进行浓缩时，浓缩温度不要超过 40℃，并以最后蒸至 0.3~0.5mL 为宜，温度过高会使部分药物分解，蒸干也会造成农药损失。②溶剂交换 2 次，若 2 次溶剂交换后液面仍然分层则可再交换 1 次，注意使用正己烷交换时，如蒸发很快，可适当降低旋转蒸发仪转速，以避免溶液蒸干造成农药损失。

5.3.2 仪器状态对检测结果的影响（误差分析）及关键控制点

选择清洗离子源前后 2 次对受 227 种农药污染茶叶样品分析结果进行统计（表 5-10）。由表 5-10 发现，清洗离子源前 RSD<5％的农药仅占农药总数的 16.3％，而清洗离子源后为 74％，这说明清洗离子源后测定结果的平行性明显优于清洗离子源前（图 5-11）。因此，应将仪器状态的评价及维护作为测定过程的关键控制点之一。

表 5-10　茶叶受 227 种农药污染样品离子源清洗前后 2 次实验结果的对比

序号	英文名称	中文名称	CAS 号	RSD/％	
				清洗前	清洗后
1	isoprocarb-1	异丙威-1	2631-40-5	11.0	0.2
2	pebulate	克草猛	1114-71-2	9.7	6.1
3	pentachlorobenzene	五氯苯	608-93-5	9.0	4.6
4	propham	苯胺灵	122-42-9	6.3	5.1
5	cycloate	环草敌	1134-23-2	6.7	2.6
6	isoprocarb-2	异丙威-2	2631-40-5	11.2	4.9
7	thionazin	治线磷	297-97-2	7.3	0.6
8	tebuthiuron	特丁噻草隆	34014-18-1	2.4	0.6
9	2,3,5,6-tetrachloroaniline	2,3,5,6-四氯苯胺	3481-20-7	10.6	7.8

序号	英文名称	中文名称	CAS 号	RSD/%	
				清洗前	清洗后
10	pentachloroanisole	五氯甲氧基苯	1825-21-4	9.3	7.0
11	trifluralin	氟乐灵	1582-09-8	9.7	1.4
12	tebutam	丙戊草胺	35256-85-0	10.7	2.5
13	methabenzthiazuron	噻唑隆	18691-97-9	9.2	0.3
14	simeton	西玛通	673-04-1	9.9	1.7
15	atraton	莠去通	1610-17-9	4.8	2.1
16	phenanthrene	菲	1985-1-8	14.6	1.9
17	clomazone	异草酮	81777-89-1	12.2	4.0
18	tefluthrin	七氟菊酯	79538-32-2	11.5	1.2
19	fenpyroximate	唑螨酯	134098-61-6	10.6	5.4
20	tebupirimfos	丁基嘧啶磷	96182-53-5	6.9	1.9
21	cycluron	环莠隆	2163-69-1	11.9	5.2
22	DE-PCB 28	2,4,4'-三氯联苯	7012-37-5	6.0	2.0
23	DE-PCB 31	2,4',5-三氯联苯醚	16606-02-3	9.6	1.1
24	secbumeton	仲丁通	26259-45-0	3.0	2.9
25	pyroquilon	咯喹酮	57369-32-1	1.7	2.3
26	2,3,4,5-tetrachloroaniline	2,3,4,5-四氯苯胺	634-83-3	5.5	1.0
27	pentachloroaniline	五氯苯胺	527-20-8	7.4	6.2
28	pirimicarb	抗蚜威	23103-98-2	18.0	1.5
29	benoxacor	解草嗪	98730-04-2	7.4	5.8
30	prosulfocarb	苄草丹	52888-80-9	8.6	0.6
31	acetochlor	乙草胺	34256-82-1	12.2	1.7
32	dimethenamid	二甲噻草胺	87674-68-8	9.3	0.0
33	DE-PCB 52	2,2',5,5'-四氯联苯	35693-99-3	10.5	2.2
34	alachlor	甲草胺	15972-60-8	9.5	1.0
35	prometryn	扑草净	7287-19-6	3.7	4.6
36	monalide	庚酰草胺	7287-36-7	0.4	0.8
37	β-HCH	β-六六六	319-85-7	6.9	6.9
38	metalaxyl	甲霜灵	57837-19-1	7.6	1.3
39	isodrin	异艾氏剂	465-73-6	10.1	3.4
40	trichloronat	毒壤磷	327-98-0	0.8	3.5
41	dacthal	敌草索		8.5	1.9
42	4,4'-dichlorobenzophenone	4,4'-二氯二苯甲酮	90-98-2	8.5	6.1
43	anthraquinone	蒽醌	84-65-1	9.5	5.3
44	paraoxon-ethyl	对氧磷	311-45-5	0.4	4.3
45	cyprodinil	嘧菌环胺	121552-61-2	14.4	5.1
46	butralin	仲丁灵	33629-47-9	11.5	2.7
47	DE-PCB 101	2,2',4,5,5'-五氯联苯	37680-73-2	11.5	2.1
48	bromophos-ethyl	乙基溴硫磷	4824-78-6	15.5	0.4
49	metazachlor	吡唑草胺	67129-08-2	5.0	0.2
50	trans-nonachlor	反式九氯	39765-80-5	14.8	9.0

续表

序号	英文名称	中文名称	CAS 号	RSD/% 清洗前	RSD/% 清洗后
51	DEF	脱叶磷	78-48-8	12.0	2.7
52	procymidone	腐霉利	32809-16-8	9.0	1.1
53	perthane	乙滴滴	72-56-0	18.7	7.8
54	DE-PCB 118	2,3,4,4',5-五氯联苯	74472-37-0	8.9	1.9
55	4,4'-dibromobenzophenone	4,4'-二溴二苯甲酮	3988-3-2	9.3	6.1
56	iprovalicarb-1	异丙菌胺-1	140923-17-7	12.6	0.3
57	DE-PCB 153	2,2',4,4',5,5'-六氯联苯	35065-27-1	17.5	1.5
58	4,4'-DDD	4,4'-滴滴滴	72-54-8	14.4	8.4
59	pyraflufen-ethyl	吡草醚	129630-19-9	15.2	8.4
60	tetradifon	三氯杀螨砜	116-29-0	1.9	8.4
61	iprovalicarb-2	异丙菌胺-2	140923-17-7	12.7	1.7
62	diofenolan-1	苯虫醚-1	63837-33-2	15.9	0.4
63	diofenolan-2	苯虫醚-2	63837-33-2	16.1	1.0
64	DE-PCB 138	2,2',3,4,4',5'-六氯联苯	35065-28-2	22.9	0.8
65	chlorfenapyr	虫螨腈	122453-73-0	13.1	0.3
66	diclofop-methyl	禾草灵	51338-27-3	7.7	0.9
67	fluotrimazole	三氟苯唑	31251-03-3	6.0	0.5
68	fluroxypyr-1-methylheptyl ester	氯氟吡氧乙酸异辛酯	81406-37-3	10.2	0.3
69	mirex	灭蚁灵	2385-85-5	11.1	4.3
70	benodanil	麦锈灵	15310-01-7	3.7	1.2
71	thenylchlor	噻吩草胺	96491-05-3	19.5	4.8
72	DE-PCB 180	2,2',3,4,4',5,5'-七氯联苯	35065-29-3	12.6	0.4
73	lenacil	环草啶	2164-8-1	14.5	3.8
74	cyhalofop-butyl	氰氟草酯	122008-85-9	18.0	0.1
75	silafluofen	氟硅菊酯	105024-66-6	22.4	3.6
76	fenbuconazole	腈苯唑	114369-43-6	13.9	3.0
77	EPTC	茵草敌	759-94-4	1.8	9.0
78	butylate	丁草特	2008-41-5	10.1	8.6
79	dichlobenil	敌草腈	1194-65-6	4.6	8.1
80	chlormephos	氯甲硫磷	24934-91-6	4.5	6.8
81	nitrapyrin	氯啶	1929-82-4	3.3	9.1
82	dioxacarb	二氧威	6988-21-2	5.7	6.1
83	chloroneb	氯甲氧苯	2675-77-6	11.1	2.4
84	tecnazene	四氯硝基苯	117-18-0	2.1	9.4
85	hexachlorobenzene	六氯苯	87-68-3	8.2	19.8
86	ethoprophos	灭线磷	13194-48-4	5.8	0.6
87	*cis*-diallate	顺式燕麦敌	17708-57-5	4.0	3.4
88	propachlor	毒草胺	1918-16-7	5.9	6.6

续表

序号	英文名称	中文名称	CAS 号	RSD/%	
				清洗前	清洗后
89	*trans*-diallate	反式燕麦敌	17708-58-6	6.8	4.2
90	sulfotep	治螟磷	3689-24-5	4.8	4.6
91	chlorpropham	氯苯胺灵	101-21-3	6.1	2.5
92	quintozene	五氯硝基苯	82-68-8	7.5	7.0
93	fonofos	地虫硫磷	944-22-9	7.0	2.7
94	profluralin	环丙氟灵	26399-36-0	4.7	2.5
95	propazine	扑灭津	139-40-2	6.5	1.7
96	etrimfos	乙嘧硫磷	38260-54-7	6.1	4.0
97	dicloran	氯硝胺	99-30-9	3.1	2.2
98	propyzamide-1	炔苯酰草胺-2	23950-58-5	5.9	0.9
99	chlorpyrifos-methyl	甲基毒死蜱	5598-13-0	5.0	8.0
100	desmetryn	敌草净	1014-69-3	2.2	2.3
101	ronnel	皮蝇磷	299-84-3	6.6	7.2
102	dimethachlor	克草胺	50563-36-5	14.0	6.0
103	pirimiphos-methyl	甲基嘧啶磷	29232-93-7	9.5	3.6
104	methfuroxam	呋菌胺	28730-17-8	4.9	1.4
105	endosulfan-1	硫丹-1	115-29-7	1.7	7.3
106	thiobencarb	禾草丹	28249-77-6	9.0	0.9
107	terbutryn	特丁净	886-50-0	5.5	1.8
108	chlorpyrifos-methyl	甲基毒死蜱	5598-13-0	4.1	4.1
109	parathion-methyl	甲基对硫磷	298-00-0	10.9	8.5
110	dicofol	三氯杀螨醇	115-32-2	6.9	5.3
111	metolachlor	异丙甲草胺	51218-45-2	7.7	3.1
112	pirimiphos-ethyl	嘧啶磷	23505-41-1	7.5	2.3
113	methoprene	烯虫酯	40596-69-8	4.2	1.4
114	bromophos	溴硫磷	2104-96-3	5.8	9.1
115	ethofume sate	乙氧呋草黄	26225-79-6	8.8	1.0
116	zoxamide	苯酰菌胺	156052-68-5	1.2	6.8
117	isopropalin	异乐灵	33820-53-0	4.9	1.5
118	pendimethalin	二甲戊灵	40487-42-1	4.6	2.7
119	isofenphos	丙胺磷	25311-71-1	8.0	1.8
120	*trans*-chlordane	反式氯丹	5103-74-2	10.3	2.9
121	chlorfenvinphos	毒虫畏	470-90-6	10.8	8.4
122	*cis*-chlordane	顺式氯丹	5103-71-9	6.2	3.0
123	4,4'-DDE	4,4'-滴滴伊	72-55-9	9.1	1.6
124	butachlor	丁草胺	23184-66-9	7.4	7.4
125	chlorflurenol	整形醇	2536-31-4	3.2	9.0
126	iodofenphos	碘硫磷	18181-70-9	13.7	9.6
127	profenofos	丙溴磷	41198-08-7	3.6	14.9
128	picoxystrobin	啶氧菌酯	117428-22-5	7.1	0.9
129	buprofezin	噻嗪酮	69327-76-0	5.8	2.1

序号	英文名称	中文名称	CAS 号	RSD/%	
				清洗前	清洗后
130	endrin	异狄氏剂	72-20-8	2.3	2.9
131	chlorfenson	杀螨酯	80-33-1	1.7	7.7
132	2,4'-DDT	2,4'-滴滴涕	789-02-6	7.8	2.9
133	methoprotryne	盖草津	841-06-5	10.1	0.3
134	chloropropylate	丙酯杀螨醇	5836-10-2	13.9	1.0
135	flamprop-methyl	麦草氟甲酯	52756-25-9	10.9	2.3
136	oxyfluorfen	乙氧氟草醚	42874-03-3	8.9	0.4
137	chlorthiophos	虫螨磷	60238-56-4	1.5	2.4
138	flamprop-isopropyl	麦草氟异丙酯	52756-22-6	2.4	0.7
139	carbophenothion	三硫磷	786-19-6	10.9	1.5
140	trifloxystrobin	肟菌酯	141517-21-7	6.4	3.7
141	benalaxyl	苯霜灵	71626-11-4	12.2	2.2
142	propiconazole	丙环唑	60207-90-1	12.7	0.6
143	cyanofenphos	苯腈磷	13067-93-1	16.4	4.8
144	tebufenpyrad	吡螨胺	119168-77-3	10.3	0.8
145	methoxychlor	甲氧滴滴涕	72-43-5	2.1	4.4
146	bromopropylate	溴螨酯	18181-80-1	8.9	2.5
147	benzoylprop-ethyl	新燕灵	22212-55-1	10.2	0.5
148	epoxiconazole-2	氟环唑-2	133855-98-8	9.8	1.0
149	piperophos	哌草磷	24151-93-7	10.1	3.0
150	hexazinone	环嗪酮	51235-04-2	14.0	7.2
151	fenamidone	咪唑菌酮	161326-34-7	11.4	1.0
152	fenarimol	氯苯嘧啶醇	60168-88-9	13.5	1.4
153	tralkoxydim	肟草酮	87820-88-0	14.2	0.2
154	fluridone	氟啶草酮	59756-60-4	0.3	19.0
155	propoxur-1	残杀威-1	114-26-1	15.6	1.7
156	tribenuron-methyl	苯磺隆	101200-48-0	16.4	0.2
157	etridiazole	土菌灵	2593-15-9	0.9	9.1
158	dimethyl phthalate	跳蚤灵	131-11-3	11.5	4.1
159	molinate	禾草敌	2212-67-1	18.9	7.8
160	dibutyl succinate	琥珀酸二丁酯	141-03-7	17.6	3.5
161	carbaryl	甲萘威	63-25-2	9.3	7.9
162	2,4-D	2,4-滴	94-75-7	9.6	7.1
163	ethalfluralin	丁氟消草	55283-68-6	12.2	3.2
164	propoxur-2	残杀威-2	114-26-1	26.6	1.6
165	prometon	扑灭通	1610-18-0	9.8	1.7
166	diazinon	二嗪磷	333-41-5	22.2	2.0
167	triallate	野麦畏	2303-17-5	15.4	3.8
168	pyrimethanil	嘧霉胺	53112-28-0	13.9	1.7
169	fenpropidin	苯锈啶	67306-00-7	12.5	1.3
170	propetamphos	烯虫磷	31218-83-4	12.4	4.1

序号	英文名称	中文名称	CAS 号	RSD/%	
				清洗前	清洗后
171	heptachlor	七氯	76-44-8	17.6	1.6
172	iprobenfos	异稻瘟净	26087-47-8	19.2	0.8
173	isazofos	氯唑磷	42509-80-8	16.0	2.5
174	propyzamide-2	炔苯酰草胺-2	23950-58-5	21.7	0.5
175	trans-fluthrin	四氟苯菊酯	118712-89-3	16.2	0.6
176	dinitramine	氨基乙氟灵	29091-05-2	10.2	1.6
177	fenpropimorph	丁苯吗啉	67564-91-4	14.6	1.9
178	tolclofos-methyl	甲基立枯磷	57018-04-9	14.1	3.1
179	fenchlorphos	皮蝇磷	299-84-3	17.5	3.6
180	ametryn	莠灭净	834-12-8	16.2	0.6
181	telodrin	碳氟灵	297-78-9	29.1	6.5
182	vinclozolin	乙烯菌核利	50471-44-8	17.6	1.7
183	metribuzin	嗪草酮	21087-64-9	6.9	0.8
184	dipropetryn	异丙净	4147-51-7	21.2	2.0
185	chlorthal-dimethyl	氯酞酸二甲酯	1861-32-1	15.1	2.7
186	fenitrothion	杀螟硫磷	122-14-5	11.9	2.8
187	diethofencarb	乙霉威	87130-20-9	19.0	4.5
188	thiazopyr	噻草啶	117718-60-2	27.8	2.3
189	triadimefon	三唑酮	43121-43-3	6.0	5.7
190	dimepiperate	哌草丹	61432-55-1	14.8	2.2
191	2,4'-DDE	2,4'-滴滴伊	3424-82-6	21.4	0.5
192	fenson	分螨酯	80-38-6	5.5	3.8
193	dimethametryn	异戊乙净	22936-75-0	18.5	0.5
194	flufenacet	氟噻草胺	142459-58-3	5.2	2.5
195	quinalphos	喹硫磷	13593-03-8	18.9	0.7
196	diphenamid	草乃敌	957-51-7	21.6	1.2
197	fenoxanil	氰菌胺	115852-48-7	31.4	6.9
198	furalaxyl	呋霜灵	57646-30-7	23.4	1.3
199	prothiophos	丙硫磷	34643-46-4	12.9	1.7
200	triadimenol	三唑醇	55219-65-3	21.1	1.3
201	pretilachlor	丙草胺	51218-49-6	14.1	0.8
202	napropamide	敌草胺	15299-99-7	22.8	1.0
203	kresoxim-methyl	醚菌酯	143390-89-0	21.9	7.8
204	tetrasul	杀螨硫醚	2227-13-6	14.8	4.4
205	isoprothiolane	稻瘟灵	50512-35-1	23.4	0.4
206	chlorobenzilate	乙酯杀螨醇	510-15-6	25.8	4.1
207	aclonifen	苯草醚	74070-46-5	1.4	7.4
208	metconazole	叶菌唑	125116-23-6	14.9	8.7
209	diniconazole	烯唑醇	83657-24-3	16.7	0.0

序号	英文名称	中文名称	CAS 号	RSD/% 清洗前	RSD/% 清洗后
210	quinoxyfen	喹氧灵	124495-18-7	21.3	3.0
211	piperonyl butoxide	增效醚	1951-3-6	23.6	6.7
212	mepronil	灭锈胺	55814-41-0	19.2	4.0
213	bifenthrin	联苯菊酯	82657-04-3	21.1	5.2
214	diflufenican	吡氟酰草胺	83164-33-4	18.3	2.4
215	fenazaquin	喹螨醚	120928-09-8	18.3	1.0
216	nuarimol	氟苯嘧啶醇	63284-71-9	14.6	0.3
217	phenothrin	苯醚菊酯	26002-80-2	14.0	5.0
218	pyriproxyfen	吡丙醚	95737-68-1	21.2	3.8
219	pyridaphenthion	哒嗪硫磷	119-12-0	16.1	1.8
220	mefenacet	苯噻酰草胺	73250-68-7	9.1	5.3
221	permethrin	氯菊酯	52645-53-1	13.5	0.2
222	pyridaben	哒螨灵	96489-71-3	17.1	7.1
223	bitertanol	联苯三唑醇	55179-31-2	12.4	2.0
224	etofenprox	醚菊酯	80844-07-1	11.0	2.5
225	butafenacil	氟丙嘧草酯	134605-64-4	5.9	4.9
226	boscalid	啶酰菌胺	188425-85-6	13.4	3.9
227	dimethomorph	烯酰吗啉	110488-70-5	14.6	4.8

图 5-11
离子源清洗前后 GC-MS 测定结果的 RSD 分布

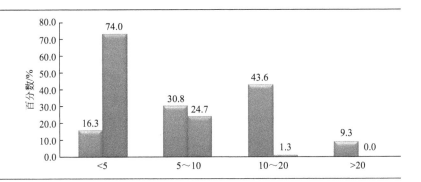

对本实验室 GC-MS 和 GC-MS/MS 2 种仪器离子源清洗前后色谱峰不对称因子、仪器重现性和仪器灵敏度状态进行了评价，结果见表 5-11 和表 5-12。

表 5-11　用农药质控标准对 GC-MS 评价结果

评价内容（技术指标）	色谱峰不对称因子（以内标峰计算）1.00(±0.10)	仪器重现性 保留时间 RSD/%(n=3) <0.1	仪器重现性 峰面积 RSD/%(n=3) <5	仪器灵敏度（内标信噪比）>1000
维护前测定结果	1.11(不合格)	0.01(合格)	5.5(不合格)	386(不合格)
维护后测定结果	0.94(合格)	0.003(合格)	0.8(合格)	1824.3(合格)

表 5-12　用农药质控标准对 GC-MS/MS 评价结果

评价内容 （技术指标）	色谱峰不对称因子 （以内标峰计算） 1.00(±0.10)	仪器重现性		仪器灵敏度 （内标信噪比） ＞2000
		保留时间 RSD/%(n=3) ＜0.1	峰面积 RSD/%(n=3) ＜5	
维护前测定结果	1.29(不合格)	0.054(合格)	17.8(不合格)	36.7(不合格)
维护后测定结果	0.91(合格)	0.008(合格)	1.4(合格)	2904.6(合格)

通过评价能够发现仪器存在的问题，并可通过相关维护将仪器调整到较为理想的状态，各项指标均达到协同实验要求，评价的技术指标及发现问题的维护方法见表 5-13。俗话说，工欲善其事必先利其器，因此，在样品检测之前，必须检查仪器的 3 个状态与条件是否达到了应具备的技术条件，这是分析检测前的第 1 个关键控制点。

表 5-13　GC-MS 和 GC-MS/MS 仪器状态评价技术指标与维护措施

评价内容	色谱峰不对称因子 （以内标峰计算）	仪器重现性		仪器灵敏度 （以内标峰信 噪比计算）
		保留时间 RSD/%(n=3)	峰面积 RSD/%(n=3)	
GC-MS 技术指标	1.00(±0.10)	＜0.1	＜5	＞1000
GC-MS/MS 技术指标	1.00(±0.10)	＜0.1	＜5	＞2000
未达规定指标应 采取的措施	① 截去一段受污染 色谱柱； ② 更换进样口内 衬管； ③ 更换新色谱柱	调整流速 （注意流速 不应低于0.8）	① 检查系统是否 漏气； ② 更换进样口隔垫； ③ 更换进样口内 衬管	① 更换进样口内 衬管； ② 截去一段受污 染色谱柱； ③ 清洗离子源

5.3.3　色谱解析（误差分析）与关键控制点

在方法的稳健性研究过程中，对绿茶和乌龙茶中 271 种农药 GC-MS 和 GC-MS/MS 测定积分结果的统计发现，GC-MS 有 12.5%～28.4%，GC-MS/MS 有 4.0%～9.7%的农药自动积分结果错误，需手动积分修正。积分错误发生的频次与仪器受到污染的程度密切相关。实验对离子源清洗（包括更换进样口内衬管）前后积分错误情况进行对比研究，其统计分析结果 GC-MS 见表 5-14，GC-MS/MS 见表 5-15。

表 5-14　GC-MS 测定茶叶样品中农药峰手动积分情况对比

手动积分的原因	乌龙茶样品 I		乌龙茶样品 II		绿茶样品 I		绿茶样品 II		合计	占手动积分 总数的比例 /%
	离子源		离子源		离子源		离子源			
	清洗前	清洗后	清洗前	清洗后	清洗前	清洗后	清洗前	清洗后		
保留时间偏离,未积分	6	6	5	5	1	4	2	2	31	7.4
保留时间偏离,认错峰	17	21	3	9	12	14	22	17	115	27.3
小计	23	27	8	14	13	18	24	19	146	34.7

手动积分的原因	乌龙茶样品 I		乌龙茶样品 II		绿茶样品 I		绿茶样品 II		合计	占手动积分总数的比例/%
	离子源		离子源		离子源		离子源			
	清洗前	清洗后	清洗前	清洗后	清洗前	清洗后	清洗前	清洗后		
响应小,未积分	19	2	57	2	17	1	11	0	109	25.9
响应小,认错峰	3	1	0	0	7	1	0	0	12	2.8
小计	22	3	57	2	24	2	11	0	121	28.7
基线漂移	18	20	7	5	19	23	12	20	124	29.4
同分异构,认错峰	1	1	2	2	2	1	0	1	10	2.4
定性定量离子受基质干扰,认错峰	1	5	3	11	0	0	0	0	20	4.8
合计	65	56	77	34	58	44	47	40	421	100
占 271 种的比例/%	24.0	20.7	28.4	12.5	21.4	16.2	17.3	14.8		

表 5-15 GC-MS/MS 测定茶叶样品中农药峰手动积分情况对比

需要手动积分的原因	乌龙茶样品		绿茶样品		合计	占手动积分总数的比例/%
	离子源		离子源			
	清洗前	清洗后	清洗前	清洗后		
响应低,认错峰	13	2	10	3	28	48.3
同分异构体,认错峰	5	5	5	5	20	34.5
定性定量离子受基质干扰,认错峰	4	2	2	2	10	17.2
合计	22	9	17	10	58	100
占 271 种的比例/%	9.7	4.0	7.5	4.4		

由表 5-14 可见,由于保留时间偏离,认错峰或未积分的农药有 146 个,占 34.7%;峰响应小,未积分或认错峰的农药有 121 个,占 28.7%;而由于基线漂移,积分线选择不合理,需要手动积分的农药有 124 个,占 29.4%;3 项之和占手动积分总数的 92.8%。显然,保留时间偏差、基线漂移以及仪器灵敏度降低是造成仪器自动积分结果错误的主要原因。对离子源清洗前后的对比发现:离子源清洗前有 114 个农药峰由于仪器灵敏度低、响应小、未积分或者认错峰,而离子源清洗后只有 7 个峰。由此可见,及时清洗离子源和更换进样口内衬管可显著提高仪器灵敏度,有助于对农药峰的正确定性和定量分析。同时也发现,离子源清洗后,保留时间偏差的数量由 68 个上升至 78 个;因为基线漂移积分错误的数量由 56 个上升至 68 个,定性定量离子受基质干扰,认错峰的数量由 4 个上升至 16 个。这就要求实验人员在清洗离子源(包括更换进样口内衬管)之后,要及时调整仪器载气流量,以减小保留时间的偏差,也要注意仪器灵敏度升高后,基线会有所升高,基质中的离子干扰也会增大。由表 5-14 和表 5-15 可以看出,GC-MS/MS 的自动积分正确率高于 GC-MS,两者分别平均为 93.6% 和 80.6%。在仪器良好状态(清洗离子源后)下 GC-MS/MS 和 GC-MS 的自动积分正确率分别达到 95% 和 84% 以上。为了确保测定结果的正确性,实验过程中需要对每个自动积分结果逐一进行核查。以下就 7 种手动积分的原因,列举 13 个实例进行具体的误差分析和谱图解析。

① 仪器灵敏度低未积分,清洗离子源后仪器灵敏度升高,且自动正确积分(见图 5-12 和图 5-13)。

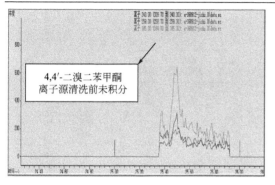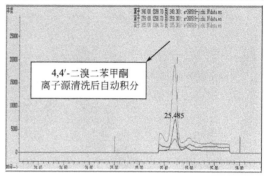

图 5-12

离子源清洗前后 4，4'-二溴二苯甲酮积分对比图

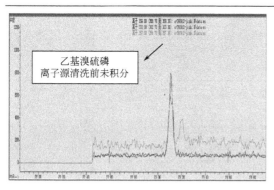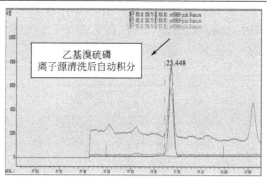

图 5-13

离子源清洗前后乙基溴硫磷积分对比图

② 仪器灵敏度低认错峰，造成积分错误（仪器自动积分会优先将时间窗口内响应较高的峰识别为目标峰，但对比离子丰度比后发现，其并非目标农药），清洗离子源后可实现正确积分（见图 5-14 和图 5-15）。

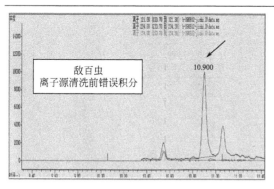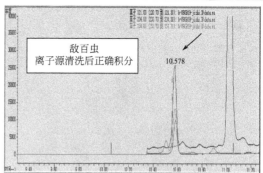

图 5-14

离子源清洗前后敌百虫积分对比图

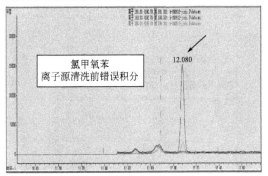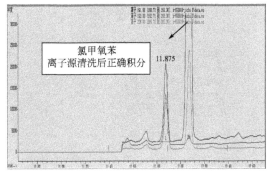

图 5-15

离子源清洗前后氯甲氧苯积分对比图

③ 保留时间偏差未积分。农药峰的保留时间偏离时间窗口，而未能识别。下图是保留时间偏离时间窗口，仪器未积分；调整载气流量后，保留时间为 10.88min，仪器自动积分（见图 5-16 和图 5-17）。

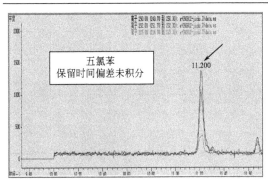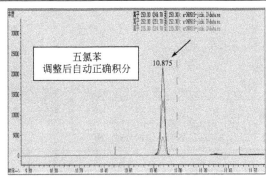

图 5-16

保留时间调整前后五氯苯积分对比图

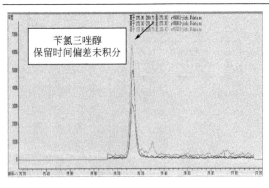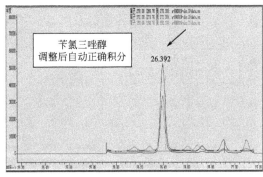

图 5-17

保留时间调整前后苄氯三唑醇积分对比图

④ 保留时间偏差认错峰。保留时间偏离，目标农药峰未积分，导致认错峰。离子源清洗和调整载气流速后，保留时间恢复，仪器正确识别农药峰（见图 5-18 和图 5-19）。

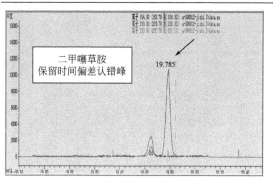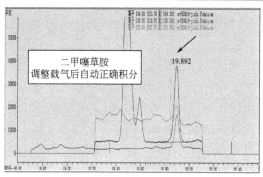

图 5-18
载气流速调整前后二甲噻草胺积分对比图

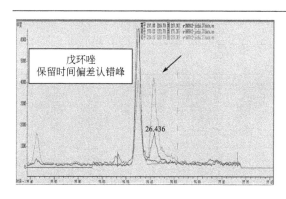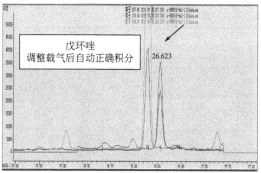

图 5-19
载气流速调整前后戊环唑积分对比图

⑤ 同分异构体的峰易认错。同分异构体的保留时间接近，且监测离子相同，应通过保留时间和出峰顺序对其进行核查（见图 5-20）。

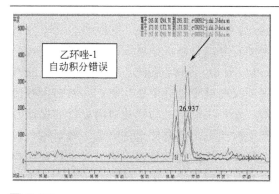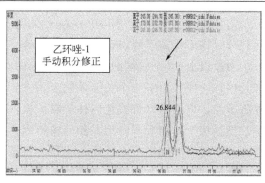

图 5-20
乙环唑-1 手动积分前后对比图

⑥ 基线漂移。基线的漂移会使一些色谱峰的积分线选取不当，从而造成错误的积分。自动积分积分线选取不当时，其峰面积为 76030，是手动积分峰面积（56823）的 1.34 倍。说明由于基线的漂移使得自动积分结果出现错误，可通过手动积分加以修正（见图 5-21 和图 5-22）。

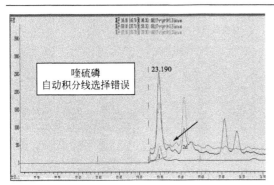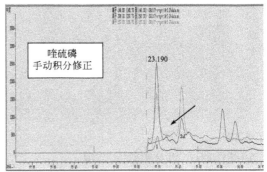

图 5-21
喹硫磷手动积分前后对比图

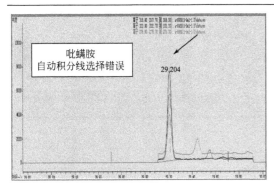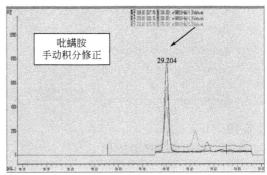

图 5-22
吡螨胺手动积分前后对比图

⑦ 其他离子干扰。基质中存在干扰离子时，会对自动积分结果产生影响。下图为自动积分时将干扰离子峰误认为目标农药峰，需手动积分加以修正（见图 5-23 和图 5-24）。

通过以上 13 个实例的误差分析和谱图解析可以看出，如何保证定性和定量结果的准确无误，应抓好以下 4 个关键控制点：①始终保证仪器处于良好工作状态，并及时做好清洗离子源，更换内衬管或色谱柱等维护保养工作；②每次测定时均要核对内标物的保留时间，确保每个目标农药峰均在积分窗口内；③严格按照方法的定性定量要求，核对每个农药峰的保留时间和离子丰度比；④核查每个农药峰积分线的选取是否正确，对于积分线存在问题的农药，统一采取峰谷到峰谷手动积分方式。做到上述 4 个关键点，就能实现准确定性定量。

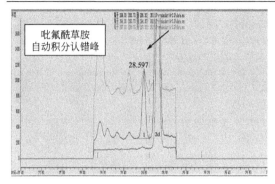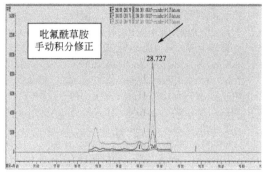

图 5-23

吡氟酰草胺手动积分前后对比图

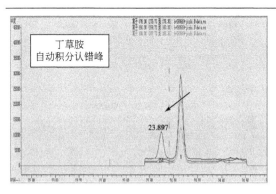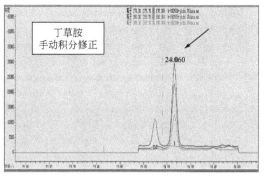

图 5-24

丁草胺手动积分前后对比图

5.4 结论

通过 3 个月 19 次循环测定的结果发现，2 种 SPE 柱均表现出良好的稳健性。相比之下，小柱 TPT 柱的结果优于 Envi-Carb＋PSA 柱。本章节对实验结果进行了误差分析，并对误差产生的原因进行了溯源，最终确定了相应的关键控制点，从而为下一步 AOAC 茶叶中的多农残协同研究奠定了基础。

参考文献

［1］ European Commission. EU Pesticides database. ［2017-07-08］. http：//ec. europa. eu/food/plant/pesticides/eu-pes-ticides-database/public/？ event＝homepage&language＝EN.

［2］ USDA. Maximum Residue Limits （MRL） Database. ［2017-07-08］. https：//www. fas. usda. gov/maximum-resi-due-limits-mrl-database.

［3］ The Japan Food Chemical Research Foundation. Maximum Residue Limits（MRLs）List of Agricultural Chemicals in Foods. ［2017-6-8］. http：//www. m5. ws001. squarestart. ne. jp/foundation/search. html.

［4］ 食品安全国家标准食品中农药最大残留限量：GB 2763-2019 ［S］. 北京：中国标准出版社.

［5］ 雪原. 茶叶中农药的最大残留限量及风险评估研究 ［D］. 安徽农业大学，2007.

［6］ Lehotay S J，de Kok A，Hiemstra M，et al. Validation of a fast and easy method for the determination of residues from 229 pesticides in fruits and vegetables using gas and liquid chromatography and mass spectrometric detection ［J］. Journal of AOAC International，2005，88（2）：595-614.

［7］ Wong J W，Webster M G，Halverson C A，et al. Multiresidue pesticide analysis in wines by solid-phase extraction and capillary gas chromatography-mass spectrometric detection with selective ion monitoring ［J］. Journal of Agricultural and Food Chemistry，2003，51（5）：1148-1161.

［8］ Kitagawa Y，Okihashi M，Takatori S，et al. Multiresidue method for determination of pesticide residues in processed foods by GC/MS ［J］. Shokuhin Eiseigaku Zasshi. 2009，50（5）：198-207.

［9］ Okihashi M，Takatori S，Kitagawa Y，et al. Simultaneous analysis of 260 pesticide residues in agricultural products by gas chromatography/triple quadrupole mass spectrometry ［J］. Journal of AOAC International，2007，90（4）：1165-1179.

［10］ Huang Z，Zhang Y，Wang L，et al. Simultaneous determination of 103 pesticide residues in tea samples by LC-MS/MS ［J］. Journal of Separation Science，2009，32（9）：1294-301.

［11］ Fillion J，Sauvé F，Selwyn J. Multiresidue method for the determination of residues of 251 pesticides in fruits and vegetables by gas chromatography/mass spectrometry and liquid chromatography with fluorescence detection ［J］. Journal of AOAC International，2000，83（3）：698-713.

［12］ Walorczyk S. Development of a multi-residue method for the determination of pesticides in cereals and dry animal feed using gas chromatography-tandem quadrupole mass spectrometry Ⅱ. Improvement and extension to new analytes ［J］. Journal of Chromatography A. 2008，1208（1-2）：202-214.

［13］ Nguyen T D，Han E M，Seo M S，et al. A multi-residue method for the determination of 203 pesticides in rice paddies using gas chromatography/mass spectrometry ［J］. Analytica Chimica Acta，2008，619（1）：67-74.

［14］ Przybylski C，Segard C. Method for routine screening of pesticides and metabolites in meat based baby-food using extraction and gas chromatography-mass spectrometry ［J］. Journal of Separation Science，2009，32（11）：1858-1867.

［15］ Koesukwiwat U，Lehotay S J，Miao S，et al. High Throughput Analysis of 150 Pesticides in Fruits and Vegetables Using QuEChERS and Low-pressure Gas Chromatography—time-of-flight Mass Spectrometry ［J］. Journal of Chromatography A，2010，1217（43）：6692-6703.

［16］ Schenck F，Wong J，Lu C，et al. Multiresidue analysis of 102 organophosphorus pesticides in produce at parts-per-billion levels using a modified QuEChERS method and gas chromatography with pulsed flame photometric detection ［J］. Journal of AOAC International，2009，92（2）：561-573.

［17］ Nguyen T D，Yu J E，Lee D M，et al. A multiresidue method for the determination of 107 pesticides in cabbage and radish using QuEChERS sample preparation method and gas chromatography mass spectrometry ［J］. Food Chemistry，2008，110（1）：207-213.

［18］ Saito Y，Kodama S，Matsunaga A，et al. Multiresidue determination of pesticides in agricultural products by gas chromatography/mass spectrometry with large volume injection ［J］. Journal of AOAC International，2004，87（6）：1356-1367.

［19］ Hirahara Y，Kimura M，Inoue T，et al. Screening Method for the Determination of 199 Pesticides in Agricultural Products by Gas Chromatography/Ion Trap Mass Spectrometry（GC/MS/MS）［J］. Journal of the Food Hygienic Society of Japan，2006，47（5）：213-221.

［20］ Pizzutti I R，de Kok A，Hiemstra M，et al. Method validation and comparison of acetonitrile and acetone extraction for the analysis of 169 pesticides in soya grain by liquid chromatography-tandem mass spectrometry ［J］. Journal of Chromatography A，2009，1216（21）：4539-4552.

［21］ Nguyen T D，Lee K J，Lee M H，et al. A multiresidue method for the determination 234 pesticides in Korean herbs using gas chromatography mass spectrometry ［J］. Microchemical Journal，2010，95（1）：43-49.

［22］ Hu X Z，Chu X G，Yu J X，et al. Determination of multiclass pesticide residues in apple juice by gas chromatography-mass selective detection after extraction by matrix solid-phase dispersion ［J］. Journal of AOAC International，2004，87（4）：972-985.

[23] Chu X G, Hu X Z, Yao H Y. Determination of 266 pesticide residues in apple juice by matrix solid-phase disper sion and gas chromatography-mass selective detection [J]. Journal of Chromatography A, 2005, 1063 (1-2): 201-210.

[24] Nguyen T D, Yun M Y, Lee G H. A multiresidue method for the determination of 118 pesticides in vegetable juice by gas chromatography-mass spectrometry and liquid chromatography-tandem mass spectrometry [J]. Jour nal of Agricultural and Food Chemistry, 2009, 57 (21): 10095-10101.

[25] Matsumoto N, Yoshikawa M, Eda K, et al. Simple preprocessing method for multi-determination of 235 pesti cide residues in cooked ingredients of foods by GC/MS and LC/MS/MS [J]. Shokuhin Eiseigaku Zasshi. 2008, 49 (3): 211-222.

[26] 蜂蜜、果汁和果酒中 497 种农药及相关化学品残留量测定方法　气相色谱-质谱法：GB/T 19426—2006 [S]. 北京：中国标准出版社.

[27] 蜂蜜中 486 种农药及相关化学品残留量的测定　液相色谱-串联质谱法：GB/T 20771—2008 [S]. 北京：中国标准出版社.

[28] 果蔬汁和果酒中 512 种农药及相关化学品残留量的测定　液相色谱-质谱法：GB 23200.14—2016 [S]. 北京：中国标准出版社.

[29] 水果和蔬菜中 500 种农药及相关化学品残留量测定方法　气相色谱-质谱法：GB/T 19648—2006 [S]. 北京：中国标准出版社.

[30] 水果和蔬菜中 450 种农药及相关化学品残留量的测定　液相色谱-串联质谱法：GB/T 20769—2008 [S]. 北京：中国标准出版社.

[31] 粮谷中 475 种农药及相关化学品残留量测定方法气相色谱-质谱法：GB/T 19649—2006 [S]. 北京：中国标准出版社.

[32] 粮谷中 486 种农药及相关化学品残留量的测定　液相色谱-串联质谱法：GB/T 20770—2008 [S]. 北京：中国标准出版社.

[33] 动物肌肉中 478 种农药及相关化学品残留量测定方法气相色谱-质谱法：GB/T 19650—2006 [S]. 北京：中国标准出版社.

[34] 动物肌肉中 461 种农药及相关化学品残留量的测定　液相色谱-串联质谱法：GB/T 20772—2008 [S]. 北京：中国标准出版社.

[35] 茶叶中 448 种农药及相关化学品残留量的测定　液相色谱-质谱法：GB 23200.13.2016 [S]. 北京：中国标准出版社.

[36] 茶叶中 519 种农药及相关化学品残留量的测定　气相色谱-质谱法：GB/T 23204—2008 [S]. 北京：中国标准出版社.

[37] 食用菌中 440 种农药及相关化学品残留量的测定　液相色谱-质谱法：GB 23200.12—2016 [S]. 北京：中国标准出版社.

[38] 食用菌中 503 种农药及相关化学品残留量的测定　气相色谱-质谱法：GB 23200.15—2016 [S]. 北京：中国标准出版社.

[39] 河豚鱼、鳗鱼和对虾中 485 种农药及相关化学品残留量的测定　气相色谱-质谱法：GB/T 23207—2008 [S]. 北京：中国标准出版社.

[40] 河豚鱼、鳗鱼和对虾中 450 种农药及相关化学品残留量的测定　液相色谱-串联质谱法：GB/T 23208—2008 [S]. 北京：中国标准出版社.

[41] 桑枝、金银花、枸杞子和荷叶中 488 种农药及相关化学品残留量的测定　气相色谱-质谱法：GB 23200.10—2016 [S]. 北京：中国标准出版社.

[42] 桑枝、金银花、枸杞子和荷叶中 413 种农药及相关化学品残留量的测定　液相色谱-质谱法：GB 23200.11—2016 [S]. 北京：中国标准出版社.

[43] 牛奶和奶粉中 511 种农药及相关化学品残留量的测定　气相色谱-质谱法：GB/T 23210—2008 [S]. 北京：中国标准出版社.

[44] 牛奶和奶粉中 493 种农药及相关化学品残留量的测定　液相色谱-串联质谱法：GB/T 23211—2008 [S]. 北京：中国标准出版社.

茶叶农药多残留检测方法学研究

第6章

茶叶中农药残留
降解规律研究

6.1 GC-MS/MS 研究乌龙茶陈化样中 271 种农药残留降解规律及其在乌龙茶陈化样农药残留预测中的应用

6.1.1 概述

茶叶是世界三大饮品之一，也是我国大宗出口的传统农产品。为了防止茶叶在生长过程中受到多种害虫和病菌的影响，有机氯、有机磷和菊酯类等多种农药被广泛使用。农药在提高茶叶产量的同时，在环境中容易产生残留，对人类身体健康也会造成一定的影响[1-4]。随着世界各国和地区对食品安全的重视，茶叶中农药残留问题也越来越引起了人们的广泛关注[5-8]。

研究茶叶中农药的降解规律并选用适当的数学模型来模拟农药残留的动态过程，可以分析和预测茶叶中农药残留，这对于指导茶农用药和茶叶的进出口贸易有着非常重要的意义。农药降解是一个非常复杂的物理和化学过程，会受到温度、湿度、光照、金属元素等多方面的影响[9,10]。国内外针对农产品中农药降解规律进行了大量研究，建立了各种不同类型的动态模型[11-13]。Ozbey 等[14] 研究了马拉硫磷、杀螟硫磷、乐果、毒死蜱和嘧啶磷 5 种农药在茶叶浸泡过程中的降解情况。Manikandan 等[15] 研究了乙硫磷、硫丹、三氯杀螨醇、毒死蜱、溴氰菊酯、己唑醇、甲氰菊酯、炔螨特、喹硫磷、高效氯氟氰菊酯 10 种农药在红茶浸泡过程中的浸出情况。林金科等[16] 以铁观音和武夷肉桂两种典型乌龙茶，利用气相色谱研究了联苯菊酯、甲氰菊酯、氯氰菊酯和优乐得 4 种农药在茶树新梢上残留的自然降解动态。Chen 等[17] 建立了乌龙茶中联苯菊酯、氯氟氰菊酯、氟苯脲、氟虫脲和氟啶脲 5 种农药的 GC-MS 测定方法，研究了上述 5 种农药在茶树上的自然降解情况和茶叶不同加工方式对农药残留含量的影响。

为了解茶叶陈化样中农药的降解情况，本章在前期大量研究基础上[18-20]，应用 GC-MS/MS 测定了乌龙茶陈化样中 271 种农药（包含有机氮、有机氯、有机磷、氨基甲酸酯等）在 3～4 个月内残留含量的变化情况。同时，绘制了 271 种农药在乌龙茶陈化样中前 40 天和 120 天内的降解曲线，并分类对其进行了讨论。在此基础上，选出了稳定性较好的 20 种农药进行稳定性的深入研究，对其在较高浓度下 90 天内在乌龙茶陈化样中的降解规律进行了研究。

最后，应用这 20 种农药在乌龙茶陈化样中的降解规律，建立了乌龙茶陈化样中农药残留预测方法，用"约登对（Youden Pair）"中低和高喷施浓度下乌龙茶陈化样的农药残留结果对其进行了验证，并与实际测定值进行了比较，同时以偏差率的形式对预测情况进行了详细分析。

6.1.2   试剂与材料

6.1.2.1   试剂

乙腈、二氯甲烷、异辛烷和甲醇（色谱纯，迪马科技）；无水硫酸钠（分析纯）用前在650℃灼烧4h，贮于干燥器中，冷却后备用。农药标准品和内标（环氧七氯）（纯度均不低于95%，LGC Promochem，德国）。

标准储备溶液的配制：准确称取5～10mg（精确至0.1mg）农药及相关化学品标准物，分别放入10mL容量瓶中，根据标准物的溶解性和测定的需要选甲苯、甲苯+丙酮混合液、环己烷等溶剂溶解并定容至刻度。标准储备溶液4℃避光保存。

混合标准溶液的配制：按照农药的理化性质及保留时间，将271种农药分为3组，并根据每种农药在仪器上的响应灵敏度，确定其在混合标准溶液中的浓度。依据每种农药的分组号、混合标准溶液浓度及其标准储备液的浓度，移取一定量的单个农药标准储备溶液用试剂定容，得到混合标准溶液。混合标准溶液低于4℃避光保存。

6.1.2.2   材料

Cleanert TPT SPE固相萃取柱（2000mg/12mL，天津博纳艾杰尔科技有限公司）；T-25B均质器，转速不低于13500r/min（Janke & Kunkel，德国）；Buchi EL131旋转蒸发仪（瑞士）；Z 320离心机，转速不低于4200r/min（HermLe AG，德国）；EVAP 112氮吹仪（Organomation Associates，美国）。

6.1.3   仪器与条件

Agilent 7890A气相色谱串联7000B三重四极杆质谱仪，配有电子轰击（EI）离子源、7693自动进样器和Mass Hunter数据处理软件（Agilent Technologies，美国）。色谱柱：DB-1701石英毛细管柱（30m×0.25mm×0.25μm，Agilent J&W Scientific，美国）。

GC升温程序：40℃保持1min，然后以30℃/min升温至130℃，再以5℃/min升温至250℃，再以10℃/min升温至300℃，保持5min。载气为氦气（纯度≥99.999%），流速为1.2mL/min，进样口温度为290℃，进样量为1μL，进样方式为无分流进样，1.5min后打开阀。电子轰击源：70eV。离子源温度：230℃。接口温度：280℃。离子监测方式为多反应监测模式（MRM）。每种化合物分别检测1对定量母离子/子离子，1对定性母离子/子离子。

6.1.4 　样品前处理

6.1.4.1 　陈化样品制备程序

将目标农药配成相应浓度的混合标准溶液。取空白乌龙茶，经搅碎机粉碎后，分别过10目和16目筛。取10～16目乌龙茶样品500g，均匀平铺于直径为40cm的不锈钢容器底部，待喷药。准确移取一定量上述混合标准溶液于玻璃喷雾器中对茶叶进行喷施。并用玻璃棒搅拌茶叶，使药液喷施均匀。待喷雾器中药液喷施完后，取5mL甲苯于喷雾器中，振荡混匀，再次喷于茶叶，重复3次。喷药完毕后，继续用玻璃棒搅拌茶叶0.5h待茶叶中的有机溶剂完全挥发后，将喷药茶叶放入4L棕色广口玻璃瓶中，置于振荡器上振荡混合12h，避光储存。

将茶叶陈化样品均匀平铺于平底容器底部，选取4个对称位置，称取4份陈化茶叶样品。经前处理后，由GC-MS/MS测定，计算4个陈化样品的农药含量平均值及其相对标准偏差。如果GC-MS/MS检测的陈化样品平均RSD<4%，这说明农药陈化样品制备均匀。

6.1.4.2 　提取

称取5g试样（精确至0.01g），于80mL离心管中，加入15mL乙腈，13500r/min均质提取1min，4200r/min离心5min，取上清液于80mL鸡心瓶中。残渣用15mL乙腈重复提取1次，离心，合并2次提取液，40℃水浴旋转蒸发浓缩至约1mL，待净化。

6.1.4.3 　净化

在Cleanert TPT柱中加入约2cm高无水硫酸钠，放入固定架上，下接鸡心瓶，用10mL乙腈-甲苯（3∶1）淋洗Cleanert TPT柱，弃去淋出液。试样提取液净化：当淋洗液液面到达无水硫酸钠层顶面时，将上述茶叶试样浓缩液转移至Cleanert TPT柱中，换上新鸡心瓶，收集洗脱液；用3×2mL乙腈-甲苯（3∶1）洗涤试样浓缩液瓶，待试样浓缩液液面到达无水硫酸钠层顶面时，将洗涤液移入柱中。在SPE柱上部连接上30mL贮液器，再用25mL乙腈-甲苯（3∶1）洗涤小柱，鸡心瓶中洗脱液于40℃水浴中旋转浓缩至约0.5mL。

在上述浓缩净化液中，加入40μL环氧七氯内标工作溶液，于35℃水浴中用氮气吹干，用1.5mL正己烷溶解残渣，超声混合均匀，经0.2μm滤膜过滤后进行测定。

6.1.5 　271种农药降解规律

为了研究农药在乌龙茶中的降解规律，在120d内对乌龙茶陈化Youden Pair样品中271种农药多残留进行了25次测定。以每天测定的农药含量为纵坐标，以测定时的天数为横坐标绘制降解曲线，方程见表6-1（a浓度）和表6-2（b浓度）。

表 6-1 271种农药 a 浓度下在乌龙茶陈化样中降解规律信息汇总

序号	分类	英文名称	中文名称	CAS号	前40d降解方程	R^2	k	半衰期/d	120d降解方程	R^2	k	半衰期/d
1	C	2,3,4,5-tetrachloroaniline	2,3,4,5-四氯苯胺	634-83-3	$y=100.9665e^{0.0172x}$	0.8637			$y=0.009x^2-0.986x+91.64$	0.452		
2	F	2,3,5,6-tetrachloroaniline	2,3,5,6-四氯苯胺	3481-20-7	$y=42.6831e^{0.0085x}$	0.8187			$y=43.4893e^{0.0036x}$	0.28		
3	D	4,4'-DDD	4,4'-滴滴滴	72-54-8	$y=-17.6\ln x+93.46$	0.708			$y=0.016x^2-1.329x+67.86$	0.697		
4	F	4,4'-dibromobenzophenone	4,4'-二溴二苯甲酮	3988-3-2	$y=44.4495e^{0.0106x}$	0.7748			$y=36.1236e^{0.0004x}$	0.008		
5	F	4,4'-dichlorobenzophenone	4,4'-二氯二苯甲酮	90-98-2	$y=101.0996e^{0.0128x}$	0.8051			$y=-4.8\ln x+96.27$	0.18		
6	A	acetochlor	乙草胺	34256-82-1	$y=83.3529e^{0.0199x}$	0.8716	0.0199	34.8	$y=70.0901e^{0.0063x}$	0.4817	0.0063	110.0
7	C	allidochlor	二丙烯草胺	93-71-0	$y=62.59e^{-0.02x}$	0.881			$y=0.008x^2-1.044x+57.62$	0.696		
8	F	anthraquinone	蒽醌	84-65-1	$y=37.5512e^{0.0165x}$	0.6677			$y=-2.90\ln x+37.45$	0.295		
9	A	atraton	莠去通	1610-17-9	$y=43.5619e^{0.0165x}$	0.808	0.0165	42.0	$y=38.4727e^{0.0061x}$	0.6805	0.0061	113.6
10	A	azaconazole	戊环唑	60207-31-0	$y=156.8914e^{0.0117x}$	0.961	0.0117	59.2	$y=146.8745e^{0.0083x}$	0.8775	0.0083	83.5
11	H	aziprotryne	叠氮津	4658-28-0		0				0		
12	F	benodanil	麦锈灵	15310-01-7	$y=135.1462e^{0.0112x}$	0.9138			$y=0.009x^2-1.096x+130.6$	0.307		
13	A	benoxacor	解草嗪	98730-04-2	$y=74.3779e^{0.0095x}$	0.623	0.0095	73.0	$y=72.9595\,e^{0.0061x}$	0.6691	0.0061	113.6
14	F	β-HCH	β-六六六	319-85-7	$y=53.0781e^{0.0250x}$	0.5749			$y=0.004x^2-0.396x+44.15$	0.255		
15	F	bromocyclen	溴烯杀	1715-40-8	$y=36.1157e^{0.0099x}$	0.6025			$y=-1.86\ln x+35.98$	0.181		
16	B	bromophos-ethyl	乙基溴硫磷	4824-78-6	$y=39.5966e^{0.0125x}$	0.8816	0.0125	55.5	$y=-2.85\ln x+39.30$	0.513		
17	F	butralin	仲丁灵	33629-47-9	$y=170.3770e^{0.0206x}$	0.9256			$y=0.012x^2-1.393x+147.2$	0.217		
18	A	chlorfenapyr	虫螨腈	122453-73-0	$y=301.9436e^{0.0047x}$	0.6691	0.0047	147.5	$y=291.6161e^{0.0045x}$	0.6982	0.0045	154.0
19	A	clomazone	异恶草酮	81777-89-1	$y=43.8694e^{0.0210x}$	0.8618	0.021	33.0	$y=41.6554e^{0.0083x}$	0.4667	0.0083	83.5
20	E	cloquintocet-mexyl	解草酯	99607-70-2	$y=128.3057e^{0.0274x}$	0.3857			$y=0.027x^2-2.817x+131.3$	0.544		
21	F	cycloate	环草敌	1134-23-2	$y=34.6236e^{0.0153x}$	0.8445			$y=-1.76\ln x+32.10$	0.157		
22	E	cycluron	环莠隆	2163-69-1	$y=106.1824e^{0.0032x}$	0.0745			$y=113.8951e^{0.0065x}$	0.8102		

序号	分类	英文名称	中文名称	CAS 号	前 40d 降解方程	R^2	k	半衰期/d	120d 降解方程	R^2	k	半衰期/d
23	A	cyhalofop-butyl	氰氟草酯	122008-85-9	$y=83.6350e^{0.136x}$	0.8437	0.0136	51.0	$y=71.5821e^{0.0045x}$	0.5682	0.0045	154.0
24	B	cyproconazole	环丙唑醇	94361-06-5	$y=50.3024e^{0.0318x}$	0.9148	0.0318	21.8	$y=-4.42\ln x+42.88$	0.45		
25	F	cyprodinil	嘧菌环胺	121552-61-2	$y=39.9256e^{0.0099x}$	0.9079			$y=-2.49\ln x+40.40$	0.323		
26	F	chlorthal-dimethyl-1	氯酞酸二甲酯-1	1861-32-1	$y=117.9983e^{0.0162x}$	0.7877			$y=-8.77\ln x+114.4$	0.359		
27	F	DEF	脱叶磷	78-48-8	$y=75.6556e^{0.157x}$	0.8692			$y=0.005x^2-0.682x+69.60$	0.355		
28	F	DE-PCB 101	2,2′,4,5,5′-五氯联苯	37680-73-2	$y=37.6643e^{0.111x}$	0.906			$y=-1.80\ln x+36.26$	0.269		
29	F	DE-PCB 118	2,3,4,4′,5-五氯联苯	74472-37-0	$y=37.9055e^{0.132x}$	0.9042			$y=-1.95\ln x+35.65$	0.27		
30	B	DE-PCB 138	2,2′,3,4,4′,5,5′-六氯联苯	35065-28-2	$y=38.0807e^{0.139x}$	0.8298			$y=-2.72\ln x+37.52$	0.448		
31	F	DE-PCB 153	2,2′,4,4′,5,5′-六氯联苯	35065-27-1	$y=38.8073e^{0.133x}$	0.7769			$y=-2.38\ln x+37.34$	0.283		
32	B	DE-PCB 180	2,2′,3,4,4′,5,5′-七氯联苯	35065-29-3	$y=38.8073e^{0.133x}$	0.83			$y=-2.72\ln x+36.27$	0.449		
33	F	DE-PCB 28	2,4,4′-三氯联苯	7012-37-5	$y=40.0858e^{0.0144x}$	0.8302			$y=-2.15\ln x+38.22$	0.195		
34	F	DE-PCB 31	2,4′,5-三氯联苯醚	16606-02-3	$y=39.8703e^{0.0141x}$	0.8347			$y=-2.50\ln x+38.69$	0.336		
35	A	DE-PCB 52	2,2′,5,5′-四氯联苯	35693-99-3	$y=119.3999e^{0.0089x}$	0.8748	0.0089	77.9	$y=125.6609e^{0.0073x}$	0.716	0.0073	95.0
36	D	diclofop-methyl	禾草灵	51338-27-3	$y=-8.25\ln x+52.44$	0.845			$y=-5.27\ln x+46.40$	0.55		
37	C	diclobutrazol	苯氯三唑醇	75736-33-3	$y=169.6225e^{0.0208x}$	0.9073			$y=0.018x^2-2.518x+158.9$	0.83		
38	B	dimethenamid	二甲噻草胺	87674-68-8	$y=39.1181e^{0.0123x}$	0.7803			$y=-2.71\ln x+38.47$	0.442		
39	F	diofenolan-1	苯虫-1	63837-33-2	$y=79.6509e^{0.0146x}$	0.8717			$y=-2.76\ln x+71.88$	0.087		
40	F	diofenolan-2	苯虫-2	63837-33-2	$y=80.5648e^{0.0137x}$	0.885			$y=-3.70\ln x+75.65$	0.17		
41	H	dodemorph	吗菌灵	1593-77-7	0	0			0	0		
42	B	fenitrothion	杀螟硫磷	122-14-5	$y=80.4500e^{0.0173x}$	0.8904	0.0173	40.1	$y=-6.68\ln x+77.94$	0.412		
43	F	fenbuconazole	腈苯唑	114369-43-6	$y=490.9171e^{0.0170x}$	0.8914			$y=-36.2\ln x+464.9$	0.35		
44	A	fenpyroximate	唑螨酯	134098-61-6	$y=290.0978e^{0.0110x}$	0.552	0.011	63.0	$y=261.2701e^{0.0049x}$	0.6905	0.0049	141.5
45	F	fluotrimazole	三氟苯唑	31251-03-3	$y=39.6459e^{0.0172x}$	0.922			$y=0.002x^2-0.343x+35.64$	0.379		

序号	分类	英文名称	中文名称	CAS 号	前 40d 降解方程	R^2	k	半衰期/d	120d 降解方程	R^2	k	半衰期/d
46	B	fluroxypyr-1-methyl-heptyl ester	氯氟吡氧乙酸异辛酯	81406-37-3	$y=184.7535e^{0.0182x}$	0.8253			$y=-17.2\ln x+179.4$	0.4		
47	C	flutriafol	粉唑醇	76674-21-0	$y=80.2762e^{0.0161x}$	0.9219			$y=0.009x^2-1.174x+78.70$	0.656		
48	C	iprovalicarb-1	异丙菌胺-1	140923-17-7	$y=177.0957e^{0.0139x}$	0.8667			$y=0.012x^2-1.499x+165.0$	0.418		
49	F	iprovalicarb-2	异丙菌胺-2	140923-17-7	$y=172.2549e^{0.0150x}$	0.8159			$y=-11.7\ln x+165.1$	0.309		
50	A	isodrin	异艾氏剂	465-73-6	$y=43.3205e^{0.0284x}$	0.7576	0.0284	24.4	$y=40.6368e^{0.0118x}$	0.5412	0.0118	58.7
51	C	isomethiozin	嗪丁草	57052-04-7	$y=83.8450e^{0.0370x}$	0.9287			$y=0.011x^2-1.491x+70.75$	0.703		
52	F	isoprocarb-1	异丙威-1	2631-40-5	$y=100.3902e^{0.0138x}$	0.7397			$y=83.8388e^{0.0043x}$	0.2806		
53	F	isoprocarb-2	异丙威-2	2631-40-5	$y=131.2793e^{0.0456x}$	0.9289			$y=-2.27\ln x+88.52$	0.008		
54	F	lenacil	环草啶	2164-8-1	$y=404.6226e^{0.0161x}$	0.6613			$y=-14.2\ln x+375.6$	0.042		
55	F	metalaxyl	甲霜灵	57837-19-1	$y=197.3055e^{0.0205x}$	0.8203			$y=-11.0\ln x+173.6$	0.261		
56	F	metazachlor	吡唑草胺	67129-08-2	$y=115.1542e^{0.0162x}$	0.6533			$y=-9.18\ln x+112.1$	0.385		
57	B	methabenzthiazuron	噻唑隆	18691-97-9	$y=436.7603e^{0.0149x}$	0.7946			$y=-35.3\ln x+430.1$	0.451		
58	F	mirex	灭蚁灵	143-50-0	$y=35.4525e^{0.0208x}$	0.783			$y=-0.92\ln x+29.77$	0.029		
59	A	monalide	庚酰草胺	7287-36-7	$y=80.7211e^{0.0041x}$	0.481	0.0041	169.1	$y=83.3790e^{0.0038x}$	0.7683	0.0038	182.4
60	B	oxadiazon	恶草酮	19666-30-9	$y=38.8194e^{0.0106x}$	0.7872	0.0106	65.4	$y=-2.30\ln x+39.47$	0.436		
61	C	paraoxon-ethyl	对氧磷	311-45-5	$y=871.2413e^{0.0252x}$	0.8105			$y=0.152x^2-15.47x+803.6$	0.453		
62	F	pentachloroaniline	五氯苯胺	527-20-8	$y=54.1789e^{0.0169x}$	0.7036			$y=0.702\ln x+46.62$	0.003		
63	B	pentachloroanisole	五氯甲氧基苯	1825-21-4	$y=33.9411e^{0.0089x}$	0.742			$y=-2.68\ln x+35.78$	0.476		
64	F	pentachlorobenzene	五氯苯	608-93-5	$y=50.9486e^{0.0119x}$	0.631			$y=-2.49\ln x+49.26$	0.1		
65	F	perthane	乙滴滴	72-56-0	$y=37.2491e^{0.0103x}$	0.8809			$y=-2.03\ln x+36.26$	0.3		
66	B	phenanthrene	菲	1985-1-8	$y=41.2735e^{0.0169x}$	0.8278			$y=-3.38\ln x+40.59$	0.422		
67	C	pirimicarb	抗蚜威	23103-98-2	$y=84.8934e^{0.0203x}$	0.8225			$y=0.007x^2-0.917x+76.67$	0.529		
68	B	procymidone	腐霉利	32809-16-8	$y=41.9749e^{0.0131x}$	0.873			$y=-2.82\ln x+41.01$	0.505		
69	F	prometryn	扑草净	7287-19-6	$y=55.3137e^{0.0181x}$	0.7433			$y=-2.2\ln x+47.73$	0.136		

序号	分类	英文名称	中文名称	CAS号	前40d降解方程	R^2	k	半衰期/d	120d降解方程	R^2	k	半衰期/d
70	F	propham	苯胺灵	122-42-9	$y=82.9418e^{0.0109x}$	0.5764			$y=73.4515e^{0.002x}$	0.1709		
71	A	prosulfocarb	苄草丹	52888-80-9	$y=39.9432e^{0.0172x}$	0.8983	0.0172	40.3	$y=36.0511e^{0.0071x}$	0.4573	0.0071	97.6
72	F	pyraflufen ethyl	吡草醚	129630-19-9	$y=-28.3\ln x+150.2$	0.7			$y=-8.90\ln x+110.4$	0.133		
73	B	pyroquilon	咯喹酮	57369-32-1	$y=41.0213e^{0.0237x}$	0.9461			$y=-5.28\ln x+41.66$	0.776		
74	C	sebuthylazine	另丁津	7286-69-3	$y=45.5388e^{0.0223x}$	0.9093			$y=0.004x^2-0.571x+41.31$	0.658		
75	F	secbumeton	仲丁通	26259-45-0	$y=42.9544e^{0.0157x}$	0.8048			$y=-3.11\ln x+41.32$	0.394		
76	B	silafluofen	氟硅菊酯	105024-66-6	$y=42.7911e^{0.0231x}$	0.8257			$y=-4.28\ln x+40.57$	0.518		
77	B	simeconazole	硅氟唑	149508-90-7	$y=86.7035e^{0.0234x}$	0.8474			$y=-9.42\ln x+82.78$	0.619		
78	A	simeton	西玛通	673-04-1	$y=87.4347e^{0.0188x}$	0.8357	0.0188	36.9	$y=96.7863e^{0.0139x}$	0.709	0.0139	49.9
79	C	spiromesifen	螺甲螨酯	283594-90-1	$y=390.8286e^{0.0398x}$	0.6323			$y=0.065x^2-8.221x+357.1$	0.595		
80	C	tebuconazole	戊唑醇	107534-96-3	$y=129.8567e^{0.0199x}$	0.9168			$y=0.013x^2-1.759x+120.9$	0.591		
81	B	tebufenpyrad	吡螨胺	119168-77-3	$y=39.2508e^{0.0158x}$	0.9411	0.0158	43.9	$y=-2.97\ln x+38.01$	0.505		
82	B	tebupirimfos	丁基嘧啶磷	96182-53-5	$y=73.7090e^{0.0147x}$	0.8194	0.0147	47.2	$y=-5.35\ln x+71.93$	0.583		
83	F	tebutam	丙戊草胺	35256-85-0	$y=76.3094e^{0.0154x}$	0.7134			$y=62.4437e^{0.0031x}$	0.2501		
84	B	tebuthiuron	特丁噻草隆	34014-18-1	$y=175.2876e^{0.0150x}$	0.7984	0.015	46.2	$y=-15.6\ln x+174.3$	0.439		
85	B	tefluthrin	七氟菊酯	79538-32-2	$y=36.1422e^{0.0109x}$	0.93			$y=-2.23\ln x+36.59$	0.573		
86	F	tetradifon	三氯杀螨砜	116-29-0	$y=93.6369e^{0.0195x}$	0.7889	0.0146	47.5	$y=-1.63\ln x+76.69$	0.013		
87	B	thenylchlor	噻吩草胺	96491-05-3	$y=73.2940e^{0.0146x}$	0.6071			$y=-6.78\ln x+74.43$	0.416		
88	B	thionazin	治线磷	297-97-2	$y=82.0177e^{0.0196x}$	0.9033	0.0196	35.4	$y=-7.71\ln x+81.26$	0.473		
89	F	trans-nonachlor	反式九氯	39765-80-5	$y=-10.6\ln x+58.99$	0.764			$y=0.005x^2-0.618x+43.79$	0.368		
90	A	trichloronat	毒壤磷	327-98-0	$y=39.3078e^{0.0146x}$	0.8764	0.0146	47.5	$y=35.1749e^{0.0062x}$	0.605	0.0062	111.8
91	B	trietazine	草达津	1912-26-1	$y=42.2697e^{0.0209x}$	0.8669			$y=-4.36\ln x+41.05$	0.649		
92	A	tributyl phosphate	磷酸三丁酯	126-73-8	$y=74.8781e^{0.0199x}$	0.9228	0.0199	34.8	$y=65.8505e^{0.0076x}$	0.6865	0.0076	91.2
93	F	triphenylphosphate	磷酸三苯酯	115-86-6	$y=-29.9\ln x+157.9$	0.583			$y=0.013x^2-1.45x+106.2$	0.24		
94	D	2,4'-DDT	2,4'-滴滴涕	789-02-6	$y=-6.61\ln x+85.68$	0.644			$y=0.009x^2-1.083x+84.81$	0.619		

序号	分类	英文名称	中文名称	CAS号	前40d降解方程	R^2	k	半衰期/d	120d降解方程	R^2	k	半衰期/d
95	E	4,4'-DDE	4,4'-滴滴伊	72-55-9	$y=34.22e^{0.004x}$	0.327			$y=-0.004x^2+0.225x+35.18$	0.889		
96	F	4,4'-DDT	4,4'-滴滴涕	50-29-3	$y=-34.3\ln x+153.1$	0.878			$y=0.014x^2-1.524x+95.58$	0.275		
97	B	alachlor	甲草胺	15972-60-8	$y=117.3839e^{0.0084x}$	0.8658			$y=-11.2\ln x+128.3$	0.636		
98	B	benalaxyl	苯霜灵	71626-11-4	$y=40.2118e^{0.0073x}$	0.6628	0.0073	95.0	$y=-2.93\ln x+42.53$	0.518		
99	E	benzoylprop-ethyl	新燕灵	22212-55-1	$y=115.4399e^{0.0029x}$	0.3074			$y=119.0269e^{0.0042x}$	0.611		
100	D	bromophos	溴硫磷	2104-96-3	$y=-10.8\ln x+90.43$	0.973			$y=-7.20\ln x+83.42$	0.503		
101	A	bromopropylate	溴螨酯	18181-80-1	$y=81.3431e^{0.0059x}$	0.4084	0.0059	117.5	$y=105.4571e^{0.0129x}$	0.7571	0.0129	53.7
102	A	bupirimate	镇胺丁嘧啶	41483-43-6	$y=38.6274e^{0.0154x}$	0.919	0.0154	45.0	$y=38.2696e^{0.0156x}$	0.9588	0.0156	44.4
103	G	buprofezin	噻嗪酮	69327-76-0	$y=79.0268e^{0.0031x}$	0.1734			$y=-4.55\ln x+84.47$	0.244		
104	A	butachlor	丁草胺	23184-66-9	$y=67.48e^{0.005x}$	0.502	—	—	$y=87.4472e^{0.0064x}$	0.6567	0.0064	108.3
105	E	butylate	丁草特	2008-41-5	$y=67.8909e^{0.0082x}$	0.3146			$y=-6.65\ln x+74.93$	0.469		
106	B	carbophenothion	三硫磷	786-19-6	$y=265.6775e^{0.165x}$	0.8562			$y=-29.9\ln x+277.7$	0.645		
107	F	chlorfenson	杀螨酯	80-33-1	$y=-15.8\ln x+107.3$	0.879			$y=-3.95\ln x+86.84$	0.065		
108	B	chlorfenvinphos	毒虫畏	470-90-6	$y=127.7819e^{0.0148x}$	0.823			$y=-17.4\ln x+143.2$	0.804		
109	F	chlorfurenol	整形醇	2536-31-4	$y=-32.6\ln x+188.9$	0.909			$y=-11.0\ln x+146.1$	0.158		
110	E	chlormephos	氯甲硫磷	24934-91-6	$y=60.6135e^{0.0021x}$	0.2156			$y=0.001x^2-0.401x+64.04$	0.555		
111	E	chloroneb	氯甲氧苯	2675-77-6	$y=-0.94\ln x+36.89$	0.314			$y=36.8716e^{0.0035x}$	0.7961		
112	E	chlorpropylate	丙酯杀螨醇	5836-10-2	$y=39.3073e^{0.0032x}$	0.336			$y=-2.79\ln x+43.42$	0.444		
113	A	chlorpropham	氯苯胺灵	101-21-3	$y=331.7539e^{0.0035x}$	0.5768	0.0035	198.0	$y=353.0375e^{0.0051x}$	0.8216	0.0051	135.9
114	C	chlorthiophos	虫螨磷	60238-56-4	$y=113.9676e^{0.0063x}$	0.8118			$y=0.007x^2-1.098x+117.6$	0.673		
115	A	cis-chlordane	顺式氯丹	5103-71-9	$y=80.1536e^{0.0088x}$	0.8872	0.0088	78.8	$y=76.4694e^{0.0046x}$	0.6524	0.0046	150.7
116	B	cis-diallate	顺式燕麦敌	17708-57-5	$y=144.1859e^{0.0063x}$	0.7897			$y=-11.9\ln x+157.4$	0.655		
117	B	chlorpyrifos-methyl	甲基毒死蜱	5598-13-0	$y=43.3376e^{0.0149x}$	0.9274			$y=-4.37\ln x+44.78$	0.618		
118	B	cyanofenphos	苯腈磷	13067-93-1	$y=46.3860e^{0.0168x}$	0.8486			$y=-3.93\ln x+47.34$	0.465		
119	B	desmetryn	敌草净	1014-69-3	$y=40.4658e^{0.0064x}$	0.7478			$y=-4.49\ln x+45.91$	0.733		

序号	分类	英文名称	中文名称	CAS号	前40d降解方程	R^2	k	半衰期/d	120d降解方程	R^2	k	半衰期/d
120	B	dichlobenil	敌草腈	1194-65-6	$y=33.2007e^{0.0077x}$	0.8114			$y=-3.81\ln x+37.13$	0.784		
121	F	dicloran	氯硝胺	99-30-9	$y=89.0376e^{0.0149x}$	0.8656			$y=-3.99\ln x+83.20$	0.107		
122	E	dicofol	三氯杀螨醇	115-32-2	$y=139.7363e^{0.0012x}$	0.0492			$y=154.7212e^{0.0049x}$	0.7762		
123	A	dimethachlor	二甲草胺	50563-36-5	$y=117.3910e^{0.0080x}$	0.809	0.008	86.6	$y=115.1476e^{0.0067x}$	0.8907	0.0067	103.5
124	A	dioxacarb	二氧威	6988-21-2	$y=318.4309e^{0.0031x}$	0.6928	0.0031	223.6	$y=354.0173e^{0.0104x}$	0.8786	0.0104	66.6
125	F	endosulfan-1	硫丹-1	115-29-7	$y=-102.1\ln x+452.5$	0.927			$y=-46.1\ln x+351.4$	0.34		
126	G	endosulfan-sulfate	硫酸盐硫丹	1031-07-8	$y=252.6790e^{0.0042x}$	0.034			$y=-18.1\ln x+292.8$	0.149		
127	A	endrin	异狄氏剂	72-20-8	$y=458.3575e^{0.0075x}$	0.8373	0.0075	92.4	$y=510.8479e^{0.0085x}$	0.7612	0.0085	81.5
128	F	EPN	苯硫磷	2104-64-5	$y=-51.8\ln x+268.8$	0.906			$y=-14.3\ln x+196.8$	0.118		
129	B	epoxiconazole-2	氟环唑-2	133855-98-8	$y=309.8565e^{0.0067x}$	0.7771			$y=-33.1\ln x+347.1$	0.668		
130	C	EPTC	茵草敌	759-94-4	$y=65.4307e^{0.0060x}$	0.7014			$y=0.004x^2-0.746x+68.69$	0.572		
131	A	ethofumesate	乙氧呋草黄	26225-79-6	$y=379.1876e^{0.0046x}$	0.5696	0.0046	150.7	$y=387.8347e^{0.0050x}$	0.8994	0.005	138.6
132	B	ethoprophos	灭线磷	13194-48-4	$y=111.7206e^{0.0088x}$	0.7929			$y=-10.4\ln x+121.5$	0.804		
133	B	etrimfos	乙嘧硫磷	38260-54-7	$y=184.3299e^{0.0100x}$	0.8675			$y=-15.0\ln x+193.2$	0.623		
134	E	fenamidone	咪唑菌酮	161326-34-7	$y=39.8934e^{0.0022x}$	0.255			$y=42.8088e^{0.0049x}$	0.7817		
135	B	fenarimol	氯苯嘧啶醇	60168-88-9	$y=79.2881e^{0.0112x}$	0.9047			$y=-7\ln x+82.00$	0.615		
136	A	flamprop-isopropyl	麦草氟异丙酯	52756-22-6	$y=39.2885e^{0.0045x}$	0.579	0.0045	154.0	$y=39.2275e^{0.0041x}$	0.7752	0.0041	169.1
137	E	flamprop-methyl	麦草氟甲酯	52756-25-9	$y=38.7712e^{0.0035x}$	0.3155			$y=40.4686e^{0.0047x}$	0.7994		
138	E	flufenoxuron	氟虫脲	101463-69-8	$y=99.14e^{0.006x}$	0.12			$y=130.4693e^{0.0068x}$	0.4518		
139	E	fluridone	氟啶草酮	59756-60-4	$y=57.7061e^{0.0047x}$	0.1423			$y=65.0926e^{0.0065x}$	0.4766		
140	A	fonofos	地虫硫磷	944-22-9	$y=38.1156e^{0.0081x}$	0.8932	0.0081	85.6	$y=42.5563e^{0.0084x}$	0.7168	0.0084	82.5
141	D	HCH	六六六	608-73-1	$y=-11.7\ln x+64.54$	0.785			$y=-9.48\ln x+60.33$	0.752		
142	C	heptenophos	庚虫磷	23560-59-0	$y=110.1576e^{0.0210x}$	0.8857			$y=0.023x^2-2.842x+119.2$	0.827		
143	D	hexachlorobenzene	六氯苯	87-68-3	$y=-2.78\ln x+29.06$	0.609			$y=-2.94\ln x+29.55$	0.558		
144	E	hexazinone	环嗪酮	51235-04-2	$y=111.937e^{0.003x}$	0.188			$y=118.3502e^{0.0064x}$	0.772		

序号	分类	英文名称	中文名称	CAS号	前40d降解方程	R^2	k	半衰期/d	120d降解方程	R^2	k	半衰期/d
145	F	iodofenphos	碘硫磷	18181-70-9	$y=337.9375e^{0.0204x}$	0.9491			$y=0.023x^2-3.023x+300.1$	0.393		
146	F	isofenphos	丙胺磷	25311-71-1	$y=81.4512e^{0.0106x}$	0.8274			$y=0.004x^2-0.638x+78.68$	0.354		
147	B	isopropalin	异乐灵	33820-53-0	$y=78.9363e^{0.0083x}$	0.8134			$y=-7.39\ln x+86.62$	0.695		
148	E	mefenoxam	精甲霜灵	70630-17-0	$y=215.3655e^{0.0045x}$	0.2847			$y=210.2562e^{0.0047x}$	0.7137		
149	A	methoprotryne	盖草津	841-06-5	$y=117.1377e^{0.0042x}$	0.4501	0.0042	165.0	$y=118.0017e^{0.0050x}$	0.7806	0.005	138.6
150	E	methoprene	烯虫酯	40596-69-8	$y=143.6810e^{0.0041x}$	0.1926			$y=141.5738e^{0.0045x}$	0.6078		
151	F	methoxychlor	甲氧滴滴涕	72-43-5	$y=-3.23\ln x+45.25$	0.618			$y=-3.51\ln x+46.32$	0.376		
152	B	parathion-methyl	甲基对硫磷	298-00-0	$y=166.1611e^{0.0072x}$	0.5037			$y=-16.7\ln x+186.3$	0.671		
153	A	metolachlor	异丙甲草胺	51218-45-2	$y=-38.5489e^{0.0071x}$	0.8059	0.0071	97.6	$y=-36.9755e^{0.0044x}$	0.8012	0.0044	157.5
154	E	nitrapyrin	氯啶	1929-82-4	$y=-7.28\ln x+104.9$	0.345			$y=-9.36\ln x+108.0$	0.46		
155	F	nitrofen	除草醚	1836-75-5	$y=-33.0\ln x+305.7$	0.749			$y=-12.1\ln x+263.0$	0.074		
156	A	oxyfluorfen	乙氧氟草醚	42874-03-3	$y=171.7061e^{0.0061x}$	0.6091	0.0061	113.6	$y=166.1140e^{0.0040x}$	0.5097	0.004	173.3
157	C	paclobutrazol	多效唑	76738-62-0	$y=114.9692e^{0.0073x}$	0.7497			$y=0.008x^2-1.389x+120.6$	0.719		
158	A	pebulate	克草猛	1114-71-2	$y=82.0162e^{0.0041x}$	0.4409	0.0041	169.1	$y=82.5572e^{0.0049x}$	0.538	0.0049	141.5
159	C	pendimethalin	二甲戊灵	40487-42-1	$y=172.3955e^{0.0129x}$	0.8024			$y=0.014x^2-1.861x+167.8$	0.6792		
160	A	picoxystrobin	啶氧菌酯	117428-22-5	$y=78.883e^{0.0046x}$	0.6343	0.0046	150.7	$y=82.4856e^{0.0050x}$	0.7787	0.005	138.6
161	B	piperophos	哌草磷	24151-93-7	$y=116.2173e^{0.0050x}$	0.4942			$y=-9.57\ln x+128.1$	0.441		
162	A	pirimiphos-ethyl	嘧啶磷	23505-41-1	$y=74.7600e^{0.0073x}$	0.5167	0.0073	95.0	$y=74.1602e^{0.0056x}$	0.7882	0.0056	123.8
163	B	pirimiphos-methyl	甲基嘧啶磷	29232-93-7	$y=-38.2811e^{0.0087x}$	0.8403			$y=-3.65\ln x+41.60$	0.692		
164	F	profenofos	丙溴磷	41198-08-7	$y=-47.1\ln x+296.1$	0.761			$y=-9.19\ln x+216.1$	0.022		
165	A	profluralin	环丙氟灵	26399-36-0	$y=171.9095e^{0.0129x}$	0.8999	0.0129	53.7	$y=157.4093e^{0.0063x}$	0.6731	0.0063	110.0
166	A	propachlor	毒草胺	1918-16-7	$y=115.6218e^{0.0110x}$	0.9263	0.011	63.0	$y=107.7404e^{0.0078x}$	0.8817	0.0078	88.9
167	B	propazine	扑灭津	139-40-2	$y=43.1533e^{0.0114x}$	0.86			$y=-5.71\ln x+48.45$	0.824		
168	B	propiconazole	丙环唑	60207-90-1	$y=114.1518e^{0.0084x}$	0.842			$y=-10.1\ln x+120.3$	0.421		
169	A	propyzamide 2	炔苯酰草胺 2	23950-58-5	$y=116.0534e^{0.0053x}$	0.9676	0.0053	130.8	$y=137.3581e^{0.0085x}$	0.5872	0.0085	81.5
170	F	quintozene	五氯硝基苯	82-68-8	$y=-83.6\ln x+406.6$	0.729			$y=-13.7\ln x+258.8$	0.024		

序号	分类	英文名称	中文名称	CAS号	前40d降解方程	R^2	k	半衰期/d	120d降解方程	R^2	k	半衰期/d
171	B	fenchlorphos	皮蝇磷	299-84-3	$y=243.1445e^{0.0108x}$	0.7405			$y=-21.9\ln x+260$	0.707		
172	A	sulfotep	治螟磷	3689-24-5	$y=36.6545e^{0.0073x}$	0.8895	0.0073	95.0	$y=-35.4894e^{0.0045x}$	0.7815	0.0045	154.0
173	F	tecnazene	四氯硝基苯	117-18-0	$y=-17.3\ln x+102.8$	0.893			$y=-5.32\ln x+79.39$	0.135		
174	A	terbutryn	特丁净	886-50-0	$y=83.8877e^{0.0059x}$	0.7036	0.0059	117.5	$y=90.3673e^{0.0085x}$	0.8412	0.0085	81.5
175	F	tetrachlorvinphos	杀虫畏	22248-79-9	$y=0.097x^2-5.046x+132.7$	0.912			$y=-9.97\ln x+114.0$	0.319		
176	A	thiobencarb	禾草丹	28249-77-6	$y=76.8202e^{0.0046x}$	0.6567	0.0046	150.7	$y=76.2204e^{0.0039x}$	0.772	0.0039	177.7
177	B	tralkoxydim	肟草酮	87820-88-0	$y=312.7199e^{0.0041x}$	0.5644			$y=-27.5\ln x+346.5$	0.564		
178	F	trans-chlordane	反式氯丹	5103-74-2	$y=38.4777e^{0.0089x}$	0.9206			$y=-3.12\ln x+40.75$	0.384		
179	B	trans-diallate	反式燕麦敌	17708-58-6	$y=148.0345e^{0.0086x}$	0.8838			$y=-13.2\ln x+161.1$	0.7		
180	F	trifloxystrobin	肟菌酯	141517-21-7	$y=-13.8\ln x+183.0$	0.768			$y=-9.59\ln x+174.1$	0.184		
181	B	trifluralin	氟乐灵	1582-09-8	$y=82.0866e^{0.0108x}$	0.9023	0.0108	64.2	$y=-5.04\ln x+81.43$	0.427		
182	E	zoxamide	苯酰菌胺	156052-68-5	$y=78.8937e^{0.0001x}$	0.0005			$y=87.4044e^{0.0049x}$	0.6802		
183	G	2,4-D	2,4-滴	94-75-7	$y=749.2121e^{0.0124x}$	0.3978			$y=692.1614e^{0.0048x}$	0.3092		
184	F	aclonifen	苯草醚	74070-46-5	$y=873.6772e^{0.0134x}$	0.6344			$y=-54.6\ln x+853.5$	0.212		
185	A	ametryn	莠灭净	834-12-8	$y=128.2683e^{0.0099x}$	0.6007	0.0099	70.0	$y=127.7855e^{0.0078x}$	0.7255	0.0078	88.9
186	C	atrazine	莠去津	1912-24-9	$y=61.2688e^{0.0170x}$	0.8019			$y=0.007x^2-0.955x+60.71$	0.703		
187	B	bifenthrin	联苯菊酯	82657-04-3	$y=37.0733e^{0.0027x}$	0.8519			$y=-3.53\ln x+42.43$	0.562		
188	B	bitertanol	联苯三唑醇	55179-31-2	$y=120.4250e^{0.0078x}$	0.8758	0.0078	88.9	$y=-12.9\ln x+132.5$	0.657		
189	G	boscalid	啶酰菌胺	188425-85-6	$y=161.1960e^{0.0084x}$	0.2081			$y=149.1130e^{0.0022x}$	0.0755		
190	F	butafenacil	氟丙嘧草酯	134605-64-4	$y=41.2497e^{0.0094x}$	0.57			$y=-1.17\ln x+39.81$	0.036		
191	B	carbaryl	甲萘威	63-25-2	$y=216.4662e^{0.0055x}$	0.3732			$y=-16.0\ln x+229.4$	0.577		
192	E	chlorobenzilate	乙酯杀螨醇	510-15-6	$y=41.3575e^{0.0098x}$	0.6186	0.0098	70.7	$y=-3.70\ln x+44.09$	0.649		
193	B	chlorpyrifos	毒死蜱	2921-88-2	$y=37.2432e^{0.0051x}$	0.5304	0.0051	135.9	$y=-3.08\ln x+40.52$	0.432		
194	A	chlorthal-dimethyl-2	氯酞酸二甲酯-2	1861-32-1	$y=121.8016e^{0.0078x}$	0.809	0.0078	88.9	$y=121.7586e^{0.0065x}$	0.7839	0.0065	106.6
195	B	diazinon	二嗪磷	333-41-5	$y=36.0020e^{0.0127x}$	0.8303	0.0127	54.6	$y=-5.12\ln x+40.79$	0.822		

序号	分类	英文名称	中文名称	CAS号	前40d降解方程	R^2	k	半衰期/d	120d降解方程	R^2	k	半衰期/d
196	C	dibutyl succinate	琥珀酸二丁酯	141-03-7	$y=61.5775e^{0.0111x}$	0.7649			$y=0.006x^2-0.913x+64.24$	0.827		
197	F	diethofencarb	乙霉威	87130-20-9	$y=255.1192e^{0.0074x}$	0.5729			$y=-235.7630e^{0.0026x}$	0.2158		
198	B	diflufenican	吡氟酰草胺	83164-33-4	$y=42.8027e^{0.0110x}$	0.8564	0.011	63.0	$y=-3.56\ln x+44.18$	0.601		
199	B	dimepiperate	哌草丹	61432-55-1	$y=76.5963e^{0.0099x}$	0.8137	0.0099	70.0	$y=-5.96\ln x+79.54$	0.54		
200	B	dimethametryn	异戊乙净	22936-75-0	$y=40.2242e^{0.0074x}$	0.6001			$y=-3.51\ln x+43.42$	0.508		
201	A	dimethomorph	烯酰吗啉	110488-70-5	$y=82.1380e^{0.0041x}$	0.4822	0.0041	169.1	$y=88.7243e^{0.0063x}$	0.7446	0.0063	110.0
202	B	dimethyl phthalate	跳蚤灵	131-11-3	$y=138.7832e^{0.0097x}$	0.7394	0.0097	71.5	$y=-12.8\ln x+148.0$	0.714		
203	A	diniconazole	烯唑醇	83657-24-3	$y=119.0141e^{0.0082x}$	0.8373	0.0082	84.5	$y=115.7419e^{0.0069x}$	0.7479	0.0069	100.5
204	H	dinitramine	氨基乙氟灵	29091-05-2	0	0				0		
205	B	diphenamid	草乃敌	957-51-7	$y=43.4542e^{0.0127x}$	0.5466	0.0127	54.6	$y=-3.71\ln x+44.20$	0.459		
206	A	dipropetryn	异丙净	4147-51-7	$y=41.4626e^{0.0090x}$	0.6564	0.009	77.0	$y=38.7193e^{0.0050x}$	0.6875	0.005	138.6
207	H	etaconazole-1	乙环唑-1	60207-93-4	0	0				0		
208	C	etaconazole-2	乙环唑-2	60207-93-4	$y=121.3583e^{0.0130x}$	0.8237			$y=0.013x^2-1.744x+123.1$	0.545		
209	F	ethalfluralin	丁氟消草	55283-68-6	$y=147.3995e^{0.0088x}$	0.6812			$y=-6.56\ln x+143.5$	0.097		
210	A	etofenprox	醚菊酯	80844-07-1	$y=78.4588e^{0.0067x}$	0.5215	0.0067	103.5	$y=81.9310e^{0.0058x}$	0.5986	0.0058	119.5
211	G	etridiazole	土菌灵	2593-15-9	$y=78.2466e^{0.0014x}$	0.0153			$y=73.8156e^{0.0021x}$	0.0968		
212	B	fenazaquin	喹螨醚	120928-09-8	$y=39.8535e^{0.0053x}$	0.9021	0.0053	130.8	$y=-3.68\ln x+43.69$	0.595		
213	C	fenchlorphos	皮蝇磷	299-84-3	$y=226.3092e^{0.0114x}$	0.8366			$y=0.022x^2-2.819x+226.8$	0.489		
214	E	fenoxanil	氯菌胺	115852-48-7	$y=91.1564e^{0.0085x}$	0.294			$y=91.7359e^{0.0072x}$	0.5513		
215	B	fenpropidin	苯锈啶	67306-00-7	$y=79.2064e^{0.0097x}$	0.8813			$y=-9.97\ln x+89.67$	0.734		
216	B	fenpropimorph	丁苯吗啉	67564-91-4	$y=32.9936e^{0.0117x}$	0.8293	0.0117	59.2	$y=-4.69\ln x+37.63$	0.766		
217	F	fenson	分螨酯	80-38-6	$y=53.5964e^{0.0077x}$	0.4665			$y=-0.12\ln x+52.21$	7.00E-05		
218	G	fluchloralin	氟消草	33245-39-5	$y=138.9115e^{0.0102x}$	0.1953			$y=106.8e^{0.002x}$	0.064		
219	A	flufenacet	氟噻草胺	142459-58-3	$y=312.8465e^{0.0163x}$	0.6812	0.0163	42.5	$y=284.0431e^{0.0063x}$	0.4654	0.0063	110.0
220	C	flusilazole	氟硅唑	85509-19-9	$y=118.6439e^{0.0134x}$	0.9203			$y=0.012x^2-1.752x+120.6$	0.791		

序号	分类	英文名称	中文名称	CAS号	前40d降解方程	R^2	k	半衰期/d	120d降解方程	R^2	k	半衰期/d
221	A	furalaxyl	呋霜灵	57646-30-7	$y=65.6145e^{0.0064x}$	0.6283	0.0064	108.3	$y=67.2969e^{0.0063x}$	0.7128	0.0063	110.0
222	F	heptachlor	七氯	76-44-8	$y=109.7951e^{0.0058x}$	0.7204			$y=-5.10\ln x+112.9$	0.142		
223	E	hexaflumuron	氟铃脲	86479-06-3	$y=227.1603e^{0.0020x}$	0.0484			$y=355.5630e^{0.0204x}$	0.5408		
224	C	imazalil	抑霉唑	35554-44-0	$y=68.6153e^{0.0293x}$	0.9297		70.0	$y=0.013x^2-1.674x+67.80$	0.92		
225	B	iprobenfos	异稻瘟净	26087-47-8	$y=110.8574e^{0.0099x}$	0.7893	0.0099	70.0	$y=-9.31\ln x+114.5$	0.507		
226	B	isazofos	氯唑磷	42509-80-8	$y=76.6829e^{0.0086x}$	0.6088	0.0086	80.6	$y=-6.34\ln x+80.70$	0.558		
227	B	isoprothiolane	稻瘟灵	50512-35-1	$y=79.4217e^{0.0066x}$	0.838	0.0066	105.0	$y=-6.22\ln x+85.20$	0.436		
228	G	kresoxim-methyl	醚菌酯	143390-89-0	$y=34.03e^{0.0020x}$	0.026			$y=36.1419e^{0.0019x}$	0.0691		
229	G	mefenacet	苯噻酰草胺	73250-68-7	$y=237.1739e^{0.0084x}$	0.2379			$y=195.4277e^{0.0004x}$	0.0027		
230	F	mepronil	灭锈胺	55814-41-0	$y=37.2252e^{0.0059x}$	0.6166			$y=44.1705e^{0.0062x}$	0.3196		
231	B	metconazole	叶菌唑	125116-23-6	$y=158.4888e^{0.0130x}$	0.862			$y=-18.8\ln x+171.4$	0.736		
232	G	metribuzin	嗪草酮	21087-64-9	$y=110.7678e^{0.0022x}$	0.0232			$y=119.4233e^{0.0042x}$	0.2379		
233	B	molinate	禾草敌	2212-67-1	$y=30.9068e^{0.0060x}$	0.5199	0.006	115.5	$y=-2.66\ln x+34.03$	0.584		
234	C	myclobutanil	腈菌唑	88671-89-0	$y=39.5202e^{0.0080x}$	0.6536			$y=0.002x^2-0.412x+40.63$	0.759		
235	A	napropamide	敌草胺	15299-99-7	$y=119.9550e^{0.0071x}$	0.7574	0.0071	97.6	$y=113.6687e^{0.0039x}$	0.7516	0.0039	177.7
236	C	nuarimol	氟苯嘧啶醇	63284-71-9	$y=77.6165e^{0.0050x}$	0.8932			$y=0.006x^2-0.913x+82.06$	0.775		
237	B	2,4'-DDE	2,4'-滴滴伊	3424-82-6	$y=41.4808e^{0.0040x}$	0.5291	0.004	173.3	$y=-4.21\ln x+48.11$	0.613		
238	C	penconazole	戊菌唑	66246-88-6	$y=114.6588e^{0.0116x}$	0.8921			$y=0.013x^2-1.803x+120.5$	0.794		
239	F	permethrin	氯菊酯	52645-53-1	$y=80.7841e^{0.0092x}$	0.6769			$y=-4.16\ln x+79.70$	0.247		
240	A	phenothrin	苯醚菊酯	26002-80-2	$y=35.3467e^{0.0057x}$	0.5242	0.0057	121.6	$y=39.9276e^{0.0078x}$	0.4972	0.0078	88.9
241	B	phthalimide	邻苯二甲酰亚胺	85-41-6	$y=246.3127e^{0.0146x}$	0.6457			$y=-26.0\ln x+261.2$	0.651		
242	B	piperonyl butoxide	增效醚	51-03-6	$y=37.5743e^{0.0074x}$	0.6054	0.0074	93.7	$y=-2.78\ln x+39.79$	0.487		
243	D	plifenate	三氯杀虫酯	21757-82-4	$y=-48.1\ln x+223.8$	0.46			$y=0.052x^2-4.68x+161.0$	0.528		
244	E	pretilachlor	丙草胺	51218-49-6	$y=66.3892e^{0.0004x}$	0.0069			$y=71.2365e^{0.0055x}$	0.5892		
245	B	prometon	扑灭通	1610-18-0	$y=130.0634e^{0.0095x}$	0.6592			$y=-9.28\ln x+130.6$	0.414		

序号	分类	英文名称	中文名称	CAS号	前40d降解方程	R^2	k	半衰期/d	120d降解方程	R^2	k	半衰期/d
246	A	propyzamide-2	炔苯酰草胺-2	23950-58-5	$y=156.4806e^{0.0042x}$	0.4468	0.0042	165.0	$y=158.2235e^{0.0049x}$	0.525	0.0049	141.5
247	B	propetamphos	烯虫磷	31218-83-4	$y=40.3657e^{0.0097x}$	0.6373			$y=-3.91\ln x+43.68$	0.597		
248	A	propoxur-1	残杀威1	114-26-1	$y=247.0194e^{0.0071x}$	0.7982	0.0071	97.6	$y=238.7856e^{0.0052x}$	0.7988	0.0052	133.3
249	G	propoxur-2	残杀威2	114-26-1	$y=308.0021e^{0.0094x}$	0.2101			$y=-24.1\ln x+330.7$	0.234		
250	G	prothiophos	丙硫磷	34643-46-4	$y=34.2420e^{0.0003x}$	0.0035			$y=34.1762e^{0.0029x}$	0.1564		
251	G	pyridaben	哒螨灵	96489-71-3	$y=81.2458e^{0.0009x}$	0.025			$y=0.005x^2-0.769x+88.98$	0.335		
252	F	pyridaphenthion	哒嗪硫磷	119-12-0	$y=39.8961e^{0.0189x}$	0.8563			$y=-1.86\ln x+35.97$	0.098		
253	A	pyrifitalid	环酯草醚	135186-78-6	$y=39.9305e^{0.0047x}$	0.5971	0.0047	147.5	$y=38.5958e^{0.0042x}$	0.6365	0.0042	165.0
254	B	pyrimethanil	嘧霉胺	53112-28-0	$y=43.0112e^{0.0103x}$	0.6118			$y=-3.41\ln x+43.90$	0.535		
255	H	pyriproxyfen	吡丙醚	95737-68-1	0	0			0	0		
256	F	quinalphos	喹硫磷	13593-03-8	$y=43.7621e^{0.0238x}$	0.8781			$y=-2.46\ln x+39.72$	0.19		
257	A	quinoxyfen	喹氧灵	124495-18-7	$y=38.2514e^{0.0061x}$	0.7099	0.0061	113.6	$y=36.1024e^{0.0034x}$	0.6162	0.0034	203.9
258	B	telodrin	碳氯灵	297-78-9	$y=149.2080e^{0.0085x}$	0.4758			$y=-17.4\ln x+174.2$	0.489		
259	G	terbucarb-1	特草灵-1	1918-11-2	$y=92.7797e^{0.0011x}$	0.0096			$y=93.6754e^{0.0048x}$	0.37		
260	G	terbucarb-2	特草灵-2	1918-11-2	$y=63.0312e^{0.0129x}$	0.1715			$y=-6.45\ln x+70.60$	0.242		
261	B	tetraconazole	氟醚唑	112281-77-3	$y=117.2567e^{0.0073x}$	0.7642	0.0073	95.0	$y=-10.5\ln x+126.6$	0.522		
262	B	tetrasul	杀螨硫醚	2227-13-6	$y=37.2104e^{0.0047x}$	0.7687	0.0047	147.5	$y=-2.65\ln x+40.49$	0.493		
263	E	thiabendazole	噻菌灵	148-79-8	$y=399.5418e^{0.0019x}$	0.1726			$y=-39.7\ln x+462.2$	0.533		
264	B	thiazopyr	噻草啶	117718-60-2	$y=80.4085e^{0.0067x}$	0.7635	0.0067	103.5	$y=-5.66\ln x+84.84$	0.61		
265	A	tolclofos-methyl	甲基立枯磷	57018-04-9	$y=39.0614e^{0.0057x}$	0.413	0.0057	121.6	$y=39.0781e^{0.0038x}$	0.5345	0.0038	182.4
266	F	transfluthrin	四氟苯菊酯	118712-89-3	$y=39.9756e^{0.0092x}$	0.6588			$y=-36.0073e^{0.0035x}$	0.378		
267	G	triadimefon	三唑酮	43121-43-3	$y=79.3970e^{0.0135x}$	0.2539			$y=-5.37\ln x+78.64$	0.186		
268	B	triadimenol	三唑醇	55219-65-3	$y=125.1991e^{0.0124x}$	0.6704			$y=-12.9\ln x+131.8$	0.619		
269	B	triallate	野麦畏	2303-17-5	$y=71.5948e^{0.0100x}$	0.7826	0.01	69.3	$y=-5.73\ln x+75.35$	0.528		
270	G	tribenuron-methyl	苯磺隆	101200-48-0	$y=33.3042e^{0.0031x}$	0.0445			$y=-2.27\ln x+37.16$	0.153		
271	B	vinclozolin	乙烯菌核利	50471-44-8	$y=41.9199e^{0.0100x}$	0.7471	0.01	69.3	$y=-2.39\ln x+41.84$	0.432		

表 6-2 271种农药b浓度下在乌龙茶陈化样中降解规律信息汇总

序号	分类	英文名称	中文名称	CAS号	前40d降解方程	R^2	k	半衰期/d	120d降解方程	R^2	k	半衰期/d
1	A	2,3,4,5-tetrachloroaniline	2,3,4,5-四氯苯胺	634-83-3	$y=116.0784e^{0.0069x}$	0.817	0.0069	100.5	$y=115.6651e^{0.0061x}$	0.8464	0.0061	113.6
2	F	2,3,5,6-tetrachloroaniline	2,3,5,6-四氯苯胺	3481-20-7	$y=56.7127e^{0.0051x}$	0.424			$y=-1.85\ln x+56.99$	0.073		
3	G	4,4'-DDD	4,4'滴滴滴	72-54-8	$y=78.5985e^{0.0138x}$	0.2036			$y=62.0643e^{0.0018x}$	0.0217		
4	F	4,4'-dibromobenzophenone	4,4'-二溴二苯甲酮	3988-3-2	$y=55.5720e^{0.0045x}$	0.9013			$y=-0.49\ln x+53.34$	0.004		
5	F	4,4'-dichlorobenzophenone	4,4'-二氯二苯甲酮	90-98-2	$y=-0.07lx^2+1.988x+112.9$	0.925			$y=-3.83\ln x+123.1$	0.063		
6	B	acetochlor	乙草胺	34256-82-1	$y=110.1049e^{0.0158x}$	0.8484			$y=-9.92\ln x+109.4$	0.426		
7	F	allidochlor	二丙烯草胺	93-71-0	$y=83.5864e^{0.0225x}$	0.9121			$y=-13.5\ln x+91.61$	0.791		
8	B	anthraquinone	蒽醌	84-65-1	$y=50.3772e^{0.0081x}$	0.8177			$y=-5.63\ln x+55.98$	0.5		
9	A	atraton	莠去通	1610-17-9	$y=52.2935e^{0.0061x}$	0.7621	0.0061	113.6	$y=53.4332e^{0.0056x}$	0.8024	0.0056	123.8
10	B	azaconazole	戊环唑	60207-31-0	$y=211.6668e^{0.0110x}$	0.9064			$y=-28.4\ln x+238.3$	0.71		
11	H	aziprotryne	叠氮津	4658-28-0	0	0			0	0		
12	F	benodanil	麦锈灵	15310-01-7	$y=204.9178e^{0.0129x}$	0.9522			$y=-15.4\ln x+203.9$	0.392		
13	B	benoxacor	解草嗪	98730-04-2	$y=104.8039e^{0.0103x}$	0.7942			$y=-8.53\ln x+109.2$	0.469		
14	F	β-HCH	β-六六六	319-85-7	$y=105.6812e^{0.0283x}$	0.9042			$y=-7.34\ln x+84.23$	0.208		
15	F	bromocyclen	溴烯杀	1715-40-8	$y=46.9249e^{0.0114x}$	0.8711			$y=-3.05\ln x+47.43$	0.222		
16	B	bromophos-ethyl	乙基溴硫磷	4824-78-6	$y=49.0013e^{0.0063x}$	0.6703	0.0063	110.0	$y=-3.35\ln x+51.94$	0.68		
17	F	butralin	仲丁灵	33629-47-9	$y=214.0784e^{0.0128x}$	0.8568			$y=-19.7\ln x+225.3$	0.397		
18	B	chlorfenapyr	虫螨腈	122453-73-0	$y=417.2405e^{0.0083x}$	0.8117			$y=-35.9\ln x+437.0$	0.54		
19	F	clomazone	异噁草酮	81777-89-1	$y=57.0887e^{0.0157x}$	0.8237			$y=-3.46\ln x+54.17$	0.161		
20	F	cloquintocet-mexyl	解草酯	99607-70-2	$y=195.1492e^{0.0226x}$	0.9002			$y=-23.8\ln x+197.2$	0.397		
21	B	cycloate	环草敌	1134-23-2	$y=47.3003e^{0.0161x}$	0.9285			$y=-3.68\ln x+46.29$	0.455		

序号	分类	英文名称	中文名称	CAS号	前40d降解方程	R^2	k	半衰期/d	120d降解方程	R^2	k	半衰期/d
22	B	cycluron	环莠隆	2163-69-1	$y=161.4386e^{0.0197x}$	0.8353			$y=-14.7\ln x+156.7$	0.542		
23	B	cyhalofop-butyl	氰氟草酯	122008-85-9	$y=116.2710e^{0.0124x}$	0.9147			$y=-11.6\ln x+122.6$	0.441		
24	B	cyproconazole	环丙唑醇	94361-06-5	$y=60.7483e^{0.0155x}$	0.9555	0.0155	44.7	$y=-8.65\ln x+65.42$	0.823		
25	B	cyprodinil	嘧菌环胺	121552-61-2	$y=52.0808e^{0.0070x}$	0.8574			$y=-4.40\ln x+56.04$	0.688		
26	B	chlorthal-dimethyl-1	氯酞酸二甲酯	1861-32-1	$y=139.3343e^{0.0065x}$	0.7684			$y=-11.5\ln x+151.8$	0.47		
27	B	DEF	脱叶磷	78-48-8	$y=105.7804e^{0.0100x}$	0.9509			$y=-7.29\ln x+104.5$	0.483		
28	B	PCB 101	2,2',4,5,5'-五氯联苯	37680-73-2	$y=49.7996e^{0.0074x}$	0.9049			$y=-3.37\ln x+51.16$	0.572		
29	B	DE-PCB 118	2,3,4,4',5-五氯联苯	74472-37-0	$y=46.0817e^{0.0044x}$	0.7205			$y=-2.89\ln x+49.36$	0.615		
30	F	DE-PCB 138	2,2',3,4,4',5'-六氯联苯	35065-28-2	$y=44.8191e^{0.0043x}$	0.7001			$y=-2.20\ln x+46.05$	0.231		
31	E	DE-PCB 153	2,2',4,4',5,5'-六氯联苯	35065-27-1	$y=44.9688e^{0.0031x}$	0.2164			$y=-4.23\ln x+51.92$	0.663		
32	E	DE-PCB 180	2,2',3,4,4',5,5'-七氯联苯	35065-29-3	$y=44.0054e^{0.0040x}$	0.3214			$y=-3.63\ln x+49.10$	0.463		
33	A	DE-PCB 28	2,4,4'-三氯联苯	7012-37-5	$y=48.9573e^{0.0059x}$	0.5822	0.0059	117.5	$y=48.6102e^{0.0041x}$	0.6283	0.0041	169.1
34	F	DE-PCB 31	2,4',5-三氯联苯醌	16606-02-3	$y=48.8102e^{0.0059x}$	0.5822			$y=-2.74\ln x+50.93$	0.325		
35	A	DE-PCB 52	2,2',5,5'-四氯联苯	35693-99-3	$y=154.2680e^{0.0047x}$	0.4968	0.0047	147.5	$y=153.8820e^{0.0042x}$	0.6516	0.0042	165.0
36	B	diclofop-methyl	禾草灵	51338-27-3	$y=59.4845e^{0.0147x}$	0.7123			$y=-6.64\ln x+63.53$	0.656		
37	B	diclobutrazol	苄氯三唑醇	75736-33-3	$y=211.5087e^{0.0128x}$	0.887			$y=-31.0\ln x+239.5$	0.787		
38	B	dimethenamid	二甲噻草胺	87674-68-8	$y=51.5576e^{0.0117x}$	0.7745	0.0117	59.2	$y=-5.15\ln x+54.65$	0.553		
39	B	diofenolar-1	苯虫醚-1	63837-33-2	$y=96.5107e^{0.0043x}$	0.5661			$y=-5.13\ln x+101.3$	0.495		
40	B	diofenolar-2	苯虫醚-2	63837-33-2	$y=101.7006e^{0.0046x}$	0.575			$y=-5.21\ln x+105.4$	0.45		
41	H	dodemorph	吗菌灵	1593-77-7	0	0			0	0		
42	B	fenitrothion	杀螟硫磷	122-14-5	$y=103.3320e^{0.0142x}$	0.8507	0.0142	48.8	$y=-9.32\ln x+104.6$	0.628		

序号	分类	英文名称	中文名称	CAS号	前40d降解方程	R^2	k	半衰期/d	120d降解方程	R^2	k	半衰期/d
43	B	fenbuconazole	腈苯唑	114369-43-6	$y=653.6758e^{0.0142x}$	0.9103			$y=-63.3\ln x+669.6$	0.676		
44	A	fenpyroximate	唑螨酯	134098-61-6	$y=433.4817e^{0.0092x}$	0.8297	0.0092	75.3	$y=421.3531e^{0.0069x}$	0.6883	0.0069	100.5
45	B	fluotrimazole	三氟苯唑	31251-03-3	$y=51.8283e^{0.0158x}$	0.8251			$y=-4.45\ln x+51.18$	0.456		
46	F	fluroxypyr-1-methyl-heptylester	氯氟吡氧乙酸异辛酯	81406-37-3	$y=211.9116e^{0.0076x}$	0.7576			$y=-8.65\ln x+208.1$	0.277		
47	B	flutriafol	粉唑醇	76674-21-0	$y=108.3375e^{0.0172x}$	0.9463			$y=-14.7\ln x+116.8$	0.759		
48	F	iprovalicarb-1	异丙菌胺-1	140923-17-7	$y=226.4348e^{0.0108x}$	0.7393			$y=-14.1\ln x+220.8$	0.208		
49	F	iprovalicarb-2	异丙菌胺-2	140923-17-7	$y=225.8454e^{0.0106x}$	0.532			$y=-11.8\ln x+217.3$	0.16		
50	E	isodrin	异艾氏剂	465-73-6	$y=46.6669e^{0.0042x}$	0.2914			$y=-4.67\ln x+52.38$	0.514		
51	B	isomethiozin	嗪丁草	57052-04-7	$y=91.0991e^{0.0190x}$	0.9243			$y=-17.5\ln x+106.5$	0.9		
52	B	isoprocarb-1	异丙威-1	2631-40-5	$y=125.4391e^{0.0100x}$	0.4703			$y=-10.7\ln x+130.1$	0.477		
53	F	isoprocarb-2	异丙威-2	2631-40-5	$y=130.6716e^{0.0174x}$	0.7123			$y=-6.19\ln x+124.6$	0.088		
54	F	lenacil	环草啶	2164-8-1	$y=608.4851e^{0.0151x}$	0.9749			$y=-17.3\ln x+534.7$	0.025		
55	A	metalaxyl	甲霜灵	57837-19-1	$y=239.4549e^{0.0098x}$	0.8136	0.0098	70.7	$y=234.6252e^{0.0067x}$	0.837	0.0067	103.5
56	B	metazachlor	吡唑草胺	67129-08-2	$y=152.7574e^{0.0127x}$	0.8252			$y=-15.2\ln x+158.8$	0.525		
57	A	methabenzthiazuron	噻唑隆	18691-97-9	$y=521.2097e^{0.0071x}$	0.7282	0.0071	97.6	$y=506.1091e^{0.0050x}$	0.651	0.005	138.6
58	F	mirex	灭蚁灵	143-50-0	$y=-0.013x^2+0.121x+41.76$	0.701			$y=-36.3835e^{0.0007x}$	0.0068		
59	F	monalide	庚酰草胺	7287-36-7	$y=-0.042x^2+1.166x+99.04$	0.781			$y=-6.81\ln x+113.7$	0.373		
60	B	oxadiazon	恶草酮	19666-30-9	$y=53.1268e^{0.0092x}$	0.8456	0.0092	75.3	$y=-3.95\ln x+55.84$	0.452		
61	B	paraoxon-ethyl	对氧磷	311-45-5	$y=1115.9975e^{0.0201x}$	0.8627			$y=131.0495\ln x+1134.67$	0.5822		
62	A	pentachloroaniline	五氯苯胺	527-20-8	$y=59.2019e^{0.0057x}$	0.6363	0.0057	121.6	$y=51.7999e^{0.0057x}$	0.7389	—	—
63	F	pentachloroanisole	五氯甲氧基苯	1825-21-4	$y=44.8065e^{0.0063x}$	0.6028			$y=-1.76\ln x+45.00$	0.095		
64	F	pentachlorobenzene	五氯苯	608-93-5	$y=67.4825e^{0.0148x}$	0.7882			$y=-5.45\ln x+67.43$	0.393		
65	F	perthane	乙滴滴	72-56-0	$y=-0.013x^2+0.182x+46.37$	0.91			$y=-3.38\ln x+50.96$	0.3		

序号	分类	英文名称	中文名称	CAS号	前40d降解方程	R^2	k	半衰期/d	120d降解方程	R^2	k	半衰期/d
66	F	phenanthrene	菲	1985-1-8	$y=48.8526e^{0.0053x}$	0.8205			$y=-3.69\ln x+53.42$	0.32		
67	A	pirimicarb	抗蚜威	23103-98-2	$y=102.6017e^{0.0099x}$	0.7888	0.0099	70.0	$y=100.0366e^{0.0067x}$	0.8015	0.0067	103.5
68	B	procymidone	腐霉利	32809-16-8	$y=52.4888e^{0.0046x}$	0.5608			$y=-3.26\ln x+54.94$	0.49		
69	B	prometryn	扑草净	7287-19-6	$y=63.2445e^{0.0053x}$	0.547			$y=-4.95\ln x+68.25$	0.524		
70	A	propham	苯胺灵	122-42-9	$y=106.6079e^{0.0056x}$	0.8607	0.0056	123.8	$y=104.1235e^{0.0038x}$	0.8383	0.0038	182.4
71	A	prosulfocarb	苄草丹	52888-80-9	$y=49.0223e^{0.0079x}$	0.7161	0.0079	87.7	$y=47.2080e^{0.0042x}$	0.7001	0.0042	165.0
72	F	pyraflufen ethyl	吡草醚	129630-19-9	$y=161.8158e^{0.0210x}$	0.8052			$y=-12.8\ln x+155.0$	0.272		
73	A	pyroquilon	咯喹酮	57369-32-1	$y=48.8000e^{0.0095x}$	0.8855	0.0095	73.0	$y=48.4091e^{0.0087x}$	0.9044	0.0087	79.7
74	B	sebuthylazine	另丁津	7286-69-3	$y=56.9491e^{0.0153x}$	0.7314			$y=-7.47\ln x+61.08$	0.726		
75	A	secbumeton	仲丁通	26259-45-0	$y=52.0998e^{0.0060x}$	0.6158	0.006	115.5	$y=51.5725e^{0.0049x}$	0.8185	0.0049	141.5
76	F	silafluofen	氟硅菊酯	105024-66-6	$y=48.8004e^{0.0082x}$	0.8376			$y=-2.89\ln x+50.44$	0.341		
77	A	simeconazole	硅氟唑	149508-90-7	$y=104.5535e^{0.0114x}$	0.8518	0.0114	60.8	$y=99.7023e^{0.0082x}$	0.8659	0.0082	84.5
78	A	simeton	西玛通	673-04-1	$y=103.2469e^{0.0066x}$	0.7397	0.0066	105.0	$y=106.1424e^{0.0064x}$	0.8193	0.0064	108.3
79	B	spiromesifen	螺甲螨酯	283594-90-1	$y=532.0706e^{0.0331x}$	0.7978			$y=-98.9\ln x+578.5$	0.774		
80	B	tebuconazole	戊唑醇	107534-96-3	$y=173.3399e^{0.0187x}$	0.844			$y=-23.9\ln x+182.2$	0.775		
81	B	tebufenpyrad	吡螨胺	119168-77-3	$y=48.5012e^{0.0072x}$	0.8802	0.0072	96.3	$y=-3.33\ln x+50.63$	0.615		
82	B	tebupirimfos	丁基嘧啶磷	96182-53-5	$y=91.8613e^{0.0088x}$	0.8388	0.0088	78.8	$y=-8.12\ln x+98.71$	0.745		
83	A	tebutam	丙戊草胺	35256-85-0	$y=96.4264e^{0.0061x}$	0.7038	0.0061	113.6	$y=95.2296e^{0.0038x}$	0.6033	0.0038	182.4
84	B	tebuthiuron	特丁噻草隆	34014-18-1	$y=226.6947e^{0.0154x}$	0.8921	0.0154	45.0	$y=-23.3\ln x+230.8$	0.734		
85	A	tefluthrin	七氟菊酯	79538-32-2	$y=47.2417e^{0.0076x}$	0.7957	0.0076	91.2	$y=44.4243e^{0.0043x}$	0.6549	0.0043	161.2
86	F	tetradifon	三氯杀螨砜	116-29-0	$y=118.0660e^{0.0091x}$	0.894			$y=-6.32\ln x+117.9$	0.239		
87	B	thenylchlor	噻吩草胺	96491-05-3	$y=99.1938e^{0.0122x}$	0.9091	0.0122	56.8	$y=-8.76\ln x+102.2$	0.506		
88	B	thionazin	治线磷	297-97-2	$y=100.7009e^{0.0102x}$	0.8506	0.0102	68.0	$y=-9.34\ln x+107.0$	0.666		

序号	分类	英文名称	中文名称	CAS号	前40d降解方程	R^2	k	半衰期/d	120d降解方程	R^2	k	半衰期/d
89	B	*trans*-nonachlor	反式九氯	39765-80-5	$y=79.7811e^{0.0243x}$	0.8932			$y=-7.25\ln x+69.02$	0.409		
90	B	trichloronat	毒壤磷	327-98-0	$y=51.3342e^{0.0125x}$	0.8357			$y=-4.53\ln x+52.42$	0.704		
91	A	trietazine	草达津	1912-26-1	$y=49.9004e^{0.0100x}$	0.7807	0.01	69.3	$y=48.3310e^{0.0072x}$	0.8322	0.0072	96.3
92	A	tributyl phosphate	磷酸三丁酯	126-73-8	$y=91.4595e^{0.0105x}$	0.9064	0.0105	66.0	$y=86.5380e^{0.0063x}$	0.9042	0.0063	110.0
93	F	triphenylphosphate	磷酸三苯酯	115-86-6	$y=170.3810e^{0.0216x}$	0.7359			$y=-18.0\ln x+171.1$	0.272		
94	A	2,4'-DDT	2,4'-滴滴涕	789-02-6	$y=103.8837e^{0.0073x}$	0.7199	0.0073	95.0	$y=104.4266e^{0.0062x}$	0.7238	0.0062	111.8
95	E	4,4'-DDE	4,4'-滴滴伊	72-55-9	$y=48.7581e^{0.0017x}$	0.044			$y=50.4193e^{0.0038x}$	0.4999		
96	B	4,4'-DDT	4,4'-滴滴涕	50-29-3	$y=152.8291e^{0.0267x}$	0.7628			$y=-17.9\ln x+151.8$	0.493		
97	A	alachlor	甲草胺	15972-60-8	$y=147.1215e^{0.0053x}$	0.4432	0.0053	130.8	$y=154.5479e^{0.0070x}$	0.7883	0.007	99.0
98	B	benalaxyl	苯霜灵	71626-11-4	$y=54.0610e^{0.0119x}$	0.8421	0.0119	58.2	$y=-4.79\ln x+56.27$	0.729		
99	A	benzoylprop-ethyl	新燕灵	22212-55-1	$y=151.0268e^{0.0038x}$	0.6227	0.0038	182.4	$y=150.5487e^{0.0043x}$	0.7003	0.0043	161.2
100	D	bromophos	溴硫磷	2104-96-3	$y=-10.1\ln x+112.8$	0.783			$y=-13.8\ln x+119.4$	0.747		
101	A	bromopropylate	溴螨酯	18181-80-1	$y=108.3768e^{0.0070x}$	0.748	0.007	99.0	$y=104.8455e^{0.0046x}$	0.7232	0.0046	150.7
102	A	bupirimate	磺酸丁嘧啶	41483-43-6	$y=51.0386e^{0.0170x}$	0.9368	0.017	40.8	$y=46.9793e^{0.0148x}$	0.9439	0.0148	46.8
103	E	buprofezin	噻嗪酮	69327-76-0	$y=98.9881e^{0.0013x}$	0.1689			$y=112.6650e^{0.0052x}$	0.8022		
104	E	butachlor	丁草胺	23184-66-9	$y=94.9767e^{0.0020x}$	0.1025			$y=106.1748e^{0.0050x}$	0.6014		
105	B	butylate	丁草特	2008-41-5	$y=97.4783e^{0.0086x}$	0.5268			$y=-10.0\ln x+106.1$	0.484		
106	A	carbophenothion	三硫磷	786-19-6	$y=316.1213e^{0.0132x}$	0.7383	0.0132	52.5	$y=296.6996e^{0.0073x}$	0.7804	0.0073	95.0
107	B	chlorfenson	杀螨酯	80-33-1	$y=119.8391e^{0.0055x}$	0.8383			$y=-8.47\ln x+126.2$	0.553		
108	D	chlorfenvinphos	毒虫畏	470-90-6	$y=-13.1\ln x+165.7$	0.917			$y=-17.3\ln x+172.8$	0.891		
109	B	chlorfurenol	整形醇	2536-31-4	$y=214.8534e^{0.0173x}$	0.9894			$y=-20.6\ln x+208.9$	0.528		
110	E	chlormephos	氯甲硫磷	24934-91-6	$y=-1.14\ln x+80.47$	0.071			$y=82.6773e^{0.0058x}$	0.6625		
111	E	chloroneb	氯甲氧苯	2675-77-6	$y=45.5235e^{0.0021x}$	0.1911			$y=52.3365e^{0.0053x}$	0.6672		

序号	分类	英文名称	中文名称	CAS号	前40d降解方程	R^2	k	半衰期/d	120d降解方程	R^2	k	半衰期/d
112	E	chloropropylate	丙酯杀螨醇	5836-10-2	$y=50.7076e^{0.0022x}$	0.1933			$y=54.6167e^{0.0047x}$	0.6954		
113	E	chlorpropham	氯苯胺灵	101-21-3	$y=423.1198e^{0.0012x}$	0.0819			$y=462.7509e^{0.0052x}$	0.758		
114	A	chlorthiophos	虫螨磷	60238-56-4	$y=147.9691e^{0.0089x}$	0.9362	0.0089	77.9	$y=142.2519e^{0.0063x}$	0.9384	0.0063	110.0
115	A	cis-chlordane	顺式氯丹	5103-71-9	$y=101.0045e^{0.0061x}$	0.8789	0.0061	113.6	$y=96.5874e^{0.0034x}$	0.6572	0.0034	203.9
116	A	cis-diallate	顺式燕麦敌	17708-57-5	$y=181.9293e^{0.0031x}$	0.4635	0.0031	223.6	$y=194.0247e^{0.0058x}$	0.663	0.0058	119.5
117	A	chlorpyrifos-methyl	甲基毒死蜱	5598-13-0	$y=52.3140e^{0.0101x}$	0.8582	0.0101	68.6	$y=49.5798e^{0.0075x}$	0.8546	0.0075	92.4
118	E	cyanofenphos	苯腈磷	13067-93-1	$y=53.6697e^{0.0029x}$	0.343			$y=52.2015e^{0.0027x}$	0.4533		
119	A	desmetryn	敌草净	1014-69-3	$y=53.6991e^{0.0058x}$	0.5334	0.0058	119.5	$y=54.6631e^{0.0073x}$	0.8255	0.0073	95.0
120	D	dichlobenil	敌草腈	1194-65-6	$y=-1.78\ln x+43.16$	0.623			$y=-5\ln x+47.98$	0.573		
121	B	dicloran	氯硝胺	99-30-9	$y=127.2305e^{0.0154x}$	0.8678			$y=-10.8\ln x+123.9$	0.657		
122	A	dicofol	三氯杀螨醇	115-32-2	$y=183.4404e^{0.0033x}$	0.52	0.0033	210.0	$y=193.3031e^{0.0042x}$	0.5677	0.0042	165.0
123	A	dimethachlor	二甲草胺	50563-36-5	$y=147.4701e^{0.0057x}$	0.5935	0.0057	121.6	$y=152.3843e^{0.0068x}$	0.7536	0.0068	101.9
124	A	dioxacarb	二氧威	6988-21-2	$y=427.6878e^{0.0110x}$	0.9147	0.011	63.0	$y=415.5721e^{0.0087x}$	0.8834	0.0087	79.7
125	F	endosulfan-1	硫丹-1	115-29-7	$y=-82.6\ln x+474.2$	0.944			$y=-41.7\ln x+396.8$	0.399		
126	G	endosulfan-sulfate	硫酸硫丹	1031-07-8	$y=-20.3\ln x+385.4$	0.183			$y=-30.4\ln x+402.5$	0.083		
127	A	endrin	异狄氏剂	72-20-8	$y=621.2453e^{0.0075x}$	0.7827	0.0075	92.4	$y=593.4106e^{0.0048x}$	0.801	0.0048	144.4
128	D	EPN	苯硫磷	2104-64-5	$y=-41.7\ln x+315.7$	0.756			$y=-36.3\ln x+306.7$	0.667		
129	A	epoxiconazole-2	氟环唑-2	133855-98-8	$y=403.5670e^{0.0077x}$	0.7569	0.0077	90.0	$y=401.6447e^{0.0067x}$	0.781	0.0067	103.5
130	D	EPTC	菌草敌	759-94-4	$y=-6.47\ln x+93.85$	0.913			$y=-9.32\ln x+97.42$	0.467		
131	A	ethofumesate	乙氧呋草黄	26225-79-6	$y=475.9650e^{0.0054x}$	0.4804	0.0054	128.4	$y=476.9985e^{0.0059x}$	0.7899	0.0059	117.5
132	A	ethoprophos	灭线磷	13194-48-4	$y=141.1088e^{0.0056x}$	0.4856	0.0056	123.8	$y=139.2505e^{0.0055x}$	0.7991	0.0055	126.0
133	A	etrimfos	乙嘧硫磷	38260-54-7	$y=232.9731e^{0.0064x}$	0.6446	0.0064	108.3	$y=227.6032e^{0.0055x}$	0.7275	0.0055	126.0
134	E	fenamidone	咪唑菌酮	161326-34-7	$y=52.0733e^{0.0036x}$	0.3553			$y=55.5660e^{0.0049x}$	0.6973		
135	A	fenarimol	氯苯嘧啶醇	60168-88-9	$y=103.2766e^{0.0113x}$	0.7875	0.0113	61.3	$y=93.8210e^{0.0058x}$	0.7479	0.0058	119.5

序号	分类	英文名称	中文名称	CAS 号	前 40d 降解方程	R^2	k	半衰期/d	120d 降解方程	R^2	k	半衰期/d
136	A	flamprop-isopropyl	麦草氟异丙酯	52756-22-6	$y=51.4777e^{0.0053x}$	0.5892	0.0053	130.8	$y=51.6931e^{0.0049x}$	0.7621	0.0049	141.5
137	A	flamprop-methyl	麦草氟甲酯	52756-25-9	$y=49.9482e^{0.0041x}$	0.585	0.0041	169.1	$y=51.1881e^{0.0044x}$	0.695	0.0044	157.5
138	G	flufenoxuron	氟虫脲	101463-69-8	$y=136.7293e^{0.0053x}$	0.0644			$y=162.4636e^{0.0023x}$	0.0812		
139	E	fluridone	氟啶草酮	59756-60-4	$y=94.1646e^{0.0052x}$	0.3838			$y=99.0235e^{0.0081x}$	0.8706		
140	A	fonofos	地虫硫磷	944-22-9	$y=49.6165e^{0.0069x}$	0.7338	0.0069	100.5	$y=48.7390e^{0.0049x}$	0.7345	0.0049	141.5
141	F	HCH	六六六	608-73-1	$y=0.084x^2-3.685x+72.03$	0.71			$y=-5.02\ln x+61.90$	0.177		
142	B	heptenophos	庚虫磷	23560-59-0	$y=134.8844e^{0.0154x}$	0.8191			$y=-30.4\ln x+174.8$	0.933		
143	D	hexachlorobenzene	六氯苯	87-68-3	$y=-2.98\ln x+40.14$	0.734			$y=-3.99\ln x+41.77$	0.615		
144	A	hexazinone	环嗪酮	51235-04-2	$y=147.6296e^{0.0061x}$	0.8247	0.0061	113.6	$y=154.8011e^{0.0071x}$	0.8705	0.0071	97.6
145	D	iodofenphos	碘硫磷	18181-70-9	$y=-41.5\ln x+442.8$	0.898			$y=-48.6\ln x+456.5$	0.777		
146	A	isofenphos	丙胺磷	25311-71-1	$y=97.7619e^{0.0022x}$	0.4689	0.0022	315.1	$y=100.4105e^{0.0048x}$	0.7753	0.0048	144.4
147	A	isopropalin	异乐灵	33820-53-0	$y=99.8058e^{0.0032x}$	0.8457	0.0032	216.6	$y=100.3239e^{0.0038x}$	0.7565	0.0038	182.4
148	E	mefenoxam	精甲霜灵	70630-17-0	$y=288.3959e^{0.0022x}$	0.2014			$y=290.7602e^{0.0066x}$	0.7427		
149	A	metoprotryne	盖草津	841-06-5	$y=148.4248e^{0.0046x}$	0.6566	0.0046	150.7	$y=151.3790e^{0.0056x}$	0.7823	0.0056	123.8
150	E	methoprene	烯虫酯	40596-69-8	$y=-0.054x^2+1.765x+170.9$	0.202			$y=195.1331e^{0.0060x}$	0.7307		
151	E	methoxychlor	甲氧滴滴涕	72-43-5	$y=53.3947e^{0.0053x}$	0.3625			$y=-5.41\ln x+61.31$	0.539		
152	A	parathion-methyl	甲基对硫磷	298-00-0	$y=225.0126e^{0.0104x}$	0.878	0.0104	66.6	$y=202.4509e^{0.0046x}$	0.5201	0.0046	150.7
153	E	metolachlor	异丙甲草胺	51218-45-2	$y=49.2039e^{0.0043x}$	0.3548			$y=51.8321e^{0.0063x}$	0.7732		
154	F	nitrapyrin	氯啶	1929-82-4	$y=0.094x^2-3.754x+139.7$	0.501			$y=132.1756e^{0.0066x}$	0.2992		
155	B	nitrofen	除草醚	1836-75-5	$y=391.5488e^{0.0135x}$	0.8527			$y=-40.2\ln x+408.2$	0.621		
156	F	oxyfluorfen	乙氧氟草醚	42874-03-3	$y=-0.072x^2+1.870x+208.7$	0.643			$y=-15.9\ln x+242.3$	0.289		
157	A	paclobutrazol	多效唑	76738-62-0	$y=159.0220e^{0.0124x}$	0.7714	0.0124	55.9	$y=145.1424e^{0.0079x}$	0.8481	0.0079	87.7
158	E	pebulate	克草猛	1114-71-2	$y=107.5558e^{0.0018x}$	0.098			$y=116.2466e^{0.0059x}$	0.642		

序号	分类	英文名称	中文名称	CAS号	前40d降解方程	R^2	k	半衰期/d	120d降解方程	R^2	k	半衰期/d
159	D	pendimethalin	二甲戊灵	40487-42-1	$y=-14.9\ln x+224.9$	0.623			$y=-20.7\ln x+235.4$	0.517		
160	A	picoxystrobin	啶氧菌酯	117428-22-5	$y=102.0032e^{0.0038x}$	0.4669	0.0038	182.4	$y=105.7040e^{0.0047x}$	0.7312	0.0047	147.5
161	A	piperophos	哌草磷	24151-93-7	$y=153.6554e^{0.0075x}$	0.9735	0.0075	92.4	$y=150.3177e^{0.0061x}$	0.809	0.0061	113.6
162	A	pirimiphos-ethyl	嘧啶磷	23505-41-1	$y=95.2248e^{0.0069x}$	0.6035	0.0069	100.5	$y=94.0715e^{0.0050x}$	0.6884	0.005	138.6
163	A	pirimiphos-methyl	甲基嘧啶磷	29232-93-7	$y=48.7300e^{0.0041x}$	0.8463	0.0041	169.1	$y=51.8300e^{0.0061x}$	0.7798	0.0061	113.6
164	F	profenofos	丙溴磷	41198-08-7	$y=-33.91\ln x+321.1$	0.472			$y=-27.6\ln x+309.7$	0.369		
165	B	profluralin	环丙氟灵	26399-36-0	$y=209.3240e^{0.0067x}$	0.5712			$y=-18.6\ln x+228.8$	0.557		
166	A	propachlor	毒草胺	1918-16-7	$y=150.6914e^{0.0088x}$	0.7771	0.0088	78.8	$y=151.4810e^{0.0099x}$	0.8087	0.0099	70.0
167	A	propazine	扑灭津	139-40-2	$y=56.1445e^{0.0101x}$	0.8174	0.0101	68.6	$y=54.8639e^{0.0095x}$	0.8851	0.0095	73.0
168	A	propiconazole	丙环唑	60207-90-1	$y=151.3383e^{0.0084x}$	0.7095	0.0084	82.5	$y=147.0760e^{0.0078x}$	0.8818	0.0078	88.9
169	A	propyzamide-1	炔苯酰草胺-1	23950-58-5	$y=149.8026e^{0.0043x}$	0.4431	0.0043	161.2	$y=152.5838e^{0.0038x}$	0.6937	0.0038	182.4
170	F	quintozene	五氯硝基苯	82-68-8	$y=-53.8\ln x+411.5$	0.407			$y=-38.6\ln x+381.2$	0.309		
171	A	fenchlorphos	皮蝇磷	299-84-3	$y=303.2415e^{0.0054x}$	0.5635	0.0054	128.4	$y=303.3945e^{0.0061x}$	0.7905	0.0061	113.6
172	A	sulfotep	治螟磷	3689-24-5	$y=46.8920e^{0.0042x}$	0.575	0.0042	165.0	$y=48.0358e^{0.0051x}$	0.7945	0.0051	135.9
173	F	tecnazene	四氯硝基苯	117-18-0	$y=-9.64\ln x+111.7$	0.41			$y=-7.39\ln x+107.0$	0.178		
174	A	terbuttryn	特丁净	886-50-0	$y=104.3321e^{0.0056x}$	0.6741	0.0056	123.8	$y=110.0737e^{0.0068x}$	0.7644	0.0068	101.9
175	D	tetrachlorvinphos	杀虫畏	22248-79-9	$y=-20.6\ln x+165.7$	0.833			$y=-22.8\ln x+169.7$	0.758		
176	A	thiobencarb	禾草丹	28249-77-6	$y=100.3907e^{0.0050x}$	0.7393	0.005	138.6	$y=101.5437e^{0.0049x}$	0.7732	0.0049	141.5
177	A	tralkoxydim	肟草酮	87820-88-0	$y=401.0092e^{0.0036x}$	0.5235	0.0036	192.5	$y=408.7359e^{0.0050x}$	0.7614	0.005	138.6
178	F	trans-chlordane	反式氯丹	5103-74-2	$y=-0.019x^2+0.584x+44.40$	0.586			$y=-3.87\ln x+54.31$	0.375		
179	E	trans-diallate	反式燕麦敌	17708-58-6	$y=190.6794e^{0.0042x}$	0.3329	0.0042		$y=199.5716e^{0.0061x}$	0.7414	0.0061	113.6
180	E	trifloxystrobin	肟菌酯	141517-21-7	$y=208.8060e^{0.0055x}$	0.2583	0.0055		$y=206.5513e^{0.0041x}$	0.533	0.0041	
181	B	trifluralin	氟乐灵	1582-09-8	$y=106.2354e^{0.0061x}$	0.7265	0.0061	113.6	$y=-9.10\ln x+115.3$	0.436		
182	E	zoxamide	苯酰菌胺	156052-68-5	$y=102.8372e^{0.0019x}$	0.0833	0.0019		$y=111.6997e^{0.0047x}$	0.6658	0.0047	138.6

序号	分类	英文名称	中文名称	CAS号	前40d降解方程	R^2	k	半衰期/d	120d降解方程	R^2	k	半衰期/d
183	G	2,4-D	2,4-滴	94-75-7	$y=-832.1708e^{0.0002x}$	0.0011			$y=-46.7\ln x+928.6$	0.234		
184	G	aclonifen	苯草醚	74070-46-5	$y=1153.8701e^{0.0103x}$	0.354			$y=101.14\ln x+1224.18$	0.22		
185	B	ametryn	莠灭净	834-12-8	$y=149.0359e^{0.0065x}$	0.4284			$y=-16.3\ln x+169.3$	0.627		
186	B	atrazine	莠去津	1912-24-9	$y=76.9493e^{0.171x}$	0.8537			$y=-11.4\ln x+84.78$	0.733		
187	E	bifenthrin	联苯菊酯	82657-04-3	$y=0.014x^2-0.791x+51.31$	0.359			$y=-3.72\ln x+51.79$	0.444		
188	B	bitertanol	联苯三唑醇	55179-31-2	$y=155.4879e^{0.0090x}$	0.6643	0.009	77.0	$y=-16.7\ln x+170.0$	0.65		
189	E	boscalid	啶酰菌胺	188425-85-6	$y=-16.1\ln x+215.5$	0.374			$y=-17.7\ln x+218.7$	0.405		
190	G	butafenacil	氟丙嘧草酯	134605-64-4	$y=48.0291e^{0.0043x}$	0.1625			$y=-3.26\ln x+52.58$	0.271		
191	E	carbaryl	甲萘威	63-25-2	$y=-0.011x^2-0.685x+274.3$	0.236			$y=-20.5\ln x+293.9$	0.441		
192	B	chlorobenzilate	乙酯杀螨醇	510-15-6	$y=55.2007e^{0.0089x}$	0.6684	0.0089	77.9	$y=-5.71\ln x+59.58$	0.542		
193	B	chlorpyrifos	毒死蜱	2921-88-2	$y=50.8543e^{0.0062x}$	0.6795	0.0062	111.8	$y=-5.14\ln x+56.71$	0.626		
194	B	chlorthal-dimethyl-2	氯酞酸二甲酯-2	1861-32-1	$y=154.1626e^{0.0063x}$	0.7219			$y=-14.2\ln x+169.3$	0.657		
195	B	diazinon	二嗪磷	333-41-5	$y=48.5312e^{0.0132x}$	0.8456	0.0132	52.5	$y=-7.53\ln x+55.76$	0.817		
196	B	dibutyl succinate	琥珀酸二丁酯	141-03-7	$y=83.5554e^{0.0124x}$	0.8307			$y=-11.8\ln x+94.84$	0.806		
197	A	diethofencarb	乙霉威	87130-20-9	$y=326.8028e^{0.0076x}$	0.4174	0.0076	91.2	$y=320.1466e^{0.0050x}$	0.5925	0.005	138.6
198	B	diflufenican	吡氟酰草胺	83164-33-4	$y=54.2545e^{0.0099x}$	0.8004	0.0099	70.0	$y=-4.79\ln x+57.34$	0.493		
199	B	dimepiperate	哌草丹	61432-55-1	$y=94.4973e^{0.0075x}$	0.4097	0.0075	92.4	$y=-8.99\ln x+104.9$	0.541		
200	A	dimethametryn	异戊乙净	22936-75-0	$y=52.6509e^{0.0065x}$	0.7825	0.0065	106.6	$y=52.4406e^{0.0062x}$	0.864	0.0062	111.8
201	B	dimethomorph	烯酰吗啉	110488-70-5	$y=110.5902e^{0.0056x}$	0.7084			$y=-10.1\ln x+120.4$	0.56		
202	B	dimethyl phthalate	跳虫灵	131-11-3	$y=180.4310e^{0.0060x}$	0.5789	0.006	115.5	$y=-21.1\ln x+207.0$	0.571		
203	B	diniconazole	烯唑醇	83657-24-3	$y=156.9298e^{0.0100x}$	0.8376			$y=-16.9\ln x+170.3$	0.78		
204	H	dinitramine	氨基乙氟灵	29091-05-2	$y=0$	0			0	0		
205	B	diphenamid	草乃敌	957-51-7	$y=55.6723e^{0.0113x}$	0.5582	0.0113	61.3	$y=-4.62\ln x+56.79$	0.408		

序号	分类	英文名称	中文名称	CAS号	前40d降解方程	R^2	k	半衰期/d	120d降解方程	R^2	k	半衰期/d
206	A	dipropetryn	异丙净	4147-51-7	$y=54.5591e^{0.0099x}$	0.5955	0.0099	70.0	$y=53.3110e^{0.0070x}$	0.7991	0.007	99.0
207	H	etaconazole-1	乙环唑-1	60207-93-4	0	0			0	0		
208	B	etaconazole-2	乙环唑-2	60207-93-4	$y=148.1447e^{0.0092x}$	0.7835			$y=-18.5\ln x+167.4$	0.749		
209	G	ethalfluralin	丁氟消草	55283-68-6	$y=191.9253e^{0.0041x}$	0.2026			$y=-17.7\ln x+218.3$	0.342		
210	G	etofenprox	醚菊酯	80844-07-1	$y=100.2993e^{0.0073x}$	0.3152			$y=-5.75\ln x+102.9$	0.243		
211	E	etridiazole	土菌灵	2593-15-9	$y=106.1952e^{0.0006x}$	0.0025			$y=126.4844e^{0.0090x}$	0.4965		
212	B	fenazaquin	唑螨酯	120928-09-8	$y=51.7415e^{0.0069x}$	0.5413	0.0069	100.5	$y=-4.90\ln x+56.13$	0.537		
213	B	fenchlorphos	皮蝇磷	299-84-3	$y=269.9018e^{0.0068x}$	0.6393			$y=-20.0\ln x+285.3$	0.631		
214	G	fenoxanil	氧菌胺	115852-48-7	$y=109.6069e^{0.0109x}$	0.3467			$y=-7.44\ln x+112.5$	0.256		
215	A	fenpropidin	苯锈啶	67306-00-7	$y=103.8183e^{0.0078x}$	0.6412	0.0078	88.9	$y=108.3941e^{0.0099x}$	0.8907	0.0099	70.0
216	B	fenpropimorph	丁苯吗啉	67564-91-4	$y=42.0795e^{0.0093x}$	0.6055	0.0093	74.5	$y=-5.97\ln x+48.70$	0.711		
217	G	fenson	分螨酯	80-38-6	$y=57.4684e^{0.0056x}$	0.2485			$y=4.099\ln x+46.44$	0.254		
218	G	fluchloralin	氟消草	33245-39-5	$y=162.5857e^{0.0022x}$	0.024			$y=187.4692e^{0.0044x}$	0.307		
219	E	flufenacet	氟醚草胺	142459-58-3	$y=362.8907e^{0.0040x}$	0.181			$y=382.3513e^{0.0063x}$	0.6617		
220	B	flusilazole	氟硅唑	85509-19-9	$y=154.4672e^{0.0153x}$	0.7953			$y=-23.7\ln x+175.5$	0.814		
221	B	furalaxyl	呋霜灵	57646-30-7	$y=87.5183e^{0.0081x}$	0.5486			$y=-8.25\ln x+94.69$	0.491		
222	A	heptachlor	七氯	76-44-8	$y=145.0467e^{0.0038x}$	0.5418	0.0038	182.4	$y=149.2400e^{0.0068x}$	0.6913	0.0068	101.9
223	G	hexaflumuron	氟铃脲	86479-06-3	$y=11.92\ln x+187.7$	0.246			$y=205.3412e^{0.0002x}$	0.001		
224	B	imazalil	抑霉唑	35554-44-0	$y=93.9078e^{0.0291x}$	0.8549			$y=-20.9\ln x+112.5$	0.965		
225	B	iprobenfos	异稻瘟净	26087-47-8	$y=144.1358e^{0.0085x}$	0.6507	0.0085	81.5	$y=-15.0\ln x+157.8$	0.609		
226	B	isazofos	氯吡磷	42509-80-8	$y=98.7975e^{0.0060x}$	0.4806	0.006	115.5	$y=-8.52\ln x+106.8$	0.48		
227	B	isoprothiolane	稻瘟灵	50512-35-1	$y=104.5635e^{0.0074x}$	0.6738	0.0074	93.7	$y=-9.42\ln x+113.1$	0.6		
228	F	kresoxim-methyl	醚菌酯	143390-89-0	$y=0.049x^2-1.362x+49.71$	0.629			$y=46.6406e^{0.0027x}$	0.1599		

序号	分类	英文名称	中文名称	CAS号	前40d降解方程	R^2	k	半衰期/d	120d降解方程	R^2	k	半衰期/d
229	G	mefenacet	苯噻酰草胺	73250-68-7	$y=293.2434e^{0.0073x}$	0.1799			$y=-20.9\ln x+313.8$	0.128		
230	G	mepronil	灭锈胺	55814-41-0	$y=45.6234e^{0.0028x}$	0.0546			$y=44.8049e^{0.0008x}$	0.0249		
231	B	metconazole	叶菌唑	125116-23-6	$y=204.5545e^{0.0097x}$	0.9134	0.0097	71.5	$y=-27.8\ln x+231.4$	0.789		
232	G	metribuzin	嗪草酮	21087-64-9	$y=-6.74\ln x+158.3$	0.115			$y=146.4018e^{0.0049x}$	0.3407		
233	B	molinate	禾草敌	2212-67-1	$y=41.8647e^{0.0041x}$	0.4087			$y=-3.25\ln x+45.82$	0.522		
234	B	myclobutanil	腈菌唑	88671-89-0	$y=59.8065e^{0.0257x}$	0.9064			$y=-6.00\ln x+56.19$	0.592		
235	A	napropamide	敌草胺	15299-99-7	$y=158.1366e^{0.0086x}$	0.6239	0.0086	80.6	$y=147.1846e^{0.0047x}$	0.6477	0.0047	147.5
236	B	nuarimol	氟苯嘧啶醇	63284-71-9	$y=107.7080e^{0.0139x}$	0.8877			$y=-11.1\ln x+111.2$	0.742		
237	B	2,4'-DDE	2,4'-滴滴伊	3424-82-6	$y=56.6674e^{0.0071x}$	0.7304	0.0071	97.6	$y=-5.07\ln x+61.78$	0.592		
238	B	penconazole	戊菌唑	66246-88-6	$y=152.7170e^{0.0117x}$	0.842			$y=-23.9\ln x+177.4$	0.807		
239	F	permethrin	氯菊酯	52645-53-1	$y=99.3264e^{0.0090x}$	0.4371			$y=-3.83\ln x+95.33$	0.109		
240	G	phenothrin	苯醚菊酯	26002-80-2	$y=46.1921e^{0.0062x}$	0.3477			$y=-2.73\ln x+48.17$	0.21		
241	D	phthalimide	邻苯二甲酰亚胺	85-41-6	$y=-30.3\ln x+311.4$	0.536			$y=-37.4\ln x+325.2$	0.648		
242	B	piperonyl butoxide	增效醚	51-03-6	$y=49.6662e^{0.0101x}$	0.5145	0.0101	68.6	$y=-4.80\ln x+53.49$	0.593		
243	F	plifenate	三氯杀虫酯	21757-82-4	$y=-75.3\ln x+310.9$	0.614			$y=88.3246e^{0.0101x}$	0.3652		
244	F	pretilachlor	丙草胺	51218-49-6	$y=89.9627e^{0.0095x}$	0.5736			$y=-7.34\ln x+93.71$	0.379		
245	A	prometon	扑灭通	1610-18-0	$y=166.6904e^{0.0082x}$	0.5042	0.0082	84.5	$y=164.9818e^{0.0071x}$	0.7689	0.0071	97.6
246	G	propyzamide	炔苯酰草胺	23950-58-5	$y=208.7271e^{0.0045x}$	0.3032			$y=-16.1\ln x+225.3$	0.367		
247	G	propetamphos	烯虫磷	31218-83-4	$y=51.1280e^{0.0059x}$	0.3679			$y=-4.74\ln x+56.44$	0.363		
248	E	propoxur-1	残杀威-1	114-26-1	$y=312.5144e^{0.0068x}$	0.3737			$y=313.3332e^{0.0066x}$	0.6913		
249	G	propoxur-2	残杀威-2	114-26-1	$y=-28.6\ln x+411.6$	0.317			$y=-34.4\ln x+425.0$	0.235		
250	E	prothiophos	丙硫磷	34643-46-4	$y=45.5348e^{0.0011x}$	0.0256			$y=47.1645e^{0.0051x}$	0.4212		
251	G	pyridaben	哒螨灵	96489-71-3	$y=-2.77\ln x+107.7$	0.041			$y=-4.73\ln x+112.1$	0.046		

序号	分类	英文名称	中文名称	CAS号	前40d降解方程	R^2	k	半衰期/d	120d降解方程	R^2	k	半衰期/d
252	B	pyridaphenthion	吡哒硫磷	119-12-0	$y=49.9353e^{0.0108x}$	0.5508			$y=-4.56\ln x+52.51$	0.425		
253	G	pyriftalid	环酯草醚	135186-78-6	$y=49.1051e^{0.0047x}$	0.2063			$y=-3.70\ln x+53.95$	0.347		
254	E	pyrimethanil	嘧霉胺	53112-28-0	$y=51.5850e^{0.0027x}$	0.0397			$y=55.9271e^{0.0071x}$	0.6994		
255	H	pyriproxyfen	吡丙醚	95737-68-1	0	0			0	0		
256	F	quinalphos	喹硫磷	13593-03-8	$y=54.3617e^{0.0200x}$	0.9177			$y=-2.5\ln x+48.62$	0.135		
257	B	quinoxyfen	喹氧灵	124495-18-7	$y=50.7195e^{0.0083x}$	0.5676			$y=-5.20\ln x+56.02$	0.587		
258	E	telodrin	碳氯灵	297-78-9	$y=8.90\ln x+199.19$	0.31			$y=187.5108e^{0.0037x}$	0.4284		
259	B	terbucarb-1	特草灵-1	1918-11-2	$y=162.2564e^{0.0186x}$	0.4593			$y=-25.2\ln x+183.8$	0.515		
260	G	terbucarb-2	特草灵-2	1918-11-2	$y=67.6575e^{0.0042x}$	0.0443			$y=-3.62\ln x+83.61$	0.045		
261	B	tetraconazole	氟醚唑	112281-77-3	$y=157.4950e^{0.0094x}$	0.7115			$y=-21.6\ln x+181.7$	0.747		
262	B	tetrasul	杀螨硫醚	2227-13-6	$y=48.6794e^{0.0050x}$	0.711	0.0094	73.7	$y=-3.79\ln x+52.91$	0.453		
263	F	thiabendazole	噻菌灵	148-79-8	$y=0.316x^2-17.77x+642.1$	0.737	0.005	138.6	$y=-50.6\ln x+593.8$	0.388		
264	B	thiazopyr	噻草啶	117718-60-2	$y=101.2881e^{0.0063x}$	0.6021	0.0063	110.0	$y=-9.09\ln x+111.6$	0.509		
265	A	tolclofos-methyl	甲基立枯磷	57018-04-9	$y=49.5924e^{0.0058x}$	0.7408	0.0058	119.5	$y=46.9669e^{0.0021x}$	0.428	0.0021	330.1
266	G	transfluthrin	四氟苯菊酯	118712-89-3	$y=49.7167e^{0.0060x}$	0.3543			$y=-4.14\ln x+54.3$	0.383		
267	E	triadimefon	三唑酮	43121-43-3	$y=99.7964e^{0.0017x}$	0.0701	0.0017	44.7	$y=0.007x^2-1.079x+108.2$	0.69		
268	B	triadimenol	三唑醇	55219-65-3	$y=164.0520e^{0.0155x}$	0.6045	0.0155		$y=-17.2\ln x+169.6$	0.565		
269	B	triallate	野麦畏	2303-17-5	$y=92.7953e^{0.0090x}$	0.709	0.009	77.0	$y=-8.47\ln x+99.81$	0.522		
270	G	tribenuron-methyl	苯嘧磺隆	101200-48-0	$y=41.9923e^{0.0039x}$	0.0462			$y=46.3985e^{0.0038x}$	0.2499		
271	B	vinclozolin	乙烯菌核利	50471-44-8	$y=53.2548e^{0.0059x}$	0.4087	0.0059	117.5	$y=-4.17\ln x+57.72$	0.434		

对比 a 和 b 浓度下 271 种农药在前 40d 和 120d 之内的降解曲线发现，不同农药在前 40d 和 120d 内的降解规律存在一定差异。主要包括以下 8 个方面：前 40d 呈现指数下降，120d 内呈现指数下降（A）；前 40d 呈现指数下降，120d 内呈现对数下降（B）；前 40d 呈现指数下降，120d 内呈现末端上升式多项式下降（C）；前 40d 呈现对数下降，120d 内呈现对数或多项式下降（D）；前 40d 无规律（$R^2<0.4$），120d 内呈现一定下降趋势（E）；前 40d 呈现一定下降趋势，120d 内无规律（$R^2<0.4$）（F）；前 40d 和 120d 内均无规律（$R^2<0.4$），呈现散点式分布（G）；另外，有 5 种农药因含量太低或性质不稳定均未检测到（H）。271 种农药在 8 个方面降解规律的分布占比见图 6-1。

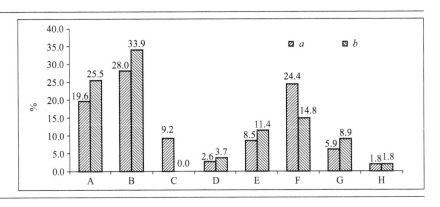

图 6-1
a 和 b 浓度下不同降解规律农药在 271 种农药中占比

从图 6-1 可见，在 a 和 b 浓度下 A、B 和 F 占比均较高，其中在 a 浓度下，A、B 和 F 在 271 种待测农药中的占比分别为 19.6%、28.0% 和 24.4%，三者的农药总个数为 195 个，占 271 种农药的 72.0%；在 b 浓度下，A、B 和 F 在 271 种农药中的占比分别为 25.5%、33.9% 和 14.8%，三者的农药总个数为 201 个，占 271 种农药的 74.2%。这充分表明，A、B 和 F 三个方面代表了本章所研究 271 种农药的总体降解趋势，即大多数农药在前 40d 内呈现指数下降趋势，在 120d 内则呈现指数下降、对数下降或呈散点分布的趋势。其余方面虽然占比较小，但是也代表了农药在乌龙茶陈化样中降解的某方面规律，本章将对上述 8 个方面进行详细讨论。

6.1.5.1　A 类降解规律

图 6-2 给出了 a 浓度下，毒草胺在前 40d 和 120d 内的 A 类降解曲线图。拟合发现，前 40d 和 120d 内农药在乌龙茶陈化样中降解均符合一级动力学方程，即：

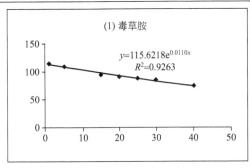

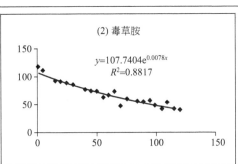

图 6-2
A 类降解规律 40d 内降解曲线（1）和 120d 内降解曲线（2）

$$C = C_0 e^{-kt} \tag{6-1}$$

式中，C 为待测农药在某天时的浓度；C_0 为陈化样制备后，第 1 天测定的农药含量；k 为一级反应速率常数；t 为陈化样制备后时间，d。

这表明，A 类降解规律中，在不考虑其他因素的前提下，农药的降解速率与其初始浓度存在正比关系。据此可以计算出待测农药的半衰期，见式（6-2）：

$$t_{1/2} = \ln 2 / k \tag{6-2}$$

根据 A 类降解规律农药在前 40d 和 120d 内的指数降解曲线，表 6-1 和表 6-2 给出了两者的 k 值和半衰期。比较 a 和 b 浓度下前 40d 和 120d 内的指数降解曲线 k 值发现，除 a 浓度下 12 种农药，b 浓度下 19 种农药 120d 的 k 值略高于 40d 外，其余农药前 40d 的 k 值均大于 120d 的 k 值，这表明符合 A 类降解规律的大多数农药在前 40d 的降解速率均较快，随后降解速率变慢，从而导致 120d 内待测农药的降解速率较前 40d 慢。同时发现，在 a 浓度下虫螨腈、乙嘧酚磺酸酯、地虫硫磷和呋霜灵等农药的 k 值基本接近，指数方程类似，这表明该 4 种农药在前 40d 获得的指数方程可以代表其在 120d 内的降解规律。从表 6-1 和表 6-2 可以看出，在 a 浓度下，根据前 40d 指数方程计算出的待测农药半衰期范围为 24.4～223.6d，而根据 120d 指数方程计算出的待测农药半衰期范围则为 44.4～203.9d，除上述 4 种 k 值接近的农药半衰期差别不大外，两者存在较大差异，最高可达 156.9d；对于 b 浓度而言，待测农药前 40d 半衰期范围为 40.8～315.1d，120d 的半衰期范围为 46.8～330.1d。由此可见，无论是 a 浓度还是 b 浓度，待测农药在前 40d 和 120d 的半衰期均有较大差异。根据实际情况，在 120d 内待测农药的降解指数方程基础上计算出的半衰期更加合理。同时，从表 6-1 和表 6-2 还可看出，在 a 浓度和 b 浓度均符合 A 类降解规律的农药有 26 个，对比两者在 120d 内的速率常数发现，有 10 个农药在 b 浓度的速率常数大于 a 浓度，16 个农药在 b 浓度的速率常数小于 a 浓度，其中乙嘧酚磺酸酯和二甲草胺在 a 浓度和 b 浓度的速率常数接近，半衰期之差分别为 2.4d 和 1.5d。

6.1.5.2　B 类降解规律

在 B 类降解规律中，待测农药在前 40d 内呈现指数下降，在 120d 内呈现对数下将，见图 6-3（1）和（2）。该类降解规律中，待测农药在前 40d 内降解速率相对较快，随后则平缓下降。

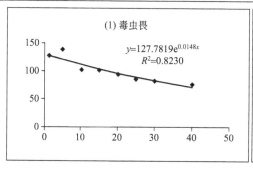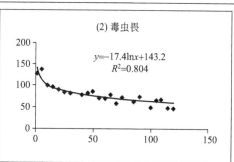

图 6-3

B 类降解规律 40d 内降解曲线（1）和 120d 内降解曲线（2）

在 a 浓度和 b 浓度中符合 B 类降解规律的农药分别为 76 和 92 个，其在所有待测农药中的占比分别为 28.0% 和 33.9%，均处于较高水平。同属 B 类降解规律的农药有 36 个，对比两者在前 40d 的速率常数发现，大多数农药在 a 浓度时的速率常数大于 b 浓度。

6.1.5.3　F 类降解规律

在 271 种农药中占比第 3 位的是 F 类降解规律农药，见图 6-4。在 F 类降解规律中，待测农药在前 40d 内呈现指数或对数下降，但是在 120d 内则规律性较差，无论是指数方程、对数方程还是多项式方程均不能很好地对其进行拟合，这可能是待测农药在 40d 后降解缓慢引起。从表 6-1 和表 6-2 可以看出，在 a 浓度符合 F 类降解规律的 66 个农药中，有 9 个农药在 b 浓度符合 A 类降解规律，有 21 个农药在 b 浓度符合 B 类降解规律，两者之和占 66 个农药的 45.5%。在 b 浓度符合 F 类降解规律的 40 个农药中，有 3 种农药在 a 浓度符合 A 类降解规律，有 5 种农药在 a 浓度符合 B 类降解规律，占比相对较低。在 a 和 b 浓度均符合 F 类降解规律的农药为 24 个，分别占 a 和 b 浓度符合 F 类降解规律农药的 36.4% 和 60.0%。

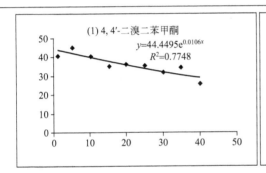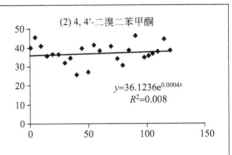

图 6-4
F 类降解规律 40d 内降解曲线（1）和 120d 内降解曲线（2）

6.1.5.4　C 类降解规律

C 类降解规律与 B 类降解规律类似，不同之处在于，C 类降解规律中，待测农药浓度在大约 80～120d 范围内呈现缓慢上升趋势，因此，用多项式对其进行拟合更加符合实际情况。图 6-5 给出了 C 类降解规律在前 40d 内和 120d 内的降解图。由于缺乏相关文献报道，目前尚不清楚待测农药浓度在 80～120d 范围内出现缓慢上升的原因。C 类降解规律只在 a 浓度时出现，共有 25 个农药符合 C 类降解规律，占待测农药的 9.2%。

6.1.5.5　D 类降解规律

D 类降解规律与 B 类降解规律类似，两者在 120d 内均呈现对数下降趋势，不同之处在于 D 类降解规律中前 40d 呈现对数下降趋势，见图 6-6（1）和（2）。在 a 和 b 浓度分别有 7 个和 10 个农药符合 D 类降解规律。查看原始数据发现，造成符合 D 类降解规律的农药在前 40d 呈现对数下降趋势的原因主要是，待测农药第 1 天～第 5 天或第 10 天的浓度差别相对较大，即这些农药在前 5d 或 10d 内的降解速率较快。

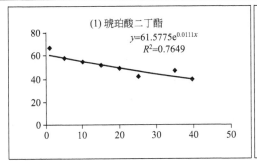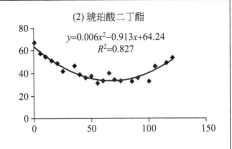

图 6-5

C 类降解规律 40d 内降解曲线（1）和 120d 内降解曲线（2）

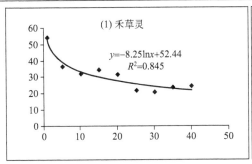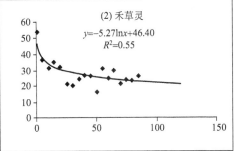

图 6-6

D 类降解规律 40d 内降解曲线（1）和 120d 内降解曲线（2）

6.1.5.6　E 类降解规律

E 类降解规律是指待测农药在前 40d 缓慢降解呈现散点分布，在 120d 内则呈现出一定的降解规律（见图 6-7）。在 a 浓度中，符合 E 类降解规律的农药有 23 个，其中在 120d 内呈指数下降的农药有 15 个，其余 8 个农药在 120d 内呈对数或多项式下降趋势。在 b 浓度中，符合 E 类降解规律的农药有 31 个，其中在 120d 内呈指数下降的农药有 23 个，其余 8 个农药在 120d 内呈对数或多项式下降趋势。比较发现，在 a 和 b 浓度均符合 E 类降解规律的农药有 10 个。

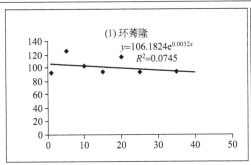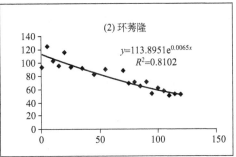

图 6-7

E 类降解规律 40d 内降解曲线（1）和 120d 内降解曲线（2）

6.1.5.7　G类降解规律

图 6-8 给出了符合 G 类降解规律待测农药的降解曲线。从图 6-8 可以看出，待测农药在前 40d 和 120d 内均呈现散点分布，指数方程、对数方程或多项式方程均不能很好地对其进行拟合，这可能是由于待测农药性质不稳定造成测定结果波动较大引起的。符合 G 类降解规律的农药在 a 浓度和 b 浓度的个数分别为 16 和 24 个，在 271 种农药中的占比分别为 5.9% 和 8.9%。另外，有 9 个农药在 a 和 b 浓度均符合 G 类降解规律。

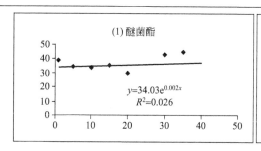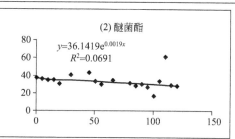

图 6-8
G 类降解规律 40d 内降解曲线（1）和 120d 内降解曲线（2）

从上述讨论可以看出，本章研究的 271 种农药的降解规律相对复杂，其在 a 和 b 浓度的降解规律不尽相同。在 7 类降解规律中，A、B 和 F 三类降解规律在 a 和 b 浓度时在 271 种农药中占比均处于较高水平，其中前 40d 均呈现指数下降趋势，A 和 B 类在 120d 内则呈现指数或对数下降趋势，而 F 类降解规律在 120d 内规律不明显，可能是部分农药降解缓慢引起的。在 E 类降解规律中，虽然前 40d 规律性较差，但是在 120d 内则呈现一定规律，其中大多数农药呈现指数下降趋势。因此，可以初步得出结论：在 4 个月内，乌龙茶叶陈化样品中农药将缓慢降解，含量逐渐降低。

6.1.6　不同降解规律农药分类研究初探

为了进一步研究待测农药的降解规律，按照有机氮、有机磷、有机氯、有机硫、氨基甲酸酯、拟除虫菊酯和其他 7 种农药的性质分类方式对符合前述 8 种降解规律的农药进行了分类。图 6-9 和图 6-10 分别给出了 A、B、C、D、E、F、G 和 H 8 类农药在 a 浓度和 b 浓度下按照农药性质分类的分布图。

从图 6-9 和图 6-10 可以看出，271 种农药中主要是有机氮、有机氯和有机磷类农药，其余种类农药占比相对较小，因此，只对前述 3 类农药进行讨论。对比发现，A 类降解规律中有机氮和有机磷农药数量较多，有机氯类农药相对较少。B 类降解规律中有机氯和有机磷农药的个数相当，但均远少于有机氮农药。F 类降解规律中有机氯类农药的个数高于有机氮和有机磷，其中有机磷农药在 a 和 b 浓度下的个数分别为 5 个和 3 个，占比很小。由于有机氮类农药在各降解规律中均占比较高，因此，仅对有机氯和有机磷类农药在 a 和 b

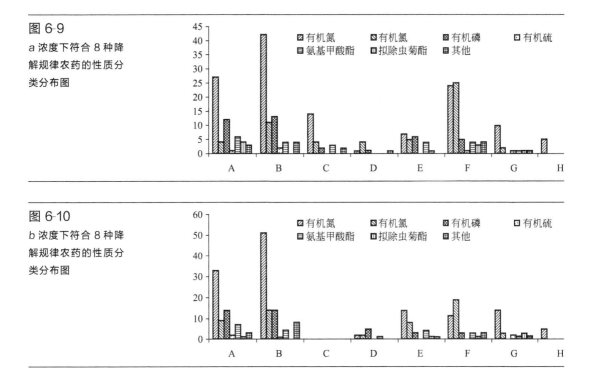

图 6-9

a 浓度下符合 8 种降解规律农药的性质分类分布图

图 6-10

b 浓度下符合 8 种降解规律农药的性质分类分布图

浓度下的个数进行对比。在 a 浓度下，符合 A 和 B 类降解规律的有机氯类农药有 15 个，有机磷类农药有 25 个，符合 F 类降解规律的有机氯类农药有 25 个，有机磷类农药只有 5 个。在 b 浓度下，符合 A 和 B 类降解规律的有机氯类农药有 23 个，有机磷类农药有 28 个，符合 F 类降解规律的有机氯类农药有 19 个，有机磷类农药只有 3 个。据此，可以初步推断，绝大多数有机磷类农药符合 A 和 B 类降解规律，符合 F 类降解规律的有机磷类农药很少。对于有机氯类农药而言，一小部分符合 A 和 B 类降解规律，大多数符合 F 类降解规律。

6.1.7 降解规律在乌龙茶陈化样农药残留预测中的应用

6.1.7.1 20 种代表性农药的降解规律研究

本课题组于 2013 年 3～7 月组织了由美洲、欧洲和亚洲 11 个国家和地区 30 个实验室参加的茶叶中 653 种农药和化学污染物多组分多类别残留 GC-MS、GC-MS/MS 和 LC-MS/MS 分析方法的国际 AOAC 协同研究。

为了方便 AOAC 协同研究顺利进行，减少各参加实验室的工作量，国际 AOAC 提出了"缩身"的协同研究方案，即选择茶叶生长过程中普遍使用的 20 种农药，即茶叶国际贸易中经常被要求检测的农药，进行研究。另外，这些农药被喷施到茶叶中后，都具有较好的稳定性，其极性也有广泛的代表性。本章主要针对应用 GC-MS/MS 测定乌龙茶陈化样中 20 种代表性农药的结果进行讨论。表 6-3 给出了应用 GC-MS/MS 分析的 20 种农药的相关信息。

表 6-3 GC-MS/MS 测定的 20 种农药保留时间、监测离子对 m/z、检出限和定量限

内标及农药序号	英文名称	中文名称	CAS 号	保留时间 /min	定量离子对 m/z	定性离子对 m/z	LOQ /(μg/kg)	LOD /(μg/kg)
内标	heptachlor epoxide	环氧七氯	1024-57-3	22.15	353/263	353/282		
1	trifluralin	氟乐灵	1582-09-8	15.41	306/264	306/206	4.8	2.4
2	tefluthrin	七氟菊酯	79538-32-2	17.4	177/127	177/101	0.8	0.4
3	pyrimethanil	嘧霉胺	53112-28-0	17.42	200/199	183/102	6	3
4	propyzamide	炔苯酰草胺	23950-58-5	18.91	173/145	173/109	1	0.5
5	pirimicarb	抗蚜威	23103-98-2	19.02	238/166	238/96	4	2
6	dimethenamid	二甲噻草胺	87674-68-8	19.73	230/154	230/111	2	1
7	fenchlorphos	皮蝇磷	299-84-3	19.83	287/272	287/242	16	8
8	tolclofos-methyl	甲基立枯磷	57018-04-9	19.87	267/252	267/93	10	5
9	pirimiphos-methyl	甲基嘧啶磷	29232-93-7	20.36	290/233	290/125	10	5
10	2,4'-DDE	2,4'-滴滴伊	3424-82-6	22.79	318/248	318/246	6	3
11	bromophos-ethyl	乙基溴硫磷	4824-78-6	23.16	359/303	359/331	10	5
12	4,4'-DDE	4,4'-滴滴伊	72-55-9	23.9	318/248	318/246	4	2
13	procymidone	腐霉利	32809-16-8	24.7	283/96	283/255	2	1
14	picoxystrobin	啶氧菌酯	117428-22-5	24.75	335/173	335/303	10	5
15	quinoxyfen	喹氧灵	124495-18-7	27.18	237/208	237/182	80	40
16	chlorfenapyr	虫螨腈	122453-73-0	27.37	408/59	408/363	140	70
17	benalaxyl	苯霜灵	71626-11-4	27.66	148/105	148/79	2	1
18	bifenthrin	联苯菊酯	82657-04-3	28.63	181/166	181/165	10	5
19	diflufenican	吡氟酰草胺	83164-33-4	28.73	266/218	266/246	20	10
20	bromopropylate	溴螨酯	18181-80-1	29.46	341/185	341/183	8	4

表 6-4　c 和 d 浓度 20 种代表性农药 90d 内在乌龙茶陈化样中的降解方程

序号	英文名称	中文名称	CAS 号	c 浓度 90d 降解方程	R^2	d 浓度 90d 降解方程	R^2
1	trifluralin	氟乐灵	1582-09-8	$y=-6.93\ln x+222.0$	0.548	$y=-14.1\ln x+249.5$	0.787
2	tefluthrin	七氟菊酯	79538-32-2	$y=-4.52\ln x+105.4$	0.742	$y=-7.94\ln x+117.8$	0.832
3	pyrimethanil	嘧霉胺	53112-28-0	$y=-5.96\ln x+120.1$	0.693	$y=-8.06\ln x+126.1$	0.770
4	propyzamide	炔苯酰草胺	23950-58-5	$y=-4.06\ln x+125.0$	0.512	$y=-5.73\ln x+130.7$	0.598
5	pirimicarb	抗蚜威	23103-98-2	$y=-6.65\ln x+119.5$	0.822	$y=-9.11\ln x+128.6$	0.873
6	dimethenamid	二甲噻草胺	87674-68-8	$y=-2.23\ln x+47.66$	0.702	$y=-3.52\ln x+52.19$	0.860
7	fenchlorphos	皮蝇磷	299-84-3	$y=-10.1\ln x+245.1$	0.533	$y=-15.5\ln x+263.7$	0.785
8	tolclofos-methyl	甲基立枯磷	57018-04-9	$y=-4.00\ln x+118.1$	0.543	$y=-7.08\ln x+129.6$	0.780
9	pirimiphos-methyl	甲基嘧啶磷	29232-93-7	$y=-5.43\ln x+117.0$	0.740	$y=-8.31\ln x+127.9$	0.867
10	2,4'-DDE	2,4'-滴滴伊	3424-82-6	$y=-21.7\ln x+463.0$	0.794	$y=-26.4\ln x+476.8$	0.824
11	bromophos-ethyl	乙基溴硫磷	4824-78-6	$y=-5.74\ln x+119.4$	0.686	$y=-7.74\ln x+126.7$	0.784
12	4,4'-DDE	4,4'-滴滴伊	72-55-9	$y=-20.2\ln x+460$	0.768	$y=-24.6\ln x+473.3$	0.805
13	procymidone	腐霉利	32809-16-8	$y=-4.22\ln x+120.5$	0.587	$y=-5.34\ln x+123.3$	0.733
14	picoxystrobin	啶氧菌酯	117428-22-5	$y=-10.7\ln x+240.3$	0.717	$y=-12.3\ln x+244.3$	0.774
15	quinoxyfen	喹氧灵	124495-18-7	$y=-6.64\ln x+122.1$	0.667	$y=-6.57\ln x+119.3$	0.653
16	chlorfenapyr	虫螨腈	122453-73-0	$y=-36.0\ln x+984.2$	0.579	$y=-42.4\ln x+995.3$	0.650
17	benalaxyl	苯霜灵	71626-11-4	$y=-6.24\ln x+121.7$	0.763	$y=-7.50\ln x+124.2$	0.746
18	bifenthrin	联苯菊酯	82657-04-3	$y=-5.87\ln x+116.2$	0.653	$y=-7.09\ln x+119.1$	0.728
19	diflufenican	吡氟酰草胺	83164-33-4	$y=-5.93\ln x+122.9$	0.571	$y=-5.86\ln x+122.3$	0.576
20	bromopropylate	溴螨酯	18181-80-1	$y=-11.3\ln x+249.2$	0.524	$y=-12.1\ln x+248.9$	0.647

为了进一步科学评价这 20 种农药的降解规律，在 c 和 d 浓度下（$d>c>b>a$），将上述 20 种农药喷施在乌龙茶空白茶叶中，混合均匀制成农药残留陈化样品，然后应用 GC-MS/MS 进行测定，每 5 天测定 1 次，每次测定 3 个平行样，连续测定 3 个月，共测定 19 次，获得 1140 个实验数据。以测定时间为横坐标，测定浓度为纵坐标绘制降解曲线，并获得 20 种农药的对数降解方程，结果见表 6-4。从表 6-4 可以看出，90d 内乌龙茶陈化样中 20 种农药在 c 和 d 浓度下的降解方程均呈现对数下降趋势，即这 20 种农药在乌龙茶陈化样中缓慢降解，浓度逐渐降低。

从表 6-1 和表 6-2 可以看出，在 a 和 b 浓度下，这 20 种农药在 120d 内呈现指数或对数降解趋势（抗蚜威、皮蝇磷和 $4,4'$-滴滴伊除外），而表 6-4 中，在更高水平的 c 和 d 浓度下，20 种农药在 90d 内均呈现对数下降趋势，因此，可以推断随着喷施浓度的增加，这 20 种农药将呈现对数降解趋势。

6.1.7.2　乌龙茶陈化样中 20 种农药残留预测

从上述研究可以看出，乌龙茶陈化样中农药降解具有一定的规律性，但该研究过程所需时间较长，同时需要多次测定。为了解不同喷施浓度下乌龙茶陈化样中农药残留情况，在现有测定结果基础上，建立乌龙茶陈化样中农药残留预测方法是十分必要的。本章将以表 6-4 中 c 和 d 浓度下农药降解结果为例，建立乌龙茶陈化样中农药残留预测方法并进行验证。

根据前期单一实验室对乌龙茶陈化样中农药稳定性连续 3 个月的检测结果（来自表 6-4 中 d 浓度原始数据），以测定天数为横坐标，每次测定值与第 1 次测定值之差为纵坐标，对测定结果进行拟合（见图 6-11），根据拟合曲线获得对数方程（见表 6-5）。据此，可以预测不同喷施浓度下，乌龙茶陈化样中待测农药在某一测定时间降解的幅度。

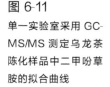

图 6-11

单一实验室采用 GC-MS/MS 测定乌龙茶陈化样品中二甲吩草胺的拟合曲线

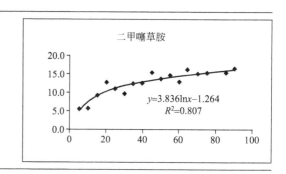

表 6-5　20 种农药的降解幅度预测方程

序号	英文名称	中文名称	CAS 号	预测方程	R^2
1	trifluralin	氟乐灵	1582-09-8	$y=12.21\ln x+3.401$	0.705
2	tefluthrin	七氟菊酯	79538-32-2	$y=6.336\ln x+10.94$	0.641
3	pyrimethanil	嘧霉胺	53112-28-0	$y=8.822\ln x-5.055$	0.758
4	propyzamide	炔苯酰草胺	23950-58-5	$y=6.399\ln x-4.981$	0.620
5	pirimicarb	抗蚜威	23103-98-2	$y=9.929\ln x-5.560$	0.800
6	dimethenamid	二甲噻草胺	87674-68-8	$y=3.836\ln x-1.264$	0.807
7	fenchlorphos	皮蝇磷	299-84-3	$y=18.07\ln x-9.564$	0.768

序号	英文名称	中文名称	CAS 号	预测方程	R^2
8	tolclofos-methyl	甲基立枯磷	57018-04-9	$y = 7.461\ln x + 0.113$	0.698
9	pirimiphos-methyl	甲基嘧啶磷	29232-93-7	$y = 8.866\ln x - 3.763$	0.781
10	2,4'-DDE	2,4'-滴滴伊	3424-82-6	$y = 29.77\ln x - 22.61$	0.748
11	bromophos-ethyl	乙基溴硫磷	4824-78-6	$y = 9.26\ln x - 7.603$	0.757
12	4,4'-DDE	4,4'-滴滴伊	72-55-9	$y = 29.07\ln x - 23.00$	0.705
13	procymidone	腐霉利	32809-16-8	$y = 6.414\ln x - 7.533$	0.600
14	picoxystrobin	啶氧菌酯	117428-22-5	$y = 15.28\ln x - 19.24$	0.740
15	quinoxyfen	喹氧灵	124495-18-7	$y = 6.511\ln x - 3.341$	0.744
16	chlorfenapyr	虫螨腈	122453-73-0	$y = 45.47\ln x - 38.61$	0.630
17	benalaxyl	苯霜灵	71626-11-4	$y = 9.157\ln x - 12.91$	0.722
18	bifenthrin	联苯菊酯	82657-04-3	$y = 8.334\ln x - 9.895$	0.761
19	diflufenican	吡氟酰草胺	83164-33-4	$y = 7.221\ln x - 8.177$	0.730
20	bromopropylate	溴螨酯	18181-80-1	$y = 15.97\ln x - 23.75$	0.596

应用上述预测方程，对表6-4中 c 浓度下待测农药在乌龙茶陈化样中的降解幅度进行预测，以 c 浓度下施药后第1天测定的农药残留浓度减去某一天待测农药的降解幅度，即可获得该天农药残留的预测结果。应用该方法预测了施药后第5、10、15、20、25、30、35、40、45、50、55、60、65、70、75、80、85、90天时，乌龙茶陈化样中 c 浓度下20种农药的残留结果，并与实际测定结果进行了对比。

表6-6给出了20种农药在不同测定时间下预测值和实际测定值的偏差率，其偏差率范围见表6-7。由表6-6和表6-7可见，氟乐灵、七氟菊酯和二甲噻草胺在不同测定时间的偏差率均处于较高水平，其偏差率范围分别为 $-23.1\% \sim 21.5\%$、$12.2\% \sim 26.0\%$ 和 $6.6\% \sim 24.0\%$，其次是甲基嘧啶磷、甲基立枯磷和皮蝇磷，其偏差率范围分别为 $-2.8\% \sim 21.8\%$、$5.8\% \sim 23.1\%$ 和 $-2.0\% \sim 24.4\%$。其余14种农药的偏差率相对较低，只是在个别测定时间的偏差率略高。对20种农药在不同测定时间的偏差率进行比较，结果发现，20种农药偏差率的最低值均较为分散，其中有9种农药偏差率的最低值出现在第30天，4种农药偏差率的最低值出现在第20天，3种农药偏差率的最低值出现在第45天。除2,4'-滴滴伊、4,4'-滴滴伊和溴螨酯3种农药偏差率的最高值分别出现在第85、85、35天（均与第80天的结果接近）外，其余17种农药偏差率的最高值均出现在第80天，初步推断，第80天的测定结果可能存在异常。为了准确反映待测农药预测值和测定值偏差率的范围，删除第80天的偏差率，并重新统计偏差率范围，结果见表6-7。在前述偏差率范围较低的14种农药中，除抗蚜威和乙基溴硫磷偏差率的最高值分别为 17.1% 和 16.8%，喹氧灵和苯霜灵偏差率的最低值分别为 -24.3% 和 -16.0% 外，其余农药偏差率的绝对值均低于 15%，其中绝大多数低于 10%。这表明，本章建立的乌龙茶陈化样中农药残留预测方法具有较高的准确性。

另外，表6-7也给出了 c 和 d 浓度下初始值的偏差率，可以看出，预测值和实测值偏差率相对较高的6种农药其初始值偏差率也较高，其范围为 $10.1\% \sim 13.7\%$。其余14种农药初始值的偏差率均低于 10%，其范围为 $0.1\% \sim 9.1\%$，随着初始值偏差率的降低，其预测值和实测值偏差率的最高值也基本逐渐降低。可以推断，被预测农药的初始值与建立预测模型的农药初始浓度越接近，预测结果越准确。

表 6-6　c 浓度下乌龙茶陈化样中 20 种农药不同时间预测和实测结果偏差率（%）

序号	英文名称	中文名称	CAS 号	5d	10d	15d	20d	25d	30d	35d	40d	45d	50d	55d	60d	65d	70d	75d	80d	85d	90d
1	trifluralin	氟乐灵	1582-09-8	13.3	14.1	11.6	−22.9	21.0	15.4	14.1	18.0	11.6	16.0	−23.1	17.8	10.0	19.2	11.4	21.5	20.3	20.2
2	tefluthrin	七氟菊酯	79538-32-2	15.2	17.4	16.0	14.1	15.1	25.5	16.1	19.7	12.2	23.5	20.3	20.7	17.8	20.6	21.2	26.0	25.3	21.4
3	pyrimethanil	嘧霉胺	53112-28-0	5.4	11.2	9.7	3.6	3.5	7.7	6.2	9.0	0.3	11.1	6.6	8.8	6.3	11.7	10.4	20.0	13.7	14.1
4	propyzamide	炔苯酰草胺	23950-58-5	6.9	11.4	9.9	3.6	4.9	7.6	9.2	7.1	0.0	11.4	3.4	8.6	8.9	8.6	7.8	15.4	12.4	10.4
5	pirimicarb	抗蚜威	23103-98-2	7.4	11.9	10.7	5.7	9.5	13.7	11.6	11.2	8.1	15.7	8.5	12.6	11.5	13.2	13.4	20.6	17.1	14.5
6	dimethenamid	二甲噻草胺	87674-68-8	9.4	13.0	11.4	6.6	15.3	18.0	17.6	16.3	7.9	17.5	12.3	17.2	13.7	19.9	17.0	24.0	21.4	18.9
7	fenchlorphos	皮蝇磷	299-84-3	6.5	12.8	11.3	−2.0	9.2	12.8	4.1	12.0	8.0	13.9	3.8	15.6	16.0	17.7	12.7	24.4	19.3	18.5
8	tolclofos-methyl	甲基立枯磷	57018-04-9	9.5	13.7	11.8	5.8	11.9	9.4	8.2	13.6	9.2	16.1	9.7	17.0	15.8	17.4	14.5	23.1	19.9	17.6
9	pirimiphos-methyl	甲基嘧啶磷	29232-93-7	9.2	13.9	13.0	6.1	11.2	10.1	9.2	13.1	−2.8	13.1	11.3	13.5	12.9	16.0	14.9	21.8	20.6	17.6
10	2,4′-DDE	2,4′-滴滴伊	3424-82-6	0.8	5.6	7.0	4.5	4.1	−0.1	5.3	2.6	0.2	7.3	5.7	4.1	0.4	4.3	6.7	10.8	11.3	4.6
11	bromophos-ethyl	乙基溴硫磷	4824-78-6	3.8	10.5	10.8	2.4	8.0	1.2	5.6	6.0	5.7	10.5	3.4	11.6	9.2	13.2	10.7	17.8	16.8	12.4
12	2,2′-DDE	2,2′-滴滴伊	72-55-9	0.4	5.2	6.4	3.9	3.5	−0.9	4.5	1.8	−0.7	6.4	5.4	4.5	0.4	5.2	7.9	10.8	11.4	5.6
13	procymidone	腐霉利	32809-16-8	−2.2	4.0	5.7	4.4	3.7	−3.9	6.3	−0.5	−2.3	4.8	2.0	3.9	−2.6	1.9	6.2	9.8	8.6	2.9
14	picoxystrobin	啶氧菌酯	117428-22-5	−3.6	2.7	5.5	4.0	2.5	−3.2	8.4	−2.9	−0.7	3.2	0.4	3.2	−4.9	2.1	6.2	8.9	7.1	0.1
15	quinoxyfen	喹氧灵	124495-18-7	2.3	11.2	10.1	4.1	1.2	−24.3	8.1	−6.0	−8.9	0.7	−1.2	2.1	−2.4	4.5	5.6	14.7	6.1	3.2
16	chlorfenapyr	虫螨腈	122453-73-0	−1.9	4.6	6.2	2.0	2.9	−5.6	6.7	−4.7	−1.8	3.1	−2.7	3.7	−1.0	2.3	4.0	8.4	6.0	−1.6
17	benalaxyl	苯霜灵	71626-11-4	−4.2	4.2	4.6	4.0	3.0	−16.0	6.8	−4.2	−9.7	4.6	1.7	4.3	−3.4	3.0	7.4	8.7	6.5	−0.2
18	bifenthrin	联苯菊酯	82657-04-3	−4.6	4.3	5.4	7.8	3.1	−0.1	10.0	−4.2	−9.5	3.5	4.2	4.7	−3.0	3.7	8.9	11.1	7.8	−0.3
19	diflufenican	吡氟酰草胺	83164-33-4	−2.2	9.1	7.3	2.0	1.8	−11.8	9.5	−5.6	−7.9	0.5	−2.6	2.3	−3.1	4.7	6.6	13.5	8.2	2.5
20	bromopropylate	溴螨酯	18181-80-1	−0.8	9.1	7.3	−0.5	6.0	−8.6	10.5	−6.0	−2.3	2.1	−1.7	4.5	−3.8	10.0	6.9	10.2	7.4	0.3

注：偏差率（%）＝（实测值－预测值）×100/实测值。

表6-7 c和d浓度初始值及预测值和实测值偏差率范围

序号	英文名称	中文名称	CAS号	c浓度初始值/(μg/kg)	d浓度初始值/(μg/kg)	初始值偏差率/%	预测值和实测值偏差率范围/%	删除第80天结果后预测值和实测值偏差率范围/%
1	trifluralin	氟乐灵	1582-09-8	214.4	248.6	13.7	−23.1~21.5	−23.1~21.0
2	tefluthrin	七氟菊酯	79538-32-2	106.1	122.6	13.5	12.2~26.0	12.2~25.5
3	pyrimethanil	嘧霉胺	53112-28-0	116.9	124.7	6.3	0.3~20.0	0.3~14.1
4	propyzamide	炔苯酰草胺	23950-58-5	119.6	126.6	5.5	0~15.4	0~12.4
5	pirimicarb	抗蚜威	23103-98-2	114.7	126.2	9.1	5.7~20.6	5.7~17.1
6	dimethenamid	二甲噻草胺	87674-68-8	46.2	51.9	11.1	6.6~24.0	6.6~21.4
7	fenchlorphos	皮蝇磷	299-84-3	240.3	267.4	10.1	−2.0~24.4	−2.0~19.3
8	tolclofos-methyl	甲基立枯磷	57018-04-9	116.7	130.5	10.5	5.8~23.1	5.8~19.9
9	pirimiphos-methyl	甲基嘧啶磷	29232-93-7	113.0	126.3	10.6	−2.8~21.8	−2.8~20.6
10	2,4'-DDE	2,4'-滴滴伊	3424-82-6	451.7	466.9	3.3	−0.1~11.3	−0.1~11.3
11	bromophos-ethyl	乙基溴硫磷	4824-78-6	116.0	124.2	6.6	1.2~17.8	1.2~16.8
12	4,4'-DDE	4,4'-滴滴伊	72-55-9	451.7	466.9	3.3	−0.9~11.4	−0.9~11.4
13	procymidone	腐霉利	32809-16-8	117.9	120.3	2.0	−3.9~9.8	−3.9~8.6
14	picoxystrobin	啶氧菌酯	117428-22-5	234.0	236.0	0.9	−4.9~8.9	−4.9~8.4
15	quinoxyfen	喹氧灵	124495-18-7	115.9	116.4	0.4	−24.3~14.7	−24.3~11.2
16	chlorfenapyr	虫螨腈	122453-73-0	965.0	966.0	0.1	−5.6~8.4	−5.6~6.7
17	benalaxyl	苯霜灵	71626-11-4	116.8	118.9	1.7	−16.0~8.7	−16.0~7.4
18	bifenthrin	联苯菊酯	82657-04-3	112.9	114.8	1.7	−9.5~11.1	−9.5~10.0
19	diflufenican	吡氟酰草胺	83164-33-4	118.6	119.4	0.7	−11.8~13.5	−11.8~9.5
20	bromopropylate	溴螨酯	18181-80-1	237.4	240.0	1.1	−8.6~10.5	−8.6~10.5

6.1.8　　结论

本章应用前期建立的茶叶中农药多残留测定方法，对乌龙茶陈化样中 271 种农药残留在 120d 内的降解规律进行了研究。结果表明，70％以上的农药符合指数或对数降解规律，可以推断：在 4 个月内，乌龙茶陈化样品中农药缓慢降解，含量逐渐降低。将上述 271 种农药按照农药性质分类，比较发现大多数有机磷农药符合 A 和 B 类降解规律，而大多数有机氯农药符合 F 类降解规律。

在乌龙茶陈化样中农药降解幅度的规律性研究中，以测定时间为横坐标，每次测定结果与第 1 次测定结果之差为纵坐标，绘制曲线并进行拟合，获得各农药的降解幅度变化方程，应用此方程可以预测某一测定时间下待测农药的降解幅度。将该预测方法应用于 "Youden Pair" 中较低喷施浓度 20 种农药在 90d 内降解结果的预测并与实际测定结果对比，有 14 种农药（占 70％）预测值和实测值的偏差率较低，结果令人满意。

本章获得的乌龙茶陈化样中多种农药的降解规律可以为茶叶中农药多残留标准物质稳定性的研究提供数据支持，更重要的是本章建立的应用现有降解数据对乌龙茶陈化样中农药测定结果进行预测的方法，为国际协同研究复杂基质中农药多残留结果的误差分析提供了一种新的思路。

6.2 GC‑MS、GC‑MS/MS 和 LC‑MS/MS 研究不同田间试验和储藏条件下绿茶污染样的农药降解规律

6.2.1　　概述

农药在田间试验茶树上的降解规律是茶叶农药多残留研究的重要内容之一。许多科研人员，针对不同农药在茶树上的降解规律开展了相关研究。例如，林金科等[16] 以铁观音和武夷肉桂两个典型乌龙茶品种为材料，利用气相色谱分析技术，研究了联苯菊酯、甲氰菊酯、氯氰菊酯和优乐得 4 种农药在茶树新梢上残留的自然降解动态。Chen 等[17] 建立了乌龙茶中 5 种农药的气相色谱-质谱测定方法，研究了上述 5 种农药在茶树上的自然降解情况和不同加工方式对茶叶中上述 5 种农药残留含量的影响。Satheshkumar 等[21] 研究了高温条件下联苯肼酯在 3 个采样点红茶中的动态降解规律，给出了动态降解方程和采样间隔期。

表 6-8 供试药剂

序号	英文名称	中文名称	CAS 号	品牌	规格	单位	第一阶段用量	第二阶段用量
				第一组（茶树上施药）				
1	trifloxystrobin + tebuconazole	防菌 50%＋戊唑醇 5%		拜耳	5g	袋	15g/亩	减量至二分之一 稀释 5 倍
2	cyprodinil	50%嘧菌环胺 WG	121552-61-2	先正达	15g	袋	50g/亩	减量至五分之一 稀释 20 倍
3	boscalid	50%啶酰菌胺 WG	188425-85-6	巴斯夫	12g	包	30g/亩	
4	azoxystrobin	50%嘧菌酯 WG	131860-33-8	巴斯夫	5g	包	2g/亩	减量至二分之一 稀释 4 倍
5	pyrimethanil	40%嘧霉胺 EC	53112-28-0	北京中保	15mL	包	60mL/亩	
				第二组（茶树上施药）				
6	dimethomorph	50%稀酰吗啉 WP	110488-70-5	巴斯夫	100g	包	40g/亩	减量至四分之三 稀释 2 倍
7	metalaxyl	35%甲霜灵 WP	57837-19-1	江苏宝灵	40g	包	40g/亩	
8	pyridaben	哒螨灵	96489-71-3	惠州中迅	10g	包	5g/亩	
				第三组（茶树上施药）				
9	bifenthrin	联苯菊酯 EC	82657-04-3	湖南大方	200mL	包	40mL/亩	稀释 2 倍
10	endosulfan	35%硫丹 EC	115-29-7	京博	200g	瓶	40g/亩	
				第四组（茶树上施药）				
11	triadimefon	25%三唑酮	43121-43-3	北京中保	50g	包	20g/亩	稀释 2 倍
12	diniconazole	5%烯唑醇	83657-24-3	北京中保	180mL	瓶	40mL/亩	保持不变
13	epoxiconazole	氟环唑	133855-98-8	巴斯夫	10mL	包	30mL/亩	稀释 2 倍
14	propiconazole	25%丙环唑 EC	60207-90-1	先正达	100mL	瓶	40mL/亩	
				第五组（茶树上施药）				
15	ametryn	莠灭净	834-12-8	长兴	120g	包	130g/亩	稀释 2 倍
16	pendimethalin	二甲戊灵	40487-42-1	巴斯夫	200mL	瓶	110mL/亩	
				第六组（土壤上施药）				
17	napropamide	敌草胺	15299-99-7	快达	100g	包	100g/亩	保持不变
18	butralin	48%仲丁灵	33629-47-9	龙江	200mL	瓶	200mL/亩	保持不变
19	acetochlor	乙草胺	34256-82-1	山东侨昌	15g	包	100mL/亩	保持不变

在茶园中，茶树中农药降解相对较为复杂，通常会受到光、热、酸度和湿度等物理和化学因素的影响[22,23]。然而，在不同条件下对茶树中农药降解规律进行研究的文献并不多见。目前报道的文献中，Tewary 等[24] 于 2005 年研究了干燥和湿润季节联苯菊酯在茶树新叶、成茶和茶汤中的降解规律，作者根据测定结果给出了采样间隔期。

本章综合研究了不同田间试验和室温储藏条件下绿茶污染样中农药残留降解规律，分别在春季（2011 年 10 月 27 日～2012 年 2 月 20 日）和秋季（2012 年 5 月 23 日～2012 年 9 月 13 日）进行了两次田间实验，收集了施药后不同采样间隔期的茶树新叶，并将其加工为绿茶成茶，分别应用 GC-MS、GC-MS/MS 和 LC-MS/MS 进行了以下 3 个方面的研究：①目标农药在田间试验中的降解回归方程及规律；②应用降解回归方程对目标农药降解至 MRL 所需的天数进行预测；③考察室温储藏条件下，目标农药在绿茶污染样中 12 周的浓度变化。从而为 AOAC 协同研究中茶叶污染样的制备及其稳定性提供科学依据，保证了国际 AOAC 协同研究的顺利进行。现在这项研究的目的，早已在 AOAC 农药多残留国际 AOAC 协同研究中得到了证实。

6.2.2　试剂与材料

乙腈、甲苯、正己烷和甲醇（色谱纯，迪马科技）；19 种农药标准（含内标）（纯度≥95％，LGC Promochem，德国）。标准储备溶液的配制：准确称取 5～10mg（精确至 0.1mg）标准品，分别置于 10mL 容量瓶中，根据标准物的溶解性选择合适的溶剂溶解并定容至刻度，于 4℃避光保存。供试药剂：每亩施药液 60kg，施药分 6 组进行，配药采用二步法（先配母液，再进一步稀释），具体见表 6-8。

6.2.3　田间实验设计

农药的选择：前期研究比较稳定的农药；在茶叶中有 MRL 限量要求的农药；易于购买的市售农药；第一次选出 19 种农药，第二次选择 11 种农药。

试验茶园的选择与规划：在中国福建省福州市优山茶场，选择地势较低（平均海拔1000 多米，地处东经 115°50′～120°44′，北纬 23°31′～28°19′），不易污染附近茶树的 2 亩试验区（见图 6-12），依据良好农业规范（GAP）进行田间实验。试验田设 0.2 亩空白对照区，不施药，与施药区间隔 3 行茶树。施药区均分为 20 个区域，供农药喷施后的第 1、2、3、5、7、10、15、20、25、30 天采摘，每次采 2 个区域，不重复采样，共计采样 20 个。

农药的喷施与茶叶污染样品制备：

施药：根据农药的性质，分成 8 组，其中 3 组是土壤中施药（除草剂），其余 5 组为茶树喷雾。喷施农药要严格按照操作规程进行。采样：施药后第 1、2、3、5、7、10、15、20、25、30 天采摘，共采摘 10 次，每次采摘两个平行样品，共采摘 20 个样品。经干燥、杀青等茶叶加工工艺，独立密封包装，运到实验室。经磨碎、混匀、筛分后，制成实验分析用的样品。每周检测 1 次，3 个月持续检测 12 次，得到 19920 个原始数据。

图 6-12
中国福州优山茶场实
验区

试验区2亩

天气状况：其中第一次田间实验空白茶叶样品采集时间为 2011 年 9 月 20 日，在茶园
喷施农药后的 15 天内，天气晴好；第二次田间实验空白茶叶样品采集时间为 2012 年 5 月
23 日，施药后第 1 天、第 2 天有小雨，第 15～18 天有中雨。

6.2.4　实验方法

6.2.4.1　提取与净化

称取 5g 试样（精确至 0.01g），于 80mL 离心管中，加入 15mL 乙腈，13500r/min 均
质提取 1min，4200r/min 离心 5min，取上清液于 80mL 鸡心瓶中。残渣用 15mL 乙腈重
复提取 1 次，离心，合并 2 次提取液，40℃水浴旋转蒸发浓缩至约 1mL，待净化。

SPE 柱条件化：在 Cleanert TPT 柱中加入约 2cm 高无水硫酸钠，放入固定架上，下
接鸡心瓶，用 10mL 乙腈-甲苯（体积比为 3∶1）淋洗 Cleanert TPT 柱，弃去淋出液。试
样提取液净化：当淋洗液液面到达无水硫酸钠层顶面时，将上述茶叶试样浓缩液转移至
Cleanert TPT 柱中，换上新鸡心瓶收集洗脱液；用 3×2mL 乙腈-甲苯（体积比为 3∶1）
洗涤试样浓缩液瓶，待试样浓缩液液面到达无水硫酸钠层顶面时，将洗涤液移入柱中。在
SPE 柱上部连接上 30mL 贮液器，再用 25mL 乙腈-甲苯（体积比为 3∶1）洗涤小柱，鸡
心瓶中洗脱液于 40℃水浴中旋转浓缩至约 0.5mL。

GC-MS 和 GC-MS/MS：在上述浓缩净化液中，加入 40μL 环氧七氯内标工作溶液，于 35℃水
浴中用氮气吹干，用 1.5mL 正己烷溶解残渣，超声混合均匀，经 0.2μm 滤膜过滤后测定。

LC-MS/MS：在上述浓缩净化液中，加入 40μL 甲基毒死蜱内标工作溶液，于 35℃水
浴中用氮气吹干，采用 1.5mL 乙腈-水（体积比为 3∶2）溶解残渣，超声混合均匀，经
0.2μm 滤膜过滤后测定。

6.2.4.2　仪器测定条件

（1）GC-MS 条件

7890A 气相色谱串联 5975C 质谱仪，配有电子轰击（EI）离子源、7683 自动进样器和
Chemstation 数据处理软件（安捷伦，美国）；色谱柱：DB-1701 石英毛细管柱（30m×
0.25mm×0.25μm，J&W Scientific，美国）或等效的；升温程序：40℃保持 1min，然后以

30℃/min升温至130℃，以5℃/min升温至250℃，再以10℃/min升温至300℃，保持5min。载气：氦气，纯度≥99.999%。流速：1.2mL/min。进样口温度：290℃。进样量：1μL。进样方式：不分流进样，1.5min打开吹扫阀。离子化模式：电子轰击（EI）。离子源电压：70eV。离子源温度：230℃。接口温度：280℃。选择离子监测（SIM）。

（2）GC-MS/MS条件

GC-MS/MS系统：Model 7890气相色谱仪串联Model 7000A三重四极杆质谱仪，配Model 7693自动进样器（安捷伦，美国）；色谱柱：DB-1701石英毛细管柱（30m×0.25mm×0.25μm，J&W Scientific，美国）或等效的。离子监测方式：多反应监测模式（MRM）；其他检测条件同GC-MS。

（3）LC-MS/MS条件

LC-MS/MS系统：Agilent 1200/6430三重四极杆质谱仪，配有电喷雾离子源（美国安捷伦公司）。色谱柱：ZORBOX SB-C$_{18}$（3.5μm，100mm×2.1mm）（安捷伦，美国）。进样量：10μL。流速：400μL/min。柱温：40℃。电离源模式：电喷雾离子化。雾化气：氮气。雾化气压力：0.28MPa。离子喷雾电压：4000V。干燥气温度：350℃。干燥气流速：10L/min。流动相A为0.1%甲酸水溶液，B为乙腈。梯度洗脱：0~3min，1%~30%B；3~6min，30%~40%B；6~9min，40%B；9~15min，40%~60%B；15~19min，60%~99%B；19~23min，99%B；23~23.01min，99%~1%B。

6.2.5　茶园农药田间实验30d农药降解趋势研究

对第1、2、3、5、7、10、15、20、25、30天采集的10个日期茶叶污染样品，每周检测1次农药含量作为纵坐标，以采集日期为横坐标，绘制农药降解曲线图，每种农药得到12条（12周测定）降解曲线，得到两个阶段的农药降解趋势图，见图6-13和图6-14。

从图6-13中可以看出，12周测定的茶叶污染样中农药降解趋势基本一致，且基本能够在30d内降解至MRL以下水平且趋于稳定。图6-14中在第2天降解趋势线出现了折点，因为农药喷施后第2~3天连续下雨，农药尚没有被茶叶完全吸收就被雨水冲掉所致。

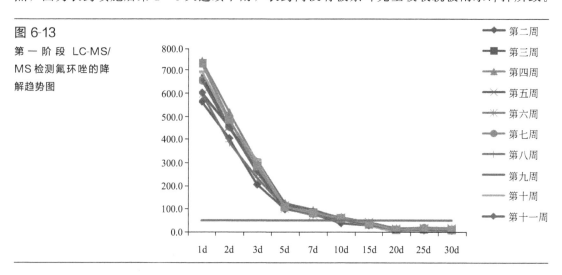

图 6-13

第一阶段 LC-MS/MS 检测氟环唑的降解趋势图

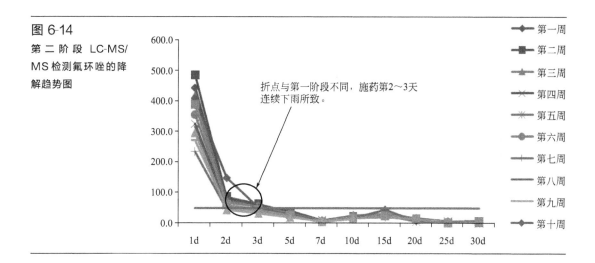

图 6-14
第二阶段 LC-MS/MS 检测氟环唑的降解趋势图

折点与第一阶段不同，施药第2～3天连续下雨所致。

- 第一周
- 第二周
- 第三周
- 第四周
- 第五周
- 第六周
- 第七周
- 第八周
- 第九周
- 第十周

6.2.6　茶园农药田间实验 3 种技术表征农药 30d 降解规律

　　将同一次采摘的茶叶样品 3 个月 12 次的检测结果计算平均值，作为纵坐标，以采摘时间为横坐标，绘制降解趋势线，结果见图 6-15。

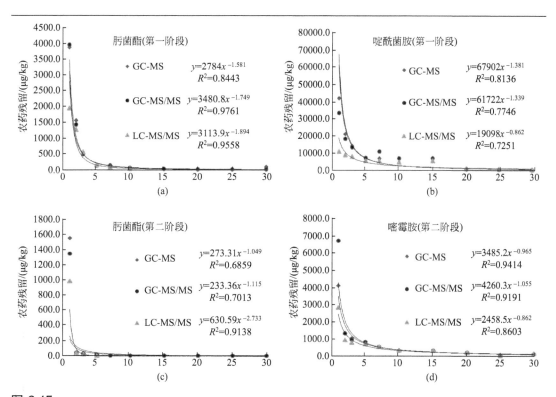

图 6-15
GC-MS、GC-MS/MS 和 LC-MS/MS 3 种技术表征 30d 农药降解规律

表6-9　茶园农药田间实验降解动力学方程（2011年10月27日~2012年2月20日）

序号	英文名称	中文名称	CAS号	GC-MS		GC-MS/MS		LC-MS/MS	
				降解幂函数	幂函数方程相关系数	降解幂函数	幂函数方程相关系数	降解幂函数	幂函数方程相关系数
				第一阶段（2011年10月27日~2012年2月20日）					
1	acetochlor	乙草胺	34256-82-1	$y=222.14x^{-1.17}$	0.7940	$y=2281.8x^{-1.471}$	0.8800	$y=1301.8x^{-2.712}$	0.9271
2	ametryn	莠灭净	834-12-8	$y=909.78x^{-1.001}$	0.7323	$y=951.49x^{-0.984}$	0.7416	$y=1016.9x^{-1.002}$	0.8178
3	azoxystrobin	嘧菌酯	131860-33-8					$y=3745.7x^{-2.326}$	0.9433
4	bifenthrin	联苯菊酯	82657-04-3	$y=10489x^{-1.623}$	0.8068	$y=11655x^{-1.552}$	0.8385		
5	boscalid	啶酰菌胺	188425-85-6	$y=67902x^{-1.381}$	0.8136	$y=61722x^{-1.339}$	0.7746	$y=19098x^{-0.862}$	0.7251
6	butralin	仲丁灵	33629-47-9	$y=3076.9x^{-1.694}$	0.7969	$y=3790.3x^{-1.724}$	0.8014	$y=621.38x^{-1.061}$	0.6687
7	cyprodinil	嘧菌环胺	121552-61-2	$y=39183x^{-1.244}$	0.9854	$y=63744x^{-1.437}$	0.9841	$y=5698.9x^{-0.803}$	0.9859
8	dimethomorph	烯酰吗啉	110488-70-5	$y=160851x^{-1.982}$	0.9146	$y=170270x^{-2.076}$	0.8327	$y=20485.x^{-1.424}$	0.8378
9	diniconazole	烯唑醇	83657-24-3	$y=2359.7x^{-1.384}$	0.9618	$y=2032.3x^{-1.145}$	0.9349	$y=8335.5x^{-2.8}$	0.9558
10	endosulfan	硫丹	115-29-7	$y=307501x^{-2.674}$	0.9440	$y=347971x^{-2.731}$	0.9146		
11	epoxiconazole	氟环唑	133855-98-8	$y=1053.6x^{-1.334}$	0.9845	$y=755.05x^{-1.205}$	0.9856	$y=953.2x^{-1.309}$	0.9715
12	metalaxyl	甲霜灵	57837-19-1	$y=5195.3x^{-1.429}$	0.9300	$y=4955.6x^{-1.517}$	0.8757	$y=6413.8x^{-1.579}$	0.9447
13	napropamide	敌草胺	15299-99-7	$y=797.33x^{-1.421}$	0.8132	$y=900.73x^{-1.421}$	0.8328	$y=1656.5x^{-2.055}$	0.7214
14	pendimethalin	二甲戊灵	40487-42-1	$y=3471.6x^{-1.219}$	0.6309	$y=4392.7x^{-1.286}$	0.6359		
15	propiconazole	丙环唑	60207-90-1	$y=6055.2x^{-1.496}$	0.9901	$y=6314.8x^{-1.504}$	0.9830	$y=4142.6x^{-1.397}$	0.9795

序号	英文名称	中文名称	CAS号	GC-MS 降解幂函数	GC-MS 幂函数方程相关系数	GC-MS/MS 降解幂函数	GC-MS/MS 幂函数方程相关系数	LC-MS/MS 降解幂函数	LC-MS/MS 幂函数方程相关系数
16	pyridaben	哒螨灵	96489-71-3	$y=6410.6x^{-1.305}$	0.8031	$y=6955.5x^{-1.333}$	0.7802		
17	pyrimethanil	嘧霉胺	53112-28-0	$y=14294x^{-1.297}$	0.9629	$y=20479x^{-1.445}$	0.9606	$y=9768.6x^{-1.118}$	0.9624
18	triadimefon	三唑酮	43121-43-3	$y=2784x^{-1.581}$	0.8443	$y=3480.8x^{-1.749}$	0.9761	$y=3113.9x^{-1.894}$	0.9558
19	trifloxystrobin	肟菌酯	141517-21-7	$y=9349.8x^{-2.023}$	0.9913	$y=9218x^{-1.953}$	0.9863	$y=10338.x^{-2.679}$	0.8584

第二阶段(2012年5月23日~2012年9月13日)

序号	英文名称	中文名称	CAS号	GC-MS 降解幂函数	GC-MS 幂函数方程相关系数	GC-MS/MS 降解幂函数	GC-MS/MS 幂函数方程相关系数	LC-MS/MS 降解幂函数	LC-MS/MS 幂函数方程相关系数
1	acetochlor	乙草胺	34256-82-1	$y=118.81x^{-0.964}$	0.7576	$y=481.6x^{-1.093}$	0.9252	$y=143.15x^{-1.287}$	0.8384
2	ametryn	莠灭净	834-12-8	$y=4.4829x^{-0.181}$	0.6542	$y=4.592x^{-0.192}$	0.6309	$y=3.6009x^{-0.394}$	0.6352
3	bifenthrin	联苯菊酯	82657-04-3	$y=426.8x^{-0.697}$	0.7068	$y=401.87x^{-0.683}$	0.6804		
4	boscalid	啶酰菌胺	188425-85-6	$y=2321.1x^{-1.028}$	0.9311	$y=2562.4x^{-1.038}$	0.9016	$y=1975.5x^{-0.836}$	0.9418
5	diniconazole	烯唑醇	83657-24-3	$y=157.73x^{-0.575}$	0.7022	$y=171.68x^{-0.495}$	0.6126	$y=184.43x^{-1.346}$	0.7969
6	epoxiconazole	氟环唑	133855-98-8	$y=127.42x^{-0.75}$	0.5644	$y=134.95x^{-0.735}$	0.5319	$y=134.71x^{-0.768}$	0.4970
7	metalaxyl	甲霜灵	57837-19-1	$y=1274.4x^{-1.085}$	0.9276	$y=1187.8x^{-1.098}$	0.9286	$y=1635.4x^{-1.357}$	0.8558
8	napropamide	敌草胺	15299-99-7	$y=1862x^{-1.698}$	0.9528	$y=2017.8x^{-1.744}$	0.9547	$y=1005.7x^{-1.544}$	0.9486
9	pyrimethanil	嘧霉胺	53112-28-0	$y=3485.2x^{-0.965}$	0.9414	$y=4260.3x^{-1.055}$	0.9191	$y=2458.5x^{-0.862}$	0.8603
10	triadimefon	三唑酮	43121-43-3	$y=273.31x^{-1.049}$	0.6859	$y=233.36x^{-1.115}$	0.7013	$y=630.59x^{-2.733}$	0.9138
11	trifloxystrobin	肟菌酯	141517-21-7	$y=1175.2x^{-1.582}$	0.9641	$y=1009.9x^{-1.408}$	0.9130	$y=1079.6x^{-1.794}$	0.9667

对于第一阶段，一些农药（如肟菌酯），GC-MS、GC-MS/MS 和 LC-MS/MS 测定值拟合的农药降解趋势线基本一致［图 6-15（a）］；而一些农药（如啶酰菌胺），LC-MS/MS 测得的 1～7d 样品浓度偏低，使其降解趋势线在 GC-MS 和 GC-MS/MS 的降解趋势图之下。笔者认为，由于经验不足，第一次田间试验农药喷施量较大，使喷药后 7d 内采摘的茶叶样品中残留农药含量很高，个别农药含量超出了仪器检测线性范围；另外，GC-MS（GC-MS/MS）和 LC-MS/MS 两类仪器检测原理和结构上的差异，使其线性范围区间和基质效应存在显著差异，从而导致个别农药含量超出仪器检测线性范围，使 GC-MS（GC-MS/MS）和 LC-MS/MS 的检测结果出现差别［图 6-15（b）］。

对于第二阶段，根据第一阶段实验发现，对一些含量超过仪器检测线性范围的农药，减小了农药喷施量，但是喷药后连续下雨，也使一些农药尚没有被茶叶完全吸收就被冲洗掉，造成农药损失，因此，茶叶中农药残留量相比第一次有明显降低。但从降解趋势图发现，第二阶段农药降解规律基本与第一阶段一致［见图 6-15（c）和图 6-15（d）］。

为预测农药在田间 30d 的降解趋势，将同一天采摘的茶叶样品重复测定（12 周）结果计算平均值，并进行拟合分析。结果表明，两阶段实验的每种农药采集间隔期（d）与农药残留量（μg/kg）基本符合幂函数回归方程（见表 6-9）。

对于第一阶段，GC-MS 幂函数回归方程相关系数（R^2）超过 0.90 的占 50%，超过 0.80 的占 78%；GC-MS/MS 幂函数回归方程 R^2 超过 0.90 的占 44%，超过 0.80 的占 78%；LC-MS/MS 幂函数回归方程 R^2 超过 0.90 的占 60%，超过 0.80 的占 66%。回归分析证明，降解曲线拟合度比较好。

对于第二阶段，GC-MS 幂函数回归方程 R^2 超过 0.90 的占 45%，超过 0.80 的占 45%；GC-MS/MS 幂函数回归方程 R^2 超过 0.90 的占 54%，超过 0.80 的占 54%；LC-MS/MS 幂函数回归方程 R^2 超过 0.90 的占 40%，超过 0.80 的占 70%。回归分析证明，降解曲线拟合度比较好。对于两次田间实验都有的 11 种农药，两次实验的拟合度比较一致。总之，两次田间实验 3 种检测技术研究的农药降解规律基本一致，所建立的幂函数方程反映了这些农药真实的降解规律。

6.2.7　茶园农药田间实验降解至 MRL 实测值与幂函数方程预测值的比较

农药降解幂函数方程能否准确预测茶叶中农药含量的降解进程，是评价农药降解方程是否科学合理的重要标准。本章采用农药降解幂函数方程预测茶叶中农药含量降解到 MRL 值所需要的时间，并与实测值对比评价，其结果列于表 6-10。

由于本次田间试验，茶叶样品采摘时间是喷施农药后的第 1、2、3、5、7、10、15、20、25、30 天，其中最大间隔为 5d，因此，表 6-10 中实测时间无法与预测时间精准对应。将预测时间与实测时间相比，偏差不大于 30%，或者二者时间相差小于 3d 的情况，定为预测与实测吻合。

表 6-10 GC-MS、 GC-MS/MS 和 LC-MS/MS 3 种技术评价结果

序号	英文名称	中文名称	CAS 号	MRL/(μg/kg)	实际值	理论值	实际值	理论值	实际值	理论值
					GC-MS		GC-MS/MS		LC-MS/MS	
第一阶段（2011 年 10 月 27 日～2012 年 2 月 20 日）										
1	acetochlor	乙草胺	34256-82-1	50	3	2.0	15	8.4	5	2.6
2	ametryn	莠灭净	834-12-8	—	>30	90.6	>30	102.5	>30	100.8
3	azoxystrobin	嘧菌酯	131860-33-8						7	4.7
4	bifenthrin	联苯菊酯	82657-04-3	300	15	8.9	15	10.6		
5	boscalid	啶酰菌胺	188425-85-6	500	30	35.0	30	36.5	30	68.4
6	butralin	仲丁灵	33629-47-9		20	19.5	20	20.9	20	25.5
7	cyprodinil	嘧菌环胺	121552-61-2		>30	212.1	>30	144.9	>30	364.3
8	dimethomorph	烯酰吗啉	110488-70-5		>30	58.8	>30	50.3	>30	68.3
9	diniconazole	烯唑醇	83657-24-3	50	20	16.2	20	25.4	10	6.2
10	endosulfan	硫丹	115-29-7		5	2.4	5	2.5		
11	epoxiconazole	氟环唑	133855-98-8	50	15	9.8	15	9.5	15	9.5
12	metalaxyl	甲霜灵	57837-19-1	100	15	15.9	15	13.1	10	13.9
13	napropamide	敌草胺	15299-99-7	50	20	5.8	15	7.6	15	5.5
14	pendimethalin	二甲戊灵	40487-42-1		20	18.4	20	18.9		
15	propiconazole	氟环唑	133855-98-8		20	15.5	20	15.7	20	14.4
16	pyridaben	哒螨灵	96489-71-3	50	>30	41.2	>30	40.5		
17	pyrimethanil	嘧霉胺	53112-28-0		>30	45.9	>30	39.8	>30	60.2
18	triadimefon	三唑酮	43121-43-3	200	5	5.3	5	5.1	5	4.3
19	trifloxystrobin	肟菌酯	141517-21-7	50	15	13.3	15	14.5	15	7.3
第二阶段（2012 年 5 月 23 日～2012 年 9 月 13 日）										
1	acetochlor	乙草胺	34256-82-1	50	2	1.3	5	4.7	2	1.4
2	ametryn	莠灭净	834-12-8	—	1	0.1	1	0.0	1	0.1
3	bifenthrin	联苯菊酯	82657-04-3	300	2	1.7	3	1.9		
4	boscalid	啶酰菌胺	188425-85-6	500	5	4.5	5	5.6	7	4.9
5	diniconazole	烯唑醇	83657-24-3	50	7	6.5	7	11.9	3	2.2
6	epoxiconazole	氟环唑	133855-98-8	50	3	3.5	3	4.9	3	3.7
7	metalaxyl	甲霜灵	57837-19-1	100	15	10.6	10	10.4	15	7.5
8	napropamide	敌草胺	15299-99-7	50	7	8.5	7	9.1	7	7.0
9	pyrimethanil	嘧霉胺	53112-28-0	50	>30	41.9	>30	40.5	>30	44.1
10	triadimefon	三唑酮	43121-43-3	200	2	1.4	2	1.4	2	1.5
11	trifloxystrobin	肟菌酯	141517-21-7	50	7	7.3	10	8.6	7	5.5

　　据此对表 6-10 中预测与实测结果统计发现：第一阶段 GC-MS 检测的 18 种农药中，有 15 种农药的预测值与实测值相互吻合；GC-MS/MS 检测的 18 种农药中，有 15 种农药的预测值与实测值相互吻合；LC-MS/MS 检测的 15 种农药中，有 9 种农药的预测值与实测值相互吻合；总计第一阶段的吻合率为 76.5%。

表 6-11 GC-MS、GC-MS/MS 和 LC-MS/MS 3 种技术评价茶叶中农药稳定性（n=12）

序号	英文名称	中文名称	CAS 号	GC-MS 浓度/(μg/kg)	GC-MS RSD/%	GC-MS/MS 浓度/(μg/kg)	GC-MS/MS RSD/%	LC-MS/MS 浓度/(μg/kg)	LC-MS/MS RSD/%
			第一阶段（2011 年 10 月 27 日～2012 年 2 月 20 日）						
1	acetochlor	乙草胺	34256-82-1	55.5~258.0	15.2~22.2	18.8~334.6	5.8~19.5	91.3	16.0
2	ametryn	莠灭净	834-12-8	28.7~253.5	9.3~27.1	30.3~113.3	7.4~16.3	27.6~212.4	15.7~23.1
3	azoxystrobin	嘧菌酯	131860-33-8					29.3~447.2	14.9~21.6
4	bifenthrin	联苯菊酯	82657-04-3	45.1~506.3	10.4~19.5	65.2~608.7	11.3~19.8		
5	boscalid	啶酰菌胺	188425-85-6	249.9~672.8	9.8~15.6	241.6~600.0	18.6~20.1	402.1~978.0	14.9~20.5
6	butralin	仲丁灵	336629-47-9	7.4~65.8	22.9~37.4	7.0~64.3	14.8~23.0	8.2~71.5	7.1~24.7
7	dimethomorph	烯酰吗啉	110488-70-5	71.0~303.9	13.1~35.3	70.3~163.1	20.0~21.3	76.7~199.1	23.2~26.0
8	diniconazole	烯唑醇	83657-24-3	107~1180.7	11.6~19.4	89.0~1058.3	23.1~28.7	142.5~694.7	12.0~18.0
9	endosulfan	硫丹	115-29-7	899.0~2000.2	27.7	1012.6~2178.7	9.2~10.9		
10	epoxiconazole	氟环唑	133855-98-8	14.3~253.6	14.4~26.8	15.5~89.0	18.7~23.4	12.6~111.6	7.8~26.3
11	metalaxyl	甲霜灵	57837-19-1	45.5~875.2	10.6~24.1	48.1~807.2	14.2~27.6	384.7~450.1	12.3~15.1
12	napropamide	敌草胺	15299-99-7	22.5~277.9	21.6~28.7	9.6~108.9	10.5~28.6	31.8~104.3	11.0~26.6
13	pendimethalin	二甲戊灵	40487-42-1	33.3~152.2	17.6~22.6	31.2~141.1	18.3~22.7		
14	propiconazole	丙环唑	60207-90-1	43.7~413.2	10.6~25.7	6.7~398.6	6.9~21.2	32.3~422.7	7.5~21.3
15	pyridaben	哒螨灵	96489-71-3	32.3~136.8	6.4~20.3	29.0~122.3	19.2~21.4		
16	pyrimethanil	嘧霉胺	53112-28-0	167.6~1312	8.5~12.7	158.5~1191.0	14.2~22.3	161.8~1405.1	10.1~22.2
17	triadimefon	三唑酮	43121-43-3	46.6~527.5	10.0~22.0	55.0~485.8	12.4~20.5	74.8~561.7	13.3~16.2
18	trifloxystrobin	肟菌酯	141517-21-7	36.5~360.5	11.5~15.0	22.5~324.8	11.0~22.7	31.5~360.7	6.9~15.4
			第二阶段（2012 年 5 月 23 日～2012 年 9 月 13 日）						
1	acetochlor	乙草胺	34256-82-1	26.1~33.5	14.4~17.5	13.9~126.5	9.4~22.0	22.3~32.4	18.5~20.1
2	ametryn	莠灭净	834-12-8	6.7	21.5	6.7	24.5	7.5	21.8
3	bifenthrin	联苯菊酯	82657-04-3	55.6~720	11.4~25.4	54.4~698.7	7.7~28.8		
4	boscalid	啶酰菌胺	188425-85-6	66.4~850	7.2~21.4	69.3~741.2	11.6~27.0	71.8~711.9	13.8~26.6
5	diniconazole	烯唑醇	83657-24-3	74~382.2	14.3~21.3	80.5~457.2	19.5~28.1	544.9~544.9	17.8~17.8
6	epoxiconazole	氟环唑	133855-98-8	8.8~55.9	7.4~20.7	11.1~52.9	13.1~23.7	14.5~62.9	16.5~24.7
7	metalaxyl	甲霜灵	57837-19-1	56.9~338.2	9.0~19.0	55.3~311.8	9.2~38.9	54.3~349.5	12.9~24.4
8	napropamide	敌草胺	15299-99-7	13.0~89.2	7.0~19.0	12.7~93.5	12.7~18.0	9.6~194.2	10.7~30.5
9	pyrimethanil	嘧霉胺	53112-28-0	80.9~1377.7	7.6~16.0	76.8~1340.5	9.9~25.6	179.1~957.9	13.6~27.5
10	triadimefon	三唑酮	43121-43-3	45.7~58.4	14.6~19.0	43.0~55.1	24.0~24.8	45.8	12.0
11	trifloxystrobin	肟菌酯	141517-21-7	21.7~240.6	7.8~19.4	17.4~234	16.3~28.8	26.5~197.1	22.2~25.9

第二阶段 GC-MS 检测的 11 种农药中，有 11 种农药的预测值与实测值相互吻合；GC-MS/MS 检测的 11 种农药中，有 10 种农药的预测值与实测值相互吻合；LC-MS/MS 检测的 10 种农药中，有 9 种农药的预测值与实测值相互吻合；总计第二阶段的吻合率为 93.8%；通过这两个阶段的农药田间实验，GC-MS、GC-MS/MS 和 LC-MS/MS 3 种技术对比幂函数的预测值与实测值发现，大部分农药的预测值与实测值相互吻合。

6.2.8 室温贮藏条件下茶叶污染样品中农药稳定性研究

茶叶中农药在室温（18~25℃）贮藏条件下的稳定性，对于能否作为"国际协同研究的盲样"标准，具有决定作用。为此，本章采用 GC-MS、GC-MS/MS 和 LC-MS/MS 3 种技术，对 3 个月 12 次测定同一茶叶污染样的农药浓度和 RSD 进行统计，见表 6-11。

由表 6-11 可见，对于第一阶段：

GC-MS：①RSD<25% 的占 80.95%；②RSD>30% 的占 3.57%，RSD 最大值为 37.4%。GC-MS/MS：①RSD<25% 的占 90.22%；②RSD>30% 的占 0.00%，RSD 最大值为 28.7%；LC-MS/MS：①RSD<25% 的占 93.12%；②RSD>30% 的占 0.00%，RSD 最大值为 26.6%。

对于第二阶段：

GC-MS：①RSD<25% 的占 98.36%；②RSD>30% 的占 0.00%，RSD 最大值为 25.4%。GC-MS/MS：①RSD<25% 的占 81.16%；②RSD>30% 的占 1.45%，RSD 最大值为 38.9%；LC-MS/MS：①RSD<25% 的占 91.11%；②RSD>30% 的占 2.22%，RSD 最大值为 30.5%。

由表 6-11 可知，第一阶段测定 RSD<25% 的占 87.61%，RSD>30% 的占 1.28%；第二阶段测定 RSD<25% 的占 89.71%，RSD>30% 的占 1.14%。由此可见，茶叶污染样中农药残留在室温储藏条件下 3 个月变化不显著，大多数农药的稳定性能够满足 AOAC 协同研究要求。

6.2.9 结论

两个年度两次田间实验用 GC-MS、GC-MS/MS 和 LC-MS/MS 3 种技术研究农药污染茶叶样品中 19 种农药（第 1 次）和 11 种农药（第 2 次）的降解规律和速度，以及污染样品在 3 个月的稳定性。降解规律研究发现，茶园施药 30d 后，绝大部分农药残留可降解至 MRL 以下；持续 3 个月的污染样品稳定性研究发现，10 个不同含量的样品，3 个月每周 1 次共 12 次持续检测，RSD 小于 25% 的占 89%。因此，这项研究结果，不仅证明茶园农药田间实验制备的茶叶污染样品的稳定性满足 AOAC 协同研究要求，也为国际实验室能力水平认证提供了一种制备茶叶农药污染标准参比样品的科学方法。

参考文献

［1］ Nacher-Mestre J，Serrano R，Benedito-Palos L，et al. Effects of fish oil replacement and re-feeding on the bioaccumulation of organochlorine compounds in gilthead sea bream（Sparus aurata L.）of market size［J］. Chemosphere，2009，76（6）：811-817.

［2］ Guo Y，Yu H Y，Zhang B Z，et al. Persistent halogenated hydrocarbons in fish feeds manufactured in South China［J］. Journal of Agricultural & Food Chemistry，2009，57（9）：3674-80.

［3］ Ballesteros E，Parrado M J. Continuous solid-phase extraction and gas chromatographic determination of organophosphorus pesticides in natural and drinking waters［J］. Journal of Chromatography A，2004，1029（1-2）：267-273.

［4］ Hoppin K J A. 2004 Annual Review ‖ Association of pesticide exposure with neurologic dysfunction and disease［J］. Environmental Health Perspectives，2004，112（9）：950-958.

［5］ Caihong Lu，Liu X，Dong F，et al. Simultaneous determination of pyrethrins residues in teas by ultra-performance liquid chromatography/tandem mass spectrometry［J］. Analytica Chimica Acta，2010，678：56-62.

［6］ Kanrar B，Mandal S，Bhattacharyya A. Validation and uncertainty analysis of a multiresidue method for 42 pesticides in made tea，tea infusion and spent leaves using ethyl acetate extraction and liquid chromatography - tandem mass spectrometry［J］. Journal of Chromatography A，2010，1217：1926-1933.

［7］ Chen G，Cao P，Liu R. A multi-residue method for fast determination of pesticides in tea by ultra performance liquid chromatography-electrospray tandem mass spectrometry combined with modified QuEChERS sample preparation procedure［J］. Food Chemistry，2011，125（4）：1406-1411.

［8］ European Union，Informal coordination of MRLs established in Directives 76/895/EEC，86/362/EEC，86/363/EEC，and 90/642/EEC，http：//europa. eu. int/comm/food/plant/protection/pesticides/index. en. htm.

［9］ Pehkonen S O，Zhang Q. The degradation of organophosphorus pesticides in natural waters：A critical review［J］. Critical Reviews in Environmental Science & Technology，2002，32：17-72.

［10］ Liu T F，Sun C，Ta N，et al. Effect of copper on the degradation of pesticides cypermethrin and cyhalothrin［J］. Journal of Environmental Sciences，2007，19（10）：1235-1238.

［11］ Juraske R，Assumpció Antón，Castells F. Estimating half-lives of pesticides in/on vegetation for use in multimedia fate and exposure models［J］. Chemosphere，2008，70（10）：1748-1755.

［12］ Sniegowski K，Mertens J，Diels J，et al. D. Inverse modeling of pesticide degradation and pesticide-degrading population size dynamics in a bioremediation system：parameterizing the Monod model. Chemosphere. 2009，75（6）：726-31.

［13］ Uygun U，Senoz B，Oeztuerk S，et al. Degradation of organophosphorus pesticides in wheat during cookie processing［J］. Food Chemistry，2009，117（2）：261-264.

［14］ Ozbey A，Uygun U. Behaviour of some organophosphorus pesticide residues in peppermint tea during the infusion process［J］. Food Chemistry，2007，104（1）：237-241.

［15］ Manikandan N，Seenivasan S，Ganapathy M N K，et al. Leaching of residues of certain pesticides from black tea to brew［J］. Food Chemistry，2009，113（2）：522-525.

［16］ 林金科，李秀峰，林小端，等. 4 种农药在适制乌龙茶品种茶树上的自然降解动态［J］. 中国农学通报，2008，24（1）：104-111.

［17］ Chen L，Shangguan L M，Wu Y N，et al. Study on the residue and degradation of fluorine-containing pesticides in Oolong tea by using gas chromatography-mass spectrometry［J］. Food Control，2012，25（2）：433-440.

［18］ Pang G F，Fan C L，Zhang F，et al. High-throughput GC/MS and HPLC/MS/MS techniques for the multiclass，multiresidue determination of 653 pesticides and chemical pollutants in tea［J］. Journal of AOAC International，2011，94（4）：1253-1296.

［19］ Fan C L，Chang Q Y，Pang G F，et al. High-throughput analytical techniques for determination of residues of 653 multiclass pesticides and chemical pollutants in tea，Part Ⅱ：comparative study of extraction efficiencies of three sample preparation techniques［J］. Journal of AOAC International，2013，96（2）：432-440.

［20］ Pang G F，Fan C L，Chang Q Y，et al. High-throughput analytical techniques for multiresidue，multiclass determination of 653 pesticides and chemical pollutants in tea，Part Ⅲ：Evaluation of the cleanup efficiency of an SPE cartridge newly developed for multiresidues in tea [J]. Journal of AOAC International, 2013, 96 (4): 887-896.

[21] Satheshkumar A, Senthurpandian V K, Shanmugaselvan V A. Dissipation kinetics of bifenazate in tea under tropical conditions [J]. Food Chemistry, 2014, 145 (15): 1092-1096.

[22] Chen Z M, Wan H B, Wang Y, et al. Fate of pesticides in the ecosystem of tea garden [C]. In Proc. Int. Symp. Tea Quality-Human Health, 1987: 146-149.

[23] Agnihothrudu V, Muraleedharan N. Pesticide residues in tea [J]. Planters Chronical, 1990, 85: 125-127.

[24] Tewary D K, Kumar V, Ravindranath S D, et al. Dissipation behavior of bifenthrin residues in tea and its brew [J]. Food Control, 2005, 16 (3): 231-237.

茶叶农药多残留检测方法学研究

第7章

茶叶中农药化学污染物残留检测技术协同研究

7.1 国内模拟协同研究

7.1.1 概述

为了深入考查协同研究方案的科学性和可操作性，发现需改进的问题，本研究组于 2010 年 1 月 27 日到 2011 年 3 月 8 日邀请了 16 个实验室（包括 5 个海外在华的独资实验室）参加了这项模拟协同研究。研究导师向每个实验室寄送了农药陈化样品和定量用标准溶液。16 个实验室及时完成了这项研究，并提交仪器分析参数和原始检测数据，包括监测离子数据 1617 个，目标农药检测原始数据 2560 个，校准曲线数据 3660 个，离子丰度数据 12100 个（含标准曲线 8500 个）。

7.1.2 剔除背离操作方法的实验室

首先本研究组对 16 个实验室（Lab 1~Lab 16）的原始数据逐一进行了审查和核准，结果发现有以下 3 个实验室在一些主要操作步骤上偏离了方案。

Lab 7：①该实验室所建立的 GC-MS-SIM 基质匹配内标校准曲线相关系数 $R^2 \geqslant$ 0.995 的农药仅占总数的 25%；②该实验室对 GC-MS-SIM 的样品前处理由两名实验员先后操作，第 1 名检验员在样品提取前加入了内标物，第 2 名检验员在样品提取液氮气吹干重新溶解之前，又一次加入了内标物，造成混乱；③制备 LC-MS/MS 测定的陈化样品时，内标物在提取前即加入，也偏离了方法。

Lab 3：检验员为了减少工作量，只建立了绿茶基质匹配内标校准曲线，并用此校准曲线对乌龙茶样品定量。

Lab 9：①该实验室与 Lab 3 一样，只建立了绿茶基质匹配校准曲线，并用此校准曲线对乌龙茶样品定量；②研究导师提供的安瓿瓶混合标准储备溶液要求全部转移定容后使用，该实验室只转移一部分，违背了操作规定；③该实验室 GC-MS-SIM 测定采用的是外标校准曲线定量，偏离了方案。上述原因导致该实验室检测结果中有 87% 的数据是同组协同研究者数据的最大值或次大值。

基于以上原因，本研究组将 Lab 7 和 Lab 9 的全部测定数据和 Lab 3 的乌龙茶测定的共计 360 个数据剔除，不参加统计。

7.1.3 用 Grubbs 与 Dixon 双检剔除离群值

对剩余 14 个实验室的 1960 个数据按照格拉布斯准则（Grubbs）和狄克逊（Dixon）检验剔除离群值，并按照 AOAC Youden Pair 统计方法进行了统计，见表 7-1。因为 GC-MS/MS 方法报名的实验室没有达到 8 个，因此没有对 GC-MS/MS 单独统计，Lab 5 和 Lab 11 GC-MS/MS 测定的一些数据并入了 GC-MS-SIM 统计。

表 7-1 GC-MS-SIM（GC-MS/MS）和 LC-MS/MS 测定茶叶中 40 种农药的方法效率

绿茶

序号	英文名称	中文名称	Avg.C /(μg/kg)	Sr /(μg/kg)	RSDr /%	SR /(μg/kg)	RSDR /%	HorRat
			GC-MS-SIM(GC-MS/MS)					
1	trifluralin	氟乐灵	348.1	13.3	3.8	69.3	19.9	1.06
2	tefluthrin	七氟菊酯	169.7	8.1	4.8	36.1	21.3	1.02
3	pyrimethanil	嘧霉胺	186.5	6.4	3.4	35.8	19.2	0.93
4	pirimicarb	抗蚜威	178.0	8.1	4.5	24.3	13.6	0.66
5	propyzamide	炔苯酰草胺	203.9	7.8	3.8	25.3	12.4	0.61
6	dimethenamid	二甲噻草胺	72.5	4.5	6.3	20.0	27.6	1.16
7	fenchlorphos	皮蝇磷	361.7	16.0	4.4	69.3	19.2	1.03
8	tolclofos-methyl	甲基立枯磷	179.5	8.8	4.9	47.3	26.3	1.27
9	pirimiphos-methyl	甲基嘧啶磷	179.7	8.2	4.6	34.6	19.3	0.93
10	vinclozolin	乙烯菌核利	397.7	15.5	3.9	66.1	16.6	0.90
11	2,4'-DDE	2,4'-滴滴伊	722.3	32.3	4.5	151.6	21.0	1.25
12	bromophos-ethyl	乙基溴硫磷	177.2	9.5	5.3	43.8	24.7	1.19
13	picoxystrobin	啶氧菌酯	399.1	16.5	4.1	73.2	18.3	1.00
14	quinoxyphen	喹氧灵	190.7	7.0	3.7	26.4	13.9	0.68
15	chlorfenapyr	虫螨腈	1616.0	86.1	5.3	216.9	13.4	0.90
16	benalaxyl	苯霜灵	190.4	7.9	4.1	26.3	13.8	0.67
17	bifenthrin	联苯菊酯	220.4	16.4	7.4	96.4	43.7	2.18
18	diflufenican	吡氟酰草胺	194.9	6.2	3.2	23.9	12.2	0.60
19	tebufenpyrad	吡螨胺	194.2	10.3	5.3	18.1	9.3	0.45
20	bromopropylate	溴螨酯	386.0	17.7	4.6	70.2	18.2	0.98
			LC-MS/MS					
21	imidacloprid	吡虫啉	74.5	10.0	13.4	19.6	26.3	1.11
22	propoxur	残杀威	64.7	5.3	8.2	10.8	16.7	0.69
23	clomazone	异恶草酮	24.6	2.3	9.5	4.4	17.8	0.64
24	ethoprophos	灭线磷	22.7	2.2	9.6	4.2	18.5	0.65
25	triadimefon	三唑酮	26.0	1.9	7.2	4.3	16.4	0.59
26	acetochlor	乙草胺	50.3	3.4	6.8	11.2	22.2	0.88
27	flutolanil	氟酰胺	31.9	2.9	9.0	4.6	14.6	0.54
28	benalaxyl	苯霜灵	27.8	2.0	7.1	3.8	13.6	0.50
29	kresoxim-methyl	醚菌酯	276.1	10.0	3.6	23.0	8.3	0.43
30	pirimiphos-methyl	甲基嘧啶磷	24.0	1.8	7.5	3.1	12.8	0.46
31	picoxystrobin	啶氧菌酯	28.2	2.0	6.9	2.6	9.2	0.34
32	diazinon	二嗪磷	21.7	1.0	4.6	2.0	9.0	0.32
33	bensulide	地散磷	91.4	4.4	4.8	9.1	9.9	0.43
34	indoxacarb	茚虫威	31.1	4.3	13.9	5.7	18.4	0.68
35	trifloxystrobin	肟菌酯	28.4	3.9	13.7	4.9	17.1	0.63
36	tebufenpyrad	吡螨胺	28.1	2.7	9.7	4.9	17.4	0.63
37	chlorpyrifos	毒死蜱	260.2	17.9	6.9	50.8	19.5	1.00
38	butralin	仲丁灵	24.9	2.4	9.5	5.5	22.0	0.79
39	fenazaquin	喹螨醚	24.9	3.1	12.5	2.9	11.7	0.42
40	phenothrin	苯醚菊酯	156.7	21.6	13.8	33.0	21.1	1.00

乌龙茶

		GC-MS-SIM(GC-MS/MS)										LC-MS/MS					
序号	英文名称	中文名称	Avg. C /(μg/kg)	S_r /(μg/kg)	RSD_r /%	S_R /(μg/kg)	RSD_R /%	HorRat	序号	英文名称	中文名称	Avg. C /(μg/kg)	S_r /(μg/kg)	RSD_r /%	S_R /(μg/kg)	RSD_R /%	HorRat
1	trifluralin	氟乐灵	176.6	8.4	4.7	30.0	17.0	0.82	21	imidacloprid	吡虫啉	108.1	13.3	12.3	26.5	24.5	1.10
2	tefluthrin	七氟菊酯	81.9	3.5	4.3	15.3	18.7	0.80	22	propoxur	残杀威	108.5	9.4	8.7	22.2	20.5	0.92
3	pyrimethanil	嘧霉胺	96.0	3.7	3.9	12.1	12.6	0.55	23	clomazone	异草酮	39.8	3.1	7.8	8.5	21.4	0.82
4	pirimicarb	抗蚜威	92.0	4.4	4.7	15.8	17.1	0.75	24	ethoprophos	灭线磷	37.7	2.0	5.4	8.5	22.7	0.87
5	propyzamide	炔苯酰草胺	109.3	3.5	3.2	12.7	11.7	0.52	25	triadimefon	三唑酮	44.2	2.9	6.7	7.7	17.4	0.68
6	dimethenamid	二甲噻草胺	38.0	1.6	4.1	7.0	18.5	0.71	26	acetochlor	乙草胺	80.1	4.4	5.5	14.3	17.9	0.76
7	fenchlorphos	皮蝇磷	180.9	5.1	2.8	13.2	7.3	0.35	27	flutolanil	氟酰胺	50.1	3.3	6.7	8.0	16.0	0.64
8	tolclofos-methyl	甲基立枯磷	94.2	2.5	2.6	12.1	12.8	0.56	28	benalaxyl	苯霜灵	45.0	3.3	7.3	7.9	17.6	0.69
9	pirimiphos-methyl	甲基嘧啶磷	90.5	2.2	2.4	13.4	14.9	0.65	29	kresoxim-methyl	醚菌酯	469.6	31.4	6.7	50.3	10.7	0.60
10	vinclozolin	乙烯菌核利	210.2	3.3	1.6	8.7	4.2	0.21	30	pirimiphos-methyl	甲基嘧啶磷	40.5	3.1	7.7	8.3	20.7	0.79
11	2,4'-DDE	2,4'-滴滴伊	361.0	8.5	2.4	18.7	5.2	0.28	31	picoxystrobin	啶氧菌酯	45.9	3.2	6.9	7.5	16.3	0.64
12	bromophos-ethyl	乙基溴硫磷	89.6	3.4	3.8	13.9	15.5	0.67	32	diazinon	二嗪磷	37.6	2.2	5.9	7.8	20.7	0.79
13	picoxystrobin	啶氧菌酯	205.3	5.4	2.6	25.0	12.2	0.60	33	bensulide	地散磷	150.5	7.9	5.2	12.8	8.5	0.40
14	quinoxyphen	喹氧灵	100.5	3.4	3.4	12.9	12.8	0.57	34	indoxacarb	茚虫威	50.4	3.3	6.6	7.1	14.2	0.56
15	chlorfenapyr	虫螨腈	841.9	22.5	2.7	71.9	8.5	0.52	35	trifloxystrobin	肟菌酯	47.3	3.3	7.1	6.8	14.3	0.57
16	benalaxyl	苯霜灵	100.5	3.4	3.4	13.8	13.8	0.61	36	tebufenpyrad	吡螨胺	45.2	3.6	7.9	6.4	14.3	0.56
17	bifenthrin	联苯菊酯	100.0	3.9	3.9	11.4	11.4	0.50	37	chlorpyrifos	毒死蜱	431.4	26.1	6.0	71.7	16.6	0.92
18	diflufenican	吡氟酰草胺	104.4	2.8	2.6	12.4	11.9	0.53	38	butralin	仲丁灵	41.0	1.8	4.3	8.5	20.7	0.80
19	tebufenpyrad	吡螨胺	104.6	4.8	4.6	5.3	5.1	0.23	39	fenazaquin	喹螨醚	44.9	2.2	4.8	4.6	10.3	0.41
20	bromopropylate	溴螨酯	214.4	7.9	3.7	11.7	5.4	0.27	40	phenothrin	苯醚菊酯	286.7	68.0	23.7	160.1	55.9	2.89

7.1.4　方法效能

将表 7-1 中方法效能参数 RSD_r、RSD_R 和 HorRat 值，按区段汇总于表 7-2 中。

表 7-2　方法效能参数 RSD_r、RSD_R 和 HorRat 值分布区间

方法效率参数	范围	GC-MS-SIM(GC-MS/MS)				小计	LC-MS/MS				小计
		绿茶	占比/%	乌龙茶	占比/%		绿茶	占比/%	乌龙茶	占比/%	
RSD_r/%	<8	20	100.0	20	100.0	100.0	9	45.0	17	85.0	65.0
	8~15	0	0.0	0	0.0	0.0	11	55.0	2	10.0	32.5
	>15	0	0.0	0	0.0	0.0	0	0.0	1	5.0	2.5
RSD_R/%	<16	7	35.0	16	80.0	57.5	8	40.0	6	30.0	35.0
	16~25	10	50.0	4	20.0	35.0	11	55.0	13	65.0	60.0
	>25	3	15.0	0	0.0	7.5	1	5.0	1	5.0	5.0
HorRat	<0.50	1	5.0	5	25.0	15.0	6	30.0	2	10.0	20.0
	0.50~1.00	11	55.0	15	75.0	65.0	13	65.0	16	80.0	72.5
	1.01~2.00	7	35.0	0	0.0	17.5	1	5.0	1	5.0	5.0
	>2.00	1	5.0	0	0.0	2.5	0	0.0	1	5.0	2.5

由表 7-2 可见，就 GC-MS-SIM（GC-MS/MS）而论，①实验室内重复性：$RSD_r<$ 8% 的占 100%，说明这个方法在各实验室内的重复性很好；②实验室间再现性：$RSD_R<$ 16% 的占 57.5%，$RSD_R<25\%$ 的占 92.5%，说明实验室间重现性良好；③HorRat 值：HorRat 值<1.0 的占 80.0%，HorRat 值<2.0 的占 97.5%，说明方法在相应的测定浓度下得到了很好的重现性。HorRat 值大于 2 的仅有 1 种农药联苯菊酯，其 RSD_r 为 7.4%，RSD_R 为 43.7%。经核查发现，用于制备基质匹配校准曲线的绿茶空白样品中含有少量这种农药的残留，致使校准曲线的截距和斜率发生变化，导致实验室间定量结果出现较大变异，也造成联苯菊酯 HorRat 值超过了 2。

就 LC-MS/MS 而论，实验室内重复性：$RSD_r<8\%$ 的占 65.0%，$RSD_r<15\%$ 的占 97.5%，说明这个方法实验室内重复性良好；实验室间再现性：$RSD_R<16\%$ 的占 35.0%，$RSD_R<25\%$ 的占 95.0%，说明室间重现性良好；HorRat 值：HorRat 值小于 1.0 的占 92.5%，HorRat 值小于 2.0 的占 97.5%，说明方法在相应的测定浓度下得到了很好的重现性。HorRat 值大于 2 的仅有 1 种农药苯醚菊酯，其 RSD_r 为 23.7%，RSD_R 为 55.9%，其误差来源于安瓿瓶中农药混合标准溶液浓度发生了变化。因为在用高温火焰对含农药标准溶液的安瓿瓶封口时，出现蓝色火焰。为查明蓝色火焰的来源，本研究组对 10 个安瓿瓶里农药标准溶液浓度进行平行检测，均发现苯醚菊酯浓度受到了高温火焰的影响，出现了较大变异。基于此，在正式协同研究时本课题组将剔除这种农药。

综合上述分析，这次模拟协同研究结果显示，推荐的方法效率是可以接受的。

表 7-3 AOAC模拟协同研究样品中目标农药的离子丰度与欧盟标准符合率核查结果

实验室编号	GC-MS-SIM 绿茶 No.2	GC-MS-SIM 绿茶 No.3	GC-MS-SIM 乌龙茶 No.5	GC-MS-SIM 乌龙茶 No.6	GC-MS/MS 绿茶 No.2	GC-MS/MS 绿茶 No.3	GC-MS/MS 乌龙茶 No.5	GC-MS/MS 乌龙茶 No.6	LC-MS/MS 绿茶 No.2	LC-MS/MS 绿茶 No.3	LC-MS/MS 乌龙茶 No.5	LC-MS/MS 乌龙茶 No.6
	数量ª（百分比）ᵇ	数量ª（百分比）ᵇ	数量ª（百分比）ᵇ	数量ª（百分比）ᵇ	数量ª（百分比）ᵇ	数量ª（百分比）ᵇ	数量ª（百分比）ᵇ	数量ª（百分比）ᵇ	数量ª（百分比）ᵇ	数量ª（百分比）ᵇ	数量ª（百分比）ᵇ	数量ª（百分比）ᵇ
1	38(95.0%)	39(97.5%)	39(97.5%)	38(95.0%)	—	—	—	—	20(100.0%)	20(100.0%)	20(100.0%)	20(100.0%)
2	40(100%)	39(97.5%)	39(97.5%)	40(100.0%)	—	—	—	—	—	—	—	—
3	40(100%)	40(100.0%)	40(100.0%)	40(100.0%)	—	—	—	—	—	—	—	—
4	40(100%)	39(97.5%)	38(95.0%)	38(95.0%)	—	—	—	—	14(70.0%)	17(85.0%)	20(100.0%)	20(100.0%)
5	—	—	—	—	20(100.0%)	20(100.0%)	20(100.0%)	20(100.0%)	20(100.0%)	20(100.0%)	20(100.0%)	20(100.0%)
6	38(95.0%)	38(95.0%)	39(97.5%)	38(95.0%)	20(100.0%)	20(100.0%)	20(100.0%)	20(100.0%)	19(95.0%)	20(100.0%)	20(100.0%)	20(100.0%)
7	35(87.5%)	35(87.5%)	35(87.5%)	35(87.5%)	—	—	—	—	20(100.0%)	19(95.0%)	20(100.0%)	20(100.0%)
8	40(100.0%)	40(100.0%)	40(100.0%)	40(100.0%)	20(100.0%)	20(100.0%)	20(100.0%)	20(100.0%)	18(90.0%)	20(100.0%)	19(95.0%)	20(100.0%)
9	40(100.0%)	40(100.0%)	40(100.0%)	40(100.0%)	—	—	—	—	20(100.0%)	18(90.0%)	20(100.0%)	19(95.0%)
10	28(70.0%)	29(72.5%)	25(62.5%)	30(75.0%)	20(100.0%)	20(100.0%)	20(100.0%)	20(100.0%)	20(100.0%)	20(100.0%)	18(90.0%)	20(100.0%)
11	—	—	—	—	20(100.0%)	20(100.0%)	20(100.0%)	20(100.0%)	20(100.0%)	19(95.0%)	20(100.0%)	19(95.0%)
12	37(92.5%)	37(92.5%)	37(92.5%)	37(92.5%)	—	—	—	—	20(100.0%)	20(100.0%)	19(95.0%)	20(100.0%)
13	37(92.5%)	38(95.0%)	35(87.5%)	35(87.5%)	—	—	—	—	20(100.0%)	19(95.0%)	20(100.0%)	19(95.0%)
14	—	—	—	—	—	—	—	—	19(95.0%)	19(95.0%)	18(90.0%)	20(100.0%)
15	40(100.0%)	40(100.0%)	40(100.0%)	39(97.5%)	—	—	—	—	19(95.0%)	19(95.0%)	20(100.0%)	18(90.0%)
16	37(92.5%)	37(92.5%)	39(97.5%)	38(95.0%)	—	—	—	—	20(100.0%)	20(100.0%)	20(100.0%)	20(100.0%)
符合EU标准离子数	1955				400				1088			
监测离子总数	2080				400				1120			
总符合率/%	94.0				100.0				97.1			
实验室数量	13				5				14			

a 是指监测的 20 种农药定性离子符合 EU 标准的个数；b 是指符合 EU 标准要求的离子个数占监测离子总数的百分比。

7.1.5　定性与定量

协同研究方案中明确指出，目标农药定性离子丰度偏差要符合 EU 标准。这次模拟协同研究中用 GC-MS-SIM、GC-MS/MS 和 LC-MS/MS 3 种方法测定绿茶和乌龙茶 8 个样品（不含空白样品），共得到目标离子丰度数据 3600 个，并逐一进行了离子丰度比与 EU 标准符合率的核查，结果见表 7-3。

7.1.5.1　目标农药的定性

对 GC-MS-SIM 而论，由表 7-3 可见，13 个实验室检测的目标农药离子总数为 2080 个，其中离子丰度比符合 EU 标准要求的有 1955 个，占 94.0%。对 LC-MS/MS 而论，14 个实验室检测的目标农药离子总数为 1120 个，其中离子丰度比符合 EU 标准要求的有 1088 个，占 97.1%。对 GC-MS/MS 而论，5 个实验室检测的目标农药离子总数为 400 个，全部符合 EU 标准。由上述分析可以看出，16 个实验室共检测目标农药离子 3600 个，离子丰度符合 EU 要求的有 3443 个，占 95.6%。

7.1.5.2　目标农药的定量

本次研究，采用基质匹配内标校准曲线定量方法，16 个实验室建立了 1220 条目标农药校准曲线，其相关系数 $R^2 \geqslant 0.995$ 的符合率，见表 7-4。

表 7-4　AOAC 模拟协同研究样品中目标农药校准曲线的相关系数（R^2）与 $R^2 \geqslant 0.995$ 符合率核查结果

实验室编号	数量(占比/%)					
	GC-MS-SIM		GC-MS/MS		LC-MS/MS	
	绿茶	乌龙茶	绿茶	乌龙茶	绿茶	乌龙茶
1	20(100.0%)	20(100.0%)	—	—	17(85.0%)	18(90.0%)
2	20(100.0%)	20(100.0%)	—	—	—	—
3	20(100.0%)	—	—	—	—	—
4	20(100.0%)	20(100.0%)	—	—	19(95.0%)	20(100.0%)
5	—	—	20(100.0%)	20(100.0%)	20(100.0%)	19(95.0%)
6	20(100.0%)	20(100.0%)	20(100.0%)	20(100.0%)	19(95.0%)	20(100.0%)
7	8(40.0%)	2(10.0%)	—	—	20(100.0%)	20(100.0%)
8	20(100.0%)	20(100.0%)	—	—	20(100.0%)	19(95.0%)
9	19(95.0%)	—	—	—	20(100.0%)	—
10	14(70.0%)	17(85.0%)	19(95.0%)	20(100.0%)	20(100.0%)	19(95.0%)
11	—	—	19(95.0%)	15(75.0%)	20(100.0%)	20(100.0%)
12	20(100.0%)	20(100.0%)	—	—	20(100.0%)	20(100.0%)
13	20(100.0%)	20(100.0%)	—	—	19(95.0%)	17(85.0%)
14	—	—	—	—	17(85.0%)	20(100.0%)
15	8(40.0%)	20(100.0%)	—	—	16(80.0%)	16(80.0%)
16	20(100.0%)	20(100.0%)	20(100.0%)	18(90.0%)	19(95.0%)	19(95.0%)

实验室编号	数量（占比/%）					
	GC-MS-SIM		GC-MS/MS		LC-MS/MS	
	绿茶	乌龙茶	绿茶	乌龙茶	绿茶	乌龙茶
线性相关系数 $R^2 \geq 0.995$ 的个数	428		191		513	
线性相关系数总数	480		200		540	
总符合率/%	89.2		95.5		95.0	
实验室数量	13		5		14	

注：括号中百分比是指线性相关系数 $R^2 \geq 0.995$ 的个数占相关系数总数的百分比。

由表 7-4 可见，就 GC-MS-SIM 而论，13 个实验室对绿茶和乌龙茶中 20 种农药分别建立了 480 条基质匹配内标校准曲线，其中 $R^2 \geq 0.995$ 的有 428 个，占 89.2%；R^2 在 0.990～0.995 之间的有 49 个，占 10.2%，R^2 低于 0.990 有 3 个，占 0.6%。

就 LC-MS/MS 而论，14 个实验室对绿茶和乌龙茶中 20 种农药分别建立了 540 条基质匹配内标校准曲线，其中 $R^2 \geq 0.995$ 的有 513 个，占 95.0%；R^2 在 0.990～0.995 之间的有 24 个，占 4.4%，R^2 低于 0.990 有 3 个，占 0.6%。

就 GC-MS/MS 而论，5 个实验室对绿茶和乌龙茶中 20 种农药分别建立了 200 条基质匹配内标校准曲线，其中 $R^2 \geq 0.995$ 的有 191 个，占 95.5%；R^2 在 0.990～0.995 之间的有 8 个，占 4.0%，R^2 低于 0.990 有 1 个，占 0.5%。

由上述可见，16 个实验室建立了 1220 条标准曲线，其中有 1132 个 R^2 值满足 $\geq$ 0.995 的要求，占 92.8%。

7.1.6　误差分析与溯源

7.1.6.1　误差分析

本次研究 16 个实验室提供了 2560 个分析数据（不包括空白样品），剔除偏离方法 3 个实验室的数据 360 个（不包括 GC-MS/MS 测定的 240 个数据），对余下的 1960 个分析数据进行了 Grubbs 和 Dixon 离群值检验，共检出离群值 138 个，占 7.0%。离群值在不同农药品种和不同样品中的分布及所占百分比见表 7-5；离群值在不同实验室和不同样品中的分布及所占百分比见表 7-6。

由表 7-6 可见，138 个离群值来自 10 个实验室，其中 Lab 11 和 Lab 3 离群数据占其自身实验室数据总数比例较大，其误差原因如下：

Lab 11 提交的 160 个数据中有 71 个离群值，占 44.4%，占离群数据总数的 51.4%。从该实验室的原始数据中发现：①建立的绿茶 GC-MS/MS 基质匹配内标校准曲线中，其中第 3 个浓度点的内标重复加入，该点被舍弃，基质匹配校准曲线只有 4 点。②建立校准曲线时，GC-MS/MS 测定的甲基嘧啶磷和 LC-MS/MS 测定的二嗪磷、毒死蜱和吡虫啉的浓度输入错误。因此，该实验室测定数据出现了大量离群值。

表 7-5 原始数据 Grubbs 和 Dixon 双检剔除的离群值在不同农药中的分布

GC-MS-SIM (GC-MS/MS)

序号	英文名称	中文名称	绿茶 No.2	绿茶 No.3	乌龙茶 No.5	乌龙茶 No.6
1	trifluralin	氟乐灵		11-D,11-G		
2	tefluthrin	七氟菊酯		11-D,11-G		
3	pyrimethanil	嘧霉胺		11-D,11-G		11-D,11-G
4	pirimicarb	抗蚜威	3-D,3-G,11-D,11-G,15-D	11-D		
5	propyzamide	炔苯酰草胺	3-D,11-D			11-G
6	dimethenamid	二甲噻草胺				11-D
7	fenchlorphos	皮蝇磷				11-D
8	tolclofos-methyl	甲基立枯磷	11-D	11-D,11-G	4-D,11-D,16-D	
9	pirimiphos-methyl	甲基嘧啶磷	11-D,11-G	11-D,11-G	11-D,11-G	11-D,11-G
10	vinclozolin	乙烯菌核利	11-D,11-G	11-D,11-G	11-D,11-G,16-D,2-D-2,4-D,4-D,8-D,11-D,16-D	11-D,11-G
11	2,4'-DDE	2,4'-滴滴伊		11-D		11-D
12	bromophos-ethyl	乙基溴硫磷				
13	picoxystrobin	啶氧菌酯	3-D,3-G,11-D,11-G	11-G	11-G	11-D,11-G
14	quinoxyphen	喹氧灵	3-G,11-D,11-G	3-D,11-D		4-D,4-G,11-G,11-G
15	chlorfenapyr	虫螨腈		3-D,11-D	11-D,11-G	11-D
16	benalaxyl	苯霜灵	3-D,11-D	11-D,11-G		11-D,11-G
17	bifenthrin	联苯菊酯		11-D,12-D		11-D,11-G
18	diflufenican	吡氟酰草胺	11-D,12-D,2-3-D	11-D,12-D	11-D,11-G,12-D	11-D,12-D
19	tebufenpyrad	吡螨胺	3-D,3-G,15-D,16-D		11-D,11-G	4-D,4-G,11-D,11-G,11-G,16-D
20	bromopropylate	溴螨酯	3-G			4-G,11-D,11-G,16-D,16-G
	实验室数量		13	13	12	12
	数据总数		260	260	240	240
	离群值总数		23	16	16	21
	离群值占比/%		8.8	6.2	6.7	8.8

LC-MS/MS

英文名称	中文名称	绿茶 No.2	绿茶 No.3	乌龙茶 No.5	乌龙茶 No.6
imidacloprid	吡虫啉	11-G		11-D,11-G	
propoxur	残杀威		8-D,8-G	11-D,11-G	
clomazone	异恶草酮	15-D	8-D,8-G	11-D,11-G	
ethoprophos	灭线磷		8-D,8-G	11-D,11-G	
triadimefon	三唑酮			11-D,11-G	
acetochlor	乙草胺			11-D,11-G	
flutolanil	氟酰胺			11-D,11-G	
benalaxyl	苯霜灵	8-D,14-D,15-D	8-D,8-G,15-D,15-G	11-D,11-G	
kresoxim-methyl	醚菌酯	8-G,15-G			14-G
pirimiphos-methyl	甲基嘧啶磷	8-D,14-D,15-D,15-G			
picoxystrobin	啶氧菌酯	8-D,11-D,11-G,14-D,15-D	8-D,11-D,11-G,14-D,15-D	11-D,11-G	11-D,11-G
diazinon	二嗪磷	8-D,11-D,11-G,14-D,15-D	8-D,11-D,11-G,14-D,15-D	8-D,14-D	
bensulide	地散磷	8-D,8-G	8-D,14-D		
indoxacarb	茚虫威		4-D,6-D,11-D	8-D,8-G	14-G
trifloxystrobin	肟菌酯	8-D,8-G	8-D,11-G	11-D,11-G	
tebufenpyrad	吡螨胺				
chlorpyrifos	毒死蜱	11-D,11-G	11-D,14-D,14-G	11-D,11-G	11-D,11-G
butralin	仲丁灵	12-D,12-G	12-D,12-G	11-G	
fenazaquin	喹螨醚	11-D,12-D,12-G,15-DDDD	8-D,12-D,12-G,15-D	11-D,11-G	4-D
phenothrin	苯醚菊酯	6-D,11-D			
实验室数量		12	12	12	12
数据总数		240	240	240	240
离群值总数		23	17	17	5
离群值占比/%		9.6	7.1	7.1	2.1

表 7-6 原始数据 Grubbs 和 Dixon 双检剔除的离群值在不同实验室的分布

实验室编号	GC-MS-SIM(GC-MS/MS)				LC-MS/MS				数据总数	离群值数	单一实验室离群值占比/%	离群值占总数据比例/%
	绿茶		乌龙茶		绿茶		乌龙茶					
	No. 2	No. 3	No. 5	No. 6	No. 2	No. 3	No. 5	No. 6				
1	0	0	0	0	0	0	0	0	160	0	0.0	0
2	0	0	1	0	—	—	—	—	80	1	1.3	0.7
3	8	2	—	—	—	—	—	—	40	10	25.0	7.2
4	0	0	3	3	0	0	1	1	160	8	5.0	5.8
5	0	0	0	0	0	0	0	0	160	0	0.0	0
6	0	0	0	0	1	0	1	0	160	2	1.3	1.4
7	—	—	—	—	—	—	—	—	—	—	—	—
8	0	0	0	0	6	8	0	0	160	14	8.8	10.1
9	—	—	—	—	—	—	—	—	—	—	—	—
10	0	0	0	0	0	0	0	0	160	0	0	0
11	11	13	8	15	5	2	15	2	160	71	44.4	51.4
12	1	1	1	1	0	2	0	0	160	8	5.0	5.8
13	0	0	0	0	0	0	0	0	160	0	0	0
14	—	—	—	—	3	2	0	2	80	7	8.8	5.1
15	2	0	0	0	6	3	0	0	160	11	6.9	8.0
16	1	0	3	2	0	0	0	0	160	6	3.8	4.3
合计	23	16	16	21	21	17	17	5	1960	138	7.0	100

Lab 3 提交的 40 个数据中有 10 个离群值，占 25%，占离群数据总数的 7.2%。经与实验员沟通发现，该实验室因 SPE 柱数量不足，茶叶样品使用 Envi-Carb/PSA 净化，而基质匹配空白样品使用 Envi-Carb 柱净化，从而造成基质效应差异。另外，实际测定中该实验室采用水胺硫磷代替环氧七氯作内标。因水胺硫磷在测定中灵敏度低，并且受到干扰，给最后结果带来了很大误差。

7.1.6.2　误差溯源

对来自 10 个实验室 138 个离群值逐一进行了误差溯源分析，造成误差的原因有以下 5 种情况：

（1）基质匹配内标校准曲线引起的误差最多

① 用绿茶建立的基质匹配内标校准曲线定量乌龙茶中的目标农药，如 Lab 3、Lab 9；

② 建立基质匹配内标校准曲线时，农药浓度输入错误，如 Lab 11；

③ 一个实验室超过 30% 的农药 R^2 值没有达到 ≥0.995 的要求，如 Lab 7；

④ 采用外标校准曲线定量，如 Lab 9。

（2）内标物使用不当引起的误差也较多

① 为了对提取净化过程中农药的损失进行折算，在样品提取前即加入内标物，如 Lab 4、Lab 7；

② 加入内标溶液时，由于操作不当，造成内标加入量不一致，如 Lab 8；

③ 选择其他化合物代替方法中内标物，因所选化合物在测定中灵敏度低，并且受到

干扰，给最后结果带来了误差，如 Lab 3。

（3）净化条件引起的误差

空白样品和陈化样品使用了不同 SPE 柱净化，造成误差，如 Lab 3。

（4）违背操作规程引起的误差

① 安瓿瓶混合标准储备溶液要求全部转移定容后使用，个别实验室只转移一部分，违背了操作规定，造成系统偏差，如 Lab 9；

② 实验室的样品制备由两名实验员先后操作，造成混乱，如 Lab 7。

（5）其他原因引起的误差

用 LC-MS/MS 测定的样品提取溶液，在氮吹时没有吹干，用乙腈：水（3：2）定容后出现分层现象，致使测定结果偏离，如 Lab 14。

7.1.7　经验与教训

成功实验室的经验有两点：①参加者思想上高度重视这项研究，技术细节上一丝不苟，最后获得满意结果。②严格按操作规程去做，没有偏离分析方法。

被剔除数据实验室的教训和离群数据的溯源：①思想上对这项研究重视不够，操作马虎不仔细，有很强的随意性。②残留分析技术不娴熟，经验少，解决实际问题的能力差，最后导致全部数据不能纳入统计，或大部分数据被剔除。

总之，由 16 个实验室参加的模拟协同研究得出的经验和教训是：严格按协同研究方案推荐的步骤去做，测试结果满意；操作偏离实验方法，测定结果离群。这次模拟协同研究，不仅发现了成功的经验，也发现了避免出现离群值的办法，分析结果满意程度超过了预期。

7.2　GC-MS、GC-MS/MS 和 LC-MS/MS 高通量分析方法测定和确证茶叶中 653 种农药化学污染物残留的协同研究

7.2.1　概述

茶叶是全球三大消费饮料之一，全世界有 160 多个国家和地区，超过 20 亿人口饮用。据报道，仅在 2011 年，全球范围内已有 50 多个国家种植绿茶，320 万公顷的茶叶种植面积，年产量可达 470 万吨。中国、印度、肯尼亚、斯里兰卡和土耳其是世界上 5 大茶叶种

植国，其产量达到全球产量的 76%。茶叶大多生长于温带和亚热带地区，常年受到病虫害威胁，化学农药被广泛使用，由此造成了农药残留的污染。目前世界上 17 个国家和国际组织制订了茶叶中 800 余项农药残留限量标准[1]。随着消费者对食品中污染物危害人类身体健康的关注，有机农耕方式的需求不断增加，同时也对分析实验室在食品中更低浓度水平污染物的检测能力提出了更高的要求。因此，开发高通量分析方法用于大宗食品（如茶叶）中农药和其他化学污染物的分析势在必行，这也是建立本方法的原因。

2009 年以来，本课题组建立了茶叶中 653 种农药残留分析方法，并依据建立的方法进行了一系列重要研究，以更好地了解茶叶中农药的降解、分布及持久性等信息。具体包括：460 种农药在 6 组混合标准溶液里 3 个月稳定性研究；345 种农药在茶叶中 3 个月稳定性研究；275 种农药在茶叶 Youden Pair 样品中 3 个月检测偏差率研究；用 8 种不同分析程序 3 个月考查方法经久耐用性研究；227 种农药在茶叶陈化样品中 3 个月降解动力学研究，及应用动力学方程对农药残留的预测值与实测值偏差率的研究；3 个月对 EU 标准（EU No. SANCO/10684/2009）在 AOAC 协同研究中适用性的考证研究；3 个月田间试验茶叶农药降解规律及茶叶污染样品稳定性研究。

在 2011～2012 年，又应用该方法对水化在茶叶中农药提取效率方面的影响进行了对比研究[4]。上述相关研究历时 4 年，共获得了超过 500000 个测定结果。各阶段的研究成果，分别在 2009～2012 年 4 次 AOAC 年会上介绍与研讨过，并发表了系列相关论文[2-4]。此次协同研究旨在按照 AOAC 官方方法的要求对该方法进行评价。

此次协同研究有 10 个国家 30 个实验室参加，使用 GC-MS、GC-MS/MS 和 LC-MS/MS 仪器分析了包括绿茶和乌龙茶添加样、乌龙茶陈化样品以及绿茶污染样品在内共计 560 个茶叶样品。本章将对协同研究的结果进行介绍。

7.2.2　协同研究方案

7.2.2.1　目的

本协同研究的目的是对测定和确认茶叶中 653 种农药残留单一实验室分析方法的重现性进行评价，同时考察其是否符合作为 AOAC 第一行动官方方法的要求。

7.2.2.2　应用范围

本方法适用于绿茶、红茶、普洱茶、乌龙茶中 653 种农药和化学污染物残留的 GC-MS、GC-MS/MS 和 LC-MS/MS 定性、定量测定。GC-MS 测定的 490 种农药和化学污染物的方法检出限（LOD）范围为 1.0～500μg/kg，LC-MS/MS 测定的 448 种农药和化学污染物的 LOD 范围为 0.03～4820μg/kg。该方法也可用于一些有 MRL 要求的国家对茶叶中农药残留进行常规监测。

7.2.2.3　材料与基质

（1）协同研究目标分析物范围

如果组织数百种农药的国际 AOAC 协同研究，会给参加者带来资源、时间和人员不可想象的困难。因此，国际 AOAC 专家小组提出了一个"缩身"的国际协同研究方案，即选择 2 种茶叶，用 GC-MS（GC-MS/MS）和 LC-MS/MS 两种方法，各检测 20 种农药，共计 40 种农药参加协同研究。专家小组从 653 种农药中选出的 40 种代表性农药的 MRL 列于表 7-7。

表 7-7　协同研究选用的 40 种代表性农药

序号	GC-MS(GC-MS/MS)				LC-MS/MS			
	英文名称	中文名称	MRL /(μg/kg)	来源	英文名称	中文名称	MRL /(μg/kg)	来源
1	2,4'-DDE	2,4'-滴滴伊	200	EU	acetochlor	乙草胺	10	EU
2	4,4'-DDE	4,4'-滴滴伊	200	EU	benalaxyl	苯霜灵	100	EU
3	benalaxyl	苯霜灵	100	EU	bensulide	地散磷	30	日本
4	bifenthrin	联苯菊酯	5000	EU	butralin	仲丁灵	20	EU
5	bromophos-ethyl	乙基溴硫磷	100	EU	chlorpyrifos	毒死蜱	100	EU
6	bromopropylate	溴螨酯	100	EU	clomazone	异草酮	20	EU
7	chlorfenapyr	虫螨腈	50000	EU	diazinon	二嗪磷	20	EU
8	diflufenican	吡氟酰草胺	50	EU	ethoprophos	灭线磷	20	EU
9	dimethenamid	二甲噻草胺	20	EU	flutolanil	氟酰胺	50	EU
10	fenchlorphos	皮蝇磷	100	EU	imidacloprid	吡虫啉	50	EU
11	picoxystrobin	啶氧菌酯	100	EU	indoxacarb	茚虫威	50	EU
12	pirimicarb	抗蚜威	50	EU	kresoxim-methyl	醚菌酯	100	EU
13	pirimiphos-methyl	甲基嘧啶磷	50	EU	monolinuron	绿谷隆	50	EU
14	procymidone	腐霉利	100	EU	picoxystrobin	啶氧菌酯	100	EU
15	propyzamide	炔苯酰草胺	50	EU	pirimiphos-methyl	甲基嘧啶磷	50	EU
16	pyrimethanil	嘧霉胺	100	EU	propoxur	残杀威	100	EU
17	quinoxyfen	喹氧灵	50	EU	quinoxyfen	喹氧灵	50	EU
18	tefluthrin	七氟菊酯	50	EU	tebufenpyrad	吡螨胺	100	EU
19	tolclofos-methyl	甲基立枯磷	100	EU	triadimefon	三唑酮	200	EU
20	trifluralin	氟乐灵	100	EU	trifloxystrobin	肟菌酯	50	EU

（2）待测目标农药浓度范围

根据 AOAC 农药和化学污染物方法团体分别于 2011 年 7 月 18～21 日在佛罗里达举行的农药残留研讨会和 2011 年 9 月在新奥尔良举行的第 125 次 AOAC 年会上组织的专题会议，专家小组建议将本研究中这 40 种待测农药的范围确定为 10～2000μg/kg。

（3）添加样品和空白茶叶样品

每个协同研究参加者将需要测定 4 个添加样品（绿茶的编号为 01 和 02，乌龙茶的编号为 06 和 07）和 2 个空白样品。

（4）污染样

4 个污染样（绿茶的编号为 04 和 05，乌龙茶的编号为 09 和 10）来自福建优山茶园。按照市售茶叶喷施农药，采摘，烘干并加工的步骤，对生长在该茶园的茶叶进行处理后，将其作为污染样待用。

（5）预研究样品

为了证明每个参加协同研究的实验室具备相应的农药残留检测能力水平，研究导师为各参加实验室提供预研究实习样品，包括如何进行回收率测试的操作说明和至少 5 份 5g 包装的空白绿茶和乌龙茶样品。图 7-1 给出了协同研究中各样品测定的流程图。

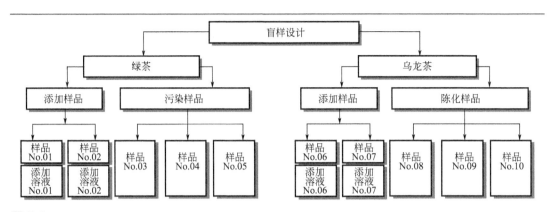

图 7-1

协同研究的空白、添加、污染和陈化样品数量（样品 No. 03 和 No. 08 是未知空白样品）

7.2.2.4　质量保证

预协同研究要求：测定协同研究样品之前，参加者需在各自实验室对样品进行预研究测试。研究导师会对预研究的结果进行评价，预研究测定结果达到验收标准后，研究人员才能测定正式协同研究的样品（注意：任何实验室，如果在预研究结果未获得研究导师同意的情况下而进行正式协同研究，其测定结果将自动被剔除，不参加协同研究数据的统计分析）。

① 预协同研究实验。研究导师将提供空白茶叶（绿茶或乌龙茶）和农药混合标准工作溶液用于添加回收率重现性测试。每份空白茶叶样品中加入 $50\mu L$ 农药混合标准工作溶液，平行测定 5 个样品，并将添加回收率、RSD（%，$n = 5$）、离子丰度比和标准曲线的线性测定系数（R^2）提交给研究导师。

② 预协同研究定量和验收标准。为了证明方法效能，各实验室的测定结果必须满足验收标准：GC-MS（GC-MS/MS）或 LC-MS/MS 至少 5 点基质匹配内标校准曲线，线性相关系数 $R^2 \geqslant 0.995$；回收率在 70%～120% 范围内，RSD < 15%（$n = 5$）；目标农药离子丰度比要符合 AOAC 标准或 EU 标准。

注意：对考核样品，无论是回收率、RSD、离子丰度还是 R^2 值，任一指标不达标的数量超过总数的 30%，原则上就认为该实验室不合格，其测定结果将被剔除，不进入协同研究数据的统计分析。

系统适用性检查：在每批样品测定前，用质量控制标准工作溶液检查仪器灵敏度和稳定性。

① 仪器灵敏度。用内标物信噪比（S/N）评价仪器灵敏度，内标物信噪比应该达到下述标准：对于 GC-MS > 500，对于 GC-MS/MS > 1000，对于 LC-MS/MS > 500。

② 仪器稳定性。仪器稳定性应该达到下述标准：连续 2 次进样，内标农药峰的保留时间之差不超过任何一次的 3%，响应值之差不大于任何一次的 10%。

③ GC-MS、GC-MS/MS 和 LC-MS/MS 都必须安装数据处理软件。

试剂空白和农药残留（空白样品）测试：为避免来自试剂的干扰，应该进行分析方法全过程的试剂空白试验，以确认没有来自试剂的干扰。按照协同研究方法部分的描述运行试剂空白样品。

标准曲线检查：建立含有内标的 5 点基质匹配标准曲线，标准曲线的线性相关系数（R^2）必须大于等于 0.995。

7.2.3 AOAC 官方方法（Official Method 2014.09）国际协同研究

7.2.3.1 概况

按照 AOAC 农药残留方法委员会关于对单一实验室方法进行多实验室确认研究的指南，选出 40 种代表性农药，用 2 种茶叶对其进行研究。40 种代表性农药如下：

GC-MS 和 GC-MS/MS 检测农药：氟乐灵、七氟菊酯、嘧霉胺、炔苯酰草胺、抗蚜威、二甲噻草胺、甲基立枯磷、皮蝇磷、甲基嘧啶磷、2,4'-滴滴伊、乙基溴硫磷、4,4'-滴滴伊、腐霉利、啶氧菌酯、虫螨腈、喹氧灵、苯霜灵、联苯菊酯、吡氟酰草胺、溴螨酯。

LC-MS/MS 检测农药：吡虫啉、残杀威、绿谷隆、异草酮、灭线磷、三唑酮、乙草胺、氟酰胺、苯霜灵、醚菌酯、啶氧菌酯、甲基嘧啶磷、二嗪磷、地散磷、喹氧灵、吡螨胺、茚虫威、肟菌酯、毒死蜱、仲丁灵。

单一实验室方法研究，确定 653 种农药的 LOQ 范围为 0.03～1210μg/kg，其中 GC-MS 检测农药的 LOD 范围为 1.0～500μg/kg，LOQ 范围为 2.0～1000μg/kg；GC-MS/MS 检测农药的 LOD 范围为 1.0～900μg/kg，LOQ 范围为 2.0～1800μg/kg；LC-MS/MS 检测农药的 LOD 范围为 0.03～4820μg/kg，LOQ 范围为 0.06～9640μg/kg。

653 种农药中，LOD 不高于 100μg/kg 的农药：GC-MS 和 GC-MS/MS 检测的有 482 种，LC-MS/MS 检测的有 417 种；LOD 不高于 10μg/kg 的农药：GC-MS 和 GC-MS/MS 检测的有 264 种，LC-MS/MS 检测的有 325 种。

共有 270 种农药可以同时用 GC-MS 和 LC-MS/MS 进行测定，其中 LOD 不高于 100μg/kg 的农药：GC-MS 检测的有 264 种，LC-MS/MS 检测的有 247 种；LOD 不高于 10μg/kg 的农药：GC-MS 检测的有 133 种，LC-MS/MS 检测的有 200 种。

7.2.3.2 原理

茶叶试样用乙腈均质提取，Cleanert TPT［或 Envi-Carb/PSA、ECPSACB506 (UCT)、BE Carbon 500g/PSA（安捷伦）、InerSep GC/PSA GL Sciences］固相萃取柱净化，用乙腈-甲苯（体积比 3∶1）洗脱农药，浓缩、干燥，用推荐的溶液溶解后，GC-MS、GC-MS/MS 和 LC-MS/MS 检测，基质匹配内标校准曲线法定量。

7.2.3.3　试剂与材料

试剂：乙腈、甲苯、正己烷均为 HPLC 级。乙腈-甲苯（体积比 3：1）。超纯水：Milli-RO plus system 和 Milli-Q system（美国 Millipore 公司）。无水硫酸钠：分析纯，650℃灼烧 4h，贮于干燥器中，冷却后备用。

固相萃取柱：Cleanert TPT（2000mg，12mL，艾杰尔，中国）或者 Envi-Carb/PSA（500mg/500mg，6mL，Supelco，美国）或等效的。固相萃取柱适配器：适用于 12mL 固相萃取柱（57267），适用于 6mL 固相萃取柱（57020-U）或等效的。固相萃取装置一次性控制流速软管（57059）。鸡心瓶：80mL（Z680346-1EA，Sigma Aldrich Trading Co. Ltd.）或等效的。贮液器：30mL（A82030，艾杰尔，中国）。离心管：80mL。微孔过滤膜（尼龙）：13mm×0.2μm。

7.2.3.4　标准工作溶液制备

标准储备溶液：准确称取 5～10mg（精确至 0.1mg）农药标准物分别于 10mL 容量瓶中，根据标准物的溶解度和测定的需要选甲苯、甲苯-丙酮混合液、二氯甲烷、甲醇、乙腈、异辛烷等溶剂溶解并定容至刻度，得到农药的标准储备溶液。标准储备溶液 0～4℃避光保存，可使用 1 年。

混合标准溶液：按照农药的理化性质及保留时间，将农药分组，并根据每种农药在仪器上的响应灵敏度，确定其在混合标准溶液中的浓度。依据每种农药的分组号、混合标准溶液浓度及其标准储备液的浓度，移取一定量的单个农药标准储备溶液用试剂定容，得到混合标准溶液。混合标准溶液低于 4℃避光保存。

基质混合标准工作溶液：用空白试剂稀释适量混合标准溶液，混匀，用于制作标准工作曲线，现用现配。

7.2.3.5　仪器与条件

（1）GC-MS 条件

7890A 气相色谱串联 5975C 质谱仪，配有电子轰击（EI）离子源、7683 自动进样器和 Chemstation 数据处理软件（安捷伦，美国）；色谱柱：DB-1701 石英毛细管柱（30m×0.25mm×0.25μm，J&W Scientific，美国）或等效的；柱温：40℃保持 1min，以 30℃/min 升至 130℃，再以 5℃/min 升至 250℃，再以 10℃/min 升至 300℃，保持 5min。载气：氦气（纯度≥99.999%）。流速：1.2mL/min。进样口温度：290℃。进样量：1μL。进样方式：不分流进样，1.5min 打开吹扫阀。离子化方式：电子轰击（EI）；离子源极性：正离子；离子源电压：70eV；离子源温度：230℃。GC-MS 进样口温度：280℃。溶剂延迟：14min。离子监测模式：选择离子监测（SIM）。

每种化合物分别检测 1 个定量离子，2 个定性离子。所有检测离子按照出峰时间，分时段分别检测。GC-MS 方法检测的 20 种农药和内标物的定量离子、定性离子及离子丰度见表 7-8。采集方法见表 7-9。

表 7-8 　20 种农药在 GC-MS 上的保留时间，定量离子 *m/z*、定性离子 *m/z* 及离子丰度， LOD 和 LOQ

内标及序号	英文名称	中文名称	保留时间/min	定量离子 *m/z* 离子丰度	定性离子1 *m/z* 离子丰度	定性离子2 *m/z* 离子丰度	LOQ /(μg/kg)	LOD /(μg/kg)
ISTD	heptachlor-epoxide	环氧七氯	22.15	353(100)	355(79)	351(52)		
1	trifluralin	氟乐灵	15.43	306(100)	264(72)	335(7)	20.0	10.0
2	tefluthrin	七氟菊酯	17.35	177(100)	197(26)	161(5)	10.0	5.0
3	pyrimethanil	嘧霉胺	17.43	198(100)	199(45)	200(5)	10.0	5.0
4	propyzamide	炔苯酰草胺	18.94	173(100)	255(23)	240(9)	10.0	5.0
5	pirimicarb	抗蚜威	19.00	166(100)	238(23)	138(8)	20.0	10.0
6	dimethenamid	二甲噻草胺	19.77	154(100)	230(43)	203(21)	10.0	5.0
7	tolclofos-methyl	甲基立枯磷	19.83	265(100)	267(36)	250(10)	10.0	5.0
8	fenchlorphos	皮蝇磷	19.90	285(100)	287(69)	270(6)	40.0	20.0
9	pirimiphos-methyl	甲基嘧啶磷	20.37	290(100)	276(86)	305(74)	20.0	10.0
10	2,4′-DDE	2,4′-滴滴伊	22.75	246(100)	318(34)	176(26)	25.0	12.5
11	bromophos-ethyl	乙基溴硫磷	23.12	359(100)	303(77)	357(74)	10.0	5.0
12	4,4′-DDE	4,4′-滴滴伊	23.95	318(100)	316(80)	246(139)	10.0	5.0
13	procymidone	腐霉利	24.57	283(100)	285(70)	255(15)	10.0	5.0
14	picoxystrobin	啶氧菌酯	24.79	335(100)	303(43)	367(9)	20.0	10.0
15	chlorfenapyr	虫螨腈	27.40	247(100)	328(54)	408(51)	200.0	100.0
16	quinoxyfen	喹氧灵	27.15	237(100)	272(37)	307(29)	10.0	5.0
17	benalaxyl	苯霜灵	27.68	148(100)	206(32)	325(8)	10.0	5.0
18	bifenthrin	联苯菊酯	28.62	181(100)	166(32)	165(35)	10.0	5.0
19	diflufenican	吡氟酰草胺	28.73	266(100)	394(25)	267(14)	10.0	5.0
20	bromopropylate	溴螨酯	29.46	341(100)	183(54)	339(51)	20.0	10.0

表 7-9 　20 种农药在 GC-MS-SIM 条件下的质谱参数

组别	开始时间/min	监测离子 *m/z*	驻留时间/ms
1	14.85	306,264,335	80
2	16.85	177,197,161,198,199,200	80
3	17.97	173,255,240,166,238,138	80
4	19.43	154,230,203,285,287,270,265,267,250	40
5	20.00	290,276,305	80
6	21.77	246,318,176,353,355,351	80
7	22.93	359,303,357,318,316,246	80
8	24.20	335,303,367,283,285,255	80
9	25.87	237,272,307,247,328,408,148,206,325	40
10	28.49	181,166,165,266,394,267,341,183,339	40

（2） GC-MS/MS 条件

7890A 气相色谱串联 7000B 三重四极杆质谱仪，配有电子轰击（EI）离子源、7693 自动进样器和 Mass Hunter 数据处理软件（安捷伦）。色谱柱：DB-1701 石英毛细管柱 （30m×0.25mm×0.25μm，J&W Scientific，美国）或等效的。除离子监测模式与 GC-MS 不同外，GC-MS/MS 其他检测条件与 GC-MS 一致。GC-MS/MS 离子监测方式为多反应监测模式（MRM）：每种化合物分别检测 1 对定量母离子/子离子，1 对定性母离子/

子离子；GC-MS/MS 方法检测的 20 种农药和内标物的监测离子对、碰撞能量见表 7-10，采集方法见表 7-11。

表 7-10　20 种农药在 GC-MS/MS 上的保留时间、监测离子对 m/z、碰撞能量、LOD 和 LOQ

内标及序号	英文名称	中文名称	保留时间/min	定性离子对 m/z	定量离子对 m/z	碰撞能量/V	LOQ/(μg/kg)	LOD/(μg/kg)
ISTD	heptachlor-epoxide	环氧七氯	22.15	353/263	353/282	17;17		
1	trifluralin	氟乐灵	15.41	306/264	306/206	12;15	4.8	2.4
2	tefluthrin	七氟菊酯	17.40	177/127	177/101	13;25	0.8	0.4
3	pyrimethanil	嘧霉胺	17.42	200/199	183/102	10;30	6.0	3.0
4	propyzamide	炔苯酰草胺	18.91	173/145	173/109	15;25	1.0	0.5
5	pirimicarb	抗蚜威	19.02	238/166	238/96	15;25	4.0	2.0
6	dimethenamid	二甲噻草胺	19.73	230/154	230/111	8;25	2.0	1.0
7	fenchlorphos	甲基立枯磷	19.83	287/272	287/242	15;25	16.0	8.0
8	tolclofos-methyl	皮蝇磷	19.87	267/252	267/93	15;25	10.0	5.0
9	pirimiphos-methyl	甲基嘧啶磷	20.36	290/233	290/125	5;15	10.0	5.0
10	2,4′-DDE	2,4′-滴滴伊	22.79	318/248	318/246	15;15	6.0	3.0
11	bromophos-ethyl	乙基溴硫磷	23.16	359/303	359/331	10;10	10.0	5.0
12	4,4′-DDE	4,4′-滴滴伊	23.90	318/248	318/246	25;25	4.0	2.0
13	procymidone	腐霉利	24.70	283/96	283/255	10;10	2.0	1.0
14	picoxystrobin	啶氧菌酯	24.75	335/173	335/303	10;10	10.0	5.0
15	quinoxyfen	虫螨腈	27.18	237/208	237/182	25;25	80.0	40.0
16	chlorfenapyr	喹氧灵	27.37	408/59	408/363	15;5	140.0	70.0
17	benalaxyl	苯霜灵	27.66	148/105	148/79	15;25	2.0	1.0
18	bifenthrin	联苯菊酯	28.63	181/166	181/165	10;5	10.0	5.0
19	diflufenican	吡氟酰草胺	28.73	266/218	266/246	25;10	20.0	10.0
20	bromopropylate	溴螨酯	29.46	341/185	341/183	15;15	8.0	4.0

表 7-11　20 种农药在 GC-MS/MS 上的 SRM 参数

组别	开始时间/min	监测离子对 m/z	驻留时间/ms
1	14.76	306/264,306/206	50
2	15.87	177/127,177/101,200/199,183/102	50
3	18.06	173/145,173/109,238/166,238/96	50
4	19.26	230/154,230/111,287/272,287/242,267/252,267/93	25
5	20.07	290/233,290/125	50
6	21.87	353/282,353/263	50
7	22.60	359/331,359/303,318/248,318/246	50
8	23.59	335/303,335/173,318/248,318/246,283/96,283/255	50
9	26.71	148/105,148/79,408/363,408/59,237/208,237/182	25
10	27.88	266/246,266/218,181/166,181/165	50
11	28.96	341/185,341/183	50

（3）LC-MS/MS 条件

1200 液相色谱串联 6430 三重四极杆质谱仪，配有电喷雾（ESI）离子源、G1367D 自动进样器和 Mass Hunter 数据处理软件（安捷伦，美国）。色谱柱：Zorbax SB-C$_{18}$，2.1mm×100mm，3.5μm（安捷伦，美国）或等效的。流动相比例和流速见表 7-12。柱温：40℃；进样量：10μL；离子化模式：电喷雾离子化（ESI）；离子源极性：正离子；雾化气：氮气；雾化气压力：0.28MPa；离子喷雾电压：4000V；干燥气温度：350℃；

干燥气流速：10L/min；20 种农药的保留时间、监测离子对、碰撞气能量、源内碎裂电压、检出限和定量限见表 7-13；20 种农药采集方法见表 7-14。

表 7-12　LC-MS/MS 的流动相及流速

步骤	时间/min	流速/(μL/min)	流动相 A (0.1%甲酸水溶液)/%	流动相 B (乙腈)/%
0	0.00	400	99.0	1.0
1	3.00	400	70.0	30.0
2	6.00	400	60.0	40.0
3	9.00	400	60.0	40.0
4	15.00	400	40.0	60.0
5	19.00	400	1.0	99.0
6	23.00	400	1.0	99.0
7	23.01	400	99.0	1.0

表 7-13　LC-MS/MS 条件下 20 种农药的保留时间、监测离子对 m/z、碰撞气能量、源内碎裂电压、检出限和定量限

内标及序号	英文名称	中文名称	保留时间 /min	定量离子对 m/z	定性离子对 m/z	碰撞气能量/V	源内碎裂电压/V	LOQ /(μg/kg)	LOD /(μg/kg)
ISTD	chlorpyrifos-methyl	甲基毒死蜱	16.01	322.0/125.0	322.0/290.0	15;15	80		
1	imidacloprid	吡虫啉	3.81	256.1/209.1	256.1/175.1	10;10	80	22.0	11.0
2	propoxur	残杀威	5.89	210.1/111.0	210.1/168.1	10;5	80	24.4	12.2
3	monolinuron	绿谷隆	6.83	215.1/126.0	215.1/148.1	15;10	100	3.6	1.8
4	clomazone	异草酮	8.3	240.1/125.0	240.1/89.1	20;50	100	0.4	0.2
5	ethoprophos	灭线磷	11.37	243.1/173.0	243.1/215.0	10;10	120	2.8	1.4
6	triadimefon	三唑酮	11.64	294.2/69.0	294.2/197.1	20;15	100	7.9	3.9
7	acetochlor	乙草胺	12.94	270.2/224.0	270.2/148.2	5;20	80	47.4	23.7
8	flutolanil	氟酰胺	13.25	324.2/262.1	324.2/282.1	20;10	120	1.1	0.6
9	benalaxyl	苯霜灵	14.40	326.2/148.1	326.2/294.0	15;5	120	1.2	0.6
10	kresoxim-methyl	醚菌酯	14.58	314.1/267	314.1/206.0	5;5	80	100.6	50.3
11	picoxystrobin	啶氧菌酯	14.99	368.1/145.0	368.1/205.0	20;5	80	8.4	4.2
12	pirimiphos-methyl	甲基嘧啶磷	15.05	306.2/164.0	306.2/108.1	20;30	120	0.2	0.1
13	diazinon	二嗪磷	15.20	305.0/169.1	305.0/153.2	20;20	160	0.7	0.4
14	bensulide	地散磷	15.45	398.0/158.1	398.0/314.0	20;5	80	34.2	17.1
15	quinoxyfen	喹氧灵	16.60	308.0/197.0	308.0/272.0	35;35	180	153.4	76.7
16	tebufenpyrad	吡螨胺	16.82	334.3/147.0	334.3/117.1	25;40	160	0.3	0.1
17	indoxacarb	茚虫威	16.76	528.0/150.0	528.0/218.0	20;20	120	7.5	3.8
18	trifloxystrobin	肟菌酯	16.82	409.3/186.1	409.3/206.2	15;10	120	2.0	1.0
19	chlorpyrifos	毒死蜱	17.65	350.0/198.0	350.0/97.0	20;35	100	53.8	26.9
20	butralin	仲丁灵	17.98	296.1/240.1	296.1/222.1	10;20	100	1.9	1.0

表 7-14　20 种农药在 LC-MS/MS 下的 SRM 采集条件

组别	开始时间/min	监测离子对 m/z	驻留时间/ms
1	0	256.1/209.1, 256.1/175.1, 210.1/111.0, 210.1/168.1, 240.1/125.0,240.1/89.1,243.1/173.0,243.1/215.0,294.2/69.0,294.2/197.1,215.1/126.0;215.1/148.1	30

组别	开始时间/min	监测离子对 m/z	驻留时间/ms
1	0	270.2/224.0，270.2/148.2，306.2/164.0，306.2/108.1，324.2/262.1,324.2/282.1,326.2/148.1,326.2/294.0，	30
2	12	305.0/169.1，305.0/153.2，314.1/267.0，314.1/206.0，322.0/125.0，322.0/290.0，368.1/145.0，368.1/205.0，398.0/158.1，398.0/314.0	20
3	16.4	334.3/147.0，334.3/117.1，528.0/150.0，528.0/218.0，409.3/186.1,409.3/206.2,296.1/240.1,296.1/222.1,350.0/198,350.0/97.0,308.0/197.0;308.0/272.0	25

T-25B均质器：转速不低于 13500r/min（Janke & Kunkel，德国）或等效的。EL131旋转蒸发仪（Buchi，瑞士）或等效的。Z320 离心机，转速不低于 4200r/min（HermLe AG，德国）或等效的。EVAP 112氮吹仪（Organomation Associates，美国）或等效的。大体积蒸发系统 TurboVap 或等效的。RS-SUPELCO 57101-U 5 位真空固相萃取装置（见图 7-2）或等效的。移液枪：10μL、200μL、1000μL。分析天平：量程 0.05～100g，精度±0.01g。

7.2.3.6　提取与净化

（1）样品提取

称取 5g 试样（精确至 0.01g），于 80mL 离心管中，加入 15mL 乙腈，于 13500r/min 均质提取 1min；2879g 离心 5min；取上清液于 80mL 鸡心瓶中，残渣用 15mL 乙腈重复提取一次，离心，合并两次提取液，于 40℃水浴旋转蒸发浓缩至约 1mL，待净化。

（2）SPE 净化

固相萃取装置中放入鸡心瓶，固相萃取装置上接 Cleanert TPT 小柱，在 Cleanert TPT 柱中加入约 2cm 高无水硫酸钠，用 10mL 乙腈-甲苯（3∶1，体积比）淋洗 Cleanert TPT 柱，当淋洗液液面到达无水硫酸钠层顶面时，停止淋洗，弃去淋出液，换上新鸡心瓶收集洗脱液。

将茶叶试样浓缩液转移至 Cleanert TPT 柱中，用干净的鸡心瓶收集洗脱液；用 3×2mL 乙腈-甲苯（体积比为 3∶1）洗涤试样浓缩液瓶，待试样浓缩液液面到达无水硫酸钠层顶面时，将洗涤液移入柱中；在 SPE 柱上部连接上 30mL 贮液器（见图 7-2），用 25mL 乙腈-甲苯（体积比为 3∶1）洗涤小柱，鸡心瓶中洗脱液于 40℃水浴中旋转浓缩至约 0.5mL。

图 7-2
SPE 固相萃取装置
示意图

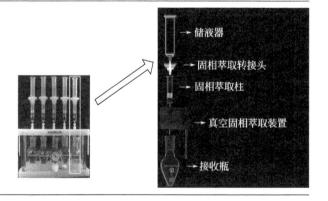

加入 40μL 环氧七氯内标工作溶液，于 35℃ 水浴中用氮气吹干，采用 1.5mL 正己烷溶解残渣，超声混合均匀，经 0.2μm 滤膜过滤后，用于 GC-MS 和 GC-MS/MS 测定。

加入 40μL 甲基毒死蜱内标工作溶液，于 35℃ 水浴中用氮气吹干，采用 1.5mL 乙腈-水（体积比为 3∶2）溶解残渣，超声混合均匀，经 0.2μm 滤膜过滤后，用于 LC-MS/MS 测定。

7.2.3.7　定性与定量

（1）定性确认标准

①测定被监测离子的保留时间，并与农药标准色谱图进行比对；②测定待测农药定性离子的离子丰度，并确认所选择离子丰度在限定范围内。如果能匹配上，则认为该农药存在。见表 7-15。

表 7-15　一系列光谱测定技术对相对离子强度推荐的最大允许公差

相对离子强度（基峰）/%	GC-MS	GC-MS/MS，LC-MS/MS
>50%	±10%	±20%
>20% 且≤50%	±15%	±25%
>10% 且≤20%	±20%	±30%
≤10%	±50%	±50%

（2）定量计算

①利用 GC-MS、GC-MS/MS、LC-MS/MS 仪器的数据处理软件计算响应之比［待测农药丰度/环氧七氯（GC）或甲基毒死蜱（LC）丰度］，建立 5 点基质匹配内标校准曲线。②应用基质匹配标准曲线计算样品中检出农药的浓度。③如果未使用计算机系统进行计算，可采用下列步骤进行计算：a. 测定每个添加水平下待测农药和相应内标的峰面积；b. 计算待测农药和内标的响应之比；c. 以不同添加水平下每个农药和内标的响应之比进行线性回归分析（不加权或 $1/x$ 加权，其中 x 为浓度）；d. 测定样品中检出农药及相应内标的峰面积；e. 根据标准曲线计算溶液中待测农药的含量；f. 计算待测农药在样品中的浓度，测定结果应保留小数点后两位或四位有效数字。

7.2.4　协同研究结果评价

茶叶 653 种农药多残留检测方法 2010 年被列为 AOAC 优先研究项目。经过 3 年准备，2013 年 3 月 1 日～2013 年 6 月 30 日来自 11 个国家和地区的 30 个实验室参加了这项协同研究。用 GC-MS、GC-MS/MS 和 LC-MS/MS 3 种方法，对绿茶和乌龙茶两种茶叶的添加样品、乌龙茶陈化样品和绿茶污染样品，总计 3 类 560 个样品进行了检测。30 个实验室向 SD 提交了检测结果（见表 7-16）。表 7-16 前 3 列给出了 30 个实验室提交的 6868 个农药残留测定结果，后 3 列给出了 29 个实验室提交的 8915 个预研究测定结果。对于 GC-MS 待测农药和预研究的测定结果分别为 1977 和 2740；GC-MS/MS 待测农药和预研究的测定结果分别为 1808 和 2440；LC-MS/MS 待测农药和预研究的测定结果分别为 3083 和 3735（20 号实验室未向 SD 提供预研究结果）。第 4～6 列给出了 41238 个监测离子数据，第 7～9 列给出了 23205 个离子丰度数据，第 10～12 列给出了 2233 个校准曲线数据。

表 7-16 来自 11 个国家和地区的 30 个实验室提供的 AOAC 合作研究的测试数据

实验室编号	目标农药结果			监测离子			离子丰度			校准曲线			预评价结果		
	GC-MS	GC-MS/MS	LC-MS/MS	GC-MS	GC-MS/MS	LC-MS/MS	GC-MS	GC-MS/MS	LC-MS/MS	GC-MS	GC-MS/MS	LC-MS/MS	GC-MS	GC-MS/MS	LC-MS/MS
1	124	124	126	972	648	652	648	324	326	40	40	40	200	200	200
2	124	—	—	972	—	—	648	—	—	40	—	—	200	—	—
3	124	—	126	972	—	652	648	—	326	40	—	40	200	—	200
4	124	124	126	972	648	652	648	324	326	40	40	40	100	200	100
5	—	124	126	—	648	652	—	324	326	—	40	40	—	—	200
6	124	—	126	972	—	652	648	—	326	40	40	40	200	—	100
7	—	—	126	—	—	652	—	—	326	40	—	40	—	—	200
8	124	—	126	972	—	652	648	—	326	40	40	40	200	—	100
9	124	—	126	972	—	652	648	—	326	40	40	40	200	200	200
10	124	124	126	972	648	652	648	324	326	40	40	40	200	—	200
11	124	—	126	972	—	652	648	—	326	40	—	40	100	—	100
12	124	—	126	972	—	652	648	—	326	40	40	40	100	—	200
13	124	124	126	972	648	652	648	324	326	40	40	40	40	200	—
14	124	—	126	972	—	652	648	—	326	40	40	40	40	—	200
15	124	124	—	972	648	—	648	324	—	40	40	—	200	—	—
16	124	124	126	972	648	652	648	324	326	—	40	40	200	200	200
17	—	—	126	—	—	652	—	—	326	40	40	40	—	—	100
18	—	124	126	—	648	652	—	324	326	—	40	40	200	—	200
19	124	124	—	972	648	—	648	324	—	40	40	—	200	200	—
20	—	104	126	—	608	652	—	304	326	40	40	40	200	—	140
21	124	104	67	972	608	534	648	304	267	40	40	40	—	140	200
22	124	124	126	972	648	652	648	324	326	40	40	40	200	—	200
23	—	124	126	—	648	652	—	324	326	—	40	40	200	200	200
24	—	124	124	—	648	648	—	324	324	—	40	40	—	200	200
25	123	124	126	969	646	652	646	324	326	40	40	40	200	—	100
26	—	118	—	—	616	—	—	308	—	—	38	—	200	200	—
27	—	124	126	—	648	652	—	324	326	40	40	40	100	100	100
28	118	118	120	939	616	620	626	308	310	39	38	38	200	200	95
29	—	124	126	—	648	652	—	324	326	40	40	40	200	200	200
30	—	124	126	—	648	652	—	324	326	40	40	40	200	200	200
小计	1977	1808	3083	15516	9576	16146	10344	4788	8073	639	596	998	2740	2440	3735
合计	6868			41238			23205			2233			8915		

注："—"方法不涉及。

经过对 30 个实验室返回的 6868 个目标农药检测数据和相关材料审核，发现一个实验室（20 号实验室）偏离协同研究操作规程，未进行预协同研究就直接进行正式协同研究样品检测，导致大量数据离群而被剔除。表 7-17 以乌龙茶校准曲线数据为例对 20 号实验室的测定结果进行了分析，可以看出该实验室测定值和理论值之间的偏差均不小于 20%。这表明该实验室未达到协同研究熟练程度的要求，不能参加实际样品的测定。因此，只有符合预研究数据要求的 29 个实验室的共计 6638 个目标农药检测数据为有效检测结果。

表 7-17 LC-MS/MS 计算浓度与最小浓度点期望浓度的偏差率与 Lab 20 校准曲线匹配

序号	英文名称	中文名称	乌龙茶校准曲线			
			Exp. Conc. /(μg/kg)	Calc. Conc. /(μg/kg)	Diff.	偏差率/%
1	imidacloprid	吡虫啉	18.0	14.2	3.8	21.1
2	propoxur	残杀威	20.0	29.3	−9.3	−46.3
3	monolinuron	绿谷隆	8.0	8.9	−0.9	−10.9
4	clomazone	异草酮	8.0	5.5	2.5	31.7
5	ethoprophos	灭线磷	8.0	3.6	4.4	55.0
6	triadimefon	三唑酮	8.0	4.8	3.2	39.8
7	acetochlor	乙草胺	16.0	7.2	8.8	55.0
8	flutolanil	氟酰胺	8.0	5.9	2.1	25.9
9	benalaxyl	苯霜灵	8.0	5.7	2.3	28.6
10	kresoxim-methyl	醚菌酯	80.0	69.5	10.5	13.1
11	picoxystrobin	啶氧菌酯	8.0	3.3	4.7	58.8
12	pirimiphos-methyl	甲基嘧啶磷	8.0	6.4	1.6	19.8
13	diazinon	二嗪磷	8.0	5.9	2.1	25.9
14	bensulide	地散磷	24.0	16.3	7.7	32.1
15	quinoxyfen	喹氧灵	40.0	49.0	−9.0	−22.4
16	tebufenpyrad	吡螨胺	8.0	6.9	1.1	13.7
17	indoxacarb	茚虫威	8.0	9.0	−1.0	−13.0
18	trifloxystrobin	肟菌酯	8.0	7.3	0.7	8.3
19	chlorpyrifos	毒死蜱	80.0	110.0	−30.0	−37.5
20	butralin	仲丁灵	8.0	10.2	−2.2	−26.9

7.2.4.1 应用 Dixon 与 Grubbs 对 6638 个测定结果进行异常值检验

应用 Dixon 和 Grubbs 检验对剩余 29 个实验室的 6638 个数据的异常值进行检验。对于 GC-MS，1977 个测定数据中有 65 个异常值，占 3.3%；对于 GC-MS/MS，1704 个测定数据中有 65 个异常值，占 3.8%；对于 LC-MS/MS，2957 个测定数据中有 57 个异常值，占 1.9%。因此，6638 个数据中共计 187 个异常值，占 2.8%。

7.2.4.2 添加样品的提取效率与再现性

表 7-18～表 7-20 给出了 GC-MS、GC-MS/MS 和 LC-MS/MS 测定乌龙茶和绿茶中 20 种农药的回收率、RSD$_R$、RSD$_r$ 和 HorRat 值。表 7-21 则对 Rec.、RSD$_R$、RSD$_r$ 和 Hor-Rat 等方法效率参数进行了统计分析。

表7-18　GC-MS测定茶叶中20种农药的方法效率（16个实验室）

序号	英文名称	中文名称	绿茶												乌龙茶											
			实验室数量	Avg.C /(μg/kg) No.1	No.2	Avg.C /(μg/kg)	Rec./% No.1	No.2	Avg.Rec./%	S_r /(μg/kg)	RSD_r /%	S_R /(μg/kg)	RSD_R /%	HorRat	实验室数量	Avg.C /(μg/kg) No.6	No.7	Avg.C /(μg/kg)	Rec./% No.6	No.7	Avg.Rec./%	S_r /(μg/kg)	RSD_r /%	S_R /(μg/kg)	RSD_R /%	HorRat
1	trifluralin	氟乐灵	15	186.7	180.1	184.6	93.4	90.0	91.7	8.3	4.5	15.4	8.4	0.4	16	85.6	85.8	85.7	85.6	85.8	85.7	2.4	2.8	19.0	22.2	1.0
2	tefluthrin	七氟菊酯	16	93.4	92.0	92.7	93.4	92.0	92.7	3.5	3.8	9.1	9.8	0.4	16	42.9	42.8	42.8	85.7	85.6	85.6	1.7	4.0	7.3	17.0	0.7
3	pyrimethanil	嘧霉胺	16	90.8	89.9	90.3	90.8	89.9	90.3	2.5	2.7	7.9	8.8	0.4	16	41.7	42.3	42.0	83.4	84.5	83.9	1.7	3.9	8.7	20.7	0.8
4	propyzamide	炔苯酰草胺	16	95.4	95.0	95.2	95.4	95.0	95.2	4.0	4.2	8.1	8.5	0.4	14	46.0	45.1	45.1	92.0	90.2	91.1	1.4	3.2	6.9	15.3	0.6
5	pirimicarb	抗蚜威	15	92.4	92.3	92.4	92.4	92.3	92.4	2.6	2.8	9.1	9.9	0.4	16	44.6	43.2	44.6	89.3	86.4	87.8	2.1	4.6	8.3	18.6	0.7
6	dimethenamid	二甲噻草胺	16	37.5	37.5	37.5	93.8	93.6	93.7	1.2	3.1	3.0	7.9	0.3	16	17.6	17.0	17.3	88.1	85.0	86.6	1.4	7.8	3.6	20.9	0.7
7	fenchlorphos	甲基立枯磷	16	175.7	175.0	175.3	87.8	87.5	87.7	5.7	3.2	13.4	7.6	0.4	16	82.1	79.8	81.0	82.1	79.8	81.0	5.0	6.2	14.4	17.8	0.8
8	tolclofos-methyl	皮蝇磷	14	92.5	92.6	92.5	92.5	92.6	92.5	2.5	2.7	6.1	6.5	0.3	14	44.7	42.7	44.1	89.5	85.4	87.4	2.8	6.5	5.5	12.5	0.5
9	pirimiphos-methyl	甲基嘧啶磷	16	94.0	93.1	93.5	94.0	93.1	93.5	2.9	3.1	6.4	6.9	0.3	16	42.8	41.7	42.2	85.5	83.4	84.5	2.8	6.7	7.6	18.0	0.7
10	2,4'-DDE	2,4'-滴滴伊	16	372.1	371.2	372.9	93.0	92.8	92.9	10.4	2.8	34.3	9.2	0.5	16	174.0	171.9	172.9	87.0	85.9	86.5	5.2	3.0	28.9	16.7	0.8
11	bromophos-ethyl	乙基溴硫磷	16	92.8	92.3	92.6	92.8	92.3	92.6	2.3	2.5	7.2	7.8	0.3	16	43.7	43.7	43.7	87.4	87.4	87.4	1.7	3.9	9.3	21.3	0.8
12	4,4'-DDE	4,4'-滴滴伊	16	373.0	373.0	373.7	93.3	93.3	93.3	10.9	2.9	31.8	8.5	0.5	16	171.7	170.8	171.3	85.9	85.4	85.6	5.8	3.4	34.1	19.9	1.0
13	procymidone	腐霉利	15	94.3	94.3	94.3	94.3	94.3	94.3	1.9	2.1	8.0	7.9	0.4	16	45.0	43.9	44.5	90.0	87.8	88.9	3.0	6.7	8.3	18.6	0.7
14	picoxystrobin	啶氧菌酯	16	191.7	192.2	191.9	95.8	96.1	96.0	6.4	3.4	15.3	8.0	0.4	15	90.4	88.4	88.9	90.4	88.4	89.4	3.4	3.8	12.3	13.8	0.6
15	quinoxyfen	虫螨腈	15	90.8	91.8	91.3	90.8	91.8	91.3	4.4	4.9	8.7	9.2	0.5	16	43.2	43.4	43.3	86.4	86.8	86.6	2.7	6.2	10.7	24.8	1.0
16	chlorfenapyr	喹氧灵	16	764.2	754.9	759.6	95.5	94.4	94.9	21.9	2.9	61.1	8.0	0.5	16	333.2	338.2	335.7	83.3	84.6	83.9	22.5	6.7	84.0	25.0	1.3
17	benalaxyl	苯霜灵	16	93.7	95.4	94.1	93.7	95.4	94.6	4.5	4.8	8.0	8.5	0.4	13	42.9	44.8	43.6	85.9	89.7	87.8	2.9	6.6	5.8	13.4	0.5
18	bifenthrin	联苯菊酯	15	94.7	95.2	95.1	94.7	95.2	95.1	2.8	2.9	8.7	9.2	0.4	15	45.7	45.3	45.5	91.3	90.6	91.0	3.3	7.2	8.5	18.6	0.7
19	diflufenican	吡氟酰草胺	15	94.4	94.3	94.5	94.4	94.3	94.4	3.4	3.6	8.1	8.6	0.4	15	43.4	42.6	43.4	86.7	85.3	86.0	2.4	5.4	6.4	14.8	0.6
20	bromopropylate	溴螨酯	15	189.5	190.1	190.2	94.8	95.1	94.9	5.4	2.9	15.1	7.9	0.4	16	88.0	87.1	87.6	88.0	87.1	87.6	5.9	6.7	12.3	14.1	0.6

表 7-19 GC-MS/MS 法测定茶叶中 20 种农药的方法效率（14 个实验室）

序号	英文名称	中文名称	绿茶 实验室数量	绿茶 Avg.C/(μg/kg) No.1	No.2	Avg.C/(μg/kg)	绿茶 Rec./% No.1	No.2	Avg.Rec./%	S_r/(μg/kg)	RSD$_r$/%	S_R/(μg/kg)	RSD$_R$/%	HorRat	乌龙茶 实验室数量	乌龙茶 Avg.C/(μg/kg) No.6	No.7	Avg.C/(μg/kg)	乌龙茶 Rec./% No.6	No.7	Avg.Rec./%	S_r/(μg/kg)	RSD$_r$/%	S_R/(μg/kg)	RSD$_R$/%	HorRat
1	trifluralin	氟乐灵	11	183.7	182.5	183.1	91.9	91.2	91.5	7.3	4.0	22.4	12.2	0.6	13	87.3	87.1	87.2	87.3	87.1	87.2	1.2	1.4	14.2	16.2	0.7
2	tefluthrin	七氟菊酯	13	92.1	92.6	92.2	92.1	92.6	92.3	3.6	3.9	10.7	11.6	0.5	13	43.8	43.8	43.8	87.5	87.6	87.6	1.0	2.3	7.4	16.8	0.7
3	pyrimethanil	嘧霉胺	13	89.3	90.1	90.1	89.3	90.1	89.7	3.6	4.0	10.6	11.8	0.5	12	41.0	41.3	41.4	81.9	82.6	82.3	1.0	2.4	5.8	13.3	0.5
4	propyzamide	炔苯酰草胺	13	93.9	95.2	94.6	93.9	95.2	94.6	3.3	3.5	9.5	10.1	0.4	14	41.9	41.6	41.8	83.8	83.3	83.5	1.1	2.7	9.9	23.8	0.9
5	pirimicarb	抗蚜威	12	91.7	93.0	92.5	91.7	93.0	92.4	2.9	3.2	8.6	9.3	0.4	12	42.9	43.1	43.0	85.8	86.2	86.0	1.1	2.7	4.0	9.4	0.4
6	dimethenamid	二甲噻草胺	13	37.4	37.6	37.5	93.4	94.1	93.7	1.4	3.7	4.5	12.0	0.5	12	17.0	17.5	17.5	84.8	87.7	86.3	0.6	3.5	2.3	13.4	0.5
7	fenchlorphos	甲基立枯磷	12	175.4	172.8	172.6	87.7	86.4	87.0	7.2	4.2	15.4	8.9	0.4	14	77.0	77.1	77.1	77.0	77.1	77.1	1.6	2.1	18.2	23.6	1.0
8	tolclofos-methyl	皮蝇磷	13	92.0	93.3	92.6	92.0	93.3	92.6	3.2	3.4	8.1	8.8	0.4	14	40.4	40.4	40.4	80.7	80.8	80.8	1.0	2.6	9.5	23.6	0.9
9	pirimiphos-methyl	甲基嘧啶磷	12	91.9	93.0	92.5	91.9	93.0	92.4	3.3	3.8	6.4	6.9	0.3	12	41.8	43.6	43.2	83.6	87.1	85.4	1.0	2.4	6.0	14.0	0.5
10	2,4'-DDE	2,4'-滴滴伊	12	358.0	364.6	361.0	89.5	91.2	90.3	13.6	3.8	36.2	10.0	0.5	11	171.3	172.1	171.7	85.7	86.1	85.9	2.9	1.7	19.6	11.4	0.5
11	bromophos-ethyl	乙基溴硫磷	12	92.7	92.3	92.0	92.7	92.3	92.5	2.8	3.1	7.9	8.6	0.4	12	44.3	43.8	44.6	88.7	87.5	88.1	0.9	2.0	6.5	14.6	0.6
12	4,4'-DDE	4,4'-滴滴伊	11	357.7	364.6	360.6	89.4	91.2	90.3	15.0	4.2	23.7	6.6	0.4	12	174.9	176.8	175.9	87.5	88.4	87.9	3.5	2.0	20.0	11.4	0.5
13	procymidone	腐霉利	13	91.8	93.1	92.5	91.8	93.1	92.4	3.5	3.8	12.1	13.1	0.6	14	39.3	40.2	39.7	78.6	80.4	79.5	1.4	3.6	13.0	32.7	1.3
14	picoxystrobin	啶氧菌酯	13	183.9	187.5	185.7	91.9	93.7	92.8	7.9	4.3	20.9	11.3	0.5	12	86.7	90.6	90.0	86.7	90.6	88.6	2.1	2.3	13.0	14.5	0.6
15	quinoxyfen	喹氧灵	13	90.3	92.9	91.6	90.3	92.9	91.6	4.3	4.7	11.9	13.0	0.6	12	40.6	42.3	42.1	81.2	84.5	82.9	1.2	2.8	6.2	14.7	0.6
16	chlorfenapyr	虫螨腈	12	744.9	755.1	749.1	94.4	93.8	93.8	36.4	4.9	67.4	9.0	0.5	10	334.5	337.4	335.8	83.5	84.3	83.9	10.3	3.1	23.5	7.0	0.4
17	benalaxyl	苯霜灵	13	90.8	92.7	91.7	90.8	92.7	91.8	4.7	5.1	12.2	13.3	0.6	12	44.5	43.8	44.8	89.1	87.6	88.3	2.4	5.4	6.5	14.6	0.6
18	bifenthrin	联苯菊酯	13	96.9	97.3	97.2	96.9	97.3	97.1	5.5	5.6	14.4	14.8	0.7	11	45.0	45.4	45.4	90.0	91.6	90.8	2.2	4.9	5.1	11.1	0.4
19	diflufenican	吡氟酰草胺	12	93.5	97.0	94.5	93.5	97.0	95.3	5.0	5.3	10.5	11.2	0.5	14	41.4	41.6	41.5	82.8	83.3	83.0	1.4	3.4	12.0	28.8	1.1
20	bromopropylate	溴螨酯	12	188.5	191.7	188.9	94.3	95.8	95.1	11.3	6.0	17.3	9.1	0.4	12	83.5	87.2	86.6	83.5	87.2	85.3	2.9	3.3	14.3	16.5	0.7

表 7-20 LC-MS/MS 法测定茶叶中 20 种农药的方法效率（24 个实验室）

序号	英文名称	中文名称	绿茶 实验室数量	绿茶 Avg.C/(μg/kg) No.1	No.2	Avg.C/(μg/kg)	Rec./% No.1	No.2	Avg.Rec./%	S_r/(μg/kg)	RSD_r/%	S_R/(μg/kg)	RSD_R/%	HorRat	乌龙茶 实验室数量	乌龙茶 Avg.C/(μg/kg) No.6	No.7	Avg.C/(μg/kg)	Rec./% No.6	No.7	Avg.Rec./%	S_r/(μg/kg)	RSD_r/%	S_R/(μg/kg)	RSD_R/%	HorRat
1	acetochlor	乙草胺	20	37.9	37.6	37.9	94.8	94.0	94.4	2.2	5.7	3.2	8.4	0.3	23	18.1	18.3	18.2	90.6	91.6	91.1	1.1	6.2	4.0	21.7	0.7
2	benalaxyl	苯霜灵	22	19.3	19.7	19.5	96.6	98.7	97.7	1.3	6.7	2.3	12.0	0.4	23	9.0	9.1	9.0	90.2	90.8	90.5	0.5	5.8	1.5	17.0	0.5
3	bensulide	地散磷	22	55.0	57.8	56.4	91.6	96.3	94.0	4.1	7.3	7.7	13.9	0.6	23	25.8	25.7	25.8	86.0	85.7	85.8	2.3	8.9	6.2	24.2	0.9
4	butralin	仲丁灵	21	18.3	18.2	18.2	91.3	91.2	91.3	1.4	7.4	2.3	12.8	0.4	22	8.5	8.5	8.5	84.9	84.6	84.7	0.5	6.2	2.2	26.2	0.8
5	chlorpyrifos	毒死蜱	19	185.2	183.7	185.3	92.6	91.8	92.2	9.6	5.2	18.7	10.1	0.5	22	83.5	86.9	84.3	83.5	86.9	85.2	5.7	6.8	25.0	29.7	1.3
6	clomazone	异草酮	23	18.9	18.7	18.9	94.7	93.3	94.0	1.3	6.7	2.1	11.2	0.4	22	8.9	9.0	8.9	88.6	90.4	89.5	0.3	3.8	2.0	22.7	0.7
7	diazinon	二嗪磷	22	19.4	19.0	19.0	96.0	95.0	96.0	0.9	4.9	2.6	13.4	0.5	20	9.2	9.2	9.2	92.3	92.2	92.2	0.3	3.6	1.3	13.6	0.4
8	ethoprophos	灭线磷	23	19.0	18.7	18.9	95.1	93.6	94.3	1.2	6.5	2.5	13.2	0.5	22	8.7	8.8	8.7	86.8	87.8	87.3	0.5	5.5	1.9	21.5	0.7
9	flutolanil	氟酰胺	23	19.1	19.1	19.2	95.3	95.7	95.5	1.4	7.5	2.5	13.0	0.4	23	8.7	8.9	8.8	87.3	88.8	88.0	0.4	5.1	1.9	21.3	0.7
10	imidacloprid	吡虫啉	23	42.7	42.1	42.6	94.8	93.5	94.2	3.3	7.7	5.3	12.4	0.5	23	19.5	19.9	19.7	86.9	88.3	87.6	1.2	6.2	5.4	27.4	0.9
11	indoxacarb	茚虫威	23	19.0	18.7	18.9	95.0	93.6	94.3	1.3	6.7	2.4	12.7	0.4	22	9.1	9.6	9.3	91.4	96.0	93.7	0.8	8.2	2.1	22.7	0.7
12	kresoxim-methyl	醚菌酯	20	200.5	189.6	191.8	100.2	94.8	97.5	15.9	8.3	25.1	13.1	0.6	22	81.6	88.0	83.7	81.6	88.0	84.8	8.5	10.2	18.9	22.5	1.0
13	monolinuron	绿谷隆	23	19.0	18.6	18.8	95.0	93.1	94.0	1.5	7.9	2.5	13.4	0.5	22	9.0	9.2	9.1	90.0	92.4	91.2	0.6	6.2	1.8	19.2	0.6
14	picoxystrobin	啶氧菌酯	21	19.4	18.8	19.2	97.2	94.0	95.6	1.3	6.8	2.3	12.1	0.6	23	8.9	9.0	8.9	88.5	89.6	89.1	0.6	8.9	2.1	24.1	0.7
15	pirimiphos-methyl	甲基嘧啶磷	23	19.3	19.2	19.2	96.6	96.0	96.3	1.0	5.3	2.6	13.5	0.5	22	9.1	8.9	9.1	91.2	89.3	90.2	0.4	4.6	1.7	19.1	0.6
16	propoxur	残杀威	23	47.7	47.4	47.7	95.3	94.9	95.1	4.5	9.4	8.2	17.1	0.7	23	21.9	22.4	22.2	87.7	89.8	88.7	1.4	6.1	6.1	27.4	1.0
17	quinoxyfen	喹氧灵	22	92.9	92.1	92.7	92.9	92.1	92.5	4.7	5.0	12.8	13.8	0.6	23	41.1	41.4	41.2	82.2	82.8	82.5	2.5	6.0	9.5	23.1	0.9
18	tebufenpyrad	吡螨胺	23	18.7	18.8	18.8	93.6	94.1	93.8	1.1	6.0	2.5	13.5	0.5	23	8.9	8.9	8.9	89.2	89.1	89.1	0.6	6.4	2.4	26.8	0.8
19	triadimefon	三唑酮	22	18.9	19.1	19.1	94.4	95.7	95.1	1.2	6.4	2.7	13.9	0.5	22	9.5	9.3	9.4	94.8	92.5	93.7	0.5	4.8	1.9	20.1	0.6
20	trifloxystrobin	肪菌酯	21	19.3	19.1	19.3	96.4	95.4	95.9	1.2	6.1	2.0	10.5	0.4	23	8.9	8.9	8.9	89.2	89.4	89.3	0.4	4.9	2.1	23.9	0.7

表 7-21　茶叶样品的 Rec. 、 RSD$_r$、 RSD$_R$ 和 HorRat 值的分布范围

方法效率参数	Rec./%			RSD$_r$/%			RSD$_R$/%			HorRat			
范围	<75	75~100	>100	<8	8~15	>15	<16	16~25	>25	<0.50	0.5~1.0	1.01~2.0	>2.0
GC-MS(16 个实验室)													
绿茶	0	40 (100)*	0	20 (100)	0	0	20 (100)	0	0	17 (85)	3 (15)	0	0
乌龙茶	0	40 (100)	0	20 (100)	0	0	6 (30)	14 (70)	0	0	19 (95)	1 (5)	0
GC-MS/MS (14 个实验室)													
绿茶	0	40 (100)	0	20 (100)	0	0	20 (100)	0	0	8 (40)	12 (60)	0	0
乌龙茶	0	40 (100)	0	20 (100)	0	0	12 (60)	6 (30)	2 (10)	3 (15)	15 (75)	2 (10)	0
LC-MS/MS (24 个实验室)													
绿茶	0	40 (100)	0	18 (90)	2 (10)	0	19 (95)	1 (5)	0	8 (40)	12 (60)	0	0
乌龙茶	0	40 (100)	0	16 (80)	4 (20)	0	1 (5)	14 (70)	5 (25)	1 (5)	18 (90)	1 (5)	0
总计	0	240 (100)	0	114 (95)	6 (5)	0	78 (65)	35 (29)	7 (6)	37 (31)	79 (66)	4 (3)	0

* 数量（百分比）：符合范围的数量（符合范围的数量占确定农药总量的百分比）。

（1）GC-MS

对于绿茶和乌龙茶，添加样中所有农药的平均回收率均在 75%～100%，RSD$_r$ 均小于 8%。绿茶样品中所有农药的 RSD$_R$ 均小于 16%。乌龙茶中所有农药的 RSD$_R$ 均小于 25%。所有农药的 HorRat 值均小于等于 2.0。

（2）GC-MS/MS

对于绿茶和乌龙茶，添加样中所有农药的平均回收率为 75%～100%，RSD$_r$ 均小于 8%。绿茶样品中所有农药的 RSD$_R$ 均小于 16%。乌龙茶中有 90% 的农药 RSD$_R$ 小于 25%，有 2 个农药的 RSD$_R$ 大于 25%，占比为 10%。所有农药的 HorRat 值均小于等于 2.0。

（3）LC-MS/MS

对于绿茶和乌龙茶，添加样中所有农药的平均回收率为 75%～100%，RSD$_r$ 均小于 15%。绿茶样品中有 95% 的农药 RSD$_R$ 小于 16%，有 1 个农药的 RSD$_R$ 大于 25%，占比为 5%。乌龙茶样品中，75% 的农药 RSD$_R$ 小于等于 25%，有 5 个农药的 RSD$_R$ 大于 25%，占比为 25%。所有农药的 HorRat 值均小于 2.0。

根据协同研究结果评价情况，可以看出乌龙茶样品中 GC-MS/MS 测定的 2 种农药以及 LC-MS/MS 测定的 5 种农药的 RSD$_R$ 超过了 25%，两项合计 7 种。分析其原因有两点：第一点是乌龙茶样品的添加浓度是相当于 MRL 的浓度水平，对一些早期的仪器，其浓度水平接近于仪器的检出限（如 Lab 25），易造成较大偏差。第二点是本课题组在核查原始数据时发现，由于其乌龙茶添加浓度较低，接近标准曲线的最

低浓度点，其线性精度较差。如 Lab 25 出现了在基质标准曲线的最低浓度点 Calc. Conc. 显著低于 Exp. Conc. 的问题，导致低浓度样品的定量结果偏小，室间标准偏差增大，见表 7-22。

表 7-22　LC-MS/MS 测定加标样品的 MRL、LOD 和校正曲线的最小点浓度

序号	英文名称	中文名称	MRL/(μg/kg)	添加浓度/(μg/kg)		LOD/(μg/kg)	校正曲线最小点浓度/(μg/kg)
				乌龙茶	绿茶		
1	acetochlor	乙草胺	10	20	40	16	23.7
2	benalaxyl	苯霜灵	100	10	20	8	0.6
3	bensulide	地散磷	30	30	60	24	17.1
4	butralin	仲丁灵	20	10	20	8	1.0
5	chlorpyrifos	毒死蜱	100	100	200	80	26.9
6	clomazone	异草酮	20	10	20	8	0.2
7	diazinon	二嗪磷	20	10	20	8	0.4
8	ethoprophos	灭线磷	20	10	20	8	1.4
9	flutolanil	氟酰胺	50	10	20	8	0.6
10	imidacloprid	吡虫啉	50	22.5	45	18	11.0
11	indoxacarb	茚虫威	50	10	20	8	3.8
12	kresoxim-methyl	醚菌酯	100	100	200	80	50.3
13	monolinuron	绿谷隆	50	10	20	8	1.8
14	picoxystrobin	啶氧菌酯	100	10	20	8	4.2
15	pirimiphos-methyl	甲基嘧啶磷	50	10	20	8	0.1
16	propoxur	残杀威	100	25	50	20	12.2
17	quinoxyfen	喹氧灵	50	50	100	40	76.7
18	tebufenpyrad	吡螨胺	100	10	20	8	0.1
19	triadimefon	三唑酮	200	10	20	8	3.9
20	trifloxystrobin	肟菌酯	50	10	20	8	1.0

个别协同研究实验室，当发现样品中农药含量低于校准曲线的最低浓度点时，就没有报告检测结果，造成检测结果不完整，例如 Lab 21。造成这个错误的原因，研究导师认为在设计校准曲线的最低浓度点时，考虑不是很周到，应该将校准曲线最低点浓度设计得更低一些（比如是添加浓度的 50%），尽量保证样品经过提取后得到的农药浓度还在校准曲线的最低浓度点以上。

这些问题在协同研究中是显而易见的，但是在单实验室方法确认中，由于茶叶添加样在标准曲线最低点的添加回收率和精密度结果较好而未发现该问题。

7.2.4.3　陈化样品的提取效率和再现性

表 7-23 给出了 GC-MS、GC-MS/MS 和 LC-MS/MS 测定乌龙茶陈化样中 20 种农药的回收率、RSD_R、RSD_r 和 HorRat 值。表 7-24 则对 RSD_R、RSD_r 和 HorRat 等方法效率参数进行了统计分析。

表 7-23　GC-MS、 GC-MS/MS 和 LC-MS/MS 测定乌龙茶陈化样品中 20 种农药的回收率、 RSD_R、 RSD_r 和 HorRat 值

			GC-MS（16 个实验室）						
序号	英文名称	中文名称	实验室编号	Avg. C /(μg/kg)	S_r /(μg/kg)	RSD_r /%	S_R /(μg/kg)	RSD_R /%	HorRat
1	trifluralin	氟乐灵	16	359.6	14.2	3.9	60.1	16.7	0.9
2	tefluthrin	七氟菊酯	14	169.3	5.1	3.0	15.1	8.9	0.4
3	pyrimethanil	嘧霉胺	15	173.2	4.2	2.4	25.2	14.6	0.7
4	propyzamide	炔苯酰草胺	15	209.9	9.1	4.3	31.1	14.8	0.7
5	pirimicarb	抗蚜威	14	189.0	6.0	3.2	20.6	10.9	0.5
6	dimethenamid	二甲噻草胺	15	77.6	2.2	2.8	11.5	14.8	0.6
7	fenchlorphos	皮蝇磷	16	320.6	11.0	3.4	54.0	16.9	0.9
8	tolclofos-methyl	甲基立枯磷	13	178.8	3.6	2.0	18.2	10.2	0.5
9	pirimiphos-methyl	甲基嘧啶磷	15	170.1	4.2	2.5	24.9	14.7	0.7
10	2,4'-DDE	2,4'-滴滴伊	14	700.0	25.2	3.6	70.7	10.1	0.6
11	bromophos-ethyl	乙基溴硫磷	16	175.1	5.0	2.9	22.3	12.8	0.6
12	4,4'-DDE	4,4'-滴滴伊	15	692.4	24.0	3.5	85.5	12.4	0.7
13	procymidone	腐霉利	15	204.1	6.1	3.0	24.6	12.0	0.6
14	picoxystrobin	啶氧菌酯	15	416.2	18.3	4.4	42.1	10.1	0.6
15	quinoxyfen	喹氧灵	15	193.6	10.1	5.2	22.4	11.6	0.6
16	chlorfenapyr	虫螨腈	15	1642.6	58.5	3.6	199.4	12.1	0.8
17	benalaxyl	苯霜灵	15	208.0	11.8	5.6	30.9	14.9	0.7
18	bifenthrin	联苯菊酯	15	199.2	11.6	5.8	24.9	12.5	0.6
19	diflufenican	吡氟酰草胺	15	209.4	9.5	4.5	28.1	13.4	0.7
20	bromopropylate	溴螨酯	15	409.7	21.0	5.1	59.9	14.6	0.8
			GC-MS/MS（14 个实验室）						
序号	英文名称	中文名称	实验室编号	Avg. C /(μg/kg)	S_r /(μg/kg)	RSD_r /%	S_R /(μg/kg)	RSD_R /%	HorRat
1	trifluralin	氟乐灵	14	325.8	19.1	5.9	113.0	34.7	1.8
2	tefluthrin	七氟菊酯	14	154.5	8.9	5.8	48.7	31.5	1.5
3	pyrimethanil	嘧霉胺	14	167.0	9.2	5.5	49.2	29.4	1.4
4	propyzamide	炔苯酰草胺	13	192.0	10.9	5.7	42.5	22.1	1.1
5	pirimicarb	抗蚜威	13	179.9	9.3	5.2	46.4	25.8	1.2
6	dimethenamid	二甲噻草胺	14	72.4	3.9	5.4	20.4	28.1	1.2
7	fenchlorphos	皮蝇磷	14	298.8	19.0	6.4	101.9	34.1	1.8
8	tolclofos-methyl	甲基立枯磷	13	169.7	8.6	5.1	45.5	26.8	1.3
9	pirimiphos-methyl	甲基嘧啶磷	14	163.1	15.6	9.6	53.4	32.7	1.6
10	2,4'-DDE	2,4'-滴滴伊	13	631.5	33.3	5.3	196.0	31.0	1.8
11	bromophos-ethyl	乙基溴硫磷	14	155.6	9.0	5.8	47.0	30.2	1.4
12	4,4'-DDE	4,4'-滴滴伊	14	630.1	30.8	4.9	183.4	29.1	1.7
13	procymidone	腐霉利	14	186.1	9.8	5.3	54.2	29.2	1.4
14	picoxystrobin	啶氧菌酯	14	373.6	19.4	5.2	85.3	22.8	1.2
15	quinoxyfen	喹氧灵	14	182.4	9.2	5.0	54.1	29.6	1.4
16	chlorfenapyr	虫螨腈	13	1511.9	84.7	5.6	332.7	22.0	1.5
17	benalaxyl	苯霜灵	14	194.1	8.9	4.6	48.1	24.8	1.2
18	bifenthrin	联苯菊酯	14	183.8	9.3	5.0	51.0	27.7	1.3
19	diflufenican	吡氟酰草胺	13	191.3	11.6	6.1	41.6	21.7	1.1
20	bromopropylate	溴螨酯	14	387.2	22.1	5.7	84.9	21.9	1.2

LC-MS/MS(24 个实验室)

序号	英文名称	中文名称	实验室编号	Avg. C /(μg/kg)	S_r /(μg/kg)	RSD_r /%	S_R /(μg/kg)	RSD_R /%	HorRat
1	acetochlor	乙草胺	23	77.5	3.9	5.0	19.9	25.6	1.1
2	benalaxyl	苯霜灵	22	44.5	2.3	5.1	7.5	16.8	0.7
3	bensulide	地散磷	24	131.7	10.4	7.9	36.4	27.6	1.3
4	butralin	仲丁灵	22	34.2	2.8	8.2	9.3	27.3	1.0
5	chlorpyrifos	毒死蜱	24	341.9	24.0	7.0	103.3	30.2	1.6
6	clomazone	异草酮	22	40.2	3.3	8.1	9.1	22.7	0.9
7	diazinon	二嗪磷	23	34.6	1.8	5.3	9.8	28.3	1.1
8	ethoprophos	灭线磷	24	37.9	3.1	8.1	13.1	34.6	1.3
9	flutolanil	氟酰胺	23	44.5	2.7	6.0	9.4	21.1	0.8
10	imidacloprid	吡虫啉	24	94.6	6.0	6.3	30.6	32.3	1.4
11	indoxacarb	茚虫威	23	44.0	3.5	8.0	8.2	18.6	0.7
12	kresoxim-methyl	醚菌酯	22	441.6	22.7	5.1	84.4	19.1	1.1
13	monolinuron	绿谷隆	24	40.7	3.7	9.1	12.6	31.0	1.2
14	picoxystrobin	啶氧菌酯	22	44.3	3.1	7.0	9.0	20.2	0.8
15	pirimiphos-methyl	甲基嘧啶磷	23	36.2	2.5	6.9	8.9	24.5	0.9
16	propoxur	残杀威	24	101.2	6.7	6.6	31.5	31.2	1.4
17	quinoxyfen	喹氧灵	24	192.9	13.0	6.7	54.8	28.4	1.4
18	tebufenpyrad	吡螨胺	24	41.0	2.6	6.3	11.4	27.7	1.1
19	triadimefon	三唑酮	23	42.1	2.5	5.8	9.5	22.6	0.9
20	trifloxystrobin	肟菌酯	24	40.9	2.8	6.9	11.5	28.0	1.1

表 7-24　陈化茶叶样品的 RSD_R、RSD_r 和 HorRat 参数

方法效率参数	RSD_r/%			RSD_R/%			HorRat			
范围	<8	8~15	>15	<16	16~25	>25	<0.50	0.50~1.00	1.01~2.00	>2.00
GC-MS(16 个实验室)										
乌龙茶	20(100)	0	0	18(90)	2(10)	0	1(5)	19(95)	0	0
GC-MS/MS(14 个实验室)										
乌龙茶	19(95)	1(5)	0	0	6(30)	14(70)	0	0	20(100)	0
LC-MS/MS(24 个实验室)										
乌龙茶	15(75)	5(25)	0	0	8(40)	12(60)	0	8(40)	12(60)	0
合计	54(90)	6(10)	0	17(28)	17(28)	26(43)	1(2)	27(45)	32(53)	0

（1）GC-MS

从表 7-24 给出的陈化样中 20 种农药的测定结果可以看出，有 16 个实验室使用 GC-MS 进行测定，所有农药的 RSD_r 小于 8%，RSD_R 小于等于 25%，HorRat 小于 1.0。

（2）GC-MS/MS

14 个实验室使用 GC-MS/MS 进行测定，所有农药的 RSD_r 小于 15%，20 种农药中，只有 6 种农药的 RSD_R 小于等于 25%，其余 14 种农药的 RSD_R 均大于 25%。所有农药的

HorRat 均小于 2.0。

（3）LC-MS/MS

24 个实验室使用 LC-MS/MS 进行测定，所有农药的 RSD_r 均小于等于 15%，只有 8 种农药的 RSD_R 小于等于 25%，其余 12 种农药的 RSD_R 均大于 25%。所有农药的 HorRat 均小于等于 2.0。

关于乌龙茶陈化样品 GC-MS/MS 和 LC-MS/MS 的 $RSD_R > 25\%$ 的原因如下。陈化样品是预先将农药喷施在干茶叶粉上，经混合均匀制成农药陈化样品。在制样后的一定期间内，它在保存和运输过程中，茶叶中的农药一直处在缓慢降解过程中，因此本课题组在前期单一实验室研究阶段，预先对干茶中农药降解动力学做了两次研究：第一次，建立了陈化样品中 201 种农药的降解动力学方程，用此方程可以预测在 3 个月内不同时间农药降解达到的大致水平。第二次，在组织这项协同研究之前，又对此次绿茶和乌龙茶中 40 种农药在 3 个月内稳定性进行了研究，每隔 5 天检测一次，每次 3 个平行样品，3 个月 19 次检测，得出的结论是：在三个月内茶叶中农药将缓慢降解，含量降低，导致 RSD 波动增大，波动范围大致在 4.3%～31.1%。

本次协同研究的陈化样品是 2013 年 2 月 6 日制备的，在本课题组实验室于 2 月 28 日（喷药后 22 天）分别用 GC-MS、GC-MS/MS 和 LC-MS/MS 3 种方法，检测了每种农药浸入茶叶的真实含量，称为初始定值。此后 3 月 1 日将样品寄给各国协同研究者，不同国家的实验室先后在 3 月 3 日至 3 月 27 日之间收到协同研究样品。协同研究者实验室最早开始检测的时间是 3 月 28 日（喷药后 50 天），最晚检测的时间是 6 月 27 日（喷药后 142 天），从第一个协同研究实验室开始检测，到最后一个协同研究检测结束，这项协同研究持续了 92 天，即 3 个月。为了进一步验证本课题组前期研究得出的"在 3 个月内茶叶陈化样品中农药将缓慢降解，含量降低，导致 RSD 增大"结论，以这次各协同研究实验室的检测时间为横坐标，以各协同研究实验室 GC-MS/MS 的检测结果为纵坐标，建立了 20 种农药检测结果随时间变化的回归方程并绘制趋势线，见图 7-3。

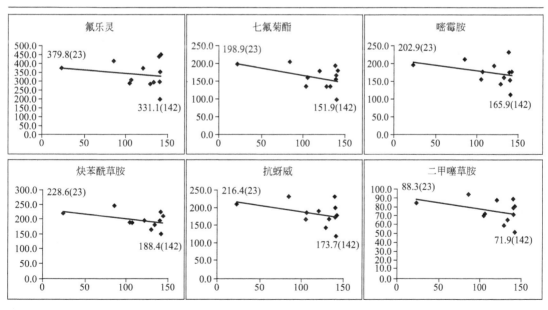

图 7-3

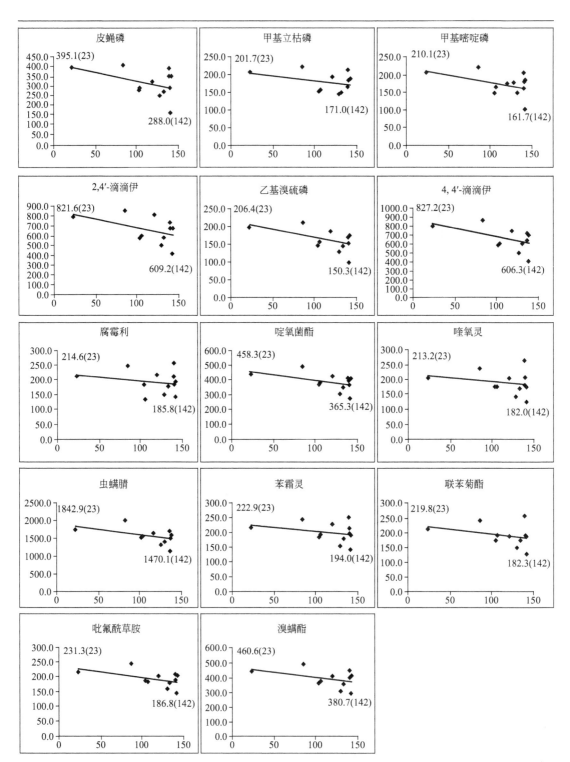

图 7-3

GC-MS/MS 测定乌龙茶陈化样品中 20 种农药 23~142 天的降解趋势

茶叶农药多残留检测
方法学研究

在本实验室乌龙茶陈化样测定（连续 3 个月）结果基础上，以测定天数为横坐标，每次测定值与第一次测定值之差为纵坐标，对测定结果进行拟合，根据拟合曲线获得对数方程（见图 7-4）。从而，可以预测某一天测定时待测农药降解的幅度。

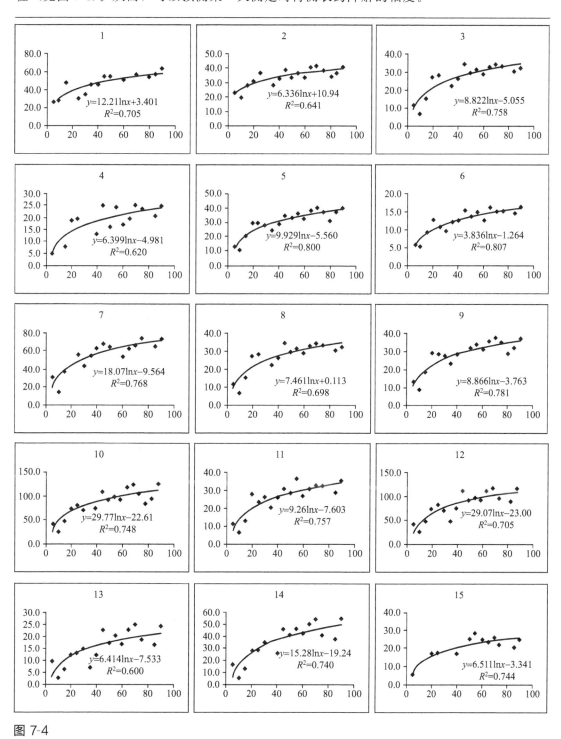

图 7-4

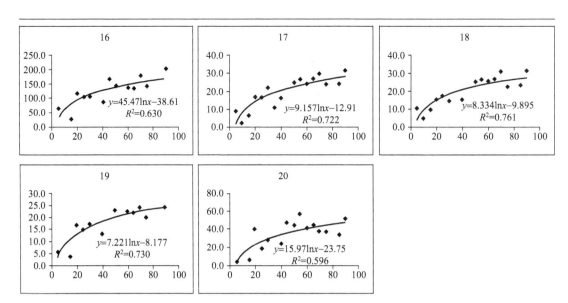

图 7-4
气相色谱-质谱联用（GC-MS/MS）对乌龙茶中 20 种农药的对数函数分析

对于本次协同研究，各实验室测定天数不同，时间跨度较大。因此，根据各实验室测定时间，应用上述对数方程，可预测待测农药在该测定时间下的降解幅度。为了消除农药自然降解对乌龙茶陈化样测定结果造成的影响，可以考虑将各实验室测定结果与相应农药的降解幅度加和，从而对各实验室测定结果进行修正。

表 7-25 对 GC-MS/MS 测定的乌龙茶陈化样修正前和修正后测定结果进行了对比。从表 7-25 可以看出，S_r、RSD_r、S_R、RSD_R 和 HorRat 等方法效能参数中，RSD_R 变化相对较大，在此只对 RSD_R 进行详细讨论。

从表 7-26 可以看出，校正前 RSD_R 范围为 21.7%～34.7%，平均值为 27.8%，在 16%～25% 范围内的农药个数为 6 个，其余 14 个农药的 RSD_R 均大于 25%；校正后 RSD_R 范围为 18.5%～29.0%，平均值为 22.8%，在 16%～25% 范围内的农药个数为 14 个。

总之，造成一些农药在实验室间重现性较差的原因主要是陈化样的制样方式，而不是该方法的弱点所致。

7.2.4.4　污染样的提取效率和再现性

表 7-27 给出了 GC-MS、GC-MS/MS 和 LC-MS/MS 测定绿茶污染样中 20 种农药的回收率、RSD_r、RSD_R 和 HorRat 值。表 7-28 则对 RSD_r、RSD_R 和 HorRat 等方法效率参数进行了统计分析。

（1）GC-MS

室内重现性 RSD_r＜8% 的占 100%，这表明，该方法在不同实验室的重现性很好。室间再现性 RSD_R＜25% 的占 100%，这表明，该方法在不同实验室之间的再现性很好。HorRat 值小于 2.0 的占 100%，说明方法在相应的测定浓度下得到了良好的再现性。

表 7-25 GC-MS/MS 测定乌龙茶陈化样品修正前后的测定结果对比

序号	英文名称	中文名称	实验室编号	Avg. C/(μg/kg)		S_r/(μg/kg)		RSD_r/%		S_R/(μg/kg)		RSD_R/%		HorRat	
				修正前	修正后	修正前	修正后	修正前	修正后	修正前	修正后	修正前	修正后	修正前	修正后
1	trifluralin	氟乐灵	14	325.8	386.3	19.1	19.1	5.9	4.9	113.0	112.0	34.7	29.0	1.8	1.6
2	tefluthrin	七氟菊酯	14	154.5	195.1	8.9	8.9	5.8	4.6	48.7	47.4	31.5	24.3	1.5	1.2
3	pyrimethanil	嘧霉胺	14	167.0	203.2	9.2	9.2	5.5	4.5	49.2	48.1	29.4	23.6	1.4	1.2
4	propyzamide	炔苯酰草胺	13	192.0	216.9	10.9	10.9	5.7	5.0	42.5	41.3	22.1	19.1	1.1	0.9
5	pirimicarb	抗蚜威	13	179.9	220.9	9.3	9.3	5.2	4.2	46.4	44.5	25.8	20.2	1.2	1.0
6	dimethenamid	二甲噻草胺	14	72.4	89.1	3.9	3.9	5.4	4.4	20.4	19.9	28.1	22.3	1.2	1.0
7	fenchlorphos	皮蝇磷	14	298.8	373.8	19.0	19.0	6.4	5.1	101.9	97.8	34.1	26.2	1.8	1.4
8	tolclofos-methyl	甲基立枯磷	13	169.7	204.6	8.6	8.6	5.1	4.2	45.5	44.4	26.8	21.7	1.3	1.1
9	pirimiphos-methyl	甲基嘧啶磷	14	163.1	200.8	15.6	15.6	9.6	7.8	53.4	51.8	32.7	25.8	1.6	1.3
10	2,4'-DDE	2,4'-滴滴伊	13	631.5	747.5	33.3	33.3	5.3	4.5	196.0	189.2	31.0	25.3	1.8	1.5
11	bromophos-ethyl	乙基溴硫磷	14	155.6	191.3	9.0	9.0	5.8	4.7	47.0	44.9	30.2	23.4	1.4	1.1
12	4,4'-DDE	4,4'-滴滴伊	14	630.1	743.1	30.8	30.8	4.9	4.1	183.4	176.3	29.1	23.7	1.7	1.4
13	procymidone	腐霉利	14	186.1	208.5	9.8	9.8	5.3	4.7	54.2	53.6	29.2	25.7	1.4	1.3
14	picoxystrobin	啶氧菌酯	14	373.6	425.9	19.4	19.4	5.2	4.6	85.3	82.4	22.8	19.3	1.2	1.1
15	quinoxyfen	喹氧灵	14	182.4	209.6	9.2	9.2	5.0	4.4	54.1	53.5	29.6	25.5	1.4	1.3
16	chlorfenapyr	虫螨腈	13	1511.9	1685.2	84.7	84.7	5.6	5.0	332.7	323.4	22.0	19.2	1.5	1.3
17	benalaxyl	苯霜灵	14	194.1	224.0	8.9	8.9	4.6	4.0	48.1	47.4	24.8	21.2	1.2	1.1
18	bifenthrin	联苯菊酯	14	183.8	212.9	9.3	9.3	5.0	4.4	51.0	49.9	27.7	23.5	1.3	1.2
19	diflufenican	吡氟酰草胺	13	191.3	216.7	11.6	11.6	6.1	5.4	41.6	40.1	21.7	18.5	1.1	0.9
20	bromopropylate	溴螨酯	14	387.2	438.2	22.1	22.1	5.7	5.0	84.9	82.4	21.9	18.8	1.2	1.0

表 7-26　GC-MS/MS 测定乌龙茶陈化样 RSD_R 的原始数据和校正数据分析

序号	英文名称	中文名称	校正前/%	校正后/%	偏差/%	偏差率/%
1	trifluralin	氟乐灵	34.7	29.0	5.7	16.4
2	tefluthrin	七氟菊酯	31.5	24.3	7.2	22.8
3	pyrimethanil	嘧霉胺	29.4	23.6	5.8	19.8
4	propyzamide	炔苯酰草胺	22.1	19.1	3.0	13.6
5	pirimicarb	抗蚜威	25.8	20.2	5.6	21.7
6	dimethenamid	二甲噻草胺	28.1	22.3	5.8	20.7
7	fenchlorphos	皮蝇磷	34.1	26.2	7.9	23.2
8	tolclofos-methyl	甲基立枯磷	26.8	21.7	5.1	19.1
9	pirimiphos-methyl	甲基嘧啶磷	32.7	25.8	6.9	21.2
10	2,4'-DDE	2,4'-滴滴伊	31.0	25.3	5.7	18.5
11	bromophos-ethyl	乙基溴硫磷	30.2	23.4	6.8	22.5
12	4,4'-DDE	4,4'-滴滴伊	29.1	23.7	5.4	18.6
13	procymidone	腐霉利	29.2	25.7	3.5	11.9
14	picoxystrobin	啶氧菌酯	22.8	19.3	3.5	15.5
15	quinoxyfen	喹氧灵	29.6	25.5	4.1	14.0
16	chlorfenapyr	虫螨腈	22.0	19.2	2.8	12.7
17	benalaxyl	苯霜灵	24.8	21.2	3.6	14.5
18	bifenthrin	联苯菊酯	27.7	23.5	4.2	15.3
19	diflufenican	吡氟酰草胺	21.7	18.5	3.2	14.9
20	bromopropylate	溴螨酯	21.9	18.8	3.1	14.3

表 7-27　GC-MS、GC-MS/MS 和 LC-MS/MS 测定绿茶污染样中
20 种农药的回收率、RSD_r、RSD_R 和 HorRat 值

序号	英文名称	中文名称	实验室编号	Ave. C /(μg/kg)	S_r /(μg/kg)	RSD_r /%	S_R /(μg/kg)	RSD_R /%	HorRat
GC-MS(16 个实验室)									
1	pyrimethanil	嘧霉胺	13	613.3	20.2	3.3	74.5	12.2	0.7
2	bifenthrin	联苯菊酯	15	77.8	3.1	4.0	17.9	23.0	1.0
GC-MS/MS(14 个实验室)									
1	pyrimethanil	嘧霉胺	12	575.4	32.2	5.6	80.9	14.1	0.8
2	bifenthrin	联苯菊酯	14	78.6	4.4	5.6	17.5	22.2	0.9
LC-MS/MS(24 个实验室)									
1	acetochlor	乙草胺	22	14.1	1.4	9.8	3.3	23.6	0.8
2	triadimefon	三唑酮	24	41.3	4.4	10.6	8.9	21.6	0.8
3	trifloxystrobin	肟菌酯	24	90.7	7.6	8.4	19.4	21.3	0.9

表 7-28　RSD$_r$、RSD$_R$ 和 HorRat 等方法效率参数的统计分析结果

方法效率参数	RSD$_r$/%			RSD$_R$/%			HorRat			
范围	<8	8~15	>15	<16	16~25	>25	<0.50	0.50~1.00	1.01~2.00	>2.00
GC-MS(16 个实验室)										
绿茶	2(100)	0	0	1(50)	1(50)	0	0	2(100)	0	0
GC-MS/MS(14 个实验室)										
绿茶	2(100)	0	0	0	2(100)	0	0	2(100)	0	0
LC-MS/MS(24 个实验室)										
绿茶	0	3(100)	0	0	3(100)	0	0	3(100)	0(0)	0
合计	4(57)	3(43)	0	2(29)	5(71)	0	0	7(100)	0(0)	0

（2）GC-MS/MS

室内重现性 RSD$_r$<8% 的占 100%，这表明该方法在各实验室的重现性很好。室间再现性 RSD$_R$<25% 的占 100%，这表明，该方法室间再现性良好。HorRat 值小于 1.0 的占 100%，说明方法在相应的测定浓度下得到了很好的再现性。

（3）LC-MS/MS

室内重现性 RSD$_r$<15% 的占 100%，说明这个方法在各实验室的重现性良好。室间再现性 RSD$_R$<25% 的占 100%，这表明，该方法室间再现性良好。HorRat 值小于 1.0 的占 100%，说明方法在相应的测定浓度下得到了很好的再现性。

综合上述分析，这次协同研究结果显示，推荐的方法效率是可以接受的。

7.2.5　定性与定量

协同研究方案中规定，目标农药定性离子丰度偏差要符合 EU 标准。这次 29 个实验室在预协同研究中用 GC-MS、GC-MS/MS 和 LC-MS/MS 3 种方法测定的绿茶和乌龙茶实习样品（不含空白样品），共得到目标离子数据 10231 个，并逐一进行了离子丰度与 EU 标准符合率的核查，结果见表 7-29~表 7-31。

7.2.5.1　待测农药定性

（1）GC-MS

16 个实验室参加协同研究，对绿茶和乌龙茶 GC-MS 检测的目标农药离子总数为 4414（2324+2090）个，其中离子丰度比符合 EU 标准要求的有 4154（2229+1925）个，占 94%。

（2）GC-MS/MS

14 个实验室参加协同研究，对绿茶和乌龙茶检测的目标农药离子总数为 2268（1041+1227）个，其中离子丰度比符合 EU 标准要求的有 2247（1032+1215）个，占 99%。

（3）LC-MS/MS

24 个实验室参加协同研究，对绿茶和乌龙茶检测的目标农药离子总数为 3549（1819+1730）个，其中离子丰度比符合 EU 标准要求的有 3494（1794+1700）个，占 98%。

表 7-29 GC-MS法对目标农药离子丰度与欧盟标准的符合度的预同协同研究

绿茶

实验室编号	No.1 离子1	No.1 离子2	No.2 离子1	No.2 离子2	No.3 离子1	No.3 离子2	No.4 离子1	No.4 离子2	No.5 离子1	No.5 离子2	合计
1	20(100%)	20(100%)	20(100%)	20(100%)	20(100%)	20(100%)	20(100%)	20(100%)	20(100%)	20(100%)	200(100%)
2	19(95%)	19(95%)	19(95%)	19(95%)	19(95%)	19(95%)	19(95%)	20(100%)	19(95%)	20(100%)	192(96%)
3	20(100%)	20(100%)	20(100%)	20(100%)	20(100%)	20(100%)	20(100%)	20(100%)	20(100%)	20(100%)	200(100%)
4	18(90%)	18(95%)	18(90%)	18(95%)	18(90%)	18(95%)	18(90%)	18(95%)	18(90%)	18(95%)	180(92%)
6	19(95%)	15(75%)	19(95%)	15(75%)	19(95%)	18(90%)	19(95%)	17(85%)	19(95%)	18(90%)	178(89%)
8	19(95%)	18(90%)	19(95%)	17(85%)	20(100%)	19(95%)	18(90%)	19(95%)	19(95%)	19(95%)	187(94%)
9	19(100%)	19(100%)	19(100%)	19(100%)	19(100%)	19(100%)	19(100%)	19(100%)	19(100%)	19(100%)	190(100%)
10	19(100%)	19(100%)	19(100%)	19(100%)	19(100%)	19(100%)	19(100%)	19(100%)	19(100%)	19(100%)	190(100%)
12	20(100%)	20(100%)	19(95%)	18(90%)	20(100%)	17(85%)	18(90%)	19(95%)	20(100%)	18(90%)	189(95%)
14	19(100%)	19(100%)	18(95%)	18(95%)	19(95%)	17(85%)	—	—	—	—	74(97%)
15	19(95%)	20(100%)	19(95%)	20(100%)	—	—	2(100%)	2(100%)	2(100%)	2(100%)	86(98%)
18	—	—	—	—	—	—	—	—	—	—	—
19	—	—	—	—	—	—	—	—	—	—	—
22	20(100%)	18(90%)	19(95%)	17(85%)	18(90%)	15(75%)	17(85%)	19(95%)	17(85%)	15(75%)	175(88%)
28	19(100%)	19(100%)	19(100%)	19(100%)	18(95%)	19(100%)	19(100%)	18(95%)	19(100%)	19(100%)	188(99%)
符合离子数量	250	244	247	239	210	203	208	210	211	207	2229
离子总数	256	254	256	254	217	215	219	217	219	217	2324
总符合率/%	98	96	97	94	97	94	95	97	96	95	96

注："—"表示本方法不涉及。

表7-30　GC-MS/MS 对目标农药离子丰度与欧盟标准的符合度的预协同研究

实验室编号	绿茶						乌龙茶					
	No.1	No.2	No.3	No.4	No.5	合计	No.6	No.7	No.8	No.9	No.10	合计
1	20(100%)	20(100%)	20(100%)	20(100%)	20(100%)	100(100%)	20(100%)	20(100%)	20(100%)	20(100%)	20(100%)	100(100%)
5	20(100%)	20(100%)	20(100%)	20(100%)	20(100%)	100(100%)	20(100%)	20(100%)	20(100%)	20(100%)	20(100%)	100(100%)
10	20(100%)	20(100%)	20(100%)	20(100%)	20(100%)	100(100%)	20(100%)	20(100%)	20(100%)	20(100%)	20(100%)	100(100%)
13	20(100%)	20(100%)	20(100%)	20(100%)	20(100%)	100(100%)	20(100%)	20(100%)	20(100%)	20(100%)	20(100%)	100(100%)
16	20(100%)	20(100%)	—	20(100%)	20(100%)	80(100%)	18(90%)	18(90%)	—	18(90%)	18(90%)	72(90%)
21	20(100%)	—	—	2(100%)	2(100%)	24(100%)	20(100%)	20(100%)	—	20(100%)	20(100%)	80(100%)
23	20(100%)	20(100%)	20(100%)	20(100%)	20(100%)	100(100%)	19(95%)	20(100%)	20(100%)	20(100%)	19(95%)	98(98%)
24	19(95%)	19(95%)	19(95%)	19(95%)	19(95%)	95(95%)	20(100%)	20(100%)	20(100%)	19(95%)	20(100%)	99(99%)
26	18(95%)	18(95%)	—	2(100%)	2(100%)	40(95%)	17(94%)	18(100%)	—	18(100%)	18(100%)	71(99%)
27	—	—	—	—	—	—	20(100%)	20(100%)	20(100%)	20(100%)	20(100%)	100(100%)
28	19(100%)	19(100%)	19(100%)	19(100%)	19(100%)	95(100%)	19(100%)	19(100%)	19(100%)	19(100%)	19(100%)	95(100%)
29	20(100%)	20(100%)	20(100%)	19(95%)	19(95%)	98(98%)	20(100%)	20(100%)	20(100%)	20(100%)	20(100%)	100(100%)
30	20(100%)	20(100%)	20(100%)	20(100%)	20(100%)	100(100%)	20(100%)	20(100%)	20(100%)	20(100%)	20(100%)	100(100%)
符合离子数量	236	216	178	201	201	1032	253	255	199	254	254	1215
离子总数	238	218	179	203	203	1041	257	257	199	257	257	1227
总符合率%	99.2	99.1	99.4	99.0	99.0	99.1	98.4	99.2	100.0	98.8	98.8	99.0

注："—"表示本方法不涉及。

表 7-31　LC-MS/MS 对目标农药离子丰度与欧盟标准的符合度的预协同研究

实验室编号	绿茶						乌龙茶					
	No.1	No.2	No.3	No.4	No.5	合计	No.6	No.7	No.8	No.9	No.10	合计
1	20(100%)	20(100%)	20(100%)	20(100%)	20(100%)	100(100%)	20(100%)	20(100%)	20(100%)	20(100%)	20(100%)	100(100%)
3	18(90%)	18(90%)	20(100%)	20(100%)	20(100%)	96(96%)	20(100%)	20(100%)	19(95%)	20(100%)	20(100%)	99(99%)
4	—	—	—	—	—	—	19(95%)	19(95%)	19(95%)	17(85%)	19(95%)	93(93%)
5	20(100%)	20(100%)	20(100%)	20(100%)	20(100%)	100(100%)	20(100%)	20(100%)	19(95%)	18(90%)	19(95%)	96(96%)
6	20(100%)	20(100%)	19(95%)	19(95%)	19(95%)	97(97%)	20(100%)	20(100%)	20(100%)	20(100%)	20(100%)	100(100%)
7	20(100%)	20(100%)	20(100%)	20(100%)	20(100%)	100(100%)	20(100%)	20(100%)	20(100%)	20(100%)	20(100%)	100(100%)
8	20(100%)	20(100%)	20(100%)	20(100%)	20(100%)	100(100%)	20(100%)	20(100%)	20(100%)	20(100%)	20(100%)	100(100%)
9	20(100%)	20(100%)	20(100%)	20(100%)	20(100%)	100(100%)	20(100%)	20(100%)	19(95%)	19(95%)	19(95%)	94(98.9%)
10	20(100%)	20(100%)	20(100%)	20(100%)	20(100%)	100(100%)	20(100%)	20(100%)	19(95%)	19(95%)	19(95%)	97(97%)
12	20(100%)	20(100%)	20(100%)	20(100%)	19(95%)	99(99%)	20(100%)	20(100%)	20(100%)	20(100%)	20(100%)	100(100%)
13	20(100%)	20(100%)	20(100%)	20(100%)	20(100%)	100(100%)	20(100%)	19(95%)	18(90%)	19(95%)	19(95%)	92(92%)
16	20(100%)	20(100%)	20(100%)	20(100%)	20(100%)	100(100%)	20(100%)	20(100%)	20(100%)	20(100%)	20(100%)	100(100%)
17	—	20(100%)	—	20(100%)	20(100%)	100(100%)	20(100%)	20(100%)	—	—	—	40(100%)
18	20(100%)	20(100%)	20(100%)	20(100%)	20(100%)	100(100%)	20(100%)	20(100%)	20(100%)	20(100%)	20(100%)	100(100%)
21	20(100%)	20(100%)	—	2(100%)	2(100%)	24(100%)	20(100%)	20(100%)	20(100%)	20(100%)	20(100%)	100(100%)
22	20(100%)	20(100%)	20(100%)	20(100%)	20(100%)	100(100%)	20(100%)	20(100%)	20(100%)	20(100%)	20(100%)	100(100%)
23	20(100%)	20(100%)	20(100%)	20(100%)	20(100%)	100(100%)	20(100%)	20(100%)	20(100%)	20(100%)	20(100%)	100(100%)
24	20(100%)	20(100%)	20(100%)	20(100%)	20(100%)	100(100%)	20(100%)	20(100%)	18(90%)	19(95%)	19(95%)	95(95%)
25	17(89.5%)	17(89.5%)	16(84.2%)	16(84.2%)	16(84.2%)	82(86.3%)	20(100%)	20(100%)	20(100%)	19(95%)	20(100%)	99(99%)
27	—	—	—	—	—	—	—	—	—	—	—	—
28	—	—	19(95%)	20(100%)	19(95%)	96(96%)	19(100%)	19(100%)	19(100%)	19(100%)	19(100%)	95(100%)
29	19(95%)	19(95%)	20(100%)	19(95%)	20(100%)	97(97%)	19(95%)	18(90%)	19(95%)	19(95%)	20(100%)	95(95%)
30	20(100%)	20(100%)	20(100%)	20(100%)	20(100%)	100(100%)	20(100%)	19(95%)	20(100%)	20(100%)	20(100%)	99(99%)
符合离子数量	374	354	354	357	355	1794	334	334	332	350	353	1700
离子总数	379	359	359	361	361	1819	338	338	338	358	358	1730
总符合率/%	98.7	98.6	98.6	98.9	98.3	98.6	99.8	98.8	98.2	97.8	98.6	98.3

注：“—”表示本方法不涉及。

由上述分析可以看出，29 个实验室共检测目标农药离子 10231 个，离子丰度符合 EU 要求的有 9895 个，占 97%。由此表明，本方法在不同实验室的不同仪器上对绝大多数农药都实现了准确定性检测。

7.2.5.2　目标农药定量

本次协同研究，采用基质匹配内标校准曲线定量方法，29 个实验室建立了 2153 条目标农药校准曲线，其测定系数 $R^2 \geqslant 0.995$ 的符合率见表 7-32。

表 7-32　基质匹配校准曲线的相关系数（R^2）及 $R^2 \geqslant 0.995$ 的符合率对照情况

实验室编号	GC-MS(16 个实验室)		GC-MS/MS(14 个实验室)		LC-MS/MS(24 个实验室)	
	绿茶	乌龙茶	绿茶	乌龙茶	绿茶	乌龙茶
	数量(占比/%)	数量(占比/%)	数量(占比/%)	数量(占比/%)	数量(占比/%)	数量(占比/%)
1	20(100.0%)	20(100.0%)	20(100.0%)	20(100.0%)	19(95.0%)	20(100.0%)
2	20(100.0%)	20(100.0%)	—	—	—	—
3	20(100.0%)	20(100.0%)	—	—	20(100.0%)	20(100.0%)
4	20(100.0%)	20(100.0%)	—	—	20(100.0%)	18(90.0%)
5	—	—	20(100.0%)	20(100.0%)	20(100.0%)	20(100.0%)
6	20(100.0%)	20(100.0%)	—	—	20(100.0%)	20(100.0%)
7	—	—	—	—	20(100.0%)	20(100.0%)
8	20(100.0%)	20(100.0%)	—	—	20(100.0%)	20(100.0%)
9	20(100.0%)	20(100.0%)	—	—	20(100.0%)	20(100.0%)
10	20(100.0%)	20(100.0%)	20(100.0%)	19(95.0%)	19(95.0%)	20(100.0%)
11	20(100.0%)	20(100.0%)	—	—	20(100.0%)	20(100.0%)
12	20(100.0%)	20(100.0%)	—	—	20(100.0%)	19(95.0%)
13	—	—	19(95.0%)	20(100.0%)	16(80.0%)	16(80.0%)
14	20(100.0%)	20(100.0%)	—	—	—	—
15	20(100.0%)	20(100.0%)	—	—	—	—
16	—	—	20(100.0%)	20(100.0%)	20(100.0%)	20(100.0%)
17	—	—	—	—	14(70.0%)	16(80.0%)
18	—	—	20(100.0%)	20(100.0%)	19(95.0%)	20(100.0%)
19	20(100.0%)	20(100.0%)	—	—	—	—
20	—	—	—	—	—	—
21	—	—	20(100.0%)	20(100.0%)	10(50.0%)	14(70.0%)
22	20(100.0%)	19(95.0%)	—	—	10(50.0%)	10(50.0%)
23	—	—	20(100.0%)	20(100.0%)	20(100.0%)	20(100.0%)
24	—	—	20(100.0%)	20(100.0%)	16(80.0%)	19(95.0%)
25	20(100.0%)	19(95.0%)	—	—	20(100.0%)	20(100.0%)

实验室编号	GC-MS(16 个实验室)		GC-MS/MS(14 个实验室)		LC-MS/MS(24 个实验室)	
	绿茶	乌龙茶	绿茶	乌龙茶	绿茶	乌龙茶
	数量(占比/%)	数量(占比/%)	数量(占比/%)	数量(占比/%)	数量(占比/%)	数量(占比/%)
26	—	—	19(100.0%)	18(94.7%)	—	—
27	—	—	16(80.0%)	20(100.0%)	20(100.0%)	20(100.0%)
28	19(100.0%)	20(100.0%)	19(100.0%)	19(100.0%)	19(100.0%)	19(100.0%)
29	—	—	20(100.0%)	20(100.0%)	20(100.0%)	20(100.0%)
30	—	—	20(100.0%)	20(100.0%)	20(100.0%)	20(100.0%)
符合相关系数数量	637		549		893	
相关系数总数	639		556		958	
总符合率/%	99.7		98.7		93.2	

注："—"表示本方法不涉及。

(1) GC-MS

16 个实验室对绿茶和乌龙茶中 20 种农药分别建立了 639 条基质匹配内标校准曲线，其中 $R^2 \geqslant 0.995$ 的有 637 个，占 99.7%；R^2 在 0.990～0.995 之间的有 1 个，R^2 低于 0.990 有 1 个。

(2) GC-MS/MS

14 个实验室对绿茶和乌龙茶中 20 种农药分别建立了 556 条基质匹配内标校准曲线，其中 $R^2 \geqslant 0.995$ 的有 549 个，占 98.7%；R^2 在 0.990～0.995 之间的有 7 个，占 1.3%，没有 R^2 低于 0.990 的。

(3) LC-MS/MS

24 个实验室对绿茶和乌龙茶中 20 种农药分别建立了 958 条基质匹配内标校准曲线，其中 $R^2 \geqslant 0.995$ 的有 893 个，占 93.2%；R^2 在 0.990～0.995 之间的有 34 个，占 3.7%，R^2 低于 0.990 有 11 个，占 1.2%。

由上述分析可以看出，29 个实验室建立的 2153 条基质匹配内标校准曲线中，$R^2 \geqslant 0.995$ 的有 2079 个，占 96.6%。这表明，本方法采用的基质匹配内标校准曲线定量方法，在不同实验室不同型号的三类仪器上，对绝大多数农药都可以实现准确定量。

7.2.6 误差分析与溯源

本次研究得到的 6638 个有效分析数据，经过 Grubbs 和 Dixon 离群值双侧检验，共检出离群值 187 个，占 2.8%。不同茶叶、不同农药和不同样品中，3 种检测方法得到的离群值分布情况见表 7-33～表 7-35；2 种茶叶，用 GC-MS、GC-MS/MS 和 LC-MS/MS 3 种方法检测三类 10 个样品中离群值综合统计结果列于表 7-36，离群值在不同实验室和不同样品中的分布情况见表 7-37。

表 7-33　GC-MS 分析不同农药中离群值分布（16 个实验室）

序号	英文名称	中文名称	绿茶 添加样品 No.1	绿茶 添加样品 No.2	绿茶 污染样品 No.4	绿茶 污染样品 No.5	小计	乌龙茶 添加样品 No.6	乌龙茶 添加样品 No.7	乌龙茶 陈化样品 No.9	乌龙茶 陈化样品 No.10	小计	合计
1	trifluralin	氟乐灵	28-G,28-D				1			19-G,19-D, 25-G,25-D			1
2	tefluthrin	七氟菊酯								19-G,19-D	25-D	3	3
3	pyrimethanil	嘧霉胺			19-G,19-D	2-D,6-D, 19-G,19-D	4			19-G,19-D	19-G,19-D	2	6
4	propyzamide	炔苯酰草胺							8-G,25-G,25-D	19-G,19-D	19-G,19-D	4	4
5	pirimicarb	抗蚜威	2-G,2-D				2	2-D,14-D		2-G,2-D, 19-G,19-D	2-G,2-D, 19-G,19-D	6	8
6	dimethenamid	二甲噻草胺								19-G,19-D	19-G,19-D	2	2
7	fenchlorphos	皮蝇磷											
8	tolclofos-methyl	甲基立枯磷		25-G,25-D			1	25-G		19-G	25-G	4	5
9	pirimiphos-methyl	甲基嘧啶磷								19-G	19-G,19-D	2	2
10	2,4'-DDE	2,4'-滴滴伊								19-G,19-D, 25-G,25-D	25-G	4	4
11	bromophos-ethyl	乙基溴硫磷											
12	4,4'-DDE	4,4'-滴滴伊	6-D				1			19-G,19-D	19-G,19-D	1	2
13	procymidone	腐霉利								19-G,19-D	19-G,19-D	3	3
14	picoxystrobin	啶氧菌酯	11-D				1		11-G,11-D	19-G,19-D	19-G,19-D	3	4
15	quinoxyfen	喹氧灵		11-G,11-D			2			19-G,19-D	19-G,19-D	2	4
16	chlorfenapyr	虫螨腈								19-G,19-D	19-G,19-D	2	2
17	benalaxyl	苯霜灵	11-G,11-D		19-G,19-D	19-G,19-D	1	2-D,14-D, 22-G,22-D	22-G,22-D	19-G,19-D	19-G,19-D	5	6
18	bifenthrin	联苯菊酯		3-G			3	12-G,12-D	12-G,12-D	19-G,19-D	19-G,19-D	4	7
19	diflufenican	吡氟酰草胺		3-G,3-D			1	22-G,22-D	22-G,22-D	19-D	19-D	2	3
20	bromopropylate	溴螨酯		3-G			1			19-D		1	2
数据总数			319	319	32	32	702	318	319	319	319	1275	1977
离群值（占比/%）			5(1.6%)	6(1.9%)	2(6.3%)	4(12.5%)	17(2.4%)	7(2.2%)	6(1.9%)	18(5.6%)	17(5.3%)	48(3.8%)	65(3.3%)

注：G=Grubbs 离群值；D=Dixon 离群值。

表 7-34 GC-MS/MS 在不同农药中的离群值分布（14 个实验室）

序号	英文名称	中文名称	绿茶 添加样品 No.1	No.2	污染样品 No.4	No.5	小计	乌龙茶 添加样品 No.6	No.7	陈化样品 No.9	No.10	小计	合计
1	trifluralin	氟乐灵	27-D,28-D				2	10-G,10-D	10-G,10-D			2	4
2	tefluthrin	七氟菊酯						18-G,18-D	18-D			2	2
3	pyrimethanil	嘧霉胺				5-D,26-D	2						2
4	propyzamide	炔苯酰草胺								26-D		1	1
5	pirimicarb	抗蚜威		10-D			1	18-G,18-D 21-G,21-D	18-G,18-D 21-G,21-D	21-G,21-D	21-G,21-D	6	7
6	dimethenamid	二甲噻草胺						18-D	18-D,21-D			3	3
7	fenchlorphos	皮蝇磷		27-G			1						1
8	tolclofos-methyl	甲基立枯磷								30-G		1	1
9	pirimiphos-methyl	甲基嘧啶磷	27-G,27-D	27-G,27-D			2	18-G,18-D 21-G,21-D	21-G,21-D			3	5
10	2,4'-DDE	2,4'-滴滴伊						21-D	18-G,21-G 21-D			4	4
11	bromophos-ethyl	乙基溴硫磷		27-G			1	21-D	18-D,21-D			3	4
12	4,4'-DDE	4,4'-滴滴伊		13-D,30-D			2	18-G,21-G 24-D	18-D,21-D			4	6
13	procymidone	腐霉利											0
14	picoxystrobin	啶氧菌酯						21-D	21-G,21-D			3	3
15	quinoxyfen	喹氧灵						21-D	18-D,21-D			3	3
16	chlorfenapyr	虫螨腈						18-D,21-D 24-D	21-G,21-D			4	4
17	benalaxyl	苯霜灵						18-G,18-D 21-G,21-D	21-D			3	3
18	bifenthrin	联苯菊酯						18-D,21-D 29-D	18-D,21-D 29-D	26-D		6	6
19	diflufenican	吡氟酰草胺	27-G,27-D				1		18-D,21-D			1	2
20	bromopropylate	溴螨酯		27-G,27-D			1	21-D	18-D,21-D			3	4
	数据总数（占比/%）	离群值（占比/%）	278 4(1.4%)	258 7(2.7%)	28 0(0%)	28 2(7.1%)	592 13(2.2%)	278 23(8.3%)	278 24(8.6%)	278 4(1.4%)	278 1(0.4%)	1112 52(4.7%)	1704 65(3.8%)

表 7-35　LC-MS/MS 在不同农药中的离群值分布（24 个实验室）

序号	英文名称	中文名称	绿茶 添加样品 No.1	No.2	污染样品 No.4	No.5	小计	乌龙茶 添加样品 No.6	No.7	陈化样品 No.9	No.10	小计	合计
1	acetochlor	乙草胺	25-D,30-D	25-G,28-D,30-D		23-G,23-D	6				24-G	1	7
2	benalaxyl	苯霜灵	30-G,30-D				1			24-G	21-G,21-D,24-G,24-D	3	4
3	bensulide	地散磷	30-G				1					0	1
4	butralin	仲丁灵	18-G,18-D				1				9-D	1	2
5	chlorpyrifos	毒死蜱	22-G,22-D,25-G,25-D,28-G,28-D	17-G,21-G,21-D,28-G,28-D			6	28-G,28-D				1	7
6	clomazone	异草酮					0	28-G,28-D,8-G,8-D,			21-G,24-G	3	3
7	diazinon	二嗪磷		10-G			1	24-D,25-G,25-D	25-G,25-D		24-G	5	6
8	ethoprophos	灭线磷	21-G				1	5-G,5-D	5-G,5-D			2	3
9	flutolanil	氟酰胺					0				24-D	1	1
10	imidacloprid	吡虫啉					0					0	0
11	indoxacarb	茚虫威					0	28-G,28-D			25-G	2	2
12	kresoxim-methyl	醚菌酯		22-G,28-G,30-G			3	28-G,28-D	28-G,28-D	24-G	21-G,24-G,24-D	4	7
13	monolinuron	绿谷隆					0	28-G			21-D,24-D	2	2
14	picoxystrobin	啶氧菌酯		28-G,30-G			2	25-G			24-G	2	4
15	pirimiphos-methyl	甲基嘧啶磷					0	25-G			24-G	2	2
16	propoxur	残杀威					0					0	0
17	quinoxyfen	喹氧灵	10-G,10-D				1					0	1
18	tebufenpyrad	吡螨胺					0					0	0
19	triadimefon	三唑酮		17-G,17-D			1	25-G			24-G,24-D	2	3
20	trifloxystrobin	肟菌酯	25-G	17-G,17-D			2					0	2
	数据总数		479	460	71	71	1081	459	459	479	479	1876	2957
	离群值（占比/%）		10(2.1%)	15(3.3%)	0(0%)	1(1.4%)	26(2.4%)	11(2.4%)	3(0.7%)	2(0.4%)	15(3.1%)	31(1.7%)	57(1.9%)

表 7-36　GC-MS、GC-MS/MS 和 LC-MS/MS 3 种方法检测 3 类 10 个样品中离群值综合统计结果

项目		绿茶					乌龙茶					总计
		添加样品		污染样品		小计	添加样品		陈化样品		小计	
		No.1	No.2	No.4	No.5		No.6	No.7	No.9	No.10		
GC-MS												
数据总数		319	319	32	32	702	318	319	319	319	1275	1977
离群值(占比/%)		5(1.6%)	6(1.9%)	2(6.3%)	4(12.5%)	17(2.4%)	7(2.2%)	6(1.9%)	18(5.6%)	17(5.3%)	48(3.8%)	65(3.3%)
GC-MS/MS												
数据总数		278	258	28	28	592	278	278	278	278	1112	1704
离群值(占比/%)		4(1.4%)	7(2.7%)	0(0%)	2(7.1%)	13(2.2%)	23(8.3%)	24(8.6%)	4(1.4%)	1(0.4%)	52(4.7%)	65(3.8%)
LC-MS/MS												
数据总数		479	460	71	71	1081	459	459	479	479	1876	2957
离群值(占比/%)		10(2.1%)	15(3.3%)	0(0%)	1(1.4%)	26(2.4%)	11(2.4%)	3(0.7%)	2(0.4%)	15(3.1%)	31(1.7%)	57(1.9%)

表 7-37　离群值在不同实验室和不同样品中的分布情况

实验室序号	GC-MS No.1	No.2	No.4	No.5	No.6	No.7	No.9	No.10	GC-MS/MS No.1	No.2	No.4	No.5	No.6	No.7	No.9	No.10	LC-MS/MS No.1	No.2	No.4	No.5	No.6	No.7	No.9	No.10	离群值数量	实验数据总数	离群值占单个实验室实验数比率/%	离群值占总群值总数比率/%
1	0	0	0	0	0	0	0	0	0	0	0	0	0	0	0	0	0	0	0	0	0	0	0	0	0	374	0.0	0.0
2	1	1	0	1	2	0	1	1	—	—	—	—	—	—	—	—	—	—	—	—	—	—	—	—	7	124	5.6	3.7
3	0	1	3	0	0	2	0	0	0	0	0	0	0	0	0	0	0	0	0	0	0	0	0	0	3	250	1.2	1.6
4	0	0	0	0	0	0	0	0	0	0	0	0	0	0	0	0	0	0	0	0	0	0	0	0	0	250	0.0	0.0
5	0	0	0	0	1	0	0	0	0	1	0	0	0	0	0	0	0	0	0	0	1	0	0	0	3	250	1.2	1.6
6	1	0	1	0	1	0	0	0	0	0	0	0	0	0	0	0	0	0	0	0	0	0	0	0	2	250	0.8	1.1
7	0	0	0	0	0	1	0	0	—	—	—	—	—	—	—	—	—	—	—	—	—	—	—	—	0	126	0.0	0.0
8	0	0	0	0	0	1	0	0	0	0	0	0	0	0	0	0	0	0	0	0	1	0	0	0	2	250	0.8	1.1

实验室序号	GC-MS No.1	No.2	No.4	No.5	No.6	No.7	No.9	No.10	GC-MS/MS No.1	No.2	No.4	No.5	No.6	No.7	No.9	No.10	LC-MS/MS No.1	No.2	No.4	No.5	No.6	No.7	No.9	No.10	离群值数量	实验数据总数	离群值占单个实验室实验量比率/%	离群值占总离群值总数比率/%
9	0	0	0	0	0	0	0	0	—	0	0	0	0	—	—	—	0	0	0	0	0	0	0	1	1	250	0.4	0.5
10	0	0	0	0	0	0	0	0	0	1	0	0	1	1	0	0	1	1	0	0	0	0	0	0	5	374	1.3	2.7
11	2	1	0	0	0	1	0	0	0	1	0	0	0	1	0	0	0	0	0	0	0	0	0	0	4	250	1.6	2.1
12	0	0	0	0	1	1	0	0	0	0	0	0	0	0	0	0	0	0	0	0	0	0	0	0	2	250	0.8	1.1
13	—	0	0	0	—	—	—	—	—	—	—	—	—	—	—	—	0	0	0	0	0	0	0	0	1	250	0.4	0.5
14	0	0	0	0	2	0	0	0	0	1	0	0	0	0	0	0	—	—	—	—	—	—	—	—	2	124	1.6	1.1
15	0	0	0	0	0	0	0	0	0	0	0	0	0	0	0	0	—	—	—	—	—	—	—	—	0	124	0.0	0.0
16	—	—	—	—	—	—	—	—	—	—	—	—	—	—	—	—	0	0	0	0	0	0	0	0	0	250	0.0	0.0
17	—	0	0	0	0	0	—	—	0	3	0	0	0	0	0	0	0	3	0	0	1	0	0	0	3	126	2.4	1.6
18	—	—	—	—	—	—	—	—	0	1	0	0	9	10	0	0	0	1	0	0	0	0	0	0	20	250	8.0	10.7
19	0	0	2	2	0	0	15	13	—	—	—	—	—	—	—	—	—	—	—	—	—	—	—	—	32	124	25.8	17.1
20	—	—	—	—	—	—	—	—	—	—	—	—	—	—	—	—	—	—	—	—	—	—	—	—	—	—	—	—
21	—	0	0	0	1	2	0	0	0	1	0	0	11	12	2	1	1	1	0	0	0	0	0	4	31	171	18.1	16.6
22	0	0	0	0	0	—	—	—	0	4	0	0	0	0	0	0	0	0	0	0	0	1	0	0	5	250	2.0	2.7
23	—	—	—	1	—	1	—	—	0	0	0	0	0	0	0	0	0	0	0	0	0	0	0	0	1	250	0.4	0.5
24	—	0	0	0	1	—	2	3	0	0	0	0	1	0	0	0	3	1	0	0	1	0	2	9	13	248	5.2	7.0
25	0	1	0	0	0	1	2	1	3	4	0	0	3	1	0	0	3	1	0	0	3	1	0	1	17	249	6.8	9.1
26	—	—	—	—	—	—	—	—	3	0	0	0	0	0	0	0	—	—	—	—	—	—	—	—	3	118	2.5	1.6
27	—	0	0	0	0	0	0	0	1	0	0	0	0	0	0	0	0	0	0	0	5	1	0	0	7	250	2.8	3.7
28	1	0	0	0	0	0	0	0	0	0	0	0	1	1	0	0	1	4	0	0	0	1	0	0	13	356	3.7	7.0
29	—	—	0	—	—	—	—	—	0	0	0	0	0	0	1	0	0	0	0	0	0	0	0	0	2	250	0.8	1.1
30	—	—	—	—	—	—	—	—	0	1	0	0	0	0	1	0	3	3	0	0	0	0	0	0	8	250	3.2	4.3
总计	5	6	2	4	7	6	18	17	4	7	0	2	23	24	4	1	10	15	0	1	11	3	2	15	187	6638	2.8	100.0

7.2.6.1　GC-MS 检测误差分析

16 个实验室测定了 8 个样品中的 20 种农药，获得 1977 个有效数据，经过 Grubbs 和 Dixon 方法对异常值进行检验，共检出 65 个异常值，占 3.3%。分析发现，这些异常值来自 11 个实验室，其中 Lab 19 有 32 个，占离群值总数的 49.2%；其他 10 个实验室的离群值合计 33 个，占 50.8%，并且每个实验室的离群值均少于 8 个，属于偶然性误差。

Lab 19 的上述 32 个离群值来自于 No.4、No.5 绿茶污染样和 No.9、No.10 两个乌龙茶陈化样品。这 4 个样品的检测结果相比其他实验室普遍偏高 20%～50%。查看实验原始记录发现，该实验室是在 6 月 8 日建立的基质校准曲线，接着测定了 No.1 和 No.2 两个绿茶添加样品，以及 No.6 和 No.7 两个乌龙茶添加样品。而 No.4、No.5 两个绿茶污染样品和 No.9、No.10 两个陈化样品是在 6 月 12 日检测的，期间有 4d 的间隔。从原始记录中未找到造成这种偏差的确切原因，本课题组推测在 4d 的间隔时间内，仪器状态可能发生了变化，是造成系统性偏差的原因。对此，协同研究者认为他们做了质控样品的对比，他们的仪器是稳定的，但对于误差原因，没有给出合理的解释。

总之，Lab 19 是因为校准曲线建立后没有连贯完成样品的检测，中断 4d 后继续检测，结果导致比其他实验室偏高 20%～50% 的结果。对这种做法，研究导师是不提倡的，并且在协同研究方法部分指出：用于定量测定样品的基质匹配标准曲线，应该和待测样品在相同条件下同时制备。从这点上说，Lab 9 不自觉地偏离了协同研究操作方法。因此，导致了与其他实验室的结果有较大的偏离。

7.2.6.2　GC-MS/MS 检测误差分析

14 个实验室测定 8 个样品（不含 2 个空白样品）中 20 种农药残留，得到 1704 个有效检测数据；采用 Grubbs 和 Dixon 双侧检验，共发现 65 个离群值（占 3.8%）。65 个离群值来自 11 个实验室，其中 Lab 21 有 25 个，占离群值总数的 38.5%；Lab 18 有 19 个，占离群值总数的 29.2%；Lab 27 有 7 个，占离群值总数的 10.8%。3 个实验室合计离群值 51 个，占离群值总数的 78.5%；其他 8 个实验室离群值合计为 14 个，仅占 21.5%，并且每个实验室的离群值均少于 3 个，属于偶然性误差。

对于 Lab 21 25 个异常值中有 23 个来自 No.6 和 No.7 乌龙茶平行添加样品，这两个样品的测定结果比其他实验室低 40%。另外，No.1 和 No.2 绿茶两个平行添加样品的检测结果有很大差异，No.1 样品的 20 种农药回收率正常，但 No.2 样品的 20 种农药检测结果为全部未检出。同样，关于 LC-MS/MS，有 4 个添加了 20 种农药的样品，其中 No.1 和 No.2 是绿茶平行添加样品，No.6 和 No.7 是乌龙茶平行添加样品。No.1 样品的 20 种农药回收率正常，但 No.2 样品的 20 种农药则全部未检出。对 No.6 和 No.7 两个添加样品也没有检出任何农药，属于系统误差。

Lab 18 的 19 个异常值来自 No.6 和 No.7 乌龙茶添加样，这两个样品的检测结果相比其他实验室平均偏小约 37%。对于这个问题，协同研究者没有找到原因。

Lab 27 的 7 个离群值来自 No.1 和 No.2 绿茶添加样品的 5 种农药，初步判定为这几种农药受到干扰造成的偶然性误差。

综上所述，GC-MS/MS 的检测结果中，Lab 21 和 Lab 18 对几个特定样品的检测出现了系统误差，导致离群值主要集中出现在这 2 个实验室。其他实验室的误差均为分布在多种农药的偶然误差。

7.2.6.3　LC-MS/MS 检测误差分析

24 个实验室对 8 个样品（不含 2 个空白样品）中 20 种农药残留测定，得到 2957 个有效检测数据；采用 Grubbs 和 Dixon 双侧检验，共发现 57 个离群值（占 1.9%）。57 个离群值来自 13 个实验室，其中 Lab 24 有 12 个，占离群值总数的 21.1%；Lab 28 有 11 个，占离群值总数的 19.3%；Lab 25 有 9 个，占离群值总数的 15.8%；Lab 30 有 6 个，占离群值总数的 10.5%。其他 9 个实验室离群值合计为 19 个，占 33.3%。这 9 个实验室的离群值均少于 6 个，属于偶然性误差。

Lab 24 有 12 个离群值，其中 11 个来自 No.9 和 No.10 乌龙茶陈化样，这两个样品的分析结果比其他实验室的低 40%。Lab 28 有 11 个离群值，离群值来自 2 种茶叶的 4 个添加样品 No.1、No.2、No.6 和 No.7 的 7 种农药。主要是个别农药的测定出现了偶然性误差。Lab 25 有 9 个离群值，离群值来自 No.1、No.2、No.6、No.7 和 No.10 样品的 7 种农药，是个别农药的偶然性误差。Lab 30 的 6 个离群值来自绿茶添加样品 No.1 和 No.2，这两个样品中乙草胺、苯霜灵、地散磷、苯氧菌酯和啶氧菌酯的检测结果相比其他实验室偏大约 40%，是个别农药的偶然性误差。

综上所述，LC-MS/MS 的 2957 个有效检测结果中，有 57 个离群值，占 1.9%。57 个离群值来自 13 个实验室，证明离群值比较分散。检测结果没有出现大的系统性误差。

7.2.7　协同研究者对方法的反馈与点评

在协同研究结果表中，本课题组设置了协同研究方法评论一栏，其中 12 个协同研究者在此栏中填写了在协同研究过程中发现的问题。现就主要问题逐项答复如下：

7.2.7.1　GC-MS 方面的问题

Lab 19 反馈：N.D. 表示协作研究方法中"低于定量限值"。

研究导师回复：该实验室协同研究样品结果表中，对检测结果标注"BLQ"的农药，是指这些样品中不含这些农药。这种标注是正确的，这些样品确属无农药存在样品。

Lab 25 反馈：对于乌龙茶，戊炔草胺、甲基嘧啶磷、抗蚜威、乙基溴硫磷、溴螨酯需要删除 1 个离群浓度点的值才能使标准曲线的 R^2 值不小于 0.995。

研究导师回复：在建立 5 点浓度基质匹配校准曲线时，如果发现有 1 个浓度点的数值出现明显偏离，造成校准曲线的 R^2 值达不到 0.995，可以删除这个浓度点，用 4 点基质匹配校准曲线定量。该实验室建立的基质校准曲线中炔苯酰草胺删掉了第二个浓度点，抗蚜威删掉了第四个浓度点，甲基嘧啶磷删掉了第四个浓度点，乙基溴硫磷删掉了第五个浓度点，溴螨酯删掉了第五个浓度点。具体如图 7-5。

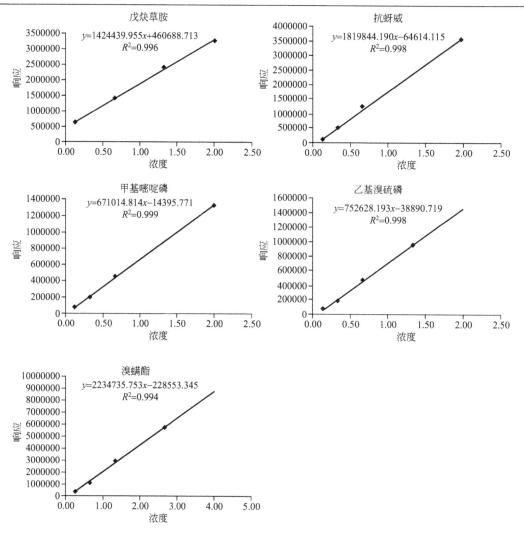

图 7-5

Lab 25 采用 4 个点浓度的校准曲线

研究导师认为，这样处理是科学合理的。

Lab 28 反馈：由于错误地确定了 MRM 引入窗口，导致对甲苯甲酰氯磷没有结果。

研究导师回复：该实验室 GC-MS 测定时，甲基立枯磷的离子采集窗口设置出现了偏差，因此只积分了部分峰，导致无检验结果，见图 7-6。研究导师认为 Lab 28 发现这个问题的时候，应该根据甲基立枯磷的保留时间，重新设置离子采集窗口，以保证采集到完整的色谱峰，得到准确结果。这是很容易解决的，但当时 Lab 28 没有采用这种补救措施，就导致了甲基立枯磷无检测结果。这个损失是不应该的，以后照此办法解决就不会再出现类似问题。

图 7-6

甲基立枯磷离子采集
窗口设置偏差

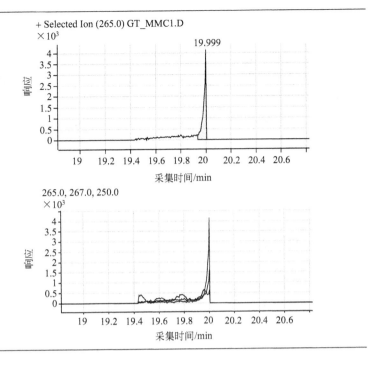

7.2.7.2 GC-MS/MS 方面的问题

Lab 18 反馈：所有样品中均检出联苯菊酯。在样品 3 和样品 8 中，联苯菊酯的面积非常小，与校准曲线所用的空白面积相似。为此，采用了标准加法进行定量。

研究导师答复：在中国，联苯菊酯是茶园中常用的一种农药，如果使用灵敏度较高的仪器检测，正如 Lab 18 所说，所有样本中均发现联苯菊酯，是可以理解的。Lab 18 指出："样品 3 和 8 中联苯的面积很小，类似于空白用于校准曲线"。因为 No.3 和 No.8 是空白样品，它是以盲样出现的，对任一个协同研究者都是不知道的，所以，Lab 18 的发现是非常正确的。并且 Lab 18 采用标准添加法进行定量，这个思路是非常缜密、科学的，值得大家学习。

Lab 26 反馈：由于 m/z 408 对毒死蜱的敏感性较低，我们无法建立氯芬那平的实验条件。

研究导师答复：毒死蜱中 m/z 408 是协同研究者推荐的离子。在其他实验室对这个离子的检测没有发现类似问题。本课题组在查核该实验室提供的数据时，发现 Lab 26 监测毒死蜱的母离子是 480，由此推断造成这个问题的原因，可能是该实验室建立方法时把 408 错误地输成了 480。因此说，造成这个错误有点遗憾。

Lab 28 反馈：由于错误地设置了 MRM-aquisition 窗口，导致 2,4′-DDE 没有结果。

研究导师答复：前面 Lab 28 在 GC-MS 检测甲基立枯磷时，因离子采集窗口设置出现偏差，对目标物只积分了部分峰，导致无检测结果。该实验室在 GC-MS/MS 测定时，在设置 2,4′-滴滴伊 MRM 窗口时再次发生了错误。他们按照 4,4′-滴滴伊的保留时间，建立采集方法，结果没有检测到 2,4′-滴滴伊的离子，造成这个错误，同样也有些遗憾。

7.2.7.3　LC-MS/MS 方面的问题

Lab 17 反馈：色谱分离他们的经验最大进样量为 $5\mu L$，协同研究方法中采用 $10\mu L$ 进样量，可能造成某些农药色谱峰峰型变差，在具体的检测中对一些化合物的校准曲线，他们删除了其中明显偏离的一点，以保障 R^2 达到 0.995 的要求。但是即使采用 4 点校准曲线，$R^2>0.995$ 的标准也很难达到。

研究导师答复：Lab 17 认为，对色谱分离他们的经验最大进样量为 $5\mu L$，协同研究方法中采用 $10\mu L$ 进样量，可能造成某些农药色谱峰峰型变差。Lab 17 还认为，在具体的检测中对一些化合物的校准曲线，他们删除了其中明显偏离的一点，以保障 R^2 达到 0.995 的要求。但是即使采用 4 点校准曲线，$R^2>0.995$ 的标准也很难达到。

研究导师认为，进样量主要取决于仪器的灵敏度，Lab 18 使用的仪器灵敏度很高，他是把样品溶液稀释 5 倍后进样测定。Lab 17 采用 $5\mu L$ 进样能满足方法的技术指标也是可以的。关于 $R^2\geqslant0.995$ 标准难于达到的问题，这次 30 个协同研究者提交了校准曲线 R^2 值 2 113 个，达到 $R^2>0.995$ 标准有 2059 个，占 97%，对这项要求在今后协同研究中还要加强，这样可以大大加强目标农药定量的准确性，减少测量误差，具体讲，可减少离群值。

Lab 18 反馈：因为体系非常敏感以及某些农药样品配制成饱和的，因此进样前样品先用乙腈：水（3:2，体积比）稀释 5 倍。

研究导师答复：该实验室采用的 Agilent 6490，是 Agilent 三重四极杆质谱的最新型号。这台仪器采用 i-funnel 技术，确实是比 6460 的灵敏度高约 10 倍。因此，稀释后进样，是可以理解的。

Lab 23 反馈：保留时间从绿茶到乌龙茶基质略有变化，添加了一栏用于分别显示两种基质的确切保留时间。

研究导师答复：该实验室用 LC-MS/MS 分别检测绿茶和乌龙茶样品时，发现了农药在两种基质中的保留时间出现了最大百分之三秒的系统差异。Lab 23 实验观察的如此缜密，首先本课题组要学习他们的细致入微的科研精神。因绿茶和乌龙茶虽然都是茶，但加工工艺不同，已属基质完全不同的两种茶。由于基质不同，对农药保留时间产生最大百分之三秒的系统偏离，是正常的，对检测结果不会产生影响。这里本课题组主要是要学习 Lab 23 缜密的科学实验精神。

Lab 24 反馈：报告有检出峰面积低于 $10\mu g/kg$ 峰面积的情况，另外乌龙茶农药残留提取溶液有橙色油珠的现象，过滤膜后，变成澄清黄色。

研究导师答复：经查看该实验室提供的协同研究样品检验结果表，从中发现，该实验室对绿茶污染样品中三唑酮和肟菌酯两个化合物的检出浓度比其他实验室检出浓度偏低 40%～50%，由此本课题组推断乙草胺的测定结果低于 $10\mu g/kg$，因此没有报告具体检出结果。对于这个问题，本课题组还发现 Lab 21 也有类似的问题发生。对此，Lab 24 还发现，乌龙茶农药残留提取溶液有橙色油珠的现象，过滤膜后，变成澄清黄色，这种现象本课题组也遇到过，这是正常的，不会影响检测结果。

Lab 25 反馈：需要增加提取溶剂的量来提高乌龙茶中农药提取效率，于乌龙茶的校准曲线，将啶氧菌酯、茚虫威、毒死蜱和仲丁灵有偏离的高浓度点去除后，使用线性 $1/x$

来给出更多的权重以达到较好的标准曲线。

研究导师答复：Lab 25 提出需要增加提取溶剂的量来提高乌龙茶中农药提取效率的问题，研究导师还没有发现其他实验室提出类似问题。研究导师认为，农药提取效率与选择的提取溶剂种类和数量以及使用的提取器具效能有关。这次协同研究方法中推荐的均质器，本课题组对比了三次提取和两次提取的效率。结果发现，两次提取就能满足对回收率指标的要求，如果 Lab 25 在自己实验室发现，两次提取回收率达不到要求，再加一次提取，也可以。对于乌龙茶的校准曲线，将啶氧菌酯、茚虫威、毒死蜱和仲丁灵有偏离的高浓度点，从它们各自的校准曲线中剔除，以便得到更好的校准曲线，这是可行的。

Lab 28 反馈：在给定的 MRM 条件下，由于信号恒定没有给出地乐安的结果。

研究导师答复：关于没有检测到仲丁灵的问题，造成这个问题的主要原因还是本课题组的过错，由于本课题组实验室没有 Waters 公司的仪器，当时没有对当地 Waters 公司职员给出的仲丁灵母离子 337 进行验证，因此也就没有及时发现 337 是错误的。本次协同研究中，Lab 9、Lab 22、Lab 29 和 Lab 25 一样也是使用的 Waters 公司仪器，他们通过扫描发现 337 是错的，正确的应是 296。因此对仲丁灵进行了准确检测。从总结教训的角度讲，今后实验中遇到类似问题，可以通过对目标物的扫描，得到其准确的离子信息，也可以发现类似的错误。如果当时能够这样处理，这个问题也就解决了。这样说，研究导师不该推脱责任，而是遇到问题讨论，找出科学思路，解决问题。

7.2.8　结论

这项协同研究是 AOAC 2010 年的优先研究项目，是一项庞大的系统工程，具有以下三个特点：

第一，经过对 30 个实验室的 6868 个检测数据和相关材料审核，发现一个实验室偏离协同研究操作规程，没进行预协同研究就直接进行正式协同研究样品检测，导致大量数据离群而被剔除。剩余 29 个实验室的共计 6638 个数据为有效检测结果，按 Grubbs 和 Dixon 检测剔除离群值 187 个，占有效数据总数 3.8%。GC-MS 目标农药检测数据 1977 个，检出离群值 65 个，占 3.3%；GC-MS/MS 目标农药检测数据 1704 个，检出离群值 65 个，占 3.8%；LC-MS/MS 目标农药检测数据 2957 个，检出离群值数据 57 个，占 1.9%。

统计分析证明，GC-MS、GC-MS/MS 和 LC-MS/MS 3 种方法的效率都是可以接受的。①对 3 种方法绿茶农药添加样品，GC-MS：Avg. C. 为 37.5 ~ 759.6μg/kg，Avg. Rec. 为 87.7%~96.0%，RSD_r 为 2.1%~4.9%，RSD_R 为 6.5%~9.9%，HorRat 为 0.3 ~ 0.5；GC-MS/MS：Avg. C. 为 37.5 ~ 749.1μg/kg，Avg. Rec. 为 87.0%~97.1%，RSD_r 为 3.1%~6.0%，RSD_R 为 6.6%~14.8%，HorRat 为 0.3~0.7；LC-MS/MS：Avg. C. 为 18.2~191.8μg/kg，Avg. Rec. 为 91.3%~97.7%，RSD_r 为 4.9%~9.4%，RSD_R 为 8.4%~17.1%，HorRat 为 0.3~0.7。②对 3 种方法乌龙茶农药添加样品，GC-MS：Avg. C. 为 17.3~335.7μg/kg，Avg. Rec. 24 为 81.0%~91.1%，RSD_r 为 2.8%~7.8%，RSD_R 为 12.5% ~ 25.0%，HorRat 为 0.5 ~ 1.3；GC-MS/MS：

Avg. C. 为 $17.5\sim335.8\mu g/kg$，Avg. Rec. 为 $77.1\%\sim90.8\%$，RSD_r 为 $1.4\%\sim5.4\%$，RSD_R 为 $7.0\%\sim32.7\%$，HorRat 为 $0.4\sim1.3$；LC-MS/MS：Avg. C. 为 $26\ 8.5\sim84.3\mu g/kg$，Avg. Rec. 为 $82.5\%\sim93.7\%$，RSD_r 为 $3.6\%\sim10.2\%$，RSD_R 为 $13.6\%\sim29.7\%$，HorRat 为 $0.4\sim1.3$。③对 3 种方法乌龙茶陈化样品，GC-MS：Avg. C. 为 $77.6\sim1642.6\mu g/kg$，RSD_r 为 $2.0\%\sim5.8\%$，RSD_R 为 $8.9\%\sim16.9\%$，HorRat 为 $0.4\sim0.9$；GC-MS/MS：Avg. C. 为 $72.4\sim1511.9\mu g/kg$，RSD_r 为 $4.6\%\sim9.6\%$，RSD_R 为 $21.7\%\sim34.7\%$，HorRat 为 $1.1\sim1.8$；LC-MS/MS：Avg. C. 为 $34.2\sim441.6\mu g/kg$，RSD_r 为 $5.0\%\sim9.1\%$，RSD_R 为 $16.8\%\sim34.6\%$，HorRat 为 $0.7\sim1.6$。④对 3 种方法绿茶污染样品，GC-MS（嘧霉胺和联苯菊酯）：Avg. C. 为 $613.3\mu g/kg$ 和 $77.8\mu g/kg$，RSD_r 为 3.3% 和 4.0%，RSD_R 为 $12.2\%\sim23.0\%$，HorRat 为 0.7 和 1.0；GC-MS/MS（嘧霉胺和联苯菊酯）：Avg. C. 为 $575.4\mu g/kg$ 和 $78.6\mu g/kg$，RSD_r 为 5.6% 和 5.6%，RSD_R 为 $14.1\%\sim22.2\%$，HorRat 为 0.8 和 0.9；LC-MS/MS（乙草胺、三唑酮和肟菌酯）：Avg. C. 为 $14.1\sim90.7\mu g/kg$，RSD_r 为 $8.4\%\sim10.6\%$，RSD_R 为 $21.3\%\sim23.6\%$，HorRat 为 $0.8\sim0.9$。

综合上述分析，Avg. Rec. 、Avg. C. 、RSD_r、RSD_R 和 HorRat 五项指标，除个别数据外，均达到了 AOAC 的技术指标要求。研究导师推荐该方法为 AOAC 官方方法。

第二，这次协同研究取得了一条重要经验，对复杂课题的协同研究，在设计协同研究方案时，必须要另加一个预协同研究步骤。茶叶基质是比较复杂的，三种技术检测数百种农药残留，有一定难度。研究导师感谢 Jo Marie Cook 博士 2010 年首先提出了在这项协同研究方案中加一个预研究步骤的建议。于是在方案设计中规定了预协同研究目标农药的回收率、RSD、R^2、离子丰度 4 项验收指标必须达到验收标准，否则，原则上不能进行正式协同研究样品的检测。协同研究期间一位专家致信给研究导师"样品量为 5g，这意味着一次制样只有一次测试机会。是否可以提供一些样品用于重复分析"。研究导师致信说"你的理解是正确的，对于 AOAC 协同研究，只有一个样品用于一次测定，这就是你所谓的仅打一枪。但是在 AOAC 协同研究方法中，本课题组提供了足够的样品用于练习，并且要求参加人员将练习放在第一位。参加人员测定结果必须符合后才能开始正式协同研究。如果你的结果符合要求，本课题组相信在只有一个样品用于一次测定的情况下也能够取得满意的结果"。现在本课题组取得了"一个样品仅够打一枪"的胜利成果。究其原因，预协同研究起到了至关重要的作用，这是一条成功的重要经验。

第三，还有一条教训，就是在这次协同研究中有几个实验室使用了 Waters LC-MS/MS，因为研究导师实验室没有采用 Waters LC-MS/MS 开展这方面的工作，协同研究方案中目标农药检测离子是由其他同事推荐的，项目组没有验证，结果几个实验室因提供的离子信息不准确，给这些协同研究参加者造成了一些失误和损失。这反映了研究导师的工作还有疏漏，这是一个深刻教训，在此研究导师也向诸位参加者深深道歉。

总之，这是一项复杂而重大的系统研究工程，是一项给所有参加这项协同研究的专家们留下深刻记忆，难以忘却的名副其实的国际协同研究。研究导师认为国际 AOAC 协同研究，是一项伟大的事业，希望今后有更多的分析化学专家参与其中，为 AOAC 官方方法的发展做出更大贡献！

参考文献

［1］ 吴雪原. 茶叶中农药的最大残留限量及风险评估研究 ［D］. 安徽农业大学，2007.

［2］ Fan C L，Chang Q Y，Pang G F，et al. High-throughput analytical techniques for determination of residues of 653 multiclass pesticides and chemical pollutants in tea，Part Ⅱ：Comparative study of extraction efficiencies of three sample preparation techniques ［J］. Journal of AOAC International，2013，96（2）：432-440.

［3］ Pang G F，Fan C L，Chang Q Y，et al. High-throughput analytical techniques for multiresidue，multiclass determination of 653 pesticides and chemical pollutants in tea-Part Ⅲ：Evalution of the cleanup efficiency of an SPE cartridge newly developed for multiresidues in Tea ［J］. Journal of AOAC International，2013，96（4）：887-896.

［4］ Li Y，Chen X，Fan C，et al. Compensation for matrix effects in the gas chromatography-mass spectrometry analysis of 186 pesticides in tea matrices using analyte protectants ［J］. Journal of Chromatography A，2012，1266：131-142.

索　引